GEOLOGIE

Einführung in ihre Grundlagen

William C. Putnam †

ehem. Professor für Geologie an der Universität von Kalifornien, Los Angeles

Deutsche Ausgabe bearbeitet von

Franz W. Lotze

o. Prof. für Geologie und Paläontologie an der Universität Münster/Westfalen

Mit 293 Abbildungen und 17 Tafeln

Walter de Gruyter & Co. · Berlin 1969

Vormals G. J. Göschen'sche Verlagshandlung · J. Guttentag, Verlagsbuchhandlung · Georg Reimer · Karl J. Trübner · Veit & Comp.

Titel der englischen Originalausgabe:
Geology, Oxford University Press 1964

 — Archiv-Nr. 13 79 681. — Satz und Druck: Saladruck, Berlin. Printed in Germany

Schutzumschlag und Einband:
Barbara Proksch

Tafel I. Monument Valley, Arizona. *(Phot.: William Garnett.)*

Vorwort

William Clement Putnam starb — viel zu früh — am 16. 3. 1963 im Alter von 54 Jahren. Er war Professor für Geologie an der Universität von Kalifornien in Los Angeles gewesen. 32 Jahre hatte er als Lehrer gewirkt, und in dieser Zeit hatte seine sorgende Hilfe besonders den jungen Geologie-Studierenden gegolten und überhaupt allen, denen mehr an den Grundlagen der Geologie gelegen war als an den Details.

Putnam's Buch „Geology" ist ganz die Frucht dieser Lehrtätigkeit; es wendet sich — wie seine Vorlesungen — an den „Anfänger" in der Geologie; es kommt ihm sehr darauf an, eine echte Begeisterung für diese Wissenschaft zu wecken, Herz und Augen für die Wunder unserer Welt zu öffnen und die Voraussetzungen für ein echtes Verständnis zu schaffen.

Putnam war ein sehr erfahrener, ein sehr guter Lehrer. Das beweist sein Buch. Er findet darin den für den „Anfänger" richtigen Ton; denn dieses stellt keine einfache, nüchterne Aneinanderreihung von Fakten dar, sondern ist voll Wärme, voll Leben, ist ganz „Fleisch und Blut". Immer wieder ist die strikte Sachlichkeit aufgelockert durch eingestreute Geschichten, Zitate aus der Schönen Literatur, Passagen aus alten Büchern, Reminiszenzen aus der Geschichte der Vereinigten Staaten, aber auch Europas bis zurück ins Altertum. Nie erlahmt so das Interesse des Lesenden, immer wird es neu geweckt, belebt, gesteigert.

Man urteilte über das Buch: „Professor Putnam schreibt mit dem Stil und dem Spürsinn eines Mannes, dessen Interesse über die physischen Fakten der Landschaft hinausreicht. Seine Erzählweise enthüllt den Enthusiasmus eines Gelehrten, verbunden mit einer überakademischen Begeisterung für die Wunder der Welt."

Putnam hat das Erscheinen seines Buches nicht mehr erleben dürfen, ja, dieses war bei seinem plötzlichen Tode nicht einmal ganz fertig. Die Bilder waren noch nicht endgültig zusammengestellt und die Texte dazu noch nicht geschrieben. Das haben Kollegen für ihn besorgt; aber die Auswahl hätte kaum besser sein können. Von den rund 200 Photographien sind viele von vollendeter Schönheit; anschaulich sind alle.

Als ich 1965 vom Verlag Walter de Gruyter in Berlin gefragt wurde, ob ich eventuell an einer deutschen Ausgabe des Buches (über das ich im „Zentralblatt für Geologie und Paläontologie" ein kurzes Referat verfaßt hatte) mitwirken würde, sagte ich mit Freude zu. Es kam mir dann darauf an, keine schlichte Übersetzung anzufertigen, sondern eine Übertragung, die dem besonderen Stil Putnam's, seiner persönlichen Note, so weit wie möglich gerecht würde.

Auf der anderen Seite habe ich mich nicht streng an die Stoffgliederung Putnam's gehalten. So habe ich die etwas heterogenen Kapitel III, VI, IX und X Putnam's in je zwei Kapitel aufgeteilt; auch habe ich die Kapitel VII und VIII, die Fragen der Angewandten Geologie (Erdöl und Grundwasser) betreffen, aus dem Stoffbereich der Allgemeinen Geologie herausgezogen und an späterer Stelle eingereiht. So ergibt sich eine gestrafftere Stoffgliederung in: Allgemeine Geologie (Kapitel I bis XVII), Angewandte Geologie (Kapitel XVIII und XIX) und Erdgeschichte (Kapitel XX). Ferner erschien es mir ratsam, die Literatur geschlossen am Ende des Buches zu bringen, so daß der Fluß der Darstellung nicht unterbrochen und zugleich die Auffindung der Hinweise erleichtert wird.

Am sachlichen Inhalt sind nur kleine Änderungen oder Ergänzungen vorgenommen worden, vor allem durch Hinzufügung von Hinweisen auf deutsche bzw. europäische Verhältnisse. So ist das Buch ein „echter Putnam" geblieben. Möge es auch in dieser deutschen Fassung der Geologie neue Freunde zuführen und Verständnis oder gar Begeisterung wecken für das Sein und Werden der Erde, auf der wir leben!

Münster/Westfalen, im November 1968 Fr. Lotze

Inhalt

I. Die Erde 11
Größe 11
Gestalt 13
Masse 15
Schwere 18
Gliederung der Erde 20
Die Hydrosphäre 20
Die Atmosphäre 25
Die Lithosphäre 29
Magmatische Gesteine (Magmatite) S. 30, Sedimentgesteine (Sedimentite) S. 31, Metamorphe Gesteine (Metamorphite) S. 31

II. Gesteinsbildende Mineralien 33
Definitionen eines Minerals 35
Physikalische Eigenschaften der Mineralien 38
1. Farbe 38
2. Härte 38
3. Glanz 39
4. Spezifisches Gewicht 39
5. Kristallform 40
6. Spaltbarkeit 45
Bestimmung der Mineralien 46
Eigenschaften der gesteinsbildenden Mineralien 47
Quarz S. 47, Feldspat S. 47, Orthoklas S. 47, Plagioklas S. 48, Glimmer S. 48, Muskowit S. 48, Biotit S. 48, Eisen-Magnesium-Mineralien S. 48, Hornblende S. 48, Pyroxen S. 49, Olivin S. 50, Kalzit S. 50, Gips S. 51, Halit S. 51

III. Magmatische Gesteine 53
Textur 56
Mineralbestand 59
Klassifizierung der magmatischen Gesteine 61
Andere Typen magmatischer Gesteine 66
Tiefsitzende Intrusivkörper 69
Intrusionen mittlerer Tiefenbereiche 73

IV. Vulkanismus 79
Verbreitung 79
Typen 83
Explosive Eruptionen 83
Krakatau S. 83, Mont Pelé S. 87
Tätigkeit von Mischvulkanen 91
Vesuv S. 91
Ruhige Eruptionen 95
Mauna Loa und Kilauea S. 95
Spalteneruptionen 101

V. Sedimentgesteine . . . 109
Ablagerungsbereiche . . . 109
Grundzüge der Sedimentgesteine . . . 111
Farbe . . . 111
Schichtung . . . 113
Besondere Merkmale . . . 115
Rippelmarken S. 115, Trockenrisse S. 116, Fossilien S. 116, Kreuzschichtung S. 116
Umwandlung in Gestein . . . 119
Sedimenttypen und die ihnen entsprechenden Gesteine . . . 120
Klastische Sedimentgesteine . . . 120
Konglomerat S. 122, Sandstein S. 122, Schieferton S. 124
Chemische Sedimentgesteine . . . 124
Evaporite S. 124, Karbonatgesteine S. 126, Kieselgesteine S. 127
Organogene Sedimentgesteine . . . 128

VI. Metamorphe Gesteine . . . 133
Kontaktmetamorphose . . . 135
Hydrothermale Metamorphose . . . 136
Dynamometamorphose . . . 136
Regionalmetamorphose . . . 137
Geschieferte Gesteine . . . 138
Ungeschieferte Gesteine . . . 141
Tiefenmetamorphose . . . 142

VII. Gesteinslagerung (Strukturgeologie) . . . 145
Falten . . . 149
Salzstöcke . . . 153
Klüfte . . . 155
Verwerfungen . . . 158
Normale Verwerfungen (Abschiebungen) . . . 161
Seitenverschiebungen . . . 167
Decken-Überschiebungen . . . 172
Unkonformitäten (Diskordanzen) . . . 174

VIII. Bodenbewegungen . . . 180
Derzeitige Verformung der Erdkruste . . . 181
Zeugen für prähistorische Deformationen in der Landschaft . . . 185

IX. Erdbeben . . . 188
Das San-Franzisko-Erdbeben . . . 188
Ursachen der Erdbeben und ihre Verbreitung . . . 193
Einige andere Fälle . . . 196
Lissabon, 1755 . . . 196
New Madrid, Missourie, 1811—1812 . . . 198
Owens-Tal, Kalifornien, 1872 . . . 200
Yokohama und Tokio, 1923 . . . 202
Erdbeben-Schäden . . . 205

X. Seismologie und Bau der Erde . . . 207
Die Entwicklung der Seismologie . . . 207
Der Seismograph . . . 208
Was die Registrierung berichtet . . . 210
Seismische Wellen und die Tiefen der Erde . . . 215

XI. Verwitterung . . . 223
Mechanische Verwitterung . . . 225

Frieren und Tauen . . . 227
Permafrost . . . 232
Temperaturschwankungen . . . 234
Chemische Verwitterung . . . 235
Lösung . . . 236
Oxidation . . . 236
Karbonatisierung und Hydratisierung . . . 237
Zersetzung von Granit . . . 237
Böden . . . 239
Zonale Böden . . . 240
Tschernoseme . . . 241
Podsole . . . 241
Laterite . . . 242

XII. Massenbewegung . . . 244
Langsame Bewegung . . . 245
Hangkriechen . . . 245
Bodenfließen (Solifluktion) . . . 245
Erdrutsche . . . 246
Schnelle Bewegung . . . 246
Schlammströme . . . 246
Felsstürze und Felsrutschungen . . . 248
Hangrutschungen . . . 251

XIII. Flußtransport und Erosion . . . 255
Wasserströmung . . . 256
Laminares Fließen . . . 258
Turbulentes Fließen . . . 258
Geschwindigkeit . . . 260
Abflußmenge . . . 261
Flußtransport . . . 262
Lösung . . . 263
Suspension . . . 263
Bodenfracht . . . 264
Kompetenz . . . 266
Kapazität . . . 269
Gradierung . . . 269
Flußerosion . . . 270
Talverbreiterung . . . 272
Überschwemmungsebenen, Talauen und Deltas . . . 274
Bezeichnende Eigenschaften von Talauen . . . 275
Deltas . . . 282

XIV. Wüsten . . . 289
Bedingungen der Wüstenbildung . . . 292
Flußerosion in einem ariden Gebiet . . . 295
Natur des Abflusses . . . 296
Ablagerungsformen . . . 296
Erosionsformen . . . 302
Winderosion . . . 306
Windablagerung . . . 309
Löß . . . 309
Sanddünen . . . 311

Die „Becken-und-Gebirgsprovinz" in den westlichen Vereinigten Staaten 315
Wüstenseen 316
Aride Erosion 319

XV. Gletscherwirkung 321
Entwicklung von Gletschern 324
Ausdehnung und Verbreitung 324
Umwandlung von Schnee in Eis 325
Mechanismus der Gletscherbewegung 326
Gebirgsvergletscherung 330
Eiserosion 332
Glaziales Steinbrechen 332
Gletscherabrasion 334
Durch glaziale Erosion erzeugte Landschaftsformen 335
Landschaftsformen infolge Ablagerung 341
Kontinentalvergletscherung 346
Glaziale Landschaftsformen 350
Mehrfache Vereisungen 356
Postglaziale Klimaänderungen 358
Vereisungsursachen 360
Andere Vereisungswirkungen 366

XVI. Das Meer 369
Methoden der Meeresforschung 370
Charakteristische Gegebenheiten des Meeresbodens 375
Kontinentalschelf 375
Kontinentalhang 376
Die Tiefsee 377
Tiefsee-Ablagerungen 380
Meerwasser-Bewegungen 382
Strömungen 382
Gezeiten 386
Trübeströme („Turbidity Currents") 389
Wellen 391
Wellenbrechung und Brandung 395
Küstenformen 397
Wellenerosion 397
Profile der Küstenzone 398
Küstenlinien-Klassifikation 401
Buchtenküsten 403
Flachland-Küsten 406
Sonderfragen 409
Entstehung submariner Cañons 409
Bildung von Korallenriffen 412

XVII. Gebirge 423
Vulkanische Gebirge 424
Blockgebirge 425
Gefaltete und komplexe Gebirge 429
Befund hinsichtlich des Ursprungs 432
Heutige Geosynklinalen 433
Tiefsee-Gräben und Inselbögen 434
Versuchsmodelle 437

Entstehungsprobleme . . . 439
Theorien der Gebirgsbildung . . . 440
Kontraktion . . . 440
Konvektionsströmungen . . . 441
Phasenänderungen . . . 441

XVIII. Grundwasser . . . 445
Entstehung des Grundwassers . . . 447
Auftreten von Grundwasser . . . 448
Porosität . . . 451
Durchlässigkeit . . . 452
Wasserleiter . . . 452
Artesische Brunnen . . . 453
Pumpbrunnen . . . 453
Die geologische Bedeutung des Grundwassers . . . 454
Grundwasser in löslichen Gesteinen . . . 454
Kalkstein-Höhlen . . . 455
Karsterscheinungen . . . 457
Geyser und heiße Quellen . . . 459

XIX. Erdöl-Geologie . . . 463
Geologisches Auftreten von Erdöl . . . 467
Muttergesteine . . . 468
Speichergesteine . . . 469
Tektonische Fallen . . . 470
Sättel . . . 470
Salzdome . . . 473
Stratigraphische Fallen . . . 473
Organogene Riffe . . . 473
Die Gegenwart . . . 475
Was bringt die Zukunft? . . . 479
Erdöl in Übersee . . . 481
Der Mittlere Osten . . . 483
Iran . . . 483
Irak . . . 484
Kuwait . . . 485
Saudi-Arabien . . . 485

XX. Geologische Zeiten und Leben der Vergangenheit . . . 491
Absolutes Alter . . . 493
Kohlenstoff^{14} (C^{14}) . . . 496
Relatives Alter . . . 499
Fossilien . . . 501
Geologische Zeitskala . . . 504
Leben der Vergangenheit . . . 507
Die Ursprünge des Lebens . . . 507
Das Leben des Paläozoikums . . . 509
Das Leben des Mesozoikums . . . 512
Das Leben des Känozoikums . . . 520
Der Ursprung des Menschen . . . 528

Literatur . . . 536
Register . . . 543

Tafel II. Die Erde, gesehen von einer Viking-Rakete aus 230 km Höhe über White Sands, New Mexico. Der Blick ist gegen Westen gerichtet und umfaßt die nördlichen Teile des Golfs von Kalifornien und der Halbinsel Baja California (links), den Salton-See (rechts Mitte) und das San-Joaquín-Tal (im Hintergrund rechts). Landwirtschaftlich genutzte Flächen bei Phoenix (Arizona) sind im unteren Teil rechts zu sehen. *(Amtliche Photographie der U.S. Navy.)*

I. Die Erde

Wir sind klein, und so erscheint uns die Erde groß. Selbst heute, wo wir in schnellstem Fluge weite Entfernungen zurückzulegen gewohnt sind, bedeutet eine transkontinentale oder transozeanische Reise noch ein überaus eindrucksvolles Erlebnis hinsichtlich der Ausmaße unserer Erde und der Mannigfaltigkeit dessen, was sich unseren Augen darbietet. Es ist wirklich seltsam: Eine Flugreise, die heute so alltäglich ist, vermittelt uns auch eine bessere Vorstellung von der Weite des *Meeres*, von der wir zumeist nur einen schwachen Begriff hatten, als eine Schiffsreise noch ein relativ seltenes Erlebnis war.

Es gibt einige fundamentale Tatsachen, die wir über den Planeten Erde wissen sollten, ehe wir uns mit Details abgeben, wie Mineralien, Gesteinen, Gebirgsbildungen und der Wirkungsweise der verschiedenen Agentien, als da sind Wind, Wellen, Wasserläufe und Eis — d. h., ehe wir uns all den Dingen zuwenden, denen das eigentliche Interesse der Geologie gehört.

Größe

Viele Menschen sind sich dessen bewußt, daß die Welt um sie herum groß ist; aber *wie* groß sie ist, das bleibt für sie eine Frage ohne Relevanz, wenn sich ihr Horizont auf ein Einzelgebiet beschränkt, die Umrahmung eines Gebirgstales, ein kurzes Stück Strand oder die überfüllten Wohnblöcke einer Großstadt. Indessen reicht eine Anzahl früherer (und fast erfolgreicher) Versuche, die Größe der Erde zu bestimmen, tatsächlich in eine recht weite Vergangenheit zurück. *Ein* solcher Versuch ist es wert, hier genauer betrachtet zu werden, da er so geistreich begründet ist und da er eine bemerkenswert gute Vorstellung von der Größe und Gestalt der Erde sowie auch ein teilweises Verständnis ihrer Beziehungen zur Sonne vermittelt.

Eratosthenes (275—195 v. Chr.) erfuhr als Bibliothekar in Alexandrien gegen 250 v. Chr., daß zur Sommer-Sonnenwende das Bild der Mittagssonne von der Wasser-Oberfläche eines tiefen Brunnens in Syene (heute „Aswan") vertikal nach oben reflektiert wurde, während gleichzeitig in Alexandrien, rund 770 km weiter nördlich, ein Obelisk an seinem Fuß einen Schatten zeigte. Als dann die Abweichung der Verbindungslinie zwischen Schattenende und Spitze des Obelisken von der Vertikalen regelrecht gemessen wurde, ergab sich ein Winkel von 7° 12′. Weiter kannte Eratosthenes die Entfernung zwischen Syene und Alexandrien, die in jener Zeit zu 500 Stadien angenommen wurde. Wir kennen zwar den genauen Meterwert dieses Längenmaßes nicht sicher, dürfen aber wohl mit Recht schließen, daß Eratosthenes' Wert einem Abstand der beiden Orte voneinander von annähernd 770 km entspricht (Hamilton 1854).

Von der Geometrie jener Zeit her wußten die Griechen, daß eine Diagonale, die zwei parallele Linien schneidet, mit jeder dieser Linien den gleichen Winkel bildet. Das beigefügte Diagramm (Abb. 1) zeigt, daß Eratosthenes mittels dieses einfachen Theorems schließen konnte, daß der Winkel zwischen Syene, dem Erd-Mittelpunkt und Alexandrien

7° 12′ beträgt. Da das ein Fünfzigstel von 360° ist, ergab sich, daß der Gesamtumfang der Erde 50mal so groß wie die Strecke Syene—Alexandrien (rund 770 km) sein muß, d. h. 38 500 km — eine überraschend genaue Schätzung[1] —, überraschend darum, weil sie zu einer so weit zurückliegenden Zeit erfolgte. Außerdem lag der Rechnung die Voraussetzung zugrunde, daß die Sonne ein unermeßlich weit entferntes Objekt sei; und das war eine nicht von vornherein selbstverständliche Annahme.

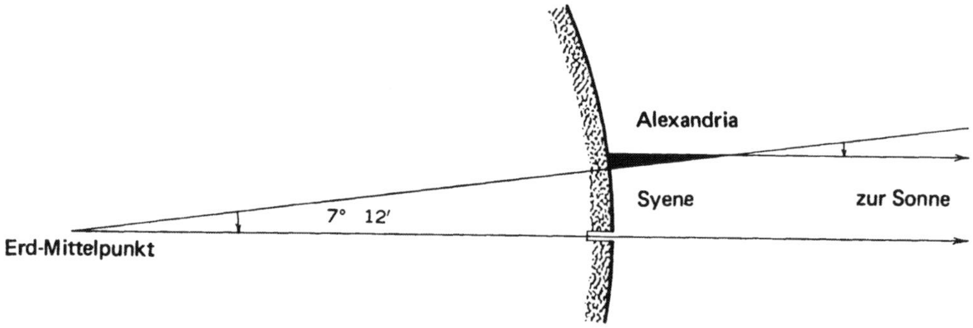

Abb. 1. Eratosthenes' Bestimmung des Erdumfangs. — Durch Messung der Abweichung des Sonnenstandes von der Vertikalen in Alexandria und unter Berücksichtigung des bekannten Abstandes zwischen Alexandria und Syene vermochte Eratosthenes den Erdumfang zu berechnen.

Dieses ganze Spiel von Beobachtungen und Schlüssen hat noch eine andere, den Wissenschaftlern wohlbekannte Seite, und das ist die so bedrückend häufige Tatsache, daß sich eine gleiche Erkenntnis wiederholte, nur weil sie vergessen war und dann lange Jahre später erneut entdeckt werden mußte.

Andere, die in den Jahrhunderten nach Eratosthenes Schätzungen ausführten, kamen zu der Auffassung, daß die Erde viel kleiner sei, als sie wirklich ist, und dieser Irrtum brachte Kolumbus zu jener großen Unterschätzung des Erdumfangs, die noch heute dadurch honoriert wird, daß wir für die voreuropäischen Einwohner Amerikas den Namen „Indianer" verwenden.

Magellan's (für ihn) unglückliche Weltumsegelung löste in ganz Europa eine große Welle des Interesses an der Erde aus. Nicht nur erwies sie überzeugend die Erde als runden Körper, sondern sie erweckte auch in einer bis dahin skeptischen Welt ein Verständnis für den großen Umfang unseres Planeten. Seine Ausmaße lassen sich heute ungemein besser bestimmen, als das bei dem primitiven Stand der Erdvermessung im Entdeckungs-Zeitalter möglich war. So gab es damals keine exakte Methode, Längenunterschiede, d. h. Ost/West-Abstände, auf der Oberfläche der Erdkugel zu bestimmen.

Heute erlauben die Methoden der *Geodäsie* eine viel größere Meßgenauigkeit. Eine Forschungsaufgabe, mit der sie sich — außer anderen Dingen — beschäftigt, betrifft die genaue Festlegung von Orten der Erd-Oberfläche wie auch die Bestimmung der Gestalt und Größe der Erde selbst. Durch geduldige, hingebungsvolle Arbeit wurde in den vergangenen Jahrhunderten eine unermeßliche Fülle von Daten zusammengetragen, hauptsächlich durch die Einrichtung gestaffelter Triangulationsnetze in allen Kontinenten. Selbst in den heutigen Tagen exakter Zeitmessung und der Verwendung elektronischer Rechengeräte bleibt noch viel zu tun, bis wahre Größe und Gestaltung der Erde genau bekannt sind.

---

[1] Der wirkliche Wert beträgt ~ 40 000 km.

Die Maße, die heute allgemein angenommen werden — wenn sich auch die Werte mit der Zeit zweifellos noch etwas ändern werden — sind diejenigen, die von dem amerikanischen Geodäten Hayford gegen 1910 aufgestellt und 1924 von der Internationalen Union für Geodäsie und Geophysik akzeptiert wurden:

Äquatorial-Durchmesser	12 756,52 km
Polar-Durchmesser	12 713,82 km
Unterschied	42,70 km

Gestalt

Die genannten Meßdaten bringen deutlich die allgemein bekannte Tatsache zum Ausdruck, daß die Erde an den Polen abgeplattet ist. So ist der Äquatorial-Durchmesser 42,70 km länger als die durch den Erd-Mittelpunkt verlaufende Verbindungslinie zwischen Nord- und Südpol.

Daß die Erde von der genauen Kugelform abweicht, hat eine Reihe interessanter Nebenwirkungen. An erster Stelle hat das einen Einfluß auf die Länge des Meters, das erstmals im Jahre 1795 in Frankreich eingeführt wurde — eine darum ungewöhnliche Leistung des Intellekts, weil sie in eine so erregend wirre Zeit fällt, wie sie die Französische Revolution darstellte, — und welches man als den zehnmillionsten Teil des Abstandes zwischen Äquator und Pol definierte. Als aber später erkannt wurde, daß die Erde keine perfekte Kugel ist, brach die Grundvorstellung zusammen, auf welcher diese Maßeinheit beruhte. So wurde denn als Meßstandard der Abstand zwischen den Endpunkten eines bestimmten Platinstabes festgelegt, und dieser ließ sich auch als praktischer und reproduzierbarer Maßstab verwenden. 1889 wurde durch den „Meter-Vertrag" ein als der Abstand zweier auf einem Platin-Iridium-Stab eingeritzter Linien definiertes Standardmeter (im englischen Maßsystem entspricht es 39,37 Inches) angenommen; es wird im Internationalen Büro der Gewichte und Maße bei Paris aufbewahrt. 1960 wurde ein neuer Standard eingeführt; dieser gründet sich auf die Orangerot-Strahlung des Krypton-Isotops 86 und ist definiert als 1 650 763,73 Wellenlängen dieses Lichts im Vakuum.

Die Tatsache, daß die Erde keine vollkommene Kugel ist, beeinflußt auch eine der bekanntesten geographischen Koordinaten, die Länge eines Breitengrades. Die Frage, die sich in diesem Zusammenhang stellt, lautet: Ist die Länge eines Breitengrades in Polnähe größer oder kleiner als in Äquatornähe? Die Frage ist nicht so einfach zu beantworten, wie es zunächst scheinen mag. Sie wurde um die Mitte des 18. Jahrhunderts viele Jahre lang diskutiert, und die richtige Antwort wurde, wie vielleicht bekannt ist, von Sir Isaac Newton (1642—1724) gegeben. Er ging davon aus, daß die Zentrifugalkraft am Äquator am stärksten sei, weil hier die Rotationsgeschwindigkeit entsprechend dem Abstand von der Achse am größten sein müsse, und daß sie an den Polen am geringsten sei. Newton folgerte, daß am Äquator eine Aufbuckelung bestehen müsse, da hier die zum Erdzentrum gerichtete Schwerkraft durch die nach außen gerichtete Zentrifugalkraft zum Teil kompensiert würde. Deshalb müsse die Länge eines Breitengrades am Äquator größer und an den Polen kleiner sein, wie das in dem beigefügten Diagramm (Abb. 2) dargestellt ist. Man ersieht daraus, daß die Bogenlängen auf einem Ellipsoid — dargestellt durch zwei gleiche Winkel, einen nahe dem Äquator und einen nahe dem Pol, — nicht ident sind. Indessen kam die Debatte trotz Newton's Folgerung nicht zur Ruhe, und tatsächlich wurde diese von Jacques Cassini (1677—1756), Königlichem Astronom von

Frankreich, und seinen Anhängern scharf angegriffen. Cassini meinte, wenn die Erde schon eher ein Sphäroid als eine vollkommene Kugel sei, dann sei sie an den Polen ausgelängt und am Äquator zusammengedrückt.

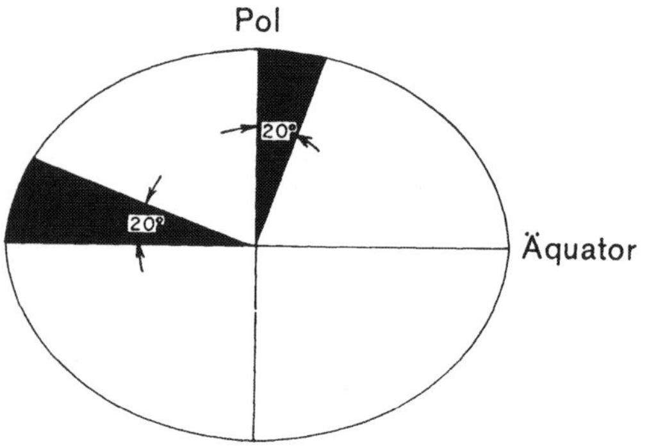

Abb. 2. Auf einer ellipsoidischen Erde sind die Breitenkreis-Bögen, die gleichen Winkeln vom Erd-Mittelpunkt aus entsprechen, am Äquator länger als am Pol. (Die Erdabplattung ist stark übertrieben.)

Mit hohen Gefühlen und nationalem Ehrgeiz sandte die Französische Akademie im Jahre 1734 zwei Expeditionen aus, eine nach Lappland unter Maupertuis, eine zweite nach Ekuador unter La Condamine und Bouguer. Diese Reisen sollten dazu dienen, die Länge von Breitengraden an solch weit voneinander entfernten Stellen zu messen, um zu entscheiden, welcher Breitengrad länger wäre, der polnähere oder der Äquatorbogen. Die beiden Expeditionen brachten außerordentliche Härten und Schwierigkeiten mit sich, besonders das Südamerika-Unternehmen. Seine Mitglieder führten viele Erstbesteigungen furchterweckender Anden-Gipfel aus, sie erlitten Durstqualen in der ausgedörrten Küstenwüste, sie nahmen an Stierkämpfen teil, und manche erlitten den Tod in den verschiedensten, schrecklichen Formen. Andere bestanden Fehden heroischen Ausmaßes, und — als ein letztes Gottesurteil — es kehrten nur zwei Teilnehmer, La Condamine in der einen Gruppe und Mme. Godin als einzige Überlebende in der anderen, nach Frankreich zurück, nachdem sie die ganze Weite des süd-amerikanischen Kontinents durchquert hatten; sie hatten dabei die Anden-Kette überstiegen und waren den unfreundlichen Amazonas hinabgefahren.

Zum Unglück für Cassini blieben trotz dieses Doppel-Unternehmens Newton und sein Verfechter Voltaire siegreich. Die Erde ist am Äquator ausgebeult und an den Polen eingedellt, und statt eine vollkommene Kugel zu sein, ist sie ein abgeplattetes *Rotationsellipsoid* oder, wie man auch sagt, ein *abgeplattetes Sphäroid*. Da sie auch noch andere Unregelmäßigkeiten aufweist, die ihr eine einmalige Gestalt geben, wird sie als „Geoid" bezeichnet (nach dem griechischen Wort *„geoeides"*, d. h. „erdähnlich"). Tatsächlich ist das „Geoid" eine mathematische Fläche, die in den Ozeanbereichen mit dem mittleren Meeresniveau und unter dem Festland mit der gedachten Fortsetzung der Meeres-Oberfläche zusammenfällt.

In der Praxis kann die Breite natürlich nur an der Erd-Oberfläche bestimmt werden und nicht durch Winkelbestimmung vom Erd-Mittelpunkt aus, wie es nach dem Diagramm, das die Newton'sche Hypothese illustriert (Abb. 2), der Fall zu sein scheint. In einem Schiff auf dem Meere — um ein sinnfälliges Beispiel zu wählen — läßt sich die Breite sehr bequem dadurch feststellen, daß man die Höhe der Sonne über dem Horizont zur Mittagszeit mißt. Das beigefügte Diagramm (Abb. 3) zeigt, daß die Sonne am Äquator zur Zeit der Tages/Nachtgleiche (d. h. zu Frühlings- und Herbstanfang) 90° über dem Horizont steht, und entsprechend beträgt dort die Breite 0°; gleichzeitig mißt die Höhe der Sonne am Pol 0°, und damit ist hier die Breite 90°. Dieses Beispiel macht deutlich, daß die so gemessene Breite gleich 90° minus Φ ist, wobei Φ den Winkel zwischen der Sonne und dem Horizont bedeutet. Einen dazwischen liegenden Fall mag das Diagramm von Abb. 3 erläutern. Hier beträgt die Höhe der Sonne über dem Horizont 60° und damit die Breite 30°; denn es gilt: 90° — 60° = 30°.

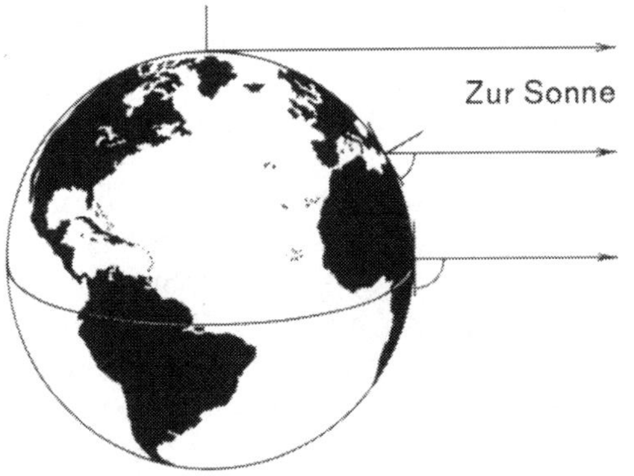

Abb. 3. Breitenbestimmung durch Messung der Sonnenhöhe zur Tagundnachtgleiche (21. März oder 23. September) mittags in den Breiten 0°, 30° und 90°.

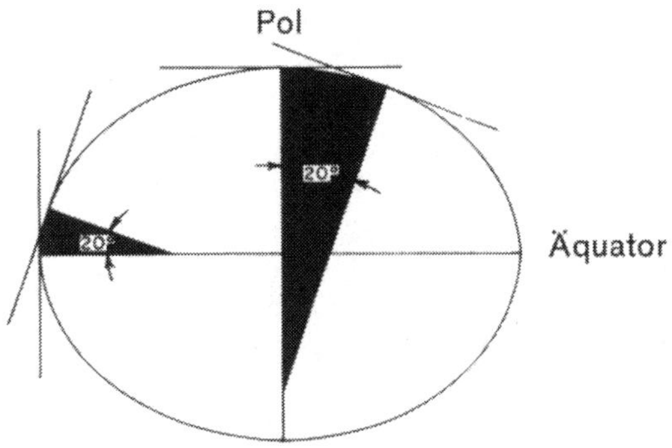

Abb. 4. Auf einer ellipsoidischen Erde sind die Längen astronomisch bestimmter Breiten-Bögen am Pol größer als am Äquator. (Die Erdabplattung ist stark übertrieben.)

Das Diagramm von Abb. 3 läßt auch erkennen, daß in der Praxis der entsprechende Winkel vom Horizont aus gemessen wird, der dem Seemann als eine die Erdkugel tangierende Ebene erscheint. Das folgende Diagramm (Abb. 4) zeigt des weiteren, daß die Länge eines Breitengrades (diesesmal an der Erd-Oberfläche gemessen) in Nähe des Poles größer ist, da die Bezugsebene hier die Tangente eines Kreises mit scheinbar größerem Durchmesser darstellt — infolge der Abplattung durch die Erdrotation —, als am Äquator, wo der scheinbare Durchmesser des Geoids kleiner als der wirkliche Durchmesser ist. Es kommt also auf den Bezugspunkt an: Die Länge eines Breitengrades ist, vom Zentrum aus gemessen („geozentrische Breite"), größer am Äquator und kleiner am Pol; umgekehrt ist die Länge eines an der Erd-Oberfläche gemessenen Grades („astronomische Breite") geringer am Äquator und größer am Pol.

Masse

Der Festlandsteil der Erd-Oberfläche besteht aus Gesteinen oder aus Boden, der durch die Verwitterung festen Gesteins entsteht. Ein derartiges Material ist schwerer als Wasser; so wiegt ein Kubikmeter Wasser 1000 kg, ein Kubikmeter Granit aber rund 2700 kg, d. h. 2,7mal soviel. Wir sagen: Granit hat das spezifische Gewicht 2,7 oder — anders ausgedrückt —: ein Granitblock wiegt 2,7mal soviel wie das gleiche Volumen Wasser.

Schon sehr früh legte Newton bei seiner Ableitung des Allgemeinen Gravitationsgesetzes (1687) in einer glänzenden intuitiven Verallgemeinerung dar, daß die Dichte der Erde 5- oder 6mal so groß sei, als wenn die Kugel aus Wasser bestände. Er selbst war nicht in der Lage, diesen Wert zu bestimmen, aber er gab den Weg dafür an: man könne ihn dadurch ermitteln, daß man feststelle, wieviel ein Gebirge von bekannter Masse ein

Lot aus der Vertikalen ablenkt. Dieser Betrag ergäbe einen Wert für die anziehende Wirkung des Gebirges auf das Bleilot im Vergleich zu der viel stärkeren Anziehungskraft der so erheblich größeren Erde.

Eine einfache Fassung des Gravitationsgesetzes lautet: $F = G (M_1 \cdot M_2/d^2)$, wobei G die Gravitationskonstante (mit einem Wert von $6{,}673 \cdot 10^{-8}$ im c-g-s-System — eine fast infinitesimal kleine Zahl, nämlich 0,0000000667), F die Anziehungskraft zwischen zwei Körpern mit den Massen M_1 und M_2 und d den Abstand zwischen ihnen bedeuten. Die Bestimmung wurde früher gegenüber heute dadurch erschwert, daß der Wert der Gravitationskonstante im 17. Jahrhundert nicht bekannt war.

Wenn man erst einmal die Masse eines Gebirges aus seiner Größe (Volumen) und einer angenommenen Gesteinsdichte berechnet hätte, schien es weiter nur noch verhältnismäßig einfach zu sein, die Gleichung für die Masse der Erde zu lösen. Beobachtungen zur Prüfung dieser Hypothese durch Messung der Ablenkung eines Bleilotes wurden von Pierre Bouguer im Jahre 1783 in den Anden und von dem Königlichen Astronomen Nevil Maskelyne 1776 in Schottland angestellt. Maskelyne erhielt einen Wert von etwa 5 für das spezifische Gewicht der Erde, eine bemerkenswerte Feststellung, wenn man in Betracht zieht, wie primitiv die Instrumente damals waren. Mittels der gleichen Methoden, nämlich durch Vergleich der Anziehungskraft einer nahen Gebirgskette mit der Anziehungskraft der Erde, wurde eine überraschende Abweichung vom erwarteten Wert durch den „Trigonometrical Survey of India" unter der Leitung von Sir George Everest entdeckt. Die Forscher fanden, daß das Himalaja-Gebirge, so hoch es auch ist, das Bleilot nicht in dem Maße aus der Vertikalen ablenkt, wie es theoretisch errechnet war. Die

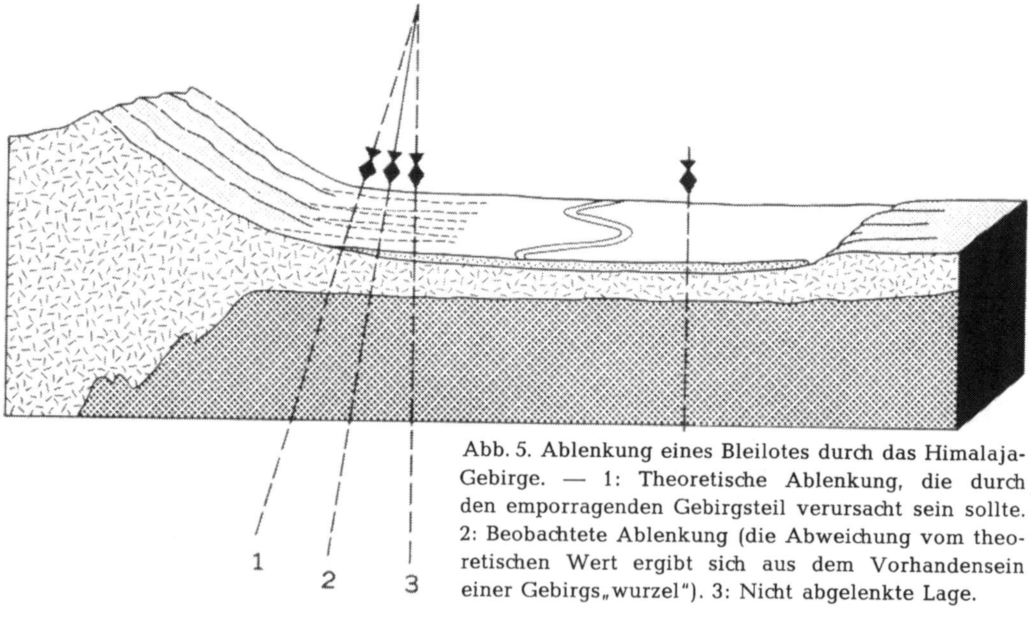

Abb. 5. Ablenkung eines Bleilotes durch das Himalaja-Gebirge. — 1: Theoretische Ablenkung, die durch den emporragenden Gebirgsteil verursacht sein sollte. 2: Beobachtete Ablenkung (die Abweichung vom theoretischen Wert ergibt sich aus dem Vorhandensein einer Gebirgs„wurzel"). 3: Nicht abgelenkte Lage.

Ursache dafür liegt darin, daß dieses gewaltige Gebirge „Wurzeln" hat, die aus Gesteinen bestehen, welche leichter (d. h. weniger dicht) sind, als im Durchschnitt für die Gesteine unter dem weiter südlich gelegenen Flachland Indiens zutrifft; infolgedessen ist ihre Anziehungskraft nicht so groß, als wenn eine durchweg gleichbleibende Dichte bestände. Diese anscheinend unbedeutende Diskrepanz erlangte später eine große Bedeutung hinsichtlich der Gebirgsbildungs-Theorien, die heute weithin vertreten werden, wie wir bei einer späteren Erörterung (Kapitel XVII) sehen werden.

Um zum Laboratorium zurückzukehren: — es wurden bereits recht früh Versuche unternommen, um festzustellen, ob der absolute Wert der Erdmasse bestimmt werden könne. Das erste brauchbare Experiment führte Henry Cavendish (1731—1810) im Jahre 1797 aus, wobei er zwei große und kleine Bleikugeln verwandte — das eine Paar mit einem Durchmesser von 30,5 cm, das andere mit einem solchen von 5,1 cm. Die kleinen Kugeln wurden an den Enden eines Stabes angebracht, welcher seinerseits an einem in seiner Mitte befestigten Draht aufgehängt war. Wenn die großen Kugeln in die Nähe der kleinen gebracht wurden, entstand eine Drehung (Torsion) im Draht, deren Betrag gemessen werden konnte. Aus dieser geringen Abweichung errechnete Cavendish die Gravitationskonstante, und auch mittels dieses geistreichen Experiments gelangte er zu dem Wert 5,448 für die Dichte der Erde. Im Jahre 1878 führte Phillip von Jolly in Deutschland die erste genaue Bestimmung der Gravitationskonstante durch (diese kann definiert werden als die Anziehung zweier Massen von je 1 Gramm Gewicht aufeinander bei einem Abstand von 1 cm). Er ermittelte diese, indem er die Gewichtszunahme einer sorgfältig ausgewogenen, 5 kg schweren Quecksilber-Flasche maß, wenn diese eng an eine Kugel aus Bleiblöcken mit etwa einem Meter Durchmesser herangebracht wurde (die Kugel existiert noch und ist im Deutschen Museum in München ausgestellt). Er fand, daß die Quecksilber-Flasche eine Gewichtszunahme von 0,589 mg erfuhr. Nachdem er die Gravitationskonstante bestimmt hatte, war er in der Lage, den nächsten Schritt zu tun und das Gewicht der Erde zu berechnen. Diese Größe, die seither verfeinert wurde, beläuft sich auf etwa $6{,}6 \cdot 10^{21}$ Tonnen (= 66 mit 20 Nullen dahinter). Da die Größe bzw. das Volumen *(V)* der Erde schon bekannt war, lieferte das einfache Verhältnis W/V für Jolly eine Dichte der Erde von 5,692. Genauere Bestimmungen in neuerer Zeit ergeben einen Wert von 5,519.

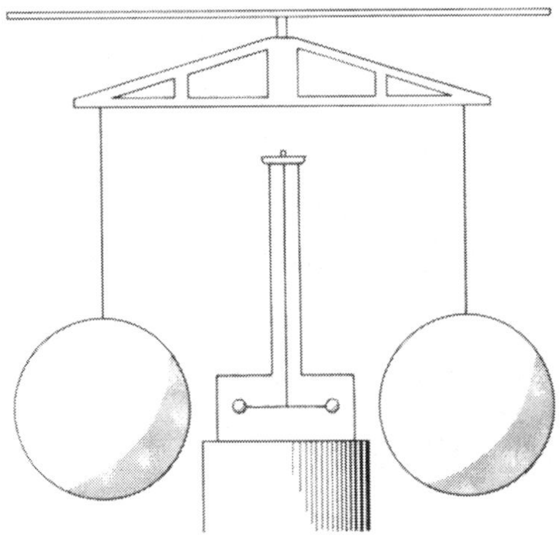

Abb. 6. Schematisches Diagramm des von Cavendish zur Bestimmung der Erddichte benutzten Geräts. — Die kleinen Kugeln können um den dünnen vertikalen Draht, der sie trägt, frei rotieren.

Dieses wirft unmittelbar ein Problem von fundamentaler Bedeutung auf; denn typische Gesteine, wie sie die Festlands-Bereiche der Erd-Oberfläche aufbauen, so z. B. Granit, haben eine Dichte von 2,7. Wo befindet sich das schwere Material, das erforderlich ist, um einen so hohen Durchschnittswert für die Gesamterde zu ergeben? Nimmt die Dichte der Erde von der Oberfläche zum Mittelpunkt hin gleichmäßig zu? Oder weist die Erde leichteres Material in ihren obersten Schichten auf, während äußerst schweres Material in einer Art zentralen Kerns konzentriert ist?

Die letztere Möglichkeit scheint eher zuzutreffen, und eine Stütze dafür ergibt sich zum Teil aus der Art und Weise, wie die Erde auf die Gezeiten-Anziehung des Mondes reagiert. Wegen der abgeplatteten Form verlagert sich die Drehachse etwas, wenn die

Erde einer solchen äußeren Kraft unterliegt, und zwar derart, als ob die Erde wie ein Kreisel schwankte. Diese Bewegung ist als *Präzession der Tages-Nacht-Gleichen* bekannt und braucht etwa 26 000 Jahre, um eine vollständige Kreisschwingung zu vollführen. Sorgfältige Berechnung ergibt, daß ihre Natur besser der Annahme eines Planeten mit einem dichten Zentralkern entspricht. Die Sachlage läßt sich auch folgendermaßen ausdrücken: Die Erde hat ein kleineres Trägheitsmoment als eine Kugel von gleicher Größe, bei der die Dichte von der Oberfläche bis zum Zentrum gleichmäßig zunimmt, — vielmehr entspricht es dem einer Kugel, in der dichteres Material nahe beim Zentrum angereichert ist. In der Tat, bestimmte Gegebenheiten sprechen dafür, daß das spezifische Gewicht der Erde nahe ihrem Zentrum den Wert 15 und vielleicht sogar 18 erreicht.

Schwere

In diesem Abschnitt wird der Begriff „Schwere" für die Beschleunigungsgröße gebraucht, welche die Erde einem frei fallenden Körper erteilt. Das lehrte schon Galileo Galilei (1564—1642) um das Jahr 1590, trotz der Opposition seiner Zeitgenossen, des Zweifels von Zuschauern, die überzeugt waren, daß Zauberei im Spiel sei, und der überragenden Autorität des unsterblichen Aristoteles (384—322 v. Chr.), der gelehrt hatte, daß ein Körper, der 10mal so schwer wie ein anderer sei, auch 10mal so schnell falle.

Durch Beobachtungen, die in den vielen Jahren seit Galilei's Zeiten gemacht wurden, haben wir erfahren, daß in einem Vakuum so verschiedene Körper wie Blei und Federn um den gleichen Betrag beschleunigt werden, da in ihm der Luftwiderstand fortfällt, der sonst die Federn mit ihrer großen Oberfläche und ihrem leichten Gewicht bremst. Indessen, der Beschleunigungsbetrag ist nicht überall auf der Erd-Oberfläche der gleiche. Am Äquator beträgt die Beschleunigung entsprechend der Schwerkraft 978,1 cm/sec^2, während sie am Pol 983,3 cm/sec^2 mißt. Dieser Unterschied hat einen doppelten Grund: 1. Am Äquator ist der Abstand vom Erd-Mittelpunkt größer. 2. Zugleich ist hier die Zentrifugalkraft stärker, die der Schwerkraft entgegenwirkt.

Wir stehen hier einer ungeheuren Kraft gegenüber; die Erde ist so vielmals größer als irgendein Ding an ihrer Oberfläche, daß die Kraft, mit der sie Gegenstände zu sich selbst hinzieht, auch für große und schwere Körper fast überwältigend ist. Ein wenig Nachdenken erinnert uns an den ungeheuren Energiebetrag, den wir aufwenden müssen, um Gewichte zu heben, Berge zu besteigen oder Flugzeuge fliegen zu lassen — alles Vorgänge, die entgegen der Schwerkraft erfolgen. Wir alle, die wir Steine in Brunnen oder von Felskanten geworfen haben, wundern uns darüber, wie schnell sie verschwinden. Die Schwere ist die Kraft, die das tut. Sie ist auch die Kraft, die Hunderttausende Kilogramm Treibstoff erforderlich macht, um Raketen in den Weltraum zu schicken.

Wie kann nun die Schwere-Beschleunigung wirklich gemessen werden? Zum Beispiel: Nicht allzu viele von uns lassen wahrscheinlich Eisenkugeln von einem schiefen Turm herunterfallen und messen ihren kurzen Flug mit Stoppuhren. Eine praktischere Methode, die Schwere-Beschleunigung zu bestimmen, wurde schon vor langer Zeit gefunden, und, was noch wichtiger ist, es wurde festgestellt, daß die Beschleunigung entlang der Erd-Oberfläche von Ort zu Ort verschieden ist. Da gerade dieser letzte Umstand von größter geologischer Bedeutung ist, wollen wir diese Sachlage mehr im einzelnen diskutieren. Ein einfaches Gerät zur Messung der Schwere-Beschleunigung ist das Pendel. Die Schwingungsperiode (die Zeitdauer, die zum Hin- und Herschwingen benötigt wird) hängt von zwei Faktoren ab: von der örtlichen Schwerebeschleunigung und von der Länge des Pendels. Es wurde schon sehr früh entdeckt, und zwar durch Galileo, daß ein gegebenes Pendel für jede Schwingung die gleiche Zeit braucht. Unter Benutzung dieses Prinzips gelang es Christian Huygens (1629—1695) im Jahre 1673, eine zuverlässige Pendeluhr zu bauen.

In dieser gleichen kritischen Periode wissenschaftlichen Fortschritts wurde der französische Wissenschaftler Jean Richer von Jacques Cassini nach Französisch-Guayana geschickt, um Mars-Beobachtungen zu machen, während Cassini gleichzeitig solche in Paris ausführen wollte. Durch solch gleichzeitige Beobachtung sollte es möglich sein, den Abstand Paris—Cayenne als Basislinie für eine Triangulation Erde—Mars zu benutzen, um so die Entfernung dieser Himmelskörper voneinander zu bestimmen. Selbst unter Berücksichtigung der Unvollkommenheit einer solchen Uhr im Jahre 1671 war Richer überrascht, feststellen zu müssen, daß seine Pendeluhr, die bei seinen astronomischen Beobachtungen zur Zeitbestimmung benutzt wurde, fortlaufend 2,5 Minuten am Tag nachging. Nur dadurch, daß er die Pendellänge um etwa 2,1 mm verringerte, konnte er die Genauigkeit der Uhr wiederherstellen.

Das ist seltsam genug: Newton und Huygens hatten beide ganz unabhängig voneinander gefunden, daß die Schwerkraft am Äquator sowohl durch die äquatoriale Ausbauchung der Erde als auch durch die Zentrifugalkraft infolge ihrer Rotation verringert wird. Mit anderen Worten: Die Schwere-Beschleunigung ist größer an den Polen, die dem Erd-Mittelpunkt (das zugleich das Anziehungs-Zentrum ist) um 20,9 km näher liegen, als am Äquator; und so gewinnt eine Pendeluhr Zeit an den Polen und verliert Zeit am Äquator.

Bouguer, dem wir bereits in den Anden begegneten, wo er einen Bogen der Erd-Oberfläche ausmaß, um die Länge eines Breitengrades festzustellen, erfuhr von der Abhängigkeit der Pendeluhr Richers von den Unterschieden der Schwerkraft. Unter Anwendung des gleichen Prinzips stellte er darüber hinaus fest, daß die Schwerebeschleunigung mit der Höhe abnimmt, d. h. mit der Zunahme der Entfernung vom Erd-Mittelpunkt; so wurde bei Ersteigung der Anden-Gipfel die Schwerkraft geringer.

Seit jenen Tagen des 17. und 18. Jahrhunderts wurde das Pendel als Gerät zur Bestimmung der Schwerkraft mehr und mehr verfeinert, bis heutzutage Schwerependel, Drehwaagen und Gravimeter Muster an Präzision geworden sind, mit denen man kleinste Abweichungen der Schwerkraft sowohl auf der Erd- wie auf der Meeres-Oberfläche bestimmen kann. Die Anwendung von Schwerependeln und verwandten Instrumenten förderte noch einen dritten Grund für die Unterschiedlichkeit der Schwerkraft an der Erd-Oberfläche zutage, der zu den beiden zuerst gefundenen verursachenden Faktoren (1. Abplattung der Erde und 2. Höhenunterschiede) noch hinzukommt. Diese dritte Ursache liegt in an sich geringen örtlichen Unterschieden der Dichte des Materials, das die Oberflächen-Schichten der Erde aufbaut. Hier ist noch ein anderer Faktor von Bedeutung, der in die Gleichung des Allgemeinen Gravitations-Gesetzes eingeht, und das ist die Masse der teilnehmenden Körper. Wenn also die Dichte des Gesteinsmaterials an einer bestimmten Stelle der Erde geringer ist als im Durchschnitt seiner Umgebung, vermindert sich der örtliche Wert der Schwerebeschleunigung, weil die anziehende Masse nicht so groß ist; wir sagen dann: das Gebiet ist durch ein Massendefizit charakterisiert, oder: es zeigt eine negative Schwereanomalie. Das heißt, der beobachtete Schwerewert ist geringer als der für die Gesamtregion berechnete.

Es wurde während des Ersten Weltkrieges offenkundig, daß man hier ein wirksames Instrument in Händen hat, um kleine Unterschiede in der Zusammensetzung der Erdkruste zu erkennen, die einem auf der Oberfläche stehenden Beobachter durch Verwitterungsboden oder Vegetation verborgen sein mögen. Durch die Anwendung von Gravimetern können Erkundungstrupps von Erdöl-Gesellschaften etwas über die Untergrund-Strukturen erfahren, so etwa über das Vorhandensein von Salzstöcken, die tief unter der Oberfläche Erdöl-Fallen bilden können. (Über die Entstehung dieser seltsamen, pfropfenartigen Körper aus Steinsalz tief in der Erdkruste werden wir im Kapitel XIX mehr erfahren.)

Gliederung der Erde

Die meisten von uns sind mit der allgemein angenommenen natürlichen Einteilung der Erde in Land, Wasser und Luft gut vertraut. Diese Dreiteilung hat wissenschaftliche Anerkennung gefunden durch Einführung fester Begriffe; so werden unterschieden: (1) die *„Atmosphäre"* oder die gasförmige Hülle, die den Planeten umgibt; (2) die *„Hydrosphäre"* oder der flüssige Mantel, welcher hauptsächlich das Meer umfaßt, aber auch Seen und Flußläufe einschließt; (3) die *„Lithosphäre"* oder die feste Erde, welche nicht nur aus der äußeren Gesteinsschale besteht, die uns als das trockene Land, auf dem wir leben, so vertraut ist, sondern auch aus dem tieferen Erdinnern. Wenn wir auch nur langsam in unserer Story weiterkommen, — für jeden dieser Bereiche gelten gewisse allgemeinere Gesetzlichkeiten, die zunächst in diesem einführenden Kapitel kurz dargelegt werden mögen, ehe sie später eingehender behandelt werden. Die folgenden Abschnitte bringen deshalb zunächst eine Übersicht über ihre wesentlichen allgemeinen Eigenschaften.

Die Hydrosphäre

In manchen Berichten über Raumfahrten wird gesagt, daß die Erde, aus der Ferne betrachtet, wie eine blaßblaue Kugel aussähe, die im Weltraum schimmert. Sehr wahrscheinlich ist das wahr, und, recht betrachtet, dürfte die Erde von allen Planeten wohl der schönste sein — mit ihrer vorherrschend blauen Farbe, mannigfach abgewandelt durch das blendende Weiß der Oberfläche ihres unregelmäßigen Wolken-Baldachins.

Wie viel ihrer Oberfläche tatsächlich von den blauen Wassern der Meere überdeckt ist, überrascht die meisten Leute. Wir sind zumeist Landratten, und das Meer liegt weit außerhalb unseres Alltags-Bereichs. Aber auch diejenigen, die ihren Lebensunterhalt zur See verdienen, sind sich tatsächlich der enormen Ausdehnung des Meeres wenig bewußt; denn die meisten Schiffe verfolgen eine möglichst direkte und kurze Route von einem Seehafen zum andern. Weite Bereiche des Meeres, die einst von jenen „Wanderern" weit entlegener Ozeane, den Walfisch-Fängern, befahren waren, werden heute nur noch selten besucht. Ganze Strecken waren einstmals weiß von den Segeln der Klipper — so jene bekannten Wege wie die Kap-Horn-Route —, heute aber sind diese Pfade vereinsamt: kaum folgen ihnen noch die Dampfschiffe. Unsere vom Festland her bestimmte Anschauung von der Erde ist weiter durch die Tatsache bedingt, daß die meisten nördlichen Länder den Nord-Pazifik, den Nord-Atlantik und den Arktischen Ozean umgürten. Hier liegen in der sogenannten Land-Hemisphäre, welche für die Völker Nordamerikas und Europas von besonderem Interesse ist, 80% der trockenen Erd-Oberfläche beisammen, während sich 90% der Wasser-Oberfläche in weit entfernten Ozeanen befinden, dem Indischen, dem Süd-Pazifischen und dem Süd-Atlantischen.

Eine Kenntnis der tatsächlichen Ausdehnung von Land und Meer ist nützlich, wenn man vergleichende Studien über die Erde machen will, und auch, um einen Sinn für die relativen Gegebenheiten zu bekommen. Die hier genannten Zahlen erscheinen im Licht unserer gegenwärtigen Kenntnisse recht genau; sie geben einen quantitativen Eindruck vom relativen Anteil, den Meer und Land an der Gesamterde nehmen.

Meeresgebiet (70,78 %):	361 000 000 qkm
Landgebiet (29,22 %):	148 900 000 qkm
Oberfläche der Erde insgesamt:	~ 510 000 000 qkm.

Wenn man die durchschnittliche Meerestiefe mit 3810 m annimmt, so bedeutet das, daß die Weltmeere eine ungeheure Wassermenge enthalten — gegen 2700 Millionen Kubikkilometer. Aus diesem gewaltigen Vorratsbehälter werden jährlich durch Verdunstung nahezu 720 000 Kubikkilometer entnommen; dazu kommen noch ungefähr 135 000 Kubikkilometer, die aus den Seen und von der Land-Oberfläche der Erde verdunstet werden. Von der Gesamt-Wassermenge dürften nur annähernd 216 000 Kubikkilometer auf das Land entfallen — was gleichfalls deutlich macht, daß die Ozeane der Welt ein unvergleichlich größeres Areal bedecken als die Festländer.

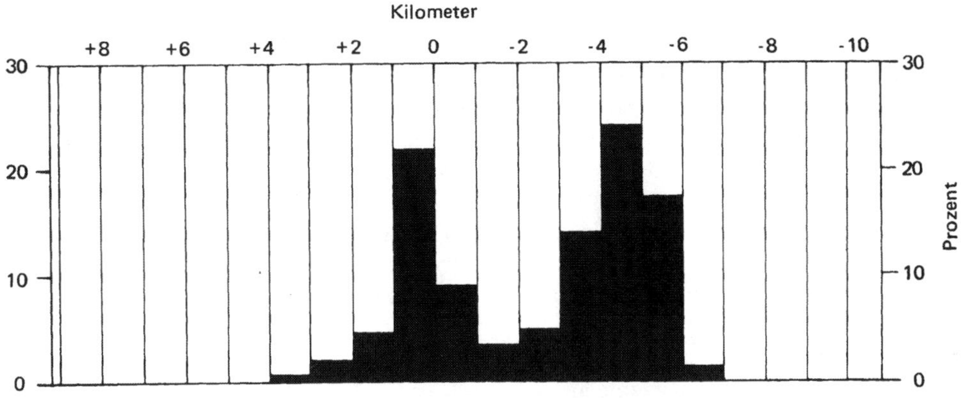

Abb. 7. Höhenverteilung an der Erd-Oberfläche. — Die Säulen bedeuten den Prozentsatz der Oberfläche, deren Höhe dem angegebenen Intervall entspricht. *(Nach Sverdrup, Johnson & Fleming.)*

Das beigefügte Profil (Abb. 7) zeigt die relative Verteilung der verschiedenen Höhen auf der Erd-Oberfläche, ausgedrückt in Prozentzahlen der entsprechenden Flächen. Daraus ist deutlich zu ersehen, daß die extrem hohen Stellen, wie der Mount Everest (+ 8840 m), und die großen Meerestiefen, wie der Marianen-Graben (fast 11 000 m tief), nur einen verschwindend kleinen Prozentsatz der gesamten Erd-Oberfläche ausmachen. Das Diagramm zeigt auch, daß es zwei besonders häufige Höhenlagen auf der Erd-Oberfläche gibt: die eine liegt über dem Meeresspiegel, und zwar bei rund 850 m Höhe, die andere unter dem Meeresniveau, und zwar bei etwa —3960 m. Wenn man sich die Unregelmäßigkeiten des Festlandes vollständig ausgeglichen denkt, würde die Hydrosphäre eine einheitliche, weltumspannende Wasserschicht konstanter Tiefe sein; wir wären alle in einem Universalmeer untergetaucht, dessen mittlere Tiefe mehr als 2,4 km betragen würde. Dies wäre eine Welt, an der wir uns nicht recht freuen könnten — selbst, wenn wir darin zu leben vermöchten, um sie auszuprobieren —, weil sie unerträglich kalt und dunkel wäre und der untermeerische Druck alles überschreiten würde, was wir ertragen könnten. Da eine Wassertiefe von rund 10 m dem Gewicht der ganzen über der Erde stehenden Luftsäule entspricht, bezeichnen wir diese Wassertiefe als eine solche, die 1 Atmosphäre Druck ausübt — gleich 1 kg auf den Quadratzentimeter oder 10 t auf den Quadratmeter.

Bei der viel größeren Dichte des Wassers gegenüber der Luft kann es wohl kaum überraschen, daß der Druck im Meer schnell mit der Tiefe wächst. In 1850 m Tiefe (ungefähr 1 Seemeile) beträgt der Druck etwa 185 kg pro Quadratzentimeter; bei 9000 m Tiefe mißt er gegen 900 kg auf den Quadratzentimeter oder 900 Tonnen auf den Quadratmeter, d. h. 900 mal so viel wie an der Basis der Atmosphäre im Meeresniveau.

Bisher haben wir über die Hydrosphäre gesprochen, als ob sie ident mit dem Meer wäre, und tatsächlich stimmt das auch weitgehend, wie die folgenden Zahlen ausweisen (nach Field):

Wasser	cbkm
in den Ozeanen	2 959 750 000
in der Atmosphäre	32 386
in Gletschern und Eisfeldern	29 237 650
in Seen und Flüssen	494 791
in der Erdkruste	186 941 036
insgesamt	3 176 455 863

Aus diesen Zahlen wird ersichtlich, daß die Meere der Welt nahezu 95 % der gesamten Wassermenge ausmachen, während die vorhandenen Schneefelder und Gletscher nur ungefähr 1 % beinhalten. Nichtsdestoweniger vollführt das Wasser auf der Erd-Oberfläche eine ständige Wanderung, ein Gehen und Kommen, und so vollzieht sich ein fortlaufender Wasseraustausch: durch Verdunstung gelangt Wasser vom Meer in die Luft, um von dort als Regen oder Schnee auf das Land zu fallen und weiter durch Flüsse und Ströme wieder in das Meer zurückzufließen. Viel fällt als Regen auch einfach wieder ins Meer zurück.

Unsere gegenwärtige Kenntnis vom Sonnensystem lehrt uns,. daß flüssiges Wasser in einigermaßen großen Mengen allein für die Erde bezeichnend ist. In der Tat, es steht selbst unter den Bestandteilen der Erd-Oberfläche einzigartig da; denn es kann im festen, im flüssigen und im gasförmigen Zustand unter den Drücken und Temperaturen existieren, die gewöhnlich in unserer Umwelt herrschen. Was für wesentliche Eigenschaften hat nun diese wahrlich bemerkenswerte Substanz? An erster Stelle ist ihre Zusammensetzung die Einfachheit selbst, verglichen mit der Zusammensetzung vieler anderer Verbindungen; denn sie besteht nur aus zwei Elementen: Wasserstoff und Sauerstoff. Indessen ist Wasser jedem der beiden Gase, die es aufbauen, ganz unähnlich, und so will es unglaubwürdig erscheinen, daß es irgendwie mit ihnen in Beziehung steht. Diese Gase vereinigen sich in der Weise, daß zwei Atome Wasserstoff mit einem Atom Sauerstoff in der Anordnung H-O-H zusammentreten; der Chemiker schreibt dafür H_2O. Wenn sich die beiden Gase verbinden, um Wasser zu bilden, was man häufig als Laboratoriums-Demonstration vorführt, erfolgt eine sehr eindrucksvolle Explosion. Eine höchst spektakuläre Illustration dieser kraftvollen Vereinigung war sicherlich die Explosion des deutschen Zeppelins *„Hindenburg"* in Lakehurst (New Jersey) im Jahre 1937.

Reines Wasser gefriert bei einer Temperatur von 0° C; aber kurz, bevor es den Gefrierpunkt erreicht, erlangt es seine größte Dichte bei einer Temperatur von 3,94° C, und während die Temperatur von 4° C auf 0° C sinkt, dehnt sich das Wasser um ungefähr 9 % aus. Aus dieser bemerkenswerten Eigenschaft der Ausdehnung bei Abkühlung erklärt es sich, warum Eis schwimmt — es ist weniger dicht geworden als das Wasser über dem Gefrierpunkt — und warum Seen von der Oberfläche aus gefrieren und nicht vom Boden her. In der Tat ist diese Eigenschaft des Wassers, nämlich eine allmähliche Kontraktion, bis die größte Dichte erreicht ist, und dann eine relativ plötzliche Expansion, die Ursache für die sogenannte „Umschichtung", die sich in Seen vollzieht, kurz bevor sie zufrieren. Das Oberflächen-Wasser sinkt zu Boden, sobald es abgekühlt ist, bis zuletzt der ganze See eine Temperatur von 4° C erreicht hat. Bei weiterem Sinken der Temperatur gefrieren nur die oberen Wasserschichten, da sie nun leichter werden und das Eis nicht durch die spezifisch dichteren Wasserschichten des Sees nach unten sinken kann. Diese „Umschichtung" des Wassers in einem See hat größte biologische Bedeutung; denn das Oberflächen-Wasser, dessen Dichte durch die Abkühlung gestiegen ist, führt beim Absinken Sauerstoff mit sich. Diese Belüftung der unteren Schichten eines Sees macht es den Fischen und anderen Lebewesen möglich, im tiefen Wasser den Winter zu überstehen. Wenn das Eis an der Oberfläche im Frühling schmilzt, wird das Wasser im See erneut umgewälzt.

Meerwasser verhält sich in bemerkenswerter Weise anders als Süßwasser. Es dehnt sich nicht vor dem Abkühlen aus, vielmehr zieht es sich gleichmäßig zusammen, bis es gefriert, was bei Meerwasser mit normalem Salzgehalt bei ungefähr —2° C erfolgt. Eine geologisch bedeutsame Auswirkung dieses Verhaltens ist ein ständiger Zustrom kalten Wassers aus den Polargebieten in die Tiefsee-Bereiche. In diesen verbleibt das Wasser wahrscheinlich lange Zeiten hindurch, da hier keine wesentliche Möglichkeit der Erwärmung besteht; so kann es nicht durch Oberflächen-Wasser ersetzt werden, wie das in Seen mit ihrer Wasserumschichtung der Fall ist.

Zu den bedeutsamen Rollen, die das Wasser spielt, gehört die eines universellen Lösungsmittels. Wenn genügend Zeit zur Verfügung steht, erweisen sich fast alle gewöhnlichen Mineralien in der Erdkruste als wasserlöslich. Diese unsichtbare Fracht an Feststoffen, die aus den Gesteinen und dem Boden herausgelöst wurden — eine Menge, die gegen 2¾ Milliarden Tonnen im Jahr erreicht — und durch Flüsse zu dem endgültigen Ruheort, dem Meer, transportiert werden, ist für dessen Salzgehalt verantwortlich. Die marinen Salze bestehen nun aber bei weitem nicht nur aus Natriumchlorid (NaCl), dem gewöhnlichen Kochsalz, vielmehr konnten etwa 50 der in der Erdkruste gefundenen Elemente auch im Meerwasser festgestellt werden.

Der Salzgehalt des Meeres bleibt über die ganze Erde hin bemerkenswert konstant, und das ist ein gewichtiges Zeugnis für den hohen Grad der Durchmischung seiner Wässer und die Freiheit des Austausches zwischen den einzelnen Teilmeeren. Trotzdem weist der Salzgehalt leichte örtliche Unterschiede auf. Diese zeigen sich besonders deutlich in den Oberflächen-Schichten; sie sind die Wirkung (1) lokaler überdurchschnittlicher Verdunstung, die das Wasser salziger als gewöhnlich macht — so in abgeschlossenen, von Festland umgebenen Meeren, wie dem Mittelmeer, dem Roten Meer und dem Persischen Golf, — oder (2) erhöhten Niederschlags und entsprechender Verdünnung des Meerwassers in den äquatorialen Bereichen der Erde mit einer sich daraus ergebenden Verminderung des Salzgehalts, (3) der Einmündung wasserreicher Flüsse, wie des Amazonas, und (4) des Zustroms großer Süßwasser-Mengen durch Eisschmelzen, z. B. im Arktischen Ozean und in der Ostsee.

Die in Meerwasser mittlerer Zusammensetzung gelösten Mineral-Bestandteile betragen etwa 3,5% des Gesamtgewichts oder (wie meist gesagt wird) 35‰, und hieran hat Natriumchlorid bei weitem den Hauptanteil; denn es macht 77,70% des Gesamtgewichts normalen Meerwassers aus. Das steht in völligem Gegensatz zum Chemismus des Flußwassers, das in der Regel nur eine Spur von NaCl enthält. Ähnliche Gegensätze im Chemismus des Fluß- und Meerwassers zeigen sich auch bei geologisch so bedeutsamen Komponenten, wie sie die Sulfate darstellen: 0,378% im Meer, aber nur 0,057% in den Flüssen. Umgekehrt verhalten sich die Karbonate: 0,288% weist das Flußwasser, aber nur 0,00105 % das Meerwasser auf. Die Kieselsäure, ein sehr wichtiger Bestandteil der Erdkrusten-Gesteine, zeigt folgende Beziehungen: 0,05 % in den Flüssen gegen lediglich 0,0004 % im Meer (Fox 1951).

Das gegensätzliche Verhalten der Haupt-Lösungsgenossen hinsichtlich der Häufigkeit in den Flüssen und im Meer ist aus der folgenden schematischen Darstellung ersichtlich; in der Tat, auf den ersten Blick erscheinen diese Verhältnisse wirklich sehr merkwürdig:

	Meer	Flüsse
am meisten vorhanden	NaCl	$CaCO_3$
am wenigsten vorhanden	$CaCO_3$	NaCl

Wo ist der Kalk ($CaCO_3$) des Flußwassers geblieben, und warum dominiert das Kochsalz im Meerwasser, wenn Flußwasser, das doch die Hauptzufuhr liefert, nur so geringe Mengen davon enthält? Kalk ist weniger löslich als Kochsalz und fällt darum eher aus der Lösung wieder aus. Er wird dem Meer in großen Mengen auch durch Organismen entzogen, deren Aufbauleistungen von der Herstellung feiner Schalen, die selbst unter starken Mikroskopen kaum zu sehen sind, bis zur Errichtung ganzer Korallenriffe reichen. Die steilen Außenhänge solcher Riffe steigen als Wälle aus der Tiefe des Meeres auf, und sie können Längen von 1600 km erreichen, wie das bei dem unvergleichlichen Beispiel des Großen Barriere-Riffs vor Australien der Fall ist. — Auch Kieselsäure wird dem Meerwasser durch mikroskopisch feine, aber wunderbar verzierte Pflanzen, wie die Diatomeen, oder einzellige Tiere, wie die Radiolarien, entzogen. Deren Reste rieseln wie ein pausenloser Regen aus den oberflächennahen Wasserschichten hinab, um sich als ausgedehnte Schlammlagen in den Tiefsee-Bereichen des Meeres anzusammeln.

Salz andererseits ist für die Organismen als Bestandteil von Skeletten oder Zähnen unbrauchbar; denn schon bei einer geringen Abnahme der Konzentration würde es fast unmittelbar wieder in Lösung gehen. Die Salinität, die zu seiner Ausfällung erforderlich wäre, entspricht einer Sole, die vielmals konzentrierter als Meerwasser ist; ein solches Wasser wäre so salzig, daß es nur relativ spezialisierte Lebensformen vertragen könnten. Das Natrium des Meeres stammt wohl in der Hauptsache aus dem Gesteinsmaterial der Lithosphäre, aus dem es durch Verwitterung und Erosion freigesetzt wird. Die Herkunft des Chlors im Ozean ist ein schwierigeres und umstrittenes Problem. Sehr wahrscheinlich haben Vulkane, Fumarolen, heiße Quellen und Geysire im Laufe der geologischen Zeiten dieses Gas dem Meere zugeführt (Lotze 1932). Noch mehr Kopfzerbrechen macht die Frage, woher die ungeheure Wassermenge der Erde überhaupt stammt. Wir können keine klare Antwort geben, aber die Vermutung liegt nahe, daß es gleichfalls aus dem Erdinnern gekommen ist und durch vulkanische Tätigkeit zur Oberfläche gelangte.

Das Wasser hat noch eine ganze Zahl weiterer Eigenschaften, die bei einer allgemeinen Betrachtung der Hydrosphäre erwähnt zu werden verdienen. Um nur eine herauszugreifen: entgegen verbreiteter Vorstellung ist Wasser etwas komprimierbar, und so nimmt seine Dichte mit der Tiefe und wachsendem Druck zu. Wasser hat z. B. bei einer Temperatur von 20 °C an der Oberfläche eine Dichte von 0,9980; in einer Tiefe von 2000 m würde bei gleicher Temperatur die Dichte auf 1,0064 gestiegen sein (Hutchinson 1957). Wenn das Wasser die ganze Strecke bis zum Meeresboden hin seine Dichte unverändert beibehielte, würde der Meeresspiegel ca. 30 m höher liegen, als es wirklich der Fall ist (Kuenen 1955).

Eine letzte wichtige Eigenschaft — wichtig darum, weil sie das Klima steuert und viele Lebensphasen beeinflußt — ist die große Wärmespeicherungs- und Wärmeleitungs-

Fähigkeit des Wassers. Diese Eigenschaft hält unsere Wärmflaschen heiß und bewahrt unsere Tasse Kaffee an einem kalten Tag vor dem Einfrieren; sie macht das Wasser zugleich zu einem recht wirksamen Kühlmittel, wenn es durch einen Kraftwagen-Motor zirkuliert. Eine der bedeutsamsten Wirkungen der enormen Wärmekapazität des Wassers ist der Einfluß, den die Ozeane auf die Klimate der Erde ausüben. Sie mildern die sonst extremen Temperatur-Schwankungen in den angrenzenden Landgebieten, und — was noch bedeutsamer ist — sie transportieren eine erstaunliche Wärmemenge aus den heißeren zu den kälteren Bereichen durch die Meeresströmungen, z. B. den Golf-Strom. Dessen nordwärtiger Wärmefluß mäßigt das Klima von Skandinavien und Großbritannien, das sonst mehr demjenigen Labradors entsprechen würde.

So ist das Wasser von fast jedem Gesichtspunkt aus eine wahrhaft bemerkenswerte Substanz, und ohne sein Vorhandensein wäre kein Leben von der Art, wie wir es kennen, auf der Erde möglich. Von seinen Eigenschaften haben folgende eine ganz entscheidende Bedeutung: (1) seine Wärmekapazität, die es zur Aufspeicherung von Sonnenenergie befähigt, (2) seine Fähigkeit, als universelles Lösungsmittel zu dienen, und (3) seine außergewöhnlichen physikalischen Eigenschaften, die es ihm ermöglichen, unter den an der Erd-Oberfläche auftretenden Temperaturen und Drücken als Gas, als fester und als flüssiger Körper zu existieren.

Die Atmosphäre

Ein unsichtbares Luftmeer umgibt die Erde, und von dem empfindlichen Gleichgewicht seiner Temperatur, Dichte und Zusammensetzung hängt unser Leben ab. Obwohl wir die Luft nicht wirklich sehen, da sie ein gänzlich farbloses Gasgemisch hauptsächlich aus Stickstoff und Sauerstoff darstellt, nehmen wir doch auf vielfache Weise ihr Vorhandensein wahr. So stellt sie eine immer gegenwärtige Reibungsbremse gegenüber Geschossen, Flugzeugen, ja selbst so erdgebundenen Schöpfungen wie Kraftwagen dar. Ferner ist die Atmosphäre für das Wetter und die uns so vertrauten Erscheinungen Nebel, Schnee, Regen, Wolken, Wind u. ä. verantwortlich; dabei ist sie auch der Träger des „Smogs", jenes alles durchdringenden Rauchnebels, der heute unser städtisches Leben so sehr gefährdet.

Die Existenz der Luft als einer Ganzheit wurde schon in alten Zeiten erkannt, und die Griechen schrieben ihr den gleichen Status zu wie den anderen „Elementen" ihres Kosmos — Feuer, Wasser und Erde. Daß die Luft eine physikalische Mischung und nicht eine Art chemischer Verbindung ist, erkannte man erst im 18. Jahrhundert nach der Entdeckung des Kohlendioxyds im Jahre 1754, des Stickstoffs im Jahre 1772 und des Sauerstoffs gegen 1773. Daß neben dem Stickstoff noch ein anderer chemisch träger Bestandteil in der Luft vorhanden sei, vermutete Henry Cavendish, ein Pionier der Erddichte-Bestimmung, schon 1785, aber substantiell bewiesen wurde das erst 1892 mit der Entdeckung des Argons durch Lord Rayleigh.

Heute wissen wir, daß trockene Luft sich hauptsächlich zusammensetzt aus (Bates 1957):

Stickstoff	78,08 %
Sauerstoff	20,95 %
Argon	0,93 %
Kohlendioxyd	0,03 %
Seltene Gase	0,01 %

Wasserdampf, ein für unser Wohlbefinden so außerordentlich bedeutsamer Bestandteil, ist in der Atmosphäre ungleichmäßig verteilt; sein Gehalt schwankt zwischen nahezu Null und einem Maximum von rund 5 %. Auf diesen an sich bescheidenen Wasserdampf-Gehalt geht mittels Kondensation alles flüssige oder feste Wasser zurück, das wir in der Atmosphäre oder auf dem Erdboden in so verschiedenen Formen wie Tau, Nebel, Regen, Hagel oder Schnee sehen.

Ein anderer, geringerer Bestandteil der Atmosphäre ist die Kohlensäure (Kohlendioxyd), die ein so lebenswichtiges Glied im Prozeß der Fotosynthese darstellt. Die vorhandene Menge ist, verglichen mit der Gesamtheit der Atmosphäre, gering; wie die Tabelle (oben) zeigt, beträgt sie nur 0,03 %. Recht erstaunlich ist die Tatsache, daß ihr Anteil an der Luft von 1900 bis 1935 anscheinend um rund 9 % zugenommen hat, was einem faktischen Mengenzuwachs von 200 000 Millionen Tonnen entspricht (Bates 1957). Dieser Zuwachs mag zum Teil auf die schwindelerregenden Mengen von Kohle und Öl zurückzuführen sein, die seit Beginn der Industriellen Revolution verbrannt wurden.

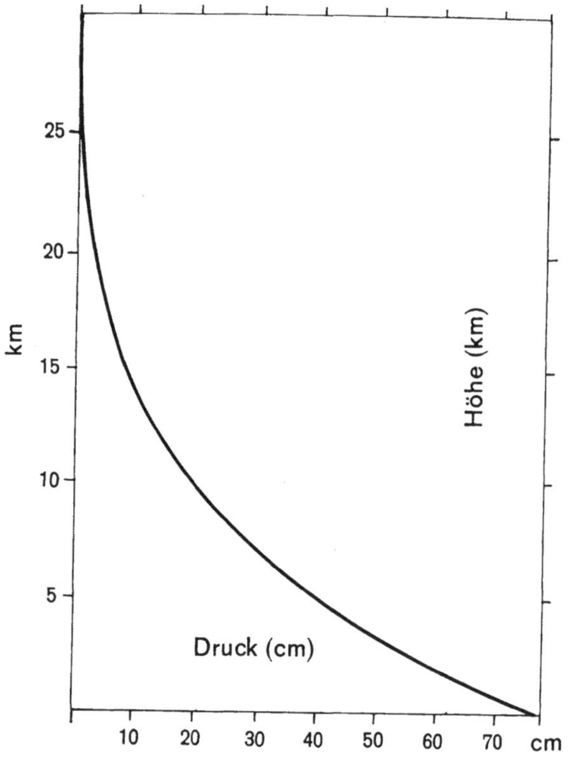

Abb. 8. Der mittlere atmosphärische Druck über der Erd-Oberfläche in seiner Abhängigkeit von der Höhe. *(Nach Strahler, 1951.)*

Erstaunlich ist das riesige Gewicht der Atmosphäre. Überall an der Erd-Oberfläche ergibt es im Meeresniveau eine Belastung von rund 1 kg pro qcm = 10 Tonnen pro Quadratmeter. Daß wir unter dieser riesigen Last nicht ganz und gar plattgedrückt werden, verdanken wir der Tatsache, daß unsere Körperflüssigkeiten und die darin gelösten Gase sich damit im Gleichgewicht befinden. Einige unter uns kennen das Angstgefühl, das wir empfinden, wenn wir aus unserm engen Toleranzbereich herausgerissen und höheren Drücken (z. B. durch Tauchen im Meer) oder stark verminderten Drücken ausgesetzt werden, wie sie beim Flug in großen Höhen auftreten. So plötzliche Druckveränderungen, wie sie durch das Versagen der Druckkabine eines Flugzeuges entstehen können, vermögen in 6000 m Höhe die totale Zerstörung der Maschine und den Tod aller Personen zur Folge zu haben. Das macht uns in drastischer Weise deutlich, wie bedeutungsvoll selbst ein leichter Druckunterschied in der Atmosphäre sein kann, wenn davon eine genügend große Oberfläche betroffen wird.

Der rasche Druckabfall mit der Höhe ist im beigefügten Diagramm (Abb. 8) dargestellt. Der durch ein Barometer angezeigte Druck wird praktisch gleich Null in einer Höhe von etwa 35 km, verglichen mit rund 760 mm im Meeresniveau. (Das bedeutet, daß das Gesamtgewicht einer Luftsäule durch eine Quecksilber-Säule von 760 mm Höhe und einer gleichen Basisfläche im Gleichgewicht gehalten wird.) Weil die Luft auf hohen Bergen dünn ist, wird das Atmen beschwerlich, und wir sind deprimiert darüber, wie schwach unsere Leistungen werden. Kartoffeln werden nicht weich, wenn wir sie im Wasser kochen, das zwar heftig siedet, aber nur lau bleibt. Autos arbeiten ohne Effekt, und Flugzeuge reagieren träge auf die Steuerung.

Die auffällige Dichtezunahme zur Basis der Atmosphäre hin bestätigt eindringlich die Tatsache, daß Luft eine hochkompressible Substanz ist, vor allem im Vergleich zu einer Flüssigkeit wie Wasser. Die Temperaturänderungen, die Luft erfährt, wenn sie zusammengedrückt oder ausgedehnt wird, sind fast jedermann vertraut. Wenn Luft komprimiert wird, erwärmt sie sich, und das ist — um ein extremes Beispiel zu bringen — das Prinzip, das bei der Dieselmaschine ausgenutzt wird. Luft wird in den Zylindern bis zu einem Druck von rund 33 kg/cm² (= 3,3 Atmosphären) komprimiert; die Temperatur steigt dabei auf etwa 480 ° C, und da entzündet sich der Treibstoff, ohne daß Zündkerzen benötigt werden. Umgekehrt kühlt sich die Luft rasch ab, wenn sie sich ausdehnt; wir spüren das an dem Luftstrom, der aus dem Ventil eines Autorades entströmt oder unwillkommen und plötzlich aus einem Loch im Gummireifen.

Das Druck-Temperatur-Verhältnis in der Luft ist deshalb von höchster Bedeutung, weil es den Wasserdampf-Gehalt der Luft steuert und damit entscheidet, ob die Luft mehr Wasser aufnehmen kann oder nicht oder ob sie Wasser, das sie enthält, abgeben muß. Generell ist die Wasseraufnahme-Fähigkeit warmer Luft größer als die kalter. Luft, die zusammengedrückt wird, nimmt Feuchtigkeit auf, statt solche abzugeben. Ein gutes Beispiel ist der Wind, der einen steilen Berghang herunterfällt; ein derartiger Luftstrom wird komprimiert, so wie er sich aus dem Niveau dünnerer Luft in ein solches dichterer bewegt. Da somit seine Temperatur steigt, erhöht sich auch seine Wasseraufnahme-Fähigkeit, und das hat zur Folge, daß er zu einem heißen, trockenen Wind wird, obgleich er von den Gipfeln einer schneegekrönten Bergkette kommt. Bekannte Beispiele hierfür sind der Föhnwind der Alpen und in Amerika der sogenannte Chinook, der fast über Nacht den Schnee von den Hochflächen östlich der Colorado-Rockies wegwischen kann. — Umgekehrt dehnt sich aufsteigende Luft entsprechend der zunehmenden Druckverminderung mit wachsender Höhe aus und wird um so kälter, je höher sie emporsteigt. Bei trockener Luft sinkt die Temperatur für je 100 m Anstieg um rund 1 ° C; man nennt das „adiabatischen Effekt". Wenn der Wasserdampf in der Luft kondensiert, sinkt der adiabatische Effekt auf rund 0,6 ° C je 100 m Höhendifferenz, weil dann die Kondensationswärme des Wassers hinzukommt.

Aber auch dann, wenn die Luft vollkommen ruhig ist, nimmt die Temperatur mit zunehmender Höhe ab. Diese Erscheinung sei hier als „Wärmeabfall" bezeichnet; sie ist jedem Bergsteiger vertraut. Dieses Kälterwerden der Luft mit zunehmender Höhe tritt uns sinnfällig vor Augen in dem vertrauten Bild, daß Ebenen am Fuß einer Bergkette unter der Sommersonne glühen, während die fernen Gipfel, die über sie emporragen, unter einer weißen Decke ewigen Schnees schimmern. Zwischen diesen Extremen sind die Berghänge mit Wäldern bekleidet, deren zonenhaft wechselnde Zusammensetzung die Temperaturverminderung entsprechend der Höhenzunahme widerspiegelt. Nahe dem Fuß der Gebirge besteht der Wald vorwiegend aus Laubbäumen, die ihre Blätter im Winter abwerfen; in größerer Höhe herrschen Bestände von Kiefern, Föhren und anderen immergrünen Nadelbäumen vor. In Gipfelnähe bleiben nur noch windzerzauste Krüppelbäume und arktische Sträucher übrig.

Alle diese auffallenden Unterschiede sind Ausdruck einer Kombination hauptsächlich des adiabatischen Effekts und des Wärmeabfalls. Das beigefügte Diagramm (Abb. 9) zeigt die Auswirkung der letzteren; die entsprechende Temperaturabnahme beträgt rund 0,7 ° C auf je 100 m Höhenzunahme über Meeresniveau.

Eine eindrucksvolle Auswirkung dieser Temperaturverminderung mit der Höhe sind die Schneefelder des Kilimandscharos in Äquatorial-Afrika sowie diejenigen an den Hängen der Anden in Ekuador; aber in diesen tropischen Ländern muß man auf Höhen von 4500 m oder mehr hinaufsteigen, um die Schneegrenze zu erreichen. In mittleren Breiten, in Gebirgen wie den Alpen oder den Rocky Mountains von Colorado, liegt die Schneegrenze bei 2700 oder 3000 m, und in Alaska oder Süd-Grönland erreicht sie zwischen 60° und 70° nördlicher Breite den Meeresspiegel.

Das Temperatur-Diagramm (Abb. 9) zeigt, daß von etwa 10600 km Höhe ab die Lufttemperatur mit zunehmender Höhe über NN nicht weiter abnimmt, daß sie vielmehr wieder leicht ansteigt. Diese ausgeprägte Temperatur-Unstetigkeit heißt *„Tropopause"*, die Atmosphäre unter ihr, d. h. der Teil, in dem wir leben, *„Troposphäre"* und der Teil der Atmosphäre, der oberhalb der Tropopause liegt, *„Stratosphäre"*.

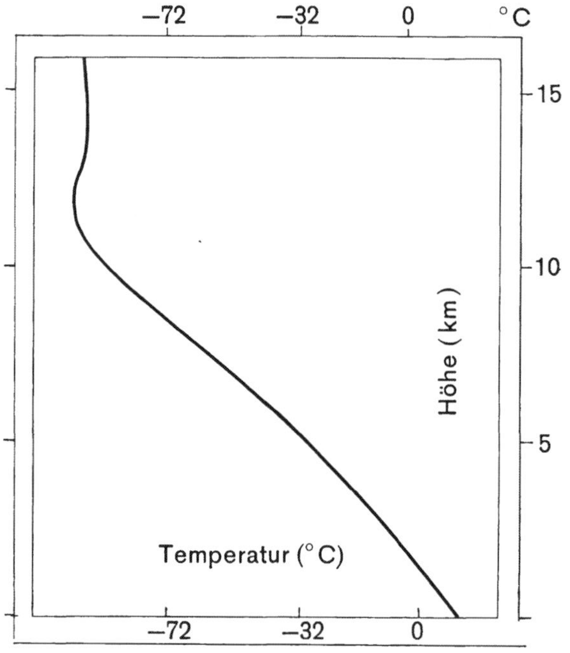

Abb. 9. Die mittlere Temperatur der Atmosphäre in ihrer Abhängigkeit von der Höhe. — Die Grenze zwischen der Stratosphäre und der Troposphäre liegt bei rund 11 km. *(Nach Strahler, 1951.)*

Die Höhenlage der Tropopause ändert sich mit der geographischen Lage auf der Erde weitgehend in der gleichen Weise wie die Pol-wärtige Höhenabnahme der regionalen Schneegrenze. Die Tropopause liegt in den Tropen rund 16 km über dem Meeresspiegel, in den mittleren Breiten ist sie 11 km hoch, in den Polarbereichen ist sie auf ungefähr 8 km abgesunken. Da die Temperaturabnahme durch Wärmeabfall für die ganze Troposphäre konstant und dabei unabhängig von deren Dicke ist, bewirken die Höhenunterschiede, daß die Temperatur an der Tropopause in den Tropen bei rund —79 ° C liegt, nahe den Polen dagegen bei —46 ° C.

Die Tropopause bedeutet praktisch die Obergrenze der Turbulenz in der Erdatmosphäre; die Troposphäre darunter ist eine Zone wechselnder Winde, zyklonischer Stürme, von Schnee und Regen. Sie ist auch der Teil der Atmosphäre, der nahezu den gesamten Staub und Wasserdampf enthält. Die Luft der Stratosphäre ist kalt, klar und extrem trocken; keine zyklonischen Stürme stören sie, und es gibt in ihr auch keine echten Wolken, außer im untersten Teil, der durch federförmige, feine Cirrus-Wolken gekennzeichnet ist — diese bestehen aus kleinsten, schwebenden Eisnadeln — und durch die Kondensstreifen hochfliegender Düsenmaschinen.

Wie hoch reicht nun die äußere Atmosphäre? Von welcher Art ist ihre Grenze zum Weltraum? Die Antwort auf diese Fragen ist einfach: niemand weiß es bisher. Die Schwierigkeit liegt zum Teil in der faktischen Unmöglichkeit, eine Obergrenze für ein unglaublich diffuses, gasförmiges Gemisch anzugeben, das aus weit voneinander entfernten Molekülen der Elemente Wasserstoff, Helium und Sauerstoff besteht — einige derselben entweichen in den äußeren Weltraum, während andere durch die Schwerkraft in die Erdatmosphäre zurückgezogen werden. So dünn wird diese obere „Luft", daß ihre Dichte in einer Höhe von etwa 100 km nur etwa ein Millionstel derjenigen im Meeresniveau beträgt.

Ein sehr kostspieliger Aufwand an Forschungsarbeit ist von den Vereinigten Staaten und der Sowjetunion seit dem Zweiten Weltkrieg getrieben worden, indem man die oberen Niveaus der Atmosphäre mittels Raketen untersuchte. Es wurde bereits festgestellt, daß die höhere Atmosphäre einen weit komplizierteren inneren Aufbau zeigt, als er den relativ einfachen Vorstellungen zugrunde lag, die man noch vor wenigen Jahren hegte. Aus der Höhe des Polarlichts läßt sich schließen, daß so etwas wie eine Atmosphäre noch in einer Entfernung von 1200 km besteht, allerdings so dünn, daß sie mit unseren Sinnen nicht wahrgenommen werden kann. Um nur ein einziges Beispiel für die komplizierten Verhältnisse dieser höheren Atmosphäre anzuführen: Die Temperatur scheint außerhalb der Stratosphäre nicht um einen konstanten Betrag abzunehmen, vielmehr ändert sie sich unregelmäßig, und zwar zum Teil in Abhängigkeit von der vorherrschenden Zusammensetzung der verdünnten Atmosphäre. Noch viel mehr Kenntnisse müssen gewonnen werden, ehe Ausmaß und Verbreitung dieser Temperaturzonen der großen Höhen mit Sicherheit angegeben werden können; immerhin reicht das Beobachtungsmaterial aber schon aus, um sagen zu dürfen, daß oberhalb der Stratosphäre die Temperatur anscheinend zunächst bis auf ungefähr 0 °C ansteigt und dann wieder auf etwa —52 °C absinkt; das gilt für die Obergrenze der sogenannten Mesosphäre in einer Höhe von etwa 80 km, der gleichzeitig die Grenze der vorauszusetzenden Meßgenauigkeit entspricht. Dann soll die Temperatur wieder ansteigen, bis sie bei 560 km den hohen Wert von über 1000 °C erreiche; so nimmt man wenigstens auf Grund noch sehr bruchstückhafter und unsicherer Informationen an.

Nur wenige dieser Erscheinungen in der oberen Luft haben eine direkte Bedeutung für die Geologie, aber einige sind für die Natur von Belang, ja, sie bedingen sogar die Lebensmöglichkeit auf der Erde. Die Atmosphäre wirkt wie eine wärmende Decke; sie verhütet, daß die von der Sonne empfangene Wärme sogleich wieder in den Weltraum zurückgestrahlt wird. Die Atmosphäre schützt uns vor den zerstörenden Kurzwellen-Emissionen der Sonne, so vor der Ultraviolett- und Röntgen-Strahlung. Sie läßt aber glücklicherweise (von unserem Standpunkt aus) die sichtbare Strahlung durch, die in so starkem Maße zu unserem Leben gehört. Sie wirkt auch wie ein mächtiger Schutzschild gegen kosmische Strahlungspartikel und den Regen von Meteoriten-Bruchstücken, die sonst die Erd-Oberfläche unter pausenlosen Beschuß nehmen würden.

In der Geologie betrifft unser Hauptinteresse verständlicherweise den Teil der Atmosphäre, der in direktem Kontakt mit dem Meer oder dem Festland steht. Denn dieser bringt Regen und Dürre, Hitze und Kälte, Wind und Flaute und all die unendliche Mannigfaltigkeit der tagtäglichen Himmels- und Wolkenerscheinungen, die wir „Wetter" nennen. Ein erheblicher Teil dieser Vorgänge wird durch Luftbewegungen in der Troposphäre gesteuert.

In diesem ersten Kapitel wurde indessen die Atmosphäre so beschrieben, als ob sie im wesentlichen statisch wäre, und die Hauptbetonung lag auf ihrem schichtförmigen Aufbau im Hinblick auf Temperatur und Druck.

Die Lithosphäre

Die dritte der drei Domänen, welche die zugänglichen Teile der Erde darstellen, ist die Gesteinsschale. Ihr Material bildet das trockene Land, auf dem wir leben, und sie ist auch der Bereich, der die Landschaftsformen trägt, welche die Erde zu dem einzigartig wundervollen Gebilde machen, das sie ist.

Jeder beobachtende Mensch bemerkt die deutlichen Unterschiede des Materials, aus welchem die Erde besteht; und die physikalische Natur dieser Unterschiede, ihre Bedeutung und ihre Entstehung — soweit wir diese ergründen können — gehören zu den Hauptfragen, die die Geologie zu beantworten trachtet. Man braucht nur ein großes Museum zu besuchen und dessen Sammlung von Mineralien, Erzen, Fossilien und Gesteinen beiläufig anzuschauen, um sich bewußt zu werden, welche große Mannigfaltigkeit, ja welch gänzliche Verschiedenheit bei den Substanzen herrscht, die die oberen Schichten der Erdkruste aufbauen. Ein monumentales Gebäude, wie ein Regierungsgebäude, eine Stadthalle, ein Gerichtsgebäude oder eine große Bank, enthält gewöhnlich verschiedene Arten von Bausteinen, so in seiner Fassade, in den Wandelgängen und Hallen: weißen Marmor, roten Granit, grünen Serpentin, rötlich-gelben Travertin und bunte Brekzien aller Art. Alle diese Bausteine sind von eindrucksvoller Vielfalt hinsichtlich ihrer Texturen und Farben; sie sind schon an sich ein Beweis für die unterschiedliche Natur der Erdkruste. Einige Erklärungen für diese Form- und Substanz-Verschiedenheiten der Materialien, die die feste Erde aufbauen, wird das nächste Kapitel bringen sowie auch das weiter folgende, das über die Gesteine handelt; und die Geschichte ihrer Entstehung zu erzählen, bedeutet, eine weite Reise anzutreten.

Bevor wir von einem Meer von Einzelheiten überschwemmt werden, welche die verschiedenen Gesteinstypen betreffen, ist es beruhigend zu wissen, daß all die mannigfaltigen Gesteine, welche den wesentlichen Bestandteil der Lithosphäre ausmachen, in drei größere Kategorien eingeteilt werden können. Diese dreifache Unterteilung nennen wir „genetische Klassifikation"; denn sie basiert auf der Entstehung (oder „Genesis") des beschriebenen Gegenstandes. Abgesehen von unvermeidlichen Ausnahmen, Grenzfällen und Überschneidungen werden die Gesteine der Erde in die folgenden Großkategorien eingeteilt: in magmatische, sedimentäre und metamorphe (= Magmatite, Sedimentite und Metamorphite).

Magmatische Gesteine (Magmatite)

Unter „magmatischen Gesteinen" (Magmatiten) verstehen wir Gesteine, die sich durch die Erstarrung einer Silikatschmelze gebildet haben; eine solche heißt *„Magma"* (knetbare Masse). Eine ziemlich bekannte Abart solchen Materials ist *Lava,* und gewiß haben die meisten von uns Fotos davon gesehen, wie sie in den Kratern von Vulkanen steht oder in flüssiger Form aus ihren Flanken hervorströmt. Die verschiedenen Varietäten magmatischer Gesteine, die auf der Erd-Oberfläche oder in ihrer Nähe aus erstarrender Lava auskristallisieren, werden gewöhnlich „vulkanische Gesteine" (= Vulkanite) genannt.

Andere magmatische Gesteine, wie z. B. Granit, kristallisieren in Bereichen weit unterhalb der Erd-Oberfläche; und wegen des tiefen, unzugänglichen Bereichs, in welchem sie sich bilden, werden solche Magmatite als „plutonische Gesteine" (= Plutonite) bezeichnet (nach Pluto, dem griechischen Gott der Unterwelt).

Auch Granit mag sich aus Magma gebildet haben, aber inwieweit dieses der Lava ähnlich ist, läßt sich schwer sagen. Nach 160 Jahren wissenschaftlichen Streits ist auch heute noch eine lebhafte Debatte über die Herkunft des Granits im Gang. Aber man scheint sich doch ziemlich allgemein dahingehend einig zu sein, daß das Magma, aus dem sich Granit bildet, eine Schmelze ist, daß seine Temperaturen hoch sind — gelegentlich so hoch, daß die umgebenden Randgesteine zu rekristallisieren vermögen — und daß es, wenn auch ein „bemerkenswerter Teil" von ihm flüssig ist, einen beträchtlichen Prozentsatz früh ausgeschiedener Mineralien enthält, die in ihm schwimmen. Man ist übereinstimmend der Ansicht, daß sich Magma im Untergrund langsamer abkühlt als Magma an der Oberfläche, und infolgedessen sind die Mineralkristalle in dem gebildeten plutonischen Gestein — sprich: Granit — viel größer als in einem typischen, feinkörnigen, an der Oberfläche erkalteten vulkanischen Gestein, wie z. B. Basalt.

Sedimentgesteine (Sedimentite)

Von den drei Gesteinsfamilien sind die Sedimentite wohl am leichtesten zu verstehen; denn viele von ihnen zeigen noch eine große Ähnlichkeit mit den Materialien, aus denen sie entstanden sind, und viele Prozesse, die für ihre Bildung verantwortlich sind, spielen sich vor unseren Augen ab oder vollziehen sich wenigstens in Bereichen, die einigermaßen zugänglich sind.

Wenn magmatische Gesteine als primär aufgefaßt werden können, so können Sedimentgesteine als sekundär oder als Derivate gelten — in dem Sinne, daß sie Überbleibsel vorher existierender Gesteine sind. Beispiele von Sedimentgesteinen dieses Typs sind: 1. Sandstein, der aus zusammengekitteten Sandkörnern besteht; 2. Konglomerat, das sich aus gerundeten Bruchstücken in Form von Kies, Geröllen oder Geschieben zusammensetzt, und 3. Schieferton, welcher aus sehr kleinen Partikeln besteht, deren Durchmesser bis zur Größe von Tonteilchen abnehmen kann.

Eine Konzentrierung von Lösungs-Rückständen, wie Steinsalz, Gips, Chile-Salpeter oder verschiedenen Kalkstein-Arten — um nur wenige der vielen Möglichkeiten zu nennen —, kann durch chemische Ausfällung aus Meer- oder Seewasser erfolgen, und andere, miteinander verwandte Sedimentgesteine können sich durch Anhäufung mannigfaltiger organischer Reste bilden.

Im allgemeinen lagern sich die Sedimentgesteine an der Oberfläche der Erde ab, entweder auf dem festen Land oder auf dem Boden von Seen oder Meeren. Sie bilden sich in Bereichen, die der Beobachtung und dem Studium zugänglicher sind als die Tiefen, in denen sich plutonische Gesteine verfestigen oder metamorphe Gesteine umformen. Da sich die Sedimentgesteine durch langsame Ablagerung von Material aufbauen, bestehen sie in typischer Weise aus Schichten. Diese werden auch „Straten" genannt; eine Einzelschicht ist ein „stratum" (der Name kommt direkt aus dem Lateinischen und bedeutet „Decke" oder „Straßenpflaster", abgeleitet von „stratus", Partizip von „sternere" = ausbreiten). Die Einzelschichten können zwischen papierdünnen Blättern und massigen Bänken von 30 und mehr Meter Dicke schwanken.

Metamorphe Gesteine (Metamorphite)

Die Metamorphite sind diejenigen Gesteine, die den Geologen die größten Rätsel aufgaben; denn sie bilden sich nicht an der Oberfläche, sondern scheinen Produkte des Einflusses von Hitze, Druck und chemischer Aktivität zu sein, die auf Gesteine innerhalb der Erde lange Zeitspannen hindurch einwirken — lang wenigstens, gemessen in unserem menschlichen Zeitmaß. Diese Faktoren bewirken entweder eine teilweise oder eine vollständige Umkristallisierung der Gesteinsmineralien. Neue Mineralien erscheinen, und diese können ein ganz neues Gefüge bzw. eine besondere Anordnung untereinander aufweisen. Statt eine zufällige Orientierung zu zeigen und irgendeinem Kurs zu folgen, wie das für viele magmatische Gesteine zutrifft, können sich die Mineralien bei der Bildung mancher metamorpher Gesteine unter gelenkter Beanspruchung parallel zueinander ausrichten, wie die Geldstücke in einer Rolle.

Bei manchen Typen der Metamorphite erleidet das Gestein bei der Umkristallisation seiner Mineralien nur eine geringe oder gar keine Änderung der chemischen Zusammensetzung. Die schon vorhandenen chemischen Elemente gruppieren sich unter den gegebenen Bedingungen höherer Temperaturen und Drücke um und bilden neue Mineralien, die in dem veränderten Untergrund-Milieu stabil sind. In anderen Fällen entstehen neue Mineralien, weil heiße, hoch-mineralisierte Gase oder Flüssigkeiten, die in der Erde zirkulieren, neues Material zuführen, sehr oft verbunden mit plutonischen Vorgängen.

Die metamorphen Gesteine sind fast durchweg komplex, da ihre Entstehungsweise nicht einfach, sondern sehr mannigfaltig ist. Sie können aus jeder Art Gestein hervorgehen: aus Magmatiten, Sedimentiten oder sogar aus Gesteinen, die vorher schon metamorphosiert worden waren. Wenn sie irgendeinen gemeinsamen Faktor aufweisen, so ist es die Kristallinität, und wie die magmatischen Gesteine bestehen sie aus einem Gefüge ineinander greifender kristalliner Mineralien. Abweichend von den normalen Magmatiten zeigen sie vielfach eine starke Bänderung, und diese kann, oberflächlich betrachtet, der Schichtung der Sedimentgesteine ähneln; aber die Bänder bestehen aus ineinandergreifenden Kristallen, die sich in verschieden gefärbte Lagen — die einen hell, die andern dunkel — sondern, und nicht aus unterschiedlichen Einzelkörnern, die sich schichtweise abgelagert haben. Eine nähere Betrachtung wird zeigen, daß die Bänderung oder „Schichtung" — bei metamorphen Gesteinen „Schieferung" genannt — mit der Parallelordnung der Mineralien zusammenhängt. Diese Schieferung ist bei nur mäßiger Ausprägung charakteristisch für jenes Gestein, das wir „Gneis" nennen und das einem gestreiften Granit sehr ähnlich sein kann. Wenn die Schieferung besser entwickelt ist, verursacht sie, das Gestein durchziehend, Flächen verminderten Zusammenhalts infolge der Parallelordnung flächiger, schuppenförmiger Mineralien, wie Glimmer. Da das Gestein entlang solchen Flächen leicht spaltet, sagen wir, es weist eine schiefrige Spaltbarkeit („cleavage") auf; Dachschiefer ist ein vorzügliches Beispiel.

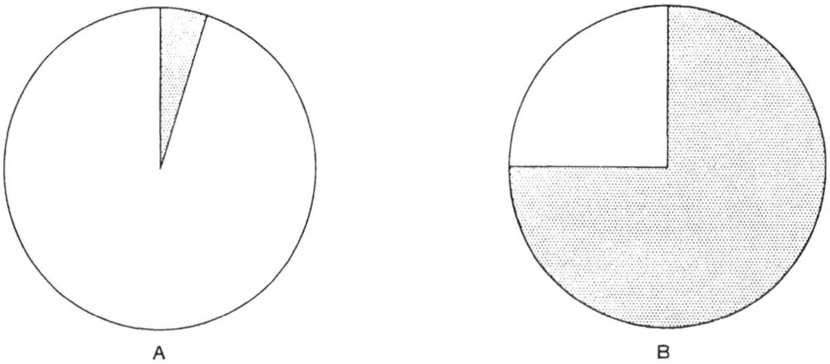

Abb. 10. Relative Häufigkeit von kristallinen (magmatischen und metamorphen) Gesteinen (weiß) und sedimentären Bildungen (punktiert); A: gemäß dem Volumen; B: gemäß der Fläche.

Diese drei Gesteinsfamilien, die die Lithosphäre aufbauen, sind keinesfalls über das Antlitz der Erde hin gleichmäßig verteilt. Die beiden graphischen Darstellungen (Abb. 10) lassen erkennen, daß nur 5 Volumen-% der Erdkruste aus Sedimentiten, aber 95% aus Magmatiten und Metamorphiten bestehen. Andererseits sind ungefähr 75% der gesamten Land-Oberfläche der Erde mit Sedimenten überzogen. Das bedeutet schlechthin, daß die Sedimentgesteine nur eine dünne, unterbrochene Decke bilden, die sich über die viel häufigeren kristallinen Gesteine ausbreitet, und daß die letzteren das eigentliche Fundament der Kontinente darstellen.

Tafel III. Dunkle Hornblende-Kristalle und weißer Kalzit von Franklin (New Jersey). *(Von der Smithsonian Institution.)*

II. Gesteinsbildende Mineralien

Die Gesteine, welche die feste Erd-Oberfläche aufbauen und uns direkt zugänglich sind oder bis zu mäßigen Tiefen in Bohrungen und Bergwerken beobachtet werden können, zeigen fast so viel Farben, Formen und Texturen, wie es unterscheidbare Arten und Varietäten gibt: annähernd 2000. Die meisten Gesteine — Granit ist ein besonders instruktives Beispiel — bestehen aus mehr als nur *einem* Stoff. Granit (siehe Abb. 15) hat ein charakteristisches gesprenkeltes Aussehen: die Oberfläche ist zwar vorwiegend hellgrau, aber Dutzende schwarzer Flecken, die darüber verstreut sind, machen das Gestein scheckig. Die verschieden-gefärbten Substanzen, die den Granit zusammensetzen, sind *Mineralien;* die hellgrauen Flecken stellen hauptsächlich Quarz und Feldspat dar, während die dunklen meist Biotit (dunkler Glimmer) sind. Das lehrt uns eine hochbedeutsame Unterscheidung kennen, die wir zu beachten haben: *Gesteine bestehen aus Mineralien, während Mineralien — von nur wenigen Ausnahmen abgesehen — keine Gesteine sind.* Um es eleganter auszudrücken: Gesteine sind meist heterogene Aggregate von Mineralien, während Mineralien eine im wesentlichen einheitliche Zusammensetzung aufweisen.

Ein Quarzkristall (Abb. 11) ist zwar so hart und anorganisch wie ein Stück Granit, er hat aber ein davon völlig verschiedenes Aussehen. Dieses Kapitel und die nächstfolgenden beschäftigen sich großenteils mit den Eigenschaften und Merkmalen von Mineralien und Gesteinen; dabei sollte man sich stets vor Augen halten: Im allgemeinen sind die Mineralien die Bausteine, aus denen die Gesteine bestehen.

Bevor wir uns in eine Erörterung von Einzelheiten einlassen, sollten wir uns kurz überlegen, welche Eigenschaften diese Bestandteile der Erdkruste aufweisen. Das Problem hier ist im wesentlichen ein solches der Anorganischen Chemie, und die in Betracht kommenden Elemente sind überraschenderweise gering an Zahl; von den annähernd 90, die in der Erdkruste identifiziert wurden, sind acht so viel häufiger als alle anderen zusammen, daß sie praktisch 99 % des Ganzen ausmachen. Die häufigsten Elemente sind in Tabelle 1 (nach Clarke 1924) zusammengestellt.

Tabelle 1: Die häufigsten Elemente der Erdkruste

Element	chemisches Symbol	Gewichtsprozente	
Sauerstoff	O	46,59	74,31
Silizium	Si	27,72	
Aluminium	Al	8,13	
Eisen	Fe	5,01	
Kalzium	Ca	3,63	
Natrium	Na	2,85	
Kalium	K	2,60	
Magnesium	Mg	2,09	

Diese Tabelle zeigt ganz klar, daß drei Viertel der Lithosphäre aus Silizium und Sauerstoff bestehen. In der Tat, eines der häufigsten Mineralien ist Quarz, dessen chemische

Zusammensetzung SiO_2 ist (ein Atom Silizium kommt auf je zwei Atome Sauerstoff). Wenn sich diese beiden Elemente miteinander vereinigen, entsteht als chemische Verbindung Quarz (Abb. 11); dieser ist jeder seiner beiden Komponenten so unähnlich wie nur möglich. Die eine, der Sauerstoff, ist ein unsichtbares und höchst brennbares Gas; die andere, Silizium, ist ein silbergraues, eher metallisch aussehendes Element, das in der

Abb. 11. Bündel von Quarzkristallen von Crystal Springs, Arkansas. — Diese natürlichen Kristalle sind durchsichtig und weisen zahlreiche, relativ glatte, gleichmäßige Oberflächen auf. *(Smithsonian Institution.)*

Natur niemals frei, d. h. nicht chemisch gebunden, anzutreffen ist. Quarz, die Verbindung, die durch die Vereinigung dieser beiden Elemente entsteht, ist härter als Stahl; wenn er frei von Verunreinigungen ist, ist er so durchsichtig wie Glas, und, in der Tat, er ist jenes wasserklare Material, das gewöhnlich „Bergkristall" genannt wird und das, wenn sein Wachstum nicht gestört wird, schöne sechsflächige Kristalle bildet.

Definitionen eines Minerals

Wenn man die obige Tabelle ansieht, kann es kaum überraschen, daß sich die meisten gesteinsbildenden Mineralien (d. h. die Hauptbestandteile der Gesteine) aus Sauerstoff und Silizium zusammensetzen, in Kombination mit den verbleibenden sechs häufigsten Elementen: Aluminium, Eisen, Kalzium, Natrium, Kalium und Magnesium. Solche Verbindungen werden *„Silikate"* genannt. Typisch für sie sind die Feldspäte, und unter diesen ist $KAlSi_3O_8$, das Mineral Orthoklas, besonders bezeichnend (Abb. 12). Die Verbindung von Sauerstoff und Silizium allein wird „Kieselsäure" genannt, und Quarz (SiO_2) ist eine Form derselben.

Die meisten Mineralien sind chemische Verbindungen, d. h. sie setzen sich aus zwei oder mehr Elementen zusammen. Natürlich gibt es auch Ausnahmen, wie Gold, Kupfer, Schwefel und Kohlenstoff (der seinerseits in so unterschiedlichen Formen wie Diamant und Graphit vorkommen kann); diese Elemente können sowohl selbständig als auch in chemischen Verbindungen auftreten. Mineralien sind *natürlich* vorkommende Substanzen.

Abb. 12. Spaltstücke der Mineralien Kalzit ($CaCO_3$), links, und Orthoklas ($KAlSi_3O_8$), rechts. — Wegen der charakteristischen gesetzmäßigen Anordnung der Atome in diesen Mineralien bricht oder „spaltet" der Kalzit entlang glatten, ebenen Flächen in drei Richtungen. Der Orthoklas spaltet ähnlich in zwei Richtungen, von denen eine die Vorderfläche des Stückes und die andere die beiden Seiten bildet. Quarz (Abb. 11), der eine andersartige innere Atom-Anordnung aufweist, hat keine ausgesprochene Spaltrichtung. *(Von der Smithonian Institution.)*

Diese Definition schließt Laboratoriumsprodukte aus (obwohl einige, wie synthetische Rubine und Saphire, tatsächlich kaum von natürlichen Edelsteinen unterschieden werden können). Mineralien haben eine ziemlich gleichbleibende chemische Zusammensetzung. Da sie natürliche Substanzen sind und keine Kunstprodukte, stellen sie nur selten chemisch *reine* Verbindungen dar. Ihre Eigenschaften können deshalb stark variieren; so kann die Farbe über die ganze Skala von Schwarz bis Weiß wechseln, je nach Art und Prozentsatz der dem einzelnen Mineral beigesellten Elemente. Außerdem gehören einige Mineralien isomorphen Reihen an. Das bedeutet, daß sie fast die gleiche Tracht und nahezu dieselbe Kristallform haben, obwohl sich ihre chemische Zusammensetzung systematisch ändern kann. Eine Feldspat-Abart, die „Plagioklas" genannt wird, ist ein Beispiel dafür; chemisch kommt bei diesem besonderen Mineral jedes Mischungsverhältnis von $NaAlSi_3O_8$ und $CaAl_2Si_2O_8$ vor. In diesem Mineral sind also sowohl Natrium- wie Kalzium-Ionen gleichzeitig vorhanden, aber wenn der Anteil des einen wächst, nimmt der des anderen ab. — Mineralien haben auch bestimmte *physikalische Eigenschaften,* die durch ihre chemische Zusammensetzung und die geometrische Anordnung der sie aufbauenden Atome bedingt sind; diese Atomanordnung bestimmt auch die Kristallform eines Minerals. Dazu kommen als weitere Eigenschaften Farbe, Härte, spezifisches Gewicht u. a.

Nach diesen Darlegungen könnte es so scheinen, als ob Wasser ein Mineral sei. Für Eis, die kristalline Phase von H_2O, ist das kaum eine Frage; ob aber auch flüssiges Wasser ein Mineral ist oder nicht, ist ein Thema, das einen gelinden Streit erregen kann.

Abb. 13. Eiskristalle in Form von Schneeflocken. — Man beachte den hohen Symmetriegrad, der in der Gestaltung dieser Kristalle zum Ausdruck kommt! Während einer vollständigen Rotation irgendeines Individuums um eine senkrecht zur Papierebene stehende Achse ergeben sich sechs, unter gleichen Winkeln (60°) zueinander stehende Lagen, bei denen sich die Erscheinungsweise des Einzelkristalls von derjenigen in einer der anderen Lagen nicht wesentlich unterscheidet. Diese sechsfache Axialsymmetrie ist eine charakteristische Eigenschaft von Eis, das in einem flüssigen oder gasförmigen Medium wächst. — Die Wachstumsformen und die Gestalten von Spaltstücken weisen bei fast allen Mineralien bezeichnende Symmetrie-Eigenschaften auf, die von der gesetzmäßigen dreidimensionalen Anordnung der Atome und Atomgruppen abhängt; diese Ordnung ist periodisch, d. h. sie wiederholt sich, und zwar in ganz ähnlicher Weise, wie die meisten Tapetensorten (besonders die billigeren!) in zwei Dimensionen periodisch sind. *(Vom Moody Institute of Science.)*

So würden nur wenige Mineralogen einer solchen Ausweitung des Begriffs „Mineral" zustimmen, vielmehr beschränkt man ihn gewöhnlich auf kristallisierte Substanzen. Das bedeutet, daß die Atome, die ein Mineral bilden, in gesetzmäßig sich wiederholenden Reihen angeordnet sind, wobei sie bestimmte, fast punktförmige Plätze einnehmen, innerhalb welcher sie frei schwingen können. In einer Flüssigkeit haben die Atome nicht die regelmäßige Anordnung, die für einen authentischen kristallinen Festkörper charakteristisch ist, und wenn auch eine gewisse Repetitionsordnung besteht, können doch die Einzelatome aneinander entlang gleiten in beständig wechselnden Formen. In einem Gas ist Unordnung das herrschende Prinzip, und die Atome bewegen sich mit nahezu vollständiger Freiheit auf weit auseinander liegenden Bahnen. Ihre häufigen Stöße auf die Wände ihres Behälters — etwa auf die Innenseite eines Autoreifens — rufen den Effekt hervor, den wir als „Druck" bezeichnen. Angesichts seiner außerordentlichen Fähigkeit, in allen drei Aggregatzuständen — flüssig als Wasser, fest als Eis (Abb. 13) und gasförmig als Dampf — zu bestehen, würde Wasser als solches aus dem Rahmen dessen herausfallen, was mit dem Wort „Mineral" gemeint ist.

Um zusammenzufassen: Ein Mineral kann definiert werden als (1) eine natürlich vorkommende Substanz mit (2) einer im wesentlichen konstanten chemischen Zusammensetzung und (3) charakteristischen physikalischen Eigenschaften, an denen es auch erkannt werden kann. Kurz gesagt, ein typisches Mineral ist ein kristalliner Festkörper und zugleich eine anorganische Substanz. Die meisten sind chemische Verbindungen, wenige aber, wie z. B. Diamant, können auch aus einem einzigen Element bestehen.

Bevor wir die Kennzeichen von Einzelmineralien beschreiben, sollten wir die wesentlichen Eigenschaften aufführen, auf die man bei ihrer Bestimmung besonders achten muß. Physikalische Eigenschaften können wir sehen oder fühlen und in bestimmten Fällen, wie beim Halit (Steinsalz), auch schmecken. Es stimmt wohl, daß die chemische Zusammensetzung ein Mineral am besten kennzeichnet, aber wenige von uns können ein voll ausgerüstetes chemisches Laboratorium mit sich schleppen, um dieses für eine Mineralbestimmung bei der Geländearbeit zu verwenden. Da einer der bezeichnenden Unterschiede zwischen Mineralien und Gesteinen der Umstand ist, daß Mineralien annähernd homogene Substanzen sind, die meisten Gesteine aber nicht, so folgt, daß das eine Quarzexemplar genau so hart ist wie das andere, daß Quarz immer das gleiche spezifische Gewicht hat und, wenn unter gleichen Bedingungen gebildet, auch dieselbe Kristallform.

Physikalische Eigenschaften der Mineralien

Die bezeichnenden Eigenschaften der Mineralien, die im Gelände leicht zu beobachten sind, sind in einer weiter unten folgenden Liste aufgeführt, und ein kluger Gebrauch derselben zusammen mit einem Mineralogie-Lehrbuch sollte Sie befähigen, viele der gewöhnlichen Mineralien zu bestimmen. Ihre Aufsammlung und Bestimmung ist eine lohnende Tätigkeit, die Sie zu vielen interessanten und abgelegenen Plätzen zu führen vermag.

1. FARBE Die Farbe ist die augenfälligste Eigenschaft, die die Mineralien aufweisen, und für manche von ihnen ist sie kennzeichnend. Ein berühmtes Beispiel ist Amethyst, ein Name, der einer charakteristischen purpurnen oder blaßvioletten Form des Quarzes gegeben wurde. Die Farben des Quarzes reichen durch das ganze Spektrum von absolut farblosem, glasklarem Bergkristall bis zu kohlschwarzen Varietäten; sie hängen zum Teil von Natur und Menge eingeschlossener Verunreinigungen ab. Kurz gesagt, die Farbe ist eine bedeutsame Eigenschaft; für manche Mineralien ist sie bezeichnend, für andere ist sie fast bedeutungslos. Leider können Farben nicht mit der gleichen Sicherheit zur Bestimmung von Mineralien verwandt werden wie für die Ermittlung von Vogel- und Blumennamen. Man muß erst eine beträchtliche Menge Erfahrungen gesammelt haben, ehe man lernt, welche Farben bedeutsam und welche so variabel sind, daß sie ohne Belang bleiben.

2. HÄRTE Die Härte ist eine rein relative Eigenschaft, aber ihre Messung hat schon ein beträchtliches Alter; denn die noch heute gebrauchte Skala wurde bereits vor über einem Jahrhundert, nämlich im Jahre 1820, in der österreichischen Landeshauptstadt Graz von dem Mineralogen Friedrich Mohs aufgestellt. Es ist eine leicht zu ermittelnde Eigen-

schaft, und sie gehört zu den ersten, die man bei der Bestimmung eines unbekannten Minerals im Gelände untersucht. Ein härteres Mineral ritzt ein weicheres, und Mineralien gleicher Härte ritzen einander kaum.

Es ist sicher allgemein bekannt, daß Diamant härter ist als fast alle anderen Substanzen, und aus diesem Grunde stellte Mohs ihn an die Spitze seiner Härteskala und gab ihm den Härtewert 10. Andere, weichere Mineralien reihen sich in absteigender Folge an. Bei Aufstellung der Reihe wurde nicht recht beachtet, daß die Abstände zwischen den einzelnen Stufen der Härteskala ungleichwertig sind; zum Beispiel ist das Intervall zwischen Diamant und Korund größer als die ganzen übrigen Stufen der Skala zusammen; in einer Skala mit absoluten Härtewerten käme dem Diamant etwa der Wert 42 zu (Hurlbut 1956).

Tabelle 2: Härteskala

Diamant	10	
Korund	9	
Topas	8	
Quarz	7	
Orthoklas-Feldspat	6	Glas, Messerklinge
Apatit	5	
Fluorit	4	
Kalzit	3	
Gips	2	Fingernagel
Talk	1	

3. GLANZ Der Glanz ergibt sich aus dem Verhalten eines Minerals gegenüber gewöhnlichem Licht; er ist ein Maß für Menge und Art des reflektierten Lichtes. Ein Diamantkristall hat nahezu eine totale Reflexion, und aus diesem Grunde sagen wir, er „sprüht Feuer". Der Ausdruck „diamanten" wird gebraucht, um einen blitzenden Glanz zu kennzeichnen. Schwefel, eine wesentlich gewöhnlichere Substanz, hat den gleichen Glanz, und seine kleinen, leuchtend-gelben Kristalle funkeln fast so hell wie Diamanten.

Die beiden bekanntesten Formen von Glanz sind *„metallisch"* und *„nicht-metallisch"*. Der erste dieser Begriffe sagt aus, daß die Oberfläche des Minerals Licht in fast der gleichen Weise reflektiert wie ein Metall, etwa Messing, Eisen oder Blei. Mineralien mit einem metallischen Glanz sind gewöhnlich undurchsichtig — selbst entlang dünnen Kanten —, wenn man sie gegen das Licht hält. Nichtmetallischer Glanz kommt bei fast allen anderen Mineraltypen vor. Wenn ein Mineral das Licht in ungefähr dem gleichen Maße reflektiert wie Glas, sprechen wir von einem „glasigen Glanz". Quarz ist ein ausgezeichnetes Beispiel dafür. Weitere Ausdrücke, die allgemein gebraucht werden und sich im wesentlichen von selbst verstehen, sind: erdig, wachsartig (wächsern), stumpf, harzig, perlmuttartig und seidig.

4. SPEZIFISCHES GEWICHT Das Gewicht eines Minerals, verglichen mit dem Gewicht eines gleichen Volumens Wasser bei seiner größten Dichte, d. h. bei einer Temperatur von 4° C, heißt sein „spezifisches Gewicht". Das Gewicht eines Wasservolumens bei dieser Temperatur wird gleich 1 gesetzt. So ist Quarz mit dem spezifischen Gewicht 2,7 eine Substanz, die 2,7mal so viel wiegt, wie ein gleiches Volumen Wassers bei 4° C wiegen würde.

Das spezifische Gewicht eines Minerals wird gewöhnlich in der Weise bestimmt, daß man dieses zunächst unter Luft wiegt und dann nochmals völlig in Wasser eingetaucht; denn es gilt:

$$\text{Spezifisches Gewicht} = \frac{W_1}{W_1 - W_w},$$

wobei W_1 das Gewicht des Minerals in der Luft und W_w das Gewicht des Minerals im Wasser bedeutet.

Diese Eigenschaft kann mit überraschend großer Genauigkeit auf eine gänzlich subjektive Weise geschätzt werden — wenn man erst einige Erfahrung gewonnen hat —, nämlich einfach dadurch, daß man das Mineral in der Hand hochhebt. Pyrit (FeS_2) mit dem spezifischen Gewicht 5 und Bleiglanz (PbS) mit etwa 7,5 sind recht typisch für Erzmineralien, während die Werte 2,6 bis 2,8 wichtige gesteinsbildende Mineralien, wie Quarz, Feldspat und Kalzit ($CaCO_3$), kennzeichnen.

5. KRISTALLFORM Mit Ausnahme von Quecksilber und anderen weniger bekannten Mineralien, wie z. B. Opal, der eine amorphe Varietät von Kieselsäure ist, sind fast alle Mineralien kristallisierte Substanzen. Der kristalline Zustand der Materie ist eine Eigenschaft, die mehr als 10 Jahrhunderte lang Staunen erregte und Spekulationen verursachte. Die alte und mittelalterliche Literatur ist voll von Nachrichten über Mineralien, ihre angeblich magischen oder heilenden Eigenschaften sowie von Vermutungen über ihren Ursprung und ihre Natur. Vielfach wurde angenommen, daß Mineralien aus Samen wüchsen, daß sich in der Erde Fluida befänden, die Mineralien erzeugten, oder daß der Sexus sogar in dieser kristallinen Welt Dinge zu beleben vermöge und daß es in ihr eine Art männlicher und weiblicher Mineralien gäbe.

So interessant diese Vorstellungen unserer Vorfahren sein mögen, wir wissen heute, daß sie nicht stimmen. Wir wissen, daß die Kristallform nicht eine zufällige und wunderliche Laune der Natur ist, sondern daß ihre Oberfläche der Widerschein einer inneren gesetzlichen Ordnung derjenigen Elemente ist, die die chemische Substanz des Minerals aufbauen. Nikolaus Steno (1638—1686), ein Däne und echter Sohn der Renaissance, fand bei einem Leben, das eine Tätigkeit als Arzt, einen Aufenthalt in Paris, einen Dienst am Hofe des Großherzogs Ferdinand II. in Florenz, einen Übertritt von der Lutherischen zur Römisch-Katholischen Kirche, in welcher er zum Prälaten aufstieg, umfaßte, noch Zeit, bemerkenswert gute Beobachtungen über die geologische Struktur und die Entstehung der Berge Toskanas zu machen. Auch stellte er — was für unser unmittelbares Problem der Kristallform besonders bedeutsam ist — die Tatsache klar heraus, daß die Kristallflächen eines Quarzkristalls sich immer im gleichen Winkel schneiden, ganz unabhängig von der Größe des Kristalls (Abb. 11). Aus diesen Anfängen ist der als „Kristallographie" bekannte Sonderzweig der Mineralogie hervorgegangen.

Steno's ursprüngliche Beobachtung, daß die Winkel zwischen den Flächen eines Kristalls konstant bleiben, weiter die Tatsache, daß alle Kristalle (ganz gleich, wie kompliziert ihre Geometrie zu sein scheint) in eines von 7 großen Kristallsystemen eingeordnet werden können, sind ein Beweis für die gesetzmäßige Anordnung ihrer inneren Struktur. Schneeflocken (Abb. 13) sind ein bekanntes Beispiel für das Zutreffen dieses allgemeinen Satzes. Trotz der nahezu unendlichen Mannigfaltigkeit der Formen, die sie annehmen können (es ist kaum zu erwarten, daß zwei Exemplare völlig gleich sind), sind die Schneekristalle meist Varianten einer sechsseitigen Figur, und so ordnet man sie in das sogenannte hexagonale Kristallsystem ein. Es ist das gleiche System, zu dem auch der Quarz gehört.

Welcher Mechanismus in der Natur bewirkt nun, daß sich so unterschiedliche Elemente wie Natrium (Na), ein Metall, und Chlor (Cl), ein Gas, miteinander verbinden, um ein durchsichtiges, kristallines Mineral, den Halit (Abb. 14), zu bilden, dessen Flächen sich so schneiden, daß nahezu vollkommene Würfel entstehen? Ein solches dreidimensionales Ordnungsschema von Kristallen wird durch die innere geometrische Anordnung oder Packung der Atome derjenigen Elemente bestimmt, aus denen sie bestehen. Wie diese Bausteine der Materie angeordnet sind, ist bedeutsam, da ihre innere Struktur das Grundprinzip für die Geometrie in der Lithosphäre ist.

Abb. 14. Spaltstück des Minerals Halit (gewöhnliches Steinsalz). — Die drei Spaltrichtungen stehen senkrecht zueinander. Beim Halit sind die Wachstumsformen gewöhnlich parallel zu den Spaltformen. *(Von der Smithonian Institution.)*

Die Grundeinheit der Materie ist das Atom, und die meisten von uns haben sicher schon Bilder einer bunten Kugel gesehen, die von einer Schar von Ringen umgeben ist, von denen jeder seine eigene Planetenkugel besitzt, und all diese kreisen um die Zentralkugel wie kleine Planeten in einem winzigen Sonnensystem. Dies ist ein Modell bzw. eine vereinfachte Darstellung davon, wie sich die Teilchen, die ein Element aufbauen, anordnen. Sehr wahrscheinlich sieht die Sache in Wirklichkeit nicht so aus; es handelt sich hier um das sogenannte „planetarische Modell", das Lord Rutherford im Jahre 1911 entwickelte und das inzwischen zu seiner heutigen komplizierten Form verfeinert und verbessert wurde.

Die große Kugel oder Kugelgruppe im Zentrum des atomaren Universums (Abb. 15) ist der Atomkern; man kann ihn sich aus zwei Hauptarten von Partikeln — Protonen, die

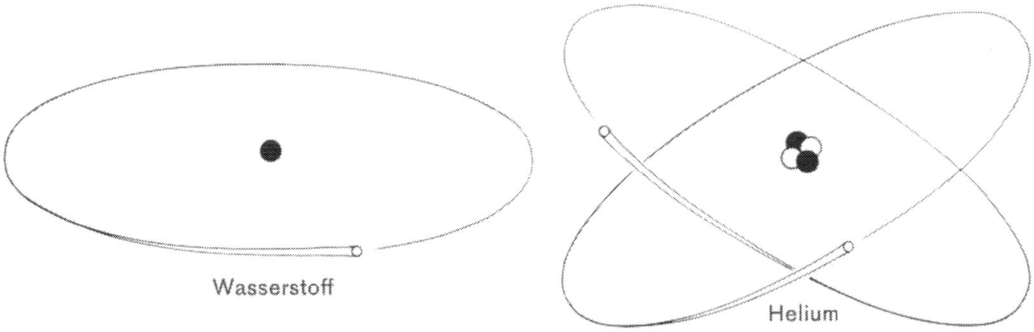

Abb. 15. Atomstrukturen von Wasserstoff und Helium. — Die großen gefüllten Kreise bedeuten Protonen, die großen offenen Kreise Neutronen und die kleinen offenen Kreise Elektronen. Da ein chemisches Element durch die Zahl der Protonen im zentralen Kern charakterisiert wird, ist dem Wasserstoff die Atomzahl 1 und dem Helium die Atomzahl 2 zugeteilt worden.

eine positive elektrische Ladung tragen, und Neutronen, die elektrisch neutral sind, — zusammengesetzt denken. Die *Masse* eines Atoms ist hauptsächlich im Kern konzentriert — tatsächlich sind es 99% oder mehr —, aber das *Volumen* entfällt größtenteils auf die umgebende Sphäre. Dieser äußere Raum ist nur sehr dünn von einer Wolke negativ geladener Elektronen besetzt, die den Kern in Bahnen umkreisen, die etwa den Planetenbahnen des Sonnensystems entsprechen. Die Elektronen sind unendlich klein, verglichen mit dem Atomkern; ein Elektron hat nur $^1/_{1840}$ der Kernmasse des Wasserstoff-Atoms, welches das einfachste Atom ist; denn es besteht nur aus einem Proton als Kern und einem einzigen Elektron, welches um ihn herumwirbelt.

Die meisten Atomstrukturen sind wesentlich komplizierter als dieses einfache Ausgangsschema. Es gibt 102 bekannte Elemente, und jedes hat einen Namen bekommen: z. B. Chlor; ein Symbol: z. B. Cl; eine Atom-Nummer: z. B. 17. Diese Nummer bedeutet, daß Chlor 17 positiv geladene Protonen in seinem Kern hat und 17 negativ geladene Elektronen in der Elektronenwolke darum. Gelegentlich kann sich die Zahl der Neutronen im Kern verändern; ein *Isotop* des Chlors hat 18 Neutronen, ein anderes 20. Da das Atomgewicht eines Elements gleich der Summe der Neutronen und Protonen ist, so folgt, daß es zwei Isotope von Chlor gibt: eines mit dem Atomgewicht 35 ($= 17 + 18$), eines mit 37 ($= 17 + 20$). Die Anzahl der im Kern vorhandenen Neutronen scheint je nach den Elementen verschieden zu sein, aber gewöhnlich sind so viele Neutronen wie Protonen im Kern vorhanden.

Die Elektronenbahnen sind nicht wahllos in dem den Kern umgebenden Raum verstreut, sondern sind auf getrennten Lagen oder *Schalen* mit ungleichen Zwischenräumen angeordnet. Da ein bestimmter Energiebetrag nötig ist, um ein Elektron in einem vorgeschriebenen Abstand vom Kern zu halten, werden diese als „Energieniveau-Schalen" bezeichnet. Dabei ist zu beachten, daß die äußerste dieser Energieniveau-Schalen hinsichtlich der Bildung chemischer Verbindungen und damit auch der Mineralien der bedeutsamste Bereich des Atoms ist. Aus einem bisher noch nicht völlig verständlichen Grunde ist ein Element, in dessen äußerer Schale acht Elektronen vorhanden sind, fast völlig stabil und verbindet sich nur selten mit anderen.

Ein Atom ist im Gleichgewicht, wenn die Zahl der negativ geladenen Elektronen, die in ihren Bahnen kreisen, genau die gleiche ist wie die Zahl der positiv geladenen Protonen im Kern. Wenn das Atom ein Elektron der äußeren Schale verliert, sind die Elektronen und Protonen nicht mehr im Gleichgewicht; das Atom hat ein Proton zuviel und besitzt damit eine positive Ladung. Das Element Natrium (Abb. 16) illustriert diese Sachlage in ausgezeichneter Weise; es neigt besonders dazu, ein äußeres Elektron zu verlieren, und zwar darum, weil es in der äußeren Schale nur eines besitzt. Seine 11 Elektronen sind in drei Schalen außerhalb des Kerns angeordnet, und zwar in folgender Verteilung: 2, 8, 1. Wenn das äußerste Elektron verlorengegangen ist und die gesamte Struktur damit eine positive Ladung bekommen hat, bezeichnen wir sie als *„Natrium-Ion"*, geschrieben Na^+. Beim Chlor sind die Elektronen auf 3 Schalen verteilt: 2, 8, 7. Wenn das Chlor-Atom ein Extra-Elektron aufnehmen kann, hat es das Ziel größter Stabilität erreicht, die dann vorliegt, wenn es in der äußersten Schale acht Elektronen aufweist. Es besitzt dann einen Überschuß an negativ geladenen Elektronen über die positiv geladenen Protonen des Kerns, und so bildet es ein *„Chlor-Ion"*, geschrieben Cl^-.

Diese sehr kurze Erörterung zeigt uns, daß ein elektrisch nicht im Gleichgewicht befindliches Atom ein *Ion* ist und daß es entweder positiv oder negativ geladen sein kann. In dieser untermikroskopischen Welt stößt — wohl abweichend von der unsrigen — Gleiches das Gleiche ab, und Ungleiches wird kräftig zueinander hingezogen. So kann sich eine starke Anziehungskraft zwischen einem Na^+- und einem Cl^--Ion herausbilden. Das überschüssige Elektron der äußeren Natrium-Schale tritt auf die Chlor-Schale über, und zusammen mit den sieben schon vorhandenen Elektronen ergeben sich die acht, die für eine maximale Stabilität nötig sind. Die beiden entstandenen Ionen werden nun durch eine Ionen-Bindung vereinigt, um eine völlig neue Verbindung zu bilden, das NaCl, d. h. das Mineral Halit (Abb. 14) bzw. jene Substanz, die wir „Steinsalz" nennen. Eine derartige chemische Verbindung, die durch einen Elektronen-Übertritt zustandekommt, wird *„Ionen-Verbindung"* genannt.

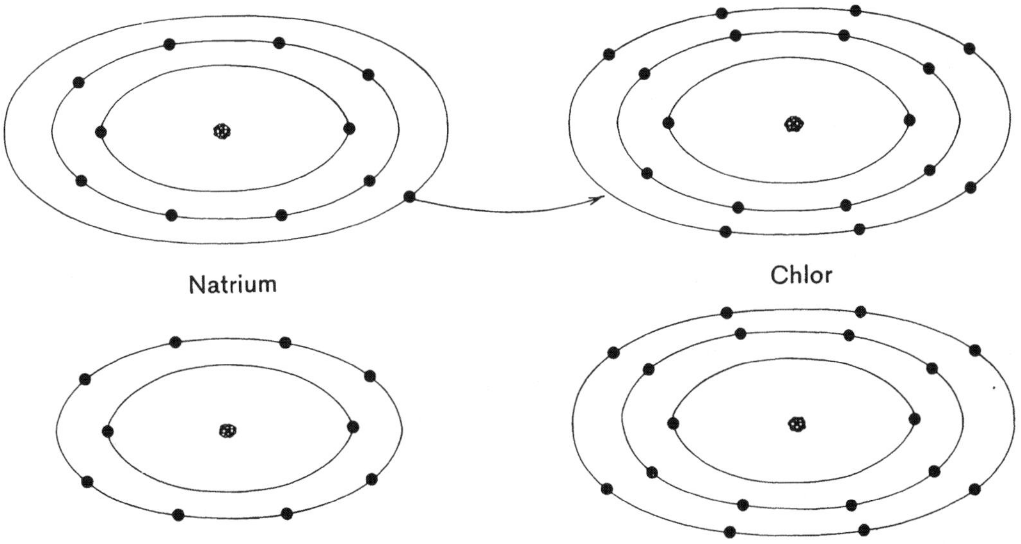

Abb. 16. Bildung von Natrium-Ion (+) und Chlor-Ion (—) durch Übertritt eines Elektrons (gefüllter Kreis) von der äußersten Schale eines neutralen Natrium-Atoms in die äußerste Schale des neutralen Chlor-Atoms. — Der Vorgang des Übertritts ist oben verdeutlicht; die entstandenen Ionen mit stabilen Außenschalen von je acht Elektronen sind unten dargestellt.

Ein bedeutsamer Punkt ist die Beziehung zwischen Atomstruktur und Kristallform der Mineralien. Wegen der Geschwindigkeit, mit der die Elektronen ihren Kern umkreisen, darf man annehmen, daß sich ihre Bahnen innerhalb jeder der verschiedenen Energie-Ebenen zu vollkommenen Kugelflächen zusammenschließen. Das gilt auch für das einzelne Wasserstoff-Elektron. Es bewegt sich nicht auf einer Bahn, die beständig in fast der gleichen Ebene liegt, sondern wirbelt heftig um den Kern, und zwar in der Größenordnung von 7 Millionen Milliarden mal in jeder Sekunde. Bei dieser unvorstellbaren Geschwindigkeit spinnt es ein Netz aus den nacheinander durchlaufenen Wegen; praktisch sieht das so aus, als ob es eine Kugelschale bilde, die den Kern umschließt. Vergleichsweise sind die Schalen und Elektronenbahnen bei den Kalzium- und Eisenatomen mit 20 bzw. 26 Elektronen sehr viel dichter.

Aus diesem Grunde stellt die Abb. 17, welche die innere Ordnung eines Salzkristalls verdeutlicht, die einzelnen Natrium- und Chlor-Atome als Kugeln dar, die wir uns wie Tennisbälle oder Murmeln vorstellen mögen. Das entspricht zwar nicht der Wirklichkeit, aber dieses Modell ermöglicht es uns, (1) eine Idee von der kugeligen Form der Elektronensphäre zu vermitteln, die durch die kreisenden Elektronen der äußeren Schale geschaffen wird, (2) die relative Größe der verschiedenen Atome zu zeigen (in unserm Fall hat Natrium einen Ionenradius von 0,98 Ångström, eine Einheit, die 0,00000001 cm mißt, und Chlor einen solchen von 1,8 Å) und (3), was das allerwichtigste ist, die Form zu verdeutlichen, in der diese Atome angeordnet sind, damit ein Halit-Kristall entsteht. Das Tennisball-Diagramm zeigt ebenso wie das einem Drahtkäfig ähnelnde Gitterskelett-Diagramm, daß die Natrium- und Chlor-Ionen in einer bemerkenswert starken, festen Anordnung zusammengepackt sind, wobei jedes Natrium-Ion von sechs Chlor-Ionen in gleichen Abständen umgeben ist. Das Draht-Diagramm zeigt deutlicher als das der Tennisbälle, daß alle eingezeichneten Linien, welche die Atomzentren miteinander verbinden, sich unter rechten Winkeln schneiden.

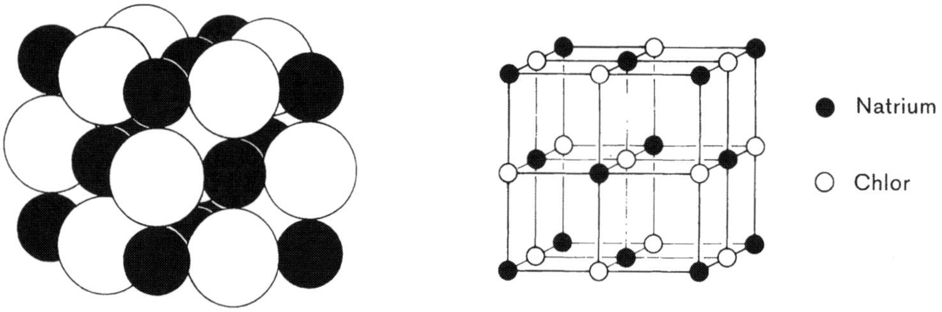

Abb. 17. Zwei Darstellungen der strukturellen Anordnung der Natrium-Ionen (gefüllte Kreise) und der Chlor-Ionen (offene Kreise) im Mineral Halit (Abb. 14). — Ein echter, sichtbarer Steinsalz-Kristall würde aus einer vieltausendfachen Wiederholung des hier dargestellten dreidimensionalen Musters bestehen. Die gezeichnete Kristallstruktur gehört zu den ersten, die mittels Röntgenstrahlen bestimmt wurde. Diese Entdeckung, die im ersten Teil dieses Jahrhunderts geschah, und weiterhin die Ableitung der Strukturen einer Myriade weiterer Kristalle gehören zu der zur Zeit noch in Entwicklung begriffenen heroischen Epoche im Drang des Menschen zum Unbekannten; sie führte in neuerer Zeit zur Aufhellung der Struktur eines Riesenmoleküls in der lebenden Zelle, genannt DNA (Deoxyribonukleinsäure), des Trägers der Vererbung.

So nimmt es denn nicht wunder, daß ein Halit-Kristall, der sich aus einer gesättigten Sole neu gebildet hat, ein Würfel sein muß. Dieses Mineral ist in der Tat ein hervorragendes Beispiel für das Grundprinzip, daß die Kristallform eines Minerals das Muster der Atomanordnung in seinem Innern widerspiegelt. Unabhängig von Größe oder Unvollkommenheiten der äußeren Gestaltung der Kristalle, die wir sehen, ist das gesetzmäßige Ordnungsmuster der Atome im Innern des Kristalls unveränderlich. So ist die Kristallform eines Minerals wohl seine fundamentalste sichtbare Eigenschaft, da sie für uns der äußere Ausdruck der inneren Struktur ist, die ihrerseits zum Teil durch die chemische Zusammensetzung bestimmt wird.

Der überzeugendste Nachweis der wunderbar wiederkehrenden Regelmäßigkeit der inneren Kristall-Geometrie ergab sich — wie das so oft der Fall ist — als das Resultat eines außerordentlich glücklichen und im wesentlichen intuitiven Experiments, das Max von Laue und seine Mitarbeiter im Jahre 1912 in München ausführten. Es bewies auf einen Schlag sowohl die Wellennatur der Röntgen-Strahlen als auch das Vorhandensein einer systematischen inneren Atomanordnung in einem Kristall. Laue versuchte eigentlich, ein Beugungsgitter (eine Glasplatte mit darauf in feinen Abständen eingravierten parallelen Linien) zu finden, das für die Ergründung der Röntgenstrahlen-Natur geeignet sei. Ein Beugungsgitter dient dazu, sichtbares Licht dadurch in ein Farbspektrum zu zerlegen, daß man es durch feine Ritze einer Glas-Oberfläche passieren läßt; denn die Wellen, die durch das Gitter gehen, haben die Tendenz, sich zu verstärken oder zu neutralisieren. Laue und seine Mitarbeiter waren (berechtigterweise) überzeugt, daß die

Wellenlänge der Röntgen-Strahlen außerordentlich kurz wäre, und sie zweifelten schon alle daran, ob sich ein Gitter mit Ritzen in so engen Abständen herstellen ließe, um so feinstrukturierte Wellen zu beugen. Schließlich kam ihnen der Gedanke, daß die unbekannten Teilchen in einem Kristall systematisch angeordnet und auch die Abstände eng genug sein könnten, um als Beugungsgitter zu dienen.

Nach den üblichen Fehlstarts und Pannen mit ihrer Apparatur hatten sie Erfolg, als sie ein Bündel Röntgenstrahlen zuerst durch einen Kupfervitriol-Kristall ($CuSO_4 \cdot 5H_2O$) und bei einem späteren Experiment durch einen Zinksulfid-Kristall (ZnS) schickten; sie entdeckten dabei, daß man auf einer hinter einem Kristall aufgestellten photographischen Platte ein Bild erhalten konnte, wobei der Kristall seinerseits zwischen der photographischen Platte und dem Röntgengerät angeordnet war. Zu ihrer Genugtuung zeigte die lichtempfindliche Platte ein Muster von Flecken. Das waren Reflexionen von den Elektronen aus, welche die äußeren Schalen der gesetzmäßig angeordneten Atome in dem Kristall bilden. Das Experiment bewies außer allem Zweifel, daß (1) Röntgenstrahlen nicht aus sich schnell bewegenden Teilchen bestehen, sondern daß sie wellenartig sind wie gewöhnliches Licht, daß sie aber eine viel kürzere Wellenlänge haben; (2) daß die Röntgenstrahlen, wenn sie die Einzelatome im Kristall treffen, von diesen in sehr ähnlicher Weise gebeugt werden, wie Lichtstrahlen durch ein Gitter gebrochen werden. Die Röntgenstrahlen erwiesen sich als der magische Schlüssel, der die Tür zu der unsichtbaren, aber geordneten Welt öffnete, auf deren wirkliche Existenz seit einem halben Jahrhundert nur aus Messungen von Flächenwinkeln an der Kristall-Oberfläche und der Geometrie der Kristallflächen geschlossen werden konnte.

Die Entzifferung der Atomstruktur der Mineralien erwies sich als eine nicht leichte Aufgabe, da die Mineralogen bei der Wesensart der Beweisführung rückwärts zu arbeiten hatten. Wenn die charakteristische Anordnung der Atome in einem Kristall vorher bekannt ist, wäre es verhältnismäßig leicht vorauszusagen, welches Bild die Verteilung der Punkte in einem Röntgenstrahlen-Beugungsphotogramm ergeben würde. Wenn man jedoch die Struktur des Kristalls nicht kennt und sie aus der Anordnung der Punkte erst ableiten muß, so bedeutet das, Kalkulationen anzustellen und dabei schwierige Theorien der Wellenbewegung anzuwenden. Man kann das tun, aber es erfordert einen ungeheuren Aufwand von Ansätzen und Irrwegen, um stufenweise ein Modell zu entwickeln, das schließlich den indirekten Abbildern gerecht wird, die durch die inneren Reflexionen an den Atomen in einem Kristall erzeugt werden. Die Entzifferung der verwickelten Struktur des Protein-Moleküls durch diese Methode gehört zu den großen geistigen Triumphen unseres Zeitalters.

6. SPALTBARKEIT Die Spaltbarkeit ist für verschiedene Mineralien die kennzeichnendste Eigenschaft; sie ist gänzlich verschieden von allen sonst bei der Bestimmung anderer feinster Substanzen verwendeten Merkmalen. Spaltbarkeit ist die Fähigkeit eines Minerals, entlang recht gut ausgeprägten, einander parallelen, gewöhnlich in engen Abständen voneinander liegenden Flächen zu zerbrechen oder sich aufzuspalten (Abb. 12 und 14).

Das bekannteste Beispiel fast vollkommener Spaltbarkeit in einer einzigen Richtung ist dasjenige des Glimmers, besonders in seiner hellgefärbten Varietät, dem Muskowit. Dieses Mineral spaltet sich in zunehmend dünnere Lagen, bis schließlich nur feinste, durchsichtige Blättchen übrigbleiben. Früher wurden diese für Fenster an Dauerbrand-Öfen verwandt, und heute läßt sich dieses Mineral wegen seines blättrigen Habitus zusammen mit seiner Isolierfähigkeit geradezu in idealer Weise bei den verschiedensten elektrischen Geräten verwenden.

Orthoklas oder *Kali-Feldspat* ($KAlSi_3O_8$) ist ein ausgezeichnetes Beispiel für ein Mineral mit Spaltbarkeit entlang zwei Ebenen, die sich unter einem Winkel von 90° schneiden; dabei ist die Spaltbarkeit in der einen Ebene wesentlich vollkommener als in der anderen.

Kalzit ($CaCO_3$) ist das Beispiel eines Minerals, das sich entlang dreier Spaltebenen zerteilen läßt. Diese schneiden sich unter stumpfem Winkel (74° 55′) und bilden fast vollkommene Rhomboeder (das ist ein Körper, dessen sämtliche Seitenflächen je ein schiefwinkliges Parallelogramm darstellen, bei dem nur die gegenüberliegenden Seiten gleich sind).

Der Umstand, daß sich die Spaltbarkeit geometrisch wiederholt, weiter ihre flächige Natur und die für sehr viele Mineralien kennzeichnende Orientierung der Spaltebenen beweisen in starkem Maße, daß die Spaltbarkeit, wie die Kristallform der Mineralien, durch die Packung oder geometrische Anordnung der Atome im Mineral bedingt wird.

Eines der diesen Tatbestand am eindrucksvollsten verdeutlichenden Beispiele ist das doppelte Gesicht des Kohlenstoff-Atoms in den beiden völlig verschiedenen Formen von Graphit und Diamant. Beide Substanzen bestehen ausschließlich aus dem Element Kohlenstoff ohne sonst etwas, und darum werden sie „atomare Kristalle" genannt — im Gegensatz zu den „Ionenkristallen", für die, wie Sie sich erinnern werden, Halit (NaCl) als Beispiel diente. Graphit ist eine schwarze, schmierige Substanz, die sich in flockige Schuppen aufteilen läßt und so ein ideales Schmiermittel darstellt. Nichts könnte diesem unähnlicher sein als Diamant, welcher ein höchst wirksames Schleifmittel ist und überdies so hochgeschätzte Eigenschaften besitzt wie Brillantglanz, die Fähigkeit, Schliff anzunehmen und zu behalten, und eine hinsichtlich der Winkel genau festgelegte Spaltbarkeit.

Der Grund für diese weitgehenden Unterschiede eines chemisch gleichen Stoffes liegt in einer völlig ungleichartigen Anordnung der Kohlenstoff-Atome bei den beiden Mineralien. Im Diamant sind die Kohlenstoff-Atome miteinander so fest verknüpft wie nur möglich. Jedes Atom steht in direktem Kontakt mit vier weiteren und teilt sogar die vier Elektronen seiner äußeren Schale mit ihnen. Diese Anordnung bringt eine Struktur hervor, die erstaunlich engmaschig ist (die Mittelpunkte der Kohlenstoff-Atome sind nur 1,5 Å voneinander entfernt); zudem widersteht sie Drücken in solchem Maß, daß die Kohlenstoff-Atome in einem Diamanten sich einen Weg durch jede andere Substanz bahnen können. Nichtsdestoweniger gibt es Ebenen geringeren Zusammenhalts im Diamanten, und zwar entsprechend den Gitterebenen. In der Tat verleiht die vollkommene Spaltbarkeit, die der Diamant besitzt, ihm von vornherein eine oktaëdrische (achtflächige) Gestalt, und diese ist auch das Muster, das die Diamantschleifer verwenden, indem sie die Spaltflächen ausnutzen.

Graphit kristallisiert in dünnen, parallelen Blättern. Die Bindungen zwischen den Kohlenstoff-Atomen innerhalb jedes Blattes sind vielmals stärker als das schwache Band, das eine Atomschicht mit ihrer Nachbarschicht darüber oder darunter verknüpft. Aus diesem Grunde hat Graphit eine vollkommene Spaltbarkeit in einer Richtung — etwa derjenigen des Glimmers verwandt —, und so läßt er sich gleicherweise wie Glimmer leicht in dünne, schuppige Blättchen aufspalten.

Bestimmung der Mineralien

Von den nahezu 2000 Mineralien, die bis jetzt benannt worden sind, sollen hier nur 11 näher betrachtet werden, und diese gehören zu den bedeutenderen gesteinsbildenden Mineralien. Sie sind die Baueinheiten der Gesteine, die hinwiederum die wesentlichen

Bestandteile der Lithosphäre sind. Zum Glück für den Lernenden bestehen die Gesteine der Erde aus verschiedenen Kombinationen überraschend weniger Mineralien. Wenn man die verhältnismäßig geringe Anzahl der chemischen Elemente betrachtet, die in der Erdkruste in reichlicherer Menge vorkommen (vgl. S. 34), so nimmt es kaum Wunder, daß die meisten gesteinsbildenden Mineralien Verbindungen von Silizium und Sauerstoff sind; die nachfolgende Mineralliste (Tab. 3) macht das deutlich:

Tabelle 3: Einige bedeutsame gesteinsbildende Mineralien

Name	Zusammensetzung
Quarz	SiO_2
Feldspat	
Orthoklas	$K\,Al\,Si_3O_8$
Plagioklas	$NaAlSi_3O_8 — CaAl_2Si_2O_8$
Glimmer	
Muskowit	$KAl_3Si_3O_{10}(OH)_2$
Biotit	$K(Mg, Fe)_3AlSi_3O_{10}(OH)_2$
Eisen/Magnesium-Mineralien	
Hornblende	$Ca_2Na(Mg, Fe)_4(Al, Fe, Ti)_3$
Pyroxen	$Ca(Mg, Fe, Al)\,(Si, Al)_2O_6$
Olivin	$(Fe, Mg)_2SiO_4$
Kalzit	$CaCO_3$
Gips	$CaSO_4 \cdot 2\,H_2O$
Halit	$NaCl$

Eigenschaften der gesteinsbildenden Mineralien

QUARZ Quarz ist mit der Härte 7 nach der Mohs-Skala das härteste der gemeinen gesteinsbildenden Mineralien. Gewöhnlich kristallisiert er in sechsflächigen Kristallen (Abb. 11), die an beiden Enden in eine scharfspitzige Pyramide auslaufen, falls das Mineral freischwebend wachsen konnte. Quarz, der in Hohlräumen und Geoden wuchs, hat gewöhnlich nur eine Pyramide an dem Ende des Kristalls, das in den offenen Raum hineinreicht. Kristalle, die in sich öffnende Spalten hineinwachsen, erreichen manchmal Dimensionen von 30 cm und mehr. Aber in Gesteinen wie Granit sind die Quarzkristalle viel kleiner, selten über 0,6 cm im Durchmesser. Solange sie frisch und unverwittert sind, glitzern sie wie feine Glassplitter. Quarz hat einen stark glasigen Glanz, und wenn er rein ist, ist er vollkommen durchsichtig und farblos. In der Tat glaubten die alten Griechen, er sei eine Art gefrorenen Wassers.

FELDSPAT „Feldspäte" ist mehr der Name für eine Gruppe von Mineralien und nicht für ein Einzelmineral wie Quarz. Die Feldspäte sind Verbindungen von Kalium (Abb. 12) oder Natrium und Kalzium mit Sauerstoff, Aluminium und Silizium. Sie sind die bei weitem häufigsten gesteinsbildenden Mineralien und damit die wichtigsten Bestandteile der Lithosphäre; wahrscheinlich machen sie mindestens 50% von deren Substanz aus und übertreffen den Quarz um ein Vielfaches.

ORTHOKLAS Der Kalifeldspat „Orthoklas" (Abb. 12) bildet die hellgraue oder manchmal fleischrote Grundmasse eines Gesteins von Art des Granits. Orthoklas ist mit der Härte 6 etwas weniger hart als Quarz. Seine vielleicht markanteste Eigenschaft ist eine deutliche Spaltbarkeit in zwei Richtungen, wobei sich die Spaltflächen unter 90° schneiden. Obwohl Orthoklas ähnlich dem Quarz in frischer Form einen perlmuttartigen oder glasigen

Glanz hat, sieht er im Gestein sehr oft weniger glasartig aus; er ähnelt dann häufiger unglasiertem Porzellan oder schaut wie das Material auf der Innenseite des Keramikmantels eines elektrischen Steckers aus.

PLAGIOKLAS Die Plagioklase, die natrium- oder kalziumhaltigen Feldspäte, umfassen eine ganze Mineralgruppe, die eine sogenannte „isomorphe Reihe" darstellt; das heißt, diese Gruppe kann man sich als eine „feste Lösung" der beiden Endglieder der Reihe, des Natrium-Plagioklases und der kalziumhaltigen Abart, vorstellen. Die Zwischenformen, die z. T. eigene Namen erhalten haben, umfassen eine kontinuierliche Abfolge.

Plagioklas hat dieselbe Härte wie Orthoklas und ebenfalls einen durchscheinenden Glanz. Seine Farbe pflegt meist weißlich oder blaßgrau zu sein, doch zeigen einige Varietäten ein schönes Schillern oder ein Farbenspiel gleich den Federn eines Pfaus oder den Schuppen einer Forelle. Einige Varietäten können dagegen fast so glasklar wie Quarz sein. Plagioklas unterscheidet sich von Quarz oder Orthoklas durch das Vorhandensein zahlreicher, sehr dicht zusammenliegender, paralleler, gerader Linien auf einigen Kristall- bzw. Spaltflächen; sie sind fast so fein, als ob sie darin eingraviert wären. Diese Linien entstehen dadurch, daß sich dichtgedrängte, parallele Innenflächen („Zwillingslamellen") mit der Oberfläche des Kristalls fast unter rechtem Winkel schneiden.

GLIMMER Die Glimmer bilden gleichfalls eine Mineralgruppe, deren Mitglieder in engen Beziehungen zueinander stehen; so weisen sie sämtlich eine blattähnliche Anordnung ihrer Atome auf, was eine gute bis ausgezeichnete Spaltbarkeit parallel zu diesen inneren Schwächezonen hervorruft. Die beiden Arten von Glimmer, mit denen wir uns hier befassen wollen, Muskowit und Biotit, sind die bedeutsamsten gesteinsbildenden Varietäten.

MUSKOWIT Ein volkstümlicher Name für das Mineral Muskowit ist „heller Glimmer", denn im allgemeinen ist er farblos bis durchsichtig, besonders wenn man ihn in dünne Blätter aufspaltet. Das ist wohl seine hervorstechendste Eigenschaft, und in den vergangenen Jahrhunderten wurde Glimmer für die winzigen Fenster der dürftigen Häuser des mittelalterlichen Europas benutzt, bevor der umsichgreifende Gebrauch von Glas mehr Licht in ihre düsteren Innenräume brachte. Der Name des Minerals kommt von „Muskowij-Glas", abgeleitet von dem alten Namen für das Großherzogtum Moskau oder Muskowij. Muskowit ist ein weiches, schuppiges Mineral mit Perlen- oder Seidenglanz, und in einem Gestein leuchten seine dünnen Flitter auf, wenn sie das Sonnenlicht einfangen, — der deutsche Name „Glimmer" für das Mineral entspricht dem Eindruck, den diese besondere Eigenschaft hervorruft.

BIOTIT Die Varietät „Biotit" wird gewöhnlich „dunkler Glimmer" genannt; wie seine chemische Formel ausweist, gehen Eisen und Magnesium in seine Zusammensetzung ein, während Muskowit diese Elemente nicht enthält. Normalerweise ist Biotit dunkelbraun oder schwarz gefärbt, und dünne Spaltblättchen davon zeigen nicht die Durchsichtigkeit des Muskowits. In Gesteinen von Art des Granits tritt er in Form glänzender, pechschwarzer Schuppen auf, die in der Sonne wie Atlas schimmern.

EISEN-MAGNESIUM-MINERALIEN Diese Gruppe umfaßt eine große Zahl der dunklen Gesteinskomponenten. Die chemischen Formeln für Hornblende, Pyroxen und Olivin sowie für Biotit zeigen, daß diese gesteinsbildenden Mineralien Eisen und Magnesium enthalten. Es gibt noch weitere Eisen-Magnesium-Mineralien, doch sind die drei ersten die wichtigsten gesteinsbildenden Mineralien innerhalb der Gruppe.

HORNBLENDE Auch unter dem Namen „Hornblende" wird eine Mineralgruppe zusammengefaßt, die wahrscheinlich eine komplexe isomorphe Reihe von Verbindungen recht veränderlicher Zusammensetzung darstellt. Der bezeichnende chemische Unterschied zwischen Hornblende und ihrem nahen Verwandten, dem Pyroxen, ist aus der Liste der gesteinsbildenden Mineralien (Tabelle 3, S. 47) zu ersehen; danach enthält Hornblende etwas Wasserstoff, während dieser bei Pyroxen fehlt. Hornblende ist ein dunkles Mineral, gewöhnlich dunkelgrün oder schwarz. Wenn er unverwittert ist, kann er glänzend pechschwarz sein, und sein starker glasiger Glanz leuchtet so lebhaft wie eine lackierte Oberfläche. Die Hornblende-Kristalle sind lang und schmal wie ein Zollstock — eine solche Form wird „prismatisch" genannt. Die Anordnung der Spaltflächen bei der Hornblende ist eine ihrer bezeichnendsten Eigenschaften. Es treten zwei Hauptrichtungen auf, und ihre Ebenen liegen parallel zur Längsachse des Kristalls; sie schneiden sich dabei unter schiefen Winkeln, nämlich 56° und 124° (Abb. 18). Hornblende zeigt sich bei typischer Ausprägung, wie etwa im Granit, als glänzend-schwarze, stabförmige, im Gestein verstreute Kristalle.

PYROXEN Das dunkle Eisen-Magnesium-Mineral Pyroxen tritt fast in der gleichen Weise und Verbreitung wie Hornblende auf. Es ist in den dunkler gefärbten magmatischen Gesteinen häufiger als in den helleren. Der chemische Inhalt von Pyroxen ist dem der Hornblende sehr ähnlich; wie Tabelle 3 zeigt, besteht der Hauptunterschied darin, daß Wasserstoff in der Pyroxen-Gruppe fehlt. Die Pyroxen-Kristalle sind allgemein gedrungener und tatsächlich oft fast so lang wie breit. Ihre Spaltflächen schneiden sich unter annähernd rechten Winkeln, nämlich unter 93° und 87°, — im Gegensatz zu den schief zueinander angeordneten Spaltflächen der Hornblende. Im Querschnitt sehen Pyroxen-Kristalle fast quadratisch aus (Abb. 18). Die Farbe ist fast die gleiche wie bei der Hornblende, sehr dunkelgrün oder schwarz, der Glanz ist glasig. Diese Merkmale gelten nur im generellen; denn wir haben es mit einer recht mannigfaltigen Mineralgruppe zu tun, deren physikalische Eigenschaften stark schwanken.

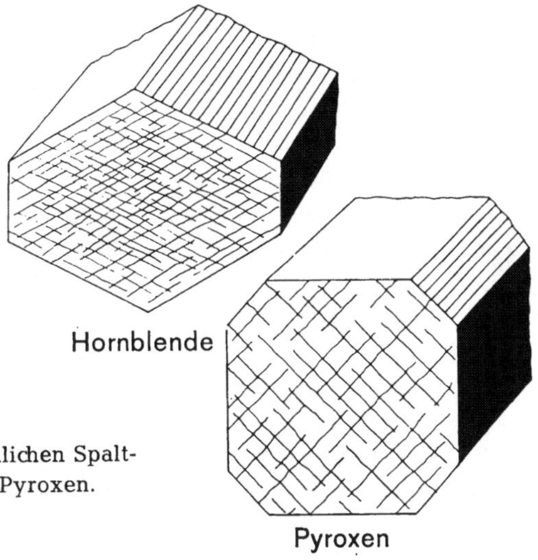

Abb. 18. Darstellung der unterschiedlichen Spalteigenschaften von Hornblende und Pyroxen.

Hornblende und Pyroxen sind die häufigsten dunklen gesteinsbildenden Mineralien. Die wichtigsten Unterschiede zwischen den beiden fassen wir nochmals zusammen: (1) Hornblende-Kristalle pflegen lang und schmal zu sein, während Pyroxen-Kristalle kurz und gedrungen sind; (2) Hornblende hat schiefwinklige Spaltflächen parallel der Kristall-Längsachse, beim Pyroxen schneiden sie sich unter ungefähr rechten Winkeln; (3) Hornblende-Kristalle zeigen im Querschnitt eine annähernd rhombische Form, Pyroxen-Kristalle eine nahezu quadratische.

OLIVIN Olivin ist kein besonders häufiges Eisen-Magnesium-Mineral, aber es ist ein besonders markantes. Nach dem Namen würden wir wohl von vornherein auf eine grüne Farbe schließen, und das stimmt auch. Gewöhnlich bildet das Mineral gerundete, gut ausgebildete, körnige, glasige Kristalle. Wenn diese hinreichend groß und fehlerfrei sind, bilden sie den reizenden, allerdings zerbrechlichen Edelstein *Chrysolith*. Olivin kommt am häufigsten in dunklen, an Eisen und Magnesium reichen vulkanischen Gesteinen vor, wie z. B. im Basalt. Olivin-Kristalle in frischem Basalt sehen oft wie winzige Splitter dunkelgrünen Flaschenglases aus; wenn sie aber verwittern, nehmen sie Schattierungen von Braun und Rot an. Bei einigen Abarten dunkler intrusiver Magmatite kann der Prozentgehalt an Olivin so groß werden, daß das Gestein fast ganz aus einer körnigen Ansammlung allein dieses Minerals besteht; das ist beim Gestein *Dunit* der Fall, das nach dem Dun-Gebirge in Neuseeland benannt ist.

KALZIT Von dem weitverbreiteten Mineral Kalzit, chemisch Kalziumkarbonat ($CaCO_3$), erwartet man mit Recht, daß es sich in seinen physikalischen Eigenschaften von den bisher beschriebenen Mineralien wesentlich unterscheidet, die ja alle Verbindungen mit Silizium und Sauerstoff als den wesentlichen Elementen sind (Abb. 12; s. auch Taf. III am Anfang des Kapitels). Kalzit tritt unter bestimmten Umständen so reichlich auf, daß er das einzige Mineral eines Gesteins ist. Beispiele für solche Einmineral-Gesteine sind Kalkstein und dessen umkristallisiertes Äquivalent, der Marmor. In diesen beiden Fällen besteht sowohl das Mineral wie auch das Gestein aus einer einzigen Verbindung, $CaCO_3$, und das Gestein ist kein Aggregat von Mineralien verschiedener Form und Zusammensetzung, wie das etwa für den Granit zutrifft.

Normalerweise ist Kalzit ein hellgefärbtes (weißes oder blaßgelbes) oder farbloses Mineral; doch kann die Farbe je nach der Menge und der Natur etwa vorhandener Verunreinigungen über das ganze Spektrum, einschließlich gelb, orange, braun und schwarz, variieren. Kalzit hat einen glasigen Glanz und ist ein Mineral, das leicht geritzt werden kann, da seine Härte nur 3 beträgt. Kalzit tritt in Kristallen auf, die sich nur schwer in ein System einordnen lassen, da sie eine außerordentliche Formenmannigfaltigkeit aufweisen. Im allgemeinen pflegen sie sechsseitig zu sein, und manchmal endigen sie wie Quarz mit einer langen, schmalen, vielflächigen Pyramide. Ein besseres Erkennungsmerkmal ist die fast vollkommene Spaltbarkeit in drei Richtungen (Abb. 12); die Schnittlinien dieser Spaltflächen ergeben fast stets einen rhomboedrischen Körper, d. h.: wenn das Mineral in Stücke zerbricht, dann ist jede der entstehenden Flächen ein Rhombus oder eine annähernd karoförmige Figur (wie bei der Karo-Reihe der Spielkarten).

Ein Test schließlich, der es ermöglicht, zwischen Kalzit und seinem nahen Verwandten *Dolomit*, $CaMg(CO_3)_2$, zu unterscheiden, ist der Umstand, daß Kalzit in kalter, verdünnter Salzsäure heftig aufbraust oder zischt, während Dolomit nicht annähernd so stürmisch reagiert. Dolomit tritt, ebenso wie Kalzit, in so großen Mengen auf, daß er ganze Bankfolgen zusammensetzen kann, die den gleichen Namen führen wie das Mineral, aus dem sie bestehen: Dolomit. Außer durch das Unvermögen, in Salzsäure rasch aufzubrausen, unterscheidet sich Dolomit von Kalzit auch dadurch, daß Dolomit-Kristalle etwas härter sind (3,5), ein höheres spezifisches Gewicht haben und oft Kristallflächen aufweisen, die leichte Krümmungen zeigen statt glatte, wohldefinierte Ebenen zu sein. Die Entstehung des Gesteins Dolomit ist noch umstritten; *eine* Möglichkeit ist die, daß magnesiumhaltige Lösungen Kalkstein dadurch verändern, daß das Element Kalzium teilweise durch Magnesium ersetzt wird.

Sowohl Kalzit wie Dolomit sind typisch für Sedimentgesteine oder für solche Gesteine, die aus diesen durch Umkristallisierung hervorgegangen sind. Beide Mineralien unterscheiden sich vom Quarz durch ihre geringe Härte, beide haben einen glasigen Glanz, und beide sind auffallend kristallin. Kalzit läßt sich am leichtesten von Dolomit durch sein stärkeres Aufbrausen in Salzsäure unterscheiden.

GIPS Die Verbindung Gips, $CaSO_4 \cdot 2H_2O$, ist wie Kalzit das Beispiel eines gesteinsbildenden Minerals, das kein Silikat ist. Der Name „Gips" wird sowohl für das Mineral gebraucht wie auch für Gesteinsschichten, die aus dem Mineral allein bestehen. Gips ist mit der Härte 2 ein sehr weiches Mineral. Gewöhnlich ist er weiß oder farblos; er kann aber wie Kalzit bei Vorhandensein von Verunreinigungen eine breite Farbskala aufweisen. Große Kristalle pflegen eine fast vollkommene, glimmerartige Spaltbarkeit in einer Richtung aufzuweisen; dazu kommen weniger gut ausgebildete Spaltflächen nahezu unter rechten Winkeln zur Hauptspaltbarkeit. Dünne Blätter von Gips sind wie Muskowit farblos oder weiß und durchsichtig oder durchscheinend. Im mittelalterlichen Italien wurden Gipsblätter einst in Fenstern verwandt, bevor Glas verfügbar wurde; daher stammt der Name „Marienglas". Eine massige und im wesentlichen strukturlose Abart von Gips mit einem milden Perlenglanz ist als *Alabaster* bekannt; er war sowohl in der Antike als auch zur Renaissance-Zeit in der Bildhauerei sehr beliebt. Alabaster hat den Vorzug einheitlicher Textur und geringer Härte, aber aus dem letzteren Grunde ist er auch leicht zu verschrammen oder zu beschädigen.

Fasergips ist ein spezieller Gipstyp, der besonders häufig in ariden Gebieten oder in roten, tonigen Ablagerungen früherer Trockenperioden auftritt; er stellt ein seidiges, faseriges Mineral dar, das enge Fugen zwischen Schieferton-Lagen ausfüllt, wobei die Fasern senkrecht zur Schichtung stehen. — *Selenit* ist eine Abart, die weiß oder farblos ist und in charakteristischer Weise als breite, flache Blätter auftritt, die entlang einer Spaltebene nur wenig schlechter aufspalten als Muskowit.

Nahe verwandt mit Gips und ziemlich schwer von ihm zu unterscheiden ist Anhydrit, $CaSO_4$. In chemischer Hinsicht ist der bedeutsamste Unterschied das Fehlen von Kristallwasser im Anhydrit, während dieses in der Gipsformel einen wesentlichen Bestandteil darstellt. In der Praxis ist das Hauptunterscheidungs-Merkmal zwischen den beiden Mineralien die etwas größere Härte des Anhydrits (3—$3^1/_2$).

Sowohl Gips wie Anhydrit finden sich in den verschiedensten Erdteilen (in Deutschland z. B. am Südrand des Harzes, an der Werra und anderswo) in dicken Lagen oder Schichten, die Kalkstein-Bänken durchaus vergleichbar sind. Primäre Gipslagen kristallisierten infolge der Verdunstung aus salzhaltigen Lösungen aus, z. B. in einem Becken, das einst die Seitenbucht eines seichten, fast ganz vom Land umgebenen Meeres gewesen war. Deshalb finden sich diese Einmineral-Gesteine oft in enger Gemeinschaft mit ausgedehnten Steinsalz-Körpern, mit denen sie eine gemeinsame Entstehung haben.

HALIT Das Mineral Halit, das die gleiche Substanz wie gewöhnliches Kochsalz ist, wurde schon früher in diesem Kapitel behandelt. Für seine Identifizierung sind am bezeichnendsten seine Löslichkeit im Wasser und sein Geschmack. Halit ist ein viertes Beispiel für ein Mineral, das ein ganzes Gestein fast ohne Beteiligung anderer Mineralien aufbauen kann, — daher „Steinsalz" oder einfach „Salz" genannt. Wegen der großen Löslichkeit des Halits sind Gesteine mit solchem nur selten an der Erd-Oberfläche zu finden — außer in hochariden Gebieten. Zu den auffallendsten Steinsalz-Vorkommen gehören die Salzstöcke, die in verschiedenen Gebieten der Erde bekannt wurden. Diese werden ausführlich im Kapitel VII behandelt.

Tafel IV. Ausbruch des Hekla, Island. *(Phot.: Thorsteinn Josepsson.)*

III. Magmatische Gesteine

Fast alle magmatischen Gesteine verdanken ihre Existenz der Erstarrung und der Kristallisation ihrer Mineralien aus einer Schmelze, die man „Magma" nennt. Dieser Prozeß kann sich an der Erd-Oberfläche abspielen — in diesem Falle bilden sich die „vulkanischen" Gesteine (Vulkanite) —, oder er kann in den Tiefen der Erde vor sich gehen, und dort haben die „plutonischen" Gesteine (Plutonite) ihren Ursprung.

Die Entstehung dieser magmatischen Schmelzen ist selbst nach fast zwei Jahrhunderten wissenschaftlicher Forschung und Spekulation noch ungeklärt geblieben. Woher kommt die Lava, die in so erstaunlichen Mengen zur Oberfläche der Erde befördert wird, daß sie viele Tausende Quadratkilometer bis zu Mächtigkeiten von Hunderten oder Tausenden Metern bedeckt? Die große Menge geschmolzenen Materials, das daran beteiligt sein kann, mag folgendes Geschehnis illustrieren: Im Jahre 1887 lieferte eine mittelstarke Eruption des Mauna Loa auf der Insel Hawaii etwa 3800000 cbm Lava pro Stunde (Stearns & Clark 1930). Wenn man bedenkt, daß der Strom annähernd 150 Stunden lang floß, so gibt uns das eine Vorstellung von der riesigen Ergiebigkeit dieser Quellen natürlich erhitzten Materials — um so mehr, wenn man bedenkt, daß diese ungeheure Menge sehr schwerer basaltischer Lava von ihrem Ursprungsort in der Erde bis zur Oberfläche um mindestens 7000 m aufgestiegen war.

Die erste von vielen verzwickten Fragen über die vulkanische Tätigkeit lautet: In welcher Tiefe entsteht Magma? In früheren Zeiten schien die Antwort hierauf leicht, weil man weithin glaubte, daß sich das gesamte Erdinnere in geschmolzenem Zustand befände unter einer Kruste, die dünn wie eine Eierschale sei — im Vergleich zum Gesamt-Durchmesser der Erde. Vulkane wären dann offenbar nur Schwächestellen in der Kruste, an denen die weißglühende Flüssigkeit nach oben durchbricht.

Vom Studium der Erdbeben-Wellen her und aus anderen physikalischen Erscheinungen wissen wir nun, daß sich ein Großteil des Erdinnern wie ein geschichteter Festkörper verschiedener Dichte verhält und daß das einfältigere und viel dramatischere Bild eines feurigen, flammenden Schmelzofens im Mittelpunkt unwahr ist. Die uns zugänglichen Daten weisen darauf hin, daß die Nährgebiete der meisten Vulkane nur in relativ geringer Tiefe liegen. Ferner ist der magmatische Herd eines Vulkans örtlich sehr beschränkt, verglichen mit der Gesamtfläche der Erde. Diese extreme Ortsgebundenheit der Vulkane wird noch offensichtlicher werden, wenn wir zur Erörterung der vulkanischen Tätigkeit kommen. Die beigefügte Karte (Abb. 19) zeigt, daß die Vulkane nicht wahllos über die Erd-Oberfläche verstreut sind, sondern daß sie sich auf ganz bestimmte Zonen konzentrieren, vor allem auf den Rand des Pazifischen Ozeans, auf die Mittel-Atlantische Schwelle und auf den Mittelmeer-Raum.

Angesichts dieser strengen Konzentrierung der vulkanischen Herde muß die Tatsache sehr verblüffend erscheinen, daß über viele Tausende von Quadratkilometern hinweg Granit, das häufigste plutonische Gestein, zutage treten würde, wenn sich die Erosion tief in die Erd-Oberfläche eingeschnitten und die äußeren Schichten ihres Gesteinsmantels weithin abgetragen hätte. Dieser Granit erstarrte größtenteils tief im Herzen heute längst

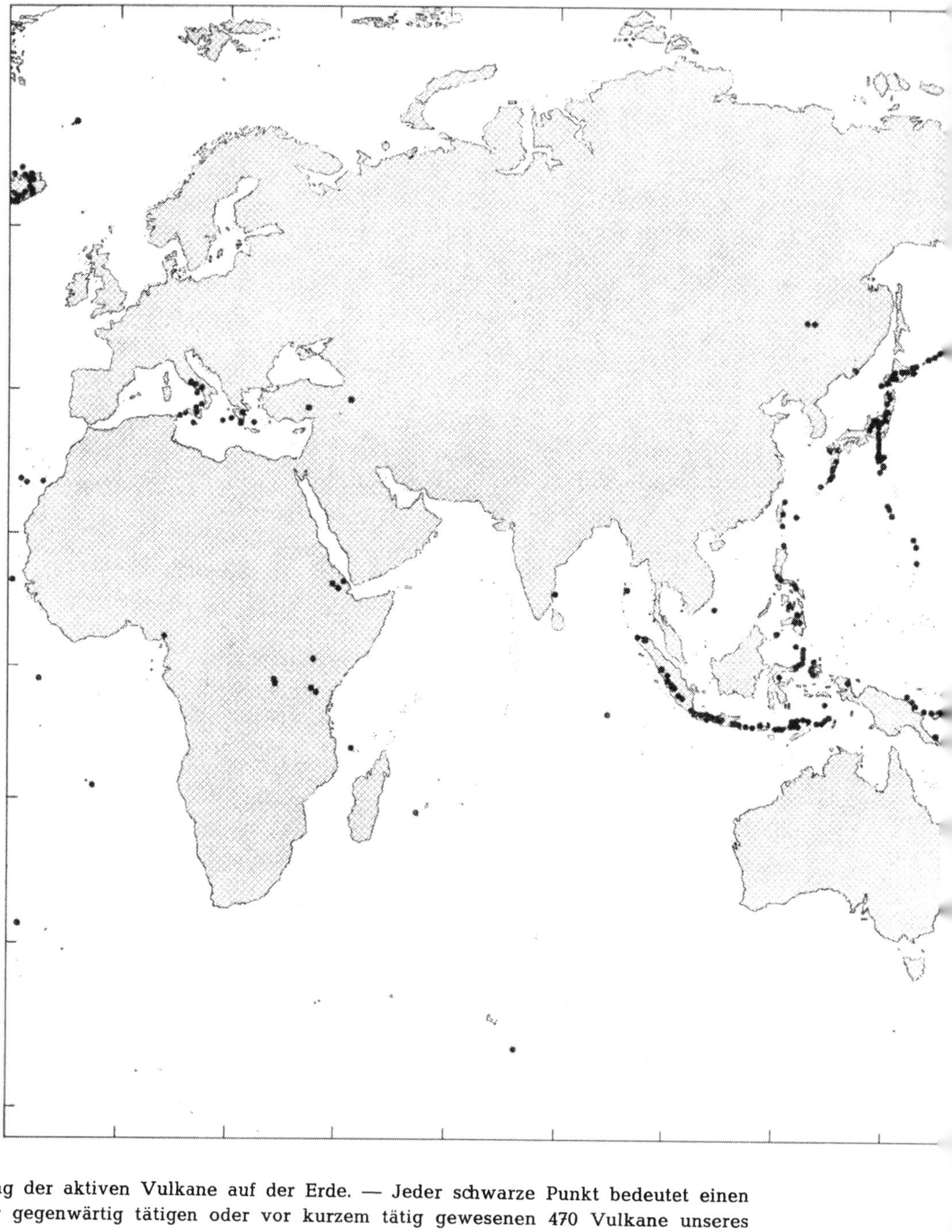

Abb. 19. Verteilung der aktiven Vulkane auf der Erde. — Jeder schwarze Punkt bedeutet einen oder mehrere der gegenwärtig tätigen oder vor kurzem tätig gewesenen 470 Vulkane unseres Planeten.

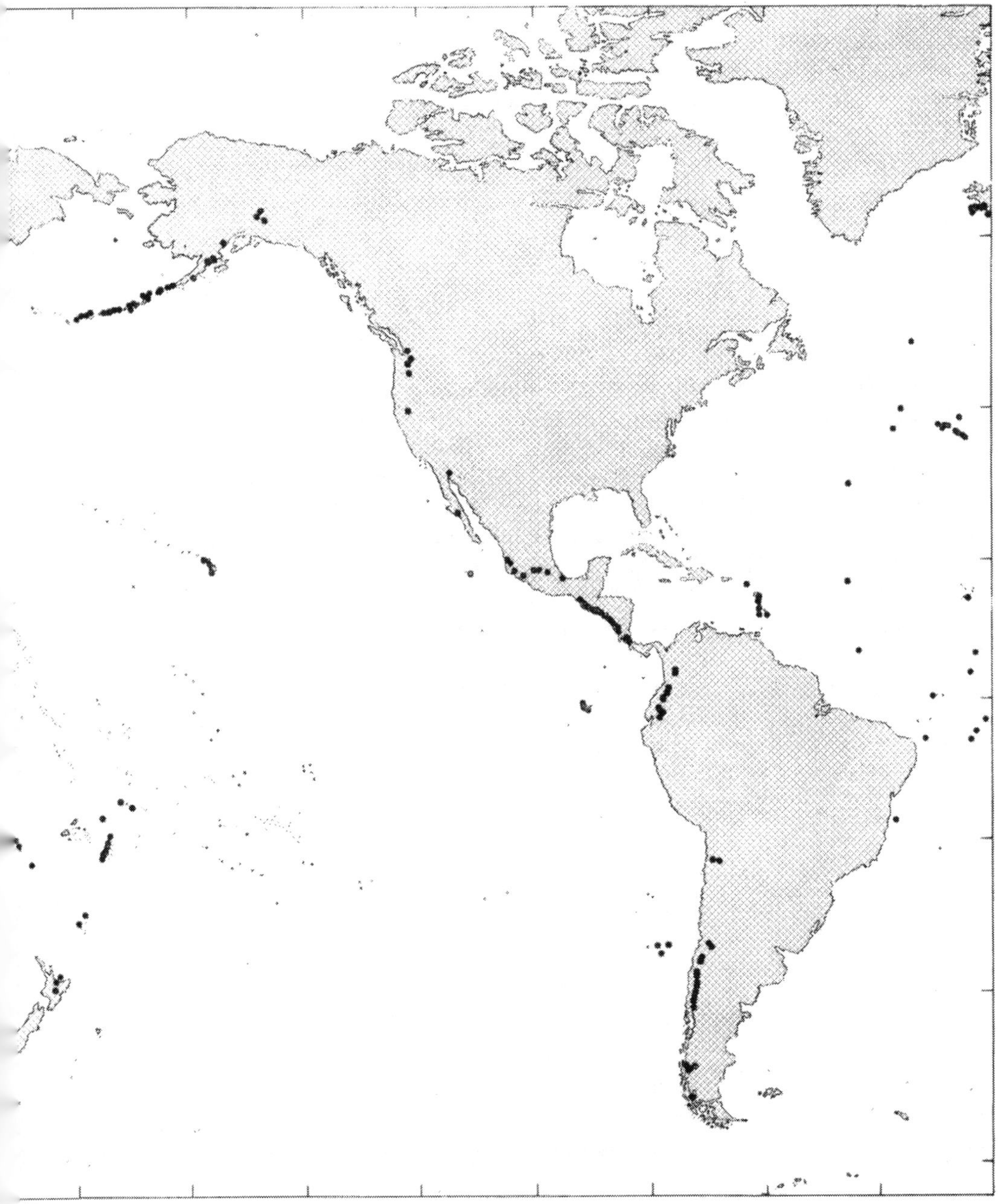

verschwundener Gebirgszüge. Das bedeutet schlechthin, daß ein Großteil der Gesteine, die wir heute zutagetreten sehen, einst Schmelzen waren.

Wir werden auf diese Grundfrage des Magmas in der Erdkruste gegen Ende dieses Kapitels zurückkommen. Man sollte im Gedächtnis behalten, daß es zweierlei größere Vorkommen magmatischer Gesteine gibt: (1) an der Erd-Oberfläche und (2) innerhalb der Kruste selbst. Diese Unterscheidung ist von wesentlicher Bedeutung, da die Art des Vorkommens eines magmatischen Körpers — d. h., ob sich das Magma über oder unter der Erd-Oberfläche befindet — den Verlauf der Abkühlung bestimmt und da der Verlauf der Abkühlung hinwiederum die Textur des Gesteins bedingt.

Textur

Die *Textur* ist die eine der beiden ausschlaggebenden Eigenschaften, auf die sich die Klassifizierung der magmatischen Gesteine gründet (die andere ist der *Mineralbestand)*. Das Wort selbst ist den meisten vertraut als etwas, das mit „Kleidung" zu tun hat; in der Tat stammt es vom Lateinischen *„textura"* = Gewebe. Heute bezeichnet es die Anordnung und die Form der Fäden in einem gewebten Stoff; so hat z. B. eine Sackleinwand eine viel gröbere Textur als ein Nylonstrumpf. Wenn wir den Ausdruck auf ein magmatisches Gestein übertragen, meinen wir die „Tracht" der Kristalle sowie ihre Anordnung zueinander.

Ein magmatisches Gestein, in dem die Mineralien mit dem bloßen Auge erkennbar sind, nennt man mittel- oder grobkörnig, je nach der Größe der Kristalle. Ein magmatisches Gestein, dessen Textur sich unter dem Mikroskop als kristallin erweist, dessen Kristalle aber größtenteils zu klein sind, um mit dem bloßen Auge unterscheidbar zu sein, hat eine feinkörnige Textur. Dabei kann der Mineralbestand in beiden Gesteinen etwa der gleiche sein.

Woraus erklärt sich nun ein solcher Unterschied in der Größe der Kristalle, wenn die Mineralien fast die gleichen sind? Die Antwort ergibt sich aus der Art und Weise, in der das Magma erstarrte. Wenn es sich langsam und unter relativ gleichmäßigen Bedingungen abkühlte, konnten um einzelne Kerne im noch flüssigen Magma große Kristalle heranwachsen. Sie können dann eine erhebliche Größe, bis zu mehreren Zentimetern, erreichen. So entsteht eine Art Kristallbrei. Wenn dann schließlich die Restmasse erstarrt, füllen die sich zuletzt bildenden Mineralien die Lücken zwischen den zuvor entstandenen aus. — Bei rascher Abkühlung eines Magmas geht zwar das Kristallwachstum um die schwimmenden Kerne genau so vor sich wie in dem langsam erstarrenden Magma, aber der ganze Erstarrungsprozeß findet sein Ende, noch bevor die Mineralien eine Chance hatten, bis zu sichtbaren Größen heranzuwachsen. Dann ist das Gestein zwar kristallin, es besteht aber aus einem dichten Gewebe winziger Kristalle, die für das unbewaffnete Auge nicht erkennbar sind.

Die Antwort auf das Problem, welcher Faktor die Textur der vulkanischen Gesteine bestimme, ist großenteils in der *„Art des Vorkommens"* zu finden; allgemeiner gesagt: ausschlaggebend ist, ob sie sich über oder unter der Erd-Oberfläche verfestigten oder — um die Sache anders auszudrücken —, ob es sich um vulkanische oder plutonische Gesteine handelt. Vulkanische Gesteine (Vukanite, Effusiva) kühlen sich relativ schnell ab und haben daher meistens feinkörnige Texturen; intrusive Gesteine (Plutonite, Intrusiva) kühlen sich langsamer ab; es bilden sich infolgedessen größere Kristalle, und so sind sie durch grobkörnige Texturen charakterisiert.

Zwei weitere, für die vulkanischen Gesteine bedeutsame Texturen sind: (1) glasig, (2) porphyrisch.

Für die *glasige* Textur ist das Gestein *Obsidian* typisch, das als „vulkanisches Glas" bekannt ist. Glas besitzt, obwohl es ein fester Körper ist, noch manche Eigenschaften einer Flüssigkeit. Es ist gänzlich unkristallin, da es schnell vom flüssigen in den festen Zustand überging und so den Ionen im Ursprungsmagma nicht die Möglichkeit blieb, sich in geordnete Gitter — wie bei den Kristallen — einzureihen. Dieser Flüssig/Fest-Zustand verleiht dem Obsidian manche seiner ungewöhnlichen Eigenschaften. Da er offensichtlich texturlos ist, bricht oder zerspringt er in der gleichen Weise wie eine homogene Substanz, etwa wie ein schwarzer, fester Klotz von Dachteer es tut, wenn ein Arbeiter eine Tonne aufschlägt, bevor er den Teer im Wärmeofen aufweicht. Die scharfkantigen, gekrümmten Bruchflächen, gleich charakteristisch für Glasscherben, zerbrochenen Teer und für Obsidian-Bruchstücke, haben ein besonderes, kennzeichnendes Gepräge, so daß es dafür einen eigenen Namen gibt, nämlich *„muscheliger,* d. h. muschelähnlicher, *Bruch"* (Abb. 20). Diese

Abb. 20. Obsidian mit charakteristischem muscheligem Bruch. *(Mit freundlicher Genehmigung von Ward's Natural Science Establishment, Inc., Rochester.)*

Eigenschaft, mit scharfen Kanten zu brechen, machte Obsidian zu einer tödlichen Waffe, besonders wenn er abgeschuppt und abgeschilfert und so zu den schön geformten Pfeil- oder Speerspitzen und Messerklingen verarbeitet wurde, die von manchen indianischen Völkern in den westlichen Vereinigten Staaten und in Mexiko benutzt wurden (Abb. 21).

Die porphyrische Textur hat ihren Namen von dem griechischen Wort *„porphyra"*, womit man den königlichen Purpur bezeichnete, einen hochgeschätzten Farbstoff, der aus einer ostmediterranen Schnecke gewonnen wurde. Im weiteren Sinne wurde der Name für eine ganz spezifische Gesteinsart verwandt — für ein dunkles, einheitlich texturiertes magmatisches Gestein aus Ägypten, das kleine weiße Feldspat-Kristalle führt, eingebettet in eine purpurne Grundmasse. Es ist ein Gestein, das von den Römern sehr bevorzugt wurde, um daraus Büsten sowohl der Kaiser wie ihrer Schmarotzer und der niederen Würdenträger des Hofes zu meißeln. Aus dem Gestein läßt sich eine auffallend purpurne

Büste formen, besonders eindrucksvoll, wenn sie gegen eine kunstvoll drapierte weiße Marmor-Toga gesetzt wird. Eine solch farbenfreudige petrographische Anordnung vermochte selbst so dekadenten Figuren wie Nero und Caligula ein königliches Aussehen zu verleihen.

Abb. 21. Obsidian-Artefakte. *(Phot.: John Haddaway.)*

In noch stärkerer Ausweitung des ursprünglichen Wortinhalts wird der Ausdruck heute für jedes magmatische Gestein angewandt, das eine Doppeltextur aufweist; d. h. Kristalle zweier deutlich verschiedener Größenklassen finden sich im gleichen Gestein. Eine solche Textur wird durch die Annahme erklärt, daß das Magma zwei Phasen der Abkühlung erlebte: einem ersten Stadium langsamer Abkühlung, in der die großen Kristalle wuchsen,

Abb. 22. Magmatisches Gestein mit porphyrischer Textur. Die dunkle Grundmasse, die die großen weißen Kristalle umschließt, ist viel feinerkörnig. *(Mit freundlicher Genehmigung von Ward's Natural Science Establishment, Inc.)*

folgte später eine raschere Phase, in der sich die kleineren Kristalle aus der Schmelze ausschieden. In einem solchen Gestein werden die größeren Kristalle *„Phänokristalle"* genannt (nach dem griechischen Verbum *„phainein"* = zeigen, zusammengesetzt mit „Kristall"), während das übrige, fein kristallisierte Material, in das sie eingebettet sind, *„Grundmasse"* heißt (Abb. 22).

Die porphyrische Textur ist für solche vulkanischen Gesteine sehr charakteristisch, die in geringer Tiefe in Körpern wie Gängen und „Sills" (weiter unten beschrieben!) erstarrten. Derartige Intrusivkörper sind beispielhaft für ein Magma, das sich zunächst langsam in größeren Tiefen abkühlte und sich dann im Magmastrom in einen wenig tiefen Bereich der Erdkruste heraufbewegte, wo es schneller abkühlte und um die noch schwimmenden größeren, früher gebildeten Kristalle herum sozusagen gefror.

Da die größeren Kristalle in einem Porphyr entstehen, wenn das Magma noch vorwiegend flüssig ist, können sie ungestört wachsen; so erhalten sie oft eine fast vollkommene Kristallform. Die später kristallisierenden Mineralien scheiden sich rascher aus der Lösung aus, und da das Wachstum eines jeden durch das des Nachbarn gestört wird, haben nur wenige das Glück, die Außenform eines Kristalls zu entwickeln; doch weist ihre innere Struktur völlig die spezifische Atomanordnung des jeweiligen Minerals auf.

Mineralbestand

Eine weitere Eigenschaft, nach der sich magmatische Gesteine klassifizieren lassen, ist — neben der Textur — der Mineralbestand. Ganz augenscheinlich hängen die Mineralarten, die sich in einem magmatischen Gestein finden, von der chemischen Zusammensetzung des Magmas ab, aus dem das Gestein hervorgegangen ist.

Magmatische Gesteine gleichen hinsichtlich ihrer Entstehungsweise dem Stahl. Wie jedermann weiß, wird Stahl gewöhnlich in offenen Hochöfen hergestellt, und die Eigenschaften des Stahl-Ausstoßes sind weitgehend dadurch bestimmt, welche Elemente, wie Wolfram, Molybdän, Chrom usw., man der ursprünglichen Füllung aus Roheisen und Schrott hinzufügt. Um den Fall ganz einfach darzustellen: Wenn die Füllung Chrom und nicht Nickel enthält, dann ist das Produkt ein chromhaltiger Stahl und nicht ein nickelhaltiger. Wenn aber 18% Chrom und 8% Nickel vorhanden sind, entsteht ein rostfreier Stahl. Genau so ist es mit den magmatischen Gesteinen. Wenn das Magma wenig Kalium enthält, dann kann kaum ein kaliumhaltiger Feldspat, wie Orthoklas, herauskristallisieren. Wenn der Siliziumgehalt des Magmas hoch ist, dann wird Quarz ein häufiges Mineral sein; wenn er aber niedrig ist, dann wird das resultierende Gestein sehr wahrscheinlich quarzfrei sein.

Nicht alle Mineralien eines Gesteins kristallisieren gleichzeitig aus einem Magma aus, vielmehr weisen die vorliegenden Beobachtungen darauf hin, daß ihre Kristallisation einer gesetzmäßigen Abfolge gehorcht, die vor vielen Jahren durch den Petrologen N. L. Bowen erarbeitet wurde. Wenn die Bedingungen günstig sind, können sich Mineralien aus einem Magma in einer zweifachen Folge abscheiden, und zwar so, wie das Abb. 23 darstellt. Der Plagioklas-Feldspat kristallisiert in einer als „kontinuierliche Reaktionsreihe" bekannten Weise; das bedeutet, daß die frühgebildeten Kristalle sich fortlaufend in ihrer Zusammensetzung durch Reaktion mit der in ihrem chemischen Bestand ständig variierenden Restschmelze verändern. Die anderen Mineralien, wie Pyroxen, Hornblende und Biotit, bilden eine diskontinuierliche Serie; d. h., ein früher gebildetes Mineral reagiert mit der Restschmelze derart, daß ein vollkommen neues

Mineral mit einer ganz verschiedenen Zusammensetzung und Kristallform entsteht, nicht aber eine isomorphe Reihe wie bei den Plagioklasen.

Entsprechend der Bowen'schen Abscheidungsreihe (auch „Differentiationsreihe") sind die ersten Mineralien, die sich aus einem Magma ausscheiden, Olivin und kalziumhaltiger Plagioklas. Wenn das Magma in diesem Stadium erstarrte, dann wäre das sich ergebende Gestein ein *Basalt,* falls es ein Vulkanit wäre, und ein *Gabbro,* falls ein Plutonit vorläge. Wenn sich aber diese früh kristallisierenden Mineralien zu Boden setzen, dann verliert das Restmagma viel von seinem Eisen, Magnesium und Kalzium und auch etwas Silizium. Entsprechend der fortschreitenden Abnahme dieser Elemente reichert sich das Magma relativ an Kalium, Natrium und Silizium an

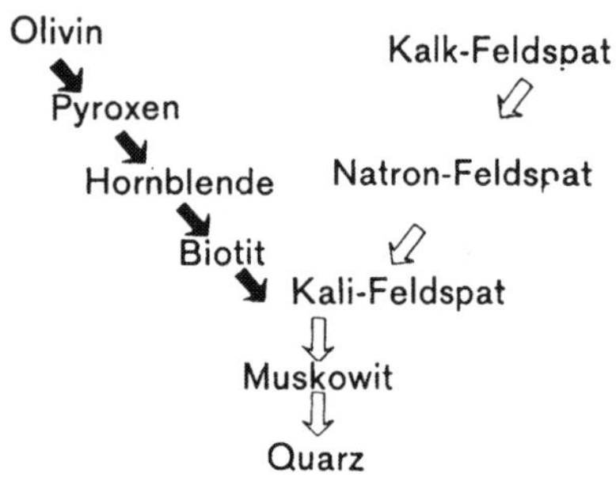

Abb. 23. Zweifache Ausscheidungsfolge von Mineralien aus einem Magma.

Anschließend kristallisieren die Plagioklase mittlerer Zusammensetzung aus, gleichzeitig mit Pyroxen und Hornblende. Würde sich das Magma in diesem Stadium verfestigen, dann würde es Gesteine mittlerer Zusammensetzung liefern, wie *Andesit,* sofern es feinkörnig wäre, und *Diorit,* falls grobkörnig. Wenn diese früheren Mineralausscheidungen von der magmatischen Schmelze getrennt würden, würden die nachfolgenden Restkristallisationen zunächst natrium- und dann kaliumreicher Plagioklas sein sowie die beiden Glimmerarten. Zu allerletzt scheidet sich Quarz aus, und das auch nur dann, wenn freie Kieselsäure in Lösung geblieben ist, nachdem alle Metallionen aufgebraucht waren und nichts mehr da ist, das sich mit ihr verbinden könnte. Quarz ist ein Füllmineral, da es die Lücken und Zwischenräume zwischen den früher ausgeschiedenen Kristallen schließt. Typische Gesteine mit einer Mineralzusammensetzung aus Quarz, Glimmer, Orthoklas und geringeren Gehalten an natriumhaltigem Plagioklas und an Hornblende sind *Granit* — wenn plutonisch — und *Rhyolith* — wenn vulkanisch.

Die Gültigkeit der sogenannten Bowen'schen Reaktionsreihen scheint durch experimentelle Befunde sowie durch die in vielen natürlich vorkommenden Gesteinen zu beobachtenden Mineral-Gemeinschaften durchaus gesichert zu sein. So erklärt es sich, wie ein Magma ursprünglich basaltischer Zusammensetzung (eines, das beim Kristallisieren Olivin und kalziumhaltigen Plagioklas liefert) einen Differentiationsprozeß durchlaufen kann, bis ein granitisches Magma resultiert, aus dem Quarz, Biotit und Orthoklas auskristallisieren.

Leider ist es ziemlich sicher, daß die Entstehung der Granitmassive, die in den Kernbereichen der Kontinente so weite Räume einnehmen, unvergleichlich komplizierter ist, als es die dargelegte relativ einfache Erklärung besagt. Man kann sich kaum vorstellen, daß so ausgedehnte granitische Intrusionen, wie sie in den Kernen der großen irdischen Gebirgssysteme zutagetreten, aus einer Restschmelze hervorgegangen sein sollen, die kaum über 10% vom Volumen des basaltischen Ausgangsmagmas ausmachen kann. Wir werden später noch auf dieses Problem des Granits in der Erdkruste zurückkommen; aber es ist wert, hier ausdrücklich darauf hinzuweisen und später nochmals zu wiederholen, welch großes Rätsel beim Auftreten der magmatischen Gesteine die merkwürdige Umkehr der Rollen bedeutet, die sich darin zeigt, daß das verbreitetste *vulkanische* Gestein der Basalt, das häufigste *plutonische* Gestein der Granit ist, wobei ihre jeweilige Mineralzusammensetzung nahezu an den entgegengesetzten Enden des Spektrums liegt.

Klassifizierung der magmatischen Gesteine

Mit der Kenntnis der Beziehungen, die zwischen Textur und Auftreten bestehen, und mit der Fähigkeit, fünf oder sechs der häufigeren gesteinsbildenden Mineralien zu unterscheiden, kann man eine für das Gelände brauchbare Klassifizierung der magmatischen Gesteine aufstellen, wobei man die beiden Eigenschaften Textur und Mineralzusammensetzung zugrundelegt.

In der beigefügten Tabelle (Abb. 24), die sechs der gewöhnlicheren magmatischen Gesteine zeigt, sind die feinkörnigen Vulkanite oder *Extrusivgesteine* (wie man sie manchmal nennt) in der oberen Reihe angeordnet und die Plutonite oder *Intrusivgesteine* in der unteren. Die heller gefärbten, Quarz führenden Gesteine stehen links, die eisen- und magnesiumreichen und darum dunkel gefärbten rechts.

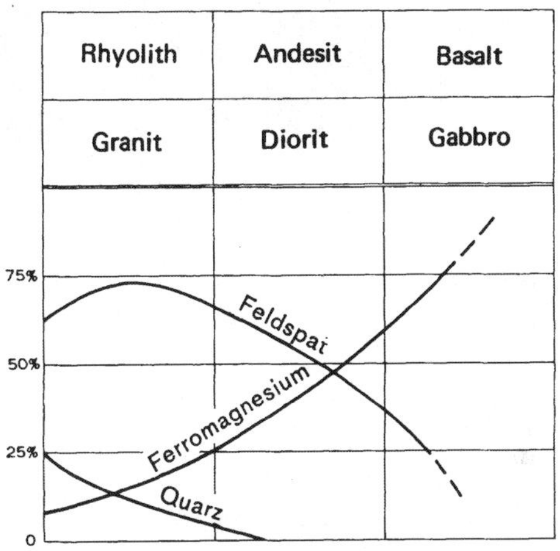

Abb. 24. Die Mineralzusammensetzung magmatischer Gesteine.

Von den beiden ersten der aufgeführten Gesteine ist Rhyolith ein vulkanisches und Granit ein plutonisches. Die Kurven der Mineralzusammensetzung unter der Tabelle lassen erkennen, daß Granit (der Ursprung des Namens verliert sich im Dunkeln, aber verschiedene Autoren glauben, daß er von dem italienischen Adjektiv „granito" = körnig abzuleiten sei) ein hell gefärbtes, grobkörniges Gestein darstellt; seine Hauptbestandteile sind Quarz, Feldspat (gewöhnlich Othoklas und etwas natriumhaltiger Plagioklas) und einige Eisen-Magnesium-Mineralien — so benannt nach ihrem Gehalt an Eisen und Magnesium (in der Regel Biotit und in geringerer Menge Hornblende). Da Granit häufig für Grabsteine, Denkmäler, Regierungs- und Bank-Gebäude gebraucht wird (tatsächlich wird er für Staatsgebäude seit dem Beginn der abendländischen Zivilisation verwandt), kennen wir wohl alle das charakteristisch gesprenkelte Aussehen dieses sehr bekannten Gesteins mit seiner weißen bis lichtgrauen Grundfarbe, gefleckt durch Flitter schwarzen Glimmers oder Nadeln von Hornblende, sowie seine grobkristalline Textur, wobei einige Mineralien (hauptsächlich Feldspäte) Korndurchmesser von über 1 cm erreichen können (Abb. 25).

Rhyolith (benannt nach dem griechischen Wort für „Lavastrom" oder „Sturzbach", zusammen mit dem Wort für „Stein"), ein vulkanisches Gestein von fast der gleichen chemischen Zusammensetzung wie Granit, hat eine völlig andere Textur. Gewöhnlich ist diese porphyrisch, wobei die Grundmasse so feinkörnig ist, daß sich die Einzelmineralien nur mit Hilfe eines Mikroskops erkennen lassen. In die Grundmasse sind kleine Kristalle von Quarz, Feldspat, gelegentlich Schuppen von Biotit und selten Eisen-Magnesium-

Mineralien eingebettet. Quarz ist im Rhyolith eine Frühausscheidung, im Gegensatz zu seinem Verhalten beim Granit. Aus diesem Grunde erscheinen die Quarzkristalle gewöhnlich voll ausgebildet und zeigen sehr oft Doppelpyramiden, während das gleiche Mineral im Granit ganz anders aussieht; in ihm füllt es nämlich als glasige Klümpchen die Hohlräume zwischen den früher gebildeten Mineralien aus. Rhyolith ist gewöhnlich hell gefärbt,

Abb. 25. Rauhe Oberfläche von Granit. Die weißen Körner sind Feldspäte, die klaren, glasigen stellen Quarz und die schwarzen Körner Glimmer und Hornblende dar. *(Phot.: John Haddaway.)*

und zwar weiß oder lichtgrau; er kann aber rosa oder sogar rot werden, wenn er verwittert ist — hauptsächlich in Trockengebieten der Erde, so im Südwesten der Vereinigten Staaten, im nördlichen Mexiko usw. Ein Texturmerkmal, das für die Grundmasse des Rhyoliths sehr charakteristisch ist, ist eine Bänderung im Gestein, die als *„Fließgefüge"* bezeichnet wird, die Folge einer lagen- oder bänderförmigen Sonderung des Mineralbestands in der zähflüssigen Lava kurz vor ihrer Verfestigung (Abb. 26).

Diorit (der Name kommt vom griechischen Wort für „unterscheiden") ist ein grobkörniges magmatisches Gestein, dessen Mineralzusammensetzung etwa in der Mitte zwischen Granit und Gabbro liegt. Man spricht deshalb bei ihm wie auch bei zahlreichen verwandten Gesteinen von „intermediärer Zusammensetzung". Er ist ein Gestein mit natriumhaltigem Plagioklas-Feldspat als Hauptkomponente, während Quarz und Orthoklas fehlen. Hornblende ist sein vorherrschendes dunkles Mineral, und auch Biotit ist gewöhnlich ein bedeutsamer Bestandteil. Pyroxen ist selten, wie sich nach dessen Stellung als Frühausscheidung in der Bowenschen Differentiationsreihe nicht anders erwarten läßt; er ist sehr viel häufiger im *Gabbro,* dem nächstfolgenden Plutonit des Klassifikations-Schemas.

Wegen des Fehlens von Quarz und Orthoklas und der annähernden Gleichheit von Plagioklas und dunklen Mineralien pflegt der Diorit eintönig grau zu sein. Er wird nicht so häufig als Baustein verwandt wie der echte Granit; einmal sind Diorite weniger häufig, und zweitens sind sie mit ihrer düster-grauen Farbe weniger ansehnlich.

Da Diorite magmatische Gesteine mit intermediärer Zusammensetzung darstellen, sind sie eine Gesteinsgruppe, die zahlreiche miteinander verwandte Gesteinstypen umfaßt. Zum Beispiel enthalten einige Diorit-Abarten Quarz; diese werden — logischerweise — als *„Quarzdiorite"* bezeichnet. Andere dioritähnliche Plutonite können Orthoklas und

Abb. 26. Fließbänderung, entstanden durch zähes Fließen in einem Magma, das als Obsidian erstarrte. Blöcke an der Basis einer Vulkankuppe südlich vom Mono Lake, Kalifornien. *(Phot.: John Haddaway.)*

Plagioklas — Plagioklas vorherrschend — enthalten; solche Gesteine mit zweierlei Feldspäten heißen *„Monzonite"*. Wenn sich dazu noch Quarz gesellt, sind sie *„Quarzmonzonite"*; sie sind nur schwer vom Granit zu unterscheiden.

Andesit (benannt nach den südamerikanischen Anden, wo sie in den Vulkanbauten häufig sind) ist ein grauer bis grauschwarzer, feinkörniger Vulkanit. Gewöhnlich ist seine Grundmasse zu dicht, als daß sich Einzelmineralien ohne Anwendung einer starken Lupe erkennen ließen. Phänokristalle sind häufig; dabei kann es sich um durchsichtige oder hellgraue Kristalle von Plagioklas oder um dunkle Mineralien, wie Hornblende oder schwarze Schuppen von Biotit, handeln. Der Ausdruck „Andesit" wird heute für eine ganze Reihe vulkanischer Gesteine intermediärer Zusammensetzung verwandt, und so hat er seine Bedeutung als präziser Gesteinsbegriff weitgehend verloren. Als gemeinsames Merkmal bleibt aber, daß in diesem Gestein sichtbarer Quarz in der Regel fehlt, daß der Haupt-Feldspat natriumhaltiger Plagioklas ist und daß die dunklen Mineralien vorwiegend Biotit und Hornblende sind. Solche Andesite kommen auf der Erd-Oberfläche häufiger vor als rhyolithische Gesteine; sie sind aber weniger verbreitet als Basalte.

Gabbro (ein alter italienischer Name für viele dunkle Gesteine — einschließlich Serpentin —, die bei den Renaissance-Palästen und -Kirchen Italiens verwendet wurden) besteht bei typischer Ausbildung aus einer grobkörnigen Verwachsung von Pyroxen- und Kalziumplagioklas-Kristallen. Viele Gabbros enthalten auch Olivin und einige außerdem Hornblende; Pyroxen herrscht dabei aber vor. Abweichend vom Verhalten der Diorite überwiegen beim Gabbro die Eisen-Magnesium-Mineralien vor den Feldspäten. Es gibt natürlich Ausnahmen, und eine Gabbro-Varietät, der *Anorthosit,* besteht fast ganz aus einem grobkörnigen Gefüge von Plagioklas-Kristallen. Eine andere Gabbro-Varietät, die als Baustein für Kaufhaus-Fronten, Banken etc. sehr gesucht ist, enthält große, dunkelpurpurne Plagioklaskristalle; diese geben ein wunderbar eindrucksvolles irisierendes Farbenspiel, ganz wie Pfauenfedern, wenn sie vom Sonnenlicht getroffen werden.

Basalt (der Name ist einer der ältesten in der Geologie; denn er geht anscheinend auf die Ägypter oder Äthiopier zurück, und einer der ersten, der ihn namentlich aufführte, ist Plinius) ist das beiweitem häufigste aller vulkanischen Gesteine. Einige Gebiete, wie das Plateau beiderseits des Columbia-Flusses in den nordwestlichen Vereinigten Staaten, das Bombay benachbarte Gebiet im westlichen Indien und der Teil Südamerikas, wo Brasilien, Paraguay und Argentinien aneinandergrenzen, wurden von ausgedehnten Basaltergüssen überflutet, von denen einige mehr als 500000 Quadratkilometer bedecken. Darüber hinaus sind viele echte ozeanische Inseln, wie Samoa, Hawaii und Tahiti, Basaltvulkane, die mehrere Tausend Meter über den Meeresboden aufragen. Tiefsee-Lotungen geben uns gleichfalls einen Fingerzeig auf die weite Ausdehnung von Basalt, der sich anscheinend in junger geologischer Vergangenheit über die Meerestiefen ergoß.

Basalt ist ein höchst alltägliches Gestein, und es spielt eine wirklich hervorragende Rolle beim Vulkanismus. Wenn Basalt frisch und unverwittert ist, ist er gewöhnlich kohlschwarz oder dunkelgrau; die Grundmasse ist zu feinkörnig, als daß die Mineralien makroskopisch sichtbar wären, aber unter dem Mikroskop kann man sehen, daß meist Pyroxen und Plagioklas vorliegen. Wenn Phänokristalle vorhanden sind, dann können es solche dieser beiden Mineralien sein und dazu solche von Olivin. Einige Basalt-Varietäten, die in dickeren Körpern und nicht in dünnen Lavaströmen kristallisierten, kühlten sich so langsam ab, daß die Mineralien der Grundmasse hinreichend groß werden konnten, um makroskopisch sichtbar zu sein. *Diabas* ist ein solches Gestein; seine charakteristische Textur ist ein verfilztes Netzwerk von Feldspat-Leisten, deren Zwischenräume mit später kristallisierten, unregelmäßig geformten Pyroxen-Kristallen ausgefüllt sind.

Die Unterscheidung zwischen Andesit und Basalt ist ziemlich künstlich, und die beiden Typen gehen ineinander über. Die Abtrennung des einen vom anderen basiert 1. auf dem Charakter des Plagioklases — ob er vorwiegend natriumhaltig ist (Andesit) oder kalziumhaltig (Basalt) — und 2. darauf, ob das vorherrschende Eisen-Magnesium-Mineral Hornblende ist (Andesit) oder Pyroxen (Basalt). Diese Unterschiede können nur mit dem Mikroskop festgestellt werden und sind für die Geländearbeit sicher nicht sehr bedeutungsvoll. Ein brauchbares Unterscheidungsmittel im Gelände ist folgendes: Man schlägt eine dünne Scherbe von dem Gestein ab und hält sie gegen die Sonne; wenn der Splitter undurchsichtig ist, ist das Gestein sehr wahrscheinlich Basalt, wenn durchscheinend, dann Andesit.

Basalt zeigt physikalisch eine viel interessantere Mannigfaltigkeit als mineralogisch. Einige Basaltströme sind so rauh und zackig wie Hochofen-Schlacken (Abb. 51). Andere Ausflüsse sind glatt und zäh und zeigen glänzende Oberflächen; das sieht dann so aus, als ob sie einst ein Teerstrom gewesen wären, der plötzlich zum Halten kam (Abb. 52). Einige Basalte sind dichte, einheitliche texturierte Gesteine ohne erkennbare Mineralien, andere sind schaumig und zellig und durchsetzt von unzähligen kleinen Hohlräumen, die Gasblasen waren, eingeschlossen in die noch flüssige Basaltlava (Abb. 27).

Abb. 27. Zelliger oder schlackiger Basalt. *(Phot.: Hal Roth.)*

Eine Gesteinsstruktur, die für basaltische Vulkanite typisch ist — wenn auch keineswegs auf sie beschränkt —, ist die Ausbildung geometrisch regelmäßiger Säulen (Abb. 28). Gewöhnlich haben diese fünf oder sechs Seiten und sind so dicht zusammengepackt, daß sie — von oben gesehen — ein Muster zeigen, das demjenigen sechskantiger Badezimmer-Fliesen ähnelt (Abb. 29). Das ist die Folge der Kontraktion des Gesteins, die sofort beginnt, wenn die Lava eben erstarrt ist. Wenn die Verfestigung von annähernd gleich weit entfernten Zentren radial nach außen vor sich geht, ist das günstigste Muster, das sich zwischen diesen einzelnen Zellen entwickeln kann, ein hexagonales; es gleicht in vieler Hinsicht dem hexagonalen Zellenmuster einer Bienenwabe. Zwei bekannte Beispiele von Säulenbasalten sind „The Devils Postpile" in der Sierra Nevada (Kalifornien) und „Giant's Causeway" im nördlichen Irland.

Abb. 28. Säulenstruktur in einem Basaltlava-Strom. Devil's Postpile, Kalifornien. *(Aus der Cedric Wright Collection; mit freundlicher Genehmigung des Sierra Club.)*

Andere Typen magmatischer Gesteine

Es gibt noch mehrere weitere bedeutende Sorten magmatischer Gesteine, die sich nicht gut in ein so starres Klassifizierungs-Schema einpassen lassen wie das hier benutzte.

Obsidian (der Name kommt vom lateinischen Wort *„obsidianus"* nach seinem Beschreiber Obsius) wird auch „vulkanisches Glas" genannt (Abb. 20 und 26). Tatsächlich kann man es sich als eine unterkühlte Flüssigkeit vorstellen; denn es hat sich aus einem Magma gebildet, das so rasch aus dem flüssigen Zustand in den festen überging, daß nicht Zeit genug zur Ausbildung von Kristallen blieb. Das bedeutet, daß das Gestein texturlos ist und daß es in seinem Aussehen und seiner Bruchform sehr einer großen Masse von Isolatoren- oder Flaschenglas gleicht, das unkontrolliert erstarrte und auf den Abfall-Haufen geworfen werden mußte. Tatsächlich ist ein natürliches Glas wie Obsidian dem künstlichen Produkt nicht ganz unähnlich; der Hauptunterschied ist der, daß die sorgfältigen Vorsichtsmaßnahmen bei der Herstellung künstlichen Glases die Unreinheiten aussondern, während sie beim Obsidian im Magma reichlich zugegen bleiben. Infolgedessen ist Obsidian gewöhnlich schwarz, und zwar recht auffällig pechschwarz.

Bimsstein („Bims" ist von einem griechischen Wort abzuleiten, das „von Würmern zerfressen" bedeutet; der Name wird schon 325 v. Chr. von Theophrastus erwähnt) ist

Abb. 29. Oberfläche des Devil's Postpile, Kalifornien; sie zeigt die Enden oder Querschnitte der Säulen von Abb. 28. Die von links nach rechts verlaufenden Rillen sind Gletscherschrammen. Der Einfluß der Verwitterung seit dem Verschwinden des Gletschers zeigt sich durch stellenweises Fehlen der geschrammten Oberfläche an. Siehe Kapitel XV. *(Phot.: Hal Roth.)*

eine besondere Abart von Obsidian; die erstarrende Schmelze blähte sich mit vulkanischen Gasen so auf, daß sie zu einem versteinerten Glasschaum wurde, ganz als wenn der Schaum auf einem Bierkrug sich augenblicklich in Stein verwandelte. Da der Bimsstein durch die vor der Verfestigung beigemischten Gase so schaumig wurde, ist er eines der leichtesten Gesteine, und die poröseren Varietäten schwimmen auf Wasser; wenn er von küstennahen oder ozeanischen Vulkanen ausgeblasen wird, kann er Tausende von Kilometern auf dem Meere dahintreiben, bevor er sich mit Wasser vollsaugt und zu Boden sinkt.

Sowohl Obsidian wie auch Bimsstein haben chemische Zusammensetzungen, die im typischen Falle der des Rhyoliths nahestehen, — d. h. sie sind Gesteine, die relativ hohe Prozentgehalte Silizium, Kalium und Aluminium aufweisen und entsprechend arm an Eisen, Magnesium und Kalzium sind. Obwohl auch glasige Formen von Gesteinen bestehen, die aus andesitischen und basaltischen Magmen hervorgegangen sind, so sind sie doch von geringerer Bedeutung, verglichen mit den rhyolithischen Varietäten.

Gleichzeitig mit Lavaausflüssen stoßen die Vulkane im Rahmen ihrer explosiven

Tätigkeit große Mengen festen und halbfesten Materials aus. Dieses kann in der Größe zwischen Staubpartikeln und hausgroßen Blöcken schwanken. Die Produkte solcher vulkanischer Zertrümmerung werden *„pyroklastische Gesteine"* genannt (aus dem Griechischen; wörtlich übersetzt, bedeutet das Wort „feuerzerbrochen").

Feinere Teilchen, solche in der Größenordnung von Staub oder Sand, die von Vulkanen ausgeblasen wurden, werden vulkanische *„Aschen"* genannt, und wenn die Teilchen die Größe kleiner Gerölle haben, spricht man manchmal von *„Schlacken"*. Diese Ausdrücke sind unzureichend; denn weder vulkanische Aschen noch Schlacken haben etwas mit Feuer zu tun in dem Sinne, daß sie Verbrennungsrückstände von Kohle oder Holz wären. In Wirklichkeit sind sie kleine Bruchstücke vulkanischen Gesteins von der gleichen chemischen Zusammensetzung wie die Lava, die im Krater steht oder an den Flanken des Vulkans herabfließt; der Unterschied ist nur der, daß sie durch die eingeschlossenen Gase schaumiger wurden. Teilchen mit etwa zentimetergroßen Durchmessern werden *„Lapilli"* genannt (ein italienisches Wort für „kleine Steine"), größere Stücke bezeichnet man am besten als „vulkanische Blöcke", wenn sie zur Zeit ihres Auswurfs schon fest waren (Abb. 30).

Oft werden Lavafladen aus dem Innern eines Vulkans über den Kraterrand hinausgeschleudert. Bei Nacht ist das ein sehenswürdiges Schauspiel, vor allem, wenn sie noch hell glühen. Man kann ihren Weg verfolgen, wie sie im Bogen über den Himmel ziehen mit fast den gleichen Flugbahnen wie die Granaten von Mörsern. Auf Farbphotographien erscheinen ihre Bahnen als rote Linien in der Luft und auch als lange Streifen auf dem Boden, wenn sie aufprallen und an den Vulkanhängen herabrollen. Die Oberflächen solcher Lavaklumpen können sich im Fluge abkühlen, und auch der ganze Fladen kann sich mit einer festen Kruste überziehen; er sieht dann ganz wie ein Laib französischen Brotes aus. Derartige überkrustete Lavaklumpen werden *„Bomben"* genannt; solche, die im Fluge rotierten, weisen eine spindelförmige Gestalt auf, während andere fast kugelförmig sein können.

Vulkanische Asche kann das Land auf viele Kilometer rund um einen Vulkan so weiß färben wie neugefallener Schnee, und sie kann sich — wie das beim Paricutín in Mexiko bei seinem Ausbruch im Jahre 1943 geschah — zu einer über 3 m starken Decke anhäufen. Ein geschichtetes Gestein, das aus einer solchen verbackenen vulkanischen Asche entstanden ist, heißt Tuff (Abb. 31); er wird seit Jahrhunderten weithin als Baustein verwandt. Viele Bauten des alten Roms sind aus solchem Tuff errichtet; aus ihm besteht das Mauerwerk, das man heute im Kolosseum und in den Mauern des Forums sieht, nachdem die Marmorverkleidung vor Jahrhunderten abgenommen wurde. Sehr ausgiebig wurde Tuff auf den vulkanischen Inseln Griechenlands verwandt, wo viele malerische Dörfer zum Teil aus Höhlenwohnungen bestehen, die in ihm angelegt wurden, ferner auch in Neapel und Pompeji und — eine ganze Welt entfernt — in Manila, um nur wenige Beispiele anzuführen. Tuff ist leicht zu bearbeiten, behält seine Form gut, und seine Oberfläche härtet sich etwas, wenn sie der Luft ausgesetzt ist.

Manche Aschenfälle, wie jener, der Pompeji begrub, behalten ihre Hitze relativ lange Zeitspannen, und wenn die Aschenpartikel heiß genug sind, können sie zu einem *Schmelztuff* (Ignimbrit) miteinander verschweißt werden. Viele Hunderte von Quadratkilometern der Nordinsel von Neuseeland im Rotorua-Geysir-Distrikt sind mit Schmelztuff bedeckt. Er ist in weiten Teilen der westlichen Vereinigten Staaten häufig anzutreffen sowie in Alaska im „Tal der zehntausend Dämpfe", das seinen Namen von den Fumarolen und heißen Quellen erhalten hat, die als Folge eines heißen Aschenfalls bei einer Eruption im Jahre 1912 entstanden. Da ein Schmelztuff sich verfestigt und dabei schrumpft, können sich geometrisch angeordnete Säulen entwickeln, ganz ähnlich denen in einem Basaltstrom.

Wenn pyroklastisches Material aus Blöcken und anderen großen eckigen Bruchstücken besteht, können diese miteinander verkittet werden, um ein geschichtetes Gestein zu bilden, das dem Tuff hinsichtlich der Entstehung entspricht, aber aus gut unterscheidbaren, eckigen, scharfkantigen Blöcken besteht. Ein derartiges, aus eckigen, verhärteten Brocken zusammengesetztes Gestein ist eine *vulkanische Brekzie* (ein italienisches Wort, das „Geröll oder Schutt zerbrochener Mauern" bedeutet). Sehr oft bilden sich diese Brekzien an den Hängen von Vulkankegeln nahe der Austrittsstelle eines Lavastroms, oder sie können entstehen aus Bruchstücken, die sich im vulkanischen Schlund ansammelten und von nachträglich kristallisierendem Magma zu einem neuen Gestein verkittet wurden, nachdem das vulkanische Feuer erloschen war. Vulkanische Brekzien sind auch charakteristisch für die zuerst erstarrenden Oberflächen von Lavaströmen, deren Inneres zunächst noch flüssig blieb. Wenn die Vorwärtsbewegung dieser noch schmelzflüssigen Innenmasse fortdauert, kann sich die Kruste in ein Durcheinander chaotisch zusammengewürfelter Blöcke verwandeln; wenn diese dann durch Lava, die in ihre Zwischenräume eindringt, verkittet werden, entsteht eine „Fließbrekzie".

Abb. 30. Bimsstein-Blöcke und Lapilli. Mammoth Lakes District, Kalifornien.

Tiefsitzende Intrusivkörper

Plutonische Gesteine waren für unsere Vorfahren ein Rätsel; denn niemand hat jemals ein Gestein wie Granit aus einer Schmelze kristallisieren gesehen. Basalt andererseits kann man an den Hängen und in den Kratern aktiver Vulkane sich bilden sehen, und so ist es kein schwieriges Problem mehr, wenigstens ein teilweises Verständnis für die Natur vulkanischer Gesteine zu erlangen. Nichtsdestoweniger erhob sich im späten 18. Jahrhundert eine der heftigsten Diskussionen in der Geschichte der Geologie über eine in Deutschland aufgekommene Meinung, daß nicht nur Basalt, sondern auch Granit ein chemisches Präzipitat sei, das sich auf dem Boden eines Urozeans gebildet hätte. So phantastisch diese Vorstellung auch sein mochte, sie hatte den Vorteil, daß sie ihre Gegner hinaus in die Berge und über die Oberfläche der Erde trieb, um Material zur Widerlegung des Glaubens an einen wäßrigen Ursprung der magmatischen Gesteine zu

sammeln und zu beweisen, daß sie in Wirklichkeit aus Schmelzen auskristallisiert sind. Viel Beweismaterial, das vor fast zwei Jahrhunderten geduldig zusammengetragen wurde, ist auch heute noch stichhaltig. Hinsichtlich der Grundfragen, die damals und in den folgenden Jahren erörtert wurden, sind wir auch heute noch von einer Antwort auf das Zentralproblem, die Frage nach der Natur des Magmatismus, weit entfernt.

Bildungen wie Granit, Diorit und Gabbro sind durchweg grobkörnige magmatische Gesteine, die aus ineinandergreifenden Mineralkristallen bestehen. Vermutlich verdanken sie ihre grobkristalline Textur der langsamen Abkühlung. Jedoch hat, wie oben gesagt, keiner jemals gesehen, wie diese Abkühlung vor sich geht; daß wir von diesen Gesteinen überhaupt wissen, liegt nur daran, daß die Gesteinshülle, die sie einst überdeckte, abgetragen ist, vornehmlich durch Erosion. Die verbreitetsten der zutagetretenden Tiefengesteine sind Granit und die nahe damit verwandten Varietäten. Gesteine dieser Art können viele Hunderte, ja Tausende von Quadratkilometern im Innern von Gebirgsketten (Abb. 99) einnehmen oder ausgedehnte Bereiche, wie in Skandinavien, Labrador oder Nordost-Kanada aufbauen, wo die Wurzeln längstvergangener Gebirgszüge bloßgelegt sind, nachdem ein Tausende von Metern mächtiges Deckgebirge abgetragen worden war.

Solch riesige Gesteinskörper werden *Batholithe* genannt (ein Wort, das um 1895 eingeführt wurde und von den griechischen Wörtern für „Tiefe" + „Stein" abgeleitet ist). Ursprünglich wurde der Begriff „Batholith" für einen magmatischen Intrusivkörper von besonders großem Volumen gebraucht; heute verstehen wir im allgemeinen Sprachgebrauch darunter einen Körper mit einer Oberfläche von mindestens 100 Quadratkilometern. Ein kleinerer, unregelmäßig gestalteter Körper grobkörnigen Magmatits mit einer Oberflächen-Ausdehnung von weniger als 100 Quadratkilometern wird „Stock" genannt, und in vielen Fällen mag er die Kuppel im Dachbereich eines in der Tiefe begrabenen Batholithen sein, der noch nicht durch die Erosion freigelegt wurde.

Viel hat man über die Oberflächen-Gestaltung von Batholithen und Stöcken kennengelernt; denn die Erosion hat bis zu verschiedenen Niveaus an verschiedenen Stellen in sie eingeschnitten, und sie wurden auch in tiefen Bergwerken aufgeschlossen. Wenn man die an vielen zugänglichen Batholithen rund um die Welt erworbenen Kenntnisse kombiniert, so wissen wir eine Menge über ihre oberen Bereiche, aber nichts über ihre größeren Tiefen. Kein lebender Geologe hat je die Unterseite eines Batholithen gesehen, und die Fragen, wie weit die Batholithen hinunterreichen, was die Natur ihrer Wurzeln sein mag, aus welcher Tiefe sie aufsteigen und unter welchen Bedingungen geschmolzenes Material in der Erde entsteht, sind bis auf den heutigen Tag ungelöste, aber reizvolle Probleme geblieben (Abb. 32).

Batholithe sind gewöhnlich von einem Hof oder einer *„Aureole"* sogenannter kontaktmetamorpher Gesteine umgeben. Diese wurden an Ort und Stelle infolge der Hitze und chemischen Aktivität, die vom granitischen Magma ausging, umkristallisiert.

So unbekannt die unteren Bereiche eines Batholithen sein mögen, man möchte aber wenigstens glauben, daß sich uns nur wenige Fragen hinsichtlich der oberen Batholithen-Bereiche, deren Eigentümlichkeiten besser bekannt sind, aufdrängen würden. Leider aber

---

←

Abb. 31. Tuff oder verfestigte vulkanische Asche mit Lapilli und Bimsstein-Blöcken. Ablagerungen von Glutwolken; ihre Eruption ging dem Zusammenbruch des Mount Mazama voraus, durch den sich der Crater Lake bildete. Blick von The Pinnacles entlang Sand Creek, Crater-Lake-Nationalpark. *(Mit freundlicher Genehmigung des Oregon State Highway Dept.)*

ist das Problem ihrer Platznahme und Entstehungsweise voller Schwierigkeiten. In einigen Fällen scheinen die Batholithe sich als ganze Körper ihren Weg in die präexistierenden Gesteine gebahnt zu haben, und ihr Granit ist nicht verunreinigt und bleibt homogen bis unmittelbar an die messerscharfe Grenze der Intrusion. In solchen Fällen scheint der Granit die sogenannten „Heimatgesteine", in die er augenscheinlich seinen Weg genommen hat, beiseite geschoben zu haben. Die Heimatgesteine sind offensichtlich fortgegangen, aber wohin? Der Granit hat ihren Platz vollständig übernommen, und von den

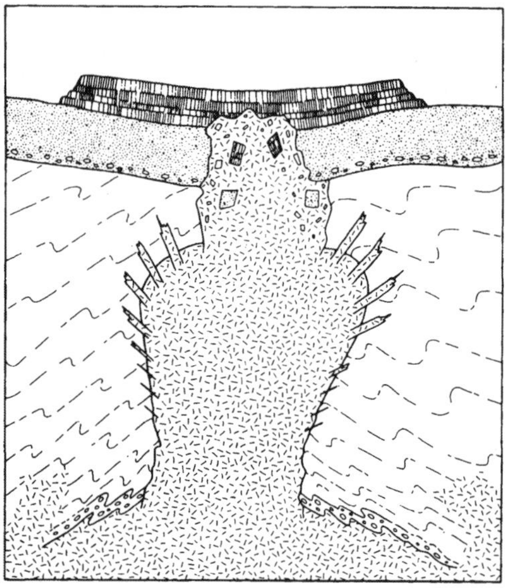

Abb. 32. Hypothetischer Vertikalschnitt durch einen Batholithen. — Der Granit-Batholith ist die Masse im Zentrum der Skizze; von ihm gehen Gänge in die umgebenden, gefalteten und metamorphosierten Gesteine aus. In der Tiefe sind beim Granit an beiden Rändern keine Grenzen gegen die gefalteten Gesteine eingetragen; dadurch soll angedeutet werden, daß Granit in einem tiefen Niveau mit den anderen Gesteinen reagiert oder durch deren Aufschmelzen entsteht, wobei sich Migmatit oder eine lit-par-lit-Struktur bildet.
Im mittleren Niveau drängt der Batholith vermutlich die Wände beiseite, wobei Granit in Spalten eindringt.
Im obersten Bereich hat der Batholith Sedimentgesteine (Punktsignatur) und Laven (Schraffen) durchdrungen; Blöcke derselben sind in das Granitmagma eingesunken. *(Nach H. Cloos, N. Jb. Min. Geol. Paläont., 66, Abt. B, 1931.)*

Gesteinen, die einstmals den Raum innehatten, der jetzt vom Granit besetzt ist, ist keine Spur übriggeblieben. Wurden sie aufgelöst? Wenn das der Fall wäre, müßten im Granitmagma einige unverdaute Reste widerstandsfähigerer Mineralien noch vorhanden sein. Wurden Blöcke von dem überfallenen Gestein losgerissen, nur um im flüssigen Magma unterzugehen und auf den Boden des Batholithen abzusinken? Die letzte Vorstellung hat wenigstens den großen Vorteil, daß sie sehr geschickt einer Beweisführung durch Beobachtung aus dem Wege geht. Die Grundfrage ist hier das sogenannte „Raumproblem" bei der Batholithen-Entstehung, und dieses bleibt bis auf den heutigen Tag eine verwickelte Frage.

Andere Batholithe sind von einer breiten Randzone umgeben, und der Übergang zwischen dem eindringenden und dem invadierten Gestein ist viel weniger abrupt. Der Kontakt zwischen unzweifelhaftem Granit und seiner einhüllenden Schale kann verschleiert sein, und eine Zone von *Migmatiten* oder „Mischgesteinen" — teilweise magmatisch und teilweise metamorph — charakterisiert einen solchen Kontakt. Es handelt sich dabei um Gesteine, in die sich Granitzungen weit hinein erstrecken können und in denen Bänder granitischen Materials, bestimmten Schichten folgend, bis tief in die metamorphe Aureole hineinreichen. Dieses Verhalten ist für die sogenannte *„lit-par-lit-"* oder „Schicht-für-Schicht"-Struktur typisch; der Ausdruck bedeutet, daß die eine Lage eines Gesteins Granit, die nächste ein metamorphes Gestein, die übernächste wieder Granit sein kann und so weiter. Oder es können Knoten oder Schwärme von Orthoklas oder anderen, für Granit typischen Mineralien in der metamorphen Hülle bis zu einiger Entfernung vom Haupt-Granitkörper auftreten.

Diese Erscheinungen lassen in ihrer Gesamtheit vermuten, daß auf irgendeine Weise die vorgranitischen Gesteine „verdaut" oder durch Granit ersetzt wurden — mit anderen Worten: sie wurden an Ort und Stelle aus dem, was sie ursprünglich waren, in ein brandneues Gestein umgewandelt — in diesem Falle in Granit. Dieser Prozeß wird von seinen Verfechtern — einer lauten Schar — „Granitisation" genannt; sie sind der Meinung, daß sich granitische Gesteine an Ort und Stelle bilden, und zwar durch Umwandlung großer Mengen von Sedimentgestein seitens chemisch wirksamer Lösungen, die aus größeren Erdtiefen aufsteigen. Eine entgegengesetzte Meinung besagt, daß Batholithe das Produkt der Invasion geschmolzenen Materials aus den Tiefen in die oberen Bereiche der Erdkruste sind und daß der Granit nun den Platz der Gesteine einnimmt, in die er eindrang.

Niemand hat bis jetzt Beweismaterial beibringen können, das die Frage nach dem Ursprung dieser ungeheuren Granitkörper aus dem Bereich berechtigten Zweifels herausgehoben hätte. Zu den Dingen, die über sie bekannt sind, gehören die folgenden: (1) sie finden sich meistenteils in den Gebirgsgürteln der Erde — sowohl in geologisch jungen wie auch in solchen hohen Alters; (2) obwohl viele Batholithe örtlich quer durch das Gefüge der Nebengesteine schneiden, sind doch die Intrusivkörper in der Hauptsache parallel zu der Gebirgskette, der sie angehören, ausgelängt; (3) alle verfügbaren Daten weisen darauf hin, daß die Mineralien in einem Granit aus einer Schmelze auskristallisierten und daß sie dabei einer systematischen Ausscheidungsreihe folgten, wobei die ersten Mineralausscheidungen geometrisch regelmäßige Kristallformen entwickelten und die Spätausscheidungen die Lücken füllten. Im allgemeinen kristallisieren die Mineralien in der Ordnung aus, die weiter oben als Bowen'sche Differentiationsreihe angegeben wurde — die Eisen-Magnesium-Mineralien und die Plagioklase zuerst und Quarz zuletzt.

Alles, was man beim gegenwärtigen Stand der Kontroverse um den Ursprung der granitischen Batholithe sicher wagen kann, ist zu sagen, daß — wie bei manchen Dingen in der realen Welt — eine einzige Ursache allein das Gesamtphänomen nicht zu erklären vermag. Beide Entstehungsarten — (1) magmatische oder Eindringen flüssigen Materials und (2) Granitisation oder Umbildung an Ort und Stelle — kommen vermutlich vor, jedoch sehr wahrscheinlich unter verschiedenen Gegebenheiten oder möglicherweise an verschiedenen Plätzen oder in verschiedenen Tiefen im gleichen Batholithen.

Intrusionen mittlerer Tiefenbereiche

Es sind dies viel kleinere Intrusivkörper als ihre riesigen Verwandten, die Gebirge bewohnenden Batholithe, und wenn auch die Länge einige Dutzende von Kilometern zählt, so ist ihre Breite gewöhnlich nur in Metern zu messen. Sie werden als *„hypabyssische Gesteine"* bezeichnet, ein Wort, das „von mittlerer Tiefe" bedeutet.

Hypabyssische Gesteine haben gewöhnlich Texturen, die zwischen denen vulkanischer und denen plutonischer Gesteine vermitteln. Wenn sie Teile von Körpern mäßiger bis großer Ausdehnung sind, werden sie sich langsam genug abgekühlt haben, daß ihre Mineralien zwar kleiner als in batholithischen Gesteinen, aber doch mit unbewaffnetem Auge sichtbar sind. Wenn sie aber einer kleinen Intrusion angehören, deren Grenzwände nahe beieinander liegen, dann erfolgt die Wärmeabgabe relativ schnell, und die Kristallgrößen vermindern sich entsprechend bis zu dem Punkt, wo die Textur solcher Gesteine nicht mehr von der ihrer vulkanischen Gegenstücke verschieden ist. Mit anderen Worten: Die Textur der hypabyssischen Gesteine nähert sich auf der einen Seite derjenigen vulkanischer Gesteine, und am andern Ende der Reihe kann sie fast die gleiche sein wie diejenige plutonischer Gesteine; das hängt weitgehend von der Größe der Intrusion und der Zusammensetzung des Magmas ab. Nebenbei gesagt: porphyrische Texturen sind sehr typisch für diese Gruppe; denn in diesen schmalen Aufstiegskanälen können beträchtliche Magmabewegungen von dem einen Bereich in einen andern vor sich gegangen sein, verbunden mit entsprechend verschiedenen Ausmaßen der Kristallisation, bevor die endgültige Verfestigung eintrat (Abb. 22).

Gänge sind eine häufige Abart hypabyssischer Intrusiva. Sie sind tafelförmige Körper; das heißt: von den drei Dimensionen, die ein fester Körper besitzt, sind zwei sehr groß im Vergleich zur dritten; — im Fall der Gänge haben sie fast die gleiche geometrische Form wie ein dünner Notizblock. Weiter sind die Gänge *diskordant* — das heißt, sie queren die Bankung oder Schichtung oder das Gefüge der Gesteine, in die sie eindringen (Abb. 33).

Gänge sind selten mehr als zehn Meter dick, aber einige sind Hunderte von Kilometern lang. Ein ungewöhnlich langer ist der sogenannte „Große Gang" von Rhodesien in Südost-Afrika. Er ist gegen 500 km lang, hat aber nur eine mittlere Breite von etwa 8 km.

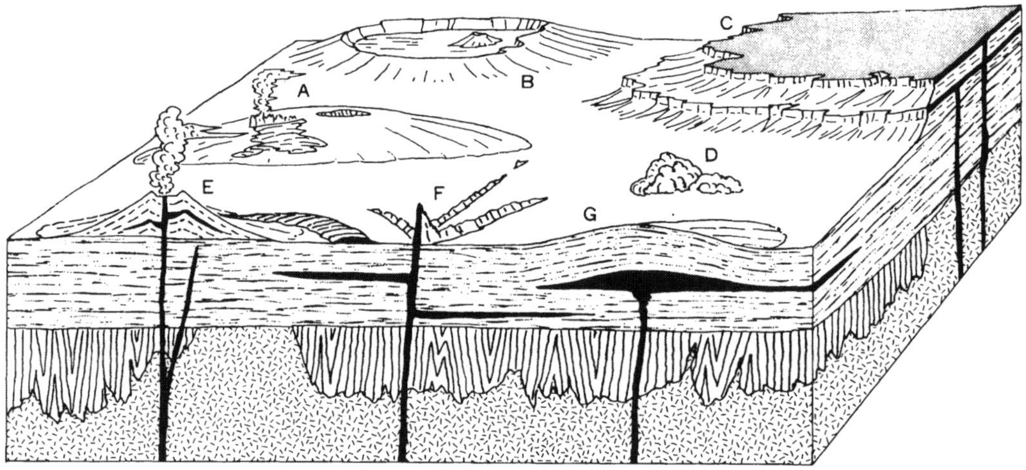

Abb. 33. Auftrittformen magmatischer Gesteine. Im unteren Teil des Blockbildes ist ein in Metamorphite eingedrungener Granit dargestellt. Darauf legt sich ein Paket geschichteter Sedimentgesteine in horizontaler Lagerung; in dieses sind Magmakörper (schwarz) verschiedenen Typus eingedrungen. An der Oberfläche sind mehrere vulkanische Erscheinungen verzeichnet: (A) Ein *Schildvulkan* mit einer Gipfelcaldera. An der linken Flanke des Gipfels fördert eine Spalteneruption einen Lavastrom. — (B) Eine große *Caldera* mit einem kleineren jüngeren Vulkan im Innern, umgeben von einem Kratersee. — (C) Eine erodierte *Lavadecke* veranlaßt eine Steilstufe im Gelände. Der Lavastrom wurde von einem Gang gespeist, der oben auf der rechten Seite des Blockbildes sichtbar wird. Unter dieser Lavadecke liegt eine zweite ähnlicher Ausbildung, die ebenfalls von einem Gang gespeist wurde, aber von Sedimentgestein und dem oberen Lavafluß überdeckt ist. — (D) Eine Lava-*Quellkuppe,* die durch Auspressen einer pastenartigen Lavamasse entstanden ist. — (E) Ein *Stratovulkan* (im Schnitt dargestellt) mit Lavaergüssen, die mit pyroklastischen Ablagerungen abwechseln. Ein solcher Lavastrom befindet sich rechts des Kegels. — (F) Drei von einem Vulkanschlot radialstrahlig ausgehende *Gänge;* sie treten zutage, weil der hier früher entstandene Vulkan forterodiert wurde. Darunter breiten sich zwei *Lagergänge* vom Zufuhrkanal des Vulkans aus seitwärts aus. — (G) Unter Punkt G liegt ein subvulkanisches, *sillartiges Lavapolster,* das von unten durch einen Gang oder eine Magmaröhre gespeist wurde. Unmittelbar über dem Förderkanal ist der Lagergang verdickt und hat außerdem seine Oberfläche gewölbeartig angehoben. Ein solcher linsenförmiger Magmatitkörper wird *„Lakkolith"* genannt.

Abb. 34. Dichtgedrängte und einander kreuzende Gänge, aufgeschlossen in einer Steilwand. Kailua, Oahu, Hawaii. *(Von G. A. MacDonald.)*

Gänge kommen gewöhnlich in Gruppen vor, die als „Gang-Schwärme" bezeichnet werden (Abb. 34). Manchmal können sie sich entlang annähernd parallelen Linien aufreihen, oder sie gehen radial von Zentren aus, wie z. B. das Heer der Basaltgänge, die den nördlichen Teil von Großbritannien durchziehen, mit einigen besonderen, bandartigen Intrusionen, die Längen von 160 km oder so erreichen (Abb. 35). Brennpunkt einer solchen radialen Gangschar ist wahrscheinlich der Schlund oder der Aufstiegkanal eines jetzt erloschenen Vulkans, und spätere Erosion mag seine Verbindung mit den Gängen freilegen.

Je nach ihrer Verwitterungsresistenz relativ zu derjenigen ihrer Wirtsgesteine können Gänge der Landschaft unterschiedliche Züge aufprägen. Wenn sie widerstandsfähiger sind, ragen sie als durchlaufende Wände hervor, ganz ähnlich den beiden auffallenden Gängen, die vom „Ship Rock" ausgehen, einem erodierten Vulkanschlot in Neumexiko (Abb. 36). Sind sie weicher, können sie ausgeräumt werden, besonders, wenn sie an einer Felsküste zutage treten und der ganzen Gewalt des Meeres ausgesetzt sind.

Auch Säulenformen sind für Gänge charakteristisch; aber statt senkrecht zu stehen, liegen sie horizontal, wenn der Gang selbst vertikal ist; dann können sie wie ein ungeheurer Holzstapel aussehen. Solche Säulen wachsen senkrecht zur Abkühlungsfläche — bei einem Lavaausfluß heißt das: aufwärts vom Boden und abwärts von der Strom-Oberfläche aus, und gewöhnlich treffen sich die nach unten wachsenden Säulen mit den aufwärts strebenden Säulensätzen längs einer ziemlich unregelmäßigen Linie nahe dem Zentrum des Stromes. Bei einem vertikalen Gang wachsen die Säulen von den senkrechten Seitenwänden aus horizontal nach innen; denn diese sind hier die Abkühlungsflächen.

Hypabyssische Gesteine, die in die Erdkruste als tafelförmige, blattartige Körper im wesentlichen parallel zur Schichtung der Nebengesteine injiziert wurden, heißen *Lagergänge* oder *Sills* (Abb. 33). Diese sind *konkordante* Intrusionen, während Gänge, die quer durch die Schichten schneiden, diskordant sind. Das bedeutet nicht, daß jeder Lagergang nur einer einzigen Schichtfuge folgt; ja, es ist durchaus nicht ungewöhnlich, daß sie von einer Schicht herauf oder herunter in eine andere überwechseln und dieser vielleicht hundert oder tausend Meter folgen, bis sie ein weiteres Überwechseln vornehmen.

Einige Lagergänge ziehen sich über große Entfernungen quer durch das Land hin und weisen Längen auf, die denen normaler Gänge gleichkommen. Ein ausgezeichnetes Beispiel ist der Great-Whin-Sill in Northumberland (nordöstliches England). Er zeichnet sich als ein dunkles, nordwärts gewandtes Riff ab, das das umgebende Land auf weite Strecken beherrscht. Die Römer mit ihrem kundigen Auge für die militärischen Möglichkeiten des Geländes bemächtigten sich deshalb dieser natürlichen Barriere, um sie als Fundament für die Hadrians-Mauer zu verwenden, die erbaut wurde, um die Pikten davon abzuhalten, das nördliche Britannien zu verheeren.

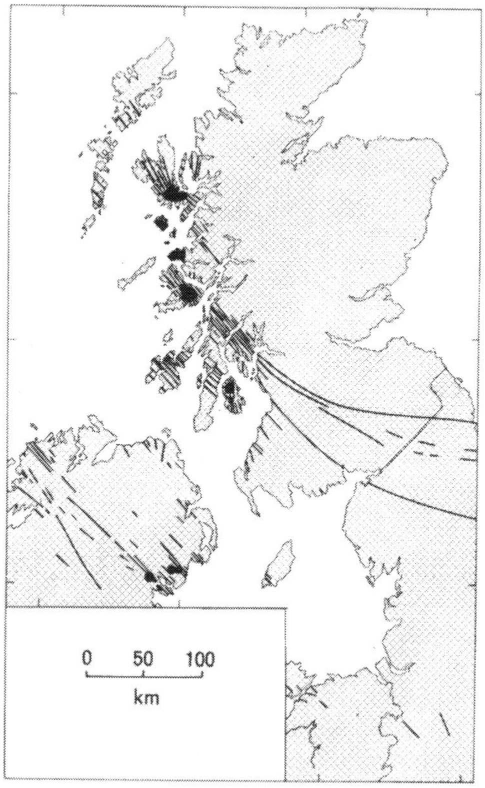

Abb. 35. Die Gangschwärme von Schottland und Nord-Irland. Die schwarzen Bereiche stellen Zentren von Magmaintrusionen dar, mit denen die Gänge zusammenhängen.

Der bekannteste Lagergang in den Vereinigten Staaten ist sicher die abrupte Steilkante der Palisaden, die dem Jersey-Ufer des Hudson folgt und den Millionen Einwohnern Manhattans deutlich sichtbar ist, ganz abgesehen von den Mengen der Pendler, die sie an jedem Werktag erblicken. Der Palisaden-Lagergang ist einer der großen seiner Sippe; er ist über 300 m dick. Er kühlte sich langsam und ohne viel innere Unruhe ab, und so hatte das Magma in ihm die Möglichkeit, sich zu differenzieren. Das heißt, die schwereren Frühausscheidungen, wie Olivin und Pyroxen, sanken in die tieferen Bereiche des großen, Pfannkuchenförmigen Magmareservoirs ab, während sich die leichteren Plagioklas-Kristalle nahe der Oberfläche anreicherten.

Eine berühmtere Gruppe hypabyssischer Gesteine (obwohl vielleicht in diesem Licht nicht oft betrachtet) sind ein Gang und ein Lagergang, die in Pennsylvania an drei heißen Sommertagen des Julis 1863, also vor einem Jahrhundert, eine entscheidende Rolle spielten. Der eine ist der dicke basaltische Lagergang im Untergrund des Cemetery-Rückens, und der andere ist der schmale, aber durchhaltende Gang, der den Seminary-Rücken bildet; beide waren die beherrschenden Geländeelemente in der Schlacht von Gettysburg. Die Unions-Armee hielt den ersteren, die konföderierten Kräfte den letzteren. Beide Seiten verwandten weitgehend die sogenannten Eisenstein-Gerölle, die aus den Basaltausbissen entlang den Kämmen der beiden Bergketten herausgewittert sind. Zu Mauern aufgehäuft, ergaben sie ausgezeichnete Verteidigungsstellungen gegen die runden Geschosse und die Kugeln der Minié-Gewehre jener Tage. Der Cemetery-Rücken, an dem entlang die Unions-Brigaden an jenem schicksalhaften dritten Morgen in voller Stärke aufmarschiert waren, bildet einen durchgehenden Wall mit einem nahezu ununterbrochenen Hang davor, den Picketts Leute mit der blanken Waffe hinaufzustürmen hatten, so daß der Angriff von vornherein zum Scheitern verurteilt war; — und das um so mehr, als sie gezwungen waren, Männer zu vertreiben, die von einer praktisch kugelsicheren Basaltbarrikade geschützt und außerdem von einer der größten Konzentrationen der in diesem Krieg zusammengezogenen Artillerie unterstützt wurden.

Abb. 36. Der Ship Rock („Schiffsfelsen“) in Neu-Mexiko ist ein Vulkanschlot mit radialen Gängen. Der Vulkankegel ist forterodiert worden; zurückgeblieben ist der über seine Umgebung emporragende gefüllte Kraterschlund. Der Gang im Vordergrund hebt sich als schmale Wand heraus. *(Phot.: John S. Shelton.)*

Da in dem erstarrenden Magma von Lagergängen eine Kontraktion erfolgt wie in normalen Gängen und in Lavaströmen, sind säulenartige Spaltformen auch für sie charakteristisch; da die meisten Sills zur Zeit ihrer Entstehung eine horizontale Lage einzunehmen bestrebt sind, pflegen die Säulen in einer solchen Intrusion vertikal zu stehen, da sie sich senkrecht zu den Abkühlungsflächen bildeten.

Zwischen Lavaströmen, die später mit Sediment überdeckt wurden, und Lagergängen, die zwischen Bänke von Sedimentgesteinen eindrangen, zu unterscheiden, gehört nicht zu den einfacheren Aufgaben der geologischen Geländeaufnahme. Die magmatischen Gesteine können in beiden Fällen etwa die gleiche Textur haben, und beide können sehr gut entwickelte säulige Absonderungen zeigen. Die beste Stelle, um die für die Entscheidung zwischen den beiden Möglichkeiten notwendigen Daten zu erhalten, ist der Kontakt zwischen dem Lagergang bzw. dem überdeckten Lavastrom und dem Nebengestein.

Bei vielen Lagergängen wird sehr häufig im magmatischen Gestein an den Rändern, wo die Kristallisation am schnellsten vor sich ging, eine „abgeschreckte“ Zone vorhanden sein, und hier wird die Textur des Gesteins feinkörnig, in einzelnen Fällen fast glasig sein. Zusätzlich kann im Nebengestein unmittelbar an der Grenze zum Lagergang eine gefrittete Zone auftreten. Sie ist in ganz der gleichen Weise erwärmt und gehärtet worden, wie Ton in einem Ziegelofen erhitzt wird, um Backsteine oder Töpferware herzustellen. In einem Lagergang können auch Brocken des überlagernden Wirtsgesteins in das magmatische Material eingeschlossen werden. Wenn jedoch der Magmakörper ein eingesedimentierter Lavastrom ist, fehlt ein gefritteter Kontakt, wenigstens an der oberen Grenzfläche des Stromes. Außerdem haben die Schichten, die diese vulkanischen Gesteine überdecken, sich abgelagert, nachdem die Lava erstarrt war, und dann können aus dem Lavastrom herauserodierte Gesteins-Bruchstücke sich leicht den überdeckenden Schichten beimengen.

Ein dritter Typ eines hypabyssischen Intrusivkörpers ist der Kanal oder die Röhre, die einst dazu diente, die Vulkanöffnung an der Erd-Oberfläche mit dem Magmareservoir in der Tiefe zu verbinden. Hinsichtlich der Erosion sind Vulkane sehr verletzliche Gebilde; ihr Inneres besteht zu großem Teil aus lose verfestigter Asche und pyroklastischem Material; ihre steilen Hänge entwässern sich selbst, und wenn sie hoch genug sind, können sie mehr Schnee und Regen auffangen als die umgebende Landschaft. Als Folge dieses vermehrten Abflusses, der sich an einer so exponierten Struktur betätigt, entblößen sich die Innenbereiche vieler Vulkane unserm Blick, kurz (geologisch gesprochen) nachdem sie erloschen sind.

Ihr inneres Skelett aus radialen Gängen und einer zentralen Röhre erweist sich oft als aus härterem Stoff bestehend, und das führt dazu, daß Gänge als Scheidewände herausragen und daß das verfestigte Magma der Aufstiegsröhre einen zentralen Turm bildet, der als *„vulkanischer Neck"* bezeichnet wird. Ein bekanntes Beispiel in Nordwest-Deutschland ist der Desenberg bei Warburg in Westfalen. Weitaus großartiger ist der „Ship Rock" in Neumexiko (Abb. 36).

Vulkanische Necks finden sich häufiger in Gruppen als vereinzelt. Vorzügliche Beispiele in den Vereinigten Staaten sind die vulkanischen Kegel im Navajo-Hopi-Land nahe dem sogenannten Four-Corners-Gebiet. Hier durchstoßen mehr als hundert Vulkanherde die Oberfläche des Plateaus.

Eine andere Gruppe vulkanischer Necks, die eine erhebliche Berühmtheit erlangt haben, sind die sogenannten *„Kimberlit*-Pipes"; sie enthalten ein hypabyssisches Gestein, das vorwiegend aus Eisen-Magnesium-Mineralien besteht und das Muttergestein der Diamanten in der Südafrikanischen Republik ist. Die ehemaligen Vulkanschlote, welche die Diamanten enthalten, sind nahe der Oberfläche tief verwittert zu dem Material, das „Blauerde" genannt wird, einem zähen Ton, aus dem die Diamanten durch Waschen isoliert werden. Die röhrenförmigen Säulen hypabyssischen Gesteins wurden im Kimberley-Schacht bis zu einer Tiefe von über 1000 m abgebaut, bis die Arbeiten aufgegeben wurden; jetzt liegen die Gruben still und sind bis zu fast 200 m unter Gelände mit Wasser gefüllt. Da die Drücke und Temperaturen, die für die Kristallisation von Diamanten aus einer Schmelze erforderlich sind, erst in einer Tiefe von zahlreichen Kilometern unter der Erd-Oberfläche vorhanden sind, gehören die Diamanten zu den besten geologischen Indikatoren; sie erweisen folgendes: 1. Vulkanisches Magma kann in beträchtlichen Tiefen der Erdkruste entstehen. 2. Da die Kimberley-Diamanten in Niveaus gefunden werden, die weit oberhalb der Tiefen liegen, in denen die für ihre Bildung notwendigen Drücke herrschen, strömte das Magma, dem sie einst angehörten, in einem röhrenförmigen Spalt aufwärts, um die höheren Niveaus der Erdkruste zu erreichen, wobei sogar noch zu berücksichtigen ist, daß die obersten Gesteinspartien später durch Erosion entfernt wurden.

IV. Vulkanismus

Von allen geologischen Erscheinungen, die man an der Erd-Oberfläche beobachten kann, ist keine unserer Alltagswelt so fremd wie der Vulkanismus. Gletscher sind logische Konstruktionen aus so vertrauten Substanzen wie Eis und Schnee, und genauso gehört die Erosionsarbeit der Flüsse, des Windes und des Meeres zu unserer täglichen Erfahrung. Vulkane spielen eine mehr exotische Rolle, und sie haben auch den Zauber, den die Ferne verleiht; denn heutzutage gibt es keinen aktiven Vulkan in Deutschland und den Nachbarländern. Um einen solchen zu sehen, muß man nach Italien gehen, und viele der eindrucksvollsten Beispiele der Erde befinden sich in weit entfernten Ländern, wie Kamtschatka und Indonesien oder auf echt-ozeanischen Inseln. Glücklicherweise (vom wissenschaftlichen Gesichtspunkt her, nicht aber von dem der Leute, deren Leben gelegentlich durch sie gestört wird) liegen hervorragende Beispiele in dichtbevölkerten Gegenden, wie im zentralen Mittelmeer-Gebiet und auf den Hauptinseln Japans.

Das unterstreicht die interessante und bezeichnende Tatsache, daß Vulkane nicht wahllos über die Erde verstreut sind, sondern daß viele in ziemlich gut definierten Zonen oder Gürteln angeordnet sind (Abb. 19). Vielleicht die bekannteste dieser Ketten ist der sogenannte „Feuerring", der weithin den Pazifischen Ozean umgürtet. Die Verbreitungskarte der aktiven oder erst in jüngster Zeit erloschenen Vulkane zeigt, daß sie besonders entlang dem östlichen und westlichen Rande des Pazifiks aufgereiht sind. Sie sind auch die Ursache für die Existenz von Gebirgen auf den höheren Inseln; Mauna Loa und Mauna Kea auf der Insel Hawaii sind bekannte Beispiele.

Auch die Mittelmeer-Welt hat ihren Anteil an Vulkanen. Am besten bekannt sind sicher der Vesuv bei Neapel und der Ätna auf Sizilien. Einbezogen in die lange und literarisch festgehaltene Geschichtsepoche der Alten Welt haben diese Vulkane eine Rolle in der Mythologie und Theologie gespielt. „Im Mittelalter wurden die Mittelmeer-Vulkane von den Theologen mit Beschlag belegt, welche sie als die Orte der ewigen Verdammnis gewisser großer Sünder betrachteten. So wurde der Adria-Kaiser Theodosius dem Vulcano selbst zugewiesen, während der Ätna als Fegefeuer für die unglückliche Anna Boleyn, die unschuldige Ursache für den Glaubensabfall Heinrichs des VIII., angesehen wurde" (Tyrell 1931).

Verbreitung

Wenn man die Karte der Vulkanverbreitung (Abb. 19, S. 54/55) mit einer entsprechenden der Erdbeben-Häufigkeit (Abb. 140) vergleicht, zeigt sich ein sehr enger Zusammenhang zwischen diesen beiden Störelementen der Erdkruste. Sie stimmen nicht völlig überein, aber die Ähnlichkeiten sind größer als die Unterschiede, und das veranlaßt die meisten Geologen zu der Annahme, daß eine Art Abhängigkeit zwischen den beiden Erscheinungen bestehe. Das bedeutet *nicht,* daß Vulkane Erdbeben erzeugen oder umgekehrt; aber die Kräfte, die in der Kruste wirken, um die einen zu verursachen, rufen wahrscheinlich ebenso die anderen hervor. Was haben nun die beiden gemeinsam?

Abb. 37. Mount St. Helens (Washington) mit Mount Rainier im Hintergrund. Diese beiden typischen Schichtvulkane gehören zu der Kette junger Vulkane in den Cascade Mountains, die sich über Washington und Oregon bis nach Kalifornien erstreckt. Alle bestehen in typischer Form aus Andesit. *(Phot.: Ray Atkeson, Portland, Oregon.)*

Die meisten Erdbeben- und Vulkanzentren scheinen in den Teilen der Erde ihren Sitz zu haben, wo solche Erscheinungen wie aktiv aufsteigende Gebirgsketten auftreten. Das gilt besonders für den zirkumpazifischen Vulkangürtel, aber auch für die Vulkane des Mittelmeer-Gebiets. Ein wenig schwieriger ist es, diese Beziehung zwischen Vulkanismus und Gebirgsbildung für einige Vulkanzentren nachzuweisen, die im stabileren Innern der Kontinente liegen.

Die Karte der Vulkanverbreitung läßt auch die Tatsache erkennen, daß die meisten in Sicht des Meeres liegen (Abb. 38). In früheren Zeiten schien die plausibelste Erklärung dafür zu sein, daß die Eruptionen die Folgen abwärts sinkenden Meerwassers seien, das mit geschmolzenem Material in der Erdkruste in Berührung käme; die dadurch verursachte Dampfexplosion sei für die vulkanische Eruption verantwortlich. Das erschien durchaus vernünftig im Hinblick auf die den Menschen seit alters bekannte Tatsache, daß der Wasserdampf das bedeutsamste aller vulkanischen Gase ist. Wie bei so vielen anderen glänzenden Hypothesen, die kurze Zeit in Mode sind, um dann in Vergessenheit zu geraten, ist auch diese Annahme nicht richtig. Es gibt eine ganze Anzahl Vulkane, die weit im Binnenland liegen, viele Kilometer vom Meer entfernt. Der Kilimandscharo, der „Gipfel des verehrten Schnees", ist ein gutes Beispiel hierfür; denn er liegt fast 1300 km von der Küste entfernt. Was nun die echten Meeresinseln angeht, so gibt es mehr überzeugende Hinweise darauf, daß die Tiefen, in denen die für die Bildung ihrer Magmen

Abb. 38. Ein Vulkan bricht aus dem Meer aus. Myojin-Riff, ungefähr 270 km südlich von Tokio, Japan. *(Amtl. Photographie der U.S. Navy.)*

notwendigen chemischen und physikalischen Bedingungen verwirklicht sind, viel zu groß sind, als daß sie vom Meerwasser erreicht werden könnten, das durch Gesteinslücken abwärts sickert.

Eine bedeutsame Abhängigkeit in der Verteilung der Vulkane zeigt sich darin, daß die meisten von ihnen an Stellen liegen, wo in der Erdkruste eine Bruchbildung im Gange ist und wo sich starke Hinweise auf eine erhebliche Unruhe der Erdkruste zeigen. Solche Brüche können die Kanäle schaffen, in denen das Magma aus großen Tiefen aufsteigt, um schließlich die Erd-Oberfläche zu erreichen. Diese Erklärung scheint gut für die Vulkane

Abb. 39. Die winzige Siedlung auf Tristan da Cunha mußte wegen der Bedrohung durch die Eruptionen von 1961 zeitweilig geräumt werden. *(Photogr. der British Admiralty. Copyright der Britischen Krone.)*

zuzutreffen, die in langen Linien oder Ketten angeordnet sind, wie die der Alëuten-Inseln oder diejenigen Javas. Sie ist nicht so befriedigend für solche, die isoliert und deutlich abseits von den mehr typischen Vulkanlinien liegen. Die Vulkanzentren auf dem Colorado-Plateau in den südwestlichen Vereinigten Staaten sind sicher gute Beispiele für diesen letzteren Typ; sie sind charakteristisch für Eruptivschlote, die zur Oberfläche durchbrachen, wobei sie im wesentlichen flach liegende, ungestörte Schichten durchdrangen.

Die Gesamtzahl der aktiven Vulkane, die in der Karte (Abb. 19) dargestellt sind, dürfte 476 betragen. Diese Zahl stützt sich auf eine Zusammenstellung aus dem Jahre 1943 (Kennedy & Richey 1947). Einige kleinere Vulkane sind seitdem hinzugekommen, hauptsächlich vor den Küsten von Japan und Mexiko, in den Azoren und auf Tristan da Cunha (Abb. 39), aber das Gesamtbild bleibt unverändert. Nach Tyrell (1931) haben seit dem Beginn der Geschichtsschreibung gegen 2500 Eruptionen stattgefunden, davon fast 2000 im Pazifik-Becken — eine eindrucksvolle Demonstration der beherrschenden Rolle, welche dieses Gebiet in der Vulkanologie der Erde spielt.

Typen

Die Vulkane zeigen fast soviel Individualität, wie es Einzelfälle gibt, und es ist deshalb schwer, sie in ein strenges Klassifikationsschema zu zwängen. In verallgemeinerter Form können vier Haupt-Eruptionstypen unterschieden werden, und zwar explosiver, Misch-, ruhiger und Spalten-Typ. In den folgenden Abschnitten wird je ein historisch berühmter, jeweils repräsentativer Fall beschrieben, um diese verschiedenen Typen zu illustrieren; bei den explosiven Eruptionen werden zwei Beispiele aufgeführt, weil sie jeweils so bezeichnende Merkmale aufweisen, daß sie mit Recht als Untertypen betrachtet werden können.

Explosive Eruptionen

Krakatau

Vor einem Dreiviertel-Jahrhundert kannten Segelschiff-Kapitäne, die ihren Weg durch die Sunda-Straße nahmen, welche die großen Inseln Java und Sumatra in Ostindien voneinander trennt, die Krakatau-Insel gut. Ihre kegelförmigen, grün bewachsenen Hänge stiegen gleichmäßig um etwa 800 m bis zur Spitze des Zentralgipfels auf. Die Straße hatte eine große Bedeutung, da sie auf dem kürzesten Seeweg für die Tee-Schnellsegler auf ihrer Fahrt von China nach England lag. Es waren gefährliche, eingeengte Gewässer, heimgesucht von den seeräuberischen Dyaks, die der Mannschaft eines in eine Flaute geratenen Schiffes eine böse Zeit bereiten konnten. (Auf dem gleichen Seeweg flog viele Jahre später das USA-Schiff *„Houston"*, von verfolgenden Japanern geplündert, in den ersten Jahren des Zweiten Weltkrieges in die Luft und sank unter Verlust fast der gesamten Mannschaft.)

Obwohl die Krakatau-Insel seit Mai 1883 in unregelmäßigen Abständen tätig gewesen war, erschien sie der Mannschaft des britischen Schiffes *„Charles Bal"* recht harmlos, die unter ganz normaler Fahrt durch den heißen tropischen Sonntag-Nachmittag des 26. August 1883 segelte, bis sie auf ihrem Kurs bei einem Punkt gegen 18 km südlich der Insel ankam. Minuten später explodierte der Berg. Selten in der langen Geschichte der Seefahrt ist eine Schiffsmannschaft Zeuge eines solch satanischen Energie-Ausbruchs geworden. Der ganze Berg verschwand in Wolken schwarzen Rauchs, und die Luft war mit Elektrizität geladen — Blitze zuckten beständig über dem Vulkan, wie das oft bei Eruptionen geschieht, und die Rahen und die Takelage des Schiffs glühten im Elmsfeuer. Ungeheure Mengen heißer Asche fielen auf das Deck oder zischten durch die umgebende Dunkelheit in die zunehmend aufgewühlte See. Während sich das Schiff gegen die Brecher durch die Böen schlammbeladenen Regens vorwärts arbeitete, hielt das Donnergebrüll der Explosionen an, ganz wie bei einem andauernden Artillerie-Sperrfeuer, begleitet von einem pausenlosen, krachenden Geräusch, das dem Zerreißen gigantischer Papierbögen glich. Diesen letzten Effekt deutete man als den Zusammenprall großer Felsbrocken, die durch die Explosion gegen den Himmel geschleudert wurden. Nach einer nicht-enden-wollenden Nacht kam die Dämmerung, so düster sie auch gewesen sein muß, wie eine Erlösung, und mit der Küste von Java im Blick und bei einer schnell aufkommenden steifen Brise konnte die *„Charles Bal"* alle Segel setzen und den rauchenden Berg weit achtern lassen.

Sie tat wohl daran; denn weitere Ausbrüche der vulkanischen Furie schüttelten den Berg andauernd, bis Montag, den 27. August, mit vier ungeheuren Explosionen um 5 Uhr 30, 6 Uhr 44, 10 Uhr 2 und 10 Uhr 52 nachmittags der letzte Höhepunkt kam. Die größte Explosion, die dritte, war eine der allerstärksten, die in der modernen Zeit verzeichnet wurden — größer an Intensität als manche unserer nuklearen Sprengungen. Der Schall wurde über riesige Entfernungen hin gehört: in Alice Springs im Herzen von Australien, in Manila, auf Ceylon und auf der fast 5000 km entfernten, entlegenen Insel Rodriguez im südwestlichen Indischen Ozean, wo er vier Stunden nach erfolgter Explosion ankam.

Die Explosion brachte die Erdatmosphäre ernsthaft in Erregung, und derartige Störungen wurden von Barometern in aller Welt aufgezeichnet. Sie erwiesen, daß eine Druckwelle, die von Ostindien ausging, mindestens siebenmal die Erde umkreiste — zu den Antipoden des Vulkans und wieder zurück —, bis sie zu schwach wurde, um mit den Instrumenten jener Zeit registriert werden zu können.

Ein noch eindrucksvolleres Phänomen war offensichtlich die riesige Wolke von Bimsstein und vulkanischen Gesteinsbrocken, die sich himmelwärts erhob. Die durch den Dampfdruck emporgetriebene Wolke vulkanischer Asche stieg am 27. August schätzungsweise bis zu einer Höhe von 80 km auf; sie soll in der Umgebung ein Areal von fast 800 000 Quadratkilometern überstreut haben. Die Asche schlug sich als teigiger Schlamm auf den Straßen und Gebäuden der 133 km entfernten Stadt Batavia (jetzt Djakarta) nieder. Bimsstein bedeckte wie große schwimmende Flöße weithin den Indischen Ozean, und die Eintragungen von Kapitänen in den Logbüchern ihrer Schiffe, daß sie sich plötzlich weit weg von der Küste in ausgedehnten Massen von Bimsstein eingeschlossen sahen, sind eine interessante Lektüre.

Vulkanische Asche, die in die oberen Schichten der Erdatmosphäre gewirbelt wurde, gelangte in den Höhenstrom, von dessen Existenz man damals noch nichts wußte, und wurde von ihm als Staubwolke mitgetragen; diese umgürtete die Erde in den äquatorialen Gebieten 13 Tage lang. Seither war der Höhenstrom tatsächlich in Vergessenheit geraten; er wurde erst in unserem Zeitalter der Höhenflüge, der Reisen mit Düsenmaschinen und der Atombomben-Radioaktivität wieder entdeckt. Die Asche breitete sich weit über beide Hemisphären der Erde aus und verursachte eine Abfolge von Sonnenuntergängen, die in weiten Teilen der Welt mit auffallenden und sehr bewunderten Erscheinungen verbunden waren, — sogar in Gebieten, die von Java so weit entfernt sind wie England und die nordöstlichen Vereinigten Staaten; es dauerte zwei Jahre lang, bis sich die feineren Staubpartikel aus der Atmosphäre abgesetzt hatten.

Die heftige Explosion am Morgen des 27. August löste auch eine der zerstörendsten Meereswellen aus, über die jemals berichtet wurde. Sie breitete sich in immer größer werdenden Kreisen vom Krakatau her aus, ganz, als ob ein gigantischer Fels ins Meer geworfen worden wäre. Ungefähr eine halbe Stunde nach der Eruption erreichte die Welle die Küsten von Java und Sumatra, und an diesen flachen Gestaden drang das Wasser als Flutwoge, deren maximale Höhe gegen 37 m betrug, landeinwärts weit vor. Da viele Bewohner einer so dichtbevölkerten tropischen Küste in Häusern lebten, die auf weit über das Wasser sich hinziehenden Pfählen erbaut waren, verloren gegen 30 000 oder 40 000 Menschen ihr Leben.

Nachdem die Meereswelle die Sunda-Straße unter Verminderung der Höhe hinter sich gelassen hatte, raste sie quer über den offenen Ozean. Lange, nachdem sie schon zu schwach geworden war, um mit dem Auge wahrgenommen werden zu können, wurde sie durch selbstregistrierende Pegel-Meßgeräte entlang den Küsten von Indien und Afrika und an den Gestaden von Europa und den westlichen Vereinigten Staaten als eine Serie von Ausschlägen registriert. So zeigten z. B. die Gezeiten-Meßgeräte in der San-Franzisko-Bucht eine Störung von etwa 15 cm durch Wellen, die über eine Entfernung von 16 643 km mit einer Geschwindigkeit von 956 km pro Stunde gewandert waren, ein Wert, der recht hoch erscheint. Im Indik scheint die Geschwindigkeit der Welle im offenen Meere zwischen 320 und 640 km pro Stunde geschwankt zu haben. Dies stimmt mit den besser gemessenen Wellen überein, die beim Erdbeben am 23. Mai 1960 von der chilenischen Küste ausgingen und 11 Stunden und 56 Minuten später die tiefgelegenen Teile von Hilo, Hawaii, verheerten, nachdem sie 10600 km mit einer Durchschnitts-Geschwindigkeit von 711 km je Stunde gelaufen waren (Eaton 1961).

Nach Aufhören der Explosionen stellten zurückkehrende Beobachter erstaunt fest, daß dort, wo der fast 800 m hohe Berg gestanden hatte, nun ein Loch war, dessen Boden 275 bis 300 m unter dem Meeresspiegel lag, und daß das Meer nun diese große napfförmige Senke füllte. Alles, was von der Insel übriggeblieben war, waren drei winzige Inselchen am Rande. Wenn auch die Schätzungen darüber etwas auseinandergehen, so scheint doch festzustehen, daß kaum weniger als 13 Kubikkilometer Material in die Atmosphäre geschleudert worden waren. Populäre Berichte über die Eruption rufen gewöhnlich den Eindruck hervor, daß ein vulkanischer Berg in die Luft flog und daß sich seine Bruchstücke weit und breit über die Oberfläche verstreuten. Wenn das der Fall gewesen wäre, müßten wir erwarten, daß die meisten Trümmer, die die kleinen Inseln bedecken, welche die übriggebliebenen Reste des Krakatau sind, Stücke des zersprengten Vulkans seien und daß der überdimensionale, nun mit Meerwasser gefüllte Krater, die *Kaldera,* das Produkt einer einfachen Explosion sei.

Im Gegensatz zu dieser anscheinend plausiblen Erklärung sind aber nur wenig Stücke des ursprünglichen Vulkanberges zu finden, und statt mit derartigen Bruchstücken ist der Boden mit Bimsstein-Ablagerungen von 60 m Dicke oder mehr bedeckt. Man möge sich auch erinnern, daß bei der Beschreibung der Eruption von großen Flößen schwimmenden Bimssteins im Indischen Ozean die Rede war; sie waren ja für die Seeleute so überraschend, die sie weithin über das offene Meer schwimmen sahen. Bimsstein ist ein ursprüngliches magmatisches Material, das durch die im Magma enthaltenen Gase aufgebläht wurde, und hat nichts mit dem inneren Baumaterial des verschwundenen Berges zu tun. So führt das reichliche Vorkommen von Bimsstein und das Fehlen von Bruchstücken des Berges logischerweise zu der Annahme, daß der Vulkankegel in sich zusammenbrach oder einstürzte und nicht in kleinen Stückchen fortgeblasen wurde.

Eine Erklärung, die richtig erscheint, wurde 1929 von dem holländischen Vulkanologen van Bemmelen gegeben und durch Howel Williams von der Universität von Kalifornien im Jahre 1941 ergänzt. Das beigefügte Diagramm nach Williams (Abb. 40) veranschaulicht die Abfolge der eruptiven Geschehnisse, die sehr wahrscheinlich für das Verschwinden des 800 m hohen Berges und die Bildung einer 300 m tiefen Kaldera an seiner Stelle verantwortlich sind.

Die Geschichte der Eruption und ihre Erklärung wurden hier aus folgenden 3 Gründen so ausführlich erzählt: 1. weil das Ereignis von außerordentlicher Heftigkeit war; 2. wegen der gegenseitigen Beziehungen der damit verbundenen Erscheinungen, wie der Meereswoge, der Staubwolke in der Atmosphäre, der weitreichenden Schallwelle, wobei diese ungewöhnlichen Ereignisse bemerkenswert vollständig und getreu aufgezeichnet wurden; und 3. wegen der logischen Form, in welcher die Erklärung der Ereignisse der historischen Eruption miteinander in Einklang gebracht werden können.

Dieser letzte Punkt ist der bedeutsamste, weil er ein Grundprinzip der Geologie erläutert, nämlich das *Aktualitätsprinzip.* Dieses besagt — frei interpretiert —, daß heute verlaufende Prozesse mit größter Wahrscheinlichkeit sich in der geologischen Vergangenheit so ziemlich in der gleichen Weise abspielten. So können wir Ereignisse der Gegenwart benutzen, um die Entstehung und Natur von Gesteinen und Strukturen der Erdkruste zu erklären, die in vergangenen Zeiten entstanden.

Mit den Kenntnissen, die uns die Krakatau-Eruption vermittelt hat, können wir das Problem der Entstehung des Crater Lake in Oregon in Angriff nehmen. Obwohl der Crater

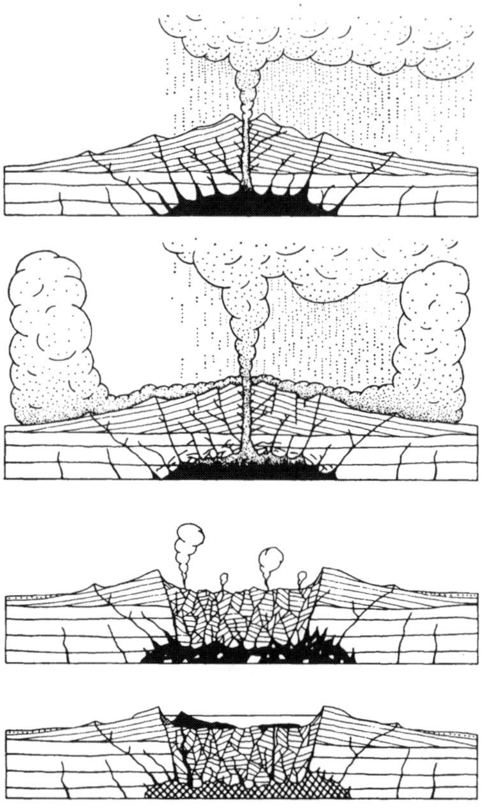

Abb. 40. Stadien des Zusammenbruchs eines Vulkanberges und der Bildung einer Caldera.

1. Stadium:

Der eruptive Zyklus begann mit ziemlich schwachen Auswürfen von Bimsstein. Das Magmareservoir war gefüllt, und das Magma stand hoch in den Kanälen. Mit steigender Heftigkeit der Explosionen wurde das Magma schneller und schneller ausgestoßen, und es sank der Spiegel im Magmareservoir.

2. Stadium:

Die Gipfelexplosionen leerten die Vulkankanäle und erniedrigten schnell den Magmaspiegel im Reservoir. In dieser Phase wurde Bimsstein hoch über den Kegel hinausgeblasen, oder es ergossen sich glühende, mit Bimsstein beladene Wolken über die Flanken herab.

3. Stadium:

Nach Wegräumen der Stützen stürzte der Vulkankegel in sich zusammen und in das darunter gelegene Magmareservoir hinein, und es blieb eine weite, napfförmige Kaldera zurück.

4. Stadium:

Nach einer Phase der Ruhe bildeten sich neue, kleinere Kegel auf dem Kraterboden. Einige von ihnen ragen bis über den Meeresspiegel auf, so z. B. Anak Krakatau („Kind des Krakatau"), der im Jahre 1927 erschien und 1960 noch im Wachsen begriffen war.

Lake in einer Höhe von über 1800 m liegt statt im Meeresniveau, wie der Krakatau, haben seine Krater viele übereinstimmende Züge (Abb. 41).

Der Durchmesser beider Krater ist unverhältnismäßig groß, verglichen mit dem Ausmaß des Gebirges, von dem sie ein Teil sind, und in beiden Fällen verschwand der größte Teil des Gebirges bei der Bildung der Kaldera. Beim Krakatau konnte man im Jahre 1883 sein Verschwinden unmittelbar beobachten, und beim Crater Lake kann das gleiche auf Grund zwingender Tatsachen gefolgert werden. Die Argumente hinsichtlich der Entstehung des Crater Lake gruppieren sich um die Frage — nicht die Tatsache — des Verschwindens eines Vulkanberges von vielleicht 3700 m Höhe, der „Mount Mazama" genannt wurde und der gegen 70 Kubikkilometer Material enthielt. Die Kernfrage ist hier: Wurde der Berg in Bröckchen zerblasen, oder wurde er zerstört wie der Krakatau durch die Kombination von 1. einer Explosion, 2. einer heftigen Entleerung des Magmareservoirs und 3. dem Einsturz des seiner Stütze beraubten Vulkanbaus in den freien Raum, der durch die Entleerung des Magmareservoirs plötzlich entstand?

Die am meisten überzeugende Tatsache beim Crater Lake ist — wie beim Krakatau — der Umstand, daß fast die gesamte ungeheure Schuttmenge, die den Platz des verschwundenen Berges umgibt, aus Bimsstein besteht; und da dieser auf festes Land fiel — wahrscheinlich vor nicht mehr als 5000 Jahren — ist das meiste davon noch vorhanden, und so kann sein Volumen geschätzt werden. Williams (1942) sagt darüber:

„Als die Gipfel-Eruptionen vorüber waren, verschwand die Spitze des Mount Mazama. An seiner Stelle bestand nun eine Kaldera von 8 bis 10 km Breite und 1,2 km Tiefe. Wie bildete sie

Abb. 41. Crater Lake („Kratersee") in Oregon; Blick gegen Südwesten. — Die Caldera besitzt einen Durchmesser von 9,7 km; der See ist nahezu 610 m tief, und die höchsten Erhebungen des Randes liegen fast 600 m über dem Spiegel des Sees. Die Wizard-Insel im rechten Teil des Sees ist der Kegel eines kleinen Vulkans, der auf dem Caldera-Boden ausbrach. *(Phot.: Ray Atkeson.)*

sich? Sicherlich nicht durch die explosive Entgipfelung des Vulkans. Von den 70 Kubikkilometern festen Gesteins, das verschwand, kann man nur etwa ein Zehntel unter dem Auswurfmaterial wiederfinden. Der Rest der Auswürflinge kam aus dem Magmareservoir. Das Volumen des Bimsstein-Regens, welcher den Bimsstein-Strömen voraufging, beläuft sich auf etwa 14,6 Kubikkilometer. Davon bestehen nur 4% aus Fragmenten alten Gesteins... Dementsprechend wurden etwa 49 Kubikkilometer Auswürflinge während dieser kurzfristigen Eruptionen abgelagert. Zum Teil war es die rasche Fortführung dieses Materials, wodurch die Stütze unter dem Vulkangipfel fortgenommen wurde und es zur Bildung des tiefen Abgrundes kam. Der Zusammensturz war wahrscheinlich ebenso katastrophal wie der, welcher die Kaldera des Krakatau im Jahre 1883 entstehen ließ."

Mont Pelé

Wie heute, so war auch im Jahre 1902 Martinique in Französisch-Westindien eines der malerischsten Glieder jener Inselkette, die wie grüne Schrittsteine quer durch das Karibische Meer Kuba mit dem südamerikanischen Festland verbindet. Diese kleine Insel ist vielleicht dadurch am meisten bekannt geworden, daß sie die Geburtsheimat von Josephine war, der Kaiserin von Frankreich und Gemahlin Napoleons.

Die Insel ist durchweg gebirgig; das Innere ist größtenteils mit tropischem Wald bedeckt, und die Menschen lebten damals wie heute nahe der Küste in Dörfern, auf Pflan-

Abb. 42. St.-Pierre auf Martinique nach dem Ausbruch der Montagne Pelée im Jahre 1902. *(Phot.: Brown Bros., N. Y.)*

zungen und in den wenigen größeren Städten, von denen St.-Pierre mit 28 000 Einwohnern die bedeutendste war; sie hat eine bis 1635 zurückreichende Geschichte fortlaufender Besiedlung. Sie verfügte über eine ziemlich gute offene Reede, und die Schiffe ankerten gewöhnlich in einer Linie vor der Bucht, den Bug seewärts gerichtet. St.-Pierre war ferner die führende Handelsstadt der Insel und Wohnsitz einer recht großen Zahl Franzosen und Amerikaner. Die meisten Inselbewohner waren aber karibische Indianer oder Abkömmlinge von Afrikanern, die zur Arbeit in den Plantagen, den Zuckerfabriken und Rum-Brennereien hergebracht worden waren.

Der Mont Pelé, ungefähr 8 km nördlich der Stadt gelegen, war wohl als Vulkan bekannt, aber er hatte sich mehrere Jahrhunderte damit begnügt, in dem milden Klima des Passats zu schwelen. Am 23. April 1902 begann er Zeichen innerer Unruhe zu äußern, aber diese bestanden aus wenig mehr als gelegentlichem Grollen, Ausstoßen von Rauchwolken und krampfartigen Ausbrüchen von Staub und Aschen. Diese leicht launenhafte Schaustellung erreichte aber heftigere Formen am 4. Mai, als ein Ausbruch von heißem Schlamm, Dampf und etwas Lava den Kraterwall durchstieß, in einer der radialen Erosionsschluchten bergab floß, eine Zuckerfabrik unter sich begrub und 24 Personen tötete.

Nun wurde St.-Pierre gründlich aufgeschreckt, und nicht einmal die Anwesenheit des Gouverneurs und seines Gefolges oder die Verkündigung der üblichen beschwichtigenden Proklamationen konnten die Menge beruhigen. In der Tat, die Stadt wurde in ständiger Bewegung durch die Ankunft von Land- und Dorfbewohnern gehalten, die in panischem Schrecken ihre Heime verlassen hatten.

Der Tumult und die Verwirrung fanden jedoch mit furchtbarer Plötzlichkeit am frühen Morgen des 8. Mai 1902, u. zw. um 7.45 Uhr, ihr Ende. Nach den wenigen Augenzeugen-Berichten verschwand die Bergspitze in einem blendenden Blitz, und fast unmittelbar darauf schoß eine sich rasch bewegende, feuerheiße Wolke hervor, rückte mit ungeheurer Geschwindigkeit heran und verschlang die Stadt, deren durch die Flüchtlinge vermehrte Bevölkerung wahrscheinlich über 30 000 Seelen zählte. Alle kamen in wenigen Augenblicken um, außer zweien, von denen einer in den Augen der Gesellschaft es vielleicht am wenigsten verdient hätte; denn er befand sich unter Mordanklage in einem unterirdischen Verließ. Alle anderen, ob hohen oder niedrigen Ranges, — Männer, Frauen und Kinder — starben in einem Augenblick flammender Glut in einer Wolke, deren Temperatur hoch genug war, um Glas zu schmelzen (650—700 ° C), doch nicht ganz so heiß, um Kupfer flüssig zu machen (1058 ° C) (siehe Abb. 42).

Wohl den einzigen wirklich glaubhaften Bericht über die Eruption lieferten einige Überlebende von Schiffen auf der Reede. Achtzehn Dampfschiffe befanden sich damals im Hafen, und von diesen konnte nur die *„Roddam"*, von deren Besatzung über die Hälfte getötet wurde, noch die Anker lichten und entkommen. Das Kabelschiff *„Grappler"*, das direkt auf dem Wege der Glutwolke lag, kenterte und flog in die Luft. Der Zahlmeister der *„Roraima"*, die sich dem Hafen gerade von der See her näherte, erstattete unter allen Beobachtern den vollständigsten Bericht. Die *„Roraima"* wurde in den Flammenwall eingehüllt, welcher die Stadt einäscherte; sie wurde auf die Seite geworfen, die Masten und der Schornstein brachen ab, ihr Kapitän wurde von der Brücke über Bord geblasen und getötet, und das Schiff selbst geriet in Flammen, nicht nur durch die Hitze der Glutwolke, sondern auch durch die vielen Tausende Liter brennenden Rums, die durch die Straßen von St.-Pierre flossen und sich über die Hafengewässer ausbreiteten; so fügte das Schiff dem allgemeinen Brandopfer eine bizarre Fackel hinzu. Unter heroischen Anstrengungen konnten die 25 verletzten Überlebenden einer Besatzung von 68 Mann die *„Roraima"* flott halten, bis sie am späten Nachmittag durch den französischen Kreuzer *„Suchet"* an Bord genommen wurden.

In der Stadt selbst blieben, wie gesagt, nur zwei menschliche Wesen am Leben. Alle waren tot, bis auf Auguste Cyparis, der, wie schon berichtet, im Gefängnis saß und dort verlassen, allein, in einem Schockzustand, vier Tage schmachtete, bis seine Befreier, die schon daran zweifelten, noch irgend ein lebendes Wesen in St.-Pierre zu finden, durch seine Schreie aufmerksam wurden und durch das vergitterte Fenster seines Gefängnisses lugten. Der andere Überlebende, Léon Compère-Léandre, war einer jener ungewöhnlich zähen, spannkräftigen Männer, die bei Unglücksfällen zu überleben pflegen, wenn alle um sie herum sterben. Obwohl er mit Brandwunden bedeckt war und kein denkbarer Umstand sein Überleben gegenüber den anderen begünstigte, nahm er seinen Weg zu Fuß durch die brennende Stadt des Todes und blieb leben, um seine Geschichte erzählen zu können (Bullard 1962).

Gleich nach der explosiven Eruption ragte über dem Gipfel des Mont Pelé eine große Felsnadel hervor; sie hatte im August aus dem Gipfel herauszuwachsen begonnen und setzte ihr Aufsteigen bis zum Ende des Jahres fort; sie ragte dann wie ein ungeheurer Obelisk fast 300 m über ihre Basis auf. Dann zerfiel sie stufenweise, und etwa Mitte 1903 war sie verschwunden; aber während ihrer kurzen Existenz erschien sie wie ein Mahnmal der Vergänglichkeit über dem Grab zu ihren Füßen. Die Herauspressung dieser Säule verfestigter Lava durch den im Vulkan erzeugten Gasdruck ist ein beredtes Zeugnis seiner Kraft; denn sie wog schätzungsweise dreimal soviel wie die Große Pyramide (Heilprin 1904).

Der Ausbruch dieser eingeschlossenen, hochtemperierten Gase war die Hauptursache für das Auftreten jener katastrophalen, unheilvollen Wolke, die St.-Pierre vernichtete. Der französische Ausdruck dafür — *„nuée ardente"* — läßt sich nur unvollkommen mit *„Glutwolke"* übersetzen.

Derartige Wolken bewegen sich mit großer Geschwindigkeit und haben so hohe Temperaturen, daß sie fast alles Brennbare auf ihrem Weg in Asche legen. Sie sind außerordentlich dicht und so schwer beladen mit Bimsstein-Brocken und Staub, daß sie auf Fotos, die von ihnen nach der riesigen Explosion am 8. Mai aufgenommen wurden, der kompakten, rußbeladenen Form von Rauchwolken ähneln, die brennende Öltanks bei Raffinerie-Bränden hervorrufen. Riesige Gesteinsblöcke, von denen einige viele Tonnen wogen, wurden mehrere Kilometer weit verfrachtet. Dies war möglich 1. wegen der sehr hohen Dichte der Gaswolke, 2. wegen ihrer extremen Turbulenz und 3. weil hellglühende Blöcke von Bimsstein in der Wolke selbst große Mengen Gas abgaben. All das wirkte im Sinn einer Verminderung der Oberflächen-Reibung, und das ermöglichte diesen heißen vulkanischen Brocken, großen und kleinen, sich mit fürchterlichen Geschwindigkeiten den Berghang hinabzuwälzen.

Die Eruption des Mont Pelé im Jahre 1902 war geologisch bedeutsam, weil sie ein großartiges Beispiel für eine bisher nur wenig verstandene vulkanische Erscheinungsform darstellte. In der ersten heftigen Eruptionsphase trat keine Lava hervor, wie das möglicherweise auch beim Krakatau der Fall war, und die Zerstörung von St.-Pierre hatte darin ihren Grund, daß die Stadt unmittelbar auf dem Wege der von Gas angetriebenen Wolke glühender vulkanischer Bruckstücke lag.

Als die heftige Explosivphase zu Ende war, ergoß sich eine zähflüssige, steife, blockförmige Lavavarietät in den Gipfelkrater hinein; die Tätigkeit endete mit der Bildung einer *„Quellkuppe"* aus Blocklava, überzogen mit kleineren Spitzen und Türmchen. Im September 1903 hatte die Kuppe eine Höhe von vielleicht 300 m und einen etwa zweimal so großen Durchmesser erreicht. Schätzungen gaben ihr Volumen mit 100 Millionen Kubikmetern an.

Solche vulkanischen Kuppen sind häufiger, als viele Leute denken (Abb. 43). Lassen Peak im nördlichen Kalifornien ist ein ausgezeichnetes Beispiel: Eine domähnliche Quellkuppe aus Blocklava ragt 760 m über den Kraterrand empor; sie hat ein Volumen von etwa 2,5 Kubikkilometern (Williams 1932). Der Berg war das letzte Mal in den Jahren 1914—1917 tätig, als Dampfexplosionen die Schneekappe schmolzen, nachdem sie am Nordhang eine Öffnung gesprengt hatten. Die entstehenden Schlamm- und Aschenflüsse verwüsteten nicht nur den Wald am Fuß des Berges, sondern fegten 20 Tonnen schwere Gesteinsbrocken über Entfernungen von 8—10 km.

Andere Beispiele vulkanischer Quellkuppen sind die Mono-Krater im östlichen Mittelkalifornien (Abb. 43). Einige der Vulkane im „Tal der Zehntausend Dämpfe" in Alaska sowie die Puys in der französischen Auvergne sind Quellkuppen. Von den letzteren ist der Puy de Dôme wohl der bekannteste.

Die Deutung der Ablagerungen, die solche gasbeladenen, hochbeweglichen, turbulent strömenden Glutwolken wie die *„nuées ardentes"* liefern, war vor der Demonstration ihrer Natur durch den Mont Pelé ungewiß. Gewöhnlich ist ihre Lagerung chaotisch. Große Blöcke vermischen sich mit feineren Partikeln; es fehlt hier das gleichmäßig schichtige Aussehen, das für pyroklastische Ablagerungen charakteristisch ist, bei denen sich die

Abb. 43. Die Mono-Krater in Kalifornien; Blick nach Südwesten auf die Sierra Nevada. Im Vordergrund der Mono-See. Unten rechts liegt Panum, eine Vulkankuppe aus Obsidian; sie quoll in einen Krater hinein, der von einem Kegel aus Bimsstein-Fragmenten umgeben ist. Links davon befindet sich eine größere Obsidiankuppe, die von einem mächtigen, durch einen Steilhang begrenzten Obsidianstrom eingefaßt wird. Von hier aus weiter oben links befindet sich ein zweigeteilter Lavastrom aus Obsidian, der die Kuppe, aus der er stammt, fast begraben hat. Darüber liegen drei weitere Kuppen und ein großer Obsidianstrom. Die Kette der Eruptionsherde setzt sich bis an den Fuß der Sierra Nevada fort und bildet so eine fast 16 km lange Vulkanreihe. *(Phot.: John S. Shelton.)*

Aschen aus der Atmosphäre mehr graduiert abzusetzen vermochten. Solche Ablagerungen von *„nuées ardentes"* umgeben z. B. Crater Lake, und ihre Bimsstein-Ströme fegten die Schlucht des Rogue River 56 km weit hinab (Abb. 31). Ihre Geschwindigkeit mag 160 km pro Stunde erreicht haben, und diese glühenden Wolken waren fähig, Bimsstein-Blöcke von 1,8 m Durchmesser über Entfernungen von wenigstens 32 km zu verschleppen (Williams 1942).

Tätigkeit von Mischvulkanen

Vesuv

Von allen Vulkanen der Erde ist keiner bekannter als der Vesuv, der als einziger heute auf dem europäischen Festland tätig ist (Abb. 44). Seine Berühmtheit stammt wohl von seiner eingehend beschriebenen Eruption im Jahre 79, welche die Zerstörung von Pompeji, Herculaneum und Stabiae verursachte. Obwohl der Berg in prähistorischen

Abb. 44. Der Vesuv während des Ausbruchs im Jahre 1944. Die weißgekrönte Spitze links vom Vesuv ist der bogenförmige Grat des sogenannten Monte Somma, des Teiles eines älteren, prähistorischen Vulkans. *(Phot.: Brown Bros., N. Y.)*

Zeiten tätig gewesen war, bestand bei den Römern keine Überlieferung über seine wahre Natur, außer in einer recht skizzenhaften Form. Strabo zum Beispiel, der den Vulkan um den Beginn der christlichen Zeitrechnung besuchte, vermutete seinen vulkanischen Ursprung auf Grund der nach seiner Deutung „gebrannten und geschmolzenen" Gesteine nahe dem Gipfel. Tatsächlich baut sich der 1270 m (i. J. 1954; 1930: 1186 m) hohe Berg, den wir heute sehen, zu einem großen Teil auf der Ruine eines älteren, niedrigeren (heute 1132 m) Kraters auf, der aus der Zeit vor 79 stammt und dem man den Namen *„Monte Somma"* gegeben hat. Seine inaktive, rebenbedeckte Senke, die von steilen Felswänden umrahmt war, diente dem Gladiator Spartacus und seinen Mitsklaven im Jahre 73 vor Christus kurze Zeit als Feste, als sie der Macht Roms trotzten, bis sie von den Legionären des Marcus Licinius Crassus im Jahre 71 vor Christus geschlagen wurden. Im Jahre 63 nach Christus gab der Vulkan einige Lebenszeichen von sich; denn es begann eine Folge von Erdbeben, und diese verursachten einige Schäden, die noch rund um Pompeji zu sehen sind. Dies aber war nur ein Vorspiel zu der historischen Eruption des 24. August 79.

Glücklicherweise ist eine der vollständigsten Beschreibungen des Ereignisses über die dazwischen liegenden Jahre hinweg zu uns gelangt durch zwei Briefe, die der 17 Jahre alte *Plinius der Jüngere* an seinen Freund *Tacitus,* den römischen Historiker, richtete. Die Briefe wurden in erster Linie verfaßt, um den Tod seines Onkels *Plinius des Älteren* zu beschreiben, eines führenden Philosophen jener Tage und zugleich — was recht überraschend ist — eines Admirals der römischen Flotte.

Während sich *Plinius der Jüngere* plötzlich gedrängt fühlte, seine Bücher zu studieren, schritt der *Ältere Plinius* — im Begriff, die Auszeichnung zu erlangen, der erste Vulkanologe der Welt zu sein —, übrigens ein Römer der alten Schule, seinem Tod am Berg entgegen. Ausschnitte aus den Briefen *Plinius' des Jüngeren* mögen hier zitiert werden, da sie so gute Beispiele redlicher Berichterstattung sind, ganz abweichend von der übertriebenen und unmöglichen Version in Bulwer-Lytton's Roman *„Die letzten Tage von Pompeji"*, nach dem der Großteil der Bevölkerung zu Tode kam, während sie einem Gladiatorenkampf in der Arena zuschaute.

Teile aus den Briefen von *Plinius dem Jüngeren* folgen nun:

„Gajus Plinius sendet seinem Freund Tacitus Grüße.

Du bittest mich, Dir einen Bericht vom Tode meines Onkels zu geben, damit Du der Nachwelt eine genaue Darstellung des Ereignisses in Deiner Geschichte vermitteln könntest...

Er befand sich in Misenum und befehligte die Flotte dort. Es war am 24. August, 1 Uhr nachmittags, als meine Mutter auf eine Wolke ungewöhnlicher Ausdehnung und Größe aufmerksam machte... Von einem der Hügel erhob sich eine Wolke, welche die einer Pinie sehr ähnliche Form annahm. Sie zeigte ganz den hohen Stamm und die ausgebreiteten Zweige... Sie wechselte die Farbe, sah manchmal weiß aus und manchmal, wenn sie Erde oder Aschen emporführte, schmutzig oder streifig. Die Sache schien von Bedeutung und dem Philosophen näherer Untersuchung wert. Er befahl, ein leichtes Boot bereitzuhalten, und bat mich, ihn zu begleiten, wenn ich es wünschte; ich antwortete aber, daß ich lieber über meinen Büchern arbeiten möchte...

Aschen begannen rings um seine Schiffe zu fallen, die dichter und heißer wurden, je mehr sie sich dem Land näherten. Schlacken und Bimsstein und auch dunkle Gesteins-Bruchstücke, die durch die Hitze zerborsten waren, fielen um sie herum nieder. Das Meer wurde plötzlich seicht, und die Küsten waren durch Gesteinsmassen von dem Berge her versperrt.

Mein Onkel, für den der Wind sehr günstig stand, kam an und tat sein Bestes, um ihre (seiner Begleiter) Angst zu zerstreuen... Um sie durch eine zur Schau getragene Unbekümmertheit aufzumuntern, nahm er ein Bad und speiste nachher mit echter oder — was vielleicht ebenso heroisch war — mit vorgetäuschter Heiterkeit. Aber unterdessen begannen da aus dem Vesuv an vielen Stellen hohe und weitreichende Flammen hervorzuschießen, deren Leuchtkraft durch die Dunkelheit der einbrechenden Nacht noch erhöht wurde. Mein Onkel beruhigte sie und versicherte, das seien brennende Bauernhäuser, die Feuer gefangen hätten, nachdem sie von den Landsleuten verlassen worden wären. Dann ging er hinein, um zu schlafen...

Es herrschte anderswo Dämmerung, aber bei ihnen gab es eine schwärzere und dunklere Nacht, als sie jemals erlebt hatten, obwohl Fackeln und verschiedene Lichter die Schreckensnöte geringer machten. Sie beschlossen, den Weg zur Küste zu nehmen und zu sehen, ob der Seegang ihnen erlauben würde, sich einzuschiffen; aber das Meer erschien so wild und schrecklich wie nur je. Mein Onkel legte sich auf eine grobe Decke. Er bat zweimal um Wasser und trank es. Als dann eine Flamme mit vorauseilendem schwefligem Dampf die andern forttrieb, hoben ihn die Diener auf. Auf zwei Sklaven gestützt, stellte er sich auf seine Füße, aber er fiel sofort zurück, erstickt, wie ich denke, von den dichten Dämpfen ... Als der Tag kam (ich meine den dritten nach dem letzten, den er sah), fanden sie seinen Körper heil und unverletzt und zugedeckt, gerade so, wie er überrascht worden war ..."

Plinius' Briefe zeigen klar, daß die Zerstörung von Pompeji und Herculaneum durch einen heißen Aschenregen verursacht worden ist, und in diesem Leichentuch fanden 2000 von den 20 000 Einwohnern, welche umkamen, ihr Grab. Die meisten Toten waren Sklaven, Wachsoldaten oder Leute, die zu geizig waren, ihre irdische Habe im Stich zu lassen. Die meisten erstickten durch fallende Asche, durch heißen vulkanischen Schlamm oder durch vulkanische Gase, und die Temperatur der Asche war so hoch, daß ihre Körper verkohlten. Als man Jahrhunderte später Gipsmörtel in die Höhlungen, die einst von ihren Körpern eingenommen waren, goß, diesen hart werden ließ und dann aus der Asche ausgrub, kamen ihre Gestalten sowie die von Hunden und Katzen, von Brotlaiben und allerlei Gebrauchsgegenständen aus ähnlichen Höhlen zum Vorschein. Hunderte von Papyri blieben in der Bibliothek erhalten, zusammen mit Wandgemälden an den Mauern der Häuser, und diese geben einen äußerst lebendigen Einblick in die Interessen und Ziele dieser längst verschwundenen Römer, deren Lebensweise und Beschäftigungen den unseren so ähnlich waren. Die beiden Städte Pompeji und Herculaneum ruhten fast 1700 Jahre ungestört in ihrem Aschengrab, bis die Entdeckung einer Außenmauer im Jahre 1748 die Zeit der modernen Archäologie ankündigte.

Abb. 45. Die Ruinen von Pompeji am Fuße des Vesuvs sind heute frei von der vulkanischen Asche, die die Stadt vor nahezu 2000 Jahren begrub. *(Phot.: Moody Institute of Science.)*

Der Vesuv hat seine Tätigkeit vom Jahre 79 bis zur Gegenwart fortgesetzt; im Jahre 472 trieben Aschen von seinem Krater weit gegen Osten bis Konstantinopel. Eine besonders heftige Eruption im Jahre 1631 soll 18 000 Menschen getötet haben; sie erfolgte nach einer Zeitspanne der Ruhe, die so lange währte, daß der Vulkan sich wieder mit Vegetation bedecken konnte. Von einer großen Zahl kleinerer Eruptionen wird berichtet; heftigere ereigneten sich in den Jahren 1794, 1872, 1906 und im Jahre 1944, mitten im Italienischen Feldzug des II. Weltkrieges. Lava überschwemmte damals das Dorf San

Sebastiano, aber die zerstörendste Wirkung — wenigstens soweit die alliierte Militärmacht betroffen wurde — kam dadurch zustande, daß glasscharfe vulkanische Asche in die beweglichen Teile von Flugzeugen eindrang.

Die erste Lava soll am Vesuv im Jahre 1036 aufgetreten sein, und seither ist sie die übliche Begleiterin der meisten Eruptionen geblieben. Da Eruptionen in der Normalphase der Lebensgeschichte eines Vulkans gewöhnlich zweierlei umfassen — einmal das Aufdringen großer Lavamengen und weiter eine heftige Explosivtätigkeit, bei der große Mengen von Asche, Schlacken, Bomben und Blöcken gegen den Himmel geschleudert werden —, setzt sich der Vulkankörper, der in den letzten 1880 Jahren aufgebaut wurde, zum Teil aus verfestigter Lava von Oberflächen-Strömen und von Gängen und Schloten im Inneren, zu einem großen Teil aber aus pyroklastischem Material zusammen, das explosiv herausgeschleudert wurde. Aus diesem Grunde wird ein Vulkanberg wie der Vesuv *„Mischvulkan"* oder *„Stratovulkan"* genannt (Abb. 33 und 37). Seine Hänge zeigen einen flacheren Böschungswinkel als diejenigen eines Kegels, der sich ganz aus Aschen aufbaut; sie sind aber steiler als bei einem, der aus übereinander gestapelten leichtflüssigen Lavaströmen besteht, wie das für die Hawaii-Vulkane zutrifft.

Ruhige Eruptionen

Mauna Loa und Kilauea

Die Hawaii-Inseln, sicherlich eine der idyllischsten Inselgruppen der Welt, verdanken ihre Existenz gänzlich dem Vulkanismus. Sie stellen eine Kette erloschener, ruhender und tätiger Vulkane dar; von den Tiefen des Meeres her aufgebaut, ziehen sie südostwärts durch den Pazifik auf über 2500 km von Midway im Norden bis nach Hawaii, der größten Insel, im Süden und bilden dabei einen leicht gegen Nordosten gekrümmten Bogen. Die acht größeren Inseln liegen am südöstlichen Ende, und das relative Erosionsalter ihrer Landschaften vermindert sich generell südostwärts. Das bedeutet, daß Hawaii, die einzige Insel mit tätigen Vulkanen, später über den Meeresspiegel auftauchte als Oahu, das Eiland, auf dem Honululu liegt. Dieser Schluß ergibt sich einerseits aus dem weiter fortgeschrittenen Zustand der Flußerosion, der Täler, Steilufer und Canyons auf Oahu, andererseits aus der dickeren Bodenschicht, die sich dort gebildet hat.

Es gibt auf Hawaii fünf größere Vulkanherde, von denen drei besonders bedeutsam sind. Zwei von diesen sind die riesigen Vulkangebirge Mauna Kea (4200 m) und Mauna Loa (4168 m), die über dem Pazifik-Boden noch zusätzlich (bis zum Meeresspiegel) wenigstens 4500 m emporragen; damit werden sie zu Bergen von der Höhe des Everest, aber von weitaus größerem Rauminhalt; denn der Umfang des Mauna Loa beträgt an der Basis gegen 320 km. Die Hänge beider Berge (Abb. 47) sind extrem flach im Vergleich zu denen des Himalaja; selten überschreiten sie 10°, und aus der Entfernung sehen die Vulkane wie gutmütige Schildkröten von kolossaler Größe aus. Wegen ihres fast kreisförmigen Umrisses und des sanft gerundeten Profils werden sie meist *„Schildvulkane"* genannt; und sie gleichen auch den runden Schilden, die an den Kanonen-Berghölzern der seeräuberischen Wikinger-Schiffe angebracht waren.

Obwohl in der Masse dieser riesigen Vulkangebäude auch etwas pyroklastisches Material enthalten ist, bestehen sie doch zum größten Teil aus Tausenden übereinanderliegender, verhältnismäßig dünner Basaltströme. Viele derselben waren zur Zeit ihrer Eruption extrem flüssig. Infolgedessen sind die Hänge von Schildvulkanen flach; denn sie bauen sich schrittweise aus Tausenden sich überlappender zungenförmiger Blätter einst flüssigen Materials auf, statt lockere Haufen aufgetürmter vulkanischer Gesteins-

Abb. 46. Die gegliederte Vulkanlandschaft der Oahu-Insel, Hawaii. In der von Rinnen durchzogenen Steilwand links sind schwach geneigte Lagen vulkanischen Gesteins freigelegt. *(Phot.: Ray Atkeson.)*

brocken zu sein. Im letzteren Falle kommt es zum Aufbau von *„Schlackenkegeln"*, deren steile Seiten gewöhnlich Neigungen von 25° bis 30° haben.

Die Feuer des Mauna Kea sind heute eingedämmt, der Mauna Loa hält aber noch ein hohes Niveau von Aktivität aufrecht. Die Karte (Abb. 48) zeigt, daß die meisten historischen Lavaströme an seinen Flanken ausgebrochen sind und nicht das Ergebnis einfachen Überlaufens des Gipfelkraters darstellen, welche Mokuaweoweo heißt. Tatsächlich ist

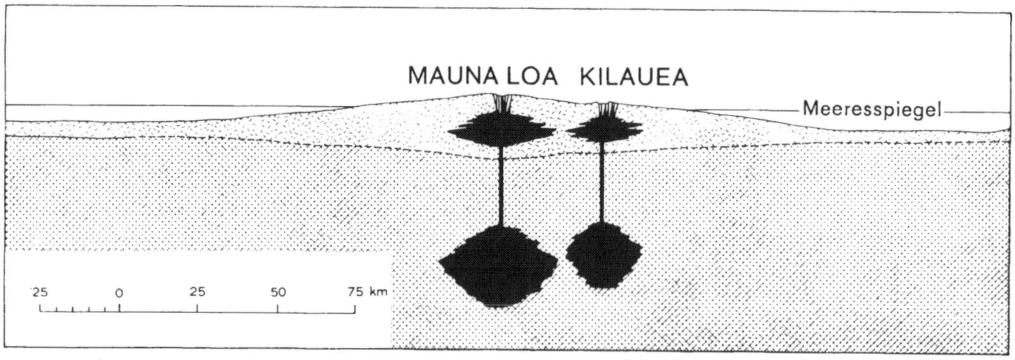

Abb. 47. Hypothetischer Querschnitt durch die Hawaii-Insel. Die unteren schwarzen Massen stellen den vermutlichen Ursprungsherd des Magmas dar. Man stellt sich weiterhin vor, daß dieses aufsteigt, um die oberen Magmakörper zu bilden, von denen aus das Magma schließlich zur Oberfläche aufdringt und Vulkane bildet.

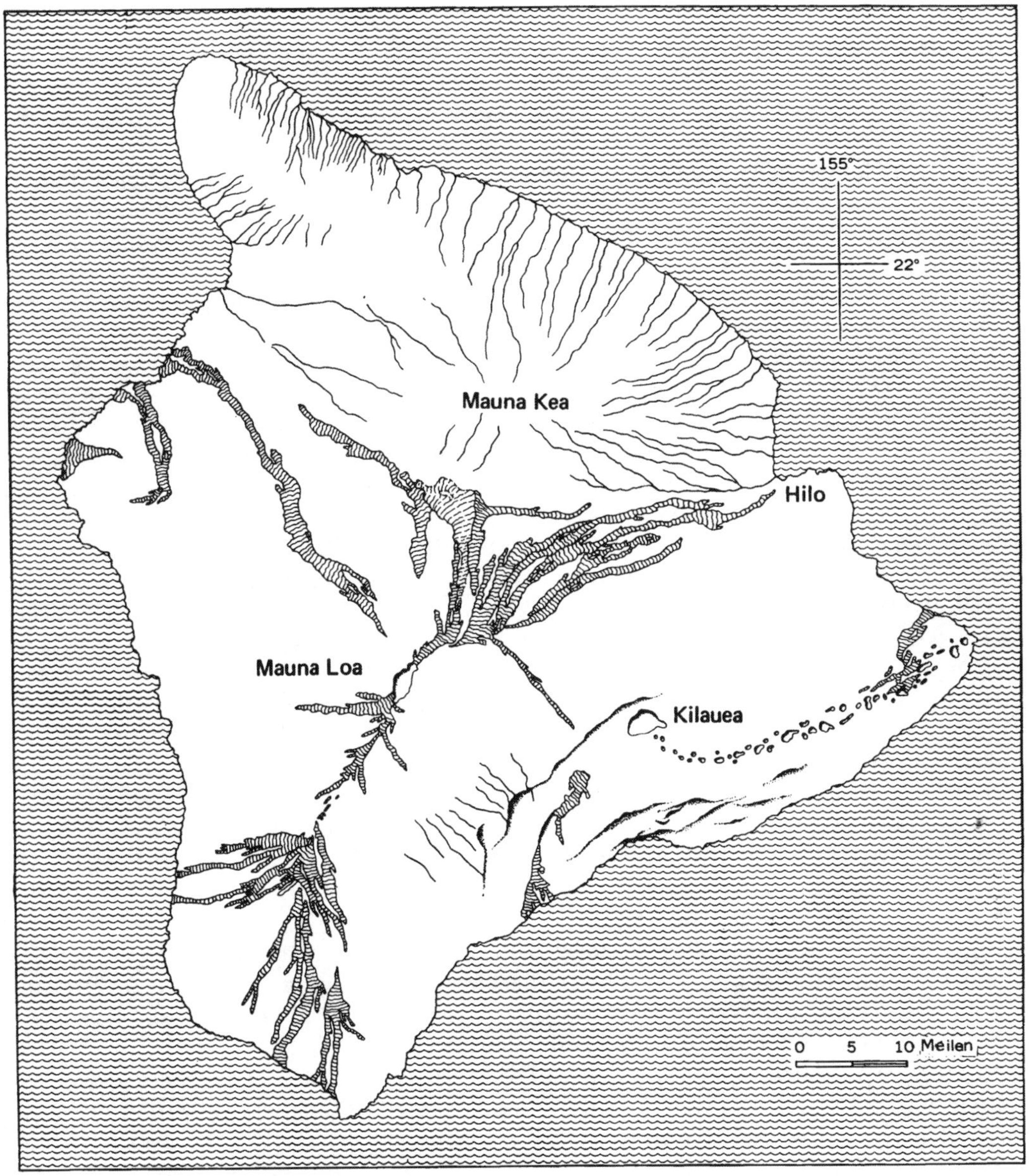

Abb. 48. Karte der Insel Hawaii. Die schraffierten Gebiete stellen die seit 1750 ausgeflossenen Lavaströme dar.

die Aktivität in der Kaldera heute auf ein Minimum gesunken, und die Kaldera selbst ist durch Zusammensturz infolge eines Entzugs stützenden Materials von unten her entstanden und nicht durch Explosion oder hochexplosive Entleerung des Magmareservoirs, wie beim Krakatau und Crater Lake.

Mokuaweoweo ist kein kreisförmiger Krater; die sehr steilen Wände, die gegen 200 m hoch sind, umschließen eine Senke von ungefähr 5,6 km Länge und 3,2 km Breite. Die Längsachse streicht Nordost—Südwest, und das ist die gleiche Richtung wie die der sogenannten Great-Rift-Zone, aus der so viele historische Ströme hervorgequollen sind

(Abb. 48). Die Kaldera selbst hat sich durch das Zusammenwachsen mehrerer, einst unabhängiger Einsturzkrater auf dem Gipfel des Berges vergrößert, und nach der Meinung von Williams (1941) ist das die Folge eines Einbruches, der durch Fortströmen von Lava aus dem Magmareservoir im Innern des Berges längs der Risse an seinen Flanken verursacht wurde.

Diese Auffassung findet eine sichere Stütze in der Regel, der typische Eruptionen folgen. Diese beginnen gewöhnlich mit etwas vulkanischem Staub, der aus dem Gipfelkrater ausgeblasen wird, und einer Dampfsäule, die über ihm sowohl am Tage steht als auch bei Nacht wie ein Scheinwerfer, der die Wolken beleuchtet. Etwas später pflegt an den Flanken Lava hervorzubrechen, und zwar, wie die Karte zeigt (Abb. 48), fast immer in der Great-Rift-Zone, entweder im Nordosten oder im Südwesten des Gipfels.

Die Lavaströme gehen beim Mauna Loa selten von einer einzigen Öffnung aus, vielmehr quellen sie fast immer an großen Brüchen oder Spalten hervor. Die erste Phase eines solchen Ausbruchs kann das Aussehen einer Linie von *Feuerfontänen* oder geysirartigen Lavasäulen haben, die gegen 300 m hoch in die Luft schnellen und sich wie ein nahezu geschlossener Feuervorhang entlang der Bruchlinie aufreihen können (Abb. 49). Der Basalt, der aus diesen Spalten ausfließt, ist von hoher Temperatur, und infolgedessen ist er äußerst flüssig, wenn er gerade herausquillt. Er kann dann entlang bereits bestehenden Taleinschnitten mit Geschwindigkeiten herabfließen, die denen der Flüsse selbst nahekommen; wo Unebenheiten bestehen, plätschert die Lava über sie hinweg wie ein Wasserfall. Wenn solch ein Strom das Meer erreicht, ergibt sich ein titanischer Kampf zwischen den Mächten Neptuns und Vulkans — wie einstmals. Ungeheure Dampfwolken steigen auf, das Meer kocht wie ein gigantischer Kessel, und die Lava wird zum Teil so plötzlich abgeschreckt, daß sie zu einer lohfarbenen, zelligen Art vulkanischen Glases aufschäumt (Abb. 50).

Nicht alle Hawaii-Basalte fließen wie Sturzbäche; häufig treten auch schwerfällig vorrückende Blockströme auf. Diese bewegen sich fast wie ein Tank oder ein Raupenschlepper vorwärts, wobei die Oberfläche sich mit einer Kruste überzieht und durch das noch flüssige Innere weitergetragen wird. Die vorrückende Kruste bricht am Vorderrand des Stromes in Blöcke auseinander, und diese stürzen über die Stirn des Stromes kaskadenförmig hinab, um so einen Teppich oder Pfad zu bilden, über den der Strom vorrücken kann. Hangend- und Liegendteil eines solchen Stromes bilden eine *vulkanische Brekzie,* sobald sich der gesamte Erguß verfestigt hat, während das Innere im wesentlichen ein gleichmäßig texturierter, homogener Basalt sein wird.

Hawaii hat uns zwei polynesische Ausdrücke zur Beschreibung des Oberflächen-Charakters von Lavaströmen geschenkt; diese sind so weithin bekannt geworden, daß sie auch Eingang in die geologische Literatur gefunden haben. Basalt mit einem rauhen, blockartigen, den Ofenschlacken sehr ähnlichem Aussehen wird mit dem bemerkenswert kurzen Namen *„Aa"* (Abb. 51) bezeichnet, während die mehr fluidalen Varietäten mit glatten, seidig glänzenden oder sogar glasigen Oberflächen den anspruchsvolleren Namen *„Pahoehoe"* (Abb. 52) erhalten haben.

Der Kilauea ist dem Mauna Loa in mancher Hinsicht ähnlich, in anderen Punkten aber sehr von ihm verschieden. So weist er eine sehr viel geringere Höhe auf, nur ungefähr 1200 m; ferner ist er kein selbständiger Berg mehr, sondern nur noch ein teilweise zugeschütteter Satellit an der Flanke des höheren Vulkans. Vielleicht wird er in den nächsten Jahrtausenden von Lavaströmen aus einer Flankeneruption des Mauna Loa völlig überschwemmt sein. Der Kilauea ist von den beiden Vulkanen der weit besser bekannte; eine gepflasterte Straße führt unmittelbar zu seinem Kraterrand, und seit mehr als einem Jahrhundert hat er einen ständigen Strom von Besuchern.

Abb. 49. Feuerfontäne am Kilauea, 18. November 1959. Die heller getönten Bereiche der Fontäne sind glühende, flüssige Massen basaltischer Lava. Die Lava kühlt sich in der Luft ab und wird an der Spitze der Fontäne dunkel. *(Phot.: G. A. Macdonald.)*

Der Krater des Kilauea bildet immer wieder eine Überraschung für jeden, der ihn zum ersten Mal besucht, und das hat großenteils den gleichen Grund wie beim Grand Canyon. Beide stehen in einem so außerordentlichen Kontrast zu ihrer nahezu ebenen Umgebung. Die elliptische Kaldera des Kilauea, deren Ausmaße etwa 4,8 zu 3,2 km betragen, ist mit fast vertikalen Wänden in die ganz sanft geneigte Oberfläche des alten Vulkans eingesenkt. Der Boden des Kraters ist annähernd waagerecht und besteht aus erst ganz kürzlich verfestigter Lava, die sich wie ein Teerstrom über den ganzen Boden ausbreitete. Die Aktivität beschränkt sich heute auf einen nur kleinen Teil der Kaldera — den Vulkan-

Abb. 50. Basaltlava ergießt sich über den Felsen rechts und erreicht das Meer. Hawaii 1955. *(Phot.: G. A. Macdonald.)*

schlund oder das Feuerloch des Halemaumau, welcher sich zu der größeren Kaldera ganz wie das Abzugsloch am Boden eines Waschbeckens verhält. Basaltische Lava steigt und fällt innerhalb des Feuerloches. Zeitweilig tritt sie über den Rand des Halemaumau auf den Boden der Kaldera aus; zu anderen Zeiten sinkt sie mehr als 300 m unter die Oberfläche ab. Dann ist der Boden des Loches mit langen Schuttkegeln aus Basaltblöcken erfüllt, die von den vertikalen Wänden abgebröckelt sind.

Für gewöhnlich brodelt und siedet die Lava im Halemaumau ohne stark explosive Tätigkeit, aber gelegentlich gibt es eindrucksvolle Abweichungen von dieser Regel. Eine solche war die Eruption von 1924, bei welcher sich die Vorgänge folgendermaßen abspielten: 1. Im Januar war der Lavasee besonders aktiv, und sein Spiegel stieg bis etwa 30 m unter den Rand. 2. Im Februar begann er zu sinken, und im Mai war er auf rund 180 m gefallen. 3. Gleichzeitig wanderten die Epizentren einer ganzen Folge schwächerer Erdbeben entlang der Puna-Rift-Linie ständig ostwärts, begleitet von Bodensenkungen; fast sicher erfolgte dabei eine Eruption auf dem Meeresboden südöstlich von Hawaii. 4. Ungeheure Mengen von Lavablöcken rollten lawinenhaft von den Wänden in das Feuerloch. 5. Zwischen dem 11. und 27. Mai schließlich wurden diese Blöcke und eine Menge Schutt, der sich auf dem Boden des Halemaumau angesammelt hatte, in einer Reihe heftiger Explosionen ausgeschleudert.

Dieser Geschehensablauf, der von dem Charakter einer ruhigen Eruption ein wenig abwich, läßt sich folgendermaßen erklären: Die Lavasäule sank, weil Lava durch Spalten

Abb. 51. Langsam über ein Feld vorrückende Aa-Lava. Die Flammen und der Rauch rühren von dem brennenden Bewuchs her. Hawaii 1955. *(Phot.: G. A. Macdonald.)*

unterhalb des Kilauea — dessen Gesamtniveau sich plötzlich um 4 oder 4,3 m erniedrigte —, südostwärts entlang dem Puna-Rift fortströmte. So konnte Grundwasser in den durch die sinkende Lavasäule freigewordenen Raum eintreten. Als ein genügend hoher Druck zustande gekommen und die Lavasäule bis unter Meeresniveau abgesunken war, verwandelte sich das Grundwasser unter der Decke von Gesteinsbrocken, die in das Feuerloch gefallen waren, in Wasserdampf. Der Dampfdruck stieg dann so stark, daß diese Gesteine zertrümmert und aus dem Feuerloch herausgeschleudert wurden; es handelte sich also um eine Reihe von Dampfexplosionen und nicht um solche, die durch ursprüngliche magmatische Gase verursacht wurden. Solchen sekundären Eruptionen wurde der Name *„phreatische Explosionen"* (abgeleitet von dem griechischen Wort für „Wasserbrunnen") gegeben; sie sind sehr charakteristisch für kleinere Eruptionen in der ganzen Welt, in Island, Neuseeland, Japan und möglicherweise auch für die Eruptionen des Mount Lassen in den Jahren 1914—1917.

Spalteneruptionen

Verschiedene Bereiche der Erd-Oberfläche wurden von riesigen Lavafluten überschwemmt, die offensichtlich niemals aus einem einzigen Vulkanschlot oder auch aus einer Kette von Vulkanen gefördert sein können. Hervorragende Beispiele solcher Lavaströme, die durchweg basaltische Gesteine oder ihnen sehr nahe stehende Varianten sind,

sind das Lavaplateau von Kolumbien in den nordwestlichen Vereinigten Staaten (mit einer Oberflächen-Ausdehnung von einigen 500 000 Quadratkilometern und einem Volumen von ungefähr 310 000 Kubikkilometern), die Deccan-Lavadecke im westlichen Indien (im Binnenland bei Bombay) und ein weites Gebiet nahe dem Paraná-Fluß in Südamerika (Abb. 53).

Von diesen dreien ist das Lavaplateau von Kolumbien am besten studiert. Stellenweise ist es 1,6 km dick, aber die Einzelausflüsse sind viel dünner, und nur wenige haben eine Dicke von etwa 120 m. Ihre Zusammensetzung erscheint bemerkenswert einheitlich, vor allem, wenn man die Tatsache berücksichtigt, daß sich ein so riesiges Basaltvolumen nicht auf einmal ergoß, sondern daß sich sein Ausfluß über eine lange Spanne geologischer Zeit erstreckte. Die Oberfläche des Lavaplateaus nimmt ein sehr weites Gebiet ein, das sich von den Rocky Mountains im Osten bis zum Kaskaden-Gebirge und der Pazifik-Küste im Westen erstreckt. Der Basalt nahm nicht einen einzigen Weg zur Oberfläche, sondern stieg durch Hunderte, wenn nicht gar Tausende von Spalten auf, die heute als Gänge in Erscheinung treten, wenn sie z. B. an den Wänden von Canyons entblößt sind. Das Land, das unter den Lavafluten begraben wurde, hatte ein mäßiges Relief. Hier zeigen wieder die Wände von Schluchten, die das Lavaplateau durchschneiden, daß einzelne Lavaströme Täler ausfüllten, über Bergkämme quollen und schließlich zusammenwuchsen, um eine fast gleichmäßige Ebene zu bilden, die eine gänzlich andere Art von Welt unter einem erstarrten Gesteinsmeer begrub.

Der am ehesten vergleichbare Fall einer solchen Spalteneruption, die jemals beschrieben wurde, war ein vergleichsweise kleines Geschehen, so eindrucksvoll es unzweifelhaft gewesen sein muß. Es war die Eruption des isländischen Vulkans Skaptar Jökull am 8. Juni 1783. Damals trat ein Basaltstrom aus einer ungefähr 24 km langen Spalte aus.

Island hat eine der dramatischsten Landschaften der Erde — mit seinen über 100 Vulkanherden, von denen mindestens 20 aktiv sind, seiner Schar Gletscher und dem alles umgürtenden Meer. In nur wenigen anderen Gebieten ist der elementare Kampf zwischen Feuer, Eis und Meer stärker als hier. In der langen und bemerkenswerten Kulturgeschichte der Insel, die bis auf das Jahr 874 zurückreicht, haben manche solcher Zusammenstöße zwischen rot-glühenden Lavaergüssen und Eisströmen stattgefunden. Das übliche Ergebnis ist das Schmelzen von viel Eis unter Freigabe einer plötzlichen und verheerenden Wasser- und Schlammflut.

Und genau das geschah bei der unglückseligen Eruption von 1783. Aus einer 24 km langen Spalte quoll entlang ihrer ganzen Erstreckung Basalt hervor, und es ergoß sich eine breite Lavaflut den Hang hinab, erfüllte das tiefe Skapta-Tal bis zum Überfließen und verdrängte einen See, der auf ihrem Wege lag, vollständig. Die Eruption dauerte zwei Jahre an, und die zwei größten Lavaströme, die sie lieferte, hatten Längen von etwa 65 bzw. 80 km. Ihre mittlere Tiefe betrug 30 m, aber wo Schluchten bis zum Rande gefüllt wurden, erreichten sie Dicken von etwa 180 m. Wo die Lava über ein Flußtal seitlich hinausquoll und sich über die Ebene ausbreitete, rückte sie längs einer 19 bis 24 km breiten Front vor. Der Strom bedeckte schätzungsweise 570 Quadratkilometer, und das in der Zeitspanne von zwei Jahren ausgeflossene Lavavolumen soll gegen 12,5 Kubikkilometer betragen haben, d. h. eine Menge, die der des Mont Blanc, des höchsten europäischen Berges, entspricht (Coleman 1946).

←

Abb. 52. Oberfläche von Pahoehoe-Lava (Fladenlava). Mauna Loa, Hawaii. *(Phot.: Ansel Adams.)*

Abb. 53. Lavaströme in Form von Basaltdecken auf dem Thule-Plateau in Antrim, Irland. Das Thule-Plateau erstreckte sich ursprünglich quer über den Nord-Atlantik von West-Schottland und Nord-Irland bis nach Island und West-Grönland. *(Phot.: Aerofilms and Aero Pictorial, Ltd., London.)*

Dies war eine der größten Katastrophen in der turbulenten Geschichte der Insel. Die Lava staute Flüsse auf und lenkte sie ab, sie brachte Schnee und Eis zum Schmelzen und verursachte damit riesige Überschwemmungen, die einen Großteil des nur begrenzten Ackerbodens der Insel zerstörten. Zwanzig Ortschaften wurden von der Lava überschwemmt, und viele andere wurden von den Wasserfluten fortgefegt. Gegen 10 000 Menschen, d. h. 20 Prozent der Bevölkerung, starben; 80 Prozent der Schafe (190 000), 75 Prozent der Pferde (28 000) und über 50 Prozent des Rinderbestandes (11 500) kamen um.

Fast der ganze Nord-Atlantik wurde von einer Staubwolke verdunkelt, und diese Erscheinung interessierte Benjamin Franklin sehr, der eine kurze Beschreibung über die Wirkung des sogenannten *„trockenen Nebels"* in Amerika lieferte (Griggs 1922):

„Während mehrerer Sommermonate des Jahres 1783, in denen die Sonnenstrahlen ihre stärkste Wirkung zur Erwärmung der Erde in diesen nördlichen Gebieten ausüben sollten, lag ein ständiger Nebel über ganz Europa und einem großen Teil von Nordamerika. Dieser Nebel war von durchhaltender Art; er war trocken, und die Sonnenstrahlen schienen wenig Kraft zu haben, ihn aufzulösen, wie sie es leicht bei einem feuchten Nebel tun, der vom Wasser aufsteigt. In der Tat wurden sie beim Durchgang durch ihn so geschwächt, daß sie, im Brennpunkt einer Lupe gesammelt, kaum fähig waren, Papier zu bräunen. Natürlich war ihre sommerliche Wirkung hinsichtlich der Erwärmung der Erde äußerst vermindert.

Deshalb trat an der Erd-Oberfläche schon früh der Frost ein.
Deshalb blieben die ersten Schneefälle auf ihr liegen, ohne zu schmelzen, und erfuhren beständigen Zuwachs.
Deshalb war vielleicht der Winter 1783/84 strenger als irgendeiner zuvor seit vielen Jahren."

In Europa hatte die Aschenwolke gleichfalls einen höchst nachteiligen Einfluß auf das Wetter, und zwar so sehr, daß das Jahr 1783 *„Jahr ohne Sommer"* genannt wurde. In Schottland, fast 1000 km entfernt, waren die Ernten sehr schlecht, in den Niederlanden traten Ernteschäden durch Rauch und Asche ein, und über die Aschenwolke wurde von so weit entfernten Punkten wie Nordafrika, Syrien, Ost-Rußland und Schweden berichtet. Sie stieg bis zu einer größeren Höhe als die der Alpen auf, und die Mönche auf dem St.-Bernhard-Paß deuteten sie richtig als Rauch und nicht als Nebel. Wie man sich denken kann, hatte das Ereignis eine tiefe Wirkung auf die Menschen jener Zeit, und es inspirierte — außer anderem — den folgenden Satz von Cooper (Krakatau-Komitee, 1888):

„Feuer von unten und Meteore von oben —
unheilvoll, beispiellos, unerklärlich."
(*„The Task"*, 2. Buch)

Der Vulkanismus ist eines der dramatischsten unter allen geologischen Phänomenen, eines, das direkt in menschliche Angelegenheiten eingreift, das von den Tagen Strabo's und Plinius' bis auf die unsrigen Gegenstand von Kritik und Diskussion gewesen ist, und doch ist nur wenig über seine wahre Natur bekannt. Wir sehen nur einen Teil des Bildes, nur den Oberflächen-Aspekt. Keine lebende Person kann mehr tun, als Spekulationen anzustellen über den Zusammenhang zwischen Vulkanen und der Entstehung der plutonischen Gesteine in der Erde. Die Überlegung sagt uns, daß wahrscheinlich eine Beziehung zwischen beiden besteht, aber dafür haben wir keinen direkten Beweis. Natürlich kennen wir auch nicht die Quelle der Hitze, nicht die Tiefenlage der Vulkanherde noch auch — was sogar grundsätzlicher ist —, was die letzte Ursache des Vulkanismus sein mag. Viele dieser Fragen werden wir im Kapitel X („Seismologie und Bau der Erde") wieder aufgreifen. Durch das, was wir über die Vulkane, die aktiven und erloschenen, sowie über die Natur ihrer gasförmigen, flüssigen und festen Produkte wissen, haben wir eine gewisse Grundlage, um einige begründete Vermutungen über den Ursprung der Atmosphäre und des Ozeans aufzustellen und darüber, welche Zusammensetzung sehr wahrscheinlich die ursprüngliche Festlands-Oberfläche der Erde hatte.

Was sind denn nun die wichtigsten Dinge, die tatsächlich über die Vulkane und Produkte des Vulkanismus bekannt sind? Sie seien hier zusammengefaßt und verdienen, im Gedächtnis behalten zu werden, da sie für andere Grundfragen der Erde bedeutsam sind.

Wie wir gesehen haben, sind die Vulkane nicht wahllos über die Erd-Oberfläche verstreut, sie finden sich vielmehr in folgenden Bereichen: 1. entlang den Kontinentalrändern, vor allen den etwas gebirgigen Küsten, die den Pazifik umgürten; 2. in den großen Meeresbecken, wo die echten ozeanischen Inseln — so Island und Hawaii — vorwiegend vulkanisch sind; 3. in Gebieten in der Nähe, aber nicht wirklich innerhalb von Gebirgsketten im kontinentalen Binnenland (allerdings ist das eine weniger vertraute Vorkommensweise) — zu dieser Kategorie gehören die Vulkanprovinzen des Französischen Zentralplateaus und Süditaliens —; und 4. entlang großen Bruchzonen oder *Gräben*, z. B. dem bemerkenswerten System, das sich durch große Teile Ostafrikas hinzieht.

Geologisch gesprochen, gibt es zwei größere Schauplätze, wo sich *keine* Vulkane befinden, und das sind: 1. die Kernzonen von Gebirgsketten, deren Gesteine intensiv zusammengepreßt worden sind, wie das bei den Alpen und dem Himalaya der Fall ist, und 2. die weiten Flächen tief erodierter, sehr alter und stark deformierter Gesteine, die man

„Schilde“ nennt — große Teile von Labrador und Nordost-Kanada sind für einen solchen Bereich typisch.

Einen gemeinsamen Faktor namhaft zu machen, der sowohl das Auftreten wie auch das Nicht-Auftreten von Vulkanismus zu erklären vermöchte, liegt wohl heute noch außerhalb unserer Fähigkeiten, aber wir haben gefunden, daß Vulkane Zonen stark zusammengepreßter Gesteine zu meiden und Gebiete zu begünstigen scheinen, wo eine Art Bruchsystem von der Oberfläche bis in die Tiefen hinunterreicht, in denen sich Magma bilden kann. Das scheint eine doppelte Bedeutung zu haben: 1. Brüche können einen Kanal schaffen, durch den das Magma zur Oberfläche gelangen kann; 2. ihr Vorhandensein zeigt an, daß unter günstigen Bedingungen in der Tiefe eine Druckverminderung entstehen kann. Das ist von Bedeutung, denn in der Erde sind auch in ziemlich mäßigen Tiefen die Temperaturen vermutlich hoch genug, daß man eigentlich mit einem geschmolzenen Zustand der Gesteine rechnen müßte, aber die hohen Drücke, die hier herrschen, verhindern das; für die meisten Substanzen gilt nämlich: je höher der Druck, um so höher die Schmelztemperatur. Bei einer Druckverminderung tritt Schmelzen ein, und das Zerreißen der Krustengesteine durch Zerrung kann ein Weg sein, durch den diese Entlastung erreicht wird.

Dies wirft die nächste Frage auf: Aus welcher Tiefe steigt das Magma bei einer Vulkaneruption auf? Das Beobachtungsmaterial hierüber ist gemischt. Einige Laven scheinen ihre Quellen in geringeren Tiefen gehabt zu haben. Auf Tahiti, wo der Zentralschlot durch tiefe Erosion freigelegt ist, beträgt die Tiefe vielleicht 1,6 km (Williams 1953); beim Vesuv ließen die aus dem subvulkanischen Fundament heraufgebrachten Bruchstücke den deutschen Vulkanologen Rittmann vermuten, daß das Magma wahrscheinlich aus etwa 6,5 km Tiefe aufstieg. Die Diamanten in den Pipes von Kimberley kristallisierten offenbar in einer Tiefe von mehreren Kilometern unter der Oberfläche, wenn wir die Temperaturen und Drücke zugrunde legen, die für die Herstellung von Diamanten im Laboratorium erforderlich sind.

Die riesigen Basaltausflüsse bei Spalteneruptionen kommen sehr wahrscheinlich aus subkrustalen Bereichen, in Hawaii vielleicht aus 56 km Tiefe (Eaton & Murata 1960). Das wird daraus geschlossen, daß zur Verflüssigung von Basalt eine höhere Temperatur benötigt wird als bei anderen Laven, daß es sich um enorme Mengen handelt, die offenbar mehr als nur einen lokalen Herd erfordern und daß diese Plateaubasalte sowohl im Raum wie in der Zeit auffallend gleichförmig bleiben.

Manche zusätzlichen Probleme harren noch der Lösung. Früher, als man noch glaubte, daß die Erde aus einer feuerflüssigen Kugel hervorgegangen sei, die beim Abkühlen eine Gesteinsschale geliefert habe, konnten die Magmareservoire in der Kruste als heiße Einschlüsse gedeutet werden, die übriggeblieben seien, als alles Übrige schon verfestigt war. Heute wissen wir durch eine Reihe anderer Tatsachen, daß das nicht stimmt, aber uns fehlt immer noch eine sichere Antwort. Die Radioaktivität wurde als Wärmequelle herangezogen, aber auch hier stehen ernsthafte Bedenken entgegen. Der geringe Gehalt an radioaktiven Bestandteilen in den Laven mit den höchsten Temperaturen, den Plateaubasalten, spricht dagegen; hinzu kommt das Fehlen von Helium — einem radioaktiven Zerfallsprodukt — bei den beigesellten vulkanischen Gasen (Williams 1953).

So wächst die Liste. Selbst der Mechanismus, mit dem eine Lavasäule und die darin eingeschlossenen Gase sich ihren Weg durch die Kruste nach oben bahnen, ist unbekannt. Es dürfte sich hierbei zum Teil um ein Strömen, zum Teil um ein Keil-Treiben oder Zur-Seite-Schieben und zum Teil um ein Plombieren oder ein stückweises Aufzehren handeln; aber welche dieser verschiedenen Rollen den Vorrang hat, bleibt die Frage.

Das noch mehr grundsätzliche Problem, welche Prozesse für die breite Variabilität der Zusammensetzung vulkanischer Gesteine verantwortlich sind, harrt gleichfalls der Lösung. Es können nämlich Magmen vieler Zusammensetzungen sogar aus der gleichen Öffnung oder aus sehr eng benachbarten Kanälen gefördert werden; ein auffallendes Beispiel ist ein jüngst erloschener Vulkan in Oregon, welcher so verschiedene Laven wie Basalt und Obsidian gleichzeitig ausstieß.

Differentiation, ein Prozeß, der bei der Diskussion der Bowen'schen Reaktionsreihen beschrieben wurde, spielt ziemlich sicher eine Rolle, aber dieser Prozeß verläuft nur in *einer* Richtung. Es ist möglich, daß ein basaltisches Magma eine Reihe von Reaktionen durchläuft, bis sich ein rhyolithisches Magma ergibt, aber der Vorgang kann nicht in umgekehrter Richtung verlaufen. Das hat manche Geologen zu der Meinung veranlaßt, daß sich alle Laven verschiedener Zusammensetzung aus einem ursprünglichen Magmakörper durch Differentiation entwickelt hätten. Es ist klar bewiesen, daß das für viele zutrifft, aber wir sind keineswegs sicher, daß das ein universelles Gesetz ist.

In der Tat, die Entstehung des Magmas selbst ist unbekannt, und eine Antwort auf diese Frage zu geben, würde uns ein Stück auf unserm Wege weiterbringen, eine Lösung für das grundlegende Rätsel der Entstehung aller magmatischen Gesteine zu finden.

V. Sedimentgesteine

Weit breitet sich über die Erd-Oberfläche eine relativ dünne Decke von Sedimenten aus, die durch langsam wirkende Prozesse zu Gestein verfestigt wurden. Im Vergleich zu den für die Entstehung magmatischer und metamorpher Gesteine verantwortlichen Prozessen sind diese verhältnismäßig leicht zu verstehen. Sie gehen auf dem Festland oder im Meer bei Temperaturen und Drücken vor sich, die uns viel vertrauter sind als die 1400° C, welche erforderlich sind, um basaltisches Magma flüssig zu erhalten. Zwar steigen die Drücke auf dem Meeresboden, dem endgültigen Ablagerungsort der meisten Abtragungsprodukte des Festlandes, bis zu 1 Tonne pro Quadratzentimeter an, aber diese Drücke sind noch klein, verglichen mit der zermalmenden Belastung, die in demjenigen Krustenbereich herrscht, wo sich die Bildungsprozesse metamorpher Gesteine abspielen.

Sedimentgesteine sind meistenteils sekundäre oder „abgeleitete" Gesteine. Eine bedeutende Kategorie derselben besteht aus Schichten von Ton-, Sand- oder Kiespartikeln, die durch Zerfall oder Zersetzung aus präexistierenden Gesteinen hervorgegangen sind. Geschichtete Gesteine, die aus solchen Gesteins-Bruchstücken bestehen, heißen *„klastische Sedimentgesteine"*.

Eine andere große und wirtschaftlich bedeutende Gruppe von Sedimentgesteinen umfaßt *chemische Abscheidungen* aus Wasser, so in eindampfenden Seen oder flachen Seitenbuchten des Meeres. Wohl das bekannteste Beispiel dieser Kategorie ist das Steinsalz. In der Entstehung sind mit ihm so wohlbekannte Substanzen wie Gips und Borax nahe verwandt; denn beide sind chemischen Ursprungs.

Eine dritte und außerordentlich bedeutsame Kategorie sind die *organischen Sedimente*. Kohle, ein lebenswichtiger fossiler Brennstoff, gehört zu dieser Gruppe, ebenso wie die sogenannten Ölschiefer, eine mögliche Reserve für die Zukunft. Eine andere bekannte Art organischen Sedimentgesteins ist der Kalkstein, und von seinen vielen Formen sind verschiedene das Ergebnis langsamer, sich über viele Jahrhunderte erstreckender Anhäufung von Absätzen kalkabscheidender Pflanzen und Tiere.

Ablagerungsbereiche

Sedimentgesteine können sich in sehr verschiedenen Bereichen an der Erd-Oberfläche ansammeln — in fast so vielen, wie es Landschaftsformen oder verschiedene Klimaarten gibt. Zwei Haupt-Sedimentationsbereiche werden allgemein unterschieden, und zwar 1. derjenige des Festlands oder der kontinentale und 2. derjenige des Meeresbodens oder

---

←

Tafel V. Ein Kloster bei Meteora (Griechenland) überragt die steilen Felswände aus geschichtetem Konglomerat tertiären Alters. *(Phot.: Jean B. Thorpe.)*

der marine. Wie bei den meisten Klassifikationen ist die Einteilung bis zu einem gewissen Grade willkürlich, und verschiedene Vorkommen könnten sowohl in die eine wie in die andere Kategorie eingruppiert werden; zum Beispiel lassen sich die Schluffe und Schlicke des Deltas großer Flüsse leicht beiden Provinzen zuordnen.

Im Meer bestimmen wenigstens zwei Faktoren die Verteilung der Sedimente, und zwar 1. die Entfernung vom Land und 2. die Wassertiefe. Um die Sache zu vereinfachen: es gibt vier Hauptzonen, in denen sich Sedimente ablagern und bei denen die Charakterzüge soweit verschieden sind, daß man sie als besondere Einheiten betrachten darf. Sie werden sehr viel ausführlicher in Kapitel XVI („Das Meer") beschrieben werden; hier seien sie nur ganz kurz aufgeführt, um ein grobes Gerüst zu geben.

Die erste dieser Zonen — vom Land aus seewärts — ist die *Küstenzone*; für alle praktischen Zwecke genügt es, sie als den Bereich zu definieren, in der die Brandung gegen die Küste bricht. An vielen Küsten, an denen der Tidenhub groß ist, wird ein sehr weiter Bereich des an das Land angrenzenden Seebodens bei Niedrigwasser bloßgelegt.

Der *Kontinentalschelf* ist eine viel breitere Zone; normal reicht er seewärts bis zu einer Tiefe von etwa 180 m. An einigen Küsten liegt diese Tiefe nur wenige Kilometer vor dem Ufer; an andern, wie etwa an der Küste Sibiriens, können es 320 km oder mehr sein. In der Regel ist der Kontinentalschelf der Bereich, wo terrigene, direkt vom Festland stammende Sedimente abgelagert werden, nachdem sie sortiert und durch Wellen und Meeresströmungen verfrachtet wurden. In dieser Zone wurde der Großteil der Sedimente abgelagert, die wir heute als marine Sedimentgesteine zutage treten sehen.

Der *Kontinentalhang* und der Tiefsee-Boden oder der *abyssische Bereich* sind normalen Beobachtungsmitteln unzugänglich. Heute ist es möglich, mit Unterwasser-Kameras Fotos vom Meeresboden aufzunehmen und mit Hilfe des Bathyskaphs diese dunkle, schweigende Welt zu besuchen, die auf ihre Weise ebenso entlegen ist wie der Weltraum.

Hier, auf dem Boden des offenen Meeres, lagern sich vorzüglich die feinsten Sedimente ab, nicht fühlbarer Schlamm, der sich vorwiegend aus Resten fein-verzierter, frei-schwimmender und dahintreibender mikroskopisch kleiner Pflanzen und Tiere zusammensetzt, die allerfeinsten Tone von unergründlicher Herkunft, welche die Tiefsee-Ebenen überdecken, und der Überzug aus dunklem, blaugrünem Schlick an den submarinen Kontinentalhängen.

Im Festlands-Bereich haben viele von uns die zahlreichen, mannigfaltigen Möglichkeiten bemerkt, die für das Auffangen einer Menge verschiedener Sedimentarten und ihre schließliche Umwandlung in Gesteine in Betracht kommen. Von den vielen Einzelfällen sind folgende typisch:

1. SEEN Einige dieser natürlichen Absatzbecken, wie etwa die Großen Seen Nordamerikas, das Kaspische Meer und der Aral-See, sind so groß, daß sie in gewissem Sinne als kleine Meere gelten können. Alle Seen jedoch, ob groß oder klein, dienen als örtliche Fallen, in denen sich von Flußläufen, sich bewegendem Eis oder vom Wind transportiertes Sediment ansammeln kann.

2. ÜBERSCHWEMMUNGSEBENEN UND DELTAS Diese Absatzgebiete reichen über die ganze Skala von den weiten Ebenen an den Ufern des Nils, des Yangtses und des Mississippis herunter bis zu den engen Streifen, die schmale Wasserläufe begleiten.

3. SANDDÜNEN Diese Ablagerungen sind Zeugen für die Wirksamkeit des Windes in denjenigen Teilen der Welt, in denen folgende Faktoren zusammen auftreten: ein großer Sandvorrat, eine nicht ausreichende Vegetation, um ihn zu befestigen, und heftige Winde, um den Sand fortzubewegen. Solche Kombinationen finden sich am ehesten in Wüsten,

entlang vielen Küsten der Welt und entlang den Flußauen großer Ströme, für die die Wolga in ausgezeichneter Weise beispielhaft ist. Der Wind fegt auch leichteres Material als Sand vor sich her, und dieses kann sich zu großen Zusammenwehungen von Staub oder Schluffpartikeln auftürmen. Eine solche dicke Schicht schwach verfestigten Staubs ist ein beherrschendes Element in der lohfarbenen Landschaft des nördlichen Chinas nahe Peking.

4. GLAZIALE ABLAGERUNGEN Eine letzte Kategorie sind Ablagerungen, die von Gletschern zurückbleiben; sie werden eingehender im Kapitel XV behandelt. Gletscher, die heutzutage auf höhere Gebirge oder die weit entfernten arktischen und antarktischen Küsten beschränkt sind, waren einst weiter verbreitet als jetzt, und ihre Ablagerungen — gewöhnlich weniger geordnet als die durch Flüsse oder im Meere abgesetzten — bedecken einen großen Teil Nordamerikas und Nordeuropas. Ein gutes Beispiel einer typischen glazialen Ablagerung ist der Geschiebemergel; buchstäblich bedeutet das Wort: Gesteine in Geschiebegröße sitzen in einer mergeligen Grundmasse, wobei die Einzelbrocken sehr wenig nach ihrer Größe geordnet sind.

Grundzüge der Sedimentgesteine

Ein auffallendes physikalisches Attribut der Sedimentgesteine ist ihre ursprünglich nahezu horizontale Lagerung. Die meisten dieser Gesteine bestehen aus Teilchen sehr großer bis submikroskopischer Dimension, die sich aus den Medien Luft oder Wasser absetzten. Außerdem ist die Mehrzahl geschichtet (Abb. 54), und auch diese Schichten zeigen in ihren Abmessungen eine große Variabilität; sie reicht von dünnen Bändern, deren Dicke nur Millimeter mißt, bis zu solchen, die Dutzende von Metern zählen.

Solche Ablagerungselemente im Sedimentgestein werden *Schichten (strata)* genannt; eine Einzellage heißt *Schicht (stratum)*. In der Alltagssprache werden solche Lagen gewöhnlich *„Bänke"* genannt, wenn ihre Abmessungen ziemlich groß sind. Sind die Lagen sehr dünn (Abb. 55), nennt man sie besser *„Laminae"* (vom Lateinischen *lamina* = dünne Platte, Blatt oder dünne Lage); der Ausdruck wird hier ganz im gleichen Sinne gebraucht, wie wir bei Sperrholz von „Blättern" sprechen.

Farbe

Wenn magmatische Gesteine nicht der Atmosphäre ausgesetzt waren und dadurch verwittert sind, haben sie bei typischer Ausbildung Farbschattierungen von Grau oder Schwarz, da das die vorherrschenden Farben ihrer häufigsten Bestandteile, Feldspat und Eisen-Magnesium-Mineralien, sind. Die Sedimentgesteine können viel farbiger sein. Einige Arten bestehen aus großen Bruchstücken anderer, präexistenter Gesteine, und wenn bei diesen eine große Mannigfaltigkeit herrscht, ist das resultierende Sedimentgestein entsprechend bunt.

Zu dieser Möglichkeit der Farbvariabilität eines Sedimentgesteins infolge einer großen Farbskala bei den Komponenten, die es zusammensetzen, kann auch das sehr feine Bindemittel, das den Raum zwischen den Einzelkörnern füllt, eine bedeutsame Farbstoff-Quelle sein. Wenn es z. B. Hämatit (Eisenoxyd, Fe_2O_3) enthält, ist das resultierende Gestein normalerweise rot gefärbt. Dieses ist die Hauptursache für die Rotfärbung der Wände des Grand Canyon. Andere Formen des Eisens können ein Gestein braun sprenkeln oder auch Schattierungen von Rosa und Gelb hervorrufen. Eisen ist möglicherweise verant-

Abb. 54. Diese gewaltigen Skulpturen von Ramses II (1301—1235 v. Chr.) in der Nähe des Nils sind aus horizontalen Sandstein-Lagen, die die Skulpturen durchsetzen, herausgemeißelt. *(Phot.: Jean B. Thorpe.)*

Abb. 55. Feinschichtung in Sandstein-Blöcken.

wortlich für einen Großteil der purpurnen, grünen oder schwarzen Farben mancher Sedimentgesteine; in einigen Fällen aber ist die wahre Natur des Farbstoffes nicht bekannt.

Viele der dunkleren Sedimentgesteine verdanken ihre Farbe organischem Material, das sie enthalten. Kohle illustriert das in ausgezeichneter Weise. Ihre Zusammensetzung ist gänzlich organisch, und ihr Name selbst ist ein Synonym für „schwarz". Je nach den wechselnden Gehalten an organischem Material können Sedimentgesteine Farben haben, deren Nuancen von Hellgrau bis Reinschwarz reichen. In manchen Fällen verdanken jedoch schwarze Schlicke ihre Farbe feinverteiltem Eisensulfid und nicht kohliger Substanz.

Die Farbskala, die Sedimentgesteine zu zeigen vermögen, ist eine ihrer anziehendsten Eigenschaften, und in Trockengebieten, wo Vegetation fehlt und die Bodendecke spärlich ist, tritt die eigentliche Farbe dieser Gesteine in besonders eindrucksvoller Weise zutage, so im Grand Canyon, im Zion- und Bryce-Canyon, im Monument Valley, im Canyon de Chelly und in der Painted Desert. Die großartige Färbung ihrer Sedimentgesteine macht — mehr als alle anderen Eigenarten — diese Gebiete so berühmt.

Schichtung

Außer wegen der auffallenden Färbung ist der Grand Canyon wegen der gleichmäßigen Schichtung der Sedimentgesteine bemerkenswert, welche in den oberen zwei Dritteln der Canyon-Wände hervortreten. Die langen, parallelen Bänder in der Fotografie (Abb. 56) sind Schichten, und sie sind in ganz besonderem Grade beispielhaft für die physikalischen Eigenschaften, die gewöhnlich mit diesem Begriff verbunden sind.

Diese Schichtigkeit ist teilweise die Folge von Unterschieden in der Zusammensetzung; so besteht z. B. im Grand Canyon (Abb. 56) die hohe Felsstufe ungefähr bis zur Hälfte der Canyon-Wand aus Kalkstein, während die hellgefärbte Steilwand direkt unter dem Canyon-Rand Sandstein ist.

Zu den vielen Ursachen für die rhythmische Schichtung in Sedimenten gehören Lücken in der Ablagerung, wobei leichte Unterschiede in Färbung oder Korngröße die neuen Schichten kennzeichnen, wenn nach einer Unterbrechung wieder Ablagerung einsetzt. Eine besonders eindrucksvolle Art rhythmischer Sedimentation ist die Jahresschichtung; sie ist für die sehr feinkörnigen Lagen charakteristisch, welche sich auf dem Boden von Seen kalter Klimabereiche, die im Winter zufrieren, bilden. Diese gleichförmigen Schichten werden *„Warven"* genannt; die dickeren, hellgefärbten Bänder werden allgemein als Sommer-Absätze gedeutet, wenn der See offen ist und die Flüsse frei sind, um relativ grobes Sediment in den See zu befördern. Das dünnere dunkle Band, das aus feinkörnigem Material großenteils organischer Herkunft besteht, soll sich aus dem ruhigen Seewasser unter dem Eis während des Winters abgelagert haben.

Manche im Meer sedimentierte Gesteine, vor allem einige Formen mariner Tone, zeigen eine in ähnlicher Weise sich wiederholende Feinschichtung; auch hierin werden Jahresschichten gesehen, und das gleiche gilt für die bemerkenswert regelmäßigen, papierdünnen Lagen, die sich auf den Böden großer, nicht zufrierender Seen absetzen; vielleicht die bekanntesten Beispiele hierfür sind die Ölschiefer der westlichen Vereinigten Staaten, besonders in der Nachbarschaft von Green River, Wyoming (Abb. 57).

Manche Sedimente, die zwischen grob- und feinkörnig schwanken, zeigen eine ganz abweichende Art von Schichtung. Bei dieser Gruppe zeigt jede Einzelbank keine gleichmäßige Verteilung der Partikel gleicher oder verschiedener Größe über ihre ganze Dicke, vielmehr sind die größeren Partikel im unteren, die kleineren im oberen Bankabschnitt

Abb. 56. Horizontal liegende Schichten in den Wänden des Grand Canyon. Der untere Steilhang wird vom Redwall-Kalk, der obere vom Coconino-Sandstein gebildet. *(Phot.: John S. Shelton.)*

konzentriert. In einem solchen Falle spricht man von *„gradierter Schichtung"*, und man glaubt, daß sich die Bank aus einem *„turbidity current"* (Trübeströmung) abgesetzt habe.

Solche „turbidity currents" sind dichte, wolkenartige Ströme, die sich hangabwärts bewegen, manchmal ganz plötzlich, wenn sich eine Sedimentmasse in einen verhältnismäßig ruhigen Wasserkörper entlädt. Ein vorzügliches Beispiel ist der außerordentlich schlammige Colorado-Fluß dort, wo er in den Mead-See einmündet, der hinter dem Hoover-Damm an der Grenze zwischen Nevada und Arizona aufgestaut ist. Das schmutzige Flußwasser scheint wie durch einen Zauber zu verschwinden, und jeder, der das dunkle, blaugrüne Wasser des Mead-Sees gesehen hat, kann von dem Gegensatz zu dem trüben Fluß nicht unbeeindruckt bleiben. Das Verschwinden des schmutzigen Wassers erklärt sich dadurch, daß es wegen seiner größeren Dichte unter die See-Oberfläche absinkt und sich als Unterströmung am Boden entlang bewegt.

Solche Ströme scheinen sich gelegentlich krampfhaft über den Meeresboden vom oberen Teil des Kontinentalschelfs hinunter zur Tiefsee an dessen Basis zu bewegen. Da sich das Sediment, das von einem solchen Trübestrom mitgenommen wird, schnell absetzt — jedenfalls im Vergleich zu dem Korn-bei-Korn-Absaigern des Materials in einem ungestörten

See oder im Meer — fallen die größeren Partikel zuerst zu Boden, und die kleineren sinken später ab. Nebenbei sind die *„nuées ardentes"*, die beim Ausbruch des Mont Pelé solche Verwüstungen hervorriefen, gute Beispiele für Trübeströme, wobei allerdings in diesem Falle die Bewegung durch Luft und nicht durch Wasser erfolgte.

Abb. 57. Sehr feinschichtiger Schieferton aus der Nähe des Green River in Wyoming mit einer Fisch-Versteinerung.

Besondere Merkmale

Vielfach können aus den besonderen Eigenschaften von Sedimentgesteinen die Bildungsbedingungen erschlossen werden, wie Tiefe und Temperatur des Wassers, in welchem sich z. B. der Sand eines marinen Sandsteins ablagerte, oder die Verteilung und die wahrscheinliche Niederschlags-Höhe bzw. das Klima, das zu der Zeit herrschte, als sich eine Serie kontinentaler Schichten absetzte. Am bedeutendsten von allen in Sedimentgesteinen aufgezeichneten Daten ist die Kunde vom vergangenen, im Form von Fossilien uns überlieferten Leben auf der Erde — auf dem Festland und im Meer.

RIPPELMARKEN Wohl jeder hat die charakteristische wellige Oberfläche gesehen, die von einem Fluß oder einer Gezeitenströmung beim Fließen über sandigen Boden erzeugt wird, oder hat Fotografien von der praktisch gleichen Erscheinung gesehen, die der Wind erzeugte, der über eine Wüsten-Sanddüne blies. Solche „Rippeln" sind gewöhnlich asymmetrisch, wobei der flachere Hang stromauf gerichtet ist, der steilere stromabwärts. Diese Gebilde stammen von Sandkörnern, die vom Wasser- oder Luftstrom auf der ansteigenden Hangseite hinaufgerollt wurden und dann den abwärtigen Hang hinunterglitten; dieser bekommt dabei eine Neigung, die als *„Gleichgewichts-Böschungswinkel"* („Ruhewinkel") bezeichnet wird. Unter diesem Begriff versteht man die steilste Hangneigung, bei der Sandkörner eben noch liegen bleiben, ohne auf dieser sogenannten *„Sturzseite"* infolge der Schwerkraft abzurutschen. Fast alle solche Rippeln verlaufen rechtwinklich zu der Strömung, die sie erzeugte, und wenn sie sich in festes Gestein verwandelt haben, können sie somit dazu dienen, die Richtung abzuleiten, der einst Dauerströmungen in der Atmosphäre oder unter Wasser folgten. Man glaubte früher, die *Strömungsrippeln* seien bei im Wasser abgesetzten Sedimenten ein Anzeichen geringer Tiefe, aber Unterwasser-Fotografien, die neuerdings in den Gipfelbereichen submariner Schwellen aufgenommen wurden, zeigen Rippelformen auf dem Meeresboden selbst in einer Tiefe von über 1800 m.

Ein zweiter Rippeltyp hat symmetrische Flanken, schärfere Gipfel und sanfter gerundete Mulden, als für Strömungsrippeln zutrifft. Diese symmetrischen feinen Wellungen werden *„Oszillationsrippeln"* genannt, und wahrscheinlich werden sie von Wellen an der Wasser-Oberfläche vom Typ der sogenannten „Oszillationswellen" (Kap. XVI) erzeugt, dadurch daß diese auf den sandigen Boden eines flachen Wasserkörpers einwirken.

TROCKENRISSE Wenn weicher, toniger Schlamm der Luft ausgesetzt wird und trocknet, schrumpft er, und beim Schrumpfen entstehen Risse, wobei sich im allgemeinen ein nahezu gleichförmiges Netzwerk von Sechs- und Fünfecken bildet, die sehr den Oberenden von Lavasäulen ähneln. Bei der Lava ist die Zusammenziehung infolge der Abkühlung die Ursache, bei weichem Schlamm ist es eine Kontraktion infolge von Entwässerung. Bei fortgesetztem Trocknen krümmen sich die Tonschichten auf der Oberseite der Polygone an den Kanten nach oben; manchmal geht das so weit, daß vollständige Rollen entstehen, die Papprollen recht ähnlich werden können.

Trockenrisse zeigen an, daß das Sediment, in dem sie auftreten, nacheinander weich und trocken war, und so sind diese Risse sehr typisch für flache Seen mit Schlammböden, die gelegentlich austrocknen. Sie sind nicht so charakteristisch für Gezeitenbecken, da die Zeit der Exposition bei Ebbe zu kurz ist, als daß die Schlickabsätze völlig austrocknen könnten.

FOSSILIEN Keine andere Eigenschaft ist in solchem Maße charakteristisch für Sedimentgesteine wie das Vorkommen von *Fossilien.* Es sind das die Reste von ehemaligen Lebewesen, die nach ihrem Tode in Sand, Schluff, Kalk oder Schlamm eingebettet wurden. Ein Großteil der organischen Substanz, die manche von ihnen anfänglich noch enthielten, wurde im Laufe der Jahrhunderte Schritt für Schritt durch anorganisches Material ersetzt; so können z. B. bei versteinertem Holz Zellulose und Holzfasern größtenteils durch Kieselsäure ersetzt werden. Repräsentanten von fast Allem, was kriecht, geht, schwimmt oder fliegt — so bei den Tieren — oder was nur einfach auf seinem Platz verharrt — wie z. B. bei den Pflanzen — sind als Fossilien erhalten geblieben. Dazu gehören auch so vergängliche Geschöpfe wie Quallen, die sich zu mehr als 95% aus Wasser zusammensetzen, oder so zerbrechliche Dinge, wie die Fazettenaugen von Fliegen oder das zarte Netzwerk von Libellenflügeln. Das sind allerdings Ausnahmen, und am häufigsten bleiben als Fossilien solche Organismen erhalten, zu deren Make up bereits feste Bestandteile, wie Schalen, Knochen und Zähne, gehören. In der Tat, die meisten Fossilien sind Reste von Schalen oder Skeletten. Manchmal kann das gesamte Gestein aus organischer Substanz bestehen. Ein Kohlenflöz baut sich aus Pflanzenteilen — hauptsächlich Sporen — auf, und manche Kalksteine bestehen aus Resten von Korallen oder Kalkalgen, oder sie setzen sich aus einer zusammengeschwemmten Masse Schalen von Meeresmollusken zusammen — in diesem Falle wird das Gestein *„Muschelschill"* oder *„Lumachelle"* genannt (Abb. 58). Weiterhin werden auch die Erzeugnisse von Lebewesen, wie Fußabdrücke, Kriech-, Schlepp- und Grabspuren, als Fossilien betrachtet.

KREUZSCHICHTUNG Schon weiter oben wurde in diesem Kapitel dargelegt, daß Sedimentgesteine gewöhnlich in Schichten („Straten") abgelagert sind, die im wesentlichen parallel zueinander liegen. Aber wie es bei den meisten Verallgemeinerungen Ausnahmen gibt, so gibt es auch gewisse Schichtungsvarietäten, bei denen die Einzellagen unter deutlichen Winkeln von der Horizontalen abweichen.

Eine Form von *„Kreuzschichtung"* zeigt sich in *Sanddünen.* Jede Schicht innerhalb der Düne bildete einmal die Oberfläche, und da sich die Gestalt der Düne weitgehend aus

Abb. 58. Konchylien-Brekzie von Saint Augustine, Florida. *(Mit freundlicher Genehmigung von Ward's Natural Science Establishment, Inc.)*

Abb. 59. Der Rumpf der Sphinx besteht aus nahezu horizontalen Gesteinsschichten, aber Kopf und Hals sind aus kreuzgeschichteten Lagen herausgemeißelt. Die Schrägschichtung ist gegen die Pyramide zu geneigt. *(Phot.: A. E. L. Morris.)*

einem Gleichgewicht zwischen Windtransport hangauf und Schweregleiten hangab ergibt, sind die meisten dieser Schichten geschwungene Kurven, die bei typischer Ausbildung nach oben konkav sind. Da Sanddünen vorübergehende Geländeformen darstellen, deren Örtlichkeit und Verlauf sich bei wechselndem Wind verändern, kann es nicht überraschen, daß diese gekrümmten Schrägschichten einander in komplizierten Formen durchkreuzen, wie man im Sandstein an den Wänden des „Canyon de Chelly" in Arizona oder im Zion-Nationalpark sehen kann (Abb. 60).

Eine andere Art von Kreuzschichtung entsteht in *Deltas* durch Flüsse, die eine recht große Last mittelkörnigen Schutts mit sich schleppen und dann gezwungen werden, dieses Sediment rasch abzusetzen, wenn ihre Strömung durch Einmündung in einen ruhenden Wasserkörper, etwa einen See, gebremst wird. Hier baut das Sediment, welches vom Fluß herbeigeschafft wird, einen Vorsprung in den See hinein auf, und zwar in ähnlicher Weise, wie ein Straßendamm in ein Tal hinein durch Aufschüttung von Kiesschichten am Dammende vorgetrieben wird. Der Außenhang eines solchen Deltas zeigt wie die Sturzseite einer Sanddüne den entsprechenden Böschungswinkel. Wenn diese Sedimente zu Gestein verfestigt sind, können drei verschiedene Schichten entstehen: Auf der Oberseite und an der Sohle einer Deltaablagerung finden sich horizontale Schichten, die als *„Oberseiten-"* bzw. *„Basisschichten"* bezeichnet werden, während die steiler geneigten Schichten, die einstmals die Stirn des Deltas darstellten, als es sich in den See hinein vorbaute, *„Stirnseiten-Schichten"* genannt werden.

Umwandlung in Gestein

Alles, was bisher in diesem Kapitel dargelegt wurde, hat grundsätzlich mit Sedimenten zu tun und mit dem Sedimentationsprozeß, und nur wenig wurde bisher darüber gesagt, wie sich diese in festes Gestein umwandeln. Was für ein Prozeß macht z. B. aus losem Strandsand, den man leicht durch die Finger rieseln lassen kann, ein Gestein, den Sandstein, der fast so fest wie Granit ist?

Ist es der Druck? Die Antwort darauf ist ein entschiedenes „Nein". Der Druck, der ausreichen würde, um Sandkörner miteinander zu verbacken, müßte so groß sein, daß er die Sandkörner in immer kleinere Partikel zerpressen würde. Druck spielt zwar eine Rolle bei dem Prozeß der *Verdichtung („Kompaktion")*, wobei die Partikel in einem Sediment zusammenrücken und sich die *Porosität* — das ist der auf den Porenraum entfallende Anteil des Gesamtvolumens — verringert. Wenn z. B. hinreichender Druck auf feinkörnige Schlamme, etwa auf Ton oder Schluff, ausgeübt wird, wird das in den Poren enthaltene Wasser größtenteils ausgepreßt, und das Sediment schrumpft erheblich; wenn Ton der vorherrschende Bestandteil ist, neigen die Teilchen dazu, aneinanderzuhaften.

Das Schließen des Porenraumes zwischen den Partikeln durch Verdichtung ist ein bedeutsamer Vorläufer für den wichtigsten Prozeß, der mit der Umwandlung von Sedimenten in Sediment*gestein* einhergeht. Das ist die *Zementation*. Grundsätzlich bedeutet sie die Ausfällung einer löslichen Substanz, z. B. $CaCO_3$, aus einer Lösung und die Abscheidung eines filmartigen Überzugs auf der Oberfläche von Sandkörnern, Schluff-

←

Abb. 60. Riesige Kreuzschichtung bei Checkerboard Mesa, Zion-Nationalpark, Utah. *(Phot.: Ray Atkeson.)*

teilchen oder Tonflocken — je nachdem, was gerade vorliegt —, bis der gesamte trennende Porenraum zwischen ihnen ausgefüllt ist. Ein solches kalkiges Zement schlägt sich in ganz der gleichen Weise — wenn auch bei tieferer Temperatur — nieder, wie sich Kesselstein innerhalb eines Kessels oder eines Heißwasser-Bereiters abscheidet.

Kalziumkarbonat ($CaCO_3$) ist eines der häufigsten natürlichen Zemente. Es gehört zu den löslichsten der gewöhnlichen Substanzen, die sich im Grundwasser auflösen und andererseits aus der Lösung wieder abscheiden können, um so die Lücken zu füllen, welche die Mineralkörner trennen, um diese Körner zuletzt miteinander zu verkitten, so daß ein festes Gestein entsteht. Natürlich ist dieser Vorgang in solchen Gebieten am wirkungsvollsten, wo das Wasser einen hohen Kalkgehalt aufweist, meist infolge der Auflösung von Kalkstein. — Ein anderes bedeutsames Naturzement ist Kieselsäure (SiO_2), die gleichfalls löslich ist, wenngleich weniger gut als $CaCO_3$. Eisenoxyd (Fe_2O_3) ist gleichfalls ein Zementationsmittel, und wo diese Verbindung vorhanden ist, ist das ganze Gestein entsprechend eisenschüssig oder rostfarben (vgl. auch S. 111).

Sedimenttypen und die ihnen entsprechenden Gesteine

Im einleitenden Abschnitt dieses Kapitels wurde darauf hingewiesen, daß es drei Hauptkategorien von Sedimentgesteinen gibt: *klastische,* d. h. aus Bruchstücken bestehende; *chemische* Niederschläge und *organische* Ablagerungen. Wie es für viele Einteilungen von Naturerscheinungen zutrifft, so sind auch diese Kategorien einfacher als die wirklichen Tatbestände. Es gibt nicht nur Übergangstypen von der einen Kategorie in die andere, sondern es gibt auch Varietäten, die ebenso logisch in die eine wie in die andere Gruppe eingeordnet werden könnten, sowie einige, die in keine passen.

Klastische Sedimentgesteine

Die klastischen Gesteine sind zweifellos sekundäre Bildungen; denn sie bestehen aus Teilchen, die Bruchstücke älterer Gesteine sind. Diese Partikel können die ganze Größenskala von Blöcken, die so groß wie Wagenboxen sind, bis hinunter zu kolloidalen Teilchen umfassen, welch letztere so fein sind, daß sie fast unbegrenzt in Schwebe bleiben können. Da diese klastischen Gesteine aus Bruchstücken anderer Gesteine bestehen, zeigen sie eine recht unterschiedliche Zusammensetzung. Um tatsächlich eine Klassifizierung der klastischen Gesteine aufzustellen, muß man in erster Linie die *Größe* der Partikel, die zum Sedimentgestein zusammengekittet sind, in Betracht ziehen und weiter das *Material,* aus welchem sie bestehen.

Man nehme z. B. das Wort *„Sand"*. Für die meisten Menschen hat der Begriff „Sand" einen doppelten Inhalt: Erstens ist er ein Größenbegriff — wir alle haben die Körnigkeit des Sandes im Badeanzug oder zwischen den Zähnen erfahren; zweitens enthält er für die meisten von uns eine Aussage hinsichtlich der Zusammensetzung; — den Strandsand sehen die meisten von uns als ein weißes bis schwachgelbes Gebilde an, wobei wir voraussetzen, daß es aus Quarzkörnern besteht. In Wirklichkeit enthalten viele Küstensande hauptsächlich Feldspat-Körner, zusammen mit einer beliebigen Mischung anderer, sandkorn-großer Gesteinspartikel und Mineralkörner. Sand kann aus fast allen Substanzen hinreichender Festigkeit bestehen. Entlang einigen Flüssen der Atlantik-Staaten der USA gibt es Sandbarren aus Kohlen-Bruchstücken. In verschiedenen Buchten von Hawaii sind die Sande gleichfalls kohlschwarz, bestehen aber aus Basalt des Untergrundes. Auf den Südsee-Inseln setzen sich die strohfarbenen Sande ihrer berühmten Küsten aus Bruchstücken von Korallenstöcken, Schalentrümmern und anderen organischen Resten zusammen.

Die folgenden Größenbegriffe sind zwar ziemlich allgemein im Gebrauch, sie werden hier aber zu einer Reihe zusammengeordnet und in strengerer Weise definiert, als das gewöhnlich üblich ist. Eine größere Schwierigkeit ergibt sich bei dem Versuch, eine Hierarchie von Sedimentgrößen aufzustellen, daraus, daß es zwischen ihnen keine scharf bestimmte, vielmehr nur willkürliche Grenzen gibt; das gilt z. B. für Sand und Schluff; denn diese sind Glieder einer ununterbrochenen Kette.

Eine Klassifizierung, die weitgehend Annahme gefunden hat, ist die erstmals von C. W. Wentworth im Jahre 1922 vorgeschlagene und seither etwas modifizierte. Sie hat den Vorteil, daß die verwendeten Namen fast ausnahmslos aus der Alltagssprache stammen und daß die Größenklassen denen des allgemeinen Gebrauchs nahekommen; jedoch ordnen sich die wirklichen Dimensionen in geometrischer Progression.

Tabelle 4: Klassifizierung der klastischen Sedimentgesteine

Sediment		Korngröße (in mm)	Gestein
Schotter	Geschiebe		Konglomerat
		256	
	grobes Geröll		
		64	
	Kiesel		
		4	
	Korn		
		2	
Sand	sehr grober Sand		Sandstein
		1	
	grober Sand		
		$^1/_2$	
	mittlerer Sand		
		$^1/_4$	
	feiner Sand		
		$^1/_8$	
	sehr feiner Sand		
		$^1/_{16}$	
Schlamm	Schluffpartikel		Schieferton oder Tongestein
		$^1/_{256}$	
	Ton		

Fast alle klastischen Sedimentgesteine sind über weite Teile Europas und der Vereinigten Staaten verbreitet, und in vergangenen Jahrhunderten wurden sie weitgehend als Bausteine verwendet. Viele der berühmten Wahrzeichen Europas bestehen aus klastischem Sedimentgestein, so die Schlösser von Heidelberg und Salzburg und die meisten großen Herzogspaläste von Florenz, um nur einige bekannte Beispiele aus ihrer großen Schar zu nennen. In den USA bestehen das Weiße Haus und das Kapitol in Washington aus Sandsteinen, welche im Potomac-Tal gebrochen wurden. Das alte Reichstags-Gebäude in Berlin wurde aus Sandsteinen errichtet, die aus dem Teutoburger Wald stammen. In der Viktorianischen Ära — speziell in der Periode des Generals Grant — war eines der bevorzugten Baumaterialien der sogenannte „Braunstein", ein eintönig roter Sandstein, der bedauerlicherweise die meisten von uns lange überleben wird. — Sedimentgesteine wurden von den Baumeistern früherer Jahrhunderte deswegen dem Granit vorgezogen, weil diese geschichteten Gesteine sich entlang ihren Schichtfugen leichter spalten lassen und darum mit den primitiveren Werkzeugen jener Zeit besser bearbeitet werden konnten.

KONGLOMERAT: Konglomerate sind zementierte Geröllmassen; dabei können die größeren Bestandteile Blöcke mit Durchmessern von Metergröße bis Teilchen von der Größenordnung kleiner Erbsen (2 mm) darstellen. Häufig sind die Lücken oder Porenräume zwischen den größeren Blöcken, groben Geröllen oder Kieseln mit Sand oder Schluff gefüllt, und dann ist die ganze Sedimentmasse zusammengebacken, um ein einziges Gestein zu bilden (Abb. 61).

Abb. 61. Ein Stück Konglomerat.

Brekzie ist eine Konglomeratvarietät mit eckigen Bruchstücken statt runden. Das gleiche Wort wurde im Kapitel III („Magmatische Gesteine") für pyroklastische vulkanische Gesteine gebraucht. Hier gilt das gleiche Prinzip: Wenn die meisten der großen Bruchstücke im Gestein eckig sind und nicht gerundet, ist das Gestein eine Brekzie — das Adjektiv „sedimentär" oder „vulkanisch" wird üblicherweise hinzugefügt, um seine Herkunft zu bezeichnen.

SANDSTEIN: Diese Sedimentgesteine bestehen aus zementierten Sandkörnern; es sind das, wie die Korngrößen-Tabelle (S. 121) zeigt, Partikel, deren Durchmesser zwischen 2 und $^1/_{16}$ mm liegen. Da diese Größe den mittleren Bereich der Klassifikationsskala einnimmt, ist es nicht überraschend, daß Übergänge zwischen Sandsteinen und Konglomeraten einerseits und Schiefertonen andererseits bestehen.

Sandsteine schließen sehr häufig Tonlagen ein, oder es wechseln regelmäßig Sandstein- mit Tonbänken (Abb. 62) oder mit Konglomeratlinsen ab. Reine, gut sortierte Sandsteine wurden, wie schon erwähnt, oft als Bausteine verwendet, bevor Spannbeton und Leichtbauweise aufkamen. Zahlreiche Colleges bzw. Universitäten der USA sind mit pseudoehrwürdigen Beispielen akademischer Gotik geschmückt, die aus Sandstein-Blöcken geformt wurden, und vor allem eine, die Stanford-Universität, ist eine Neuauflage der Missions-Ära in lohfarbenem Sandstein.

Das Zement ist es, welches den Haltbarkeits- oder Festigkeitsgrad von Sandsteinen bestimmt. Bei einigen ist das Zement weich, und die Einzelkörner lösen sich leicht von ihren Nachbarn; bei anderen kann das Zement sogar härter als die Körner sein, und wenn das Gestein bricht, so queren die Bruchflächen die Körner. Wenn das Zement löslich ist, kann es leicht fortgeführt werden, und dann scheint das Gestein wegzuschmelzen, wobei es einen Rückstand von Sandkörnern zurückläßt.

Auch Unterschiede in der Zusammensetzung beeinflussen das Aussehen eines Sandsteins. Unter den unzähligen Sandstein-Sorten sind *Arkose* und *Grauwacke* zwei Hauptvarietäten.

Abb. 62. Bänke aus hartem Sandstein wechseln mit Lagen weicheren Schluffsteins. Eozäne Tyee-Formation in Oregon. *(Phot.: Parke Snavely.)*

Arkosen sind Sandsteine, die vorwiegend aus Quarz- und Feldspat-Körnern bestehen und daher gewöhnlich rot oder rosa sind. In der Regel sind ihre Körner kantengerundet, und ihre Porosität kann hoch sein. Arkosen bilden sich in typischer Weise durch die Erosion granitischer Gesteine; für ihre Bildung benötigen sie auch eine relativ schnelle Um- und Ablagerung, so daß die Einzelkörner nicht zu sehr abgeschliffen und gerundet werden können.

Als *„Grauwacken"* wurden ursprünglich bestimmte Sandsteine im Harz (Deutschland) benannt. Sie sind dunkler als Arkosen, und obwohl sie gewöhnlich Quarz und Feldspat enthalten, haben sie einen viel höheren Gehalt an Gesteinsfragmenten — vor allem der dunkleren Varietäten magmatischer und metamorpher Gesteine. Auch diese sind recht eckig und unverwittert, aber diese Sandkorn-großen Teilchen sind — abweichend von den Arkosen — in eine tonige oder schluffige Matrix eingebettet, die zur Zeit der Ablagerung eine schlammige oder tonige Paste war. Bei charakteristischer Ausbildung sind es dichte, zähe, recht harte Gesteine von dunkelgrüner, grauer oder schwarzer Farbe. Einige Grauwacken scheinen sich im Meer nahe einer steilen Gebirgskette abgelagert zu haben und in einem Milieu, wo schlammiges Wasser eine große Sedimentmenge — und darunter Sand — mit sich trug; dabei wurde das Material nur über eine kurze Strecke von seinem Ursprungsort aus bewegt und so schnell abgesetzt, daß Verwitterung und Gesteinszerfall nur in geringem Maße eintreten konnten.

Diese Darlegung über die allgemeinen Kennzeichen der Grauwacke und über ihren Ursprung enthält viele Punkte, über die ein gewisses Maß von Übereinstimmung besteht. Der Begriff ist jedoch unbefriedigend; denn es besteht heute ein Dutzend Definitionen, und hinsichtlich der Bildung der Grauwacke sind fast ebensoviele Deutungen gegeben worden, wie es Geologen gibt, die sich mit dem Studium dieses verblüffenden Gesteins befassen.

SCHIEFERTON: Schieferton ist ein feinkörniges Gestein, dessen ursprüngliche Bestandteile Tonflocken und Schluffpartikel waren und welches heute ein typisch feinschichtiges Material darstellt, das sich leicht in dünne Lagen aufspalten läßt.

Da diese Gesteine aus Tonflocken und einzelnen Mineralkörnern oder Gesteinspartikeln mit weniger als $^{1}/_{16}$ mm Durchmesser bestehen, können nur wenige der Bestandteile mit dem unbewaffneten Auge unterschieden werden. Unter dem Mikroskop kann man sie erkennen, und die meisten Schiefertone bestehen aus winzigen Bruchstücken von Quarz, Feldspat und Glimmer sowie Gesteinsbröckchen, zusammen mit den allgegenwärtigen Tonflocken. Trotz der geringen Größe ihrer Einzelkörner sind sie sehr bedeutsame Gesteine; die Schiefertone machen nämlich nahezu die Hälfte aller Sedimentgesteine aus.

Viele Schiefertone sind dunkelgrau oder gar schwarz getönt, vor allem, wenn sie organisches Material enthalten. Andere Schiefertone sind dunkelrot oder grün oder bunt, je nach ihrem Eisengehalt oder der Anwesenheit anderer Arten färbender Substanzen.

Obwohl die *Schiefrigkeit*, d. h. die Fähigkeit, entlang gut ausgebildeten und in engen Abständen angeordneten Flächen zu spalten, eine vorherrschende Eigenschaft der Schiefertone ist, ist sie doch keineswegs für *alle* charakteristisch. Einige Varietäten, die in Zusammensetzung und Korngröße vergleichbar zu sein scheinen, sind durchaus nicht feinschiefrig, sondern zerbrechen in massive Klötze oder kleine kompakte Blöcke. Für diese paßt am besten der beschreibende Name *„Schluffstein"*.

Chemische Sedimentgesteine

Neben den klastischen Gesteinen, die aus Bruchstücken oder Mineralkörnern bestehen, die von älteren Gesteinen stammen, gibt es eine zweite große Gruppe von Sedimentgesteinen, die aus chemisch ausgefälltem Material gebildet werden. Auf den folgenden Seiten werden diese chemischen Sedimentite sowohl hinsichtlich ihrer Zusammensetzung als auch hinsichtlich ihrer Entstehungsweise betrachtet. Dies schafft leider eine gewisse Verwirrung, da einige Varietäten — vor allem die Karbonate — ähnliche Zusammensetzungen, aber unterschiedliche Entstehungsweisen haben können; und so erscheint in dem Einteilungsschema die gleiche Bezeichnung notwendigerweise mehr als einmal.

EVAPORITE: Bei den Evaporiten handelt es sich um Gesteine, die primär durch die Verdunstung von Wasser entstehen, das Mineralstoffe in gelöster Form enthält. Sowie die Lösung konzentriert wird, fallen diese Ionen aus, und es verbleibt ein kristalliner Rückstand.

Das bekannteste unter allen Gesteinen dieser Art ist *Steinsalz* (NaCl). Es bildet sich in der Regel, wenn die Verdunstung in einer abgeschlossenen Meeresbucht über den Wasserzustrom von außen überwiegt. Nach einigen der bekanntesten Salz-Lagerstätten der Erde zu urteilen, muß der Prozeß sich vielmals wiederholt haben, damit die großen Mächtigkeiten zustande kommen konnten, die anzutreffen sind. Die Verdunstung eines Wasserkörpers auf dem Festland, wie des Großen Salzsees von Utah, kann ein gleiches Ergebnis zeitigen, wie jeder weiß, der die „Salt Flats" nahe Bonneville gesehen hat; — sie sind als ideale Fläche für Schnelligkeitsprüfungen weit bekannt.

In der geologischen Vergangenheit abgelagerte Salzschichten haben öfter Zwischenlagen anderer Sedimentgesteine, und wo solche zutage treten, können sich Salzquellen oder „Salzlecken" finden. Seit den ältesten Zeiten ist Salz ein hochgeschätztes Gebrauchsgut gewesen. Heute halten wir es für selbstverständlich, aber in alten Zeiten gaben Menschen im Kampf um die Herrschaft über Salzvorkommen oder über die Handelswege, auf denen es transportiert wurde, ihr Leben. Berühmt unter diesen historischen Lagerstätten sind diejenigen in Nordindien — die Stätten eines blühenden Handels vor der Zeit Alexanders — sowie diejenigen von Palmyra in Syrien, von wo Salz in Karawanen zum Persischen Golf gebracht wurde. Die Salz-Bergwerke von Österreich haben ihren Ruhm verdient, und im Salzkammergut sind sie schon mindestens seit 2000 v. Chr. in Betrieb.

Gips ($CaSO_4 \cdot 2\,H_2O$) ist hinsichtlich seiner Entstehung mit dem Steinsalz eng verwandt. Wie ein großer Teil des Steinsalzes der Welt ist er gleichfalls ein Produkt der Verdunstung von Meerwasser. Gips ist weniger löslich als Kochsalz, und so fällt er bei der Eindampfung von Meerwasser früher aus. Neben ihm findet sich auch ein nicht-hydratisches (wasserfreies) Kalziumsulfat ($CaSO_4$), der *Anhydrit*. Beide, sowohl Gips wie auch Anhydrit, fallen aus der Lösung aus, wenn etwa 80% des Meerwassers verdunstet sind, und Steinsalz erscheint, wenn 90% desselben verschwunden sind. Nach der Steinsalz-Ausfällung folgen die sehr löslichen Halogene, wie NaBr (Natriumbromid) und KCl (Sylvin).

Nach Lotze (1938, 1957), Pettijohn (1957) und anderen Autoren ergibt die Verdampfung einer 1000 m hohen Meerwasser-Säule einen Rückstand von 9,4 m Gips und Anhydrit, von 11,6 m Steinsalz und 3 m kalium- und magnesiumhaltigen Salzen. Wenn man die Tatsache bedenkt, daß Gips und Anhydrit in Deutschland, England, Rußland, West-Texas, Neumexiko und anderswo Mächtigkeiten bis zu 100 m und mehr erreichen, so muß dort in der geologischen Vergangenheit eine ungeheure Menge Meerwasser verdampft sein. Das soll nun nicht bedeuten, daß ein Meer mit 1000 m Tiefe oder mehr ausgetrocknet sei, um eine dünne Schicht Gips zu hinterlassen. Das wäre eine unvernünftig schwierige Antwort auf das Problem; auch nähme sie keine Rücksicht auf die Frage, die sich sofort erhebt, wenn man nur eine einmalige Verdampfung annimmt, nämlich die Frage, weshalb die ausgedehnten Salzkörper fehlen, die mit den Gipsschichten verbunden sein müßten.

P. B. King gab für den mächtigen Gips von West-Texas folgende Erklärung: In einer flachen, von der Sonne erwärmten Lagune erreichten Temperatur und Konzentration den Wert, bei dem Kalziumsulfat ausfiel; dieses wurde also aus der Lösung entfernt, während die NaCl-reiche Restlauge die Möglichkeit erhielt, in das Meer zurückzuströmen, bevor der Zustand erreicht war, bei dem sich Steinsalz aus der Lösung abschied. Dann konnte weiteres gipsführendes Wasser hereinströmen, und der Vorgang wiederholte sich. Wenn solch ein Becken im Sinken begriffen ist, kann sich eine ungeheuer mächtige Evaporitschicht absetzen, ohne daß das Wasser unbedingt tief sein müßte. Studien von L. I. Briggs (1958) ergaben, daß sich die salinaren Ablagerungen von Michigan durch einen fortlaufenden Einstrom von Meerwasser gebildet haben können, ohne daß eine Entleerung und Wiederauffüllung nötig wäre, wenn nur das Gleichgewicht zwischen Verdunstung und Zufluß von Meerwasser gewahrt bleibt.

Letzten Endes gehen diese Vorstellungen auf eine Theorie zurück, die Ochsenius schon vor fast 100 Jahren aufgestellt hat, die *„Barrentheorie"*. Ihr wesentlicher Gehalt ist die Annahme einer Schwellenregion zwischen offenem Meer und Salzbecken, die einerseits die Eindampfung der Salzlauge, andererseits ständiges Nachströmen frischer Lösungen erlaubt. Besonders ist diese Theorie für die Entstehung der Salz- und Kalisalz-Lagerstätten des deutschen Zechsteins in Anspruch genommen worden (s. auch F. Lotze 1957).

Es gibt noch viele andere Arten von Evaporiten, die zwar mengenmäßig von geringerer, wirtschaftlich aber von größerer Bedeutung sind. Von ihnen sind zu nennen: *Borax* ($Na_2B_4O_7 \cdot 10\,H_2O$), eine Verbindung von Natrium-Bor-Oxyd und Wasser, und *Sylvin* (KCl); beide finden sich in Seen oder Seeabsätzen von Wüstenregionen, so z. B. in der Mojave-Wüste, Kalifornien.

KARBONATGESTEINE: Als „*Karbonatgesteine*" fassen wir solche Gesteine zusammen, die in der Hauptsache Verbindungen von Kalzium oder Magnesium mit Kohlensäure darstellen, gewöhnlich in der Form von Kalzit ($CaCO_3$) oder Dolomit ($CaMg(CO_3)_2$). Beide Gesteine können ebenso gut auch einen organischen Ursprung haben, aber die besonderen, hier beschriebenen Varietäten scheinen vorwiegend chemische Absätze zu sein.

Travertin ist ein gutes Beispiel für eine kalkige Ablagerung, welche sich offenbar aus Quellwässern abgeschieden hat, die mit Kalziumkarbonat gesättigt waren. Er hat keine große geologische Bedeutung, spielt aber eine verhältnismäßig wichtige Rolle für den menschlichen Bedarf, denn er wird als Baumaterial sehr geschätzt. Er ist weich und leicht zu bearbeiten, hat eine ansprechende Farbzusammenstellung — im allgemeinen blaßgelb oder cremefarben, wenn er rein ist, braun und dunkler-gelb, wenn er Verunreinigungen enthält — und zeigt oft eine ausgesprochene Bänderung mit wundervoll zusammengesetzten welligen Mustern.

Tuff oder *Kalktuff*, wie das Gestein bisweilen genannt wird, um es von vulkanischem Tuff zu unterscheiden, bildet sich ebenfalls an Quellen und kalk-gesättigten Seen, wenn auch seine Ausscheidung bis zu einem gewissen Grade durch die Tätigkeit kalkabscheidender Algen begünstigt wird. Tuff und Travertin stellen, geschnitten und poliert, einen sehr beliebten Baustein für Vorhallen von Banken, Bau- und Darlehns-Genossenschaften und die großen Eisenbahn-Endbahnhöfe einer vergangenen Ära dar. Große Mengen von Tuff werden aus Italien selbst nach den USA importiert, und im monumentalen Rom ist viel — wie das nicht anders zu erwarten ist — aus Tuff erbaut, einschließlich Berninis Säulen, die den Platz vor dem Petersdom einfassen.

In trockenen Ländern, z. B. in West-Texas, pflegt die Boden-Oberfläche mit einer *Kalkkruste* bedeckt zu sein. Diese wurde durch Verdampfung von Grundwasser mit gelöstem $CaCO_3$ ausgeschieden, wobei die Lösung durch Kapillarkräfte zur Oberfläche gesaugt wurde.

Für eine direkte chemische Ausfällung von Kalkstein aus Meerwasser gibt es keinen sicheren Beweis, doch kann das für die schneeähnliche Decke weißen, kalkigen Schlamms auf dem Meeresboden der Großen Bahama-Bank in starkem Maße geltend gemacht werden. Diese scheint eine direkte Ausfällung aus dem flachen, sonnenerhitzten, gesättigten Meerwasser zu sein, das diese Untiefe bedeckt; es ist eine feine, schlammartige Ablagerung mikroskopischer Kristalle von Aragonit, einer chemisch instabilen Form des Kalziumkarbonats.

Ein anderer merkwürdiger Typ direkter Kalkausfällung ist die als *Oolith* bezeichnete Kalkvarietät. Dieser ist ein Kalkstein, der aus winzigen kugeligen $CaCO_3$-Körnern in der Größe von Fischrogen besteht; hierauf nimmt auch der aus dem Griechischen stammende Name Bezug: *oo* = Ei + *lithos* = Stein. Wenn auch die Entstehung dieser eigenartigen Kalkstein-Form umstritten ist, so dürfte doch wenig Zweifel darüber bleiben, daß er durch die chemische Abscheidung von feinen $CaCO_3$-Filmen um einen Kern herum im Wasser

Abb. 63. Gebanktes Kieselgestein in der Franciscan-Formation, Marin County, Kalifornien. Die Schichten sind zu fast liegenden Falten zusammengeschoben. *(Phot.: Mary Hill.)*

entsteht — vielleicht in ganz der gleichen Weise, wie sich eine Perle aus dünnen, konzentrischen Kalkschalen aufbaut.

KIESELGESTEINE: Kieselige Gesteine sind solche, die weitgehend aus chemisch ausgefällter Kieselsäure bestehen. Ein bezeichnender, wenn auch weniger verbreiteter Typ ist der *Kieselsinter.* Dies ist eine schwammige oder poröse Ablagerung von Kieselsäure (SiO_2), die sich um heiße Quellen ansammelt oder die den Sockel an der Basis aktiver Geysire bildet, wie z. B. derjenigen des Yellowstone-Parks.

Ein weit häufiger vorkommendes Kieselgestein ist der *Hornstein,* ein Sammelbegriff, unter dem sich eine Reihe Varietäten sehr dichter, harter, nicht-klastischer Gesteine verbirgt, die aus mikrokristalliner Kieselsäure bestehen. Eine häufige Form ist der *Feuerstein* oder *Flint,* der als meist dunkelfarbige kieselige Knollen auftritt. Diese finden sich sehr oft als Einschlüsse in Kalkstein. Da Feuerstein einheitlich texturiert ist, hat er einen muscheligen Bruch wie Obsidian; zudem ist er spröde und damit leicht in Stücke zu zerschlagen, die gleichzeitig scharfe Kanten behalten, und so erwies er sich im Steinzeit-Alter Europas und der östlichen und zentralen Vereinigten Staaten als das ideale strategische Material für Pfeil- und Speerspitzen. In den vergangenen Zeiten, die wohl mehr

Tapferkeit verlangten als die unserigen, bedeutete Feuerstein eine wesentliche Voraussetzung, um an der Front am Leben zu bleiben, nicht nur, weil man damit Funken zum Feueranzünden aus dem Stahl schlagen konnte, sondern auch, um die Flintschloß-Kanone des 18. und 19. Jahrhunderts abfeuern zu können. Rote Varietäten des gleichen Gesteins werden gewöhnlich *„Jaspis"* genannt.

Manchmal findet man Hornstein selbst in schichtförmigen Ablagerungen, in der Regel dünnbankig und gewöhnlich dunkel gefärbt. Diese *Kieselschiefer*-Schichten bestehen aus sehr dichtem, engklüftigem Gestein, das leicht in kleine, eckige Brocken zerfällt (Abb. 63).

Die Entstehung des Kieselschiefers bleibt ein ungelöstes Problem. Ein Großteil der Schwierigkeiten erklärt sich in gleicher Weise wie die abweichenden Vorstellungen vom Elefanten, der von den blinden Männern der Fabel betastet wurde, wobei jeder von ihnen einen anderen Teil anfaßte. Fraglos haben sich Kieselgesteine auf mehr als nur eine Weise gebildet, und das ist Anlaß zu geistvollen Erörterungen zwischen Leuten, die verschiedene Ansichten darüber hegen.

Zu den bevorzugten Hypothesen gehören: 1. daß sich Kieselschiefer durch direkte chemische Ausfällung von SiO_2 auf dem Meeresboden bildete; 2. daß die Kieselsäure hineingelangte, nachdem sich die Gesteine, in denen sie sich befindet, bereits abgelagert hatten, und daß diese Kieselsäure, die in gelöstem Zustand zugeführt wurde, Teile des unsprünglichen Wirtsgesteins ersetzte („Metasomatose"). Dieser Prozeß entspräche weitgehend der Ersetzung von Holzfasern durch Kieselsäure bei der Bildung versteinerten Holzes.

Die Herkunft der freien Kieselsäure, aus der die Kieselgesteine bestehen, ist nicht klar. Zum Teil mag sie durch Quellen auf dem Meeresboden geliefert werden, zum Teil mag sie magmatischer Herkunft sein und mit submarinen Lavaausflüssen zusammenhängen oder möglicherweise durch Auslaugung vulkanischer Aschenlagen ins Wasser gelangen; auch Schichten mit organisch gebildeter Kieselsäure, zum Beispiel Straten, die Skelette mikroskopischer mariner Pflanzen — wie *Diatomeen* — oder Tiere — wie *Radiolarien* — enthalten, kommen als Lieferanten in Frage, und schließlich ist auch die Verwitterung Kieselsäure-reicher Gesteine in Betracht zu ziehen.

Organogene Sedimentgesteine

Organogene Gesteine sind solche, die sich aus den Überresten von Organismen, Tieren oder Pflanzen, aufbauen. Ein ausgezeichnetes Beispiel ist die *Kohle,* die aus teilweise zersetzten Resten von Landpflanzen besteht. Viele Kohlen enthalten feinere Pflanzenrückstände, wie Sporen — im Gegensatz zu der populären Anschauung, sie wären ein chaotisches Durcheinander umgestürzter Baumstämme und wirrer Wurzeln, die einst in einem stickigen Sumpfgelände standen, bevölkert mit Ungeheuern, die ihren Weg nahmen, unter dem Baldachin bizarrer Bäume fliegend oder über den Boden des Sumpfes kriechend.

Unter Verlust von Wasserstoff wird Kohle fortschreitend aus *Lignit (Braunkohle)* zu bituminöser *Steinkohle,* zu *Anthrazit* und endlich zu *Graphit,* d. h. reinem Kohlenstoff. (Die beiden letzten Formen betrachten viele als metamorphe Gesteine.)

Das häufigste organogene Sedimentgestein ist *Kalkstein,* und wahrscheinlich sind die meisten Vorkommen speziell dieses Gesteins eher organischer als chemischer Entstehung. Einige Kalke wurden von Organismen aufgebaut, wie den Kalk-abscheidenden Algen oder den geduldigen Korallen — den Erzeugern der großen Kalkgebäude der tropischen Meere, deren mächtigstes Bauwerk, das Große Barriere-Riff, sich fast 2000 Kilometer lang an der Küste des östlichen Australiens hinzieht.

Ohne allen berechtigten Zweifel bestehen manche Kalksteine aus den zarten Skeletten von Tieren, wie den Korallen, die noch substanziell an den Stellen erhalten geblieben sind, wo sie einst wuchsen, oder aus $CaCO_3$, das unmittelbar von anderen Kalk-abscheidenden Organismen abgesetzt wurde. Andere Kalke setzen sich aus bruchstückhaftem kalkigem Schutt zusammen; sie lassen sich in vieler Hinsicht mit Sandstein vergleichen, nur sind die Körner hier kleine Schalenteile von Fossilien oder Bruchstücke von Korallen statt Quarz oder Feldspat. Solche klastischen Kalksteine können entsprechend ihrer Natur einerseits mit zunehmendem Schlammanteil des Ausgangssediments in kalkigen Schieferton oder *„Mergel"* übergehen und andererseits in kalkigen Sandstein, wenn bedeutendere Mengen Sand vorhanden waren.

Ein interessanter und rätselhafter Begleiter vieler Kalke ist das sehr nahe verwandte Gestein *Dolomit,* ein Beispiel für ein monomineralisches Gestein; denn es besteht nur aus dem Mineral Dolomit ($CaMg(CO_3)_2$). Kalk und Dolomit sehen einander sehr ähnlich; das praktischste Unterscheidungsmerkmal für das Gelände ist der Umstand, daß Kalk aufschäumt oder aufbraust, wenn man kalte Salzsäure (HCl) darauf träufelt, während Dolomit träge bleibt.

Kalk geht unmerklich in *Dolomit* über, wenn zunehmende Magnesiumgehalte in seine Zusammensetzung eingehen. An einigen Stellen tritt Dolomit als weit sich ausdehnende Schichten oder Bänke in anscheinend gleichmäßiger Wechsellagerung mit gewöhnlichen Kalkstein-Straten auf. Bei anderen Vorkommen schneiden Dolomitmassen quer durch Kalkstein-Schichten oder folgen Bruchstrukturen; sie durchziehen den Kalkstein in ganz ähnlicher Form, wie das hypabyssische Magmagesteine tun. Solche Dolomitmassen sind nach weitverbreiteter Ansicht das Ergebnis einer teilweisen Ersetzung des Kalzits im Kalkstein seitens magnesiumhaltiger Lösungen. Für die im rhythmischen Wechsel angeordneten Schichten von Kalkstein und Dolomit ist die Erklärung schwieriger. Einige Geologen glauben, daß die Dolomitlagen unmittelbar auf dem Meeresboden ausgeschieden wurden. Andere sind der Ansicht, daß sie selektiv umgewandelte Schichten von Kalkstein darstellen, und hier bietet sich Anlaß für die weitere Debatte durch folgende Fragestellungen: 1. Wurde das ursprünglich kalkige Material kurz nach der Ablagerung durch Magnesium ersetzt, oder 2. trat dieser chemische Austausch erst lange nach der vollständigen Lithifizierung des Kalkes ein? Auf keine der Fragen kann eine einfache Ja- oder Nein-Antwort gegeben werden; aber die Geologie wäre ja nicht so reizvoll, wenn es da keine Probleme mehr zu lösen gäbe.

Ein interessanter, wenn auch relativ unbedeutender Typ eines organogenen Sedimentgesteins ist *Diatomit* oder *Kieselgur.* Im typischen Fall ist sie ein fein-geschichteter, hellgefärbter, manchmal bröckeliger Schieferton, welcher Myriaden von Diatomeenresten enthält. Das sind mikroskopisch-zierliche einzellige Pflanzen, die zu unzähligen Millionen in den Oberflächen-Wässern der kälteren Weltmeere gedeihen. Dieses schwimmende Futter von fast unsichtbarem Protoplasma ist der Haupt-Nahrungsvorrat der weitumherschweifenden antarktischen Wale.

Abweichend von den Pflanzen, mit denen die meisten von uns vertraut sind, sind diese sehr kleinen, frei-flottierenden einzelligen Organismen von winzigen Schalen umschlossen, die wie altmodische runde Pillendosen aussehen und aus glasartiger Kieselsäure bestehen, welche dem Meerwasser entzogen wurde (Abb. 64). Wenn diese Pflanzen sterben, rieseln ihre mikroskopischen Überbleibsel durch das Wasser nach unten, um sich auf dem Meeresboden anzusammeln. Dort erhärten sie schließlich zu Schieferton mit einem über-

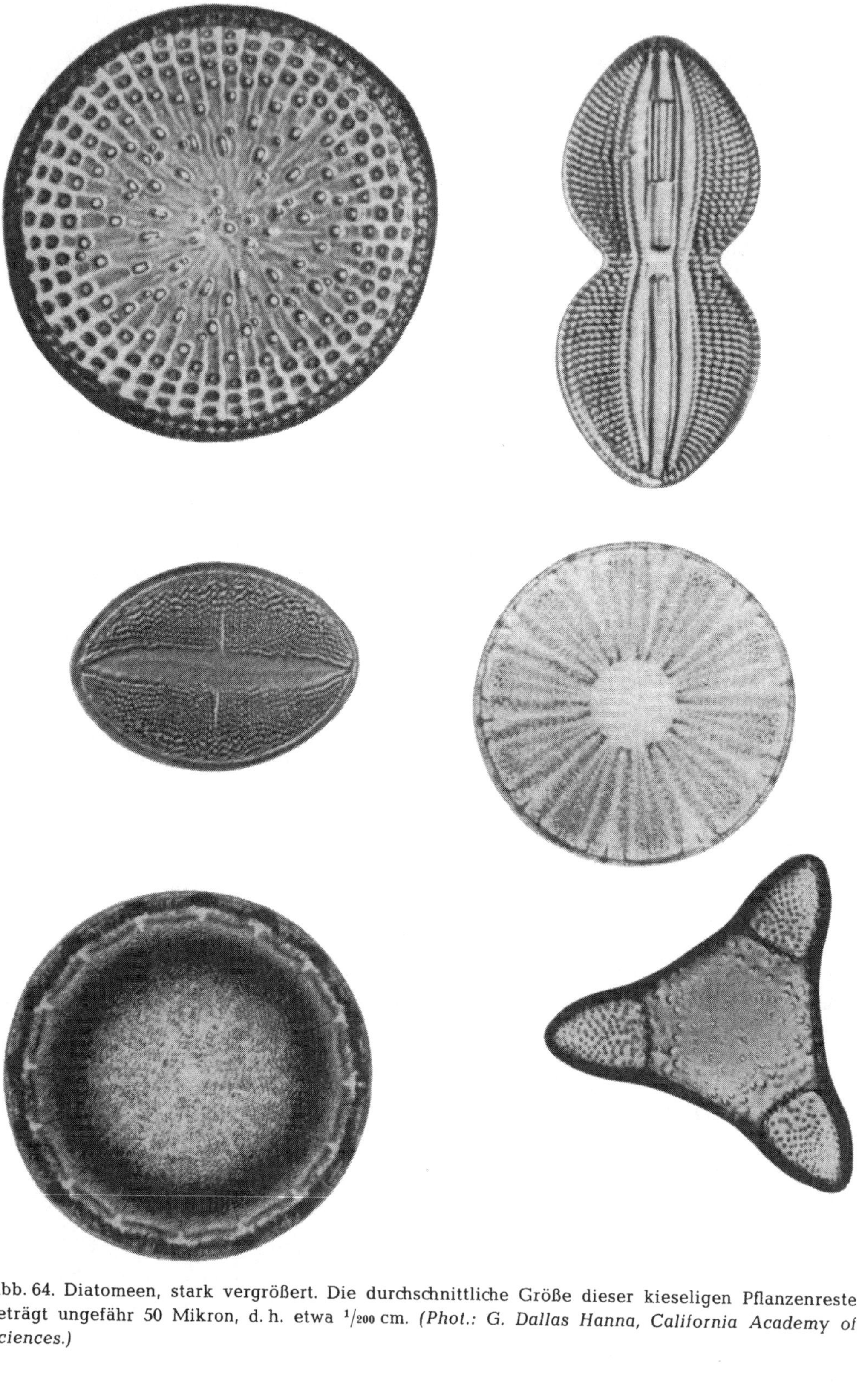

Abb. 64. Diatomeen, stark vergrößert. Die durchschnittliche Größe dieser kieseligen Pflanzenreste beträgt ungefähr 50 Mikron, d. h. etwa $^{1}/_{200}$ cm. *(Phot.: G. Dallas Hanna, California Academy of Sciences.)*

durchschnittlichen Kieselsäure-Gehalt. Solche organogenen Schiefertone sind für den zentralen Teil der kalifornischen Küstenketten und einige an das Mittelmeer angrenzende Länder typisch, wo diese Sedimentart, die wir „Kieselgur" nannten, „*Tripel*" heißt.

Schreibkreide ist eine hinsichtlich ihrer Entstehung recht ähnliche Bildung; sie setzt sich aus organisch abgeschiedenem Kalzit zusammen und ist eine relativ reine Ansammlung von Resten der *Foraminiferen,* sehr kleiner, frei flottierender, einzelliger Tiere, deren winzige Schalen aus Kalziumkarbonat bestehen. Einige Schreibkreide-Ablagerungen, wie die von Rügen oder die an der Kanalküste bei Dover (England), sind 100 Millionen Jahre alt, und es ist wirklich höchst bemerkenswert, welch geringe Veränderung oder Rekristallisation sie in all dieser Zeit erfahren haben.

Tafel VI. Intensiv verformte metamorphosierte Sedimentgesteine am Convict Lake, Kalifornien. Kleine Fältelungen und Dislokationen der Schichtflächen entlang Störungen sind in der Mulde im Mittelteil des Bildes zu sehen. *(Phot.: John Haddaway.)*

VI. Metamorphe Gesteine

Ein Geologe, der Magmatite und Sedimentite untersucht, ist im Vorteil gegenüber demjenigen, der sich mit den metamorphen Gesteinen befaßt; denn von den beiden erstgenannten Gesteinsgruppen bilden sich manche an der Erd-Oberfläche, d. h. in Bereichen, wo man sie beobachten kann.

Die Schwierigkeit, die Entstehung der metamorphen Gesteine zu verstehen, liegt darin, daß niemand je ein metamorphes Gestein bei seiner Bildung beobachtet hat, und infolgedessen ist vieles von dem, was wir darüber denken, reine Vermutung. Das soll aber nicht sagen, daß es so phantastisch sei wie die Spekulationen pseudowissenschaftlicher Dichtung; es gibt eng-umrissene physikalische und chemische Grenzen, innerhalb derer jede Metamorphose-Theorie bleiben muß.

Was sind denn nun die bezeichnenden Merkmale dieser schwierigen Gesteine, die es berechtigt erscheinen lassen, sie als besondere Gruppe zu betrachten? An erster Stelle sind sie *veränderte* Gesteine, wie der Name besagt (der aus dem Griechischen stammt und *„sich in der Form ändern"* bedeutet). Der gleiche Wortstamm wird in einer uns vertrauteren Bedeutung gebraucht — dann nämlich, wenn wir von einer „Metamorphose" der Raupe in einen Schmetterling sprechen.

Zweitens sind die Metamorphite *kristalline* Gesteine in ungefähr dem gleichen Sinn, wie es die nicht-glasigen Magmatite sind, doch kristallisierten die metamorphen Gesteine nicht aus einer Schmelzphase aus, wie etwa Lava. Die meisten von ihnen scheinen sich — was immer sie auch ursprünglich waren — in ihre neue kristalline Form verwandelt zu haben, ohne flüssig geworden zu sein, wenn auch manche während der Rekristallisation plastisch verformt wurden. So zeigen sie viele Erscheinungen — z. B. gewundene parallele Bänder, die den Schichten in Marmorblöcken ähneln —, die mit einem Fließen, nicht aber notwendigerweise mit einem Flüssigsein zusammenhängen.

Da die Rekristallisation das dominierende Element bei der Bildung der metamorphen Gesteine ist — in einigen Fällen begleitet von einer Umordnung oder Umgruppierung mancher neuentstehenden Mineralien, so daß sie weniger Raum einnehmen —, sind viele Autoren der Meinung, daß der Metamorphoseprozeß innerhalb der Erdkruste — oft in erheblicher Tiefe — vor sich geht und daß Hitze, Druck und chemische Aktivität in ihrer Wirksamkeit über lange Zeiträume hin wesentliche Elemente bei der Bildung metamorpher Gesteine sind; sie ließen neue Mineralien, Kristallgefüge und Strukturen entstehen, die mit ihrer neuen Umgebung im Gleichgewicht sind.

Lassen Sie uns die Verhältnisse an Hand des *Tonschiefers,* eines der bekanntesten metamorphen Gesteine, verdeutlichen! Er wurde Jahrhunderte hindurch zum Dachdecken verwandt, und trotz der Einführung vieler synthetischer Ersatzstoffe bleibt er das nahezu ideale Material für Schiefertafeln. Zwei Umstände sind für seine begehrenswerten Eigenschaften verantwortlich: 1. Schiefer guter Qualität sind dichte und gleichförmig fein texturierte Gesteine; 2. sie blättern auf oder spalten sich entlang fast völlig planparallelen, eng beieinander liegenden Flächen. Diese Eigenschaft wird *„Schiefrigkeit"* oder *„Gesteins-Spaltbarkeit"* genannt — im Unterschied zu der *„Mineral-Spaltbarkeit"* z. B. der Glimmerkristalle.

Die beiden Eigenschaften — Mineral- und Gesteins-Spaltbarkeit — stehen jedoch in Beziehung zueinander. Die Gesteins-Spaltbarkeit ist dann am besten ausgeprägt, wenn sehr zahlreiche Mineralindividuen mit hoher Spaltbarkeit so angeordnet sind, daß, wenn ein Kristall bei Beanspruchung nachgibt, der nächste das gleiche tut, dann wieder der nächste und so fort; in einer Art Kettenreaktion spaltet so das Gestein entlang einer Fläche auf; diese kommt dadurch zustande, daß sich die Wirkungen von Myriaden kleinster Brüche entlang den Spaltflächen parallel angeordneter Kristalle zu einem Gesamteffekt summieren.

Durch das fast vollkommene Parallelgefüge der Glimmerblättchen unterscheidet sich der Tonschiefer von allen Gesteinen, die wir bisher betrachtet haben. Beim Schieferton sind die Tonflöckchen und winzigen Sedimentpartikel auch wohl geregelt, aber keineswegs so vollkommen wie beim Tonschiefer.

Gibt es einen erheblichen Unterschied zwischen Schieferton und Tonschiefer hinsichtlich ihrer chemischen Zusammensetzung? Die Antwort heißt: „nein" — vielleicht nur mit der Ausnahme, daß der Glimmer etwas weniger Kristallwasser enthält als die Tonteilchen des Schiefertons. Ganz offenbar ist mit dem Schieferton etwas geschehen, als er sich in Tonschiefer verwandelte. Diese Umwandlung umfaßte eine Umkristallisation der Tonmineralien zu Glimmer und eine Einregelung der einzelnen Glimmerschüppchen, so daß sich ihre Spaltflächen parallel ordneten, statt willkürlich verteilt zu sein, wie das bei einem magmatischen Gestein der Fall ist, in welchem sie unmittelbar aus der Schmelze auskristallisierten.

Ein anderer bedeutsamer Unterschied zwischen Schieferton und Tonschiefer beruht darin, daß die Spaltbarkeit, die in der Tat *das* Kennzeichen eines Tonschiefers ist, nicht unbedingt mit der ursprünglichen Schichtung zusammenfällt. Bei genauerem Blick auf einen Schiefer sieht man manchmal sandige Streifen oder flachgedrückte Fossilien oder Reliktstrukturen, die vom ursprünglichen Gefüge des Sedimentgesteins herrühren, durchweg die Spaltflächen des Tonschiefers quer durchschneiden.

Geologen deuten alle diese Tatsachen in dem Sinne, daß ein aus Tonpartikeln bestehendes Ursprungsgestein, etwa ein feinkörniger, feinschichtiger Schieferton, sich in einen Tonschiefer umkristallisierte, als er einem hohen Druck unterworfen wurde. Bei dem Prozeß der Umkristallisierung wandelten sich die Tonpartikel in Glimmer um, und die neuen Mineralien ordneten sich so an, daß sie sich parallel zueinander und rechtwinklig zur Hauptrichtung des auf sie ausgeübten Druckes stellten.

Dieses Beispiel der Umwandlung von Schieferton in Tonschiefer durch Umkristallisierung unter gerichtetem Druck und unter höheren Temperaturen innerhalb der Erdkruste illustriert lediglich *einen* Metamorphosetyp. Leider lassen sich die Produkte der Metamorphose nicht zu so ordentlichen Klassifikations-Systemen zusammenfügen wie die magmatischen und sedimentären Gesteine. Gründe dafür sind die Unzugänglichkeit der Bereiche, in denen diese Umwandlungen vor sich gehen, ihre komplexe Natur und als Wichtigstes: bei der Metamorphose sind mindestens *drei* Hauptmotive beteiligt: Wärme, Druck und chemische Aktivität. Diese können außerordentlich variieren; in einigen Fällen war der Druck ausschlaggebend, in anderen scheinen chemische Prozesse die führende Rolle gespielt zu haben, und bei noch anderen dürften die Umwandlungen in erster Linie das Ergebnis lokaler Erwärmung sein.

Die Prozesse, ihre Folgen und die sich ergebenden Typen einiger repräsentativer Metamorphite sind in der folgenden Tabelle 5 zusammengestellt, so daß ihre Beziehungen zueinander klarer erkennbar werden.

Tabelle 5: Metamorphose-Typen

Art des Vorgangs	Gestein
a) Hitze ausschlaggebend *Kontaktmetamorphose*	Hornfels
b) Heiße chemische Lösungen bestimmend *Hydrothermale Metamorphose*	Serpentin
c) Gerichteter Druck ausschlaggebend *Dynamische Metamorphose*	Mylonit
d) Gerichteter Druck und Hitze *Regionalmetamorphose* schiefrig	Tonschiefer Glimmerschiefer Gneis
nicht schiefrig	Marmor Quarzit
e) Druck und Hitze gleichwichtig *Tiefenmetamorphose*	Migmatit

Kontaktmetamorphose

Bei der Kontaktmetamorphose spielt Wärme die führende Rolle, während chemische Aktivität und Druck erst in zweiter Linie kommen; die Wärme wird von einem Magmakörper geliefert, der in die Erdkruste eingedrungen ist. Der Name leitet sich von der Tatsache ab, daß sich diese Art der Metamorphose meist in einer Schale oder einem Hof — in einer „Aureole", wie man auch sagt, — um den Kontakt mit einer magmatischen Intrusion herum und in deren näherer Umgebung abspielt.

Das einfachste Beispiel dafür, was mit „Kontaktmetamorphose" gemeint ist, findet man gewöhnlich in der Zone, die unmittelbar an einen Gang oder einen Lagergang angrenzt. Wenn diese hypabyssischen Magmatite z. B. in einen Schieferton eindrangen, findet sich ein gefrittetes oder gehärtetes, 1 Dezimeter bis über 1 Meter dickes Band unmittelbar neben dem heute erstarrten magmatischen Gestein. Die Tonmineralien des ursprünglichen Schiefertons haben sich in ganz ähnlicher Weise verändert wie bei Ton, der in einem Brennofen zu Ziegeln oder Töpfereiwaren gebrannt wurde.

Größere Intrusionen, die Batholithen und Stöcke, machen ihren Einfluß über einen breiteren Bereich hin spürbar. Das Nebengestein, das der Intrusion am nächsten liegt, kann in ein dichtes, hartes, ungeschichtetes Gestein, den sogenannten *Hornfels*, umgewandelt werden. Normalerweise sind diese metamorphen Gesteine nicht geschichtet oder gebändert, aber sie können von einer so großen Zahl dicht beieinander stehender Klüfte durchzogen sein, daß sie leicht in kleine, eckige Bruckstücke zerfallen. Ihre Mineralzusammensetzung ist sehr variabel, da sie sich von einer großen Zahl unsprünglicher Gesteinstypen herleiten können — je nachdem, welche Gesteinsart mit einem Intrusivkörper in Kontakt kam. Sehr oft ist ihre Textur so feinkörnig, daß die neuen, unter Umkristallisierung gebildeten Mineralien zu klein sind, als daß man sie mit dem bloßen Auge erkennen könnte; sie müssen mit Hilfe des Mikroskops bestimmt werden.

Andere durch Wärme erzeugte Gesteinsveränderungen können durch Reaktionen zwischen schon vorhandenen Mineralien zustandekommen. Als Beispiel dafür mag die

Umwandlung von Dolomit in einen Olivin führenden Marmor betrachtet werden:

$$2\,CaMg(CO_3)_2 + SiO_2 = 2\,CaCO_3 + MgSiO_4 + 2\,CO_2$$

Dolomit + Kieselsäure = Kalzit + Olivin + Kohlensäure

Dieses bedeutet, daß ein Dolomitgestein mit etwas Quarzsand darin bei Hitzeeinwirkung Kohlensäure freigibt, die als Gas entweicht; es bleibt dann ein Gestein zurück, das aus Kalzit- und Olivinkristallen besteht.

Hydrothermale Metamorphose

Rings um eine magmatische Intrusion wird nicht nur eine ungeheure Wärmemenge frei, sondern es bilden sich auch große Mengen hochtemperierter Gase und Dämpfe. Sehr oft durchtränken diese flüchtigen Bestandteile eines Magmas das Nebengestein über weite Entfernungen hin. Solche Dämpfe und Gase sind chemisch aktiv und reagieren leicht mit vielen der Mineralien, denen sie begegnen. Das bedeutet, daß neue Stoffe im Rahmen des Metamorphose-Vorgangs in ein Gestein eingebracht werden können und nicht einfach eine chemische Umgruppierung und Umkristallisation bereits vorhandener Mineralien stattfindet. Umgekehrt kann auch Material fortgeführt werden.

Ein Beispiel ist die Umwandlung von Olivin in Serpentin. Olivin ist ein chemisch unbeständiges Material, und in Gesteinen, in denen es reichlich vorhanden ist (wie Dunit), wandelt es sich in Serpentin um, wenn es von chemisch aktiven, heißen, von einer magmatischen Intrusion stammenden Wässern angegriffen wird. Daß dieser Metamorphosetyp hauptsächlich in einer Zuführung von Wasser besteht, wird deutlich, wenn man die Durchschnittsformel des Serpentins, $Mg_3Si_2O_5(OH)_4$, mit der des Olivins, $(MgFe)_2SiO_4$, vergleicht; denn hier zeigt sich als wesentlicher Unterschied der Verlust von Eisen und das Hinzutreten des Hydroxyl-Ions (OH) aus dem Wasser.

Da die hydrothermale Metamorphose von Dunit und verwandten Gesteinen, die einen hohen Eisen- und Magnesium- und einen niedrigen Kieselsäure-Gehalt aufweisen, weitgehend durch Zufügung von Wasser geschieht, so folgt, daß Serpentin ein größeres Volumen einnehmen muß als das Muttergestein, von dem es sich ableitet. Als Auswirkung dieser Volumenvergrößerung ist der Serpentin gewöhnlich brekziös und von einer Unzahl von Rissen und Brüchen durchzogen. Manchmal werden diese Spältchen später mit weißen Adern von Dolomit ausgefüllt, und das ergibt einen starken und eindrucksvollen Kontrast zu dem vorwiegenden dunklen Grün des Serpentins. Dieses ungewöhnliche grüne Gestein — von weißen Adern durchzogen, die sich gegenseitig in den kompliziertesten Formen queren, — trägt den malerischen Namen *„verde antique"*; es wurde früher in den USA gern für die Wände von Blumenläden, für die Empfangsräume von Beerdigungsinstituten und die Vorhallen von Kleinstadt-Hotels verwandt.

Serpentin ist für sich allein ein düsteres, dunkelgrünes, sogar schwarzes oder rotes Gestein, das sich sehr gut polieren läßt. Aus diesem Grunde wird es für die Hallen von Banken, die Straßenfronten von Geschäften und die Wandelhallen öffentlicher Gebäude bevorzugt. In den Vereinigten Staaten kann man es in der vielleicht auffälligsten Weise an den imposanten Säulen in der Rotunde der Nationalgalerie der Künste in Washington wie auch im Gebäude der Vereinten Nationen in New York sehen.

Dynamometamorphose

In bestimmten Gebieten der Erde können sich Druckkräfte in der Gesteinskruste bis zu einem Punkt summieren, an dem die Gesteine entlang großer Bruchflächen, die als „Verwerfungen" bezeichnet werden, zerschert und zerpreßt werden. Wir werden einige Auswirkungen dieser Kräfte kennenlernen, wenn wir uns mit der Störungstektonik beschäftigen (Kap. VII). Hier beschränken wir uns zunächst auf die geringfügigen Veränderungen, die durch die Zerpressung und Zermahlung von Gesteinen in mäßiger Tiefe unter der Einwirkung starker lokaler Druckbeanspruchung zustandekommen, ohne daß dabei so hohe Temperaturen auftreten, wie sie für die tieferen Krustenbreiche charakteristisch sind.

Die Hauptveränderung an Gesteinen, die seitlicher Pressung ausgesetzt sind, entstehen entlang den Gleitflächen großer Verwerfungen und beruhen in einem Zerscheren, Auswalzen und Abschleifen von Mineral- und Gesteins-Bruchstücken, so daß zuletzt metamorphe Gesteine mit deutlich parallelen, linsenförmigen und gebänderten Texturen zustandekommen. Diese Metamorphoseart bewirkt keine chemischen Veränderungen irgendwie bemerkenswerten Grades — sie ist in erster Linie für eine mechanische Gefügeordnung, hauptsächlich eine Parallelordnung oder sogar Zerreibung der empfindlicheren Mineralien verantwortlich.

Nicht alle Mineralien in den Gesteinen sind gleich widerstandsfähig gegen solche Beanspruchung; sie sind in dieser Hinsicht sehr den Menschen ähnlich — einige sind halsstarrig und unnachgiebig, andere sind geschmeidig und leicht beeinflußbar. Empfindliche, schuppenförmige Mineralien, wie Glimmer, können in einem durch *dynamische* oder *Druckmetamorphose („Dynamometamorphose")* veränderten Gestein zu parallelen, streifenförmigen Bändern oder Lagen ausgezogen werden, während die widerstandsfähigeren, wie Feldspat, als gerundete oder auch linsenförmige, augenähnliche Bröckchen zurückbleiben; sie werden daher *„Augen"* genannt.

Ein bezeichnendes Beispiel dynamischer Metamorphose ist das Gestein *„Mylonit"*. Der Name kommt vom griechischen Wort für „Mühle"; es handelt sich tatsächlich auch um Gesteine, die in bildlichem Sinn durch die „geologische Mühle" gegangen sind und zermahlen wurden, bis sie Staub waren. Die Mineralien des ursprünglichen Gesteins werden in winzige Stückchen zerrieben und können vollkommen pulverisiert werden. Dies sind jedoch keine lose verfestigten oder bröckeligen Gesteine, sondern sie sind vollständig rekristallisiert und können so hart und fest wie Feuerstein sein. Sie können sogar in ein glasartiges, streifiges Material verwandelt werden, das dem Obsidian ähneln kann.

Gewöhnlich braucht man ein Mikroskop, um den Charakter eines Mylonits zu erkennen; denn er sieht wie ein hartes, dichtes Gestein mit wenigen — wenn überhaupt — sichtbaren Mineralien aus. Nur unter Vergrößerung kann man sehen, daß er aus eckigen, feinstbrekziösen Mineral-Bruchstücken besteht, die rekristallisiert sind und so ein metamorphes Gestein bilden.

Regionalmetamorphose

Dieser etwas doppelsinnige Ausdruck wird für metamorphe Gesteine gebraucht, die in charakteristischer Weise an der Erd-Oberfläche über große, oft viele Tausende Quadratkilometer umfassende Bereiche hin zutage treten. Solch großen Massiven kristallinen — sowohl magmatischen wie metamorphen — Gesteins wurde vor vielen Jahren der Name *„Schild"* gegeben, und man hielt sie für das Fundament der Kontinente. Zwei sehr bekannte Beispiele sind *Fennoskandia,* das den größten Teil Finnlands, Schwedens und Norwegens umfaßt, und der *Kanadische Schild,* die weite Fläche magmatischer und metamorpher Gesteine am Rande der Hudson-Bay, die sich südwärts nach Minnesota und Wisconsin und ostwärts quer über Labrador ausdehnt. In diesen beiden Schilden wie auch in sonstigen ähnlichen Gebieten treten metamorphe Gesteine großer Mannigfaltigkeit hervor, während andere Typen zumeist praktisch fehlen. Das wird in der Weise gedeutet, daß diese Gesteine durch die Erosion bis hinunter zum subkontinentalen Stockwerk freigelegt wurden; wir haben von ihnen nur deshalb Kenntnis bekommen, weil ihre ursprüngliche Decke abgestreift wurde. Derartige Gesteine mit einer so weiten Verbreitung müssen eine allgemeinere Entstehungsursache haben als die durch eine einzige magmatische Intrusion erzeugte Wärme oder als die durch chemisch aktiviertes Wasser hervorgerufenen Reaktionen oder als den Zerreibungseffekt einer Bewegung entlang einer Verwerfungsfläche.

Wegen seiner weiten Verbreitung wird für diesen Metamorphosetyp öfter der Name *„Regionalmetamorphose"* verwandt; doch wäre die Bezeichnung *„dynamothermale Metamorphose"* angemessener; denn er würde zum Ausdruck bringen, daß die Umkristallisation durch Wärme und gerichteten Druck *zusammen* hervorgerufen wurde.

Der Überblick am Anfang dieses Kapitels führt zwei Hauptkategorien in dieser Klasse auf: nichtschiefriges und schiefriges Gestein. Schiefrige Gesteine sind solche Varietäten, die eine wohlentwickelte Gesteins-Spaltbarkeit aufweisen und durch die Parallelordnung ihrer tafligen Mineralien und durch verschiedene Formen von Bänderung oder Farbstreifung charakterisiert sind.

GESCHIEFERTE GESTEINE: Der *Tonschiefer* verdeutlicht die Natur der dynamothermalen Metamorphose. Wie schon erwähnt, gehen Tonschiefer gewöhnlich aus feingeschichteten Gesteinen, wie Schiefertonen, hervor, wobei die ursprünglichen Tonpartikel unter gerichtetem Druck und unter Wärmewirkung zu Glimmerschuppen umkristallisiert

Abb. 65. Geschieferte Gesteine (Schiefer) werden in den Alpen bei Zermatt (Schweiz) als Dachdeck-Material verwandt. Der Berg im Hintergrund ist das berühmte Matterhorn; er besteht aus stark geschieferten, regionalmetamorphen Gesteinen.

→

Abb. 66. Gefältelte Kalkschiefer (Kalkphyllite), die aus einem feingeschichteten tonigen Kalkstein hervorgegangen sind. *(Phot.: William Garnett.)*

werden. Tonschiefer kann auch aus anderen fein-texturierten Gesteinen entstehen, wie etwa aus vulkanischen Tuffen, und sehr oft erzeugen diese die farbigeren Varietäten, wie Rot- und Grünschiefer; auch dunkelbraune Farbtöne treten auf.

Glimmerschiefer (im Englischen *„schist"*, vom griechischen Wort *schistos* = Kluft oder *schizein* = spalten; wir sehen das gleiche Wort in *„Schizophrenie"* = gespaltene Persönlichkeit oder in *„Schisma"* = Meinungsdifferenz innerhalb einer Gruppe) ist vielleicht das am weitesten verbreitete metamorphe Gestein. Tonschiefer gehen bei zunehmender Korngröße in Glimmerschiefer über. Alle Glimmerschiefer enthalten in ihrem Bestand taflige,

Abb. 67. Biotitgneis von Uxbridge, Massachusetts. *(Mit freundlicher Genehmigung von Ward's Natural Science Establishment, Inc.)*

schuppige oder sogar faserige Mineralien, und der Grad, bis zu welchem diese parallelgeordnet sind, bestimmt zu einem beträchtlichen Teil, ob sich *„Schistosität"*, die charakteristisch wellige oder undulöse Schieferung, entwickelt oder nicht. Viele Glimmerschiefer spalten leicht in tafelförmige Blöcke. Diese sind die bekannten Fliesensteine (Abb. 65), die weithin in ganz Europa für Höfe und Burgmauern gebraucht werden und in den Vereinigten Staaten für Herdstellen, Innenhöfe und bei Picknicks im Freien. Einige Glimmerschiefer geben wegen ihrer Tafelform einen guten Baustein ab; ihre Kanten können leicht behauen werden, und sie lassen sich dann in der gleichen Weise verwenden wie Ziegelsteine.

Glimmerschiefer können aus zahlreichen Gesteinen durch Umkristallisation unter gerichtetem Druck und bei mäßig hoher Temperatur hervorgehen. In der Hauptsache sind Glimmerschiefer Gesteine, deren ursprüngliche Körner und Mineralien klein waren und von denen sich dann viele bei der Umkristallisation in plattige Mineralien, wie Glimmer, verwandelten. Zu den vielen Bildungen, die als Anwärter für die Umprägung zu Glimmerschiefern in Frage kommen, gehören Schluffstein, schluffiger Sandstein, Basalt und andere dunkle Magmatite sowie toniger Kalkstein (Abb. 66).

Gneis (eine alte Bezeichnung der sächsischen Bergleute für ein Gestein, welches verrottet oder zersetzt ist) ist ein gebändertes Gestein, wobei gewöhnlich Lagen hell gefärbter Mineralien mit dunklen Bändern wechseln (Abb. 67). Es ist gröber-körnig als die beiden anderen, geschieferten Gesteine, die oben beschrieben wurden. In der Tat ist die Größe der in ihm enthaltenen Quarz- und Feldspat-Kristalle etwa die gleiche wie beim Granit — dem Gestein, aus dem er sehr oft hervorgegangen ist. Gneis kann sich auch von anderen grob-körnigen magmatischen Gesteinen herleiten, so z. B. von Diorit und Gabbro. Die Umkristallisierung des Gesteins hat den Mineralien ein solches Gefüge verliehen, daß die meisten hell gefärbten in der einen Lage konzentriert wurden, während sich die dunklen Eisen-Magnesium-Mineralien in einer anderen angesammelt haben; diese hell und dunkel gefärbten Bänder wechseln miteinander in rhythmischer Weise durch das ganze Gestein. Diese Bänder bilden — abweichend von den Spaltflächen des Tonschiefers — keine gleichmäßig parallelen Flächen, die sich über weite Entfernungen hin fortsetzen, sondern sind gewöhnlich stark verzerrt. Sie wurden wahrscheinlich plastisch verformt; das heißt, das Gestein war zwar im festen Zustand, vermochte aber zu „fließen", etwa in der Weise, wie sich Butter oder Bleiplatten leicht verformen lassen, ohne daß sie völlig flüssig werden.

Die Gneise haben keine so hoch entwickelte Gesteins-Spaltbarkeit wie Tonschiefer oder Glimmerschiefer. Trotz der ziemlich gleichförmigen Abstände ihrer Bänder brechen sie doch in fast der gleichen, nicht voraussehbaren Weise, wie es ein Granitblock tut, wenn er einen Hammerschlag bekommt.

UNGESCHIEFERTE GESTEINE: Die nun zu beschreibenden Gesteine wurden zwar durch die gleichen Prozesse geformt wie die geschieferten Gesteine, aber sie sind nicht gebändert und besitzen auch kein wohlentwickeltes Schiefergefüge. Zwei führende Beispiele sind *Marmor*, welcher aus dem Mineral Kalzit ($CaCO_3$) besteht, und *Quarzit*, der Quarz als Hauptbestandteil führt.

Marmor ist das grobkristalline Äquivalent von Kalkstein, und so hat er in der Mehrzahl der Fälle sehr wahrscheinlich einen organischen Ursprung. Im Kalkstein ist das organische Material sehr oft noch sichtbar, etwa in der Form von Schalen oder Strukturen, die auf kalkabscheidende Pflanzen, wie Algen, oder auf Tiere, wie Korallen, zurückgehen. Im Marmor sind diese Spuren vergangenen Lebens weitgehend ausgelöscht. Marmor ist ein gutes Beispiel für ein metamorphes Gestein, das eine physikalische Veränderung erfahren hat, ohne zugleich auch einen deutlichen Wechsel in seiner chemischen Zusammensetzung erlitten zu haben.

Unter genügend hohen Temperaturen und Drücken wurde der Kalk des ursprünglichen Gesteins umkristallisiert — in vielen Fällen durch *Sammelkristallisation* um zuvor gebildete Kristallkeime von Kalzit. Wenn dieser Prozeß lange genug andauert, entsteht ein grobkörniges Gestein aus fast gleichgroßen Kalzitkristallen, und diese sind auch mit dem bloßen Auge zu erkennen, wobei das Gestein etwa eine zuckerartige Textur hat.

Reiner Marmor ist schneeweiß, und eine vom Altertum bis heute hochgeschätzte Varietät stammt aus den Steinbrüchen von Carrara an der Westküste Italiens. Es ist dies ein bemerkenswert gleichförmig texturiertes Gestein, das ein ideales Material für Skulpturen abgibt wegen seiner Freiheit von Unreinheiten und der Tatsache, daß seine Härte nicht über 3 liegt; denn es besteht aus dem einzigen Mineral Kalzit. Granit ist dagegen fast so hart wie Stahl.

Nicht jeder Marmor ist rein-weiß, und das ist ja wohl jedem bekannt, der ihn in Banken, an Gebäudefassaden, in Wandelhallen, öffentlichen Bedürfnisanstalten sowie den altmodischen Tafelaufsätzen und Anrichten gesehen hat. Im allgemeinen sind die schwarzen und grauen Partien im Marmor wahrscheinlich durch kohligen Stoff gefärbt, braune und rote Zonen enthalten Eisenoxyd, und grüne Töne spiegeln die Anwesenheit verschiedener eisen- oder magnesiumhaltiger Silikatmineralien wider.

Marmor ist das Ergebnis der Metamorphose von Kalkstein, und da viele dieser kalkigen Gesteine einstmals schluffige und sandige Lagen enthielten, wird die Kieselsäure, die in solchen Schichten vorhanden ist, gleichfalls umkristallisiert. Eine recht typische Reaktion bei ausreichend hoher Temperatur ist die folgende:

$CaCO_3 + SiO_2 = CaSiO_3 + CO_2$

Kalk + Quarz = Wollastonit + Kohlendioxyd.

Wollastonit ist ein farbloses, spießförmiges Mineral, das gewöhnlich in Form fächerförmig auseinanderstrahlender Nadeln angeordnet ist, die das Wirtsgestein, den Marmor, durchdringen. Er ist bezeichnend für eine ganze Reihe verwandter Mineralien, die sich bei wachsendem Ton- und Sandbestand in einem unreinen Kalkstein entwickeln, um nach der Metamorphose die sogenannten *Kalksilikat-Gesteine* (Skarne) zu liefern. Gewöhnlich haben diese Gesteine ein höheres spezifisches Gewicht als Marmor, und sie werden natürlich mit zunehmender Verkieselung auch härter.

Quarzit ist metamorphosierter Quarz-Sandstein, und in ihm sind die Porenräume, die ehemals die Einzelkörner trennten, mit neugebildetem Quarz ausgefüllt. Bei einigen Gesteinen, den sogenannten sedimentären Quarziten, setzte sich dieser Quarz an die schon bestehenden Sandkörner an. Die schemenhafte Grenze, die das ursprüngliche Quarzkorn von der hinzugekommenen Kieselsäure trennt, ist kaum erkennbar. Das Kieselsäure-Zement, welches die Porenräume des ursprünglichen Sandsteins ausfüllt, kann sich fester verhalten, als die Sandkörner selbst, und wenn man mit dem Hammer auf das Gestein schlägt, bricht es quer durch die Körner statt um sie herum.

Quarzite sind fast immer hell gefärbt; helle Rosa- oder Rotnuancen sind sehr charakteristisch. Viele sind weiß oder lichtgrau, und mit zunehmenden Gehalten an Verunreinigungen werden ihre Farben dunkler, manchmal sogar schwarz. Sehr oft wechsellagern Quarzite mit Marmor, Kalksilikat-Gesteinen und anderen Gesteinen, die von Sedimentgesteinen herstammen. Relikte von Sedimentstrukturen, wie Kreuzschichtung, sind manchmal erhalten geblieben; sie deuten sich durch leichte Farbunterschiede an, die, oberflächlich gesehen, der Bänderung in einem Gneis ähneln können.

Tiefenmetamorphose

Die Tiefenmetamorphose vollzieht sich, wie der Name sagt, tief in der Erdkruste, und zwar unter den dortigen Bedingungen sehr hohen Drucks und erhöhter Temperatur. Der Druck ist wahrscheinlich mehr hydrostatisch als gerichtet, wie das bei der Bildung von Schiefergesteinen der Fall ist. Unter *„hydrostatischem Druck"* verstehen wir z. B. den Druck, der auf dem Meeresboden in der Tiefsee lastet. Diese Art von Druck, der durch Flüssigkeiten weitergeleitet wird, ist in allen Richtungen gleich groß, nicht größer in der einen oder kleiner in der anderen, wie es für gerichtete Drücke zutrifft. Solch ein Druck, der gleichmäßig in allen Richtungen wirkt, wird auch *„allseitiger Druck"* genannt, um die Vorstellung zu vermeiden, daß er ausschließlich auf Objekte beschränkt sei, die in eine Flüssigkeit eingetaucht sind.

Die großen Drücke in diesen tieferen Krustenbereichen sind für die Bildung kompakterer oder dichterer Mineralarten verantwortlich. Mineralien, die in dieser Metamorphosezone kristallisieren, pflegen gedrungener oder mehr gleichseitig als länglich zu sein.

Ein auffallendes Charakteristikum tiefenmetamorpher Gesteine ist ihre enge Vergesellschaftung mit intrusiven Magmatiten. Oftmals wechseln die beiden Gesteinstypen schon in einem einzigen Aufschluß miteinander ab; es kann z. B. eine Lage granitischen Materials geben, dann eine solche von Glimmerschiefer, weiter wieder Granit, dann wieder Glimmerschiefer und so fort.

Ein extremer Fall von Tiefenmetamorphose ist das Gestein *Migmatit* (benannt nach dem griechischen Wort *migma* = Mischung), und in der Tat sieht das Gestein wie eine Mischung aus. Zum Teil haben diese Gesteine das gebänderte oder „geschichtete" Aussehen von Gneis, in einem anderen Teil des Aufschlusses können aber die gesteinsbildenden Mineralien das ungeregelte, zufällige, verstreute Gefüge haben, das für Granit so typisch ist.

Mit dem Problem der Entstehung der Migmatite haben wir einen vollen Kreis durchlaufen, und wir sehen uns wieder einmal vor die schwierige Frage gestellt, die sich in Kapitel III hinsichtlich des Ursprungs des Granits ergab. In einem Migmatit, in welchem magmatisches Material sich mit metamorphem in einer so engen Weise verzahnt, — wie bildete sich in ihm der Granit? Wurde der Granit als eine magmatische Schmelze in ein präexistentes Gestein, etwa Gneis, injiziert, oder wurde der Gneis durch einen metasomatischen Prozeß in Granit verwandelt? Eine starke Stütze für die letztere Theorie ist dann gegeben, wenn sich die schemenhafte Parallelordnung der Mineralien etwa aus einem angrenzenden Glimmerschiefer über einen magmatischen Kontakt hinweg bis in den granitischen Körper selbst verfolgen läßt. Das pflegt besonders dort der Fall zu sein, wo der magmatische Körper konkordant im Gesamtverband liegt und der Kontakt mit den strukturellen Verhältnissen innerhalb der metamorphen Gesteine konform ist.

Wenn dagegen ein granitischer Körper scharfe, klare Kontakte hat, die unvermittelt quer durch das Korngefüge der Nebengesteine schneiden, und wenn der Granit dazu noch unveränderte eckige Einschlüsse oder *Xenolithe* (ein griechisches Wort, welches *„Fremdgestein"* bedeutet) enthält, dann hat er offenbar einen echt-magmatischen Ursprung; er fand erst später seinen Weg in die metamorphe Hülle, in der er steckt.

Um es zusammenzufassen: Es gibt wenigstens drei einigermaßen plausible Arten, auf die Granit entstehen kann (es mag noch andere geben, aber diese drei kommen am ehesten in Frage): 1. Er kann echt-magmatisch und in die oberen Niveaus der Erdkruste als magmatische Intrusion eingedrungen sein; 2. er kann das Resultat einer Aufschmelzung oder Verflüssigung älterer Gesteine sein, wenn zugeführte Wärme die Schmelztemperatur erreichte; 3. er kann das Ergebnis einer Umkristallisierung irgend einer anderen, völlig verschiedenen Gesteinsart sein, wobei Bewegungen ionisierter Lösungen darin eine Umwandlung in Granit verursachten; — diesen speziellen Metamorphoseprozeß nennen wir *„Granitisation"*. Dem Metamorphose-Vorgang insgesamt wurde der aus dem Griechischen abgeleitete Name *„Metasomatose"* („körperliche Umwandlung") gegeben; bei dieser Anwendung bedeutet das Wort die Überführung eines Gesteins in ein anderes, und zwar in ein solches mit abweichender chemischer Zusammensetzung.

So können also Gesteine einen ihnen gemäßen Evolutionszyklus durchlaufen. Sie können sich in der „Schmiede Vulkans" — um in einer Metapher zu sprechen — durch Kristallisation aus einer Schmelze, dem Magma, bilden. Entblößt über lange geologische Zeiträume an der Erd-Oberfläche liegend, können die sie zusammensetzenden Mineralien herauswittern und sich als Sedimentgesteine wieder absetzen. Sollten diese später tief genug versenkt werden, können sie sich zu metamorphen Gesteinen umkristallisieren, wie Hornfels, Tonschiefer, Glimmerschiefer, Marmor oder irgendeinem anderen der vielen möglichen Typen. Wenn dann die Umstände günstig sind, können sie wieder aufgeschmolzen oder durch Granitisation umkristallisiert werden; so werden sie wiedergeboren, in keiner Hinsicht von ihrer ersten magmatischen Inkarnation unterscheidbar.

Tafel VII. Verformte Sedimentschichten. Murdafil, Iran. *(Phot.: Aerofilms and Aero Pictorial, Ltd., London.)*

VII. Gesteinslagerung (Strukturgeologie)

Im Kapitel V erfuhren wir bereits, daß Sedimentgesteine in der Regel in horizontalen Schichten, den „Straten" (Abb. 68), abgelagert werden. Wo diese Lagen stark verkippt oder sogar bis zur Senkrechten aufgerichtet sind, sind sie deformiert worden (Abb. 69). Mit dieser Äußerung alter Deformation hat sich der Geologe vielfach zu befassen. Durch Erforschung der *Gesteinslagerung* — in diesem Zusammenhang bedeutet das ihre geometrische Orientierung — läßt sich viel über die frühere Verformungsgeschichte eines bestimmten Ausschnitts der Erdkruste erfahren. Auch vom praktischen Gesichtspunkt aus ist das Studium der Gesteinslagerung oder der *„Strukturgeologie"* von höchster Bedeutung; so kann der Geologe, ausgehend von der Lagerung der an der Erd-Oberfläche entblößten Gesteine, sich eine Vorstellung von den Verhältnissen im Untergrund bilden, und so vermag er oft die Tiefenlage von Erzkörpern, Kohlenflözen oder Ölsanden vorauszusagen.

Wenn die Sedimentgesteine in unserem Beispiel ursprünglich horizontal gelagert waren, dann war ihre Neigung = 0°. Wenn in der Erde wirkende Kräfte sie bis zur Senkrecht-Stellung aufrichteten, dann haben sie eine Neigung oder ein sogenanntes *„Einfallen"* von 90°. So ist das Einfallen der Winkel zwischen der Oberfläche einer Gesteinsbank und der Horizontalen, wie z. B. der Meeres-Oberfläche oder — wie in Abb. 70 — einem horizontalen Abschnitt der Erd-Oberfläche.

Wenn wir aus einer Serie geneigter Gesteine, deren gekippte Schichtflächen sich mit der Erd-Oberfläche schneiden, eine Einzelschicht herausgreifen, so bildet dieser Schnitt eine Linie. Es gehört zu den Eigenschaften einer Linie, daß sie eine Richtung hat. So kann der Schnitt einer Schicht mit der horizontalen Erd-Oberfläche eine Linie bilden, die z. B. Nord/Süd oder Ost/West, oder (was wahrscheinlicher ist) in irgendeiner Zwischenrichtung verläuft oder — um den geologischen Ausdruck zu gebrauchen — „streicht" (Abb. 70).

Richtungen auf der Erd-Oberfläche werden fast immer in Kompaß-Graden angegeben, aber es gibt recht verschiedene Kompaßtypen. In den Tagen der Segelschiffe, als es schwierig war, den Kurs einzuhalten, wurde die Windrose der Kompasse durch eine Reihe Marken unterteilt, z. B. Nordnordost (NNE), Südost zu Süd usw. Da es in einem solchen System 32 Marken gibt, beträgt der Unterschied jeder einzelnen Marke von der nächsten 11° 15′ (etwas abgerundet).

In der Zeit um den 1. Weltkrieg kam mit der Inbetriebnahme schnellerer, durch Motoren angetriebener Schiffe der 360°-Kompaß auf dem Meere allgemein in Gebrauch, und da er jetzt auf großen und kleinen Schiffen, auf Motorbooten sowohl wie in Flugzeugen das Standardgerät ist und da er allein im gesamten Militärdienst verwendet wird, wollen wir ihn auch in der Geologie benutzen. Norden (N) ist 0°, Osten (E) 90°, Süden (S) 180° und Westen (W) 270°.

Selbstverständlich setzt sich jede Linie in zwei Kompaß-Richtungen fort, z. B. 270° und 90°. Um Verwechselungen mit dem Einfallwinkel zu vermeiden — wie wir gleich sehen werden —, ist es zu empfehlen, die dreiziffrige Zahl für das Streichen zu verwenden. So sollte man z. B. sagen, daß eine Gesteinsschicht in Richtung 265° durch das Gelände streicht, und sollte nicht die (an sich gleichwertige) Gegenrichtung 85° angeben.

Abb. 69. An einer Störung steil aufgerichtete Schichten; Dinosaur National Monument, Utah. *(Phot.: Philip Hyde.)*

Um zusammenzufassen: Das Streichen einer Gesteinsschicht kann definiert werden als die Richtung (genauer: der Winkel, von Norden aus gemessen), welche die Schnittlinie einer geneigten Ebene mit der Horizontalen innehat. In der Praxis kann die geneigte Ebene die Oberfläche einer gekippten Gesteinsschicht, einer Verwerfung, eines Ganges usw. sein; die Horizontale ist eine gedachte Ebene, die durch die Libelle an einem Vermessungsinstrument festzustellen ist.

Das *Einfallen* kann nunmehr definiert werden, und zwar als der Winkel zwischen einer horizontalen und einer geneigten Ebene, rechtwinklig zum Streichen gemessen. Der Grund für diesen letzteren, einschränkenden Zusatz ist der, daß dies der größtmögliche meßbare Winkel ist; natürlich kann er in keinem Fall 90° überschreiten. Das Einfallen im rechten Winkel zum Streichen zu messen, bedeutet überdies, daß auch das Einfallen

---

←

Abb. 68. Erosionswirkungen bei horizontal liegenden Sedimentschichten in einem ariden Gebiet. Die ausstreichenden Kanten der widerstandsfähigeren Bänke sehen wie Höhenlinien aus. *(Phot.: William Garnett.)*

eine Richtung hat. Gewöhnlich reicht es aus, diese Richtung in allgemeinen Bezeichnungen wie Nordost, Südwest usw. anzugeben.

Deutlicher ausgedrückt: Eine Schicht, die 270° streicht, kann nach Norden oder Süden geneigt sein oder senkrecht stehen. Um einen komplizierten Fall auszuwählen: Wenn eine Bank 185° streicht, kann sie nach Nordwesten oder Südosten einfallen oder senkrecht

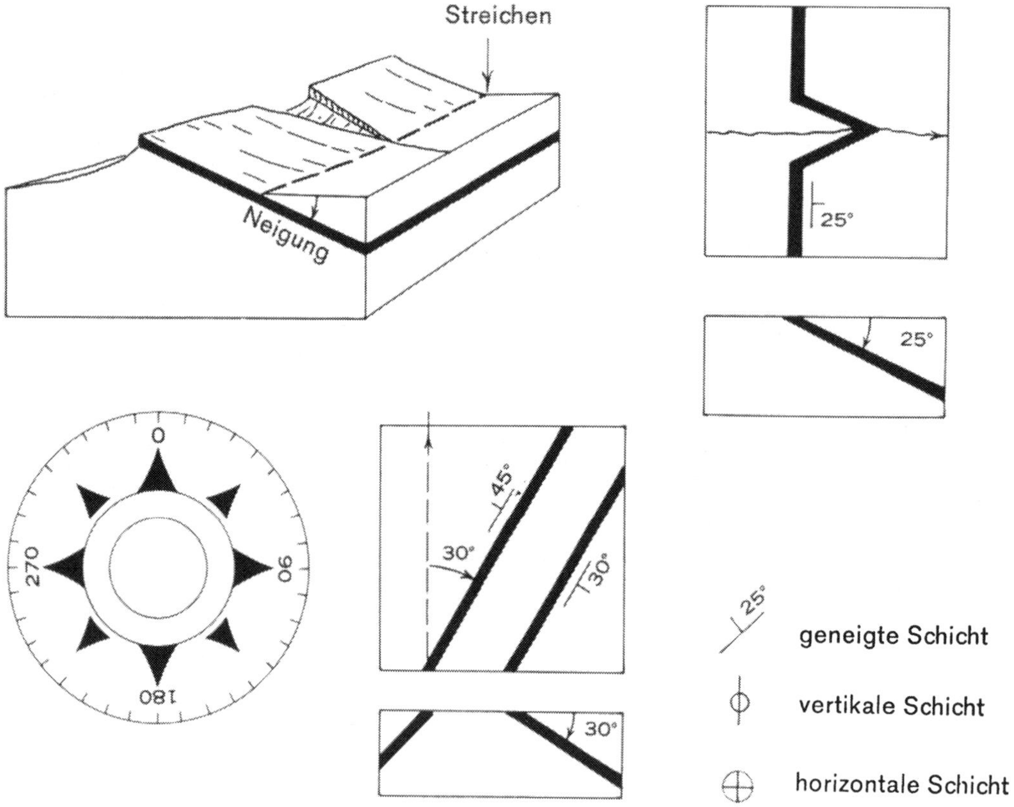

Abb. 70. Skizzen verdeutlichen die Beziehungen zwischen Streichen und Fallen, den 360°-Kompaß und die allgemein gebräuchlichen Symbole einer geologischen Karte.

stehen. Nehmen wir einmal an, das Einfallen sei 35° gegen Südost. In den Aufzeichnungen eines Geologen würde das folgendermaßen aussehen: 185°—35° SE. Diese endgültige Eintragung macht den Grund für die vorangehende Erklärung deutlich. Um aber nun zusammenzufassen: Man sollte sich folgendes merken: die dreistellige Zahl bedeutet die Streichrichtung; die zweistellige Zahl gibt den Einfall*winkel* an, und die zuletzt angegebene Richtung bedeutet die Einfall*richtung*, wobei es zwei Möglichkeiten gibt.

Im Gelände stellt ein Geologe diese Lagerungsverhältnisse der Gesteine auf seiner Karte oder Luft-Photographie durch Symbole dar. Die am meisten gebrauchten sind in Abb. 70 dargestellt.

Abb. 71. In geneigten Schichten bei Shiprock (Neu-Mexiko) hat sich ein dem Streichen des Gebirges folgender Kamm, eine Schichtrippe, gebildet. *(Phot.: John S. Shelton.)*

Falten

Wenn Schichtgesteine durch Kräfte des Erdinnern zusammengepreßt werden, können sie zu wellenförmigen Strukturen verformt werden. Diejenigen, die Wellenkämmen ähneln, heißen *„Antiklinalen"* — aus dem Griechischen: „gegensätzlich geneigt" — oder *„Sättel"* (Abb. 72 und 73), während die anderen, den Wellentälern ähnlichen *„Syklinalen"* (aus dem Griechischen: „zueinander hin geneigt") oder *„Mulden"* genannt werden.

Die Seiten solcher Falten heißen *„Schenkel"* oder *„Flanken"*. Die Linie entlang der höchsten Stelle jeder Schicht, d. h. dort, wo sie über dem Kamm eines solchen Faltensattels umbiegt, ist die *„Achse"*. Sie wäre z. B. dem Dachfirst eines Hauses analog, so wie die

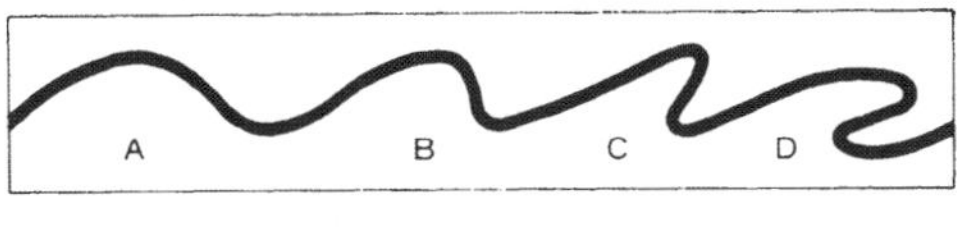

Abb. 72. Faltentypen. A—D: Typen von Antiklinalen und Synklinalen; A: stehend; B: asymmetrisch; C: überkippt; D: liegend.

Abb. 73. Sättel und Mulden in der „Grande Chartreuse" nördlich von Grenoble, Französische Alpen. *(Phot.: Swissair-Photo A. G., Zürich.)*

Achse einer Mulde dem Kiel eines Schiffes entspricht. Ein weiterer Faktor, den man zu beachten hat, ist die Tatsache, daß sich die Struktur der unterlagernden Gesteine nicht immer unmittelbar in den Landformen an der Oberfläche widerspiegelt. Das heißt: Sättel brauchen nicht unbedingt Hügel oder Gebirge und Mulden Täler zu bilden.

Nur wenige Sättel und Mulden zeigen eine regelmäßige Form wie die in Abb. 73 dargestellten. Sehr viel häufiger ist eine Flanke steiler als die andere; eine solche Falte wird *„asymmetrisch"* genannt. In diesem Falle sind die beiden Sattelflanken nach verschiedenen Richtungen unter verschiedenen Winkelbeträgen geneigt (Abb. 72). Bei heftiger Pressung können die Falten *„überkippt"* sein; dann fallen die beiden Schenkel in der gleichen Richtung ein, aber die Schichten im Liegendschenkel sind oft so weit herumgedreht, daß ihre Unterseite nach oben weist. Im extremen Fall kann die ganze Falte so weit überkippt sein, daß die Achsenebene (die Ebene, die durch die Achsen aller Einzelschichten verläuft) horizontal oder fast horizontal liegt (Abb. 72). Eine solche Struktur heißt *„liegende"* Falte (siehe Abb. 63); in den Alpen erreichen diese manchmal ungeheure Ausmaße.

Tiefe Bergwerke und Ölbohrungen zeigen, daß sich sehr oft die Geometrie einer Falte im tiefen Untergrund völlig von derjenigen an der Oberfläche unterscheidet. Solche Strukturen werden *„disharmonische Falten"* genannt (Abb. 74), und sie sind wahrscheinlich häufiger als eine nicht-disharmonische Faltung. Der Versuch zu erschließen, wie sich eine an der Oberfläche auftretende Falte in der Tiefe verhält, ist eine Art Glücksspiel, das die Tätigkeit eines Geologen, besonders eines Erdöl-Geologen, zu einer den Scharfsinn so anregenden Aufgabe macht.

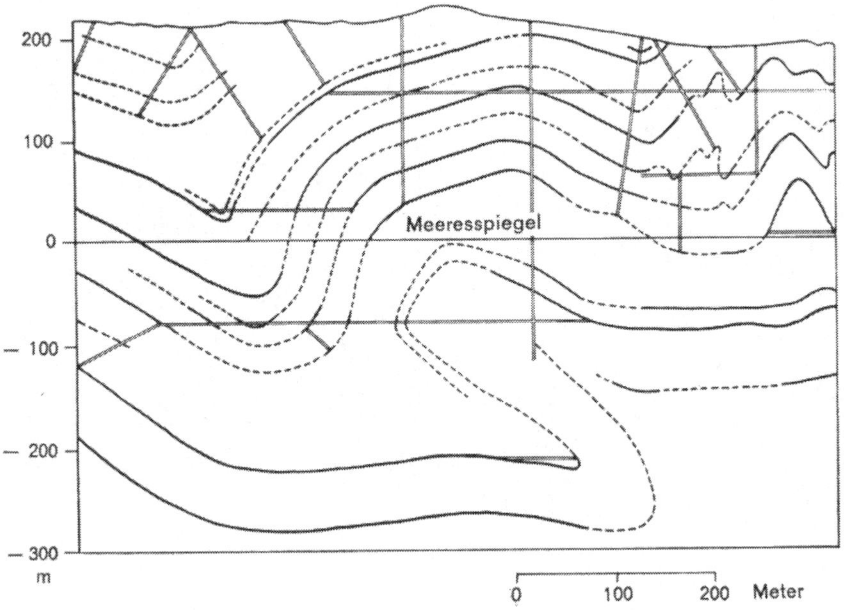

Abb. 74. Disharmonische Falten. Der Querschnitt durch das Anthrazit-Kohlenbecken im nördlichen Pennsylvanien zeigt, daß zwischen den Strukturen an der Erd-Oberfläche und denjenigen in der Tiefe keine engen Beziehungen bestehen.

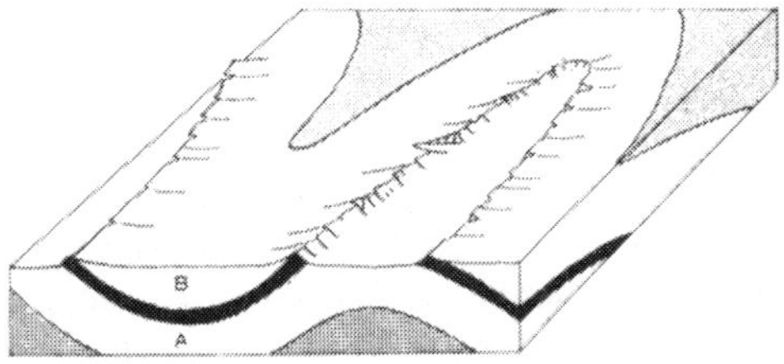

Abb. 75. Abtauchende Falten, in denen die Achse nicht horizontal liegt, sondern geneigt ist (in diesem Fall gegen den Hintergrund des Diagramms). Das Streichen des Kammes, der durch die schwarz dargestellte Schicht gebildet wird, quert die Faltenachse.

Sättel und Mulden setzen sich nicht gleichmäßig über das Erdantlitz hin fort wie die Wellen eines Blechdaches. In vielen Fällen scheinen solche Falten im Untergrund zu verschwinden, wenn man ihnen auf eine längere Strecke der Achse entlang folgt. Wenn das eintritt, sagt man, *sie tauchen ab,* wie das in den Abb. 75 und 76 gezeigt wird. Ein sorgfältiges Studium des Diagramms und dazu die Betrachtung der Photographie eines natürlichen, abtauchenden Sattels bringen die folgenden Beziehungen klarer zum Ausdruck, als es lange Darlegungen tun könnten.

Abb. 76. Blick nach Osten entlang einem im Westen — gegen den Beschauer — abtauchenden Sattel. Das Schichtstreichen ändert sich von Ost/West an den Flanken der Falte auf Nord/Süd (rechtwinklig zur Faltenachse) am abtauchenden Ende der Falte. In der Nähe von Vernal, Utah. *(Phot.: John S. Shelton).*

1. Sättel tauchen in der Richtung ab, zu der hin ihre Flanken konvergieren (zusammenrücken).
2. Mulden tauchen in der Richtung ab, in der ihre Flanken divergieren (auseinanderstreben).
3. In dem Diagramm ist Schichtglied A älter als Schichtglied B. So zeigt sich in Sätteln, daß die Gesteine auf die Achse zu fortschreitend älter werden; in einer Mulde werden sie jünger.
4. Das auf der Achse gemessene Einfallen gibt auch einen Maßstab für den Betrag des Falteneintauchens ab (Abb. 76). Man beachte auch, daß die Schichten dort, wo sie die Achse schneiden, unter rechtem Winkel quer zur Achse streichen, und zwar sowohl im Sattel wie in der Mulde.

Kuppeln und Schüsseln sind zwei andere Typen von Falten, die eine Erwähnung verdienen. Im geologischen Sprachgebrauch ist eine Kuppel („Dom") ein Sattel, dessen Flanken in allen Himmelsrichtungen nach außen geneigt sind (Abb. 77). Manche Dome können im Grundriß fast kreisrund sein, aber meist sind sie länglich, und auf einer geologischen Karte erscheinen die verschiedenen Schichtglieder als lang-elliptische Ringe. Eine „Schüssel" ist das Gegenstück zu einer Kuppel; sie ist gleichfalls eine geschlossene Falte, aber die Flanken fallen einwärts gegen die Achse ein und nicht nach außen, wie bei einer Kuppel.

Abb. 77. Little Maverick Dome nordwestlich von Riverton, Wyoming. Das Streichen der Schichten wechselt abrupt an den eintauchenden Enden der Struktur. *(Phot.: John S. Shelton.)*

Salzstöcke

Salzstöcke, bizarre geologische Strukturen, sind zwar selten, haben aber eine unverhältnismäßig große wirtschaftliche Bedeutung. Im typischen Falle steigen sie im Untergrund als schmale, dünne, zylindrische Salzsäulen auf, mit vielleicht 1½ km oder so im Durchmesser und wohl 5000 bis 7000 m Höhe, wobei sie das umschließende Sedimentmaterial durchstoßen (Abb. 78). Seit über einem Jahrhundert waren solche Intrusionen in Norddeutschland die Basis einer Salzgewinnung. In Nordamerika sind sie besonders entlang der Küste des Golfs von Mexiko entwickelt, wo wenigstens 150 Einzelfälle bekannt sind. In Rußland kommen ferner bedeutsame Salzdome am Ufer des Kaspischen Meeres vor, und hier mag etwa die gleiche Anzahl vorhanden sein. Auch in den rumänischen Karpaten beziehungsweise in deren Vorland treten sie auf, sowie beiderseits der Westpyrenäen in Spanien und Südwest-Frankreich. Am interessantesten sind vielleicht diejenigen Persiens; denn hier hat sich das Salz seinen Weg bis zur Oberfläche gebahnt, wo es als gletscherartige Massen aus den Zentren erodierter Sättel ausfließt. Wegen des trockenen Klimas wird das Salz nicht aufgelöst.

In den Vereinigten Staaten reicht kein Salzstock bis an die Oberfläche, und so sind sie beispielhaft für eine geologische Struktur, die lediglich durch die beschränkten Aufschlüsse bekannt ist, wie sie tiefe Ölbohrungen oder weniger tiefe Salz- und Schwefel-Bergwerke darstellen. In Avery Island bei New Orleans, in einem der besser bekannten Salzstöcke der Golfküste, reicht das Salz bis auf etwa 5 m unter die Tages-Oberfläche und wurde bis zu einer Tiefe von etwa 4300 m erbohrt, ohne daß man die Basis erreicht hätte. Durch Zufall erhielt man Kenntnis davon, daß sich Erdöl auf den Flanken eines Salzstocks ansammeln kann; das geschah in einer ganz unerwarteten Weise dadurch, daß eine im

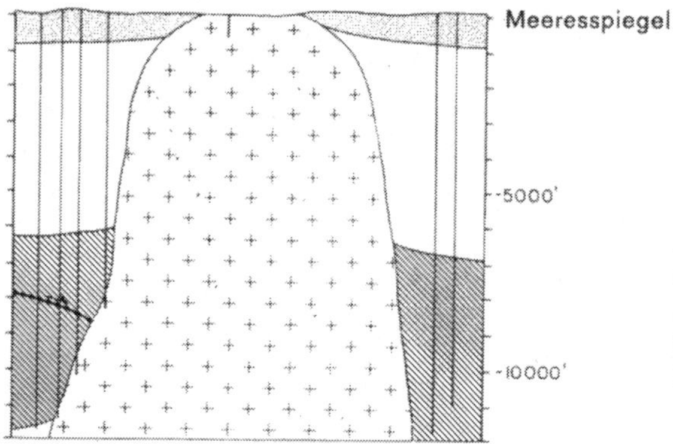

Abb. 78. Querprofil durch den Avery-Island-Salzstock im südlichen Zentral-Louisiana. Die senkrechten Linien stellen Bohrlöcher dar. Man sieht, wie das Salz (Kreuz-Signatur) känozoische Sedimentgesteine durchdringt.

Jahre 1901 von Kapitän A. F. Lucas bei Spindletop, Texas, niedergebrachte Ölbohrung völlig außer Kontrolle geriet und als eine der größten „Wildcat"-Entdeckungen aller Zeiten das umgebende Gelände mit Öl überflutete.

Viele der Salzstöcke an der Golfküste tragen eine unregelmäßige Kappe von Kalkstein, Anhydrit, Gips und gelegentlich auch Schwefel, die als *„Hutgesteine"* bezeichnet werden. Es mag vorweggenommen werden, daß der Ursprung dieser ungewöhnlichen Gesteinsgemeinschaft umstritten ist. Einige Geologen meinen, daß es sich hier um unlösliches Material handele, das zurückblieb, als Salz nahe dem oberen Ende der aufsteigenden Salzstock-Säule aufgelöst wurde. Andere nehmen an, daß die Materialmasse im Hutgestein vom Salz bei seinem Aufstieg zur Oberfläche mitgeschleppt wurde und vielleicht aus den das Salz unmittelbar überlagernden Schichten stammt. Für das Zusammenvorkommen von Kalkstein und Schwefel erscheint aber eine dritte Auffassung sehr plausibel; nach dieser handelt es sich um chemische Neubildungen, um die Produkte von Reduktions-/Oxydationsvorgängen bei einer Einwirkung von Erdöl auf Gips oder Anhydrit. Dabei kann sich aus dem Kalziumsulfat „Gips" einerseits Kalziumkarbonat, andererseits elementarer Schwefel bilden.

Wenig Zweifel scheint darüber zu herrschen, daß sich Salzstöcke aus den Tiefen unter ihnen emporschoben gleich Gigantenfingern, die nach oben in die Kruste gestoßen wurden. So durchbrechen sie die Schichten in ganz der gleichen Weise, wie das hypabyssische Magmaintrusionen tun. So wurden auch die Randschichten, die gegen das Salz stoßen, aufwärts geschleppt, als ob das Salz durch sie hindurchgepreßt wäre.

Was ließ eine so plastische Substanz wie Salz das unmöglich erscheinende Kunststück vollbringen, sich seinen Weg durch 5 km festen Gesteins nach oben zu bahnen? Das weiß niemand; aber eine verbreitete Theorie besagt, daß das Salz aufsteigt, weil es eine viel geringere Dichte als das umgebende Gestein hat. Vielfach wird die Meinung vertreten, daß dann, wenn eine unterlagernde, zunächst im wesentlichen horizontale Salzschicht leicht beulenförmig verformt wird, sich zunächst ein Kanal öffnet und daß dann das Salz bei den ausgesprochenen Dichteunterschieden, die sich zu seinen Gunsten auswirken, wie

Zahnpasta nach oben gepreßt wird. Es behält aber genügend Festigkeit in sich selbst, um sich seinen Weg durch Gesteine wie Schieferton, Sandstein und Kalk zu erzwingen.

Klüfte

Fast alle an der Erd-Oberfläche sichtbaren Gesteine sind von Rissen oder Spalten durchzogen. Das sind so alltägliche Dinge, daß nur wenige Menschen ihnen mehr als eine ganz gelegentliche Beachtung schenken. Wenn man sie überhaupt bemerkt, so werden sie wahrscheinlich als etwas angesehen, das es immer gegeben hat und das keiner Erklärung bedarf.

Tatsächlich aber verlangt die Natur solcher Risse oder *Klüfte* eine Erklärung. Die Abstände zwischen den Einzelklüften können wenige Zentimeter betragen, aber auch mehrere Meter. Große Zwischenräume zwischen Kluftflächen sind allerdings selten. Klüfte sind sehr oft ziemlich gleichförmig verteilt, und die Kluftabstände können für einen gegebenen Gesteinstyp recht konstant sein. Im allgemeinen ist der Abstand geringer in feinkörnigen, größer in grobkörnigen. Hornfels, Schieferton und Schluffstein pflegen ebenso wie magma-

Abb. 79. Weitständige Klüfte bestimmen die Schornstein-förmigen Spitztürme aus dickbankigem Sandstein im Monument Valley, Arizona. *(Phot.: John S. Shelton.)*

Abb. 80. Engständige Klüfte in einem Sandstein sind im Kern eines Sattelzuges nordwestlich von Moab (Utah) entblößt. *(Phot.: John S. Shelton.)*

tische Gesteine, z. B. Basalt und Obsidian, eng geklüftet zu sein. Granit, Gneis und dickbankiger Sandstein — so der Sandstein, der die steilen Felswände im Zion-Nationalpark bildet — sind oft weit geklüftet (Abb. 79). In einigen Gegenden bestimmen die Klüfte geradezu das Landschaftsbild (Abb. 80). Das gilt besonders für das Arches-Nationaldenkmal in Utah, und die in regelmäßigen Abständen angeordneten Klüfte, die sich nahezu unter rechtem Winkel schneiden, sehen aus der Luft wie die Ruinen einer alten Stadt aus. Das Phänomen fällt besonders ins Auge, wenn man eine Luftreise von Los Angeles nach Denver macht, speziell, wenn man dabei am Zion-Park vorbeifliegt.

Klüfte treten typischerweise in *Scharen* auf, und in vielen Fällen schneiden sie einander in drei Richtungen, die ungefähr unter rechten Winkeln zueinander stehen (Abb. 81). Wenn diese Brüche gleiche Abstände einhalten, kann ein Gesteinsausbiß einem Mauerwerk ähneln, und auf diese Anordnung bezieht sich auch der im englischen Schrifttum verwandte Ausdruck *„mural jointing"* (mauerähnliche Klüftung). Die englischen Kohlen-

Abb. 81. Kluftscharen zerspalten die granitischen Gesteine an der Ostflanke des Mt. McAdie, Sierra Nevada (Kalifornien). *(Phot.: Tom Ross.)*

Bergleute benutzen diese Bezeichnung von alters her, weil solch rhythmisch geklüftete Gesteine wie Ziegelsteine in einer Mauer aussehen.

In einigen Gesteinen kann eine Kluftschar über die anderen dominieren, und wenn der Abstand gering und die Anordnung gleichförmig ist, so kann die Hauptklüftung — oberflächlich gesehen — der Schichtung ähneln. Eine so wohlausgebildete Klüftung nennt man *„bankige Klüftung"* oder *„Plattung"*; sie kann für granitische Gesteine sehr charakteristisch sein.

Ein anderer Klüftungstyp im Granit hat die Form gekrümmter Schalen; in sehr eindrucksvoller Weise treten sie in dem großen Gewölbe des Half Dome auf, welcher sich oberhalb des Yosemite-Tales erhebt. Der Abstand zwischen den Einzellagen in diesen Gesteinsschalen übertrifft 3 m erheblich, d. h. er ist größer, als daß die Erscheinung durch Verwitterung hervorgerufen sein könnte. Ihre Regelmäßigkeit verlangt eine Erklärung.

Recht verbreitet ist die Auffassung, daß viele Klüfte, einschließlich dieser konvexen, plattig-schichtartigen Klüfte, das Ergebnis einer Druckauslösung sind. Der Granit im heutigen Half Dome kristallisierte in großer Tiefe innerhalb der Erde unter sehr hohem Umschließungsdruck. Nun, da der Granit an die Oberfläche trat, weil das Dach metamorpher Gesteine durch Erosion fortgeräumt wurde, bildeten sich diese schalenartigen Ablösungsflächen als Wirkung der Druckentlastung. Daß die Richtung, in der die Gesteine zerspringen, nach oben weist, ist logisch, da der atmosphärische Druck so viel leichter zu überwinden ist als die Umschließungs-Druckwirkung des Granits in der Erdkruste (Abb. 196).

Natürlich lassen sich nicht alle Klüfte durch eine solche Ursache allein erklären. Manche sind das Ergebnis von Scher- oder Druckspannungen, die sich in den Gesteinen bei einer Deformation in der Erdkruste herausbilden. Andere — und darunter die am vollkommensten ausgebildeten — entstehen durch Kontraktion infolge Austrocknens oder Abkühlens bei der Kristallisation. Die für Basaltergüsse und -Lagergänge typischen Säulen, so diejenigen des Devil's Postpile (Abb. 29) und des Giant's Causeway (Kapitel IV), sind für diesen Klufttyp besonders beispielhaft.

Verwerfungen

Klüfte sind Brüche im Gestein, entlang denen nur sehr wenig Bewegung stattgefunden hat. Verwerfungen dagegen sind Brüche, an denen ein bedeutender Versatz erfolgt ist. In einigen Fällen ist die Verschiebung nur gering, in anderen kann sie bis mehrere hundert Kilometer betragen, — und in diesem Fall ist es faktisch unmöglich, die Gesteine auf der einen Seite des Bruches in der Erdrinde mit ihren Widerparten auf der anderen Seite zum Passen zu bringen. Bei kleineren Verwerfungen ist das häufig möglich, und dann sind wir in der Lage auszusagen, wie die relative Verschiebung entlang der Verwerfung ablief (Abb. 82). Die wirkliche Bewegung längs einer Bruchfläche äußert sich nicht nur in der Diskontinuität der Gesteine auf beiden Seiten, sondern auch durch das Vorhandensein von Rutschstriemen oder Schrammen, sogenannten *„Harnischen"*, auf der Verwerfungsfläche. Manchmal sind auch die an die Verwerfung unmittelbar angrenzenden Gesteine pulverisiert oder zu Bröckchen zermahlen, wobei sie ein toniges Material bilden, das man *„Verwerfungsletten"* oder *„Gangletten"* nennt.

Jahrhunderte hindurch sind solche Brüche in den Gesteinen eine schwierige Aufgabe für den Bergmann und oftmals eine Ursache der Verzweiflung gewesen. Es ist sehr entmutigend, einem Kohlenflöz oder einer Goldader im Untergrund zu folgen und dann zu sehen, daß sie plötzlich vollständig verschwindet; der Bergmann sieht sich dann, finster

Abb. 82. Kleine Verwerfungen versetzen die Gesteinsschichten bei Zuma Beach, Kalifornien. *(Phot.: William Aplin.)*

blickend, taubem Gestein gegenüberstehen. So erschienen dem Bergmann von Anno dazumal die Verwerfungen nicht gerade als eine hilfreiche Geste Plutos, des Gottes der Unterwelt.

Da Verwerfungen Brüche sind, stellen sie Flächen dar, die manchmal annähernd eben sein können. Die Gesteine auf der einen Seite der Verwerfung sind an denen auf der anderen Seite entlang geglitten, — das ist der wesentliche Sachverhalt. Bevor wir uns aber mit komplizierteren Fragen beschäftigen, haben wir uns zunächst mit der einfachen Tatsache zu befassen, daß wir es mit einer geneigten Ebene zu tun haben und daß diese ebenso ein Fallen und ein Streichen hat wie die ebenen Oberflächen von Schichtgesteinen.

Betrachten wir einmal die Verwerfung in Abb. 83 A. Sie hat ein Einfallen von 45°, und die schwarze Gesteinsschicht oberhalb der Verwerfung erscheint, wie die Pfeile andeuten, relativ zu der gleichen Gesteinsschicht unterhalb der Verwerfungsfläche nach unten verschoben. Den Ausdrücken „oberhalb" und „unterhalb" kommt keine präzise Spezialbedeutung zu, und so sind die alten Bergmanns-Ausdrücke *„Hangendes"* und *„Liegendes"* geeigneter. Stellen wir uns vor, wir folgen einer Verwerfung oder einem Gange im Gebirge mittels eines Schrägschachtes; dann liegt die Sohle des Schachtes unter unseren Füßen — sie ist das „Liegende" — während die Decke über uns hängt — sie bildet das „Hangende". Wenn wir nun diese Ausdrücke in die Definition einsetzen, dann läßt sich die Verwerfung in Abb. 83A als eine solche bezeichnen, bei der das Hangende sich relativ zum Liegenden offensichtlich abwärts bewegt hat. Eine solche Verwerfung heißt *normale* oder *rechtsinnige Verwerfung*; um den Bewegungsvorgang deutlich zu machen, spricht man auch von *„Abschiebung"*.

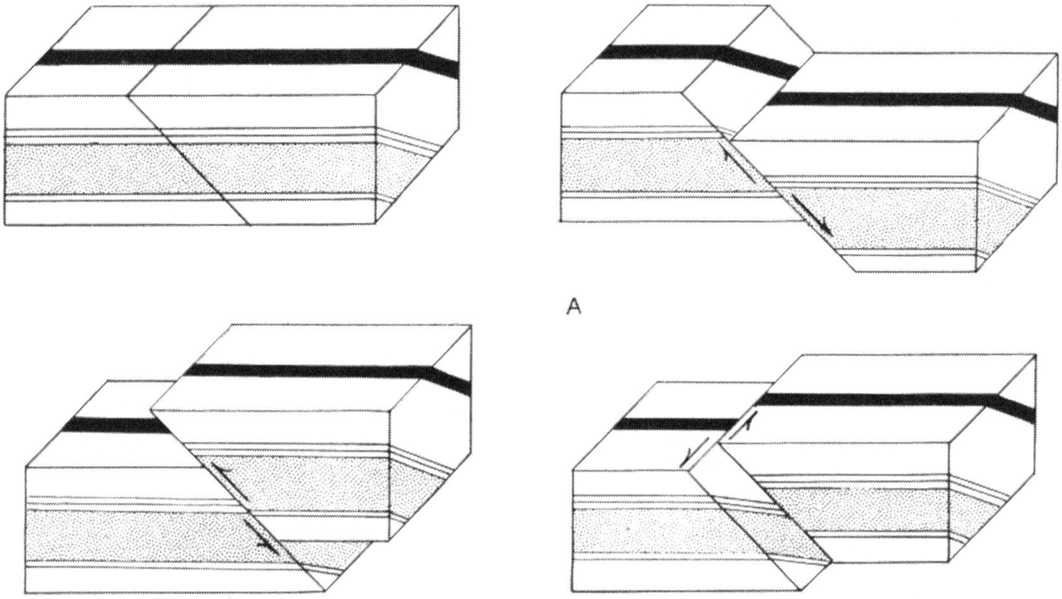

Abb. 83. Verwerfungstypen. Blockdiagramme geschichteter Gesteine, die gestört werden durch: A eine normale Verwerfung (Abschiebung), B eine inverse Verwerfung (Aufschiebung), C eine Blattverschiebung.

Die umgekehrte Sachlage (Abb. 83B), bei der das Hangende gegenüber dem Liegenden deutlich aufwärts bewegt wurde, heißt nun *„widersinnige Verwerfung"* oder *„Überschiebung"*. In dieser allgemeinen Form wird der Ausdruck besonders dann angewandt, wenn das Einfallen 45° oder mehr beträgt. Wenn die Neigung der Verschiebungsfläche gering und die Bewegung sehr weit ist, spricht man von *„Decken-Überschiebungen"*. Von ihnen wird gegen Ende dieses Kapitels eingehender zu sprechen sein.

Bei den bisherigen Erörterungen wurde, wie Sie bemerkt haben werden, für die Relativbewegung an normalen Verwerfungen oder an Überschiebungen vorausgesetzt, daß sie nach oben oder unten in der Einfallrichtung der Verwerfungsfläche erfolgt sei. Die tatsächliche relative Versetzung einst zusammenhängender Punkte, *gemessen auf der Verwerfungsfläche* selbst, heißt *„Verschiebungsbetrag"*. Abb. 84 illustriert die drei Arten von

Verschiebungsbeträgen, die zu unterscheiden sind. Die *Horizontalverschiebung* (C) ist diejenige Komponente der Gesamtbewegung, die auf die Streichrichtung der Störung entfällt; *„Verschiebung im Einfallen"* (A) ist die Bewegungskomponente auf der Verwerfungsfläche in Richtung des Einfallens. Die wirkliche Bewegung erfolgte im speziellen Fall der Abbildung 84 entlang der Linie B; es handelt sich hier um eine *„Schrägverschiebung"*, und die Strecke B bedeutet den *„wahren Verschiebungsbetrag"*.

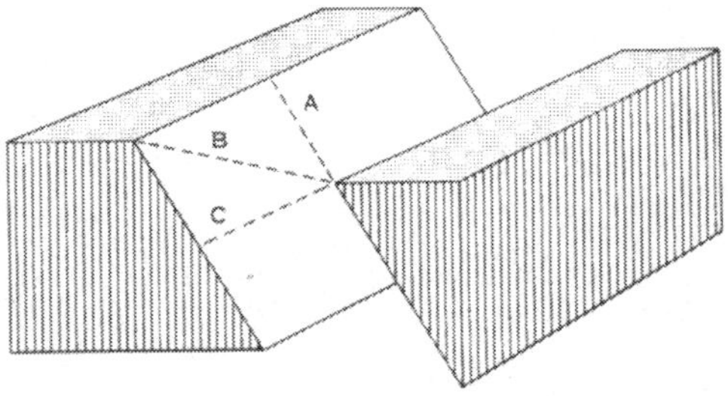

Abb. 84. Formen der Bewegung entlang einer Verwerfungsfläche. Der Block wird durch eine geneigte Verwerfung zerschnitten und zeigt: A Verschiebungsbetrag im Einfallen; B Gesamtverschiebung in schräger Richtung; C Verschiebungsbetrag im Streichen auf der Verwerfungsfläche.

Horizontalverschiebungen sind eine besondere Kategorie, der große Bedeutung zukommt. Es handelt sich dabei um Verwerfungen, bei denen die Versetzung der Schichten vorwiegend *horizontal* erfolgt ist; dabei steht in vielen Fällen die Verwerfungsfläche *senkrecht*. Das klingt paradox, doch ist der hier vorliegende Sachverhalt leicht zu verstehen, wenn man sich zwei Ziegelsteine auf einem flachen Tisch vorstellt und diese aneinander vorbeigleiten läßt. Die Ziegelsteine bewegen sich horizontal, aber die Fläche entlang den sie trennenden Kanten ist vertikal. Einige Horizontalverschiebungen sind sehr lange Bruchzonen und weisen seitliche Versetzungen von vielen Dutzenden von Kilometern auf. Zwei sehr bekannte Fälle solcher Art sind die Great-Glen-Verwerfung in Schottland (Abb. 96) und die San-Andreas-Verwerfung in Kalifornien (Abb. 94); beide werden weiter unten beschrieben.

Normale Verwerfungen (Abschiebungen)

Die Diagramme in Abb. 83 A und B sind unrealistisch; bei ihnen ist nicht berücksichtigt, daß dann, wenn sich Gesteine im Untergrund um den angegebenen Betrag verschieben, auch an der Boden-Oberfläche ein sichtbarer Versatz auftreten müßte. Wenn ein solcher Absatz vorhanden ist, spricht man von einer *„Verwerfungs-Böschung"* oder *„Bruchstufe"* (Abb. 85); sie kann einen niedrigen, linearen Steilhang darstellen, der unbekümmert quer durch alle Geländeformen schneidet, denen er begegnet. Eine ganze Zahl solcher niedriger, durch Verwerfungen bedingter Steilhänge sind plötzlich in weit auseinander liegenden Teilen der Welt aufgetreten, wo Erdbeben besonders häufig sind. In den Vereinigten Staaten gibt es einen eindrucksvollen Fall in Alaska, wo bei dem Beben in der Yakutat-Bucht im Jahre 1899 eine Verwerfungs-Böschung von über 15 m Höhe entstand. Solche geschichtlich junge Böschungen sind besonders charakteristisch für Japan, Neuseeland und Indien sowie in den dem Pazifik benachbarten USA-Staaten Kalifornien und Nevada. Von ihnen verläuft eine der interessanteren und zugleich zugänglichen am Fuß der Alabama Hills, eines Ausläufers des Mt.-Whitney-Sektors der Sierra Nevada. Diese stellenweise gegen 6 m hohe Steilkante rührt von dem Lone-Pine-Erdbeben von 1872 her, bei dem 29 Personen getötet wurden. Ihr Massengrab liegt — sehr angemessen — nahe beim oberen Rand des Hanges.

Abb. 85. Verwerfungsstufe in Flußablagerungen, entstanden beim Hebgen-See-Erdbeben, Montana. *(Vom Montana Highway Dept.)*

Die furchterregende Ostwand der Sierra Nevada im Mt.-Whitney-Sektor wird sehr oft als Beispiel einer Verwerfungs-Böschung aufgeführt (Abb. 86). Es trifft zwar zu, daß Verwerfungen die Front der Bergkette geformt haben, aber der Hang selbst ist in Wirklichkeit keine aufgerichtete Verwerfungsfläche. So steil die Gebirgsfront auch aussieht, wenn man sie von vorn erblickt, so beträgt doch — von der Seite gesehen — die mittlere Hangneigung der meisten Rücken nur gegen 25°; die Verwerfungen innerhalb der Bergkette haben dagegen ein Durchschnitts-Einfallen von 60 oder 70°. Das bedeutet einfach, daß die Stirn der Bergkette eine an eine Verwerfung gebundene Erosionsform ist und daß ihr Hang mit den Gegebenheiten der Verwitterung, des Klimas, der Pflanzendecke und Gesteinsart im Gleichgewicht steht, aber keinen aufgerichteten Teil der Verwerfungsfläche selbst darstellt.

Die Höhe und die ungewöhnliche Gestaltung der Sierra Nevada gehen dagegen auf eine differentielle Hebung zurück — eine Folge der Bruchtektonik. Bei einer typischen Bergkette liegt die Wasserscheide gewöhnlich im zentralen Teil des Gebirges. Die Sierra Nevada ist dagegen stark unsymmetrisch, wobei sich die Wasserscheide sehr nahe am Ostrand befindet (Abb. 87). Der Abhang hinunter zum Ostfuß ist jäh und steil (Abb. 86); nach Westen, gegen das San-Joaquin-Tal, ist er gleichförmig und sanft — streckenweise liegt der Mittelwert der Neigung näher bei 3° als bei 30°. In der Tat, nicht umsonst folgte die Pionierroute der Zentral-Pazifischen Eisenbahn weithin dem Kamm einer dieser westwärts sich abdachenden Rücken; sie war sogar für die mit Holzfeuerung versehenen Lokomotiven eines vergangenen Jahrhunderts befahrbar. Um die Darlegung nicht mit den Einzelheiten der inneren Struktur der Bergkette zu belasten, sei nur gesagt: In ihrem zentralen Teil (dem Abschnitt des Mt. Whitney) ist sie im Prinzip ein westwärts gekippter Block der Erdkruste, der entlang Verwerfungen aufgerichtet wurde, die ihren östlichen Rand bilden.

Abb. 86. Die Ostflanke der Sierra Nevada (Kalifornien) zeigt die Gipfelflur der Kette und den steilen Osthang. Links im Hintergrund liegt der Mount Whitney. *(Phot.: Roland von Huene.)*

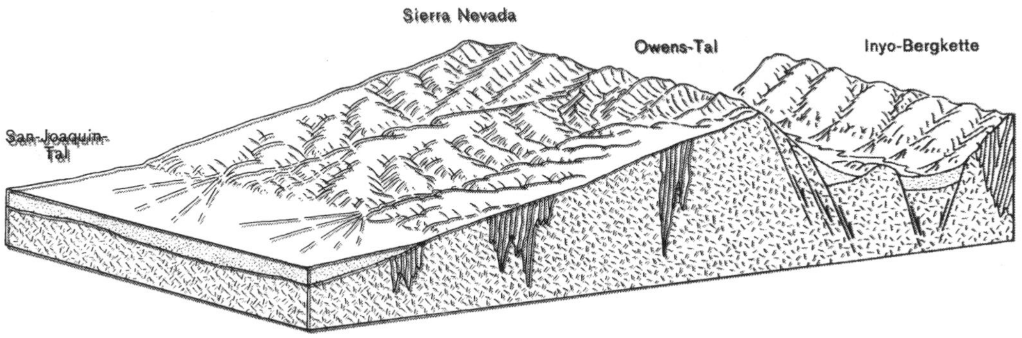

Abb. 87. Strukturelle und physiologische Verhältnisse der Sierra Nevada und benachbarter Gebiete, dargestellt im Blockbild.

Gebirge wie die Sierra Nevada werden von den Geologen gewöhnlich *„Schollen-"* oder *„Blockgebirge"* genannt. Das Wüstengebiet im Westen der Vereinigten Staaten ist reich an Brüchen, und sie sind besonders auffallende Landschaftselemente in Nevada und West-Utah zwischen der Sierra Nevada und dem Wasatch-Gebirge. Tatsächlich zeigen sie ihre reinste Ausprägung in der öden Wüste Südost-Oregons, die in ihrer Trostlosigkeit wie eine Mondlandschaft wirkt. Hier haben Randverwerfungen flachliegende Basaltausflüsse als Einzeleinheiten gehoben oder versenkt; so tritt der Schollengebirgs-Charakter des Gebirges viel deutlicher in Erscheinung als in den Wüstenketten des Südwestens, wo die inneren Strukturen der Gebirge komplizierter sind.

Erdkrusten-Schollen können nicht nur entlang Störungen an *einem* Rand aufgerichtet werden nach Art der Sierra Nevada, sondern sie können auch als ein Block zwischen Verwerfungen an beiden Rändern gehoben werden. Ein solches, von Störungen umgrenztes Plateau wird *„Horst"* genannt (Abb. 88).

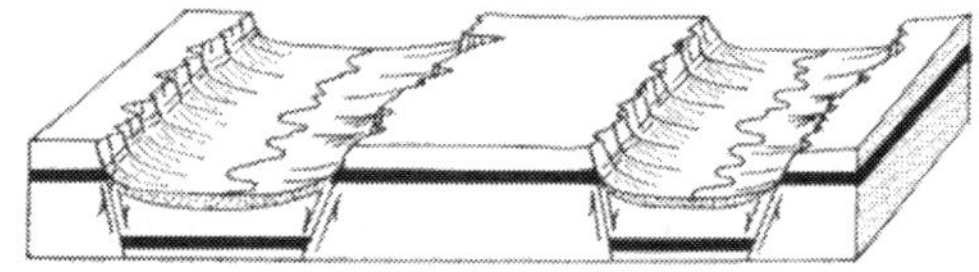

Abb. 88. Das Blockbild veranschaulicht die strukturellen und physiogeographischen Zusammenhänge zwischen einem Horst (Mitte) und anschließenden Gräben (Täler).

Wenn solche langgestreckten Schollen gehoben werden können, so können umgekehrt andere versenkt werden. Ein solches abwärts bewegtes, von Verwerfungen begrenztes, keilförmiges Gebilde wird *„Graben"* genannt (Abb. 88 und 89). Ein bekanntes Beispiel ist der Rheintal-Graben, dem der Rhein von Basel bis Mainz folgt. Hier ist das Tal geradlinig und furchenförmig; Verwerfungen bilden die Ränder des Tals gegen die angrenzenden Hochgebiete, den Schwarzwald im Osten und die Vogesen im Westen (Abb. 90).

Dieser Querschnitt zeigt im Bereich nordwestlich der Vogesen (linker Bildabschnitt) eine bezeichnende Struktur, die derjenigen des Pariser Beckens ähnlich ist. Paris liegt im Zentrum von acht als konzentrische Bögen östlich der Stadt angeordneten Höhenrücken, in denen die Gesteinspakete wie ein Stapel von Untertassen übereinander liegen. Die Rücken zeigen lange, sanfte Hänge gegen Westen und steile gegen Osten. Die ganze von Hader erfüllte Geschichte Europas hindurch hatten diese Rücken für Frankreich immer eine hohe Bedeutung als natürliche Verteidigungsanlagen. Ein Eindringling von Osten hatte sich seinen Weg die steileren Hänge hinauf zu erkämpfen und stand dabei unter

Abb. 90. Ein Querprofil illustriert die Grabennatur und den komplizierten geologischen Bau des Oberrhein-Tales und der anschließenden Gebiete.

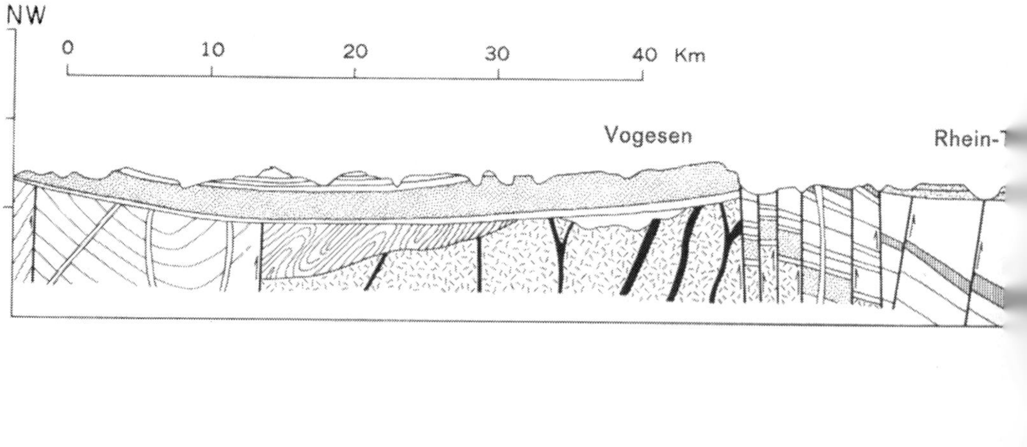

Abb. 89. Der Wildrose-Graben entlang der Westflanke der Panamint Range (Kalifornien) ist eine Einbruchsenke in weichen Sedimenten eines känozoischen Schuttfächers. Zahlreiche kleine Verwerfungsstufen queren die zerfurchte Oberfläche am rechten Ende des Grabens, und weitere Stufen sind auf der gegenüberliegenden Seite des Grabens nahe der Basis des Schuttkegels sichtbar. *(Phot.: John S. Shelton.)*

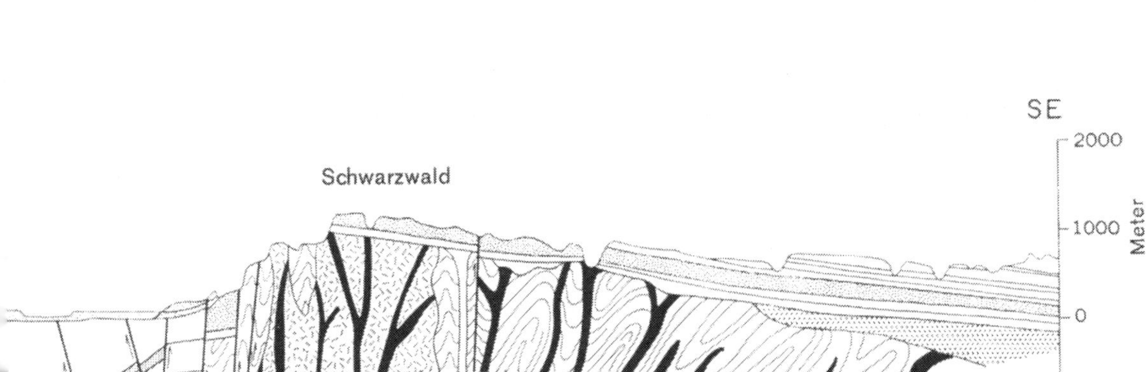

der Beobachtung der Verteidiger, die ihrerseits den Vorteil der weit sanfteren Abhänge für ihre Nachschublinien hatten.

Zum Nachteil für Frankreich nehmen die „Untertassen"-Ränder nordwärts an Höhe ab, bis sie unter der sumpfigen Ebene Flanderns verschwinden. Diese war daher die bevorzugte Vormarschroute; ihr folgte z. B. die deutsche Kaiserliche Armee im Jahre 1914 auf ihrem Marsch durch Belgien gegen Paris. Im zweiten Weltkrieg wurde grundsätzlich die gleiche Taktik angewendet, diesmal erfolgreich; denn sie führte zum englischen Rückzug von Dünkirchen.

Eine eindrucksvolle Grabenzone ist die nahezu ununterbrochene Reihe von Senken, die von Verwerfungen begrenzt werden und sich durch Afrika und einen Teil des Mittleren Ostens hinziehen, von Mozambique bis über das Tote Meer im Jordan-Tal hinaus. Diese großen versenkten Segmente der Erdkruste sind viel zu weiträumig, als daß man sie als „Furchen" bezeichnen dürfte, und deshalb wird häufig dafür die Bezeichnung *„Grabensenken"* verwandt.

Zu den besser bekannten Grabensenken dieses Systems zählt diejenige, in der der Tanganyika-See liegt, dessen Länge 670 km mißt und dessen Breite zwischen 30 und 65 km schwankt. Die See-Oberfläche liegt 770 m über dem Meeresniveau, der Seeboden aber 500 m unter NN. Der Albert-See, wohl der eindrucksvollste, liegt in einer Senke, deren Ostwand 300 bis fast 500 m hoch ist und deren gebirgige Westflanke bis fast 2500 m aufsteigt.

Nach einigen Geologen gehören das Rote Meer und sein östliches Anhängsel, der Golf von Aden, wie auch seine nördliche Fortsetzung, der Golf von Aqaba, strukturell dem gleichen Grabensystem an. Gewiß hat auch das korridorartige Tal zwischen Israel und Jordanien, durch welches der Jordan-Fluß strömt und das den See Genesareth sowie das Tote Meer enthält (die Oberfläche des letzteren liegt 394 m unter dem Meeresspiegel, und seine Tiefe beträgt 400 m) eine ähnliche Entstehung.

Welcher Art sind diese langen, gerade durchziehenden Täler, von denen manche tiefe, schmale Seen enthalten und einige — besonders diejenigen Zentralafrikas — Sitze von Vulkanen sind? Letzteres ist wirklich eine Seltenheit für Gebiete, die so tief im kontinentalen Binnenland liegen. Hierüber gibt es zwei verschiedene Lehrmeinungen, und eine definitive Antwort auf das Problem konnte bisher noch nicht gegeben werden. Die eine Auffassung lautet, daß sie lediglich große Gräben sind mit Randverwerfungen zwischen Talboden und dem angrenzenden, plateauartigen „Veldt", wobei sie in ihrem Streichen im wesentlichen einwärts geneigten normalen Abschiebungen folgen — eine Struktur wie beim Rheintal-Graben, nur in einem sehr viel größeren Maßstab (Abb. 91 A).

Entgegengesetzter Ansicht ist eine Zahl englischer, mit dem Gebiet vertrauter Geologen; nach ihnen sind diese Grabensenken in Wirklichkeit Keile, die im wesentlichen durch auswärts einfallende Überschiebungen nach unten gedrückt wurden, während sich die plateauartigen Ränder der Grabensenke über den hinuntergedrückten Talboden schoben (Abb. 91 B).

Die Verfechter der ersteren Auffassung machen geltend: 1. das Fehlen irgendwelcher Druckerscheinungen — etwa Aufschiebungen oder Falten — in der Nachbarschaft; 2. die geraden, kaum gebogenen Ränder der Grabensenken; 3. das Auftreten von Vulkanen — denn solche meiden offensichtlich Zonen starken Druckes (vgl. S. 81); und 4. die Tatsache, daß bisher überhaupt keine Beispiele dafür bekannt sind, daß Verwerfungen, die nahe der Oberfläche rechtsinnig sind (wie die von Abb. 91 B), in der Tiefe durch Überschiebungen ersetzt werden. Das stößt auf Schwierigkeiten hinsichtlich der Mechanik.

Das wichtigste Argument, auf das sich die Parteigänger eines Hinunter-gedrückt-seins und Nieder-gehalten-werdens der Grabensenken durch die sich aufschiebenden Randschollen berufen, ist eine geophysikalische Feststellung. Schweremessungen in den Grabensenken haben nämlich ergeben, daß das sie unterlagernde Material eine bedeutend geringere Dichte aufweist als die Gesteine unterhalb der angrenzenden Hochplateaus. Das wurde in dem Sinne gedeutet, daß ein Block leichteren Oberflächen-Materials in den dichteren subkrustalen Bereich hineingedrückt wurde und durch die überschiebenden Randschollen festgehalten wird (Abb. 91 B). Tatsächlich kann diese Sachlage auf zweierlei

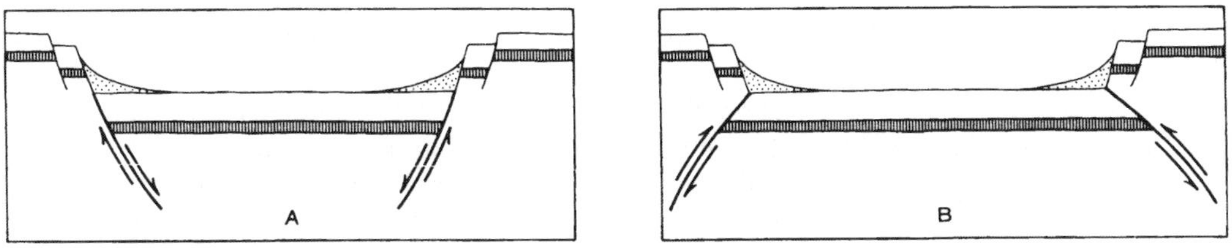

Abb. 91. Schematische Darstellungen demonstrieren zwei entgegengesetzte Ansichten über die Entstehung der afrikanischen Gräben. A: Interpretation als Graben; B: Talzone, durch Aufschiebung der Randschollen entlang Verwerfungen abwärts gedrückt.

Weise erklärt werden. Daß man sowohl der oben zuerst dargelegten Argumentation zustimmen als auch den entgegengesetzten Standpunkt vertreten kann, ergibt sich aus dem folgenden: Wenn diese ausgedehnten Depressionen echte Großgräben sind, dann ist zu erwarten, daß leichteres Material in dichtere Niveaus der Erdkruste einbrach und daß das Material, das den Boden dieser Gräben ausmacht, großenteils aus unverfestigten, relativ porösen Sedimenten besteht, die durch die Erosion von den randlichen Bruchstufen abgetragen wurden. So bleibt die Entstehung der afrikanischen Grabensenken im Ungewissen; sie ist ein Problem, dessen Lösung erst zukünftige Forschung bringen kann.

Seitenverschiebungen

Es bedurfte der Geschehnisse des frühen Morgens des 18. April 1906, um viele amerikanische Geologen jener Zeit vor 60 Jahren davon zu überzeugen, daß es Seitenverschiebungen großen Ausmaßes tatsächlich gibt. An jenem Tage bewegte sich der Boden Kaliforniens im Raum von San Franzisko fast plötzlich entlang der San-Andreas-Spalte in der Weise, daß sich die Scholle westlich der Störung relativ zur östlichen um mehr als 6 m gegen Norden verschob, sehr zum Mißfallen von Grundstücks-Besitzern, Straßenbehörden und einer Anzahl unglücklicher Personen, deren Häuser und Scheunen halbiert wurden.

Seit jener Zeit wurden die San-Andreas-Spalte und andere gleich ihr mehr und mehr eingehend untersucht, und entsprechende „Spalten" wurden in so weit voneinander entfernten Teilen der Welt, wie in Kalifornien, Kanada, Schottland, der Schweiz, den Philippinen, Japan und Neuseeland, festgestellt. Bei derartig verbreitetem Auftreten in so vielen Ländern ist es nicht überraschend, daß für sie eine recht unterschiedliche Terminologie eingeführt wurde. In Deutschland spricht man von *„Seitenverschiebungen"*; wenn sie zugleich quer zum Schichtstreifen verlaufen, heißen sie *„Blattverschiebungen"* (auch „geologische Blätter"). Englische Geologen pflegen solche Brüche *„transcurrent faults"* oder *„wrench faults"* zu nennen. In Amerika wurde der Vorschlag gemacht, sie „lateral faults" entsprechend dem deutschen Begriff „Seitenverschiebung" zu nennen (Hill 1947); so könnte man von einer *„left-lateral fault" („Links-Seitenverschiebung")* dann sprechen, wenn die Scholle, die der die Verwerfung betrachtenden Person gegenüberliegt, offenbar nach links bewegt wurde, von *„right-lateral fault"* (= „Rechts-Seitenverschiebung"), wenn die Bewegung nach rechts ging.

Der Betrag der Versetzung entlang einer Seitenverschiebung ist nicht immer leicht zu bestimmen, wie die Beispiele in Abb. 83 zeigen. Um festzustellen, ob eine Bewegung im Streichen oder im Einfallen erfolgt ist, müssen normalerweise geschichtete Gesteine vorliegen, die unter stark abweichendem Einfallwinkel von der Verwerfung durchschnitten werden. Bei Abb. 83 C, in der geneigte Schichten von einer Störung durchteilt werden, bleibt die Lösung unbestimmt, wenn später nach dem Verwerfungsvorgang der ganze Raum durch Erosion zu einer Fastebene abgetragen wurde. Die Längsverschiebung verursacht hier eine scheinbare Hebung der Schichten rechts der Verwerfung; das gleiche Bild kann auch durch Hebung und Aufschiebung der Scholle rechts der Verwerfung zustande kommen, wie Abb. 83 B verdeutlicht. Mit zunehmender Abtragung der Bruchstufe durch die Erosion verschiebt sich der Ausbiß der vollschwarz gezeichneten, geneigten Schicht fortschreitend in Richtung des Einfallens.

In Abb. 92, welche einen abtauchenden Sattel darstellt, der von zwei Verwerfungen gequert wird und zu einer Ebene abgetragen wurde, ist Verwerfung A eine normale Störung, die den Abschiebungseffekt illustriert; Verwerfung B ist dagegen eine Horizontalverschiebung. Entlang der Ausbißlinie der Verwerfung B erscheinen die auf den beiden Sattelflügeln entgegengesetzt einfallenden Schichten in der gleichen Richtung verschoben; entlang Verwerfung A erscheinen die Schichten auf den beiden Sattelflanken in einander entgegengesetzten Richtungen versetzt, und die Sattelflanken haben sich dabei einander genähert; besonders an der gehobenen Scholle zeigt sich, daß die Verschiebung in der Richtung des Einfallens erfolgte — ganz im Einklang mit der Regel, die im voraufgehenden Abschnitt über die normalen Verwerfungen abgeleitet wurde.

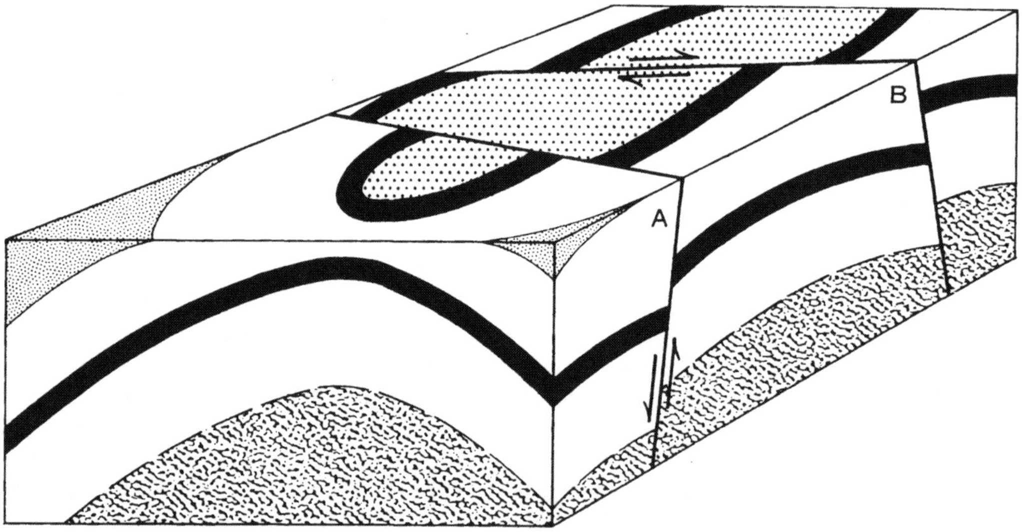

Abb. 92. Vergleich zwischen normalen Verwerfungen und Blattverschiebungen. Im Blockdiagramm wird ein abtauchender Sattel geschnitten von (A) einer normalen Verwerfung, an der (an der Oberfläche) entgegengesetzt einfallende Schichten in Richtung ihres Einfallens verschoben sind; (B) einer Blattverschiebung, bei der entgegengesetzt einfallende Schichten (an der Oberfläche) in gleicher Richtung verschoben sind. Man beachte, daß im Querschnitt in der Nähe der Verwerfung B die Schichten in der gleichen Weise wie bei einer Aufschiebung versetzt sind.

Abb. 93. Die Spur der San-Andreas-Verwerfung quer durch die Carrizo-Ebene (Kalifornien) kennzeichnet sich durch plötzlich endende Abflußrinnen und das Abknicken von Wasserläufen. *(Phot.: John S. Shelton.)*

Zusätzlich können Sie auch im *Profilschnitt* entlang der rechten Seite des Blockdiagramms sehen, daß die scheinbare Bewegung an der Verwerfung B die einer Überschiebung ist, und zwar in der Fallrichtung, während die *wirkliche* Bewegung, wie das Ausbiß-Bild zeigt, einer horizontalen Blattverschiebung entspricht. Aus diesem Grunde wurde der Ausdruck *„anscheinend"* bei unsern Darlegungen verwendet. In vielen Fällen ist es nicht möglich, auf geologischem Wege nach einem Einzelaufschluß zu entscheiden, was die tatsächliche Richtung und Form der Bewegung an einer Verwerfung war.

Hinsichtlich der Relativbewegung entlang einer Verwerfung wissen wir nur, daß sich das eine Teilstück gegen das andere verschoben hat. Es ist schon ein Glücksfall, wenn wir sagen dürfen, daß sich das Hangende bewegte und das Liegende passiv blieb oder umgekehrt. Vielleicht bewegten sich beide Teilstücke, und im Fall der Seitenverschiebung trifft das fast mit Sicherheit zu. Um dem Relativcharakter der Bewegungen gerecht zu werden, zeichnet man gewöhnlich Pfeile mit einander entgegengesetzten Richtungen an Verwerfungen ein, die in Profilschnitten dargestellt sind.

Viele der bisherigen kurzen Erörterungen lassen es deutlich werden, daß die San-Andreas-Spalte eines der bekanntesten Beispiele einer Horizontalverschiebung in aller Welt ist (Abb. 93). Die Karte von Abb. 94, in der eine Anzahl der bedeutsamsten Ver-

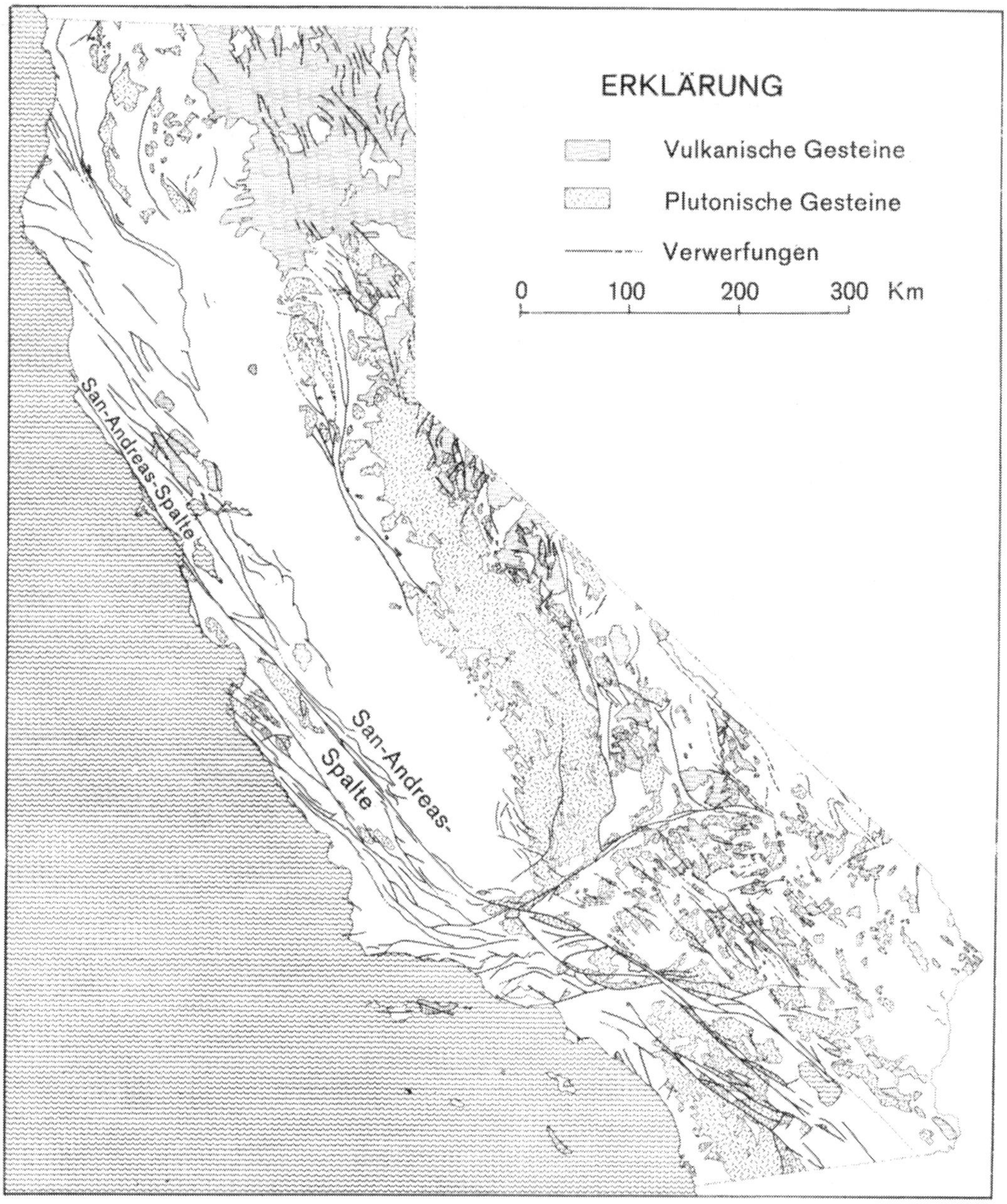

Abb. 94. Vereinfachte geologische Karte von Kalifornien. Sie zeigt den Verlauf der San-Andreas- und anderer Verwerfungen sowie die Verbreitung plutonischer und vulkanischer Magmatite.

werfungen Kaliforniens eingetragen sind, läßt ihre große Länge erkennen; fast 1000 km mißt sie von der Stelle, wo sie nördlich von San Franzisko die Küste schneidet, aus bis zu dem Punkte, wo ihre verschiedenen Verzweigungen unter den Wassern des Golfs von Kalifornien verschwinden. Die Karte zeigt auch, daß sie keinen einfachen Bruch darstellt, sondern ein kompliziertes System von Verwerfungen.

Abb. 95. Loch Ness in den nordwestlichen Highlands von Schottland ist ein See in einem Becken entlang der Spur der Great-Glen-Verschiebung. *(Phot.: Aerofilms and Aero Pictorial, Ltd., London.)*

Theoretisch scheint es vernünftig zu sein anzunehmen, daß bei einem Verwerfungssystem, das in der einen Dimension, der Länge, so groß ist, das gleiche auch in anderen Dimensionen, wie Tiefe und Verschiebungsbetrag, zutreffen müßte. Die Tiefe können wir natürlich nicht messen, doch sollte man meinen, daß der Betrag, um den die Gesteine gegeneinander versetzt wurden, eine leicht zu bestimmende Größe wäre. In Wirklichkeit ist das sehr schwierig. Das Problem erwächst teilweise aus der Tatsache, daß das Streichen der Gesteine, die von der San-Andreas-Verwerfung geschnitten werden, mit dem der Verwerfung selbst fast übereinstimmt, so daß deutlich markierte, scharf begrenzte Durchschneidungen fehlen. Ferner sind die älteren Verschiebungen entlang der Verwerfung unter jüngeren Ablagerungen verborgen, die sich in gewissem Sinne über alte Narben gelegt haben. Nach einem neueren Schätzungsversuch (Hill & Dibblee 1953) soll sich der

Bewegungsbetrag am San-Andreas-Verwerfungskomplex auf rund 160 km in den letzten 60 Millionen Jahren und möglicherweise auf 560 km seit 120 Millionen Jahren — das ist etwa das Alter der ältesten Gesteine, die an die Verwerfung grenzen, — beziffern.

Ein gut bezeugtes Beispiel einer Horizontalverschiebung ist die Great-Glen-Verwerfung in Schottland. Wohl jedem, der sich eine Karte von Schottland ansieht, fällt die fast ununterbrochene Talung auf, die sich mitten durch das Land von der Nordsee bis zum

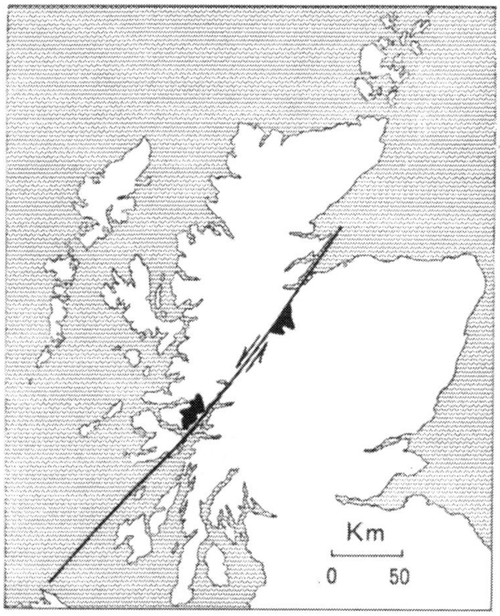

Abb. 96. Die seitliche Verschiebungsweite entlang der Great-Glen-Verschiebung (Schottland) wird durch den Abstand zweier Granitkörper (schwarz) angezeigt, die als früher zusammengehörig angesehen werden.

Atlantik erstreckt. (Zu diesem Tal gehört auch der Loch Ness, die Heimat der legendären Seeschlange; Abb. 95.) Glücklicherweise können die Gesteine und Strukturen an beiden Seiten der Great-Glen-Verwerfung mit einiger Sicherheit parallelisiert werden (Abb. 96), und daraus ergibt sich nach Kennedy (1946) eine Horizontalverschiebung von ungefähr 105 km, wobei der Nordteil des Schottischen Hochlandes relativ nach Südwesten gerückt wurde.

Decken-Überschiebungen

Geologen, die sich im frühen 19. Jahrhundert — um die Zeit des Krieges von 1812 — darum bemühten, die rätselhaften Beziehungen des nordwestlichen Hochlands von Schottland zu klären, gerieten dadurch in Verlegenheit, daß sie Sandstein, Schieferton und Kalkstein als Einschaltungen in einer normal erscheinenden Gneis-Glimmerschiefer-Folge ansahen. Sogar ein so bedeutender Forscher wie Lyell nahm die Sachlage als eine gleichförmige Abfolge offenbar verwandter Gesteine an. Es kam dabei Lyells Ruf zugute, daß in jenen Tagen niemand über die wahre Natur metamorpher Gesteine Bescheid wußte.

Bei fortschreitender Gelände-Aufnahme im 19. Jahrhundert wurde jedoch der selbstzufriedene Gemütszustand, der durch dieses Mißverstehen hervorgebracht war, zunehmend gestört durch 1. die Wahrnehmung, daß metamorphe Gesteine *nicht* in normalem Verband mit Sedimentgesteinen vorkommen können; 2. die Tatsache, daß einige der Kontakte, die verschiedene Gesteinseinheiten trennen, keine normalen Ablagerungsfugen, sondern Störungen waren und sich durch Zerreibungszonen, Harnische und Mylonit als Bewegungszonen erwiesen; 3. wurden Gesteine mit Fossilien älterer geologischer Perioden gefunden *über* Gesteinen mit Fossilien, von denen man wußte, daß sie in späteren geologischen Zeiten gelebt haben.

Bei der Berühmtheit, die Schottland hinsichtlich geologischer Streitfragen genießt, ist es nicht zu verwundern, daß die „Hochland-Kontroverse" zu einem der bekanntesten geistigen Konflikte in der Geschichte der Geologie wurde. Um 1861 gewann die Auffassung an Raum, daß diese anomalen geologischen Verhältnisse das Ergebnis der Aufschiebung großer Gesteinspakete übereinander sein könnten — in ähnlicher Weise, wie solche 1849 als Elemente der inneren Struktur der Alpen gefunden worden waren. Als Folge fast hundertjähriger Bemühungen wurde zur Genugtuung vieler die Existenz großräumiger, fast horizontaler Gesteinsverfrachtungen von vielen Kilometern Weite schließlich erwiesen. Im Schottischen Hochland wurde das Vorhandensein von wenigstens drei Gesteinsschuppen festgestellt, und für diese konnte gezeigt werden, daß sie sich von Südosten gegen Nordwesten bewegt hatten, wobei Kristalline Schiefer über jüngere, nicht-metamorphe Sedimentite verfrachtet wurden.

Derartige Störungen werden *„Decken-Überschiebungen"* genannt; in typischen Fällen ist ihr Einfallen gering, gewöhnlich weniger als 10°; dabei kann die Vorschiebung sehr weit reichen: 15 oder 25 km sind nicht ungewöhnlich, und es kommen auch Überschiebungsweiten von 50 oder 65 km vor.

In den Vereinigten Staaten geschah die Pionierarbeit, die zur Erkenntnis von Decken-Überschiebungen führte, um 1900, großenteils durch die Bemühungen von Bailey Willis, der viele Jahre hindurch Professor für Geologie an der Stanford-Universität war. Ein Beispiel, das er verwandte, um die Existenz einer solchen Struktur in diesem Lande zu erweisen, ist Tausenden vertraut, denn es ist zu einem großen Teil für die Landschaft des Glacier-Nationalparks verantwortlich. Willis zeigte, daß die Ostflanke der Rocky Mountains aus sehr alten — mehr als 500 Millionen Jahre — Sedimentgesteinen besteht, daß diese aber auf Gesteinen ruhen, deren Alter zwischen 60 und 130 Millionen Jahre zählt. Die Unterschiede zwischen diesen ungleichen Schichten werden weiter durch die Tatsache betont, daß die älteren Sedimentgesteine *über* der Überschiebungsbahn der Erosion gegenüber viel resistenter sind und kastellartige Grate und steile Felswände bilden, durchschnitten von tiefen Canyons, welche die Landschaft dieses Nationalparks so berühmt machen. Die Gesteine *unter* der Überschiebungsfläche sind weniger widerstandsfähig und rufen die sanft fließenden, welligen Landschafts-Formen der Hochebenen von Montana im Osten hervor.

Eine der bemerkenswertesten Erscheinungen der großen Decken-Überschiebung des Glacier-Parks — die den besonders angemessenen Namen *„Lewis-Überschiebung"* erhalten hat, zum Gedenken an die ersten Forschungen von Meriwether Lewis in den Jahren 1803—1806 — ist der vorgeschobene Gipfel des Chief Mountain. Dieser Berg ist ein Rest der Überschiebungsdecke, der durch die Erosion isoliert wurde und so in einem gewissen Sinne ein „Berg ohne Wurzel" ist. Ein solcher Erosionsrest einer Decke wird *„Klippe"* genannt. Umgekehrt kann es der Erosion auch gelingen, die Überschiebungsbahn einer solchen Decke zu durchschneiden und das Gestein darunter freizulegen (Abb. 97). Der Bereich, der uns einen solchen enthüllenden Blick in das Reich unterhalb der Überschiebungsfläche erlaubt, wird recht treffend *„Fenster"* genannt.

Viele Deckenüberschiebungen sind keine regulären geometrischen Ebenen, sondern haben kompliziert verbogene Oberflächen; an einigen Stellen kann das Einfallen 10° oder weniger betragen, an anderen kann es sich auf 45° oder so versteilen (siehe z. B. Abb. 267). Einige erhielten diese Form schon bei ihrer Entstehung, andere wurden erst im weiteren

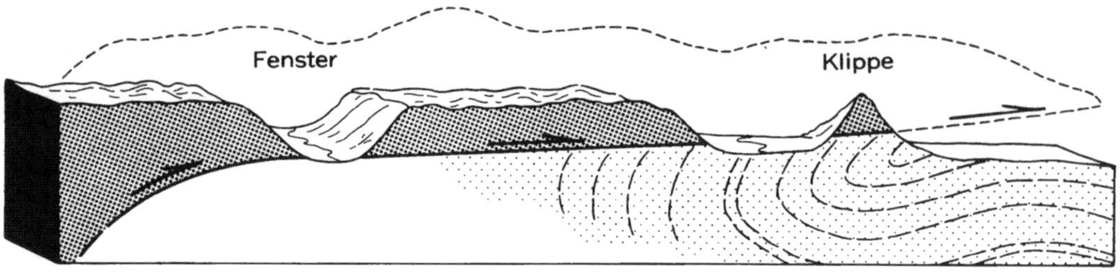

Abb. 97. Ein Querschnitt-Diagramm zeigt eine flache Überschiebungsbahn, auf der sich ältere Gesteine (dicke Punkte) von links nach rechts bewegt haben. Durch Erosion der überschobenen Decke sind außen eine Klippe und innen ein Fenster entstanden. — Die Zeichnung gibt die Verhältnisse entlang der Lewis-Überschiebung im Glacier-Nationalpark (Montana) wieder.

Verlauf der Gebirgsbildung gefaltet oder verbogen. Unabhängig davon, ob sie gefaltet wurden oder nicht, scheinen sie ein sehr flaches Einfallen in Nähe der sich vorschiebenden Deckenfront, die ursprünglich einem zungenförmigen Lappen geglichen haben mag, aufzuweisen, steilere Einfallwinkel aber in der Wurzelzone am Hinterende der Decke.

Der letzte Nachweis für die Existenz von Deckenüberschiebungen wurde von noch lebenden Geologen erbracht, und die Herausarbeitung des komplizierten Bauplans solcher Gebirge wie der Alpen, des Schottischen Hochlandes, der Appalachen und der Rockies gehört zu den in harter Arbeit errungenen Triumphen der Geologie.

Nachdem die Geometrie dieser großen, sich weit vorschiebenden Gesteinspakete ermittelt ist, die eine Verfrachtung in so großem Maßstab bedeuten — etwa wie beim Auseinanderziehen eines altmodischen, zusammenschiebbaren Trinkbechers —, schicken sich die Geologen nun an, das Zentralproblem anzugehen, nämlich den Mechanismus zu ergründen, der für ihre Existenz verantwortlich ist. Wurden die Gesteine von hinten her vorwärts geschoben? Sind die Decken das Ergebnis eines durch die Schwerkraft bedingten Gleitens großer Gesteinsmassen sanft geneigte Hänge hinab? Keine dieser Möglichkeiten kann mit Sicherheit vertreten werden. Neue Untersuchungen haben indessen gezeigt, daß dann, wenn die Porenräume in den Gesteinen unter abnorm hohem Druck mit Wasser gefüllt sind und somit ein Auftrieb-Effekt entsteht, eine geringere Kraft benötigt wird, um die Reibung zu überwinden und eine solche Masse in Bewegung zu setzen, als man früher annahm (Hubert & Rubey 1959).

Unkonformitäten (Diskordanzen)

Der Blick vom Nord- oder Südrand des Grand Canyon aus gehört zu den berühmtesten geologischen Panoramen der Welt. Hier ist ein zumindest 1,6 km dicker Stapel von Sedimentgesteinen, wie Kalk, Sandstein, Schieferton und Konglomerat, zu sehen, wobei eine Schicht über der anderen liegt und das Ganze unten auf einer Plattform aus metamorphen Gesteinen ruht.

Die Geschichte dieser Gesteine ist allerdings keine lückenlose Aufzeichnung, wie das z. B. für die Jahresringe eines riesigen *Sequoia*-Stammes in einem Museum zutrifft, an welchem Daten wie 1066 und 1492 sorgfältig eingetragen sind. Es gibt enorme Lücken in der geologischen Aufzeichnung — ganze Kapitel können in dem Buch fehlen —; geologisch gesprochen: gewöhnlich sind mehr Perioden der Abtragung als der Ablagerung vertreten.

Abb. 98. Die Keystone-Überschiebung in den Spring Mountains westlich von Las Vegas trennt dunkle kambrische Kalke (oben) von hellen jurassischen Sandsteinen (unten). *(Phot.: John S. Shelton.)*

Die Fläche, die zwei Gesteinseinheiten voneinander trennt und damit entweder eine Zeit der Nicht-Ablagerung oder der Abtragung repräsentiert, kann messerscharf ausgeprägt sein. Sie wird dann *„Unkonformität"* oder *„Diskordanz"* genannt und kann sehr wohl einem Hiatus von mehreren hundert Millionen Jahren entsprechen. Es gibt eine ganze Reihe verschiedener Formen von Unkonformitäten, je nach den Beziehungen der Gesteine oberhalb und unterhalb der Erosionsfläche zueinander; die beiden wichtigsten sind: 1. Wenn die Gesteine unter und über der Grenzfläche parallel zueinander liegen, spricht man von *„paralleler Unkonformität"* oder *„Erosionsdiskordanz"* (Abb. 99 B). 2. Wenn sie einen Winkel miteinander bilden, liegt eine *„Winkeldiskordanz"* vor (Abb. 99 A, 100, 101, 102). Eine Variante des zweiten Typs ist es, wenn die jüngeren Gesteine über der Diskordanz auf der Erosions-Oberfläche kristalliner, nicht-geschichteter Gesteine, wie Magmatite oder Metamorphite, ruhen (Abb. 99 C).

Um auf den Grand Canyon zurückzukommen: Das Profil der Abb. 100 zeigt die Haupt-Gesteinseinheiten, die an den Talwänden zu sehen sind. Es gibt drei große Abteilungen; diese sind: 1. Der Basiskomplex aus verschiedenen Arten metamorpher Gesteine, die von kleinen Intrusionen und Gängen — hauptsächlich Diorit — durchzogen werden; 2. die Grand-Canyon-Serie schräg-gestellter Sedimentgesteine; 3. die Plateau-Serie flach-liegender Sedimentite. Man beachte, daß die Grand-Canyon-Serie sowohl von den Gesteinen über ihr als auch von denen unter ihr durch starke Winkeldiskordanzen getrennt ist, die in Abb. 100 mit den Buchstaben A und B gekennzeichnet sind. Größere Schichtlücken innerhalb der Plateau-Serie erweisen das Vorhandensein von zwei größeren Parallel-Unkonformitäten in diesem Schichtpaket; diese Lücken sind durch die Buchstaben C und D gekennzeichnet. Um die Sachlage noch deutlicher zu machen: Die untersten Bänke der

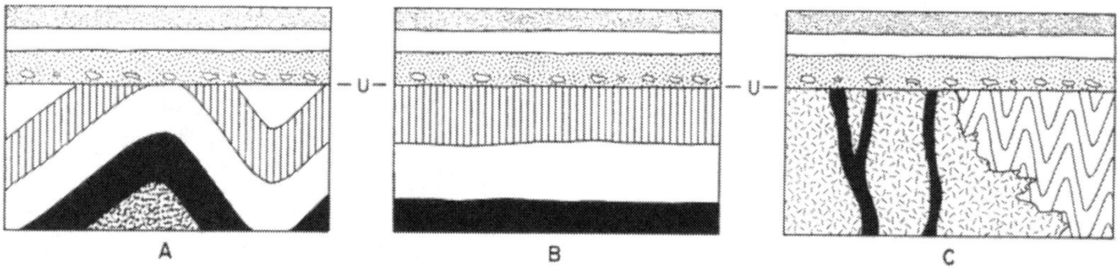

Abb. 99. Verschiedene Formen von Diskordanzen (gekennzeichnet durch „U"). A und C: Winkeldiskordanz; B: Erosionsdiskordanz.

Plateau-Serie wurden vor 440—520 Millionen Jahren abgelagert; sie werden durch eine Sedimentations-Unterbrechung von 120 Millionen Jahren Dauer von den Schichten über der Unkonformität C getrennt; denn diese Schichten über der Unkonformität wurden erst im Zeitraum 235—320 Millionen Jahre vor heute sedimentiert. Die obere der beiden parallelen Unkonformitäten (D) repräsentiert — roh gerechnet — 145 Millionen Jahre ohne Ablagerung, und doch zeichnet sie sich an den Canyon-Wänden nur als eine unbedeutende dünne Linie ab; sie ist kaum mehr als der lithologische Wechsel von Kalkstein zu Schieferton, wobei die Schichten oberhalb und unterhalb der Trennfläche im wesentlichen parallel zueinander verlaufen.

Der Grand Canyon illustriert auch in ausgezeichneter Weise die Schlußfolgerungen, die ein Geologe vornimmt, wenn er den Werdegang eines Gebietes aus der Art der Gesteine, den vermutlichen Bildungsumständen und ihren Strukturverhältnissen entwirren will. Der Grand Canyon ist auch ein besonders geeigneter Fall, um zu zeigen, wie ein einzelner Ausschnitt der Erdkruste wechselweise gehoben und gesenkt werden kann.

Abb. 100. Ein geologischer Querschnitt durch den Grand Canyon von Colorado zeigt die Struktur und die allgemeine stratigraphische Abfolge: (1) Basiskomplex; (2) Grand-Canyon-Serie (schräggestellt); (3) Plateau-Serie (horizontal). A und B: Winkeldiskordanzen; C und D: Schichtlücken.

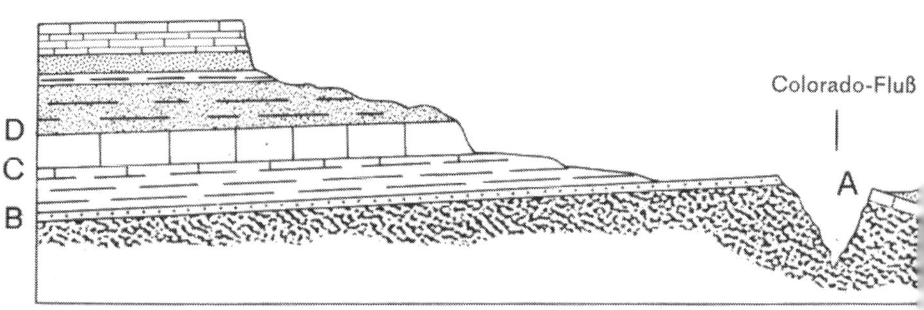

Abb. 101. Die Winkeldiskordanz, die schräggestellte Schichten des präkambrischen Grand-Canyon-Systems von horizontalen paläozoischen Gesteinen trennt, ist in der Nordwand des Grand Canyon aufgeschlossen. *(Phot.: John S. Shelton.)*

Um diesen letzten Punkt noch hervorzuheben, mögen die Hauptabschnitte der geologischen Geschichte des Grand Canyon kurz zusammengefaßt werden:

1. *Ablagerung* der Sedimentgesteine, die heute die Glimmerschiefer im Innern der Schlucht darstellen.
2. *Metamorphose* dieser Sedimentgesteine, begleitet von der *Intrusion* kleiner Dioritkörper.

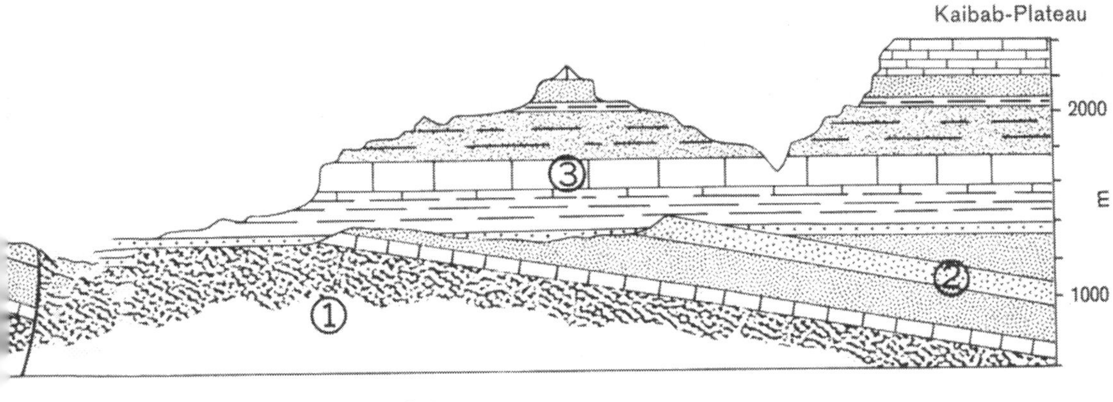

Abb. 102. Gefaltete känozoische Schichten in der Barstow-Mulde bei Barstow (Kalifornien) werden diskordant von horizontal liegenden Schichten jüngerer Flußabsätze überdeckt. *(Phot.: John S. Shelton.)*

3. Tiefe *Erosion* und Abtragung des ganzen Gebietes zu einem fast ebenen Tiefland.
4. *Ablagerung* der Sedimente der Grand-Canyon-Serie, hauptsächlich auf dem Boden eines Meeres, das landeinwärts über die fast ebene Erosionsfläche vordrang, die im Stadium 3 entstanden war.
5. *Deformation* dieser Gesteine hauptsächlich durch große normale Verwerfungen, wodurch ein Bruchschollen-Gebirge entstand.
6. *Abtragung* des Bruchgebirges, bis auch dieses zu einer fast flachen Land-Oberfläche geworden war; so entstand die Diskordanz B.
7. *Ablagerung* von 360 m Sandstein, Schieferton und Kalkstein in dem Meer, das sich landeinwärts über die Erosionsfläche des Stadiums 6 ausbreitete.
8. *Hebung* und *Abtragung* unter Fortführung von Sedimentgesteinen unbekannter Mächtigkeit und Einschneidung der Erosionsfläche, die sich in der Unkonformität C zeigt.
9. *Ablagerung* von ungefähr 180 m Kalkstein auf dem Meeresboden. Dieses Gestein bildet, nebenbei gesagt, die eindrucksvollste Felswand im Canyon.
10. Leichte *Hebung* und *Abtragung* fast ohne gleichzeitige Verformung; denn die Schichten oberhalb und unterhalb dieser Unkonformitätsfläche D liegen praktisch parallel zueinander.
11. *Senkung* und *Ablagerung* von rund 600 m Kalkstein, Sandstein und Schieferton, teils auf dem Land, teils im Meer.
12. Hier endet der Lokalbericht, der aus den Gesteinen abzulesen ist. Der Kalkstein, der die Kante bildet, auf der die verschiedenen Parkhotels und Campingplätze liegen, ist mindestens 185 Mil-

lionen Jahre alt. Augenscheinlich hat sich noch eine Menge ereignet in den Kapiteln, die hier fehlen; aber nach dem Bericht, der in den Nachbargebieten zusammengestückelt werden kann, fand in einem großen Teil der restlichen geologischen Zeit Ablagerung statt, dann geschah Hebung und die Fortführung von mehr als 1000 m Gestein, gefolgt von vulkanischer Aktivität (dargestellt durch das benachbarte San-Franzisko-Gebirge) und schließlich Einschneidung des Colorado-Flusses, bis er seinen heutigen Lauf durch das Kaibab- und Coconino-Plateau ausgefurcht hatte. Diese hoben sich um mehr als 1,6 km in der Vertikalen, fast ohne daß dabei die unterlagernden Schichten Störungen ihres inneren Baues erfuhren.

Man beachte, daß der Canyon, wie der Profilschnitt von Abb. 100 zeigt, wenigstens 13 mal so breit wie tief ist und daß sich die Schichtglieder der Plateau-Serie, die an der Südkante zutage treten, mit ihren Gegenstücken an der Nordkante fast ohne sichtbaren Versatz verbinden lassen. Das sind starke Argumente dafür, daß der Canyon das Ergebnis normaler Flußerosion ist und daß er *nicht* einen kolossalen, eingesunkenen Graben etwas ungewöhnlicher Form darstellt.

VIII. Bodenbewegungen

Erdbeben erinnern uns von Zeit zu Zeit gewaltsam daran, daß die „feste" Erde alles andere als fest ist; in der Tat, bei einem Beben scheint sie nicht mehr Stabilität zu besitzen als eine Schüssel mit Pudding. Erdbeben sind ein deutliches Anzeichen dafür, daß Drücke in der Erdkruste bis zu einem Punkt ansteigen können, wo Gesteine plötzlich zerbrechen, was einen Stoß erzeugt, der Schwingungen auslöst, die sich in allen Richtungen fortpflanzen. Diese Schwingungen sind es, die Gebäude zum Einsturz bringen und die wir *„Erdbeben-Wellen"* nennen.

Andere Anzeichen dafür, daß die Gesteine der Erd-Oberfläche nicht stabil sind, sind schon seit langem bekannt. So findet man z. B. Fossilien von Lebewesen, die einst im Meer lebten, heute weit entfernt im Binnenland, eingeschlossen in den Gesteinen der Gebirge, Tausende von Metern über dem Meeresspiegel. In den Schichten der Toskaner Hügel erhalten gebliebene fossile Schalen waren für das Renaissance-Genie Leonardo da Vinci (1452—1519) ein ausreichender Beweis dafür, daß die Apenninen einstmals vom Meer bedeckt waren. Die gleichen Argumente wurden von Nicolaus Steno (1638—1687) in Florenz beigebracht, der noch die zusätzliche Beobachtung machte, daß horizontal abgelagerte Gesteine nicht nur hoch über das ursprüngliche Ablagerungsniveau hinausgehoben, sondern auch bis zu 90° verkippt werden können. Das vielleicht eindrucksvollste Beispiel eines solchen Wechsels von Land und Meer liefert der stolzeste Berg der Welt, der Everest; denn hoch an seinen Hängen finden sich im Wasser abgelagerte Gesteine mit fossilen Organismen, die während der Eozän-Epoche (ungefähr vor 60 Millionen Jahren) im Meere lebten.

Die Erkenntnis, daß innere Kräfte der Erde solche drastischen Veränderungen hervorbringen können, war lange Zeit nur verschwommen. In alten Zeiten stellte man sich tiefe Schluchten und ähnliche Erscheinungen als Auswirkungen großer Erschütterungen vor. Als die Menschen zum ersten Mal über den Ursprung der Sedimentgesteine nachdachten, waren viele durchaus bereit anzunehmen, daß die Sandstein- und Konglomeratlagen, die heute senkrecht stehen, auch so abgelagert seien. Benedict de Saussure (1740 bis 1799) — einer der ersten Alpinisten, dessen Standbild in Chamonix ehrenvoll an seine erste Besteigung des Mont Blanc (4810 m) erinnert — stellte als einer der ersten einsichtsvolle Beobachtungen über die Natur der Gesteine an, die in einem so stolzen Gebirgszug wie den Alpen zutage treten. Auch er brauchte lange Zeit, um sich selbst von der ursprünglich horizontalen Lage der Sedimente zu überzeugen. Vor seiner Zeit waren Gebirge sehr gefürchtete Plätze gewesen, Schlupfwinkel von Banditen, und über die hohen Pässe zu reisen, war schwieriger, als die meisten von uns es sich vorstellen können, selbst wenn man die Hilfsmöglichkeit durch die Bernhardiner-Hunde mit ihren Fäßchen in Betracht zieht. Bis zum Aufkommen des Alpinismus wurden die Gebirge von wohlerzogenen Leuten gemieden, — außer man marschierte auf einem Feldzug zum Teritorium des Nachbarn quer durch sie hindurch. Diese Vermeidung gebirgiger Gegenden verzögerte die Entwicklung der Geologie in starkem Maße; denn wenn es irgendeinen Bereich gibt, in dem diese Wissenschaft gedeihen kann, dann sind es die Gebirge. Hier sind die mannigfaltigsten Gesteine zur Schau gestellt, und hier sind die Erosionskräfte, wie Gletscher und Sturzbäche, weitaus wirkungsvoller als in den bevölkerten Ebenen.

Derzeitige Verformung der Erdkruste

Aber es war viel mehr als nur ein gelegentlicher Besuch in den Bergen nötig, um zu einem Verständnis der Kräfte zu gelangen, die im Innern der Erde walten und ihre Gesteine verformen. Das Bewußtsein hiervon im landläufigen Sinne geht in seinen Anfängen weitgehend auf das Werk von Sir Charles Lyell (1797—1875) zurück; er schrieb das erste moderne Buch, das sich mit den Grundlagen der Geologie befaßte.

Weil Lyell viele Länder besuchen konnte, erlangte er einen weltweiten Blick, der augenscheinlich vielen seiner viktorianischen Zeitgenossen fehlte. Um ein Verständnis für die Ausmaße zu erlangen, welche Verformungen annehmen können, konnte er kaum günstigere Stellen besuchen als die Küsten des Mittelmeeres. Gebäude wurden an den Ufern dieses fast gezeitenlosen Meeres vor Jahrtausenden errichtet, und da die dauerhafteren von ihnen aus Stein erbaut sind, haben sie den Zerstörungen durch Zeit und Wetter in diesem verhältnismäßig trockenen Klima bemerkenswert gut standgehalten. Diejenigen, die an der Küste erbaut sind, können als ungewöhnlich genaue Anzeiger von Änderungen des Wasserspiegels dienen.

Ein Beispiel, das Lyell sehr bedeutsam schien, sind die drei erhalten gebliebenen Säulen des Tempels des Jupiter Serapis nicht weit von Neapel (Abb. 103). Um die drei Säulen zieht sich je eine kreisförmige Marke bei ungefähr 7 m über dem Meeresspiegel. Unterhalb dieser Linie ist jede Säule in einem 2,7 m breiten Streifen von Vertiefungen durchlöchert. Diese Löcher wurden von Muscheln des Flachwassers gebohrt. Die Obergrenze dieser Zone an den Säulen entspricht einem früheren Stand des Meeresspiegels, und die Löcher, die von den Meeresmollusken gebohrt wurden, führen uns deutlich vor Augen, daß der Tempel einst teilweise unter Wasser stand.

Der historische Befund läßt folgenden Schluß zu: Augenscheinlich wurde der Tempel um das zweite Jahrhundert v. Chr. erbaut; er war auf dem Festland errichtet, muß aber kurz nachher zu sinken begonnen haben; denn nach Einbringung einer Füllschicht von fast $^1/_2$ m Dicke wurde über dem ursprünglichen Mosaik ein neuer Fußboden eingezogen, und um die Säulen wurden falsche Basen angelegt. Zu einem späteren Zeitpunkt, der nicht genauer bekannt ist, begrub ein vulkanischer Aschenfall den Tempelhof bis zu einer Höhe von ungefähr $3^1/_2$ m, und fortgesetztes Sinken des Landes erlaubte dem Meer, in das gesamte Gebäude einzudringen. Das 2,7 m breite Band an jeder Säule mit den Bohrlöchern mariner Organismen entspricht der Dicke der Wasserschicht zwischen Meeresspiegel und dem von Schlamm und Asche bedeckten Meeresboden.

Wann das Land wieder zu steigen anhub, ist nicht bekannt. Im Mittelalter erstreckte sich das Meer landeinwärts bis zu dem Steilufer hinter dem Tempel. Sicherlich war die Hebung um 1503 in vollem Gange; denn in diesem Jahre bewilligten nach Lyell Ferdinand und Isabella von Spanien der Universität von Pozzuoli „ein Stück des Landes, wo das Meer am Austrocknen ist (che va seccando el mare)". Gleichfalls nach Lyell geschah die Haupthebung des Landes zur Zeit der geschichtlich belegten zerstörenden Eruption des Monte Nuovo im Jahre 1538. Damals „verließ das Meer einen beträchtlichen Teil der Küste, so daß von den Einwohnern Fische gegriffen werden konnten, und Falconi erwähnt unter anderem, daß er zwei Quellen *in den neuentdeckten Ruinen* sah (Lyell).

Dieses Beispiel, das auf Beobachtungen basiert, die Lyell im Jahre 1828 machte, lehrte ihn, daß viele Erdveränderungen relativ langsam vor sich gehen; das ist ein großer

Abb. 103. Der Tempel des Jupiter Serapis bei Neapel zeigt auf den Säulen eine Zone mit Bohrlöchern mariner Muscheln; sie entstanden, als der Tempel unter die Meeres-Oberfläche abgesunken war.

Schritt fort von den Katastrophen-Theorien, die von den meisten seiner Zeitgenossen für die auffälligeren Geländeformen in Anspruch genommen wurden. Sein Buch *„The Principles of Geology"* (Die Grundlagen der Geologie; 1830) ist das erste eigentliche Lehrbuch der Geologie, und es übte einen großen Einfluß auf die literarische Welt des viktorianischen Zeitalters aus. Tennyson, zusammen mit vielen anderen literarischen Leuchten dieser Periode, war begeistert von Lyells Entdeckungen, wie die folgenden bewegten Verse zeigen:

Da dehnt sich die Tiefe, wo der Baum einst wuchs,
O Erde, welch Änderungen hast du gesehn!
Da, wo die lange Straße lärmt, war
Die Stille des Mittleren Meers.
Die Hügel sind nur Schemen, und sie fliehen
Von Form zu Form und nichts bleibt bestehn;
Sie schmelzen wie Nebel, die festen Lande,
Wie Wolken bilden sie sich und vergehn.

(In Memoriam, 1850)

In wissenschaftlicher Hinsicht hatte Lyells Idee der allmählichen statt katastrophalen Änderung eine weitreichende Wirkung auch auf andere Gebiete als nur die Geologie; so beeinflußte sie in starkem Maße das Denken von Charles Darwin, dessen wissenschaftliche Schulung in der Geologie erfolgt war, bevor er als Naturforscher die Weltreise von H.M.S. *„Beagle"* mitmachte.

Ein anderes Beispiel langsamer Niveauveränderung der Erdkruste in geschichtlicher Zeit — es stammt auch aus dem Mittelmeer-Raum — ist die Blaue Grotte auf der Insel Capri. Nirgends wird von den Römern eine solche meerdurchflutete Höhle erwähnt. Da sie eingefleischte Berichterstatter aller Dinge waren, würde es in der Tat ungewöhnlich sein, wenn sie ein so bemerkenswertes Phänomen wie die Grotte mit ihrem geheimnisvollen blauen Licht übersehen hätten, besonders da Capri jahrelang der bevorzugte Aufenthaltsort des Kaisers *Tiberius* und seiner sonderbaren Begleiter war. *Tiberius* kannte die Stelle der jetzigen Blauen Grotte sehr wohl, und augenscheinlich war sie einer seiner beliebtesten Erholungsorte. Um etwas Licht in das Innere der Höhle zu bringen, die damals oberhalb des Meeres lag, hatte er ein Fenster in den Kalkfelsen hauen lassen. Durch dieses Fenster fahren heute kleine Boote in die Höhle hinein. Mit anderen Worten: Die Insel ist gesunken, bis das Meer durch die Öffnung eintreten konnte, die in römischen Zeiten als Fenster ausgehauen war und damals weit oberhalb des Fußbodens lag; von diesem wird das Sonnenlicht reflektiert, das durch den nun untergetauchten Eingang eintritt. Alle Strahlen, außer den blauen, werden ausgefiltert, und so entsteht das ätherische Leuchten in der Grotte. Hier haben wir also ein Beispiel von Land, das in historischer Zeit sank, nicht aber wieder aufstieg, wie das bei dem Gegenbeispiel des Tempels des Jupiter Serapis jenseits der Bucht von Neapel der Fall war.

Dieses sind indessen nur relativ geringe Änderungen im Vergleich zu der Senkung, die heute fast die gesamte Wirtschaft der Niederlande beeinflußt. Jedermann weiß, daß die Küste von Holland durch Deiche geschützt ist und daß ein großer Teil des Landes, einschließlich der Städte Rotterdam und Amsterdam, unter dem Meeresspiegel liegt. Nur wenige aber machen sich eine Vorstellung davon, welch unermüdlicher und mühsamer Kampf geführt werden muß, um das Meer zurückzuhalten; denn die Küstenregion der Niederlande sinkt weiter, und zwar um ungefähr 21 cm im Jahrhundert (Umbgrove 1950). Das macht die Leistung der Holländer, wie aus der beigefügten Karte (Abb. 104) zu ersehen ist (gleichfalls von Umbgrove übernommen), um so bemerkenswerter; auf der Karte sind die Gebiete der Niederlande, die seit dem Jahre 1200 dem Meer abgerungen wurden, mit schwarz markiert.

Man wird hier gewiß fragen, wie wir denn feststellen können, daß das Festland tatsächlich irgendwo sinkt. Kann nicht der gleiche Effekt durch ein Ansteigen des Meeresspiegels erzielt werden? Die Antwort heißt: ja — zum Teil! Aufzeichnungen über den Gezeitenhub erfolgen in den meisten Seehäfen der Welt, und diese Aufzeichnungen zeigen, daß etwa ab 1890 der Wasserspiegel in allen Weltmeeren zu steigen begann und daß der Betrag heute ungefähr 12 cm pro Jahrhundert mißt. Das ist eine Auswirkung der allgemeinen

Verbesserung des Erdklimas, d. h. einer Erwärmung, im vergangenen Halb-Jahrhundert und des entsprechenden Rückganges der Eiskappen von Grönland und der Antarktis sowie der meisten Gletscher der Welt, deren Schmelzwasser dazu beigetragen haben, das Wasservolumen des Meeres zu vergrößern. Eine derartige allgemeine Änderung des Meeresspiegels — entweder aufwärts oder abwärts — wird *„eustatische Schwankung"* genannt; überall, wo sich an einer Küste eine deutliche Überflutungstendenz zeigt, muß man sich fragen, ob sie das Ergebnis einer lokalen Senkung des Festlandes oder die Folge einer eustatischen Hebung des Meeresspiegels ist.

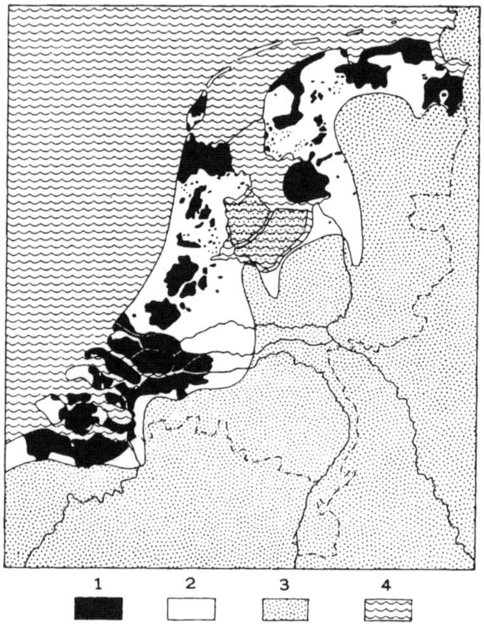

Abb. 104. Karte der Niederlande mit dem vom Meer zurückgewonnenen Land. 1: seit 1200 wiedergewonnenes Land; 2: Land, das ohne Schutz durch künstliche Mittel überflutet sein würde; 3: über dem Meeresspiegel gelegenes Land; 4: das Meer; Kombination von 3 und 4: Land im Stadium der Rückgewinnung.

Die Holländer sehen sich so einer doppelten Bedrohung gegenübergestellt — dem allmählichen Sinken des Landes, auf dem sie ihre Nation aufgebaut haben, und dem unerbittlichen Ansteigen des Meeres, das gegen ihre Küsten brandet. Das Motto des regierenden Hauses *„Je maintendrai"* — Ich werde durchhalten — sind keine leeren Worte.

Was wissen wir tatsächlich über das Ausmaß, in welchem sich die Erdkruste verformt? Die Antwort ist nicht erschöpfend, da genaue Untersuchungsberichte nur ungefähr zwei Jahrhunderte zurückreichen und in vielen Fällen die am besten untersuchten Gebiete zu den stabileren Teilen der Erde gehören. Glücklicherweise wurden genaue Erhebungen, die rund 30 Jahre umfassen, im Gebiet von Los Angeles gemacht, in einem in mehr als einer Hinsicht bemerkenswert instabilen Bereich. Nach Gilluly (1949) zeigen Daten, die sich aus wiederholten Nivellements durch den U.S. Coast and Geodetic Survey ergaben, daß sich das Gebiet nordöstlich von Long Beach im Zeitraum zwischen 1931 und 1933, dem Jahre des Long-Beach-Erdbebens, weithin ungefähr um 18 cm gehoben hat. Der Coast Survey vollführte auch genaue Nivellements in den Jahren 1906, 1924 und 1944 quer über den Cajon-Paß zwischen Victorville und San Fernando im südlichen Kalifornien. Diese Messungen zeigen, daß der gesamte Paß in diesen 38 Jahren dort, wo er die San-Gabriel-/San-Bernardino-Berge quert, in Form eines sanften Bogens um rund 20 cm aufstieg — d. h. rund 50 cm im Jahrhundert.

Wie Gilluly darlegt, bedeutet ein solcher Betrag, so bescheiden er auch erscheinen mag, in genügend langer Zeit — und Zeit ist eine Größe, an der es in der Geologie nicht fehlt — eine Hebung von 120 m in 25000 Jahren für das San-Gabriel-/San-Bernardino-Gebirge. Der Mount Everest könnte bei einem vergleichbaren Hebungsbetrag seine gegenwärtige Höhe in rund 2000000 Jahren erreicht haben, und das ist kein unvernünftiger Wert nach dem, was man über die für die Hebung des Himalayas erforderliche Zeit weiß.

Diese Beispiele von Erdbewegung betreffen durchweg nur Änderungen in der Vertikalen, sinkendes oder steigendes Land oder — im Fall des Tempels des Jupiter Serapis — wechselnd beides. Es mag überraschen, daß auch horizontale Verschiebungen festgestellt wurden. Manchmal, wie z. B. entlang der San-Andreas-Verwerfung in Kalifornien, von der oben schon berichtet wurde, kann das Gleiten eines Krustenstückes an einem anderen entlang sehr dramatisch sein. Im Jahre 1906 wurden Wege, Zäune usw. entlang dieser Verwerfung fast augenblicklich um etwa 6,5 m zur Seite versetzt. Außer diesen plötzlichen Verlagerungen zeigen wiederholte Vermessungen eine allmähliche Verschiebung von Punkten auf der einen Seite der Verwerfung gegenüber entsprechenden auf der anderen Seite, ohne daß an der Erd-Oberfläche ein Bruch erkennbar wäre.

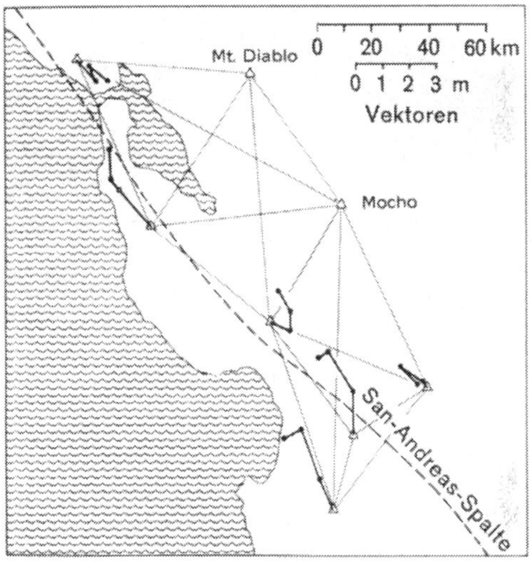

Abb. 105. Relativbewegung von Triangulations-Stationen in der Nachbarschaft von San Franzisko; sie beruhen auf der Annahme, daß sich die Strecke Mt. Diablo—Mocho nicht verändert habe.

Solche langsamen Ausgleichsbewegungen sind schwer zu entdecken; denn man muß von einer Basislinie in einigem Abstand vom betroffenen Gebiet ausgehen, von der angenommen werden darf, daß sie sich überhaupt nicht bewegt hat; so läßt sich dann die Verschiebung anderer Punkte relativ zu ihr durch wiederholte Triangulation bestimmen. Abb. 105 zeigt die relative Bewegung solcher Triangulationspunkte in der Nachbarschaft von San Franzisko, Kalifornien, in der Zeit von 1882 bis 1946 (Whitten 1948); sie basieren auf der Annahme, daß die Linie vom Mt. Diablo zum Triangulationspunkt Mocho unverändert geblieben ist. Die Stationen westlich der San-Andreas-Verschiebung drifteten ständig nach Nordwesten, während Stationen östlich der Verwerfung sich viel regelloser bewegten.

Zeugen für prähistorische Deformationen in der Landschaft

Jemand, der sich den Palos Verdes Hills nähert, dem kühnen Landvorsprung, der den Hafen San Pedro im südlichen Kalifornien teilweise schützt, ist beeindruckt von dem see

Abb. 106. Gehobene Meeresterrassen, Palos Verdes Hills (Kalifornien). Die Terrassenniveaus kennzeichnen frühere marine Verebnungsflächen, die herausgearbeitet wurden, als hier das Land relativ zum Meer tiefer lag. *(Phot.: John S. Shelton.)*

wärtigen Hang des Vorgebirges, das wie eine Zyklopentreppe aus dem Meer aufsteigt. Vom Wasser abgehobelte Terrassen, voneinander durch steile Klippen getrennt, erheben sich in 13 Stufen bis auf rund 400 m Höhe über dem Ozean. Sie geben Zeugnis dafür, daß sich dieser Teil der kalifornischen Küste um fast einen halben Kilometer senkrecht emporhob, und das in einer geologisch so jungen Zeit, daß fossile Meeresmuscheln, die auf den flachen Terrassen zurückblieben, mit den heute im nahen Meer lebenden identisch sind (Abb. 106).

Eine andere, sogar noch eindrucksvollere Schar emporgehobener Meeresterrassen liegt an der Küste Perus. Einige von ihnen sind 14 bis 16 km breit und von marinen Muscheln übersät, die so frisch erscheinen, als ob sie noch gestern im Meer gelebt hätten.

Die junge Hebung des Innern der Skandinavischen Halbinsel um ungefähr 275 m ist ein wohlbekanntes Beispiel geologisch junger großräumiger Deformation. Da der Hebungsbetrag am nördlichen Ende des Bottnischen Meerbusens heute ungefähr 1,2 m je Jahrhundert mißt, so bedeutet das, daß Finnland in moderner Zeit viele Hunderte Quadratkilometer Boden zugewachsen sind. Die Linien auf der Karte (Abb. 107) verbinden Punkte gleicher Hebung und zeigen an, daß deren Ausmaß vom Angermanland in Schweden nach außen hin abnimmt. Das ist im großen Ganzen das gleiche Gebiet, in welchem die jüngst

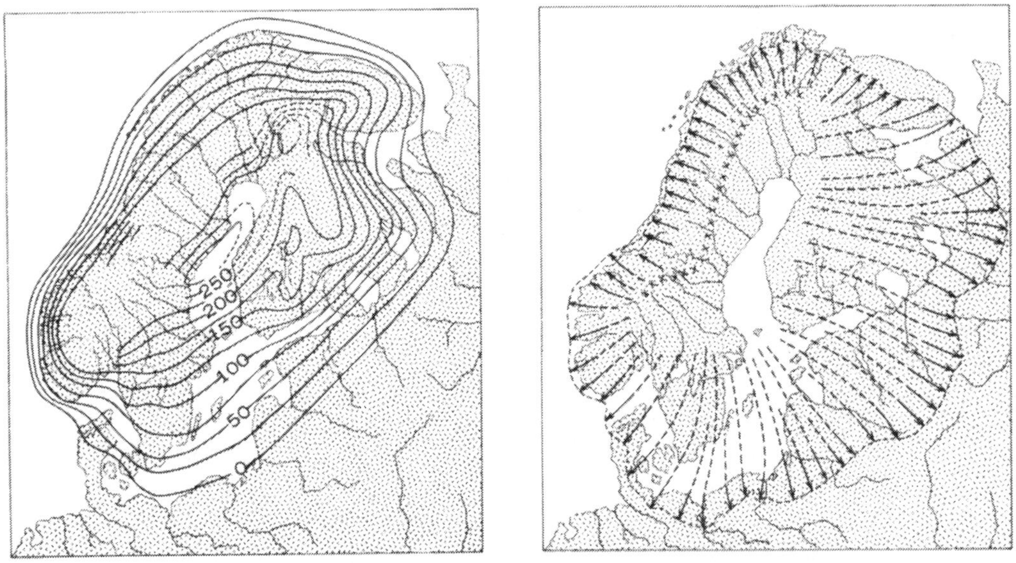

Abb. 107. Nach-eiszeitliche Hebung Skandinaviens. Die Karte rechts zeigt die Ausdehnung der letzten Eiskappe, die dieses Gebiet bedeckte. Pfeile geben die Fließrichtungen des Eises an, und die Linie aus Kreuzen stellt die ungefähre Lage der Eiskappen-Achse dar. Die Karte links zeigt das Ausmaß der nach-eiszeitlichen Hebung (in Metern).

verschwundenen Gletscher des nördlichen Europas ihre maximale Eisdicke aufwiesen, und so sind viele Geologen davon überzeugt, daß der fast 300 m erreichende Aufstieg des Landes die Reaktion der Erdkruste auf die Entlastung darstellt, die das Schmelzen einer etwa 1½ km dicken Eisschicht bedeutete. Wenn es sich so verhält, dann begann die Hebung Skandinaviens nicht sehr viele Jahrhunderte vor der Ankunft der Vorfahren der Wikinger.

IX. Erdbeben

Das San-Franzisko-Erdbeben

Am frühen Morgen des 18. April 1906 fuhr der Schoner *„John A. Campbell"* auf Südostkurs unter einer frischen NNW-Brise an Point Reyes im nördlichen Kalifornien vorbei, das etwa 250 km genau ostwärts lag. Ohne vorhergehende Warnung erbebte das Schiff plötzlich, und das fühlte sich fast so an, als wenn es auf Grund gelaufen wäre. Die erschreckte Mannschaft traute kaum ihren Sinnen; denn die Karte zeigte bei dieser Position eine Tiefe von etwa 4400 m.

Obgleich die Mannschaft das nicht wissen konnte, waren die Männer doch nur einige von vielen Menschen, deren Tagesablauf gestört wurde oder sogar für immer endete —,

Tafel VIII. Erdbeben-Schäden in San Franzisko (Kalifornien) vom 18. April 1906. *(Von der California Historical Society freundl. überlassen.)*

Abb. 108. Zerstörungen in der Stadt San Jose durch das Erdbeben von San Franzisko. *(Von der California Historical Society.)*

und zwar infolge von Ereignissen, die 5.12 Uhr frühmorgens über ein Gebiet hin abzulaufen begannen, das 1 Million Quadratkilometer um San Franzisko herum umfaßte. Dieses Ereignis, das sich vor über einem halben Jahrhundert abspielte, ist selbst heute noch sehr lehrreich; denn es verwüstete eine im wesentlichen moderne Stadt. Die Bevölkerung der Vereinigten Staaten wird zunehmend verstädtert, und viele Probleme, denen unsere Vorfahren in San Franzisko gegenüberstanden, sind genau die gleichen, denen auch wir heute begegnen; hinzu kommt allerdings die Belastung durch unermeßliche Verkehrsstockungen, die der früheren Generation noch unvorstellbar waren.

San Franzisko glich 1906 in mancher Hinsicht einer Stadt von heute; in anderen Punkten aber war sie sehr verschieden. Wie heute zogen sich ihre Reihen eng zusammengedrängter Häuser über viele Hügel hin. Die gepflasterten Straßen im Hafengebiet dröhnten unter den eisenbewehrten Rädern der von Pferden gezogenen Rollwagen. Die scharfe Atmosphäre des Hafengebietes setzte sich zu großem Teil aus den aromatischen Beiprodukten dieser Menge Pferde-Fahrzeuge zusammen, aber auch aus dem Duft von Kaffeeröstereien und dem bierseligen Dunst, der den dunklen, schmalen und langen, mit Sägemehl bestreuten Kneipen entströmte. Das Hafenviertel von San Franzisko bot damals einen weit malerischeren Anblick als heute — mit seinen vom Wind angetriebenen Kap-Horn-Schiffen, deren obere Rahen und Takelagen mit ihrem feinen Maßwerk über die Lagerschuppen der Piers aufragten und über die Wässer der Bucht, weiß vom Schaum, den die Schaufelräder von Fährschiffen und Booten des Sacramento-Flusses erzeugten.

Abb. 109. Durch das Erdbeben von San Franzisko verursachte Zerstörungen in der Stadt San Jose. *(Mit freundlicher Genehmigung der „California Historical Society".)*

Abb. 110. Die Sacramento-Straße in San Franzisko im April 1906 gleich nach dem großen Erdbeben. Man beachte, wie die Ziegelstein-Fronten der Gebäude die Straße überschüttet haben. Die Leute beobachten eines der großen, durch das Erdbeben verursachten Feuer. *(Phot.: Arnold Genthe; vom „California Palace of the Legion of Honor" freundlich zur Verfügung gestellt.)*

Diese farbige Welt, einschließlich der „Barbary-Küste", wurde großenteils durch eine Serie heftiger Erdstöße in den frühen Morgenstunden ausgelöscht, als die meisten Menschen noch schliefen. Wenn das Erdbeben später zugeschlagen hätte, als die Leute unterwegs und an der Arbeit waren, dann wäre die Verlustziffer weit größer gewesen. Wie viele Menschen starben, wird niemals genau bekannt werden — es mögen etwa 700 gewesen sein (Richter 1958). Viele zeitweilige Bewohner von Matrosenunterkünften und ähnlichen Einrichtungen verschwanden einfach, und da sogar die skizzenhaften Aufzeichnungen aus der Zeit vor 1906 in Flammen aufgingen, konnten auch viele der früheren Dauereinwohner nicht ermittelt werden. Bei verschiedenen nach dem Ereignis durchgeführten Untersuchungen wurde fast alle Zerstörung dem Feuer zugeschrieben. Dieses war in der Tat der Haupt-Übeltäter (Abb. 110), doch waren auch die direkten Erdbeben-Schäden nicht zu vernachlässigen, sie betrugen im Mittel vielleicht 25 %.

Die neueren Gebäude im San Franzisko von 1906 sahen denjenigen in den älteren Haupt-Geschäftsvierteln heutiger amerikanischer Städte recht ähnlich. Um 1906 kamen genietete Stahlgerüste für höhere Bauten weithin in Gebrauch. Die Außenwände wurden häufiger mit Quaderwerk bekleidet, als das heute geschieht, und verputzter Ziegelstein wurde häufig für kleinere Geschäftshäuser verwandt. Die Fenster waren schmäler, als wir es heute gewöhnt sind, und die Decken höher; und da in jener Zeit der viktorianische Einfluß vorherrschte, waren die meisten Gebäude mit Ornamenten und „Pfefferkuchen" verziert — wirkliche Quellen von Erdbeben-Gefahren. San Franzisko war in einer Hinsicht ungewöhnlich, und das zu seinem Unheil: es war eine der größeren Holzstädte der Welt. In typischer Weise bestand das Wohnviertel aus blocklangen Reihen vielstöckiger Häuser oder Appartements, die so zusammengedrägt waren, daß zwischen ihnen nur Abstände von $7^1/_2$ m bestanden.

Eine wichtige Lehre, die das San-Franzisko-Beben nachdrücklich erteilte, war die Bedeutung der Untergrund-Verhältnisse für Ausdehnung und Natur von Gebäudeschäden. Häuser, die auf festem Grund erbaut waren, zeigten leichte Schäden im Vergleich zu sonst gleichartigen Gebäuden auf wasserdurchtränktem oder unverfestigtem Boden. Dieser Einfluß des Milieus zeigte sich besonders eindrucksvoll im Haupt-Geschäftsviertel von San Franzisko, wo ein Quader von etwa 20 Häuserblöcken auf einem dem Meer abgerungenen Boden steht; diesen Teil der San-Franzisko-Bucht hatte man nach dem Goldrausch von 1849 küstlich aufgefüllt. Hier, auf diesem sumpfigen Baugrund, der sich aus gesunkenen Schiffen, wasserdurchweichtem Müll, Flaschen und Kadavern zusammensetzt — alles das begraben unter wenig verfestigtem Schlamm und Schluff — konzentrierte sich der schlimmste Schaden.

Brände brachen an vielen Stellen fast unmittelbar nach den stärksten Stößen aus, die einander innerhalb von 3 Minuten folgten. Die Brände hatten mannigfaltige Ursachen: umgestürzte Öfen, gebrochene Gasrohre und Kurzschlüsse infolge der Primitivität der elektrischen Stromleitungen jener Zeit. Zuerst wurde man sich nicht recht bewußt, daß diese Brände der wahre Feind waren. Die Leute benahmen sich ihnen gegenüber entweder tölpelhaft, oder sie griffen sie nur vereinzelt an — und nicht gerade erfolgreich; denn fast gleichzeitig mußte man die alarmierende Entdeckung machen, daß es kein Wasser für die Feuerwehrschläuche gab. Die Haupt-Wasserreservoire der Stadt — und das war sogar von ausschlaggebender Bedeutung — stellten der Crystal-Springs-See und der San-Andreas-See dar, von welch letzterem die San-Andreas-Spalte ihren Namen hat, eine Bruchlinie, die unter den beiden Seen auf ihre volle Erstreckung hin durchzieht. Da eine Gleitbewegung entlang dieser Störungsfläche die Ursache des Erdbebens war, kann man sich kaum eine ungünstigere Lage für die Wasserversorgung der Stadt vorstellen. Glücklicherweise hielten die Dämme, so daß nicht noch eine Überschwemmung zu den übrigen

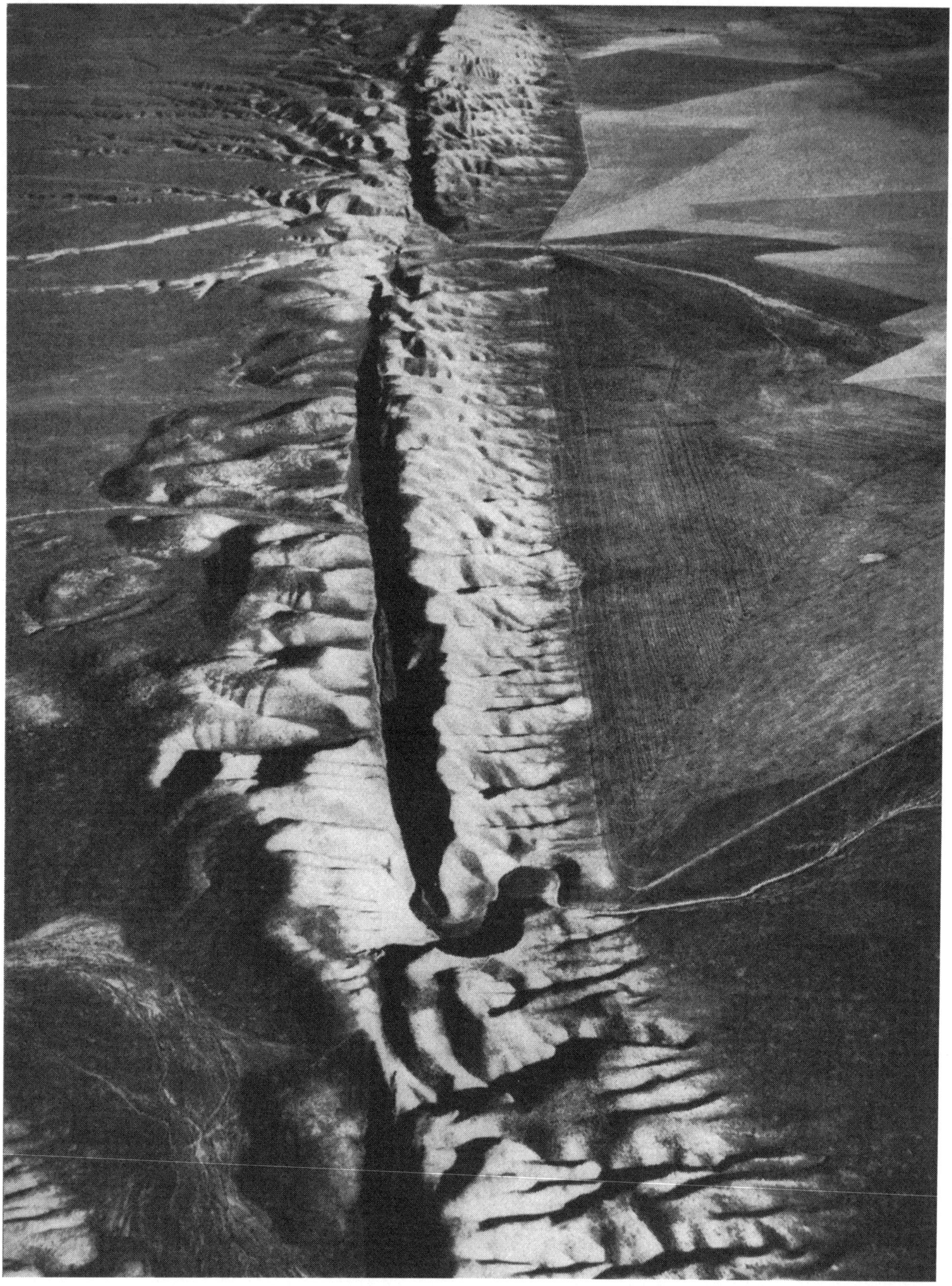

Leiden dieses unglückseligen Tages hinzukam; die Schäden entstanden an den Rohrleitungen.

Die Brände begannen im Hafengebiet und fegten dann landeinwärts durch die in Trümmer gegangene Stadt. Sollten Sie jemals San Franzisko besuchen, so mögen Sie sich die 18 Häuserblöcke breiten Rauchschwaden vorstellen, die das Feuer vom Embarcadero im Hafenviertel landeinwärts bis zur Van-Ness-Avenue vor sich her trieb, der ersten breiten Straße, wo man der Feuerfront Einhalt gebieten konnte. Anderswo wurden vergebliche Versuche gemacht, die vordringenden Flammen aufzuhalten, indem man ganze Gebäudereihen, die auf ihrem Weg lagen, sprengte, um das Feuer daran zu hindern, von Dach zu Dach überzuspringen — in der gleichen Weise, wie das bei einem Waldbrand der Fall ist.

In technologischer und wissenschaftlicher Hinsicht brachte uns das San-Franzisko-Beben einen großen Schritt vorwärts. Die Erdbeben-Kommission des Staates Kalifornien („California State Earthquake Commission"), die vom Gouverneur ernannt, aber von der Carnegie Institution finanziell unterstützt wird, führte eine erschöpfende Untersuchung durch. Hunderte von Personen wurden befragt, in jedem Schadensgebiet wurde das vorhandene Tatsachen-Material gesammelt, und die Aufzeichnungen wirklich aller seismographischen Stationen der Erde wurden herangezogen.

Plötzliches Gleiten entlang einem Bruche war die primäre Ursache dieses Erdbebens — das bestätigte sich so sicher, daß kein vernüftiger Zweifel daran bleibt. Nicht nur ergab sich Bruchtektonik als der zugrunde liegende Mechanismus, sondern es zeigte sich auch widerspruchsfrei, daß es sich um eine dem Streichen parallele Seitenverschiebung handelte. Vor 1906 war die Bedeutung dieses Typs von Schollenbewegung nur dunkel geahnt worden. Aber hier entstand — allen sichtbar — eine nahezu ununterbrochene Linie ausgefurchten Bodens, durchteilter Scheunen und verschiedener anderer Schäden, die sich weit durch die nordkalifornische Landschaft zog; dabei zeigte sich ganz deutlich, daß sich die Scholle westlich des San-Andreas-Sprungs horizontal nordwärts verschoben hatte gegenüber der östlichen Scholle, die südwärts bewegt worden war. Der Bruch hat eine Länge von fast 1000 km auf dem Festland, und 1906 traten gegen 400 km in Bewegung — vom Point Arena nördlich San Franzisko bis nach San Juan Bautista im Südosten.

Der maximale Verschiebungsbetrag, nämlich 6,4 m, ergab sich nahe der Tomales-Bucht; anderswo in der Nachbarschaft von San Franzisko hielt er sich ziemlich konstant bei etwa $4^1/_2$ m. Nachdem sich der Staub entlang dem aktiven Teil der Verwerfung gelegt hatte, zeigten sich Häuserzeilen, Zäune, Baumreihen und Gebäude, durch die die Verwerfungslinie hindurchging, so sauber durchschnitten wie mit einem Säbel, und kein Ding westlich der Störung paßte mehr an eines östlich von ihr.

Ursachen der Erdbeben und ihre Verbreitung

Ganz offensichtlich besteht eine strenge ursächliche Beziehung zwischen Brüchen und Erdbeben. Wo keine aktiven Störungen vorhanden sind, gibt es auch keine größeren

---

←

Abb. 111. Die San-Andreas-Spalte in der Carrizo-Ebene (Kalifornien). Der Fluß in der Mitte des Bildes links macht einen Knick und fließt entlang der Störung in Richtung auf den Beobachter. In der Mitte des Vordergrundes biegt er nach rechts. Solche Flüsse nennt man „versetzt"; ihr Verlauf mag zum Teil auf Bewegungen an der Störung zurückgehen. Dieser Teil der Störung bewegte sich im Jahre 1906 nicht. *(Phot.: William Garnett.)*

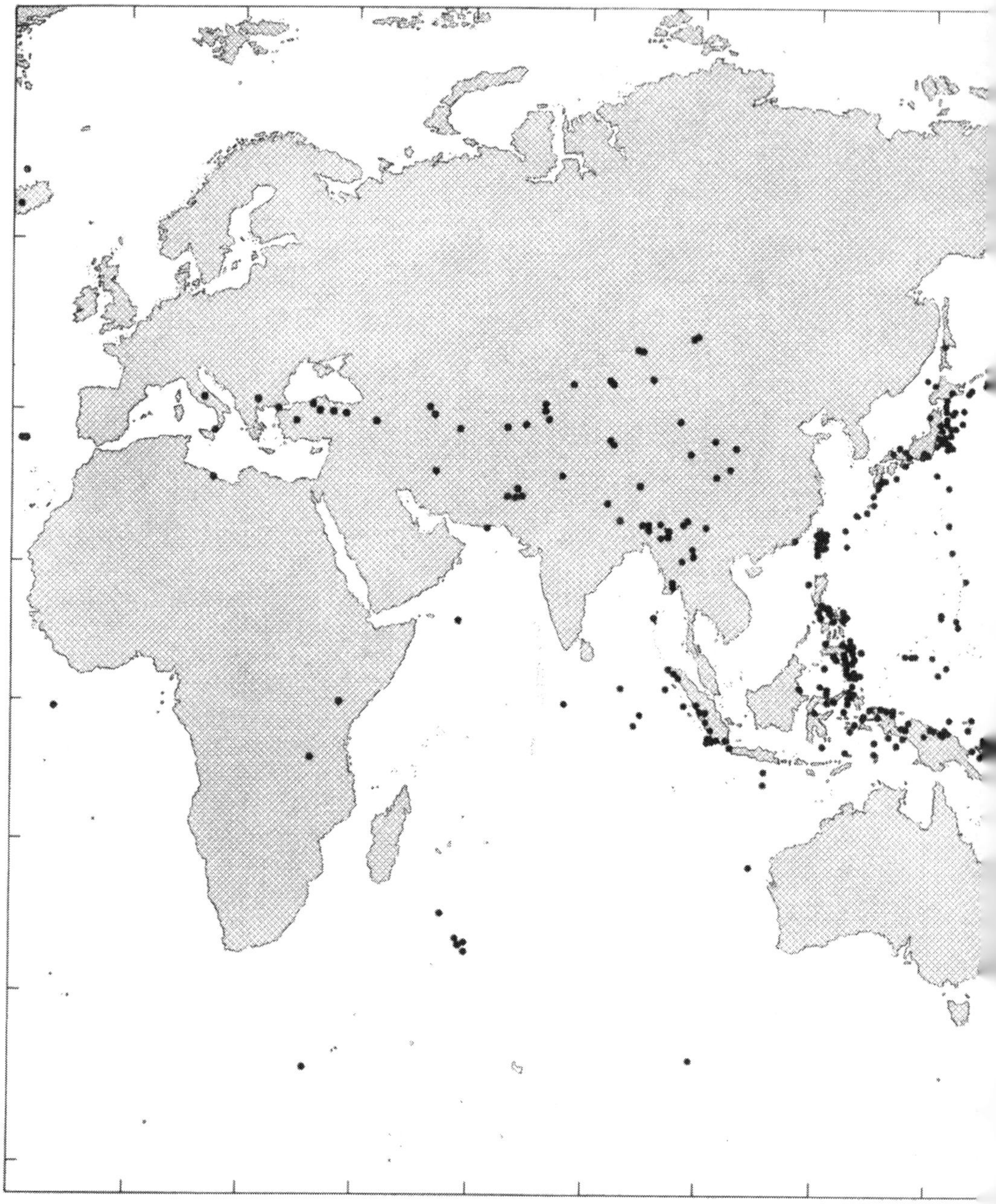

Abb. 112. Die Verbreitung der Haupt-Erdbeben zwischen 1904 und 1952. *(Nach B. Gutenberg & C. F. Richter: Seismicity of the Earth and associated phenomena, Princeton [Univ. Press] 1954.)*

Erdbeben — höchstens kleinere, durch vulkanische Eruptionen, nukleare Explosionen und möglicherweise durch den Einsturz unterirdischer Höhlen verursachte. So ist es verständlich, daß sich die Mehrzahl der irdischen Erdbeben eben dort ereignet, wo auf-

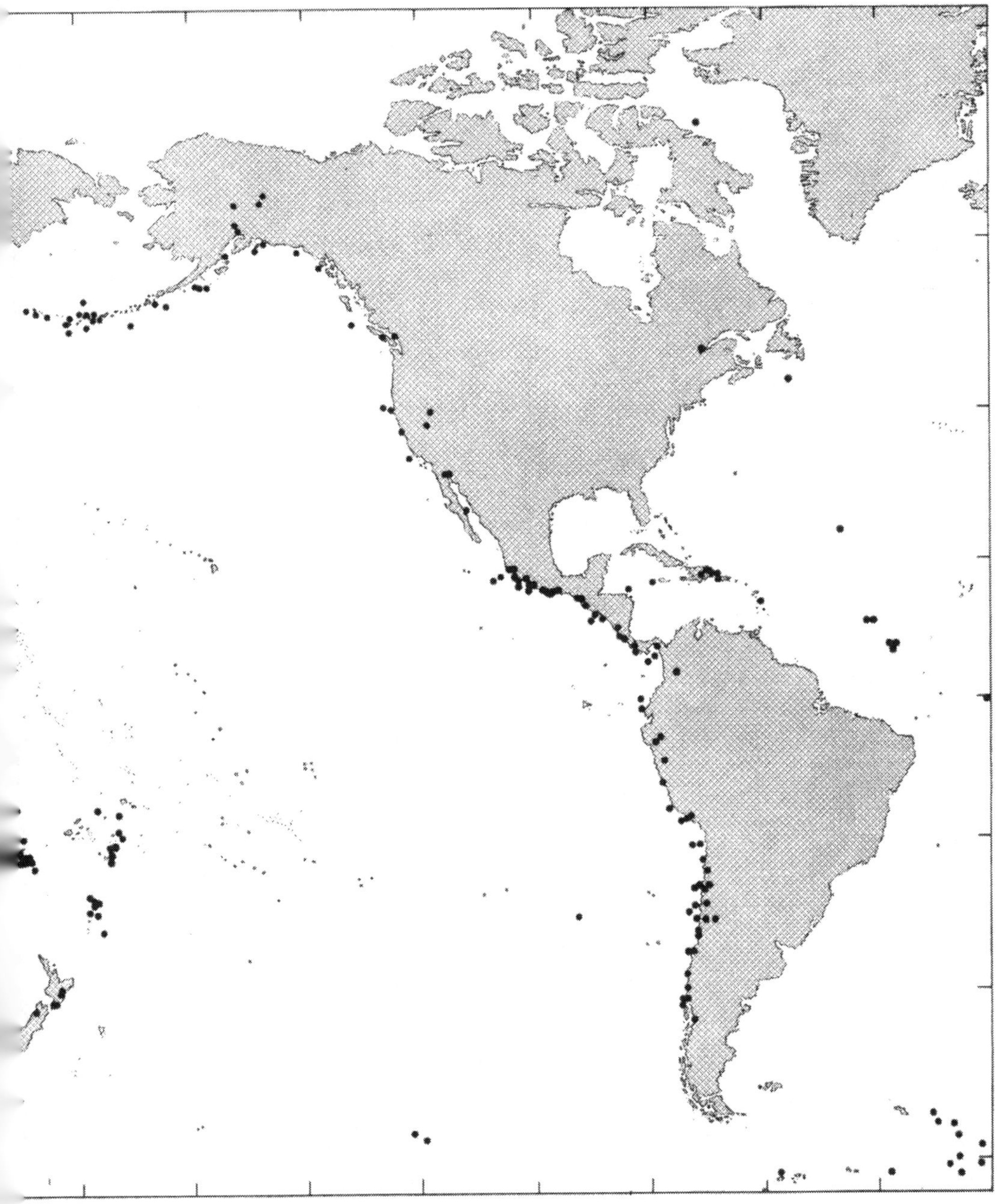

steigende aktive Gebirgsketten vorhanden sind, und nicht in den stabilen, relativ unbeweglichen Bereichen der Erdkruste. Wenn man eine Karte, auf der die Herde der bedeutenderen Erdbeben verzeichnet sind (Abb. 112), mit einer solchen vergleicht, die die Anordnung der aktiven Vulkane der Erde zeigt (Abb. 19), werden gewisse gemeinsame Züge ihrer Verbreitung deutlich. Das will *nicht* sagen, daß Vulkane Erdbeben erzeugen, vielmehr daß sich beide Erscheinungen im allgemeinen dort finden, wo sich die Erdkruste verformt, — abgesehen von einigen Ausnahmen, wie im Kapitel IV dargelegt wurde. Das heißt, daß sich die Erdbeben wie die Vulkane in bemerkenswerter Weise entlang den Rändern des Pazifischen Ozeans häufen sowie in einer Zone, die von seinem Rand aus westwärts entlang der Linie des Himalayas und durch die Gebirge des Mittleren Ostens hindurch bis zum Mittelmeer verläuft. Japan hält unter den industrialisierten Ländern wohl sicher den Weltrekord hinsichtlich der Erdbeben-Häufigkeit und -Stärke. Nicht weit hinter ihm liegen jedoch die Inseln von Indonesien sowie Neuseeland, die Philippinen und die Westküste von Nord- und Südamerika.

Einige Gebiete, wie die großen Schilde von Nordamerika und Europa, sind praktisch frei von zerstörenden Beben. Die Nordeuropäische Ebene stellt ein gutes Beispiel für ein relativ erdbebenfreies Gebiet dar, und den sinnfälligen Beweis dafür, daß sie auch in vergangenen Jahrhunderten fehlten, legen die himmelstrebenden Kirchtürme gotischer Kathedralen ab. Kaum läßt sich wohl ein für eine Erdbeben-Gegend weniger geeignetes Bauwerk ersinnen.

Einige andere Fälle

Lissabon, 1755

Südeuropa indessen ist nicht frei von Erdbeben gewesen, und eines der bedeutsamsten aller historischen Beben ist das gewaltige Unglück, das die alte Stadt Lissabon an den Ufern des Tejo-Flusses in Portugal am Allerheiligen-Tag, dem 1. November 1755, heimsuchte. Es erfolgten drei größere Stöße, und zwar um 9.40 Uhr vormittags, 10 Uhr vormittags und am Nachmittag. Viele Leute, die zur Messe waren, kamen bei dem Zusammensturz jener Vielzahl mittelalterlicher Kirchen um, deren Türme einen so bemerkenswerten Zug in der Silhouette Lissabons darstellten.

Es kann nicht wundernehmen, daß Gebäude, die aus lose verbundenem Mauerwerk bestanden und sich längs engen, unregelmäßigen Straßen zusammendrängten, meist unter donnerartigem Krach zusammenstürzten; — vielleicht war das nicht sehr verschieden von der kurzen Beschreibung, die Voltaire im *„Candide"* gibt:

„Nachdem sie sich ein bißchen ausgeruht hatten, wanderten sie in Richtung Lissabon weiter, in der Hoffnung, etwas zu essen zu bekommen nach ihrem Gottesurteil, da Candide noch ein wenig Geld übrigbehalten hatte. Aber sie waren kaum in die Stadt eingetreten, als plötzlich die Erde heftig unter ihren Füßen bebte. Das Meer erhob sich kochend im Hafen und zerschlug alle Fahrzeuge, die dort ankerten. Die Stadt ging in Flammen auf, und Asche bedeckte die Straßen und Plätze; die Häuser stürzten krachend zusammen, Dächer legten sich auf die Grundmauern, und sogar die Grundmauern zerbarsten in Stücke. 30 000 Einwohner beiderlei Geschlechts und aller Altersstufen wurden unter den Ruinen zu Tode gequetscht."

Eine auffallende Erscheinung sowohl für die unglücklichen Überlebenden in Lissabon als auch für Zuschauer an anderen Stellen entlang der portugiesischen Küste war das plötzliche Erscheinen einer großen Meereswelle oder eines *„Tsunami"*, wie wir die Erscheinung nach ihrem japanischen Namen heute bezeichnen. Eine solche Woge ist *keine* Gezeitenwelle; sie hat nicht das geringste mit Ebbe und Flut zu tun.

In Lissabon ließ eine etwa 6 m hohe Welle, die durch einen submarinen Stoß vor der Küste von Portugal ausgelöst worden war, den Tejo-Fluß über die Ufer treten. Schiffe und Boote wurden gegeneinander geworfen und sanken; die Wut der Woge konzentrierte sich großenteils auf einen neugebauten Marmorpier, den *Cais de Pedra,* dessen Oberfläche schwarz von Leuten war, die aus der brennenden Stadt geflohen waren. Ihr Untergang ließ die Legende aufkommen, daß der Pier und alle Menschen auf ihm von einer großen Spalte verschlungen worden seien, die sich zunächst geöffnet und dann über ihnen geschlossen hätte, so daß sie niemals wiedergesehen wurden. Tatsächlich glaubte Lyell nach seinem Besuch in Lissabon, daß ein solches Begräbnis wirklich stattgefunden hätte. Wie Reid (1914) darlegt, stimmt diese Vereinfachung aber nicht. Der Kai brach wahrscheinlich unter dem Erdbeben-Stoß und dem Angriff der Meereswellen auseinander, und „die Geschichte vom Verschlingen des Lissaboner Kais muß der Liebe zum Wundersamen und Geheimnisvollen zugeschrieben werden, die noch nicht ganz aus den Erdbeben-Berichten verschwunden ist".

Die Entfernung, bis zu welcher Auswirkungen des Lissaboner Erdbebens über Europa hinweg verspürt wurden, war eines der bemerkenswerten Kennzeichen dieses Stoßes. Er wirkte sich stark im Raum der Iberischen Halbinsel und auch nach Frankreich hinein aus und verursachte ernsthafte Schäden in Marokko (allerdings kann das ein besonderer Stoß gewesen sein). Ein hervorstechendes Merkmal war die Unruhe, die in einzelnen Wasserkörpern entstand, wie in Burggräben, Lagunen, Kanälen und Seen. In vielen dieser Wasserkörper, die vom Bebenherd so weit entfernt lagen, wie das südwestliche Finnland, das südliche Skandinavien, weite Teile von England, Deutschland, die Schweiz und Norditalien, entstanden stationäre Wellen oder *„Seiches",* selbst dort, wo der Erdstoß selbst nicht verspürt wurde. „Seiches" sind Wellen, die sich in charakteristischer, rhythmischer Weise von einem Ufer eines Sees zum andern bewegen und gewöhnlich mit einer deutlichen Schwankung des Wasserspiegels einhergehen. Bei einem typischen, von einem Erdbeben erzeugten „Seiche" schlägt das Wasser auf und ab, ganz wie bei der bekannten Wellenbewegung in einer Badewanne, und bei einer besonderen Seiche-Erscheinungsform kann es an den gegenüberliegenden Enden des Sees wechselweise hoch und niedrig stehen.

Die „Seiches", die von dem Lissaboner Erdbeben ausgelöst wurden, erregten ein großes Interesse im südlichen Teil Englands, wo sie weithin beobachtet wurden. Es muß ein eindrucksvoller Anblick gewesen sein, wie ein Burggraben plötzlich in Erregung geriet und das Wasser hin- und herschwappte — und das an einem vollständig windstillen Tag und ohne eine spürbare Bewegung des Untergrundes. In einem geschlossenen Becken, im Trockendock von Portsmouth, bewirkte eine Seiche, daß sich H.M.S. *„Gosport"* mit seinen 40 Kanonen etwa 1 m hin und her bewegte, gleichzeitig stampfend wie ein bockendes Pferd, obgleich es am Dock gut vertäut war (Reid 1914).

Das Erdbeben von Lissabon bedeutete für das Geistesleben einen Schnitt im europäischen Denken. Es veranlaßte Rousseau, im Rahmen seiner „tout-est-bien"-Philosophie darzulegen, daß Erdbeben alles in allem gut seien; es seien die Übel der Zivilisation, die schlecht wären. Wenn wir nicht in Städte eingesperrt wären, dann würden uns die Erdbeben nicht töten. Voltaire ließ einen verheerenden Schein von Lächerlichkeit auf solch einen gedankenlosen Optimismus fallen. Wie wir gesehen haben, waren Candide und sein unerträglicher Begleiter, Dr. Pangloss, von dem Lissaboner Erdbeben schwer betroffen. Für Dr. Pangloss war dieses ein Beweis für seinen Glauben, daß jeder Schrecken, der einem begegnet, ein notwendiges Ereignis in der vorbestimmten Harmonie des Universums sei.

In geistlicher Hinsicht war das Lissaboner Erdbeben eine Herausforderung an die Theologen jener Zeit. Warum mußte eine der frömmsten und mit Recht berühmtesten Städte der Welt einen solchen Schicksalsschlag aus den Händen eines liebenden Gottes erleiden — so daß der Unschuldige in solch großer Zahl zusammen mit dem Sündigen umkommen mußte? Wie Kendrick (1956) in seiner ausgezeichneten Studie *„Das Lissaboner Erdbeben"*, die sich in erster Linie mit den damit in Beziehung stehenden Themen der Erdbeben-Theologie des 18. Jahrhunderts und mit dem Ende des Optimismus befaßt, darlegt, war folgender Glaube hinsichtlich der Erdbeben weit verbreitet:

„Der Grund, warum Gott Lissabon vernichtete, war nicht allein seine Absicht, die gesamte Christenheit in den Zustand eines reuigen Gehorsams ihm gegenüber durch die aufrüttelnde Zerstörung einer so berühmten und reichen Stadt zu versetzen, einer Stadt, die vielleicht dank ihrem Seehandel die bestbekannte Stadt Europas war; sondern es geschah auch deshalb, weil Portugal ein Königreich unter der besonderen und hauptsächlichen Obhut des Himmels war, so daß nach den Regeln der göttlichen Lehre die Portugiesen zu ihrem eigenen Guten und im Sinn ihrer Anwartschaft auf den Himmel, der ihr Lohn wäre, zu der Ehre auserwählt wurden, als erste gestraft zu werden und dabei sogar besonders streng."

In *politischer* Hinsicht war das Erdbeben von Lissabon ein prophetisches Ereignis; denn es legte die Basis für die Rolle, die eine moderne Diktatur ausüben kann, wobei in diesem Falle der Marquez de Pombal der Diktator war. Zwar verschaffte sich dieser zu guter Letzt alles Gepränge der Macht, verurteilte den König zur Machtlosigkeit, vertrieb die Jesuiten und richtete seine Gegner hin, aber während des Unglücks hielt Pombal unzweifelhaft eine Ordnung aufrecht, wo sonst Chaos geherrscht haben würde, und er zauderte keinen Augenblick in seinem Entschluß, ein größeres Lissabon aufzubauen. Die Modernisierung der Stadt, die Anlage von Boulevards und die Wiederherstellung ihres alten Glanzes — wenn auch nicht ihrer Freiheiten — waren im wesentlichen Pombals Werk. Bei Diktaturen pflegen wohl die Verdienste der Führer, nicht aber die der anderen in der offiziellen Geschichtsschreibung überliefert zu werden, und so wurden auch Pombal fast übermenschliche Kräfte und Talente zugesprochen.

Das Erdbeben von Lissabon bedeutete nicht nur einen theologischen und literarischen Meilenstein, es brachte uns auch in *wissenschaftlicher* Hinsicht einen großen Schritt vorwärts. Pombal forderte alle Pfarrer auf, einen Fragebogen auszufüllen, der in vieler Hinsicht denjenigen ähnlich war, die heute der U.S. Coast and Geodetic Survey versendet — die amtliche Institution der U.S.A., die für das Studium der Erdbeben verantwortlich ist. Pombals Fragebogen betraf die Zeit des Erdstoßes, seine Richtung, die Ausdehnung des Schadens, die Zahl der Todesfälle usw. Diese Berichte, die in den portugiesischen Archiven aufbewahrt werden, müßten einen faszinierenden Einblick in das Leben und Denken jener Zeit geben.

Das Ergebnis von Pombals Fragebogen und der sorgfältig dokumentierte Tatsachenbericht vom Ablauf des Ereignisses, den verschiedene portugiesische Schriftsteller abgaben, vermochte ein einheitlicheres Bild von der Natur einer solchen Katastrophe zu vermitteln, als es je zuvor bestanden hatte. Zusammen mit der Beobachtung von Seiches und anderen Geschehnissen in Europa sprach dieses zugunsten des Glaubens, daß Erdbeben natürliche und nicht übernatürliche Phänomene sind und daß sie somit der Beobachtung und der Erklärung durch eine vernünftige Theorie zugänglich wären.

New Madrid, Missouri, 1811—1812

Amerikas schlimmstes Erdbeben fand nur 8 Jahre nach der Erwerbung Louisianas statt. Es war die Zeit des Krieges von 1812, als das Gebiet kaum erst für die Besiedlung erschlossen und das Leben am Mississippi rauh war.

Das Erdbeben von New Madrid begann gegen 2 Uhr am frühen Morgen des 16. Dezember 1811 und wurde in einem Umkreis von rund $2^1/_2$ Millionen Quadratkilometern verspürt — von der kanadischen Grenze bis zum Golf von Mexiko und von den Rocky

Abb. 113. Horizontaler Versatz in einem Apfelsinenhain im Imperial Valley (Kalifornien) infolge des Erdbebens vom Mai 1940. Die Bewegungsspuren außerhalb der Plantage sind durch menschliche Tätigkeit beseitigt worden. *(Phot.: John S. Shelton.)*

Mountains bis zum Atlantischen Ozean. Es hatte seinen Ursprung im zentralen Teil des Mississippi-Tales, sehr nahe bei Cairo, Illinois, wo sich Mississippi- und Ohio-Fluß vereinen. Ein noch unwahrscheinlicherer Platz ließ sich kaum finden — in einer weiten Tiefebene, entfernt von jeder aktiv aufsteigenden Gebirgskette. Bei weitem die größte Zahl der historischen Erdbeben in den Vereinigten Staaten war auf die gebirgigen Bereiche des Fernen Westens konzentriert gewesen.

Obwohl Erschütterungen noch ein Jahr später stattfanden, rührten die Erdbeben-Wirkungen hauptsächlich von drei größeren Stößen her, wobei die Bodenunruhe sehr früh am Morgen des 16. Dezember begann und sich bis zum 18. Dezember fortsetzte, gefolgt von weiteren Bewegungen am 23. Januar und 7. Februar 1812. Würden Stöße ähnlicher Stärke sich im gleichen Gebiet heute ereignen, dann würden die meisten Städte im mittleren Mississippi-Tal in Schutt und Asche gelegt werden, und Zeitungen, Zeitschriften, Wochenschauen und Fernseh-Programme würden kaum andere Bilder bringen.

Fuller (1914), dessen Untersuchungen ein Jahrhundert später ein detailliertes Bild von dem Ausmaß ergaben, bis zu welchem die Landschaft des Mississippi-Tals durch die Katastrophe verändert wurde, berichtet:

„Der Untergrund hob und senkte sich wellenförmig, gleich der weiten, langsamen Dünung, die über die Meeres-Oberfläche zieht. Dabei neigten sich die Bäume, bis sich ihre Zweige verfingen, und der Boden öffnete sich in tiefen Spalten, während die Oberfläche verbogen wurde. Rutschungen ereigneten sich an den steileren Ufern und Berghängen; beträchtliche Gebiete hoben sich, und noch größere Bereiche sanken und wurden von Wasser überflutet, das von unten her durch Spalten oder kleine ‚Kraterauslässe' aufdrang oder sich infolge der Unterbrechung von Vorflutern an der Erd-Oberfläche ansammelte. Auf dem Mississippi entstanden große Wogen, welche viele Boote unter Wasser setzten und andere hoch über das Ufer schwemmten; der Rückstrom brach Tausende von Bäumen ab und trug sie hinaus in den Fluß; Sandbarren und Inselspitzen gaben den Weg frei, und ganze Inseln verschwanden."

Glücklicherweise wurde die Geschichte dieses Erdbebens besser aufgezeichnet, als man glauben möchte; denn zu jener Zeit befand sich eine Zahl sehr bedeutender Forscher in der Gegend, darunter der berühmte Naturforscher Audubon. Sir Charles Lyell besuchte das Gebiet auf seiner Amerika-Reise im Jahre 1846, und er brachte eine Fülle Beobachtungen mit, die gemacht worden waren, als die Auswirkungen noch frisch waren.

Das Erdbeben hatte drei wirklich bemerkenswerte geologische Folgeerscheinungen:

1. Auftreten von niedrigen Steilstufen, die quer durch das Land liefen und sehr wahrscheinlich Verwerfungsflächen darstellten — einige von ihnen erzeugten bis fast 2 m hohe Wasserfälle, wo sie den Mississippi-Fluß durchschnitten.

2. Heraushebung langer, niedriger, gewölbeartiger Rücken oder Dome — in diesen hoben sich ehemalige Sumpfgebiete um 3 oder 6 m, und einer der Rücken hatte eine Länge von 24 km.

3. Plötzliche Entstehung des sogenannten „Gesunkenen Grundes", der eine breite Niederung in der Überschwemmungs-Ebene des Mississippis war und sich längs des Flusses 240 km weit hinzog sowie längs zweier sehr großer Seen, des St.-Francis- und des Reelfoot-Sees. Der letztere, heute ein Vogelschutzgebiet, bietet einen imposanten Anblick; die grauen Stämme von Zypressenbäumen, die vor mehr als einem Jahrhundert überflutet wurden, stehen in den düsteren Wassern, welche stellenweise gegen 6 m tief sind.

Das Erdbeben von New Madrid ist wegen seiner außerordentlichen Stärke und seiner weitreichenden verändernden Wirkung auf die Landschaft besonders interessant. Warum es sich an einer so unpassenden Stelle in der Mitte des Mississippi-Tales ereignen konnte, bleibt eine unbeantwortete Frage. Sehr wahrscheinlich ist es das Ergebnis eines Bruches in großer Tiefe, in den festen Gesteinen, die unter den vom Mississippi-Fluß abgesetzten Sedimenten verborgen liegen. Der Effekt dieser auf die wasserdurchtränkten Sedimente übertragenen Bodenbewegung äußerte sich in Form kleinerer Brüche, Sandbeulen, mit Sand gefüllter Spalten und Risse, entwurzelter Wälder, Hangrutschungen, abgesunkener Gebiete und herausgehobener Rücken.

Owens-Tal, Kalifornien, 1872

Reisenden, die von Los Angeles nordwärts zur Hohen Sierra fahren, fällt kaum das dunkle Denkmal auf, das abseits von der Straße, wenig entfernt nördlich von Lone Pine steht, einer Stadt am Südende des Owens-Tales in Kalifornien. Die Bronzeplakette an dem Denkmal berichtet uns, daß hier in einem Massengrab 22 Personen liegen, die am 26. 3. 1872 um 2.30 Uhr morgens ein unerwartetes Rendezvous mit dem Tod hatten. In grimmiger Anspielung wurden sie auf dem oberen Rand einer niedrigen Steilkante beerdigt, die 5 bis 6 m oberhalb der Straße durchzieht — einer Steilstufe, die ein Maß der Verschiebung entlang der für das Erdbeben verantwortlichen Bruchlinie ist.

Das Beben von 1872 scheint das heftigste der jüngeren Zeit in den westlichen Vereinigten Staaten gewesen zu sein. Als der Staub sich in den Straßen von Lone Pine ab-

Abb. 114. Abrutschung eines Teiles der Landstraße in den Hebgen-See (Montana) nach dem Erdbeben im August 1959. *(Vom Montana Highway Dept. freundlich zur Verfügung gestellt.)*

gesetzt hatte, waren 52 von den 59 Ziegelhäusern des Ortes zu Schutthaufen geworden, und von den 250 oder 300 Einwohnern waren 29 tot und 60 ernstlich verletzt. Der Stoß wurde in südlicher Richtung bis San Diego und nordwärts bis zum Sacramento verspürt. Er war stark genug, um im Yosemite-Tal einige der spitzen Steintürme umzuwerfen — ein Vorgang, den John Muir graphisch dargestellt hat.

Der erste der beiden Vorgänge, die die Pioniere des Owens-Tales stark beeindruckte, waren Lawinen und schreckliche Schauer von Gesteinsblöcken, die wie Wasserfälle die steilen Hänge der Sierra herabrollten — mit der Folgewirkung, daß über dem Tal noch tagelang nach dem Erdstoß schwere Staubwolken hingen. Der zweite war das Auftreten scharf begrenzter Risse, von denen viele von niedrigen Steilkanten begleitet wurden, die zum Teil gegen 6 m hoch waren; sie konnten entlang dem Fuße der Alabama-Hügel, eines Ausläufers der Sierra Nevada, und auf über 110 km nord- und südwärts entlang dem Boden des Owens-Tales von Lone Pine aus verfolgt werden. Sicher hat wohl jeder Leser dieses Buches die Alabama-Hügel gesehen, wenigstens — als Ersatz für die Wirklichkeit — im Kino oder Fernsehen; denn sie sind mehrere Jahrzehnte hindurch eine beliebte Gegend für das Drehen von Wildwest-Filmen gewesen.

In geologischer Hinsicht war dieses Erdbeben ungewöhnlich, und zwar wegen der großmaßstäblichen, sichtbaren Bruchbildung, die es begleitete. Diese Bruchbildung war auch insofern einzigartig, als nicht nur Auf- und Abschiebungen entlang den aufgerissenen Verwerfungsflächen entstanden, sondern auch Horizontalbewegung stattfand; so wurden Straßen und Baumreihen um fast 5 m in ganz der gleichen Weise seitlich versetzt, wie das bei San Franzisko im Jahre 1906 der Fall gewesen war (Bateman 1962).

Drei der Erdbeben, die beschrieben wurden — San Fransisko, New Madrid und Lone Pine — haben ein gemeinsames Merkmal. Bei allen dreien zeigte sich an der Erd-Ober-

Abb. 115. Frische Verwerfungsstufe, die sich bei dem Erdbeben im August 1959 entlang dem Gebirge östlich vom Hebgen-See (Montana) bildete. *(Vom Montana Highway Dept. freundlich zur Verfügung gestellt.)*

fläche deutliche Bruchbildung, und so konnte die ursächliche Beziehung zwischen Brüchen und Erdbeben nachgewiesen werden. Der Punkt, auf den es hier ankommt, ist der, daß Bewegung an Brüchen Erdbeben *verursacht* und daß die Verschiebung an Brüchen *nicht* das *Ergebnis* von Erdbeben ist. Dieser Punkt ist wert, nachdrücklich betont zu werden; denn die Pioniere des Owens-Tales glaubten nach ihrer leidvollen Erfahrung genau das Gegenteil, und es gibt eine große Zahl von Leuten, die auch heute noch die gleiche Auffassung hegen.

Yokohama und Tokio, 1923

Der Katalog der Erdbeben-Katastrophen könnte noch um viele weitere Seiten verlängert werden, aber dadurch würden wir nur wenig gewinnen — außer einer Überfülle von Beispielen, die alle das gleiche aussagen würden.

Die meisten eindrucksvollen Erdbeben ereigneten sich in den Gebieten der größten Bebenhäufigkeit. Sie sind vertraute Gäste in Japan, und von ihnen gehören manche zu den zerstörendsten in der Geschichte. Außer denen, die sich in Japan ereigneten, ge-

Abb. 116. Die Nahaufnahme der Steilwand (vgl. Abb. 115) zeigt eine Vertikalbewegung von etwa 11 Metern. Hebgen-See, Montana. *(Vom Montana Highway Dept. freundlich zur Verfügung gestellt.)*

hören zu den heftigsten bekannten Erdbeben solche, welche die Fußregionen des Himalaya-Gebirge betrafen, im nördlichen Indien, in Assam und Nepal. Die Hangrutschungen, Flußblockierungen und andere Zerreißungen des Erdbodens, die diese Erdstöße begleiteten, sind von so riesigem Ausmaß — in guter Übereinstimmung mit dieser erstaunlichen Landschaft —, daß sie alle anderen unbedeutend erscheinen lassen.

Von unserer menschlichen Blickrichtung her gesehen, sind bedeutende Erdbeben nicht diejenigen in fernen, exotischen Gebieten, die sich nur auf die Landschaft auswirken, sondern jene, die die Menschen in Mitleidenschaft ziehen und ihre täglichen Geschäfte nachteilig beeinflussen. Diese scheinen uns deshalb besonders bedeutsam zu sein, weil sie in uns ein gewisses Mitgefühl erregen. Statistisch hat Rousseau mehr Recht als Unrecht: wenn wir nicht in Städten lebten, würden uns Erdbeben nicht töten.

Eine der größten Katastrophen der modernen Zeit waren das Erdbeben und der Brand, welche Yokohama und Tokio am 1. September 1923 in Schutt und Asche legten. Keine ungünstigere Tageszeit hätte sich auswählen lassen als der Augenblick, da dieses

Erdbeben zuschlug, um 11 Uhr 58 vormittags. Fast jedermann war auf den Beinen, und Tausende kleiner Holzkohlen-Pfannen standen überall in den beiden Städten in Glut. Alle Bauwerke — bis auf die modernsten oder von den älteren die am festesten gebauten — brachen zusammen. Gebäude mit Stahlkonstruktionen überstanden das Unglück recht gut, und das Imperial-Hotel, von dem Frank Lloyd Wright sagte, daß es auf einem festen Polster schwämme, überdauerte das seismische Unwetter praktisch unversehrt.

Bei solch ausgedehntem Zusammenbruch war Feuer ein unvermeidlicher Begleiter; es war auch der große Zerstörer. Wenigstens 250 Brände entstanden in Tokio, und da es keine Möglichkeit gab, sie zu bekämpfen, dehnten sie sich durch die in Trümmer gelegte Stadt aus, und schließlich brannten nahezu 40000 Häuser und damit gegen 70% des Stadtgebietes. Die Situation war in Yokohama sogar noch schlimmer; dort brannten nahezu 100% der Stadt nieder (Leet 1948). Gegen 100000 Menschen kamen zu Tode, und 38000, d. h. ein erheblicher Teil der Gesamtzahl, verbrannten oder erstickten in einem der Parks von Tokio an den Ufern des Sumida-Flusses, wo sie sich zum Schutz zusammengedrängt hatten.

Die Seismologen sind übereinstimmend der Meinung, daß der Erdstoß von der Sagami-Bucht ausging, dem großen, schlauchförmigen Zugang zur Tokio-Bucht. Verschiedene Verwerfungslinien wurden nach dem Erdbeben auf dem Festland gefunden, wovon einige Vertikalverschiebungen von fast 2 m aufwiesen. Besonders bemerkenswert ist folgendes: Eine sorgfältige Vermessung nach dem Ereignis zeigte, daß sich der ganze Tokio—Yokohama-Raum horizontal gegen Südosten verschoben hatte, wobei der größte Versatz, gegen 4,6 m, auf der Halbinsel in der Bucht von Tokio festgestellt wurde (Richter 1958).

Die am meisten umstrittene Auswirkung des Erdbebens waren die beträchtlichen Niveauänderungen auf dem Boden der Sagami-Bucht. Diese waren so groß, daß die japanische Marine eine mühsame Überprüfung unternahm, wobei sie 4 Schiffe einsetzte und 83000 Lotungen ausführte. Als diese mit Lotungen verglichen wurden, die 1912 vorgenommen worden waren, schienen Tiefenzunahmen im Mittel von 90 bis 180 m, maximal von etwa 400 m, stattgefunden zu haben (Richter 1958). Diese sind bei weitem zu groß, um Beobachtungsfehler zu sein, besonders wenn man die Genauigkeit in Betracht zieht, mit der japanische amtliche Untersuchungen durchgeführt werden. Sie sind zu groß, um durch Einbrüche erklärt zu werden, da sich auf dem Festland nichts ereignete, was mit solchen Höhenänderungen vergleichbar wäre. Es ist höchst unwahrscheinlich, daß Vorhandensein oder Fehlen einer Wasserschicht einen Einfluß auf den Bewegungsbetrag bei einem derartigen Zusammenbruch in der Erdkruste ausüben könnte. Kurz, an einer Verwerfung kann die Sprunghöhe von 2 m auf dem festen Lande nicht so plötzlich auf die fast 100 m ansteigen, die hier genannt werden. Großmaßstäbliche Hangrutschungen oder untermeerische Gleitungen wurden von einigen Geologen als Ursache angegeben, aber diese Hypothese sieht sich der Schwierigkeit gegenüber, daß die anscheinend größte Senkung in einem geschlossenen Becken stattfand, wo doch zu erwarten wäre, daß sich Abrutschmassen anhäufen, statt daß Material verschwindet. Möglicherweise ist diese Vertiefung des Beckenbodens das Ergebnis einer plötzlichen Verdichtung dieser wasserdurchtränkten Sedimente. Was wirklich unter den Wässern der Sagami-Bucht geschah, ist unbekannt, aber der Bereich offenbar stärkster Senkung fällt mit der instrumentell ermittelten Lage des Erdbeben-Herdes zusammen. Vor allem mit diesen Änderungen des Meeresbodens stand zweifellos die Auslösung eines über 9 m hohen Tsunamis in Verbindung, der das Hafenviertel von Yokohama zerstörte.

Erdbeben-Schäden

Von unserm menschlichen Gesichtspunkt aus ist die bedeutendste Lehre, die uns diese historischen Erdbeben vermitteln können, ihre Auswirkung auf Bauwerke aller Art; denn der Einsturz von Gebäuden ist der Hauptumstand, der Menschenleben in Gefahr bringt.

Der erste der verschiedenen Faktoren, welche die Schadenhöhe bestimmen, ist der *Abstand vom Epizentrum*. Nahe bei einem Epizentrum kann der Schaden erheblich sein; mit zunehmendem Abstand vermindert er sich. Offensichtlich bedeutet das, daß die Erdbeben-Gefahr in Kalifornien und Japan größer ist als zum Beispiel in Süd-Dakota und Großbritannien.

Der zweite Faktor ist die *Natur des Untergrundes*. San Franzisko, 1906, und Long Beach, 1933, beide in Kalifornien, sind leuchtende Zeugen für die Bedeutung dieser Abhängigkeit. Bei diesen Erdbeben wurden Gebäude wesentlich gleicher Konstruktion am ernsthaftesten beschädigt, wenn sie auf aufgefülltem, unverfestigtem oder wasserdurchtränktem Untergrund standen, und am wenigsten, wenn sie auf festem Gestein oder einem trockenen, gut verfestigten Boden gegründet waren. Die Auswahl des richtigen Bauplatzes ist ein Faktor, auf den wir einigen Einfluß ausüben können. Es ist überraschend, wie wenig Beachtung diesem Faktor in Gebieten mit hohem Erdbeben-Risiko geschenkt zu werden scheint.

Das dritte Element — und das einzige, auf das wir den unmittelbarsten Einfluß haben — ist der *Konstruktionstyp* für die Gebäude, in denen wir wohnen wollen. Vielleicht das bedeutendste und einzige Grundprinzip, das wir beherzigen sollten, ist das, ein Gebäude so zu konstruieren, daß es als völlige Einheit schwingt. Es hilft auch, wenn es nicht zu starr ist. Glücklicherweise erfüllen die meisten Häuser aus Holz-Fachwerk diese Bedingungen, besonders wenn die Bodenschwellen im Lehm zu einer festen Gründung verbolzt und die Pfosten durch Abstützung an den Ecken verstärkt werden. Ein weiteres wichtiges Erfordernis ist, daß verstärkende Stangen entlang Schornsteinen aus Ziegeln angebracht und daß diese an der Basis des Schornsteins mittels einer festen Platte verankert werden. Zu den einprägsamsten Bildern nach dem Long-Beach-Erdbeben gehörten die Hunderte von Backstein-Schornsteinen, die kurz über der Dachlinie abgeknickt waren.

Bei größeren Gebäuden, wie z. B. zweistöckigen Amtshäusern, kleinen Hotels und Mietshäusern, ist der auffallendste Schaden der Einsturz der Außenmauern. Diese Erscheinung, die für die kleinstädtische Szene Kaliforniens nach dem Erdbeben so charakteristisch war, ist immer eine entnervende Erfahrung für die unglücklichen Bewohner von Hotelzimmern, die sich plötzlich dem zudringlichen Blick der Öffentlichkeit ausgesetzt sehen, wenn die Außenwände eines Gebäudes herausgefallen sind.

Zu den stärker verwundbaren Bauwerken gehören gemeiniglich solche, bei denen die Dächer verhältnismäßig weit gespannt sind, wie das bei Supermärkten, Straßenübergängen und Auditorien der Fall ist. Hier führt das Dach, wenn es gewölbt ist, einen auswärts gerichteten Schub gegen die Tragemauern aus, und diese erleiden bei den Schwingungen geradezu Hammerschläge, bis sie vollständig zusammenstürzen.

Schulgebäude zeigten sich außerordentlich anfällig bei dem Long-Beach-Erdbeben von 1933, teils infolge falscher Konstruktion und teils infolge von Fugen in dem typischen Muster, das in jener Zeit in Mode war. Große Spannweiten wurden für die Böden von Klassenzimmern in vielstöckigen Gebäuden angewandt, und gleichzeitig waren die Außenwände durch die weitgehende Verwendung großer Fenster geschwächt.

Das Arvien-Tehachabi-Erdbeben (Kalifornien) im Juli 1952 war besonders lehrreich; es wurde nämlich in großem Umfang seismologisch untersucht, und instrumentell lokalisierte Epizentren wurden direkt mit dem die Bruchbildung im Untergrund betreffenden Geländebefund in Beziehung gesetzt (Oakeshott u. a., 1955). Die beschädigten Gebäude waren typisch für die kleine amerikanische Gemeinde, und hier ließen die Ergebnisse die gleichen allgemeinen Prinzipien erkennen, die bei großmaßstäblichen Katastrophen wirken. Die Schäden bei Backstein- und Ziegelbauten waren viel ernsthafter über dicken Ablagerungen unverfestigter Sedimente als bei Gebäuden, die auf solidem Gestein oder einem dünnen Sedimentfurnier gegründet waren.

Es gab jedoch einige einzigartige Schadenformen bei diesem Erdbeben, die ihm eine Sonderstellung gegenüber anderen verleihen. Einerseits ist das San-Joaquin-Tal ein landwirtschaftlich genutztes Gebiet in einem ariden Klima, und somit hängt seine Existenz vom Grundwasser und der Bewässerung ab. Dieses Wasser wird zumeist aus Tiefbrunnen durch elektrische Pumpen zur Erd-Oberfläche gehoben. Für fast alle diese werden Transformatoren gebraucht, die gewöhnlich auf schmale, hölzerne Plattformen gestellt sind, welche ihrerseits hoch über dem Boden an jeder Ecke durch Pfosten gestützt werden. Alle angeblichen 846 Transformatoren wurden beschädigt, manche ernsthaft, andere alles in allem nur wenig. Viele kippten auf ihren Plattformen um, während andere zu Boden fielen. Der Mangel an Bewässerungswasser, der durch diesen vielfachen Ausfall elektrischer Energie verursacht wurde, gehörte zu den ernsteren Einzelverlusten, die das Erdbeben verursachte.

Eine andere auffällige Auswirkung waren die Zerstörung von Tunnels und Schäden an etwa 18 km Gleisstrecke dort, wo die Southern-Pacific-Eisenbahn sowohl die Tehachapi-Berge als auch die White-Wolf-Verwerfung kreuzt, deren Verschiebung der Grund der Erdstöße war. Vier Tunnels wurden schlimm angeschlagen, und die Vermauerung von vier weiteren erhielt Risse (Oakeshott, 1955). Schienen wurden S-förmig verbogen, in Tunnelwände gerammt oder blieben frei in der Luft hängen, wo die Unterlage fortrutschte. Der Betrieb konnte erst nach 26 Tagen wieder aufgenommen werden, nachdem eines der größten kurzfristigen Erdbewegungs-Unternehmen in der Baugeschichte abgeschlossen war, wobei mehr als 1000 Mann sowie 175 schwere Maschinen eingesetzt waren und über 2,5 Millionen Dollar ausgegeben wurden. Zur Wiederherstellung gehörte der vollständige Neubau von zwei Tunnels, die teilweise Entfernung eines anderen und ausgedehnte Ausbesserungen bei einem vierten.

X. Seismologie und Bau der Erde

Die Entwicklung der Seismologie

Die Erdbeben haben allein schon darum, weil sie dramatische Naturereignisse sind, zu Spekulationen über ihre Ursachen bereits in den frühesten Zeiten angeregt. Da sie besonders im Mittelmeer-Gebiet auftreten, ersannen die griechischen Philosophen viele Theorien, um sie zu erklären. Diese klingen uns heute wie Mythologie und nicht halb so interessant wie die Abenteuer des weit verschlagenen Odysseus. Aristoteles, der im 4. Jahrhundert vor Christi Geburt lebte und dessen Deutung der natürlichen Geschehnisse einst dogmatische Kraft hatte, glaubte, daß Erdbeben durch das Entweichen von Luft entständen, die in der Erde eingeschlossen sei.

Das Lissaboner Erdbeben zog die erste ernsthafte Bemühung nach sich, Erdbeben wissenschaftlich zu untersuchen. Im Jahre 1760 zog John Michell, ein englischer Physiker, aus den Beobachtungen von Seiches und schwingenden Kronleuchtern über ganz Europa hin den Schluß, daß Erdbeben eine Wellenbewegung in der Gesteinskruste der Erde erzeugten. 100 Jahre nachher, im Jahre 1859, hatte der seismologische Pionier Robert Mallet, der bis dahin über Erdbeben in theoretischen Begriffen nachgedacht hatte, eine Gelegenheit, die Wirkungen eines echten Bebens kennenzulernen, als er Italien besuchte und den Schaden sah, den die Bergstädte der Apenninen östlich von Neapel durch das zerstörende Beben im Jahre 1858 erlitten hatten. Obgleich er fälschlicherweise annahm, daß Erdbeben explosiver Entstehung seien und mit vulkanischer Tätigkeit verbunden wären, so legte er doch die Fundamente für die beobachtende Seismologie. Indem er die Fallrichtung von Bauwerken und Denkmälern untersuchte, die Natur von Spalten im Erdboden und andere Befunde, arbeitete er eine rohe Methode aus, um die Ortslage eines Erdbeben-Herdes zu bestimmen. Er gehörte auch zu den ersten, die experimentelle Versuche bei der Erdbeben-Forschung anwandten, indem sie Explosionen auslösten und die Laufzeit der entstehenden Wellen maßen. Er machte auch den Anfang zu einem Erdbeben-Katalog und erreichte eine annehmbare Vorstellung von der geographischen Verbreitung der Erdbeben.

Der Begründer der modernen Seismologie — ein Wort, das aus dem Griechischen stammt: *seismos* = „Erdbeben" — war ein englischer Bergingenieur, John Milne. Er kam im Jahre 1875 nach Japan als Mitglied einer Gruppe ausgewählter Männer, welche unter der Meiji-Restauration die bedeutsame Aufgabe übernommen hatten, die Technologie und die Erziehungssysteme des Westens dem japanischen Volk nahezubringen. Im Jahre 1880 gab ihm eine nahezu ununterbrochene Serie von Erdbeben ausreichenden Anreiz, um sich als erster, voll flügge gewordener Seismologe hervorzutun, interessiert, aktiv und wirkungsvoll tätig in jeder Sparte dieser vielseitigen Wissenschaft. Durch seine Bemühungen wurde der Seismograph ein genaues Instrument, und Milne-Shaw-Horizontalpendel-Seismographen wurden in fast 50 zusammenarbeitenden Stationen im Jahre 1892 aufgestellt. Aus diesen bescheidenen Anfängen hat sich die Seismologie so weit entwickelt, daß heute wahrscheinlich zwischen 500 und 600 Stationen in Betrieb sind, davon 97 in den Vereinigten Staaten und 76 angeblich in der Sowjetunion. Eine internationale Berichterstattung über die Erdbeben der Welt wird vom „Bureau Central International Séismologique" in Straßburg herausgebracht — ein Programm, das von UNESCO unterstützt wird. Da es die Seismologie mit der Erde als Ganzem und nicht mit der politischen Aufteilung ihrer Oberfläche zu tun hat, ist sie ein wirklich glänzender Stern am Firmament der internationalen wissenschaftlichen Zusammenarbeit.

Der Seismograph

Ein Seismograph ist das Instrument, das zur Aufzeichnung der Schwingungen dient, die durch ein Erdbeben ausgelöst werden. Die vollendete Gestaltung dieses Instrumentes ist das Ergebnis eines ungeheuren Aufwands einfallsreicher und geduldiger Arbeit über die vielen Jahre hin, seit das erste Gerät von L. Palmieri 1855 in Italien ersonnen worden war. Das Problem, das gelöst werden mußte, lautete, wie man einen Gegenstand an der Erd-Oberfläche so isolieren könne, daß er selbst, während seine gesamte Umgebung durch Erdbeben-Wellen in Schwingung versetzt wird, doch in Ruhe oder wenigstens nahezu in Ruhe bleibt. Dann könnte die Bewegung der Erdkruste relativ zu der unbeweglichen Masse ermittelt werden.

Das Gerät, das am ehesten diese schwierige Bedingung erfüllen kann, ist das Pendel. Seine Trägheit wirkt in dem Sinne, an seinem Platz zu verharren, während der Untergrund darunter und die Halterung, die es festhält, in Bewegung sind. Wenn weiter ein Weg gefunden wird, einen Schreibstift oder eine Federspitze an der trägen Masse des Pendels zu befestigen, so ergibt sich die Möglichkeit, das Ausmaß der Bodenbewegung relativ zu der Masse aufzuzeichnen, die ja noch an ihrem alten Platz ruht; die Sache ist, grob gesagt, der Illusion vergleichbar, die wir erfahren, wenn wir in einem stehenden Personenzug sitzen und plötzlich ein Güterzug auf dem Nebengleis sich zu bewegen beginnt. Für einen Moment glauben wir, daß *wir* uns bewegen und daß es der andere Zug ist, welcher still steht.

Die ersten primitiven Seismographen schrieben ihre Registrierungen in geglätteten losen Sand oder auf ein Stück berußten Papiers; sie konnten nur wenig Auskunft über die Richtung oder sogar den Charakter der Schwingungen geben, welche sie registrierten. Milne machte eine ausgedehnte Untersuchung über die Grenzen solcher roher Instrumente, als er das Pendel in eine horizontale Lage brachte. Es war dann möglich, die Eigenschaften von Erdbeben-Wellen festzustellen, die in einer bestimmten Richtung liefen. Eine vollständig ausgerüstete seismische Station würde im ersten Abschnitt dieses Jahrhunderts üblicherweise aus drei Instrumenten bestanden haben: aus zwei Horizontalpendeln, wovon das eine an einer Ost/West-Achse, das andere an einer Nord/Süd-Achse montiert wären — beide dazu bestimmt, die Horizontalbewegung des Bodens zu registrieren —, und aus einem dritten Pendel, das an einer empfindlichen Feder aufgehängt wäre, um die Vertikalkomponente der Bewegung zu messen.

Tatsächlich ist es praktisch unmöglich, ein Pendel von seiner Umgebung vollständig zu isolieren; unvermeidlicherweise nimmt es einen gewissen Betrag der Bodenbewegung auf. Das wird leider störend, wenn die Periode der Eigenschwingung des Pendels der Schwingungsperiode der Bodenbewegung nahekommt. Ein weiteres Problem ist, das Pendel zu stoppen, sobald es sich selbst in Bewegung gesetzt hat und die Erdbeben-Wellen aufgehört haben. Das wird durch eine Dämpfung des Pendels bewirkt, wofür eine Art Hemmung eingebaut ist. Manchmal wird diese durch Anwendung eines kleinen Flügels erreicht — er übt eine ähnliche Wirkung aus wie die Klappen einer Flugzeug-Tragfläche — oder indem man das Pendel durch ein Ölbad schwingen läßt oder — bei moderneren Seismographen — indem man einen Kupferflügel zwischen die Pole eines Magneten setzt. Die Wirbelströme, die erregt werden, wenn der Flügel sich bewegt, haben einen Dämpfungseffekt, der fast unabhängig von atmosphärischen Einflüssen, wie Feuchtigkeit, Temperatur und Luftdruck, ist.

Ein weiteres ärgerliches Problem ist, daß die Wellenamplitude, die von einem Seismographen direkt registriert wird, zu klein zu sein pflegt, als daß wir sie erfolgreich studieren könnten. Das bedeutet, daß eine Vergrößerung nötig ist, und wenn diese mit mechanischen Mitteln erreicht werden soll, dann entstehen Probleme der Arbeitsweise, die die Genauigkeit des Ergebnisses ernsthaft beeinträchtigen.

Die gewünschte Vergrößerung kann photographisch erreicht werden, indem man Lichtstrahlen statt Federn oder Hebeln verwendet und indem man die Schwingungen mit photographischem Papier aufzeichnen läßt, statt einen Stift oder eine Schreibfeder über die Oberfläche eines Blattes streichen zu lassen. Der Torsions-Seismograph (Abb. 117) ist ein solches Gerät. Im Prinzip besteht er aus einem 20 oder 23 cm langen Wolframdraht

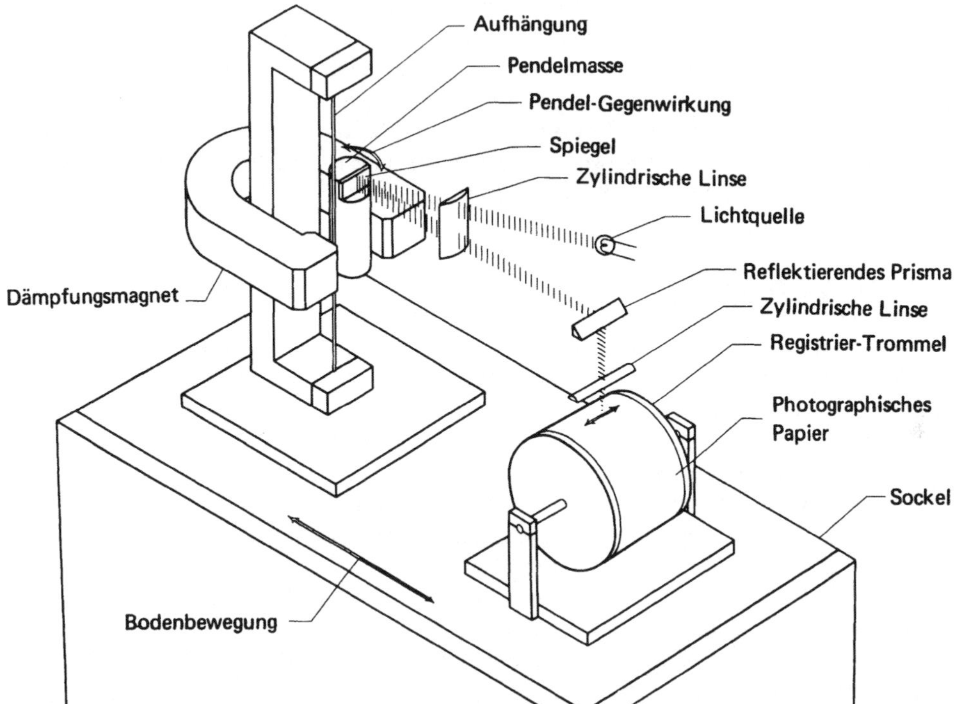

Abb. 117. Schematische Darstellung eines Torsions-Seismographen.

mit einem bleistiftdünnen Gewicht, das daran befestigt und zwischen den Polen eines Magneten aufgehängt ist. Ein Metallspiegel ist an dem Gewicht montiert, das tatsächlich das Pendel darstellt. Der Spiegel reflektiert Licht von einer Lichtquelle durch einen Satz von Prismen und Linsen zurück auf die Oberfläche einer rotierenden Trommel, auf welcher ein Blatt lichtempfindlichen Papiers angebracht ist. Auf diesem Papier erscheint das Licht als winziger, aber sehr scharf begrenzter viereckiger Fleck. Wenn keine Erdstöße registriert werden, läßt der Fleck eine völlig gerade Linie auf dem rotierenden Papierblatt zurück; sie wird sichtbar, sobald das Papier entwickelt ist. Ein typisches derartiges Instrument für die Registrierung schneller Schwingungen weist ein Pendel mit einer Eigenperiode von 0,8 Sekunden und einer 2800fachen Vergrößerung auf; diese ist das Verhältnis der Bewegung des Lichtflecks zur Bewegung des Untergrunds (Benioff 1955). Für langsamere Wellen weiter entfernter Stöße würde ein Pendel mit einer Eigenperiode von 8 Sekunden und einer 800fachen Vergrößerung geeignet sein.

Heute sind Instrumente von weit größerer Feinheit und Genauigkeit als die beschriebenen in Gebrauch. Viele von ihnen wurden durch die Bemühungen von Dr. Hugo Benioff und seinen Mitarbeitern am seismologischen Laboratorium des „California Institute of Technology" entwickelt. Bei einem derselben erzeugt die Pendelbewegung auf elektromagnetischem Wege Energie, und diese kann benutzt werden, um Registrier-Galvanometer mit unterschiedlichen Perioden und Vergrößerungen zu betreiben. Dieses Instrument trägt den imponierenden Namen „variables elektromagnetisches Widerstands-Seismometer".

Mit Seismographen solcher Vielfalt und Präzision wie die heute zur Verfügung stehenden sind wir ein großes Stück Weg weitergekommen, seit die Kronleuchter in den Kirchen Europas am Allerheiligen-Tag vor mehr als 200 Jahren durch das Lissaboner Erdbeben in Schwingungen versetzt wurden. Die wellige Aufzeichnung, die ein Seismograph auf einer sich bewegenden Papierrolle hinterläßt, berichtet uns nicht nur viel über das Erdbeben selbst, sondern verrät mehr über die Natur des Erdinnern als irgendeine andere bekannte Vorrichtung.

Was die Registrierung berichtet

Für den Laien scheinen die Kritzeleien einer seismographischen Registrierung völlig ohne Sinn zu sein, und sie haben für ihn nicht mehr Bedeutung als ziellose Reihen nicht sehr gut ausgeführter Schnörkel. Sie sind die Spuren von Wellen, und zwar von einer Vielfalt verschiedener Wellenarten, die sowohl quer durch die Erde als auch entlang ihrer Oberfläche gelaufen sind. Diejenigen, die Bahnen folgen, welche innerhalb der Erde liegen, heißen *„Körperwellen"*, während diejenigen, die Bahnen in der äußeren Erdkruste folgen, *„Oberflächen-Wellen"* oder *„lange Wellen"* genannt werden.

Die langen oder *L*-Wellen sind die einzigen, die wir bei einem Erdbeben verspüren, und sie sind auch diejenigen, die Zerstörungen hervorrufen. Die *L*-Wellen pflanzen sich mit geringeren Geschwindigkeiten als die Körperwellen fort, welch letztere so schwach sind, daß sie nur von empfindlichen Instrumenten verspürt werden, wie Seismographen, Gezeitenpegeln, Bohrungsregistrierern, Druckmessern von Gasleitungen usw. Die *L*-Wellen sind diejenigen, welche die größten Ausschläge auf einem Seismogramm (Abb. 118) erzeugen, aber ihre Wirkung vermindert sich schnell mit der Entfernung.

Die *L*-Wellen sind auf die *Kruste* beschränkt, deren mittlere Dicke bei 16 km zu liegen scheint. Die Kruste ist dicker unter den Kontinenten — möglicherweise 33 bis 40 km —; sie ist wohl am dicksten unter Gebirgsketten, wo sie gegen 80 km betragen dürfte. Unter den Meeren vermag sich die Kruste bis auf nur 8 km Dicke auszudünnen. Die Grenze zwischen Erdkruste und Erdmantel trägt den schwierigen Namen *„Mohorovičić-Diskontinuität"* nach dem kroatischen Seismologen, der 1909 bemerkte, daß sich in diesem Niveau ein ausgesprochener Wechsel im Charakter der Körperwellen vollzieht. Oberhalb dieser Grenzfläche herrschen Abhängigkeiten von der Geologie vor (z. B. zeigen die Gesteine sehr unterschiedliche Dichten und Strukturen), und der Bauplan ist im Hinblick auf die Auswertung von Erdbeben-Wellen recht kompliziert. Unterhalb der Diskontinuität ist Einförmigkeit die häufigere Regel. Bei den *P*-Wellen, die nahe an der Oberfläche des Mantels laufen, kann damit gerechnet werden, daß sie in allen Teilen der Erde eine Geschwindigkeit von rund 8 km pro Sekunde aufweisen.

Um einen sehr komplexen Sachverhalt stark zu vereinfachen: Es gibt zwei Hauptklassen von Körperwellen, nämlich 1. *primäre* und 2. *sekundäre* Wellen. Die primären Wellen werden auch *Longitudinal-* oder *Kompressionswellen* genannt. Herkömmlicherweise werden sie abgekürzt als *„P-Wellen"* bezeichnet. Die sekundären Wellen heißen auch *„Transversal-"* oder *„Scherwellen"*, abgekürzt *„S-Wellen"*.

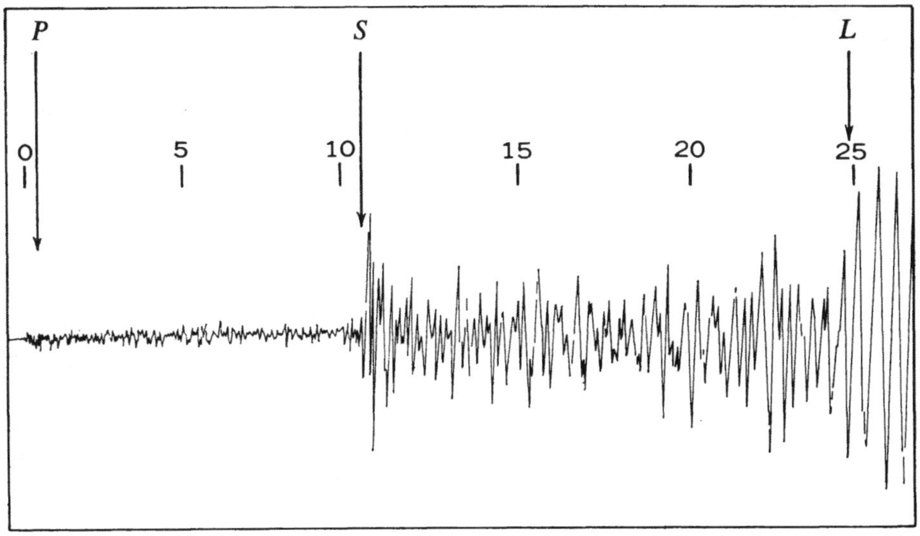

Abb. 118. Ein typisches Seismogramm. Die horizontale Skala gibt die Anzahl Minuten nach Eintreffen der ersten P-Welle wieder. Die S-Wellen begannen im Zeitpunkt S, die L-Wellen im Zeitpunkt L einzutreffen.

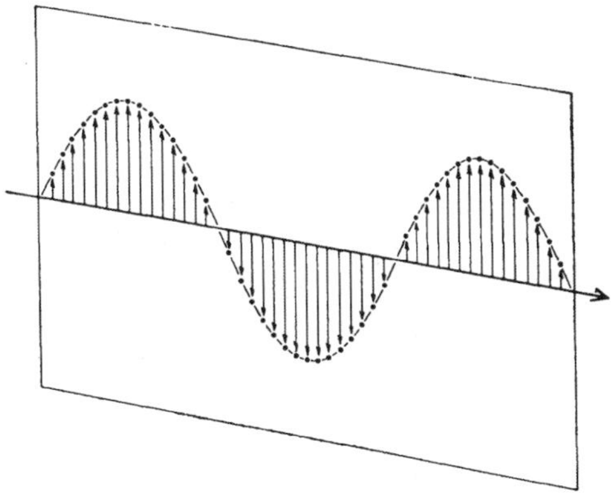

Abb. 119. Die Teilchenbewegungen bei S-Wellen. Die Punkte schwingen auf und ab, während sich die Welle in der Horizontalen fortbewegt.

Die primären Wellen sind mit den Schallwellen verwandt, und wie diese erzeugen sie abwechselnd Verdichtung und Dehnung in dem Medium, durch welches sie laufen — ganz wie die Wellen, die sich von einer Stimmgabel aus in allen Richtungen durch die Luft ausbreiten. Jedes Teilchen bewegt sich vor und zurück in der gleichen Richtung, in der die Welle läuft. Es ist das eine Verhaltensweise, die in etwa dem pulsierenden Bums gleicht, der sich längs eines langen Güterzuges fortpflanzt, wenn die Lokomotive die locker verbundenen Wagen anzieht; besonders ausgeprägt wäre das, wenn alle Kupplungen elastisch wären.

Bei den Sekundärwellen schwingen die Teilchen in dem Gestein, durch das die Welle läuft, unter rechtem Winkel — das heißt transversal — zur Richtung der Fortpflanzung. Die Wellen, die entlang einer ausgespannten Wäscheleine oder einem Gartenschlauch oder einem Springtuch verlaufen, wenn ein Ende kräftig geschüttelt wird, sind allen vertraute Beispiele. Diese Wellenart heißt *„Scherwelle"*, weil dabei die Teilchen in einem Gestein Scherbewegungen ausführen oder aneinander entlang gleiten, ganz wie die Einzelkarten in einem Kartenspiel dazu gebracht werden können, sich aneinander zu verschieben. Nebenbei — einige Begriffe, die Wellenbewegungen betreffen, mögen hier eingeführt werden, und diese sollte man sich einprägen, weil sie auch gebraucht werden, wenn wir uns mit den Meereswellen befassen werden. Der Abstand zwischen zwei gleichen Wellenphasen, so zwischen zwei Wellengipfeln oder zwei Wellentälern, heißt *„Wellenlänge"*. Die halbe Höhe oder der Abstand oberhalb oder unterhalb der Mittellinie ist die *„Amplitude"*. Der Zeitunterschied zwischen dem Durchgang zweier aufeinander folgender gleicher Phasen durch einen bestimmten Punkt ist die *„Periode"*. Die Richtung und die Schnelligkeit, mit der Wellen laufen, ist ihre *„Geschwindigkeit"*. Die Geschwindigkeit von *P*-Wellen ist fast genau doppelt so groß wie die der *S*-Wellen, und im allgemeinen nimmt die Geschwindigkeit beider mit der Erdtiefe zu. Zum Beispiel laufen in einer Tiefe von 40 km *P*-Wellen mit 8 km pro Sekunde und *S*-Wellen mit 4,3. In einer Tiefe von 2900 km ist die Geschwindigkeit der *P*-Wellen auf 13,7 km pro Sekunde gewachsen, und die Geschwindigkeit der *S*-Wellen hat sich auf 7,4 km pro Sekunde vergrößert.

Das wirft sofort die Frage auf: Warum dieses anscheinend sonderbare Verhalten von Körperwellen in der Erde? Warum steigt die Geschwindigkeit der *P*- und *S*-Wellen mit zunehmender Tiefe in der Erde an? Laboratoriums-Untersuchungen, die unter den an der Oberfläche der Erde herrschenden Temperatur- und Druckverhältnissen vorgenommen

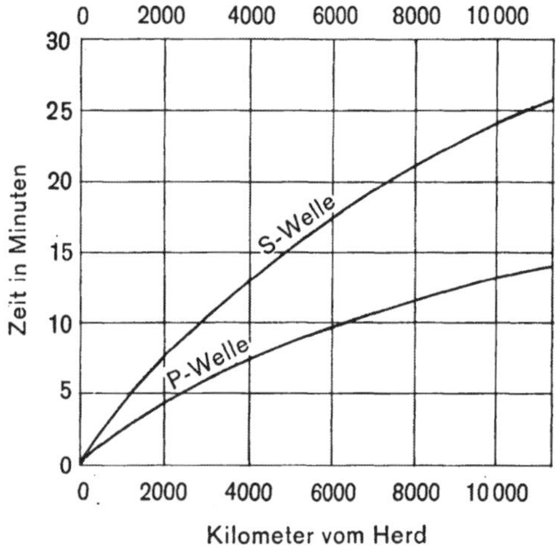

Abb. 120. Laufzeit-Kurven für P- und S-Wellen. Die Zeitdifferenz zwischen den ersten Einsätzen der P- und der S-Wellen läßt sich als Maß für den Abstand vom Epizentrum benutzen. *(Aus: J. H. Zumberge: Elements of geology, 1958; nach Bullen: Seismology, 1954.)*

wurden, um die Laufzeiten solcher Wellen in festen Körpern zu bestimmen, zeigen, daß die Geschwindigkeit dieser Körperwellen mit der Festigkeit zunimmt und mit der Dichte des Mediums abnimmt, das sie durchlaufen. Sowohl die Festigkeit wie auch die Dichte nehmen mit dem Druck zu, und wenn etwas über das Erdinnere sicher ist, dann ist es die Tatsache, daß der Druck zum Zentrum hin ansteigt, um schließlich Werte zu erreichen, die für uns an der Erd-Oberfläche unvorstellbar sind.

Wichtig ist hier, daß die Auswirkung der Druckzunahme auf die Festigkeit von Materialien in der Erde größer ist als die Dichtezunahme, und das hat für die Körperwellen zur Folge, daß ihre Geschwindigkeit allgemein bis zur Tiefe von 2900 km ansteigt. Unterhalb dieser Tiefe erfolgt eine plötzliche Abnahme der Geschwindigkeit; wir werden auf die für dieses seltsame Verhalten gegebene Erklärung weiter unten zurückkommen.

Die ungleiche Geschwindigkeit, mit der sich *P*- und *S*-Wellen vorwärtsbewegen, gibt uns ein wirksames Mittel an die Hand, um den Abstand zwischen einer seismischen Station und dem Ausgangspunkt eines Erdbebens, d. h. seinem Herd, zu bestimmen.

Das hier vorliegende Problem ist mit einem Pferderennen zu vergleichen. Die *P*- und die *S*-Wellen starten gleichzeitig, ganz wie zwei Pferde in dem Augenblick, wenn die Barriere hochgezogen wird. Die *P*-Wellen sind eine sichere Sache, da sie immer etwa zweimal so schnell wie die *S*-Wellen rennen. Je länger die Entfernung wird, die die beiden Wellen zurückgelegt haben, um so größer wird der Abstand zwischen ihnen. Das Diagramm von Abb. 118 bringt das Bild eines idealisierten und stark vereinfachten Seismogramms, und auf ihm können die Ausschläge, die die Ankunft zuerst der *P*- und dann der *S*-Wellen anzeigen, zeitlich genau bestimmt werden. Dann kann sich der Seismologe seinen Laufzeit-Kurven zuwenden, von welchen Abb. 120 eine vereinfachte Darstellung gibt. Wir können daraus ersehen, daß dann, wenn die Differenz zwischen der Ankunftszeit der *P*- und der *S*-Wellen gegen 5 Minuten beträgt, das Epizentrum gegen 3200 km entfernt liegt; wenn die Differenz 10 Minuten ist, dann beträgt die Entfernung gegen 8850 km.

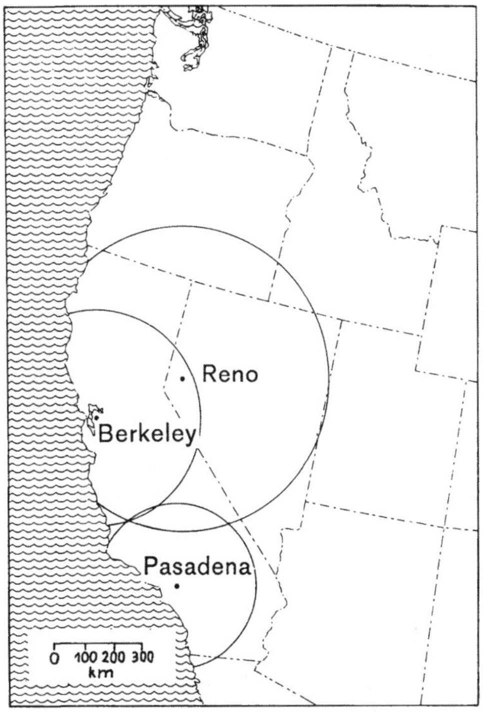

Abb. 121. Bestimmung des Epizentrums eines Erdbebens, wenn man seine Entfernung von den Seismographen kennt. Die drei unabhängig voneinander bestimmten Kreise schneiden sich in einem gemeinsamen Punkt.

Diese Auswertung der seismographischen Registrierung liefert uns nur den Abstand; sie gibt uns keinen Hinweis auf die Richtung der Herdlage. Alles, was wir tun können, ist, auf einer Karte einen Kreis um den Ort der seismischen Station als Mittelpunkt zu ziehen und dabei als Radius des Kreises den Abstand zwischen der seismischen Station und dem *Epizentrum*, d. h. der geographischen Lage des Erdbeben-Herdes, zu nehmen. Wenn wir das Beispiel von Abb. 121 zugrunde legen und zunächst nur die in Pasadena aufgenommene Registrierung verwenden, dann wissen wir lediglich, daß der Herd irgendwo auf der Peripherie des Kreises liegt, der um Pasadena als Zentrum gezeichnet wurde. Wenn Pasadena seine Aufzeichnungen mit Berkeley austauscht, dann sind zwei Ortlagen möglich; denn wir bekommen zwei Kreise, die sich in zwei Punkten schneiden können. Wenn eine dritte Station, in diesem Falle Reno, hinzugenommen wird, dann kann das Epizentrum mit beträchtlicher Genauigkeit lokalisiert werden; denn drei nicht konzentrische Kreise schneiden sich in nur einem einzigen Punkt.

In der Praxis ist die wirkliche Ortsbestimmung gewöhnlich komplizierter; denn einerseits gehen viele Erdbeben nicht von einem Punkt aus, vielmehr können sie gleichzeitig an verschiedenen Stellen entlang einer Störungslinie einsetzen. Das Beben von San Franzisko im Jahre 1906 ist ein bezeichnendes Beispiel dafür; denn es ging von der 435 km langen Störungszone der San-Andreas-Spalte aus.

Der Punkt, von dem ein Erdbeben wirklich ausgeht, heißt *„Hypozentrum"* oder *„Herd"*. Seine Projektion auf die Erd-Oberfläche bzw. seine geographische Lage ist das *„Epizentrum"*. Auf dem kürzesten Wege sind die von den Seismographen aufgezeichneten *P*- und *S*-Wellen gelaufen, und so ergeben sich bei der Umrechnung ihrer Ankunftszeiten in Entfernungen die *kürzesten* Abstände zwischen Seismographen (S) und Herd (F). Sollte bei einem Erdbeben der besondere Fall vorliegen, den man als *„Tiefherd-Beben"* bezeichnet, dann würde ein auf der Karte mit dem Radius S—F eingezeichneter Kreis über das Epizentrum hinausschießen, und es würden sich die drei Kreise von Abb. 121 nicht in einem Punkt schneiden. Mit anderen Worten: Die Methode, die wir eingeschlagen haben, funktioniert gut bei Flachherd-Beben, es müssen aber abweichende Laufzeit-Tabellen bei solchen Beben benutzt werden, die ihren Sitz in großen Tiefen unterhalb der Kruste haben.

Auf die Existenz von Tiefherd-Beben wies erstmals H. H. Turner im Jahre 1922 hin, und nach Debatten und Diskussionen während des folgenden Jahrzehnts wurde ihre Realität weitgehend akzeptiert. Der Beweis für ihre Existenz besteht zum Teil darin, daß sie eine von Flachherd-Beben unterschiedliche Art von Seismogrammen liefern. Einerseits fehlen die *L*-Wellen, oder sie pflegen wenigstens zweifelhaft zu sein. Wichtiger ist jedoch, daß die *P*-Wellen, die durch die Erde laufen, früher ankommen, als sie tun würden, wenn der Herd näher der Oberfläche läge. Sie können das, weil sie beim Start den Vorteil eines beträchtlichen Kopfvorsprungs haben.

Zur anfänglichen Überraschung vieler Geologen erwies sich, daß Tiefherd-Beben in derartig großen Tiefen wie 650 km ihren Sitz haben können. Das wird als Anzeichen dafür gewertet, daß die Gesteine in so großen Tiefen fast in der gleichen Weise zerbrechen können, wie sie es in geringeren Tiefen tun, wenn sie einen oberflächennahen Erdbeben-Stoß erzeugen. Richter (1958, S. 305) sagt:

„Der Gesamtbefund weist darauf hin, daß Tiefherd-Beben auf einem Vorgang beruhen, bei dem Scherung und elastisches Verhalten eine Rolle spielen und der von der gleichen allgemeinen Natur ist wie die Vorgänge, die Flachbeben hervorrufen. Wir stoßen damit auf das Problem plastischen Fließens in großer Tiefe; der scheinbare Widerspruch löst sich bei Berücksichtigung des Zeitfaktors. Sich langsam ansammelnde Spannungen werden durch Fließen aufgebraucht, bevor sie die Bruchgrenze erreichen können; aber schnell sich ansammelnde Spannungen können so groß werden, daß Bruch eintritt. Das Verhalten kann mit dem eines Wachsblockes verglichen werden, der allmählich unter Druck oder sogar unter seinem eigenen Gewicht fließt, aber in scharfe Stücke zerbricht, wenn er von einem Hammerschlag getroffen wird."

Eine kartenmäßige Darstellung der Verteilung der Tiefherd-Beben würde deutlich machen, daß die Lagen ihrer Epizentren in gewissem Ausmaß wohl mit denen der Flachherd-Beben korrespondieren, sich aber doch in manch anderer wichtiger Hinsicht davon unterscheiden. Die Koinzidenz ist wohl am engsten auf der Westseite des Pazifiks; auf der Ostseite ist ihr Fehlen unter dem nordamerikanischen Kontinent besonders bemerkenswert. Es besteht auch eine erhebliche Konzentration von Tiefherd-Beben tief unter dem Himalaja und unter den Anden — in Süd-Amerika viel weiter landeinwärts als die Flachherd-Beben, die sich entlang der Pazifik-Küste zusammendrängen. Ganz die gleiche Verteilung herrscht bei den Epizentren von Tiefherd-Beben unter den Inselbögen des westlichen Pazifiks. Dieselbe Anordnung charakterisiert auch die Tiefherd-Beben der Anden, wobei die tiefsten zugleich am weitesten landeinwärts liegen, tief unter dem Bolivianischen Plateau (Abb. 122).

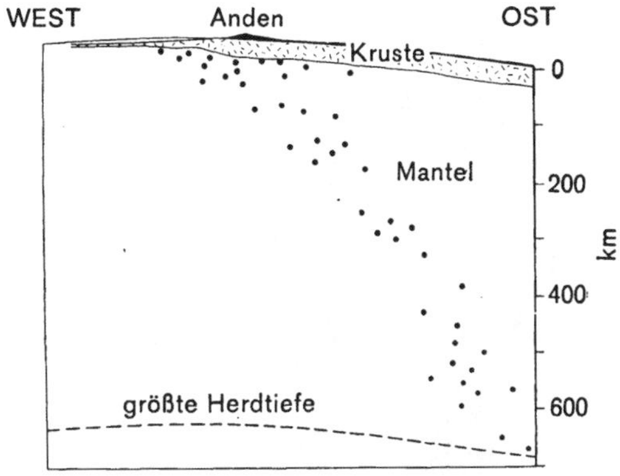

Abb. 122. Die Herdlagen von Erdbeben unter dem westlichen Südamerika. *(Nach: Jacobs: Physics and geology, 1959.)*

Diese eigentümliche Anordnung der Tiefbeben-Herde entlang einer Fläche, die eine geneigte Ebene zu sein scheint, hat verschiedene Geologen zu der Annahme geführt, daß die Herde Schwächepunkte darstellen, an denen sich Spannungen angesammelt haben, und zwar entlang Brüchen mit Überschiebungscharakter, die vom Pazifik-Becken fort, d. h. landeinwärts, geneigt sind.

Seismische Wellen und die Tiefen der Erde

Wie wir oben erwähnt haben, ist die Seismologie eine internationale Wissenschaft, und schon sehr früh in ihrer Geschichte kam bei der Aufnahme oder dem Ausbleiben von Körperwellen, die durch die Erde gewandert waren, eine Anzahl überraschender Dinge zum Vorschein. Als seismische Stationen in verschiedenen Teilen der Welt ihre Aufzeichnungen verglichen, ergab sich eine rätselhafte Gesetzmäßigkeit hinsichtlich des Ausbleibens von *S*-Wellen. Sowohl *P*- als auch *S*-Wellen werden von seismischen Stationen bis zu einem Abstand von etwa 103 Bogengraden oder rund 11 000 km vom Epizentrum registriert. Jenseits dieses Punktes verschwinden sowohl die *P*- wie auch die *S*-Wellen, und es folgt eine etwa 5100 km breite Zone, die sogenannte *„Schattenzone“*, in der keine Körperwellen empfangen werden. Dann, bei einem Abstand von 143 Grad oder 16 100 km (11 000 + 5100) vom Epizentrum wird die *P*-Welle wieder registriert, gewöhnlich mit einem recht starken Einsatz; aber die *S*-Wellen erscheinen nicht wieder.

Eine andere eigentümliche Verhaltensweise der *P*-Wellen, die ihren Weg durch den Mittelpunkt der Erde nehmen, ist eine offenbare Verzögerung auf ihrem Weg. Wenn sie mit der gleichen Geschwindigkeit laufen würden, die sie in einer Tiefe von 2900 km haben, dann sollten sie die Erde in etwa 16 Minuten vollständig durchlaufen; in Wirklichkeit benötigen sie aber 20 Minuten, um ihre Reise zu vollenden. Offenbar geschieht etwas im tiefen Erdinnern, wodurch die *S*-Wellen ausgelöscht und die *P*-Wellen um etwa 4 Minuten verzögert werden.

Eine Erklärung für dieses anomale Verhalten wurde 1913 in Europa von Benno Gutenberg gegeben, der viele Jahre hindurch Direktor des „Seismological Laboratory“ am

„California Institute of Technology“ war. Seine wohl allgemein übernommene Theorie besagt, daß dieses Verhalten der Wellen durch das Vorhandensein einer tiefen Grenzfläche *(„Diskontinuität“)* in der Erde, und zwar etwa in einer Tiefe von 2900 km, erklärt werden kann. Der Teil der Erde oberhalb dieser Diskontinuität wird *„Mantel“* genannt; die inneren 3400 oder 3550 km der Erde sind der *„Kern“* (Abb. 123).

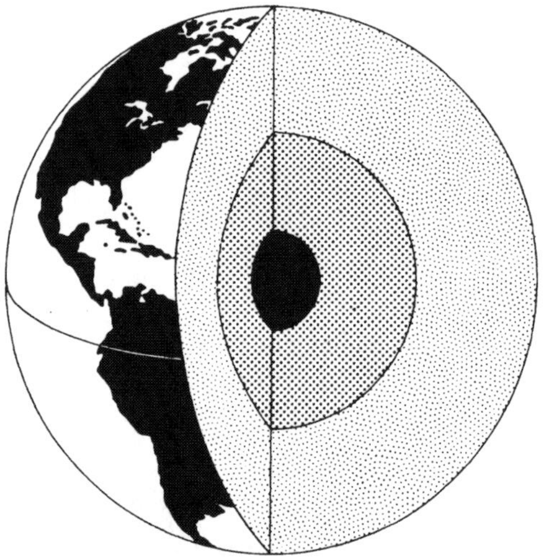

Abb. 123. Das Erdinnere. Dargestellt sind die Größenverhältnisse von Mantel (hell gepunktet), äußerem Kern (dunkel gepunktet) und innerem Kern (schwarz). Die Kruste besitzt angenähert die Dicke der äußeren Umgrenzungslinie der Erde.

Seismische Beobachtungen, die während des vergangenen halben Jahrhunderts gemacht wurden, lassen mit erheblicher Sicherheit schließen, daß die Geschwindigkeit der *P*-Wellen an der *Gutenberg*-Diskontinuität plötzlich von etwa 13,7 km pro Sekunde auf rund 8 km pro Sekunde abnimmt, das heißt, sie geht auf beinahe die gleiche Geschwindigkeit zurück, die die Wellen an der Basis der Kruste nahe der Oberfläche hatten (Abb. 124). Die graphische Darstellung zeigt auch das Verschwinden der *S*-Wellen in einer Tiefe von 2900 km und weiter den Abfall und dann den allmählichen Anstieg der Geschwindigkeit der *P*-Wellen innerhalb des Mantels.

Wie erklärt sich nun dieses Verhalten der beiden Wellen? Wir können nicht mehr tun, als eine Anzahl Annahmen über den physikalischen Zustand des Erdkerns zu machen, wobei wir von dem ausgehen müssen, was wir vom Verhalten des Materials an der Erd-Oberfläche kennen. Wir wissen, daß *S*-Wellen an der Erd-Oberfläche *nicht* durch Flüssigkeiten geleitet werden. Sie sind Scherungs- oder Verformungswellen, und da Flüssigkeiten keine Formelastizität haben, läßt sich aus dem Verhalten der Schluß ziehen, daß der Kern bei den Temperaturen und Drücken, die in ihm herrschen, mehr die physikalischen Eigenschaften einer Flüssigkeit hat als die eines festen Körpers.

Die Tatsache, daß *P*-Wellen den Kern queren, hilft uns nicht weiter, um dieses spezielle Problem des physikalischen Zustands im Zentralbereich der Erde zu lösen; denn sie sind den Schallwellen vergleichbar und können sich deshalb sowohl durch feste wie auch durch flüssige Körper fortpflanzen. Die plötzliche Abnahme der Geschwindigkeit an der Grenze zwischen Mantel und Kern ist ein Rätsel; denn nicht nur vermindert sich die Geschwindigkeit fast auf die Hälfte, sondern sie fängt sich wieder und steigt dann langsam gegen die Mitte der Erde zu erneut an (Abb. 123), bis sie rund 11 km pro Sekunde erreicht.

Wenn wir einen Analogieschluß aus dem ziehen dürfen, was wir über Kompressions- oder Longitudinal-Wellen in den Oberflächen-Schichten der Erde wissen, dann wird ihre

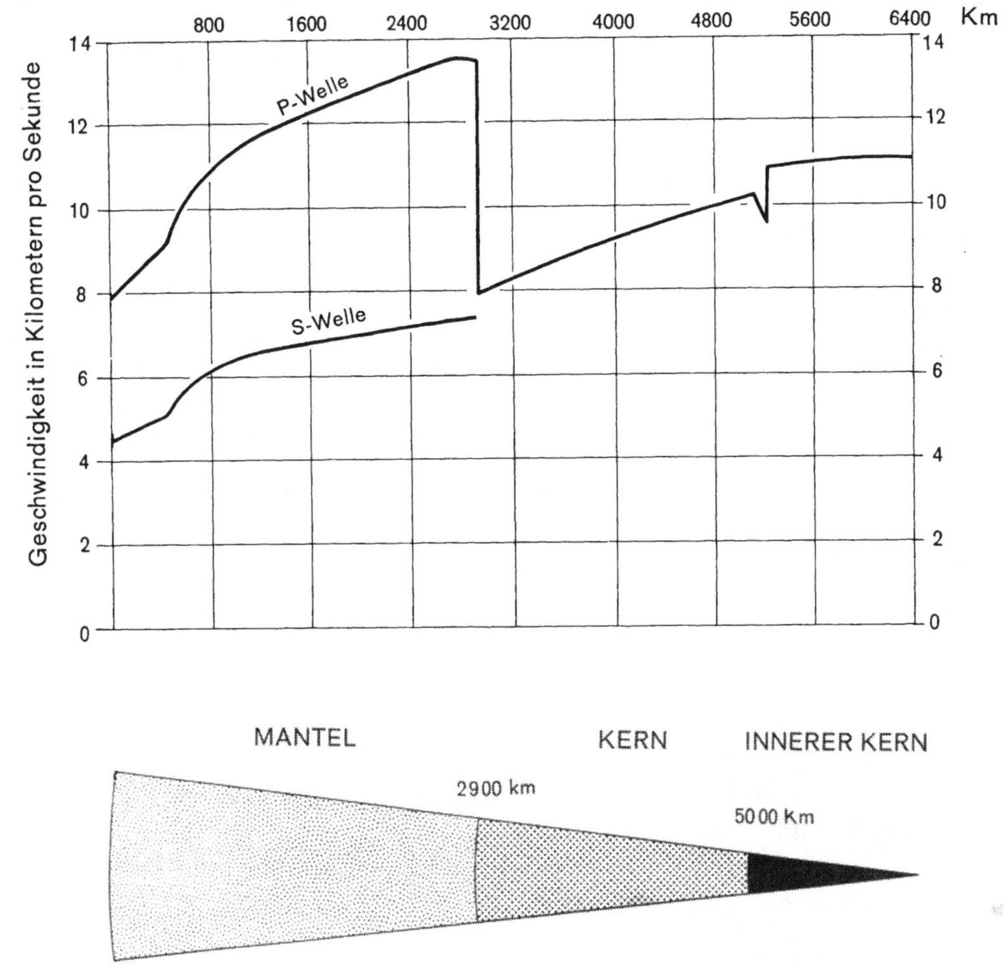

Abb. 124. Unstetigkeiten im Erdinnern, wie sie aus den Änderungen der Geschwindigkeiten von P- und S-Wellen abgeleitet worden sind. *(Aus: J. H. Zumberge: Elements of geology, 1958; nach P. Byerly: Seismology, 1942.)*

Geschwindigkeit beeinflußt durch 1. die Dichte und 2. die *„Righeit"* (Festigkeit) des Mediums, das sie durchlaufen. Je fester und je weniger zusammendrückbar ein Gestein ist, um so höher ist die Geschwindigkeit. Auf der anderen Seite bewirkt zunehmende Dichte eine Abnahme der Geschwindigkeit.

Die starke Geschwindigkeitsverminderung der *P*-Wellen an der Gutenberg-Diskontinuität kann in dem Sinn gedeutet werden, daß diese Grenze eine Änderung des physikalischen Zustands der Materie im Erdinnern bei 2900 km bedingt. Es muß sich um eine Änderung handeln, die einen deutlichen Verlust an Righeit und gleichzeitig eine Zunahme an Dichte beinhaltet.

Diese Annahme paßt gut zu dem Verschwinden der *S*-Wellen, wovon weiter oben die Rede war, — die Annahme, daß die Gutenberg-Diskontinuität die Grenzfläche ist, die einen festen Mantel (oben) von einem flüssigen Kern (unten) trennt. In seismologischem Sinn ist eine Substanz „fest", wenn sie sowohl eine geringe Zusammendrückbarkeit als auch größere „Righeit" aufweist. Sie ist eine Flüssigkeit, wenn ihre Righeit im Vergleich zu ihrer Nicht-Zusammendrückbarkeit unbedeutend ist, gleich, ob wir sie trinken oder uns in ihr waschen können. Nebenbei — Wasser hat eine zu vernachlässigende Righeit oder Widerstandsfähigkeit gegen Scherung, aber es ist eine relativ wenig zusammendrückbare Substanz.

Das soll aber nicht besagen, daß das tiefe Erdinnere sich wie Wasser an der Erd-Oberfläche verhält oder sogar wie Lava; denn unter anderem nimmt seine Righeit — nach der anfänglichen Abnahme an der Obergrenze des Kernes — wieder zu, bis sie einen Wert von vielleicht 2—4mal derjenigen des Stahls erreicht. Das wird von vielen Seismologen in dem Sinn gedeutet, daß ein kleinerer innerer Kern von vielleicht 2600 km Durchmesser bestände, der fest sei; so ergäbe sich für die Erde folgender Aufbau: ein fester Mantel umhüllt einen flüssigen äußeren Kern, und darunter liegt möglicherweise ein kleiner, dichter, fester innerer Kern.

Daß der Kern selbst dichter als der Mantel ist, wird bewiesen durch das besondere Verhalten der *P*- und *S*-Wellen dort, wo sie ausfallen und in der Schattenzone verschwinden. Wellen zwischen dem Epizentrum und einem 11 000 km entfernten Punkt laufen auf direkten, aber leicht gebogenen Bahnen, bis sie an der Oberfläche auftauchen (Abb. 125). Andererseits zeigen Wellen, die in den Zwischenbereich an der Oberfläche

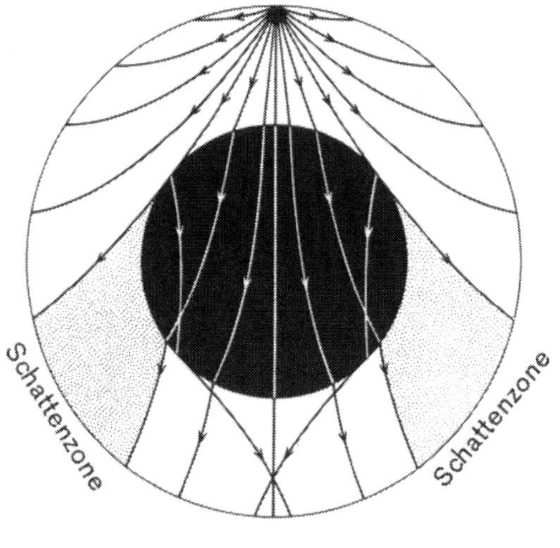

Abb. 125. Bahnen von Erdbeben-Wellen im Erdinnern. Die „Schattenzone" kommt durch Refraktion von P-Wellen an der Außenfläche des Kerns zustande.

des Kernes eindringen, gebeugte oder gebrochene Bahnen. Die Erscheinung wird *„Refraktion"* genannt; sie ist uns allen von der Brechung der Lichtwellen her bekannt, wenn sie aus Luft in Wasser übertreten. Das gleiche geschieht auch, wenn Lichtwellen beim Übergang von Luft in eine Glaslinse geknickt werden. Die Lichtwellen konvergieren gegen den Mittelpunkt, wobei sich ihre Geschwindigkeit in dem dichteren Medium verlangsamt. Dieses Prinzip findet in so wirksamer Weise bei einem Vergrößerungsglas Anwendung, indem alle Lichtstrahlen, die auf seine Oberfläche fallen, in einem Punkt vereinigt und dadurch stark genug werden, um ein Feuer entzünden zu können. Der Querschnitt durch die Erde (Abb. 125) zeigt, wie die Bahnen der *P*-Wellen gegen den Mittelpunkt der Erde gebeugt werden, wenn sie in das dichtere Material des Kerns eintreten und dann wieder fort vom Kern, wenn sie diesen auf der Gegenseite verlassen und wieder in das leichtere Material des Mantels zurückkehren. Das Diagramm zeigt, wie diese Beugung oder Refraktion der *P*-Wellen — speziell derjenigen, die gerade die

Diskontinuität an der Oberseite des Kernes durchdringen — die Schattenzone auf der gegenüberliegenden Seite der Erde hervorruft. Sowohl zunehmende Dichte als auch abnehmende Righeit kann für diesen Effekt verantwortlich sein. Bedeutsam ist, daß alles, was die Geschwindigkeit vermindert, dieses Resultat hervorrufen kann.

Unser Bild von der wahren Natur des Erdinnern ist weitgehend verschleiert. Wir wissen, daß der Druck mit der Tiefe zunimmt, bis er — wenn unsere Annahmen richtig sind — den enormen Wert von 1,4 Millionen kg pro Quadratzentimeter erreicht.

Wir nehmen weiter an, daß mit diesem Druckanstieg eine Dichtezunahme verbunden ist. Im Kapitel I wurde gesagt, daß die Erde eine Dichte oder — genauer ausgedrückt — ein spezifisches Gewicht hat, das 5,619mal größer ist als das Gewicht eines gleichen Volumens Wasser. Dieser hohe Wert für die Gesamtdichte der Erde wirft ein interessantes Problem auf; denn die an der Oberfläche sichtbaren Gesteine haben im Mittel nur eine Dichte von etwa 2,7. Um zu einem fast doppelt so großen Mittelwert zu kommen, muß irgendwo in der Erde eine Konzentration schwererer Materials vorhanden sein. Es ist logisch anzunehmen, daß das im innern Kern der Fall ist; die Dichte würde dann der Erwartung gemäß von der Oberfläche der Erde zum Zentrum hin zunehmen. Generell tut sie das sicher, aber es steht noch zur Debatte, wie die Materialien verschiedener Zusammensetzung und Dichte innerhalb der Erde verteilt sind.

Wir kennen noch keinen praktischen Weg, um den Mittelpunkt der Erde zu erreichen oder auch nur eine Probe aus ihm zu bekommen. Alle unsere Kenntnisse kommen von indirekten Hinweisen, wie den geheimnisvollen Schwingungen, die von den Wellen weit entfernter Erdbeben auf einer Seismographen-Trommel aufgezeichnet werden. Hier macht es der Befund, den wir in den vorausgehenden Abschnitten dargelegt haben, deutlich, daß eine große Dichtezunahme im Zwischenbereich zwischen dem Mantel und dem Kern statthat — vielleicht von 4,7—5,7 auf 9,4—11,5 (Bullen 1957).

Wir haben keine direkte Kenntnis davon, wie die Dichte im inneren Kern sein mag, aber nach Bullen, einem australischen Geophysiker, mag das spezifische Gewicht auf das 14,5—18fache desjenigen des Wassers ansteigen (Abb. 126). Bullens Diagramm zeigt auch, daß die Dichtezunahme von der Oberfläche der Erde bis zu ihrem Mittelpunkt nicht stetig, d. h. mit gleichbleibendem Betrag, erfolgt, sondern läßt im Kurvenverlauf den starken Dichtezuwachs erkennen, der an der Oberfläche des Kerns erfolgt.

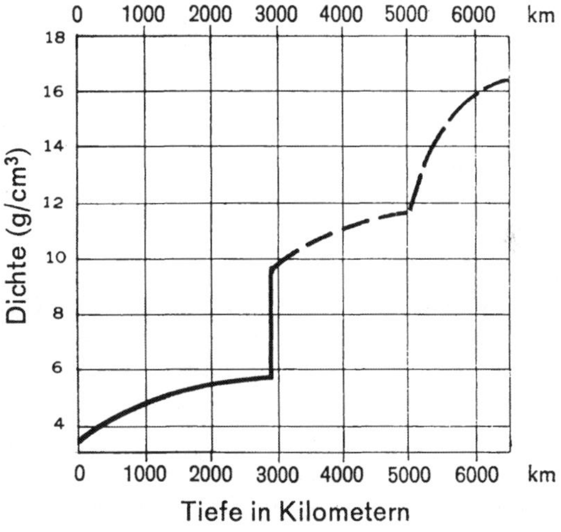

Abb. 126. Dichten in verschiedenen Tiefen der Erde. *(Nach: K. E. Bullen: An introduction to the theory of seismology, 1953.)*

Woraus besteht der Kern, daß er so schwer ist? Die Antwort ist einfach: Niemand weiß es. Wieder einmal können wir nur aus dem schließen, was wir von der äußeren Gesteinsschale und durch den dünnen Ariadne-Faden wissen, den uns die Erdbeben-Wellen liefern, sowie sie in das Erdinnere eintreten. Die beste, aber keineswegs einheitlich vertretene Meinung scheint die zu sein, daß die gleichen chemischen Bestandteile, die die Gesteine an der Erd-Oberfläche aufbauen, auch im Innern vorhanden sind, jedoch in kompakteren *Hochdruck-Modifikationen.* Der Kern besteht sehr wahrscheinlich aus einer dichten Phase eines aus Eisen plus Silizium und anderen Bestandteilen der Lithosphäre zusammengesetzten Materials und nicht aus einer metallischen Innenzone.

Von den beschränkten Erfahrungen her, die uns die Untersuchung von Tiefbohrungen und Bergwerken vermittelt, wissen wir, daß die *Temperaturen* in den obersten Schichten der Erde mit der Tiefe zunehmen. Wir haben jedoch keine große Basis, von der aus wir extrapolieren können; denn die tiefsten Bergwerke reichen nur bis auf 3000 m hinunter, und Ölbohrungen wurden nur bis auf wenig mehr als 7600 m Tiefe niedergebracht. In diesen Sonden, die uns so tief erscheinen, die aber im höchsten Falle nur ein Tausendstel des Abstandes zum Erd-Mittelpunkt erreichen, nimmt die Temperatur mit steigender Tiefe zu. Der Betrag dieser Zunahme ist von Ort zu Ort verschieden; er ist in der Nachbarschaft heißer Quellen und Geysire größer als in weniger stark aufgeheizten Gebieten. Als grobes Mittel für die äußerste, uns zugängliche Haut der Erde wäre etwa 1 ° C auf je 33 m Tiefe anzusprechen. Wenn man diese Zunahmerate auf die ganze Strecke bis zum Erd-Mittelpunkt übertragen dürfte, dann würden sich bemerkenswert hohe Werte ergeben, vielleicht gegen 100 000 ° C.

Sehr wahrscheinlich haben solch geradlinige Projektionen wie diese zu der malerischen Vorstellung geführt, daß die Erde einen feurigen, geschmolzenen Kern besäße, der von einer dünnen Hülle umschlossen sei, durch die sich Vulkane ihren Weg erzwungen hätten, um ihre Feuerströme zutage ausfließen zu lassen.

Eine zweite Vorstellung, die wahrscheinlich unser Denken über die Innentemperaturen der Erde beeinflußt hat, ist die Meinung, daß bei einer aus einer einst schmelzflüssigen Kugel durch Verfestigung entstandenen Erde hohe Wärmegrade im Innern als Erbschaft dieser ihrer kosmischen Herkunft zu erwarten wären.

Mit der Erkenntnis von der Bedeutung der Radioaktivität in den gesteinsbildenden Mineralien trat eine neue irdische Wärmequelle in unseren Gesichtskreis. Sorgfältige Untersuchungen haben im Verlauf der Jahre gelehrt, daß die Radioaktivität größtenteils in den Elementen Thorium, Radium und Kalium konzentriert ist. Da diese in den Mineralien des Granits relativ reicher sind als in jenen des Basalts, ergibt sich als vernünftiger Schluß, daß die Temperaturen in den erstgenannten Gesteinen höher, in den letzteren niedriger seien. Eine Fülle von Tatsachen, die miteinander harmonieren, beweist mit ziemlicher Sicherheit, daß die Gesteine granitischer Zusammensetzung sich auf die Erdkruste beschränken und daß diejenigen, die mit dem Basalt verwandt sind, in größerer Tiefe vorherrschen. Deshalb konzentriert sich der verfügbare Wärmevorrat der Erde großenteils mehr in ihren höheren Niveaus als in den größeren Tiefen, wie das die Hypothese eines geschmolzenen Kerns erfordern würde.

Bei dieser Revision unseres Denkens bleibt es leider noch ganz ungewiß, bis zu welcher Höhe die wirklichen Temperaturen in den inneren Bereichen der Erde anzusteigen vermögen. Übereinstimmung scheint heute darüber zu bestehen, daß die Temperatur nicht direkt mit der Tiefe zunimmt, sondern daß die größte Zunahme*rate* nahe der Oberfläche liegt; natürlich liegt die wirkliche Höchsttemperatur nahe dem Zentrum, vielleicht etwa so, wie es Abb. 127 darstellt. Wie hoch diese Temperatur ist, bleibt reine Spekulation, aber alle heute als annehmbar geltenden Theorien besagen, daß sie nicht über 10 000 ° C beträgt, und nach J. Verhoogen (1956) von der University of California ist sie wahrscheinlich nicht geringer als 2000 ° C. Vielleicht kommen 3000 ° C oder 4000 ° C der Wahrheit am nächsten.

Die Umschließungsdrücke in der Erde sind so hoch, daß wahrscheinlich nirgendwo große Mengen geschmolzenen Gesteins vorhanden sind. Feste Gesteine müssen sich ausdehnen können, um zu schmelzen, und die Drücke in den tieferen Teilen der Erde sind zu groß, um diese Ausdehnung zuzulassen. Sehr wahrscheinlich tritt Schmelzen durch eine Druckentlastung nur örtlich auf, und zwar dort, wo sich eine plötzliche Spannungsauslösung vollzieht, wie in Gebieten wirksamer Beanspruchung oder Krustenaktivität. Vielleicht erklärt sich so das weitgehend übereinstimmende Bild, das die Verteilung der Vulkane, Erdbeben-Zentren und jung-gehobenen Bergketten zeigen.

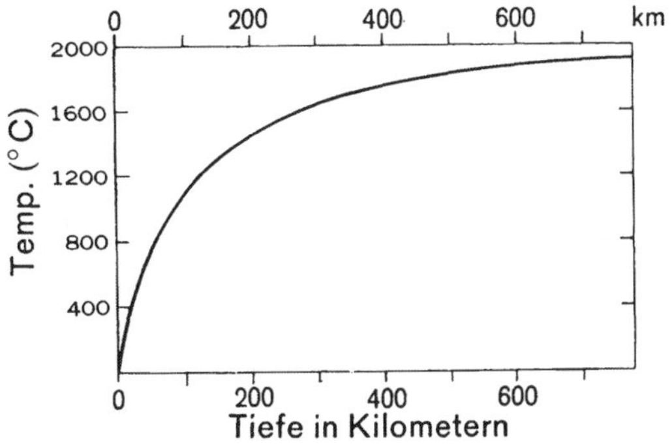

Abb. 127. Innentemperatur der Erde. *(Nach: B. F. Howell: Introduction to geophysics, 1959.)*

Aus dem Vorausgehenden können wir schließen, daß Erdbeben durch Bruchbildung in den Gesteinen der Erdkruste ausgelöst werden, wenn sich Spannungen bis zu dem Punkt steigern, daß die Festigkeitsgrenze überschritten wird. Am häufigsten tritt ein solcher Bruch entlang einer Schwächefläche, z. B. einer Verwerfung, ein, und unter diesen gehört die San-Andreas-Spalte in Kalifornien zu den lehrreichsten Beispielen der Welt.

Eine solche Bruchbildung löst eine mannigfache Reihe von Wellen aus: Oberflächen- oder lange Wellen, die für die Zerstörung von Städten und Gebäuden verantwortlich sind, und Körperwellen, nämlich longitudinale (oder kompressive) Wellen und transversale (oder Scher-) Wellen, die die Erde durchqueren. Eine geduldige Entwirrung des verwickelten Garnknäuels, das die von den Seismographen in aller Welt aufgezeichneten Registrierungen darstellen, lehrt, daß die Zusammensetzung des Erdinnern unterhalb der Kruste bemerkenswert gleichförmig ist. Die Erde scheint sich aus konzentrischen Schalen aufzubauen, wobei die bedeutendste Trennfläche 2900 km unter der Oberfläche verläuft. Oberhalb dieser eingreifenden Unstetigkeitsfläche ist der Mantel fest; er läßt Scherwellen durchlaufen und gibt gegenüber plötzlichen Spannungen elastisch nach, kann sich aber unter lang andauernden Deformationen plastisch verformen. Unterhalb dieser Diskontinuität scheint sich der Erdkern gegen Scherwellen so zu verhalten, wie das Flüssigkeiten tun, und sein Material ist hier von größerer Dichte als das im überlagernden Mantel.

Viel mehr noch müssen wir über das Erdinnere in Erfahrung bringen, als uns heute bekannt ist. Der Abgrund unserer Unwissenheit ist sowohl tief wie breit. In vieler Hinsicht ist das Reich unter unsern Füßen ebenso geheimnisvoll wie der Weltraum zwischen den Sternen. Es trifft wohl zu, daß wir auf der Straße des Verstehens ein gutes Stück vorwärtsgekommen sind, aber das Ziel vollen Wissens liegt noch weit entfernt. Es mutet uns dennoch sonderbar an, daß das Pendel, anscheinend das einfachste aller Instrumente — selbst mit all den Spitzfindigkeiten des modernen Seismographen, die an ihm angebracht sind — dasjenige Mittel war, das uns den Einblick vermittelte, den wir heute besitzen.

XI. Verwitterung

In den Tagen der Pharaonen war der Obelisk ein Symbol gehobener Zivilisation. Diese von Hieroglyphen bedeckten Steinpfeiler wurden schon früh zu Objekten des Sammeleifers einer ganzen Prozession von Nil-Eroberern, beginnend mit den Cäsaren und endend mit Napoleon. Oder — genauer gesagt — endend mit den Amerikanern; denn sie holten sich im Jahre 1879 auch einen Obelisken. Nach nahezu übermenschlichen Mühen, zu denen unter anderm auch das Einschneiden einer Ladeluke in den Bug eines der primitiven Dampfschiffe jener Zeit gehörte (wobei es fast unterging), wurde unser Obelisk schließlich im Central Park von New York aufgestellt; so erhielt er seinen Platz unter ähnlichen weitgewanderten Artefakten in Städten wie Paris, London und Rom — welch letzteres allein 12 von ihnen beherbergt.

Das Klima von New York ist viel wechselvoller als das von Ägypten. Eine Mischung kalter Winter mit hagel- und schnee-beladenen Winden und heißer, dunstiger Sommer sowie eine Atmosphäre, die mit Kohlenrauch und Benzindämpfen geschwängert ist, ergeben zusammen notwendigerweise in gewisser Hinsicht ein Ätzmittel. Kein Wunder, daß in fast 70 Jahren viele Hieroglyphen abblätterten und daß sich die ganze Oberfläche des Obelisken abzulösen begann, während seine Gegenstücke in Ägypten fast 4000 Jahre unter der Wüstensonne nahezu unversehrt überdauert haben (Abb. 128).

Diese kurze Geschichte macht deutlich, daß das Klima einer der leitenden Faktoren für den Umfang und die Form ist, mit der Gesteine zerfallen oder sich zersetzen oder — wie wir sagen — *verwittern* (wobei wir das Wort fast so gebrauchen, wie wenn wir von einem wetter-geprägten Antlitz sprechen). Ein anderer kritischer Faktor, der die Wirkungsweise der Verwitterung bestimmt, ist die dem atmosphärischen Angriff ausgesetzte Gesteinsart. Einen Beweis dafür liefern die Kirchhöfe Neuenglands; hier haben Grabsteine aus Tonschiefer samt ihren gesalzenen Grabinschriften, die bei manchen unserer Vorfahren beliebt waren, die Zeit von den 1700er Jahren bis heute gut überstanden, während die in Kalkstein- oder Marmor-Tafeln viel jüngeren Jahrgangs eingemeißelten Worte völlig unleserlich geworden sein können.

Im allgemeinen verhalten sich Kalkstein und Marmor der Verwitterung gegenüber viel empfindlicher als Tonschiefer, und zwar darum, weil sie aus dem löslichen Mineral Kalzit ($CaCO_3$) bestehen. Viele Schieferplatten sind aus rekristallisierten Tonflocken hervorgegangen, die so haltbar sind, wie ein Material überhaupt sein kann. Indessen gibt es — wie bei den meisten Verallgemeinerungen — so auch hier die unvermeidliche Ausnahme. Kalkstein und Marmor sind äußerst widerstandsfähige Gesteine bei aridem Klima, wo Feuchtigkeit oder Pflanzenwuchs fehlen, um Kohlensäure (H_2CO_3) zu liefern.

←

Tafel IX. Der Obelisk Thothmes des Dritten vom Tempel in Heliopolis (Ägypten), heute im Zentralpark von New York. Der untere Teil der Säule zeigt eine durch Verwitterung hervorgerufene Einbuße an Feinheiten. Das Denkmal wurde 1879 nach New York gebracht. *(Vom Metropolitan Museum of Art" freundl. überlassen.)*

Abb. 128. Die Oberfläche dieses noch in Karnak (Ägypten) stehenden Obelisken ist durch die vier Jahrtausende währende Verwitterung kaum angegriffen worden. *(Phot.: Jean B. Thorpe.)*

Kalkstein kann sogar auch in einem gemäßigt-semiariden Klima überraschend gut erhalten bleiben, wie Maya-Tempel und -Bildwerke beweisen, die viele Jahre vom Grün der Dschungel Yukatans überdeckt waren.

Wohl jeder aufmerksame Reisende wird bemerkt haben, wie unterschiedlich die Oberfläche des Erdbodens in den verschiedenen Teilen der Welt ist. In dem einen kann der Boden dunkel gefärbt und tiefgründig sein, in anderen mag nur ein ganz dünnes Fournier unfruchtbaren, steinigen Bodens vorhanden sein, so daß dann die Originalfarben der Gesteine hervortreten, wie das in den Wüsten der südwestlichen Vereinigten Staaten der Fall ist.

Das Klima ist vielleicht der ausschlaggebende, bei weitem aber nicht der *einzige* Grund für viele dieser Unterschiede. In warm-humiden Gebieten, wo Vegetation gedeiht und organische Säuren reichlich vorhanden sind, herrschen chemische Prozesse vor, und die Gesteine neigen dazu, sich zu *zersetzen* oder sich aufzulösen. In rauheren Klimaten, wo Frostwirkung vorherrscht, zerbrechen die Gesteine mechanisch, oder sie *zerfallen,* ohne eine chemische Veränderung zu erfahren. Mit anderen Worten: Wenn sich Gesteine zersetzen, verwandeln sie sich in Substanzen mit ganz anderen chemischen Verbindungen und physikalischen Eigenschaften, als anfangs vorlagen. Wenn sie zerfallen sind, haben sie sich lediglich in kleinere Bruchstücke zerteilt, ganz als ob sie einen Hammerschlag erfahren hätten. Es gibt nur wenige Gesteine, in denen ausschließlich chemische oder ausschließlich mechanische Verwitterung — unter Fehlen jeweils des anderen Prozesses — stattfindet; aber es gibt viele, in denen der eine oder der andere Vorgang vorherrscht.

Zersetzung oder Zerfall von Gesteinen erzeugt einen Mantel von Gesteinspartikeln an der Erd-Oberfläche, der an manchen Stellen dick, an anderen dünn ist oder — in noch anderen — sogar völlig fehlt. Ein solcher Mantel wird *„Regolith"* genannt, und die Bildung eines echten Bodens ist das Endstadium seiner Entwicklung. In der Tat, der Boden ist bei weitem der wertvollste unter allen Mineralschätzen der Erde. Ohne ihn würde Leben — in der Form, wie wir es kennen, — unmöglich sein. Wir können wohl ohne eine Anzahl anderer Substanzen, wie Gold oder Diamanten, existieren, die zugestandenermaßen attraktiver sind als schlichte, gewöhnliche Erde — wir könnten aber keinesfalls weiterleben ohne die letztere.

Mechanische Verwitterung

Einige Auswirkungen der mechanischen Verwitterung sind uns allen in auffallender Form bekannt, so z. B. das Beiseitedrängen von Bürgersteigen, Grundmauern und Wänden durch die Wurzeln von Gras, Bäumen und Sträuchern (Abb. 129). Das gleiche geht in Gebirgen vor sich, und zu den vertrauten Erscheinungen hoch an ihren Hängen gehört eine isolierte Föhre, die sich eng an eine Felsklippe reinen Granits anklammert. Ohne Boden, in welchem die Wurzeln Halt finden könnten, gelang es ihnen, sich ihren Weg in Risse zu bahnen, wobei sie die Gesteine beiseite sprengten. Der Prozeß ähnelt sehr jenem, den vor Jahrtausenden die ägyptischen Sklaven anwandten, wenn sie mit wasser-durchtränkten Holzkeilen Granitblöcke auseinandertrieben, um daraus Obelisken zu machen.

Fast alle Gesteine sind von Spalten durchzogen, großen und kleinen; manchmal stehen diese in nur geringen Abständen voneinander, in solchen von kaum mehr als 1 cm. In anderen Fällen sind sie mehrere Meter voneinander entfernt, so z. B. in der erstaunlichen Felswand von El Capitan im Yosemite-Tal. Diese Risse werden *„Klüfte"* genannt, und

Abb. 129. Die sprengende Keilwirkung von Wurzeln in Angkor Wat (Kambodscha), wo ein aus Lateritblöcken erbauter Tempel allmählich zerstört wird. *(Phot.: Leonard Palmer.)*

Abb. 130. Vertikale und horizontale Klüfte im Granit der Sierra Nevada (Kalifornien) schaffen Wege für die Feuchtigkeit, die zur mechanischen Zerstörung beitragen kann, wenn sie in Eis übergeht, und ermöglichen es außerdem den Pflanzen, ihre Wurzeln abzusenken, die die Blöcke auseinanderdrängen. *(Aus der Cedric Wright Collection; mit freundlicher Genehmigung des Sierra Club.)*

sie geben ideale Wege für Wurzeln ab, für Lösungen organischer Säuren und für Wasser, um tiefer in die Gesteine einzudringen (Abb. 130).

Frieren und Tauen

Wie wir im Kapitel I gesehen haben, ist Wasser eine höchst ungewöhnliche Substanz. Diejenige Eigenschaft, die für uns hier von größter Bedeutung ist, ist die Ausdehnung, die Wasser erfährt, wenn seine Temperatur von 4° C auf 0° C, seinen Gefrierpunkt, fällt. Wasser dehnt sich um etwa 9% aus, wenn es um diesen Betrag von 4° C abgekühlt wird.

Wenn Wasser in einem abgeschlossenen Raum friert, kann es einen enormen Druck nach außen gegen die es umschließenden Wände ausüben. Jeder, der einen geplatzten Maschinenkolben oder einen zerbrochenen Kühler verdrießlich betrachtet hat, kennt diesen Umstand nur zu gut. Wenige aber sind sich bewußt, wie groß diese Kraft wirk-

Abb. 131. Der Gipfel des Mount Whitney (Höhe 4720 m) besteht aus einem durch Frost und Eis zerrütteten, enggeklüfteten Granit. Die meisten Bergkämme oberhalb der Baumgrenze sind mit mechanisch zerkleinerten Blöcken infolge der Frostsprengung überdeckt. *(Phot.: Tom Ross.)*

lich ist. Sie beträgt wohl mindestens 145 kg pro qcm. Kein Wunder, daß die nötigen Reparaturen infolge des Einfrierens von Rohrleitungen das Budget eines Haushalts ruinieren können.

Dieser nach außen gerichtete Druck erhöht sich noch weiter bei Temperaturen unterhalb von 0° C; denn eine gewisse Expansion findet auch noch bei Temperaturen unter 0° C statt, wenigstens hinunter bis auf —22° C. Hier ist ein Druck mit einem theoretischen Maximum von 2100 kg pro Quadratzentimeter möglich (Taber 1930). Wahrscheinlich wird diese Ziffer niemals erreicht, da nur wenige Gesteine einen solchen Druck aushalten können, ohne zu zerbrechen. Außerdem müßte ein vollständig geschlossenes System ohne Luft vorliegen, damit sich eine so starke Spannung bilden könnte, und das ist im Fall eines Risses in einem Gestein selten verwirklicht.

Tatsächlich ist der Druck, der durch das Frieren von Wasser erzeugt wird, groß genug, um die meisten Gesteine, die in den Hochgebirgen zutage treten, zu zerspalten. Wasser, das in einer offenen Kluft gefriert, verfestigt sich von oben nach unten, und so wird die Kluft mit einem Eispfropfen verschlossen. Das weitere Gefrieren beschränkt sich dann auf den unteren Teil der Spalte, und so kann das Eis wie ein Keil wirken und Gesteine entlang Schwächeflächen, wie eben diesen Klüften, auseinander sprengen.

Abb. 132. Durch die zerrüttende Wirkung des Eises entstandene Blockanhäufungen am Fuße von Steilhängen werden „Schuttströme" oder „Hangschutt" genannt; hier sind solche vom Fuße der Kearsarge Pinnacles in der Sierra Nevada (Kalifornien) abgebildet. *(Phot.: Tom Ross.)*

Der Prozeß der *„Frostsprengung"* ist am wirkungsvollsten, wenn er sich möglichst häufig wiederholt. Mit anderen Worten: Wenn die Temperatur täglich zwischen 4° C und 0° C schwankt, dann wird das Ausmaß der Frostsprengung vielmals größer sein als in der Arktis, wo alles den ganzen Winter hindurch tief gefroren bleibt.

Aus diesem Grunde erreichen Frieren und Tauen ihre größte Wirksamkeit oberhalb der Baumgrenze in Hochgebirgen außerhalb der Arktis. Die Temperaturen steigen in ihnen am Tage über den Gefrierpunkt und fallen in der Nacht unter ihn ab. Als Folge solcher Vorgänge können sich Hochebenen mit einem Pflaster aus eckigen, zusammengehörenden Gesteinsblöcken überziehen, die durch den Frost zerkleinert wurden (Abb. 131). Manchmal sind diese so dicht zusammengepackt, daß sie einem künstlichen Pflaster recht ähnlich werden, und tatsächlich können sie einen ziemlich guten Flugplatz für Landungen und Starts abgeben.

Die Ansammlung von Gesteinsblöcken gleichen Ursprungs, die sich in Form einer langen Schürze an der Basis eines Steilhangs finden, heißt *„Talus"* (Abb. 132), ein Begriff, der aus der mittelalterlichen Militärkunde stammt und dort für den Hang an der Basis einer Festungsmauer verwendet wird. In Deutschland heißt eine solche Ansamm-

Abb. 133. Ein Schuttstrom unterhalb eines Berggipfels in der Sierra Nevada. *(Aus der Cedric Wright Collection; vom Sierra Club freundlich zur Verfügung gestellt.)*

lung *„Hangschutt"*, in Schottland *„scree"*, ein Ausdruck, der gelegentlich auch in den USA verwandt wird (Abb. 133).

Wenn sich eine große Menge Gestein, das vom Frost zerspalten wurde, an einem mäßig steilen Hang ansammelt und sich in den Zwischenräumen hinreichend viel Eis bildet, kann sich das Ganze wie eine schwerfällig vordringende Zunge mit einer quergerunzelten, gerieften Oberfläche und steilen Flanken hangab bewegen; in einem solchen Fall spricht man von *„Steingletscher"*. Derartige sich langsam bewegenden Gesteinsströme sind besonders gut im südlichen Teil der Rocky Mountains entwickelt (Abb. 134).

Wenn Wasser in den Porenräumen bzw. den Zwischenräumen innerhalb eines Bodens gefriert, dann kann ein überraschend hoher Schaden entstehen. Die Hauptauswirkung eines solchen Anwachsens von Bodeneis ist eine Erscheinung, die als *„Frosthebung"* bekannt ist. Sie bildet ein den Bewohnern nördlicher Länder vertrautes Problem, selbst wenn sie sich nicht in ernsthafterer Form äußert als dadurch, daß Garagentüren im Winter klemmen. Frosthebung kann einen nennenswerten Schaden an Beton hervorrufen, welcher Wasser enthält. Wenn dieses Wasser gefriert, kann das dazu führen, daß Autobahnen, Straßen und Fundamente aufbrechen. In landwirtschaftlicher Hinsicht ist Frosthebung ein Erzübel in Gebieten mit steinigem Boden, wie in Neuengland, wo jedes Jahr eine neue Menge Geschiebe aus dem Untergrund herausgewachsen zu sein scheint.

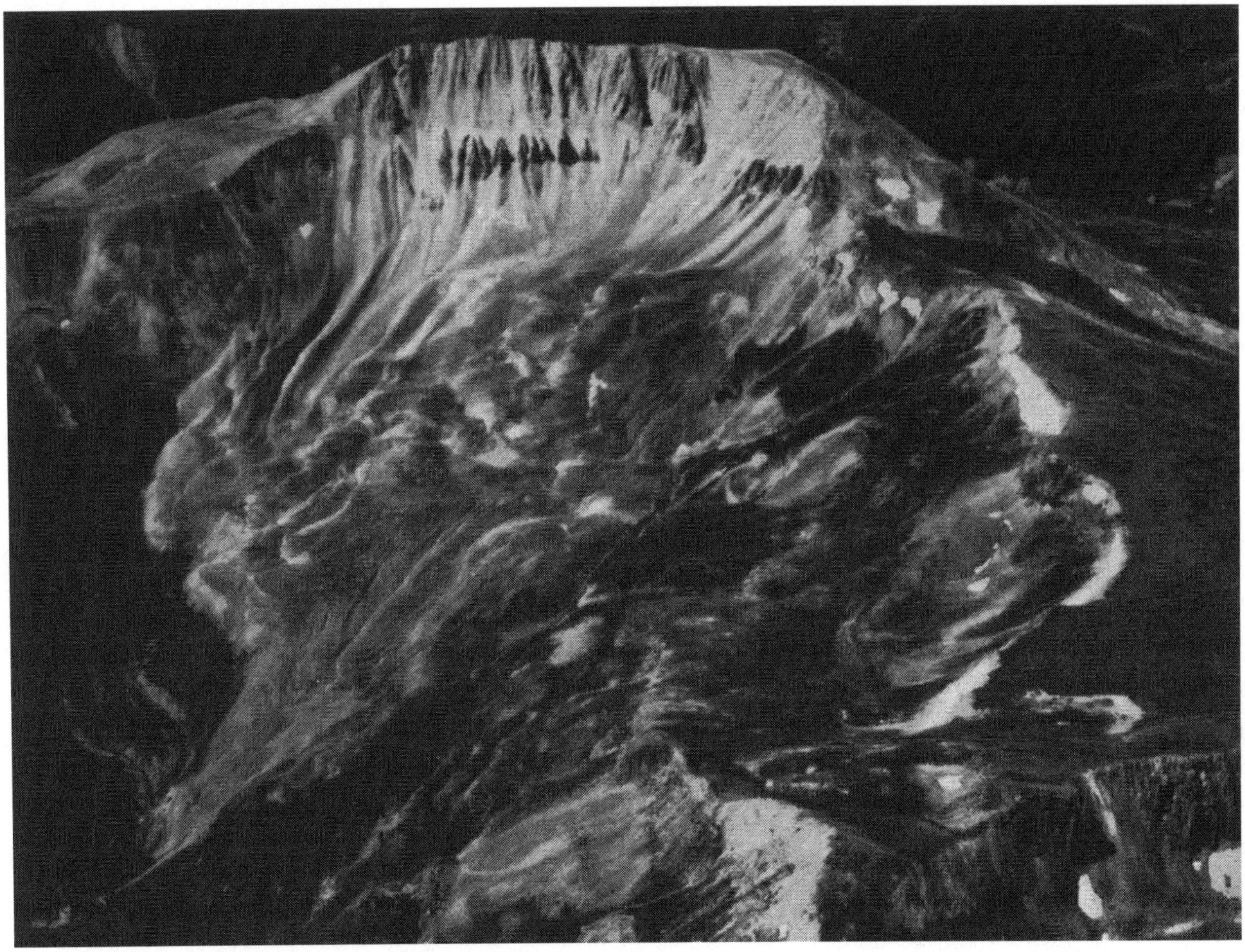

Abb. 134. Ein Steinstrom oder „Steingletscher" besteht aus durch Frost und Eis zerrüttetem Gestein, dessen Zwischenräume mit Eis gefüllt sind und der sich langsam hangab bewegt; hier ein Beispiel aus den San Juan Mountains von Colorado, ungefähr 16 km südöstlich von Silverton. *(Phot.: John S. Shelton.)*

Frosthebung ist in feinkörnigen Böden, z. B. in Ton und Schluff, wirkungsvoller als in grobkörnigen, wie Sand und Kies. Für das Zustandekommen von Frosthebung ist mehr erforderlich, als daß nur das Wasser, das schon von vornherein im Untergrund vorhanden ist, gefriert. Um größere Wirkungen auszuüben, muß das Eis sein Wachstum im Boden längere Zeit fortsetzen. Das geschieht am ehesten dann, wenn neues Wasser kontinuierlich hinzutritt und dann gefriert. Und dieses wird am besten dort erreicht, wo die Porenräume oder Zwischenräume fadenförmig sind, weil dann eine Kraft wirksam werden kann, die als *„Kapillarität"* bekannt ist. Wir alle kennen die Art, wie sie wirkt — sie ist z. B. die Kraft, die Wasser in einem Schwamm hochzieht oder Tinte in einem Löscher. Als Illustration für die Wirksamkeit der Kapillarität mag dienen, daß Wasser in einem Glasrohr von 1 mm Durchmesser etwa 30 cm hoch aufsteigt; wenn man aber den Durchmesser auf 0,1 mm verringert, dann kann es gegen 3 m erreichen.

Eissprengung kann ein sehr zerstörender Prozeß sein. Schlufflagen werden zur Seite gedrängt, die Oberfläche des Bodens wird unterschiedlich stark hochgehoben, und Gebäude, Straßen usw. zerbrechen oder werden aus ihrer Richtung gedreht.

So schlecht das schon sein mag, die Dinge werden schnell noch schlimmer im Frühling, wenn solche Eiskeile schmelzen. Dann fällt der Untergrund buchstäblich auseinander, da die bindende oder zementierende Wirkung des Eises aufgehoben wird. Ein tauender Schluff wird schwammig, und wenn er wassergesättigt ist, wird er rasch zu einem sumpfigen Morast, in welchem selbst Fahrzeuge mit Vierrad-Antrieb hoffnungslos festsitzen.

Permafrost

Eine bedeutende Eisart, die weit über die Arktis hin verbreitet ist, tritt im Boden auf, der von einem Jahr zum nächsten gefroren bleibt. Für dieses Grundeis kam der Kunstname *„Permafrost"* während des Zweiten Weltkrieges in Gebrauch, und alle Bemühungen, für diese Bezeichnung, die fast wie ein Handelsname für einen Eisschrank klingt, eine andere einzuführen, schlugen völlig fehl.

Permafrost ist viel weiter verbreitet, als die meisten glauben; denn er tritt im Untergrund von fast 20 % der *Festlands*-Oberfläche der Erde auf, wozu gegen 80 % von Alaska und vielleicht die Hälfte von Kanada gehören. Die gegenwärtige Verbreitung des Permafrosts ist auf der beigefügten Karte (Abb. 135) dargestellt. Recht interessant ist dabei, daß die Gebiete, die heute von Permafrost eingenommen werden, nicht die

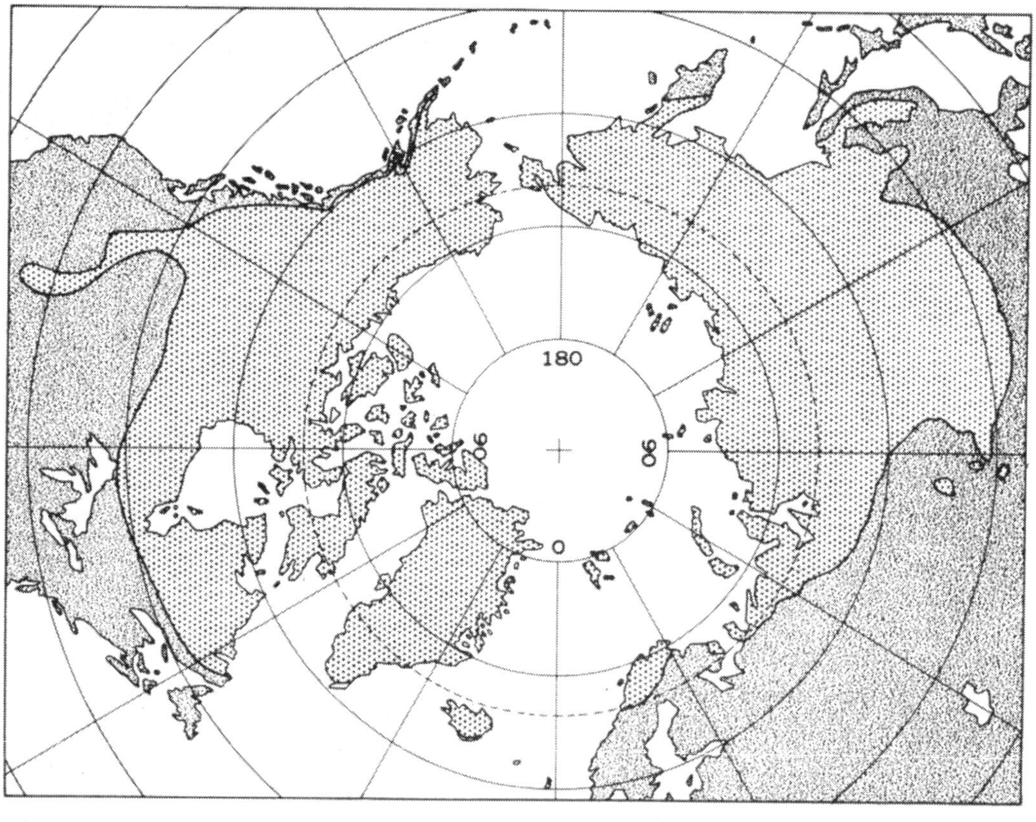

Abb. 135. Die Gebiete mit Permafrost oder ewig gefrorenem Boden (dicke Punkte) bedecken ungefähr 20 % der Land-Oberfläche der Erde in den höheren nördlichen und südlichen Breiten. *(Nach: R. F. Black, Geol. Soc. Amer. Bull., 65, 1954.)*

gleichen sind wie die Bereiche, welche während der Eiszeit, die nach allgemeiner Ansicht vor etwa 12000 Jahren endete, vergletschert waren.

Der Permafrost erreicht seine größte Dicke rund um die Küsten des Arktischen Ozeans in Alaska, Kanada und der sowjetischen Arktis. Er vermag sich bis zu Tiefen von rund 300 m unter der Boden-Oberfläche entlang den Nordrändern von Nordamerika und Eurasien zu erstrecken. Generell nimmt die Dicke gegen Süden ab, bis sie schließlich entlang der in Abb. 135 angegebenen Südgrenze den Wert Null erreicht.

Oberhalb des Permafrosts liegt eine Bodenschicht, in welcher Bodeneis im Frühling taut und im Herbst gefriert, um den Winter hindurch gefroren zu bleiben. Das ist die sogenannte *„aktive Schicht"*, und in Gebieten, wo Permafrost weit verbreitet ist, mag diese nur $^1/_3$—1 m tief sein. Die Oberfläche des Permafrosts im Boden wird *„Permafrost-Spiegel"* genannt, und in vieler Hinsicht verhält sie sich analog dem Grundwasser-Spiegel, der in Kapitel XVIII behandelt wird.

Unterhalb des Permafrost-Spiegels sind die verfügbaren Poren-Hohlräume mit Eis gefüllt, und das Oberflächen-Wasser in der aktiven Schicht kann nicht weiter nach unten absickern. Das ist ein Grund dafür, daß die Tundra in der Arktis vielfach so sumpfig und wasserdurchtränkt ist. Obgleich der Niederschlag über weite Bereiche der Arktis sehr gering ist, scheint das Land feuchter zu sein, als es wirklich ist; denn bei relativ niedriger Verdunstungshöhe und geringer Möglichkeit, nach unten abzusickern, bleibt das verfügbare Wasser in Seen und *„Muskegs"* an der Oberfläche stehen.

Vor 1942 schenkte man in den Vereinigten Staaten dem Permafrost und seinen mannigfachen Problemen nur wenig Aufmerksamkeit, obgleich die Russen dieses Phänomen länger als ein halbes Jahrhundert intensiv studiert hatten. Besucher im Innern Alaskas, besonders im Raum von Fairbanks, werden immer wieder von den verkippten Häusern und den „ertrunkenen Wäldern" mit ihren wacklig aussehenden Bäumen überrascht, die beim Schmelzen des Permafrosts aus der Reihe gebracht oder durch ein Aufwärts-Wachsen des Permafrosts in die aktive Zone gehoben wurden.

Von den zahlreichen Problemen, die der Permafrost aufwerfen kann, brauchen nur wenige erwähnt zu werden. Beheizte Gebäude in der Arktis neigen dazu, den Permafrost unter sich aufzutauen bis hinunter in den durchnäßten, unstabilen Boden unterhalb des Fundaments. Gewöhnlich sinken solche Häuser ungleichmäßig, so daß die Böden durchsacken, die Mauern kippen und die Türen klemmen. Die praktikabelste Antwort auf dieses Problem dürfte die sein, Häuser und Baracken auf Stelzen zu stellen. Das ermöglicht kalter Luft, unter ihnen durchzuziehen, und so vermindert sich die störende Wirkung des Permafrosts auf ein Minimum.

Unbeheizte Gebäude, speziell große, wie Flugzeug-Hallen oder Warenläger, bedeuten eine Isolierung der Boden-Oberfläche unter ihnen, so daß die aktive Schicht im Sommer nicht taut. Das hat zur Folge, daß der Permafrost-Spiegel ansteigt und eine Art Sperre erzeugt, welche den Durchstrom von Grundwasser durch die aktive Schicht abdämmt. Wenn das Grundwasser so gegen die Oberfläche gedrängt wird, wo es gefriert, bildet sich eine Erscheinung heraus, die als *„Vereisung"* bezeichnet sei. Sie kann in der Tat spektakulär sein. Z. B. kann sich das Innere eines unbeheizten Gebäudes, in welches das Grundwasser eindringt, in einen Eisblock verwandeln, wobei Eis in Kaskaden aus Türen und Fenstern herausquellen kann.

Straßen und Flugplätze haben fast die gleiche Wirkung auf den Permafrost-Spiegel wie ein unbeheiztes Gebäude. Wenn Grundwasser zur Oberfläche gedrängt wird, kann es ein Eisfeld bilden oder eine *„Vereisung"* — um das entsprechende russische Wort zu übersetzen — erzeugen, welche die Straße auf die Länge von Kilometern blockieren kann. Es gibt zwei Methoden, um dieses zu vermeiden, nämlich: 1. breite Schürzen,

„Berms" genannt, beiderseits der Straße oder des Flugplatzes anzulegen, um den Permafrost-Spiegel daran zu hindern, plötzlich unter der Straße anzusteigen; 2. einen breiten, flachen Graben von etwa 10 m Breite an der hangauf gelegenen Seite auszuschachten, so daß Grundwasser, das sich in der aktiven Schicht bewegt, aufgefangen wird. Eistafeln werden sich in harmloser Form in dem Graben bilden, dessen befestigte Böschung sie davon abhält, sich unter die Straßendecke vorzuschieben.

Die Liste der Probleme, die der Permafrost aufwerfen kann, scheint endlos. Das Ausmaß, in welchem sie die Arktis-Pioniere gelöst haben, ist ein Zeugnis für deren Scharfsinn und Beharrlichkeit. Selbst eine so einfache Sache, wie die Erstellung einer Wasserversorgungs-Anlage, kann in einem Permafrost-Gebiet völlig fehlschlagen. Grundwasser ist in der aktiven Schicht nur während des Sommers verfügbar, und gewöhnlich liegt es in einer so geringen Tiefe, daß es leicht durch Oberflächen-Abwässer verunreinigt werden kann. Obgleich unter dem Permafrost Grundwasser vorhanden sein kann, so liegt es doch recht tief, und derjenige Teil des Bohrbrunnens, der im gefrorenen Boden verläuft, wird fast mit Sicherheit einfrieren. Wenn Wasserleitungs-Rohre im Untergrund verlegt werden, frieren sie ein; wenn sie an der Oberfläche verlegt werden, frieren sie auch ein; sie pflegen sich aus der Richtung zu drehen, wenn der Untergrund unter ihnen sich entweder beim Frieren hebt oder beim Tauen senkt. Brandbekämpfung ist ein äußerst schwieriges Unternehmen, wenn alles Oberflächen-Wasser gefroren ist; und wenn Gebäude durch Feuer zerstört werden, dann können auch ihre Bewohner erfrieren.

Die Abwasser-Beseitigung ist vielleicht das letzte Problem. Die Jauchegruben frieren ein, und da Bakterien fehlen, kann das Abwasser nicht durch Fäulnis gereinigt werden, wie das in wärmeren Klimaten der Fall ist. In Point Barrow wurde die zwar häßliche, aber praktische Lösung gefunden, im Winter alles auf einer schwimmenden Eisscholle zu einem Haufen zusammenzutragen. Im Sommer schwimmt dieser Eiskuchen in den Arktischen Ozean hinaus, schmilzt, und der Unrat sinkt zu Boden.

Temperaturschwankungen

In den Lehrbüchern der vorigen Generation wurde viel Aufhebens von einer angeblichen Gesteinszerstörung durch abwechselnde Ausdehnung und Zusammenziehung infolge starker Temperaturschwankungen gemacht. Als bevorzugter Raum für eine solche Umformung erschien die Wüste. Dort dehnen sich die Gesteine nach den üblichen Darstellungen sehr drastisch unter der Mittagssonne aus und ziehen sich mit dem Absinken der Temperatur zur Nachtzeit stark zusammen. Dabei sollten diese Volumenänderungen am größten an der Oberfläche eines Felsens sein und am geringsten in seinem Innern; Gesteine sind ja notorisch schlechte Wärmeleiter. Ein solcher Prozeß, der *„Abblättern"* oder *„Exfoliation"* — nach dem lateinischen *„exfoliatus"* = „entlaubt" — genannt wird, könne, wie man glaubte, die zwiebelschalige Erscheinungsweise vieler Gesteine hinreichend erklären.

Es besteht kein Zweifel über die Existenz abgeblätterter Gesteine; es gibt deren sicher Legion, aber es besteht Ungewißheit über das Wie ihrer Entstehung. Abblättern konzentrischer Schalen durch unterschiedliche Ausdehnung der erwärmten Oberflächen-Schichten gegenüber dem kühleren Innern erscheint als eine ansprechende Lösung, aber es gibt da eine Anzahl Schwierigkeiten. Z. B. haben in Wüsten, wie der Sahara und Arabien, Stein-Denkmäler und Gebäude 4000 Jahre überlebt, ohne daß ihre Inschriften nennenswert verwischt wären.

Der vielleicht überzeugendste Beweis dafür, daß Temperaturschwankungen allein unfähig sind, Gesteine zu zerlegen, lieferte ein interessantes Experiment, das D. T. Griggs

(1936) ausführte. Er setzte einen hochpolierten Granitblock einer Wärmequelle derart aus, daß die Wärme 5 Minuten lang anhielt und die Oberfläche dann für 10 Minuten durch einen Ventilator luftgekühlt wurde. So durchlief die Oberfläche des Granits einen Temperaturbereich von 110 °C, und der Vorgang wurde 89400mal wiederholt, was 244 Verwitterungsjahren entspricht, wenn jeder dieser 15-Minuten-Zyklen als Tag gerechnet wird. In selbst der heißesten Wüste ist die tägliche Temperaturschwankung weit geringer als 100 °C; wenn wir das Experiment mehr unter Berücksichtigung der natürlichen Verhältnisse auswerten, würden 1000 Jahre echter Verwitterung eher den Gegebenheiten entsprechen.

Was geschah infolge der Züchtigung, der das Gestein unterworfen wurde? Nichts! Die Oberfläche blieb makellos; sie behielt die ganze Feuerprobe hindurch ihre ursprüngliche Glanzpolitur.

Griggs fügte dann dem Milieu sozusagen ein bißchen „Regen" hinzu, indem er in die Versuchsanlage etwas Wasser einsprühte, und zwar während des Abkühlungszyklus. Das geschah nur 10 Tage hindurch, die 2½ Jahren Verwitterung entsprechen würden, und in dieser Zeit geschah eine Zahl bemerkenswerter Veränderungen. Der Granit verlor seine Politur, Feldspat-Kristalle umzogen sich auf ihrer Oberfläche mit einem Film tonigen Materials, und Abblätterungsrisse begannen zu erscheinen. All das geschah in einem Zeitäquivalent von 2½ Jahren — in völligem Gegensatz zu dem Fehlen sichtbarer Resultate nach dem Laboratoriums-Äquivalent von 10 Jahrhunderten totaler Aridität und extremer Temperaturschwankungen.

Dieses vereinzelte Experiment harmoniert mit den Beobachtungen, die von dem amerikanischen Geologen Barton (1916) in Ägypten gemacht wurden. Er erkannte, daß fast keine merkliche Veränderung bei Granit-Inschriften zu sehen war, die zur Sonne hin gerichtet waren, während diejenigen, die im Schatten lagen und so relativ feucht blieben, eine viel stärkere Abblätterung an der Gesteins-Oberfläche und den Hieroglyphen aufwiesen.

Aus dem Experiment und auch aus Beobachtungen in ariden Gebieten der gesamten Welt ist zu schließen, daß Temperaturschwankungen für sich allein nicht in der Lage sind, ein Gestein abblättern zu lassen, daß aber Wasser bei dem Vorgang eine bedeutende Rolle spielt. Eine plausible Erklärung ist, daß in vielen Wüsten — ganz gleich, wie trocken sie zu sein scheinen — ein bißchen Wasser von gelegentlichen Schauern oder von nächtlichem Tau her zur Verfügung steht. Wenn dieses Wasser in chemische Wechselwirkung mit den leichter angreifbaren Mineralien in einem Gestein tritt, schwellen sie an. Diese Volumenzunahme, die von der *Hydratation* verursacht wird, ergibt den nötigen Schub, um die äußeren Schichten eines Gesteins in konzentrischen Schalen abzuheben. Um zusammenzufassen: Exfoliation scheint im wesentlichen ein mechanischer oder ein Zerfallsprozeß zu sein, der jedoch von einem chemischen Vorgang, der Hydratation, begleitet wird.

Chemische Verwitterung

Chemische Änderungen herrschen in heißen und feuchten Ländern vor, wo die Temperaturen hoch sind, eine große Menge Wasser zur Verfügung steht und Vegetation gedeiht. Organische Säuren, welche starke Agentien bei der Gesteinszersetzung sind, bilden sich leicht, und Gesteine, welche ihrem Angriff zu widerstehen vermögen, sind selten. Kohlensäure (H_2CO_3) ist eine allgemein verbreitete Säure dieses Typs; sie entsteht durch Vereinigung von Wasser (H_2O) und Kohlendioxyd (CO_2).

Von den vielfältigen Prozessen, die bei der chemischen Verwitterung eine Rolle spielen, sind vier am bedeutsamsten: 1. Auflösung, 2. Oxydation, 3. Hydratation und 4. Karbonatbildung.

Lösung

Unter der Vielzahl von Gesteinen, die an der Erd-Oberfläche entblößt sind, sind wenige chemisch leichter angreifbar als Kalkstein; langsames Dahinschwinden durch Übergang in gelösten Zustand ist normaler als das umgekehrte Schicksal. Die nachfolgende einfache Gleichung illustriert den Prozeß:

$CaCO_3$	+	H_2CO_3	=	$Ca(HCO_3)_2$
Kalzit		Kohlensäure		Kalzium-Bikarbonat

Kalzium-Bikarbonat ist löslich, und einmal in das Wasser auf oder in dem Boden gelangt, wird es gelöst fortgeführt. So kann dort, wo einmal eine Kalkschicht gewesen ist, nichts übrigbleiben, da sein Haupt-Bestandteil, Kalzit, nun fortgelöst ist. Das erklärt die Entstehung von Höhlen, unterirdischen Flußbetten und das Verschwinden von Wasserläufen in Kalkstein-Gebieten, wie wir in dem Kapitel XVIII („Grundwasser") sehen werden.

Oxidation

Rosten ist ein Vorgang, der den meisten von uns vertraut ist. Überall, selbst in den härtesten Klimaten, wie z. B. auf der antarktischen Eisdecke, verrosten alle ungeschützten Gegenstände aus Eisen schon während eines Menschenlebens. In einem regenreichen tropischen Klima ist ein unbarmherziger Kampf zu führen, um Stahlbrücken, Schiffe, Eisenbahn-Schienen und Automobile zu erhalten.

Die Mehrzahl der Gesteine führt eisenhaltige Mineralien. Wenn diese dem atmosphärischen Angriff ausgesetzt sind — wie ein altes Fahrgestell in einem Autofriedhof —, rosten sie. Solche eisenreichen Gesteine verlieren ihr ursprüngliches Grau und werden fleckig, wobei mannigfache Farben entstehen, z. B. Rot, Gelb, Orange, Rotbraun usw. Die Gleichung, die diese Veränderung ausdrückt, lautet:

$4\,FeO$	+	O_2	=	$2\,Fe_2O_3$
Oxid zweiwertigen Eisens (graugrün)		Sauerstoff		Oxid dreiwertigen Eisens (rostfarbig)

Geologen der früheren Generation waren geneigt, den Entstehungsraum roten Bodens und roter Gesteinsfarben mit ariden Gebieten gleichzusetzen. Natürlich sind rotgefärbte Gesteine in solchen Landschaften vorherrschend, wie sie zum Beispiel Monument Valley, Grand Canyon und Painted Desert darstellen, und das sind unzweifelhaft Wüstengebiete. Das aride Klima führt dazu, daß die Eisenoxide in den Gesteinen erhalten bleiben, und der Mangel an Feuchtigkeit und Vegetation bewirkt, daß sich organische Bestandteile nicht anreichern, und so steht kein Kohlenstoff zur Verfügung, um dreiwertiges Eisenoxid (Fe_2O_3) zu reduzieren (desoxidieren) und es in gelblichgraues, graugrünes Oxid des zweiwertigen Eisens (FeO) zurückzuverwandeln.

Indessen, die rote Farbe dieser Sedimente rührt von ihrer Entstehung her, nicht von den Möglichkeiten ihrer Erhaltung in einem Trockenklima. Viele der sich heute ansammelnden roten und rötlich-braunen Sedimente finden sich in tropischen Ländern, speziell in solchen mit ausgesprochen feuchten und trockenen Jahreszeiten, so daß der Boden wechselweise völlig durchnäßt wird und dann wieder austrocknet. Wir werden die

Bedeutung dieses Vorgangs sehen, wenn wir zur Betrachtung der lateritischen Böden kommen.

Karbonatisierung und Hydratisierung

Die beiden Vorgänge der chemischen Verbindung von Mineralien mit Kohlendioxid (CO_2) und Wasser (H_2O) — d. h. Karbonatisierung bzw. Hydratisierung — sind in der folgenden einheitlichen Reaktion kombiniert:

$2\,KAlSi_3O_8$	+	$2\,H_2O$	+	CO_2	=
Feldspat		Wasser		Kohlendioxid	
$H_4Al_2Si_2O_9$	+	$4\,SiO_2$	+	K_2CO_3	
Ton		Kieselsäure		Kaliumkarbonat	

Diese Reaktion gehört zu den bedeutsamen chemischen Vorgängen in der Natur; denn sie betrifft das häufigste aller Mineralien, den Feldspat, und solche Standardreagentien wie Wasser und Kohlensäure. Die Endprodukte der Reaktion sind interessant, sowohl wegen ihrer Bedeutung für die Bodenbildung als auch wegen der Rolle, die sie für den Ackerbau und die Lebensprozesse generell spielen. Die Gleichung zeigt, daß das Hauptergebnis der Feldspat-Zersetzung die Bildung eines Tonminerals *(Kaolin)* ist. Ton ist ein sehr verbreiteter Bodenbestandteil, und die Formel für die besondere Varietät Kaolin zeigt, daß dieser ein wasserhaltiges Aluminiumsilikat ist. Ein interessanter Zug in seiner Zusammensetzung ist das Vorhandensein von Aluminium, dem häufigsten Metall der Erdkruste. Warum ist es dann aber nicht billiger und nicht noch stärker im Gebrauch? Die Antwort ergibt sich aus seiner Verbindung mit Kieselsäure im Ton. Da diese zu den am schwersten zu brechenden natürlichen Banden gehört, wird ein immenser Energiebetrag benötigt, um eine solche Trennung durchzuführen. Das meiste Aluminium stammt heute aus Ton, der einer so intensiven Verwitterung unterworfen war, daß die Kieselsäure fortgeführt und nur Aluminiumoxid (Al_2O_3) oder Tonerde zurückgeblieben ist. Das ist das Mineral *Bauxit,* und viele der wirtschaftlich bedeutenden Ablagerungen der Welt scheinen in tropischen Bereichen mit etwa den gleichen Klimabedingungen entstanden zu sein, die für den als *„Laterit"* bezeichneten, eisenhaltigen Boden verantwortlich sind; er wird weiter unten beschrieben.

Gleichzeitig mit der Bildung von Ton wird bei der Karbonatisierung und Hydratisierung von Feldspat Kieselsäure frei, die durch die Ablagerungen hindurch dispers verteilt bleiben kann. Da das Kalikarbonat wasserlöslich ist, wird es zum großen Teil in gelöster Form fortgeführt. Jedoch wird nicht alles Kalium von der Stelle entfernt, vielmehr wird ein Teil desselben von Pflanzen aufgenommen, und ein anderer lagert sich wahrscheinlich an Ton an.

Die chemische Verwitterung von Feldspat liefert so ein von dem ursprünglichen Material völlig verschiedenes Produkt — in diesem Fall einen sandigen Ton, der durchaus anders ist als das streng kristallisierte, gesteinsbildende Mineral, aus welchem er hervorgegangen ist.

Zersetzung von Granit

Die Art und Weise, in der sich Granit zersetzt, illustriert gut die chemische Verwitterung von Gesteinen überhaupt. Granit ist, wie wir im Kapitel III gesehen haben, ein intrusiver Magmatit mit grobkörniger Textur und besteht aus Quarz, Feldspat und Eisen-Magnesium-Mineralien, wie Hornblende und Biotit.

Abb. 136. Zerfall von Granit im Wüstengebiet von Joshua Tree National Monument (Südost-Kalifornien). Grober Granitgrus, der aus einzelnen Mineralkörnern besteht, sammelt sich am Fuße der Felsen in diesem Trockengebiet an, da hier die chemische Verwitterung stark herabgesetzt ist und die Wirkungen von Lösung, Karbonatisierung und Hydratation auf ein Minimum beschränkt sind. *(Phot.: Ansel Adams.)*

In typischer Form zersetzen sich die Feldspäte zu sandigem Ton und löslichem Kali-, Natrium- oder Kalziumkarbonat, je nach ihrer Zusammensetzung. Der Quarz erhält sich lange unversehrt, außer unter besonders harten Bedingungen. Die Eisen-Magnesium-Mineralien und darunter der Biotit zerfallen in einen rostfarbigen Ton, der wechselnde Beträge von Eisenoxyd, Kaliumkarbonat, Magnesiumbikarbonat und Kieselsäure enthält, z. T. in gewisser Abhängigkeit von der ursprünglichen Mineralzusammensetzung.

So setzen sich bei einem warmen, regenreichen Klima Granitblöcke, Denkmäler und Gebäude mit der Zeit in eine Masse rostfleckigen, sandigen Tons oder *Lehms* um. Umgekehrt neigt Granit in einer Wüste (Abb. 136) mehr dazu, in einzelne Sandkörner zu zerfallen, welche hauptsächlich aus Feldspat bestehen, da dieser das vorherrschende Mineral ist; wenn ein solcher Feldspat-Sand später verkittet wird, entsteht ein Sandstein, der *„Arkose“* genannt wird. Kurzum, das gleiche Gestein, der Granit, liefert bei der Verwitterung völlig verschiedene Produkte, wenn er verschiedenen Klimabedingungen unterworfen ist.

Böden

Das Ergebnis der Zersetzung und des Zerfalls von Gesteinen und gesteinsbildenden Mineralien ist eine *Bodenbildung.* Da der Boden eine sehr wichtige Grundlage für das Leben ist, wurde er seit über einem Jahrhundert intensiv untersucht. Unglücklicherweise — vielleicht — wurden die Probleme der Entstehung, der Natur und des Gebrauchs des Bodens stückweise von Spezialisten angegangen, wobei die Interessen weit auseinanderliefen und jede Disziplin eine völlig verschiedene Terminologie verwandte. Die Beschäftigung des Geologen mit dem Boden betrifft in erster Linie seinen Ursprung, und sein Interesse ist hauptsächlich darauf gerichtet, die Beziehung zwischen Ausgangsmaterial und Boden aufzudecken. Eine Frage lautet z. B.: Was für eine Bodenart entsteht bei der Verwitterung von Granit unter trockenem Klima, von Kalkstein unter warmhumidem usw.?

Von seiten der Landwirtschaft wurde Nachdruck auf die Bodenklassifizierung gelegt, um die verschiedenen Typen zu Klimazonen in Beziehung zu setzen. Diese Forschungsrichtung wurde in Rußland um 1870 von W. W. Dokuchajew, K. D. Glinka und deren Nachfolgern begründet. Die Annahme einer vorwiegend klimatischen Bedingtheit der Böden ist verständlich in einem Land wie Rußland mit seiner endlosen Flut offener Steppe. Mit anderen Worten, die Klimazonierung entlang der geographischen Länge quer durch solche weiten Ebenen ist von größerer Bedeutung als örtliche Unterschiedlichkeiten in Topographie oder Gesteinstyp. Die russische Vorstellung von der Vorherrschaft des Klimas als bestimmenden Faktors bei der Bodenentwicklung wurde in die USA gegen Anfang der zwanziger Jahre von C. F. Marbut eingeführt, der damals Leiter der Abteilung für Bodenkunde im „U. S. Department of Agriculture" war.

Bei einem typischen *reifen Boden* sind nach Marbut und seinen Mitarbeitern in einem vollständigen *Bodenprofil* drei verschiedene Lagen vorhanden. Diese Lagen heißen *„Horizonte"*, und von oben nach unten folgen einander der *A*-, *B*- und *C*-Horizont (Abb. 137). Die Oberflächen-Schicht oder der *A*-Horizont hat seine löslichen Bestandteile sehr weitgehend verloren, bzw. diese sind herausgewaschen, und so wird er *„Eluvialzone"* genannt — nach dem lateinischen Wort *„eluere"*, was genau das bedeutet: *„auswaschen"*. Wenn auch lösliche Stoffe weitgehend aus dem *A*-Horizont entfernt wurden, so trat dafür doch organische Substanz an deren Stelle, und in manchen Klimabereichen ist das eine ganze Menge, speziell dort, wo die Böden schwarz und humusbeladen sind.

Das aus dem *A*-Horizont ausgelöste Material wird durch das zirkulierende Wasser abwärts in den *B*-Horizont verfrachtet, wo es sich dann anhäufen kann. Hauptsächlich aus diesem Grunde wird der *B*-Horizont manchmal als *„Illuvialzone"* bezeichnet, d. h. als die Schicht, in welche Material eingeschwemmt wurde. Eisenoxid zeigt eine besondere Neigung, sich im *B*-Horizont anzureichern; das gleiche gilt für feinere Feststoffe, wie z. B. Ton. Wenn sich hinreichend viel Eisenoxid niederschlägt, kann sich eine feste Lage bilden, die von den Bauern *„Ortstein"* genannt wird; sie ist fest genug, um einen gewöhnlichen Pflug zur Seite abzulenken. In manchen Gebieten, wie z. B. im Llano Estacado von Texas, kann sich eine Kalkkruste, *„Caliche"* genannt, im Boden bilden. Teilweise handelt es sich dabei um $CaCO_3$, das aus dem *A*-Horizont herausgelöst und in den *B*-Horizont hinuntergeführt wurde; zum Teil mag der Kalk aus größerer Tiefe durch Kapillarität heraufgesaugt und dann im *B*-Horizont abgeschieden worden sein.

Der *C*-Horizont ist im wesentlichen eine Übergangszone zwischen den eigentlichen Bodenhorizonten oben und dem unveränderten Ausgangsmaterial unten. So ist er eine Mischung von veränderten und nicht-veränderten Gesteins-Bruchstücken und Bodenpartikeln in verschiedenen Proportionen. Unverändertes anstehendes Gestein pflegt nahe der Basis des Horizontes vorherrschend zu sein; dafür ist völlig verwitterter Boden der wesentliche Bestandteil in seinem oberen Abschnitt. Risse, die mit Bodenpartikeln gefüllt sind, setzen sich in charakteristischer Weise nach unten in den festen Untergrund fort, während weiter oben im C-Horizont unzersetzte Bruchstücke des Untergrundes isoliert sein und sogar vollständig frei schwimmen können, wie Samenkörner in einer Wassermelone.

Zonale Böden

Reife Böden mit vollentwickelten Profilen und mit Merkmalen, die im wesentlichen über ein weiteres Gebiet hin durch das darin herrschende Klima bedingt zu sein scheinen, werden *„zonale Böden"* genannt. Tropische Böden z. B. sind wesentlich verschieden von solchen der Arktis, und sogar innerhalb eines gemäßigten Klimas gibt es weite Unterschiede, je nach den örtlichen Gegebenheiten der Temperatur, der Größe und Verteilung des Niederschlags und der Natur der Vegetation. *„Intrazonale Böden"* sind untypisch und nicht für eine besondere Klimazone bezeichnend. Sie sind Böden, deren Natur durch die örtlichen Verhältnisse bestimmt wird, wie z. B. der Boden eines Moores oder Sumpfes oder eines ähnlichen Gebietes mit Staunässe.

In sehr allgemeiner Form können die Böden der Welt in zwei große Kategorien eingeteilt werden, die *„Pedocals"* und die *„Pedalfers"*. Beide Wörter stammen aus dem Griechischen: *„pedo(n)"* = „Untergrund", wozu eine Abkürzung für Kalzium *(cal)* beim ersten dieser Bodentypen und die Symbole *Al* und *Fe* für Aluminium und Eisen beim zweiten Typ kommen. Pedocals sind Böden, die so lösliche Substanzen wie Kalzium und Magnesium enthalten, gewöhnlich in Verbindung mit Karbonaten und Sulfaten. Es handelt sich dabei um Böden, die in den USA typisch für weite Bereiche des ariden und semiariden Westens jenseits des 100. Längenkreises sind; als extremer Fall gehört dazu der Alkali-Boden, der für Nutzpflanzen so verderblich ist.

Pedalfers sind stärker ausgelaugte Böden als die Pedocals und treten in den Vereinigten Staaten

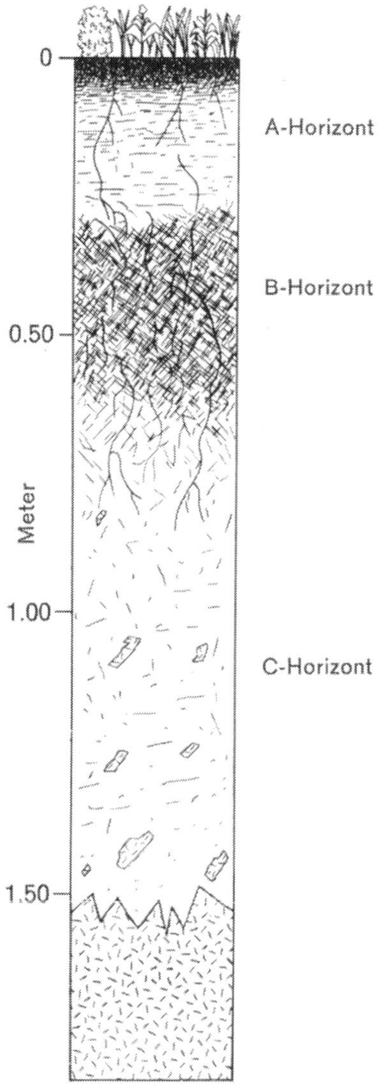

Abb. 137. Ein reifer Boden zeigt drei unterschiedliche Lagen oder Horizonte: A, B und C. Im A-Horizont sind seine löslichen Bestandteile weitgehend ausgelaugt, und organisches Material ist hinzugekommen. Der B-Horizont stellt oft eine Anreicherungszone der aus dem A-Horizont nach unten geführten Bestandteile dar und kann eine Hartkruste aus Eisenoxid oder Kalziumkarbonat („Caliche") bilden. Der C-Horizont ist eine Übergangszone zum Muttergestein darunter. *(Aus: C. E. Kellogg: Great soil groups, 1936.)*

hauptsächlich östlich des 100. Meridians auf. Es handelt sich dabei um Böden, in welchen sich lösliches Material nicht anreichert; in extremen Fällen können sie so degradiert sein, daß nur so unlösliche Residuen wie Aluminiumoxid (Al_2O_3) und Eisenoxid (Fe_2O_3) übrigbleiben.

Tschernoseme

Tschernoseme sind die schwarzen Prärie- oder Steppen-Pedocal-Böden von Rußland und der Trockenkultur-Zone der westlichen Ebenen der Vereinigten Staaten und Kanadas. Obwohl sich diese Böden in semiariden Gebieten bilden, haben sie einen hohen Gehalt an organischer Substanz, wovon sich ihr russischer Name ableitet, welcher *„schwarze Erde"* bedeutet.

Wie geschieht es, daß bei einem trockenen Klima in einem so baumlosen Land wie den Dakotas ein reichlicher Vorrat dunklen, organischen Materials im Boden vorhanden sein kann? Die Antwort liegt offenbar in der Natur der besonderen Vegetation dieser offenen Ebenen. Sie sind die Büffelgras-Länder eines Großteils der gemäßigten Zonen. Als sich dieses Grasmeer im alten Westen Amerikas erstmalig der Besiedlung öffnete, muß es einen prächtigen Anblick gewährt haben. Heute ist dieser Tschernosem-Boden in Nord-Amerika einer der größten natürlichen Bodenschätze; denn er ist das Herz eines der führenden Weizenländer der Welt.

Die dunkle Farbe wird durch teilweise zersetzte Graswurzeln erzeugt; diesen organischen Bestandteilen ist die hohe Fruchtbarkeit dieser Böden zu verdanken. Als weiteres Tschernosem-Merkmal kommt die Anwesenheit einer kalkigen Zone nahe bei der Basis der Graswurzeln hinzu. Sie beinhaltet Kalzium, das durch Pflanzen aus Bodenmineralien herausgelöst und nach der Zersetzung der Wurzeln ausgeschieden wurde, wobei es sich mit Karbonat-Ionen verband, um Kalziumkarbonat ($CaCO_3$) zu erzeugen.

Podsole

Die als *„Podsole"* bezeichneten, grau gefärbten Pedalfer-Böden sind über die kühleren Bereiche der Erde weit verbreitet; besonders treten sie dort auf, wo Koniferen- und Hartholz-Laubbaum-Wälder gedeihen. Wohl jeder, der einmal durch einen solchen Wald gewandert ist, wurde sicher von dem Teppich organischen Materials beeindruckt, wie z. B. Kiefernzapfen, Zweigen und Nadeln, die den Boden bedecken. Unter diesem sogenannten *„Humusauflager"* liegt ein *A*-Horizont, der sich als weiße oder graue, ausgelaugte Bodenschicht ausprägt. In der Tat ist das Aschgrau der ausgelaugten Oberflächen-Schicht für den Bodennamen verantwortlich; denn *„Podsol"* ist aus den russischen Wörtern für „unten" und „Asche" gebildet.

Unter dem gebleichten *A*-Horizont liegt ein dunkler, normalerweise braun oder graubraun gefärbter *B*-Horizont; seine Rostfarbe rührt von Eisen her, das aus der oberen Schicht ausgelaugt und in der unteren angereichert wurde. Es kann sich soviel Eisen ansammeln, daß eine richtige feste Bank entsteht; und sie macht diesen Boden weniger attraktiv für den Ackerbau, als das sonst der Fall wäre. Die löslichen Salze und darunter Kalzium- und Magnesium-Karbonat sind aus den podsolierten Böden fortgeführt. Bäume sind weniger auf Alkalien als Nahrung angewiesen als Gräser, und daher werden nicht genug Basen in die Oberflächen-Schichten zurückgeführt, um die Ansammlung von Säuren zu verhindern. Infolgedessen sind podsolierte Böden in dem typisch feuchten und kühlen Milieu eines Koniferen- und Hartholz-Laubwaldes sauer. Wenn man einen solchen Wald in der Hoffnung rodet, ihn in ein Ackerbau-Gebiet zu verwandeln, so liefert er oft nur sehr bescheidene Erträge.

Laterite

1807 führte Buchanan Hamilton, ein aufmerksamer Schotte, Reisen in Indien durch, das damals ein wirkliches Monopol der „The Honorable The East India Company" war. Es beeindruckte ihn stark, Hindu-Arbeiter zu sehen, die den rotbraunen tropischen Ton aushoben und zu Ziegeln formten, die sie als Baumaterial benutzten, nachdem sie in der Sonne gehärtet waren. In dieser Hinsicht glichen diese Tonblöcke sehr den in der Sonne getrockneten Backsteinen oder Luftziegeln des ariden Südwestens der USA; sie unterschieden sich nur dadurch, daß sie direkt aus dem Boden ausgestochen und nicht aus einem Teig verfertigt wurden, der mit Geräten geformt wurde.

Da dieser tropische Ton so leicht als Baumaterial benutzt werden konnte, nannte ihn Hamilton *„Laterit"* (vom lateinischen Wort *„latere"* oder *„Ziegelstein")*. Seine Entstehung interessierte ihn sehr, und diese Frage ist auch für die Bodenkundler seither immer ein Rätsel geblieben. Als Baumaterial hat Laterit dazu gedient, dauerhafte Monumente zu errichten; so ist u. a. ein großer Teil der längst vergessenen Stadt Angkor Wat in Kambodscha aus Laterit gebaut (Abb. 138). Das allein schon ist ein Beweis dafür, daß Laterit aus Material besteht, welches praktisch unlöslich ist.

Laterit könnte als das Skelett eines Bodens betrachtet werden, da die löslichen Elemente, wie Kalzium, Natrium und Kalium, herausgelöst sind und sogar eine normalerweise so wenig lösliche Substanz wie Kieselsäure (SiO_2) entfernt wurde. Das bedeutet, daß ein typischer Laterit hauptsächlich Eisenoxyd (Fe_2O_3) darstellt. Wenn das Ausgangsgestein, von welchem dieser Boden abstammt, einen hohen Gehalt an Aluminium hat, dann gehen diese tropischen Residual-Tone in *Bauxit* ($Al_2O_3 \cdot 2\,H_2O$) über, welcher das Haupt-Aluminiumerz ist.

Laterite werden in charakteristischer Form in einem tropischen Gelände gefunden, das eine ausreichende Hang-Drainage aufweist; sie bilden sich nicht in ständig feuchten Gebieten, wie in Sümpfen. Tatsächlich entwickeln sie sich am besten im Monsun- oder tropischen Savannen-Klima, welches sich durch einen ausgeprägten Wechsel feuchter und trockener Jahreszeiten auszeichnet. Wesentlich für die Laterit-Bildung ist der Wechsel von starkem Regenfall, welcher das Bodenwasser befähigt, Eisenoxyd in gelöster Form aus dem *A*-Horizont abwärts zu führen, um im *B*-Horizont konzentriert zu werden, und von Trockenheit, die es dem Boden möglich macht, Luft aufzunehmen, so daß sich die Bodenmineralien oxydieren können.

Laterite beginnen sich dadurch zu bilden, daß sich Eisenoxyd um kleine Kerne, wie z. B. einzelne Mineralkörner, herum abscheidet. Die eisenreichen Knöllchen wachsen heran, bis sie sich schließlich vereinigen, um eine zementartige, konkretionäre Lage zu bilden, wohl in ähnlicher Weise wie bei der Ortstein-Schicht in Böden gemäßigten Klimas. Wenn dieses geschieht, kann Wasser — falls überhaupt — nur unter Schwierigkeiten nach unten durchsickern, und die Oberflächen-Schichten des Bodens, wohl die Äquivalente des *A*-Horizontes gemäßigter Regionen, werden dann leicht unter den Regenschauern des Monsuns fortgeschwemmt.

Infolge dieser Vorgänge wird ein Gebiet für den Ackerbau fast ganz unbrauchbar, und für einen dicht besiedelten Raum, wie einen großen Teil Südost-Asiens, ist das katastrophal. Nutzpflanzen können in einem lateritischen Boden kaum gedeihen, dessen *A*-Horizont abgetragen wurde, so daß ein eisenhaltiger, Nährstoff-freier Ton die obere Bodenschicht bildet. Eine solche Decke eisenreichen Bodens führt in Australien den be-

Abb. 138. Die Laterit-Bausteine, die diesen Tempel in Angkor Wat (Kambodscha) zusammensetzen, sind sehr widerstandsfähig, da sie hauptsächlich aus Eisenoxid-Rückständen bestehen, während alle anderen Mineralien bei der chemischen Verwitterung fortgeführt worden sind. Es besteht dabei ein bemerkenswerter Unterschied zu der Verwitterung der Sandstein-Säulen und -Statuen, die aus Mineralien bestehen, welche durch Auflösung, Karbonatisierung, Hydratation und Oxidation entfernt worden sind. *(Phot.: Leonard Palmer.)*

sonderen Namen *„duricrust"*; sie dehnt sich über eine ganze Landschaft aus wie eine wellige Decke, die Hügelzüge und Talböden in gleicher Weise überzieht.

Der Eisengehalt kann in manchen Teilgebieten der Tropen so groß werden, daß diese Regolith-Decke als Erz genutzt werden kann. Die Eisengruben von Kuba und der Surigao-Halbinsel auf Mindanao (Philippinen) sind Beispiele. Bauxit hat nahezu den gleichen Ursprung, abgesehen davon, daß er durch die Verwitterung von Gesteinen entsteht, die reicher an Aluminium als an Eisen sind. Das scheint die Geschichte der Bauxiterze von Little Rock, Arkansas, gewesen zu sein, die in sedimentären Ablagerungen auftreten; als diese sich bildeten, herrschten wahrscheinlich die gleichen Klimabedingungen wie in der tropischen Savanna heute. Tatsächlich kommt das meiste Aluminiumerz, das zur Zeit in Nord-Amerika verarbeitet wird, nicht mehr von Arkansas, sondern von den hoch-aluminiumhaltigen Tonen von Surinam, Jamaika und sonstigen Gebieten Süd-Amerikas bzw. der Karibischen Länder.

XII. Massenbewegung

Der Abbau der Gesteine an der Erd-Oberfläche durch Zersetzung und Zerfall liefert eine Masse unstabilen Materials, das durch die Schwerkraft hangab verfrachtet werden kann, besonders dort, wo die Berghänge steil sind. Ein solcher Transport, der manchmal sowohl den Regolith als auch dessen Untergrund umfaßt, kann so langsam erfolgen, daß er nicht zu spüren ist. Manchmal kann er aber so katastrophal und heftig werden wie ein Bergsturz, der sich ein Gebirge hinabbewegt, um eine Ortschaft an seinem Fuße zu verschütten.

Diese Massenbewegung von Oberflächen-Material trägt in starkem Maße zu der Wirksamkeit der Flüsse bei der Formung des Erdantlitzes bei. Massenbewegung ist verantwortlich für den Hangab-Transport von Material hin zu Flußläufen, die dann wie ein kontinuierlich sich bewegendes Fließband wirken und es fortschaffen. Der Umstand, daß sich die Wände des Grand Canyon vom Colorado-Fluß nach außen erweitern, ist hauptsächlich die Folge eines Transportes von Gesteins-Bruchstücken und Mineralkörnern durch die Schwerkraft hangab bis dorthin, wo sie durch den Fluß und sein verzweigtes Netzwerk von Zuflüssen aus dem Gesamtgebiet des Colorado-Plateaus herausgeschafft werden können.

Wie viel oder wie wenig Material durch die Schwerkraft bergab bewegt werden kann und wie schnell oder wie langsam es sich bewegt, hängt von einer Vielfalt von Faktoren ab; dazu gehören: 1. Klima, 2. Natur des Gesteins und seine Lagerung, 3. Vegetation, 4. die Haupttypen der Verwitterung, die wirksam sind, 5. Steilheit der Hänge und 6. örtliches Relief — um nur die bedeutsameren zu nennen. Wenige Landschaften bestehen lediglich aus nacktem Fels, und die meisten Berghänge zeigen einen gewissen Abrundungsgrad. Die Bodendecke mildert die Schroffheit einer felsigen Landschaft, und bodenbedeckte und ausgeglichene Hänge sind ein Kennzeichen dafür, daß der Regolith nicht stationär ist, sondern daß er in sich eine Bewegung vollführt.

Dieser durch die Schwerkraft bedingte Materialtransport hangabwärts läßt sich schwer in sauber getrennte kleine Packen aufteilen. Der Übergang von einer schrittweisen, praktisch unmerklichen Bewegung am einen Ende der Skala zum freien Fall einer Gesteinsmasse, die sich lawinenhaft an einem Berghang abwärts bewegt und alle Täler mit donnerartigen Echos erfüllt, am anderen Ende der Skala ist verwischt. In der Tat, diese Unterschiede bestehen gar nicht, denn es handelt sich um völlig graduelle Stufen. Eine praktische Lösung für die Klassifizierungsfrage würde es bedeuten, die Massenbewegung in zwei augenfällige Kategorien zu teilen: in langsame und schnelle. Doch ist das eine höchst subjektive Einteilung; denn kaum zwei Leute werden darin übereinstimmen, was das bedeuten soll. Wir stehen z. B. beständig dem Problem ihrer Definition bei gelegentlichen kleinen Kontroversen gegenüber, wenn es sich um die Beurteilung von Fahrgeschwindigkeiten im Verkehr handelt.

Langsame Bewegung

Hangkriechen

Das beschreibende Wort *„Hangkriechen"* wird für eine langsame, gletscherartige Bewegung der Bodendecke hangab benutzt. Wir pflegen seine Existenz völlig zu vergessen, außer wenn wir mit Bestürzung beobachten müssen, daß Gebäudegründungen aus der Richtung gedreht werden, daß die Pfosten von Strom- und Telefonleitungen geknickt werden und Bürgersteige sowie Stützmauern Risse bekommen.

Wenn Straßeneinschnitte in solch schlüpfrigem Boden angelegt würden, dann würden sie Schichten bloßlegen, die um sich selbst gedreht oder in labyrinthartigen Windungen verformt sind, wo sie hangab gezogen wurden. In das Bodenkriechen einen Hang hinab werden sehr oft Fragmente des unterlagernden Gesteins einbezogen. Ihre Zahl nimmt gewöhnlich nach unten mit wachsendem Abstand vom Ausbiß ab; sie können aber auch ein zusammenhängendes, allerdings ausgedünntes Band bilden, wenn man sie in einem Straßeneinschnitt sieht. Diese sogenannte *„Steinsohle"* liegt im allgemeinen auf der Grenze zwischen dem ungestörten Untergrund unten und dem sich bewegenden Regolith oben. Sie ist sehr oft eine auffallende Erscheinung in Gebieten, wo Hangkriechen vorherrscht; — achten Sie sorgfältig darauf, wenn Sie einmal einen Hausbau an einem Berghang planen sollten!

Kriechen ist ein besonders drastisches Problem in kühlen Klimagebieten, wo Wasser im Boden gefriert. Hier können Bodenschichten und -teilchen infolge der Ausdehnung des gefrierenden Wassers aufwärts gehoben und dann ein bißchen weiter hangab geschoben werden, wenn ihr Bindematerial durch Schmelzen verloren gegangen ist.

Bodenfließen (Solifluktion)

Bodenfließen *(Solifluktion)* ist eine extreme Form des Kriechens; sie erreicht ihre maximale Entfaltung in kalten Klimaten. Ein Hügelgelände mit Permafrost im Untergrunde ist dafür besonders gut disponiert; denn während die Oberflächen-Schichten frieren und tauen, bleibt der Permafrost-Spiegel konstant. Oberflächen-Wasser kann nicht in den Permafrost eindringen, und so sammelt sich Wasser, das normalerweise hinunter in den tieferen Untergrund absickert, in der aktiven Schicht an. Diese aktive Schicht neigt deshalb weitaus mehr zum Kriechen, als es ein ähnliches Gelände in einem mehr gemäßigten Klima tun würde; denn 1. sind hier die einander entgegengesetzten Kräfte der Eiskristallisation und des Schmelzens von Bodeneis am aktivsten; 2. enthält die aktive Schicht mehr Wasser, als sie bei ähnlichen Niederschlags-Verhältnissen anderswo haben würde; und 3. ruht dieser wassergesättigte, unstabile Boden auf gefrorenem Untergrund, entlang dessen Oberfläche er leicht gleiten kann.

Aktive Solifluktion erzeugt eine Landschaft, die einige Ähnlichkeit mit der gerunzelten Haut eines alten Elefanten hat. Verschiedene Teile der wasser-gesättigten Oberflächen-Schicht kriechen unter verschiedenen Geschwindigkeiten hangab, so daß Hänge, an denen sich Solifluktion vollzieht, girlandenhaft mit Bodenloben oder -zungen ausgestattet sind, von denen sich einige langsam und andere schnell vorwärtsschieben.

Eine andere bizarre Äußerung eines vom Eis durchkneteten Bodens in der Arktis ist eine eigentümlich regelmäßige Musterung. Manchmal sieht die Tundra aus der Luft wie ein gigantisches, mit Ziegeln bedecktes Pflaster aus. Diese geometrisch gestalteten, polygonalen Flächen werden als Auswirkung von Frosthebung gedeutet, welche in feinkörnigen Böden viel wirkungsvoller ist als in groben. Wenn sich dieser Prozeß der

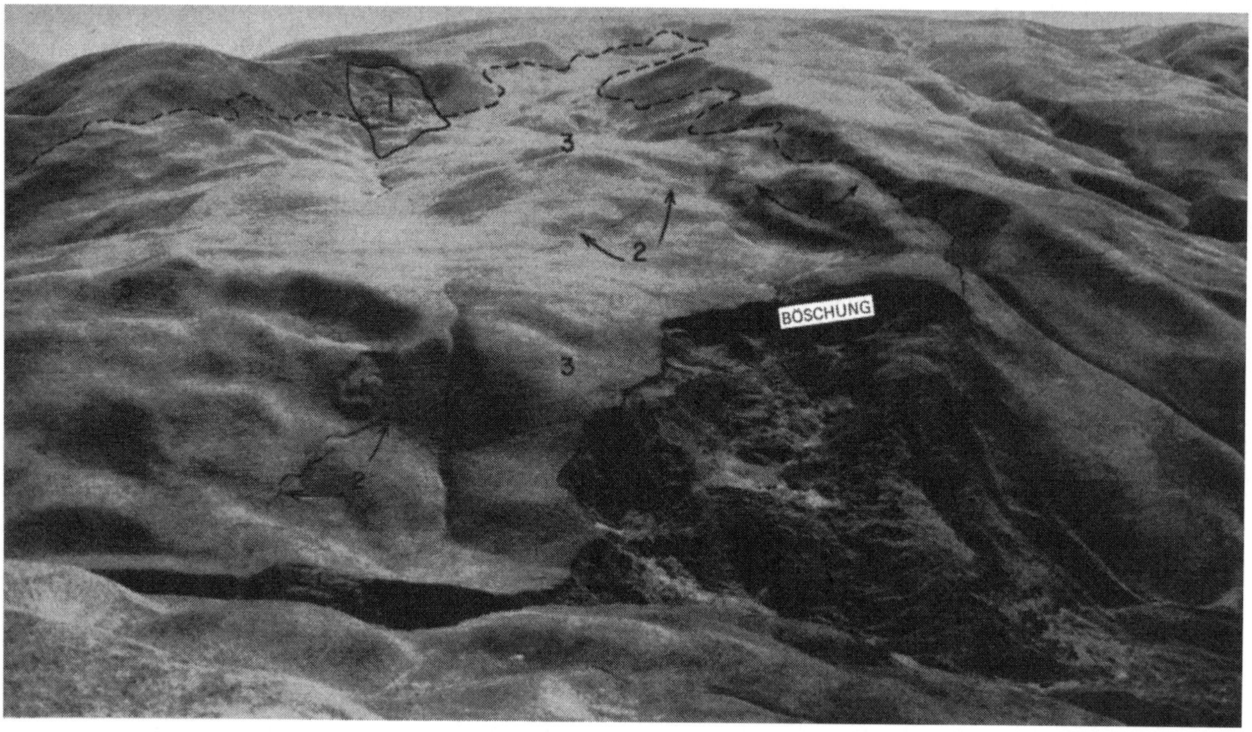

Abb. 139. Aktive Hang-Erdrutsche (1) und neue Abrißstufen (2) von rund 30 cm Höhe in einem alten Hangrutsch-Gebiet auf der Westseite des Pleitito Canyon, San Emigdio Mountains (Kalifornien). Der weite, hügelige Bereich des alten Hangrutsches (3) ist 1,6 km lang und mißt in der Höhe von seinem Kopf bis zu seinem Fuß ungefähr 365 m. *(Phot.: John T. McGill.)*

Frosthebung über viele Jahre hin in vielfacher Wiederholung an einem Boden gemischter Zusammensetzung vollzieht, wird das grobe Material, wie Geschiebe und Geröll, schrittweise aus dem Zentralbereich radial nach außen geschoben, und das feinere Material bleibt dahinter zurück und reichert sich an.

Erdrutsche

Dieser Typ von Bodenbewegung bildet einen Übergang zwischen der langsamen und der schnellen Varietät. Bei ihm ist die Bewegung deutlicher sichtbar als beim Kriechen, sie ist jedoch langsamer als bei einem Schlammstrom oder einem Bergsturz.

Erdrutsche sind charakteristisch für Anhöhen, die von Gras bedeckt und von Boden überzogen sind (Abb. 139). Obgleich sie im allgemeinen kleinere Erscheinungen darstellen, können manche auch recht groß werden und viele Morgen Land betreffen. Erdrutsch-Formen haben gewöhnlich eine löffelartige Gleit-Oberfläche (Varnes 1958) mit einem Halbmond-förmigen Steilrand am oberen Ende und einer zungenförmigen Aufbuckelung am unteren. Sie umfassen die Bodendecke und pflegen meist aufzutreten, wenn der Untergrund mit Wasser gesättigt ist. Dieses Porenwasser vergrößert nicht nur das Gewicht der Bodendecke, sondern verringert auch in drastischer Weise seine Stabilität, indem es die Scherfestigkeit vermindert.

Schnelle Bewegung

Schlammströme

Mit zunehmender Geschwindigkeit geht die als *„Schlammstrom“* bezeichnete Form der Massenbewegung in einen gewöhnlichen Wasserstrom über, mit abnehmender Ge-

Abb. 140. Ein kleiner Ort im Gebiet von St. Moritz (Schweiz), angeschmiegt an den Fuß eines alten Schlammstromes (linker Vordergrund) und mit einigen wenigen Häusern auf dem Erdrutsch. Zusätzliche Gebäude auf dem Schlammstrom könnten zu einer weiteren Instabilität und zu einer Katastrophe im Zentralteil des Ortes führen.

schwindigkeit verbindet sie sich mit den Erdrutschen. Ein typischer Schlammstrom ist eine sich bewegende Masse aus Schlamm und Wasser, die am Boden eines Flußbetts, z. B. eines Whadis in der Wüste, talab strömt. Eine solche zähflüssige Masse mit einem spezifischen Gewicht, das viel größer als das reinen Wassers ist, schleppt sehr oft eine sich wälzende Masse von Geschieben und Gesteinen mit sich, von denen einige so groß wie Automobile sein können.

Schlammströme sind in vielen Wüsten der Erde eine sehr auffallende Erscheinung. In ariden Ländern füllen sich die normalerweise wasserlosen Flußbetten gelegentlich fast augenblicklich gleich nach einem Wolkenbruch mit einem rasenden Wildbach schokoladefarbenen Schlammes. Wo die Whadis flach sind, kann der Schlammstrom die Kapazität des Flußbettes übersteigen; er breitet sich dann über die Wüstenfläche aus.

Wegen ihrer größeren Dichte sind Schlammströme viel wirksamere Transporteure großer Gesteine über kurze Strecken hin als normale Wasserläufe. Sie haben die großen Blöcke und Geschiebe mit sich getragen, die man oft am Boden von Wüstenbecken weit entfernt vom Fuß einer umrandenden Bergkette findet. Dort bleiben sie liegen, lange nachdem die Hülle von Schlamm, der sie einst aus den Gebirgen herausschleppte, fortgewaschen ist.

Schlammströme sind nicht nur fähig, große Naturobjekte zu transportieren, wie hausgroße Gesteinsblöcke, sondern sie können auch Lastwagen, Autobusse oder sogar Lokomotiven mitnehmen, die von einem solchen Schuttstrom eingefangen wurden. Häuser, die von derartigen Schlammströmen überflutet werden, können bis hinauf zu den Dachrinnen unter ihnen begraben werden. Wenn der Schlamm ausgetrocknet ist, sehen sie wie Puppenhäuser aus, die von Kindern verstreut und von unachtsamen Händen tief in den Boden gedrückt wurden.

Schlammströme sind bei weitem nicht auf aride oder halbaride Länder beschränkt. Sie sind auch für alpine Gebiete charakteristisch und pflegen außerordentlich zerstörend zu wirken, wo steile Hänge, ein großes, bei der Schneeschmelze freiwerdendes Wasservolumen und eine erhebliche Masse losen Schutts gleichzeitig vorhanden sind (Abb. 140). Diese Erdlawinen sind besonders eindrucksvoll, wenn sie einen Wald überrollen. Ein lavaähnlicher Schlammstrom kann eine Schneise durch den Wald schneiden, Bäume und Zweige zerschmetternd und zersplitternd, die dann hineingemengt werden wie Stroh in einem luftgetrockneten Ziegel.

Eine seltenere Form ist der *vulkanische* Schlammstrom. Herculaneum (bei Neapel) wurde im Jahre 79 von einem zähen Strom wasserdurchtränkter vulkanischer Asche zerstört, der an den Flanken des Vesuvs herabfloß. Besonders eindrucksvolle Beispiele solcher zementbrühen-artiger Mischungen aus vulkanischer Asche, Bomben und Schlacken, Dampf und Wasser sind diejenigen von Indonesien, wo solche wildbach-förmigen Ausbrüche *„Lahars"* genannt werden. Einer der zerstörerischsten ereignete sich im Jahre 1919 am Vulkan Gunong Kelvet, dessen Krater von einem See eingenommen war. Als eine Eruption auf dem Seeboden stattfand, flossen die Wasser über, vermischten sich mit vulkanischem Schutt und ergossen sich als Schlammlawinen an den Hängen herab, um 104 Ortschaften zu überfluten und über 5000 Tote zu hinterlassen.

Felsstürze und Felsrutschungen

Viele Versuche wurden gemacht, um brauchbare Klassifizierungen oder annehmbare Definitionen der verschiedenen Arten von Massenbewegungen zu entwickeln. Da die meisten Bodenrutschungen eine komplexe Natur aufweisen — nur wenige haben eine einzige Ursache oder selbst einen einzigen Aspekt — und da die Terminologie, die bei ihrer Beschreibung verwendet wird, aus normalen Alltagswörtern hervorgegangen und somit für weit voneinander abweichende Interpretationen der jeweiligen Benutzer empfänglich ist, sind die Ergebnisse nicht ganz zufriedenstellend.

Eine für unseren Zweck gute Lösung wäre es, in vereinfachter Form die Terminologie zu benutzen, die von Varnes (1958) im Rahmen einer in erster Linie für Straßenbau-Ingenieure bestimmten Klassifikation verwendet wurde.

Nach dieser Klassifikation wird Material, das fast mit der Geschwindigkeit des freien Falls niederstürzt, *„Felssturz"* oder *„Erdsturz"* genannt, je nach seiner Zusammensetzung. Felsstürze können in ihrem Umfang zwischen dem Absturz von Einzelblöcken an einem Berghang und dem Niedergehen von Massen schwanken, die Hunderte oder Tausende Tonnen wiegen und lawinenartig den Berg herabrollen (Abb. 141). Bei dem ersten Beispiel kommen solche Einzelblöcke gewöhnlich als lose Halde eckiger Brocken oder als ein *„Talus"* an der Basis einer Felswand zur Ruhe. Wenn große Gesteinsblöcke in einen stehenden Wasserkörper fallen, z. B. in einen See oder Fjord, dann können außerordentlich zerstörerische Wellen ausgelöst werden — und das ohne vorherige Warnung. Diese Gefahr wird besonders in Norwegen gefürchtet, wo kleine Deltas oft das einzige zur Verfügung stehende flache Land im Meeresniveau darstellen. Wenn eine solche, von einem Felssturz angeregte Welle durch die Straßen und Häuser der Ortschaft strömt,

Abb. 141. Dieser Felssturz vom Flimserstein (Schweiz) ereignete sich am 10. April 1939. Er begrub nicht nur Wälder und Ackerland, sondern auch ein Gebäude und 11 Personen unter sich, alles in einem kurzen Augenblick. *(Phot.: Swissair-Photo AG.)*

dann pflegt die Zerstörung ebenso vollständig zu sein, wie sie plötzlich ist; denn diese Wellen können 6 bis 90 m hoch werden.

Eine viel größere Gesteinsmasse, die als frei fallender Körper hoch am Berghang abbricht, kann wie eine Lawine den Hang hinabstürzen und — unten angekommen — über den Talboden völlig hinwegfegen, wobei sie Geschwindigkeiten bis zu 200 km pro Stunde erreichen kann (Abb. 142). Bei so hohen Geschwindigkeiten bewegt sich die

Abb. 142. Die Blackhawk-Rutschung am Nordhang der San Bernardino Mountains (Kalifornien). Diese Rutschung, die sich von der Böschung im Mittelgrund des Bildes 8 km weit nach vorn bewegte, begann als Felssturz in den Bergen. *(Phot.: John S. Shelton.)*

zerschmetterte Masse abgestürzten Gesteins fast so, wie das eine Flüssigkeit tut. Mit eingeschlossener Luft, die wie ein Polster wirkt und so die innere Reibung verringert, verhält sich eine solche Schuttmasse fast wie die glühenden, gas-beladenen *„nuées ardentes"* („brennenden Wolken") des Mont Pélé (Kap. IV).

Das bekannteste Beispiel eines derartigen Felssturzes ist in Nordamerika ein solcher, der sich im Jahre 1903 bei Frank (Alberta) ereignete. Dort löste sich eine Masse stark geklüfteter Kalkstein-Blöcke aus dem Gipfel der Turtle Mountain — das Gestein war möglicherweise durch Kohlenabbau unterminiert, der unterhalb einer Überschiebung am Fuße des Berges betrieben wurde — und stürzte die steile Böschung hinab. Etwa 27—30 Millionen Kubikmeter fielen herunter und flossen dann als gigantische Woge durch die kleine Kohlenbergbau-Stadt Frank — auf ihrem Wege 70 Personen tötend; darauf wurden sie hangauf bis zu einem Punkt geschleudert, der 120 m oberhalb des Talbodens am Berghang gegenüber der Absturzstelle lag (Daly et alii 1912).

Der große Felssturz/Felsrutsch von Gohna (Indien) im Jahre 1893 (Griggs 1922) bleibt eines der eindrucksvollsten Beispiele der letzten Zeit. Dort stürzte eine riesige Gesteinsmasse, die sich durch die niederprasselnden Monsunregen gelockert hatte, 1200 m hinunter in eine der engen Himalaya-Schluchten. Eine große natürliche Talsperre entstand durch diese Schuttmasse — vielleicht 275 m hoch und an der Dammkrone quer zur Schlucht 900 m lang; 3350 m weit reichte seine Ausdehnung stromauf und stromab. Dieser Haufen zerbrochenen Gesteins von etwa 3,8 Milliarden Kubikmeter Inhalt staute einen See auf, der 237 m tief war, als die Flußwässer das Staubecken gefüllt hatten.

Die britischen Ingenieure, die damals in Indien waren, erwiesen sich als bemerkenswert vorausschauende Arbeitsgruppe. Sie sagten das Datum des für später — nach einer Lebensdauer von zwei Jahren — zu erwartenden Dammbruchs mit einer Genauigkeit von 10 Tagen (innerhalb der Zeitspanne, in der er wirklich eintrat) voraus. Alle Brücken stromab wurden entfernt, während der Damm noch in Funktion war. Im Flußbett wurden Widerstände beseitigt. Ein telegraphisches Warnnetz wurde eingerichtet, und alles wurde für die drohende Flut vorbereitet. Als diese kam, brachte sie einen Weltrekord. Gegen 280 Millionen Kubikmeter Wasser entluden sich innerhalb von 4 Stunden und erzeugten eine Flutwelle, deren Spitze über 70 m hoch war. Recht interessant war folgendes: Nachdem die Flut vorbei war, hatte sich das Flußbett nahe bei der Sperrstelle nicht vertieft, sondern um 71 m durch Sand und Kies aufgehöht; diese hatten sich abgesetzt, als die Flutspitze passiert und die Wasserführung zum Normalzustand zurückgekehrt war.

Hangrutschungen

Eine Vielzahl von Hangab-Bewegungen umfaßt der breite, allgemeine Begriff *„Hangrutschung"*; der Sache ist nicht sehr gedient, wenn wir hier über die zahlreichen Schemata berichten, die von Geologen, Ingenieuren und anderen Spezialisten vorgeschlagen worden sind. Daß so viele Leute interessiert sind, läßt an sich schon die bedeutende Rolle deutlich werden, die Hangrutschungen im Alltagsleben spielen. Die Schwierigkeiten, die sie uns bereiten — diese sind sowohl folgenschwer wie auch kostspielig —, sind in sehr starkem Maße unsere eigene Schuld. Ohne unsere Eingriffe in die natürlichen Hänge würden Hangrutschungen nur in abgelegenen Berggebieten oder an Hügelhängen Bedeutung gewinnen, die von besonders instabilen Gesteinen unterlagert sind. Heute sind Hangrutschungen infolge wachsender Verstädterung und steigender Nachfrage nach sehr leistungsfähigen Verkehrswegen ein Problem zunehmenden Umfangs. Beide Entwicklungen führen zu größeren Ausräumungen für Gebäudegründungen und zu tieferen Einschnitten sowie höheren Auffüllungen für Straßen. Übersteilung von Hängen ist eine häufige Ursache für die Auslösung von Bodenbewegungen.

Hangrutschungen können das Festgestein allein betreffen, oder sie können auf die überlagernde Bodendecke beschränkt sein, besonders, wenn diese tiefgründig und an Wasser gesättigt ist. Gewöhnlich aber betreffen sie sowohl den Boden als auch das Gestein. Varnes (1958) unterscheidet zwei größere Kategorien von Hangrutschungen: 1. Gleitungen und 2. Grundbrüche. Im ersten Fall vollzieht sich der Rutschvorgang hauptsächlich schichtparallel; d. h. eine große Gesteinsmasse trennt sich von ihren Genossen und gleitet nach außen und unten entlang der Oberseite einer geneigten Schichtfläche. In *„Brüchen"* vollzieht sich die Bewegung drehend und gewöhnlich entlang einer nach oben konkaven Gleitfläche, so daß sich der obere Teil des Hangrutsch-Bereichs unter das normale Gelände-Niveau erniedrigt und sich der untere Teil über dieses aufbuckelt.

Das Diagramm (Abb. 144) zeigt die Hauptteile einer solchen Gleitung vom Grundbruch-Typ, und da bei weitem die größte Zahl der Hangrutschungen Varianten dieser Form sind, sind einige Details erwähnenswert.

Die meisten dieser Hangrutschungen beginnen plötzlich mit einem halbmondförmigen *„Abriß"* oder Kliff an ihrem oberen Ende — manchmal als *„Abrißnarbe"* bezeichnet. Am Hang darunter kann eine Anzahl kleinerer Abrisse entstehen, und in der Regel sind sie in der Gefällsrichtung konkav. Zwischen den Einzelabrissen ist die Oberfläche der Rutschmasse gewöhnlich geneigt oder rückwärts gegen den ursprünglichen Geländehang gekippt. Das verursacht eine noch größere Instabilität, da diese rückwärts geneigten

Abb. 143. Ein Hangrutsch in den Palos-Verdes-Hügeln bei Los Angeles (Kalifornien). *(Phot.: George Cleveland.)*

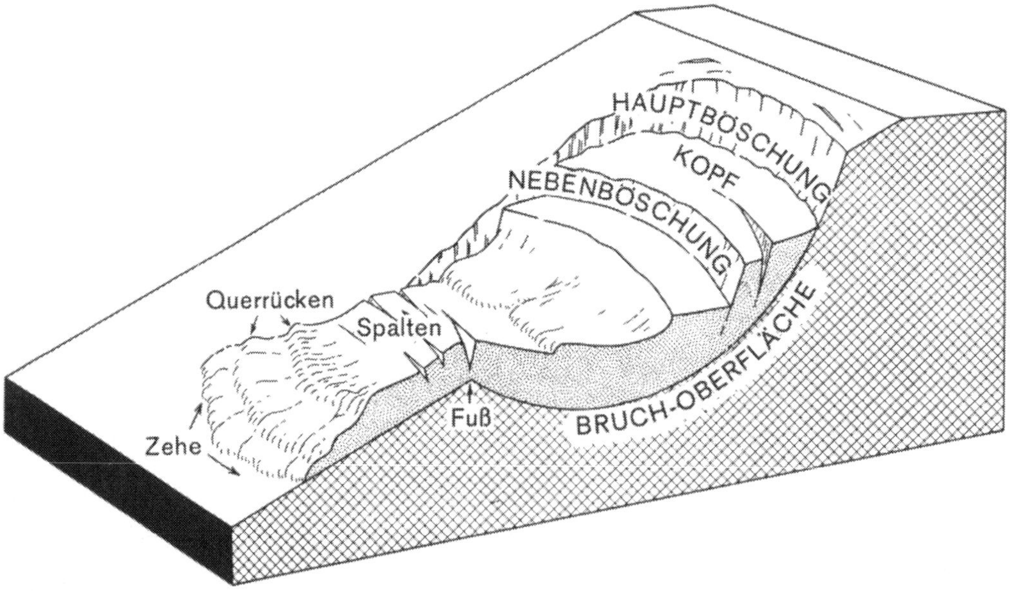

Abb. 144. Die Hauptbestandteile einer Hangrutschung vom Erdrutsch-Typ.

Kanten an der Oberfläche der Rutschmasse Sammelbecken erzeugen, in denen sich kleine Seen oder Pfützen bilden können. Mit der Gleitfläche, die vom Abrißrand aus in den Untergrund führt, steht ein Wasserleiter zur Verfügung, so daß Wasser in die Rutschmasse einsickern kann, wodurch sich ihre Instabilität noch erheblich vergrößert.

Die nach oben konkave Gleitfläche, auf welcher sich das Gemenge von Boden und Gesteinen abwärts bewegt, kann annähernd den Querschnitt eines Zylinders haben, dessen Achse der Boden-Oberfläche parallel verläuft, wenn die Rutschmasse ziemlich breit ist. Andernfalls ist die Gestalt der Bruch-Oberfläche in der Regel löffelförmig.

Die Rutschmasse rückt von dem Punkt aus, wo die Bruchfläche die Erd-Oberfläche erreicht (Abb. 144), in der Gefällsrichtung wie ein gletscherartiger Lobus eines Schuttgemenges vor; ihre Oberfläche zeigt in typischer Weise eine chaotische Anordnung von Buckeln und nicht-entwässerten Senken. Wenn sich die Rutschmasse einen bewaldeten Hang hinab bewegt, bietet sie oft ein trostloses Bild zerbrochener Stämme und Bäume. Der unerbittliche Schub des Fußes einer solchen Rutschmasse gegen Bauwerke aus Menschenhand führt fast stets zu deren Zusammensturz, und dieser Teil der Rutschmasse bewirkt oft die Blockierung von Kanälen, Straßen und Bahnen sowie die Ausmerzung anderer Ausräumungsformen.

Eindrucksvolle Beispiele solcher Hangrutschungen sind die ausgedehnten Gleitungen, die den Panama-Kanal im Culebra-Einschnitt kurz nach seiner Eröffnung im Jahre 1914 verschütteten und die ihn mehr oder weniger dauernd bis 1920 geschlossen hielten. Von den 129 Millionen Kubikmetern, die im Gaillard-Einschnitt ausgehoben wurden, fielen gegen 33 Millionen Kubikmeter auf zu entfernende Rutschmassen. Große Mengen lockerer, unverfestigter vulkanischer Asche, Schieferton und Sandstein glitten auf einer sanft geneigten Verwerfungsfläche gegen das Kanalbett. Eine unerwartete Folge war, daß sich der Kanalboden heraushob — in einem Fall um 10 m —, bis das, was der Kanalboden gewesen war, wie eine Insel inmitten eines Flußbetts aussah.

Wasser ist der im Boden verborgene Teufel bei vielen Hangrutschungen. Wasser fernzuhalten oder es durch Drainage abzuleiten, wenn es einmal Zutritt gefunden hat, wird zur ersten Aufgabe für den Ingenieur, der es übernommen hat, den fortlaufenden Prozeß einer solchen Gleitung aufzuhalten. Ein hervorragendes Beispiel der heroischen Anstrengungen, die aufgewandt werden müssen, um das zu erreichen, ist die Geschichte der großen Rutschungen, die das hügelige Gelände des Erdöl-Feldes Ventura-Avenue im südlichen Kalifornien betrafen. Einige dieser Erdrutsche nahmen über 6400 Ar ein, und im regenreichen Winter 1940/41 bewegte sich ein Block von etwa 2400 Ar als geschlossene Einheit über eine Strecke von etwa 30 m.

Da diese Rutschungen durch Ölbohrungen setzten, als sie sich bewegten (in dieser besonderen Episode wurden 23 von ihnen in Tiefen von etwa 30 m unterhalb der Erd-Oberfläche durchgeschnitten), traf man ungewöhnlich ausgedehnte und kostspielige Maßnahmen. Die anhaltende Gleitbewegung wurde teilweise dadurch unter Kontrolle gebracht, daß man die Oberfläche mit Teer überzog und horizontale Drainagelöcher in die Rutschmassen bohrte — ihre Gesamtlänge betrug 65 km. Vertikale Löcher wurden gleichfalls durch die Rutschkörper gebohrt, und zwar bis zu einer porösen Sandstein-Schicht darunter. Dieser Sandstein wirkte dann wie eine Kanalisation, die das Wasser aus den Rutschmassen heraus in den angrenzenden festen Untergrund leitete, aus dem der Wasserüberschuß dann fortgepumpt werden konnte.

Erdrutsche sind das Gift fast aller Autobahn-Ressorts (Abb. 145); sie können alle möglichen Verwüstungen in einem Baubudget anrichten, wenn sie nicht gar eine regelrechte finanzielle Ausblutung bewirken! Achten Sie bei der nächsten Fahrt, die Sie durch

Abb. 145. Eine Hangrutschung bei Pacific Palisades (Kalifornien) am 4. April 1958 blockierte die Staatsstraße 101. Man beachte den Bulldozer am Ufer, der gerade beginnt, sich um den Fuß der Hangrutsch-Masse herumzuarbeiten. *(Phot.: John S. Shelton.)*

gebirgiges Land machen, auf die Berghänge, wie sie vorbeiflitzen, und Sie werden von den ausgedehnten Abwehrmaßnahmen beeindruckt sein, die die Straßenbau-Ingenieure treffen müssen. Sie zeigen sich nach außen hin als terrassierte Hänge mit Stützwänden aus Beton, Stein oder Faschinen, und alles — allerdings der Sicht verborgen — sorgfältig versehen mit Drainage-Anlagen, von denen die Abzugskanäle an ihren Enden die einzigen sichtbaren Elemente sind.

XIII. Flußtransport und Erosion

Wenige Erscheinungen der Natur sind so eng mit dem menschlichen Leben verbunden wie die Flüsse. In den vergangenen Jahrhunderten waren Ströme wie der Nil, der Tigris und der Euphrat buchstäblich Lebensspender, da sie ihren Weg durch eintöniges Wüstenland nahmen (Abb. 146). Die alte Zivilisation war an dieses Wasser gebunden; denn es wurde zur Bewässerung benötigt; dieser Gemeinschaftsbetrieb legte den Grund für viele Errungenschaften der modernen städtischen Gesellschaft. Die Anfänge der Mathematik, der Naturwissenschaft und der Hydraulik entwickelten sich beim Planen und Entwerfen von Dämmen und Kanälen. Einer der ersten war ein langer Deich, der um 3200 vor Chr. am Westufer des Nils erbaut wurde, mit Querdeichen und Kanälen, um Hochwasser in Becken neben dem Fluß zu leiten.

Grenzstreitigkeiten und Eigentumsfragen führten logischerweise zu einem System von Übereinkünften und Bräuchen, aus denen sich eine Gesetzes- und Gerichtsordnung entwickelte, die unserer heutigen recht ähnlich war. Das Gesetz des Hammurabi (um 1900 vor Chr.) enthält eine Bestimmung, daß ein Landbesitzer, der seines Nachbarn Land durch Vernachlässigung eines Kanalstückes, das unter seiner Verantwortung steht, schädigt, für allen Schaden verantwortlich ist (Merdinger 1959).

Flüsse haben lange eine Rolle als natürliche Schranken gespielt; zwei hatten in römischer Zeit eine entscheidende Bedeutung: der Rhein und die Donau. Die Überquerung der Donau durch die Barbaren wird allgemein als eines der Ereignisse bezeichnet, die den Zusammenbruch des Römischen Weltreiches ankündigten.

Im Gegensatz zu ihrer Rolle als Schranken steht die Funktion der Flüsse als Verkehrswege. Das Mississippi-Paketboot mit seinen blitzenden Rädern und doppelten Rauchsäulen ist für immer dahingegangen, um nur noch einige Zeit in der Erinnerung oder in der Pseudowirklichkeit von Disneyland weiter zu existieren. Sein Platz ist von dem weit kräftigeren, von Dieselmotoren angetriebenen Schlepper erobert worden (der wirklich seine Last zieht) mit seiner langen Reihe schwer beladener Lastkähne, die er stromauf treibt. Die endlose Parade dieselbetriebener Lastkähne, die den Rhein hinauf- und hinabziehen, ist für den Europa-Reisenden ein unvergeßlicher Anblick.

Seit undenklichen Zeiten sind Ströme Wege vom Meer zum Landesinnern gewesen. Forscher sind ihnen gefolgt; die meisten der führenden Weltstädte sind an ihren Ufern erbaut. Die Ströme sind unlösbar mit der Geschichte und den nationalen Bestrebungen fast aller Länder verbunden, die sie umsäumen. Es ist schwierig, sich ein Deutschland ohne den Rhein, ein Wien ohne die Donau oder ein Rußland ohne die Wolga oder den Don vorzustellen. Wie stark das gefühlsmäßige Band zwischen einer Stadt wie London und ihrem Fluß, der Themse, sein kann, hat Joseph Conrad in seinem *„Herz im Dunkel"* lebendig werden lassen:

„Der Gezeitenstrom eilt hin und her in seinem unermüdlichen Diensteifer, voll von Erinnerungen an Menschen und Schiffe, die er zum Frieden des Heims oder zu den Schlachten der See getragen hat. Er hat all die Männer gekannt und bedient, auf welche die Nation stolz ist, von Sir Francis Drake bis Sir John Franklin. Er hat alle die Schiffe getragen, deren Namen wie Juwele in der Nacht der Zeit funkeln, von der *‚Golden Hind‘*,

Tafel X. Ein Fluß in der Sierra Nevada, Kalifornien. *(Aus der Cedric Wright Collection; vom Sierra Club freundl. überlassen.)*

die mit ihren bauchigen Flanken voll von Schätzen heimkehrte, um von Ihrer Königlichen Hoheit besucht zu werden und so aus der Gigantensage auszuscheiden, bis zur *,Erebus'* und *,Terror'*, verbunden mit anderen Eroberungen — und die niemals wiederkehrten. Er hat die Schiffe und die Männer gekannt ... Goldjäger und Glücksucher, sie sind alle auf diesem Strom hinausgezogen, tragend das Schwert und oft die Fackel, Sendboten der Macht im Lande, Träger eines Funkens vom heiligen Feuer. Welche Größe ist nicht auf dem Ebbestrom dieses Flusses in das Geheimnis einer unbekannten Welt geschwommen! ... Die Träume von Menschen, die Saat von Gemeinwesen, die Keime von Weltreichen."

Wasserströmung

Obgleich Flüsse eine so lebenswichtige Rolle in unserem Dasein spielen und ihre Beherrschung die Menschenkräfte für Jahrhunderte angespannt hat, sind viele Aspekte ihres Verhaltens heute noch so geheimnisvoll geblieben, wie sie immer gewesen sind.

Abb. 146. Ein Fluß quert mäandrierend die Persische Wüste im Lande Elam und fließt an der antiken Stadt Susa vorüber, in der Esther zur Königin gewählt wurde. *(Phot.: Aerofilms and Aero Pictorial Ltd.)*

Einen großen Auftrieb erhielt in den letzten Jahren die Erforschung der Wasserströmung wegen ihrer Bedeutung für die Planung hydroelektrischer Großkraftwerke, den Bau von Dämmen und Abflußkanälen sowie zunehmend komplizierter Bewässerungssysteme. Jede führende Nation ist an der Untersuchung der Natur der Wasserströmung aktiv interessiert, und die Mehrzahl derselben unterhält große und gut ausgerüstete hydraulische Laboratorien. Das größte in den Vereinigten Staaten ist die U. S. Waterways Experiment Station, die vom Ingenieurcorps der U. S. Army in Vicksburg, Mississippi, betrieben wird. Hier wurden genaue Modelle des Mississippi-Flusses angefertigt

Abb. 147. Teil des Mississippibecken-Modells der U. S. Waterways Experiment Station in Vicksburg (Mississippi). *(Mit freundlicher Genehmigung der U. S. Waterways Experiment Station.)*

(Abb. 147), und eine riesige Zahl Daten wurde gesammelt und analysiert, um Wege zu finden, diesen ungebärdigen Strom und seine Zuflüsse unter Kontrolle zu bringen.

Aus den Untersuchungen im Laboratorium und im Gelände in aller Welt kann eine Anzahl Feststellungen über die Natur der Wasserströmung abgeleitet werden. Wasser scheint sich hauptsächlich in zweierlei Weise zu bewegen: durch *laminares Fließen* und durch *turbulentes Fließen.*

Laminares Fließen

Das *„laminare Fließen"* kann man sich am besten als Stromlinien-Fließen vorstellen; es ist charakteristisch für viskose Flüssigkeiten, wie z. B. Sirup, Teer und Schlamm. In einem Wasserstrom existiert es nur als dünner Film am Boden und an den Seiten des Bettes. Innerhalb dieses Films gleiten die Wasserteilchen auf parallelen Bahnen aneinander vorbei, wobei die Bahnen einander nicht kreuzen noch sich vereinigen. Eine solche Fließform kommt in Flüssigkeiten mit so geringer Viskosität wie Wasser wahrscheinlich nur bei sehr geringen Geschwindigkeiten vor. Laminares Fließen dürfte für die Bewegung des Grundwassers durch Porenräume zwischen Sand- und Schluffkörnern charakteristisch sein und nicht für den Wasserstrom in offenen Flußbetten an der Oberfläche. Indessen ist die Haut laminaren Fließens entlang dem Boden und den Seiten eines Flußbetts möglicherweise bedeutsam, wenn wir die Erosion und den Transport feinkörnigen Materials gegenüber grobkörnigem ins Auge fassen, z. B. Ton gegenüber Schluff oder Sand.

Turbulentes Fließen

Turbulentes Fließen hat für die Bewegung in natürlichen Wasserläufen eine weitaus größere Bedeutung. Statt aneinander vorbeizugleiten, wie in einem schön einstudierten

Abb. 148. Turbulente Fließformen im Colorado-Fluß. *(Phot.: Martin Litton.)*

Ballett, quirlen die individuellen Wasserteilchen in der denkbar unregelmäßigsten Weise durcheinander (Abb. 148). Vertraute Beispiele turbulenten Fließens sind das ungestüme Drängen des Wassers durch die Niagara-Schlucht unterhalb des Kolks am Fuß des Wasserfalls oder der wogende Mahlstrom weißen Wassers am Grunde des Auslaßkanals der Großen Coulee-Sperre. Andere weniger erregende Beispiele sind die Massen wirbelnden weißen Wassers in einem Brecher, die Strudel, die sich im Kielwasser eines Schiffes endlos bilden und neubilden, oder auch die Wirbel, die einer nach dem andern am dunklen, von Weiden beschatteten Ufer eines Forellenbaches entlangschlüpfen.

Bei turbulentem Fließen ist die Hauptkomponente der Wasserbewegung vorwärts gerichtet, talab in der Richtung, in der der Strom fließt, aber dazu kommt ein großes Maß reiner Aufs-Geratewohl-Bewegung von Wasserteilchen. Manchmal quirlen sie aufwärts wie Herbstblätter oder wie Staubwirbel in der Wüste — dann wieder sinken sie abwärts, genauso heftig wie bei den kreisenden Bewegungen von Strudeln und Wirbeln. Zum Teil geht es auf diese regellose Form des Fließens zurück, daß die wahre Fließgeschwindigkeit eines Wasserlaufs so schwer zu messen ist.

Geschwindigkeit

In sehr allgemeiner Form kann die Geschwindigkeit einer Strömung definiert werden als Richtung und Größe der Ortsveränderung eines Punktes pro Zeiteinheit. Wenn wir von „Geschwindigkeit" sprechen, meinen wir wirklich nur die Größe der Ortsveränderung. Gewöhnlich messen wir diese in Kilometern pro Stunde. Wenige Flüsse erreichen jedoch Geschwindigkeiten von mehr als 16 Kilometern pro Stunde, und Geschwindigkeiten von weniger als 8 pflegen die Regel zu sein.

Wo innerhalb einer Strömung dürfte so etwas wie eine Durchschnitts-Geschwindigkeit bestehen? Verschiedene Teile des Wassers in einem Fluß bewegen sich um unterschiedliche Beträge vorwärts. Die Geschwindigkeitsfront krümmt sich im wesentlichen von der Fluß-Oberfläche abwärts bis zu einem Punkt kurz oberhalb des Bodens. Von diesem Wendepunkt aus weiter abwärts wird dann der Geschwindigkeitsgradient sehr steil, bis er am Boden des Wasserlaufs null wird. Der scharfe Knick im Strömungsprofil dürfte mit der Grenze zwischen der Zone laminaren und derjenigen turbulenten Fließens zusammenfallen (Abb. 149). Das ist der kritische Punkt der Kurve; er hat den ziemlich unpassenden Namen *„Bodengeschwindigkeit"* erhalten. Daß er nicht paßt, ergibt sich aus der kurz vorher aufgeführten Tatsache, daß die Geschwindigkeit unmittelbar am Boden des Flusses null ist. Die sogenannte Bodengeschwindigkeit ist von größter Bedeutung für die Größenbestimmung von Sedimentteilchen, die ein Fluß beim Prozeß der Erosion seines Bettes anheben kann, wie wir später sehen werden. Die Durchschnittsgeschwindigkeit einer Strömung hängt von verschiedenen Faktoren ab, wie dem Wasservolumen, dem Gefälle (oder der Neigung in Fließrichtung), der Querschnittsform des Bettes, der Rauheit der Bett-Oberfläche und der Sedimentmenge, die der Fluß mit sich trägt.

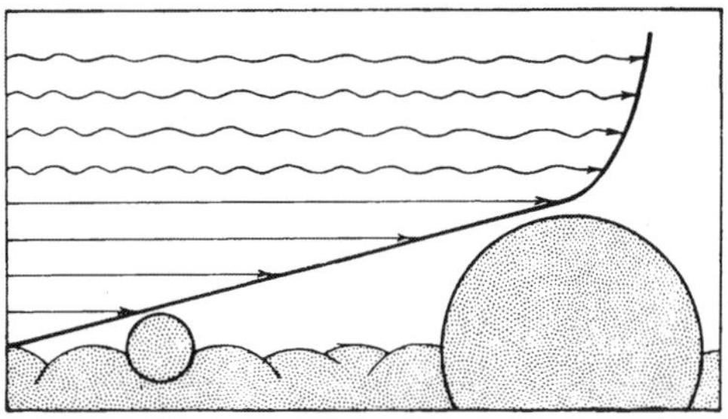

Abb. 149. Geschwindigkeitsgradient nahe der Sohle eines Flusses. Das rasche und turbulente Fließen verlangsamt sich in Nähe des Bodens und wird laminar. *(Nach: W. W. Rubey, 1937.)*

Im allgemeinen erhöht eine Zunahme des Wasservolumens in einem Fluß, gekoppelt mit einer Vergrößerung seiner Tiefe und Breite, die Geschwindigkeit (nach Leopold & Maddock, 1953). Beobachtungen an den mittleren Stromstrecken des Mississippis und seines Nebenflusses Missouri unterstützen diese Ansicht.

Erhöhtes Gefälle beschleunigt selbstverständlich eine Wasserströmung. Wo das Gefälle null wird, so z. B., wenn ein Fluß in einen anderen Fluß oder einen See mündet, dann wird auch seine Geschwindigkeit schnell null. Wo die Hänge vertikal sind, wie in einem Wasserfall, erreicht die Geschwindigkeit diejenige des freien Falles. Diese Auswirkungen unterschiedlicher Hangneigung demonstriert der Niagara in eindrucksvoller Weise. Oberhalb der Fälle schleicht der Fluß vergleichsweise müßig dahin, da sein Gefälle durch eine flach geneigte Schicht widerstandsfähigen Gesteins bestimmt wird.

Wenn sich das Wasser über die Kante stürzt, fällt es fast senkrecht hinab, wobei es seine Spitzengeschwindigkeit erreicht. Unterhalb der Fälle, wo der Fluß die Schlucht hinab zum Ontario-See strömt, eilt er viel zielbewußter dahin als oberhalb der Fälle, wo sein Ablauf verzögert war.

So verhält es sich im Prinzip auch mit fast allen anderen Wasserläufen. Wo das Gefälle gering ist, bummelt ein Fluß dahin; wo das Gefälle groß ist, springt und eilt das Wasser in ungestümem Drang zum Meer.

In idealer Form sollte das Flußgefälle eine schön geschwungene Kurve sein, konkav nach oben, zur Luft hin, steiler am oberen und flacher am meerwärtigen Ende. In Wirklichkeit erreichen aber nur wenige Wasserläufe dieses Ideal. Die Querschnitts-Gestaltung des Flußbettes hat gleichfalls einen Einfluß auf die Geschwindigkeit. Wenn dieser einem Halbkreis nahekommt, dann hat der Fluß die Form erreicht, die bei kürzestem Umfang die größte Fläche bedeutet.

Ein Wasserlauf, der in einem Bett mit extrem engem Querschnitt fließt, trachtet die Ufer zu erodieren und die Breite zu vergrößern, bis ein zwischen Geschwindigkeit und Flußbett-Breite ausgeglichenes Verhältnis erreicht ist (Rubey 1952). In einem verflachten Bett verlangsamt sich die Strömung in Nähe der Ufer, wo die Geschwindigkeit am geringsten ist, und infolgedessen geschieht dort Ablagerung. Das Ergebnis ist eine Verengung des Bettes, bis das beste hydraulische Verhältnis zwischen Flußbett-Querschnitt und Abflußmenge erreicht ist.

Recht verwunderlich ist, daß Wasserläufe so pervers sein können, daß sie nicht das theoretisch als ideal anzusehende Bett anstreben — ein solches mit halbkreis-förmigem Querschnitt. Statt dessen herrscht, da die Maximalgeschwindigkeit nahe der Oberfläche liegt, eine laterale, d. h. seitwärtige, Erosion offenbar vor; infolgedessen gleicht ein hydraulisch ausgeglichener Wasserlauf im Querschnitt mehr einem sehr breiten Trog mit abgeflachtem Boden. Der Mississippi illustriert das in guter Weise; denn die Abmessungen seines Bettes betragen im unteren Flußabschnitt etwa 1,6 km in der Quere und 30 m nach der Tiefe.

Der Einfluß der Rauheit auf die Geschwindigkeit ist offensichtlich. Ein glattes, in Ton eingegrabenes Bett wird eine gleichförmige, regelmäßige Strömung zulassen, während ein unregelmäßiges, holperiges, von Gesteinsblöcken erfülltes Bett im Fluß so starke Turbulenz erzeugt, daß sich seine Geschwindigkeit erheblich verringert.

Eine Zunahme der Sedimentfracht und eine entsprechende Abnahme des Wasser-Prozentsatzes übt eine starke Bremswirkung auf die Geschwindigkeit aus. Das ist leicht zu verstehen; denn je mehr Sediment mit dem Wasser vermengt ist, um so schlammiger wird es, bis aus dem Fluß schließlich ein Schlammstrom werden kann. Ein solcher schlammiger, zähflüssiger Strom kann zum Halten kommen, wenn das Verhältnis der Feststoffe zur Flüssigkeit hoch und damit die Viskosität zu groß wird. Das wird manchmal durch die episodischen Flüsse verdeutlicht, die durch kurze Gewitterschauer in der Wüste ausgelöst werden.

Abflußmenge

Eine andere wichtige Eigenschaft der fließenden Gewässer ist ihre Abflußmenge. Es ist das ein Maß für das Wasserquantum, das eine bestimmte Stelle in einer bestimmten Zeitspanne durchfließt. Eine häufig gebrauchte Maßeinheit ist das Sekundenmeter; es bedeutet, daß ein Kubikmeter Wasser eine gegebene Stelle in einer Sekunde passiert. Die gleiche Einheit kann auch durch die Abkürzung m^3/sec = Kubikmeter pro Sekunde ausgedrückt werden. (In den Vereinigten Staaten verwendet man in entsprechender Weise den Begriff *„second foot"* = c.f.s. oder Kubikfuß pro Sekunde.)

Die Abflußmenge der meisten Flüsse ist weit davon entfernt, konstant zu sein. Die Wasserführung der Flüsse in nördlichen Breiten verändert sich mit der Eis- und Schneeschmelze. Diejenigen, die nordwärts zum Arktik entwässern, werfen oft besonders heikle Probleme auf; sie ergeben sich daraus, daß die unteren Abschnitte ihres Laufes noch gefroren sind, während das Eis im Oberlauf bereits geschmolzen ist und sich hier das Wasser fließend bewegt. Auch die tropischen Flüsse, besonders diejenigen in Monsun-Gebieten, zeigen starke jahreszeitliche Schwankungen, die durch den Rhythmus nasser und trockener Perioden im Jahresablauf bedingt sind. Die Flüsse der ariden südwestlichen Vereinigten Staaten zeigen keine geringere Schwankungsbreite. Einen großen Teil des Jahres hindurch mögen sie überhaupt keinen Oberflächen-Abfluß aufweisen, bei einem plötzlichen Wolkenbruch können sie sich aber in reißende Wildbäche verwandeln, die die Flußbetten von Ufer zu Ufer erfüllen.

Diese Schwankungen sowie die wirkliche Abflußmenge sind für die Geschwindigkeits-Ermittlung eines Flusses von großer Bedeutung. Die Geschwindigkeit ist einer der Faktoren, von denen die Größe der Teilchen abhängt, die eine Strömung transportieren kann, wie auch die Art und Weise, wie sie ihre Last trägt.

Flußtransport

Die trübe Sedimentwolke, die der Mississippi mit sich schleppt, verfärbt das Wasser des Golfs von Mexiko vor der Flußmündung bis weit seewärts. Im Südwesten wurden innerhalb einer Generation verschiedene, ziemlich große Wasserbecken vollständig zugeschlämmt, und die Seen, die sich einst an die Dämme nach hinten anschlossen, verwandelten sich in weite, öde Flächen schlammigen oder staubigen Schluffs — je nach der Jahreszeit. Nach einem Starkregen sind viele Straßen und Bürgersteige schlüpfrig durch einen Schlammüberzug oder weisen eine Streuschicht von Geröllen an ihrer Oberfläche auf. Dutzende anderer Beispiele aus dem Alltagsleben können eine beobachtende Person hinreichend davon überzeugen, daß das Land unvermeidlich abgetragen und daß ein großer Teil seiner Substanz in das Meer geschwemmt wird.

Dieser jährliche Abtrag kann eine ansehnliche Größe erreichen; das demonstriert allein schon der Mississippi, der täglich rund 2 Millionen Tonnen Sediment in den Golf von Mexiko trägt. Wenn der Fluß Hochwasser hat, kann die Zahl auf etwa 4 Millionen Tonnen ansteigen. Diese kolossale Abtragung der Flachland-Gebiete der mittleren Vereinigten Staaten hat in der letzten Jahrmillion oder so zur Bildung einer breiten Plattform aus Sand, Schluff und Ton geführt, die ein Gebiet von rund 31 000 Quadratkilometern an der Flußmündung einnimmt und in der Mitte eine Dicke von mindestens 1600 m aufweist.

Die meisten Menschen wissen, daß Flüsse eine schwere Last tragen, aber sie sind vielfach darüber im Unklaren, *wie* diese bewegt wird. Selbst Experten in Hydraulik kennen die Form nicht, in der ein Fluß tatsächlich seine Last bewegt. Im Bestreben, diese Frage zu beantworten, wurde eine gewaltige Forschungsarbeit aufgewandt, und Dutzende wissenschaftlicher Arbeiten wurden darüber veröffentlicht.

Nichtsdestoweniger stimmt man in recht breiter Front darin überein, daß ein Fluß seine Last hauptsächlich auf dreierlei Weise bewegt: zu einem Teil in Lösung, zu einem anderen in Suspension und zu einem dritten Teil durch Rollen, Gleiten und Schleifen der Einzelkörper entlang dem Boden des Flußbettes.

Lösung

Bei der Lösungsfracht handelt es sich um das in einem Fluß gelöste Material, das in ihn vorwiegend durch die Auslaugung löslicher Mineralien aus Gesteinen hineingelangte. Ein bezeichnendes Beispiel ist, wie wir in Kapitel XI gesehen haben, die Auflösung von Kalk, bei der das unlösliche Karbonat $CaCO_3$ in die lösliche Bikarbonat-Form $Ca(HCO_3)_2$ durch Reaktion mit Kohlensäure übergeführt wird.

Diese unsichtbare Lösungsfracht gibt manchen Flußwässern ihren bezeichnenden Geschmack. Das trifft besonders für die Flüsse im Westen der Vereinigten Staaten von Amerika zu, die aride oder halbaride Gebiete durchqueren. Wenn ein derartiges Wasser verdunstet, dann hinterläßt es einen weißen Rückstand, der die ganze Boden-Oberfläche hell überzieht; aus der Entfernung können ausgedehnte Flächen davon wie Schneefelder aussehen. Solche Alkali-Anreicherungen sind für fast alle Getreidepflanzen verhängnisvoll und für viele Bewässerungsgebiete verderblich. Zu verhindern, daß sich diese löslichen Restbildungen im Boden anreichern, bedeutet einen unablässigen Kampf, und zwar einen solchen, der in zahlreichen Ackerbau-Gebieten verlorenging.

Die Lösungsfracht in einem Fluß ist zwar unsichtbar, aber doch beträchtlich. Nach einer annehmbaren Schätzung (Clarke 1924) tragen alle Flüsse zusammen rund 2500 Millionen Tonnen gelösten Materials jährlich ins Meer; das ergibt einen Anteil von 24 Tonnen für jeden Quadratkilometer Landes, der in das Meer entwässert. Dieser Verlust an löslichen chemischen Stoffen ist so groß, daß die Landfläche der Erde um etwa 10 cm in 10000 Jahren allein durch Lösung erniedrigt würde.

Suspension

Der Gegensatz zwischen einem sauberen Forellenbach in den Hochgebirgen und dem schlammigen, trüben Wasser, das als Nachwirkung eines Wüsten-Wolkenbruches durch ein Trockental spült, ist weitgehend eine Funktion der suspendierten Fracht. Das ist die sichtbare Sedimentwolke, die im Wasser oberhalb des Flußbett-Bodens in Schwebe gehalten wird. Wenn das Sediment so fein zerteilt ist, daß es kolloidale Dimensionen erreicht, kann es sich im strömenden Wasser nahezu unbegrenzt schwimmend erhalten. Das trifft besonders für Partikel wie Tonflocken zu, weniger für Schluff oder Sand oder größere Teilchen. Wie lange sich solch klastisches Material schwimmend erhält, hängt von vielen Faktoren ab: 1. der Größe, 2. der Gestalt, 3. dem spezifischen Gewicht der Sedimentkörner, 4. der Strömungs-Geschwindigkeit und 5. dem Ausmaß der Turbulenz.

Die Wirkung dieser Faktoren ist offensichtlich. Flache Mineralkörner, wie Glimmerschüppchen, werden ganz wie Konfetti durch das Wasser hinunterschaukeln, während sich nahezu kugelförmige Körner auf mehr direktem Wege zu Boden setzen. Das spezifische Gewicht ist gleichfalls bedeutsam, da sich dichtere Substanzen, wie Goldkörner mit einem spezifischen Gewicht von 16—19, sehr viel schneller absetzen als Feldspat-Körner mit wohl gleichen Ausmaßen, aber einem spezifischen Gewicht von 2,7.

Zu den bedeutsameren Faktoren, die Partikel in Suspension erhalten, gehört die Turbulenz. Wenn ein Teilchen im Begriff steht, zu Boden zu sinken und dann von einem aufwärtigen Wasserstrudel erfaßt wird, kann es plötzlich in ganz der gleichen Weise emporgewirbelt werden, wie trockenes Herbstlaub von einem Windstoß hoch in die Luft getragen wird oder wie Wüstenstaub in einer Windhose spiralförmig in die Höhe steigt. Das bedeutet, daß es für ein Sedimentkorn in fließendem Wasser sehr unwahrscheinlich ist, den ganzen Weg von der Oberfläche hinab zum Boden eines Flusses mit gleichbleibender Geschwindigkeit zurückzulegen. Eher verfolgt ein solches Teilchen einen sehr komplizierten Weg. Bald driftet es mit dem Strom flußab vorwärts, bald wirbelt es regellos auf und ab wie ein Papierblatt in einem unsteten Wind.

Im typischen Falle verteilt sich die gesamte suspendierte Fracht eines Flusses nicht gleichförmig über den Wasserlauf. Eine gleichmäßige Verteilung pflegt nur für die feineren Korngrößen, wie Schluff oder Ton, zuzutreffen; aber die größte Konzentration gröberer Körner, wie Sand, liegt näher am Boden. Eine stärkere Strömung ist erforderlich, um Sand in Suspension zu halten, mehr Turbulenz wird benötigt, um ihn vom Boden aufzuheben, und Körner von Sandgröße sinken schneller ab als Partikel von Tongröße. In der Tat, diese basale Anreicherung von Sandkörnern vermag sich nur kurze Zeit in Suspension zu halten, schnell sinken sie wieder zum Boden des Flußbettes zurück, woraufhin sie Teil der sogenannten Bodenfracht werden.

Bodenfracht

Ein Teil der Fracht eines Flusses wird durch Rollen und Gleiten entlang dem Boden seines Bettes transportiert, sei es als individuelle Teilchen, sei es als kollektive Einheit. Das ist die Bodenfracht. An der Arbeit, die ein Fluß bei der Vertiefung oder Verbreiterung seines Bettes leistet, hat sie den Löwenanteil. Das Bombardement von Sedimentteilchen gegen die Flanken und den Boden des Bettes nagt dieses so wirkungsvoll aus, als ob es mit einem Schleifmittel wie Karborund bearbeitet würde.

Im Gegensatz zum gelösten oder suspendierten Material ist es praktisch unmöglich, die Bodenfracht in einem natürlichen Wasserlauf zu messen. Die beiden ersten sind im Hauptwasserkörper des Flusses diffus verteilt. Die Bodenfracht aber bewegt sich nicht nur entlang dem am wenigsten zugänglichen Teil eines Flusses, dem Boden, sondern sie ist auch nicht mit einem gewöhnlichen Probennahme-Gerät greif- und meßbar.

Die Schwierigkeit der Aufgabe, die Bodenfracht zu bestimmen, wird durch den Colorado-Fluß im Black Canyon verdeutlicht. Als der Fluß vorübergehend beim Bau der Hoover-Talsperre abgelenkt war, wurde ein mit der Säge bearbeiteter Balken auf dem Felsuntergrund des Flußbett-Bodens unter einer etwa 30 m starken Flußschotter-Decke gefunden. Das war ein voller Beweis dafür, daß die ganze Masse von Gesteinsblöcken und Kies, die normalerweise den Flußboden bildet, in Bewegung gewesen war, wenigstens seit Einrichtung der Dampf-Sägemühle. Wir wissen zwar sehr wenig darüber, wie sich eine solche Masse von Sand, Kies und Geschieben im einzelnen bewegt, es liegt aber doch hinreichend Beobachtungsmaterial vor, um annehmen zu dürfen, daß bei starken Hochwässern der gesamte Sedimentkörper am Boden des Colorados sich individuell, d. h. Stück für Stück, talab verlagert. Infolgedessen werden große, eckige Gesteins-Bruchstücke alsbald rund und glatt geschliffen und zugleich auf ein kleineres Format gebracht. Man braucht nur auf das Poltern der Geschiebe zu hören, die sich im Flußbett des Grand Canyon wälzend und rollend hinabbewegen, um einen lebhaften Eindruck davon mitzunehmen, welch außerordentliche Wirkungen eine solche gigantische Raspel hervorruft, die das Festlands-Gebäude endlos abfeilt.

Auch Beobachtungen an anderen Flüssen tragen zu der Überzeugung bei, daß sich die Bodenfracht großenteils in Hochwasser-Zeiten bewegt. Während dieser kann der Boden des Flußbettes etwa bis zur gleichen Tiefe ausgeräumt werden, wie der Wasserspiegel des Flusses über sein normales Niveau emporsteigt. Das veranschaulicht das beigefügte Diagramm (Abb. 150); es zeigt, wie die Hochwasser-Abflußmenge des Rio Grande den Felsboden des Flußbettes von Flußgeröll freifegte, um es aber wieder abzusetzen, als das Hochwasser sank und die mittlere Stromgeschwindigkeit abnahm (Leopold & Maddock, 1953).

Obwohl die Form, in der sich die Bodenfracht bewegt, im einzelnen nicht bekannt ist, wurden uns doch einige Hinweise darauf, wie der Vorgang ablaufen mag, durch Laboruntersuchungen vermittelt, bei denen die durch Strömungsgeschwindigkeit, Flußbett-Gestalt und Querschnitt sowie Menge und Größe der Sedimentpartikel gegebenen Bedingungen überprüft wurden.

Die Einzelkörner können sich gleitend, rollend oder hüpfend bewegen. Der letzte Vorgang (*„Saltation"* vom lateinischen Wort *saltare* = hüpfen, springen) verläuft in gewisser Weise ähnlich wie das Bockspringen-Spiel. Ein Sandkorn kann am Boden rollen oder sogar festliegen, bis es von einem wirbelnden Turbulenzstrudel erfaßt wird. Dann hüpft oder springt es durch das Wasser auf bogenförmiger Bahn. Wenn die Geschwindigkeit groß genug wird, kann es in die Höhe gerissen werden, um Teil der suspendierten Fracht des Flusses zu werden; wenn sie nicht mehr ausreicht, sinkt das Teilchen wieder ab, um entweder stationär zu bleiben oder seinen Weg stromab vielleicht unter Hüpfen und Springen fortzusetzen.

Bei mäßigen Geschwindigkeiten kann die gesamte Bodenfracht sich gemeinsam zu bewegen beginnen, und fast gleichzeitig damit entsteht eine rhythmische Anordnung von Rippeln, die den welligen Runzeln auf einer Sanddüne sehr ähnlich sehen. Der Grund dafür ist nicht bekannt, aber die Erscheinung dürfte mit einer Art Pulsation innerhalb der Strömung zusammenhängen. Diese Rippeln stehen gewöhnlich eng beisammen und zeigen einen flacheren Hang auf der stromaufwärts gekehrten Seite, einen steileren auf der strom-abwärtigen.

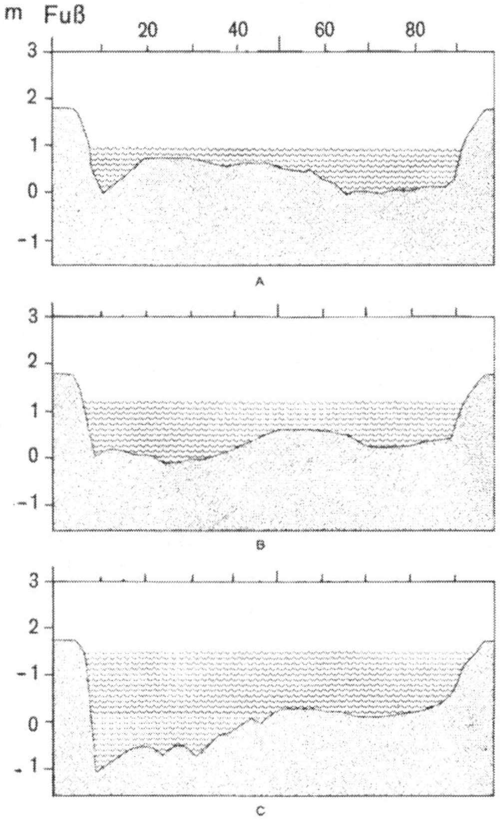

Abb. 150. Änderungen in der Form des Flußbettes des Rio Grande bei Bernalillo (Neu-Mexiko) im Verlauf eines Hochwassers im Frühling 1948. A: 15. Mai, Durchflußmenge: 43 m^3/s; B: 22. Mai, Durchflußmenge: 137,8 m^3/s; C: 28. Mai, Durchflußmenge: 347 m^3/s. *(Nach: L. B. Leopold & T. Maddock jr., 1953.)*

Mit wachsender Geschwindigkeit verschwinden die Strömungsrippeln wieder, und die ganze Sedimentmasse am Boden des Flußbettes setzt sich in Bewegung. Kleinere Körner wirbeln empor in den Suspensionsbereich, größere hüpfen, und noch größere rollen und gleiten. Die Oberfläche der Gesamtmasse des sich bewegenden Schuttmaterials flacht sich ab, die ursprünglichen Wellungen verschwinden, und die Bodenfracht geht in die sogenannte *„glatte Phase"* über.

Wenn die Geschwindigkeit noch weiter ansteigt, dann erscheinen mit überraschender Plötzlichkeit große, symmetrische Wellungen besonderer Art — die sogenannten *„Antidünen"* oder *„regressiven Sandwellen"*. Ihre Gipfel sind gewöhnlich sanft gerundet und in weiteren Abständen voneinander angeordnet als normale Strömungsrippeln. Der Umschwung von der glatten Phase zur Antidünen-Phase ist gewöhnlich abrupt. Die Anti-

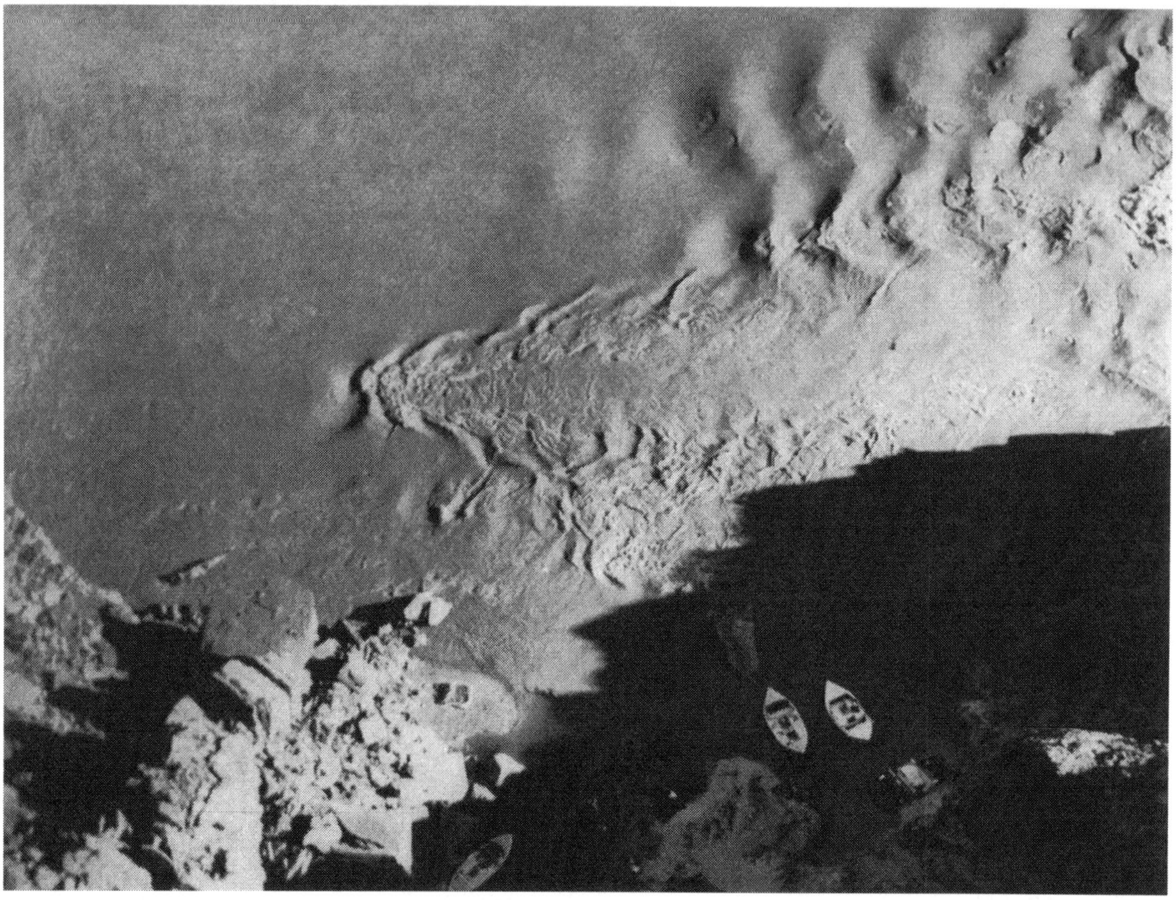

Abb. 151. Stehende Wellen in regelmäßigen Abständen auf dem Colorado-Fluß. *(Phot.: Martin Litton.)*

dünen erscheinen plötzlich und bilden sich in völlig anderer Weise, als die Rippelmarken entstehen. Sediment wird an ihrer strom-aufwärts gerichteten Flanke angelagert, während an der abwärtigen Seite Abschwemmung statthat. So wandern Antidünen aufwärts gegen den Strom, statt sich langsam mit ihm abwärts zu verlagern, wie das für die orthodoxeren Rippelmarken zutrifft.

Stehende Wellen, die sich kräuseln und brechen — manchmal heftig — verraten das Vorhandensein von Antidünen am Fußboden darunter (Abb. 151). Da die regressiven Sandwellen stromauf wandern, verlagern sich auch die stehenden Wellen an der Oberfläche gegen den Strom — ein höchst eindrucksvoller Anblick in einem schnellfließenden Wildbach.

Im typischen Fall nimmt die Geschwindigkeit ab, wenn das Hochwasser sinkt, und der Prozeß selbst kehrt sich um. Die Antidünen verflachen sich, die stehenden Wellen verschwinden, der Boden glättet sich aus, und sowie sich die Geschwindigkeit weiter bis zu ihrem normalen Wert vermindert, erscheinen wieder die asymmetrischen Rippelmarken der ersten Phase.

Kompetenz

Die Größe der Sedimentteilchen, die ein Fluß transportieren kann — d. h. ihre *Kompetenz* —, hängt in erster Linie von der Strömungsgeschwindigkeit ab. Bei geringen Geschwindigkeiten ist im typischen Fall das Flußwasser klar, und die Sedimentkörner

Abb. 152. Ein Meer von Blöcken, die durch Sturzbäche aus der entfernten Schlucht (im Hintergrund) hierher verschleppt wurden. Bei Manzanar, Kalifornien. *(Phot.: Ansel Adams.)*

bleiben relativ ungestört am Boden liegen. Mit steigender Geschwindigkeit trübt sich das Wasser zunehmend, und immer größere Partikel gelangen in Bewegung. Schließlich können selbst so gewaltige Lasten wie Eisenbahn-Lokomotiven fortgerissen werden — mehrere wurden bei der Johnstown-Überschwemmung von 1889 aus dem runden Lokomotivschuppen heraus in die Vergessenheit davongetragen. Bei einem Wolkenbruch im Tehachapi-Tal (Kalifornien) im Jahre 1933 wurde ein weit größerer Schienenkoloß, eine Santa-Fe-Güterzug-Dampflokomotive samt ihrem vollbeladenen Tender aus den Gleisen gehoben, einige 100 m stromab getragen und völlig unter dem Flußschotter begraben.

Das erstaunlichste Beispiel der Transportkraft fließenden Wassers lieferte in den Vereinigten Staaten wohl der Bruch der San-Francisquito-Sperre in Kalifornien im Jahre 1928. Als diese 63 m hohe Betonkonstruktion in der Dunkelheit einstürzte, ergoß sich eine Wasserwand von 38 m Höhe mit einer Geschwindigkeit von vielleicht 85 km pro Stunde den Canyon hinab. Sie reichte aus, um einzelne Betonblöcke mit einem Gewicht bis zu 10 000 t gegen 800 m stromab zu treiben. Teilweise unter Geröllen und Geschieben vergraben, die vom gleichen Wildwasser flußab getragen wurden, sahen sie ganz und gar wie graue, an einer arktischen Bucht gestrandete Eisberge aus.

Experimentelle Ergebnisse und Beobachtungen an natürlichen Flüssen deuten darauf hin, daß bei grobem Sand- oder Kiessediment oder bei sogar noch gröberem Material die Teilchengröße bzw. der Durchmesser der größten Teilchen, die der Fluß noch bewegen kann, von der 6. Potenz der Bodengeschwindigkeit abhängt. Das heißt, daß die Größe der Teilchen, die von strömendem Wasser mitgenommen werden können, bei anscheinend geringer Zunahme der Geschwindigkeit erstaunlich stark wächst. Zum Beispiel bedeutet eine Verdoppelung der Geschwindigkeit, daß ein Fluß ein Gestein bewegen kann, daß nicht zweimal so groß ist wie ohne die Geschwindigkeitszunahme, sondern 64mal so groß; denn $2 \times 2 \times 2 \times 2 \times 2 \times 2 = 64$.

Dieser Effekt einer geometrischen Progession wirkt sich besonders eindrucksvoll bei Wüsten-Wasserläufen aus, die völlig trocken sein, dann aber eine Geschwindigkeitszunahme auf das Hundertfache erfahren können, wenn sie sich infolge eines plötzlichen Wolkenbruchs vom einen Ufer bis zum andern mit einer trüben Wasserflut füllen (Abb. 152).

Eine Abweichung von der allgemeinen Regel, daß große Partikel von starken Strömungen mitgenommen und nur kleine von schwachen bewegt werden, verdeutlicht das beigegebene Diagramm (Abb. 153). Es zeigt folgendes: Während eine Strömung mit einer Geschwindigkeit von rund 3 m pro Sekunde erforderlich ist, um Kies zu erodieren, wird die gleiche Geschwindigkeit auch benötigt, um Tonflocken und kleine Schluffteilchen mitzunehmen. Tatsächlich weist feiner Sand diejenige Sedimentgröße auf, die von einem Wasserlauf am leichtesten in Bewegung gesetzt werden kann. Dieser Effekt erklärt in bester Weise die ausgesprochene Erosionsfestigkeit von Flußbetten, deren Seiten und Böden aus Ton bestehen.

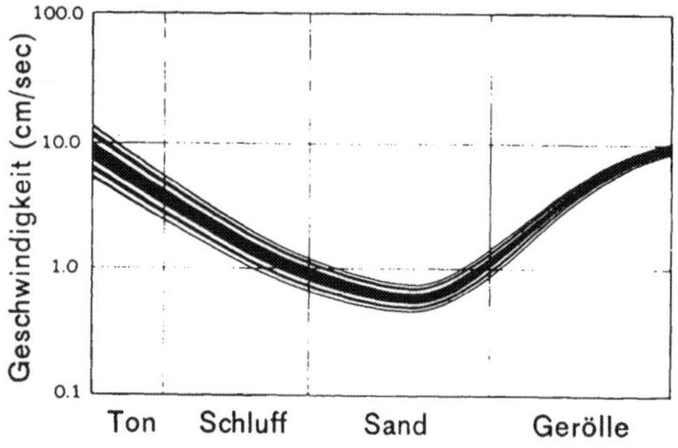

Abb. 153. Das Diagramm zeigt, wie schnell ein Strom fließen muß, um Material verschiedener Korngröße zu erodieren. *(Nach: F. Hjulstrom: Recent marine sediments, hrsg. von P. Trask, Amer. Assoc. Petrol. Geolog., 1939.)*

Eine Erklärung für diese Zähigkeit toniger Ufer gibt außer anderem die flockige Natur der Tonmineralien und die Stärke der Kräfte, die sie aneinander haften lassen. Auch der Umstand, daß die Tonmineralien zu klein sind, um durch den dünnen Film des relativ langsamen laminaren Wasserstroms am Boden eines Flusses in die Schicht der schnelleren turbulenten Strömung geschleudert zu werden, mag eine Rolle spielen. Diese Stabilität von Schluff- und Tonufern ist für den Unterlauf eines Flusses von Art des Mississippis bezeichnend, und das vermag auch den ungewöhnlich geraden Lauf des Flusses unterhalb von New Orleans wenigstens z. T. zu erklären, der in so auffallendem Gegensatz zu den breit ausholenden Mäandern oder Krümmungen des Flußbetts weiter stromauf steht.

Kapazität

Unter *„Kapazität"* verstehen wir die Fracht, die ein Wasserlauf zu tragen *vermag*. Wie die Kompetenz hängt sie von der Strömungsgeschwindigkeit ab, aber sie steht auch in Beziehung zur Abflußmenge. Offensichtlich kann ein Rinnsal, das mit der gleichen Geschwindigkeit wie der meilenbreite Mississippi fließt, nur einen Bruchteil der gewaltigen Fracht des großen Stromes mit sich tragen.

Die Geschwindigkeit spielt eine ausschlaggebende Rolle für das Kapazitätsausmaß eines Flusses. Ein träger Wasserlauf, der durch eine Sumpflandschaft mäandriert, vermag nur sehr wenig Material zu transportieren — im Vergleich zu einem Gebirgs-Wildbach, der große Geschiebe mit sich rollt. Wenn auch die direkte Beziehung zwischen Geschwindigkeit und Kapazität nicht so sicher bekannt ist wie die Beziehung zwischen Kompetenz und Geschwindigkeit, so scheint doch die folgende Relation im wesentlichen zuzutreffen: Die Kapazität eines Wasserlaufes ändert sich annähernd mit der 3. Potenz der Geschwindigkeit im Flußbett (Rubey 1938).

Gradierung

Wenn wir uns vor Augen halten, daß *„Kapazität"* ein Maß dafür ist, was ein Fluß theoretisch leisten kann, und *„Fracht"* ein Maß dafür, was ein Fluß wirklich leistet, dann werden wir diese beiden Begriffe nicht verwechseln. Auf der Seitenfläche eines Lackawanna-Güterwagens kann z. B. mit einer Schablone die Angabe „Kapazität 100 000" verzeichnet sein; tatsächlich mag er aber gerade mit 80 000 Pfund Automobil-Karosserien beladen sein.

Ein Fluß, dessen Kapazität geringer als seine Fracht ist, kann durch keinerlei Zuspruch dazu gebracht werden, mehr zu transportieren, als von ihm erwartet werden darf. Vielmehr wird das Zuviel so plötzlich abgesetzt, wie ein peruanisches Lama seine Last abwirft, wenn es überzeugt ist, daß seine Tragkraft von rd. 100 Pfund überzogen ist. Wenn ein Fluß seine Überlast ablagert, sagen wir, er *„aggradiert"* sein Bett, und das kann geschehen, wenn ihm zuviel Sediment zugeführt wird oder wenn die Teilchengröße die Kompetenz übersteigt. Auf der anderen Seite vermag ein zu gering beladener Flußlauf — ein solcher, dessen Kapazität größer als seine Fracht ist — eine zusätzliche Menge Material aufzunehmen und so sein Bett zu vertiefen oder es zu *„degradieren"*.

Wenn sich ein Fluß in der Mitte zwischen diesen Extremen hält und einen Gleichgewichts-Zustand erreicht hat, so daß sein Gefälle und seine Abflußmenge ihm eine Strömung erteilen, die im richtigen Verhältnis zu seiner Fracht steht, dann ist er *„gradiert"*. Ein *„gradierter Fluß"* weist nach der Definition von Mackin (1948) die folgenden wesentlichen Elemente auf:

> Ein gradierter Fluß ist ein solcher, in welchem sich für eine Zeitspanne von Jahren das Gefälle genauso eingeregelt hat, daß er bei der zur Verfügung stehenden Abflußmenge und den vorherrschenden Flußbett-Eigenschaften genau die Geschwindigkeit einhält, welche zum Transport der Fracht benötigt wird, die im Flußbett anfällt. Der gradierte Strom ist ein im Gleichgewicht befindliches System; seine diagnostischen Merkmale sind: Irgendeine Veränderung bei einem der bestimmenden Faktoren verursacht eine Verschiebung des Gleichgewichts in einer Richtung, die darauf abzielt, die Wirkung der Veränderung aufzuheben.

Ein Wort, das oft mit „Gradierung" verwechselt wird, ist *„Gradient"*, welches „Gefälle" bedeutet. Die beiden stehen in Beziehung zueinander; denn ein gradierter Fluß hat einen Gradienten entwickelt, durch den er befähigt ist, sein delikates Gleichgewicht zwischen Geschwindigkeit, Last, Flußbett-Querschnitt sowie Größe und Menge der Fracht aufrechtzuerhalten. Ein solcher Gradient stellt das sogenannte *„Gleichgewichts-Profil"* dar; im Idealfall wäre dieses eine nach oben konkave Kurve — nahezu horizontal an der Flußmündung und steiler nahe dem Oberende. Die Ursache dafür liegt in einer progressiven Änderung der Bedingungen stromab; dazu gehören: zunehmende Abflußmenge und steigendes Wasservolumen durch hinzukommende Zuflüsse, eine Größenabnahme der Sedimentteilchen, die die Flußfracht ausmachen — sie unterliegen einem ständigen Verschleiß, was ein unvermeidbarer Begleitumstand auf ihrer Reise zum Meer ist, — ferner eine Verringerung des Verhältnisses der realen Fracht zur Abflußmenge und gewöhnlich eine größere Erodierbarkeit des Bettes — diese ist ja größer, wenn ein Fluß über seine eigenen Ablagerungen nahe seiner Mündung fließt, statt sich — wie im Oberlauf — seinen Weg aus widerstandsfähigem Felsgestein ausmeißeln zu müssen.

Flußerosion

Heute weiß jeder, daß Täler, selbst so imposante wie der Hells-Canyon in Idaho, der Grand Canyon in Arizona oder der Kings-Canyon in Kalifornien — alle diese sind über 1 1/2 km tief —, von dem so schmalen Band trüben Wassers ausgefräst worden sind, das an ihrem Grunde als kaum sichtbarer Fluß tausend und mehr Meter unterhalb der Canyonkante dahinzieht (Abb. 154).

Diese heute so selbstverständliche Vorstellung wurde von unseren Vorfahren heftig diskutiert; sie erschien selbst so berühmten Männern wie Charles Lyell und Charles Darwin nicht durchaus akzeptabel. Sogar bis 1880 gaben sich viele Geologen mit der Auffassung zufrieden, daß Flüsse wohl zu einem gewissen Nach-unten-einschneiden fähig seien, daß aber nichtsdestoweniger die tieferen und eindrucksvolleren Schluchten, wie der Grand Canyon, durch ein heftiges Aufreißen der Erdkruste verursacht seien. Daß darin ein Fluß vorhanden sei, wie etwa der Colorado, sei rein zufällig — er hätte sich nicht der Canyon ausgefurcht, sondern folge seinem jetzigen Lauf einfach darum, weil dieser als tiefster und am leichtesten gangbarer Weg vorgezeichnet worden sei.

Dieser Glaube an eine kataklysmische Entstehung übte zwar fraglos eine größere Anziehungskraft auf die Phantasie aus, er bedeutete aber lediglich, daß viele Geologen des vorigen Jahrhunderts die bündige und inhaltreiche Feststellung übersehen hatten, die der schottische Mathematiker und Amateurgeologe John Playfair 1802 geäußert hatte. Wenn seine Abhandlung heute auch oft zitiert wird, verdienen seine Darlegungen doch wiederholt zu werden; denn in klarem Stil — das ist eine Eigenschaft, die das heutige wissenschaftliche Schrifttum nicht immer auszeichnet, — und mit alles in allem recht einfachen, ehrlichen Worten bewies er, daß die Flüsse wirklich die Täler aushöhlen, die sie einnehmen.

„Wenn ein Fluß tatsächlich nur aus einem einzigen Wasserlauf bestände — ohne Zuflüsse zu haben — und in einem geradlinigen Tal flösse, dann ließe sich annehmen, daß irgendeine große Erschütterung oder irgendein kräftiger Gießbach einst das Bett geöffnet hätte, durch das nun seine Wässer zum Meere geleitet werden; wenn man aber die gewöhnliche Form eines Flusses in Betracht zieht, den Stamm, der sich in viele, in großen Abständen voneinander entspringende Zweige gliedert, die sich wieder in eine Unzahl kleiner Verästelungen aufteilen — dann führt

---

→

Abb. 154. Der Snake-River, hier etwa 1,6 km unter uns, hat den Hells-Canyon (Idaho) herausgemeißelt. *(Vom Oregon State Highway Dept. freundlich zur Verfügung gestellt.)*

das zu der festen Überzeugung, daß alle diese Täler durch die Gewässer selbst ausgefurcht wurden, daß sie langsam durch Auswaschung und Erosion des Landes erzeugt wurden und daß diese merkwürdige Anordnung von Linien durch die wiederholten Striche eines gleichen Werkzeugs so tief in die Oberfläche des Erdballs eingegraben wurde."

Wir sahen eben (vgl. S. 270), daß in einer solchen Schlucht wie dem Grand Canyon der Colorado-Fluß für das Einschneiden seines Flußbettes bis zu einer Tiefe von 1,6 km unter dem Plateau verantwortlich ist; er ist aber nicht verantwortlich für die Aushöhlung der gesamten, 20 km breiten Senke. Der sich weit ausbauchende Abschnitt des Tals außerhalb des engen Schlitzes, den der Colorado heute durchschneidet, ist das Ergebnis von Massenbewegungen den Hang hinab, von Verwitterung und Hangabwaschung. Die Rolle des Flusses bestand darin, als riesiges Förderband zu dienen, das, ohne Unterlaß tätig, den Schutt größtenteils forträumte, mit dem es beschickt wurde, und sich nach unten einzuschneiden, um die Neigung der Seitenhänge aufrecht zu erhalten.

Talverbreiterung

Es ist das langfristige Ziel aller Flüsse, das Land zu einer nahezu konturlosen Ebene eigentlich bis zum Meeresniveau abzutragen. Die Flußerosion hört praktisch im Meeresniveau auf. Vor etwa 75 Jahren nannte das Major John Wesley Powell, der Pioniergeologe im Wilden Westen der Vereinigten Staaten und Leiter der ersten Expedition zur Erforschung des Großen Colorado-Canyons war, die *„Erosionsbasis"*. Darunter verstand er viel mehr als nur die Aushöhlung eines engen, wassergefüllten Flußbetts bis hinunter zum Meeresspiegel; seine Vorstellung schloß auch die Reduktion aller Bereiche *zwischen* den Flüssen ein, die so weit führe, daß ein ganzer Großraum nahezu bis zum Meeresniveau abgetragen würde.

Wie aber verträgt sich ein solches Konzept mit der Feststellung, daß die Breite des Grand Canyon größtenteils das Ergebnis von Massenbewegungen und nicht von Flußerosion ist?

Die beiden Vorstellungen sind nicht so unvereinbar, wie es zunächst scheinen mag, wenn auch bei den Geologen eine Meinungsverschiedenheit darüber besteht, bis zu welchem Grade das Ziel der Landschafts-Reduktion tatsächlich erreicht wird. Ein Weg, auf dem es verwirklicht werden kann, ist das *„Abbröckeln"*, ein Vorgang, bei dem sich die Steilheit der Hänge, die ein Flußtal einfassen, schrittweise infolge von Bodenkriechen, gravitativem Transport und die Verwitterung der Gesteine vermindert.

Die Wirkung dieser langsamen Aufzehrung eines Gebietes zwischen Flüssen veranschaulicht das beigefügte Diagramm (Abb. 155). Ein ehedem breites und nahezu ebenes, von engen Canyons durchschnittenes Hochland kann im Verlauf vieler Jahre so weit denudiert werden, bis es schließlich zu einer annähernd ebenen, nicht sehr weit über den Meeresspiegel aufragenden Fläche erniedrigt ist. Für eine solche breite, nahezu konturlose Ebene wird der Begriff *„Peneplain"* verwandt (nach dem lateinischen Wort *paene* = fast und dem englischen *plain* = Ebene).

Da eine Peneplain das Ergebnis einer breiten Degradation durch Wasserläufe und Massenabtrag ist, kann sie niemals eine vollendet ebene Oberfläche aufweisen, mag aber einer solchen recht nahe kommen. Da sie ein Erzeugnis der Erosion und nicht der Ablagerung ist, kappt ihr Niveau das unterlagernde Felsgestein. Diese Gesteins-Oberfläche mag nicht überall bis zum gleichen monotonen Niveau abgetragen werden; Bereiche mit festerem Material im Untergrund können höher aufragen als ihre Umgebung. Solche isolierten, übriggebliebenen Hügel oder gar Gebirge werden *„Monadnocks"* (nach dem Mount Monadnock in New Hampshire) genannt.

Nur wenige unbestreitbare Fälle von Peneplains sind aus verschiedenen Gebieten rund um die Erde beschrieben worden, wohl aber viele Teil-Peneplains oder teilweise überzeugende Beispiele. Viele weite, nahezu ebene Flächen unfruchtbaren Gesteins, wie z. B. das Gebiet um die Hudson-Bai in Kanada oder ein Großteil der Skandinavischen Halbinsel, haben einen komplizierten Werdegang, wobei in beiden Fällen glaziale Abhobelung eine erhebliche Rolle spielt.

In der Tat besteht unter den Geologen bei weitem keine allgemeine Übereinstimmung hinsichtlich der Art und Weise, in der Flußerosion und Gesteinszerfall zusammenwirken, um diese breiten Verebnungen zu erzeugen. Der Abbröckelungsprozeß, der weiter oben (s. S. 244) beschrieben wurde, darf als ein auf die Arbeit von W. M. Davis, einem Pionier unter den amerikanischen Wissenschaftlern, zurückgehender Gesichtspunkt gelten. Eine andersartige Lösung wurde von einem Österreicher, Walter Penck, ins Feld geführt; nach ihm würde sich der gleiche Endzustand ergeben, eine nahezu ebene, nackte Fläche, durch *rückwärtigen Abtrag.*

Damit sich ein solcher Prozeß abspielen kann, muß zunächst an den Talwänden ein „Gleichgewichts-Hang" entstehen (siehe Abb. 155). Sobald die Neigung dieses Hanges den für ein bestimmtes Klima, die vorherrschende Verwitterungsweise, die Vegetationsdecke und die Art des Untergrund-Gesteins gültigen Wert erreicht hat, verlegt sich der Hang dauernd zurück, und zwar im wesentlichen parallel zu sich selbst. Sowie er zurückweicht, entwickelt sich an seiner Basis eine flache, nackte Gesteins-Oberfläche, und wie sich der Hang darüber zurückverlagert, verbreitert sich diese Plattform. Zuletzt wird alles Land oberhalb des Niveaus der sich verbreiternden Plattform fortgeräumt sein, wobei zunächst getrennt gewesene Rückzugs-Gleichgewichtshänge sich zusammenschließen, und so wird allmählich ein ganzes Gebiet bis zu einem Erosionsbasis-Niveau mit sehr flachem Gefälle zum Meer hin abgetragen.

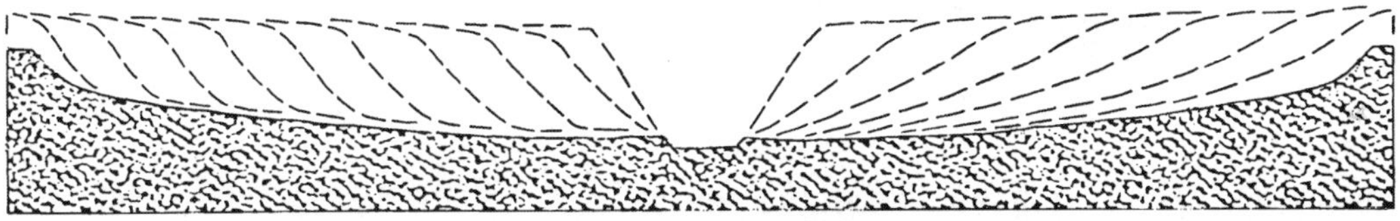

Abb. 155. Aufeinanderfolgende Querschnitte eines Tales, das als schmale Schlucht beginnt und sich langsam auf eine Peneplain zu entwickelt. Rechts vermindern sich die Böschungswinkel durch Abwärts-Abtrag; auf der linken Seite bleiben die Böschungswinkel gleich, und die Talwände verschieben sich infolge rückschreitender Erosion.

Eine endgültige Entscheidung zwischen diesen beiden Erklärungsweisen würde angesichts unseres heutigen Wissensstandes übereilt sein. Eine Lösung des Problems der Abtragung der zwischen den Flüssen gelegenen Landgebiete ist — genauso wie bei vielen anderen Problemen der realen Welt — nicht mit *einer* Vorstellung allein zu geben; es wird nicht ausschließlich die eine oder ausschließlich die andere These zutreffen, sondern eine Kombination von Elementen beider. Falls überhaupt eine Unterscheidung getroffen werden kann, dann scheint die Möglichkeit in starkem Maße in Betracht zu kommen, daß Rückwärts-Abräumung der vorherrschende Vorgang in den ariden Gebieten der Erde ist und Abwärts-Abtrag in Ländern überwiegt, wo Vegetation die Hänge bedeckt, der Boden tief reicht und Massenbewegung die vorherrschende Rolle spielt.

Abgesehen von den Einzelheiten des Ablauf-Mechanismus stimmen die Geologen heute im wesentlichen darin überein, daß das strömende Wasser der Flüsse bei ausreichender Zeit das höchste, aus den festesten Gesteinen bestehende Gebirge fortzuräumen vermag, bis es zu einer fast relieflosen Ebene reduziert ist. Daß so weite Teile der Erd-Oberfläche nicht diesem eintönigen Bild entsprechen, legt durch sich selbst ein Zeugnis für die Jugendlichkeit und ausdauernde Natur der Deformationskräfte ab, die auf die Gesteine der Erdkruste einwirken.

Mit anderen Worten: Selten bleibt ein Ausschnitt der Kruste lange genug stationär, daß die Erosion ihr Werk vollenden kann. Häufiger wird die Erd-Oberfläche neu gehoben, wie das im Gebiet des Grand Canyon der Fall ist, und ein ebenes Areal, das einst nahe dem Meeresspiegel lag, kann dann ein Plateau werden, das viele Hunderte von Metern über sein ursprüngliches Basisniveau emporragt. Dieser Prozeß hat sich wahrscheinlich die lange Vergangenheit der Erde hindurch immer von neuem wiederholt. Die Kräfte der Krustendeformation stehen in nie nachlassendem Kampf mit denen der Erosion. Wenn die Erosion vorherrscht, entwickeln sich ausgedehnte, niedrige Felsterrassen. Bei einer Umkehrung der Kräfte mögen von einer solchen Ebene, die weithin gehoben wurde, nach vielen Jahrtausenden nur zerfetzte Relikte von Land-Oberflächen oder gleichhohen Berggipfeln übrigbleiben, die sich als *„Gipfelfluren"* hoch über die alpinen Zonen manch stolzer Bergketten spannen.

Überschwemmungsebenen, Talauen und Deltas

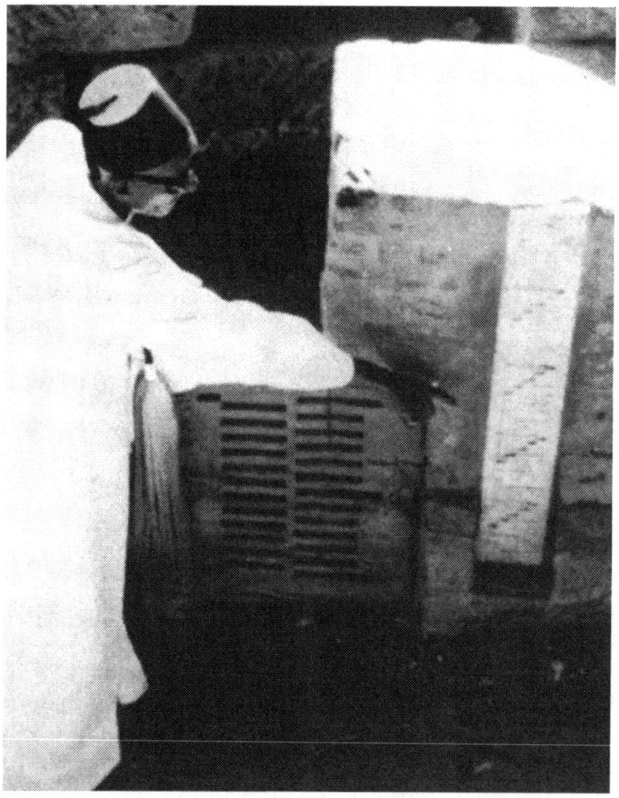

Abb. 156. Der Pegel, der den Wasserstand des Nils bei der Elefanten-Insel (Ägypten) mißt. Die Aufzeichnungen der Hochwässer reichen bei diesem Fluß Jahrtausende zurück. *(Phot.: Jean B. Thorpe.)*

Die breiten Ebenen, die viele der großen Flüsse der Erde umsäumen, waren seit dem Beginn der geschichtlichen Zeit verführerische Plätze für Siedlungen. Sowohl die ägyptische wie die babylonische Zivilisation war im wesentlichen „riparisch", und das Leben der Völker in diesen ariden Ländern war an einen Fluß — sei es an den Nil oder den Euphrat — als den Lebensspender gebunden.

Über die sich weit ausdehnende Niederung, die einen Fluß umsäumt, vermag ein Strom wie der Nil seine Fluten in Hochwasser-Zeiten frei auszubreiten. Tatsächlich war die jährliche Überschwemmung ein für die Weiterexistenz Ägyptens so bedeutsames Geschehnis, daß ein ganzes Pantheon von Gottheiten seine Tätigkeit darauf konzentrierte — soweit überhaupt göttliche Macht für dieses Phänomen verantwortlich gemacht wurde (Abb. 156).

Eine Ebene von der Art, wie sie sich am unteren Nil ausdehnt, wird recht treffend *„Überschwemmungsebene"* genannt. In den Vereinigten Staaten ist das Gebiet beiderseits des unteren Mississippi-Flusses ein vorzügliches Beispiel dafür. Wahrscheinlich ist dieser Fluß von den Wasserläufen der Erde der am sorgfältigtsen überwachte, und zwar sowohl hinsichtlich der Gestaltung des Flusses selbst — seiner Windungen und Flußbett-Formen — als auch hinsichtlich der Dicke und der Art seiner Ablagerungen. Einen besonderen Anlaß zu so ausgedehnten Untersuchungen gaben die enormen Bemühungen bei der Erdöl-Suche im Mississippi-Delta und die aktive Bohrkampagne, die dort unternommen wurde.

Bezeichnende Eigenschaften von Talauen

Aus dem Begriff selbst dürfen wir logischerweise folgern, daß die Oberfläche einer Überschwemmungsebene mit Ablagerungen überzogen ist, die vom Fluß in Hochwasser-Zeiten abgesetzt wurden. Das trifft auch für den unteren Mississippi zu, dessen Bett von wenig unterhalb der Vereinigung mit dem Ohio bis hinunter zum Golf von Mexiko ganz auf den eigenen Flußalluvionen liegt.

Eine solche Überschwemmungsebene wird normalerweise von niedrigen Böschungen eingefaßt (Abb. 157); sie markieren die Außenränder des Streifens sumpfigen Bodens, über den der Fluß frei hin- und herpendeln kann. Die meisten derartigen Flüsse — und der untere Mississippi ist ein typisches Beispiel — werden von niedrigen Dämmen oder *„Naturdeichen"* begleitet, die sich in der Richtung vom Fluß fort sanft abdachen. Ein Abschnitt tiefliegenden Bodens, der *„Rücksumpf"*, kann sich zwischen Randböschung und Naturdeiche einschalten. Es kann das ein sumpfiger, schlecht entwässerter, vermoorter Abschnitt sein, dessen Oberflächen-Wässer nicht in den Fluß zurückströmen können, da sie das Gegengefälle des Naturdeichs daran hindert.

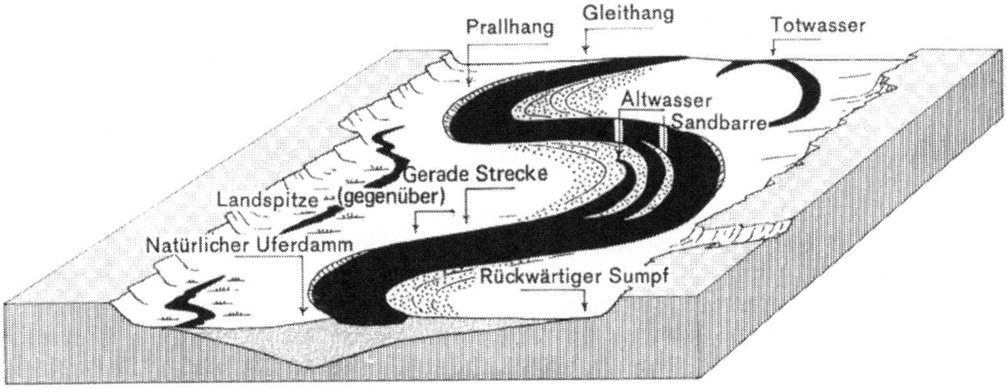

Abb. 157. Blockbild eines Talbodens.

Die Naturdeiche werden vom Fluß aufgebaut, wenn er seine Ufer bei Hochwasser überflutet. Statt sich durch einen einzelnen Durchlaß mit Vehemenz über seine Ufer zu ergießen, bewegt sich ein typisches Hochwasser vom Fluß fort zum Rücksumpf hin als eine verdrießliche, unerbittlich sich ausbreitende Flut schlammigen Wassers. Die Geschwindigkeit des Hochwassers wird am stärksten gebremst, wenn es das relativ geschlossene, hydraulisch ausgewogene Gerinne des Flußbettes verläßt und erstmals auf die seeartige Fläche der Hochwässer trifft, die den Rücksumpf schon überflutet hatten. Die Haupt-

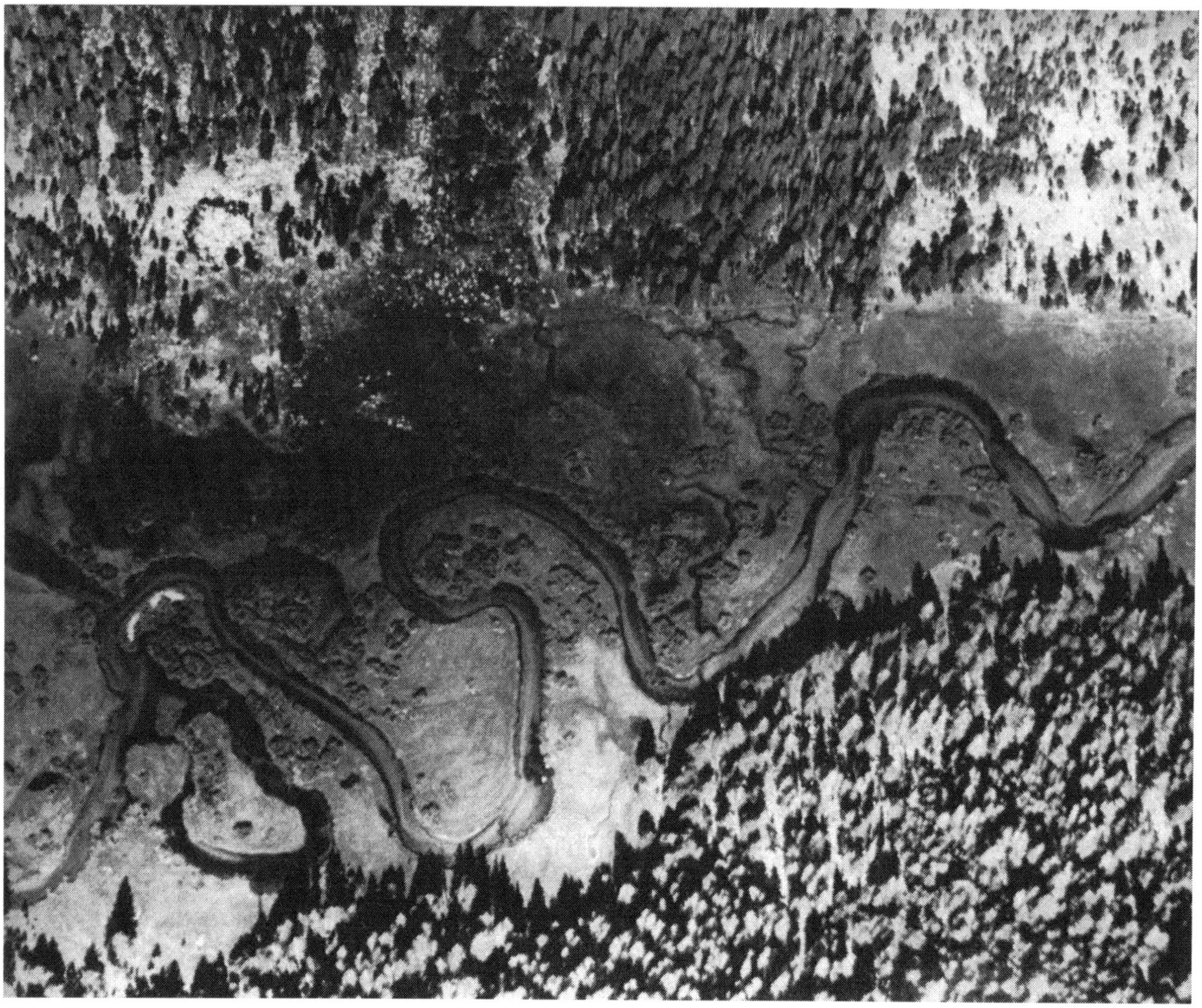

Abb. 158. Mäander am Lyell Fork des Toulumne-Flusses im Yosemite-Nationalpark (Kalifornien). Der Fluß fließt nach rechts. *(Phot.: Hal Roth.)*

masse des suspendierten Materials lagert sich gerade dort ab, wo sich die plötzliche Geschwindigkeitsabnahme vollzieht, und das ist die Kante des Flußbetts. Infolgedessen baut sich allmählich ein schmaler Streifen hauptsächlich aus feinem Sand und Schluff an beiden Ufern des unteren Mississippis auf. Da sein Wasserinhalt geringer ist als der des unmittelbar angrenzenden, schlecht entwässerten Rücksumpfes und da die Korngröße seines Sediments größer als diejenige des Sumpfschlammes ist, stellen die Naturdeiche den einzigen festen Untergrund in einem solchen wasserdurchtränkten Gebiet dar, wie es die Überschwemmungsebene des unteren Mississippis ist. Aus diesem Grunde drängen sich Straßen, Ansiedlungen und Farmen entlang dem höheren und festeren Boden des Naturdeichs unmittelbar neben dem Fluß zusammen. Der Rücksumpf mit seinem verwickelten System verzweigter Wasserläufe und Seen ist praktisch unbewohnbar, abgesehen vielleicht von Vögeln und Bisamratten und ihren Jägern sowie isolierten Bohrmannschaften, die auf Flußkähnen leben und sich von einem Bohrplatz zu einem anderen schleppen lassen.

Der Anblick einer jeden Überschwemmungsebene aus der Vogelschau dürfte nicht sehr verschieden sein von der Luftaufnahme der Abb. 158; sie zeigt, wie sich der Fluß in weiten

Windungen oder *Mäandern* hin und her schlängelt. (Das Wort stammt von einem wirklichen Fluß, dem Menderes in der westlichen Türkei, wobei sich der Name vom griechischen *„maendere“* = „wandern“ ableitet.)

Bevor wir uns Gedanken über die Entstehung dieser schönen, aber verwirrenden Schlingen eines Flußlaufes machen, müssen wir etwas über ihre Geometrie sowie über ihre Nomenklatur wissen.

Der gebräuchlichste Name für einen breit gekrümmten Abschnitt eines Flusses ist *„Biegung“*. Das konvexe Ufer in einer solchen Kurve ist eine *„Gleitstelle“*, das konkave eine *„Prallstelle“*. Der Abschnitt zwischen zwei Kurven heißt *„Geradstrecke“*. Ein jetzt verlassenes und teilweise aufgefülltes Flußbett — gewöhnlich liegt es genau auf der Innenseite einer Gleitstelle — wird *„Altwasser-Arm“* genannt. In diesem kann der Spiegel des stagnierenden Totwassers bei Hochwasser ansteigen, und in den Zeiten des Dampfbootes konnte das Durchfahren eines Altwasser-Arms einem verwegenen Kapitän, der eine schnellere Bergfahrt erzielen wollte, tatsächlich eine Abkürzung bringen. Für ein Paketboot bestand hier aber die Gefahr, daß der Schiffsrumpf von den Wurzeln eines im Wasser verfangenen Baumes oder von einem Aststumpf durchspießt wurde.

Sonderbarerweise gibt es keinen allgemein-gültigen Begriff für die Bahn, die der Wasserfaden mit der höchsten Strömungsgeschwindigkeit verfolgt. Im allgemeinen schmiegt sich die Hauptströmung der Außenseite einer Biegung an, wohin sie durch die Zentrifugalkraft abgelenkt wird. In einer solchen Kurve, in der die Strömung stark ist, ist der Boden des Flußbettes tiefer ausgeräumt als anderswo, und dieser Abschnitt tieferen Wassers in der Nähe des Prallhangs trägt den altertümlichen Namen *„Kolk“*.

Wenn die Strömung eine Windung verläßt, tut sie das normalerweise in einer Tangente; sie vermag innerhalb eines geraden Abschnitts mannigfache Lagen einzunehmen. Beim Eintritt in die nächste Biegung stromab quert sie zum gegenüberliegenden Ufer hinüber. Die Steuerleute der Mississippi-Dampfboote nannten eine solche Stelle *„crossing“* (*„Kreuzung“* oder *„Stromwechsel“*). Sie liebten derartige „crossings“ nicht; denn die Strömung war hier diffus und weniger stark, verglichen mit dem tiefen und kräftigen Strom entlang der Außenkurve einer Biegung. Ein solcher „Stromwechsel“ war von Bodenwellen und Untiefen oder Sandbarren erfüllt, und bei Niedrigwasser mußte man ein Dampfboot vorsichtig und langsam darüber hinweggleiten, die ganze Strecke rufend. Des Kapitäns Ruf konnte man entlang dem Fluß durch die Stille eines Sommermittags widerhallen hören: „By the mark five, by the deep four, by the mark three, Mark Twain!“ (Marke fünf, Tiefe vier, Marke drei, Marke Tween!) Der letzte Wert entspricht einer Tiefe von zwei Faden (rund 3,7 m).

Bei besonders tiefem Wasserstand des Flusse erscheinen die Barren über der Wasser-Oberfläche als niedrige, lohfarbene Sandinseln, und dementsprechend werden sie beim Mississippi *„Flachsköpfe“* genannt.

Wenn wir zwei Querschnitte durch das Bett eines Flusses von Art des Mississippis zeichnen, den ersten in einer Geradstrecke, wo die Hauptströmung etwa in Flußmitte verläuft, und den zweiten in einer Biegung, dann unterscheiden sich die beiden Profile recht erheblich. In der Geradstrecke fließt der Mississippi in einem breiten, flachen Trog mit fast ebenem Boden. Typisch für diese Gestaltung sind die Dimensionen des Flusses in seinem Delta kurz vor der Stelle, wo er sich in getrennte Mündungsarme aufspaltet. Dort ist der Fluß gegen 1200 m breit und etwa 15 m tief und zeigt angenähert einen trapezförmigen Querschnitt — d. h. einen flachen Boden und verhältnismäßig steile, sich nach außen erweiternde Uferwände.

In einer Biegung ist die Gestaltung völlig anders. Das Bett ist in nächster Nähe der konkaven, d. h. äußeren, Seite der Windung tief und nahe bei der Gleitstelle flach. Kurz,

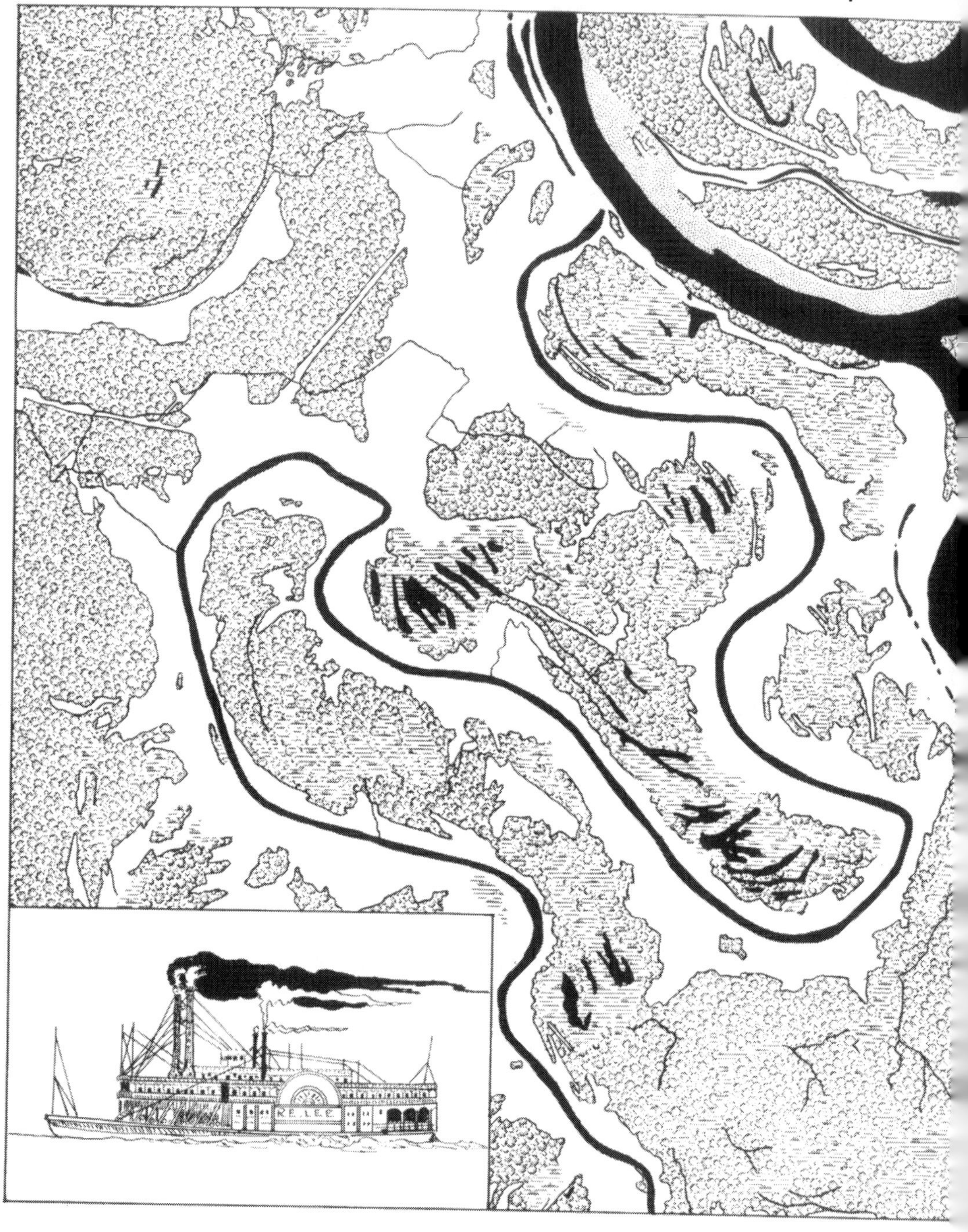

Abb. 159. Vor 1876 floß der Mississippi durch den Mäander, der heute den Centennial-See bildet. *(Nach Dorothy Wyckoff.)*

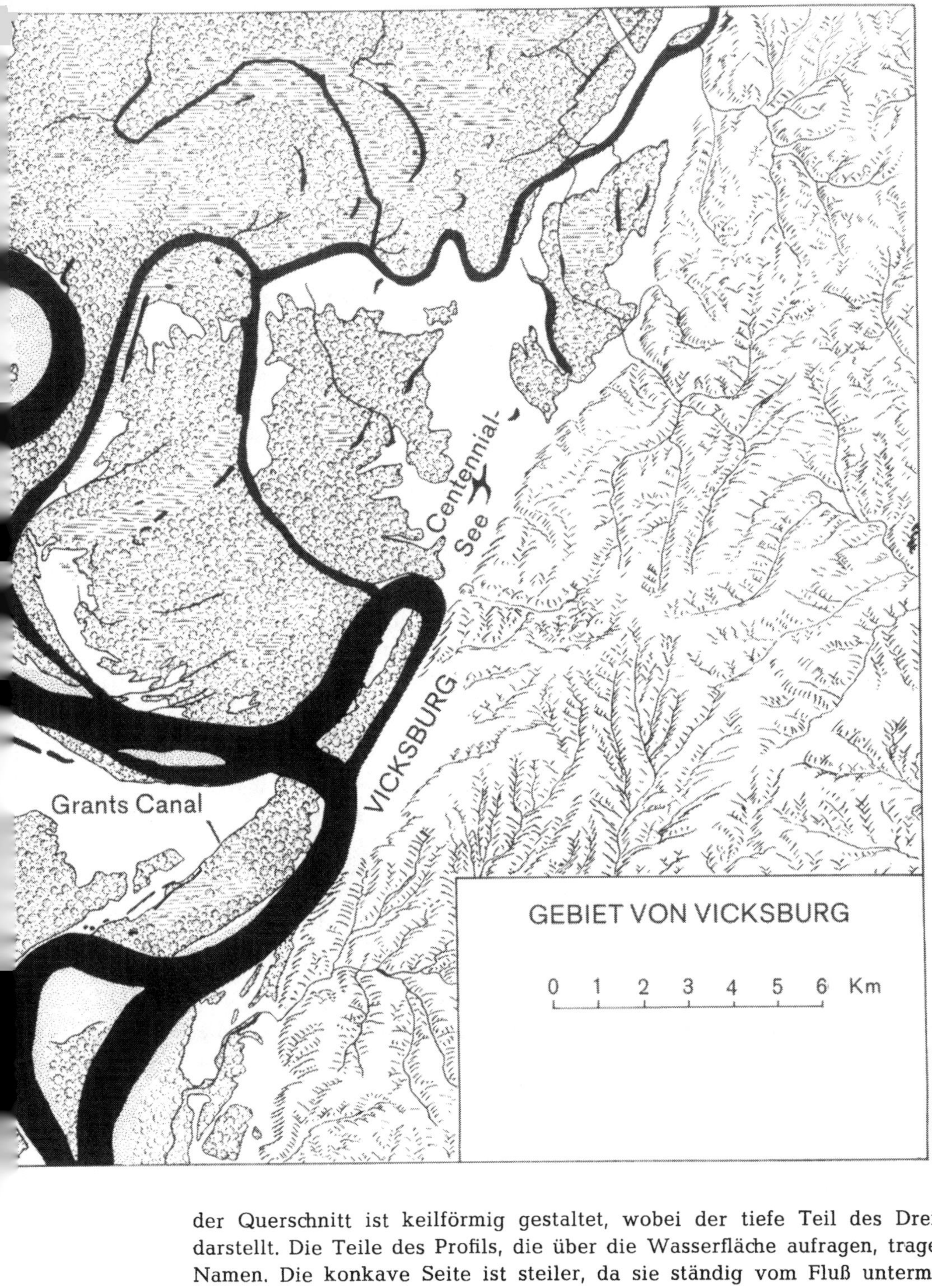

der Querschnitt ist keilförmig gestaltet, wobei der tiefe Teil des Dreiecks den Kolk darstellt. Die Teile des Profils, die über die Wasserfläche aufragen, tragen verschiedene Namen. Die konkave Seite ist steiler, da sie ständig vom Fluß unterminiert wird; sie wird gewöhnlich *„Prallhang"* (engl.: *„cut bank"*) genannt. Die flachere, konvexe Seite der Biegung ist ein Bereich der Ablagerung; sie baute sich allmählich durch Ansammlung von Sand und Schlick auf. Sie heißt *„Gleithang"* (engl.: *„slip-off slope"*). Im übertragenen Sinne scheint der Fluß allmählich von ihr abgeglitten zu sein, sowie sich der Durchmesser des Mäanders durch Unterwaschung des Prallhanges vergrößerte.

Wie sich Mäander vergrößern, ist eine Frage, die seit langem debattiert wurde. Am verbreitetsten ist die Auffassung, daß der Prallhang vom Fluß — besonders bei Hochwasser — durch tiefes Ausbaggern des Kolks unterminiert wurde, wobei er den Prallhang übersteilte und seine Fundamente fortschnitt. Gewöhnlich bricht das Ufer durch Abgleiten infolge dieser Entfernung der Stützen an seiner Basis ab und in den Fluß hinein, statt horizontal eingesägt zu werden.

Die Frage, wie ein Gleithang wächst — wobei seine Anwachsrate mit dem Zurückweichen des Prallhangs gerade Schritt hält, so daß der Fluß immer etwa die gleiche Breite behält —, verursachte den Forschern viele Jahre hindurch Kopfzerbrechen. Wo kommt der Sand her, um den Gleithang vorrücken zu lassen, sowie der Prallhang zurückweicht? Eine Zeitlang glaubte man, daß es einen Materialtransport quer durch das Flußbett vom Prallhang zum Gleithang gäbe — wodurch in gewissem Sinne ein Gleichgewicht zwischen dem Einschneiden an dem einen Flußufer und der Auffüllung am anderen aufrecht erhalten würde.

Eine eindrucksvolle Reihe großmaßstäblicher Laboruntersuchungen wurde von der U. S. Waterways Experiment Station in Vicksburg durchgeführt (Friedkin 1945), wobei Modelle mit Flußlängen von 15 bis 46 m und Breiten von 0,3 bis 1,5 m verwandt wurden. Sie wiesen überzeugend nach, daß ein großer Teil des Sands und Schlicks, der dem Gleithang zugeführt wird, von der Erosion des nächsten Prallhangs stromauf herstammt. Ein solcher Vorgang war auch von vornherein zu erwarten; denn die Strömung entfaltet ihre maximale Wirksamkeit im Kolk, und wenn Material des Prallhangs infolge Unterminierung in den Fluß stürzt, wird es als Sediment an der Gleitstelle zurückgelassen, wohin es am wirksamsten transportiert werden kann. Das Ergebnis lautet: Das Material des Gleithangs wurde zumeist vom konkaven Teil der voraufgehenden Biegung kürzestenwegs herbeigeschleppt.

Ein sorgfältiges Studium des von der Strömung eingehaltenen Kurses ergibt, daß sich seine erosive Wirksamkeit gegen die Außenseite der Kurve richtet, und so haben die Biegungen die Tendenz, ihre Ausmaße zu vergrößern, und nicht, sie zu verkleinern. Der Landvorsprung zwischen benachbarten Biegungen verringert sich entsprechend. Dieses Kleinerwerden kann andauern, bis schließlich die Landzunge durchschnitten ist; das frühere Bett wird zu einem halbmondförmigen See, und das Landgebiet der Gleitstelle verwandelt sich in eine Insel.

Das neue und kürzere Flußbett heißt *„Durchbruch"* (engl.: *„cut-off"*) und das verlassene Bett, dessen Eingänge bald zuschlammen, werden zu einem halbmondförmigen See (an der Golfküste der USA *„Bayou"* genannt). Am unteren Mississippi sollen sich nach allen vorliegenden Berichten seit 1765 gegen 20 solcher natürlichen Durchbrüche ereignet haben. Gegen 15 wurden künstlich von der Mississippi-Fluß-Kommission seit 1932 hergestellt, um den Flußlauf zu begradigen, wobei sich das Gefälle und damit die Stromgeschwindigkeit erhöht; infolgedessen vermindert sich die Überschwemmungsgefahr, da sich die Wirkung des Bettes als Vorfluter verbessert.

Ein historisch interessanter Durchbruch des Mississippis ereignete sich bei Vicksburg im Jahre 1876. Vor diesem Datum durchlief der Fluß eine weit ausholende Schlinge hinter der Stadt, die nun vom Hauptstrom durch den Durchbruch abgetrennt wurde, der den Centennial-See entstehen ließ (Abb. 159).

Der Fluß führte damit von selber das durch, was General U. S. Grant 1863 vergeblich geplant hatte, als die Union Army den erfolglosen Versuch machte, einen kurzen Kanal durch den Landvorsprung zu ziehen, um den Fluß abzulenken und so Vicksburg zu umgehen. Das Unternehmen mißlang — vielleicht weil Grant nicht ganz von seiner Nützlichkeit überzeugt war —, ist auch in anderer Hinsicht bedauerlich; denn wenn er geglückt wäre, hätte er nicht nur Admiral Porters Los sehr erleichtert, weil dann seine Flotte von Union-Kanonenbooten nicht an den Batterien der Konföderierten hätte vorbeirennen müssen —, sondern eine solche künstliche Flußableitung wäre auch ein außerordentlicher Erfolg für den Wissenschaftszweig gewesen, der heute als *„Wehrgeologie"* bekannt ist.

Das Schlußwort über die letzten Ursachen des Mäandrierens wird noch lange nicht geschrieben sein. Wegen der hohen wirtschaftlichen Bedeutung der Hochwasser-Überwachung und der Schiffahrt auf dem Mississippi wurde dem Problem bei diesem Fluß wohl mehr Aufmerksamkeit geschenkt als bei anderen. Wenigstens einige allgemeine Erkenntnisse, die am Mississippi gewonnen wurden, scheinen auch für andere Wasserläufe zu gelten.

Mäander scheinen sich am besten dann zu entwickeln, wenn die Flußufer relativ leicht erodiert werden können; wenn sie zu widerstandsfähig sind, kann der Strom nicht die Form einer rhythmischen Schwingung annehmen. Außerdem muß die Zusammensetzung der Flußufer ein gewisses Maß von Inhomogenität aufweisen, so etwa aus einer Mischung von Sand und Schluff bestehen. Wenn das Material eine zu gleichförmige Korngröße aufweist und sich der Erosion gegenüber relativ widerstandsfähig verhält — wie das z. B. für Ton zutrifft —, dann wird das Flußbett sehr wahrscheinlich im wesentlichen geradlinig bleiben, wie das beim Mississippi unterhalb von New Orleans der Fall ist.

Wenn die Ufer aus leicht erodierbarem Material bestehen, dann hat das Flußbett die Tendenz, sich merklich zu verbreitern und örtlich vielleicht eine *„Zopfform"* zu entwickeln (Abb. 160). Bei dieser Flußbett-Form teilt und verzweigt sich der Strom immer weiter in komplizierter Weise, statt in einem einzigen Bett zu fließen. Von der tatsächlichen Größe eines Flusses hängt es nicht ab, ob er mäandriert oder zopfförmig ist oder keines von beiden — der untere Ganges und der Amazonas zum Beispiel haben zopfförmige Betten (Leopold & Wolman 1957) —, und der gleiche Fluß kann in verschiedenen Abschnitten seines Laufs beide Formtypen aufweisen. Im allgemeinen scheinen Zopfformen für solche Geradstrecken eines Stromes charakteristisch zu sein, die ein steileres Gefälle aufweisen, während Mäander mehr für diejenigen mit flacherer Neigung typisch sind.

Der gleiche Fluß kann von der einen Form in die andere zu verschiedenen Zeiten und unter verschiedenen Bedingungen seiner Geschichte übergehen. Der Mississippi wies z. B. ein Zopfbett während einer kurzen Zeitspanne gegen Ende der pleistozänen Vereisung auf (Fisk, 1944). Damals hatte der Fluß eine erheblich größere Schuttmenge zu transportieren, und dazu bestand die Fracht aus gröberem Material, als heute bewegt wird.

Nachdem diese Überfracht aus dem Wege geschafft war, erlangte der Fluß seine gegenwärtige mäandrierende Gestalt — eine Auswirkung des großen Wasservolumens, der relativ kleinen Bodenfracht, des flachen Gefälles und der mäßig gleichförmigen und ziemlich gut erodierbaren Ufer. Die Mäanderform wurde anstelle der Zopfform für den Fluß vorherrschend, und diese Form blieb wenigstens die letzten 10 000 Jahre hindurch bestehen. Die Hauptänderung, die sich in historischer Zeit ereignete, war eine Wanderung des Flußbetts allgemein vom Westrand über die Überschwemmungsebene hinweg zum Ostrand. Die einzelnen Bettverlegungen, die die Stadien auf diesem Weg über die Talaue markieren, umfassen offenbar einige Hunderte Kilometer Flußlänge und stellen keine isolierte kleinere Episoden dar, wie etwa das Durchschneiden einzelner Mäanderschlingen.

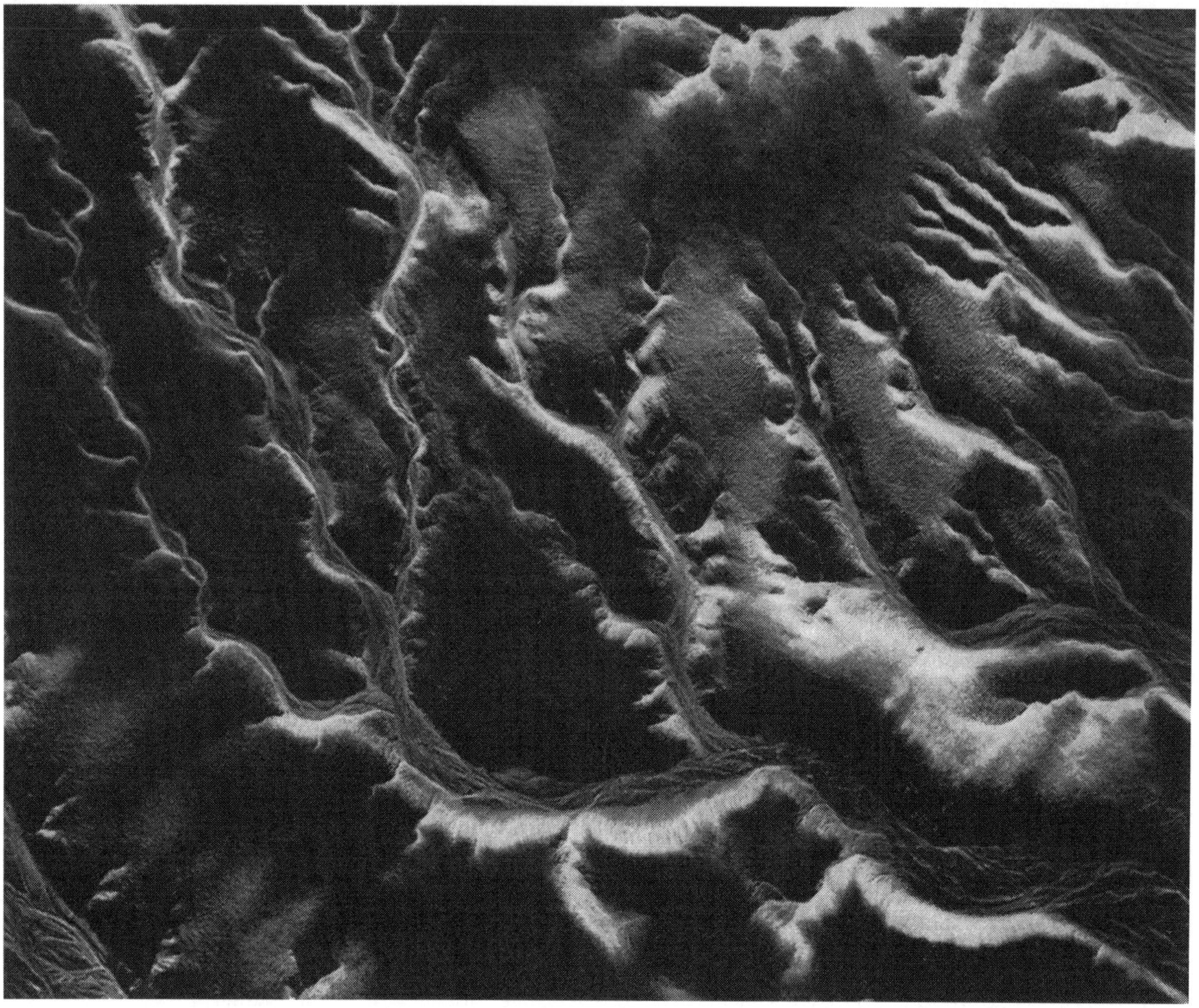

Abb. 160. Trockene Flußbetten im Death Valley (Kalifornien) zeigen ein zopfartiges Muster kleiner Wasserläufe. Die Breite des unteren rechten Flußbettes beträgt rund 23 m. *(Phot.: William Garnett.)*

Derartige Flußbett-Verlagerungen dürften auch für die voraussehbare Zukunft die wesentliche Möglichkeit der Umgestaltung darstellen. Rund 25 % der Abflußmenge des Mississippis wird kurz oberhalb von New Orleans vom Atchafalaya-Fluß abgefangen und in den Golf von Mexiko abgeleitet. Sollte diese Ableitung sich in der Zukunft fortlaufend verstärken, dann wird bald nahezu die Hälfte des Mississippi-Abflusses dem neuen Lauf zum Meere folgen, und das alte Bett von New Orleans wird rasch entarten. Namhafte Anstrengungen werden gemacht, um dem Eintritt eines solchen Unglücks („Unglück" nach dem Standpunkt von New Orleans) zuvorzukommen. Es wird interessant sein zu sehen, was die Zukunft bringen wird.

Deltas

Beeindruckt von der Verzweigungsform der Mündungsflüsse des Nils verglich Herodot im 5. Jahrhundert vor Christus die Form des wasserreichen, sumpfigen Gebiets zwischen Kairo und Alexandrien mit dem griechischen Buchstaben *Δ („Delta")*. Der Vergleich ist so zutreffend, daß der Name in der Zeit von damals bis heute Eingang in fast alle Sprachen der westlichen Welt gefunden hat.

Das Nil-Delta ist ein nahezu ideales Beispiel für diese besondere Landschaftsform; nur wenige andere Deltas können sich mit ihm an Vollendung messen. Die Karte (Abb. 161)

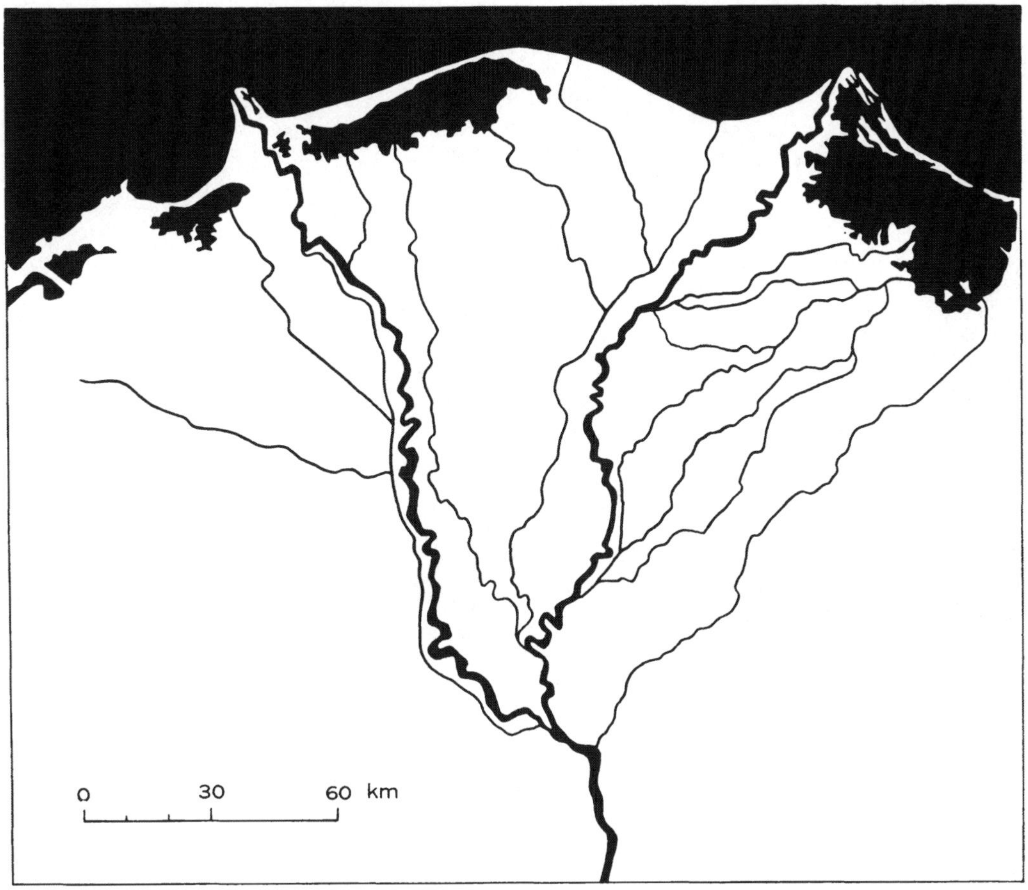

Abb. 161. Das Nil-Delta.

zeigt, wie das Hauptbett des Nils sich in einen Schwarm kleinerer Arme aufspaltet, die recht passend *„Zweigflüsse"* genannt werden. Ein anderes interessantes Merkmal des Nil-Deltas sind die Randbuchten und Randseen, von denen die Abu-Qir-Bucht ein gutes Beispiel ist. Hier fand die „Schlacht am Nil" statt, bei der die französische Flotte von Nelson zerstört wurde, womit Napoleons Hoffnung auf ein orientalisches Kaiserreich zu Ende gingen. Ähnliche *Deltaflanken-Niederungen,* wie solche Wasserkörper genannt werden, umsäumen viele andere Deltas der Welt. Weit bekannt sind der Ponchartrin-See im Mississippi-Delta, der Zuider-See (Ijsselmeer) und die Sümpfe von Zeeland in der Nachbarschaft des Rheins sowie die Lagune, die Venedig an der Po-Mündung umschließt.

Nicht alle Ströme der Erde weisen Deltas auf, wo sie in das Meer münden. Zwei große Ströme, die solche nicht haben, sind der St.-Lorenz-Strom und der Columbia-Fluß — der St. Lorenz-Strom, weil er auf seinem kurzen Laufe zwischen dem Ontario-See und dem Golf kaum Gelegenheit hat, viel Sediment aufzunehmen; — der Columbia, weil er direkt in das offene Meer mündet, dessen kräftige Wellen und Strömungen die Sand- und Schluff-Fracht des Flusses rasch verstreuen.

Die am besten ausgebildeten Deltas haben sich offenbar dort aufgebaut, wo ein Fluß eine große Sedimentfracht in einen relativ ruhigen Wasserkörper entlädt. Beispiele solcher eindrucksvoller Ansammlungen von Flußablagerungen sind die großen Deltas

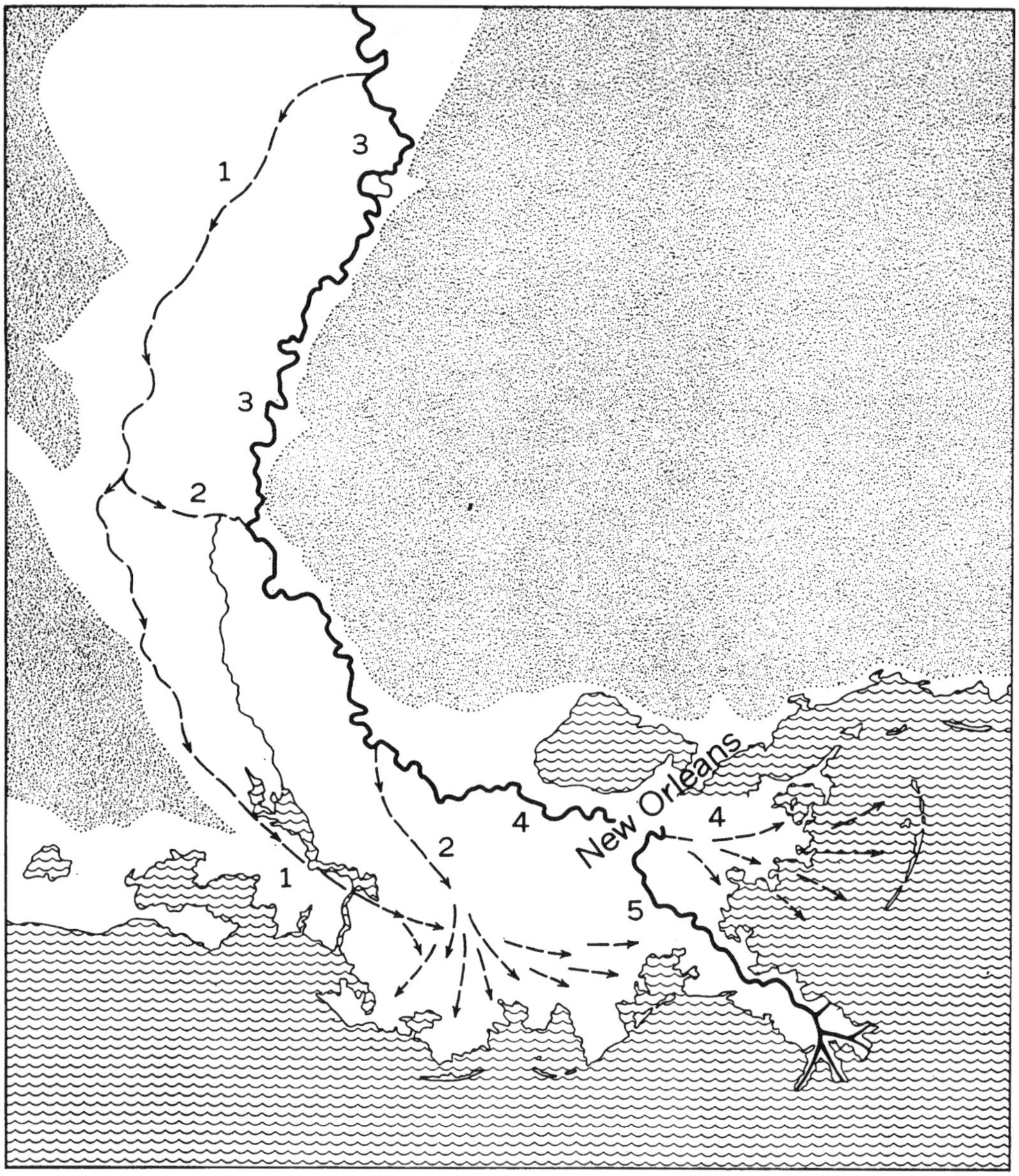

Abb. 162. Verschiedene Lagen des Mississippi-Laufes.

Lage	Zeitpunkt	Lage	Zeitpunkt
1	100 n. Chr.	4	1100—1200 n. Chr.
2	300— 400 n. Chr.	5	1500—1600 n. Chr.
3	1000—1100 n. Chr.		

(Aus: J. H. Zumberge [nach H. N. Fisk]: Elements of geology, 1958.)

des Ganges—Brahmaputra in Indien und Ostpakistan, des Indus in Westpakistan, des Tigris—Euphrat im Irak, des Nigers in Nigeria, des Jangtse-Kiang in Hwang-Ho in China, des Mississippis in den Vereinigten Staaten, der Donau in Rumänien und der

Wolga in der Sowjetunion. Eine der malerischsten unter den Welten der Deltas ist die Camargue, das Land von Rinderhirten und halbwildem Vieh im Mündungsgebiet der Rhône in Südost-Frankreich.

In Amerika ist der Mississippi in geologischer Hinsicht bei weitem am besten bekannt, nicht nur wegen des weit zurückreichenden Nachweises von Flußbett-Verlegungen, sondern auch, weil gegen 90 000 Ölbohrungen in seinen Sedimenten niedergebracht und weil wiederholte geophysikalische Untersuchungen seinen Lauf entlang hinauf und hinunter ausgeführt wurden. Wenn man all diese Daten kombiniert, ersteht uns ein einzigartig detailliertes, dreidimensionales Bild, nicht nur von den 31 000 Quadratkilometern der Delta-Oberfläche, sondern auch von der 800 m starken Sedimentdecke unter den Wassern des Golfs von Mexiko.

Der Mississippi unterscheidet sich von vielen anderen Deltas ein wenig durch die bemerkenswerten Ausmaße seiner Zweigflüsse und durch die Einfassung mit Naturdeichen über den normalen Deltarand hinaus. Dieses besondere Merkmal war Anlaß, das Mississippi-Delta als *„Vogelfuß-Delta"* zu bezeichnen.

Das große Delta des Mississippis ist nicht ein einziges, einfaches Gebäude, sondern es ist ein zusammengesetztes Gebilde, das sich aus einer komplizierten Anordnung einander überlappender sogenannter *„Subdeltas"* aufbaut. Die relative zeitliche Abfolge, in der diese auftraten, ist auf der beigefügten Karte (Abb. 162) dargestellt; sie gibt auch die geschätzten Zeitabschnitte an, in denen der Fluß die eingezeichneten Lagen innehatte. Hieraus läßt sich ersehen, daß der Fluß seinen gegenwärtigen Lauf erst sehr kurz vor der Ankunft des ersten weißen Mannes einnahm, sei es Cabeza de Vaca, im Jahre 1528 (?) oder der Nachfolger von de Soto im Jahre 1544.

Die „Zehen" des „Vogelfußes" sind in Wirklichkeit Naturdeiche, die die Betten der Zweigflüsse einfassen und die nach außen in den Golf hinein weiterwachsen. Die Höhe der Naturdeiche steigt allmählich vom Golf aus landeinwärts an, bis sie bei New Orleans gegen 4 m hoch sind — in einem Abstand von 165 km vom Head of the Passes. Gleichzeitig beträgt der mittlere Wasserstand des Flusses bei New Orleans gegen 5 m, was ein hydraulisches Gefälle von rund 2 cm je km ergibt.

Head of the Passes ist die Stelle, wo der gegenwärtige Fluß in drei größere und eine Zahl kleinere Zweigflüsse zerfällt (Abb. 163); hier mißt die Flußtiefe gegen 12 m. Die Neigung des Bodens dieser Zweigflüsse ist aufwärts gegen das Gefälle der Fluß-Oberfläche gerichtet, da sich die stärkste Ablagerung an der Mündung der Zweigflüsse vollzieht und der Fluß — ohne die moderne Störung durch Baggern und Molenbau — eine flache Sandbarre dort aufbaut, wo er in den Golf von Mexiko eintritt. So betrug das normale Niedrigwasser an der Mündung eines Zweigflusses vor seiner Bereinigung nur 3 bis 4,6 m und in manchen kleineren, weniger häufig benutzten Wasserrinnen sogar nur 1 bis 1,5 m.

Das Seichterwerden an der Mündung und die stromaufwärtige Neigung des Flußbodens sind z. T. der Grund dafür, warum der Mississippi in sich mehr und mehr verästelnde Zweigflüsse auseinanderfällt. Das gegen den Strom gerichtete Gefälle des Flußbodens macht den Fluß sozusagen unstabil, und wenn er überläuft oder einen Deich durchbricht, kann sich ein neues Flußbett bilden, und durch dieses kann ein wachsender Betrag der Abflußmenge des Flusses seitwärts abströmen.

Ein solches neues Bett entwickelte sich bei Cubits Gap im Jahre 1862, als Herrn Cubits Töchter einen kurzen Graben zogen, um den Fluß mit dem Golf von Mexiko zu verbinden, der damals nur wenige hundert Meter weiter östlich lag (Welder 1959). In dem seither verflossenen Jahrhundert hat der Fluß einen ganzen Komplex von Zweigflüssen, natürlichen Deichen und Deltaland gegen 20 km weit ostwärts in den Golf von Mexiko hinein ausgebreitet.

Abb. 163. Bei Head of the Passes teilt sich der Mississippi in mehrere Arme, die dem Golf von Mexiko zustreben. *(Von der „Humble Oil and Refining Company" freundlich zur Verfügung gestellt.)*

Da die Mündung eines Zweigflusses fast immer von einer Sandbarre teilweise blockiert wird, neigt ein Flußbett an dieser Stelle besonders dazu, ein solches in seinem Weg gelegenes Hindernis beiderseits zu umgehen, sich also aufzuspalten. Wenn es sich erst einmal geteilt hat, können die beiden Arme auf der Basis einer Art Gleichrangigkeit miteinander konkurrieren, aber häufiger gewinnt ein Arm einen Vorteil gegenüber dem anderen. Das besiegte Flußbett kann als dünner Schatten seines erfolgreichen Rivalen weiterexistieren, oder es kann vom Fluß sogar verlassen werden, um schließlich völlig zu verschlammen.

Diese eigentümliche Welt eines Deltas — halb Wasser und halb Land, das Wohngebiet von Wasservögeln großer Mannigfaltigkeit, mit einer ständig wechselnden Anordnung von Seen, Sümpfen, Mooren und immerzu sich ändernden Flüssen — ist eines der bedeutsamsten Milieus für den erdgebundenen Menschen. Vom Beginn der geschichtlichen Zeit an haben der fruchtbare Boden der Deltas, ihr Netzwerk von Wasserwegen und ihre Lage als Treffpunkt zwischen Seefahrern und denen, die ihr Leben entlang den Flüssen der Erde verbringen, sie zu verlockenden Plätzen für Küstenstädte gemacht. Ein solches verwirrendes Labyrinth von Wasserläufen, großen und kleinen, war für die Seeräuberei wie geschaffen, wie die viele Jahre lang erfolgreichen Unternehmungen der Gebrüder Lafitte zu Barataria im Mississippi-Delta bezeugen.

Indessen hat eine Deltastadt einen Preis für die Vorteile ihrer Verkehrslage zu zahlen.

Eine solche Stadt steht ständig unter der Gefahr, durch Hochwasser überschwemmt zu werden, und die Fundamente ihrer Gebäude sind unsicher — ein Besuch in Venedig illustriert in eindrucksvoller Weise, was unregelmäßige Setzung an Bauwerken, die im Deltaschlamm errichtet wurden, bewirken kann. Selbst eine so flache Ausschachtung wie ein Grab kann sich mit Wasser füllen (die eingesunkenen Begräbnisstätten von New Orleans bezeugen das in deutlicher Weise), und die Erstellung einer unverschmutzten örtlichen Wasserversorgungs-Anlage ist eine schwierige Aufgabe. Über diese vielen Widrigkeiten hinaus ist die allergrößte Gefahr die, daß der Fluß seinen Lauf völlig verlegen oder daß sein Bett verschlammen kann. Ein gutes Beispiel für dieses letztere Schicksal ist die alte Stadt Ravenna; in den Zeiten von Justinian und Theodora war sie ein führender Seehafen an der Adria, heute liegt sie fast 10 km von der Küste entfernt.

Das flache Land, das die Mündungsflüsse des Rheins umgibt, bietet ein eindrucksvolles Beispiel für die Probleme, die die Bewohner eines Deltas bedrängen. Dieses Gebiet gehört zu den am dichtesten bevölkerten der Erde, und hier bewegt sich ein immenses See- und Fluß-Handelsvolumen durch Häfen wie Rotterdam und Amsterdam. Wie wir im Kapitel VIII sahen, hatten diese Städte, die bereits unter dem Meeresspiegel liegen, seit ihrer Gründung nicht nur Angriffe vom Lande her auszuhalten — eine Gefahr, der gegenüber Deltastädte besonders verwundbar sind —, sondern sie hatten auch tapfer zu kämpfen, um das Meer in Schach zu halten. Die Gründe für all die Schwierigkeiten, denen die Menschen im Rhein-Delta gegenüberstehen, sind kompliziert; sicher gehört dazu der fortlaufende eustatische Anstieg des Meeresspiegels, die Verdichtung der wasserdurchtränkten Tone, auf denen diese Städte stehen, und offensichtlich eine tektonische Senkungstendenz dieses Teiles der europäischen Küste.

Viele dieser Schwierigkeiten bedrängen auch New Orleans, wobei die Frage der Bodensenkung nicht die geringste ist. Anzeichen für ein relatives Absinken des Landes gegenüber dem Meer sind überall deutlich. Dazu gehören das Vorhandensein ehemaliger Indianer-Niederlassungen weit draußen am Boden des Ponchiartrain-Sees, ertrunkene Zypressenbäume und überflutetes Ackerland rund um das Ufer des Sees und die versunkenen Straßen und Gräber der verödeten Niederlassung Balize bei Head of Passes. Die heute stummen, von Muschelschalen bedeckten Straßen liegen unter dem Sumpf begraben — gegen 1,20 m unterhalb des Meeresspiegels.

Die Tatsache der Senkungsvorgänge in vielen Deltas der Erde stößt heute kaum noch auf Widerspruch, aber es bestehen doch starke Meinungsverschiedenheiten hinsichtlich ihrer Ursachen. Die einen glauben, daß die Herbeischaffung von vielleicht 2 Millionen Tonnen Sediment pro Tag — wie im Mississippi-Delta — eine Überbelastung der Erdkruste bewirkt, die sich infolgedessen hinunterbiegt. Andere widersprechen dem und weisen darauf hin, daß die Überlast nicht so groß sei, wie es zunächst scheinen möge, da auch das Gewicht des verdrängten Meerwassers in Betracht zu ziehen sei. So mag das Material, das der Kruste zugefügt wird, eine Nettodichte von etwa 1,8 oder so haben, und wie dieses leichtere Material das schwerere subkrustale Material mit einem spezifischen Gewicht von vielleicht 3,3 verdrängen kann, ist eine kniffelige Frage, die nur schwer zu beantworten ist.

Die Antwort ist wahrscheinlich keine einfache, sondern schließt sicherlich viele der Faktoren in sich ein, die in den Niederlanden am Werk sind. Das Hinzutreten einer Extra-Sedimentlast — wie im Mississippi-Delta — mag für sich selbst nicht ausreichend sein, um ein weitspanniges Sinken der Kruste in Gang zu bringen, aber wenn sich eine Fracht wie die des Mississippis in einem Gebiet ansammelt, wo Senkung schon der dominierende geologische Prozeß ist, wird dieses zusätzliche Gewicht gewiß nicht in entgegengesetztem Sinne wirken.

Tafel XI. Arroyo de la Parra zwischen San Xavier und Loreto, Baja California. *(Phot.: William Aplin.)*

XIV. Wüsten

Von allen Landgebieten der Erde — außer den extrem arktischen — sind uns die Wüsten am wenigsten vertraut. Vielleicht rührt ihre Rätselhaftigkeit daher, daß sie von Ländern wie dem westlichen Europa und der Atlantik-Küste Nordamerikas, in denen sich das moderne Bild der westlichen Zivilisation entwickelte, relativ weit entfernt sind. Wenn das Leben der westlichen Welt auf den Mittelmeer-Raum konzentriert geblieben wäre, würden Wüsten mit unserem täglichen Leben viel enger verbunden sein; denn die Einschränkungen, die durch die Aridität auferlegt werden, lasten schwer auf solchen Nachbarländern wie Spanien, Marokko, Algerien, Libyen, Ägypten und Israel. In früheren Zeiten waren längere Strecken der Südküste des Mittelmeeres die Kornkammern Roms, und einst blühende Städte, wie Leptus Magnus in Libyen, sind nun völlig Ruinen, halb unter Sand begraben. Ein Problem beim Studium der Wüsten liegt darin, daß ihre Grenzen nicht unerbittlich festliegen, daß sie sich vielmehr im Laufe der Jahrhunderte ausweiten oder verengen können. Die Paläobotanik — die Wissenschaft von den fossilen Pflanzen — hat in der Tat viele Beweise dafür erbracht, daß die Wüsten unter den Landschaften der Erde relativ späte Gesellen sind. Die Wüsten verlangen für ihre Existenz das Zusammentreffen recht spezieller Umstände, und alsbald werden wir fragen, worin diese bestehen.

Zunächst aber müssen wir uns für unsere Arbeit darüber verständigen, was eine Wüste bedingt: Die Temperatur ist nicht der *einzige Faktor;* manche sind fast ständig heiß, andere können heiße Sommer und kalte Winter haben, und wieder andere mögen das ganze Jahr hindurch kalt sein. Da Trockenheit der allen gemeinsame Faktor ist, sollten wir generell all die Gebiete „Wüsten" nennen, in denen mehr Wasser verdunsten würde, als wirklich in Form von Regen fällt. Mit anderen Worten: Das Kriterium, das wir benutzen, ist mehr relativ als absolut (d. h., als wenn wir alle die Gebiete „Wüsten" nennen würden, die weniger als 25 cm Niederschlag pro Jahr aufweisen).

Trockenheit ist das vorherrschende Kennzeichen der Wüsten, und so sind sie Gebiete, die auffallend arm an Vegetation sind. Nur wenige sind völlig pflanzenleer, aber manche kommen dieser äußersten Grenze sehr nahe. Typisch ist, daß Wüstenpflanzen in weiten Abständen voneinander stehen. Ihre Farben neigen dazu, gedämpft und eintönig zu sein, wobei sie sich denen ihrer Umgebung anpassen. Ihre Blätter sind klein und ledern und darauf abgestellt, die Verdunstung zu verringern. Mehr noch, manche Pflanzen, wie z. B. der *Saguaro* von Arizona oder der Säulenkaktus der Sonora-Wüste, haben überhaupt keine Blätter. Andere Wüstenpflanzen, wie z. B. der weltweit verbreitete Salbei, entwickeln ein Wurzelsystem, das im Verhältnis zu dem über dem Boden sichtbaren Teil der Pflanze außerordentlich tief reicht. Pflanzen mit diesen Anpassungen — ausgedehnten Wurzeln, lederigen Blättern und großer Wasseraufnahmefähigkeit — heißen *„Xerophyten"* (nach einer Kombination der griechischen Wörter für „trocken" und „Pflanze").

Bei den Wüsten gibt es alle Übergänge von solchen, die völlig arid sind und im wesentlichen unfruchtbare Flächen aus Gestein und Sand darstellen, fast ganz ohne sichtbare Pflanzen, bis zu Landschaften, die eine fast ununterbrochene Pflanzendecke, wie Salbei-

Abb. 164. Die Wüste bedrängt den Rand der bewässerten Flußaue des Nils bei Gizeh, Ägypten. *(Von den „Trans World Airlines" freundlich zur Verfügung gestellt.)*

büschel und dürftiges Gras, tragen. Trockengebiete mit einer derartigen jahreszeitlichen Decke werden am besten als *„Steppen"* bezeichnet; gewöhnlich sind sie den trostlosen Wüsten randlich benachbart.

Die beigefügte Weltkarte (Abb. 165) läßt erkennen, daß die Trockengebiete auf die subtropischen und mittleren Breiten der Erd-Oberfläche konzentriert sind. So zieht sich z. B. eine nahezu ununterbrochene Wüste vom Cap Verde an der Westküste Afrikas über die Sahara, das trockene Innere Arabiens und die öden Gebirge Süd-Persiens bis hin zu den Ufern des Indus in Pakistan. Insgesamt können 45 bis 50 Millionen Quadratkilometer der Land-Oberfläche der Erde als arid eingestuft werden.

Diese Feststellung führt uns nochmals zur Frage der Definition. Viele Gebiete in der Nachbarschaft der Tropen, die ein monsunales Klima haben, sind arid und werden während der trockenen Jahreszeit von Dürre gequält, aber in der feuchten Jahreszeit vom Regen durchweicht und durchnäßt. In der Trockenzeit werfen viele Bäume ihr Laub ab; dornige Gewächse mit holzigen, unnachgiebigen Zweigen sind wirkliche Hindernisse für den Wanderer; der Boden backt zusammen und wird von der Sonne ausgedörrt, bis schließlich Ackerbau unmöglich wird.

Ein anderes Gebiet unzureichender Niederschläge, das schwer zu klassifizieren ist, ist das unwirtliche Land der Arktis. Der Niederschlag kann 25 cm im Jahr oder weniger

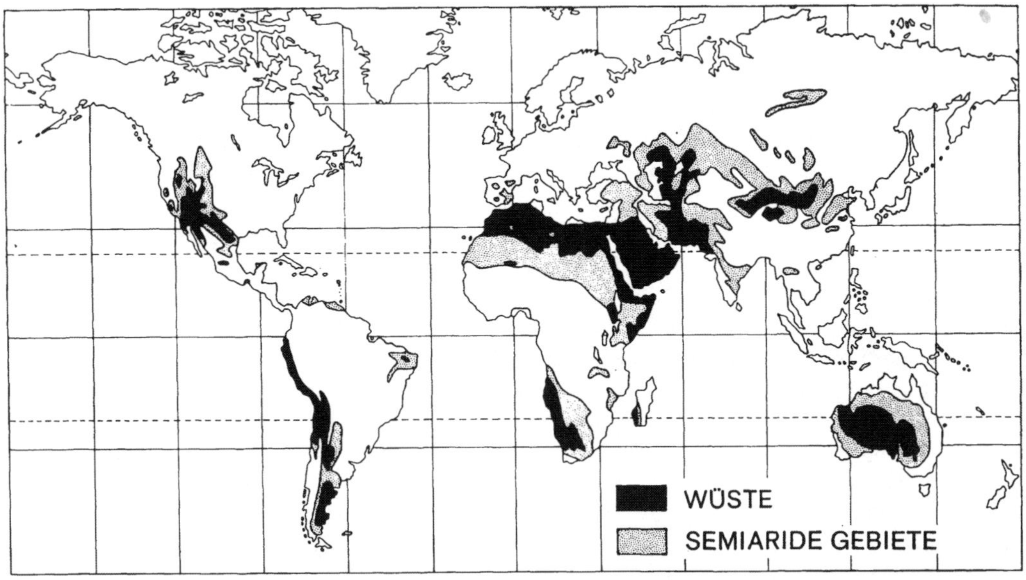

Abb. 165. Trockengebiete finden sich hauptsächlich in den Subtropen und den mittleren Breiten. Sie treten 1. unter den Hochdruck-Zellen der Atmosphäre auf, wo absteigende Luft sich erhitzt; 2. entlang Kaltwasser-Küsten, wo mit Feuchtigkeit beladene Luft (Dunst) auf das wärmere Land strömt; 3. auf der Leeseite höherer Gebirgsketten, wo absteigende Luft sich erwärmt. *(Nach: P. Meigs: Future of arid lands, 1956.)*

betragen; da aber der Verdunstungsbetrag gering ist, scheint die Tundra viel besser bewässert zu sein, als sie wirklich ist. Diese Illusion wird durch den Permafrost genährt, der das Oberflächen-Wasser davon abhält, sehr tief in den Untergrund einzusickern.

Diese Kältewüsten unterscheiden sich von den typischeren Trockengebieten der mittleren und niederen Breiten so sehr, daß wir sie aus diesem Kapitel herauslassen wollen, um uns auf die bekannte Wüstenform zu konzentrieren. Wie die Karte (Abb. 165) zeigt, verteilen sich die Trockengebiete der Erde — mit Ausnahme der Arktis — vorherrschend auf zwei Zonen, die beiderseits des Äquators hauptsächlich bei 30° Breite verlaufen, und sie zeigen die Tendenz, die Westseiten der Kontinente zu begünstigen.

Entgegen der volkstümlichen Vorstellung sind die meisten Wüsten keine riesigen, flimmernden Sandseen, durch die sich so malerische Gestalten wie Fremdenlegionäre hindurcharbeiten, während Scheiche auf temperamentvollen Hengsten vorbeifegen. Wenn auch viele Wüsten von Sand bedeckt sind, so trifft das für die Mehrzahl nicht zu. Die meisten Wüstengebiete sind eher weite Flächen nackten Gesteins oder steinigen Bodens, auf dem nur ein rudimentäres Bodenprofil entwickelt ist. Die Bodenfarben entsprechen weitgehend denjenigen des ursprünglichen Gesteins. Sie lassen die roten Tönungen tropischer Böden vermissen — besonders jener, die abwechselnd durchnäßt und ausgetrocknet werden — oder die schwarzen und dunkelgrauen Farbtöne humid-gemäßigter Bereiche, wo der organische Gehalt im Boden groß sein kann. Die ziegelrote Farbe, die wir mit Plätzen wie dem Grand Canyon und dem Monument Valley verbinden, rührt großenteils von der färbenden Substanz in den Gesteinen selbst her und nicht von sich dort etwa heute abspielenden Prozessen der Roterde-Bildung.

Es ist für viele Wüstengebiete, besonders für solche im Innern von Kontinenten, typisch, daß Flüsse, die in der Wüste entspringen, oft nachlassen und ganz versiegen, und zwar innerhalb der Wüste selbst. Dieses Verhalten von Flußläufen, die das Meer nicht erreichen, wird *„innere Entwässerung"* genannt; es ist eine ungewöhnliche Erscheinung für einen Besucher, der aus einer gut bewässerten Gegend mit durchgängig fließenden Wasserläufen kommt. Solche Wüstenflüsse schwinden einfach hinweg und versickern im Sand. Andere können hinreichend Wasser führen, um einen See am Ende ihres Laufes zu speisen. Da dieser See ohne Ausfluß ist, ist er fast immer salzig oder brackisch — das Tote Meer, das fast 400 m unter dem Meeresspiegel am Ende des Jordan-Flusses liegt, ist ein bekanntes Beispiel. Ein größerer Wasserkörper ohne Ausfluß ist das Kaspische Meer, das gegen 425 000 Quadratkilometer einnimmt; obgleich es von einem so mächtigen Strom wie der Wolga gespeist wird, erhält es nicht soviel Wasser, daß der unvermeidliche Verdunstungsverlust ausgeglichen würde und der See die niedrige Wasserscheide überschreiten könnte, die ihn vom Don-Fluß und vom Schwarzen Meer trennt.

In vielen ariden Bereichen der Erde, in denen sich das durch Flüsse herbeigebrachte Wasser nicht gegen die Verdunstung halten kann, vermögen Wüstenseen nur kurzlebige, jahreszeitliche Erscheinungsformen zu sein, sie können sogar Jahrzehnte hindurch völlig trocken liegen. Solche zeitweiligen Seen, die so charakteristisch für dürregeplagte Länder sind, heißen in den südwestlichen Vereinigten Staaten *„Playas"*. Dem Wort liegt eine erweiterte Anwendung des Begriffsinhalts des ursprünglichen spanischen Wortes für „Strand" oder „sandiges Flußufer" zugrunde. Manche Playas können grell leuchtende Flächen flimmernden Salzes sein, wie z. B. die Bonneville-Salzebenen bei Great Salt Lake in Utah, oder sie können weite, tote, flache, tonbedeckte trockene Seen darstellen — wie geschaffen für Landeplätze — eine so ideal ebene Oberfläche weisen sie auf!

Bedingungen der Wüstenbildung

Bevor wir in eine Betrachtung der Landschaftsformen in den Wüsten und der Natur der sich in ihnen abspielenden Prozesse eintreten, wird es gut sein, kurz zu überlegen, welche besonderen Verhältnisse dafür verantwortlich sind, daß einige Teile der Erd-Oberfläche keine normalen Regenhöhen aufweisen. Wenn wir die Polarbereiche mit ihren mangelhaften Niederschlägen beiseite lassen, bleiben drei Haupttypen arider Gebiete. Diese sind: 1. subtropische Wüsten; 2. Wüsten, die durch kalte Küstenströmungen in tropischen oder subtropischen Gebieten verursacht werden; 3. Windschatten-Wüsten.

Der breite Trockenstreifen, der quer über Afrika hinweg bis nach Indien zieht, gehört zur ersten Kategorie, und das gilt auch für ähnliche subtropische Trockenländer. Teilweise verdanken diese Wüsten ihre Existenz dem Vorhandensein anhaltender Hochdruck-Zellen in der Atmosphäre beiderseits des Äquators, wobei der Schwerpunkt etwa am Wendekreis des Krebses und dem des Steinbocks liegt. Da diese Zellen Bereiche absteigender und damit sich erwärmender und austrocknender Luft sind, werden die Landgebiete unter ihnen von anhaltender Trockenheit und ungewöhnlich hohen Verdunstungsbeträgen geplagt. Jahre mögen zwischen einzelnen Regenfällen in einer solchen Wüste wie dem Inneren Arabiens vergehen. Wenn in diesen tropischen Wüsten gelegentlich Regenfälle eintreten, dann können diese heftig sein; sie rühren gewöhnlich von einer Abschwächung des Hochdruck-Gebietes her und von einer entsprechenden Invasion maritim-tropischer oder äquatorialer Luft mit höherem Feuchtigkeitsgehalt.

In anderen Bereichen der Tropen werden Trockenländer durch die planetare Luftzirkulation hervorgerufen, die in Richtung auf den Äquator zu verläuft. Diese nahezu konstante Luftströmung, die über dem Meere besser ausgeprägt ist als über dem Festland (wo stärkere lokale Temperaturunterschiede bestehen können), führt den Namen *„Passatwinde"*. Diese Winde waren ein Segen für die Segelschiff-Kapitäne vor einem Jahrhundert; denn diese konnten sich darauf verlassen, daß sie fast ständig mit etwa der gleichen Stärke und aus der gleichen Richtung bliesen. Sie wehen sowohl auf der Nord- wie auf der Süd-Hemisphäre gegen die äquatoriale Kalmenzone. Infolge der Erdrotation werden diese Strömungen auf der Nord-Halbkugel nach rechts (wenn man mit dem Winde blickt) abgelenkt, wie das auch für andere sich bewegende Dinge, z. B. Meeresströmungen oder Projektile oder Wurfgeschosse, zutrifft. Das bedeutet, daß diese Winde, statt genau von Norden oder genau von Süden rechtwinklig zum Äquator zu wehen, nördlich des Äquators aus Nordosten und südlich von ihm aus Südosten kommen.

Wenn diese Passate oder andere ihnen ähnliche Winde über Landgebiete streichen, werden sie trocken; denn sie wehen aus kälteren Bereichen in wärmere. Die Fähigkeit der Luft, Wasser aufzunehmen, wächst mit der Temperatur; sie sinkt, sowie die Temperatur abnimmt. Wenn ein Luftstrom gezwungen wird, eine Gebirgskette zu übersteigen, die quer zu seiner Richtung liegt, dann kühlt er sich ab, und es regnet. Das zeigt sich sehr deutlich an hohen Inseln in Meeren mit Passatwinden. Dem Wind zugekehrte Hänge können — z. B. auf Hawaii — über 1000 cm Regen abbekommen (in einem Falle über 1500 cm), während Hänge auf der Leeseite Regenhöhen von nur 25 cm im Jahr aufweisen mögen.

Die durch kalte Küstenströmungen erzeugten Wüsten sind wohl der uns am wenigsten bekannte Typ. Solche Wüsten gedeihen entlang Küsten und Kontinenten mittlerer Breiten, wenn ihre Ufer von kalten Küstenströmungen bespült werden, wie z. B. dem Humboldt-Strom vor der Atacama-Wüste von Chile und Peru oder dem Benguela-Strom vor der Kalahari-Wüste Südwest-Afrikas.

Diese Wüsten sind außerordentlich eindrucksvoll wegen der sehr dramatischen Klimagegensätze, die auf extrem kurze Entfernungen hin bestehen können. Die Atacama-Wüste gehört zum Beispiel zu den trockensten Ländern der Erde, aber ihr seewärtiges Randgebiet ist von einer wirklich ununterbrochenen, grauen Nebelwand verhüllt. Die Winde, die über die kalten Wässer des Küstenstroms blasen, kühlen sich ab; ihr Wasserdampf kondensiert sich, und so steht eine anscheinend ewige Nebeldecke über dem Meer. Sobald dieser Nebel landwärts treibt, wo die Lufttemperatur höher ist, löst er sich fast unverzüglich auf; die Wasseraufnahme-Fähigkeit der Luft nimmt ja zu und nicht ab, sowie sie sich über das erwärmte Land bewegt. Eine dünne Hochnebel-Decke mag sich höher an den Anden-Hängen bilden, was zur Folge hat, daß zum Beispiel Lima eine nüchterne, herb-aussehende Stadt mit einem dünnen, ununterbrochenen Bahrtuch grauen Hochnebels ist, der sich darüber ausbreitet. Die Sonne scheint selten, doch ist Regen gleichfalls selten; er beträgt im Mittel vielleicht 5 cm im Jahr.

Eine dritte Ariditätsursache ist dann gegeben, wenn sich eine Gebirgsschranke einer feuchten Luftströmung in den Weg stellt. Ein bezeichnendes Beispiel bildet im westlichen Nordamerika die Wüste, die sich im sogenannten Regenschatten der Sierra Nevada in Kalifornien ostwärts erstreckt. Das Profil (Abb. 166) durch diesen Teil Zentral-Kaliforniens längs der Breite von San Franzisko verdeutlicht den großen Unterschied zwischen dem Niederschlag am Westhang der Sierra Nevada und dem Boden der Nevada-Wüste.

Wenige Wüsten gehen auf eine Einzelursache zurück, die unter Ausschluß aller anderen wirkte. Die Hochwüsten von Asien passen nicht in die oben dargestellten Kategorien. Sie könnten wohl kaum weiter von warmen oder kalten Küstenströmungen entfernt sein, und sie liegen völlig außerhalb des subtropischen Hochdruck-Gürtels. Zu den Faktoren, die zu ihrer Entstehung beigetragen haben, gehören sicher der sie umschließende Ring

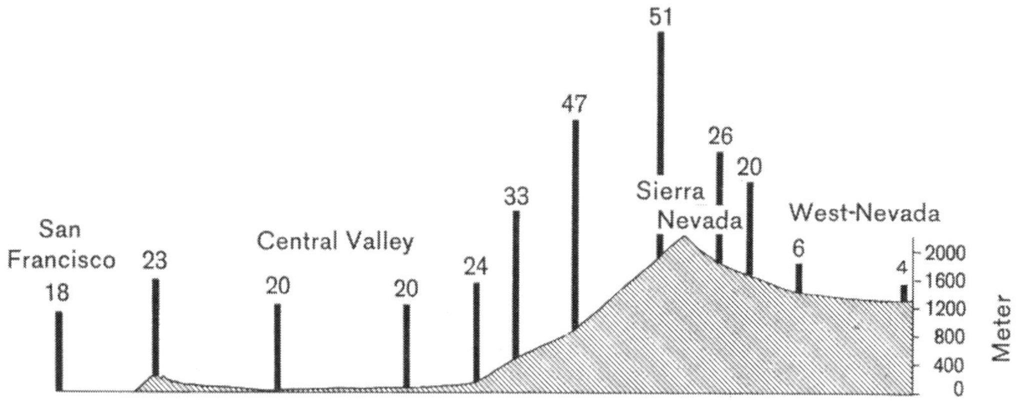

Abb. 166. Die Gesamt-Regenmengen an Beobachtungsstationen auf einer vom küstennahen Kalifornien über die Sierra Nevada nach West-Nevada führenden Linie zeigen die Wirkung der Gebirgsbarriere durch sich verringernde Niederschlagsmengen zur Leeseite hin.

von Gebirgen, der große Abstand dieses „Daches der Welt" vom Meer — die letzte Quelle des Niederschlags-Wassers — und die nördliche Lage dieses Wüstenlandes, die es klimatisch in einem Teil der Erde plaziert sein läßt, wo der Luftdruck relativ hoch ist und wo kühle und trockene Luft aus den höheren Niveaus der Atmosphäre absinkt. Dieser letzte Umstand trägt auch zur Ausbildung vieler subtropischer Wüsten bei.

Zusammenfassend können wir sagen, daß Wüsten keine einheitliche und einfache Entstehungsursache haben. Ihre Ursachen sind kompliziert, aber die Wüsten sind den Versuch, sie verstehen zu lernen, wert, nicht nur um ihrer selbst willen als einer wissenschaftlichen Aufgabe, sondern auch, weil die Zukunft der Menschheit in so starkem Maße von der Nutzbarmachung der ariden Gebiete abhängt. Eine gleichfalls interessante Frage lautet, ob die Grenzen der Wüsten stationär sind oder ob sie sich einengen oder ausweiten. Wie wir im Kapitel XX sehen werden, hat sich das Klima der Erde in historischer

Abb. 167 A. Die heutigen Wüstengebiete Nordafrikas und des Nahen Ostens waren noch vor wenigen Jahrtausenden Plätze blühender Kulturen, wie z. B. Leptus Magnus in Libyen, das heute isoliert in einer Sandwüste liegt. *(Phot.: A. E. L. Morris.)*

Abb. 167 B. Ein anderes Beispiel für die Ausdehnung der Wüste ist Mirgissa im Sudan, in der Nähe des zweiten Nil-Kataraktes, das auf die Zeit von 1500 bis 1300 v. Chr. zurückreicht.
(Phot.: C. W. Meighan.)

Zeit langsam geändert. Das trifft in besonderem Maße für Wüsten zu; die überzeugendsten Beweise dafür stammen großenteils aus der Sahara und dem Mittleren Osten (Abb. 167). Artefakte, Stein-Werkzeuge und Felsmalereien von außerordentlicher Feinheit und Kultiviertheit bezeugen die Anwesenheit des prähistorischen Menschen in Räumen, die heute öde Flächen der Sahara sind. Zu einer späteren Epoche stellten weite Teile dieser unfruchtbaren Gegend die Kornkammern Roms dar, und Kolonialstädte aus dieser Zeit sowie Straßen, auf denen die Legionen marschierten, sind nun von Treibsand überschüttet. Die Expansion der Wüste durchriß den dünnen Faden der Verkehrswege und trennte so die Kulturen der mediterranen und der afrikanischen Welt. Danach hatten die beiden anscheinend jahrhundertelang nur eine verschwommene, ungewisse Kenntnis voneinander, und erst nach dem Aufkommen der Kamelkarawanen wurde die Landverbindung wiederhergestellt. Bis zu dieser Zeit hatte sich jede der beiden Kulturen in einer verschiedenen Richtung entwickelt.

Flußerosion in einem ariden Gebiet

Welche Umstände außer der Trockenheit verleihen den Wüsten der Erde ihre Sonderstellung gegenüber mehr begünstigten Landstrichen? Wenn es auch paradox erscheinen mag — das Hauptagens, das für die Gestaltung der Landformen einer Wüste verantwortlich ist, ist fließendes Wasser, genauso wie in humiden Gebieten. Rätselhaft bleibt in der Tat, wie all die Arbeit geleistet werden konnte, die nötig war, um die enormen Gesteinsmengen zu entfernen, die einst die Canyons von Wüstengebirgen erfüllten, oder um die Gebirge selbst zu formen oder gar, um sie völlig zu nackten Felsflächen abzutragen, die sich endlos weit bis zum leeren Horizont ausdehnen — wenn überhaupt keine Wasserläufe in diesem anscheinend zeitlosen Land zu bestehen scheinen.

Ein Teil der Antwort wurde wohl mit den kurzen Darlegungen im unmittelbar voraufgehenden Abschnitt gegeben. Nicht alle Landschaftsformen sämtlicher Wüsten wurden notwendigerweise unter denjenigen Klimabedingungen geschaffen, die wir in ihnen heute antreffen; sie können in gewissem Sinne fossile Landschaften sein, Überreste von Erosionsformen, die in einer humideren Zeit als die unsrige ausgemeißelt wurden. Wir werden eine Auswirkung rezenten Klimawechsels etwas weiter unten kennenlernen, wenn wir über die pleistozänen (eiszeitlichen) Seen der Wüste sprechen. Ihre ehemaligen Küstenlinien umgürten die Hänge mancher Gebirge, und ihre Salzablagerungen überziehen als weiße Decke die Böden vieler Wüstenbecken in den westlichen Vereinigten Staaten.

Indessen geschah nicht alle Erosion der Wüstenlandschaften in ferner geologischer Vergangenheit und unter Klimaverhältnissen, die der gegenwärtigen Welt fremd sind. Fast alle Wüsten haben etwas Regenfall, selbst wenn zehn oder fünfzehn Jahre zwischen den Schauern liegen mögen.

Natur des Abflusses

Im Gegensatz zur populären Vorstellung sind Wolkenbrüche in ariden Ländern relativ selten — sie sind sehr viel häufiger dort, wo der Niederschlag am größten ist, wie das zum Beispiel in den regenreichen Tropen oder den Staaten an der südatlantischen Küste der Fall ist. Wenn ein mäßiger Regen auf die Wüste fällt, darf man die Verhältnisse wohl mit einem Wolkenbruch in einem humideren Gebiet vergleichen und auch eine entsprechend wirksame Erosionsarbeit annehmen; denn es fehlt eine Vegetation, die die Hänge vor der Spritzwirkung der Regentropfen schützt, vor der Auswaschung von Rillen und vor dem schnellen Einschneiden von Runsen und Schluchten, die eine so typische Nachwirkung von Wüsten-Wolkenbrüchen sind.

Jemand, der in einen solchen plötzlichen Regenguß gerät, kann eine unvergeßliche Erfahrung machen, nämlich dann, wenn es ihm nicht gelingt, eiligst auf höhergelegenes Terrain zu flüchten. In Augenblicksschnelle füllt sich ein sandiges Trockental, das von niedrigen, aber steilen Böschungen eingefaßt ist, mit einer wogenden, schlammbeladenen Flut. Ein solcher Strom wirbelt und strudelt heftig dahin, wobei er eine große Masse Schutt mit sich schleppt. Derartige Blitzüberschwemmungen machen Wüsten unpassierbar, bis die Bäche wieder leerlaufen. Das tun sie fast ebenso schnell, wie sie sich füllten; denn sie erhalten keinen kontinuierlichen Wassernachschub, wie das in Gebieten mit reichlichem Regen und stetig fließenden Quellen der Fall ist. Wenige Stunden der Wüstensonne ausgesetzt, kann ein Talboden, der von 2,5 m Wasser bedeckt war, bald wieder trockener Sand sein, unterbrochen nur durch gelegentliche Pfützen schlammigen Wassers.

Solche Wildbach-Hochwässer — wie diese kurzfristigen der Wüste — können gelegentlich über die niedrigen Ufer der Wüsten-Trockentäler treten und sich als Fläche schmutzigen, turbulenten Wassers über den Wüstenboden ausbreiten. Eine solche *Flächen-Überschwemmung* entfaltet eine außerordentliche Wirksamkeit, lockeres Sediment mitzureißen und es rundum über die Landschaft hin zu verstreuen.

So halten Wüsten ein seltsames Gleichgewicht, wenn man ihre Erosionsbeträge mit denen humider Gebiete vergleicht. Viel weniger Regen fällt in ariden Gebieten, aber die Hänge sind gleichzeitig viel verwundbarer, da ihnen der stabilisierende Einfluß der Vegetation fehlt. Plateaus oder Hänge mit zahlreichen großen und kleinen Schluchten darin sind charakteristische Elemente der Wüstenlandschaften.

Ablagerungsformen

Wo immer Erosion stattfindet, da ist Ablagerung nahe dabei. Das trifft besonders für aride Gebiete zu; denn hier können gewöhnliche Wasserläufe nicht aus dem Bereich der Wüste entkommen. Ihr Wasser versickert im Untergrund auf den sandigen Strecken

Abb. 168. Die Oberfläche eines Schuttfächers im Death Valley (Kalifornien) ist von einem Flechtwerk kleiner Rinnsale überzogen. Austrocknende Tonlinsen haben begonnen zu zerreißen und sich zu krümmen. *(Phot.: Philip Hyde.)*

ihrer eigenen, normalerweise trockenen Flußbetten, oder es verdunstet, oder es wird von wild konkurrierenden wassersuchenden Pflanzen, wie Mezquite-Sträuchern und Tamarisken, aufgesaugt, die die Ufer vieler Wüsten-Wasserläufe einfassen. Ein erheblicher Teil der Wüstenlandschaft wird von Flußablagerungen beherrscht, großenteils infolge der Unfähigkeit des fließenden Wassers, große Schuttmengen aus den Wüstenbecken heraus und zum Meere hin zu befördern.

Eine sehr charakteristische Landschaftsform der Wüste ist der *„Schuttfächer"*. Es sind das Ansammlungen von Geschieben, Kies und Sand, die von Trockenklima-Flüssen abgelagert wurden; sie beginnen an der Stelle, wo ein solcher Wasserlauf das von festem Gestein eingefaßte Gerinne, das er sich selbst in den Bergen ausgefurcht hatte, verläßt und in das Becken zu ihren Füßen eintritt. Die Strömungsgeschwindigkeit verringert sich weiter, weil viel Wasser in den porösen, sandigen Bodenschichten des Fächers versickert, wodurch sich das Volumen vermindert, das einer der die Geschwindigkeit bestimmenden Faktoren ist. Der Fluß wird schnell überladen, sobald er in den Fächer gelangt. Seine Fracht vermindert sich nicht, aber sein Volumen schwindet schnell. Das Hauptbett zerteilt sich sehr rasch in eine Schar von Zweigflüssen und nimmt eine Zopfform an, die der in Kapitel XIII beschriebenen ähnelt.

Abb. 169. Die sanft abfallende Aufschüttungsfläche längs der Ostflanke der Sierra Nevada am Owens Valley (Kalifornien) besteht aus einer Serie sich überlappender Schuttfächer, die eine *Bajada* bilden. Man beachte die Größe der über 3 km vom Gebirgsrand entfernt liegenden Blöcke im Vordergrund; nach Osten (links) machen sie feineren Sedimenten Platz. *(Aus der Cedric Wright Collection; vom Sierra Club freundlich zur Verfügung gestellt.)*

Flüsse mögen in Hochwasser-Zeiten fähig sein, die Fächer zu durchqueren, aber bei normalen Bedingungen versickern sie im sandigen Untergrund fast so schnell, wie sie das anstehende Gestein der Gebirge verlassen. Fast immer bedeutet es für die Besucher eines trockenen Landes eine Überraschung, einen Fluß dahinsiechen zu sehen, wie er stromab dünner und dünner wird und schließlich völlig verschwindet — ganz im Gegensatz zu den Flüssen humider Klimabereiche, bei denen das Wasservolumen stromab zuzunehmen pflegt.

In Wirklichkeit ist das Wasser nicht verschwunden, sondern es zirkuliert langsam durch die Porenräume im Schuttfächer. Weiter abwärts im Fächer, wo das Material feiner ist — hauptsächlich Sand und Schluff —, ist die Durchlässigkeit geringer. Auch vermindert sich das Gefälle, und die Dicke des Fächers verringert sich in entsprechender Weise. Alle diese Faktoren führen dazu, daß Wasser, das im Mittelteil des Fächers tief im Untergrund steht, an dessen unterem Ende zur Oberfläche gedrängt wird. Hier kann es in Quellen oder *„Naßgallen"* bzw. *„Cienegas"* (spanisches Wort für *„sumpfigen Boden")* hervortreten, die sich in der Wüste meist durch Mezquite-Sträucher kennzeichnen; diese gehören zu den besten Hinweisen auf Wasser im ariden Südwesten der Vereinigten Staaten.

Wenn sich zunächst ein einzelner Schuttfächer an der Basis einer Bergkette in der Wüste zeigt, dann werden dort wahrscheinlich auch noch weitere sein — tatsächlich ist zu erwarten, daß je einer an der Mündung eines jeden Hauptttales auftritt. Diese Fächer überlappen einander wie Palmwedel, um eine nahezu kontinuierliche Schürze zu bilden, die sich von der Gebirgsfront zum Beckenboden hin abflacht (Abb. 169). Eine solche zusammengesetzte Fläche, die aus miteinander sich verzahnenden oder zusammenwach-

Abb. 170. Ein Wüstenbolson bei Jean im südlichen Nevada; man erkennt die abgeschlossene Natur des Beckens, die umgrenzenden Berge, die teilweise unter ihrem eigenen Schutt begraben sind, und die *Playa* in der Mitte des Beckens. *(Phot.: John S. Shelton.)*

senden Schuttfächern besteht, heißt *„Bajada"* (ein spanisches Wort, das „bachada" ausgesprochen wird und soviel bedeutet wie *„allmählicher Abstieg"*).

Durch eine Bajada auf einer Straße zu fahren, die parallel dem Rand eines Gebirges und nahe an seinem Fuße verläuft, ist ein einzigartiges Erlebnis. Die Straße steigt und fällt beständig, ganz als ob sie über eine immense Bodenschwelle im Meer gelegt wäre. Die hohen Stellen liegen gegenüber den Talmündungen, wo die Straße die Achse des Fächers erreicht; die niedrigen Stellen befinden sich etwa in der Mitte zwischen den Talmündungen, wo die Straße die Vertiefung quert, die zwei Fächer trennt.

Ein Wüstenbecken, das von Gebirge umsäumt ist, deren untere Hangabschnitte teilweise unter ihrem eigenen Schutt begraben liegen, heißt *„Bolson"* (Abb. 170). Dieses ist ein spanisches Wort, das „Geldbeutel" bedeutet; es wird aber örtlich in den südwestlichen Vereinigten Staaten für ein von Gebirgen umgürtetes Wüstenbecken oder -Tal ohne Ausfluß verwendet; mit anderen Worten: ein Bolson ist ein abgeschlossenes Becken mit interner Entwässerung. In einem humiden Gebiet — wo die Niederschläge größer als die Verdunstung sind — würde ein solches Becken von einem See eingenommen sein, dessen Wässer ansteigen würden, bis sie an der niedrigsten Stelle des Beckenrandes überlaufen.

Das kann in einer Wüste nicht geschehen. Da dort mehr Wasser verdunstet als herniederregnet, kann sich ein großer, sich kontinuierlich ausweitender Dauersee nicht bilden. Trotzdem gibt es Seen in Wüsten, und manche, wie der große Salzsee, sind weltbekannt. In charakteristischer Weise verschieben sich ihre Küstenlinien bei Klimaänderungen, und ihre Wässer sind salzig. Manchmal, wie beim Großen Salzsee, wo sich das umgebende Gebiet hauptsächlich aus Sedimentgesteinen aufbaut, ist die Haupt-

Lösungskomponente im Wasser NaCl. In anderen Gebieten, wo das lösliche Material in der Hauptsache auf die Erosion vulkanischer Gesteine zurückgeht, kann das Wasser einen viel höheren Gehalt an Na_2CO_3 (Natriumkarbonat) aufweisen. Da alle lösliche Substanz, die die Gesteine eines Wüstengebietes zu liefern vermögen, in einen solchen See gelangen kann, kann es nicht wunder nehmen, daß manche Wüstenseen natürliche chemische Fabriken sind. Salzseen in Vulkangebieten pflegen besonders reiche Quellen ungewöhnlicher Substanzen zu sein, einschließlich Kalisalzen und — so in der östlichen Wüste Kaliforniens — Borverbindungen.

Während eines Trockenklima-Zyklus kann ein solcher See völlig verdunsten; er läßt dann einen blendend-weißen Rückstand von Salzen zurück, darunter komplexen Chloriden, Sulfaten und Karbonaten. Die Oberfläche einer solchen Salzschicht kann glatt oder sehr rauh sein — letzteres, wenn sie der Auflösung unterliegt. Das unglaublich zackige Gelände aus Salzspitzen am Boden des Death Valley (Abb. 171), das 100 m unter dem Meeresniveau liegt, zu durchqueren, war eine fürchterliche Strapaze für die erste Emigrantengruppe mit ihren abgenutzten Wagen und zähen, geduldigen Ochsen.

Die Playas („Salzpfannen"), die wir soeben behandelt haben, sind salzhaltig, und diese chemisch komplizierten Ansammlungen löslicher Salze bestehen aus: 1. dem Rückstand, der bei der Verdampfung einst größerer Seen zurückblieb, oder 2. der Salzansammlung, die sich allmählich am Ende eines im wesentlichen dauernd fließenden Wüsten-Stromsystems aufbaut. Es gibt einige Wüstenflüsse, die das Jahr hindurch einen ziemlich kontinuierlichen Wasserstrom aufweisen, selbst wenn dieser unterirdisch durch den porösen Sand und Kies des Flußbetts erfolgt und so an der Oberfläche überhaupt nicht sichtbar ist. In Wirklichkeit sind die meisten Salzpfannen Kombinationen der beiden Typen. Eine große Anzahl von ihnen stellt die Böden ausgetrockneter Seen dar, und sie liegen auch am Ende eines salzigen Dauerflusses. Das trifft zum Beispiel für das Death Valley zu, das einst einen See von fast 200 km Länge enthielt; die davon übrig gebliebene Salzpfanne liegt denn auch am Ende des Amargosa River, dessen Name recht passend ist, da er „Bitterfluß" bedeutet.

Ton-Playas pflegen mehr in kleineren, isolierten Bolsons aufzutreten, statt in größeren Becken am Ende eines langen und gut entwickelten Entwässerungssystems. Den größten Teil des Jahres hindurch sind sie trocken, und ihre Oberfläche ist dann so hart gebacken wie Ziegel; in der Tat, sie stellen ideale Not-Landeplätze dar. Auch läßt sich der gesamte Seeboden in einen riesenhaften, vielschneisigen Flugplatz umwandeln, wie der 24 km lange Roders Dry Lake beim Edwards-Luftstützpunkt im östlichen Kalifornien.

Wenn ein typischer kurzlebiger Regenguß vorüber ist, verschwinden die Wüstenflüsse wieder so, wie sie ins Dasein treten. Dann kehren die Bachbetten wieder zu ihrem anscheinend unveränderlichen Zustand trockenen Treibsandes zurück, der zwischen steilen Fluß- oder Canyon-Wänden eingeschlossen ist. Die Playa mag etwas länger aushalten, aber schließlich verdunstet ihr trübes, dunkel gefärbtes Wasser, oder es versickert im Untergrund. Bevor das geschieht, hat sich die suspendierte Fracht fein zerteilter Schluff- und Tonpartikel über den ganzen Körper des zeitweiligen Sees ausgebreitet. Wenn der

---

←

Abb. 171. Der Devil's Golf Course im Death Valley (Kalifornien) besteht aus Salzen — komplexen Chloriden, Sulfaten und Karbonaten —, die sich im Manley-See, dem Endglied eines langen Entwässerungssystems, anreicherten. Die Salze wurden ausgefällt, während der See verschwand. *(Phot.: Ansel Adams.)*

Abb. 172. Die sanfte Böschung, die zum Fuße der Oro Grande Mountains bei Mojave (Kalifornien) hinaufführt, stellt weithin eine nackte Fels-Oberfläche dar. *(Phot.: John S. Shelton.)*

See verschwunden ist, wird so sein neu aufgetauchter Boden zu einer toten, flachen Ebene gleichmäßig verteilten, bräunlich gefärbten, feinkörnigen Sediments. Sehr oft schrumpft außerdem die Oberflächen-Schicht aus Playa-Ton, sowie sie austrocknet; sie zerfällt dabei in Tausende kleiner, polygonal umgrenzter Scherben. Diese haben in vieler Hinsicht die gleiche Art der Anordnung, wie man sie an den Enden von Basaltsäulen sieht, wie zum Beispiel im Devil's Postpile (Abb. 29, S. 67). Beide Muster sind das Ergebnis des Schrumpfens. Im Falle des Basalts ist es der Volumenschwund infolge der Abkühlung; bei den Playa-Tonen ist es der Wasserverlust.

Erosionsformen

Eine eigentümliche Landschaftsform, die für die ariden Südweststaaten der USA typisch ist, und zwar besonders für den Gadsden-Purchase-Abschnitt Arizonas südlich des Gila-Flusses, ist das *„Pediment"*. Pedimente sind Gesteinsflächen, die völlig entblößt sind und sich flach von den wenig hohen Wüstenbergen fort gegen den niedrigeren zentralen Teil des Bolsons neigen. Aus der Entfernung sehen diese weiten, umfassenden Oberflächen wie eine gleichförmig geneigte Bajada oder wie eine aus sich verzahnenden Schuttfächern zusammengesetzte Schürze aus und nicht wie das Produkt einer langwährenden Abtragung und Forträumung vieler Tausende Kubikmeter Untergrund-Gesteins.

Pedimente wurden in den Vereinigten Staaten erstmals von W. J. McGee (1897) beschrieben, einer der malerischsten Gestalten unter den forschenden Geologen Amerikas. Er war über ihre wahre Natur so überrascht wie nur einer:

„Bei der ersten Expedition des ‚Bureau of American Ethnology' (im Jahre 1894) wurde mit Überraschung bemerkt, daß die Hufeisen der Pferde an eingeebneten Granit oder Glimmerschiefer oder andere Gesteine schlugen, und zwar in quer verlaufenden Ebenen, 5 oder 8 Kilometer von den Bergen entfernt, die selbst scharf aus diesen Ebenen ohne zwischengeschaltete Vorhöhen aufragten; erst nachdem dieses Phänomen an beiden Flanken verschiedener Bergketten und rund um mehrere Einzelberge herum beobachtet worden war, wurde diese Beziehung (zwischen dem Umfang des eingeebneten Untergrunds und der Dicke der Alluvionen) verallgemeinert, und dann schien die Verallgemeinerung so wenig mit den Gegebenheiten in anderen Distrikten vereinbar zu sein, daß sie nur mit Vorbehalt — selbst im Gespräch — geäußert wurde."

Diesen weit abgetragenen Gesteins-Oberflächen gab McGee den Namen *„Pediment"*. Niemand weiß heute, was er im Sinne hatte, als er diesen Begriff prägte. Vielleicht meinte er ihn in der Bedeutung von „Piedestal"; denn diese weiten Flächen erodierten Festgesteins sind Sockel, auf denen der übriggebliebene, aber bald auch vergehende Überrest einer Wüsten-Bergkette steht. Bei dieser Namendeutung wäre das Wort vom lateinischen *pes, pedis* (= Fuß) abzuleiten.

Der Begriff „Pediment" wird in anderer Bedeutung in der Architektur gebraucht, und möglicherweise wurde er aus diesem Fach entlehnt. An einem griechischen Tempel ist das Pediment das dreieckige Feld des Gebäudes unter dem Dach und über den Säulen (Abb. 173). Das Wort wurde in diesem Sinne in der modernen Architektur während des 17. Jahrhunderts verwandt; sein begrifflicher Inhalt geht auf das griechische und letztlich ägyptische Wort „Pyramide" zurück. In gewisser Weise haben Wüstenpedimente eine Pyramidenform — sie sind eine Art Gegenstück zur Fassade eines Tempels, in dem die Siegesfrüchte und Jagdtrophäen einst so plastisch zur Schau gestellt wurden. Das Diagramm (Abb. 173) zeigt, wie die Piedestal-ähnliche Gesteins-Oberfläche zwischen dem Überbleibsel des Gebirges und der Playa in der Tat einen pyramidenförmigen Querschnitt aufweist.

Nicht nur ist der Ursprung des Wortes selbst ungewiß, sondern es wurde auch in den letzten 60 Jahren eine beträchtliche Energiemenge bei Erörterungen über die Entstehung der Pedimente aufgewandt. Um die komplizierte Geschichte von Pedimenten stark zu vereinfachen, sollten wir kurz einige ihrer Elemente definieren, bevor wir uns in eine Diskussion über ihren Ursprung stürzen. Das Diagramm von Abb. 173 ist ein Querschnitt durch ein typisches Pediment. Die Berge oder die *„Sierra"* steht als zersägter Rest inmitten einer weiten Fläche eingeebneten Festgesteins. Über diese Gesteinsfläche können einige übriggebliebene isolierte Ausläufer der zentralen Sierra herausragen, und diese führen — auch im englischen Schrifttum — den bezeichnenden deutschen Namen *„Inselberge"*.

Zu bemerken ist auch, wie der nach oben konkave Hang des Pediments allmählich seine Form ändert, sowie er beckenwärts unter den sich verdickenden Keil der Bajada gelangt. Dort soll, wie manche vermuten, die Festgesteins-Oberfläche nach oben konvex werden; dieser verhüllte Abschnitt der Gesteins-Oberfläche trägt den etwas verwickelten Namen *„suballuviale Bank"*. Ihre Existenz ist zwar nicht bewiesen worden, aber es gibt Argumente für ihr Vorhandensein; sie wurden 1915 von dem kalifornischen Pioniergeologen A. C. Lawson dargelegt und lauten folgendermaßen:

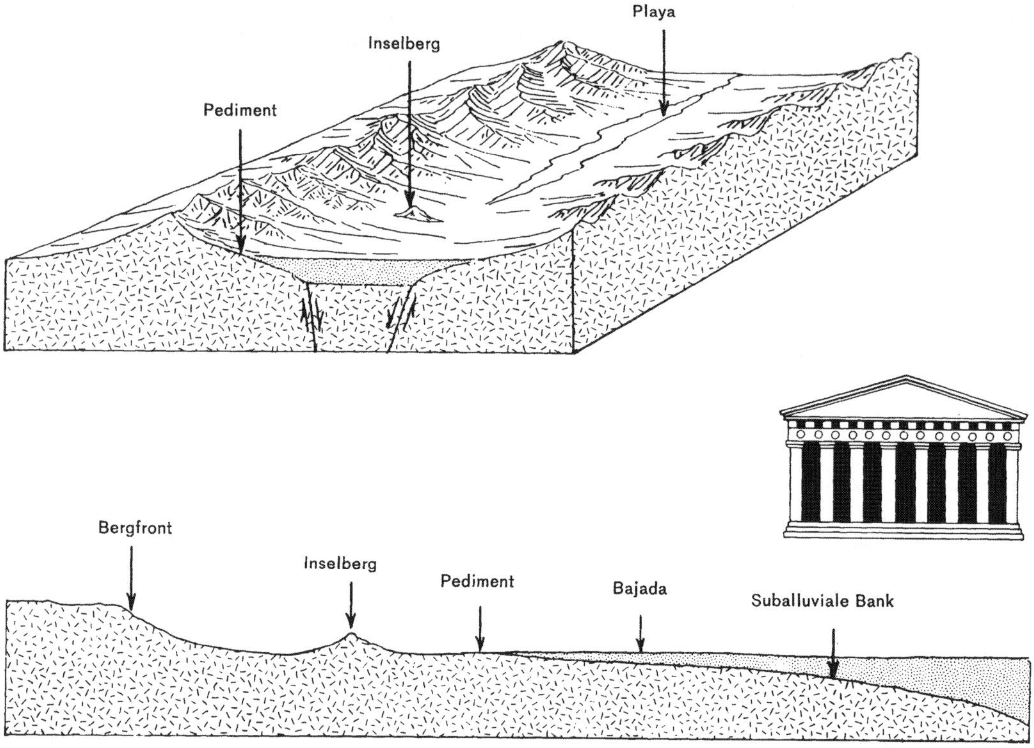

Abb. 173. Die Anordnung der Oberfläche nackten, anstehenden Gesteins, des „Pediments", in Beziehung zu den wichtigsten geomorphologischen Formen abgeschlossener Becken arider Gebiete von Art des amerikanischen Südwestens. Man beachte, daß die Sedimente, die von den umrahmenden Hügeln stammen, weitgehend in den Becken „eingefangen" werden; nur die feinstkörnigen Teilchen werden vom Wind fortgetragen.

Sowie eine steile Gebirgsfront infolge der Erosion zurückweicht, sammelt sich der bei ihrem Rückzug hinterlassene Schutt im Wüstenbecken zu ihren Füßen an. Da ein solches Becken, wie wir weiter oben in diesem Kapitel sahen, keinen Ausfluß hat — das heißt, es hat eine interne Entwässerung —, baut sich die Sedimentsäule auf, während die Gebirgsfront rückschreitet. Die Stärke des Nachschubs vermindert sich jedoch in dem Maße, wie die Gebirgsmasse durch den Rückzug auf allen Seiten schwindet, und ebenso nimmt der Betrag ab, um welchen sich das Becken auffüllt. Der überdeckte Teil des Pediments, die suballuviale Bank, entwickelt eine nach oben konvexe Kurve, da diese systematische Verminderung des Füllungszuwachses einer Exponentialkurve gehorcht.

Um es kurz zu fassen: Zwei Voraussetzungen müssen erfüllt sein, wenn diese Erklärung wirklich zutrifft. Die eine ist ein aufsteigendes Basisniveau und eine Überdeckung der beckenwärts gelegenen Seite des Pediments. Die andere besagt, daß die Gebirgsfront im groben parallel zu sich selbst rückschreitet, wobei sie ständig im wesentlichen die gleiche Hangsteilheit behält. Mit anderen Worten: Wenn sich erst einmal ein Gleichgewichtshang bei einem gegebenen Gesteinstyp und in einem bestimmten Milieu, wie demjenigen der Wüste, entwickelt hat, dann hat der Hang die Tendenz, bei seiner Rückverlegung den gleichen Winkel beizubehalten. Dieses Verhalten ist völlig verschieden von der Weise, wie Berge in humideren Gebieten vergehen sollen; wir werden das am Ende dieses Kapitels in dem Abschnitt sehen, der den ariden Erosionszyklus behandelt.

Die kritische Frage lautet also: Wie zieht sich die Gebirgsfront zurück? Nach Lawson und seinen Nachfolgern in späteren Jahren ergibt sich dieser Abtrag aus der Tätigkeit zahlreicher kleiner Wasserrisse, verbunden mit den Besonderheiten des Wüstenregens. Gesteine wie Granit, die unmittelbar aus festem Fels in Mineralkörner zerfallen, sind schneller Beseitigung und gleichzeitig der Erhaltung steiler Gebirgsfronten sehr zuträglich.

Der Hauptwiderspruch gegen Lawsons Theorie kam von D. W. Johnson (1932), der damals Professor an der Columbia-Universität war; er glaubte, daß Pedimente ihre Entstehung dem seitwärtigen Einschneiden oder der „lateralen Einebnung" durch fließendes Wasser im Raum zwischen der Gebirgsfront und der Playa verdanken. Das Pediment würde in sanfter Weise im wesentlichen durch solche seitwärts hin und her pendelnden Flüsse eingeebnet und nicht durch eine Vielzahl eng benachbarter, wenig tiefer Rinnen. Nach Johnson wird die Gebirgsfront zurückverlegt oder unterschnitten durch seitwärts ausholende Flüsse zu einer Zeit, da sie sich an den Enden des Bogens befinden, durch den sie frei schwingen. Wenn Johnsons Theorie wahr wäre, würden solche Ströme eine Pediment-Oberfläche schaffen, die in einem Profil parallel zur Bergfront nach oben konvex wäre, in gleicher Weise, wie das für einen Schuttfächer zutrifft, und aus diesem Grunde nannte er eine solche Landschaftsform *„Gesteinsfächer"*. Der bedeutendste Unterschied ist hier, daß ein Gesteinsfächer nicht aus Einzelgesteinen besteht, wie das für einen Schuttfächer gilt, sondern aus Felsgestein, und daß er völlig ein Ergebnis der Fluß*erosion* ist und nicht ein solches der Fluß*sedimentation.*

Nach Johnson sollte ein Pediment parallel zu den Flüssen, die es durchqueren, einen Longitudinalschnitt aufweisen, wie ihn Abb. 174 A zeigt. Man beachte, daß er keine aufwärts-konvexe suballuviale Bank aufweist, die Lawson fordert (Abb. 174 B). Sowie die Gebirgsfront durch seitwärts schwingende Wasserläufe zurückverlegt wird, werden die Basen der Bergrücken, die gegen den Bolson geneigt sind, scheibenweise abgeschnitten und ständig versteilt.

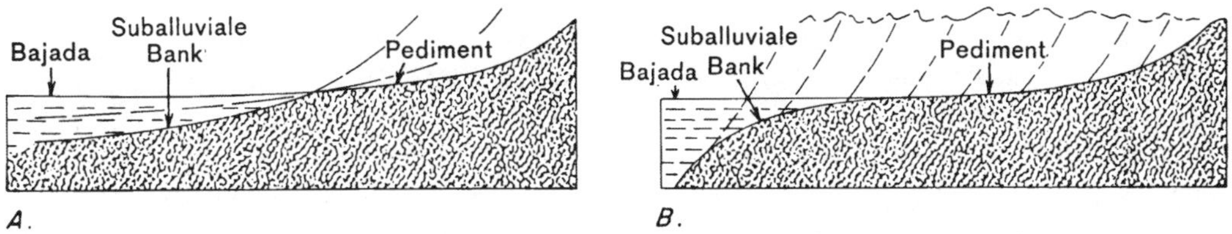

Abb. 174. Gegenüberstellung der Deutung der Entstehung von Pedimenten durch W. D. Johnson (oben) und durch A. C. Lawson (unten). Ist der suballuviale Boden konkav oder konvex? *(Nach: Yi-Fu Tuan: Pediments in South East Arizona, Univ. Calif. Publ. in Geol., 13.)*

Man vergleiche die beiden Diagramme (Abb. 174 A u. B)! Sie sind ein interessantes Beispiel für die Probleme, denen wir in der Geologie ständig gegenüberstehen. Entlang der Boden-Oberfläche sehen beide Profile gleich aus. Aber im Untergrund unterscheiden sie sich erheblich. Der eine Querschnitt hat eine nach oben konvexe Fels-Oberfläche, der andere dagegen nicht. Beide zeigen das dachziegelartige, schrittförmige Übergreifen der Bajada-Schotter auf das Pediment als eine unmittelbare Auswirkung des ansteigenden Basisniveaus, was seinerseits eine Folge der internen Entwässerungsform ist.

Um zwischen diesen beiden Hypothesen hinsichtlich der Entstehung der Pedimente entscheiden zu können, ließe sich als einfacher Test eine Reihe von Bohrlöchern von der

Sierra nach außen hin niederbringen, und so ließe sich nicht nur die Tiefe bis zur suballuvialen Bank bestimmen, sondern auch deren Form. Das würde die Entscheidung darüber erleichtern, ob sie tatsächlich nach oben konvex ist oder nicht. Eigentümlicherweise ist das noch nicht getan worden, vielleicht weil zuviel Geld für die Lösung eines Problems nötig wäre, das in erster Linie von wissenschaftlichem Interesse ist; auch ist zu dieser Frage noch keine ausgedehntere geophysikalische Untersuchung an verschiedenen Stellen durchgeführt worden, um die Gestaltung der Festgesteins-Oberfläche zu ermitteln. Vielleicht werden wir in Zukunft einmal eine Antwort haben, aber dieses anscheinend einfache, aber noch ungelöste Rätsel ist entscheidend für ein Verständnis dafür, wie diese Landschaftsformen entstanden sind.

Winderosion

Über viele Trockenländer der Erde weht der Wind anscheinend ungehemmt; er fügt so eine Note quälender Melancholie einer an sich schon unerträglich traurigen Szenerie hinzu. Eine solche öde Gegend, durch die der Wind unablässig jagt, ist der trockene Teil Patagoniens in den fernen südöstlichen Bereichen Argentiniens. Andere Wüsten sind wohl gelegentlich genauso windig, aber in den meisten von ihnen wechseln Zeitabschnitte extremer Luftbewegung mit Zeiten der Windstille.

Während der Intervalle, in denen der Wind bläst, ist seine erosive Wirksamkeit in der Regel größer als in humiden Gebieten. In den letzteren wird die Boden-Oberfläche durch eine Pflanzendecke geschützt sowie durch einen zäheren Mantel aus Verwitterungsboden, der den größten Teil des Jahres hindurch auch feucht ist. Die Vegetation spielt in der Tat eine bedeutende Rolle; sie bewirkt, daß sich die Kraft des Windes sehr schnell zum Boden hin verringert, wobei die Pflanzen wie eine äußerst effektive Bremse wirken.

Der Wind ist das bedeutsamste Transportmittel für bestimmte Gesteins-Korngrößen, er wirkt dagegen kaum auf andere. Dieses hohe Maß von Selektivität macht den Wind zu einem so ungewöhnlichen Erosionsmedium.

Offenbar gibt es eine obere Grenze für die Größe von Partikeln, die zu bewegen man vom Wind billigerweise erwarten kann. Sehr wenige Gerölle von einer solchen Größe, daß sie ohne Mühe von Flüssen, Meereswellen oder Gletschern transportiert werden können, lassen sich vom Winde verschleppen, selbst nicht bei einem Tornado im mittleren Westen der Vereinigten Staaten. Diese Unbeweglichkeit trifft für Gesteinsmaterial bis hinunter zur Größe von Grobsand und — in Ausnahmefällen — von Geröllen zu. Das heißt, daß viele Wüstenflächen sozusagen mit einem Schutzpanzer von Gesteins-Bruchstücken bedeckt sind. Dieser Restkies oder das *Wüstenpflaster,* wie er genannt wird, ist eine Decke von Geröllen und Grobsand, die zurückgeblieben sind, während das feinere Material vom Wind ausgeblasen und fortgetragen wurde. Wenn aus irgendeinem Grunde ein Ritz in dem Panzer entsteht, etwa indem individuelle Kiesbestandteile von einem Jeep beiseite gedrängt werden, der eine Spur durch die Wüste zieht, dann wird der neu exponierte Sand vom Wind fortgeblasen (Abb. 175). Die unmittelbar angrenzende Fläche wird vom Wind so lange abgescheuert, bis neue Gesteins-Bruchstücke zutage treten. Dann ist das Wüstenpflaster wieder stabilisiert.

Es mag seltsam erscheinen, daß sehr feinkörnige Partikel, wie Schluff oder Tonflocken, vom Wind schwer in Bewegung zu bringen sind. Allgemein gelten hier die gleichen Grundsätze, die auch für Wasserläufe zutreffen. Schluff und Ton können wegen ihrer geringen Ausmaße und ihres starken Kohäsionsvermögens nur schwer von der bewegten

Abb. 175. Die Oberfläche der Steinwüste in Jordanien besteht aus einer Decke von Geröll und Grobsand, die zurückblieben, während der feinere Sand durch den Wind fortgeweht wurde. *(Phot.: A. E. L. Morris.)*

Luft mitgenommen werden. Wenn sie aber erst von der Stelle bewegt worden sind, dann bleiben sie sehr viel länger in der Schwebe als Sand. Ihre Tendenz, am Platz festzuhalten, wird deutlich, wenn der Wind mit voller Stärke über die Oberfläche einer Ton-Playa bläst. In der Regel wird sehr wenig Staub aufgewirbelt; die hartverbackenen Tonpartikel stehen fest, während manch lockerer Sand und Schluff um den Rand herum mitgenommen wird — besonders wenn die Playa-Oberfläche von der Sonne zerborsten ist.

Die Schwierigkeit für den Wind, feines Material mitzunehmen, besteht nicht mehr, wenn der natürliche Zusammenhalt dieser kleinen Partikel aufgehoben ist. Die Art und Weise, in der sich solche Partikel lockern, wird durch so vertraute Beispiele illustriert, wie das Ziehen einer Schafherde durch tonigen Grund oder das Fahren eines Wagens über die staubigen Bahnen einer Wüstenpiste oder vor allem das Umpflügen trockenen und staubigen Bodens im Voranschreiten der windreichen Jahreszeit. Für jeden, der an einem stürmischen Tage über ein arides oder halbarides Gebiet fliegt, ist es sehr eindrucksvoll, den Staub zu sehen, der in langen Rauchfahnen von solchen Feldern aufsteigt, während andere staubfrei sind.

Sobald einmal Partikel von Schluff- oder Tongröße vom Wind mitgenommen wurden, sind ihrer Reise keine Schranken gesetzt — verglichen mit dem Los ihrer wassertransportierten Zeitgenossen, die an das Entwässerungssystem manchen Wasser- oder Gletscherlaufs gebunden sind. Vom Wind verwehter Staub, der von den Feldern Colorados in den *Grapes-of-Wratt*-Tagen des Jahres 1930 fortgefegt wurde, wurde ostwärts bis in die Neu-England-Staaten getragen. Ja, der Staub wurde z. T. sogar noch weit darüber hinaus geblasen, bis hinein in den Nord-Atlantik.

Es gibt Dutzende weiterer Beispiele für die Fähigkeit von Luftströmungen, feine Partikel über weite Entfernungen zu verfrachten. Vulkanische Eruptionen der explosiven Form sind besonders aufschlußreich; denn sie stellen eine punktförmige Quelle für den vulkanischen Staub dar, und wegen der einzigartigen Natur dieses Materials kann es über weite Entfernungen den ganzen Weg zurück bis zur Ursprungsstelle verfolgt werden. Der Kratakau wirbelte, wie wir in Kapitel IV sahen, Staub bis in die obere Atmosphäre empor; er umkreiste die Erde verschiedene Male und rief einen spürbaren Staubfall selbst in Gebieten hervor, die vom Ursprungsort so weit entfernt liegen wie das westliche Europa. Eruptionen auf Island haben wahrnehmbare Ablagerungen gleichfalls in Europa, aber ebenso auch im östlichen Nordamerika hinterlassen.

Typischer für den Aspekt desjenigen Staubtransports, mit dem wir uns hier befassen, ist jedoch der Staub, der von turbulenten Winden in der Sahara hoch in die Luft gewirbelt und weit und breit über den Mittelmeer-Raum, das südliche Europa und gelegentlich sogar bis nach England, über 3200 Kilometer weit, ausgestreut wird.

Die Nettomenge an Material, das sich zu gegebener Zeit in der Luft befinden kann, ist überraschend. Nach Lobeck (1939) kann bei einem Staubsturm mittlerer Heftigkeit ein Würfel Luft von etwa 3 m Kantenlänge gegen 30 Gramm Staub als Schwebefracht enthalten. Das scheint geringfügig; aber wenn wir die Größe unseres Luftwürfels ansteigen lassen, bis seine Kantenlänge 1 km beträgt, und wenn wir dabei den Staubgehalt als gleichbleibend betrachten, dann kommen auf jeden Kubikkilometer Luft gegen 1000 Tonnen festen Materials. So kann ein Sturm von 500 oder 600 Kilometern Querschnitt 100 Millionen Tonnen Feststoffe mit sich tragen.

Alles das ist ein sicherer Beweis dafür, daß der Wind ein wirksames Erosionsmittel sein kann, welches eine besonders große Bedeutung in ariden Gebieten erlangt. Er ist das einzige Medium, das Material aus dem Bereich der typischen Wüste herauszuschaffen vermag. Nicht nur kann der Wind Sediment über den Rand eines Wüstenbeckens hinaustragen, sondern er ist auch das einzige Agens, das das ansteigende Basisniveau überwinden kann, welches Wüstenflüssen auferlegt wird, sowie sich die Bolsons allmählich mit ihrem eigenen Schutt auffüllen.

Manche geschlossenen Becken in der Wüste, die durch Aushöhlung seitens des Windes oder — wie wir sagen — durch *Deflation* entstanden sein sollen, erreichen sehr große Dimensionen. Ein berühmtes Beispiel ist die große Oase von Kharga in der Sahara westlich des Nils. Diese Depression ist fast 200 km lang, gegen 20 bis 80 km breit und 180 bis 300 m tief. Die Wände bestehen aus flach-liegenden Schichten leicht erodierbaren Sandsteins, die anscheinend von keiner größeren Verwerfung durchbrochen sind. Eine Reihe longitudinaler Sanddünen erstreckt sich von dieser größeren Depression aus, deren sandiger Boden sicher das Material dazu lieferte, in der Strömungsrichtung des Windes. Man darf nicht sagen, daß der Wind das ganze Becken aushöhlte; dessen Entstehung ist fraglos komplizierter. Abschwemmung durch Regen und fließendes Wasser mag den weichen Sandstein erodieren und den lockeren Sand hinunter auf den Boden des Troges spülen. Dort bleibt der Sand liegen, bis er vom Wind mitgenommen wird, um sich in Dünen an der Leeseite des Beckens anzusammeln.

Das Grundwasser setzt der Winderosion eine untere Grenze. Wenn sich erst einmal die Wüsten-Oberfläche durch Deflation soweit erniedrigt hat, daß der Grundwasser-Spiegel fast erreicht ist und der Boden feucht wird, dann kann der Wind lockeres Material nicht mehr so leicht mitnehmen, und die Deflation verlangsamt sich, bis sie praktisch zum Halten kommt. In Kharga wirkte sich das wohltuend dahin aus, daß rund um die Ränder der großen Depression Quellen erschienen. Diese treten in dem Niveau aus, wo der Wasserspiegel die Boden-Oberfläche an der Basis der Randböschung schneidet. Solche Quellen bedeuten die Wasserversorgung für die echten Oasen; denn wo nur ein wenig Grundwasser aufzusaugen ist, gedeihen Dattelpalmen und bewirken einen auffallend grünen Kontrast zu ihrer völlig nackten Umgebung.

Ein anderes eindrucksvoll geschlossenes Becken in der Sahara ist die Qattara-Senke, die 300 km lang ist und einen Boden aufweist, der ein glühender, lebensgefährlicher

Morast aus Salz und treibendem Sand ist; er nimmt fast 20 000 Quadratkilometer ein. Was auch immer der Ursprung der Qattara-Senke sein mag, der Wind spielte wohl sicher eine hervorragende Rolle bei ihrer Verbreiterung und Vertiefung bis zum Grundwasser-Niveau. Die Verdunstung dieses Wassers Jahrhunderte hindurch ist für die Ansammlung der Salzabscheidungen verantwortlich. Diese immense, unpassierbare Salzsenke wirkte im Zweiten Weltkrieg wie eine Schranke, die es Rommels Afrikakorps unmöglich machte, Montgomerys Flanke zu umgehen, und die Deutschen zwang, dort anzugreifen, wo die britischen Kräfte konzentriert waren, nämlich bei El Alamein auf dem engen Landstreifen, der die Qattara-Senke vom Mittelmeer trennt.

Irgendwann in der Zukunft mag dieser Sumpf von ungeahntem Nutzen werden — dann nämlich, wenn der ungewöhnliche Vorschlag ausgeführt werden sollte, Mittelmeer-Wasser durch Kanäle und einen Tunnel hineinzuleiten und dabei den fast 500 m großen Höhenunterschied am Rand der Depression zur Kraftgewinnung aus dem unbegrenzten Wasservorrat des Meeres auszunutzen. Allmählich würde sich die Depression mit Wasser füllen, und so würde ein konzentrierter Salzsee entstehen, dessen Oberfläche sich nach angestellten Berechnungen etwa bei 46 m unter dem Spiegel des Mittelmeers stabilisieren würde; dann würde nämlich der Einstrom von Meerwasser sich im Gleichgewicht mit dem Verlust von Seewasser durch Verdunstung unter der Sahara-Sonne befinden.

Windablagerung

Löß

Staub, der durch Winde aus den Wüsten ausgeweht wurde, kann Dutzende von Kilometern weit getrieben werden, ehe er zu Boden sinkt und sich als lohgelbe Decke über ein Areal ausbreitet, das sehr weit vom Herkunftsgebiet entfernt liegen kann. Eine solche Ablagerung windverfrachteten Schluffs heißt *Löß;* dieser deutsche Name bezeichnet einen feinen, gelblich-grauen Lehm, der für das Tal des Rheins und anderer Flüsse charakteristisch ist.

Die berühmtesten derartigen Vorkommen sind diejenigen in Nordost-China, und diese waren es auch, denen Baron von Richthofen, ein führender deutscher Geologe und Geograph, bei einer Forschungsexpedition in die äußersten Winkel des Russischen und Chinesischen Reiches den Namen *„Löß" gab.*

Der Löß Chinas wurde vom Wind aus der Gobi und quer über das Kalgan-Gebirge hinweg, dessen nackte Bergzüge die Große Mauer tragen, herbeitransportiert. Von Staubstürmen im Verlauf von Jahrhunderten in der Nordchinesischen Ebene abgelagert, liegt der Löß tief in den Tälern dieses alten Landes, oft bis zu Mächtigkeiten von über 100 Metern; allerdings ist er auf den Höhen der Wasserscheiden viel dünner. Von diesem bräunlich-gelben Schluff haben der Gelbe Fluß, der ihn mitnimmt, und das Gelbe Meer, dessen Wasser noch viele hundert Kilometer vor der Küste durch die darin schwebenden Staubteilchen gefärbt ist, ihren Namen.

Noch in vielen anderen Teilen der Erde wurde Löß gefunden; dazu gehören das Mississippi-Tal und Zentral-Europa, obwohl keines der beiden Gebiete als arid gelten darf. Diese weite Verbreitung ist lediglich ein Hinweis darauf, daß Löß — wie andere Dinge der Natur — mehr als nur *eine* Entstehung hat. Wie man annimmt, wurden diese weit verbreiteten Staubdecken fernab vom Herkunftsgebiet durch starke Winde abgesetzt, die über den nackten Boden am Rande des Gletschereises fegten, das einst die nördlichen Teile von Nordamerika und Europa bedeckte.

Sanddünen

Ein charakteristisches Erzeugnis der Windtätigkeit in ariden Ländern ist die Sanddüne. Mehr Mißverständnis als Verstehen umgibt diese interessanten Erscheinungen. Zunächst sind sie nicht auf Wüsten beschränkt. Viele der größeren und berühmteren Dünen der Welt erstrecken sich entlang Küstenlinien, wie längs der Küste des Michigan-Sees, längs des Cod-Kaps und an der Küste von Somaliland. Dünen fassen auch die Sandebenen mancher großer Flüsse ein; dafür ist die Wolga ein bezeichnendes Beispiel.

Wenige Wüsten sind völlig von Sand bedeckt. Wie wir früher gesehen haben, bestehen ihre Oberflächen zumeist aus entblößtem, eingeebnetem Felsgestein, oder sie werden sonst durch einen Panzer aus Steinen geschützt, von denen jeder den anderen berührt, dem sogenannten *Wüstenpflaster* (Abb. 175).

Nichtsdestoweniger gibt es sandige Areale in fast allen Wüsten; der süd-zentrale Teil Arabiens und der Westteil der Sahara gehören zu den besser bekannten. Weite Gebiete in der Sahara, die mit Sanddünen bedeckt sind, heißen *„Ergs"*; dieser seltsame Name wird heute ziemlich generell für Sandseen solcher Art verwandt (Abb. 177).

Sanddünen haben viele gemeinsame Merkmale, gleich ob es sich um Küsten- oder Wüstendünen handelt. Dadurch, daß sie normalerweise hauptsächlich aus sandgroßen Körnern bestehen, legen sie Zeugnis für die außerordentliche Sortierungsfähigkeit des Windes ab. Feineres Material, wie Schluff, mag weiter weggeblasen sein, während grobe Gesteinsfragmente, wie Gerölle und Kies, hinter dem Sand zurückgeblieben sein können, der sich selbst bis zu einem zwischen beiden gelegenen Zwischenbereich bewegt haben mag. Dieser sehr vereinfachenden Feststellung gegenüber werden weitgereiste Geologen sicher eine ganze Reihe von Vorbehalten anmelden. Vielleicht zu den auffallendsten Abweichungen von der Norm gehören Dünen, die nur aus Tonflocken bestehen. Diese finden sich sehr oft auf der Leeseite von Ton-Playas, deren Oberfläche bei Trockenheit leicht vor dem Winde aufstäubt.

Dünen sind weder stabile noch dauernde Landschaftsformen, sie befinden sich vielmehr fast ständig auf dem Marsch. Vom Wind vorangetriebener oder aufgewirbelter Sand strömt über den flacheren, gegen den Wind geneigten Hang einer Sanddüne. Wenn er den Gipfel erreicht, mag er eine kurze Strecke über ihn hinweggetragen werden; — die Dünenspitzen scheinen manchmal zu rauchen, wenn der Sand über sie hinwegtreibt. Hinter dem Gipfel fällt der Sand aus dem Windstrom heraus, ganz ähnlich wie Schnee, um sich am steileren Hang, der *„Gleitböschung"*, abzusetzen. Bei trockenem, gut sortiertem Sand beträgt die Neigung der Gleitböschung gegen 34°. Wenn das Gefälle steiler werden sollte, wird der Sand unstabil und schert entlang einer etwas flacheren Ebene ab, und das hat zur Folge, daß eine kleine Lawine trockenen Sandes bis zum Fuß der Düne heruntergleitet. Wenn neuer Sand auf die Gleitböschung fällt, versteilt sich der Hang erneut, und so wiederholt sich das Spiel immer wieder. Das Gesamtergebnis ist ein Sandtransport von der Luv- zur Leeseite der Düne, und das bewirkt, daß die Düne langsam wandert in dem Sinne, daß sie über sich selbst hinwegrollt; der Vorgang gleicht der Art und Weise, mit der sich ein Raupenschlepper auf seinen eigenen Ketten vorwärtsbewegt.

←

Abb. 176. Kleine Rippelmarken erzeugen mannigfache Muster an der Oberfläche von Sanddünen im Death Valley. Der Wind, der diese Rippeln schuf, kam von rechts; der Wind jedoch, der die Dünen im Hintergrund gestaltete, wehte von links. *(Phot.: William Aplin.)*

Abb. 177. Große Sandseen, „Ergs" genannt, — hier solche im östlichen Rub'al-Khali — sind typisch für die Arabische Wüste wie auch für Teile der Sahara und anderer Wüsten der Erde. Im Vordergrund liegt das Lager einer Gruppe genügsamer Geophysiker, die Untersuchungen auf Erdöl ausführen. *(Von der Aramco freundlich zur Verfügung gestellt.)*

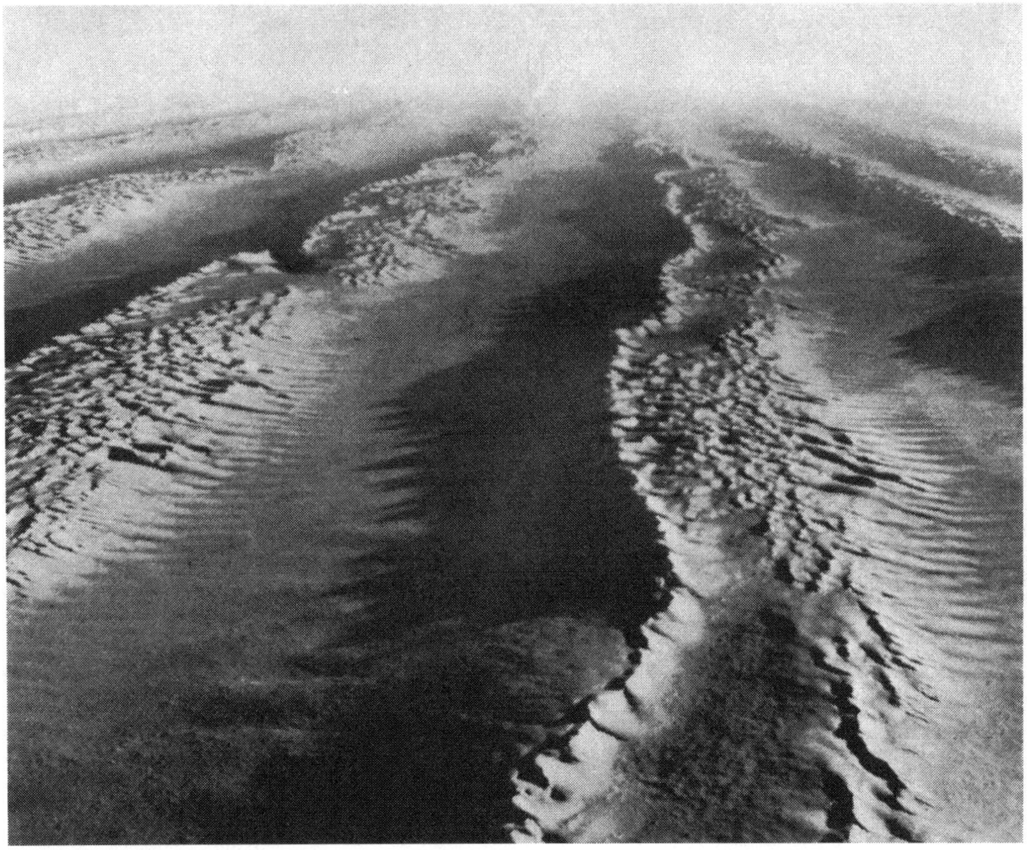

Abb. 178. Lange Dünenketten durchziehen die Arabische Wüste. Die Dünen wurden von Winden gestaltet, die diagonal zu den Ketten bliesen. *(Von der Arabian American Oil Company freundlich überlassen.)*

Dünen zeigen eine faszinierende Mannigfaltigkeit von Formen und Mustern (Abb. 178). Wo der Wind in seiner Stärke schwankt und in seiner Richtung wechselt, kann Sand in stets sich ändernden Formen angehäuft werden, doch herrscht bei den meisten Dünen die allgemeine Regel, daß der in die Strömungsrichtung des Windes weisende Hang steiler als der gegen den Wind gerichtete ist.

Wo der Wind beständiger die gleiche Richtung innehält, wie es an der Meeresküste der Fall ist, pflegen Dünen eine dauerhaftere Geometrie aufzuweisen. Zum Beispiel können sie quer zum Winde ausgelängt sein; in diesem Falle spricht man von *„Querdünen"*. Diese pflegen ziemlich kurz zu sein und sich dort herauszubilden, wo ein reichlicher Sandvorrat zur Verfügung steht und wo die Winde stark sind. Viele Küstendünen gehören zu dieser Kategorie. Wenn sich Dünen parallel der vorherrschenden Windrichtung aneinanderreihen, werden sie als *„Longitudinaldünen"* bezeichnet. Diese pflegen sich dann zu bilden, wenn der Wind stark aus einem einzigen Quadranten weht, der Sand-Nachschub sparsam ist und Vegetation praktisch fehlt. Diese Bedingungen sind in hervorragender Weise in der abgelegenen Großen Sandwüste von Australien erfüllt. Verschiedene longitudinale Einzeldünen sollen dort gegen 100 Kilometer lang sein.

Abb. 179. Halbmond-förmige Dünen oder „Barchane" bilden sich, wenn die Windrichtung nahezu konstant ist, eine beschränkte Sandmenge zur Verfügung steht und die Windgeschwindigkeit nicht zu groß ist. Barchane wandern langsam, und die Hörner des Halbmondes weisen in die Strömungsrichtung des Windes. Die schön symmetrischen Dünen dieser Abbildung liegen am Westufer des Salton-Sees in Süd-Kalifornien. *(Phot.: John S. Shelton.)*

Eine merkwürdige und ästhetisch ansprechende Sanddüne ist der *Barchan* (Abb. 179). Es handelt sich hierbei um schön symmetrische, halbmondförmige Dünen — manchmal so vollendet gleichmäßig wie der Halbmond, das Symbol des Islams. In einem Barchan weisen die Hörner des Halbmonds in die Richtung, in die der Wind weht, und die steilere Gleitböschung liegt zwischen ihnen. Barchane brauchen gleichfalls eine nahezu konstante Windrichtung und zudem einen Wind mit nicht zu hoher Geschwindigkeit. Aus diesen Gründen gedeihen Barchane besonders in Passatwind-Wüsten oder in Küstenwüsten, z. B. der Atacama. Barchane sind in der Regel Wanderdünen und können durch die Wüstenlandschaft um etwa 15 m pro Jahr vorrücken. Das geschieht durch Sandströmen den flacheren Luvhang des Halbmondes hinauf und durch Abgleiten auf der steileren Böschung — ein für die meisten Dünen typischer Vorgang. Die Hauptbesonderheit ist hierbei, daß sich Sand, der um die Enden der Düne herumgeschleppt wird, in der Bewegungsrichtung des Windes anheftet, um so die Hörner des Halbmondes zu bilden. Sowie die Düne wandert, setzen auch diese Spitzen ihren Vormarsch in gleichem Tempo fort.

Die Wüsten-Oberfläche zwischen den einzelnen Barchanen pflegt meist nackter Fels zu sein, der nahezu frei von Sand ist. Der Wind handelt wie eine bemerkenswert ordentliche Putzfrau und wischt den lockeren Sand von der Fels-Oberfläche der Wüste zwischen den Dünen fort. Der Grund dafür scheint zum Teil darin zu liegen, daß sich Körner viel leichter über eine nackte Felsfläche vom Fleck bewegen als über Sand. Sand übt eine verzögernde Wirkung auf vorwärtseilende Körner aus, und sobald sie auf eine Ansammlung, wie auf eine Düne, treffen, sind ihre Tage unabhängigen, freien Umherschweifens vorerst zu Ende.

Die „Becken- und Gebirgsprovinz“ in den westlichen Vereinigten Staaten

Im westlichen Amerika gibt es eine ausgedehnte Wüste, die es schon an sich wert ist, untersucht zu werden. In geologischer Hinsicht liefert sie ein ausgezeichnetes Beispiel eines Wüstenmilieus, und obgleich es für einen Amerikaner reizvoller sein mag, nach Timbuktu in der Sahara zu gehen, um Wüsten zu studieren, kann er doch fast jede Wüsten-Landschaftsform in seinem eigenen Lande entwickelt sehen. Erst in den letzten Jahren ist die Wüste ein Platz geworden, der besucht statt gemieden wird. Jetzt gibt es z. B. Motels und Schwimmbecken, wo einst staubbedeckte Wagenzüge Schießscheiben für die Apachen waren.

Die Gebirgslandschaften im Südwesten der Vereinigten Staaten sind vielleicht nicht ganz beispielhaft für die großen Wüsten der Erde; — viele derselben sind ausgedehnte, leere Ebenen. Hier hat die Wüste wohl mehr Relief als sonstwo, und der bergumgürtete Bolson mit einer Playa in seinem tiefsten Teil ist eine typische Landschaftsform.

Dieser Wechsel von Gebirgen und Becken war eine sehr bestürzende Erscheinung für die Pioniere. Da viele von ihnen aus feuchteren Ländern kamen, kannten sie zumeist das in wohlbewässerten Ländern normalerweise — wenn man sich verlaufen hatte — zum Erfolg führende Verfahren, ein Flußtal hinunterzuwandern, da man dann zu einer Siedlung, einem See oder dem Meer kam. In der amerikanischen Wüste führte ein solches Vorgehen den Wanderer meistens zu einer öden Senke mit einer Alkalifläche in ihrer Mitte, über der die trügerische Fata morgana flimmerte mit ihrer falschen Hoffnung auf Befreiung.

Oberstleutnant John C. Fremont hatte ein ziemlich scharfes Auge fürs Gelände — besonders wenn ihm ein so großartiger Bergmensch wie Kit Carson zur Seite stand. Fremont entdeckte als einer der ersten, daß die Wüste Ost-Kaliforniens, des größten Teils von Nevada und des westlichen Utah eine interne Entwässerung statt einer externen aufweist, wobei ein wohl-definierter Kranz von Bergen sie teilweise einschließt, die Sierra Nevada im Westen und die Wasatch-Berge im Osten. Wegen dieser einzigartigen geometrischen Situation führte er den Ausdruck *„Großes Becken“* für das ganze Gebiet ein. Wenn auch der Name bei weitem nicht exakt ist, so ist er doch wunderbar deskriptiv und viel malerischer als der geologisch genauere Name *„Becken- und Gebirgsprovinz“ („Basin and Range Province“).*

Dieser letztere Name bringt den Umstand zum Ausdruck, daß der Ferne Westen Nordamerikas ein gebirgigeres Reich ist als viele andere Wüsten der Erde und daß diese Gebirge miteinander nicht zu beinahe ununterbrochenen Ketten von der Art der Alpen und Anden verbunden sind. Vielmehr heben sich die Wüstenberge als fast getrennte Inseln über die See ihrer eigenen Abtragungsprodukte heraus.

Zu dem Diagramm (Abb. 180) mit den charakteristischen Elementen der Wüstenlandschaft, wie Bajada, Pediment und Playa, hat das typische Gelände des amerikanischen Südwestens Modell gestanden. Es ist das die Landschaft, die im Death Valley und in der Umgebung von Las Vegas sowie an Plätzen wie Reno und Salt Lake City zu sehen ist. Diese Wüstengebirge schauen merkwürdig blaß und wie von der Luft gebleicht aus, und ihre Hänge, die frei von Vegetation sind, sind tief von Runsen zerfurcht. Die Scheitel von Schuttfächern verlängern sich in die einzelnen Canyons hinein, und ihre radialen Wasserfäden können sich am Fuß des Fächers zu einem einzigen „Stammfluß“ vereinigen, der zur Playa führt (Abb. 180). Dann und wann wiederholt sich diese Erscheinung für den Transkontinental-Reisenden, der seinen Weg durch das Land nimmt. Er mag sich manchmal fragen, warum dieses Gebiet ein so runzeliges Aussehen hat, mit isolierten, schmalen,

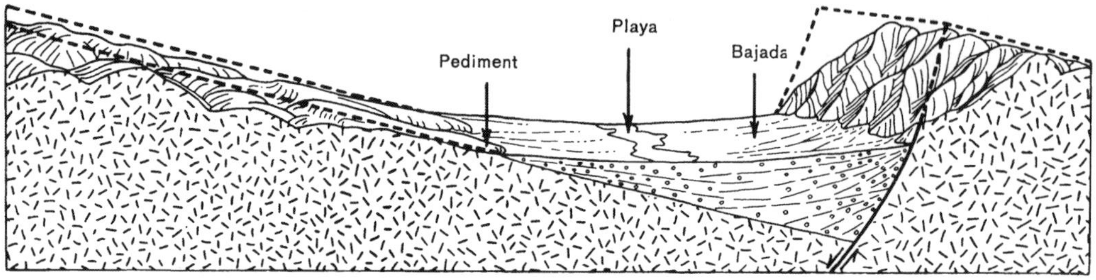

Abb. 180. Die schematische Darstellung zeigt die charakteristischen Verhältnisse eines Wüstenbolsons im südwestlichen Nordamerika; die starken, unterbrochenen Linien geben dabei einen Rekonstruktionsversuch der Gebirgsblöcke vor der Erosion wieder. *(Nach: P. B. King: The evolution of North America, Princeton 1959.)*

nahezu parallelen Bergketten, die mit weiten, schuttgefüllten Niederungen wechseln. Er mag Trost in der Tatsache finden, daß er mit seiner Frage nicht allein steht; denn Geologen haben über die Entstehung dieser Wüstenberge fast ein Jahrhundert lang nachgedacht, ohne zu einer endgültigen Antwort zu gelangen.

Wir werden das Problem ihrer Entstehung eingehender in dem Kapitel über die Gebirge behandeln; hier nur soviel: eine Hypothese besagt, daß sie ihre Entstehung zum Teil einer Bruchbildung entlang ihren Rändern verdanken. Diese Annahme wird durch die Häufigkeit von Erdbeben in der westlichen Ebene und das Vorhandensein von Steilkanten — vielfach über 10 m hoch — gestützt, die über Nacht als Ergebnis einer Verschiebung an aktiven Brüchen erschienen sind.

Wüstenseen

Was auch immer ihre Entstehung sein mag — der Wechsel von Gebirgen und Becken mit innerer Entwässerung im Fernen Westen ruft ungewöhnliche hydrographische Verhältnisse hervor, die zu dem uns vertrauteren Gelände gut bewässerter Gebiete in völligem Gegensatz stehen. Zu den vielen bezeichnenden Erscheinungen einer solchen trockenen und ausgefurchten Landschaft gehören die Wüstenseen. Sie verdanken ihre Entstehung großenteils dem Unvermögen der Wüstenflüsse, ständig fließende Wasserläufe zu werden. Wo solche Flüsse blockiert werden, etwa durch die vorgestreckte Zehe eines Geröllfächers, wird ihr Wasser aufgestaut, und ein See ist das Ergebnis. Manche derselben, wie der Große Salzsee mit einer Oberfläche von etwa 3200 Quadratkilometern, sind recht groß. Andere sind wenig mehr als salzige Teiche.

Fast alle Wüstenseen haben das Merkmal gemeinsam, daß ihr Wasser mehr oder weniger brackisch oder salzig ist. Die Salzkonzentration im Großen Salzsee reicht von nur 13% bis auf sogar 27% des Wassergewichts und ist rund viermal größer als im Meer.

Wüstenseen sind äußerst empfindliche Klimaindikatoren. In einem Trockenzyklus schwindet ihr Wasser durch Verdunstung, und die durch die Dürre geschwächten Wasserzuflüsse sind nicht fähig, ihren Bestand gegen den Verlust aufrechtzuerhalten. Der Spiegel des Sees sinkt, und die Ufer umsäumen sich mit einem ständig breiter werdenden Salzband. Wohl die berühmteste derartige Fläche ist der Bonneville Salt Flat neben dem Großen Salzsee; er war der Schauplatz vieler Rekorde bei Geschwindigkeits-Wettbewerben zu Lande.

Abb. 181. Alte Uferlinien am Mono Lake, am Ostfuß der zentralen Sierra Nevada (Kalifornien). Der Seespiegel lag am höchsten während der letzten Vereisung; denn in benachbarten Gebieten verzahnen sich die alten Seeablagerungen mit glazialen Bildungen. *(Phot.: John Haddaway.)*

Eine andere interessante Eigentümlichkeit der Wüsten besteht in Anzeichen, die darauf schließen lassen, daß sie einst von viel größeren Seen eingenommen waren als den geschrumpften Resten, die heute noch vorhanden. sind. Der gewaltigste dieser heute verschwundenen Binnenseen in den Vereinigten Staaten war der Lake Bonneville. Er war der Vorläufer des heutigen Großen Salzsees, und Uferlinien dieses ehemaligen Süßwasser-Sees zeigen sich heute als Kerben an den höheren Hangabschnitten der Wasatch-Berge bis zu 300 m über dem Niveau des jetzigen Sees. Das vom Lake Bonneville überflutete Areal betrug gegen 32 000 Quadratkilometer, im Gegensatz zu den etwa 3200 qkm des Großen Salzsees. Während eines Teiles seiner Geschichte hatte der Lake Bonneville einen Ausfluß gegen Norden zum Snake-Fluß und weiter über den Columbia zum Pazifik.

Ein interessanter Zeitgenosse des Lake Bonneville war der Lahontan-See, der hauptsächlich im westlichen Nevada nicht weit von Reno liegt. Da dieses jetzt ein stark gebirgiges Gebiet ist und alle Zwischentäler mit langen, schmalen Armen des Sees erfüllt sind, erinnert die Geländegestaltung in mancher Hinsicht an die heutigen Fjorde Norwegens. Der Pyramid-, Walker- und Winnemucca-See sind die Haupt-Überreste des Lahontan-Sees, aber sowohl der Lahontan wie der Bonneville ließen ihre Spuren in der Landschaft als eindrucksvoll geordnete Formen zurück, die teils durch die Wellenwirkung ausgefräst, teils von ihnen aufgebaut wurden. Dazu gehören wunderbar gut erhaltene Sandstrände, Schotterfluren, Brandungs-Hohlkehlen, Deltas und turmförmige Kalkablagerungen, sogenannter *„Tuff"*. Diese wurden unter der Wasser-Oberfläche von seebewohnenden Kalkalgen aufgebaut. Im ariden Klima der westlichen Staaten sind diese Relikte einer humideren Zeit in der unmittelbaren geologischen Vergangenheit fast so vollkommen erhalten, als wenn die Seen erst gestern noch bestanden hätten. Radiokarbon-Datierungen ergeben, daß sie tatsächlich so alt sind; denn ihre unteren Niveaus befanden sich an den Eingängen von Höhlen, die vor annähernd 11 000 Jahren von dort lebenden menschlichen Wesen bewohnt waren.

Abb. 182. Panamint-Berge und Panamint-Tal im östlichen Kalifornien. Dieses Tal beherbergte — wie andere benachbarte — während der letzten Eiszeit, als der Niederschlag höher als heute war, einen großen See. Dessen Uferlinien sind am Fuß der Berge zu sehen; unterhalb derselben haben sich große Schuttdeltas in den See hinein vorgebaut. Die weißen Substanzen der Playa sind Salze, die sich niederschlugen, als der See eindampfte. Am nahegelegenen Searles-See gründet sich eine große chemische Fabrik auf den Abbau solcher Salze. *(Phot.: Roland von Huene.)*

Eine bemerkenswerte Gruppe eiszeitlicher Seen bildete kurze Zeit einen Bestandteil der Landschaft Kaliforniens östlich der Sierra Nevada. Im einzelnen gehörten diese Seen, die weitaus kleiner als solche Giganten wie der Lahontan und der Bonneville waren, zu einem ganzen System miteinander verbundener Seen und Wasserläufe. Eine Reihe zog sich nördlich von der Stelle des jetzigen Lake Arrowhead in den San-Bernardino-Bergen quer durch eine der trockensten Wüsten Nordamerikas zum Death Valley. Diese nun ausgedörrte Niederung enthielt damals einen wohl 200 km langen und gegen 120 m tiefen See, der „Lake Manley" genannt wurde — zum ehrenden Andenken an Lewis Manley, einen Gebirgsmann von außerordentlicher Härte und Entschlußkraft, der die erste Gruppe von Pionieren, die das Death Valley erreicht hatte, vor dem Tode rettete; in einer Zeispanne von sechs Wochen wanderte er den ganzen Weg zur Küste und wieder zurück und dann erneut zur Küste, zuerst um Nachschub zu holen, und dann, um die Überlebenden aus ihrer Falle herauszuführen.

Westlich des Death Valley führte eine ähnliche Reihe von Seen und Flüssen vom Mono Lake (Abb. 181) am Fuß der Sierra Nevada wenigstens bis zum Becken des Searles Lake (Abb. 182) und möglicherweise auch zum Death Valley — diese letzte Verbindung ist allerdings nicht positiv bewiesen. Irgendwie wirkte der Searles Lake wie ein gigantisches chemisches Werk; er konzentrierte eine enorme Menge gelösten Materials, das nun auf der blendend-weißen Fläche der Salz-Playa abgebaut wird.

Die amerikanische Wüste hat keine Monopolstellung in Hinsicht auf Seen, vergangene und gegenwärtige; denn solche sind gleicherweise charakteristisch auch für andere aride Gebiete weithin in der Welt. Zu den wohlbekannten Beispielen gehören der Tsad-See in Afrika, der Lake Eyre in Australien sowie der Lop-nor-, der Balchasch- und der Aral-See in Zentralasien. Nicht nur waren Aral- und Kaspi-See in jüngster geologischer Vergangenheit größer, als sie heute sind, sondern sie waren auch miteinander verbunden und weiter mit dem Schwarzen Meer. Viele andere, wie das Tote Meer, sind von verlassenen Uferlinien umgeben, die in die nackten Abhänge der angrenzenden Wüstenhügel ganz wie riesige Treppenfluchten eingekerbt sind.

Die offensichtliche Jugendlichkeit dieser ausgedehnten Seen, gekoppelt mit der Tatsache, daß ihre Uferlinien an einigen günstigen Stellen, wie an den Flanken der Wasatch-Berge und der Sierra Nevada, echt-glaziale Moränen schneiden, ließ viele Geologen schließen, daß der letzte hohe Wasserstand des Sees mit der Zeit des Eisvorstoßes zusammenfiel. Der Anstieg durch Schmelzwasser scheint auch der Grund für die Ausweitung des Sees gewesen zu sein, und als die Gletscher der Erde zu ihrer gegenwärtigen, verminderten Ausdehnung zurückschmolzen, fielen gleichzeitig die Spiegel der Wüstenseen Nordamerikas. Viele von ihnen verschwanden fast ganz, wobei sie eine öde Salzfläche oder geschrumpfte Alkaliteiche als Überrest dessen zurückließen, was einst ein Binnensee war.

Aride Erosion

Im Kapitel XIII behandelten wir die Frage, wie Flüsse ihre Täler erweitern; wie wir sahen, nehmen viele Geologen an, daß durch Kombination von Abwärtsabtrag und Hang-Rückverlegung ein hügeliges oder bergiges Land erniedrigt werden kann, bis nur noch eine weite, konturlose, entblößte Ebene fast im Meeresniveau übrigbleibt. Ein solches Produkt langdauernder Degradation heißt, wie gesagt wurde, *„Peneplain"*.

Bilden sich Peneplains auch in Wüsten? Im Augenblick scheint die Antwort zu lauten, daß das niemand wirklich weiß. Es gibt viele Gründe für dieses Nichtwissen. Zu ihnen gehört die Tatsache, daß die wissenschaftliche Erforschung der Wüsten eine sehr junge Betätigung ist. Fast alle unsere Erfahrungen mit verschiedenen Erosionsarten, mit der Wirkungsweise der geologischen Prozesse und mit den Folgerungen hinsichtlich ihrer relativen Bedeutung leiten sich vom westlichen Europa und von den östlichen Vereinigten Staaten her. Diese beiden Gebiete haben reichlichen Niederschlag, wovon viel als Sommerregen fällt. Beide haben in der Regel ständig fließende Wasserläufe, eine nahezu lückenlose Vegetationsdecke, tiefen Boden und gutgerundete Berghänge.

Doch ergibt sich für uns eine verwirrende Frage daraus, daß die Landschaftsformen in Wüsten hauptsächlich von fließendem Wasser gestaltet zu sein scheinen und nicht etwa durch den Wind.

Die Antwort mag — wenigstens teilweise — lauten, daß viel von dem, was wir in einer modernen Wüste sehen, in gewissem Sinne eine fossile Landschaft ist. Sie mag zum großen Teil durch fließendes Wasser zu einer Zeit gestaltet worden sein, in welcher der Niederschlag höher war, als er heute ist. Das drückt sich durch die Uferlinien und andere Hinweise auf Seen aus, die 1. Überreste eines anderen Klimazustandes sind und 2. in einem trockenen Klima so gut erhalten blieben, daß sie ein integrierender Bestandteil der heutigen Landschaft blieben.

Offensichtlich kann das aber nicht die einzige Erklärung sein; denn wie wir früher sahen, ist eine Wüste, in der niemals Regen fällt, eine Seltenheit. Welche Erosionswirkung der sich ergebende Wasserabfluß im Vergleich zu einem gleichen Betrag in einem humiden Gebiet hat, ist strittig. Die einen nehmen mehr, die anderen weniger an, aber alle sind sich einig, daß eine gewisse Erosion zustande kommt. Die Wahrheit lautet, daß weitaus zu wenig bekannt ist; denn wir haben eine zu kurze Basislinie der Erfahrung, von der aus wir auf die Ausmaße der Erosionsprozesse in Wüsten oder auch auf die relative Wirksamkeit von Fluß- und Windabrasion extrapolieren könnten.

Wenn wir somit zugeben, daß Flußerosion auch in ariden Gebieten stattfindet, ergibt sich doch die besondere Einschränkung, daß viele Flüsse das Meer nicht erreichen, und als Konsequenz der daraus resultierenden Sachlage einer internen Entwässerung steigt das Basisniveau in jedem Bolson an. Das liegt daran, daß Schutt, der von den umschließenden Höhen heruntergewaschen wurde, nirgendwo sonst hingelangen kann und sich so im Becken am Fuß der Wüsten-Berge anhäufen muß.

Die Flüsse, die die Flanken dieser Randhöhen benagen, sind jedenfalls nicht untätig, und beim Rückwärts-Einschneiden mag es den stärkeren gelingen, eine Wasserscheide zu durchsägen, die zwei Becken trennt. Wenn das geschieht, dann wird natürlich die höhere der beiden Senken angezapft, und sowohl deren zentrale Playa als auch die darin einmündenden Wasserläufe werden zu dem tieferen Becken abgeleitet. Wenn dieser Prozeß des Rückwärts-Einschneidens und Anzapfens lange genug andauert, dann bekommt der größte Teil eines Wüstengebietes eine gemeinsame Entwässerung, und statt einer Vielheit von Basisniveaus mit so vielen Einzelbasen, als unabhängige Becken vorhanden waren, wird der ganze Raum zum Einzugsgebiet für dasjenige Becken, dessen Boden auf der geringsten Höhe liegt.

Diese Schlußfolgerung ist zwar noch nicht wirklich bewiesen, sie erscheint aber als recht vernünftig für die Frühstadien der Entwicklung von Wüsten mit einer Schwellen-und-Becken-Topographie, die derjenigen des Fernen Westens ähnelt. Wie das Niveau eines ganzen Wüstengebietes erniedrigt wird und wie es zu einer nahezu einheitlichen Ebene reduziert werden kann, zum Beispiel den weiten Flächen im Innern Australiens, sind unbeantwortete Probleme.

Eine der Fragen, die sich hier ergeben, ist schon früher erhoben worden, und das ist die Möglichkeit, daß sich manche aride Ebenen unter Klimabedingungen gebildet haben, die nicht mehr am Werk sind. Eine Zeit größeren Regenfalls und geringerer örtlicher Verdunstung kann eine solche Möglichkeit sein. Auf jeden Fall besagt eine leitende moderne Ansicht, daß viele dieser weiten, entblößten Festgesteins-Ebenen in der Wüste die Folge des allmählichen Eindringens von Pedimenten in das gebirgige Gelände an ihren Oberenden sind. Das heißt: So wie sich die Pedimente ausdehnen, werden die Berge aufgezehrt, und schließlich verschwinden sie. Aber bei der Endanalyse des Bildungsprozesses von Wüstenebenen bleibt ein Geheimnis übrig. So viele sind von so riesiger Ausdehnung, und die Hilfsmittel, die der Natur für ihre Abräumung zur Verfügung stehen, scheinen so unzureichend!

XV. Gletscherwirkung

In bestimmten Bereichen ist die Erde mehr der Gletscherwirkung unterworfen als irgendeinem anderen Erosionsprozeß. Ohne Gletscher gäbe es nur wenige der schroffen Bergspitzen, die sich in einsamem Glanz entlang den Gipfelzügen vieler stolzer Bergketten der Erde aneinanderreihen. Ein so imponierender Gipfel wie das Matterhorn ist ein Beispiel, das uns durch die endlose Wiederholung auf Bildern in Kalendern und auf Postkarten so sehr vertraut ist, daß es schon an das Banale streift — bis man ihn in Wirklichkeit einmal ins Land hinausleuchten sieht.

Die Versteilung der Hänge in den Gipfelregionen der Alpen, der nördlichen Rockies, Alaskas und der Sierra Nevada ist nur *eine* Seite der Eiswirkung. Der Umstand, daß ein Gletscher in einigen Abschnitten sein Bett tiefer ausfurchen kann, in anderen weniger tief, ist die Ursache für die vielen Seen, welche die Nord-Mittelstaaten Nordamerikas oder Skandinavien landschaftlich so anziehend machen. Tiefe Täler, deren Umrisse durch die Eisfeile verschärft wurden, — wie z. B. das Yosemite-Tal in den Vereinigten Staaten, das Lauterbrunner Tal in der Schweiz und die norwegischen Fjorde — sind so reich an Naturschönheiten, daß sie die Basis großer und blühender Touristen-Industrien geworden sind. Diese und viele andere Zeugnisse sowohl der Wirksamkeit als auch der Einzigartigkeit der glazialen Prozesse sind über die nördlichen Länder der Welt weit verbreitet.

So nimmt es nicht wunder, daß bereits in vergangenen Jahrhunderten viele Anzeichen einer ehemaligen Inland-Vereisung das Interesse aufmerksamer Beobachter in Europa und Neuengland erregten. Der überreiche Vorrat an Findlingen in den Farmen Neuenglands war für die ersten Siedler nicht nur Anlaß zur Verwunderung, sondern auch Ursache ärgerlicher Dinge — wenn z. B. Pflüge zerbrachen. Viel Mühe mußte aufgewandt werden, um die Felder freizuräumen, die mit glazial transportierten Steinen übersät waren; mehr als ein junger Mann war wirklich davon überzeugt, daß ein Leben zur See nicht mühseliger sein könne — sogar auf einem New-Bedford-Walfischfänger.

Vielen war das Vorhandensein dieser Findlinge, die weit von ihrem Ursprungsort und sehr oft in völligem Widerspruch zu ihrer neuen Umgebung aufgefunden wurden — z. B. Granitblöcke in Kalkstein-Gelände — nur erklärbar als eine Wirkung der „Sündflut", der großen Flut Noahs.

In Großbritannien, das großenteils von erst in junger Zeit verschwundenen Gletschern bedeckt war, wurde der ungeschichtete, weit verstreute glaziale Schutt *„Drift"* genannt; diese Bezeichnung entspricht der Auffassung, daß es sich dem Ursprung nach um eine von einem alles überdeckenden Meer weithin ausgestreute Ablagerung handele. In England bestand die Tendenz, dem Meere eine führende Rolle bei der Formung der Erd-Oberfläche zuzuschreiben. Das ist nicht überraschend im Hinblick auf Englands Inselstellung und die Macht der Strömungen und Wogen, welche seine Küsten bedrängen. Einige gewannen sogar die Vorstellung, daß Eisberge und Eisschollen diese *Findlinge (erratischen Blöcke)*, wie solche fremden Gesteine genannt werden, transportiert haben könnten; denn britische Walfisch-Fänger, die vor der Küste von Grönland arbeiteten, hatten dort solches Schuttmaterial in Meereis eingebettet gesehen; und das galt auch für Forscher sonstwo im Arktik.

Tafel XII. Yosemite Valley, Sierra Nevada (Kalifornien). *(Phot.: Ansel Adams.)*

Englische Geologen davon zu überzeugen, daß Gletscher die Oberfläche des Binnenlandes abgeschliffen und Gesteine von der Größe kleiner Häuser viele Dutzende von Kilometern weit transportiert hätten, war ein schwieriges Unterfangen; denn dort gab es keine Gletscher, die als Modell dienen konnten. Deshalb ist es nicht überraschend, daß *Schweizer* die beredtesten Verfechter der Auffassung waren, Eis könne wahre Wunder von Arbeit verrichten, indem es Berge abhobele und Täler ausfurche. Es gibt gegen zweitausend Gletscher in den Alpen, und Jahrhunderte hindurch haben sich ihre Zungen vorgeschoben oder zurückgezogen, und alpine Pässe waren wechselweise eisfrei oder eisbedeckt. Manche Ortschaften, die im Mittelalter bewohnt waren, sind heute vom Eis begraben. Die Silbergrube von Argentière bei Chamonix im alpinen Frankreich, die im Mittelalter in Betrieb stand, ist heute von einem Gletscher des Mont Blanc bedeckt.

Viele Bewohner von Alpendörfern müssen bemerkt haben, daß ein zurückweichender Gletscher hinter sich einen Schweif nackten steinigen Bodens zurückläßt, der von niedrigen, felsigen Schwellen unterbrochen ist, mannigfaltig gestaltet durch Seen und Teiche und mit großen und kleinen Gesteins-Bruchstücken locker überstreut.

Die Vermutung, daß Gletscher in der Vergangenheit weiter verbreitet waren als heute, wurde erstmals im Jahre 1821 von dem Schweizer Zivilingenieur Ignatz Venetz klar ausgesprochen. Zunächst glaubte er, daß Gletscher nur in den Alpen ausgedehnter gewesen seien, aber um 1829 zog er den Schluß, daß Eismassen sich auch über die Norddeutsche Ebene vorgeschoben hätten. Jean de Charpentier, ein Genosse von Venetz, war skeptisch, aber nach einer Geländeexkursion war auch er davon überzeugt; 1834 schrieb er einen Aufsatz, worin er seinen Glauben an die Existenz einer früher größeren Eisausdehnung unterbaute.

Das erregte die Aufmerksamkeit eines der führenden Schweizer Naturforscher der damaligen Zeit, Louis Agassiz, und dieser veranlaßte seinen Freund Charpentier, ihn auf eine Exkursion in die Alpen mitzunehmen. Agassiz wurde ein Anhänger, und als er im Jahre 1837 nach Amerika kam und eine Professur an der Harvard-Universität übernahm, sprach er immer wieder von einer „Großen Eiszeit", die einstmals den größten Teil der Nord-Hemisphäre hätte erstarren lassen (Abb. 183).

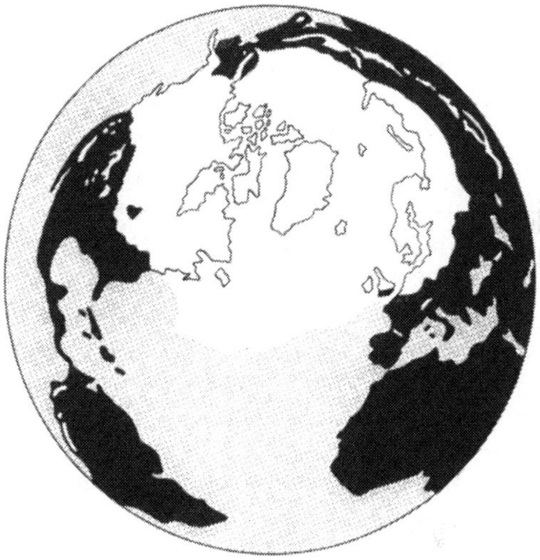

Abb. 183. Ausdehnung der pleistozänen Vereisung (weiß) auf der Nord-Halbkugel.

Eine Auffassung, die so neu war wie diese, mußte Opposition hervorrufen; denn manche machten sich die weit besser ausgearbeitete Erklärung zu eigen, daß 1. das Land sank, 2. das Meer sich landeinwärts ausdehnte und daß Geschiebe und anderer Detritus durch Eisberge weithin über seine Wässer gedriftet wurden und 3. das Land wieder aufstieg und seine Meereswässer wieder abschüttelte, die einen Rückstand von Gesteinen und Geschieben zurückließen, weit über die Landschaft verstreut.

Obgleich Agassiz alle Ehre dafür gebührt, daß er, wie wir gesehen haben, das Wort „Eiszeit" von Europa nach Amerika brachte, so war er doch nicht der erste, der glaubte, daß einst Gletscher die europäische Landschaft überzogen hätten. Die Aufgabe, festzustellen, wer als erster eine bestimmte Idee hatte, gehört zu den schwierigsten Problemen, denen der Wissenschafts-Geschichtler gegenübersteht.

So stand es um die Vereisungstheorie: Eine Anzahl bemerkenswert aufmerksamer Männer hatte die Wahrheit flüchtig erblickt — und dann waren sie fast sofort wieder vergessen; fast das gleiche Schicksal erlebte der geduldige Mönch Gregor Mendel mit seinen grundlegenden Entdeckungen auf dem Gebiet der Genetik. Unter den Bahnbrechern für die Vereisungshypothese gab es zwei Schotten — James Hutton und sein Schüler John Playfair, dem wir schon im Kapitel XIII begegneten, wo von seiner frühen Einsicht in die Grundprinzipien der Flußerosion die Rede war. Als Hutton und Playfair 1802 eine Mitteilung des unermüdlichen Alpenforschers Benedict de Saussure über das

Auftreten erratischer Blöcke auf den Höhen der Jura-Berge in 80 km Entfernung von ihrem Herkunftsgebiet lasen, erkannten sie sie als das, was sie waren: als vom Eis transportierte Gesteine (Flint, 1957). Das war eine wirklich bemerkenswerte Einsicht; denn in Großbritannien gab es keine zugänglichen Gletscher, die man zum Vergleich heranziehen konnte.

In Deutschland schrieb ein Professor der Forstkunde, Bernhardi, unter Anwendung der gleichen Beweisführung im Jahre 1832 eine Abhandlung, worin er seine Meinung darlegte, daß die Moränen und Findlinge, die bezeichnende Geländeelemente der Norddeutschen Ebene sind, sicher bewiesen, daß Gletscher aus den Ländern weit im Norden südwärts vorgedrungen seien. Er erlitt das gleiche Schicksal wie ein Prophet in seinem eigenen Lande; denn kaum jemand nahm auch nur die geringste Notiz von ihm. Erst 1875 akzeptierte auch der letzte deutsche Naturwissenschaftler die einzigartige Idee, daß sein Heimatland einmal von einer Eisdecke überzogen war.

Fortschritte in der Wissenschaft sind sehr oft das Werk vieler Personen und nicht die brillante Inspiration eines einzelnen Genies. Bei einem ähnlichen Milieu oder einem ähnlichen Befund können verschiedene Männer, die völlig unabhängig voneinander arbeiten, zu dem gleichen allgemeinen Schluß kommen. Die praktisch gleichzeitige Veröffentlichung der Entwicklungsidee durch Darwin und Wallace ist ein klassisches Beispiel dafür.

Etwas mehr als ein Jahrhundert ist vergangen, seit die Vereisungstheorie allgemeine Annahme in Nordamerika und Europa fand. Außerordentlich viel Mühe wurde aufgewandt, hauptsächlich im letzten halben Jahrhundert, um die vergangenen und derzeitigen Gletscher zu studieren. Heute wissen wir weit mehr als unsere Vorfahren über die Ausdehnung dieser wieder verschwundenen Eisdecken, über die Kompliziertheit ihrer größeren Vorstöße und Rückzüge (es gab wenigstens vier, möglicherweise fünf) und etwas über die Umwandlung von Schnee in Eis und über die Mechanik der Eisbewegung. Von dem allergrößten Geheimnis aber, der Ursache der kurzlebigen Vereisung, von der die Welt erst seit Beginn der historischen Zeit befreit wurde, ist heute wenig mehr bekannt als vor einem Jahrhundert. Das Eiszeit-Rätsel ist so faszinierend und unergründlich geblieben wie viele der anderen, weit bekannteren Probleme unserer Tage, so z. B. der Ursprung des Sonnensystems oder die Geheimnisse des Weltraums.

Entwicklung von Gletschern

Ausdehnung und Verbreitung

Gletscher waren weitaus bedeutsamer in der jüngsten geologischen Vergangenheit als heute, aber selbst jetzt ist ihre Ausdehnung nicht gering. Fast die gesamte Antarktis ist von Eis bedeckt, 13 Millionen Quadratkilometer oder so, eine Fläche, die fast derjenigen der Vereinigten Staaten und Mexikos gleichkommt. Die Eiskappe von Grönland ist viel kleiner, fast 1 800 000 Quadratkilometer; aber wie die antarktische Eisdecke steigt ihre Oberfläche bis zu einer überraschend großen Höhe an — rund 3000 m, und das Eis ist stellenweise über 3000 m dick. Diese Eislast vermochte das Innere der Insel unter den Meeresspiegel hinunterzudrücken. So wäre Grönland, wenn das Eis plötzlich abschmelzen würde, ein Inselkranz, der ein zentrales Meer umgürtete.

Eine vorsichtige Schätzung des gefrorenen Wassers, das sich auf dem Festland in Form von Gletschern und Schnee angesammelt hat, ergibt, daß es ein Landgebiet von etwa 15 Millionen Quadratkilometern bedeckt; von dieser Gesamtmenge entfallen rund

96% auf die Antarktis und Grönland. Wenn all dieses gefrorene Wasser schmelzen würde, würde der Meeresspiegel auf der ganzen Erde um 30 bis 60 m ansteigen, was sich katastrophal auf den Grundbesitz in den Seehäfen der Welt auswirken würde. In der Tat, der fast weltweite Gletscherrückgang, der seit den neunziger Jahren im Gange ist, scheint einen Anstieg des Meeresspiegels um etwa 12 cm pro Jahrhundert zu bewirken.

Umwandlung von Schnee in Eis

Ohne Schnee gäbe es keine Ansammlung ausgedehnter Eiskörper, und ohne Eis gäbe es keine Gletscher. Daher sind Gletscher auf diejenigen Bereiche der Erde beschränkt, in denen die Temperatur einen bedeutenden Teil des Jahres hindurch unter dem Gefrierpunkt bleibt. Das bedeutet, daß Gletscher heute in den Hochgebirgen über die ganze Erde hin und in den ferneren Bereichen der Nord- und Süd-Hemisphäre am Werk sind. So gibt es Gletscher an den hohen oberen Hangabschnitten so äquatornaher Gebirge wie des Kilimandscharo in Afrika, der Anden-Gipfel in Südamerika und der Carstenz-Toppenz-Kette in Neuguinea in Höhen von 5000 bis 5500 m. In mittleren Breiten, wie in der Sierra Nevada Kaliforniens und den Schweizer Alpen, senkt sich die regionale Schneegrenze auf vielleicht 2750 m. Schließlich erreicht sie den Meeresspiegel in der Antarktis (55° Süd) und liegt bei rund 460 m in Ländern am Rand des Arktischen Ozeans.

Außer niedrigen Temperaturen ist noch mehr notwendig, damit sich Schnee ansammeln kann und von einem Jahr zum nächsten liegenbleibt. Dazu ist auch ein besonders starker Schneefall erforderlich. Das erklärt das Fehlen Ewigen Schnees auf dem Mount Whitney (4418 m), dessen Gipfel über das Niveau aufragt, das die theoretische regionale Schneegrenze sein sollte. Der Berg liegt in einem trockenen Gebiet mit starker Verdunstung und generell hohen Sommertemperaturen. Viele arktische Länder sind zwar kalt, tragen aber keine Dauer-Schneedecke, weil sie zugleich trocken sind.

Auch die örtlichen Gegebenheiten spielen eine bedeutsame Rolle. Da nordwärts gewandte Hänge in der Nordhemisphäre schattiger sind als südwärts gewandte, liegt ihre Schneegrenze tiefer. In vielen amerikanischen Bergketten ist die Westseite zugleich der dem Wind zugewandte Hang, so z. B. in der Sierra Nevada und dem Kaskaden-Gebirge. Auf dieser Hangseite ist der Niederschlag größer, die Wolkendecke ist beharrlicher, und die Schneegrenze liegt gewöhnlich niedriger als auf der Ostseite.

Das nächste zu erörternde Problem betrifft die Beziehung von Schnee zu Eis. Schnee ist, streng genommen, kein gefrorenes Wasser wie Eis, sondern gefrorener Wasserdampf. Mit anderen Worten: Es ist die feste Phase von Wasser, das unmittelbar von atmosphärischem Wasserdampf in Kristallform übergegangen ist. Da Schnee eine kristallisierte Substanz ist, wachsen Schneeflocken in regulären geometrischen Formen, wie jedermann von Fotografien in Büchern und Bildern auf Weihnachtskarten weiß. Obgleich sie eine unbegrenzte Mannigfaltigkeit aufzuweisen scheinen, stimmt es wohl nicht, daß nicht zwei einander gleich sein sollen. In der Tat, kristallisiertes H_2O benimmt sich wie andere Mineralkristalle insofern, als es eine der Verbindung eigentümliche Kristallform hat. Bei den Schneeflocken ist es eine Variante des hexagonalen Systems — desselben Systems, zu dem auch der Quarz gehört.

Wenn Schneeflocken zu Boden fallen, verbacken die einzelnen Kristalle schnell miteinander, und es entsteht eine trockene, pulverige, aber überraschend stabile Oberfläche. Das spezifische Gewicht des Schnees ist viel geringer als dasjenige des Wassers, so daß 1 cm Schnee etwa 1 mm Regenwasser entsprechen mag.

Nachdem die Schneeflocken eine kurze Weile auf dem Boden gelegen haben, erleiden sie gewöhnlich eine Veränderung. Einzelne Flocken mögen verdunsten oder auch schmelzen. Aber da sich das durch Schmelzen frei gewordene Wasser in der Nähe einer großen Eismasse befindet, kann es von neuem zu Eiskörnern zusammenfrieren. Dieser graupelartige, körnige Schnee, der in seiner Textur grobem Sand sehr ähnlich werden kann, ist uns von Schneewehen her vertraut, die einen längeren Teil des Winters hinter einem Gebäude, im Schatten eines Waldes oder im Lee eines Felshanges überdauert haben. Ein solcher körnig rekristallisierter Schnee heißt in den deutschsprachigen Teilen der Schweiz *„Firn"* (von einem deutschen Adjektiv, welches *„letztjährig"* bedeutet); *Névé* (das auf den lateinischen Wortstamm *nix* = Schnee zurückgeht) wird in den französisch sprechenden Gebieten der Schweiz gebraucht. Beide Bezeichnungen sind in das Englische übernommen worden.

Aus Firn, der sich im typischen Fall auf den höheren Hangabschnitten der Hochgebirge ansammelt, bildet sich in schrittweisem Übergang allmählich Gletschereis. Firn ist gewöhnlich weiß oder grauweiß, und die Zwischenräume zwischen den Eiskörnern sind mit eingeschlossener Luft gefüllt. In einer Tiefe, die etwa der Ansammlung von 3 bis 5 Jahren Firn entspricht, werden die Porenräume kleiner oder fehlen sogar ganz, und der Übergang in blaues Gletschereis ist vollendet. Das wird von einer Zunahme des spezifischen Gewichts begleitet, das von etwa 0,1 in frisch gefallenem Schnee auf 0,9 in festem Eis ansteigt.

Der Übergang von Firn zu Eis wird gefördert durch die Zunahme des Drucks mit der Tiefe. Dieser bringt die einzelnen Eiskörper in engeren Kontakt miteinander und vermindert so den Luft-Zwischenraum. Gleichzeitig unterliegen die einzelnen Eiskörper einem der Rekristallisation von Gesteinen analogen Prozeß. Gletschereis ist daher ein Mosaik sich verzahnender Eiskristalle. Im allgemeinen wird das Eis auf seinem abwärtigen Wege vom Firnfeld am Oberende eines Gletschers bis hinunter zu dessen Ende um so dichter, je mehr Luft fortgeht und die Eiskristalle an Größe zunehmen. Schließlich können sie die imponierenden Durchmesser von $7^1/_2$ bis 10 cm erreichen.

Mechanismus der Gletscherbewegung

Obgleich die Hangab-Bewegung der Gebirgsgletscher den Naturwissenschaftlern schon nahezu 150 Jahre bekannt ist, sind wir doch noch weit davon entfernt, ihre wahre Natur zu verstehen. Wie darf man von einer so festen Substanz wie dem Eis sagen, daß es fließe, speziell von einem so spröden Festkörper, wie Eis zu sein scheint, wenn man von unserer eigenen Erfahrung im Haushalt ausgeht?

Das Problem ist kompliziert; denn die Oberflächen vieler Gletscher sind von Klüften und Rissen, den sogenannten *Gletscherspalten,* durchzogen (Abb. 184). Wie jedermann weiß, können Flüssigkeiten nicht brechen; was auch immer der Mechanismus der Gletscherbewegung sein mag, diese Eiskörper bewegen sich nicht in der gleichen Weise, wie es das Wasser in einem Flusse tut. Wenn wir von einem Eisstrom sprechen, brauchen wir in der Tat das Wort in übertragenem Sinne. Indessen, bis zu einem gewissen Grad besteht doch eine Analogie zwischen dem Fließen eines Gletschers und dem eines Stromes. Wir sahen in Kapitel XIII, daß in einem normalen Flußbett der mittlere Teil des Stromes eine höhere Geschwindigkeit hat als seine Ränder. Das trifft auch für Gletscher zu.

Es gibt keine strengen, festen Werte für das Ausmaß des Gletscherströmens. Verschiedene Gletscher bewegen sich mit verschiedenen Geschwindigkeiten, und auch innerhalb eines Einzelgletschers können verschiedene Teile Geschwindigkeits-Unterschiede aufweisen. Gletscher bewegen sich mit gewichtiger Majestät. Der Große Aletsch-Gletscher (der größte der Schweiz) rückt um rund 50 cm pro Tag in Nähe seines mittleren Ab-

Abb. 184. Spalten im Gletschereis, die sich dort bilden, wo die Gletscher-Oberfläche sich über einer Unregelmäßigkeit des Untergrundes plötzlich versteilt. Blue Glacier, Mount Olympus (Washington). *(Phot.: Tom Ross.)*

schnitts und gegen 25 cm pro Tag etwa 1,6 km oberhalb seines Endes vor. Der Rhône-Gletscher bewegt sich um einen Betrag von annähernd 90 m pro Jahr vorwärts. Das ist langsam, verglichen mit dem Grönland-Eis, das von der zentralen Eiskappe seinen Weg durch einen engen Fjord zum Meere nimmt mit einer Geschwindigkeit von 25 m pro Tag oder 8 km pro Jahr (Kuenen, 1955).

Bevor wir die wirkliche Mechanik der Gletscherbewegung diskutieren, müssen wir uns überlegen, wie das Eis mit den genannten Geschwindigkeiten vorrücken kann und doch das untere Ende am Platz verharrt oder sogar, wie bei vielen Gletschern, rückschreitet. Die Lage des Gletscherendes bedeutet ein instabiles Gleichgewicht zwischen dem Betrag des Eisnachschubs und dem Betrag des Schmelzens. Die Gletscher transportieren ständig Eis heran bis zu dem Punkt, wo der Schmelzbetrag überwiegt. Wir können eine Gletscherstirn mit dem Vorderende eines Schinkens vergleichen, der in einer Schneidemaschine nach vorn gedrückt wird. Obgleich der Schinken ständig vorwärts geschoben wird, kommt er doch über einen bestimmten Punkt nicht hinaus; denn ständig wird er von dem schwingenden Messer abgeschnitten.

Um auf die Art und Weise zurückzukommen, in der sich Eis bewegt: es strömt offensichtlich nicht so wie eine Flüssigkeit. Die Gletscherspalten oder Oberflächen-Risse

Abb. 185. Eine kontinentale Eisdecke mit Gletschern, die ins Meer münden. Inglefieldland, Nordwest-Grönland. *(Vom Geodätischen Institut in Kopenhagen freundlich überlassen.)*

schließen diese Möglichkeit aus. Dennoch gleicht ein Gletscher in anderer Hinsicht weitgehend einer Flüssigkeit; so nimmt er im wesentlichen die Gestalt seines Behälters an — in diesem Fall erhält er seine Form von den Wänden des umgebenden Tales. Auch bewegt sich das Zentrum eines Gletschers fast genau wie bei einem Fluß schneller vorwärts als die Seiten, und insbesondere bewegt sich die Oberfläche schneller als die Schichten nahe dem Boden.

Wenn es auch nicht sicher bewiesen wurde, so scheint doch das Fließen, das in Gletschern vor sich geht, in gewisser Hinsicht von der Art zu sein, die als *„plastisch"* bezeichnet wird. Dieser Deformationstyp ist uns von festen Körpern, wie Blei oder Aluminium, vertraut, wenn sie zu Stangen oder Stäben ausgezogen werden. Wenn ein solcher Festkörper entlastet wird, springt er nicht in seine ursprüngliche oder fast ursprüngliche Form zurück, sobald die Spannung fortgenommen wird, wie das der Fall sein würde, wenn die Deformation eine elastische wäre.

Abb. 186. In anstehendes Kristallin eingefurchte Gletscherschrammen, Val Camonica, Südalpen. Die geglätteten Gesteine hier liegen an der alten Bernstein-Handelsstraße und sind mit prähistorischen Figuren und Symbolen beschriftet.

Wasser unterscheidet sich, wie wir gesehen haben, von den meisten übrigen Substanzen dadurch, daß es sich beim Frieren ausdehnt, und zwar um etwa 9%. Druck erniedrigt den Schmelzpunkt des Eises in einem Gletscher, und das Eis hat die Tendenz, sich in Wasser zu verwandeln, das dichter ist, das — mit andern Worten — weniger Platz einnimmt. Wenn sich das gerade frei gewordene kalte Wasser zu einem Bereich leicht schwächeren Druckes bewegt, gefriert es wieder. Dieser ganze Prozeß von Frieren, Auftauen und Wiederfrieren verursacht durch sich selbst eine gewisse Instabilität, die bei „normaleren" Festkörpern nicht vorhanden ist.

Zudem haben Eiskristalle selbst eine Art eingebauter Instabilität. Sie geben unter Druck nach, und wenn die Kristalle gerichtet orientiert sind, geht das leichter vonstatten. Eis zeigt eine besondere Gleitfähigkeit entlang Flächen parallel zur Basis des typischen hexagonalen Kristalls. Wenn von den Millionen Kristallen, die in einem Gletscher vorhanden sind, hinreichend viele parallelgerichtet sind, dann kann eine Neuordnung durch Kristallgleiten eintreten — einen mit der mehrfachen Schieferung von Mineralien in einem Gestein verwandten Prozeß —, und die ganze feste Masse vollführt eine leichte Bewegung hangab. Der Summationseffekt dieser individuellen Gleitungen reicht aus, um zum Teil den hangab gerichteten Vorstoß des Gletschers als eine Serie kleinster Neuordnungen unter Spannung zu erklären.

Eine andere Abart der Eisbewegung ist wirkliches Gleiten der gesamten Eismasse entlang dem Boden und den Seitenwänden seines Troges. Dieses mechanische Gleiten des Eises durch sein eigenes Bett ist verantwortlich für manche der bekannten, außer-

Abb. 187. Gletscherschliff und -striemen auf magmatischen Gesteinen in der Sierra Nevada (Kalifornien). *(Phot.: Philip Hyde.)*

ordentlich eindrucksvollen Endeffekte der Eiswirkung — Rillen und Striemen im felsigen Untergrund, die als *„Gletscherschrammen"* (Abb. 186) bezeichnet werden, und weite Flächen von geglätteten, nackten Felsen, die sogenannten *„Gletscherschliffe"* (Abb. 187). Diese Erscheinungen widerlegen die von manchen vertretene Auffassung, daß die basale Haut eines Gletschers sich nicht bewege, sondern an ihrer Unterlage festgefroren sei und daß sich alle Bewegung innerhalb der Eisschichten vollziehe.

Es gibt einen schlüssigen Beweis dafür, daß manche Eisbewegung, besonders nahe dem unteren Ende des Gletschers, durch Scherung erfolgt. Das ist eine Lageänderung unter Bruchbildung statt durch Fließen, und in mancher Hinsicht kann sie mit der Entstehung von Überschiebungen in den Gesteinen der Erdkruste verglichen werden. Wenn solche Scherflächen am Rande eines Gletschers in Nähe seines Endes sichtbar werden, zeigen sie sich aufwärts gekrümmt in halbmondförmigen Platten. In wie hohem Prozentsatz diese Scherbewegungen zum gesamten Gletschervortrieb beitragen, ist schwer zu sagen. Wahrscheinlich ist er ziemlich gering, und es ist sehr zu vermuten, daß er geringer ist als das wirkliche Fließen, das innerhalb des Gletschers mittels Schmelzen und Rekristallisation unter Druck und durch Kristallgleiten erzielt wird.

Gebirgsvergletscherung

Obgleich die Einzelgletscher und -Eisfelder außerordentlich unterschiedlich sind, können sie doch in zwei große Kategorien eingeteilt werden: in *Gebirgsgletscher* und *kontinen-*

Abb. 188. Ein alpinotyper Gletscher, der die Vereinigung von Einzelströmen zeigt. Das Gletschersystem benutzt vorgebildete Flußtäler. Klinaklini-Gletscher, Coast Range (Britisch-Kolumbien). *(Phot.: Austin S. Post, Universität Washington.)*

tale Eisdecken. Die Gebirgsgletscher zeigen ihre typische Form in Hochgebirgen; sie gehen dabei von Gebirgshängen und Gipfeln aus, die über die Schneelinie aufragen. Sie bewegen sich unter dem Zwang der Schwerkraft bergab, und meist nehmen sie den Weg des geringsten Widerstandes, indem sie präexistierenden Flußtälern folgen (Abb. 188).

Kontinentale Vergletscherungen waren in der jüngsten geologischen Vergangenheit sehr viel bedeutsamer als heute. Damals lag Nordamerika südwärts bis zu den Flüssen Ohio und Missouri unter einer wenigstens 1,6 km dicken Eislast begraben, und gleiches traf auch für weiteste Teile Nordeuropas zu (Abb. 183). Glücklicherweise sind solch ausgedehnte Flächen gefrorenen Wassers vergangen, und die übriggebliebenen Reste, wie die Eiskappe von Grönland und die der Antarktis, sind zwar noch recht groß, stehen aber diesen verschwundenen Titanen weit nach. Die kontinentalen Gletscher überfahren das Gelände und gleichen viele Unregelmäßigkeiten aus, die sie antreffen.

Die Gebirgsgletscher prägen in der Regel die Unregelmäßigkeiten der Landschaft noch weiter aus, indem sie kühne Spitzen sogar noch schroffer machen und die Wände bereits tiefer Cañons noch versteilen.

Obgleich die Gebirgsgletscher auffallende Elemente der schneebedeckten Bergketten dieser Erde sind, sind auch sie heute viel kleiner, als sie im Pleistozän waren. Damals dehnten sie sich nordwärts weit über die Vorberge der Alpen in die Hochebene bei München und südwärts in die flachen Hügel am Rande des Po-Tales in Italien aus. Wenn auch erheblich reduziert, sind doch manche der übriggebliebenen alpinen Gletscher von eindrucksvoller Größe. Verschiedene Eisströme des Himalajas sind 40 km lang, und der Große Aletsch in der Schweiz hat eine Länge von über 22 km. Der Seward-Gletscher in Alaska hat zusammen mit seinen Nebengletschern eine Gesamtlänge von fast 80 Kilometern.

Eiserosion

Es scheint zwei Hauptformen zu geben, in welchen Gebirgsgletscher die Land-Oberfläche, auf der sie ruhen, abhobeln: *glaziales Steinbrechen* und *glaziale Abrasion*. Im ersten Fall werden die Gesteine von ihrem Platz gerissen oder gehoben in ganz der gleichen Weise wie in einem Steinbruch-Betrieb, abgesehen natürlich davon, daß es in viel langsamerem Tempo geschieht. Bei der Abrasion wird die Gesteins-Oberfläche, auf der das Eis liegt, abgehobelt oder abgerieben, fast so, wie eine Holz-Oberfläche mit Sandpapier bearbeitet wird. Im allgemeinen scheint das Steinbrechen am oberen Ende eines Gletschers wirkungsvoller zu sein, besonders im Einzugsgebiet, während die Wirksamkeit der Abrasion stromab größer ist.

Glaziales Steinbrechen

Die Form, in der sich das Steinbrechen vollzieht, ist nicht völlig bekannt. Das ist auch kaum überraschend; denn es handelt sich um einen Prozeß, der sich unterhalb des Gletschereises in einem Milieu vollzieht, das uns mit normalen Mitteln unzugänglich ist.

Den nächsten Zugang, den wir zu dieser kalten Gletscher-Unterwelt haben, gewähren Spalten, die von der Oberfläche ausgehen und sich abwärts durch das Eis bis zum Boden des Gletschers erstrecken. So tief eindringende Brüche sind selten, sie sind aber relativ häufig im Einzugsbecken am oberen Ende des Gletschers. Eine charakteristisch halbmondförmige Spalte am Oberende eines Gletschers wird *„Bergschrund"* genannt (Abb. 189). In der Regel liegt er nahe an der Grenze zwischen dem Gletschereis, das sich abwärts zu bewegen begonnen hat, und dem stationären Eis- und Firnkörper, der mit den Gesteinen am oberen Ende des Gletschers zusammengefroren ist.

Im Jahre 1899 seilte sich in der Sierra Nevada in Kalifornien einer der führenden Topographen jener Zeit, W. D. Johnson, selbst an einem Strick 46 m tief in einen solchen „Bergschrund" ab — gewiß keine Sache für einen Verzagten —, und was er dort sah, beeindruckte ihn sehr. Es war das die Fähigkeit des Gletschereises, fest verbundene Gesteine aus ihrem Verbande herauszureißen. Andere haben einen solchen Abstieg wiederholt, und viele Glaziologen waren bei ihrer Rückkehr gleicherweise davon überzeugt, daß das obere Ende eines Gletschers eine Zone aktiver Frostsprengung ist.

Der Bergschrund und andere Spalten liefern Kanäle, durch die das Schmelzwasser, das sich durch Tauen von Schnee, Firn und oberflächigen Eisschichten bildet, in die inneren Winkel des Gletschers strömt. Wenn solches Schmelzwasser bis zu dem steinigen Endwall oder bis auf den Gletscherboden gelangt ist, sickert es weiter in Spalten und Klüfte des Untergrund-Gesteins ein. Wenn dann das Wasser gefriert, dehnt es sich aus, und bei der Ausdehnung übt es, wie wir im Kapitel XI gesehen haben, eine starke Hebelwirkung gegen die Nachbargesteine aus, die dadurch gelockert werden können.

Abb. 189. Das Oberende des Palisade-Gletschers in der Sierra Nevada (Kalifornien) mit gut entwickeltem Bergschrund. *(Phot.: Tom Ross.)*

Wenn diese Gesteine in den Gletscher eingefroren werden, werden sie von dem Eis bei seiner Abwärtsbewegung mitgenommen, und eine neue Oberfläche ist freigelegt, an der sich nun der Prozeß wiederholen kann. Je mehr Eis-Schmelzwasser in diesen subglazialen Gesteinsspalten gefriert, um so wirksamer wird der Prozeß des „Steinbrechens".

Meinungsunterschiede bestehen noch hinsichtlich der Frage, ob bei dem Eis, das in diese Spalten in den Gesteinen eingeschlossen ist, Tauen stattfindet oder nicht. Sollte Gefrieren und Tauen wiederholt eintreten, dann stände eine starke Kraft zur Verfügung, um die Steine aufzubrechen — im Vergleich zu dem, was geschehen würde, wenn das nur einmal der Fall wäre. Nach vielen Forschern ist der Schmelzbetrag in und an der Gletscher-Oberfläche beträchtlich. Wer schon einmal an einem windigen Tage oder an einem warmen Sonnentag über einen Gletscher gewandert ist, wird sich erinnern, daß an der Eis-Oberfläche eine große Menge Wasser vorhanden war; Wasserläufe finden sich überall, und man kann das Wasser tief im Innern des Gletschers gurgeln und plätschern hören. Viel Oberflächen-Schmelzwasser nimmt seinen Weg nach unten durch Spalten, Risse und andere Öffnungen, große und kleine, die ganze Strecke bis zum Boden. Nachts, wenn die Lufttemperatur unter 0° C sinkt, dann verschwinden die Bäche wieder, und das Murmeln des fließenden Wassers verstummt.

Abb. 190. Gletscherschliff auf granitischen Gesteinen der Sierra Nevada (Kalifornien). *(Phot.: Philip Hyde.)*

Gletscherabrasion

Gesteine, deren Größe von Blöcken im Format von Lastwagen bis hinunter zu Teilchen mehlfeiner Dimensionen reicht, sind in das Eis eingebettet; sie sind Erzeugnisse glazialen Steinbrechens und des Abrutschens von Gesteinsmassen aus höheren Hangabschnitten. Sie werden vom Gletscher mitgeschleppt, sowie er sich abwärts bewegt.

Diese eingeschlossenen Gesteinsstücke wirken wie ein Schleifmittel, ganz wie die Sandkörner auf einem Stück Sandpapier. Wo die eingebetteten Gesteins-Bruchstücke groß sind, feilen sie lange Rillen und Schrammen im Gestein des Untergrunds aus. Wo die eingeschlossenen Gesteinsfragmente feinkörnig sind, können sie die Oberfläche der überfahrenen Gesteine polieren, ganz ähnlich wie das feine Schmirgelpulver, das ein Steinschneider benutzt. Besucher der höheren Teile des Yosemite-Nationalparks in den USA sind von den weiten Flächen fein polierten, glänzenden Granits beeindruckt, der so frisch aussieht, als ob er seinen lebhaften Glanz erst gestern bekommen hätte (Abb. 190).

Der Abrasionsprozeß wirkt auf zweierlei Weise: der Untergrund und das Schleifmittel werden beide betroffen. Viele Bruchstücke, die im Eis eingeschlossen sind, bekommen Schrammen auf ihren Oberflächen, oder eine Seitenfläche eines Geschiebes kann so lange abgenutzt werden, bis sie flach und glatt ist. Von einem solchen Gesteinsstück sagt man, es sei *„fazettiert"*, und verschiedene solcher glatten Oberflächen können planiert werden, wenn das Gestein seine Lage innerhalb des Eises wechselt, so wie sich der Gletscher dahinbewegt. Diese selektive Abraison läßt eckige Gesteinsbrocken (Abb. 191) entstehen, welche sich in ihrer Form deutlich von den Geröllen unterscheiden, die von fließendem Wasser in Flußläufen gerundet wurden.

Sowie das schuttbeladene Eis die Oberfläche, über die es sich hinbewegt, abschleift, flacht es die meisten Unregelmäßigkeiten ab, und so entsteht eine typische, vom Eis abradierte Landschaft aus gerundeten Gesteinshöckern; die unteren Enden von Bergausläufern und Rücken sind abgestumpft oder sogar ganz fortgeschliffen. Täler werden vertieft, mehr linear gestaltet, und in besonders typischen Fällen sind ihre Hänge fast bis zur Senkrechten versteilt, so z. B. im Yosemite Valley in den USA oder im Lauterbrunner Tal in der Schweiz (Abb. 192).

Abb. 191. Gletscherschutt mit typisch fazettierten Geschieben und großen Korngrößen-Unterschieden des Materials. Sierra Nevada, Kalifornien.

Durch glaziale Erosion erzeugte Landschaftsformen

Die beiden Hauptformen der Eiserosion zeitigen entgegengesetzte Ergebnisse. Gesteinsbrechen versteilt die höheren Hangabschnitte, erzeugt turmartige Gipfel und scharfe Bergkämme. Die Abrasion wirkt mehr in dem Sinn, tiefe, trogartige, geradlinige Täler zu erzeugen, in denen die entblößten Gesteins-Oberflächen vielfach gerundet und geglättet sind.

Von den Erscheinungen, die als charakteristische Ergebnisse des glazialen Steinbrechens anzusehen sind, ist eine der eindrucksvollsten das *Kar* (Abb. 193). Das ist ein Hufeisenförmiger, steil umrandeter, vereister Talschluß. Kare sind so kennzeichnende Landschaftselemente, daß es besondere Namen für sie in der Sprache jedes Landes Westeuropas gibt, wo sie zu finden sind. Unsere Vorfahren waren sich ihrer Einzigartigkeit so sehr bewußt, daß sie ihnen schon in jener weit zurückliegenden Zeit einen Namen gaben, als unsere verschiedenen Muttersprachen noch im Werden waren. In den französischen Alpen ist der Ausdruck *„cirque"* heimisch; das ist ein französisches Wort, das denselben Inhalt hat, den das lateinische Wort *„circus"* in englisch sprechenden Ländern aufweist. Indessen paßt der Begriff in dieser glazialen Bedeutung nicht ganz; denn ein wirklicher *„circus"* ist eine voll-runde Figur — wie das Fahrzeug für das Ben-Hur-Wagenrennen.

Abb. 192. Lauterbrunnen (Schweiz) mit einem vom Gletscher überformten Tal und Wasserfällen, die von hängenden Flußtälern herunterstürzen. *(Von den Trans World Airlines freundlich überlassen.)*

Tatsächlich ist ein glazialer Talschluß ein halbrundes Gebilde und läßt sich eher mit der traditionellen Form eines griechischen Theaters vergleichen.

Um auf die anderen Namen für einen *„cirque"* zurückzukommen: In deutschsprachigen Ländern heißt es *„Kar"*, in Wales *„cwm"*, in Schottland *„corrie"* und in Skandinavien *„botn"* oder *„kjedel"*. Diese kurze sprachliche Exkursion macht auch deutlich, daß die Geologie eine wirklich internationale Wissenschaft ist; kein einziges Land hat ein Monopol auf alle Namen für Landschaftsformen. In der Tat, es wäre erstaunlich, wenn es einen englischen Namen für *„Kar"* gäbe; denn entsprechende Formen treten in den ursprünglich englisch sprechenden Teilen der Britischen Inseln nicht auf.

Kare sind das Ergebnis aktiver Zerreißung oder Zerbrechung des Gesteins in der Bergschrund-Zone und innerhalb des Sammelbeckens am Oberende eines Gletschers, wahrscheinlich infolge der abwärtigen Wasserzirkulation und infolge von Frostsprengung in den Felswänden, die über die Gletscher-Oberfläche aufragen.

Falls der Gletscher verschwindet, wie das so viele von ihnen seit dem Ende des Pleistozäns getan haben, dann ist das neu entblößte Kar ein eindrucksvolles alpines Schaustück. Die Gesteinsumwallung am Oberende eines solchen riesigen, kastenförmigen Cañons

Abb. 193. Kare und Gletscherseen [Tarns] in den Wind River Mountains, Wyoming. *(Phot.: Austin S. Post, Universität Washington.)*

kann eine mehrere 100 Meter hohe Felswand bilden, und gleichzeitig kann am Fuß einer solchen Felswand eine lange, schräge Schürze aus Schuttblöcken fast ganz fehlen.

Eine Reihe klarer, oft dunkelblauer Seen in Felsenbecken tragen außerordentlich zu der Schönheit dieser alpinen Szenerie bei. Diese *Bergseen* (Abb. 196) sind vielfach das Ergebnis differenzieller glazialer Ausräumung. Abweichend von einem typischen Wasserlauf gräbt sich ein Gletscher an einigen Stellen tief und an anderen weniger tief ein. Der Boden eines glazialen Troges kann aus abgeschlossenen Becken bestehen, in welchem sich Wasser ansammelt, wenn das Eis fortgeschmolzen ist, und aus zwischengelagerten Dämmen, eisgeglätteten Felsriegeln. Ein solcher unregelmäßiger Boden, manchmal tief unter dem Eis, manchmal flach, kann so lange ausgehöhlt werden, wie eine Hangneigung zur Oberfläche des Gletschers besteht. In gleicher Weise sind Lavaströme fähig, ein aus Rücken und Tälern quer zu ihrem Weg bestehendes Wellensystem zu überwinden.

Wenn zwei Gletscher in parallelen Tälern eng nebeneinander auftreten, dann kann sich die Eisscheide, die sie trennt, infolge von Übersteilung zunehmend verschmälern, bis sie zu wenig mehr als einem Felsband reduziert ist. Eine solche vom Eis verschärfte Rippe trägt den bezeichnenden englischen Namen *„Cleaver“ (= Hackmesser).*

Abb. 194. Unterer Aare-Gletscher (Schweiz) mit einer gut ausgebildeten Mittelmoräne, die durch den Zusammenfluß zweier Teilgletscher entstanden ist. Die Bergrücken sind zu Graten zugeschärft, und es hat sich ein Gebirgspaß gebildet (am oberen Ende des rechten Gletscherzustroms). *(Von der Swissair Photo AG freundlich überlassen.)*

Wenn zwei Gletscher auf den voneinander abgekehrten Seiten einer Wasserscheide liegen, können die Steilwände ihrer Kare angeschnitten werden, bis nur noch eine ganz schmale Scheidewand die beiden Kare trennt. Der Gipfel eines solchen Felsgrates kann fast so scharf wie ein Rasiermesser sein; gewöhnlich wird er von zackigen Spitzen oder Dornen überragt. Ein solches Septum wird *„arête"* genannt, was ein altfranzösischer Ausdruck für „Fischbein" oder „Gräte" ist.

Wenn glaziales Steinbrechen seine Tätigkeit fortsetzt, kann die „arête" in sehr kurzer Zeit völlig fortgeräumt sein. Gleichzeitig damit vereinigen sich die beiden glazialen Tröge miteinander, und so kann ein von steilen Hängen eingefaßter und manchmal strategisch bedeutsamer Gebirgspaß entstehen. Manche der berühmten Alpen-Pässe, wie der St. Bernhard, der St. Gotthard und der Simplon gehören zu diesem Typ, und das trifft auch für verschiedene in der Gipfelregion der Rockies und der Hohen Sierra zu. Eine solche glazial entstandene Lücke in der Wasserscheide einer Gebirgskette (Abb. 194) wird oft mit dem französischen Wort *„col"* bezeichnet, das sich vom lateinischen *„collum"* = Hals ableitet.

Ein Berg, der über seine Nachbarn innerhalb einer Kette emporragt, wie z. B. einer der Cascade-Vulkane in den nordwestlichen Vereinigten Staaten, kann Gletscher aufweisen, die vom Gipfel radial nach außen verlaufen, gleich den Speichen eines Riesenrades. Wenn diese Gletscher ihr Steinbrechen an ihren oberen Enden aktiv fortsetzen, dann kann der Berg durch diesen allseitigen Angriff so weit verkleinert werden, daß nur noch ein scharfer, Schweinezahn-ähnlicher Turm übrigbleibt. Das Matterhorn ist das bekannteste Beispiel einer solchen durch Glazialwirkung verschärften Spitze in der Welt. Auch bei ähnlichen Vorkommen sonst auf der Erde spricht man von *„Matterhörnern"* (Abb. 195).

Talab, wo Abrasion der vorherrschende glaziale Prozeß zu sein pflegt, ist eine Versteilung der Talwände eine erste Folgeerscheinung. Abrasion ist nicht auf den Boden eines Gletschers beschränkt, sondern wirkt ebensogut entlang den Talflanken. Der Teil eines alpinen Tales, der von einem Gletscher eingenommen wird, gleicht dem Bett eines Flusses, aber in einem stark veränderten Maßstab, da das Wasservolumen im Gletscher weitaus größer und die Geschwindigkeit viel geringer ist (Abb. 196).

Gewöhnlich kann man feststellen, daß ein solches vom Gletscher eingenommenes, vom Eis ausgefurchtes Tal einen U-förmigen Querschnitt aufweist, im Gegensatz zu der V-Form eines Flußtales. In Wirklichkeit nähert sich die Querschnitt-Linie eines vereisten Tales mehr einer Kettenlinie (einer Kurve, die von einem Draht oder einer Kette gebildet wird, die an zwei Punkten aufgehängt ist, sofern diese nicht senkrecht übereinander liegen). Eine solche Kurve zeigt sich in den graziös schwingenden Schleifen des Drahtes zwischen den Masten einer Hochspannungs-Leitung. Wenn die Aufhängepunkte nahe beieinander liegen, ist die Kurve eng, und die Neigung ist steil; wenn sie weit auseinander sind, dann ist die Kurve offen, und die Seitenhänge sind flach.

Zu den am meisten fotogenen Auswirkungen der Gebirgsvergletscherung gehören Wasserfälle, die über die Kante eines Gletschertales stürzen und in langen Bändern die glänzenden Wände herabfallen. Zu den bekanntesten derselben gehören die Yosemite-Fälle, die in drei Stufen einen totalen Höhenunterschied von 782 m überwinden. Wasserfälle wie dieser sowie der Bridal-Veil-Fall (siehe S. 321) oder die Straubach-Fälle in der Schweiz (Abb. 192) sind Beispiele für Wasserfälle, die in das Haupttal aus *hängenden Seitentälern* stürzen. Es gibt eine ganze Anzahl Erklärungen für den Ursprung dieser sich in so dramatischer Weise verschieden verhaltenden Zuströme. Vielfach wird angenommen, daß der Nebenfluß unfähig war, sich schnell genug einzuschneiden, um mit dem Haupttal gleichen Schritt zu halten, das durch den Gletscher vertieft wurde.

Andere Wasserfälle, die den Boden eines Haupttales unterbrechen, wie z. B. der Vernal- und der Nevada-Wasserfall im Yosemite-Tal, verdanken ihre Existenz unterschiedlicher Erosion durch das Eis. Wie wir schon sahen, beschränken sich die Gletscher keinesfalls darauf, ein gleichmäßig abfallendes Bett auszufurchen, sie können sich vielmehr auch tief einsägen, wo die Gesteine weicher oder enger geklüftet sind. Das Ergebnis kann die Herausmodellierung einer Reihe von Steilkanten sein, sehr ähnlich den Stufen einer riesigen Treppe, über welche der postglaziale Fluß in einer Folge sogenannter Treppen-Wasserfälle herabstürzt. Ein Eisfall, in welchem der Gletscher über eine größere Unregelmäßigkeit auf seinem Wege absteigt, trägt dazu bei, eine solche Reihe von Steilkanten und Übertiefungen herauszupräparieren. Wo das Eis gedehnt wird — wie das dort der Fall ist — zerbricht es unter dieser zusätzlichen Spannung, und die entstandenen Gletscherspalten bedeuten Kanäle, durch die Schmelzwasser zu den geklüfteten Felsen unter dem Gletscher gelangen kann. Wenn sich Frieren und Tauen vollzieht, kann sich Steinbrechen in einem mittleren Bereich innerhalb der Längserstreckung des Gletschers abspielen. Ein solcher Prozeß mag zum Teil für die sogenannten *„Zyklopenstufen"* oder großen Steilkanten verantwortlich sein; diese sind in Wirklichkeit Nebenkare, die das Längsprofil eines Gletschertales unterbrechen.

Abb. 196. Tenaya-See und oberes Yosemite-Tal in der Sierra Nevada, Kalifornien. *(Phot.: Ansel Adams.)*

Landschaftsformen infolge Ablagerung

Von der ungeheuren Schuttmenge, die von einem Gletscher mitgenommen wird, wie er sich in seinem Tal abwärts bewegt, kommt viel zur Ruhe, wenn der Abstrom endet bzw. der Endpunkt erreicht ist. Der Wechsel von einem Transportmittel — Eis — zu einem anderen — Wasser — geht nicht ohne einen gewissen Bewegungsverlust, d. h. eine Verzögerung, vonstatten. Das Gesamt-Schuttvolumen, das vom Eis herbeigeschafft wird, wie auch die Größe vieler Bruchstücke ist mehr, als das vom Gletscher abströmende Schmelzwasser fortbewegen kann — wenigstens nicht so schnell, wie der Schutt anfällt. Infolgedessen erstickt das untere Ende eines Gletschers fast immer unter seiner eigenen Gesteinsfracht. Diese Masse eis-transportierten Schuttes kann sich als ein hügeliger, halbmond-förmiger Gesteinswall ansammeln, der sich um die Gletscherschnauze legt, als

---

←

Abb. 195. Der Mount Assiniboine in den kanadischen Rocky Mountains ist ein typisches glaziales „Matterhorn". *(Phot.: Austin S. Post, Universität Washington.)*

Terminal- oder *Endmoräne* (von dem provenzalisch-französischen Wort *„morena"* oder *„Erdhaufen"*, letztlich abgeleitet von dem vorlateinischen *„mourre"*, das einen Felsvorsprung bedeutet).

Abb. 197. Die Umformung einer reifen Berglandschaft durch Vergletscherung. Man beachte die Entwicklung von Karen, Schratten und Graten, U-Tälern, hängenden Tälern und abgeschliffenen Bergausläufern. *(Nach: W. M. Davis: The sculpture of mountains by glaciers; Scot. geogr. Mag., 22, 1906.)*

Die Endmoräne kann sich um das Ende der Gletscherzunge herum fortsetzen, um dann an jeder der beiden Seiten des Gletschers weiterzuziehen. Solche Schuttwälle entlang den Flanken des Gletschers heißen *„Seitenmoränen"*. In der Regel sind sie höher und umfangreicher als die Endmoränen, und ihre Gipfellinien neigen sich unter etwa dem gleichen Gefälle nach vorn wie die Gletscher-Oberfläche (Abb. 198).

Wenn sich zwei Gletscher vereinigen, dann können sich die Seitenmoränen, die sich an der Mündung treffen, vereinigen und zusammen in der Mitte des Eisstromes abwärts fortsetzen; sie bilden dann ein dunkles Band von Gesteinsschutt, das als *„Zwischenmoräne"* bezeichnet wird. Tatsächlich kann es so viele derartige Bänder geben, wie es Vereinigungen von Haupt- und Seitengletschern gibt; so entsteht ein wundervoll gebänderter Zuckerstangen-Effekt aus Streifen weißen Eises, die mit dunklen Moränenzügen durchsetzt sind (Abb. 199 und 194).

Unterhalb der Endmoräne kann der Boden des Tales aus einer Anhäufung von Schutt bestehen, der zwar vom Fluß abgelagert, aber vom Gletscher herbeigeschafft wurde. Dieser durch Gletschererosion entstandene, vom Schmelzwasser aufgearbeitete Schutt ist die *„Talterrasse"*. Da die Flüsse, die für die Bildung dieses Schuttschweifs verantwortlich sind, fast alle eine schwere Fracht mit sich tragen, verläuft die Ablagerung schnell; ihre Flußbetten verzweigen sich, verbinden sich wieder und verzweigen sich

Abb. 198. End- und Seitenmoränen sowie ein durch eine Moräne aufgestauter Gletschersee; die Formen entstanden infolge Gletscherrückzugs. Mount Jacobson, Coast Ranges, Britisch-Kolumbien (Kanada). *(Phot.: Austin S. Post, Universität Washington.)*

erneut in Zopfform. Das gleiche Netzwerk zopfförmiger Betten ist für Flüsse von Alluvialfächern typisch, und vielfach tragen die gleichen Faktoren zu ihrer Entstehung bei: ein mehr als normaler Nachschub von Schutt sowie Flüsse, die viel von ihrem Wasservolumen dadurch verlieren, daß sie in ihren eigenen porösen Ablagerungen versickern.

Isolierte Eisblöcke können sich auf der Talterrasse bilden, wobei sie infolge ungleichmäßigen Rückschreitens der Gletscherstirn zurückblieben oder von Schmelzwasser-Strömen mitgeschleppt und später in dem ausgeschwemmten Kies oder in der Moräne selbst

Abb. 199. Mittelmoränen, entstanden durch die Vereinigung von Seitengletschern. Kaskawulsh-Gletscher, St. Elias Range, Yukon-Territorium (Kanada). *(Phot.: Austin S. Post, Universität Washington.)*

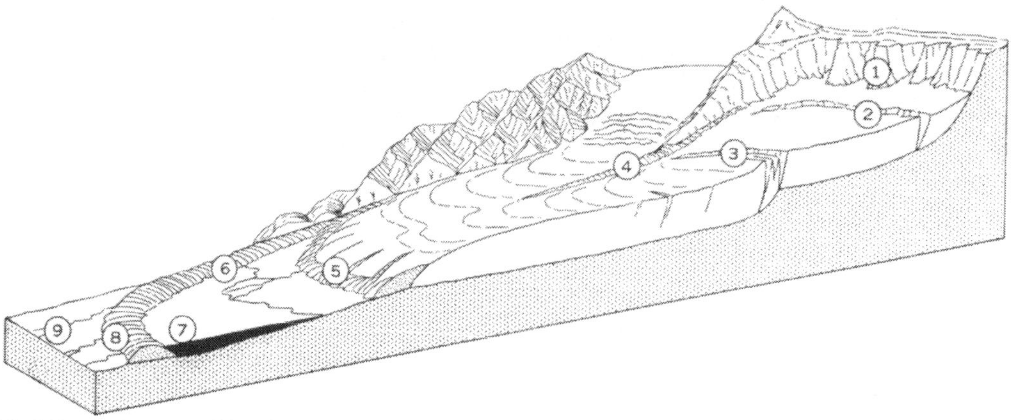

Abb. 200. Alpinotyper Gletscher und Moränen. 1: Wand eines Kars; 2: Bergschrund; 3: Querspalten über einem Gletscherbruch; 4: Mittelmoräne; 5: Stirn- (Rückzugs-) Moräne; 6: Seitenmoräne; 7: Moränen-Stausee; 8. End- (Stirn-) Moräne; 9: Talzug.

Abb. 201. Das System der Seiten- und Stirnmoränen und der Moränen-Stausee bei Convict Lake in der Sierra Nevada (Kalifornien). *(Phot.: John S. Shelton.)*

begraben wurden. Wenn dieses einsedimentierte Eis schließlich schmilzt und die Deckschicht glazialen Schutts in den entstandenen Hohlraum hineinstürzt, dann wird eine solche Depression *„Toteis-Loch"* genannt; ihr Durchmesser kann zwischen nur 1 m und 100 m schwanken. In Vergletscherungsgebieten, wo eine große Wassermenge zur Verfügung zu stehen pflegt, erscheinen diese Toteis-Löcher als eine Vielzahl kleiner Seen, die die Oberfläche der Flußterrasse wie Tüpfel überziehen oder sich entlang Moränenrücken aufreihen.

Die Verbindung von End- und Seitenmoränen, die sich einst als halbkreisförmige Girlande um das Ende des Gletschers schwang, spielt oft eine für das Landschaftsbild bedeutsame Rolle, nachdem das Eis verschwunden ist. Diese Moränen-Einfassungen vermögen eine Zeitlang als natürliche Erddämme zu dienen, und das in recht erfolgreicher Weise, obgleich sie in gewissem Sinne einen falschen Weg einschlagen. Sie sind nämlich stromauf konkav, statt konvex gegen das Reservoir gebogen zu sein, wie das ein gut geplanter Damm ist (Abb. 201). Nichtsdestoweniger speichern solche Moränenwälle in wirksamer Weise das Wasser von manchen der schönsten Seen der Welt. Wohl am besten bekannt sind diejenigen, die die Alpen umsäumen, wie der Comer See, der Lago Maggiore und der Garda-See auf der italienischen Seite und die Seen von Neuchâtel,

Genf, Luzern und Konstanz (Bodensee) auf der Nordseite. Auch die Vereinigten Staaten haben solche von Moränen aufgestaute Wasserkörper; der Mary-See und der MacDonald-See im Gletscher-Nationalpark sind zwei der bekanntesten Beispiele.

Kontinentalvergletscherung

Die kontinentalen Eismassen bewegen sich, abweichend von den Gebirgsgletschern, nicht unter dem Antrieb der Schwerkraft als zungenförmige Massen durch präexistierende, in die Flanken von Bergketten eingesenkte Täler. Stattdessen dehnten sie sich während des Pleistozäns weithin als große, scheibenförmige Eismassen aus, die weite Teile Nordeuropas und des nördlichen Nordamerikas als eine Decke überzogen, die sich über 47 bis 52 Millionen Quadratkilometer der Land-Oberfläche der Erde ausbreitete (Abb. 202 und 203).

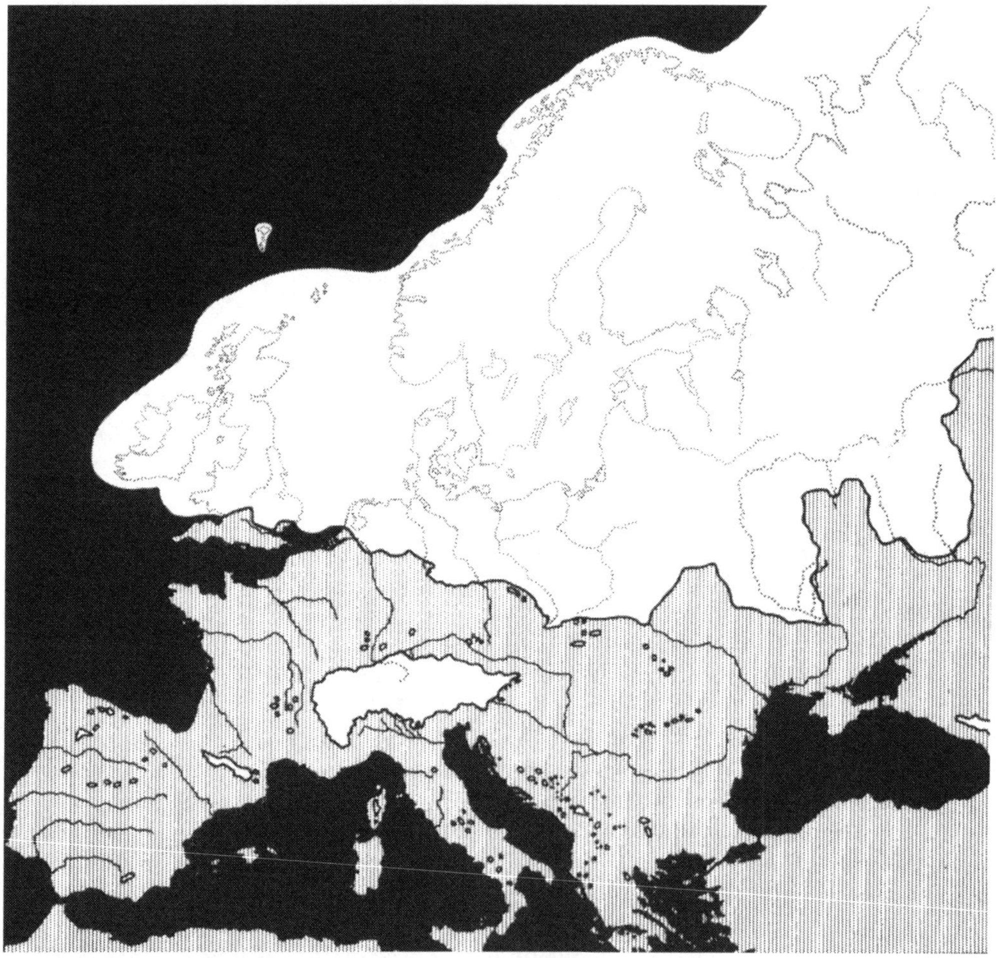

Abb. 202. Die Grenzen der pleistozänen Vereisung (weiß) in Europa. *(Nach: R. F. Flint: Glacial and Pleistocene geology, 1957.)*

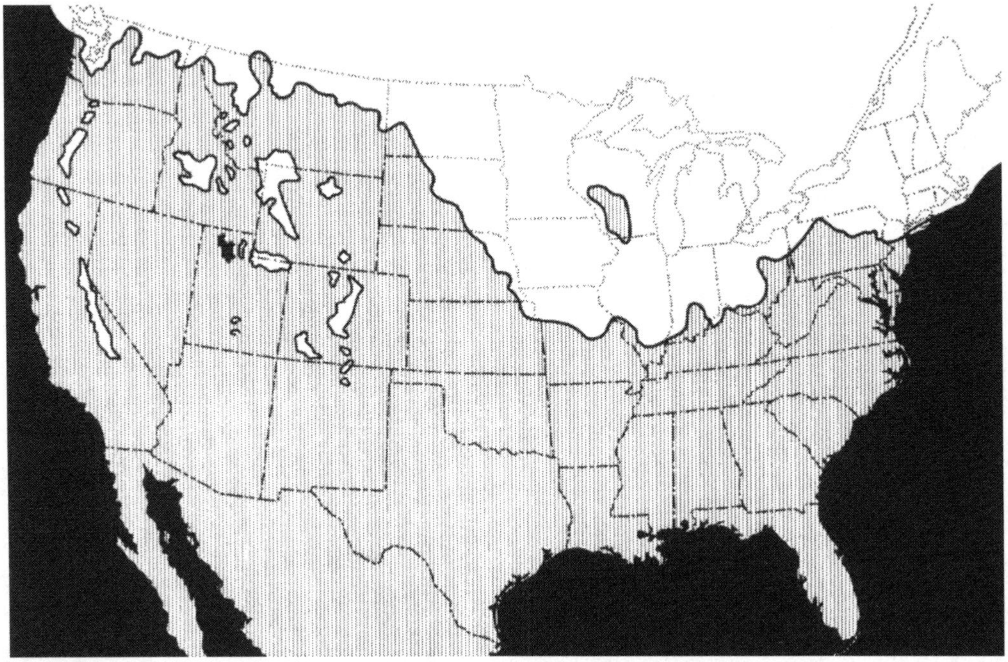

Abb. 203. Die Grenzen der pleistozänen Vereisung in Nordamerika. *(Nach: Glacial map of North America, 1949.)*

Das wäre ein fast unvorstellbares Bild: eine gegen 6400 Kilometer lange Eismauer, die sich über die ganze Breite Kanadas und weit hinaus in den Nordatlantik ausdehnte. Diese gefrorene Flut erstreckte sich südwärts in die Vereinigten Staaten hinein wenigstens bis grob zur Linie jener spiegelbildlich gestalteten Schleifen, die die Flußläufe des Ohio und des Mississippi heute auszeichnen.

Um wenigstens einen teilweisen Eindruck von diesen ausgedehnten *Eisdecken* zu haben, müssen wir zu den *Eiskappen* von Grönland und der Antarktis zurückkehren (Abb. 204 und 185). Diese sind viel kleiner; so überdeckt das Grönland-Eis vielleicht 1,8 Millionen Quadratkilometer und dasjenige der Antarktis gegen 13 Millionen. Beide Eiskappen enden im Meer, so daß die großen Ansammlungen von glazialem Schutt fehlen, die eine so hervorragende Rolle sowohl für die Wirtschaft wie auch für die Landschaft von Europa und Nordamerika spielen. Ein anderes besonderes Merkmal Grönlands ist es, daß sich das Eis aus dem zentralen Teil der Insel großenteils durch tiefe, enge Fjorde zum Meere bewegt. Dort kann das Eis abbrechen — ein Prozeß, der als *„Kalben"* bezeichnet wird —; es driftet dann als *Eisberge* auf den Meeresbahnen des Nordatlantiks davon (Abb. 205). Ein solcher Eisberg verursachte den Untergang der *„Titanic"* im Jahre 1912, wobei 1489 Menschen umkamen.

Viel von der Natur und dem Verhalten kontinentaler Vergletscherungen bleibt im Bereich der Spekulation. Dagegen existieren Gebirgsgletscher heute mit uns zusammen und können eingehend untersucht werden, oft an Schauplätzen gebirgiger Pracht. In Nordamerika liegen die meisten Hauptansammlungs- und Verbreitungs-Zentren der Eisdecken in relativ entlegenen Gebieten, und zudem sind die Gletscher selbst längst vergangen. Wir können den Vorgang nur in unserer Einbildung rekonstruieren. Die

Abb. 204. Eiskappe und Talgletscher am Evighedsfjord, West-Grönland. *(Vom Geodätischen Institut Kopenhagen freundlich überlassen.)*

Ursprungsgebiete für das nordamerikanische Eis scheinen hauptsächlich die Labrador-Halbinsel gewesen zu sein, das Land westlich der Hudson-Bay und die Inseln nördlich des kanadischen Hauptlandes. Eis von diesen verschiedenen Zentren vereinigte sich zu einem enormen Inlandsee gefrorenen Wassers und bildete so die *„Laurentische Eisdecke"*. In Europa breiteten sich die Eisdecken vom Rückgrat der Skandinavischen Halbinsel aus, in kleinerem Maße auch von Britannien und Irland, bis sie südwärts über die heutigen Positionen von Warschau und Kiew hinaus bis fast zu den Toren von Wolgograd vordrangen.

Es bestehen Ähnlichkeiten zwischen den beiden Haupt-Vergletscherungsformen, der Gebirgs- und der Kontinental-Vergletscherung, aber es gibt auch bezeichnende Unterschiede. Der wichtigste derselben ist der Umstand, daß unter dem kontinentalen Gletschereis weniger Frostsprengung vor sich geht, wenigstens dann, wenn seine Dicke etwa $1^1/_2$ km beträgt. Schmelzwasser kann nicht leicht $1^1/_2$ km Eis durchdringen, um in dem zerklüfteten Felsgestein tief darunter zu gefrieren, zu tauen und wieder zu gefrieren. Da Gletscherspalten nicht bis zu so großen Tiefen hinabreichen können, trägt das Inlandeis das Festland mehr durch Abrasion ab. Nahe den Rändern bzw. dort, wo sich das Eis genügend ausgedünnt hat, mag auch „Steinbrechen" geschehen und tatsächlich quantitativ

Abb. 205. Ein Geburtsort von Eisbergen. Storströmen, Ost-Grönland. *(Vom Geodätischen Institut Kopenhagen freundlich zur Verfügung gestellt.)*

eine mehrmals größere Bedeutung als die Abrasion erlangen. Das wird durch die Felsbuckel und -rücken in New England bewiesen, an deren stromabwärts gelegenen Hängen viel mehr Granit abgerissen wurde, als von ihren aufwärts gelegenen Bereichen durch Abrasion verlorenging.

Wie wirkungsvoll die glaziale Abrasion sein mag, ist strittig. Viel hängt von der Gestaltung des Untergrundes ab, über welchen das Eis vorstößt. Eine Eisdecke hat in starkem Maße die Tendenz, ein Tal, dessen Lauf etwa der Richtung des sich bewegenden Gletschers folgt, tief auszufurchen und mit Schutt solche Täler aufzufüllen, deren Richtung annähernd senkrecht zu dem sich bewegenden Eis verläuft.

Hügel und Berge, die vom Eis überfahren werden, erhalten meist abgerundete Gipfel und Rücken und sind nur selten von Spitzen überragt, burgartigen Wasserscheiden und

„Matterhörnern". Gebirge von überraschender Höhe wurden unter dem Eis kontinentaler Gletscher begraben. In den nordöstlichen Vereinigten Staaten gehören dazu die Catskills (1280 m), die Adirondacks (1617 m) und die Präsidential Range von Neuengland, deren höchster Punkt, der Mt. Washington, 1918 m mißt (Flint, 1957).

Glaziale Landschaftsformen

Die vom Inlandeis erzeugten Landschaftsformen sind kompliziert, und da wir ein Gebiet betrachten, das fast das gesamte nördliche Europa und nördliche Nordamerika umfaßt, kann es kaum überraschen, wenn wir uns einer großen Mannigfaltigkeit von Landschaftsformen gegenübergestellt sehen. In einer vereinfachten Klassifikation wird ein Grundunterschied zwischen glazialen Formen gemacht, die im wesentlichen das Ergebnis von Ablagerung sind, und solchen, die hauptsächlich das Resultat von Erosion darstellen. Eine weitere Unterscheidung wird getroffen zwischen Landschaftsformen, die *unter* dem Eis entstanden sind, und solchen, die in einem Bereich unmittelbar *neben* dem Eis gebildet wurden.

Das Diagramm (Abb. 206) zeigt zwei der leitenden Elemente von Landschaften vergletscherter Gebiete, die zu der Kategorie „außerhalb des Gletschers" gehören. Es sind das die *„Aufschwemmungsebene"* und die *„Endmoräne"*. Die erstere ist von etwa der gleichen Art wie eine Talterrasse, abgesehen davon, daß sie vielmals breiter ist und ein großes Areal bedecken kann, statt auf ein einzelnes Tal beschränkt zu sein.

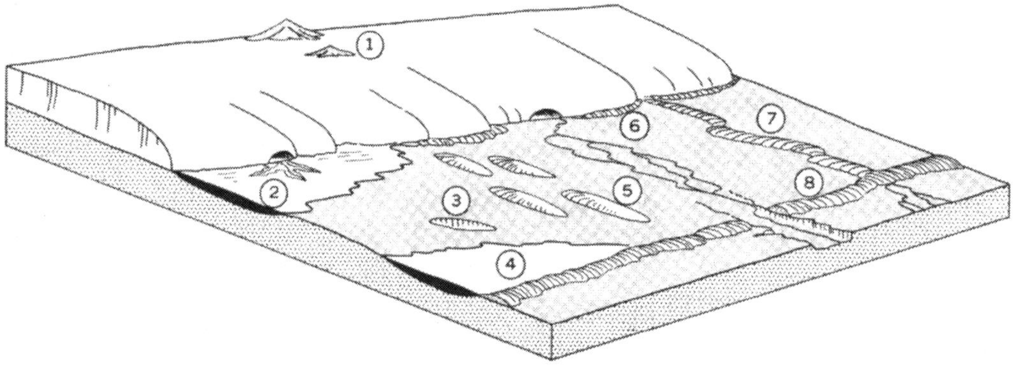

Abb. 206. Morphologische Formen der Inland-Vereisung. Das feinpunktierte Muster vor dem Gletscherrand gibt die nahezu glatte Oberfläche der Sanderebene an. Weitere Formen sind: 1: Nunatak; 2: Eisrand-See; 3: Kessel; 4: Moränen-Stausee; 5: Rundhöcker [Drumlins]; 6: End- (Rückzugs-) Moräne; 7: Wallberg (Os); 8: End- (Stirn-) Moräne.

Sander sind Flächen aus Sediment, das vom Wasser abgelagert wurde, aber vom Gletschereis herstammt. Sie gehören zu den flachsten und eintönigsten Ebenen der Erde, da das Material in ihrem Untergrund von dauernd wechselnden Flußläufen in endloser Folge ab- und umgelagert wurde. Da dieses Material so frisch, so gleichförmig texturiert und in der Hauptsache so feinkörnig ist, liefert es fruchtbaren Boden. Das bessere Farmenland im Mittelwesten der Vereinigten Staaten hat großenteils diesen Ursprung; an einem heißen, glühend-flimmernden Mittsommer-Vortag verlangt es Leichtgläubigkeit anzunehmen, daß einstmals eine Eisdecke z. B. über dem Gebiet von Des Moines, Iowa, lag.

So fruchtbar diese Ebenen sind, sie sind außerordentlich flach, und selbst aus großem Abstand kann man die Getreideelevatoren einer weit entfernten Stadt sich am Horizont abzeichnen sehen, zusammen mit den überall vorhandenen Wassertürmen.

Da die Gletschermühle so außerordentlich fein mahlt, sind weite Teile der Oberfläche einer solchen Aufschwemmungsebene mit Gesteinsmehl bedeckt, das leicht vom Winde aufgehoben und transportiert werden kann. Starke Winde sind ihrerseits charakteristisch für viele Gletscherfronten wegen der großen Temperaturunterschiede in der Nachbarschaft des Eisrandes — in dieser Hinsicht wirken Gletscher meteorologisch ganz ähnlich wie eine permanente Kaltfront. Bei starken Winden, die über eine offene, ungeschützte, von Schluff und Sand bedeckte Ebene blasen, werden leicht große Staubwolken aufgewirbelt und können viele Kilometer weit über die politischen Grenzen der Vereinigten Staaten hinausgetragen werden.

Wenn sich dieses feine, vom Wind transportierte glaziale Material absetzt, kann es die Nachbargegend weithin überziehen, manchmal als mehrere Meter dicke Schicht. Dieser *„Löß"* lagerte sich über die Länge und Breite sowohl des Mississippi-Tales ab als auch über die Flachländer Mitteleuropas und weit hinunter in die Donau-Ebene von Ungarn.

Dort, wo die Eisfront eine Zeitlang festlag, weil zeitweilig ein Gleichgewicht zwischen dem Betrag des Eisvorschubs und dem Betrag des Schmelzens bestand, sammelte sich gewöhnlich als niedriger Rücken der vom Eis transportierte Schutt an. Diese Endmoräne ist in der Regel viel niedriger als die Endmoränen der Gebirgsgletscher. Sie hat auch im allgemeinen eine viel größere seitliche Ausdehnung; so zeigt eine genaue Glazialkarte der Vereinigten Staaten girlandenförmige Endmoränen-Bögen, die um die großen Seen drapiert sind, und weiter westwärts in den Nord-Mittelstaaten.

Die meisten Gesteine einer solchen glazialen Ablagerung sind lokalen Ursprungs, d. h. sie sind nicht weit von ihrem Ursprungsort fortgeschleppt. Wenn das Nachbargebiet hauptsächlich aus Kalksteinen besteht, wird somit auch die Moräne hauptsächlich Kalkstein-Bruchstücke, große und kleine, enthalten. Ihnen kann jedoch auch eine Anzahl weit-verschleppter Gesteine beigemischt sein. Wenn diese eine kennzeichnende Zusammensetzung haben, kann man sie den ganzen Weg zurück bis zu ihrem Herkunftsort verfolgen; in diesem Falle werden sie *„Leitgeschiebe"* genannt. Von vielen ist bekannt, daß sie gegen 500 km weit gereist sind; keines kann offenbar mehr als etwa 1300 Kilometer zurückverfolgt werden (Flint, 1957). Stücke gediegenen Kupfers von der Südküste des Lake Superior wurden sehr weit von ihrem Ursprungsort entfernt gefunden, so im südlichen Iowa und südlichen Illinois. Andere, noch auffälligere Beispiele glazialen Transports sind die Diamanten — manche so groß wie kleine Gerölle — die weit im Süden, so im südlichen Ohio und Indiana, gefunden wurden und die ihren Ursprungsort wahrscheinlich nördlich der Großen Seen haben. Die Diamanten sind eigentlich keine Leitgeschiebe, da ihre wirkliche Herkunft nicht bekannt ist; oder, wenn es der Fall sein sollte, dann ist es ein bemerkenswert gut bewahrtes und vermutlich gewinnbringendes Geheimnis.

Eine Endmoräne kann sehr mannigfaltige Gesteine enthalten, nicht nur hinsichtlich ihrer Zusammensetzung; diese Gesteine können auch mehr oder weniger kantengerundet sein, ohne daß sie nach der Größe oder dem spezifischen Gewicht sortiert sind, wie sie das bei Transport durch Wind oder fließendes Wasser zu sein pflegen. Das ist zusätzlich zu den Toteis-Löchern ein charakteristisches Merkmal, das beim Schmelzen gestrandeter Eisblöcke zurückbleibt. Diese Löcher und andere Ablagerungs-Unregelmäßigkeiten in einem solchen glazial bedingten Untergrund ergeben eine besondere, hügelige Landschaftsform (Abb. 207), die den Namen *„Buckelige Moränenlandschaft"* bekam.

Abb. 207. Unregelmäßige Moränentopographie am Westhang des Coteau des Prairies, Süddakota. *(Phot.: John S. Shelton.)*

Niedrige, eingenistete, halbmondförmig gebogene Moränenrücken sind ein charakteristisches Landschaftselement der Nord-Mittelstaaten. Sie geben einen gröberen Grund ab als die umschließende Prärie, und deshalb sind sie wohl auch der Platz, wo sich Gehölz-Flecken gehalten haben, oder sie geben eine gute Lage für Farmhäuser ab, die den Vorteil der geringen, in einem solchen Terrain verfügbaren Höhe genießen wollen. Die Höhe solcher Rücken übertrifft selten 30 m; an manchen Stellen können breite Lücken im Rücken auftreten, entweder weil das Eis an diesen Stellen nicht so stark mit Schutt beladen war, oder vielleicht, weil die Moräne wieder forterodiert wurde. Als typisches Beispiel mag die größte Endmoräne Englands dienen, der Cromer-Rücken, der nordöstlich von London liegt, eine Länge von rund 24 km hat und eine Höhe von 90 m erreicht. Zwei auffallende Moränen ziehen sich über die Länge von Long Island in den Vereinigten Staaten hin; ihre ostwärtige Ausdehnung in den Atlantik hinein jenseits des Hauptkörpers der Insel kennzeichnet sich durch eine besondere walförmige Form auf der Karte.

Die Endmoräne kennzeichnet eine Linie relativer Stabilität für die Stirn einer Kontinentalvergletscherung, d. h. die Lage, die sie viele Dekaden hindurch innegehalten hat. Wenn das Eis so schnell abtaut, daß eine solche Stabilitätslage nicht zustande kommt, dann sind die Ablagerungen, die das früher vom Eis bedeckte Gebiet überziehen, die *„Grundmoräne"*. Das ist gewöhnlich ein Gebietsteil von niedrigem oder schwachem Relief, das aus einer Mischung von Eisausfurchungs- und Eisablagerungs-Formen besteht, wobei das Ganze einem besonders arm geplanten und schaurig unvollständig gebliebenen Bauprojekt ähnelt.

Weite Flächen im Grundmoränen-Gebiet können nacktes Gestein sein, das vom Eis fast glatt geschliffen wurde; die resistenteren Felsriffe ragen höher auf als die tiefer abradierten weicheren Zonen. Wenn die letzteren ausgemeißelt sind, können sie Seen enthalten. Auf viele hundert Quadratkilometer sieht der Boden Labradors infolge dieser Raspelwirkung des Eises von der Luft her wie eine ungeheure, gestochene geologische Karte aus.

Andererseits kann die Grundmoräne großenteils — besonders nahe den Rändern — eine ununterbrochene Decke glazialer Ablagerungen darstellen, deren Oberfläche ziemlich eben ist, wenn nicht allzuviel Gesteinsschutt in dem schmelzenden Eis vorhanden war. Wenn es einen reichlichen Vorrat gavon gab, dann pflegt der Schutt wahllos abgelagert zu werden, und dabei können Eisblöcke eingeschlossen werden, die beim Schmelzen eine pockennarbige Landschaft von Toteis-Löchern hervorrufen. Diese verworrene subglaziale Topographie, die nichts davon erkennen läßt, daß sie von sich bewegendem Eis geformt wurde, wird sehr treffend *„Toteis-Moräne"* genannt; sie hat sich zweifellos unter stagnierendem Eis gebildet, solchem, das sich zu bewegen aufgehört hat oder — mit anderen Worten — zu ihren Füßen gestorben ist, bevor es wegschmolz.

Einige glaziale Formen auf der Grundmoräne zeigen eine reguläre Geometrie und sind keine Zufallshaufen glazialen Schutts. Zu den Formelementen gehören Schwärme eigentümlich elliptischer, gerundeter, niedriger Hügel, die der Wölbung eines umgedrehten Teelöffels ähneln. Dieses sind *„Drumlins"* (von einem irisch-gälischen Wort *„druim"*, welches den Rücken eines Hügels bedeutet; Flint, 1957). Von diesen eigentümlichen Formen ist sicher Bunker Hill am bekanntesten, wenn es auch noch viele andere im Gebiet von Boston gibt, einschließlich mancher Inseln im Hafen. Andere Drumlins treten wie Ellritzen in Scharen auf, die aus der Entfernung ganz wie ein Fischschwarm aussehen, der zusammen stromauf schwimmt. Es gibt eine Anzahl berühmter Anhäufungen solcher eiförmigen Hügel in den verschiedenen Vereisungsgebieten der Erde; zu den am besten bekannten gehören solche im nördlichen Hinterland von New York (Abb. 208), im südöstlichen Wisconsin zwischen Madison und Milwaukee, in Nova Scotia, im zentralen Tiefland von Irland und in Schottland am Tweed-Fluß.

Hinsichtlich der Größe und Gestalt weisen diese walfischartigen Rücken eine weite Skala auf; aber nur wenige sind über 800 m lang oder über 30 m hoch. Im allgemeinen scheinen sie in ihrem Aufputz einen höheren Tonanteil aufzuweisen, als das für die meisten Glazialablagerungen charakteristisch ist. Es gibt jeden Übergang zwischen Drumlins, die zu 90% Festgestein sind, und solchen, die zu 90% oder mehr aus Schutt bestehen.

Wenn auch Einzelheiten hinsichtlich ihrer Enstehung unbekannt sind (noch niemand sah sie sich bilden), ist doch kaum zu bezweifeln, daß sich Drumlins *unter* dem Eis bilden. Sie sind offenbar stromlinienförmig und ordnen sich zudem sowohl parallel zueinander als auch zur Richtung des Eisvorstoßes an, wie sich auch aus anderen beweisenden Tatsachen ableiten läßt. Im Hinblick auf diese schablonenhafte Erscheinungsweise glauben viele Geologen, daß sich Drumlins in einem Zeitabschnitt bilden, in welchem sich das Eis über ihnen in Bewegung befindet. Sie würden somit die Ausfurchung und Ausformung der Oberfläche des Untergrundes unter dem Eis zum Ausdruck bringen; manchmal bestand dieser vorwiegend aus anstehendem Felsgestein, in anderen Fällen mag es eine früher abgelagerte Moräne gewesen sein. — Sie können auch Ablagerungen darstellen,

Abb. 208. Gut ausgebildetes Drumlin-Feld östlich von Rochester, New York. *(Phot.: John S. Shelton.)*

die von Sediment-beladenem und sich relativ langsam bewegendem Eis herrühren. Als die Überlast abgesetzt wurde, wurde sie zugleich auch abgerundet.

„Esker" (von einem gälischen Wort, das in Irland gebraucht wird) oder *„Oser"* sind längliche, schmale, gewundene Rücken glazialen Schutts, die gewöhnlich ein gewisses Maß von Sortierung oder roher Schichtung zeigen. Sie ziehen sich quer durch die Landschaft, ganz wie ein Kanal- oder Eisenbahn-Damm, der von einem leicht betrunkenen Landmesser ausgesteckt wurde. Ihre Gipfel sind gerundet, ihre Seitenhänge mäßig steil, und ihr Längshang ist flach. Sie ziehen sich noch heute ganz unerschütterlich quer über niedrige Hügel und Täler oder sogar durch Seen, die auf ihrem Weg liegen mögen. Wie Drumlins haben sie ebenfalls eine grob parallele Anordnung; oder — richtiger gesagt — sie können wie die Speichen eines Rades von einem Zentrum der Eisansammlung, wie z. B. Labrador, ausstrahlen. Abweichend von Flußbetten können sie in ihrem Lauf Lücken oder Unterbrechungen aufweisen. Wie gewöhnliche Wasserläufe können sie mäandrieren, und gelegentlich sind sie auch mit Neben„flüssen" verbunden; aber im Gegensatz zu normalen Flüssen können sie Hügelhänge hinaufsteigen, besonders dort, wo sie niedrige Rücken in Pässen durchqueren. Selten ragen ihre Gipfel viel mehr als 30 m über ihre Umgebung auf. Einige können gegen 480 km lang sein; freilich sind die meisten ein gut Teil kürzer. Die Gebiete, in denen Esker ihre Hauptentwicklung aufweisen, liegen ganz

offensichtlich dort, wo die kontinentalen Eisdecken ihr Optimum hatten. In der Westhemisphäre ist das der Fall in Kanada beiderseits der Hudson-Bai — besonders in Labrador —, in der Osthemisphäre in den Ländern am Rande der Ostsee, wie Schweden und Finnland.

Wieder einmal stehen wir einem Rätsel gegenüber; denn Esker sind Strukturen unsicherer Entstehung. Einige kleine konnten in der Randzone von Gletschern bei ihrer Entstehung beobachtet werden, nicht aber die größeren Varietäten. Heute herrscht Übereinstimmung darüber, daß Esker wahrscheinlich Ablagerungen von Wasserläufen sind, die in Eistunneln am Boden der Eismasse fließen. Viele Gebirgsgletscher zeigen solche Tunnel an ihren Enden, und vermutlich setzen sich diese Durchlässe rückwärts in das Eis hinein fort. Daß das auf Hunderte von Kilometern zutreffen sollte, scheint unwahrscheinlich. Möglicherweise verlängern sich solche Tunnel kontinuierlich, sowie sich die Eisfront zurückzieht, und so würden sie in den Gletscher immer gleich weit zurückreichen. Gegen dieses Argument spricht jedoch eine große Menge Beobachtungen, die anscheinend beweisen, daß das Eis stagnierte oder schwand, indem es sich ausdünnte, lange nachdem es sich zu bewegen aufgehört hatte. Esker bildeten sich offenbar unter einer solchen stationären Eisdecke: — wenn in ihr irgendeine Bewegung stattgefunden hätte, würde eine Struktur, die so wenig widerstandsfähig wie ein Esker ist, wahrscheinlich ausgelöscht worden sein.

Seen sind in Gebieten, die vom Kontinentaleis ausgefurcht wurden, häufig. Wer bei einer Verkehrsstockung hinter einem Minnesota-Wagen festgehalten wird, kann auf dessen Zulassungsschild lesen, daß es daheim 10000 Seen gibt. Ein zufälliger Blick auf eine mäßig genaue Karte vom Teil Kanadas, der an die Hudson-Bai grenzt, oder vom finnischen oder russischen Anteil der Skandinavischen Halbinsel zeigt eine Vielzahl von Seen, von denen einige groß, andere klein, einige rund und viele länglich sind. Bei ihrer großen Zahl ist es nicht überraschend, daß sie sehr verschiedenen Ursprungs sind. Die drei führenden Kategorien sind: 1. Seen, die auf unterschiedliche Eiserosion zurückgehen; 2. Seen, die hinter Dämmen, wie Ansammlungen von Moränenschutt, gestaut wurden; 3. Seen in Toteis-Löchern und anderen nicht entwässerten Vertiefungen.

Die Großen Seen in Nordamerika sind ein gutes Beispiel für ein System, das zweierlei Herkunft hat. Zum Teil sind die Hohlformen, die sie füllen, vom Eis ausgemeißelt; denn ihre Böden liegen weit unter Meeresniveau — so reicht der Boden des Lake Superior 214 m und der des Michigan-Sees 105 m unter den Meeresspiegel. Zum Teil sind sie von Moränen aufgestaut worden; solche ziehen sich um das Südende des Michigan-Sees, dessen schwingende, gelappte Form genau den sich durch Moränen abzeichnenden Eislobus widerspiegelt, dessen Platz der See eingenommen hat. Die Großen Seen hatten während des letzten Teils der Eiszeit eine von der heutigen verschiedene Form; einmal waren sie nach Norden von der zurückweichenden Mauer der dahinschwindenden Eisdecke abgedämmt; zum andern waren ihre Wasserspiegel höher als die der heutigen Seen, und ihre Auslässe wichen von den derzeitigen stark ab. Ein eiszeitlicher Ausfluß ging über das Mohawk-Tal und den Hudson, während ein anderer dem Lauf des Illinois-Flusses hinab zum Mississippi und dann zum Golf von Mexiko folgte, statt — wie bei der heutigen Route — zum Atlantik durch den St.-Lorenz-Golf.

Vielleicht der interessanteste pleistozäne See war derjenige, dem wir passend den Namen „Agassiz-Glazialsee" geben. Zwar ist er in seiner Gesamtheit längst vergangen, aber ein eindrucksvolles Überbleibsel ist der Winnipeg-See. In diesem Teil Kanadas geht das regionale Gefälle nordwärts gegen die Hudson-Bai. Als der Gletscher zurückwich, bildete er einen nahezu ununterbrochenen Eisdamm, hinter welchem ein gegen 1100 km langer See, der vielleicht 250000 Quadratkilometer bedeckte, aufgestaut war. Als das

Eis schmolz, floß der See ab und ließ seinen fast leblosen, ebenen Boden zurück, der nun die außerordentlich fruchtbaren Weizenländer Süd-Kanadas und des Tales des Red River of the North in Minnesota bildet.

Glaziale Seen können uns viel von der Chronologie des letzten Teils der Eiszeit erzählen. Das gilt besonders für Seen, deren Oberfläche im Winter gefroren war, im Sommer aber offenes Wasser darstellte. In solchen stark von der Jahreszeit abhängigen Seen setzten sich vermutlich jedes Jahr zwei unterschiedliche Sedimentlagen ab: ein dickeres, hell gefärbtes Band, das sich im Sommer ablagerte, wenn die Flüsse aktiv waren, und eine dunklere, dünnere Lage mit höherem organischem Gehalt, die sich unter dem Eis im Winter niederschlug, wenn feines Material, wie Ton, die Gelegenheit hatte, sich durch das ruhige Wasser abzusetzen. Diese rhythmischen Feinschichten heißen *„Warwen"* — nach dem schwedischen Wort *„varv"*, das eine periodische Wiederholung bezeichnet. Wenn sie auch keineswegs auf glaziale Seen beschränkt sind — solche von den Jahreszeiten abhängigen Sedimente können sich auch in günstigen Milieus im Meere bilden —, scheint doch ihr Auftreten in kalten Süßwasser-Seen begünstigt zu sein.

Baron de Geer und seine Mitarbeiter führten ein halbes Jahrhundert lang einen geduldigen Vergleich der Warwen in den Eissee-Ablagerungen Schwedens durch; es gelang ihnen so, eine Chronologie aufzustellen, die sich vom Jahre 1900 um 17000 Jahre rückwärts erstreckte. Eine solche Methode schließt viele Voraussetzungen ein, von denen nicht die geringste die ist, daß jedes Paar — ein helles und ein dunkles Sedimentband — einem Jahr entspricht und daß diese vom einen See zu einem anderen korreliert werden können. Der Vorgang ähnelt dem Vergleich von Baumringen (diese bedeuten nicht immer jeweils Jahresschichten) in den südwestlichen Vereinigten Staaten, der nicht nur dazu diente, Daten über die Gründung von Pueblos zu bekommen, sondern auch um einen Einblick in die Natur von Klimaänderungen zu gewinnen, die wiederholt diese Gegend heimgesucht haben.

Mehrfache Vereisungen

Als die Vereisungshypothese vor einem Jahrhundert vorgeschlagen wurde, sprach man von der „Großen Eiszeit". Allgemein hatte man die Vorstellung, daß in irgendeiner geheimnisvollen Weise das Eis durch die nördlichen Länder vorrückte, eine Weile verblieb und dann wieder fortzog. Menschen dieser fernliegenden kalten Zeit — falls es damals überhaupt Menschen gegeben hätte — hätten diese Leidenszeit nur einmal aushalten müssen. Heute wissen wir, daß es Menschen auf der Erde während dieser tatsächlich gar nicht so weit zurückliegenden Zeit gab und daß die Eiszeit ein äußerst kompliziertes Geschehnis war, das mehrfache Vorstöße und Rückzüge der kontinentalen Eisdecken umfaßte.

Die Karte (Abb. 203) zeigt die maximale Ausdehnung der nordamerikanischen Eisdecke. Wie können wir denn eigentlich wissen, daß es damals mehr als einen Vorstoß gab, und wie können wir feststellen, wie viele es wirklich waren?

Die meisten Geologen deuten den vorliegenden Befund in dem Sinne, daß es wenigstens vier Haupt-Eisvorstöße gab, die durch drei Interglazialzeiten voneinander getrennt waren, in denen das Eis abtaute, vielleicht vollständig verschwand. Der Beweis für diese komplizierte Abfolge gründet sich zum Teil auf: 1. die Weise, in der Moränen und andere Ablagerungen eines späteren Glazialstadiums diejenigen eines früheren Vorstoßes überlappen, und 2. den Verwitterungsgrad dieser Glazial- und Interglazial-Ablagerungen. Auf älteren Ablagerungen kann sich ein vollständiges Bodenprofil entwickelt haben, auf jüngeren wohl kaum. Die ursprünglichen Bauformen älterer Moränen und anderer glazialer Landschaftsformen werden verwischt oder vielleicht sogar ausgelöscht worden sein — im Gegensatz zu jüngeren. Die Verwitterung kann in älteren Glazialbildungen bis zu Tiefen von 2,4 bis 2,8 m voranschreiten, und manche Geschiebe sind, obgleich sie fest und intakt erscheinen, so tief zersetzt, daß sie leicht von der Pflugschar eines Räumpfluges durchschnitten werden können. Solch verwittertes Glazialmaterial ist unter einem sehr bezeichnenden, aber etymologisch unerfreulichen Wort bekannt: *Gumbotil.* Dieser wurde erstmals 1916 definiert als ein grauer, völlig ausgelaugter, toniger Boden, der in charakteristischer Weise unbefahrbar ist, wenn er feucht ist, sich aber hart und fest im trockenen Zustand verhält.

Die beigefügte graphische Darstellung (Abb. 209) verdeutlicht die ungleiche zeitliche Verteilung der vier Vereisungen. Es gab in Nordamerika zwei ältere Eisvorstöße, das Nebraskan und das Kansan, die durch eine lange Interglazialzeit — das Yarmouth — von zwei späteren Vorstößen getrennt waren, dem Illinoisan und dem Wisconsin. Die Jahreszahlen, die den verschiedenen Episoden zugeordnet sind, sind Schätzungen. Niemand weiß wirklich, ob das Pleistozän eine Million Jahre lang war oder nicht; wahrscheinlich ist aber die Größenordnung dieser Schätzung ungefähr richtig, wenn auch eine weit verbreitete Meinung, die auf radioaktiven Alterswerten vulkanischer Gesteine beruht, lautet, daß sie gegen 3 Millionen Jahre gewährt habe.

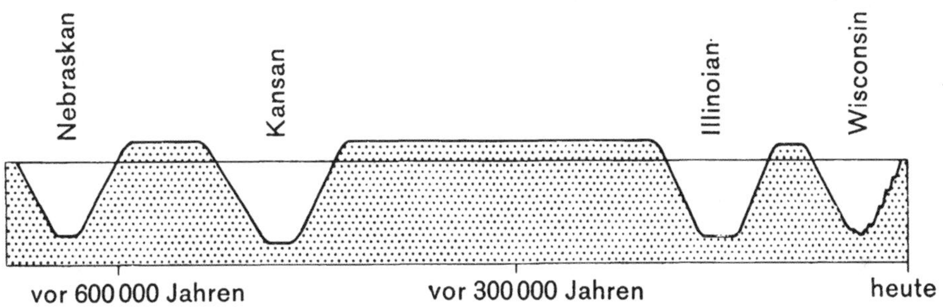

Abb. 209. Geschätzte absolute Länge der Glazial- und Interglazialzeiten des Pleistozäns. *(Nach: A. Penck & E. Brückner: Die Alpen im Eiszeitalter, 1909.)*

Die Namen der Glazialzeiten geben zugleich die Ausdehnung der verschiedenen Vereisungen an; — die älteren, die Eisdecken des Nebraskan und Kansan, breiteten sich weiter nach Süden aus als die der letzten, des Wisconsin. Wie schon erwähnt wurde, sehen die von der Wisconsin-Vereisung erzeugten Ablagerungen und Landschaftsformen so frisch aus, als ob sie erst gestern entstanden seien. Man glaubte, daß die Eiszeit vor etwa 25 000 Jahren endete, aber seit der Erkenntnis hinsichtlich der Bedeutung des C^{14} als Zeitmesser im Jahre 1947 hat sich die geschätzte Zeitspanne seit dem Rückzug des Kontinentaleises aus der Nachbarschaft der Großen Seen auf etwa 11 000 Jahre vermindert. Wir werden in Kapitel XX das Prinzip der C^{14}-Methode kennenlernen; — jedenfalls war die Wirkung dieser Zeitverkürzung auf das Denken der Archäologen, Geographen, Geologen und Historiker sehr tiefgehend. Freilich haben verschiedene von ihnen den neuen Wert noch nicht übernommen. Die seit der Entgletscherung des nördlichen Europas verflossene Zeit, in der sich viele Stämme dieser wundervoll mannigfaltigen Bevölkerung entfalten und die verschiedenen Kulturformen sowohl der Alten wie der Neuen Welt entwickeln mußten, scheint viel zu kurz. Das gilt besonders, wenn man überlegt, wie hartnäckig sich die meisten primitiven Gemeinschaften einer Veränderung widersetzen; und daß sie von einem einfachen Jäger- und Sammlerdasein zur Entwicklung des Ackerbaus, zur Domestizierung der Tiere und Pflanzen und zur Entwicklung komplizierter hierarchischer Sozialstrukturen innerhalb der überraschend geringen Zahl sich ergebender Generationen gelangt seien, ist schwer zu verstehen.

Einer der bedeutsamsten Bezugspunkte für die Datierung der letzten Phase des Pleistozäns ist in Nordamerika die Two-Creeks-Forest-Schicht bei Manitowoc, Wisconsin. Dort finden sich in einer Glazialmoränen-Ablagerung zersplitterte Stämme von Rottannen-, Kiefern- und Birken-Bäumen, wobei alle in der Richtung des Eisvorrückens parallelgeordnet sind. Diese Holzklötze haben ein Radiokarbon-Alter von 11 400 Jahren, und das gibt uns ein Datum in dieser Isotopen-Chronologie für die Beendigung des Pleistozäns im Gebiet der Großen Seen (Hough, 1958).

Die Interglazialphasen, deren Namen von Afton Junction in Iowa, Yarmouth in Iowa und dem Sangamon-County in Illinois abgeleitet sind, bedeuteten Zeitabschnitte, in denen die Gletscher vollständig verschwunden waren. Darüber hinaus gibt es deutliche Hinweise darauf, daß während der einen oder anderen derselben das Klima wärmer war, als es heute ist.

Postglaziale Klimaänderungen

Die Ursachen der Klimaschwankungen, die für das Wachsen und Schwinden der Eisdecken während des Pleistozäns verantwortlich sind, gehören zu den wichtigsten wissenschaftlichen Problemen. Wir wollen einige der möglichen Erklärungen diskutieren, aber vorher sollten wir die Frage erörtern, ob wir in einer Zwischeneiszeit leben oder nicht, d. h. ob das gesamte Kapitel der Erdgeschichte, das sich um das wiederholte Vorgreifen der Eisdecken rankt, mit der Wisconsin-Vereisung endete oder nicht.

Die Antwort auf die letzte Frage ist einfach: Wir wissen es nicht. Einerseits ist die Zeitdauer, seit der Klimabeobachtungen gemacht wurden, viel zu kurz. Zuverlässige instrumentelle Messungen reichen nur bis zur Mitte des neunzehnten Jahrhunderts zurück; tatsächlich wurde die erste Regenmessung in Padua ab 1725 vorgenommen (Russel, 1941) und die erste Temperaturbestimmung in Florenz im Jahre 1655 (Manley, 1962).

Durch eine Menge Feststellungen aller Art wissen wir heute hinreichend gut, daß das Klima seit dem Ende der Eiszeit nicht immer das gleiche gewesen ist. Mancher dieser verstreuten Berichte erscheint authentisch, anderes ist mehr theoretisch, und wieder anderes ist rein spekulativ. Freilich arbeiten wir im Bereich der Menschheitsgeschichte, und historische Berichte vieler der bitteren Lebenserfahrungen sind auf uns gekommen, welche harte Klimawirkungen, wie Dürren, Überflutungen, Mißernten, die Blockierung von Alpen-Pässen durch langdauernde Eis- und Schneeansammlungen und infolge einer Reihe ungewöhnlich schwerer Winter, widerspiegeln. Viele dieser Dinge wurden niedergeschrieben, andere ließen sich aus solchen Begebenheiten folgern, wie sie die Auffindung von Siedlungsplätzen darstellt, die einst an einem Seeufer errichtet waren, nun aber weit oben an einem Hang liegen, der durch die Verdunstung des Seewassers trockengelegt wurde. Umgekehrt kann auch die ursprüngliche Lage von Wohnplätzen an einem See heute von einem angestiegenen See-Wasserspiegel verhüllt sein.

Ein gutes Beispiel für eine historische Urkunde, die eine lange Zeitspanne umfaßt und in der sich Änderungen der Klimaform widerspiegeln, ist die jährliche Überflutung des

Nils. Wasserstände wurden fast fortlaufend zwischen 641 und 1480 aufgezeichnet und Überschwemmungsstadien zwischen den Jahren 1480 und 1830 (Russel, 1941).

Die unglückliche Kolonie in Grönland ist ein Beispiel für den Würgegriff einer Klimaänderung. Die Kolonie wurde im Jahre 984 gegründet und ging um etwa 1410 zugrunde. In ihrer früheren Geschichte waren die arktischen Meere nicht vom Eis heimgesucht, und Wikingerschiffe konnten dort durchfahren, wo heute Eisfelder und stürmische Seen den Weg versperren. Die Kolonisten erzeugten Vieh und Heu, bauten Dauerwohnungen, und die Kolonie gedieh so sehr, daß sie ihren eigenen Bischof hatte (Russel, 1941). Infolge einer Klimaänderung, die das Grönland-Eis wieder südwärts vorrücken ließ, infolge des Druckes der Eskimos an ihren Toren, bei einer Reihe von Mißernten infolge des Ansteigens des Permafrosts im Untergrund — so daß selbst so flache Ausschachtungen wie Gräber nicht mehr möglich waren — und infolge der Gefahren der Meeresüberquerung, die für die schwachen Fahrzeuge jener Zeit zu groß wurden, ging die Kolonie mit all ihren Einwohnern zugrunde.

Weitere Beispiele — sie sind fast zahllos — über die Auswirkung von Klimaänderungen auf das Leben der Menschen und so auf den Ablauf der Geschichte könnten aufgeführt werden. Eine kraftvolle Beschreibung der Wirkung einer Klimaänderung aus der Fülle solcher, die in historischer Zeit die früheren Einwohner Europas betroffen haben, ist der nachfolgende Ausschnitt aus Palle Laurings „Das Land des Tollund-Menschen; die Vorgeschichte und Archäologie Dänemarks":

„Der eintretende Klimawechsel änderte nicht nur die Lebensbedingungen, sondern auch das Land selbst. Es wurde windig, regenreich und neblig; und es trat eine Temperaturerniedrigung ein. Der Wechsel äußert sich in Form einer deutlichen Schicht in Sümpfen, die anzeigt, daß der Regen in Gießbäche überging. Grauer Nebel fegte wie ein Schleier über das Land, das Vieh sammelte sich unglücklich um die Häuser. Die Winter setzten mit Schneetreiben, Frost und noch mehr Schnee ein. Verwundert drangen die Leute durch kalte und tote Wälder vor, wo der Schnee jeden Laut erstickte und wo die Zweige von Eichbäumen unter seiner Last herabgedrückt wurden. Das Vieh fror sich zu Tode; die Wölfe fanden keine Nahrung mehr; Buchten und Meerengen überzogen sich mit Eis, was die Seefahrt schließlich auf Monate unmöglich machte; Getreide wurde oft von Frost und Wasser vernichtet, und die Ernte wartete auf die Luft zum Trocknen, während die Ähren sich schwärzten und verfaulten. Vergangen waren die Tage, da junge Frauen sangen, wenn sie einhergingen, nur mit Fransenröcken bekleidet, goldbraun von der Sonne..."

Die fragmentarischen Beobachtungen zusammenzustückeln, ist eine noch nicht vollendete Aufgabe, wenn auch eine große Fülle von Material angesammelt worden ist, und zwar hauptsächlich aus Europa, wo eine lange und oft turbulente Überlieferung zu sichten ist. Jedoch wissen wir wenig davon, wie sich postglaziale Klimaänderungen in Ländern ausgewirkt haben, die ferner gelegen sind, oder in solchen mit radikal verschiedenen Klimaten, wie zum Beispiel den monsunalen Tropen.

Im westlichen Europa und im Mittelmeer-Gebiet scheint das postglaziale Klima in folgender Weise geschwankt zu haben (Ahlmann, 1953): Von etwa 8000 bis 5000 vor Christi Geburt zogen sich die Gletscher Europas zurück; dann herrschte zwischen 5000 und 1000 vor Chr. ein wärmeres Klima als heute. Diese glückliche Zeit ist das sogenannte *Klimaoptimum,* und während seiner Dauer verschwanden viele der alpinen Gletscher, und auch die höheren Pässe waren offen. Die Temperatur lag zwischen 1000 vor Chr. und dem Jahre 1 niedriger; dann stieg sie an bis 400 nach Chr. (etwa bis zum Fall Roms); weiterhin sank sie bis 1300 nach Chr. allmählich ab, es blieb aber alles in allem doch wärmer als heute. Man mag sich daran erinnern, daß Nordeuropäer Teile der nördlichen Welt durchstreiften, die heute völlig unwirtlich sind. Zum Beispiel war es ungefähr diese Periode, in der die Grönland-Kolonie florierte und daß Leif Ericson Amerika auf einer Nordroute erreicht haben mag (um das Jahr 1000).

Ab 1300 rückten die Gletscher wieder vor; Alpenpässe wurden blockiert, und die Lebensbedingungen im nördlichen Europa wurden rauh. Bei manch einem mögen die Widerwärtigkeiten der nördlichen Winter sehr das Verständnis dafür wecken, warum die Not einfach als Teil des gewöhnlichen Lebens in diesem brutaleren Zeitalter akzeptiert wurde.

Um 1700 oder 1750 erreichten die Alpengletscher ihr Maximum. Nach diesem Höhepunkt gingen sie bis 1800 zurück, aber dann rückten sie bis zu einem zweiten Maximum gegen 1850 wieder vor. Seit 1900 war die Rückzugsgeschwindigkeit bei den meisten — allerdings nicht bei allen — Gletschern der Nordhemisphäre groß. Das letzte Halb-Jahrhundert brachte eine bedeutende Erwärmung der Atmosphäre, begleitet von Änderungen der Meeresströmungen und Fischpopulationen, von einer Wanderung der Landtiere, von einem Wechsel der Jahrestemperaturen und -Niederschläge. Zum Beispiel zeigen nach Flint (1957) Messungen an Schweizer Gletschern eine Flächenreduktion von 1853 Quadratkilometern im Jahre 1877 auf 1384 Quadratkilometer im Jahre 1932, was einen Verlust von 15% in 55 Jahren bedeutet.

Wie lange dieser Trend vorherrscht, kann kein heute lebender Mensch sagen, aber es wird interessant sein, die Enthüllung des Modells abzuwarten. Wird die Erdatmosphäre sich weiter erwärmen, werden die Temperaturen gleich bleiben, oder wird die Luft wieder eisig werden und das Gletschereis sich erneut in Marsch setzen?

Vereisungsursachen

Unsere Darlegungen über die postglazialen Klimaschwankungen hatten einen doppelten Zweck. Erstens sollten sie zeigen, daß wir uns praktisch noch in einer Eiszeit befinden. Sie herrscht noch in Grönland und der Antarktis und in den höheren Gebirgen der Erde. Zweitens zeigt der Befund, daß sich bedeutende Klimaschwankungen noch in der geschichtlichen Vergangenheit ereigneten. Es gab in der dokumentierten Geschichte Zeitabschnitte, in denen die Gletscher ausgedehnter waren als heute, und es gab Zeiten, in denen das Gegenteil zutraf.

Wenn wir zum Gesteinsbefund zurückkehren, ist die Sache weniger klar. Von allen Sedimenten, die sich auf dem Festland gebildet haben, dürfen Glazialablagerungen gerade wegen ihrer Natur als die am wenigsten beständigen betrachtet werden. Das trifft gewiß für Ablagerungen zu, die von Gebirgsgletschern hoch an Berghängen zurückgelassen werden, den am meisten der Erosion ausgesetzten Örtlichkeiten. Kontinentale Glazialablagerungen sind auch nicht besonders beständig. Diese pflegen ein weit ausgebreitetes, dünnes Fournier von Geschieben, Sand und Ton zu sein. Dieses empfindliche Sediment in Gestein zu verwandeln, es einzudecken und es als Teil der geologischen Überlieferung erhalten werden zu lassen, verlangt eine ganze Batterie einzigartiger und voneinander unabhängiger Ereignisse.

Wegen dieser Seltenheit der Erhaltung ist unser Wissen über prä-pleistozäne Vereisungen unvollständig. Es gab eine Zeit kurz nachdem die mehrphasige Natur der Eiszeit anerkannt war, daß Geologen Hinweise auf vergangene Vereisungen in Gesteinen sehr verschiedenen Alters in aller Welt fanden. Dieser anfängliche Enthusiasmus hat sich inzwischen abgekühlt, und heute ist die einzige allgemein anerkannte Vereisung hohen geologischen Alters eine solche, die sich gegen Ende der paläozoischen Ära, vor vielleicht 200 Millionen Jahren, ereignete. Es ist recht seltsam, daß diese Vereisung in der Süd-Hemisphäre am besten belegt ist und dort anscheinend am ausgedehntesten war — hauptsächlich in der Südafrikanischen Republik, in Brasilien und weiter in Mittel-Australien und Indien. Eine weitere Eigentümlichkeit besteht in Südafrika darin, daß die Richtung der Eisbewegung, nach der Anordnung der Gletscherschrammen und anderer linearer Elemente zu urteilen, von Norden gegen Süden gewesen zu sein scheint. Bei der Geographie Südafrikas von heute bedeutet das eine Eisbewegung aus einem wärmeren Klimabereich in einen kälteren — gerade das Gegenteil von dem, was logischerweise zu erwarten wäre.

Leider besteht — teilweise wegen ihrer Abgelegenheit, teilweise wegen der nötigerweise fragmentarischen Natur des Tatsachenbefundes — keine Meinungsübereinstimmung darüber, ob diese südafrikanischen Ablagerungen glazialen Ursprungs sind oder nicht, — ein weiteres Beispiel für die Myriaden reizvoller Probleme der Erdgeschichte, die noch der Lösung harren.

Statt uns selbst in den Streit um die spät-paläozoische Vereisung der Süd-Halbkugel einzumischen, wollen wir versuchen, die verwickelten Fäden von Tatsachen und Spekulationen zu entwirren, die unsere zeitnahen, die pleistozänen, Vereisungen umgeben. Die Absicht der kurzen Betrachtung hinsichtlich der Möglichkeit früherer Vereisungen zu anderen Zeiten und in anderen Bereichen ist es, die offenbare Tatsache herauszustellen, daß in der entzifferbaren geologischen Zeitspanne eine Vereisung ein seltenes Geschehnis war.

Zu den Umständen, die man sich hinsichtlich der pleistozänen Vereisung vor Augen halten muß, bevor man eine Erklärung versucht, gehören die folgenden:

1. Die pleistozäne Vereisung war ein mehrmaliges und nicht ein einmaliges Geschehnis; vier Hauptvorstöße wurden allgemein in Europa und Nordamerika festgestellt.

2. Diese Vorstöße waren nicht von gleichem Ausmaß, noch waren die Zwischeneiszeiten von gleicher Dauer. Der Befund zeigt eine Gabelung: zwei ältere und ausgedehntere Glazialstadien sind von zwei späteren und kleineren Episoden durch das längste Interglazial getrennt.

3. Die Vereisung scheint auf beiden Seiten des Atlantiks synchron verlaufen zu sein. Das Inland-Eis Nordamerikas und das Europas schoben sich vor und zogen sich zurück in harmonischer Übereinstimmung. Der Sachverhalt liegt für die Süd-Halbkugel weniger klar; aber es scheint doch so, daß dann, wenn die Eismassen der Nord-Hemisphäre vorrückten oder zurückwichen, dieses das Eis der Süd-Hemisphäre genauso tat. Mit anderen Worten: Die ganze Erde scheint den gleichen Klimaschwankungen gefolgt zu sein.

4. Obwohl die Sachlage nicht ganz sicher ist, liegt es doch sehr nahe anzunehmen, daß die pleistozäne Vereisung ein relativ ungewöhnliches Ereignis war, wenigstens im jüngeren Abschnitt der Erdgeschichte.

5. Die Zeiten des Eisvorstoßes scheinen auch Zeiten geringerer Temperatur gewesen zu sein, wie durch die Natur und den Fossilinhalt von Sedimentkernen bewiesen wird, die auf dem Meeresboden entnommen wurden, und durch Hinweise auf eine Erniedrigung der regionalen Schneegrenze in den höheren Gebirgen der Erde.

Natürlich hat eine Erscheinung, die so aufregend wie eine Eiszeit ist, ein Heer von Erklärungsversuchen ins Leben gerufen. Keine einzige Erklärung hat ungeteilte Zustimmung gefunden; jede hat ihre Anhänger und ihre Gegner. Wenigstens fünfzig Hypothesen dürften im Lauf der Jahre vorgebracht worden sein; aber die meisten derselben enthalten mancherlei Unstimmigkeiten, die sich als fatale Fehler herausstellten. Zu diesen Ausfällen gehören die Theorien, die von radikalen Schwankungen der Rotationsachse der Erde oder Kontinentalverschiebungen ausgehen, durch die Länder, die heute warm sind, in kältere Bereiche verlagert gewesen wären, wo sie dann ausgekühlt werden konnten. Das Übergewicht des vorliegenden Befundes lehrt uns aber, daß während des

Pleistozäns Verteilung und Umriß der Kontinente im wesentlichen offenbar die gleichen waren wie heute.

Andere Theorien berufen sich auf Änderungen in der Zusammensetzung oder dem Charakter der Erdatmosphäre. Eine Steigerung der vulkanischen Aktivität könnte ein Bahrtuch vulkanischen Staubes erzeugt haben, das lange genug bestanden hätte, um als Schutzschirm zwischen Erde und Sonnenstrahlung zu fungieren, was eine Temperaturabnahme in der tieferen Atmosphäre zur Folge gehabt hätte. Wenn auch das Pleistozän eine Zeit regen Vulkanismus war, so gab es in der Vergangenheit doch Zeiten, in denen die Aktivität noch größer war, ohne daß diese von einem merklichen Vormarsch der Gletscher begleitet war.

Vielleicht mag der CO_2-Gehalt geschwankt haben, und manche glauben, daß eine ausgesprochene Zunahme desselben in der Atmosphäre den sogenannten Treibhaus-Effekt, d. h. eine allgemeine Temperaturerhöhung, hervorrufe. Und tatsächlich halten manche die Erwärmung, die nach allgemeiner Feststellung die letzten 50 Jahre charakterisiert, für eine Auswirkung der enormen CO_2-Mengen, die der Atmosphäre durch die Verbrennung von Kohle und Öl zugefügt wurden, seit die industrielle Revolution in Schwung kam. Es gibt keinen zwingenden Grund anzunehmen, daß sich der atmosphärische Gehalt an CO_2 und natürlich auch an H_2O während des Pliozäns sehr von dem heutigen unterschied oder daß er während dieser Epoche systematisch schwankte.

Es scheinen zwei Hauptfaktoren, die zu weiterer Forschung herausfordern, als mögliche Mechanismen in Frage zu kommen, und zwar: 1. astronomische Ursachen und 2. Schwankungen der Sonnenstrahlung.

Die astronomischen Erklärungen stützen sich in starkem Maße auf die Tatsache, daß die Exzentrizität der Erdbahn langsam im Hinblick auf die Sonne schwankt; auch die Neigung der Erdachse in Beziehung zur Sonne ist einer langsamen Änderung unterworfen — einen Teil des Jahres ist der eine Erdpol gegen die Sonne gekippt, einen Teil des Jahres von ihr fort. Die Nord-Halbkugel ist der Sonne im Winter abgewandt, wenn Erde und Sonne einander ein wenig näher stehen als im Sommer. Die Folge ist, daß die Nord-Halbkugel leicht höhere Wintertemperaturen bekommt als die Süd-Hemisphäre. Als dritte Variable kommt hinzu, daß der Betrag der Erdachsen-Neigung zur Umlaufebene im Verlauf der Jahrtausende leicht schwankt. Diese verschiedenen Exzentrizitäten in der Beziehung der Erde zur Sonne kombinieren sich nicht in irgendwie systematischer Weise, und das hat zur Folge, daß es im Laufe der Jahre Schwankungen in der Verteilung der Sonnenenergie über die Einzelbereiche entlang der Erd-Oberfläche gibt, nicht aber hinsichtlich der von der Sonne empfangenen Gesamt-Strahlenmenge.

Wir wollen uns nicht unsern Weg durch ein struppiges Dickicht technischer Einzelheiten bahnen; daher nur soviel: Zu den Haupteinwürfen gegen eine astronomische Bedingtheit der Eiszeiten gehört die unbedingte Notwendigkeit, daß die Vereisungen auf der Nord- und der Süd-Halbkugel in entgegengesetzter Phase hätten erfolgen müssen. Aber alle vorliegenden Befunde scheinen darauf hinzuweisen, daß dann, wenn die Gletscher im Norden vorrückten oder zurückwichen, ihre südlichen Widerparte zur gleichen Zeit das gleiche taten. Ein anderer kritischer Punkt ist der, daß dann, wenn ein sich wiederholender und im wesentlichen geometrischer Prozeß die Klimaschwankungen verursacht hätte, er höchstwahrscheinlich Eiszeiten in einer periodischen, fahrplanmäßigen Wiederkehr auch in der früheren geologischen Vergangenheit hätte hervorrufen müssen. Wir haben bereits die Unsicherheiten hinsichtlich der Existenz älterer Vereisungen erwähnt, und wenn auch ihr Zutreffen eines Tages bewiesen werden sollte, so macht doch ihre außerordentliche Seltenheit während der geologischen Vergangenheit die rhythmische Wiederholung astronomisch induzierter glazialer und nicht-glazialer Zyklen unglaubwürdig.

Änderungen im Betrag der auf die Erde gelangenden Sonnenstrahlung scheinen eine führende Rolle als erklärendes Moment im Denken vieler Geologen zu spielen. Welche Natur diese Änderungen haben, ist im Augenblick noch unbekannt, vorausgesetzt natürlich, daß sie überhaupt stattfanden. Darüber, ob der gesamte Ausstoß an Sonnenenergie konstant blieb oder ob Änderungen selektiver Art stattfanden, läßt sich streiten; änderte sich z. B. der Anteil des ultravioletten Lichts, während andere Teile des Spektrums konstant blieben?

Wenn wir annehmen, daß die Sonnenstrahlung schwankte, dann ist eine geistreich begründete Hypothese diejenige, die von Sir George Simpson, einem englischen Meteorologen, 1934 aufgestellt wurde. Das beigefügte Diagramm (Abb. 210) verdeutlicht die Schritte in dieser Argumentation, wenn wir zunächst annehmen, daß sich zwei markante Anstiege an Sonnenenergie im Pleistozän ereigneten, jede von der durch Kurve 1 dargestellten Art; jeder würde einen Anstieg der Temperatur in der Erdatmosphäre entsprechend Kurve 2 nach sich ziehen.

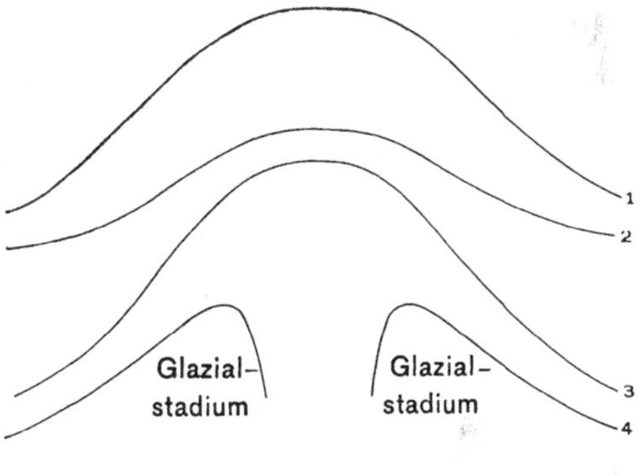

Abb. 210. Die Wirkungen der Sonnenenergie-Schwankung auf Temperatur, Niederschlag und Schnee-Akkumulation, dargestellt durch die folgenden Kurven: 1: Sonnenenergie; 2: Temperatur der Atmosphäre; 3: Niederschlag; 4: Schnee-Akkumulation. Zwei solche Zunahmen der Sonnenstrahlung wären erforderlich, um die vier pleistozänen Vereisungen zu erklären. *(Nach: G. C. Simpson: Roy. meteorol. Soc. quart. J., 60, 1934.)*

Wir wissen aus unserer eigenen Erfahrung, daß eine Temperatursteigerung eine Verstärkung der Verdunstung zur Folge hat, und das führt gewöhnlich zu einer Zunahme des Niederschlags, wie Kurve 3 zeigt. Zusammen mit einer Erhöhung des Niederschlags würde sich eine weltweite Vermehrung der Wolkendecke ergeben, und das würde dazu führen, daß die Temperatur an der Boden-Oberfläche niedriger wird, als sie es sonst sein würde.

Niederschlag kann die Form von Regen und Schnee haben; Kurve 4 betrifft die Schneeansammlung; denn das ist der ausschlaggebende Faktor, der das Werden von Gletschern bestimmt. Schnee mußte sich von Jahr zu Jahr anreichern und in Firn und weiter in Eis verwandeln. Eis wird sich bis zu einem Höhepunkt ansammeln, wie die Kurve zeigt, solange die Temperatur ansteigt; aber dann wird eine Zeit kommen, in der der Temperaturanstieg so groß geworden ist, daß ein weiterer nicht mehr möglich ist. Dann geht die Kurve der Schneeanreicherung plötzlich herunter, wie die Abbildung zeigt, obgleich die Niederschlags-Kurve ihren Anstieg fortsetzt, eng parallel zur Temperatur- (2) und Strahlungs-Kurve (1).

Wenn man „Schneeanreicherung" in glaziale Begriffe überträgt, heißt das, daß zwei Steigerungen des Betrags der auf die Erd-Oberfläche eintreffenden Sonnenenergie vier Eiszeiten nach sich ziehen würden, die sich auf zwei Paare aufteilen würden, die durch eine lange Zwischeneiszeit getrennt wären. Nebenbei, wenn sich diese Hypothese als zutreffend erweisen sollte, dann müßte das lange Interglazial kalt und trocken sein im Verhältnis zu den beiden kürzeren, wärmeren und humideren Zwischeneiszeiten. Eine solche Beziehung hat sich noch nicht feststellen lassen, aber das mag nur ein Ausdruck unserer Unkenntnis in diesem Augenblick der Geschichte der Naturwissenschaft sein.

Simpsons Theorie zeigt eine der großen Schwierigkeiten auf, denen sich Naturwissenschaftler gegenübergestellt sehen, die ein so kompliziertes Ereignis wie die Eiszeit erklären wollen. Ein Verständnis ihrer Ursache wird hauptsächlich aus einer Kenntnis der Klimatologie und Meteorologie erwachsen, aber die Existenz früherer weiter Vereisungen nachzuweisen, ist eine geologische Aufgabe. Eine gültige Theorie über die Ursachen wird von der geduldig erarbeiteten Gesetzmäßigkeit in der Verteilung der Moränen und anderer Glazialablagerungen auszugehen haben.

Die Geologen sind geneigt, Simpsons Theorie aus dem Grunde zu kritisieren, daß Eisvorstöße von niedrigeren Temperaturen begleitet zu sein scheinen statt von höheren —, wie sich das durch die Abkühlung des Meerwassers bestätigt, die sich in Kernen von Meeresboden-Sedimenten, in einer regionalen Senkung der Schneegrenze in Gebirgen, in einer weiten südwärtigen Verlagerung des Taigawaldes und der Tundra in gemäßigtere Landstriche hinein und in einer Südwanderung von Herden arktischer Tiere, wie Moschusochsen und des ausgestorbenen Wolligen Mammuts, äußert.

Eine logische Erklärung scheint die zu sein, die R. Flint von der Yale-Universität vorgeschlagen hat. In seiner Theorie, die zugestandenermaßen ein Versuch ist, legt er dar, daß zwei Faktoren im Pleistozän zusammengewirkt hätten, die in früheren geologischen Zeiten in so wirksamer Weise nicht zusammengetroffen sein dürften. Diese waren nach ihm: 1. ein ungewöhnliches Vorherrschen hoher Gebirgsketten und damit hoher, schneesammelnder Bergländer und 2. Schwankungen im Betrag der Sonnenenergie, die groß genug waren, um eine durchschnittliche Erniedrigung der Jahrestemperatur in mittleren Breiten von 6° bis 8° C zu bewirken — ein Betrag, der für nötig gehalten wird, damit eine Eiszeit entsteht. Da bei dieser Hypothese zwei Elemente für ihr Funktionieren wesentlich sind — hohe, schneereiche Bergländer und Schwankungen der Sonnenenergie — gab ihr Flint (1957) den Doppelnamen *„Solar-Topographisches Konzept"*.

Viel muß noch getan werden, bis die Gültigkeit des Konzepts im einzelnen gesichert ist, aber diese Dinge scheinen ziemlich sicher. Schwankungen der Sonnenenergie scheinen mit den Gletschervorstößen und -rückzügen auch heute verbunden zu sein. Der geschichtliche Befund erweist auch, daß das postglaziale Klima nicht konstant war; zeitweilig war es wärmer, in anderen Zeiten — vor allem im 13. Jahrhundert — war es kälter, fast kalt genug, um den Beginn eines Eisvorstoßes auszulösen, wenn die Abkühlung lange genug angedauert hätte.

Indes, Schwankungen der Sonnenstrahlung dürften sehr wahrscheinlich mit fast der gleichen Häufigkeit in der Ferne der geologischen Vergangenheit stattgefunden haben wie in jüngeren Zeiten. Der Faktor, der dem Pleistozän eine Sonderstellung verleiht, ist das offenbare Vorherrschen von Gebirgen und Hochländern. Die meisten der besser bekannten Gebirge der Erde wurden damals zu ihren gegenwärtigen Höhen herausgehoben; dazu gehören so stolze Bergketten wie Himalaja, Anden, Kaukasus und Alpen. Nicht nur war das Pleistozän eine Zeit ungewöhnlicher Krustenaktivität, sondern die Nord-Süd-Anordnung so bedeutsamer Gebirgsketten wie derjenigen Nord- und Südamerikas wurden fest begründet, und da diese quer zur allgemeinen planetaren Zirkulation der Atmosphäre liegen, übten sie eine besonders eingreifende Wirkung auf die Herausbildung und die Verbreitung von Gletschern aus.

Eine zusätzliche Eiszeit-Theorie wurde vor kurzem von Maurice Ewing von der Columbia-Universität und William L. Donn von der New Yorker Universität aufgestellt

(1956). Ihre Theorie enthält zwei Hauptelemente: 1. Der Nordpol verschob sich zu Beginn der Eiszeit von einer Lage im Nord-Pazifik zu seiner gegenwärtigen Position; 2. der Arktische Ozean vollführte während des Pleistozäns einen Wechsel zwischen eisfreien und eisbedeckten Phasen.

Die Polverschiebung wurde in diese Hypothese eingebaut, um den scharfen Kontrast zwischen den allgemein gemäßigten Klimabedingungen der letzten Million Jahre der Erdgeschichte und der Abkühlungsepisode, der Eiszeit, zu erklären, die der Gegenwart unmittelbar vorausging. Eine Lage des Nordpols in einem großen Wasserkörper, wie dem Pazifik, mit freier Zirkulation würde nicht so scharfe klimatische Gegensätze verursachen wie die Lage in einem abgeschlossenen Becken, wie dem Arktik — daher der plötzliche Bruch in den Klimaverhältnissen der Vergangenheit.

Wechsel zwischen Phasen der Eisfreiheit und der Eisbedeckung im Arktischen Ozean sollen die abwechselnden Vorstöße und Rückzüge des Eises auf dem Festland ausgelöst haben. Ein sehr wichtiger Umstand ist die Tatsache, daß das Polarmeer nahezu ganz von Land umschlossen ist. Eine leichte Senkung des Meeresspiegels würde diesen Zustand noch verstärken; die Verbindungen mit dem Pazifik würden unterbrochen werden, und der Austausch altlantischen und arktischen Oberflächen-Wassers zwischen den Svalbard-Inseln, Island und Grönland würde vermindert sein.

Die Hypothese betont, daß dann, wenn die arktische Eisdecke schmelzen würde, der Meeresspiegel anstiege und das Atlantik-Wasser leichter in das arktische Becken eindringen könne. Das würde zu einer größeren Zufuhr von Feuchtigkeit für die von der Arktis verursachten Regenstürme und infolgedessen zu erhöhtem Niederschlag über den kanadischen Einöden und dem nördlichen Europa führen. Wenn dieser Niederschlag in der Form von Schnee erfolgte, würden sich Eisdecken bilden, und eine Inland-Vereisung wäre die Folge.

Mit der Ausdehnung der Eismassen würde der Meeresspiegel sinken; der Wasseraustausch zwischen den Meeren wäre geschwächt, das Polarmeer würde erneut zufrieren und die Quelle der für Inland-Vergletscherungen benötigten Feuchtigkeit würde versiegen. So sind „Temperaturänderungen im Oberflächen-Wasser des Arktischen und des Atlantischen Ozeans die Ursache und nicht die Folge des Wachsens und Vergehens von Inland-Vereisungen".

Viel zusätzliche Arbeit ist noch zu leisten, um die Gültigkeit dieser oder irgendeiner anderen Eiszeit-Hypothese fest zu begründen. Die Annahme von Polverschiebungen ist spekulativ; die Beziehungen von Ursache und Wirkung zwischen der See-Eisdecke des Arktischen Ozeans und den Inland-Vereisungen sind ungewiß. Auch ist nicht erwiesen, daß ein solcher Mechanismus ausreicht, um die Vereisung von Gebirgen erklären zu können, die von den nördlichen Ländern weit entfernt liegen, oder die Ausweitung der antarktischen Eisdecke. Nichtsdestoweniger sind solche Theorien wichtig, weil sie die Diskussion anregen, die Naturwissenschaftler zwingen, Argumente pro und contra zusammenzustellen, und sie anregen, neue Beweise zu suchen.

Huntington (1922) wies schon vor langer Zeit darauf hin, daß das Pleistozän nicht nur eine Zeit gesteigerter Sturmtätigkeit war, sondern daß auch die Bahnen, denen die meisten Sturmzentren folgten, weiter südwärts verliefen als die Routen, die sie heute durch die nördlichen Vereinigten Staaten und Europa einhalten.

Das mag auch dazu beitragen, ein Rätsel zu lösen, über das bisher in diesem Kapitel ein vorsichtiges Schweigen gewahrt wurde; es betrifft die treibende Kraft, die die kontinentalen Eismassen in Bewegung setzte. Natürlich ist es nicht der relativ einfache, hangab gerichtete Impuls der Schwerkraft, der die Gebirgsgletscher aktiviert. Das Inlandeis rückte in Fronten vor, die Tausende Kilometer lang waren, und das Eis bewegte sich

Hunderte Kilometer über tiefliegendes Gelände. In der Tat, diese Gletschermassen überfuhren auf ihrem Wege wirklich Hügel und Berge. Wie dieses erzielt wurde, ist nicht bekannt; die Antwort mag aber zum Teil darin liegen, daß sich der Schnee, der zur Ernährung von Inlandeis benötigt wird, größtenteils nahe an dessen Rand und nicht in dessen Mitte ansammelte. Der große Temperaturgegensatz zwischen einem Gletscher und seiner Umgebung läßt sie meteorologisch ganz so wirken wie eine permanente Polarfront. Infolge schnellerer Ansammlung könnten sich hier Eisdome (der Teil der Eisdecke, dessen Oberfläche über die Nachbarbereiche hinausragt) bilden, und von diesen könnte sich das Eis ausbreiten statt von einem fern im Norden gelegenen Zentrum weit fort von Kanada. So kann ein Vorrücken des Inlandeises zum Teil aus einem randlichen Zuwachs hervorgehen, statt daß es von einer einfachen punktförmigen Quelle abfließt.

Andere Vereisungswirkungen

Die eben erst zu Ende gegangene Eiszeit lieferte eines der reizvollsten Kapitel der Erdgeschichte; ihre Auswirkungen zogen in größerem Maße das Leben von uns allen in Mitleidenschaft. Boden wurde von ausgedehnten Landgebieten abgeschürft, deren Wert für die landwirtschaftliche Nutzung gemindert, aber als Quelle mineralischer Rohstoffe erhöht wurde. Die Fracht aus abgeschürftem Boden und Gesteinsmaterial wurde woanders wieder abgelagert, in Nordamerika vor allem im Mittleren Westen, der dadurch zu einem einzigartig fruchtbaren Lande wurde. Große Seen entstanden, wo vorher nie einer von solcher Ausdehnung bestanden hatte. Der Lake Agassiz ist einer derselben, und sein Rest, der Lake Winnipeg, ist ein Riese von Geburt. Die Großen Seen, die auch in starkem Ausmaß ein Produkt der Vereisung sind, existieren noch; zufällig überschwemmen sie Tausende Morgen möglichen Farmlandes.

Die vom glazialen Eis bedeckten Gebiete wurden vielfach unter dessen Gewicht niedergedrückt, und als diese Last durch das Verschwinden des Eises fortgenommen wurde, stieg das Land wieder auf. In Skandinavien zeigen gehobene Brandungsnischen an, daß sich der mittlere Teil der Halbinsel um 250 m oder mehr gehoben hat. Geschichtliche Daten und verschiedene Küstenlinien-Strukturen, wie zum Beispiel alte Landeplätze, erweisen, daß diese Hebung noch andauert. Sie erreicht den ungewöhnlich hohen Betrag von etwa 90 cm im Jahrhundert am Oberende der Ostsee, vermindert sich aber auf etwa 0 cm in der Nachbarschaft von Kopenhagen.

Der Meeresspiegel schwankte im Rhythmus mit dem Werden und Vergehen der Eisdecken. Wenn sich die Eisdecken ausdehnten, wurden viele Zehner von Millionen Kubikkilometern Meerwasser abgezogen und auf dem Lande als Eis gestapelt. Der Meeresspiegel sank infolgedessen, vielleicht um 40 oder 50 Faden (73 bis 92 Meter). Das mag nicht gerade als viel erscheinen, aber es war genug, um die Geographie der Erde tiefgreifend zu verändern. Landgebiete, die heute getrennt sind, waren damals verbunden; und unter den harten Klimabedingungen der Zeit wurden nicht nur ganze Tierpopulationen zu Wanderungen angeregt, sondern diese wurden auch durch das Auftauchen von *Landbrücken* ermöglicht. Zu diesen natürlichen Dämmen gehören die Zwischenglieder, die Tasmanien und Australien, Ceylon und Indien, Neuguinea und Australien verbanden, sowie solche, die verschiedene Inseln von Indonesien miteinander vereinigten. Am berühmtesten von allen ist die Landbrücke, die Alaska und Sibirien verknüpfte, welche heute durch die 55 m tiefen Wässer der Bering-Straße voneinander getrennt sind. Irgendwie muß diese Verbindung eine richtige Freistraße gewesen sein für alle Arten von Geschöpfen, darunter auch menschliche Wesen, die darauf hin und her trappelten.

Westwärts von der Neuen Welt in die Alte wandernd, kamen das Zebra, das Kamel, der Tapir und das Pferd. Einwanderer nach Osten in die amerikanische Hemisphäre waren Elch, Moschusochse, Wisent, Elefant, Bergschaf und Bergziege. Nicht der geringste war der Mensch selbst. Fast alle Archäologen sind der Meinung, daß die Stammgeschlechter der amerikanischen Indianer, imposant in ihrer Mannigfaltigkeit, zum amerikanischen Kontinent über die Bering-Landbrücke gelangten. Eine kuriose Laune der Eiszeit, die eine solche Wanderung durchführbar machte, war der Umstand, daß das Innere von Alaska eisfrei war. Das erscheint bemerkenswert, wenn wir bedenken, daß das Eis weit südwärts in das normalerweise viel wärmere Kontinentinnere der Vereinigten Staaten vorrückte, bis dorthin, wo heute Cairo (Illinois) liegt.

Sowohl in Europa wie in Nordamerika lebten Menschen entlang den Eisrändern. Das Leben war damals rauher, aber sie ertrugen es. Nicht nur stellte das Klima höhere Anforderungen als heute und waren die Menschen weniger gut ausgestattet als wir, um damit fertig zu werden, sondern die Tiere jener strengen Zeit waren größer und wilder als die von heute. Lauring (1957) schreibt:

„... Der Riese von allen war der Auerochs, mit seinen fast ein Meter langen, prächtig gekrümmten Hörnern, ein Geschöpf von 1,80 m Höhe an den Hüften, stark, tiefbauchig, schnell und behende; immer aggressiv und so wild wie ein afrikanischer Büffel. Der Wolf heulte in mondhellen Nächten, und der Bär tappte durch das dicke Unterholz. Jedes Tier war kraftvoll, regsam, größer als heute, mit einer Ausnahme: der Dachs war sonderbarerweise kleiner. Der Auerochs war doppelt so groß wie ein moderner prämierter Stier, der Bär sah mehr wie ein Alaska-Bär aus, das Wildschwein war kräftiger, und der Rothirsch war nicht nur größer als heute, sondern sein Geweih war riesig, mit einem Stamm so dick wie der Oberarm eines Mannes und starken, schweren Sprossen, weit verschieden von den schmächtigen Wuchsformen der Hirsche von heute ..."

Gegenüber solcher Überlegenheit hatten die Menschen wenig zu bieten — außer einer tapferen Entschlossenheit zu überleben, der Kenntnis des Feuers, der Fertigkeit, Stein-Werkzeuge herzustellen und zu verwenden, und den Ansätzen zur Zusammenarbeit und Mitteilung. So gering diese Vorzüge uns heute zu sein scheinen — sie reichten aus.

Tafel XIII. Die See brandet gegen eine Felsküste im Shore Acres State Park, Oregon. *(Phot.: Ray Atkeson.)*

XVI. Das Meer

Von allen Bereichen der Erde ist das Meer der fremdartigste und zugleich geheimnisvollste. In Amerika, einem Land von wirklich kontinentalen Ausmaßen, sind die Interessen weitgehend nach innen gerichtet, auf die Angelegenheiten des Festlandes. Die Zeit, in der das Meer im amerikanischen Leben eine Rolle spielte, wie das in den Tagen von Richard Henry Dana oder Herman Melville der Fall gewesen war, ist lange vorbei. Für die meisten bedeutet das Meer heute eher ein Hindernis als einen Lebensraum, und bestenfalls gedenkt man seiner als einer Gelegenheit zur Erholung am Strand. Das Meer zu überqueren, ist heute eine Sache von Stunden statt von Wochen oder Monaten unermüdlicher Plackerei und Gefahr, wie das zur Zeit der hölzernen Segelschiffe der Fall war.

Vorgänge, die 9000 Meter unter der Oberfläche stattfinden, sind uns viel weniger vertraut als solche, die man vom Deck eines kleinen, schwer arbeitenden Dampfschiffes aus sieht, das vor den dunklen Seen eines zentralozeanischen Sturmes dahineilt. Noch heute bleibt das Meer fast das letzte große, unerforschte naturwissenschaftliche Grenzgebiet auf der Erde. Es gibt keine Landschaft, so abgelegen sie auch sein mag, von der wir nicht hundertmal mehr Kenntnisse besäßen, als wir sie vom Ozeanboden unmittelbar vor unsern Küsten haben.

Abb. 211. Vorbereitung zum Hinunterlassen eines Kolben-Kernbohrers vom Forschungsschiff „Atlantis". *(Von der Woods Hole Oceanographic Institution freundlich zur Verfügung gestellt.)*

Jedes ernsthafte Bemühen, das Meer zu erforschen, ist erstaunlich kostspielig. Wer die Rechnungen nicht gesehen hat, kann sich die Kosten nicht vorstellen, die es verlangt, ein Schiff zu unterhalten und damit zu operieren, speziell ein ozeanographisches Fahrzeug, das keinen Profit für irgendwen abwirft. Wegen seiner Sonderaufgabe und seiner Spezialausrüstung dürfte es, relativ zu seiner Tonnage, zu den teuersten Dingen auf See gehören (Abb. 211). Die Ozeanographie ist kein Betätigungsfeld für einen naturwissenschaftlichen Einzelgänger; nur maritime Länder oder gut dotierte Institutionen können sich mit dieser Wissenschaft befassen. Von den letzteren gibt es in den Vereinigten Staaten nur wenige, und die meisten der mit einer Universität verbundenen ozeanographischen Institute sind von Regierungsbeihilfen abhängig, um ihre Schiffe auf See zu halten.

Heute scheinen die Vereinigten Staaten und die Sowjetunion die beiden Nationen zu sein, die sich mit dem Studium des Meeres am intensivsten beschäftigen, wobei die Russen eine sorgfältig ausgerüstete Flotille von großen, seetüchtigen ozeanographischen Schiffen unterhalten.

Methoden der Meeresforschung

Alles, was die Menschen in alten Zeiten über den Meeresboden erfahren konnten, war unbedeutend. Die längsten Bleilot-Leinen, die auf Segelschiffen bis 1900 normal im Gebrauch waren, reichten nur 120 Faden (= 220 m) tief. Selbst um eine Messung von einer solch bescheidenen Tiefe durchzuführen, mußte man beidrehen und die ganze Mannschaft um die Reling aufstellen, wobei jeder Matrose 20 Faden Leine oder so halten mußte. Bestenfalls erhielt man vom Seeboden eine unvollständige Probe, die an einem Klümpchen Talg haftete, das in einer flachen Vertiefung an der Unterseite eines 50-Pfund-Bleigewichts angebracht war.

Über die gewöhnlichen Erfordernisse der Tiefwasser-Navigation hinaus bestand ein gewisses Interesse daran, was die lichtlosen Tiefen des Meeres verbergen könnten. Nach Kuenen (1955) waren Magellan und seine Mannschaft davon überzeugt, daß sie sich über dem tiefsten Fleck der Erde befänden, als sie im mittleren Pazifik 700 m Leine auslaufen ließen.

In den nächsten drei Jahrhunderten machte die ozeanographische Technologie nur bescheidene Fortschritte. Die Kunst, Tieflotungen durchzuführen, kam erst vorwärts, als Stahldraht die Hanfseile ersetzte und ein empfindlicherer, schnell auslösender Mechanismus ersonnen wurde, um das Gewicht abzuwerfen, sobald es den Meeresboden berührt. Eine der Hauptschwierigkeiten bei der Durchführung von Tiefsee-Lotungen bestand darin herauszubekommen, wann die Leine den Meeresboden erreicht hatte. Ohne diese Kenntnis konnte es geschehen, daß sich die Leine weiter auf dem Boden in verwickelten Spiralen abspulte, wodurch sich für diesen Punkt scheinbar eine Meerestiefe ergab, die nahezu alle Rekorde brach.

Neben anderen Schwierigkeiten bestand die Notwendigkeit sicherzustellen, daß die Leine wirklich senkrecht hing und daß das Schiff seine ursprünglich auf der Karte eingetragene Position einhielt und von dem Punkt unmittelbar über dem Bleilot nicht fortdriftete. Selbst die fundamentale Frage, in welcher geographischen Lage sich das Schiff während der Lotung befand, konnte vor rund einem Jahrhundert nicht genau beantwortet werden. Positionen auf dem Meer konnten wohl nur mit einer Fehlergrenze von 8 Kilometern um die wirkliche Lage bestimmt werden. Mit Elektronengeräten, die heute zur Verfügung stehen, können wir es viel besser machen, aber die genaue Lagebestimmung bleibt für ozeanographische Tiefwasser-Untersuchungen nach wie vor ein Problem.

Die 110 000 Kilometer lange Weltumseglung von I. M. Schiff *„Challenger"* in den Jahren 1872—1876 war einer der größten Fortschritte in der Ozeanographie. Mengen von Sedimenten wurden aus den Tiefen des Meeres geborgen, und Gesteine, Mineralien, Fossilien und alle Art lebender Dinge wurden von Inseln mitgebracht. Die veröffentlichten Expeditionsberichte, die ein Dutzend Bände umfassen, bedeuteten seinerzeit einen wissenschaftlichen Höhepunkt, und ihre ausgezeichneten Illustrationen und detaillierten Beschreibungen von Naturerscheinungen waren unerreicht. Vielleicht sind sie das Spiegelbild eines mehr besinnlichen Zeitalters; denn wissenschaftliche Abhandlungen ziehen in unserer weniger beschaulichen Ära wirklich den kürzeren.

Da sich die *„Challenger"* und ihre Nachfolger, wie z. B. das US-Schiff *„Tuscarora"*, in ruhiger Gemächlichkeit — gemessen mit den heutigen Maßstäben — bewegten und da nur sehr wenige derartige Fahrzeuge auf See waren, schritt die Aufnahme ozeanischer Tiefendaten mit nur gletscherartiger Geschwindigkeit vorwärts. So lagen bis kurz nach dem Ersten Weltkrieg nur einige 15 000 Tiefenbestimmungen vor. Diese konzentrierten sich in starkem Maße auf die Routen untermeerischer Kabel, wobei im Durchschnitt nur eine Lotung auf je 15 000 Quadratkilometer kam (Carson, 1950). Bei einer solchen Streuung wurden verschiedene Bergketten, die so hoch und schroff wie die Rocky Mountains sind, nicht erfaßt.

Aus den Messungen der *„Challenger"* und anderer ozeanographischer Schiffe ergab sich für den Meeresboden das Bild einer im wesentlichen monotonen abyssischen Ebene, bedeckt entweder mit einem mehlartigen, sehr feinen *Schlick*, der sich aus den mikroskopischen Skeletten kleinster, an der Oberfläche lebender Meerestiere und -pflanzen zusammensetzt, deren winzige Reste niederrieselten wie ein endlos fallender organischer Schnee, — oder sonst in ihren tieferen Bereichen überzogen von einem außerordentlich feinkörnigen, anorganischen Sediment, dem sogenannten *Roten Ton*.

Es dauerte bis nach dem Ersten Weltkrieg, daß wir das erste zutreffende Bild von den Unregelmäßigkeiten des Meeresbodens bekamen. Ein friedenszeitlicher Sproß, der aus dem Einsatz gegen die Unterseeboote hervorging, war die Erfindung des Echolotes um 1919. Das Prinzip des Gerätes ist recht einfach. Ein Schallimpuls, der vom Rumpf eines Schiffes aus durch das Wasser geschickt wird, trifft auf den Meeresboden, wird dort reflektiert und dann durch ein Mikrophon im Schiffsrumpf wieder aufgenommen. Wenn man die Geschwindigkeit des Schalles im Wasser — roh 1460 m/sec — und die Zeit zwischen der Aussendung des Signals und seinem Wiederempfang an Bord kennt, ist es möglich, die Tiefe zu bestimmen. Sehr viele Verbesserungen wurden im Laufe der Jahre an den Echoloten angebracht. So wurden Überschallwellen verwendet, die unverfestigtes Sediment durchdringen und uns so ein Bild von dessen Dicke und von der Gestaltung der Gesteins-Oberfläche vermitteln, auf der es ruht. Es wurden auch Registriergeräte konstruiert, die ein kontinuierliches Profil der Rücken und Senken auf dem Meeresboden, Tausende von Metern tief, auf einer sich langsam abwickelnden Rolle Registrierpapier im Kartenraum aufzeichnen (Abb. 212).

Die erste größere wissenschaftliche Anwendung der Echolot-Methode geschah seitens des deutschen ozeanographischen Schiffes *„Meteor"* in den Jahren 1925—1927, und die Ergebnisse seiner Querfahrten über die Tiefen des Süd-Atlantiks wirkten wie eine Offenbarung. Erstmals erfuhr die wissenschaftliche Welt, daß die Gestaltung des Meeresbodens so mannigfaltig ist wie die des Festlandes, in gewisser Hinsicht mehr, in anderer weniger. Eigentlich sollte es uns nicht überraschen, daß es dort Vulkane gibt, Verwerfungsstufen, Lavaausflüsse riesigen Umfangs und ganze Bergketten, unsern Blicken verborgen. Es sind das Gegenstücke zu den gleichen Krustenformen, die auf dem Festland auftreten, und der Umstand, daß sie vom Meerwasser überdeckt sind, ist reiner Zufall. Ein großer Unterschied

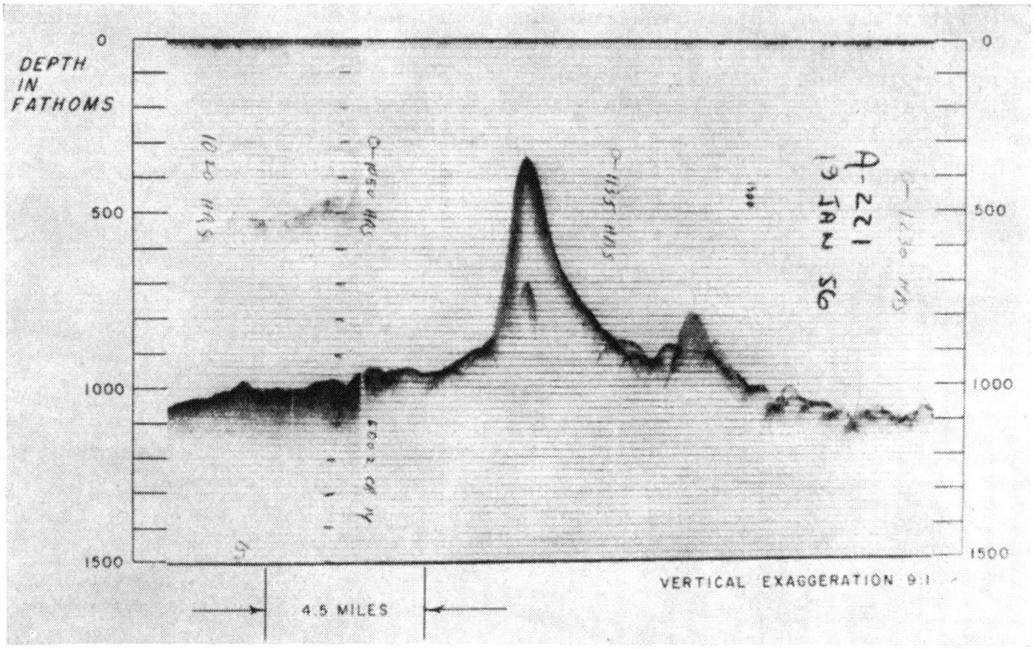

Abb. 212. Tiefenaufzeichnung (in Faden) eines Seamount (submarinen Berges) in der Karibischen See. *(Von der Woods Hole Oceanographic Institution freundlich überlassen.)*

zwischen submarinen und subaërischen Landschaften liegt darin, daß am Boden des Meeres keine Erosion in dem uns vertrauten Sinne stattfindet — kein Wind bläst dort, kein Regen fällt, keine Gletscher nehmen ihren Weg hangab. Das einzige Medium, das sich mit denen des Festlandes vergleichen läßt und das einige Formen des Meeresbodens gestaltet, ist der gravitative Transport oder die „Massenbewegung". Gesteine fallen und Hangrutsche ereignen sich dort ebenso wie auf dem Festland, allerdings wohl weniger häufig; denn es gibt dort nichts, was der in hohen Gebirgen sich abspielenden Frostsprengung vergleichbar wäre.

Wenn die Wässer des Meeres fortrollen würden, käme eine für unsere Erfahrung so fremde Landschaft zum Vorschein, daß der Versuch, sie zu beschreiben, eine schwierige, wenn nicht gar unlösliche Aufgabe wäre. Es handelt sich da um ein Terrain, das für uns völlig unsichtbar und unzugänglich ist, abgesehen von dem, was sich verschwommen durch einen Taucherhelm oder bei einer gelegentlichen Exkursion zu den schwarzen und schweigenden Tiefen mittels eines *Bathyskaphen* erspähen läßt.

Dieses ungewöhnlich aussehende Gerät läßt sich vielleicht mit einem Unterwasser-Ballon vergleichen; denn es steigt oder fällt im Meerwasser durch Abwerfen von Ballast bzw. Abgabe der Substanz, die ihm Schwimmkraft gibt, in diesem Falle von Treibstoff. Die von Auguste Piccard entwickelte *„Trieste"* war das erste derartige bemannte Tauchboot. Es erreichte die größte Meerestiefe, 10920 Meter, im Marianen-Graben, gegen 320 Kilometer von Guam entfernt, am 23. 1. 1960 (Piccard & Abercrombie, 1960). Hier, in der unermeßlichen Tiefe von rund 11 Kilometern, leben noch bodenbewohnende Fische; sie beweisen damit, daß Sauerstoff durch den langsamen, aber umfangreichen Wasserumlauf hinuntergeschafft wird. Die Wassertemperatur in dieser ungeheuren Tiefe beträgt gegen 3,3° C; sie liegt damit nahe an der Schwelle der Gefriertemperatur von Salzwasser.

Trotz solcher direkter Annäherungen an den Meeresboden durch den Bathyskaphen und den „Aqualung" wird unser Wissen um sein wirkliches Aussehen in überblickbarer Zukunft nur von zweiter Hand sein. Um uns ein Bild von der Gestaltung der untermeerischen Welt zu machen, sind wir auf indirekte Mittel angewiesen, wie Lotungen durch Herablassen eines Gewichts auf den Boden oder durch die Aufnahme eines Schallechos, das durch Tausende Meter Wasser zum Schiff an der Oberfläche zurückgeworfen wird.

Abb. 213. Geologen an Bord eines Schiffes untersuchen Kerne, die dem Boden des Pazifiks entnommen wurden. *(Von der University of California in San Diego freundlich überlassen.)*

Eine etwas genauere Kenntnis vom Charakter des Materials am Meeresboden können wir durch Sedimentkerne gewinnen; diese lassen sich mit Geräten entnehmen, die von einem Schiff an der Oberfläche auf den Meeresboden hinabgelassen werden (Abb. 213). Einige der heraufgeholten Kerne sind 20 Meter oder mehr lang, und diese geben uns einen ungewöhnlichen Einblick in die Natur dieser Tiefsee-Ablagerungen, die unserer Welt der Sonne und Luft so fremd sind. Nicht nur gewinnen wir ein gewisses Verständnis für ihre physikalische und chemische Natur, wenn wir sie zur Oberfläche heraufholen, sondern Messungen ihrer Radioaktivität verraten uns auch etwas über ihr Alter, und so können wir Schätzungen ihrer Ablagerungsgeschwindigkeit vornehmen. Die winzigen Fossilien von Oberflächen-Organismen, die in den verschiedenen Schichten eingeschlossen sind, berichten uns darüber, wie die Temperatur des Meereswassers während der Eiszeit war, und so bietet sich uns hier eine der bestmöglichen Aussagen über Ausdehnung und Dauer jener Klimaschwankungen, die sich so tiefgreifend auf die nördlichen Länder der Erde auswirkten. Was für ein eigentümliches Paradoxon ist es, daß wir uns zu den Tiefen des Meeres begeben müssen, um eine Antwort auf die größten Rätsel des Festlandes zu bekommen!

Durch das Auge der Kamera sehen wir zunehmend mehr von dieser fernen Welt. Technologische Fortschritte seit dem Zweiten Weltkrieg in der Beleuchtung, in der Abschirmung der Unterwasser-Kamera und ihrer Linsen und in der Entwicklung empfindlicherer Filme ermöglichen es den Ozeanographen, den Boden und die Bewohner der Tiefsee zu photographieren (Abb. 214).

Die Ergebnisse waren aufsehenerregend; sie lieferten ein bemerkenswertes Bild sowohl des Lebensraumes, in welchem die bodenbewohnenden Organismen gedeihen, als auch des wirklichen Aussehens geschlossener Kolonien von Schaltieren, zerbrechlichen Seesternen

Abb. 214. Eine Seeanemone und eine Garnele, die in rund 730 m Wassertiefe in ständiger Dunkelheit leben, wurden für die Momentaufnahme kurzzeitig beleuchtet. *(Von der Woods Hole Oceanographic Institution freundlich überlassen.)*

und Korallen. Andere, durch diese Photographien aufgedeckte Erscheinungen bedeuten eine Offenbarung für den Meeresgeologen. Hierzu gehören wohlentwickelte Rippelmarken in weiten Bereichen des Kontinentalschelfs und auf den Gipfeln submariner Rücken und Gebirge. Diese Runzelungen bezeugen mit erheblicher Sicherheit die Existenz von Strömungen in bisher unerwarteten Tiefen; sie sind imstande, Sediment auf dem Meeresboden zu verfrachten.

Charakteristische Gegebenheiten des Meeresbodens

Kontinentalschelf

Ein Hauptbereich des Meeresbodens, der unsere Aufmerksamkeit erregt, ist der *Schelf*; manchmal breit, manchmal schmal, umgürtet er nahezu alle Kontinente der Erde. Vor einigen Küsten, z. B. vor denjenigen, die das Mittelmeer umranden, vor der Südwestküste von Südamerika, vor Formosa und Teilen Indonesiens kann der Kontinentalschelf weithin fehlen. Vor anderen, wie z. B. vor der Nordküste von Sibirien, ist er gegen 1200 Kilometer breit.

An vielen Stellen liegt der seewärtige Rand des Kontinentalschelfs in einer Tiefe von rund 130 m — manchmal etwas höher, manchmal etwas tiefer. In früheren Beschreibungen des Meeresbodens wurde er gewöhnlich bei 185 m angesetzt, aber das war eine willkürliche Festlegung; dieser Wert scheint größer zu sein als die normale Tiefe des Hangknicks. Somit liegt der größte Teil des Kontinentalschelfs innerhalb der Reichweite der Strömungen, die durch Wellen und möglicherweise auch durch Ebbe und Flut in Gang gesetzt werden.

Der Meeresspiegel ist in der recht kurzen Zeit seit Ende der Eiszeit um etwa 73 bis 92 m angestiegen, und so waren die heutigen flacheren Teile des Kontinentalschelfs noch vor kurzem trockenes Land. Naturgemäß hatte das einen eingreifenden Einfluß auf die Ausbreitung des Menschengeschlechts. Es war damals den Menschen möglich, zu Fuß von Indien nach Ceylon zu gehen; Wanderungen über viele Inseln Indonesiens waren möglich, und sowohl die präkolumbischen Indianer wie auch die mannigfaltigsten Tiere konnten trockenen Fußes über die Landbrücke, die im Raum der heutigen Bering-Straße zwischen Sibirien und der Neuen Welt bestand, nach den beiden amerikanischen Subkontinenten wandern.

An vielen Küsten lassen sich durch Lotungen kontinentale Geländeformen weit draußen auf dem Kontinentalschelf feststellen. Dazu gehören die untergetauchten, flachen oberen Abschnitte von Tälern, die von Flüssen ausgefurcht wurden, so z. B. der landwärtige Teil des submarinen Hudson-Cañons. Andere interessante Überreste sind Glazialformen, wie z. B. die Drumlins und Endmoränen auf dem Kontinentalschelf vor der Neuengland-Küste. Ähnliche Erscheinungen wurden auch auf dem Boden der Nordsee gefunden; sie stellen — wie ihre amerikanischen Gegenstücke — Fischereigründe dar.

An manchen Stellen — so vor der süd-kalifornischen Küste, am Ärmelkanal und an der Formosa-Straße — kann der Meeresboden auf weite Flächen aus nacktem, frei heraustretendem Gestein bestehen; es kann so gut entblößt sein, daß in flacheren Bereichen Taucher eine geologische Karte unter Benutzung der gleichen Techniken zusammenstellen könnten, die die Geologen zu Lande anwenden.

Im allgemeinen ist der Kontinentalschelf eine breite, von Sediment überzogene Plattform, die unsern Augen als ermüdende, eintönige Fläche erscheinen würde; denn ihre mittlere Neigung beträgt nur 0° 07'. Das Sediment an seiner Oberfläche entstammt vorwiegend der Erosion auf dem Festland; es wurde durch Wellen und Strömungen im Meer neu verteilt. Wir sind weit davon entfernt zu verstehen, wie das im einzelnen vor sich ging. Einerseits beobachtet man nicht immer eine gleichmäßige Abnahme der Sedimentgröße — von grobem Detritus, wie Kies und Sand, nahe der Küste zu zunehmend feinerem Material, wie Schluff und Ton, in tieferem Wasser fern der Uferlinie. Feinkörniges Sediment, zum Beispiel fast ganz aus tonig-feinen Partikeln bestehender Schlick, kann sogar küstennäher auftreten als Sand; so kann es den Meeresboden zwischen dem Strand und breiten, von der Küste weiter entfernten Sandbänken überziehen. Niemand kennt den Grund dieser launenhaften Sedimentverteilung auf den irdischen Kontinentalschelfen. Die Ursache kann ein Rückwärts- und Vorwärtspendeln der Küstenlinien über ihre Oberfläche hin während der Eiszeit sein, als der Meeresspiegel instabil war. Küstenformen, wie sandige Inseln und Strandwälle, haben sich mancherorts in ziemlich tiefem Wasser erhalten, wo vielleicht die spätere Sedimentation zu langsam war, um sie zuzudecken, und wo die Strömungen bei sich erhöhender Meerestiefe zu schwach waren, um sie fortzuspülen. Der schnelle Anstieg des Wasserspiegels staute manche Flüsse auf, wie z. B. den Potomac und Delaware, und so werden ihre Sedimente, die sich zuvor über den Kontinentalschelf hin ausbreiteten, nun in ihren eigenen Ästuaren festgehalten.

Mehr Probleme werfen die Kontinentalschelfe auf, als es Antworten gibt. Viele Schelfe mögen einen Unterbau aus abgehobelten Festlands-Gesteinen aufweisen, die durch Wellenwirkung abgeschrägt und teilweise von Sedimenten überdeckt sein mögen. Die wahre Natur des Kontinentalschelfs ist unbekannt, außer daß er seine strukturellen Züge mit denjenigen des angrenzenden Festlandes zu teilen scheint und so zu den kontinentalen Baukörpern gehört. Es ist klar, daß er erst vor recht kurzer Zeit überflutet wurde, und zwar infolge des postglazialen Meeresspiegel-Anstiegs. Von den ungelösten Problemen stehen folgende Fragen im Vordergrund: 1. Welche Faktoren sind für die Sedimentverteilung auf der Schelf-Oberfläche verantwortlich? 2. Wie erklärt sich das im Vergleich zum unmittelbar anschließenden Festland auffallend schwache Gefälle?

Kontinentalhang

Zu den imponierendsten Erscheinungen des Meeresbodens, überhaupt der gesamten gerunzelten Erdkruste, gehören die riesigen Hänge, die den Sockel der Kontinente darstellen und die von dem seewärtigen Rand der Kontinente um 3700 bis 5500 Meter hinunter in das Schweigen der Tiefsee abfallen. Normalerweise ist dieser Hang keine einfache, aus der Tiefsee-Ebene emporragende Steilwand, vielmehr pflegt er eine geneigte Fläche zu sein, die sich über eine Strecke von 160 Kilometern oder mehr allmählich abdacht. Nur an wenigen Stellen würde er uns wirklich wie ein Hang erscheinen; so sanft ist im allgemeinen sein Gefälle; nur selten überschreitet es 55 m auf 1 km.

So sanft und im wesentlichen gleichmäßig die Neigung des Kontinentalhanges auch sein mag, dieser ist doch weit davon entfernt, eine vollkommen gleichmäßig geneigte Fläche zu sein. Vielmehr zeigt sich an zahlreichen Küsten der Erde der Kontinentalhang sowohl von tiefen, cañonartigen Gräben zerfurcht, die weit unter das allgemeine Niveau eingeschnitten sind, als auch von einer großen Zahl Rillen in engem Abstand durchzogen; das letztere ist zum Beispiel vor der Mittelatlantik-Küste der Vereinigten Staaten der Fall. Wir werden später mehr über den Ursprung dieser Cañons sagen; sie gehören sicher zu den geheimnisvollsten Erscheinungen der Erde.

Bloßes Gestein findet sich häufiger in Schleppnetzen, die an den Seiten submariner Cañons entlanggezogen werden. Wieweit der zwischen solchen Cañons liegende Hangabschnitt aus festem Material besteht, ist unbekannt, aber an manchen Kontinentalrändern sind anscheinend recht ausgedehnte derartige Bezirke vorhanden. Andere Abschnitte des Kontinentalhangs verhalten sich ebenso verblüffend; denn sie sind mit ungewöhnlich grobem Material bedeckt, dessen Größe bis zu derjenigen von Kies oder sogar Geschieben reicht. Diese machen nach Shepard (1959) zusammen mit den Gebieten nackten Felsgesteins gegen 10% der Bodenfläche aus. In Wasserbereichen, die am Rande des Arktiks liegen, lassen sich solche fern vom Festland gefundenen Kiese und Geschiebe durch die Annahme erklären, daß sie durch driftendes Eis in das Meer geflößt wurden. Diese Erklärung läßt sich jedoch nicht auf Ablagerungen auf dem Kontinentalhang vor den Küsten gemäßigter oder tropischer Länder anwenden. Dort bleibt das Vorhandensein grober Sedimente auf dem Hang ein wahres Rätsel.

Ein großer Teil des Kontinentalhangs, genauer 60% desselben, besteht nach Shepard (1959) aus Schlick. Sehr häufig hat dieser Schlammteppich eine ausgesprochen grünliche oder bläuliche Farbe. Diese *„blaugrünen Schlicke"* bestehen aus Ton und anderen feinen Sedimentpartikeln, die von Flüssen in das Meer transportiert oder von Winden über den Ozean gefegt wurden. Die Partikel sind so klein, daß sie sehr lange Zeiten hindurch suspendiert bleiben, wenn sie erst einmal von Meeresströmungen aufgenommen worden sind. Zusammen mit diesen, von Luft und Wasser transportierten, staubkörnigen Mineralpartikeln rieseln unaufhörlich die feinen Überreste mikroskopischer Tiere und Pflanzen bodenwärts, die nahe der Wasser-Oberfläche leben; unter ihnen kommt kalkabscheidenden einzelligen Organismen eine besondere Bedeutung zu. Stellenweise steigt dadurch der Kalkgehalt der den Hang überziehenden Schlicke bis auf 50%.

Die Tiefsee

Am Grund des Kontinentalhangs beginnt mit den untersten Bereichen des Meeres die *Tiefsee.* Ihr Boden dehnt sich über unvorstellbar weite Strecken von dem einen Kontinentalrand bis zum anderen hin aus. Auf ihm ruht überall die gewaltige Last des Meeres. Der Druck erhöht sich auf je 1 m Tiefenzunahme um etwa 115 Gramm pro Quadratzentimeter, bis er in den großen Tiefen des Meeres einen Wert von rund 1 Tonne pro Quadratzentimeter oder 10000 Tonnen pro Quadratmeter erreicht. Wasser gilt gewönlich nicht als zusammendrückbar, aber unter diesen Drücken ist es so stark verdichtet, daß der mittlere Meeresspiegel etwa 28 m höher liegen würde, wenn diese Zusammenpressung nicht bestände (Carson, 1950).

Unter den kalten Wassern des offenen Meeres sind manche Bereiche des Tiefsee-Bodens nichts als eine tote, gleichmäßige Ebene, und diese sogenannten *„abyssischen Ebenen"* zeichnen auf einem Tiefenmesser Kilometer für Kilometer eine unerschütterlich glatte Linie auf. Manche Bereiche scheinen von Sedimenten bedeckt zu sein; das gilt z. B. für eine ausgedehnte Fläche im nordwestlichen Atlantik südlich von Neufundland. Andere Gebiete, wie z. B. ein solches im Indischen Ozean, scheinen die nahezu ebenen Oberflächen ausgedehnter submariner Basaltausflüsse darzustellen, vielleicht vergleichbar mit dem Deccan-Lavaplateau auf dem Festlande im nahegelegenen Indien.

Andere Teile des Meeresbodens sind wechselvoller und zeigen recht verschiedene Formen, wie breite *Höhen* und *Plateaus,* die recht flache Hänge haben können. *„Rücken"* sind schmälere Gebilde mit steileren Flanken und schmalen Gipfeln. Vielfach sind sie submarine Bergketten. Ein besonders bemerkenswerter Fall ist der Mittelatlantische Rücken, der sich auf 16000 Kilometer über die volle Länge des Ozeans dahinzieht und einen praktisch gleichbleibenden Abstand von den Kontinenten auf beiden Seiten einhält. Wo der Rücken die Oberfläche des Meeres erreicht, bilden seine hohen Spitzen den Unterbau von Inseln; dazu zählen Ascension, die Azoren, Island, St. Helena und Tristan da Cunha. Der höchste davon ist der Pico auf den Azoren, der 2300 Meter über den Meeresspiegel aufragt und auf einer Basis steht, die 6100 m über dem Meeresboden liegt.

Eine interessante und völlig rätselhafte Erscheinung im Mittelatlantischen Rücken scheint eine im wesentlichen geschlossen durchziehende Einsenkung zu sein, die einen nahezu ebenen Boden und steile Flanken aufweist und den Gipfelzug in jenen Abschnitten begleitet, die genauer vermessen worden sind. In mancher Hinsicht gleicht die Depression den Grabensenken von Ostafrika. Dieser mittelatlantische Gipfeltrog ist örtlich ein Schauplatz vulkanischer Aktivität, nämlich dort, wo er mittel-ozeanische Inseln quert, wie das zum Beispiel in Island der Fall ist. Nach Heezen (1960) knüpfen sich an diesen Graben, dessen Wände im Mittel 1830 Meter hoch sind und dessen Boden 13 bis 48 Kilometer breit ist, Erdbeben-Zentren nahezu lückenlos über seine ganze Länge.

Fast ebenso geheimnisvoll sind die großen *Gräben,* die unter das generelle Niveau des Meeresbodens eingesenkt sind. Auf einer Karte im Kapitel XVII (Abb. 246) sind die bedeutendsten des Pazifiks verzeichnet. Diese Gräben drängen sich im allgemeinen entlang dem Rand Asiens zusammen. Abgesehen von den Tiefsee-Gräben vor der Küste von Chile und Peru, sind diese Tröge mit vulkanischen Inselketten verbunden, die zwischen dem Graben und dem angrenzenden Vorland liegen. Die Karte zeigt außerdem, daß diese submarinen Runzeln in grober Form dieselbe Anordnung aufweisen wie das benachbarte Festland oder der angrenzende Inselbogen, und so zeigen sie gleichfalls einen girlandenförmigen Verlauf.

Ein interessanter Aspekt dieser Gräben ist der Umstand, daß sie die tiefsten Stellen auf der Erde sind; allerdings ist nicht sicher, ob die allergrößte Tiefe bisher schon aufgefunden wurde. Eine ganze Zahl von Anwärtern steht im Wettstreit. Zu den Maximaltiefen, über die in neuerer Zeit berichtet wurde, gehören: 10494 m im Mindanao-Graben vor den Philippinen, 10912 m für die Challenger-Tiefe im Marianen-Graben und 10363 m für die Vityaz-Tiefe vor den Kurilen.

Diese langen, schmalen Einschnitte im Meeresboden, die nicht nur im Pazifik, sondern auch an anderen Stellen, wie im Indik entlang der Südwestküste von Indonesien und in der Bartlett-Tiefe in den Kleinen Antillen, festgestellt wurden, sind unbekannten Ursprungs. Viele Gräben sind mit Vulkanketten verknüpft, und Erdbeben-Zentren ordnen sich allgemein entlang einer Ebene an, die sich von den Gräben aus diagonal in die Erdkruste hinunter erstreckt. Diese Ebene verhält sich so, als ob sie eine Bruch- oder Scherzone wäre; sie entspricht möglicherweise einer Überschiebungsfläche. Noch ein weiteres eigentümliches Phänomen ist mit diesen Furchen verbunden: über ihnen ist die Schwerkraft geringer als über den benachbarten Inseln oder über dem normalen Meeresboden. Man hat das durch die Annahme zu erklären versucht, daß entlang diesen Tiefsee-Gräben leichtere Gesteine oder Sedimente in die Erdkruste hinuntergedrückt worden seien, wobei längere Streifen leichteren Oberflächen-Materials in einen Bereich dichteren subkrustalen Materials eingefaltet wurden. Wie wir im Kapitel XVII sehen werden, ist das einer der möglichen Mechanismen, welche die Bildung von Gebirgen, die aus gefalteten Sedimenten bestehen, in Gang bringen können.

Unsere Kenntnisse über die Ausdehnung und Form dieser tiefen, langen Gräben auf dem Meeresboden haben wir dem Zweiten Weltkrieg zu verdanken, besonders was den Pazifik betrifft. Von den Kriegsschiffen, die ständig seine normalerweise wenig befahrenen Gewässer durchkreuzten, wurden ungewöhnlich zahlreiche Tiefenlotungen durchgeführt. Nach ihrer Auswertung ergab sich ein klares Bild des großen Grabensystems, das parallel zu den Marianen-Inseln verläuft, einer der gewaltigsten untermeerischen Gebirgsketten der Welt. Die Untersuchungen über diese verborgenen Gebilde wurden bis heute fortgesetzt, und allmählich nimmt unser Wissen um ihre Form — wenn auch nicht um ihre Entstehung — Gestalt an.

Eine überraschende Entdeckung in dieser Welt am Meeresboden war das Auftreten isolierter Einzelspitzen, die hoch über die Tiefsee-Ebene aufragen. Ihre Existenz konnte vor Erfindung des Echolots kaum vermutet werden; bisher sind gegen 500 gefunden worden. Sie werden *„Meeresberge"* genannt, und wenn man auch wenig Sicheres über sie weiß, so scheinen doch viele submarine Vulkane zu sein. Ihre Verteilung über den Meeresboden ist nicht bekannt, da es noch ausgedehnte unerforschte Räume gibt, aber wir wissen, daß sie in großer Zahl an die abgelegenen Bereiche des Pazifischen Ozeans gebunden sind, z. B. an die Räume südlich der Alëuten und in Nähe der Karolinen und Marianen.

Eine noch viel rätselhaftere Erscheinung als der Meeresberg ist der *Guyot*. Es sind das auch Berge, aber ihre Gipfel bilden ein nahezu ebenes submarines Plateau. Sie tragen ihren sonderbaren Namen zu Ehren von Arnold Guyot, einem Schweizer Geographen und Mitarbeiter von Louis Agassiz, der vor über einem Jahrhundert nach Amerika kam, um an der Princeton-Universität zu lehren. Guyots erheben sich gewöhnlich bis auf 1000 oder 1700 m unterhalb des Meeresspiegels. Ihre Oberflächen bestehen im typischen Fall aus nacktem Gestein. Verschiedene dieser Plattformen sind photographiert worden, und man hat mittels Schleppnetzen Gesteinsproben von ihnen entnommen. Auf einem Gipfel aus eingeebnetem vulkanischem Gestein tragen viele Guyots auch eine Decke aus gerundeten Geröllen. Diese mögen abgerollt worden sein, als der Guyot dem Meeresspiegel näher stand. An manchen Guyots haften noch fossile Korallen, und bei einigen dieser Korallen wurde festgestellt, daß sie zur Kreide-Zeit (vor über 70 Millionen Jahren) lebten. Ein Guyot im Pazifik bei Bikini führt die fossilen Reste einer *Globigerina*-Art, eines winzigen einzelligen Organismus, der im Eozän (vor etwa 50 Millionen Jahren) lebte. Diese Fossilien waren in Spalten des eingeebneten Basaltgipfels eingespült worden.

Wie wurden die Guyotgipfel zu so bemerkenswert gleichförmigen Niveaus abgetragen, und wie gelangten sie in die großen Tiefen, in denen wir sie heute antreffen? Wenn wir voraussetzen, daß sie durch Wellenwirkung eingeebnet wurden — was die logischste Annahme zu sein scheint —, dann ergibt sich das Dilemma, schließen zu müssen entweder (1), daß der Meeresspiegel sich seit nicht sehr weit zurückliegender geologischer Zeit um etwa 1500 m gehoben hat, oder aber (2), daß die Guyots in ihre gegenwärtige Tiefe durch regionale Senkung gelangten. Die letztere Annahme scheint wohl plausibler, aber sie wirft doch mehr Fragen auf, als sie Antworten gibt, so z. B. die nach der Ursache des Sinkens so ausgedehnter Bereiche des Ozeanbodens und die nach dem Austausch so großer Materialmassen in den subkrustalen Tiefen.

Viele andere überraschende Tatsachen beginnen erst in dem Maße zu unserer Kenntnis zu gelangen, wie ozeanographische Forschungsschiffe in steigender Zahl die Weltmeere durchkreuzen und sich die Technologie der Meeresforschung verbessert. Große Abbrüche, von denen verschiedene über 1600 km lang sind, durchschneiden zonenweise den Meeresboden. Vier von ihnen, die ungefähr die gleichen Abstände voneinander aufweisen, streichen fast genau westwärts von den Küsten Kaliforniens und Mexikos aus in den Pazifik hinein, und zwar wenigstens bis zur Länge von Hawaii. Eine Beziehung zu den geologischen Strukturen auf dem Festland ist kaum zu erkennen. Statt eine Verlängerung des bedeutsamen Festland-Bruches, der San-Andreas-Störung, zu sein, durchschneiden die beiden vor der kalifornischen Küste gelegenen die Störung fast genau unter rechten Winkeln. Einer der Abbrüche vor der Küste von Mexiko ist möglicherweise die seewärtige Fortsetzung der mexikanischen Vulkanlinie, die dem 19. Parallelkreis folgt. Zu diesem Vulkansystem gehören nicht nur die stolzen Kegel des Popocatepetl und Ixtaccihuatl bei

Mexico City, sondern auch die jüngst tätig gewesenen Vulkane Paricutin und San-Benedicto-Insel vor der Küste.

Tiefsee-Ablagerungen

Was wissen wir über das Material, das den Tiefsee-Boden bedeckt? Hier übertrifft das Nichtwissen wiederum unser Wissen. Enorme Bereiche des Meeres wurden niemals besucht. Wirklich, ein ganzer Ozean, der Indische, ist praktisch unerforscht, und erst in letzter Zeit (1962) ist er der Schwerpunkt einer kombinierten ozeanographischen Forschung seitens der seefahrenden Nationen der Erde geworden.

Viele Beschreibungen von Sedimenten, die auf dem Boden der Tiefsee gefunden wurden, gehen auf die Berichte der *Challenger*-Expedition vor fast 90 Jahren zurück. Heute wissen wir, daß die Form des Meeresbodens im einzelnen viel komplizierter ist; nur in groben Zügen mag sie ungefähr dem entsprechen, was die Wissenschaftler der *Challenger* herausbekamen.

Kurz gesagt, die *Challenger* wies nach, daß durchweg auf dem Tiefsee-Boden zwischen dem unteren Teil des Kontinentalhangs und einer Tiefe von rund 5 km *„Schlick"* das häufigste Sediment ist. Der englische Ausdruck *„ooze"* vermittelt mit seiner wundervollen Lautmalerei einen Eindruck davon, was es mit diesem organischen Mehl auf sich hat. Photographische Aufnahmen davon wie auch mündliche Schilderungen von Bathyscaph-Tauchern stimmen darin überein, daß er wie eine elfenbeinfarbene Decke aussieht. Die leichteste Störung erzeugt eine staubartige Wolke, die durch das dunkle Wasser emporwirbelt, und so wird uns deutlich gemacht, ein wie feines Pulver dieser Schlick sein muß. Er bildet sich nicht an Ort und Stelle auf dem Meeresboden, sondern sammelt sich hier an — als Ergebnis eines sanften, unaufhörlichen „Schneefalls" von Resten zierlicher, mikroskopischer Organismen, die an der Wasser-Oberfläche frei dahintreiben. Wenn sie sterben, sinken ihre winzigen Skelette aus dem Bereich des Sonnenlichts hinab zu dem lichtlosen Meeresboden.

Ein weiter Bereich der Tiefsee-Ebene unter tropischen und warm-temperierten Meeren mit Tiefen unter 4500 m ist mit einem Teppich aus mikroskopischen Schalen von *Globigerina* überzogen. Wie so viele einzellige Lebewesen sterben Globigerinen nicht, sondern reproduzieren sich selbst durch Teilung. Das heißt, ein Organismus teilt sich, so daß daraus zwei werden, von denen jeder eine neue Schale bildet, während die ursprüngliche Schale, nun leer, abgeworfen wird und zum Meeresboden hinuntersinkt. Während sie abwärts schwebt, vergeht die Schale allmählich infolge von Auflösung. Schließlich verschwindet sie unterhalb von 4,5 km Tiefe oder mehr ganz; denn diese Tiefenwässer sind an gelöstem Kalk nicht gesättigt.

In den tieferen Meeresbereichen, die die warmen Oberflächen-Wässer unterlagern, sind die Hauptorganismen, die übrig bleiben, um Schlick zu bilden, *Radiolaria*. Unter dem Mikroskop sehen die winzigen Schalen dieser wundervoll verzierten Tierchen ebenso mannigfaltig schön aus wie Schneeflocken. Das feine Maßwerk ihrer Myriaden Dornen und Protuberanzen muß man gesehen haben, um daran zu glauben. In den ungeheuren Tiefen des Meeres, wo Globigerinen-Schalen sich auflösen, bis sie so dünn wie Spinnfäden sind und schließlich ganz verschwinden, können Radiolarien-Schalen erhalten bleiben, wohl wegen ihrer geringen Löslichkeit. Sie bestehen nämlich aus Kieselsäure, einer Verbindung, die viel weniger löslich ist als das Kalziumkarbonat der Globigerinen-Schalen.

In kälteren Meeren am Rande der Arktis und Antarktis ist eine breite Bodenfläche mit den mehlartigen Resten von *Diatomeen* überzogen, die für das unbewaffnete Auge nahezu unsichtbar sind. Es sind das einzellige, an der Wasser-Oberfläche lebende, Kaltwasser bevorzugende Pflanzen. Sie durchschwärmen diese kühlen Meere in unzähligen Mengen, und in gewissem Sinne stellen sie wahre Futterweiden des Meeres dar. Wie merkwürdig, daß die größten Geschöpfe der Erde, die arktischen Wale, ihren Lebensunterhalt diesen bescheidenen Pflanzen verdanken, die zu den kleinsten Lebewesen überhaupt gehören!

Die Diatomeen vermehren sich — wie ihre pflanzlichen Gegenstücke auf dem Festland — während eines Teiles des Jahres, erreichen einen Höhepunkt und nehmen dann wieder ab. Wenn sie sterben, scheinen sie häufig hordenweise zugrunde zu gehen. Das Wasser in geschützten Seitenbuchten, z. B. in Fjorden, wird dann grün und sieht wie eine Suppe aus, und Ruder und Boote, die in eine solche Flut organischen Materials eintauchen, werden grün und schleimig und nehmen einen ausgesprochenen Fischgeruch an.

Wo die Diatomeen eine solche Fruchtbarkeit entfalten, sammeln sich ihre winzigen Kieselskelette in derartigen Mengen an, daß sich ihre Überreste im Verlauf von Jahrhunderten zu einem ungewöhnlichen Sedimentgestein verfestigen können, dem *Diatomit*. Diatomite sind sowohl in den westlichen Vereinigten Staaten von Amerika als auch in manchen Ländern, die das Mittelmeer umranden, recht häufig. Und tatsächlich lautet ein früher für das Gestein gebrauchter Name „Tripel" (von „tripoli"). Diatomite sind oft so leicht, daß sie wie Bimsstein auf dem Wasser schwimmen können. Der Zusammensetzung nach sind sie fast reine Kieselsäure; zusammen mit ihrer Zellnatur verleiht ihnen das Eigenschaften, die denjenigen von Glaswolle sehr ähnlich sind. Deshalb wird Diatomit wegen seiner Hitze- und Korrosionsbeständigkeit vielfach verwendet, so als Isolier- und Filtermaterial. Diatomite von der Art derjenigen, die im Untergrund der Küstenketten Kaliforniens auftreten, sammelten sich wahrscheinlich vor langer Zeit in flachen Lagunen oder Buchten an, wo Diatomeen in größter Fülle zusammengetrieben wurden, und nicht in den Tiefen des offenen Meeres. Gewisse Diatomite wurden sogar überhaupt nicht auf dem Meeresboden abgelagert, sondern unter den kühlen Wässern von Seen in Kältewüsten abgesetzt.

Eine einzigartige sedimentäre Ablagerung ist der weiche, monotone Teppich dunklen *Roten Tons*, der den Boden der tieferen Teile sowohl des Pazifischen Beckens wie auch des Indischen und Atlantischen Ozeans überzieht. Nach Quadratkilometern gemessen, ist er die verbreitetste aller Ablagerungen der Erde überhaupt. Eigentümlicherweise ist er fast ganz anorganisch, abgesehen von so exotischen Souvenirs marinen Lebens wie den Gehörknöcheln von Walen und den Zähnen von Haien, die beide im Meerwasser relativ wenig löslich sind. Der Umstand, daß manche Haifisch-Zähne längst ausgestorbenen Arten angehören und uns nur als Fossilien bekannt sind, ist Beweis für die außerordentliche Langsamkeit, mit der sich der Rote Ton absetzt.

Der Rote Ton ist tief-rötlichbraun und nicht wirklich rot. Er ist außerordentlich feinkörnig; etwa 85% seiner Masse bestehen aus Teilchen, deren Durchmesser kleiner als 0,05 mm sind. Obgleich die Auffassung darüber, wie sich dieses tonige Sediment bildete, nicht einheitlich ist, so steht doch heute die Tatsache fest, daß es ein echter Ton ist. Einige Forscher meinten früher, der Rote Ton bestände hauptsächlich aus Meteoritenstaub, und so sei er in gewissem Sinne ein Erzeugnis des außerirdischen Raumes. Andere glaubten, er sei aus verschlepptem vulkanischem Material hervorgegangen, z. B. aus Bimsstein, der weit verdriftet werden könnte, bevor er vom Wasser durchtränkt würde und zu Boden sänke. Heute scheint der Tatbestand mehr dafür zu sprechen, daß der Rote Ton vom Festland stammt und zum größten Teil aus allerfeinstem Ton und damit verbundenen Teilchen besteht. Diese wurden durch Flüsse, Wellen oder den Wind ins Meer gebracht und darin dann weit und breit durch die Meeresströmungen verteilt. Allmählich sinken sie Teilchen für Teilchen durch die lichtlosen Tiefen abwärts, um sich als ein äußerst feines Mehl am Meeresboden anzusammeln.

Als ungewöhnliche Bildungen treten an manchen Stellen auf dem Tiefsee-Boden große Knollen von Mangandioxid (MnO_2) auf, die manchmal einen Durchmesser bis zu 8 Zentimetern erreichen. Oberflächlich gesehen, ähneln sie Geröllen oder Geschieben; aber das sind sie nicht, vielmehr entstehen sie durch Zuwachs mit äußerster Langsamkeit am Meeresboden. Die Knollen können auch nennenswerte Gehalte an Kobalt und Nickel aufweisen, und in manchen Bereichen der Tiefsee sind sie so zahlreich, daß man daran gedacht hat — so phantastisch das auch klingen mag — sie in Schleppnetzen an die Oberfläche heraufzuholen und so diese relativ knappen Metalle zu gewinnen. Niemand weiß genau, wie sich diese eigenartigen, klumpigen Manganmassen konzentrieren. Eine Auffassung lautet, daß das durch chemische Ausfällung geschähe; sie wären dann ein weiteres Zeugnis für das außerordentlich langsame Tempo, mit welchem die mikroskopischen Flocken von Ton, vulkanischer Asche und kosmischem Staub, die die Hauptkomponenten des Roten Tons sind, in ihrer Umgebung sich abgelagert haben müssen.

Meerwasser-Bewegungen

Wohl wir alle kennen die endlose Parade von Wellen, großen wie kleinen, die das Oberflächen-Wasser in Bewegung halten. Wir wissen dagegen wohl kaum viel von den Strömungen im Meere, es sei denn, wir hätten an einer Küste gelebt, an der sie tief und kraftvoll umgehen.

Strömungen

Leutnant Matthew Fontaine Maury, der erste in einer langen Reihe ausgezeichneter amerikanischer Ozeanographen, beschrieb 1859 sehr treffend den Golfstrom in seinem Buch „Die physikalische Geographie des Meeres" mit den Worten: „Es gibt da einen Fluß im Meere, den Golfstrom." Maurys Anliegen war, eine große Datenfülle aus Schiffslotungen zusammenzutragen, um ein zusammenhängendes Bild von den Wind- und Strömungsverhältnissen im Meer zu gewinnen. Das war indessen mehr als bloße Neugier. Durch Benutzung der Wind- und Wetterkarten, die Maury für das Hydrographische Amt aufgestellt hatte, erzielten die draufgängerischen Kapitäne der amerikanischen Schnellsegler wahre Rekordfahrten um Kap Horn herum und auf anderen Schiffsrouten jener Zeit, während ihre Rivalen weit achtern blieben.

Maury war nicht der erste, der auf die Vorteile hinwies, die es bedeutet, einen Kurs zu nehmen, der einem Schiff einen solchen Antrieb gibt wie der Golfstrom. Ein Pionier in dieser Hinsicht war Benjamin Franklin. Da wir seiner oft in den Vorstellungen des „Poor Richards Almanack" gedenken oder als eines der Architekten der „American Revolution" oder als der Figur, die er am Französischen Hofe spielte, haben wir den Blick für seinen bemerkenswerten Scharfsinn verloren. Seine Fähigkeit, alle Arten von Naturerscheinungen miteinander zu verknüpfen, stellte ihn in die Spitzengruppe der Pioniere unter den Naturwissenschaftlern oder Naturphilosophen des 18. Jahrhunderts. Wir zitieren Carson (1950):

„Die erste Karte des Golfstroms wurde um 1769 unter der Leitung von Benjamin Franklin zusammengestellt, der damals Stellvertretender Generalpostmeister der Kolonien war. Das Zollamt in Boston hatte herausbekommen, daß die Postpakete, die von England kamen, für die Überquerung des Atlantiks in westlicher Richtung zwei Wochen mehr benötigen als die Handelsschiffe von Rhode Island. Franklin war erstaunt und legte das Problem dem Nantucket-Seekapitän Timothy Folger vor, und dieser sagte ihm, daß das sehr wohl stimmen könne; denn die Rhode-Island-Kapitäne seien mit dem Golfstrom gut vertraut und berücksichtigten ihn auf ihrer Fahrt nach Westen, während das die englischen Kapitäne nicht täten. Folger und andere Nantucket-Walfisch-Fänger waren persönlich mit dem Strom vertraut; denn — so erklärte er — ,bei unserer Verfolgung von Walen, die sich in seinen Randbereichen aufhalten, aber nicht in ihm selbst anzutreffen sind, fahren wir seinen Rand entlang, und häufig kreuzen wir ihn auch, um auf die andere Seite hinüberzuwechseln; wenn wir ihn querten, trafen wir manchmal Paketboote, die in seiner Mitte waren und gegen ihn ankämpften. Wir sprachen mit ihnen und informierten sie darüber, daß sie gegen einen Strom führen, der mit einer Geschwindigkeit von 5 Kilometern pro Stunde gegen sie gerichtet sei; wir rieten ihnen, den Strom zu queren, aber sie hielten sich für zu erfahren, um sich von einfachen amerikanischen Fischerleuten beraten zu lassen'."

Seit Franklins Zeiten ist der Golfstrom bis heute ein Gegenstand intensiven Studiums gewesen. Er nimmt vom Karibischen Meer her einen geschlängelten Verlauf; so zieht er am Golf von Mexiko entlang, fließt dann durch die Florida-Straße und quert den Atlantik, um die Küsten von Großbritannien und Skandinavien zu erwärmen. In ihm bewegt sich eine immense Wassermenge, — vielleicht 26 Millionen Kubikmeter Wasser strömen pro Sekunde durch die Florida-Straße.

Intensive Forschung, großenteils seitens des englischen ozeanographischen Schiffes H. M. S. *„Discovery"* und der Schiffe der Woods Hole Institution of Oceanography in Massachusetts, hat uns gelehrt, wie kompliziert der Golfstrom ist. Er ist sicher nicht der einfache, scharf begrenzte Fluß im Meer, wie Maury ihn beschrieb. Einerseits scheint er viel flacher zu sein, als man früher meinte, andererseits scheint er aus einer ganzen Zahl schmaler Ströme — vielleicht aus vier — zu bestehen, die nicht nur ständig ihre Lage ändern und vielleicht sogar mäandrieren, sondern sich auch in enormen Spiralwirbeln drehen, deren Querschnitte 160 km oder mehr messen. So ist er kein einfacher Strom, vielmehr ist er ein stetig sich ändernder Faden warmen Wassers, der den Nord-Atlantik quert, was z. T. die Folge der ostwärtigen Erdrotation ist, z. T. der westwärtigen Richtung der vorherrschenden Winde. Das Wasser treibt infolgedessen zum Westteil des Meeres, was dann weiter ein hydraulisches Gefälle gegen Osten erzeugt. Teilweise mag die ostwärtige Bewegung des Stroms durch Temperatur- und Salzgehalts-Unterschiede bedingt sein. Warmes Wasser fließt im Golfstrom nach Norden, und anscheinend entspricht dieser Oberflächen-Strom einem Tiefen-Strom kälteren und dichteren Wassers darunter, der aus den fernen nördlichen Meeren südwärts fließt. Die Entdeckung dieses Unterstroms wurde durch ein sinnreiches elektronisches Gerät bewiesen, das von dem englischen Ozeanographen John Swallow konstruiert wurde. Es ist ein Schwimmer, der auf eine vorbestimmte Tiefe, die durch den Salzgehalt des Wassers bestimmt ist, abgesenkt werden kann. Einmal in dieser Tiefe, gibt er ein Konzert von Pieplauten von sich, mittels derer er von einem Schiff an der Meeres-Oberfläche verfolgt werden kann.

Örtliche Unterschiede in Temperatur und Salzgehalt gehören zu den großen Antriebsmechanismen für die Meeresströmungen. Ein gutes Beispiel dafür, wie ein Strom dichteren Wassers unterhalb der Oberfläche wirkt, ist der tiefe Ausfluß stark salzhaltigen Wassers, der sich vom Mittelmeer durch die Straße von Gibraltar in den Atlantischen Ozean ergießt. Dieser Strom ist eine Folge der stärkeren Wasser-Verdunstung im landumschlossenen Mittelmeer gegenüber dem offenen Atlantik. Durch die Verdunstung wird das Mittelmeer-Wasser an der Oberfläche konzentrierter und damit schwerer. Leichteres Oberflächen-Wasser fließt vom Atlantik durch die Straße hinein, in der Tendenz, den Spiegel der beiden Wasserkörper auszugleichen, und gleichzeitig strömt das salzreichere Mittelmeer-Wasser ozeanwärts über die Gibraltar-Schwelle und hinaus in den Atlantik.

So ausgesprochen ist die einziehende Oberflächen-Strömung, daß in den Tagen der Segelfahrt Hunderte von Schiffen gleichzeitig hinter der Straße von Gibraltar auf einen

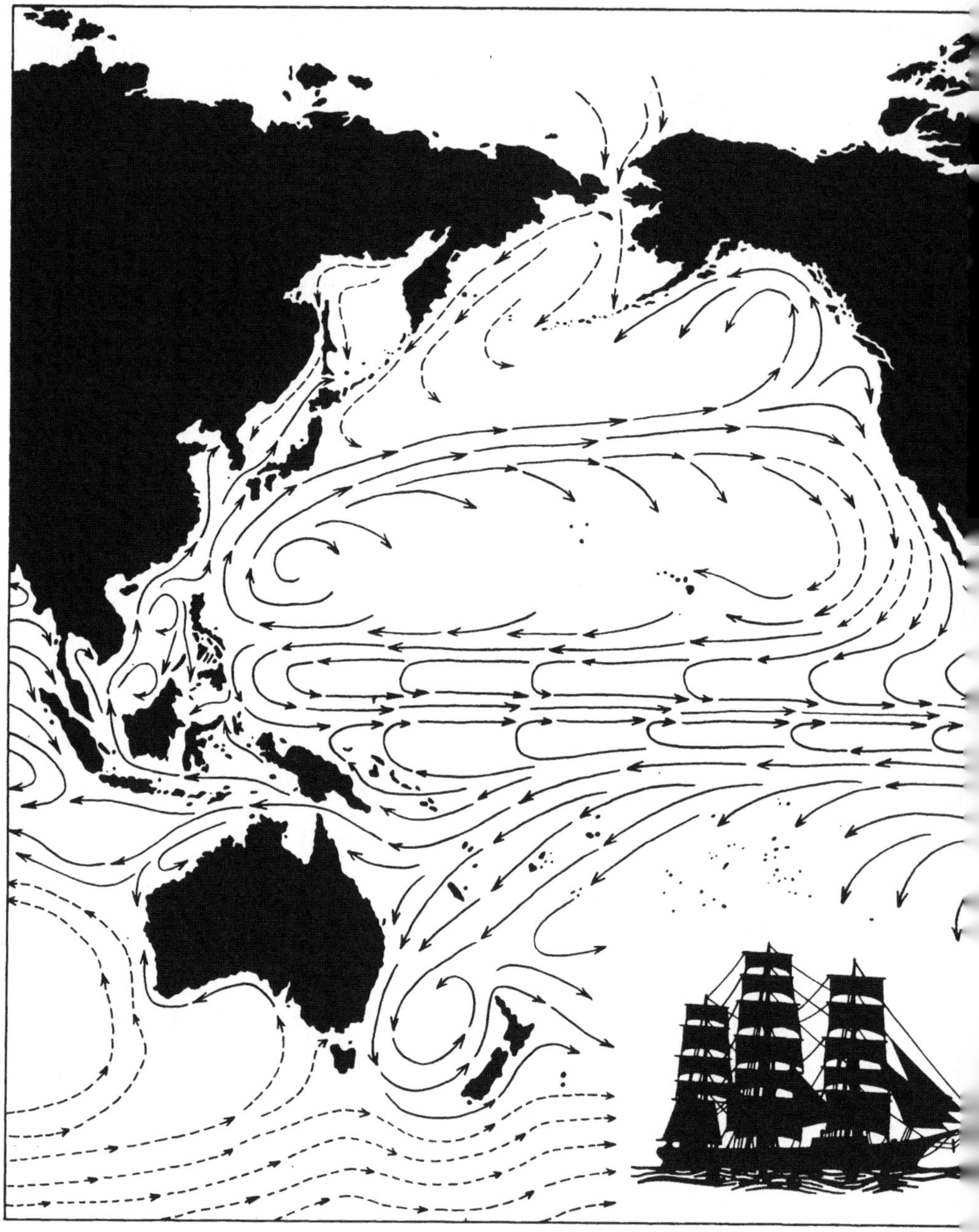

Abb. 215. Die wichtigsten Meeresströmungen. *(Von dem U. S. Navy Hydrographic Office freundlich zur Verfügung gestellt.)*

hinreichend starken Wind warten mußten, um ihren Weg in den Atlantik hinaus gegen die Strömung zu erzwingen. Im Jahre 1805 wurde die vereinigte französische und spanische Flotte hinter Gibraltar durch diese Strömung festgehalten, und diese Ver-

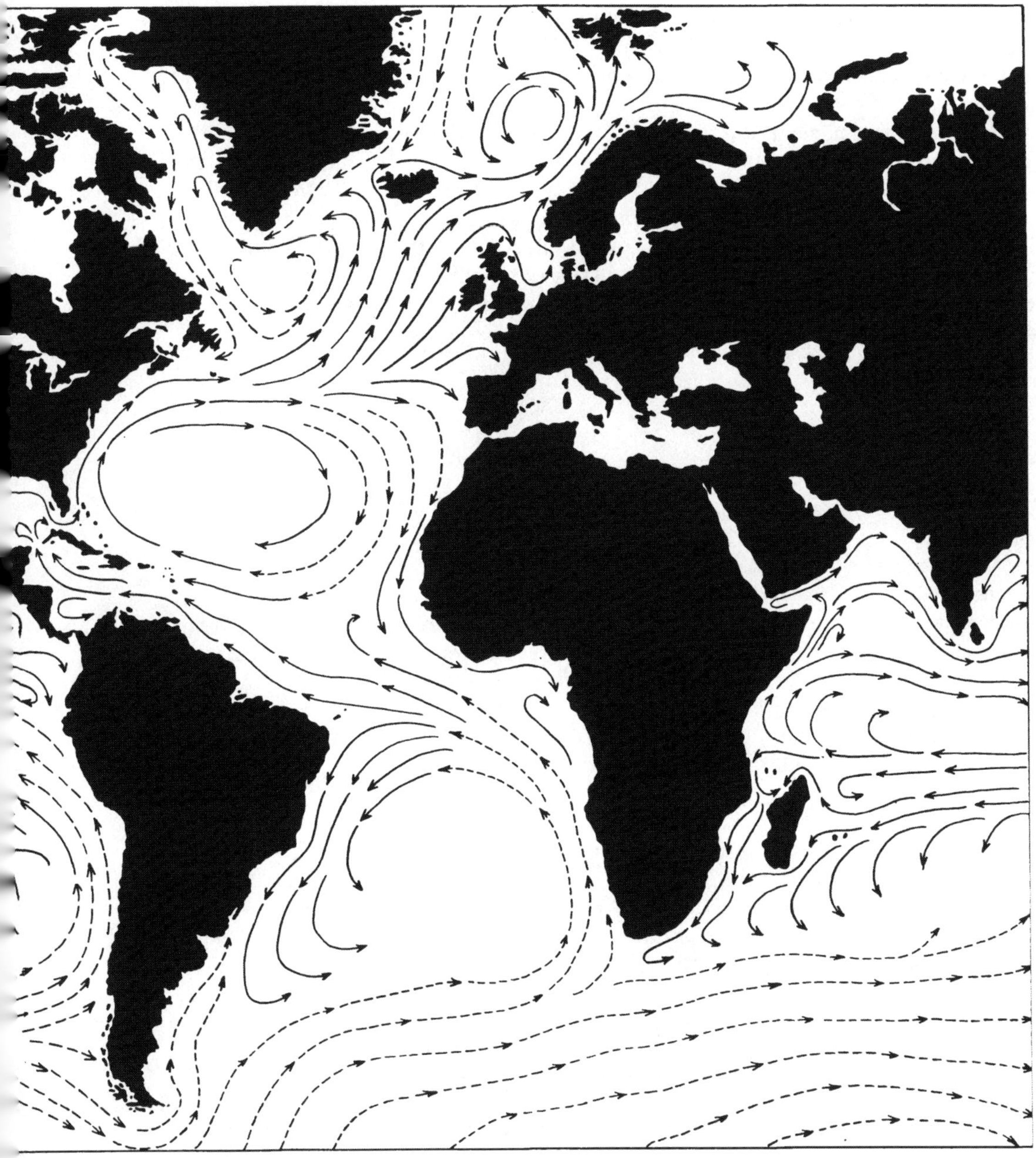

zögerung gab Lord Nelson hinreichend Zeit, um seine Flotte sammeln und in Schlachtlinie gegenüber Trafalgar vor der spanischen Küste außerhalb der Straße aufstellen zu können.

Zusätzlich zu Temperatur- und Salzgehalts-Unterschieden im Meere sind Winde eine machtvolle Antriebskraft, um große Wassermassen in Bewegung zu setzen. Nirgendwo ist das in so ausgesprochener Weise der Fall, wie in dem großen Strom eisigen Wassers, das die Antarktis umgibt und vor den stark vorherrschenden Westwinden ostwärts getrieben wird. Diese jagen fast gleichstark und ununterbrochen rund um die Erde durch die zusammenhängenden Meeresbereiche südlich von Kap Horn und dem Kap der Guten Hoffnung.

In freundlicheren Meeren setzt die planetare Windzirkulation große Schwälle von Oberflächen-Wasser in Bewegung, und diese können sich in riesigen Kreisungen *(Gyrals)* im Uhrzeigersinn drehen, wie jene des Nord-Atlantiks und Nord-Pazifiks. Die vorherrschenden Westwinde bei 40° Breite treiben Wasser vor sich her und erzeugen so eine generelle Ostdrift. Unterhalb 30° N ist die Zirkulation des Oberflächen-Wassers vor den Passatwinden westwärts gerichtet. Die Kenntnis dieser Winde und Strömungen reicht bis auf Kolumbus' Zeiten zurück; sie bestimmten lange den Kurs der Segelschiffe in jedwedem Meer und damit auch den Weg, den vor 250 Jahren ein so legendäres Schiff wie die *„Manila Galleon"* nahm (Abb. 215).

Gezeiten

Die Beziehung zwischen dem Durchgang des Mondes durch die Himmelsstriche und dem rhythmischen Steigen und Fallen des Meeres, das wir „Tiden" nennen, war zwar schon vor Beginn der christlichen Ära bekannt, wir sind aber doch noch weit davon entfernt, eine zufriedenstellende Theorie über ihre Entstehung zu haben. Was zunächst eine einfache Beziehung zwischen Erde, Mond und Meer zu sein scheint, wird kompliziert, wenn man den Versuch macht, die Verhältnisse quantitativ zu erklären. So haben z. B. einige Küsten Fluten von 6 m oder mehr, während die Gezeiten an anderen, so an denjenigen eines großen Teils des Mittelmeeres, kaum zu spüren sind. Ferner haben manche Küsten zwei Hochwasser- und zwei Niedrigwasser-Zeiten pro Tag — und das darf überhaupt als die Regel gelten —, während andere nur *eine* Hochwasser- und *eine* Niedrigwasser-Tide an jedem Mond-Tag aufweisen.

Die letzte Ursache der Gezeiten ist die Schwerkrafts-Anziehung des Mondes. Seine Anziehungskraft ist allerdings gering, verglichen mit der der Erde, — sie ist nur $^1/_{300\,000}$ mal so groß. So schwach sie auch ist, sie reicht doch aus, den Meeresspiegel auf der dem Mond zugewandten Seite der Erde ansteigen zu lassen (Abb. 216); denn die Anziehungskraft des Mondes addiert sich hier zur Zentrifugalkraft, die von der Erdumdrehung ausgelöst wird. Im Gegensatz dazu ist auf der gegenüberliegenden, dem Mond abgewandten Seite der Erde die Zentrifugalkraft die größere der beiden. Das Ergebnis ist diagrammhaft in Abb. 216 dargestellt. Die beiden Buckel, die der Flut entsprechen, befinden sich auf den entgegengesetzten Seiten der Erde; die Pfeile zeigen durch ihre Länge und Neigung die relative Richtung und Größe der fluterzeugenden Kräfte an den dazwischenliegenden Stellen der Erd-Oberfläche an.

Das bedeutet, daß an jedem Mond-Tag zwei dieser Flutbuckel einen bestimmten Punkt passieren müssen. Diese Durchgänge geschehen zweimal in je 24 Stunden und 50 Minuten; denn die Vorwärtsbewegung des Mondes in seiner Umlaufbahn verursacht eine Verschiebung von etwa 50 Minuten pro Tag vorwärts. Zusätzlich zu dieser Variablen unterliegt die Neigung der Erde zur Umlaufbahn des Mondes strengen jahreszeitlichen Änderungen.

Vielleicht die auffallendste Laune im Ausmaß der Gezeiten ist vielerorts das zweimal im Monat erfolgende Auftreten von Gezeiten mit besonders großem „Tidenhub" (Unterschied zwischen höchstem und tiefstem Wasserstand), denen ein zweiter, sich gleichfalls zweimal im Monat ereignender Satz mit besonders geringem Tidenhub gegenübersteht. Die Gezeiten mit dem Maximalhub heißen *„Springfluten"*. Sie treten auf, wenn der Mond bei seinem Umlauf um die Erde, der jeweils 28 Tage benötigt, mit der Sonne auf einer Linie steht. Die Sonnenanziehung, die allerdings wegen des großen Abstandes viel geringer ist als die des Mondes, addiert sich dann zu der letzteren, und das ergibt eine viel stärkere Zugkraft. Dieses ist der Fall, wenn der Mond uns Erdbewohnern als dünne Sichel erscheint, d. h. bei Neumond, und dann wieder zur Zeit seines stärksten nächtlichen Glanzes, d. h. bei Vollmond.

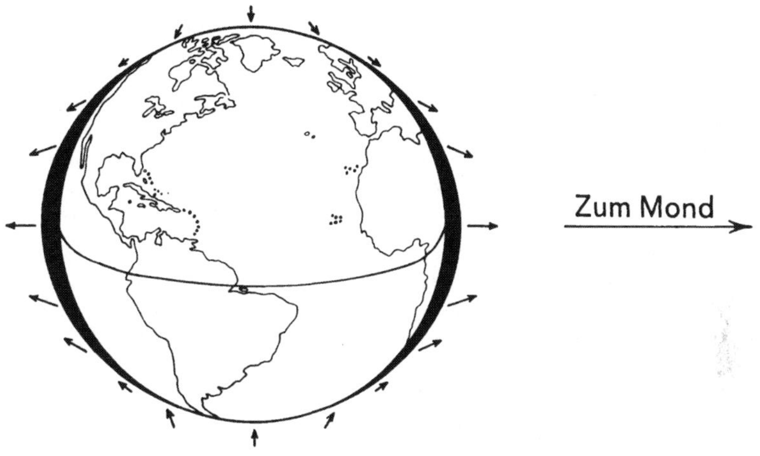

Abb. 216. Die durch die Gezeitenwirkung hervorgerufene Ausbauchung ist in der Abbildung durch die schwarzen Bereiche angegeben. Die relative Richtung und die Größe der Gezeitenerzeugenden Kräfte an verschiedenen Orten auf der Erde sind durch Neigung und Länge der Pfeile gekennzeichnet.

Gezeiten mit Minimalhub, die *Nippfluten,* treten zweimal im Monat auf, wenn der Mond in seinem ersten und dritten Viertel steht. Dann nehmen Erde, Sonne und Mond die Eckpunkte eines rechtwinkligen Dreiecks ein, und ihre Anziehungskräfte heben einander teilweise auf.

Außer diesen astronomischen Faktoren beeinflußt die Gestaltung des jeweiligen Wasserbeckens Erscheinungsweise und Ausmaß der Gezeiten wohl ebenso stark wie die anderen Einzelursachen. Die moderne Gezeitentheorie besagt, daß Ebbe und Flut mehr einen Schwingungseffekt des Wassers in einem begrenzten Becken darstellen, wobei dieses Wasser durch die Anziehung von Sonne und Mond in Bewegung gesetzt wurde. Die Gezeiten glichen somit in ihrem Wesen den „Seiches" oder stehenden Wellen und nicht einem Flutbuckel, der in Verfolgung des nicht einzuholenden Mondes endlos durch das Meer trottet. Die Gezeiten seien als gewaltige Flachwasser-Wellen zu betrachten, die sich wie eine riesige Wippe verhalten. Das heißt, der größte Gezeitenhub erfolgt an jedem Ende des Beckens, der kleinste etwa nahe dem Mittelpunkt. Wie groß der Gezeitenhub ist, hängt weitgehend von der Periode der Eigenschwingung des Beckens ab. Manchmal kann die Fluthöhe sehr groß sein — wie z. B. im oberen Teil der Fundy-Bai, wo der Tidenhub 12 bis 15 m betragen kann. In anderen Bereichen der Erde, wo der Schwingungseffekt gering ist, mag der Hub nur 30 cm oder sogar noch weniger messen.

In besonderen Fällen, wenn verschiedene Umstände zusammentreffen, wie eine Kombination starken Windes, fallenden Luftdrucks und einer hohen Springflut, kann eine *Sturmflut* ausgelöst werden. Die katastrophalste derselben in neuerer Zeit ereignete sich in der Nordsee um Mitte des Winters 1953. Bei dieser speziellen Flut — sie wurde teilweise durch ein Tief über der Nordsee verursacht, das von Winden mit Sturmstärke begleitet war, — strömten schätzungsweise 420 Millionen Kubikmeter Wasser oder mehr zwischen Schottland und Norwegen in die Nordsee. An einigen angrenzenden Küsten fiel der Höhepunkt dieses Wasserschwalls mit einem Gezeitengipfel zusammen, besonders entlang den tiefliegenden Küsten der Niederlande. Dort stieg der Meeresspiegel auf 2,7 bis 3 m über den Normalwert an. Sowohl hier wie auch an der englischen Küste brachen vielfach die Deiche; weite Küstenstriche wurden überflutet, und Hunderte von Menschenleben gingen verloren. In den Niederlanden wurden insgesamt 67 Deiche überströmt und über 150 000 Hektar Ackerland überschwemmt; wenigstens 1800 Menschen ertranken dabei.

Um auf die Entstehung der Gezeiten zurückzukommen: die Anziehungskraft von Sonne und Mond ist offenbar grundsätzlich der auslösende Faktor; Form und Tiefe der Becken — darunter große Ausschnitte der Meere als Sonderbecken — bestimmen Zahl und Ausmaß der Gezeiten.

Für den Geologen sind die Gezeiten besonders deshalb bedeutsam, weil sie es ungeheuren Wassermengen ermöglichen, in kurzer Zeit von einer Stelle zu einer anderen zu gelangen. Ein einfaches Beispiel: Etwa 100 Milliarden Tonnen Wasser werden durch den Flutstrom Tag für Tag in die Fundy-Bai hinein- und wieder herausgeschafft, — und das geschieht schon seit Tausenden von Jahren (Carson, 1950).

Wenn die Flut durch einen engen Kanal fließt, kann ein schneller Strom entstehen, in dem selbst die stärkeren Schiffe von heute hart zu kämpfen haben, um durchzukommen. Glücklicherweise verläuft eine Gezeitenströmung nicht ständig in gleicher Richtung, vielmehr läßt sie nach, wenn die Flut vorüber ist, und dreht bei Beginn der Ebbe ihre Richtung um. Zu den fürchterlichsten Beispielen eines solchen Gezeitenstromes gehört derjenige, der sich durch den Pentland Firth vor der nördlichsten Spitze Schottlands ergießt. Wenn er durch die Meerengen fließt, die Schottland von den Orkney-Inseln trennen, bewegt er sich gegen den Wind; es entsteht dann eine wilde, ungestüme See, die den malerischen Namen „Merry Men of Mey" bekommen hat. Bei auslaufender Ebbe und entgegengerichtetem Westwind zeigt sich das, was die lakonischen Worte des „North Sea Pilot" ausdrücken: „Eine See ist aufgekommen, die sich diejenigen nicht vorstellen können, die sie niemals erlebt haben" (Carson, 1950).

An Gezeitenströmungen in einem solch begrenzten Raum wie in einem Kanal zwischen Inseln oder in einer engen Straße, etwa dem Goldenen Tor in der Einfahrt zur San-Franzisko-Bucht, nimmt gewöhnlich das ganze Wasserprofil von der Oberfläche bis zum Boden teil. In dieser Hinsicht verhalten sie sich anders als Oberflächen-Strömungen, die auf Temperatur- oder Salzgehalts-Unterschiede zurückgehen. Die Sohle des Strombetts im Goldenen Tor mit 115 m Tiefe ist nackter Fels; sie wird durch den ausgehenden Ebbestrom sauber gewaschen, wozu noch die ausströmenden Wässer des San-Joaquin- und des Sacramento-Flusses kommen. Im Jahre 1904 stieß der Dampfer *„City of Rio de Janeiro"* gerade im Goldenen Tor auf einen Felsen und sank; viele Jahre später wurden Teile seines Steuerhauses auf der San-Franzisko-Barre in etwa 13 km Entfernung wiedergefunden, wohin sie von der ausgehenden Strömung verschleppt worden waren.

Nebenbei, die San-Franzisko-Barre, die aus Sand besteht und eine mittlere Tiefe von rund 7 m aufweist, illustriert in interessanter Weise, wie die Tätigkeit des Menschen Naturprozesse beeinflussen kann. Im Jahre 1851 begann die Barre landwärts zu wandern, und gegen 1900 hatte sie sich um fast 300 m verlagert, und das mit einer Geschwindigkeit von rund 6 bis $7^1/_2$ m pro Jahr. Die Barre verdankt ihre Lage (Abb. 217) und ihre einzigartige, mondsichelförmige Gestalt der Kraft der Strömung, die durch das Goldene Tor meerwärts zieht. Die Stärke dieser Strömung verminderte sich nach 1851 infolge der ungeheuren Schuttmenge, die von den Wasserbau-Mineuren in der Sierra Nevada in den Jahren nach dem Goldrausch von 1849 in den Sacramento- und den San-Joaquin-Fluß und zuletzt in die Bucht von San Franzisko gekippt wurde. Die Menge erreichte 1 280 000 000 cbm Schutt, der in das zur Stuisun-Bucht (dem östlichsten Arm der Bucht von San Franzisko) entwässernde Flußgebiet in den Jahren zwischen 1850 und 1914 transportiert wurde. Die Zuführung dieser riesigen Sedimentmenge (wenigstens achtmal so viel Material, wie beim Bau des Panama-Kanals ausgehoben wurde) bewirkte, daß sich das Wasservolumen der ausziehenden Strömung verringerte. Es geschah das, weil viel Wasser in der Bucht durch die Wasserbau-Abfälle verdrängt worden war; infolgedessen floß weniger Wasser durch das Goldene Tor bei Ebbe hinaus, als in den Jahrhunderten, bevor wir erschienen, um die natürliche Szenerie zu stören. Sowie sich die ausfließende Strömung verminderte, verringerte sich auch die Kraft, die die Barre von der Küste fernhielt. Die Wellen und Strömungen des Meeres gewannen die Oberhand und vermochten die Barre küstenwärts soweit vorzuverlegen, bis sie an ihrem gegenwärtigen Platz eine neue vorläufige Gleichgewichtslage fand.

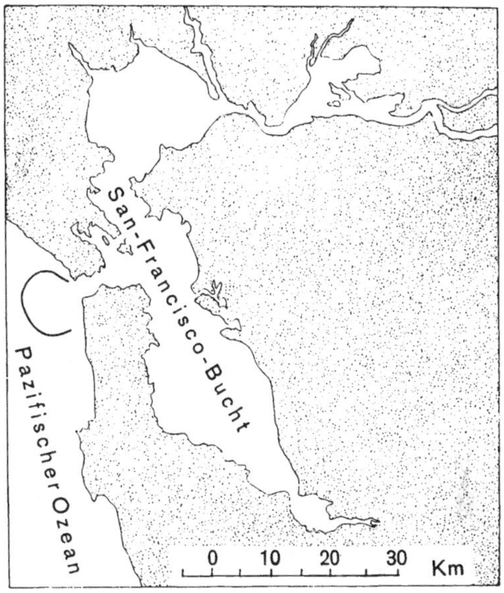

Abb. 217. Die Barre vor dem Golden Gate, Kalifornien. *(Nach: G. K. Gilbert.)*

Trübeströme („Turbidity Currents")

Eines der interessantesten Geheimnisse der Meerestiefen und zugleich ein solches, das Gegenstand eines ungewöhnlichen Aufwands an Untersuchung, Forschung und Spekulation während des letzten Vierteljahrhunderts war, stellen Strömungen dichten, schlammigen Wassers dar, die Böschungen am Meeresboden hinabfegen — wobei sie ihre größte Wirksamkeit wohl am Kontinentalhang erreichen.

Trübeströme sind, wie der Name sagt, wolkige oder schlammige Ströme bewegten Wassers. Sie wurden erstmals 1840 von dem Schweizer Ingenieur Forel wissenschaftlich beschrieben. Er bemerkte, daß die schlammigen Wässer der Rhône verschwinden, sowie der Fluß in die klaren Wässer des Genfer Sees einmündet. Er zog — durchaus richtig — den Schluß, daß die kälteren Wässer der Rhône, die mit glazialem Schutt beladen sind, schwerer als das Wasser des Sees seien. Deshalb sänke der Fluß durch das Seewasser nach unten und flösse als Unterstrom am Boden weiter.

Ganz der gleiche Vorgang spielt sich dort ab, wo der schlammige Colorado-Fluß in den Mead-See mündet, dessen Wasser hinter dem Hoover-Damm kilometerweit aufgestaut ist. Ein schlammiger Strom nimmt seinen Lauf entlang dem Boden des Sees und lagert auf seinem ganzen Weg bis zu den Einlaßtürmen des Kraftwerks Sediment ab. Die überraschenden Auswirkungen einer solchen Strömung wurden zu der Zeit, als der Damm geplant wurde, offenbar nicht vorhergesehen. Als Arbeitstheorie nahm man damals an, daß der Fluß sein Sediment großenteils in mehr oder weniger herkömmlicher Weise als Delta am oberen Ende des Sees ablagern würde.

Zwei Hauptprobleme ergaben sich: 1. Die Abrasionswirkung der Sedimentteilchen an den Turbinen; 2. die Vermutung, der Sedimenttransport über die ganze Seelänge könnte ernsthaft die Lebenserwartung der Talsperre vermindern, indem sich diese schneller als eingeplant auffüllen würde. Ein Modell des Sees wurde angefertigt, um die Zirkulation der schluffbeladenen Bodenströmung zu studieren; Photographien zeigen, wie dieser Trübestrom am Beckenboden unter dem weniger dichten und klareren Wasser des oberen Seeniveaus dahinzieht.

Daß Trübeströme auch im Meer existieren können, wurde am Nachmittag des 18. November 1929 deutlich gemacht, als ein schweres Erdbeben die Grand Banks vor der Küste von Neufundland erschütterte. Offenbar war der Stoß so heftig, daß er eine Art submarinen Erdrutsches oder -sturzes auslöste; dieser verwandelte sich bald in eine dichte Wolke suspendierten Sediments, das den Kontinentalhang hinabwirbelte. Ein solches Ereignis wäre normalerweise unbemerkt geblieben; aber es kam der besondere Zufall hinzu, daß der Weg, dem der vom Erdbeben ausgelöste Strom folgte, eine der größten Häufungen submariner Kabel der Welt querte. Es ist dies das Verbindungsnetz zwischen Nordamerika und Europa, und in diesem Komplex ist Neufundland die östlichste Landstation der Neuen Welt.

Die Kabel brachen an diesem Nachmittag und in der folgenden Nacht eines nach dem anderen, und da sowohl der Zeitpunkt wie auch die Stelle des Bruches elektrisch bestimmt werden konnten, konnte der Zeit-Raum-Plan des Ausfalls der Kabel genau ermittelt werden. Es stellte sich heraus, daß sie hangab fortschreitend gebrochen waren. Als die Kabel zur Verspleißung herausgefischt wurden, zeigten sich viele von ihnen chaotisch verfitzt und verknäuelt, als ob sie von einer Riesenfaust zur Seite gestoßen worden wären.

Aus dem örtlichen Abstand zwischen den einzelnen Kabelbrüchen und aus dem Zeitpunkt des Ausfalls wurde abgeleitet, daß der Strom in seiner ersten Daseinsphase eine Geschwindigkeit von fast 100 km pro Stunde aufwies, daß diese aber allmählich bis auf annähernd 40 Stundenkilometer abgenommen hatte, als das letzte Kabel brach, fast 500 km seewärts vom Epizentrum des Bebens.

Ob der die Kabel brechende Impuls, der über den Meeresboden lief, ein Trübestrom war oder nicht, wird wahrscheinlich niemals geklärt werden. Alles, was wir von dieser Einzelepisode und von einigen anderen verwandten Geschehnissen her wissen, ist, daß gelegentlich Ströme in den Tiefen des Meeres in Bewegung gesetzt werden, die kurzfristig ein immenses Stück Arbeit zu leisten und große Sedimentmassen zu verfrachten vermögen.

Eine andere Reihe von Befunden verstärkt den Schluß, daß sedimentbeladene Ströme über ausgedehnte Bereiche des Meeresbodens hin zu wirken vermögen. Hierzu gehört das Vorhandensein weiter, fächerartiger Sandflächen, die sich von den Kontinentalrändern aus über die Tiefsee-Ebenen ausdehnen. Sie sind im Nord-Atlantik bestens bekannt, wohl, weil er das am sorgfältigsten untersuchte Meer ist. Diese Sande überziehen den Meeresboden in Gebieten, wo eigentlich Schlick zu erwarten wäre. Außerdem enthalten viele derartige Sandablagerungen Reste von Organismen, die nach unserm besten Wissen im Flachwasser nahe den Rändern des Meeresbeckens leben. Das ist etwas ganz anderes als das Vorhandensein solcher Tiere und Pflanzen in diesen Bodensedimenten, die nahe der Meeres-Oberfläche zu Hause sind — ihre Reste sinken einfach aus den obersten Niveaus des offenen Meeres zu Boden. Demgegenüber scheinen die Flachwasser-Organismen, die in den Tiefsee-Sanden zu finden sind, zu ihrem letzten Ruheplatz durch Strömungen verschleppt worden zu sein, die den Kontinentalhang hinabflossen und den Sand zur Tiefsee mitnahmen.

Solche vermutlich von Trübeströmen abgesetzten Sedimente weisen gewöhnlich eine besondere Art von Schichtung auf, wie man bei der Untersuchung von Bohrkern-Proben feststellen kann. Diese Schichtung wird *„gradierte Schichtung"* genannt; sie zeichnet sich dadurch aus, daß sich die gröberen Teilchen an der Basis der Schicht konzentrieren, die feineren nahe der Oberkante. Das wird in folgendem Sinn gedeutet: Als die ganze Sedimentfracht, die heute eine einfache Schicht ausmacht, in einer Trübewolke über den Meeresboden getragen wurde, setzten sich die gröberen Partikel zuerst ab und die feineren später, als sich das aufgerührte Wasser wieder beruhigt hatte.

Einen solchen Mechanismus zur Erklärung heranzuziehen, scheint tatsächlich erlaubt zu sein. Der Beweis dafür ergibt sich aus einer ausgedehnten Reihe von Versuchen, die Ph. H. Kuenen von der Universität Groningen in den Niederlanden durchführte.

Es war ihm möglich, in großem Umfang Trübeströme in einem langen Trog zu erzeugen, wobei er viele Sedimentmischungen verwandte und auch die Geschwindigkeiten der transportierenden Strömungen variierte. Dann verglich er die künstlich erzeugte gradierte Schichtung mit der wirklichen. Er fand (1950), daß dichte Trübeströme selbst auf flachen Hängen hohe Geschwindigkeiten erreichen können. Infolge ihrer hohen Dichte war die Transportkraft dieser Ströme außerordentlich groß; in der Experimentierwanne vermochten sie Gegenstände — z. B. Pflastersteine u. ä. — zu bewegen, die einige 1000mal schwerer als solche Objekte waren, die ein gleichstarker Strom klaren Wassers zu transportieren vermöchte. Diese Fähigkeit von Trübeströmen, große Objekte mitzunehmen, vermag die Anomalität zu erklären, daß grobe Sandkörner am Grunde einer Sedimentlage unmittelbar auf der Oberseite der Partikel (spr. *„Schluff"*) der unterlagernden Bank zu liegen vermögen, ohne daß bei dieser tieferen Schicht eine merkliche Abtragung zu verzeichnen wäre.

Es erscheint berechtigt, Trübeströme als den Mechanismus heranzuziehen, durch den Sedimente, die normalerweise in flachen Tiefen — wie auf dem Kontinentalschelf — anzutreffen sind, in enormen Mengen hinunter in die Tiefsee transportiert werden können, um sich dort weithin als fächerförmige Sandbank auszubreiten.

Wellen

Kein einziger Vorgang im Meere geht uns so nahe an wie die Wellen, die seiner Oberfläche eine so große Lebendigkeit verleihen. Ohne sie würde der Urlaub am Strand wirklich langweilig sein; mit ihnen kann eine Seereise unter Umständen sogar zu aufregend werden.

Wellen sind fesselnd und können eine fast hypnotische Faszination bedeuten. Wenngleich die eine Welle so aussehen mag wie jede andere, so sind doch keine zwei einander völlig gleich. Ihr rhythmischer Takt hängt nicht nur vom örtlichen Wind ab — das gilt besonders für die kürzeren, steileren Wellen —, sondern auch von sehr entfernten, heftigen Winden, die die langen, in gleichmäßigen Abständen angeordneten Rücken der Dünung hervorgerufen haben können, die sich von einem Sturmzentrum eine halbe Welt weit nach außen bewegen.

Wenn wir die endlose Wellenprozession vorbeimarschieren sehen, wird es uns schwer zu glauben, daß es nur die *Form* der Welle ist, die sich durch das Wasser vorwärts bewegt und nicht das Wasser selbst. Diese Behauptung mag zunächst sinnlos erscheinen, aber betrachte eine Flasche, die an der Oberfläche einer Bucht auf und ab tanzt! Wellen ziehen immer wieder unter ihr durch, doch außer einem langsamen Treiben mit der Strömung behält die Flasche ihre Lage bemerkenswert konstant bei. Analog zu den Wellen im Meer verhalten sich die Wellen, die der Wind hervorruft, wenn er über ein Kornfeld streicht.

Rippeln folgen einander durch die Weizenhalme, und doch sammelt sich der Weizen nicht haufenförmig am entgegengesetzten Rande des Feldes an. Statt dessen beruht die Wellenbewegung im Korn in einem Auf- und Abschwanken der einzelnen Halme jedesmal, wenn eine Welle durch sie hindurchzieht.

Schon 1802 war bekannt, daß sich die Wasserteilchen in einer Welle nicht mit dem Vorrücken der Welle selbst vorwärtsbewegen, sondern daß sie eine Kreisbahn beschreiben (Abb. 218). Eingehende Untersuchungen wurden in den seither vergangenen 160 Jahren durchgeführt, aber die Grundauffassung der Wasserbewegung in einer *Oszillationswelle* ist die gleiche geblieben wie die damals abgeleitete.

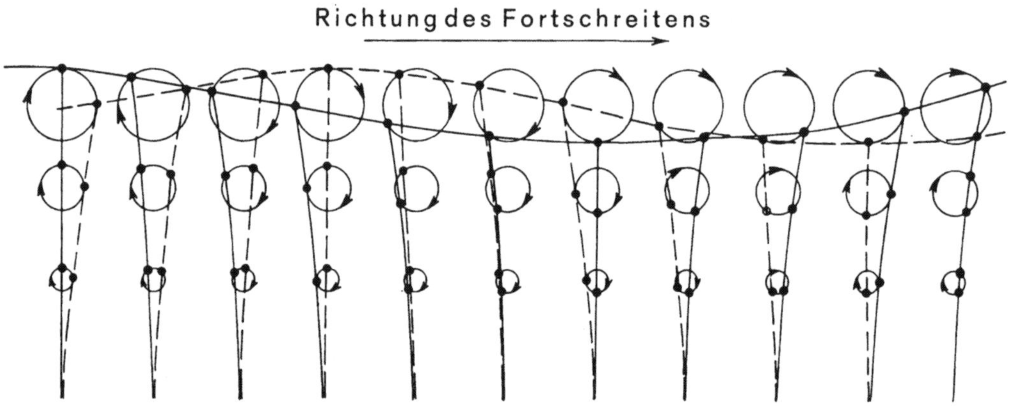

Abb. 218. Die Kreise stellen die Bahnen dar, die Wasserteilchen in einer Welle durchlaufen. Für zwei Momente, die um eine Viertel-Periode zeitverschoben sind, sind Wellenprofile und Lagen der Wasserteilchen angegeben. Die nahezu senkrechten Linien zeigen, wie Gras sich biegen würde, wenn eine Welle hindurchliefe. Unter einem Wellenberg oder einem Wellental stehen die Halme senkrecht. *(Aus: Misc. Publ. 11, 275 des U. S. Naval Oceanographic Office.)*

Einige Auswirkungen dieser Kreisbewegung sind dem vertraut, der einmal in einer Brandung gebadet hat. Wenn z. B. jemand in kurzer Entfernung vom Strand im Meer steht, merkt er sehr deutlich, daß das Wasser stark seewärts gegen die nächstfolgende Welle strömt. Wenn hinter einem Schwimmer eine nachfolgende Welle küstenwärts wogt, dann treibt ihn das Wasser deutlich zum Strand hin. Wir alle sind mit diesem Rückwärts- und Vorwärtspulsieren des Meeres in der Brandungszone gut vertraut, aber nicht allzuviele machen sich klar, daß das nur Stücke einer Kreisbewegung sind, die die Wasserteilchen in einer Welle durchlaufen.

Das Diagramm von Abb. 218 soll schematisch die Bahnen darstellen, die Wasserteilchen in einer Oszillationswelle durchlaufen. Die Welle wandert in der von dem horizontalen Pfeil angegebenen Richtung. Wenn sich ein Wellenberg nähert, bewegt sich das Wasser in dem unmittelbar vorausgehenden Wellental gegen den heranrückenden Kamm. Darauf bewegen sich nacheinander die Teilchen aufwärts, dann mit dem Wellengipfel zusammen vorwärts, darauf abwärts und zuletzt wieder seewärts; so bereitet sich der Durchgang des nächsten Wellenberges vor.

Dasselbe Diagramm zeigt auch, wie stark sich die Wellenbewegung mit der Tiefe verringert. Der Durchmesser der Kreise nimmt im geometrischen Verhältnis mit wachsender Tiefe ab. Praktisch hört die Wellenbewegung auf, wirksam zu sein, wenn die Wassertiefe annähernd der Wellenlänge gleichkommt.

Bisher wurden verschiedene Begriffe verwandt, die noch einer Erläuterung bedürfen. *„Wellenlänge"* ist der horizontale Abstand zwischen zwei gleichwertigen Wellenphasen (Abb. 218), z. B. zwischen zwei Wellengipfeln oder zwei Wellentälern, nicht aber zwischen einem Gipfel und dem nächsten Tal. Fortbewegungstempo und -richtung einer Welle heißen ihre *„Geschwindigkeit"*; diese kann zu ihren sonstigen physikalischen Eigenschaften in eine Anzahl einfacher Beziehungen gebracht werden. Die *„Periode"* einer Welle ist die Zeitdauer, die von zwei Wellenkämmen oder Wellentälern benötigt wird, um einen bestimmten Punkt zu durchlaufen. Die *„Frequenz"* ist die Anzahl der Perioden, die in einem bestimmten Zeitintervall, etwa in einer Minute, auftreten.

Es scheint feste Grenzen für die Größe zu geben, die Wellen erreichen können. Von den höheren Wellen, deren Ausmaße relativ gut ermittelt wurden, war eine rund 34 m hoch, als sie vom Heck des U. S. S. *„Ramapo"* aus im Jahre 1933 bei einem Sturm im Nord-Pazifik gesichtet wurde. Leider sind Wellenhöhen auf dem Meere schwer zu bestimmen; denn diese Objekte von der Brücke eines schwer kämpfenden Schiffes (Abb. 219) aus zu schätzen, bleibt eine höchst ungewisse Sache. Selbst für einen hartgesottenen Seemann ist es schwer, sie nicht zu *über*schätzen; denn er fühlt sich ja in gewissem Maße gefühlsmäßig mit dem verbunden, was bei einem Sturm um ihn herum vorgeht.

Die Wellenlängen pflegen kleiner zu sein, als man meistens glaubt, aber gelegentlich können sie auch eindrucksvolle Ausmaße annehmen. Nach Bascom (1959) wies eine der größten beschriebenen Dünungen eine Wellenlänge von rund 800 m auf, der eine Periode von 22,5 Sekunden und eine Geschwindigkeit von 125 km pro Stunde entsprechen würde. Das sind gewaltige Zahlen, wenn man bedenkt, welch enorme Wassermassen an der Wellenbewegung teilnehmen.

Es ist berechtigt zu fragen, wie solche Wassermassen in Bewegung gesetzt werden. Wohl jeder glaubt zu wissen, daß der Wind, der über die Meeres-Oberfläche bläst, die primäre Ursache ist. Wenn das stimmt, wie ist es dann aber möglich, daß an völlig windstillen Tagen eine furchtbare Brandung gegen manch eine exponierte Küste zu peitschen vermag? Oder daß bei einem heftigen Sturm der Wind die See völlig plattwalzen kann zu einer wild-turbulenten Masse dunkel-drohenden Wassers, das bis zum Horizont hin mit Schaum durchmischt ist?

Eine solche Stimmung wird von Joseph Conrad in seinem *„Wunder des Meeres"* heraufbeschworen:

„Wenn ihr das Alter der Erde erkennen wollt, dann blickt auf das Meer bei Sturm! Die graue Farbe der ganzen unermeßlichen Fläche, die Windfurchen auf dem Antlitz der Wellen, die großen Massen Schaum, hin und her geworfen und flatternd wie verflochtene weiße Locken, geben dem Meer bei einem Sturm den Anblick eisgrauen Alters, glanzlos, eintönig, ohne Schimmer, als ob es selbst vor dem Licht erschaffen worden wäre."

Außer in der allgemeinen Auffassung, daß der über das Meer blasende Wind die Wellenbewegung auslöst, besteht noch keine Übereinstimmung hinsichtlich der Frage, *wie* sie sich bilden. Für große Wellen in tiefem Wasser wenigstens müssen die folgenden Voraussetzungen erfüllt sein: Erstens muß ein starker Wind herrschen, damit große Wassermengen in Bewegung geraten. Zweitens muß er eine ziemlich lange Dauer haben — es ist mehr als nur eben ein plötzlicher Windstoß erforderlich. Drittens muß das Wasser tief sein, wenigstens so tief, daß sich die Wasserbewegung zur vollen Kreisform runden kann — 30-m-Wellen können nicht in einem Wasserbecken von nur 3 m Tiefe entstehen! Viertens ist für ihre Ausbildung auch die Strecke wichtig, längs der sich die Windreibung — die *„Erregung"* genannt — auf die Wellen auswirken kann. Wenn Wellen einen langen, ungehemmten Lauf nehmen können, dann finden sie Gelegenheit, einander zu verstärken. Die feinen Wellen (Rippeln), die einen kleinen Teich überqueren, bieten ein

Abb. 219. Das Küsten-Wachschiff *„Pontchartrain"* rollt im Tal einer nachfolgenden See im Nord-Atlantik. *(Phot. der U. S. Coast Guard.)*

gutes Beispiel dafür. Sie sind klein auf der dem Wind zugewandten Seite des Weihers, sie können aber mit der Zeit ziemliche Ausmaße erreichen, bis sie an dem in der Bewegungsrichtung des Windes gelegenen Ufer ankommen.

Es ist deshalb nicht überraschend, daß zu den größten Wogen diejenigen gehören, die vor den starken Westwinden hertreiben, die südlich von Kap Horn herrschen. Rund um die Ränder der Antarktis ist ein ununterbrochenes Meeresfluten, das die Erde umkreist.

Um zu einer früheren Frage zurückzukommen: Wenn Wellen vom Winde gebildet werden, wie können sie dann als endlose, rhythmisch voranschreitende Prozession gegen die Küsten marschieren auch an einem totenstillen Tage? Die Antwort lautet, daß derartige Wellen, die den Namen *„Dünung"* führen, durch Stürme ausgelöst sein können, die in Entfernungen von Tausenden von Kilometern stattfanden. Wellen, die sich an der exponierten Küste von Cornwall brechen, können von den weiten Fernen des Südatlantik-Raumes ausgegangen sein.

Die Dünung besteht aus sogenannten lang-periodischen Wellen, und diese überrennen die mehr vermischten, mehr zufällig verteilten kurz-periodischen Wellen, die für einen Sturm charakteristisch sind. Diese kurz-periodischen Wellen bleiben zurück, und die

Dünung mit ihren einheitlichen Wellenabständen überholt weit die Sturmwinde, die rund um ein Tiefzentrum angeordnet sind.

Wellenbrechung und Brandung

Wenn Tiefwasser-Wellen sich der Küste nähern, bekommen sie den Grund zu spüren, sobald die Wassertiefe etwa der Hälfte der Wellenlänge gleichwird. Wenn Tiefwasser-Wellen in flacheres Wasser nahe der Küste gelangen, verkürzt sich ihre Länge und vergrößert sich relativ dazu ihre Höhe (Abb. 220). Ihre Geschwindigkeit vermindert sich gleichfalls, und wenn man auf ihre Kämme entlang einem Pier oder Wellenbrecher blickt, scheinen sie tatsächlich aus dem Meer emporzusteigen. Die Verflachung des Wassers an der Küste übt zwei Hauptwirkungen auf Oszillationswellen aus, sowie sie sich auf das Festland zu bewegen: erstens können sie eine *Refraktion* erfahren, und zweitens *brechen* sie, wenn sie seichtes Wasser nahe dem Strand erreichen.

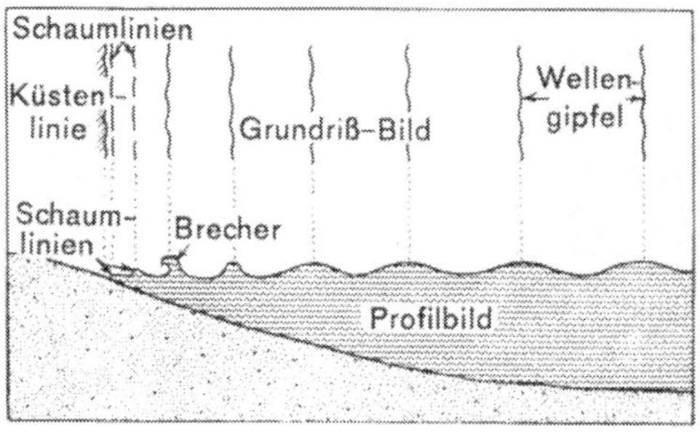

Abb. 220. Wie Wellen beim Übertritt in flacheres Wasser kürzer und steiler werden und sich brechen. *(Aus: Publ. Nr. 234 des U. S. Naval Oceanographic Office.)*

Die Refraktionswirkung ist aus dem beigefügten Diagramm (Abb. 221) zu ersehen. Zwei Umstände sind besonders wichtig. Erstens passen sich die Wellen, die sich einer unregelmäßig gestalteten Küste nähern, selbst den Unregelmäßigkeiten an, bis sie eine Fast-Parallelität zur Küste über alle ihre Vor- und Rücksprünge hinweg erlangen. Zweitens konzentriert sich der Wellenangriff auf die Vorsprünge, und so werden diese Vorgebirge allmählich abgenagt, während sich die Sedimentation — z. B. von Sand — an das Innere der Buchten hält. Der Umstand, daß sich die Wellenenergie an den Vorsprüngen konzentriert, ist durch diejenigen Linien im Diagramm (Abb. 221) verdeutlicht, die so gezogen

Abb. 221. Wie Wellen gebrochen werden. Die ausgezogenen Linien sind Wellenberge, die beim Übergang in flacheres Wasser um die felsigen Landvorsprünge herum zusammenrücken, im tieferen Wasser der Bucht aber weiterständig bleiben. Die Wellenenergie, die im tiefen Wasser gleichmäßig zwischen den parallelen, unterbrochenen, rechtwinkeligen Linien verteilt ist, konzentriert sich, wo die Orthogonalen an den Landvorsprüngen konvergieren, und vermindert sich in der Bucht.

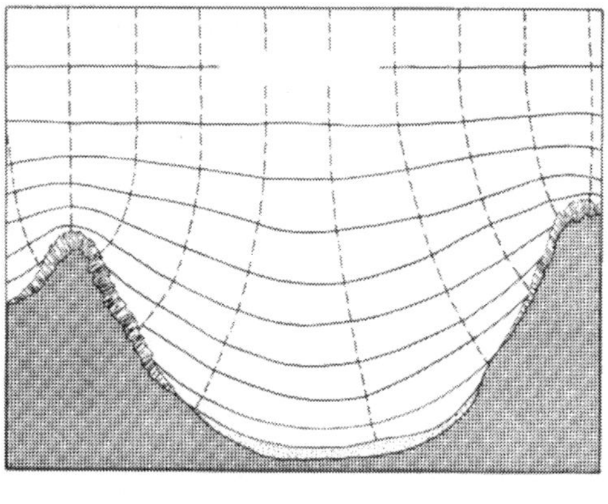

Abb. 222. Wellenreiten. *(Von der Humble Oil and Refining Company freundlich überlassen.)*

sind, daß sie überall unter rechtem Winkel zu den vorrückenden Wellenfronten stehen. Diese Linien heißen *Orthogonalen,* ein vom Schiffsbau übernommener Begriff; wenn sie an der äußersten Wellenfront den gleichen Abstand einhalten, ist das als Ausdruck dafür zu betrachten, daß gleiche Beträge an Wellenenergie zur Verfügung stehen. Weiter macht das Diagramm deutlich, daß die meiste Energie einer vorrückenden Welle an Vorsprüngen der Küste gebündelt und an den Einsprüngen, wie einer kleinen Bucht, gestreut wird.

Wenn Wellen sich der Küste nähern und dabei in flacheres Wasser gelangen, dann verkürzt sich, wie wir gesehen haben, ihre Länge, und es wächst ihre Höhe. Schließlich werden sie instabil und *„brechen"*. Ohne Brecher fehlte den meisten Küsten der Erde ihr malerischstes Element.

Die Entstehung der Brandung ist eine komplizierte und noch nicht völlig geklärte Erscheinung. Das immerfort wechselnde Spiel der sich brechenden Wellen — und ihre Veränderungen mit den Gezeiten, mit Wind und Flaute, mit Sturm und den Ruhepausen dazwischen — hat Generationen von Malern, Photographen, Schriftstellern und gewöhnlichen Tagträumern begeistert. Nur wenige Äußerungen der natürlichen Welt sind dynamischer oder bringen uns mehr die Kraft des bewegten Wassers zum Bewußtsein, als von der wogenden Masse einer starken Brandung ergriffen zu werden.

Wenn auch darüber, wie sich das Brechen der Oszillationswellen vollzieht, noch viel zu erkunden bleibt, so ist doch ein gut Teil durch Beobachtungen, Modelluntersuchungen und die Anwendung der hydrodynamischen Theorie bekannt geworden. Allgemein läßt sich sagen: Oszillationswellen brechen, wenn die Stillwasser-Tiefe grob das 1,3fache der Wellenhöhe erreicht. Wenigstens zwei Hauptursachen scheinen zur Bildung von Brechern zu führen. Die erste ist eine Beschleunigung der Kreisbahn-Geschwindigkeit von Teilen einer in flacher werdendes Wasser übertretenden Welle; das führt dazu, daß die Geschwindigkeit solcher Teilchen im Wellenkamm die abnehmende Geschwindigkeit der Wellenform übertrifft. Die zweite ist die, daß in den geringen Tiefen nahe der Küste die Wassermenge abnimmt, die zur Auffüllung der Wellenform benötigt wird. Das ist besonders auffallend bei sogenannten *„Sturzbrechern"*, bei welchen eine Welle sich zunächst zu einem schön geformten Halbzylinder verkrümmt, darauf umkippt und dann unter donnerartigem Getöse abstürzt. Die eingeschlossene Luft wird heftig zusammengepreßt, und bei ihren Bemühungen zu entweichen, verwandelt sie die ganze Walze in einen Gischt schaumweißen Wassers.

„Schüttbrecher" (Abb. 222) sind solche, bei denen der Wellenkamm überschäumt und wie ein Wasserfall die Front der vorrückenden Welle hinunterplätschert, ohne wirklich überzukippen. Sowie sich solche Wogen uferwärts bewegen, vermindert sich gewöhnlich ihre Höhe, und oft rücken sie gleichzeitig reihenweise über eine breite Strandfläche vor. Die beiden Typen von Brechern gehen ineinander über; doch mag der eine zu einer bestimmten Zeit vorherrschen, der andere zu einer anderen. Sturzbrecher zum Beispiel bilden sich besonders gern, wenn Hochflut herrscht, das Gefälle des Strandes steil ist und auch die herannahenden Wellenfronten steil sind. Schüttbrecher sind wohl charakteristischer für breite, sanft geneigte Strandflächen bei Ebbe.

Küstenformen

Wellenerosion

Auf die Küstenzone, in der die Brandung ihre volle Kraft gegen das Festland ausüben kann, konzentriert sich die Erosionsarbeit des Meeres in starkem Maße. Da es für eine solche Einwirkung eine Ober- und eine Untergrenze gibt, kann die Arbeit der Wellen mit der einer gewaltigen Säge verglichen werden. Die Obergrenze ihrer Wirksamkeit ist die Maximalhöhe, die Wellen bei Hochflut während eines Sturmes erreichen können. Sie wird je nach den Küsten verschieden sein und hängt davon ab, eine wie steile Front das Land dem Meer bietet und wie stark die Stürme sind, die die Wellen vor sich hertreiben. An den rauhesten Küsten können vom Wind angeregte Wellen erfahrungsgemäß bis gegen 60 m hoch werden.

Der Tsunami von Hilo, Hawaii, am 23. Mai 1960 zeigte in besonders beispielhafter Weise, welche Energie in einer sich bewegenden Meerwasser-Masse konzentriert ist. Damals verwüstete eine Reihe Wellen, deren größte eine Maximalhöhe von 10,5 m hatte, das Hafenviertel der Stadt, hinterließ 61 Tote und verursachte einen Schaden im Werte von 20 Millionen Dollar. Sehr eindrucksvoll in geologischer Hinsicht war die Schaustellung der Transportkraft des sich bewegenden Wassers: Automobile wurden ganze Straßenzüge weit gefegt und in einigen Fällen zu dritt übereinander getürmt; in anderen Fällen wurden sie wie weicher Fisch um die Schäfte von Kokospalmen gewickelt. Diese Wellen, die in ihren Ausmaßen Sturmwogen nahekamen, bewegten Generatoren und Zuckermühlen-

Walzen von der Stelle und schlitzten ganze Platten von Asphaltdecken auf. Gesteinsblöcke der Kaimauer, die gegen 22 Tonnen wogen, wurden 150—180 m weit landeinwärts verschleppt.

Viele der Wellen, die die Schäden hervorriefen, waren gegen 6 m hoch und bewegten sich durch das flache Wasser des Hafens mit einer Stundengeschwindigkeit, die gemäß der Wellentheorie über 70 km betragen haben muß. Das heißt, sie waren fähig, Drücke von fast 22 Tonnen pro Quadratmeter auf Objekte auszuüben, die ihnen im Weg standen (Eaton, 1961).

Die Untergrenze der Wellenerosion ist viel weniger gut bekannt. Die Schätzungen darüber sind sehr unterschiedlich, wohl weil sie die Vorurteile der Schätzenden widerspiegeln. Die Beobachtungsdaten weisen darauf hin, daß gewöhnliche Wellen Strömungen erzeugen, die Sand in Tiefen von nicht viel über 12 m zu bewegen vermögen; allerdings sind Rippeln und andere Strömungsanzeichen am Seeboden oft noch in Tiefen von 30 bis 60 m unter dem Meeresspiegel zu beobachten. Die normalen Wellenströmungen allein sind selten so stark, daß sie Grobsand und Gerölle unterhalb 6 m Tiefe zu bewegen vermöchten (King, 1959). Die untere Reichweite der Transport- und Erosionswirkung von Wellen heißt *„Wellenbasis"*; offenbar variiert ihre Tiefe an den verschiedenen Küsten genauso, wie das die Obergrenze tut.

Erosion und Transport durch Wellen und Strömungen haben zur Folge, daß manche Küstenabschnitte sich zurückverlegen und andere sich vorschieben, — eine komplizierte Form sozusagen des Warentausches längs einer Küstenlinie. Material, das von einem Vorsprung oder Kap erodiert wird, kann von einer küstenparallelen Strömung in einer nahen Bucht oder einem Sumpfgelände wieder abgelagert werden. Auf die Dauer können Erosion und Ablagerung ungefähr ins Gleichgewicht kommen, oder aber der eine Vorgang kann den anderen überholen. In Großbritannien zum Beispiel gingen in den 35 Jahren unmittelbar vor 1911 schätzungsweise 1900 Hektar Boden an das Meer verloren, während 14355 Hektar gewonnen wurden. Die letzteren waren hauptsächlich Salzsümpfe, Landzungen aus Sand, Strände und Barren. Andererseits hatte die Insel Helgoland in der Nordsee vor der deutschen Küste im Jahre 800 n. Chr. eine Küstenlänge von fast 200 km; sie war ein viel umkämpftes Stück Gelände zur Wikinger-Zeit. Um 1900 hatte sich dieses einstmals unabhängige Herzogtum zu einem stark befestigten Felsen mit nur 5 km Umfang verkleinert, das von Kaimauern, Molen und anderen künstlichen Schutzvorrichtungen umgürtet war.

Profil der Küstenzone

Da die Erosion der Wellen eine obere und eine untere Grenze hat und in der Horizontalen wirkt, erzeugt sie Geländeformen, die sich von den durch abwärts einschneidende Flüsse und Gletscher hervorgerufenen unterscheiden.

Die bemerkenswerteste Küstenform ist das *Meereskliff* oder die *Steilküste*. Ihre Höhe hängt von verschiedenen Faktoren ab, darunter der Kraft der angreifenden Wellen, dem Neigungswinkel der Land-Oberfläche und der Widerstandsfähigkeit ihres Gesteins. Offenbar ist ein Kap aus Granit viel zäher als eines, das aus Kreide besteht. Die imponierende Höhe des Kreide-Kliffs bei Dover rührt von der leichten Erodierbarkeit dieses Gesteins her sowie von der Gewalt des Meeresangriffs bei einem Nordatlantik-Sturm.

Da sich ein Meereskliff unter der Wirkung der anbrandenden Wellen zurückverlagert, wird an seiner Basis eine eingeebnete Gesteinsfläche herausgearbeitet, die *„Strandterrasse"* heißt. Manchmal ist sie nackter, abradierter Fels, unterbrochen vielleicht von Gezeitenpfützen und gelegentlich von zurückgebliebenen Resten des Kliffs, die *„Schober"*

Abb. 223. Küstenkliffe in der Nähe von San Simeon (Kalifornien). Links befindet sich eine isolierte Klippe. Die landeinwärts an das Kliff anschließende gehobene Brandungsterrasse wird von einer alten Klippe überragt. *(Phot.: John S. Shelton.)*

genannt werden (Abb. 223). Wenn die Plattform von Sand bedeckt ist, heißt sie *„Strand"*. Auf der Meeresseite der Plattform kann sich Material ansammeln, das durch Wellen und Strömungen herantransportiert wird und eine marine *Akkumulationsterrasse* darstellt. Ob diese Geländeform vorhanden ist oder nicht, hängt zum Teil von der Stärke der Wellen und Strömungen ab, besonders der Küsten-Längsströmung. Wenn diese kräftig genug ist, kann sie das Sediment in die Mündung der nächsten küstenabwärts gelegenen Bucht verfrachten, und sie verhindert so, daß es sich am Fuß des Kliffs ansammelt, von welchem es stammt.

Die weniger bedeutenden Teilbereiche der Küstenzone sind im beigefügten Diagramm (Abb. 225) verzeichnet, und ihre Beziehungen untereinander sind darin angegeben. Die Feinheiten dieser verschiedenen Teilbereiche im Gedächtnis zu behalten, ist nicht halb so wichtig, wie sich bewußt zu bleiben, daß die Küstenzone einer der dynamisch aktivsten Erosions-Schauplätze der Erde ist. In dieser Zone sind Merkmale des Festlands mit solchen des Meeres vereint. Wenn Flut herrscht, ist sie untergetaucht. Wenn die Ebbe kommt, kann die Küstenzone auf großer Breite der Luft ausgesetzt werden, und sie unterliegt dann dem Einfluß von Wind und Regen, und in der Arktis kann noch die Wirkung des Küsteneises hinzukommen.

Abb. 224. Eine Brandungs-Plattform bei Seal Rocks (Oregon) ist in Tertiär-Sedimente eingeschnitten. Ein basaltischer Lagergang bildet die Klippenreihe. *(Phot.: Parke Snavely.)*

Das Profil der Uferzone ist zum Teil besonders gut an solchen Küsten entwickelt, die durch Krustenbewegungen in relativ junger geologischer Vergangenheit gehoben wurden. Zu den eindrucksvollsten Beispielen gehören die Küsten großer Teile von Peru und Chile, von Kalifornien und Oregon, Neuseeland, Skandinavien und den Arktischen Inseln. Diese Küsten können von einer ganzen Flucht von *Terrassen* umrandet sein, die gehobene Erosionsebenen darstellen. Gelegentlich können diese eine riesige Treppe bilden, wobei frühere Kliffs die Stufen darstellen. An den Palos-Verdes-Hügeln im südlichen Kalifornien gibt es wenigstens 13 solcher ehemaliger Uferlinien, die bis zu fast 420 m Höhe aufsteigen (Abb. 106).

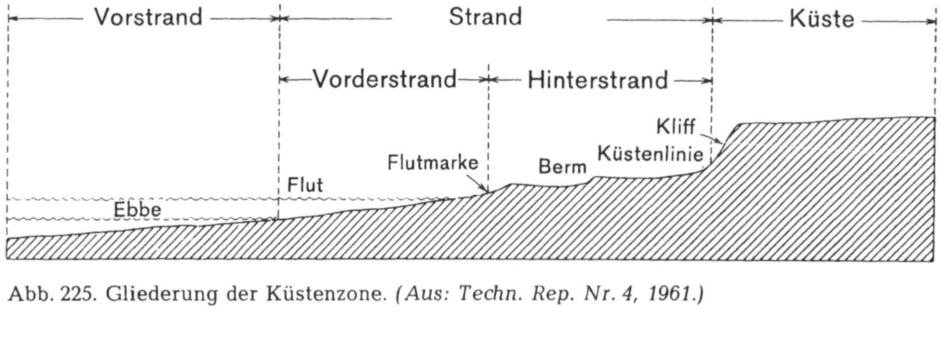

Abb. 225. Gliederung der Küstenzone. *(Aus: Techn. Rep. Nr. 4, 1961.)*

Küstenlinien-Klassifikation

Das Problem, eine Klassifikation der Küstenlinien zu geben, mag recht einfach scheinen, es ist aber doch so kompliziert, daß kein einziges, im letzten Jahrhundert vorgeschlagenes System allgemeine Anerkennung gefunden hat. Selbst die Autoren verschiedener aufgestellter Klassifikationen sind von ihren eigenen Schöpfungen später abgerückt. Zu den mannigfachen Gründen für diese Schwierigkeit gehört der Umstand, daß die Uferlinien durch alle Klimareiche der Erde ziehen, von der Antarktis, wo die Küste auf Tausende von Kilometern ein ununterbrochenes Eiskliff darstellt, bis zu den Küsten in den Tropen, die von meilenweiten Wäldern im Meer lebender Bäume, wie der Mangroven, eingefaßt werden.

Bis zu einem gewissen Grade hängt die Geländeform, die sich an einer Einzelküste entwickeln kann, von den verschiedenen Gesteinsarten ab, die an ihr zutage treten, von ihrer Lagerung und ihrem relativen Erosionswiderstand. Als wenn das noch nicht kompliziert genug wäre, sind noch zwei weitere Faktoren von großer Bedeutung: 1. Instabilität der Kruste, derzufolge sich manche Küstengebiete relativ zum Meeresspiegel heben oder senken, und 2. tatsächliche Änderungen des Meeresspiegels selbst. Naturgemäß werden diese letzteren in ihrer Auswirkung weltweit sein; sie haben den Namen *„eustatische Meeresspiegel-Schwankungen"* bekommen. Krustenänderungen andererseits sind rein lokal.

Daß der Meeresspiegel unbeständig ist, mag manchen überraschen; es ist indes sicher, daß er in spät- und postglazialer Zeit, d. h. in den letzten 17000 Jahren, über einen recht erheblichen Vertikalbereich geschwankt hat. Wie wir schon gesehen haben, war der Meeresspiegel während des letzten Teils der Eiszeit 70—90 m niedriger als heute. Dann stieg er anscheinend ziemlich gleichmäßig bis vor etwa 6000 Jahren (Abb. 226). In den letzten 6000 Jahren schwankte er um den geringen Betrag von 3 oder 3½ m um das jetzige Niveau nach oben oder unten (Fairbridge, 1960). Es ist recht interessant, daß diese weltweite relative Stabilität im großen und ganzen mit dem Auftreten der maritimen Zivilisation um die Küsten des Mittelmeeres und des Persischen Golfs zusammenfällt, und so entsprechen die alten Häfen der Ägypter, Perser, Phönizier und Minoer im groben dem heutigen Meeresspiegel.

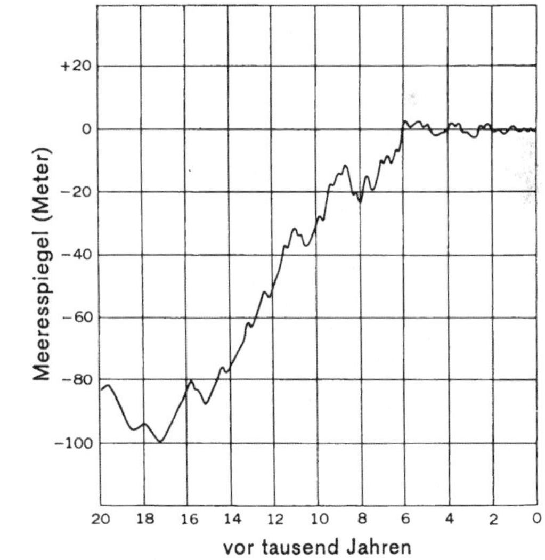

Abb. 226. Junge Meeresspiegel-Schwankungen. *(Scient. Amer., 1960.)*

Dieser derzeitige Meeresspiegel ist jedoch weit davon entfernt, stationär zu sein. Gegen 1850 begann er zu steigen, wie sich durch einen sorgfältigen Vergleich der Gezeitenpegel von Seehäfen in aller Welt gezeigt hat. Dieser Anstieg, der zur Zeit gegen 11,5 cm im Jahrhundert beträgt, hängt ziemlich sicher mit dem wirklich weltweiten Rückgang der Gletscher zusammen und ist die Folge des Rückflusses ihres Wassers ins Meer.

Abb. 227. Die buchtenreiche Küstenlinie nördlich von San Franzisko (Kalifornien) mit dem Pazifischen Ozean links und einem Teil der San-Franzisko-Bucht rechts. *(Phot.: Aero Photographers.)*

An verschiedenen Küsten werden die Auswirkungen dieser eustatischen Änderung durch Bewegungen der Erdkruste verstärkt oder abgeschwächt. In Gebieten wie Nordamerika und Skandinavien, die im Pleistozän unter einer Eislast begraben waren, ist das Festland nun daran, seine alte Ausdehnung wiederzugewinnen. Wohl der größte Wert wurde bisher an den Küsten des Bottnischen Meerbusens gemessen, wo sich der Anstieg auf 11 mm im Jahr beläuft.

Andere Küsten — z. B. diejenigen der Niederlande, die in einem Deltabereich mit schneller Absenkung liegen, — sinken in diesem Fall um fast 10 cm im Jahrhundert. Bei einem Gesamt-Senkungsbetrag von rund 20 cm im Jahrhundert — 10 cm infolge von Bodensenkung und 10 cm infolge eines Meeresspiegel-Anstiegs — ist es nicht zu verwundern, daß die Holländer seit den großen Überflutungen im Mittelalter gezwungen sind, ihre Zuflucht zum Bau eines außerordentlich komplizierten Systems von Deichen und Küstenschutz-Anlagen zu nehmen; von diesen hängt ihr Weiterleben als Nation ab.

Als wichtige Tatsache sollte man sich merken, daß die letzte postglaziale Hauptveränderung hinsichtlich des Küstenverlaufs auf der Erde durch den Anstieg des Meeresspiegels um beiläufig 90 m geschah; infolgedessen zeigen fast alle Küsten der Erde Überflutungs-Auswirkungen. Diese mögen die Form langer Vorstülpungen des Meeres in frühere Flußtäler hinein haben — das gilt z. B. für diejenigen des Delaware, des Hudson und des Potomac — oder der Invasion von Küstentälern — solche sind z. B. die Hafenarme von San Franzisko und Sidney — oder der Überflutung von Tälern, die durch Eis-

Abb. 228. Das Meer hat die vom Eis geformten Täler entlang der Küste von Maine überflutet. *(Phot.: John S. Shelton.)*

wirkung ausgetieft wurden, — wie das für die Fjorde von Norwegen, Schottland, Labrador, Alaska oder Neuseeland zutrifft.

Selten sind Küsten, an denen der junge Anstieg die 90-m-Senkung übertrifft, so daß die Auswirkungen der Hebung diejenigen der Senkung übersteigen. Selbst in solchen Teilen Skandinaviens, in denen die postglaziale Hebung 300 m beträgt, reichte sie doch nicht aus, um das Meer aus den Fjorden zu vertreiben, von denen sich einige 80 Kilometer oder mehr landeinwärts erstrecken.

Wir haben also die außergewöhnlich komplexe Natur des Küstenbereichs und das Fehlen einer befriedigenden Klassifikation der Küstenlinien unseres Planeten zu berücksichtigen, und so mag sich hier die Darstellung auf zwei repräsentative Typen unter den Myriaden der möglichen beschränken. Die beiden ausgewählten Formen, die *„Buchtenküste"* und die *„Ebenenküste"* sind typisch für viele Uferbereiche der zur gemäßigten Klimazone gehörenden Teile von Nordamerika und Europa. Die gleichen Prinzipien, denen die Beschreibung dieser beiden Typen folgt, können auf andere Küstenlinien in anderen Ländern und anderen Bereichen übertragen werden.

Buchtenküsten

Im typischen Fall handelt es sich um Küsten, in denen sich das Meer weit landeinwärts erstreckt, und zwar in Form von Buchten, wie den in den Abbildungen 227 und 228 dargestellten. Wenn sich diese Auskerbungen durch Flußerosion gebildet hatten, bevor sie vom Salzwasser überschwemmt wurden, heißt ein solches buchtenreiches Meeresufer *„Ria-Küste"* — nach einem Namen, der für die Südküste der Biskaja-Bucht verwandt wird.

Tiefe, trogartige Arme des Meeres, die weit ins Binnenland vorgreifen und durch Gletscher gestaltet wurden, heißen *„Fjorde"*. Solche vom Eis überformten Küsten sind großartig malerisch, und infolge des unermüdlichen Eifers der Reisebüros vieler Länder, in denen sie vorkommen, sind sie sicher jedem Fernseh-Zuschauer, Kinobesucher oder Leser von Reiseprospekten bekannt. Berühmte Fjordküsten sind die von Norwegen, Schottland, Island, Grönland, Labrador, Britisch-Kolumbien und Alaska, Neuseeland und Süd-Chile. Im allgemeinen finden sich Fjorde besonders an hügeligen oder gebirgigen Küsten in höheren Breiten nördlich und südlich des Äquators.

Wie eine Küste im Einzelfall ihre Buchtenform bekommen hat, läßt sich schwer entscheiden. Vielleicht sank das Land, und in diesem Falle drang das Meer in präexistierende Flußtäler ein, d. h. es „ertränkte" sie. Oder das Festland blieb stationär, und der postglaziale Meeresspiegel-Anstieg setzte niedrig gelegene Teile von ihm unter Wasser. Den Fjordküsten mit ihren Besonderheiten gab wohl keiner dieser beiden Umstände allein ihre ungewöhnlichen Eigenschaften. Die tiefen, schmalen Fjorde, die nun das Meer einnimmt, können gut bis weit unter den Meeresspiegel der damaligen Zeit durch Gletschereis ausgeräumt worden sein. Dieses Eis hätte erst dann frei schwimmen können, wenn wenigstens acht Neuntel seiner Dicke in das Wasser eingetaucht gewesen wären. Als das Eis zu Ende des Pleistozäns schmolz, strömte das Meer herein, um den Raum einzunehmen, den es zuvor innegehabt hatte.

Die fortschreitende Veränderung, die die relativ weiter verbreitete Ria-Küste infolge der Wirkungen durch Wellen- und Meeresströmungen durchzumachen pflegt, ist in der Diagrammreihe von Abb. 229 wenigstens teilweise dargestellt.

Im ersten Stadium kam das Meer entweder infolge Sinkens des Landes oder Ansteigens des Meeresspiegels auf einer Landmasse zum Stillstand, deren Oberfläche durch Flußerosion gestaltet war. Frühere Anhöhen ragen nun als Landspitzen in das Meer hinein, und dieses bildet in Form von Buchten oder Ästuaren Einsprünge in das Land, etwa so, wie das die Chesapeak-Bucht tut.

Das zweite Diagramm zeigt einige Veränderungen, die mit der Zeit zu erwarten sind. Da sich die Gewalt des Meeres zumeist auf die Landspitzen konzentriert, so entwickeln sich diese bald zu Küstenkliffs. Wenn im Meere eine Strömung parallel zur Küste besteht, dann hängt sich der

Abb. 229. Entwicklung einer Ria-Küste. Im obersten Diagramm sind die Buchten von Wellen und Strömungen noch unverändert. Im mittleren Blockbild begrenzen Steilwände die Bergausläufer gegen das Meer und legen sich Nehrungen vor die Buchten, in die Flüsse Deltas hineinbauen. Im unteren Diagramm ist die Küste zu einer Kliffzone begradigt worden.

Abb. 230. Eine geschwungene Nehrung verschließt nahezu die Öffnung in die Bolinas-Lagune nördlich von San Franzisko (Kalifornien). Priele durchziehen mäandrierend das Schlickwatt. *(Phot.: Aero Photographers.)*

Schutt, der durch die Brandungserosion des Kliffs anfällt, stromab an, um sich in einer submarinen Bank, die *„Nehrung"* genannt wird, anzusammeln; diese kann den Eingang zur Bucht erheblich einengen (Abb. 230). Flüsse, die in die Bucht münden, lagern ihr Sediment ab, da sich ihre Geschwindigkeit plötzlich vermindert, und so schieben sie Deltas in das relativ ruhige Wasser vor.

Im Verlauf der Entwicklung einer solchen Küste werden sich die Vorgebirge landwärts rückverlagern, bis sie schließlich die Linie der inneren Buchtenden erreicht haben. Dann hat die Küste ihren ursprünglich zahnförmigen Charakter verloren und ist auf dem größten Teil ihrer Länge zu einem Felskliff geworden. Was darin an Unregelmäßigkeiten auftritt, bringt weitgehend die relative Widerstandskraft der entlang der Kliff-Front zutagetretenden Gesteine zum Ausdruck.

Nur wenige Küsten haben dieses Endstadium erreicht; die Zeitspanne, die verstrichen ist, seit der Meeresspiegel seinen heutigen Stand erlangte, war eben zu kurz. Zu den Küsten, die diesen Zustand gerade eben gewonnen haben, gehören die Steilküste bei Dover in Süd-England und diejenige bei Dünkirchen in Nord-Frankreich. Diese Kliffs sind aus ungewöhnlich weichem Gestein, nämlich Schreibkreide, herausgeschnitten, und zugleich sind sie der vollen Wucht der Brandung im Ärmelkanal ausgesetzt.

Was weiter geschieht, nachdem eine Küste die Form eines fast durchlaufenden, von einer Abrasions-Plattform begrenzten Kliffs angenommen hat, ist schwer zu sagen. Zwar hat noch niemand eine solche Küste gesehen, aber das hindert uns doch nicht daran, Überlegungen darüber anzustellen. Vielleicht wird sich die Abrasionsterrasse im Verlauf der Zeit immens verbreitern, vorausgesetzt, daß die Brandungswirkung anhält und der Meeresspiegel konstant bleibt. Es ist aber auch möglich, daß das Meereskliff die dem Innenrand der Buchten entsprechende Linie beibehält, doch mit der Zeit an Höhe verliert, und das in dem Maße, wie die Landmasse hinter ihm allmählich durch Massenbewegung, durch Erosion von Flüssen, Gletschern oder Wind abgetragen wird.

Flachland-Küsten

Manche Küsten der Erde sind fransenförmig mit langen, schmalen Sandbarren besetzt, die bald im Kontakt mit dem Land stehen, bald weit vor der Küste liegen. Vielleicht das extremste Beispiel in den Vereinigten Staaten ist die fast ununterbrochene Sandbarre, die die Kaps Hatteras, Lookout und Fear bildet und gegen 48 km seewärts vor der Carolina-Küste liegt.

Eine Karte der Vereinigten Staaten zeigt, daß Landbarren von Art der genannten lange Reihen bilden, gleich einer Kette von Würsten; sie erstrecken sich von Long Island (New York) um Florida und den Golf von Mexiko herum bis zum Südende von Texas. Eine ähnliche Kette sandiger Inseln zieht sich entlang der Flachküste der Niederlande, Frieslands und Dänemarks um den Südostrand der Nordsee.

Über die Entstehung dieser verschiedenen Erscheinungen sind viele Abhandlungen geschrieben worden. Sie sind auffallende Elemente an den entsprechenden Küsten, und tatsächlich haben sie eine nicht unbedeutende Rolle in der Geschichte gespielt. Die unglücklichen Kolonisten der Roanoke-Insel von 1587 ließen sich auf einer solchen nieder, und als sie in das unbekannte Innere des Kontinents verschwanden, nahmen sie das erste, in Amerika geborene englische Kind, Virginia Dare, mit sich in den Tod.

Im Bürgerkrieg waren diese Sandbarren und -inseln der Platz zahlreicher amphibischer Landungen und kleinerer Flottenoperationen. Die Kontrolle über diese der Küste vorgelagerten Inseln und die Durchfahrten zwischen ihnen zu gewinnen, war für die Union Navy von höchster Bedeutung; sie erwies sich als eine schreckliche Aufgabe. Die flachen, unüberblickbaren Passagen (oder Öffnungen) durch den Inselkranz mit ihren endlos sich verlagernden Fahrtrinnen war ein wahrer Segen für die Blockadebrecher mit ihrem geringen Tiefgang und ihrer größeren Manövrierfähigkeit gegenüber den Schiffen der Blockadeflotte.

Wenn so niedrige und oft instabile Inseln auch im allgemeinen nicht gerade verlockend sind, so können sie doch gelegentlich die Standorte großer und blühender Gemeinden sein — selbst so großstädtischer Menschenzusammenballungen wie Galveston und Atlantic City — sowie zahlreicher Strand- und Erholungszentren.

Das in Abb. 231 gegebene Diagramm einer von solchen Sandinseln umsäumten Küste entspricht etwa dem Bauplan einer der Küsten mit den genannten Städten. Um eine solche Stadt vom Festland her zu erreichen, müßte man zunächst eine breite Zone flachen Wassers queren, eine *Lagune,* die die Insel vom Kontinent trennt. Die Insel selbst ragt gewöhnlich nur wenige Meter über den Meeresspiegel auf. Die auffallendsten Naturobjekte an seiner Oberfläche sind Sanddünen (Abb. 232), die in Atlantic City von den glänzenden Türmen der Strandhotels weit in den Schatten gestellt werden.

Die Entstehung dieser Barren vor der Küste ist noch nicht geklärt. Eine Theorie besagt, daß sie wahrscheinlich in *dem* Tiefenbereich zu wachsen beginnen, in welchem sich die

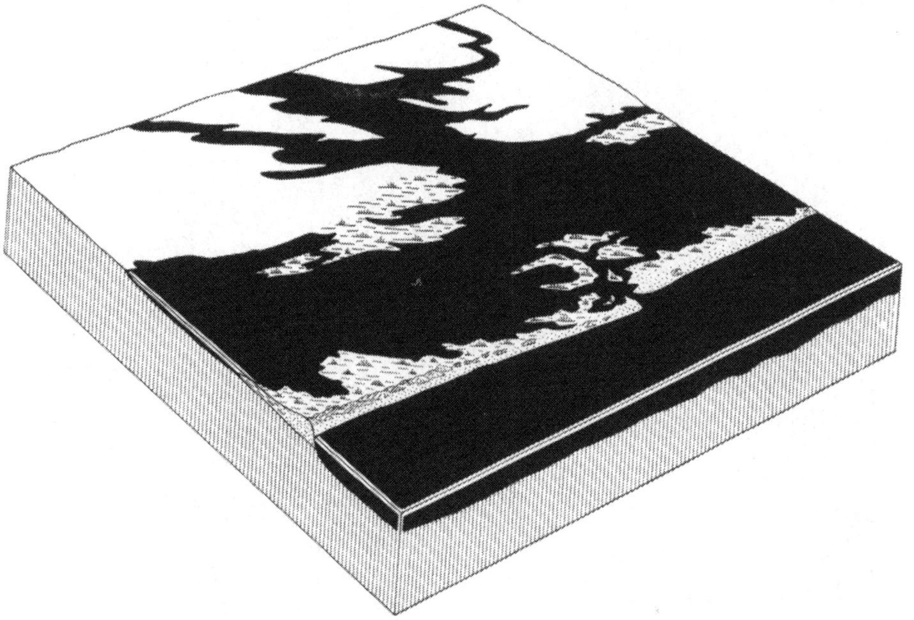

Abb. 231. Eine Flachland-Küste, begleitet von einer Küsten-Vorbarre mit aufgesetzten Sanddünen. Die Barre umschließt eine Lagune.

größeren Wellen brechen. Diese fegen dabei über den Meeresboden und häufen Sand zu einem niedrigen Rücken auf, der von ihrem sogenannten Sturzpunkt aus gegen das Land zu gelegen ist. Mit der Zeit erreicht der Sand, der sich in einer solchen Barre angesammelt hat, die Wasser-Oberfläche. Dann wird der der Luft ausgesetzte Teil angreifbar, und zwar in dem Sinne, daß hier der lose Sand vom Wind erfaßt werden kann, um in die Lagune geweht zu werden.

Da die Wellen fortwährend den seewärtigen Fuß der Sandinsel unterspülen und der Wind Sand, der über dem Meeresspiegel liegt, in Richtung auf das Festland transportiert, wandert die ganze Struktur küstenwärts.

Schließlich kommt der Tag, daß die Barre vor der Küste die ganze Strecke bis zum Festland zurückgelegt hat und daß der Küstensumpf zugeschüttet und beseitigt ist. Der Sand der Barre kann dann in großem Umfang auf das Land hinaufgetragen werden, um eine Zone von Küstendünen aufzubauen. Die Küste selbst, die nun dem vollen Ansturm der Meereswellen ausgesetzt ist und den Schutz, den sie zuvor durch die Inseln vor der Küste erfuhr, verloren hat, kann dann auf ihre ganze Länge zu einem steilen Kliff werden. Auf diese Weise erhält sie praktisch die gleiche Form wie eine Buchtenküste in den späteren Stadien ihrer oben beschriebenen Entwicklungsreihe.

Zu den Problemen, die diese interessanten Sandbarren aufwerfen, gehört an erster Stelle die Frage: Woher kam der Sand? Hierfür gibt es zwei Hauptmöglichkeiten: Entweder wurde der Sand von Längsströmungen, die parallel zur Küste verlaufen, mitgebracht und dann von den Wellen aufgearbeitet, oder er wurde vom Meeresgrund durch Wellen, die über den Boden fegen, aufgenommen, mitgeschleppt und zuletzt zu einem Damm aufgehäuft. Da der Meeresboden vor der Barre tiefer zu sein pflegt als innerhalb der Lagune (Abb. 231), schloß Johnson (1919), daß der Meeresboden in der Tat abgetragen worden sei und so das Hauptherkunftsgebiet des Materials darstelle.

Abb. 232. Moriches Inlet, Long Island, N. Y. Strömungen bringen durch die Öffnung, die die Küsten-Vorbarre durchschneidet, große Mengen Sand in die Lagune. *(Phot.: Fairchild Aerial Surveys, Inc.)*

Ein anderes Problem hat es mit der Natur der Küste zu tun, vor der sich solche Barren entwickeln. Johnson (1919), dessen Beschreibung derselben auch heute noch als klassisch gilt, glaubte, daß sie für Küsten bezeichnend seien, die erst jüngst aus dem Meere aufgetaucht wären. Heute erscheint das als eine absurde Annahme; denn manche besser bekannten Fälle auf der Erde, so die Barren, die die Mittelatlantik-Staaten umsäumen, liegen in unmittelbarer Nachbarschaft ausgesprochener Senkungsbereiche, wie der Chesapeake- und der Delaware-Bucht. Heute ist man wohl übereinstimmend der Meinung, daß Barren vor den Küsten an sich weder Ausdruck der Hebung noch der Senkung sind. Sie bilden sich offenbar dort, wo ein sanfter Hang, ein flacher, sandbedeckter Meeresboden und Wellen von generell konstanter Richtung und Größe in der richtigen Weise zusammenstimmen. Wohl wird ein gehobener Meeresboden dieses Zusammenspiel begünstigen, aber eine glaziale Exarationsfläche, die ein vorrückendes Meer überflutet hat, wird dem Zweck genauso gut dienen. In der Tat scheint das letztere für die Südküste von Long Island im wesentlichen zuzutreffen.

Sonderfragen

Entstehung submariner Cañons

Kommen wir nochmals kurz auf die Tiefsee zurück! Eine ihrer vielen interessanten Erscheinungen, deren Erklärung sich unserem Verständnis entzieht, sind die tiefen, steil geböschten, cañonähnlichen Furchen, die in die submarinen Hänge eingeschnitten sind, welche die meisten Kontinente der Erde umsäumen. Einige dieser „Täler" unter dem Meer sind seit dem 18. Jahrhundert bekannt, besonders die flachen, inneren Abschnitte derjenigen, die am Rande der Nordsee liegen, da diese von den Loten der Segelschiffe jener Zeit erreicht werden konnten. Die Cañons an der Atlantik-Küste der Vereinigten Staaten wurden um die Zeit des Bürgerkrieges erstmals beschrieben, und zu Beginn dieses Jahrhunderts war ihr Vorhandensein auch an der anderen Küste der USA bekannt. Als diese Cañons entdeckt wurden, brach ein Streit über ihre Entstehung aus; dieser dauert seither in wechselnder Stärke an. Mit der Zeit werden jedoch die aufrichtigeren Ozeanographen eingestehen müssen, daß wir heute einem Verständnis ihres Ursprungs nicht viel näher gekommen sind, als wir es vor einer Generation waren.

Vor rund 30 Jahren kam das Echolot oder „Fathometer" auf Handelsschiffen, Flotteneinheiten und hydrographischen Forschungsschiffen der meisten seefahrenden Nationen allgemein in Gebrauch. Gleichzeitig wurden enorme Fortschritte in der Anwendung der Navigationsgeräte gemacht, und heute kann eine Schiffsposition in Küstengewässern bis auf wenige hundert Meter genau bestimmt werden.

Es gibt jedoch Einschränkungen hinsichtlich dessen, was wir heute über die Gestaltung dieser Cañons wissen. Das Echolot sendet einen Impuls aus, den man sich als eine Kugelschale vorstellen kann, die sich von einem Sender am Schiffsrumpf aus durch das Wasser kontinuierlich nach außen ausbreitet. Wenn eine solche Welle auf eine enge, steilwandige Depression am Meeresboden trifft, können Echos entstehen, die das wirkliche Bild verzerren. Auch wird die von einem Tiefenmesser aufgezeichnete Bauform solcher Cañons mit zunehmender Tiefe mehr und mehr verschleiert erscheinen.

Bevor wir einige für die submarinen Cañons gegebene Erklärungen erörtern, müssen wir uns ein paar Dinge kurz vor Augen führen, die über sie bekannt sind:

1. Cañons sind von fast allen Küsten der Erde bekannt. Daß sie vor den Küsten Europas und der Vereinigten Staaten gehäuft aufzutreten scheinen, hat wohl nur seine Ursache in den dort zahlreicheren Detailuntersuchungen.
2. Cañons kommen nicht nur an Kontinentalhängen zum offenen Meer hin vor, sondern finden sich auch in Hängen, die submarine Becken einfassen, wie jenen von Süd-Kalifornien, oder an nahezu abgeschlossenen Becken, wie dem des Mittelmeeres.
3. Ihre Beziehung zu Flüssen auf dem Festland ist zweifelhaft. Manche Cañons zeigen an ihren Oberenden keine Fortsetzungen in Form von Flußtälern, andere dagegen haben solche. Einige Cañons ziehen sich quer über den Kontinentalschelf, andere nicht. Nur wenige erstrecken sich bis zu den Mündungen echter Flüsse oder dringen in das Festlands-Innere ein. Zu den letzteren gehört der allergrößte, das submarine Kongo-Tal; denn sein Oberende reicht wenigstens 40 km in das Kongo-Ästuar hinauf.
4. Viele dieser Cañons sind imposante Erscheinungen und gehören zu den wichtigsten topographischen Phänomenen der Erde. Der Kongo-Cañon z. B. ist über 200 km lang und reicht bis zu einer Tiefe von wenigstens 3000 m hinab. Sein Boden liegt stellenweise 1500 m tiefer als der Kontinentalschelf, in den er eingeschnitten ist.
5. Nach der Kenntnis, die sowohl Blei- wie Echolotungen von diesen Cañons geliefert haben, erweitern sich ihre Flanken nach oben ganz wie ein riesiges V, und so ähneln sie den Hängen von Flußtälern auf dem Festland. Auch scheinen die Sohlen der Cañons kontinuierlich nach vorn geneigt zu sein; sie verhalten sich also auch in dieser Hinsicht wie Täler auf dem Kontinent.

Das Gefälle der submarinen Cañons scheint steiler zu sein als das ihrer nächsten Gegenstücke auf dem Lande. Der submarine Cañon gegenüber der Mündung des Salinas-Flusses in Zentral-Kalifornien hat eine mittlere Neigung von 4°, während der Fluß nahe seiner Mündung ein Gefälle von nur 0,1° aufweist.

6. Die submarinen Cañons sind in die mannigfaltigsten Gesteine eingeschnitten, darunter auch in Granit, und die Gesteine, die sie durchfurchen, scheinen allen Altersstufen anzugehören — von Bildungen hohen geologischen Alters bis zu solchen, die erst im Pleistozän abgelagert wurden. Die letzteren sind für die Aufstellung einer Theorie über die Cañon-Entstehung wichtig; denn eine solche Theorie hat die Jugendlichkeit manchen Cañon-Einschnitts zu berücksichtigen.
7. Das Oberende verschiedener Cañons liegt fast in der heutigen Brandungszone, und das scheint für zahlreiche Fälle in Kalifornien zuzutreffen. Andere, wie diejenigen, die am Rand der nordamerikanischen Atlantik-Küste liegen, sind im wesentlichen auf den Kontinentalhang beschränkt und berühren kaum den Kontinentalschelf. Wenn der Schelf breit ist, liegen ihre Oberenden gegen 130 km vor der Küste.
8. Die großen Tiefen, bis zu denen viele Cañons hinunterreichen, gehören zu den am schwersten zu erklärenden Umständen. Wegen der Unsicherheiten, die den Echolotungen anhaften, ist in manchen Fällen die Endtiefe nicht genau bekannt, doch gibt es starke Hinweise darauf, daß sich die unteren Enden vieler größerer Cañons wenigstens 3600 m unter dem Meeresspiegel befinden. Nebenbei, zahlreiche Cañons scheinen vor ihren Mündungen fächerförmige Sedimentansammlungen auf dem Meeresboden aufzuweisen. Manche dieser Fächer bestehen aus Sand und anderem Küstendetritus, der eher für flaches Wasser bezeichnend ist als für die Tiefen, in denen sich das Material heute befindet. Ferner sprechen — innerhalb der bisher erreichten Genauigkeitsgrenzen — gewichtige Gründe dafür, daß manche Fächer von radial auseinanderstrahlenden Furchen durchkerbt werden.
9. Schließlich ist — wie das für so viele Naturerscheinungen zutrifft — mehr als nur *eine* Art von Cañons bekannt, und deshalb kann zu ihrer Erklärung nicht eine einzige Ursache herangezogen werden. Es scheint wenigstens *drei* Haupttypen zu geben: a) relativ flache Gräben auf dem Kontinentalschelf — in vielen Fällen Fortsetzungen von Flüssen des Festlandes, wie z. B. dem Hudson; b) tiefe und schmale Cañons, die in Kontinentalhänge eingeschnitten sind; c) breite, mit ebenen Böden versehene, flache Tröge in den größeren Tiefen des offenen Ozeans. Diese letzten wurden erst vor kurzem beschrieben; ein solcher, der östlich von Neufundland durch Wissenschaftler der Columbia-Universität entdeckt wurde, dürfte über 1600 km lang sein.

Wie oben schon gesagt wurde, hat es keinen Mangel an Hypothesen zur Erklärung dieser submarinen Cañons gegeben. Die Theorien seien der Einfachheit halber in zwei größere Gruppen eingeteilt. Nach der ersten wurden die Cañons im wesentlichen durch Flüsse an der Land-Oberfläche eingeschnitten, deren Täler später unter das Meer absanken. Die zweite Theorie besagt, daß die Cañons von einem submarinen Agens ausgefurcht wurden, d. h. durch einen völlig im Meer ablaufenden Prozeß entstanden seien.

Die weltweite Verbreitung dieser rätselhaften Vertiefungen, der Umstand, daß sie vielfach den Mündungen von Flüssen des Festlandes gegenüber liegen, die kontinuierliche Neigung der submarinen Cañonsohle nach vorn, ihre wellige Form und das Auftreten von Nebentälern — alles das führte natürlich viele Forscher zu dem Schluß, daß die Cañons von Flüssen zu einer Zeit eingetieft worden seien, als der Meeresspiegel niedriger als heute lag. Zunächst dachte man, daß die eustatische Meeresspiegel-Senkung während der Eiszeit diesen Streich gespielt hätte; damals wurden nämlich etwa 83 000 000 Kubikkilometer Wasser in Form von Gletschern auf dem Festland gestapelt. Die Ozeanographen sind indessen übereinstimmend der Meinung, daß die Meeresspiegel-Senkung nur etwa 50 m beträgt; das würde weit hinter den 2000 m zurückbleiben, die für das Einschneiden der tieferen Cañons benötigt werden.

Eine Abwandlung dieser Kernidee ist die Annahme, daß sich die Cañons infolge einer nur mäßigen Meeresspiegel-Senkung bis zu einer annehmbaren, nicht so horrend großen Tiefe eingeschnitten hätten, daß sie dann aber infolge einer relativen Senkung der

Ozeanbecken beziehungsweise einer Hebung der kontinentalen Landmassen nach unten gezogen worden seien. Diese Alternative könnte wohl das steilere Gefälle der submarinen Cañons gegenüber demjenigen entsprechender Flußtäler auf dem Festland erklären, aber sie stößt in geologischer Hinsicht auf Schwierigkeiten. Es gibt kaum Anzeichen, die die Auffassung einer weltweiten Abbiegung der Kontinentalränder stützen; besonders schwierig ist die Sachlage bei abgeschlossenen Wasserbecken, wie dem Mittelmeer oder der Karibischen See. Ferner ließen sich auf diese Weise diejenigen Cañons nicht erklären, die keine Gegenstücke auf dem Festland haben.

Eine weitere Alternative lautet, daß die Cañons geologisch sehr alt seien und daß sie sich somit durchaus in einem Abschnitt der fernen geologischen Vergangenheit gebildet haben könnten, in welchem der Meeresspiegel in einem anderen Verhältnis zum Festland stand als heute. Daß die Cañons von Ablagerungen aus jüngerer geologischer Zeit freiblieben, wird damit erklärt, daß diese Sedimente durch Trübeströme fortgespült wurden, während die Oberenden der Cañons sich versteilten und vielleicht auch durch submarine Hanggleitungen vergrößerten.

Die zweite der beiden Haupttheorien — nämlich die Vorstellung, daß die Cañons das Ergebnis rein submariner Prozesse seien, — gründet sich in starkem Maße auf das Wirken von Trübeströmungen. Wie wir schon gesehen haben, bestehen diese aus dichterem, schlammigem Wasser. Sie scheinen in vollem Umfang fähig zu sein, große Mengen Sediment aus dem Flachwasser-Bereich über die Kontinentalhänge bis hinab zu den abyssischen Tiefen zu verfrachten.

Viele Geologen und Ozeanographen berufen sich auf Trübeströme als ein Mittel nicht nur der Sedimentbewegung, sondern auch der Cañon-Ausfurchung. Die Verfechter der Erosion durch Trübeströme betonen, daß diese Strömungen zur Eiszeit wirkungsvoller gewesen seien, als sie es heute sind, weil 1. der Wasserspiegel damals niedriger war, 2. sich die Wellen auf dem Kontinentalschelf brachen, dessen leicht erodierbare Oberfläche reichlich Schluff liefern konnte, und 3. weil die Eiszeit allgemein eine Periode gesteigerter Windbewegung und kälteren Meereswassers darstellte; dichte, kalte Trübeströme waren häufiger und vermochten mehr als heute auf den überschwemmten Hängen der Kontinentalschollen Cañons auszuwaschen.

Wohl kaum jemand wird die doch offensichtliche Wirksamkeit von Trübeströmungen als Sedimenttransporteure (Abb. 233) leugnen. Nicht alle Geologen aber werden bereit sein, die Vorstellung zu akzeptieren, daß Strömungen, die sich durch Wasser von kaum geringerer Dichte bewegen, große Hohlformen auszufurchen vermöchten, die dem Great Canyon durchaus vergleichbar sind. Einige derselben durchschneiden Gesteine von der Widerstandsfähigkeit des Granits.

Tatsächlich beruht der Beweis für die erosive Wirksamkeit von Trübeströmungen weitgehend auf Kuenens Modelluntersuchungen in den Niederlanden und auf den relativ wenigen Nachrichten über submarine Kabelbrüche, wie das Great-Bank-Geschehnis, sowie auf einigen ziemlich großen submarinen Rutschungen, die durch Erdbeben ausgelöst wurden.

So steht die Sache im Augenblick. Die Annahme einer weltweiten Meeresspiegel-Senkung vermag für sich allein keineswegs die Erscheinungen zu erklären. Zusatzmotive in Verbindung mit Meeresspiegel-Schwankungen scheinen die in sie gesetzten Erwartungen nicht erfüllen zu können. Daß Trübeströmungen gegenwärtig als Mechanismus der Cañonentstehung von der Mehrzahl der Meeresgeologen bevorzugt werden und somit im Mittelpunkt stehen, liegt großenteils wohl daran, daß wir nicht dabei waren und die Vorgänge nur unvollkommen überblicken. Die endgültige Antwort entzieht sich uns noch. Das ist jedoch kein Grund zur Aufregung, wir sollten vielmehr daran denken, wie wenig

Abb. 233. Sand ergießt sich über einen „Fall" von rund 9 Meter Höhe in den submarinen Canyon von Cape San Lucas, Baja California (Mexiko). *(Von der University of California in San Diego freundlich überlassen.)*

wir immer noch über die Vorgänge im Innern des Meeres tatsächlich wissen, wenn wir auch dem Verständnis im vergangenen Halb-Jahrhundert ein ganzes Stück nähergekommen sind. Es bedeutet einen wirklichen Ansporn zu schöpferischem naturwissenschaftlichem Denken, wenn wir ein noch der Lösung harrendes Problem haben, das so umfassend, so voller Rätsel und so reizvoll ist wie die Frage nach der Entstehung dieser submarinen Cañons.

Bildung von Korallenriffen

Unter den mehr romantischen Erscheinungen des Naturreichs nehmen nur wenige in der Vorstellungswelt der Menschheit eine solche Position ein wie die Korallenriffe (Abb. 234). Ihr Reiz reicht durch die Jahrhunderte bis in die Zeit zurück, als die ersten Seefahrer Westeuropas ihren Weg in die fernen Bereiche der tropischen Meere nahmen. Berühmt wurde diese Welt durch Herman Melville, durch Robert Louis Stevenson, durch die erregenden Geschehnisse, die sich auf der kampfreichen Reise von H. M. S. *„Bounty"* ergaben, und in unserer Zeit durch den Seekrieg, der in den Jahren 1942 bis 1945 über den weiten Bereich des Pazifiks hin und her wogte. Für Interessenten sei vermerkt, daß die heutige Welt dieser fernen Inseln in wirkungsvoller Weise in den Novellen und Essays von James Michener beschrieben wird.

Wahrscheinlich wissen nur relativ wenig Menschen, daß die Korallenriffe einst die wissenschaftliche Welt ebenso anspornten, wie sie die Gedanken der romantisch ver-

Abb. 234. Ein Barriere-Riff, das eine Vulkaninsel umgürtet. *(Office of Naval Research.)*

anlagten Schriftsteller des 19. Jahrhunderts anregten. Wenige Bereiche liefern einen Rahmen, der von demjenigen der westlichen Welt stärker abweicht, noch eine Lebensweise, die sich von der unsrigen mehr unterscheidet, als diejenige der das Meer durchstreifenden Polynesier.

Zu Beginn des 19. Jahrhunderts rüsteten die mehr expansionistischen Mächte eine Anzahl Forschungsexpeditionen aus, und vielfach gehörte ein Naturwissenschaftler zur Schiffsbesatzung. Seine Stellung in dieser Seefahrer-Welt war niemals hoch, wir können aber heute dankbar dafür sein, daß solch beherzte Männer uns den wissenschaftlichen Weg ein wenig bahnen halfen. Charles Darwin wird unter ihnen stets einen hervorragenden Platz einnehmen. Als junger Mann von 22 Jahren war er H. M. S. *„Beagle"* als Naturforscher zugeteilt. Er schiffte sich auf dieser 10-Kanonen-Brigg von nur 235 Tonnen, die kaum 30 m lang war und 74 Personen an Bord hatte, ein — zu einer Reise, bei der die Welt umsegelt werden sollte. Seine zoologischen Beobachtungen trugen, überarbeitet, zusammengestellt und analysiert, zu den Schlüssen bei, die in seinem Buch *„Entstehung der Arten"* niedergelegt wurden und wohl jedem gebildeten Menschen als *„Evolutionstheorie"* bekannt sind.

Nur wenige wissen, daß Darwins wissenschaftliche Ausbildung in der Geologie nicht geringer war als in allen anderen Zweigen der Naturwissenschaften und daß er auf der Reise der *„Beagle"* zahlreiche Beobachtungen an Gesteinen, vulkanischen Erscheinungen, Fossilien usw. anstellte. Von den vielen Wundern, die er erblickte, erregte kaum eines sein Interesse mehr als die von den Korallen geschaffene Märchenwelt unter dem Meeresspiegel. Zwar sah Darwin tatsächlich nur wenig Riffe, aber die Beobachtungen genügten doch, um festzustellen, daß es deren drei Hauptarten gibt: 1. Randriffe, 2. Barrière-Riffe und 3. *Atolle;* und daß diese in logischer Verknüpfung und allmählichem Übergang miteinander verbunden sind.

Darwin glaubte, daß dieser Übergang von dem einen Rifftyp in den anderen dadurch zustandekäme, daß Korallen von einem sinkenden Fundament, z. B. von einem sinkenden Vulkan, aus nach oben wüchsen. Solange die Geschwindigkeit des Korallenwachstums größer als der Senkungsbetrag wäre, ergäbe sich — so schloß Darwin — eine fortschreitende Entwicklung vom Randriff zum Barrière-Stadium; mit dem Untertauchen der Zentralinsel infolge der Senkung bliebe nur eine vom Riff umschlossene Lagune, d. h. ein Atoll, übrig (Abb. 235).

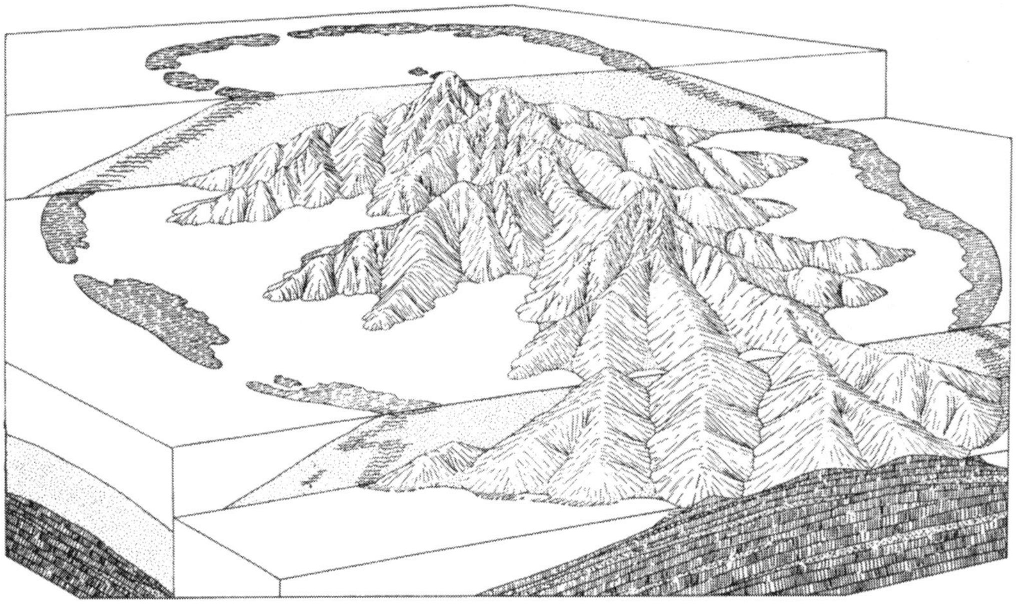

Abb. 235. Blockdiagramm der Abfolge von Rifftypen um eine sinkende Vulkaninsel von einem Küstenriff (vorderer Block) über ein Barriere-Riff (Mittelblock) zu einem Atoll (hinterer Block). *(Nach: W. M. Davis: The coral reef problem, Amer. geogr. Soc. spec. Publ., 9, 1928.)*

Zwar fand Darwins Theorie, die er 1842 in seinem Buch *„Die Struktur und Verbreitung von Korallenriffen"* im einzelnen darlegte, zunächst weitgehend Beifall; es dauerte aber nicht lange, bis eine handfeste Opposition entstand. Ehe wir uns aber in die Details des Korallenriff-Streites stürzen, müssen wir uns einige Tatsachen über Korallenorganismen und Korallenriffe vor Augen führen.

Korallen sind Tiere, auch wenn sie den meisten mehr wie Pflanzen vorkommen; das gilt besonders für solche, die kompliziert sich verzweigende und verästelnde Strukturen bilden. Sie gehören zur gleichen größeren Gruppe der Wirbellosen wie die Seeanemonen und Quallen. Nach kurzem Jugendstadium freien Schwimmens werden die Korallen seßhaft, und wenn sie sich auf festem Untergrund verankert haben, der gewöhnlich das Skelett eines ihrer Vorgänger ist, sondern sie fortwährend eine kalkige Außenwand ab, die ihren leichtverletzlichen quallenartigen Körper umhüllt. Wenn sich der gleiche Platz für viele Korallenindividuen als attraktiv erweist, d. h. wenn er für sie günstig ist, dann können sie sich zusammenschließen und große Kolonien aus enggedrängten Einzelorganismen bilden — die in vieler Hinsicht den Zellen in einem Bienenstock ähneln. Daß Geschöpfe, die so zart sind wie diese, Bauten aus Kalk errichten können und daß sie das angesichts der vollen Brandung des offenen Meeres tun, scheint wie ein Wunder. Wohl kaum jemand wird ohne ein beklemmendes Gefühl die lange Pazifik-Dünung als eine donnernde Gischtfurie über so zarte Strukturen herstürzen sehen, wie über diesen Wall, der aus den lebenden und toten Körpern dieser kleinen, blumenhaften Wesen besteht.

Damit Riffkorallen gedeihen können, muß eine Reihe von Voraussetzungen erfüllt sein. Die dadurch bedingten Einschränkungen müssen berücksichtigt werden, wenn man eine Theorie zur Erklärung so rätselhafter Strukturen wie die eines Atolls aufstellen will. Korallen verlangen warmes Wasser; seine Temperatur muß wenigstens 20 °C betragen, damit sie gedeihen, und sie fühlen sich am wohlsten bei Wärmegraden zwischen 25 und 30 °C.

Das Meerwasser muß nicht nur warm, sondern auch sauber sein, einen normalen Salzgehalt aufweisen und ständig durchbewegt werden. Die letztgenannten Faktoren erklären, warum sich Riffe an der dem Wind zugewandten Seite tropischer Inseln am besten entwickeln und warum viele Passagen oder Kanäle in einem Riff gegenüber der Mündung eines Wasserlaufs auf der zentralen Insel liegen — hier ist das Salzwasser durch Süßwasser verdünnt, und das ist für das Wachstum weniger günstig.

Sonnenlicht trägt zum Wohlergehen der Riffkorallen bei und ist wesentlich für das Wachstum von Algen (marinen Pflanzen). Die letzteren sind ein Bestandteil des ganzen Riffkomplexes und vermögen zu dessen Wachstum ebensoviel beizutragen wie die Korallen selbst. Die Korallentiere versorgen die Algen mit CO_2, und die Algen erzeugen als Gegenlieferung den Sauerstoff, den die Korallen zum Leben brauchen. Der Umstand, daß Photosynthese für den Lebenszyklus der Algen notwendig ist, setzt — zusammen

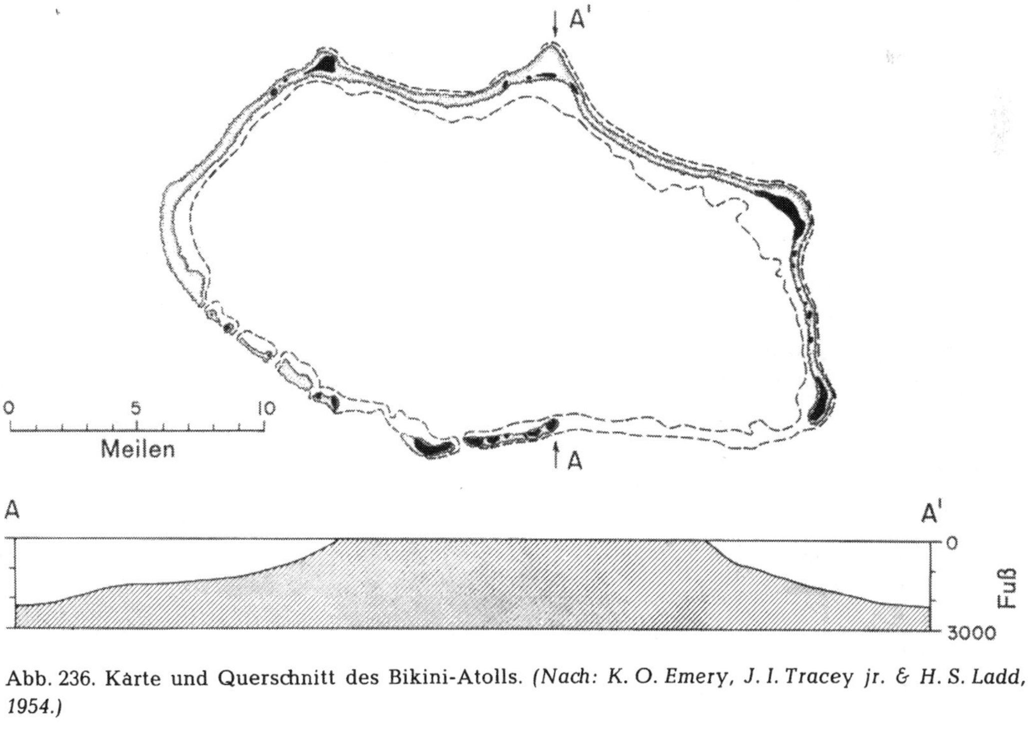

Abb. 236. Karte und Querschnitt des Bikini-Atolls. *(Nach: K. O. Emery, J. I. Tracey jr. & H. S. Ladd, 1954.)*

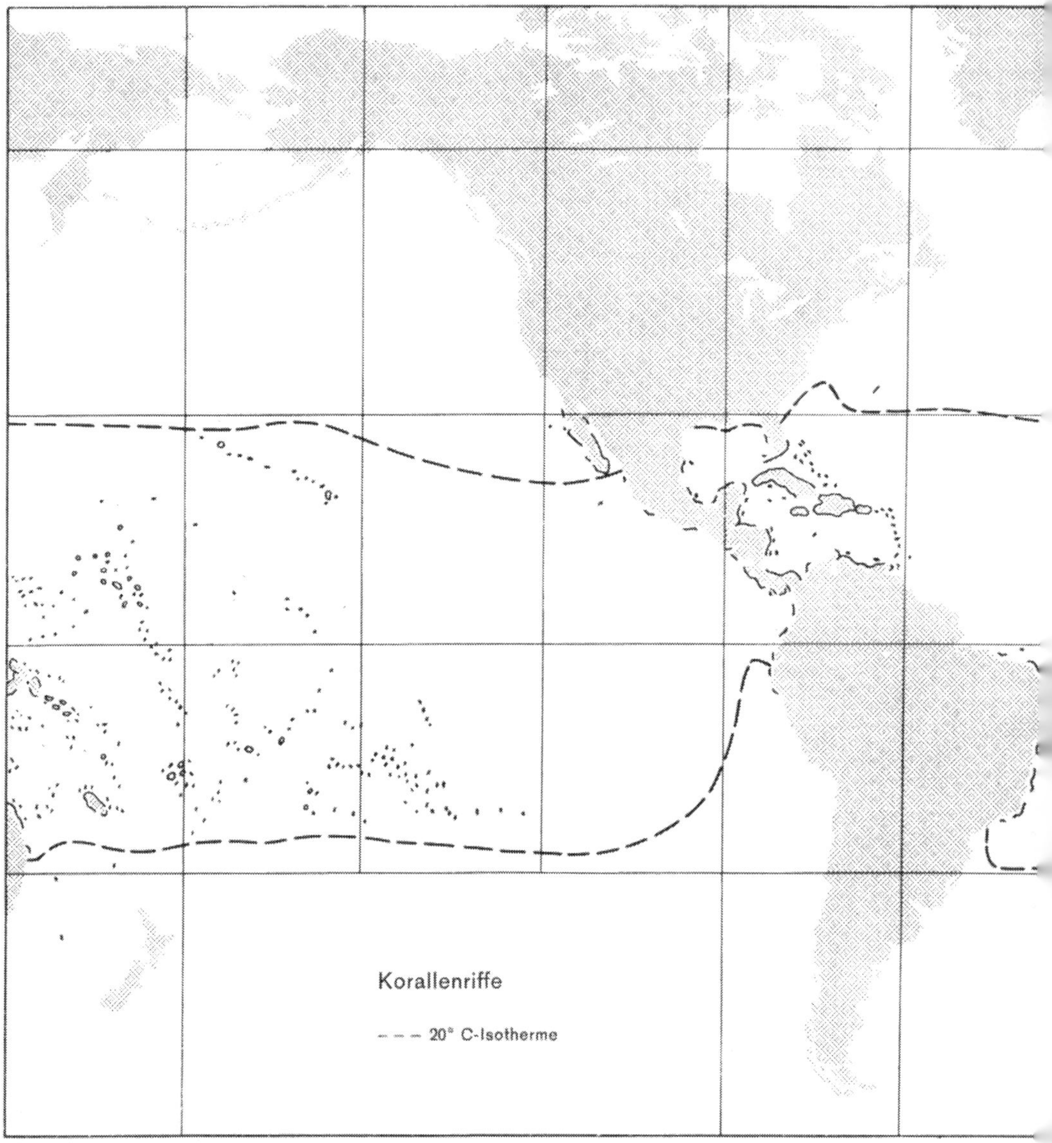

Abb. 237. Die Korallenriffe der Erde.

mit der Temperaturbedingung — dem Wachstum der meisten Riffkorallen eine untere Grenze, die irgendwo zwischen 60 und 90 m Tiefe liegt.

Diese Voraussetzung ziemlich flachen Wassers bedingt das Korallenriff-Problem. Wie können Organismen, deren Existenzbereich so eingeschränkt ist, so wunderbare Strukturen im offenen Ozean aufbauen, wo die Tiefe des Wassers Tausende von Metern mißt?

Saum- und Barrière-Riffe — selbst so ansehnliche wie das Große Barrière-Riff von Australien, das über 2000 km lang ist, — sind nicht so schwierig zu erklären wie die Atolle. Diese bestehen ganz aus Korallen (nach Cloud, 1958), und ihre Lagunen weisen keine zentrale, präexistierende Landmasse auf (Abb. 236). Manche Atolle sind sehr

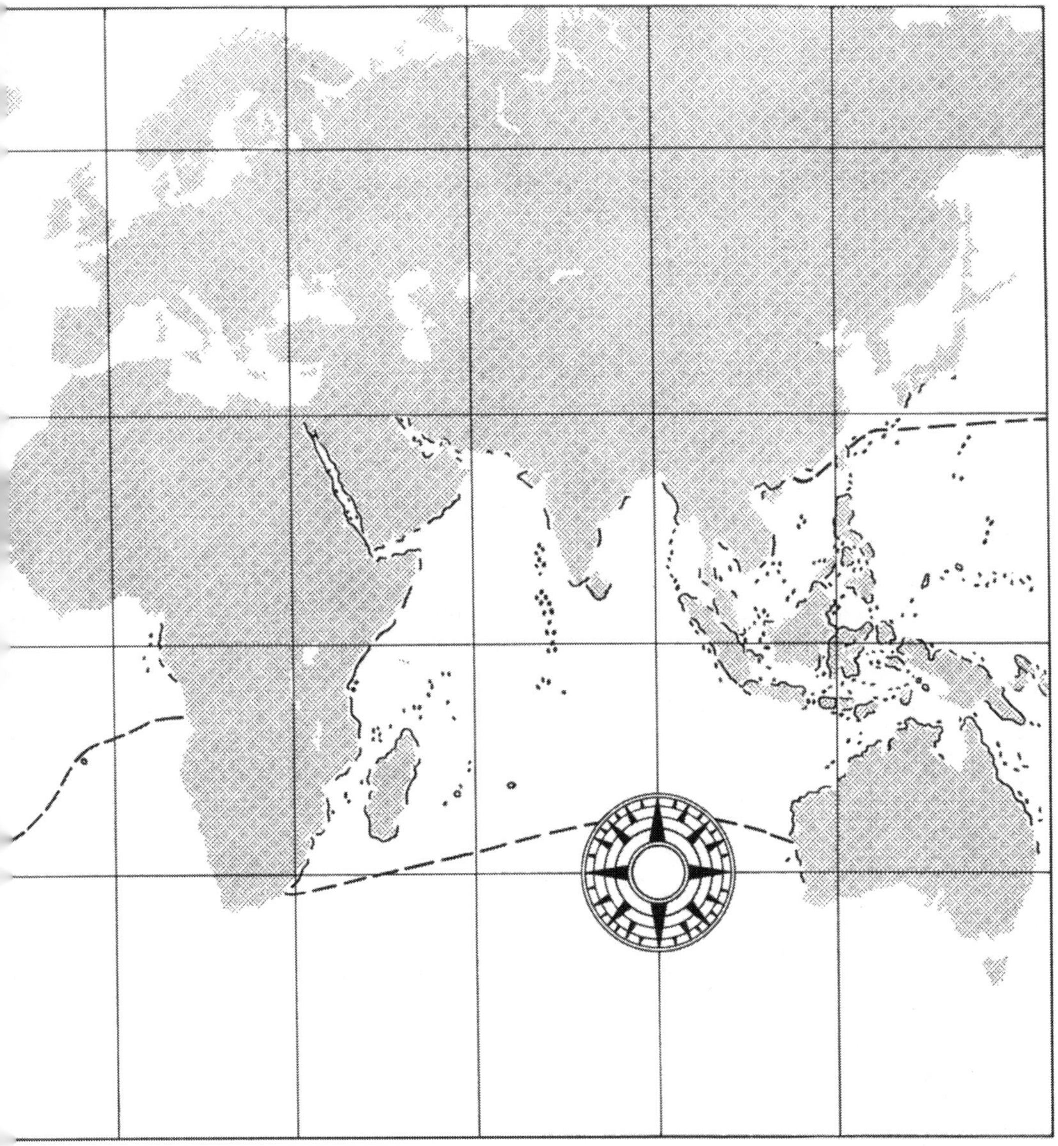

groß — Kwajelein in den Marshall-Inseln des Süd-Pazifiks ist 120 km lang und hat einen mittleren Durchmesser von fast 25 km. Die meisten sind bei weitem kleiner, manche sind nicht viel mehr als Tupfen. Nebenbei: Nach Preston Cloud (1958) gibt es ungefähr 330 Atolle in den tropischen Meeren der Welt, und diese liegen fast ausschließlich im Indik und Pazifik (Abb. 237).

Nahezu alle echten Atolle sind niedrig — nur wenige erreichen eine Höhe über dem Meere von mehr als 3 m. Der Riffgürtel besteht aus festem Korallenkalk, und über diesen fegt die See bei Flut frei hinweg — bei Stürmen ist die Wirkung besonders stark. Die übrige Zeit kann das Riff gerade eben nackt im Wasser liegen. Der Riffring besteht aus den *Riffinseln,* die sich in gewissem Sinne wie Sanddünen verhalten; sie bauen sich aus Tausenden und Abertausenden kleiner Bruchstücke zermahlener Korallen, Algen, Schalenreste und dergleichen auf (Abb. 238). Auf ihnen wurzeln die Pandanen und Kokospalmen — Lebensspender der polynesischen Welt. Auf diesen winzigen Flecken in den größten Ozeanen der Erde entfaltet sich das ganze Panorama einer Lebensweise, die höchste Anforderungen stellt. In dieser zweidimensionalen Welt bleibt man sich ewig des einschließenden Meeres gewärtig. Keine Stelle der Erde könnte gegenüber der entfesselten Wildheit eines Hurrikans verwundbarer sein, dessen Anprall auf eine solch wehrlose Welt Nordhoff und Hall in ihrer Novelle *„Hurrikan"* so lebendig beschrieben haben. Während eines solchen Sturms bäumt sich die See bei fallendem Luftdruck auf, und sturmgepeitschte Wogen können die geduldig aufgebauten Riffinseln abstreifen, ganz, wie man einen Baum abschält, — zusammen mit allen Bewohnern und ihren Kokospalmen, Taro-Pflanzungen, Booten, Dörfern — und mit ihren Gräbern.

Im Lauf des Jahrhunderts, das vergangen ist, seit Darwin lehrte, Atolle seien die Endstadien der Entwicklung sich nach oben weiterbauender Saum- und Barrière-Riffe, die auf sinkendem Untergrund ständen, kam eine Gegentheorie auf. Diese trägt in starkem Maße den Stempel von Reginald A. Daly, der, jetzt tot, viele Jahre einer der schöpferischsten Denker der nordamerikanischen Geologie war. Daly nahm an, daß der Untergrund, auf dem sich ein Atoll aufbaut, stabil wäre, daß aber der Meeresspiegel auf und ab oszilliere. Seit wir wissen, daß es solche eustatischen Meeresspiegel-Schwankungen während der Eiszeit tatsächlich gab, kam für die Hypothese Dalys der Name *„Glazial-Steuerungstheorie"* auf.

Seine Theorie besagt kurz folgendes (Abb. 239): Eine Insel im offenen Meer, z. B. ein ehemaliger Vulkan, kann durch Wellenwirkung so weit eingeebnet werden, daß sie eine weite, nahezu ebene Plattform bildet. Ein Riff mag in Interglazial-Zeiten auf diesem Piedestal wohl gediehen sein; es mag von seiner Lagune begleitet gewesen sein, so wie das heute für Atolle zutrifft. Während eines Glazialstadiums, z. B. des soeben zuendegegangenen, lag der Meeresspiegel 100 m niedriger. Daly nahm an, daß die Korallen in diesem kälteren, stürmischeren Meer umgekommen wären, nicht nur wegen der ungastlichen Verhältnisse, sondern auch, weil sie der Luft ausgesetzt wurden. Die Plattform wurde von den Wogen des niedrigeren Meeres eingeebnet, und Riffe, die etwa vorhanden waren, wurden abgeräumt.

Mit dem Steigen des Meeresspiegels beim Verschwinden der Eisdecken und einer nachfolgenden Erwärmung der Meere stellten sich die Korallenriffe wieder ein und wuchsen bis zu dem generellen Niveau empor, das wir heute sehen.

Abb. 238. Querschnitt durch eine typische Riffinsel. — Die gestrichelte Linie bedeutet den Wasserstand bei Flut. *(Mit Genehmigung des U. S. Geol Survey.)*

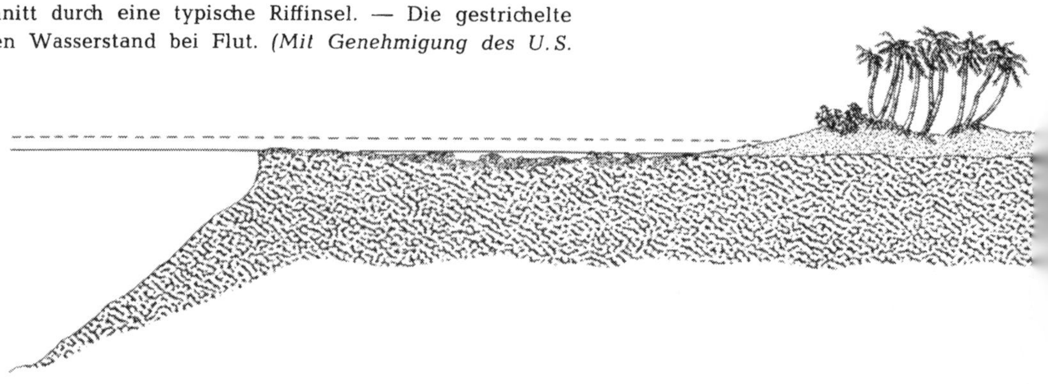

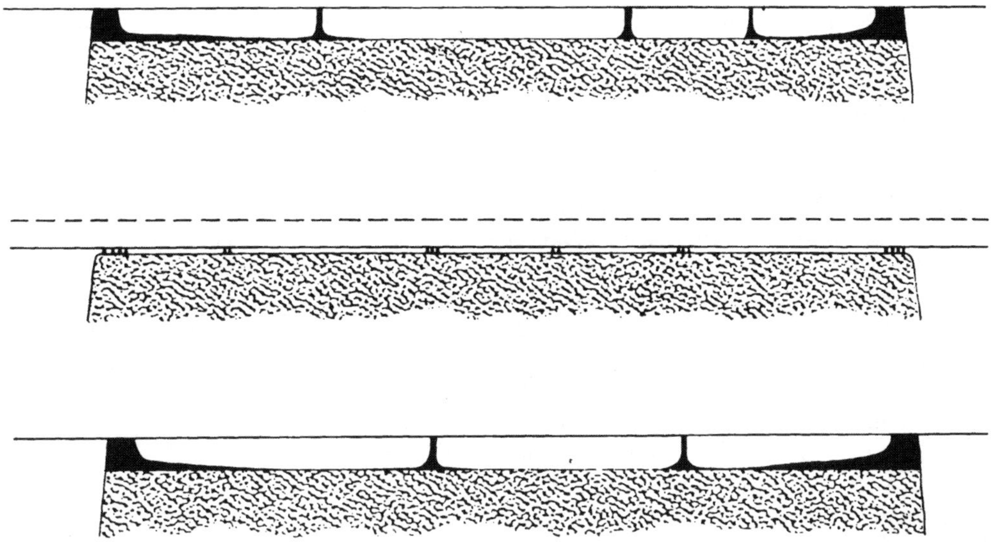

Abb. 239. Die Glazial-Steuerungstheorie der Atollbildung. — Oben: Querschnitt durch ein Atoll während einer Zwischeneiszeit. — Mitte: Der Meeresspiegel sinkt während einer Vereisung unter seine ursprüngliche Lage (gestrichelte Linie) ab, die Korallen sterben, und die alten Riffe werden von den Wellen abgetragen. — Unten: Bei erneuter Erwärmung siedeln sich die Korallen wieder an. Sowie der Meeresspiegel in postglazialen Zeiten ansteigt, bauen sich die Korallen nach oben weiter.

Nach Dalys Hypothese müßten die meisten Lagunen ziemlich flach sein, und das sind sie auch, verglichen mit der Tiefsee jenseits des Riffs. Die meisten Lagunen scheinen weniger als 65 m tief zu sein, und nur wenige erreichen 90 m; — Tiefen, die mit der angenommenen Größe der glazialen Meeresspiegel-Senkung gut übereinstimmen.

Einen wirklichen Beweis bringt aber die Tiefenlage des Riff-Fundaments. Wenn Senkung am Werk war, kann diese durchaus erheblich sein; wenn glaziale Steuerung der Mechanismus war, sollte das Fundament in geringer Tiefe beginnen. Darwin erkannte, daß die Abteufung einer Bohrung durch ein Riff den sichersten Beweis für seine Theorie bringen würde, und so schlug er das 1889 in einem Brief an Alexander Agassiz, einen amerikanischen Ozeanographen und Sohn von Louis Agassiz, vor.

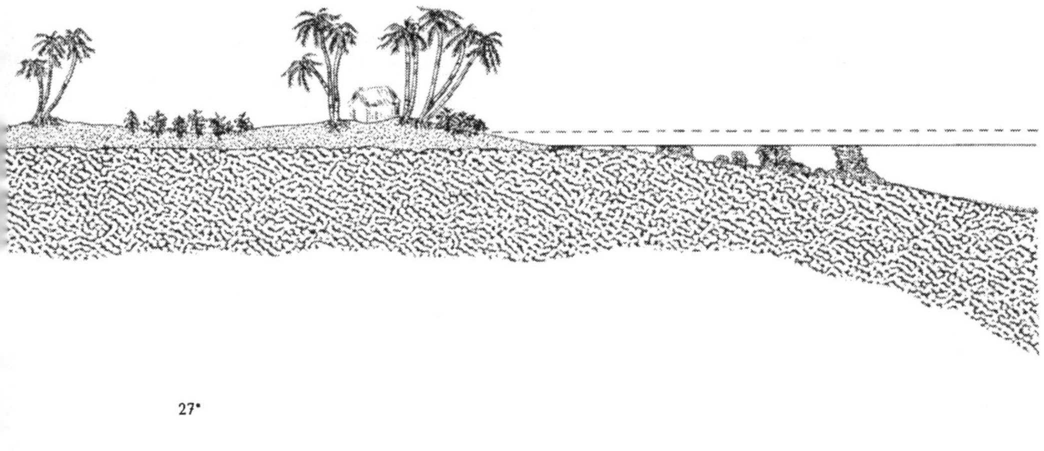

Der erste Versuch, ein Riff zu durchbohren, um seine Entstehungsweise zu testen, wurde von der Royal Society of London in den Jahren 1896—1898 unternommen, die ein 340 m tiefes Bohrloch im Funafuti-Atoll (einer der Ellice-Inseln nahe dem Äquator im westlichen Pazifik) niederbrachte. Die Japaner führten einen ähnlichen Versuch in den Jahren 1934 bis 1936 aus und erreichten dabei auf einer Insel bei Okinawa eine Tiefe von 430 m. Obgleich beide Bohrungen die ganze Strecke hindurch in Riffmaterial als einer Flachwasser-Bildung verblieben, war der Befund der gezogenen Bohrkerne nicht eindeutig. Die Verfechter der Senkung konnten im Sinne ihrer Auffassung den Schluß ziehen, daß diese große Mächtigkeit von Riffmaterial einem Aufwärtswachsen von Flachwasser-Organismen auf langsam sinkender Basis entspräche. Die Ablehner der Senkung konnten folgendes sagen: Da die Bohrlöcher nahe dem Außenrand des Riffs lagen, gehörte das angesammelte Korallenmaterial in Wirklichkeit zumeist einem submarinen Schutthang am Außenrand des Atolls an und war von einem nahe der Meeres-Oberfläche gelegenen Ursprungsbereich an seinen endgültigen Ruheplatz herabgeglitten bzw. -gerollt.

So stand die Angelegenheit bis kurz nach dem Zweiten Weltkrieg. Glücklicherweise teufte die U. S. Navy im Rahmen von Lebensraum-Studien, die im Zusammenhang mit Atombomben-Versuchen standen, auf den Marshall-Inseln eine Reihe Tiefbohrungen ab. Insgesamt fünf wurden auf Bikini im Jahre 1947 niedergebracht, drei flache und zwei tiefe, welch letztere 410 und 780 m erreichten. Sie alle blieben die ganze Bohrstrecke hindurch in Korallenmaterial. Drei Tiefbohrungen, die 1951 und 1952 auf dem nahegelegenen Eniwetok niedergebracht wurden, waren entscheidender. Die beiden tiefsten, die 1288 und 1412 m erreichten, durchteuften eine rund 1200 m mächtige Kappe von Flachwasser-Riffkalk und endeten in typischem mittelpazifischem Vulkangestein, nämlich Basalt. Die Fossilien im basalen Kalk hatten Eozän-Alter, und das bedeutet, daß das Eniwetok-Atoll die Spitze einer Korallenmasse darstellt, die während der letzten 60 Millionen Jahre der Erdgeschichte emporwuchs. Der Senkungsbetrag scheint nicht konstant gewesen zu sein, er schwankte vielmehr zwischen etwa 15 und 50 m pro Jahrmillion, wobei er sich im jüngeren Entwicklungsabschnitt des Riffs gegenüber den früheren verlangsamte.

So führten einige der Geschehnisse, die das nukleare Zeitalter einleiteten, dazu, Darwins alles in allem bemerkenswerte Einsicht zu rechtfertigen; das war etwas über ein Jahrhundert später, als er sein erstes Atoll gesehen hatte. Es kann kaum noch Zweifel darüber bestehen, daß wenigstens zwei der großen Atolle des westlichen Pazifiks im Raum der Karolinen- und Marshall-Inseln durch das Emporwachsen von Rifforganismen auf einem langsam sinkenden Fundament entstanden sind.

Das soll jedoch nicht heißen, daß *alle* Riffe das Ergebnis einer Senkung seien. Ja, je mehr sie im Detail studiert werden, um so deutlicher erweisen sie sich als komplexe Objekte; die Sache ist nicht ganz so arg, wie das alte Wort „Jedem Riff seine eigene Geschichte" besagt, die Wahrheit liegt aber sicher nicht weit davon. Wir wissen heute, daß Darwins ursprüngliches Konzept eine zu grobe Vereinfachung war und daß die von Daly betonte Rolle der glazialen Meeresspiegel-Steuerung ein Moment größerer Bedeutung ist. Daß Darwin dies übersehen hat, kann man ihm verzeihen; denn er kannte den tiefreichenden Einfluß der Vereisung auf den Meeresspiegel noch nicht.

So steht heute das Problem. Sicher ist es eines der reizvollsten im ganzen Reich der Geologie — ein sehr komplexes zudem, das Zoologie, Ozeanographie und Klimatologie ebenso betrifft wie die Geologie. Man hielt es einst für viel einfacher und behandelte es in recht akademischer Weise, z. B. Senkung contra Glazialsteuerung. Da die meisten Forscher heute anzuerkennen bereit sind, daß es wenigstens drei Hauptmöglichkeiten gibt, verschiebt sich die Aufgabe dahin, durch Untersuchung eines Einzelatolls festzustellen, welches Motiv oder welche Kombination verschiedener Umstände speziell in diesem Fall am Werk war. Die drei Hauptmöglichkeiten scheinen in kurzen Zügen die folgenden zu sein (nach Cloud, 1958):

1. Langsame Senkung unter einem lebenden Riff, welches zu Anfang ein Saum- oder Barriere-Riff oder irgendeine andere Art bankförmiger oder radkranzartiger Struktur war, von der aus Korallen ein Riff nach oben bauen konnten.

2. Langsames eustatisches Ansteigen des Meeresspiegels von irgendeiner Art Prä-Atoll-Struktur aus. Das kann ein früheres Riff gewesen sein, auf dem sich ein späteres aufbaute, oder eine weite, durch Meeresabrasion geschaffene Plattform, die durch Meeresspiegel-Senkung in eine für das Korallenwachstum günstige Tiefe gelangte.

3. Aufwärtswachsen von Riffen von irgendeinem günstigen Ankerplatz aus, wie einer Bank- oder Radkranz-Struktur, ohne Hinblick auf deren Entstehung, vorausgesetzt, daß sie in einer Tiefe von nicht mehr als etwa 100 m liegt.

Vielleicht haben wir uns zu lange auf einem reizvollen Seitenweg aufgehalten, aber er ist doch von außerordentlichem Interesse; mit den heute üblichen Flugreisen sind mehr Menschen in der Lage, diese organischen Meereswunder zu sehen und zu genießen, als die wenigen kühnen Forscher vor etwas über einem Jahrhundert, die auf mühseliger Forschungsexpedition jahrelang von ihren Landsleuten getrennt waren, oder wie Herman Melville, der die Gefahren und Nöte einer Reise auf einem New-England-Walfischfänger auf sich nahm, um zu den fernen Küsten Polynesiens zu gelangen.

XVII. Gebirge

Von allen Landschaftsformen der Erd-Oberfläche steht sicher keine dem Herzen des Geologen näher als das Gebirge. In größter Mannigfaltigkeit werden die Gesteine in seinen Tälern und an seinen Rücken und Gipfeln sichtbar. Viele dramatische Äußerungen der Erosion zeigen sich in den Gebirgen. Hangrutschungen und alle Arten von Massenbewegung erfahren hier ihre größte Entfaltung; Wasserläufe sind in ihnen kraftvoller, da hier ihr Gefälle steiler ist; Frostsprengung greift in wirksamer Weise die höheren Alpen-Gipfel an; zuletzt legen im Hochgebirge Gletscher die letzte Hand an, um die Gebirgsszenerie zu einer Quelle der Freude und Begeisterung für viele von uns Bewohnern des Flachlandes zu machen.

Daß Gebirge Plätze des Trostes und der Schönheit bedeuten können, ist ein relativ neuer Gesichtspunkt. Gebirge wurden während des Mittelalters von den Reisenden sehr gefürchtet, und das mit Recht. Querstraßen waren selten, und fast alle waren rauh und ermüdend. Die Gasthäuser waren — nach unserem Standard — unglaublich primitiv, und die Abstände zwischen ihnen, gemessen an der Reisezeit, waren groß. Durch Hangrutschungen, Kälte, Schnee und bewaffnete Räuber verursachte Gefahren bedeuteten durchaus eine Realität. Sicherlich wären damals nur wenig Menschen so wahnsinnig gewesen, ein Gebirge zu ersteigen, nur um des Ersteigens selbst willen!

Im 18. Jahrhundert setzte ein Wechsel ein. Nicht nur hatten Bergsteiger begonnen, Alpen-Besteigungen vorzunehmen, sondern es erwachte auch eine geistige Neugier nach der Natur der Gebirgswelt. Einer der führenden Männer in dieser sich entwickelnden Forschung war ein Schweizer, nämlich Horace Benedict de Saussure (1740—1799), der — abgesehen davon, daß er die Erstbesteigung des Mt. Blanc durchführte, — das vierbändige Werk „Voyages dans les Alpes" schrieb, in welchem sich neben Beschreibungen von Vögeln, Blumen, Bäumen usw. ein erster Bericht von der komplizierten Struktur der Gesteine in diesen berühmten Bergen findet.

Die Gebirge wurden im Verlaufe der Jahre seit der Mitte des 18. Jahrhunderts wissenschaftlich erforscht, und so wissen wir heute über die Gesteine und Strukturen, die sich in ihnen finden, weitaus mehr als unsere Vorfahren. Wir sind noch weit davon entfernt zu verstehen, wie sich die Gebirge bildeten und welche Prozesse in der Erdkruste wirkten, um einige von ihnen, wie die Anden und den Himalaja, zu ihren imponierenden Höhen aufzurichten.

Glücklicherweise sind manche Gebirge relativ einfach, verglichen mit anderen; diese einfacheren werden wir zuerst behandeln. Wie viele andere Naturphänomene lassen sich auch Gebirge nur schwer in Kategorien aufteilen, denen eine wirkliche Bedeutung in der natürlichen Welt zukommt. Wir sind geneigt, starre, brieffachartige Ordnungen aufzustellen, um darin Erscheinungen einzuzwängen, die mehr als eine Entstehungsart gehabt haben können oder die dazu neigen, ineinander überzugehen, statt scharfe Grenzen auf-

---

←

Tafel XIV. Mount Gardner, Ellsworth Mountains, Antarktis. *(Von „Science" freundlich überlassen.)*

zuweisen. Die im nachfolgenden gegebene, sehr vereinfachte Klassifizierung beabsichtigt, die ausgeprägteren Typen unterscheiden zu lehren und doch nicht so starr zu sein, daß sie unabänderlich wäre.

Vulkanische Gebirge

Diese stellen eine Anhäufung magmatischen Materials, wie Asche, Bimsstein, Bomben und Lavaströme, dar.

Blockgebirge

Diese verdanken ihre Aufrichtung unterschiedlichen Bewegungen entlang Brüchen, so daß Einzel-Schollen über die Kruste emporstiegen und andere relativ zueinander absanken.

Faltengebirge

Diese bestehen in der Hauptsache aus gefalteten Sedimentgesteinen.

Komplexe Gebirge

Diese mannigfaltig zusammengesetzte Klasse besteht im allgemeinen aus magmatischen sowie stark verformten sedimentären und metamorphen Gesteinen, aber gewöhnlich geht diese Gruppe in die zuvor aufgeführte Klasse der Faltengebirge über.

Vulkanische Gebirge

Manche der hochgeschätzten und eindrucksvollsten Gipfel der Welt sind Vulkane. Zu den bekanntesten gehören der Fudschijama, der Mt. Rainier, der Ätna, die Mauna Loa und die hohen Anden-Gipfel, wie der El Misti und der Aconcagua. Die Gestalt der Vulkanberge kann zwischen zylindrischen Kegeln und monolithischen Gebäuden von der Art der Mauna Loa wechseln; den unter dem Meere liegenden und den sichtbaren Teil zusammengerechnet, erreicht diese eine Höhe von 9000 m über einer Basis am Meeresboden, die einen Durchmesser von 145 km aufweist; sie ist die größte Einzelbergmasse der Erde.

Die Vulkane stellen einen ziemlich hohen Prozentsatz unter den Gebirgen der Erde; das ergibt sich deutlich aus der auf S. 54/55 beigefügten Karte, welche die Verbreitung der aktiven Krater zeigt (Abb. 19). Wenn man die erloschenen Zentren hinzunimmt, wie z. B. die Cascade-Vulkane in den westlichen Vereinigten Staaten (Abb. 240), dann ergibt sich eine große Gesamtzahl. Wenn man die Wässer des Meeres fortnehmen könnte, dann würden wir in zweifacher Hinsicht beeindruckt sein; denn einmal sähen wir die Spitzen vieler Vulkanberge hoch über umgebende Tiefebenen emporragen, und zum anderen bekämen wir erstmals die verborgenen Hänge der „Meeresberge" zu sehen, von denen viele vulkanisch sein dürften.

Indes unterscheiden sich die Vulkanberge fundamental von allen anderen Gebirgstypen unserer Klassifikation; denn sie stellen an der Erd-Oberfläche aufgehäufte Ansammlungen von Material dar. Im Kapitel III berichteten wir über die große Formenvielfalt, die vulkanische Gebirge aufweisen können; die Beschreibung zu wiederholen, erübrigt sich. Hauptgesichtspunkt, der nochmals betont werden muß, ist der, daß Vulkane Anhäufungen pyroklastischen Materials oder von Lava oder von beiden sind. Obgleich sie in Schwärmen oder sogar in Ketten angeordnet sein können, bilden sie doch nicht die langen und nahezu ununterbrochenen Rücken, die für Falten- oder komplexe Gebirge so charakteristisch sind, z. B. für die Alpen, den Himalaja oder die Anden-Kordillere. Charakteristisch ist, daß die Vulkane als kegelförmige oder domartige Berge über ihre Umgebung aufragen.

Abb. 240. Eine Kette von Vulkanbergen überragt die Cascade Range in Oregon und Washington. Am nächsten liegt der Mount Jefferson; im Hintergrund sind von links nach rechts die Berge St. Helens, Rainier, Hood und Adams zu sehen. *(Phot.: John S. Shelton.)*

Blockgebirge

Die Emigranten, die in den Goldrausch-Tagen oder bei der Expansion nach dem Bürgerkrieg mit ungeheurer Mühe durch Nordamerika westwärts zogen, wurden von wenigen Elementen der Landschaft des ariden Westens mehr beeindruckt als von der Folge isolierter Bergketten, die voneinander durch breite und wüstenhafte Täler getrennt waren. Viele dieser Senken enthielten Salzpfannen, die von weiten, kiesbedeckten Flächen umschlossen waren. Dieses Gebiet, das heute als „Basin and Range Province" bezeichnet wird, ist in Abb. 241 dargestellt.

Für die Geologen, welche diese frühen Entdeckungsreisen begleiteten, waren diese Berge besonders reizvoll. Offensichtlich war ihre Struktur ganz verschieden von derjenigen der zentralen Appalachen (Abb. 241) mit ihren nahezu ununterbrochenen Rücken, die in weiten Abständen von Wasserläufen durchquert werden, wie z. B. von denjenigen des Cumberland-, Potomac- und Susquehanna-Flusses (Abb. 244). Um die 1840er Jahre waren die Grundzüge der geologischen Struktur des pennsylvanischen Teiles der Appalachen durch die geologischen Forschungen der Gebrüder Rogers im wesentlichen entziffert; diese hatten erklärt, daß die innere Ordnung der Gebirge in einer Aufeinanderfolge von Mulden und Sätteln beruhe, deren Gipfelzüge und Längstäler sich in ähnlicher Weise wie Wellen aneinanderreihten.

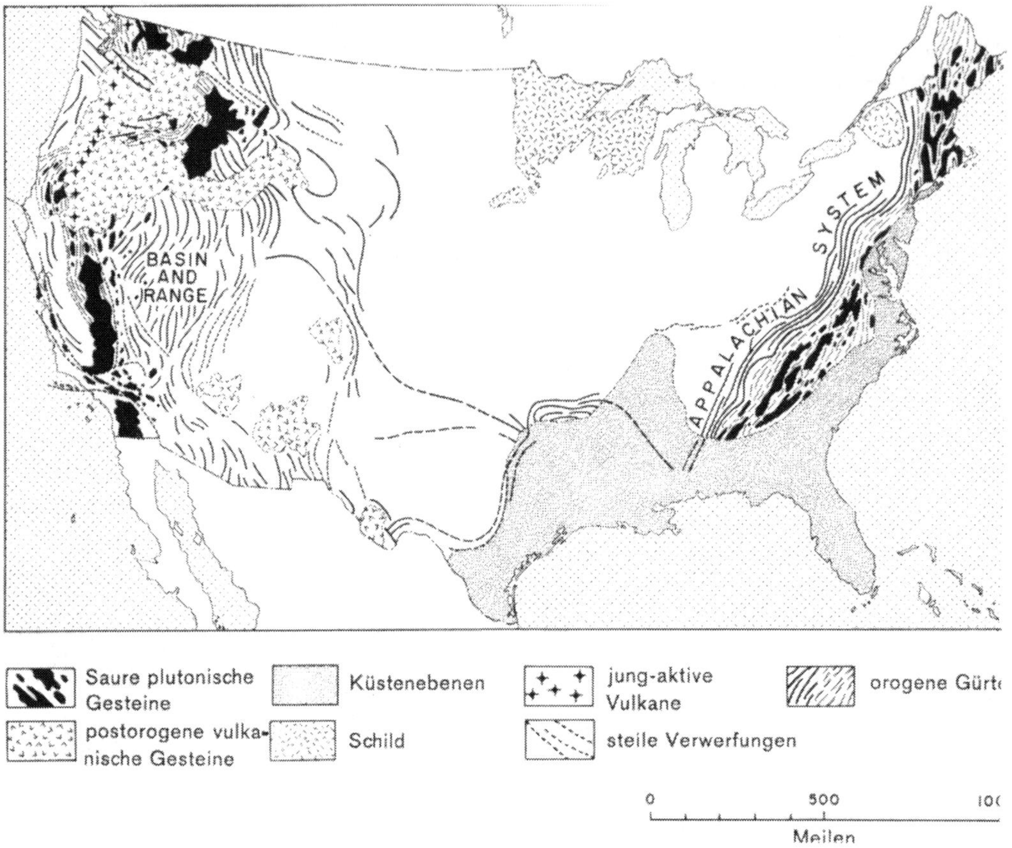

Abb. 241. Tektonische Karte der Vereinigten Staaten. *(Nach: P. B. King: The evolution of North America, Princeton [Univ. Press] 1959.)*

Obgleich man im Großen Becken nach einer ähnlichen Geometrie Umschau hielt, konnten die Geologen des 19. Jahrhunderts, die verschiedenen Untersuchungsgruppen für den Eisenbahn-Bau oder militärischen Expeditionen zugeteilt waren, eine solche nicht entdecken. Statt der relativen Einfachheit der zentralen Appalachen ist die Innenstruktur vieler Ketten des Großen Beckens wundervoll kompliziert durch verzwickte Formen von Überschiebungen, gefaltete Schichtgesteine und komplizierte Abfolgen magmatischer Intrusionen. Offensichtlich gab es dort keine wellenähnliche Aufeinanderfolge rhythmisch gefalteter Schichten.

Es blieb einem der größten Geologen Amerikas, Grove Karl Gilbert (1843—1918), vorbehalten, das Rätsel der Entstehung dieser Bergketten zu lösen. Das war in der Tat eine schwierige Aufgabe, weil wissenschaftlich nahezu nichts über den fernen, trockenen Südwesten bekannt war. Es gab keine brauchbaren Karten; nicht einmal Lage und Ausdehnung vieler Wüstenketten war daraus zu ersehen. Als junger Mann von 28 Jahren begleitete Gilbert eine Forschungsgruppe des „Corps of Engineers" von der U. S. Army. Außer mit den Schwierigkeiten, die durch das ungastliche Gelände bedingt waren, hatte Gilbert als Zivilist unter den eigenwilligen Entscheidungen zu leiden, die die Bewegungen und den Weg einer militärisch orientierten topographischen Aufnahme-Abteilung be-

Abb. 242. Die Basis des geradlinigen, steilen Abbruchs dieses Blockgebirges bei Lakeview (Oregon) wird von einer Verwerfung bestimmt. *(Vom Oregon State Highway Dept. freundlich überlassen.)*

Abb. 243. Die Ostseite der Sierra Nevada und der Boden des Owens-Tales. *(Phot.: Roland von Huene.)*

stimmten. Daß er in so kurzer Zeit so viel erreichte, obwohl er noch ein unerfahrener und weitgehend autodidaktischer Geologe war, trug ihm einen dauernden Platz unter den Pionieren der naturwissenschaftlichen Forschung ein.

Kurz gesagt: Gilbert erkannte, daß die ungewöhnliche topographische Form dieser durchweg geradlinig begrenzten Gebirge, die voneinander durch breite, kiesbedeckte Senken getrennt sind, am plausibelsten durch die Annahme erklärt werden könne, daß eine oder mehrere Verwerfungen ihren Rändern entlangzögen und daß sie an diesen hochgehoben worden seien. Zu seiner Zeit (1872) war das eine kühne Verallgemeinerung, aber Untersuchungen dieser und anderer Gebirge im Fernen Westen wie auch vergleichbarer Strukturen rund um den Erdball in späteren Jahren bestätigten Gilberts vorausschauende Erkenntnis und bewiesen die Richtigkeit seiner aus den begrenzten Daten, die ihm zur Verfügung standen, gezogenen Folgerungen.

Wie es oft mit wissenschaftlichen Entdeckungen geschieht, ergibt spätere Forschungsarbeit, daß ein ursprünglich einfaches Konzept zunehmend komplizierter wird, je mehr Information ans Licht kommt. Niemand hat bisher eine Erklärung für diese von Verwerfungen begrenzten Gebirgszüge geben können, die den Geologen völlig zufriedenstellte. Über die Natur der Randverwerfungen scheint man übereinstimmender Meinung zu sein: Ihr Verlauf ist relativ geradlinig; ihr Einfallen ist steil, vielleicht 60—70°; und sie scheinen eher zu den normalen Verwerfungen als zu anderen Typen zu gehören. Sehr wahrscheinlich trifft die gleiche Deformationsform allgemein für lange, eingebrochene Stücke der Erdkruste zu, so z. B. auch für das Owens Valley östlich der Sierra Nevada in Kalifornien (Abb. 243), den Rheintal-Graben in Westdeutschland und das System der Rift Valleys in Ost-Afrika.

Es ist klar, daß Vertikalbewegungen in der Erdkruste für den Ursprung dieser von Verwerfungen begrenzten Gebirge und Senken verantwortlich gewesen sind. Bei ihnen weist nichts auf Kompression oder Einengung der Erdkruste hin als denjenigen Prozeß, der allgemein als notwendig für die Bildung von Sätteln, Mulden, Überschiebungen und ähnlichen Strukturen angesehen wird. Die Aufhellung der Entstehungsursache, wie immer sie gewesen sein mag, entzieht sich uns noch; sie bleibt eine Aufgabe, an deren Lösung noch manche zukünftige Generation zu arbeiten haben wird. Von unserer begrenzten Sicht aus scheinen die Kräfte, die am Werk waren, um diese Blöcke der Erdkruste zu heben oder zu senken, andere zu sein als diejenigen, die für die Hebung komplexer Gebirgszüge verantwortlich sind, wie z. B. des Himalaja, der Anden, der Rockies und der Alpen. Derartige Kettengebirge gehören zu den beiden nächsten Kategorien, den gefalteten und komplexen Gebirgen, die hier zusammengenommen werden, um ihre Behandlung zu vereinfachen.

Gefaltete und komplexe Gebirge

Die Geologen wissen seit langem, daß in vielen Gebirgsketten der Erde die Hauptgesteinsarten sedimentärer Entstehung sind oder — wenn sie metamorphosiert wurden — daß sie einst sedimentär waren. Selbst für manche der höchsten Gebirgsketten, wie den Himalaja, trifft diese Verallgemeinerung offensichtlich zu; denn an den oberen Hängen des Mount Everest, der mehr als 8800 m über den Meeresspiegel aufragt, gibt es Tertiär-Gesteine, die Fossilien enthalten und sich einst auf dem Meeresboden ablagerten.

Nicht nur pflegen Sedimentgesteine zu den vorherrschenden Komponenten einer Gebirgskette zu gehören, sie sind gewöhnlich sogar viel dicker als ihre zeitlichen Äquivalente, die die benachbarten Tiefländer unterlagern. Auf dieses paradoxe Verhältnis wies James Hall (1811—1898) im Jahre 1859 hin; er war ein junges und energisches Mitglied des Pionierarbeit leistenden New York Geological Survey und das zu einer Zeit, als das Hinterland von New York großenteils noch Frontgebiet war. Er fand, daß die paläozoischen Schichten, die die Staaten des Mississippi-Tales, wie Iowa und Illinois, unterlagern, vielmals dünner sind als die gleichaltrigen im Untergrund des Allegheny-Plateaus von New York und Pennsylvania. Aus dieser Beobachtung wie auch aus Kenntnissen, die er durch Literaturstudien erwarb, zog er den Schluß, daß viele Gebirge der Erde sich irgendwie in Gebieten mit anomal mächtigen Sedimentgesteinen gebildet hätten.

Ein Zeitgenosse von ihm, James Dwight Dana (1813—1895), war den Schiffen der U.S. Exploring Expedition (1838—1842) zugeteilt und erfüllte so seine Aufgabe als „geologischer Wandergeselle". Diese Forschungsreise, die rund um die Erde führte, ist leider unberechtigterweise als wissenschaftliche Tat der Vergessenheit anheimgefallen, sie verdiente es aber, auf gleicher Ebene mit den viel besser bekannten Reisen der *„Beagle"* und der *„Challenger"* zu stehen. Dana war von Halls Entdeckung der abnormen Mächtigkeit der Sedimentgesteine, die in den Appalachen zutagetreten, stark beeindruckt, und im Hinblick auf die recht ungewöhnlichen Umstände, unter denen sich solche Sedimente anhäufen, gab er dem Ablagerungstrog den Namen „Geosynklinale", der heute oft in „Geosynkline" abgekürzt wird.

Die beiden Männer waren zwar über die physischen Beziehungen zwischen Gesteinen und Strukturen in den Appalachen übereinstimmender Meinung, ihre Auffassung unterschied sich aber weitgehend hinsichtlich der zugrunde liegenden Ursachen. Hall glaubte, daß sich die Erdkruste unter der Last nach unten durchböge, die ihr durch eine örtliche Sedimentanhäufung aufgebürdet würde. Je mehr Sediment sich in einer solchen Senke ablagerte, um so tiefer würde die Kruste nach unten durchgebogen. Offensichtlich erzeuge das ein recht unsicheres Gleichgewicht. Das vergleichsweise weiche Material dieser Sedimente könnte leicht zusammengestaucht und zu gewundenen Falten verformt werden, wenn sich die Ränder des Troges einwärts gegeneinander bewegten. Ein Zerbrechen dieser eingefalteten Sedimente gäbe auch dem Magma die Möglichkeit, in weniger tiefe Zonen der Erdkruste aufzudringen und eventuell sogar die Erd-Oberfläche zu erreichen.

Dana glaubte nicht, daß das Gewicht solcher angehäuften Sedimente allein die Kruste nach unten durchzubiegen vermöge. Ohne über das Wissen zu verfügen, das uns die Seismologie heute über die verschiedenen Dichten des Materials in der Erdkruste und im Erdmantel vermittelt hat, erkannte er doch, was für Schwierigkeiten sich daraus ergäben; denn relativ leichte, wasserdurchtränkte und unkonsolidierte oder eben erst verfestigte Sedimente müßten subkrustales Material verdrängen, dessen Dichte höher wäre. Dana äußerte als einer der ersten Geologen die Meinung, daß sich die Erde mit der Zeit langsam zusammenzöge und daß diese Kontraktion des Erdinnern (sehr wahrscheinlich, so glaubte er, durch Wärmeverlust) die Kruste zwänge, sich in Falten oder Gebirge zu legen, so wie die Schale eines trocknenden Apfels Runzeln wirft.

In dem seither verflossenen Jahrhundert haben beide Gesichtspunkte ständig ihre Anhänger zu finden gewußt, und wir sind heute noch weit davon entfernt, über eine Theorie der Gebirgsbildung zu verfügen, die allgemeine Annahme gefunden hätte. Glücklicherweise haben wir seit den Tagen von Hall und Dana eine Menge zusätzlicher Tatsachen kennengelernt, und infolgedessen sind die miteinander im Wettstreit liegenden Theorien heutigentags vielseitiger.

Man ist heute allgemein der übereinstimmenden Meinung, daß z. B. die Appalachen (Abb. 244) eine Entwicklung durchlaufen haben, die etwa folgendermaßen war:

1. Eine Sedimentlinse von vielleicht 9000 bis 12000 Meter Dicke und 3200 Kilometer Länge sowie 480 Kilometer Breite lagerte sich während der paläozoischen Ära allmählich ab — etwa in der Zeitspanne zwischen 500 und etwa 185 Millionen Jahren vor heute. Nach allen in den Gesteinen überlieferten Hinweisen lag das Ursprungsgebiet der meisten dieser Sedimente östlich der heutigen Appalachen. Zeitweilig ragte dieses Herkunftsland relativ hoch auf, und dann brachten Flußläufe, die sich in das Geosynklinalmeer entleerten, grobes Material mit sich, wie Geschiebe, Kies und Sand. Zu anderen Zeiten mag das Liefergebiet niedriger gewesen sein, ja, der Herkunftsbereich kann sogar weiter östlich parallel verlaufen und der Geosynklinaltrog aktiver gewesen sein. Mit Sicherheit

Abb. 244. Querschnitt durch das Appalachen-Gebirge vom Allegheny-Plateau im Nordwesten zur Küstenebene im Südosten. Enge, kurze Durchbruchstäler zeigen sich in den zentralen Appalachen dort, wo sich ein Fluß in die aus widerstandsfähigen Gesteinen bestehenden Schichtglieder eingeschnitten hat. *(Nach: D. Johnson, Stream sculpture on the Atlantic slope, Columbia Univ. Press 1931.)*

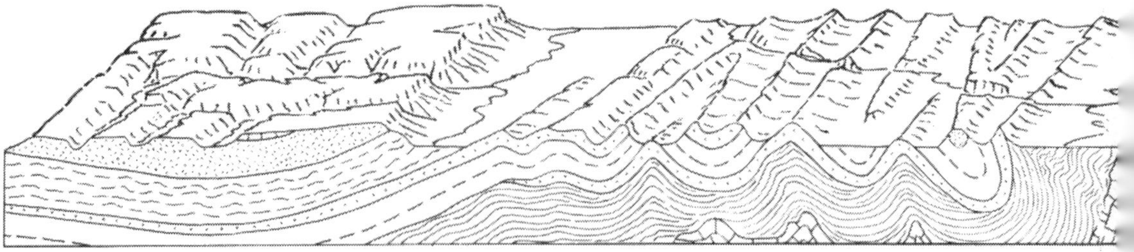

läßt sich aus dem Gesteinsbefund hinsichtlich der früheren Situation im Abtragungsgebiet folgern, daß in ihm eine beträchtliche vulkanische Tätigkeit herrschte.

Eine so dicke Sedimentansammlung darf nicht so gedeutet werden, daß sich das erste Sandkorn in 8 oder 11 Kilometer tiefem Wasser absetzte, um von anderen Körnern gefolgt zu werden, bis die Geosynklinale bis an den Rand gefüllt war. In Wirklichkeit ist aus dem physikalischen und paläontologischen Befund zu schließen, daß das Wasser während der 300 Millionen Jahre, die der Trog bestand, wahrscheinlich ziemlich flach war. In einem Abschnitt ihrer Geschichte — der Zeit nämlich, als sich die Kohlenflöze in Westvirginia und Pennsylvania ablagerten, — stellten Teile der Geosynklinale ein weites Sumpfland oberhalb des Meeresspiegels dar. Zu anderen Zeiten dürfte sie eine ausgedehnte Deltafläche gewesen sein, die vielleicht dem Missisippi-Delta von heute recht ähnlich war.

Im Verlauf langer Jahre ereignete sich viel mehr als nur eine friedliche, beinahe ununterbrochene Senkung des Geosynklinalbodens. Deformationszeiten waren den Zeiten langsamer Senkung zwischengeschaltet. Die unruhigen Intervalle dokumentieren sich in den Gesteinen durch Diskordanzen und durch tektonische Strukturen, wie Sättel, Mulden und Verwerfungen. Gelegentlich gab es auch vulkanische Episoden, und in wechselnder Folge ereigneten sich Vorstöße und Rückzüge des Meeres.

2. Schließlich endete diese lange Sedimentationsperiode in der Erdgeschichte des Raumes, der jetzt die östlichen Vereinigten Staaten darstellt, und zwar geschah das gegen Schluß der paläozoischen Ära. Dann wurden die Tausende von Metern geduldig gesammelter Schichten in Falten gelegt oder an großen, flachen Überschiebungen zerrissen und verschoben — die letzteren treten hauptsächlich im südlicheren Teil des Gebirgszuges auf.

3. Übergehen wir einige kleinere Zwischenzeiten mit Deformation und Vulkanismus! Zuletzt wurde der Gebirgszug, der durch diese Revolution der Erdkruste entstanden war, abgetragen. Wo er gewesen war, kappte eine sich weit ausdehnende Fastebene die hochgebogenen Schichtköpfe der Gesteine, die bei der spät-paläozoischen Deformation gefaltet und zerbrochen worden waren.

4. Noch später wurde die Barrikade der Appalachen von Neuengland bis Alabama auf ihre heutige Höhe hochgehievt. Infolge dieser Hebung verjüngten sich die Flüsse, die zuvor träge über ein flaches Terrain niedrigen Reliefs gependelt waren, und sägten sich

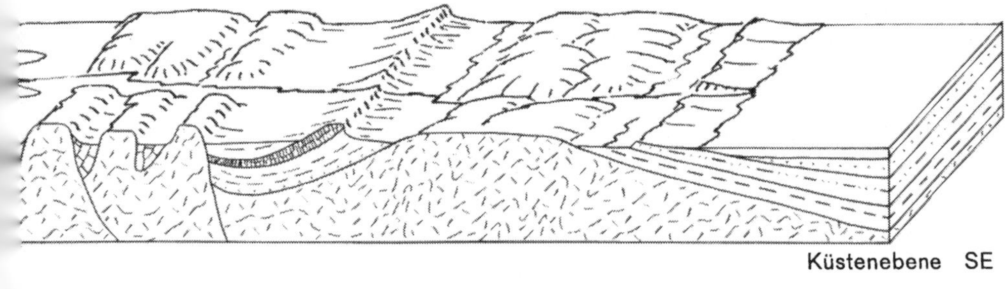

in so tiefen Schluchten ein, wie das heute die die Bergketten querenden Abschnitte des Tusquehana-, Delaware- und Potomac-Flusses tun.

Diese stark komprimierte Version der Erdgeschichte der Appalachen verkörpert das, was als der „Lebenszyklus" eines typischen Gebirgszuges bezeichnet werden kann. Wie wir kurz zuvor gesehen haben, besteht dieser Zyklus — auf seine wesentlichen Teilvorgänge zurückgeführt — aus folgenden Abschnitten:

1. einer Periode *geosynklinaler Ablagerung;*
2. einer Zeit intensiver *Deformation,* die Faltung, Bruchbildung und möglicherweise auch magmatische Aktivität umfaßt;
3. einer Zwischenzeit der Ruhe und ausgedehnten *Abtragung;*
4. einer Endepisode vertikalen *Aufstiegs,* der die Kette auf die Höhe bringt, in der sie sich jetzt befindet.

Alle diese Stufen zusammen erfordern etwa 500 Millionen Jahre.

In der Naturwissenschaft scheint es unvermeidbar zu sein, daß dann, wenn ein allgemeines Gesetz aufgestellt worden ist, sofort auch Ausnahmen zum Vorschein kommen. Wer die generelle Anwendbarkeit der für die Appalachen beschriebenen Stadien verneint, braucht nicht weit zu schauen, um Abweichungen von der Regel zu finden. Eine der auffallendsten Ausnahmen ist in den Vereinigten Staaten das Colorado-Plateau. Hier wurde ein sehr großer, mehr als 1,6 Kilometer dicker Stapel nahezu horizontaler Schichten körperlich auf über 2100 Meter über dem Meeresspiegel hochgehoben. In seinem meistbesuchten Abschnitt, dem Grand Canyon, war diese Hebung für die Verjüngung des Colorado-Flusses verantwortlich; sie befähigte ihn, seinen tiefen Cañon auszufurchen.

Im wesentlichen die gleiche Abfolge von Geschehnissen, die für die Appalachen typisch ist, vollzog sich in anderen Gebirgen, jedoch manchmal zeitlich enorm zusammengerafft. Die südlichen Küstenketten Kaliforniens geben eine gute Illustration dafür. Dort lagerten sich in dem kurzen Zeitabschnitt des Pleistozäns Schichten von 1600 m Dicke ab; dann wurden sie zusammen mit den älteren Gesteinen des Gebietes intensiv verformt, darauf abgetragen, um eine Landschaft mäßigen Reliefs zu bilden, und schließlich auf wenigstens 400 Meter über dem Meeresspiegel gehoben; die letzte Periode kennzeichnet sich durch eine Serie mariner Terrassen, die wie eine Zyklopentreppe den meerwärtigen Hang mancher Abschnitte der Kette hinaufziehen.

Befund hinsichtlich des Ursprungs

Bevor wir eine Theorie zur Erklärung der Gebirgsbildung aufstellen, sollten wir uns vor Augen halten, daß eine solche Theorie die Grundelemente marine Ablagerung, Deformation, Denudation und schließlich vertikale Hebung berücksichtigen muß. Die für diese Vorgänge erforderliche Zeit mag zwischen rund einer Million und 500 Millionen Jahren liegen. Ferner brauchen nicht alle Stadien verwirklicht zu sein, daß sich eine imponierende Bergkette über ihre Umgebung erhebt.

Ein wichtiger Grundsatz der Geologie ist die Annahme, daß die Prozesse, die in der Welt von heute am Werk sind, auch in der Welt der Vergangenheit wirkten und daß dabei sehr wahrscheinlich auch die quantitativen Verhältnisse von denjenigen der Jetztzeit nicht wesentlich abwichen. Die Geologen fanden die Gültigkeit dieses Grundsatzes zwar im wesentlichen bestätigt, sie erkannten aber, daß es Ausnahmen gibt; nicht zum wenigsten ist die Eiszeit eine solche, von der wir erst vor kurzem erlöst worden sind.

Die Gegenstücke dieses furchtbaren Ereignisses sind in der zeitgenössischen Welt glücklicherweise nur unbedeutend.

Nichtsdestoweniger, um eine Theorie der Gebirgsbildung als gültig anzuerkennen, sollten wir in der Lage sein, einige ihrer Stadien auf der Erde heute zu beobachten. Andererseits befänden wir uns in der philosophisch unsicheren Position zu begründen, daß alle die Gebirge der Erde einstmals aufgebaut wurden, daß dann aber der für ihre Entstehung verantwortliche Mechanismus abhanden kam, und so würden sie für alle Zeit dastehen als ein einst gewordenes Ding, dessen Entstehung sich aber niemals wiederholen würde. Indessen — eine so extreme Ansicht können wir von vornherein ausschalten; denn wir haben ja gesehen, daß die Höhen alles andere als dauerhaft sind; sie ragen nicht länger über den Meeresspiegel auf, als die Erosionskräfte brauchen, um sie niederzureißen. Die Gesteine — deformiert, wie sie sind, durch Falten und Verwerfungen — berichten uns auch, daß stolze Gebirge einst dort standen, wo sich heute weite Ebenen bis zum fernen Horizont ausdehnen. Wir wissen auch durch das Auftreten von Erdbeben und aus Berichten über Bodenbewegungen, die durch präzise Forschungen aufgedeckt wurden, daß gebirgsbildende Kräfte auch heute noch in der Erdkruste am Werk sind. Es ist also kein allzu gewagter Blick in die Zukunft, wenn wir annehmen, daß an irgendeinem fernen Tage andere Gebirge sich über Landschaften himmelwärts türmen werden in einer Welt, von der wir noch nichts ahnen können.

Heutige Geosynklinalen

Unter den vielen Gegebenheiten, die wir zu betrachten haben, stehen die Geosynklinalen an erster Stelle; denn sie stellen ein zentrales Element in jeder Theorie über die Entstehung der komplexen Gebirge dar. Gibt es heute irgendwo in der Welt eine Geosynklinale, die mit jener vergleichbar wäre, welche für die Ablagerung der Gesteine im Herzen der Appalachen verantwortlich war? Die Antwort ist ein vorsichtiges, behutsames Ja. Es scheint kein unbezweifelbares Beispiel einer Geosynklinale zu geben, wie wir sie uns vorstellen, wenn wir von der Interpretation der Gesteinsaussage der Appalachen ausgehen, aber es gibt Beispiele partieller Geosynklinalen oder von Depressionen, die als Stadien der Geosynklinalentwicklung betrachtet werden dürfen.

Ein hervorstechendes Beispiel einer solchen Halbgeosynklinale in den Vereinigten Staaten ist das Gebiet im Golf von Mexiko, das sich an das Mississippi-Delta anschließt (Abb. 245). Dort hat sich eine große Sedimentmasse, die vielleicht 12000 oder 15000 Meter dick ist, angesammelt; am mächtigsten ist sie auf der Nordseite des Golfs, etwa unter der gegenwärtigen Küstenlinie (Murray, 1961). Als Nettoergebnis der ständigen Zufuhr von Sediment in den Golf hinein breitet sich eine Linse terrigenen Schutts seewärts über ein submarines Gebiet ozeanischen Materials aus.

Aus dem Befund, der sich aus den Kernen Tausender von Ölbohrungen ergibt — darunter von einigen der tiefsten der Erde — wissen wir, daß sich dieser dicke Sedimentkeil in flachem Wasser abgelagert hat — ganz gewiß nicht in einem solchen von 9000 oder auch nur 3000 Meter Tiefe. Damit die Schichten in ihre gegenwärtige Tiefenlage gelangen konnten, war ein langsames Sinken der Sedimentsäule erforderlich. Daß eine Absenkung tatsächlich erfolgt ist — ja, daß sie sogar noch im Gange ist —, darüber sind die meisten Geologen der Golfküste einer Meinung. Was jedoch dieses Sinken verursachte, ist eine andere Sache und eine stark umstrittene Frage. War die Last des Sediments, das sich allmählich auf der Kruste aufhäufte, die Ursache dafür, daß diese sich nach unten durchbog? Wenn das der Fall wäre, dann müßte Material wie wasserdurchtränkter Ton, dessen Dichte nur 1,8 beträgt, subkrustale Substanz verdrängen können, deren Dichte sich auf

3,3 g pro cm^3 beläuft. Um diese Hypothese zu stützen, wiesen ihre Anhänger darauf hin, daß solches ja auch unter den kontinentalen Eisdecken geschehen sei, deren spezifisches Gewicht nur 0,9 betrage, und daß sich Skandinavien und Kanada lediglich infolge der Fortnahme dieser Überlast heute zurückbögen.

Die Gegner der Auffassung, daß Belastung das Sinken verursache, stehen auf dem Standpunkt, daß die Golfküste ein Gebiet sei, in welchem sich eine Einbeulung der Erdkruste sowieso vollzöge und daß die Sedimentlast nicht die primäre Ursache sei, wenn sie auch zweifellos den Senkungsprozeß unterstütze. Die primäre Ursache liege innerhalb der Erde, und so hätten wir uns, um eine Antwort auf die Frage zu bekommen, irgendwo sonsthin zu wenden und nicht zu dem reinen Oberflächen-Transport von Last. In der Mississippi-Bucht, wo sich beide Prozesse, nämlich Sedimentbelastung *und* Krusteneinbiegung, gleichzeitig abspielen, wäre es schwierig, die relative Bedeutung jeder der beiden Faktoren zu bestimmen.

Tiefsee-Gräben und Inselbögen

Glücklicherweise gibt es in der Erdkruste Bereiche, die sich anscheinend abwärts gebogen haben, ohne mit einer ungewöhnlich dicken Sedimentdecke belastet worden zu sein. Die auffallendsten befinden sich in fernen Teilen der Erde und sind der direkten Beobachtung weithin unzugänglich. Hauptsächlich stellen sie lange, schmale Gräben auf dem Meeresboden dar. Diese sind besonders gut entlang den Inseln von Indonesien entwickelt, ferner vor den Inseln, die den fernen Westrand des Pazifiks begleiten, einschließlich Japans; im östlichen Pazifik finden sich solche am Rande der Küsten von Südamerika und Alaska, und auch im Karibischen Meer treten sie auf (Abb. 246). Nebenbei, die größte bekannte Meerestiefe, 11 035 m, liegt in einem dieser Tröge, dem Marianen-Graben des westlichen Pazifiks.

Vor rund 30 Jahren wurde die Entdeckung gemacht, daß in der Nähe einiger dieser Tiefsee-Gräben der Wert der Schwerkraft geringer ist, als er nach der Breitenlage der Stelle eigentlich sein sollte. Wie dieses Defizit bestimmt wurde, ist ein lehrhaftes Beispiel dafür, wie sich anscheinend unbesiegbare Beobachtungsschwierigkeiten überwinden lassen. In Kapitel I wurde gezeigt, daß die Schwerkraft durch wiederholte Beobachtungen eines schwingenden Pendels gemessen werden kann. Wohl kaum kann man sich weniger verträgliche Dinge vorstellen als ein schwingendes Pendel und ein rollendes Schiff, und so schien es ein aussichtsloses Unterfangen, Schwerewerte über diesen Spalten im Ozeanboden vom schwankenden Deck eines Schiffes aus zu messen, das gegen die Seen des Passatwindes anzukämpfen hat.

Abb. 245. Querschnitt durch die Geosynklinale der Golfküste. *(Nach: P. B. King: The evolution of North America, Princeton [Univ. Press] 1959.)*

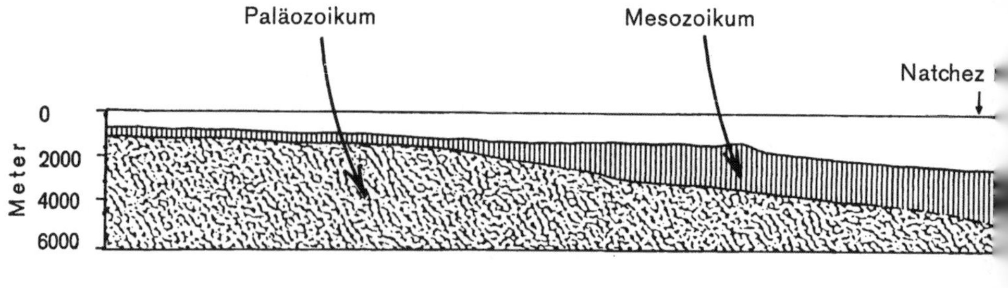

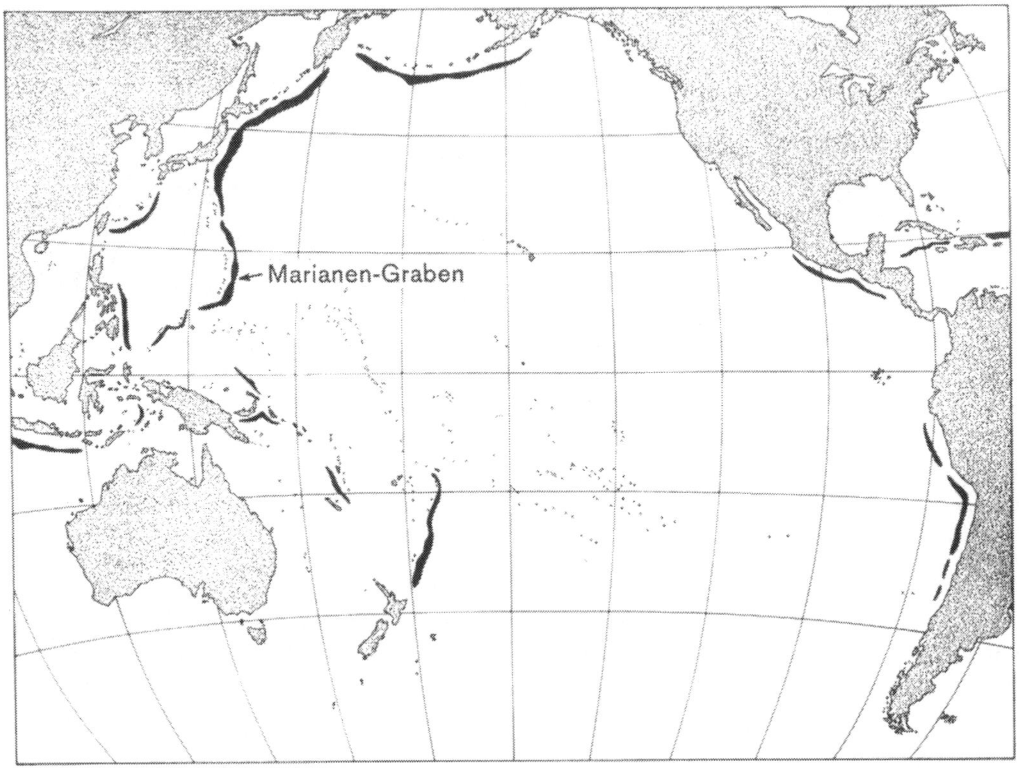

Abb. 246. Tiefe Gräben (schwarz dargestellt) auf dem Meeresboden. *(Aus: Chart Nr. 1262 A, U. S. Naval Oceanogr. Office.)*

Eine stabile Plattform für Schweremessungen auf dem Meere wurde dadurch geschaffen, daß man ein besonders dafür konstruiertes Gravimeter in einem Untersee-Boot montierte und die Messungen vornahm, wenn es bis unter die Untergrenze der Wellenwirkung getaucht war. Die Pionierarbeit wurde von dem holländischen Geodäten F. A. Vening-Meinesz an Bord von Untersee-Booten der Königlich-Niederländischen Marine durchgeführt. Die Karte (Abb. 247) zeigt den bogenförmigen Gürtel unternormaler, geringerer Schwerkraft, den er feststellte, während er durch das Ostindische Archipel kreuzte.

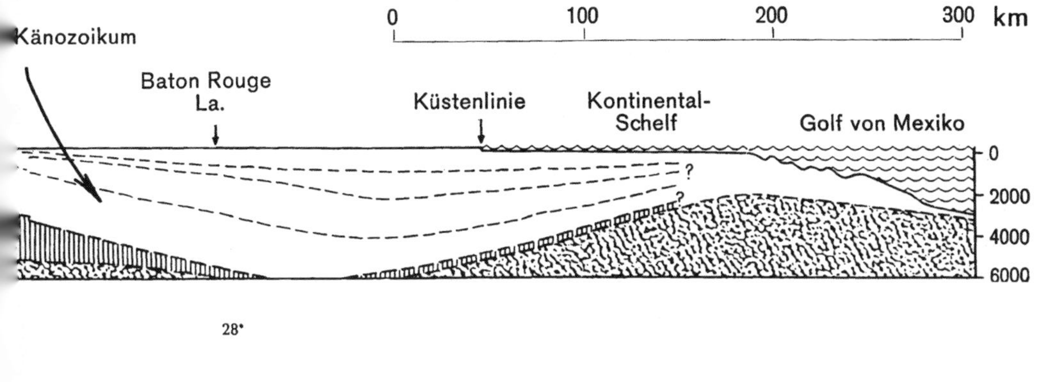

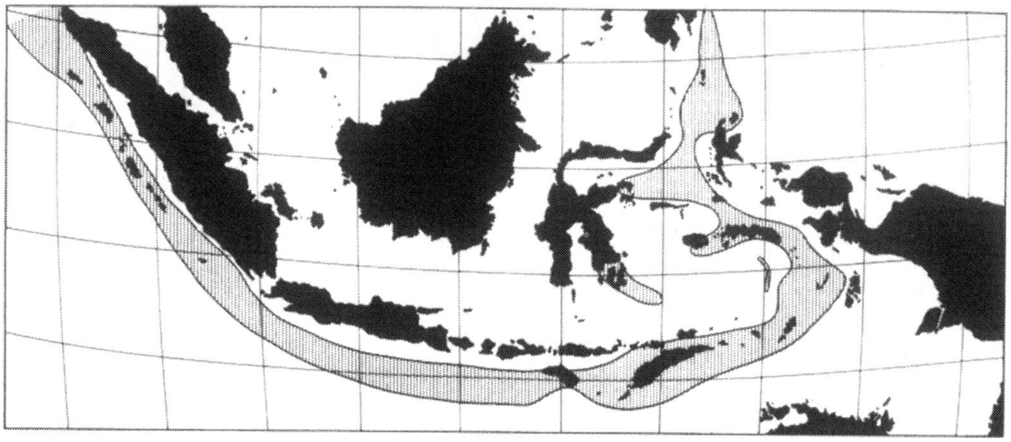

Abb. 247. Der Gürtel mit negativen Schwereanomalien, Indonesischer Archipel. *(Nach: F. A. Vening-Meinesz, J. H. F. Umbgrove & Ph. D. Kuenen: Gravity expeditions at sea 1923—1932, 1934.)*

Die Beziehung zwischen dem Band der sogenannten *negativen Schwereanomalie* und den Tiefsee-Gräben in Nähe der Inseln liegt nicht unmittelbar auf der Hand. Manchmal verläuft der Gürtel der geringeren Schwere auf der einen Seite des Troges, manchmal auf der anderen. Ja, statt ausschließlich auf den Ozeanboden beschränkt zu sein, schwingt er sich nahe dem Ostende Indonesiens nordwärts und quert die Inseln Timor und Ceram. Nichtsdestoweniger, die Beziehung zwischen Inselbögen, Gürteln zu geringer Schwere und ozeanischen Tiefen sind hier und auch sonstwo zu eng, als daß sie rein zufällig sein könnten.

Noch eine andere bedeutsame Beziehung besteht in der merkwürdigen Welt der bogenartigen Vulkaninsel-Ketten im westlichen Pazifik, die von abyssischen Gräben begleitet werden; sie betrifft die Verteilung der Erdbeben-Herde. Wenn man sie in ihrer genauen Beziehung nach Tiefe und Örtlichkeit in ein Diagramm aufträgt, dann ordnen sie sich entlang einer schrägen Fläche an, deren Neigung von der Oberfläche bis auf etwa 290 km Tiefe im Mittel 30—35° beträgt, worauf sie sich bis hinunter zu einer Tiefe von 640—720 Kilometern auf etwa 60° versteilt.

In einer derartigen Beziehung dürfte sich das Vorhandensein eines Bruches irgendwelcher Art ausdrücken. Überraschend ist dabei die große Tiefe, bis zu welcher diese Erdbeben-Zentren reichen — sie liegen tief unten im Mantel, unterhalb der Mohorovičić-Diskontinuität und damit in einem Bereich, wo sich die Gesteine vermutlich plastisch verhalten und nicht durch Bruch reagieren. Wenn diese Ebene der Erdbeben-Zentren eine Verwerfungsfläche ist, dann folgt daraus doch irgendwie, daß Kräfte in der Erde am Werk sind, um eine bogenförmige Erhebung — etwa diejenige, die durch die Marianen-Inseln gekennzeichnet ist — sowohl aufwärts als auch gleichzeitig seitwärts gegen den Tiefsee-Graben an ihrer Basis zu verschieben. Wenn das zutrifft, dann könnte ein Andauern der Deformation zur Folge haben, daß sich der Graben noch weiter hinunterbiegt, daß die Sedimente, die sich bereits in dem Graben befinden, zusammengepreßt und diese leichteren Ablagerungen sozusagen niedergehalten werden, obgleich sie ja doch gewissermaßen Gesteine verdrängt haben, die schwerer als sie selbst sind.

Die relative Leichtheit der Gesteine, die vermutlich nach unten in die Erdkruste hineingedrückt sind, ist eine notwendige Voraussetzung; denn ihr Vorhandensein bedeutet die wohl allgemein angenommene Erklärung für die langen, gürtelartigen Bänder von Unterschwere, die mit den Inselbögen und ihren Randgräben verbunden sind. Die geringere Schwerkraft muß mit einem Massendefizit einhergehen, und es ist sehr logisch anzunehmen, daß dieses eine Ansammlung leichterer Substanz darstellt, die den Platz dichteren subkrustalen Materials eingenommen hat, indem es nach unten in diese hineingedrückt wurde.

Versuchsmodelle

Die dargelegte Beziehung wurde experimentell durch zwei Forscher, D. T. Griggs von der Universität Kalifornien und P. H. Kuenen von der Universität Groningen (Niederlande), reproduziert. Die beiden Männer konstruierten Modelle der Erdkruste, die in allen Proportionen so verkleinert wurde, daß sich das Modell strukturell so verhielt wie sein Prototyp, die Erde selbst. Bei dieser Verkleinerung mußten überraschenderweise weiche Materialien verwandt werden, um das nachzuahmen, was uns sehr feste Substanzen, wie das Steine eben sind, zu sein scheint. Griggs brauchte z. B. Glyzerin, um subkrustale Schichten zu ersetzen, und die Kruste wurde durch eine Mischung von Schmieröl und Sägemehl dargestellt (Abb. 248). Bei Kuenens Experiment erfolgte die Abbiegung der Kruste durch Zusammenpressung eines Modells, das aus einer Paraffinschicht bestand, die auf Wasser schwamm. Zuerst erschienen sehr flache Wellungen — vielleicht sind sie mit dem Geosynklinalstadium in der Natur zu vergleichen —; dann faltete sich plötzlich die Kruste nach unten in das wässerige Substrat hinein; das dabei entstandene Gebilde war demjenigen sehr ähnlich, dessen Vorhandensein unter den Indonesischen Inseln Vening Meinesz angenommen hatte.

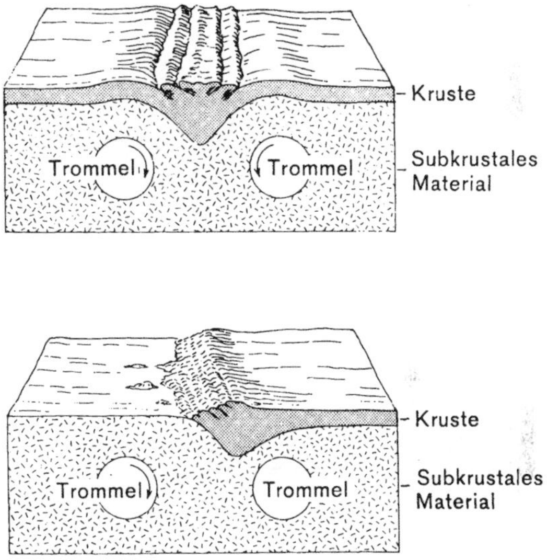

Abb. 248. Einbiegung der Kruste als Ergebnis zweier entgegengesetzter Strömungen im subkrustalen Material (oberes Bild) und einer einzigen Strömung (unteres Bild). *(Nach: D. Griggs, Amer. J. Sci., 237, 1939.)*

Griggs erzeugte im wesentlichen die gleiche geometrische Form, indem er zwei Trommeln in eine subkrustale Schicht aus Glyzerin eintauchte und sie gegeneinander rotieren ließ. Hierbei gelang es ihm, eine Abwärtsbiegung der Kruste zu erzeugen, die der von Kuenen durch einfache Zusammenpressung erzielten weitgehend glich. In jedem Fall wurden leichtere Krustenschichten in eine dichtere subkrustale Zone hinuntergezogen. Wenn die rotierenden Trommeln angehalten wurden, bog sich die zusammengeknüllte Linse leichteren Materials aufwärts und erzeugte einen niedrigen Rücken.

Wie verhält sich ein künstlicher Versuch wie dieser zu der realen Welt? Er ist vielleicht auf sie anzuwenden, wenn wir einige Vorbehalte machen; einer davon ist die Annahme, daß Strömungen, die den Konvektionsströmungen in der Luft oder im Wasser gleichen, innerhalb der Kruste am Werk sind. Es sind das Strömungen, die durch Temperaturunterschiede ausgelöst werden — ein bekanntes Beispiel ist das Aufsteigen erhitzter Luft über einem Ofen.

Konvektion kann man sich schwer bei einem Material von Art der Gesteine vorstellen. Wir wissen aus der Erfahrung, daß der Prozeß am besten in Substanzen von geringer Viskosität — flüssigen und gasförmigen — vor sich geht, und Gesteine gehören gewiß zu keiner dieser Kategorien.

Ein Faktor, der die Theorie der Konvektionsumwälzung zu retten vermag, ist die Unermeßlichkeit der geologischen Zeit; innerhalb derselben können langsame Prozesse Wunder an Änderungen hervorrufen. Zudem können Gesteine plastisch verformt werden, wenn Temperaturen und Drücke hoch genug sind, wie wir das z. B. aus den gewundenen Bändern schließen dürfen, die wir in metamorphen Gesteinen vielfach beobachten.

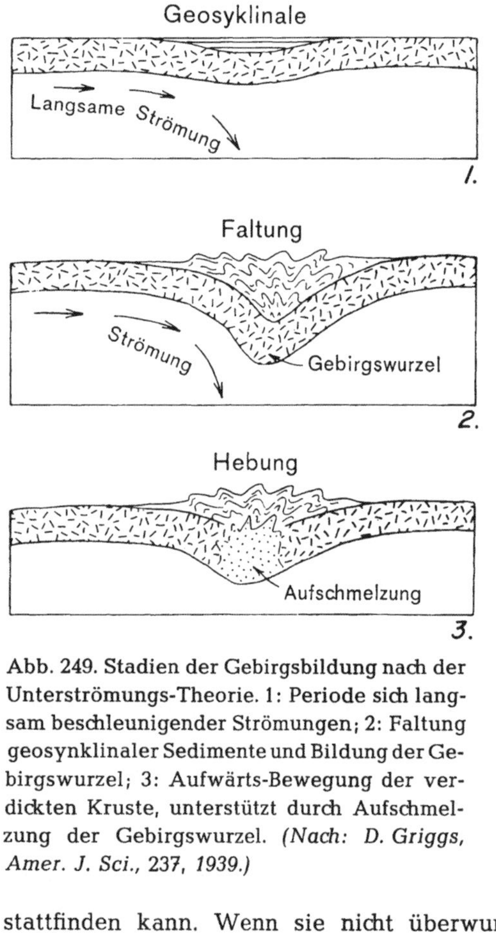

Abb. 249. Stadien der Gebirgsbildung nach der Unterströmungs-Theorie. 1: Periode sich langsam beschleunigender Strömungen; 2: Faltung geosynklinaler Sedimente und Bildung der Gebirgswurzel; 3: Aufwärts-Bewegung der verdickten Kruste, unterstützt durch Aufschmelzung der Gebirgswurzel. *(Nach: D. Griggs, Amer. J. Sci., 237, 1939.)*

Ein anderer wesentlicher Faktor, der erforderlich ist, damit ein langsamer Materialtransport möglich wird, ist eine unterschiedliche Erwärmung innerhalb des Erdmantels. Man meinte früher, daß die Wärme, die aus dem Innern der Erde kommt, durch langsame Abkühlung eines ursprünglich geschmolzenen Globus frei würde. Wir wissen heute, daß die Zeitdauer, seit der die Erde besteht, zu groß ist und daß die Temperatur nicht gleichmäßig mit der Erdtiefe ansteigt, sondern daß die größte Zunahmerate offenbar der Oberfläche näher als dem Mittelpunkt liegt.

Die neuerdings entdeckte Radioaktivität der Gesteine liefert uns einen Mechanismus, der es möglich macht, daß Wärme kontinuierlich im Laufe der Zeit erzeugt wird, statt aus einem Vorrat zu kommen, der langsam leerläuft. Auch ist die Wärme ungleichmäßig im Erdmantel verteilt, und zwar als Folge lokaler Konzentrationen von Radioaktivität. Das bedeutet, daß langsame Strömungen subkrustalen Materials zwischen kühleren und wärmeren Teilen des Mantels ausgelöst werden können. Falls solche Strömungen wirklich existieren, dann fließen sie zweifellos nicht so stetig wie Strömungen in Flüssigkeiten, weil das Gesteinsmaterial immer eine gewisse Scherfestigkeit aufweisen wird, die überwunden werden muß, damit Fließen stattfinden kann. Wenn sie nicht überwunden wird, dann wird der Materialtransport gestoppt, bis zusätzlich Wärme gewonnen ist; wenn sich so die Viskosität erniedrigt hat, kommt die Konvektion wieder in Gang. Ein solcher Mechanismus mag dazu beitragen, die pulsatorische Natur der Gebirgsbildung zu erklären, die so charakteristisch zu sein scheint.

Die Herabziehung von Krustenmaterial in die Unterlage, wie das bei den Modellen geschah, mag dazu beitragen, zwei Phänomene zu erklären, die bei jeder Theorie der Gebirgsbildung beachtet werden müssen (Abb. 249). Das erste ist die im wesentlichen vertikale Hebung der Zone zusammengeschobener und überschobener Gesteine, die Gebirge von Art der Appalachen, der Alpen und des Himalajas aufbauen. Das zweite ist die Gegenwart großer Intrusivkörper von Granit und verwandten Magmatiten, die in die deformierten Gesteine des Gebirgszuges eingedrungen sind.

Krustale Gesteine dürften einen niedrigeren Schmelzpunkt als subkrustale haben, und so würden sie schmelzen, wenn sie in eine Zone gelangten, deren Temperatur höher als die ihres Ursprungsbereiches ist. Dieses Schmelzen und eine mögliche Umwandlung in Granit wird sehr gefördert, wenn sich der Druck zeitweilig erniedrigt, möglicherweise durch plötzliche Bruchbildung; dann kann nämlich die Schmelze, die im Wurzelbereich der nach unten gepreßten Gesteine entstand, ihren Weg durch diese deformierten Gesteine nach oben nehmen, um als granitische Batholithen und ähnliche Intrusivkörper zu kristallisieren.

Ein vertikaler Aufstieg des ganzen Komplexes der abwärts gefalteten, deformierten und injizierten Gesteine kann erfolgen, wenn die Konvektionsströmungen ihre Bewegung einstellen. Da dann in der Wurzelzone ein Überschuß an leichterem Material besteht — verglichen mit dem dichteren subkrustalen Material beiderseits und unten —, neigt die Wurzel dazu aufzusteigen, ganz wie ein Schiff sich hebt, wenn es in dichteres Wasser hinausschwimmt.

Wie wir im Kapitel I sahen, erkannte man schon vor einem Jahrhundert, daß der Himalaja aus Material besteht, welches leichter als die normalen Krustengesteine ist. Diesem Streben der leichteren Massen in der Erdkruste, höher aufzuragen als die dichteren Gesteine ihrer Umgebung, gab Captain C. E. Dutton, ein Berufsoffizier des Heeres und Zeitgenosse von G. K. Gilbert, im Jahre 1871 den Namen *„Isostasie"* (vom griechischen Wort für „gleich-stehen").

Ein Ansteigen des leichteren, nach unten gefalteten Materials ereignete sich bei Griggs' Versuch, als die Trommeln zu rotieren aufhörten, und man kann daraus den Analogieschluß ableiten, daß das in der Natur geschieht, wenn Konvektionsströmungen zum Stillstand kommen.

Entstehungsprobleme

Unsere Nachforschung nach dem Ursprung der Gebirge hat uns auf eine weite Reise gebracht, wobei wir auf dem Wege Haltepunkte an der Golfküste und unter den Inselbögen Indonesiens und des Pazifiks einlegten. Diese Bereiche örtlichen Krustensinkens mögen Geosynklinaltrögen der Vergangenheit entsprechen oder nicht. Das ist schwer zu sagen, da wir in den stark verformten Gesteinen eines Faltengebirges nur den Endzustand der geosynklinalen Absätze sehen und da wir in unserer Vorstellung die Stadien zu rekonstruieren haben, die zu der heutigen Form führten.

Obwohl experimentelle Versuche ähnliche Verhältnisse hervorriefen, wie sie der Krustenbau unter den Inselbögen aufweisen dürfte, bleiben da doch noch hochwichtige Probleme ungelöst. Zu den Hauptunsicherheiten dieser Art gehört die Frage, ob Konvektionsströmungen wirklich in der Erde bestehen oder nicht. Sie sind eine brauchbare und durchaus logische Erklärung für vieles, das sich, wie wir vermuten, ereignet hat, aber ihr tatsächliches Vorhandensein ist noch nicht bewiesen.

Ein anderes Problem ist die ungeheure Zeitspanne, die etwa für den Ablauf des Ablagerungszyklus der Appalachen-Geosynklinale benötigt wird: etwa gegen 300 Millionen Jahre! Diese Bedingung ist nicht leicht vereinbar mit dem vergleichsweise schnellen Fließen bei Konvektionsströmungen. Auf der anderen Seite stehen wir der Tatsache gegenüber, daß der ganze Entwicklungsgang einer komplexen Gebirgskette von der geosynklinalen Ablagerungsphase über die Faltung und Überschiebung dieser Beckensedimente, ihre weiträumige Einebnung und ihre schließliche vertikale Hebung im südlichen Kalifornien bereits in den letzten wenigen Millionen Jahren durchlaufen wurde.

Die Liste der Paradoxheiten und Ausnahmen könnte ins Unbegrenzte verlängert werden, aber eine der auffallendsten Erscheinungen in Nordamerika möge dazu dienen, die Diskussion abzuschließen. Gemeint ist das Colorado-Plateau in den südwestlichen Vereinigten Staaten, das Gebiet beiderseits des Grand Canyon; es wurde als Ganzes um wenigstens 1,6 Kilometer in vergleichsweise junger geologischer Vergangenheit gehoben, ohne daß die horizontale Lagerung der Schichten, die jeder Tourist an den Cañon-Wänden erblicken kann, nennenswert gestört wurde. Wie konnte sich ein so großer Block der Erdkruste mit so wenig Anzeichen von Faltung oder Deformation der Gesteine heben? In der Tat, es bleibt uns das ein ebenso großes Geheimnis, wie es das für Major Powell und seine Begleiter war, als sie den Rand des Cañons kurz nach dem Bürgerkrieg erkletterten und über die brütende Landschaft der hohen Plateaus blickten.

Alles, was wir wissen, ist, daß offenbar zeitweilig enorme Kräfte in der Erdkruste freigesetzt werden und daß diese fähig sind, Gesteine zu verbiegen und zu zerscheren und so in die verwickelten und gewundenen Formen von Falten und Überschiebungen zu pressen, die wir in den Schluchten und auf den hohen Gipfeln der Gebirgsketten zutagetreten sehen. Zu anderen Zeiten wurden Ausschnitte der Kruste als Ganzes gehoben, ohne sichtbaren Zusammenschub, z. B. zu den eindrucksvollen Höhen, bis zu denen die Hochländer Tibets, der Anden oder Colorados aufsteigen. Stehen die beiden Arten der Deformation miteinander in Beziehung oder nicht? Niemand weiß das sicher. Es scheint aber so, daß sie miteinander verknüpft sind.

Theorien der Gebirgsbildung

Wenn es heißt, die Entstehung komplexer Gebirge zu erklären, dann fehlt es nicht an Vorschlägen und Scharfsinn. Viele aufgestellte Theorien haben nur historisches Interesse. Keine der gängigen Hypothesen hat allgemeine Annahme erfahren.

Kontraktion

Eine altehrwürdige Theorie, die auch heute noch Gefolgsleute hat, besagt, daß die Gebirge die Runzeln in der Kruste einer sich zusammenziehenden Erde seien — einer Erde, deren Schrumpfung wahrscheinlich vom Verlust ihrer ursprünglichen Wärme herrühre.

Zu den Gegebenheiten, die gegen diese Theorie sprechen, gehören:

1. Alle auf der Erde vermeßbaren Großkreise müßten sich etwa gleich stark verkürzen, und das hätte zur Folge, daß die Gebirgsketten gleichmäßiger verteilt wären, als es tatsächlich der Fall ist. Sicher würden sie nicht durch die riesigen Zwischenräume getrennt sein, die zwischen manchen Ketten zu finden sind. Schwerlich wären damit auch so große Richtungs-Unterschiede in Einklang zu bringen, wie sie zwischen der vorherrschenden Ost/West-Linie, der die Alpen—Himalaja-Kette folgt, und der Nord/Süd-Linie, die die Amerikanische Kordillere einhält, bestehen.
2. Die Erdkruste scheint zu weich zu sein, um auf lange Strecken so große Spannungen zu übertragen, wie sie für die Bildung derartiger Gebirge erforderlich sind. Wenn sich

die Erdkruste erst einmal durch Kontraktion verbeult hätte, sollten die Gebirge bei den weiteren Geschehensfolgen die Tendenz haben, immer an den gleichen Stellen zu verbleiben; denn die Kontraktion wäre ja ein im wesentlichen kontinuierlicher Prozeß. Nichts von dem, was über die vergangene Erdentwicklung bekannt ist, unterstützt eine solche Annahme. Gebirgsketten haben sich in alten Zeiten aufgetürmt, nur um wieder so vollständig der Vergessenheit anheimzufallen wie Babylon; an ihrer Statt sind andere Faltengebirge in anderen Ländern und zu anderen Zeiten entstanden. Manchmal baut sich ein Gebirgszug auf den Trümmern seines Vorgängers auf, aber in anderen Fällen wurden Gebiete, die ursprünglich gebirgig waren, später zu weiten Flachländern abgetragen, die Äonen geologischer Zeit hindurch ruhig und ungestört verblieben.

3. Mit der Entdeckung der Gesteinsradioaktivität kam die alte Vorstellung einer Erde, die sich aus anfänglichem Schmelzzustand langsam abkühle, ins Wanken. Heute wissen wir, daß sich die Radioaktivität der Erde großenteils auf ziemlich flachgründige Krustenbereiche konzentriert und daß sie im Laufe der Zeit keine große Abnahme erfuhr. Ja, in manchen Gebieten können von Zeit zu Zeit lokale Steigerungen eintreten, und es mag sein, daß die dadurch bedingte Temperaturerhöhung örtliche Aufschmelzungen hervorruft und den thermischen Zyklus auslöst, der für das Wirksamwerden von Konvektionsströmungen so wesentlich ist.

Konvektionsströmungen

Augenblicklich erscheint die Annahme von Konvektionsströmungen als Ursache der Gebirgsbildungen recht logisch. Ihre mögliche Existenz läßt sich experimentell beweisen, und die Annahmen über ihr Verhalten entsprechen in vieler Hinsicht den Erfordernissen, die sich aus der Natur der Gesteine in der Kruste ergeben. Wenn auch niemand das Vorhandensein von Konvektionsströmungen in der Erde sicher nachgewiesen hat, so sprechen doch manche Befunde sehr für ihre Existenz.

Mit Konvektionsströmungen scheint sich in logischer Weise erklären zu lassen, daß leichteres Krustenmaterial in die dichteren subkrustalen Bereiche hinuntergezogen wird, und das mag das Schweredefizit unter den Inselbögen des Pazifischen und Karibischen Meeres verständlich machen. Das Aufhören solcher Strömungen scheint auch — verbunden mit der Isostasie-Theorie — eine vernünftige Erklärung für die vertikale Hebung jenes Gürtels aus intrudiertem, kompliziert deformiertem, leichterem Gestein zu liefern, das das Herz einer alpinotypen Gebirgskette bildet.

Fragen von imponierender Größe harren jedoch noch der Lösung. Einerseits dürfen wir nicht mit Sicherheit voraussetzen, daß die Tiefsee-Gräben oder der Golf von Mexiko den Geosynklinalen der Vergangenheit in vollem Maße vergleichbar sind.

Abgesehen von der Ungewißheit hinsichtlich der Existenz oder Nichtexistenz von Konvektionsströmungen, ist schwer zu erklären, wie in den Appalachen eine Sinkbewegung 300 Millionen Jahre lang andauern konnte, um dann durch eine Ruhepause von weiteren rund 200 Millionen Jahren abgelöst zu werden, bis die vertikale Hebung begann, die für den heutigen Gebirgscharakter verantwortlich ist.

Phasenänderungen

Eine neuartige Gebirgsbildungs-Theorie wurde vor kurzem von George C. Kennedy (1959), Universität Kalifornien, und anderen vorgeschlagen. Ein fundamentaler Ausgangspunkt dieser Theorie ist die Erklärung des ausgesprochenen Dichteunterschieds zwischen dem Material oberhalb und demjenigen unterhalb der Mohorovičić-Diskontinuität (Kapitel X). Dieser Unterschied wird nicht auf eine Verschiedenheit in der chemischen Zusammensetzung zurückgeführt, sondern als Ergebnis einer *Phasenänderung* angesehen. Unter hohen Drücken können sich manche Substanzen von einer Kristallform in eine andere umwandeln — eine als *„Polymorphismus"* bekannte Erscheinung. Ein solcher Phasenwechsel — ohne Änderung der Zusammensetzung — liegt z. B. vor, wenn sich Graphit in Diamant verwandelt; es geschieht das bei Drücken nahe 100 000 Atmosphären und einer Temperatur von 1500 ° K (0 ° in der Kelvin-Skala = − 283 ° C). Gesteine, die einen Phasenwechsel durchlaufen haben, können einen völlig anderen Mineralbestand, aber nahezu die gleiche chemische Zusammensetzung aufweisen. Ein bezeichnendes Beispiel ist das dichte Intrusivgestein *Eklogit*, dessen spezifisches Gewicht 3,3 beträgt — gegenüber 2,95 bei Basalt oder Gabbro —, das aber fast die gleiche chemische Zusammensetzung wie die beiden anderen magmatischen Gesteine aufweist. Eklogite treten an der Erd-Oberfläche nur selten zutage, sind aber aus vulkanischen Necks und anderen Intrusivkörpern bekannt. Sie enthalten keinen Feldspat, und da sie dichter als Basalt oder Gabbro sind, setzt ihre Stabilität höhere Drücke voraus.

Bei örtlicher Erhitzung mögen dichte Gesteine, wie die Eklogite, eine polymorphe Umwandlung in eine weniger dichte Form erleiden. Geologisch gesprochen heißt das: Es wird eine Volumvermehrung stattfinden, die sich auf etwa 10 % beläuft. Die Volumenzunahme eines großen Materialkörpers in der Erde wird eine vertikale Aufbeulung der Oberfläche nach sich ziehen, und gleichzeitig wird sich die Mohorovičić-Diskontinuität nach unten verlagern.

Die Phasenänderungs-Theorie liefert eine plausible Erklärung für das vertikale Aufsteigen weiter Bereiche, z. B. des Colorado-Plateaus, bis zu Höhen von 2100 m oder mehr, ohne daß die Gesteine zerknittert oder drastisch deformiert wurden. Die Theorie erklärt auch das Vorhandensein von Wurzeln leichterer, weniger dichter Gesteine unter dem hochaufragenden Himalaja und dem Plateau von Tibet. Wie Kennedy (1959) darlegt, ist die Verlagerung von über 10 000 000 Kubikkilometern leichten Gesteins für das Colorado-Plateau und von etwa 100 000 000 für das Tibetanische Plateau erforderlich, damit sich unter diesen Hochgebieten Wurzeln leichteren Materials durch Konvektionsströmungen zusammenballen. Nicht nur wirft die Bewegung solch gewaltiger Volumina durch subkrustales Strömen schwierige Fragen auf, sondern es ist auch ebenso heikel, ein Ursprungsgebiet anzugeben, aus dem sie kamen.

Polymorphismus kann auch als der Mechanismus angesprochen werden, der für das Sinken von Geosynklinaltrögen verantwortlich ist, in denen sich Sediment ansammelt. Die Aufgabe lautet zu erklären, wie unverfestigte Ablagerungen, deren spezifisches Gewicht höchstens 2,5 beträgt, durch Einsinken Gesteine ersetzen kann, deren Dichte 2,9 mißt. Der Polymorphismus liefert eine Erklärung dafür, und zwar in dem Sinne, daß die anwachsende Sedimentlast auf der Kruste eine Druckzunahme mit sich bringt, die ihrerseits Phasenänderungen in subkrustalen Tiefen und eine Aufwärts-Verschiebung der Mohorovičić-Diskonformität verursachen wird. Infolge der Verminderung des Volumens, die diesen Phasenwechsel begleitet, wird das sich ansammelnde Sediment weiter sinken.

Wenn wir annehmen, daß Geosynklinalsedimente einen relativ hohen Gehalt an radioaktivem Material aufweisen, wird in ihnen die Temperatur allmählich ansteigen. Wenn wir weiter berücksichtigen, daß dieses Sedimentpaket ein schlechter Wärmeleiter ist, dann wird der Temperaturanstieg in der Kruste eine Umkehrung der Phasenänderung hervorrufen und dazu führen, daß subkrustale Gesteine sich aus dichteren Formen in weniger dichte verwandeln. Das wird ein Abwärtswandern der Mohorovičić-Diskontinuität und einen Aufstieg der früher abgesunkenen Sedimente zur Folge haben.

Diese Polymorphismus-Theorie vermag weitgehend das Ansteigen großer Krustenabschnitte zu erklären, wie dasjenige des Colorado- und Tibet-Plateaus, das Vorhandensein von Wurzeln leichteren Materials unter den Faltengebirgen und die geologische Geschichte von Gebirgen und Kontinenten. Die Voraussetzung, daß sich die Bewegungsrichtung der Grenze Kruste/Mantel in Geosynklinalen umkehre, verlangt vielleicht eine Erweiterung. Der Theorie wurde entgegengehalten, daß sie die großräumige Zusammenpressung oder Horizontalbewegung in der Kruste nicht zufriedenstellend erkläre; aber hier argumentieren wir ohne schlüssigen Beweis. Polymorphismus scheint die Bildung der langen Furchen, wie sie die Randtiefen der Inselbögen darstellen, nicht hinreichend deuten zu können; für diese paßt der Mechanismus der Konvektionsströme besser.

Wir wissen nicht sicher, ob eine absolute Beziehung zwischen gefalteten Gesteinen und morphologischen Gebirgen besteht. Die ersteren scheinen das Ergebnis horizontalen Zusammenschubs zu sein, die letzteren ein solches vertikalen Aufstiegs. Wie wir beim Colorado-Plateau gesehen haben, kann vertikale Hebung tatsächlich ohne Zusammenpressung vonstatten gehen oder sogar ohne großräumige Bruchbildung. Letzten Endes sind die wesentlichen morphologischen Gebirgsketten der Welt in erster Linie das Ergebnis von Hebungsvorgängen. Hier können wir nicht erklären, welche Kraft in der Kruste wirkt, um ein lineares Element, wie ein Faltengebirge, gegen die Schwerkraft aufsteigen zu lassen.

Die Gebirgsbildung bleibt eines der größten, sicher eines der reizvollsten Probleme, denen der Geologe gegenübersteht. Unser geduldig gewonnener Bestand an Kenntnissen vermittelt uns viel mehr, als unsere Vorgänger wußten, aber vielleicht können wir uns selbst glücklich schätzen, daß sich uns die endgültige Antwort noch entzieht.

Tafel XV. Salatfeld, Salinas-Tal (Kalifornien). *(Phot.: Ansel Adams.)*

XVIII. Grundwasser

„In Xanadu did Kubla Khan
A stately pleasure-dome decree
Where Alph, the sacred river, ran
Through caverns measureless to man
Down to a sunless sea."

Coleridges oben zitierter Vers gibt in ausgezeichneter Weise das Bild wieder, das sich die meisten Menschen von der Natur des Wassers in der Erde machen. Wir sind vielfach geneigt, zungenfertig von „Untergrund-Strömen" zu sprechen, die meilenweit unter der ausgedörrten Oberfläche einiger der extremsten Wüsten der Erde flössen; und vielen sind Quellen fast so geheimnisvoll, wie sie es den Menschen waren, die lange vor uns lebten.

Die Quellen spielen eine große Rolle in der griechischen und der römischen Mythologie. Ein Beispiel dafür bildet die Quelle von Arethusa, benannt nach der Wassernymphe, die im Hafen von Syrakus erschien, nachdem sie vom Flußgott Alpheus entführt worden war. Das ließ die Legende aufkommen, daß die Wässer des Flusses Alpheus den ganzen Weg unter dem Mittelmeer hindurch von Griechenland bis nach Sizilien zurückgelegt hätten, bis sie schließlich im See von Syrakus wieder zutage kämen.

Ähnliche Vorstellungen wurden auch sonst in alten Zeiten vertreten. Sie waren gewiß malerisch und farbiger als die prosaischen Auffassungen, die wir heute hegen. Generell gab es zwei führende Lehrmeinungen. Nach der einen beziehen die Quellen ihr Wasser aus dem Meer — wie das Salz daraus entfernt wurde und wie das Wasser zu den großen Höhen aufstieg, die es in Bergquellen erreicht, das blieben freilich unbeantwortete Fragen. Die andere Meinung war, daß Quellen und Flüsse ihren Ursprung in unterirdischen Höhlen hätten, die groß genug wären, um vielleicht eigene Atmosphären zu haben, aus denen sich Wasser als eine Art innerirdischen Regens kondensieren könne, um die Quellen zu speisen. Aristoteles (384—322 v. Chr.) gab sich mit der Idee zufrieden, daß solches Wasser aus dem Erdinnern käme, da Regen offenbar nicht ausreiche:

„Die Luft, die die Erde umgibt, wird durch die Kälte des Himmels in Wasser verwandelt und fällt als Regen herab"; ferner: „die Luft, die hindurchdringt und in die Erdkruste gelangt, wird ebenfalls in Wasser verwandelt, infolge der Kälte, der sie dort begegnet. Das Wasser, das aus der Erde kommt, vereinigt sich mit dem Regenwasser, und so entstehen Flüsse. Der Regen allein reicht keinesfalls aus, um die Flüsse der Erde mit Wasser zu versorgen. Das Weltmeer, in das die Flüsse münden, fließt nicht über, weil ein Teil des Wassers verdunstet und sich der Rest in Luft zurückverwandelt oder in eines der anderen Elemente" (Tolman, 1937).

Seneca (3 v. Chr. bis 65 n. Chr.) glaubte, der (spätere Auffassungen vorwegnehmenden) Meinung, daß das Wasser im Untergrund etwas mit dem Regen zu tun hätte, den Todesstoß zu geben, wenn er sagte:

„Regen kann unmöglich der Ursprung von Quellen sein, da er nur wenige Fuß in die Erde eindringt, während Quellen aus größerer Tiefe gespeist werden." „Als aufmerksamer Gräber zwischen meinen Weinstöcken kann ich meine Beobachtung versichern, daß kein Regen je so stark ist, um den Untergrund bis zu einer Tiefe von über 3 m aufzuweichen" (Tolman, 1937).

Erst um die Mitte des 17. Jahrhunderts wurde die Kernfrage, nämlich die, ob eine Beziehung zwischen Regenhöhen und Quellschüttungen bestände, von zwei Franzosen, Pierre Perrault (1608—1680) und Edme Mariotte (1620—1684), als zutreffend bewiesen. Das ungefähre Gleichgewicht zwischen der Verdunstung vom Meere aus und dem Niederschlags- und Abfluß-Betrag wurde vom Astronomen Halley, der uns durch seinen Kometen bekannt ist, erarbeitet. Meinzer (1934) sagt darüber:

„Perrault machte drei Jahre hindurch Regenmessungen, und er schätzte die Fläche des Einzugsbereichs des Seine-Flusses oberhalb eines Punktes in Burgund und den Abfluß aus diesem gleichen Becken im groben ab. So berechnete er, daß die Wassermenge, die im Becken als Regen oder Schnee fiel, gegen 6mal so groß wie die vom Fluß abgeführte Menge war. So roh diese Rechnung auch war, so bewies er doch die Abwegigkeit der uralten Annahme, daß der Niederschlag für die Höhe des Abflusses aus Quellen und Flußläufen unzureichend sei. Perrault setzte auch Wasser und andere Flüssigkeiten der Verdunstung aus und stellte Beobachtungen über die relative Menge des so verlorengegangenen Wassers an. Er machte des weiteren Untersuchungen über Kapillarität, stellte die ungefähren Grenzen der Kapillarität im Sand fest und zeigte, daß Wasser, das durch Kapillarwirkung gebunden ist, keine Ansammlungen freien Wassers in höheren Niveaus hervorrufen kann."

„Mariotte berechnete den Abfluß der Seine bei Paris, indem er deren Breite, Tiefe und Fließgeschwindigkeit bei etwa mittlerem Wasserstand maß; bei der Geschwindigkeitsmessung verwandte er die ‚Schwimmermethode'. Im wesentlichen konnte er Perrault's Ergebnisse bestätigen. In seiner Veröffentlichung, die nach seinem Tode 1684 erschien, verteidigte er tatkräftig die Infiltrationstheorie und schuf einen Großteil des modernen Gedankenguts über den Gegenstand ... Er legte dar, daß das Wasser, das von Regen und Schnee stammt, in die Poren des Bodens eindringt und sich in Brunnen sammelt, daß dieses Wasser abwärts sickert, bis es undurchlässiges Gestein erreicht, und sich dann seitwärts bewegt und daß es mengenmäßig ausreicht, um die Quellen zu beliefern. Er bewies, daß das Regenwasser in die Erde eindringt, und benutzte zu diesem Zweck den Keller des Pariser Observatoriums, wobei er die Durchsickerung durch dessen Decke mit der Regenmenge verglich. Er zeigte auch, daß die Schüttung der Quellen bei Regenwasser ansteigt und in Dürrezeiten abnimmt, und er erklärte, daß die konstanteren Quellen aus größeren Untergrund-Reservoiren gespeist würden."

Obgleich unsere Vorfahren wenig von den Ursachen für das Vorhandensein von Wasser im Untergrund wußten, so wurde es doch in den alten Zeiten vielfach genutzt. Der Brunnen war jahrhundertelang der Mittelpunkt des Dorflebens, und in weiten Teilen der Welt ist er es heute noch. In der Tat, die öffentliche Wasserleitung kann ihn als Zentrum der Nachrichtenübermittlung nicht ersetzen. Nicht nur war der Brunnen der Brennpunkt des Gemeindelebens, sondern er war auch eine absolute Notwendigkeit, damit eine ummauerte Stadt oder eine Burg durchhalten konnte. Das wäre ein leichtsinniger Burgherr gewesen, welcher versuchen wollte, eine Belagerung durchzustehen, ohne in seinen Mauern einen Wasserspender zu haben!

Die starke Nachfrage nach Wasser, die sich durch die großen Zusammenballungen von Menschen in Stadtzentren ergab, führte zu einer extensiveren Entwicklung von Versorgungsanlagen aus dem Grundwasser, als man es sich meist vorstellt. Fast jeder weiß von den heroischen Maßnahmen, zu denen die Römer griffen, um Wasser in ihre Städte zu leiten, indem sie imponierende, Täler überspannende Aquädukte errichteten. Dabei muß es recht seltsam anmuten, daß die Römer wenig von der Natur des Wassers im Untergrund wußten. Sie setzten ihr Hauptvertrauen auf Quellen und Flüsse, und das hatte zur Folge, daß sie ungeheure Entfernungen zu überbrücken hatten, um aus den Apenninen Wasser herbeizuschaffen; und doch bestand eine völlig gleichwertige Versorgungsmöglichkeit unmittelbar unter ihren Füßen; sie hätten nur danach zu graben brauchen.

Andere taten das, und ihr Studium des Wassers im Untergrund führte zur Erstellung einiger der bemerkenswertesten, kaninchenbauartigen Aushöhlungen, die bekannt sind. Als Hauptbeispiel sind die *„Kanats"* im alten Persien (nun Iran) zu nennen. Die „Kanats" finden sich in weitem Umkreis rund um Teheran; großenteils sind sie in den Schottern der großen Schwemmfächer am Fuß der Elburs-Berge ausgegraben. Die „Kanats" sind lange, Maulwurfgängen ähnliche Stollen, die als Sammelgalerien in den porösen Kiesen des Fächers dienen. Einige sind 24 Kilometer lang, und einzelne Tunnels mögen bis zu 150 m tief sein. In alten Zeiten waren es echte Vielzweck-Bauten; denn sie dienten zugleich als Trinkwasser-Versorgung und als Mittel zur Abwasser-Beseitigung. Im allgemeinen folgt ein Kanat einer wasserführenden Schicht aus Sand und Kies innerhalb des Fächers, und alle paar hundert Meter ist er mit der Erd-Oberfläche durch einen beim Bau abgeteuften Schacht verbunden.

Ein bemerkenswerter Wasser-Sammelstollen der Antike wurde in Ägypten gegen 500 vor Chr. gebaut. Dieser Tunnel im Nubischen Sandstein gewinnt Wasser, das wahrscheinlich vom Nil her in das Gestein durchsickert. Es ging allgemein die Rede, daß das Tunnelsystem eine Länge von etwa 160 Kilometern habe (Tolman, 1937); aber niemand kann das mit Sicherheit sagen, da es fast ganz eingestürzt ist. Genug Wasser tritt noch am Tunneleingang aus, und so wurde dieser einst als natürliche Quelle angesehen. Wirklich, die Errichtung dieser außerordentlichen Anlage wurde für so bedeutsam gehalten, daß ihr zu Ehren der Ammons-Tempel geweiht wurde und die Ägypter geneigt waren, den Perser Darius I als ihren Pharao anzuerkennen.

Die Menschen der alten Zeiten trieben nicht nur Tunnels im Gestein vor, um darin Wasser anzuzapfen, sondern sie teuften auch Brunnen bis zu überraschenden Tiefen ab. Eine hervorragende Leistung als gegrabener Brunnen stellt ein solcher in Orvieto (Italien) dar, der 1540 bis zu 60 m Tiefe abgesenkt wurde. Er hatte zwei Wendeltreppen auf der Innenseite der Mauer, eine über der anderen; die eine wurde von absteigenden, die andere von aufsteigenden Wasser-tragenden Eseln benutzt.

Nachdem erst einmal die Bohrstangen-Methode in Gebrauch gekommen war, erreichten Bohrbrunnen große Tiefen, so z. B. 1500 m in China (s. Kapitel XIX). Tiefbohrungen, die im 12. Jahrhundert im Artois (Frankreich) und bei Modena im Po-Tal (Italien) niedergebracht wurden, erschlossen Wasser, das bis zur Erdoberfläche aufstieg. Sie erregten großes Aufsehen, da sie die ersten echten artesischen Brunnen des Mittelalters waren.

Entstehung des Grundwassers

Nahezu alles Wasser im Untergrund stammt von Niederschlägen her, die in die Erde einsickerten. Dazu kommt etwas Wasser, das in marine Sedimente bei ihrer Ablagerung eingeschlossen wurde, und weiteres (sogenanntes *„juveniles"*), das aus größerer Tiefe durch magmatische Intrusionen, Vulkane, heiße Quellen usw. in die oberen Niveaus gebracht wird. In praktischer Hinsicht haben diese beiden Wassersorten aber nur einen unbedeutenden Anteil am gesamten Nutzwasser-Haushalt des Untergrunds.

Viele Dinge geschehen mit dem Wasser, das als Regen oder Schnee niederfällt. Zu einem großen Teil verdunstet es und kehrt damit unmittelbar in die Atmosphäre zurück. Ein weiterer Teil wird von den Pflanzen aufgenommen und gelangt durch deren Transpirationsprozeß, der für sie etwa dasselbe bedeutet wie für uns das Schwitzen, wieder in die Atmosphäre. Wie wir von der Alltagserfahrung her wissen, fließt weiter ein guter Teil des Regens an der Erd-Oberfläche in Runsen und Wasserläufen ab. Der Rest schließlich sickert in den Boden ein und wird zu dem *„Grundwasser"*, auf das Quellen, Höhlen und Brunnen zurückgehen.

Wir wissen nicht genau, wie sich das Wasser auf diese verschiedenen Kategorien proportional aufteilt; Leopold & Langbein (1960) vermuten immerhin, daß sich die Sache etwa folgendermaßen verhielte:

Über den Vereinigten Staaten fallen jährlich im *Mittel* gegen 76 cm Regen. Hiervon kehren etwa 53 cm durch Verdunstung und Transpiration unmittelbar wieder in die Atmosphäre zurück. Nur 23 cm fließen in den Wasserläufen direkt zum Meere ab, und dabei entfallen vom Gesamtabfluß nahezu 40% allein auf den Mississippi-Fluß — ein überraschend hoher Teil des kontinentalen Wasservorrats!

Woher kommt nun das Grundwasser, wenn der Haushalt mit 53 + 23 cm Abgang und 76 cm Niederschlag ausgeglichen ist? Die Antwort lautet: Wenn der durch Versickern in den Boden gelangte Betrag auch noch so gering ist — vielleicht in manchen Gebieten nur ein Viertel Zentimeter pro Jahr, in anderen mehr —, so kann sich im Verlauf vieler Jahrtausende doch eine große Wassermenge allmählich im Untergrund ansammeln. Aus diesem ausgedehnten Reservoir, das in den Jahrtausenden seit dem Ende der Eiszeit nach und nach aufgefüllt wurde, entnehmen wir heute das Wasser — leider in machen Gebieten schneller, als es ersetzt wird.

Auftreten von Grundwasser

Am vertrautesten ist uns wohl der Anblick, den das Grundwasser in einem flachen Brunnen darbietet — sehr oft grün, schaumig und unappetitlich. Wenn wir Wasser mit einem Eimer oder einer Handpumpe einfach herausschöpfen, geschieht mit seiner Oberfläche nur sehr wenig. Wenn wir eine elektrische Pumpe installieren und das Wasser eine Zeitlang in voller Stärke offen ausfließen lassen, sinkt der Wasserspiegel. Wenn dieser Vorgang lange Zeit hindurch in einer Anzahl Brunnen kräftig fortgesetzt wird, sinkt der Spiegel noch tiefer ab. Das ist in zahlreichen Bewässerungsgebieten geschehen, besonders im ariden und halbariden Westen der Vereinigten Staaten, wo die Farmer in gewissem Sinne ihren Wasservorrat schneller abbauen, als er ersetzt wird.

Aber kehren wir zum ungestörten Wasserspiegel im Brunnen zurück! Wenn wir seine Höhe einmessen und den gefundenen Wert dann mit den Wasserständen benachbarter Brunnen vergleichen, können wir in vielen Gebieten alsbald feststellen, daß die Wasser-Oberfläche nahezu eben ist. Diese Fläche, bis zu der das Wasser im Brunnen reicht, wird *„Grundwasser-Spiegel"* genannt. Alle Lücken oder Öffnungen in den Gesteinen sind unterhalb dieser Fläche von Wasser erfüllt; der Boden ist hier *„gesättigt"*. Oberhalb des Grundwasser-Spiegels können die Porenräume im Boden eine Kombination von „vollständig-trocken" und „teilweise-gefüllt" aufweisen, und von solchen Hohlräumen sagt man, sie lägen in der *„Durchlüftungszone"*.

In Wirklichkeit ist der Grundwasser-Spiegel nur sehr selten eine relieflose Ebene. Vielmehr stellt er in der Regel ein verschwächtes Abbild der Erd-Oberfläche dar (Abb. 250); so steigt er unter Höhen an und sinkt unter Tälern ab. Er schneidet die Oberfläche in Seen (Abb. 251) und Flußläufen sowie in Quellen. Manchmal bekommt ein Fluß Wasserzulauf aus dem Grundwasser-Bereich, besonders wenn er ein tieferes Niveau innehat (Abb. 250). Dann spricht man von einem *„effluenten Wasserlauf"*. Wenn der Flußlauf oberhalb des Grundwasser-Spiegels liegt und damit zum Wasservorrat im Untergrund beisteuert, handelt es sich um einen *„influenten Wasserlauf"* (Abb. 250).

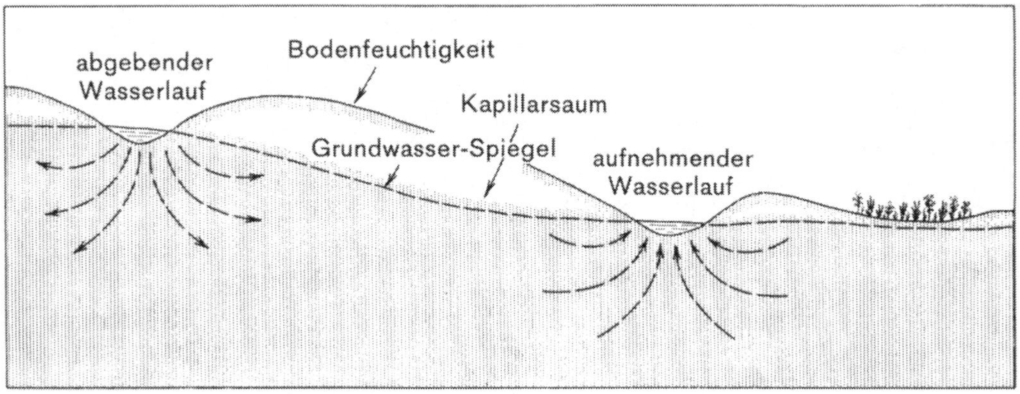

Abb. 250. Auftreten und Fließen von Grundwasser.

Das Diagramm (Abb. 250) zeigt, daß sich bei den Wasservorkommen in den obersten Erdschichten drei Elemente unterscheiden lassen. Diese sind: 1. die Zone der „Bodenfeuchtigkeit"; 2. eine Zwischenzone mit wechselnden Beträgen von Luft und Wasser als Füllung der Hohlräume zwischen den Sandkörnern; 3. der Grundwasser-Spiegel und der Sättigungsbereich unter ihm.

Die Zone der Bodenfeuchtigkeit umfaßt denjenigen Teil des Profils, mit welchem wir am besten vertraut sind. Es ist die Bodenschicht, die nach einem Regen oder beim Rasenbesprengen weich wird. Manchmal kann diese Schicht völlig gesättigt sein — sie verwandelt sich dann in einen Morast von Schlamm und Wasser; zu anderen Zeiten kann sie von der Boden-Oberfläche aus nach unten knochentrocken und staubig sein.

Gewöhnlich gibt es eine Untergrenze für diese oberflächennahe Zone der Bodenfeuchtigkeit. Diese Untergrenze kann einige Zentimeter tief liegen, ihre Tiefe kann aber auch über ein Meter betragen. Wenn wir den Boden noch weiter aufgraben, wird er im allgemeinen trockener, bis die Bodenfeuchtigkeit anscheinend zum größten Teil verschwunden ist, — wie das Seneca vermutete. Im typischen Fall ist das Wasser jedoch in dieser Zwischenzone durch Bodenöffnungen allmählich nach unten gewandert, bis es den Grundwasser-Spiegel erreichte. Wie gut oder wie schnell es durchsickert, hängt weitgehend von der Porosität und Durchlässigkeit des Bodens ab. Was diese beiden Begriffe bedeuten, wird in einigen Abschnitten weiter unten dargelegt werden.

Bis zu einer geringen Entfernung vom Grundwasser-Spiegel nach oben dehnt sich der *„Kapillar-Saugsaum"* aus. Es ist das eine Zone fadenartiger Wasseräderchen, die sich in den dünnen Durchgangswegen zwischen den einzelnen Bodenkörnern aufwärts geschoben haben. Diese Bewegung vollzieht sich etwa in gleicher Weise, wie Petroleum im Docht einer Petroleumlampe aufsteigt oder Wasser an den Wänden eines engen Glasrohres in einem chemischen Laboratorium.

Abb. 250 verdeutlicht die Durchschnitts-Bedingungen, die für weite Teile der Welt gültig sind. In nassen Bereichen jedoch, wie im Sumpfland und Marschboden, liegt der Grundwasser-Spiegel entweder an der Erd-Oberfläche oder sehr nahe darunter, und die Zwischenzone fehlt dann. Anderswo, etwa in Wüstengebieten, kann der Grundwasser-Spiegel Dutzende oder sogar Hunderte von Metern tief liegen. Im Gegensatz zu dem, was man meist glaubt, setzt sich die Zone des hohen Wassergehaltes unterhalb des Grundwasser-Spiegels nicht bis in unbegrenzte Erdtiefen hinein fort. Mit anderen Worten: Einen Brunnen bis in große Tiefe zu bohren, bedeutet nicht unbedingt, auch eine größere Wasser-

Abb. 251. Ein kleiner vulkanischer Explosionstrichter auf der Pahoa-Insel im Mono-See (Kalifornien). Der Wasserspiegel in dem Maar wird nicht durch das Einzugsgebiet des Trichters bestimmt, sondern durch das Niveau des Grundwasser-Spiegels, der seinerseits vom Spiegelstand des Mono-Sees selbst abhängt. Man beachte den entsprechenden Satz alter Küstenlinien an den Ufern des Mono-Sees und im Explosionstrichter; sie gehen auf Änderungen der hydrologischen Bedingungen zurück. *(Phot.: Hal Roth.)*

ergiebigkeit zu erzielen. Mit zunehmender Tiefe verengen sich die Porenräume in den Gesteinen, und gleichzeitig vermindert sich die Fähigkeit des Gesteins, Wasser zu leiten, bis es schließlich völlig trocken sein kann. In tiefen Bergwerken kann die obere Sohle sehr naß sein — ständiges Pumpen ist dann erforderlich, um sie betriebsfähig zu erhalten —, während die tieferen Sohlen trocken sind und beim Bohren benötigtes Wasser zugeführt werden muß.

Porosität

Die Porosität ist von größter Bedeutung, da sie die Bewegung des Wassers im Untergrund bestimmt. Wir treffen die allgemeine Bedeutung des Wortes, wenn wir uns unter einer porösen Substanz eine solche vorstellen, die viele Hohlräume aufweist.

Genau genommen setzt „Porosität" eine Beziehung zwischen Feststoff und offenen Zwischenräumen oder Poren in einem Gestein oder Boden. Wenn die Hälfte des vorhandenen Raumes aus Öffnungen besteht, hat das Material eine Porosität von 50 %; wenn das nur für ein Viertel gilt, dann ist die Porosität 25 % usw.

Viele Faktoren bestimmen die Porosität eines Gesteins. Der wichtigste derselben ist die Anordnung der Einzelpartikel, aus denen ein Material, z. B. Sand, besteht. Wenn die Sandkörner so angeordnet sind wie in Abb. 252 A, beträgt die Porosität rund 47 %; wenn sie dichter gepackt sind, wie in Abb. 252 B, sinkt die Porosität auf annähernd 26 %.

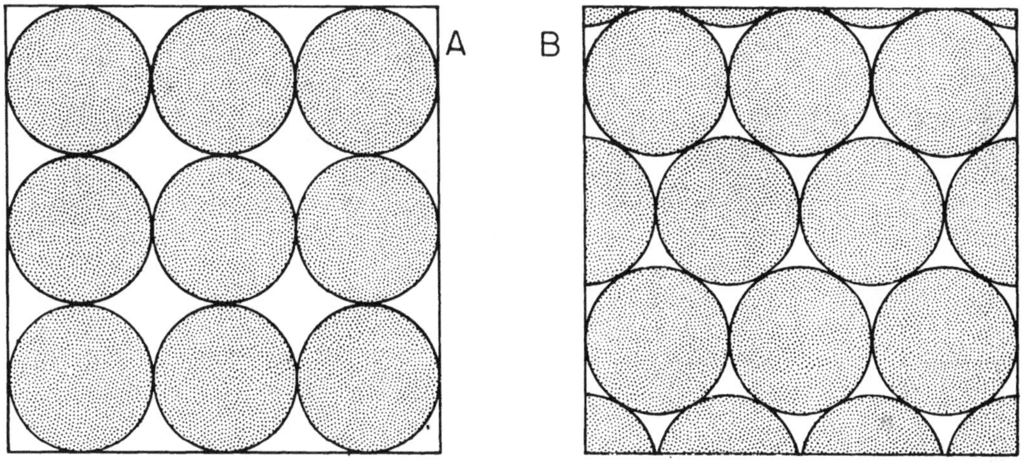

Abb. 252. Porosität. A: Kugelige Körner sind derart gepackt, daß die intergranularen Hohlräume nahezu 47 % des Volumens ausmachen; B: kugelige Körner sind so gepackt, daß die intergranularen Hohlräume ungefähr 26 % des Volumens einnehmen.

Ein wichtiger Punkt ist dabei, daß die *Größe* der kugelförmigen Körner bei dieser Abbildung in beiden Fällen übereinstimmt; nur die Anordnung ist verschieden. Es macht nichts aus, ob die Körner die Größe von BB's oder Basketbällen haben. Porosität ist eine durchaus relative Größe. Tatsächlich können relativ feinkörnige Substanzen, wie z. B. Schluff, eine größere Porosität haben als offenbar so lückenhaftes Material wie Kies. Zum Teil kann das darin seinen Grund haben, daß der Porenraum zwischen den einzelnen Kiespartikeln von Sand oder sogar feinerem Material eingenommen wird, und das vermindert die Porengröße stark. Die Porosität vermindert sich auch in drastischer Weise, wenn ein natürliches Zement in den Zwischenräumen abgeschieden wurde. Mit anderen Worten: Die Porosität von Sand*stein* wird kleiner sein als die von Sand.

Zu den höheren Porositätsgraden gehören diejenigen frisch abgesetzter Schlamme, etwa solcher des Mississippi-Deltas. Sie können tatsächlich den unglaubwürdigen Wert von 80—90 % erreichen — d.h. sie sind *„dilatiert"*. Das will sagen, sie enthalten so viel Wasser wie ein Schwimmsand, so daß die Einzelteilchen einander kaum berühren. Diese Sachlage ist jedoch die Ausnahme, in der Regel ist die Porosität geringer als 15—20 %. In zähen, dichten, homogenen Gesteinen, wie Obsidian, Basalt oder Granit, kann die Porosität wenige Hundertstel Prozent betragen.

Durchlässigkeit

Die Durchlässigkeit oder *„Permeabilität“* ist ein Maß für die Fähigkeit eines Gesteins, eine Flüssigkeit durchzulassen. Daher ist die absolute Größe der Öffnungen in einem Gestein bei weitem wichtiger als der Prozentsatz an offenem Raum. Zum Beispiel kann ein Schluff oder ein Ton eine größere Porosität als ein Kies aufweisen, ihre Durchlässigkeit ist aber geringer. Zur Größe der Öffnungen — große sind offensichtlich durchlässiger als kleine — kommt das Vorhandensein von Verbindungswegen zwischen den Öffnungen hinzu. Wenn die Porenräume in einem Gestein nicht miteinander verbunden sind, dann kann das Wasser nicht fließen, ganz gleich, wie groß sie sein mögen.

Wasserleiter

Nicht alle Gesteine sind gleich durchlässig, noch haben alle gleiche Wasserspeicherungs-Eigenschaften. Eine Schicht von der Art eines durchlässigen, hochporösen Sandsteins ist nicht nur fähig, viel mehr Wasser aufzunehmen als das umgebende Gestein, sondern sie stellt auch ein Medium dar, durch das sich das Grundwasser relativ frei bewegen kann. Eine so günstige Schicht, die einem Brunnen bereitwillig Wasser spendet, wird *„Wasserleiter“* genannt. Eine Schicht, die zu undurchlässig oder zu dicht ist, um Wasser aufzunehmen, wird demgegenüber *„Wasserstauer“* genannt.

Es gibt sehr verschiedene Formen von Wasserleitern; nur die beiden häufigsten Typen sind in Abb. 253 dargestellt. Der erste oder *„freie Wasserträger“* ist der einfachere Typ. Er setzt kaum mehr voraus als eine relativ durchlässige Sandschicht, eventuell unter einer leichten Decke von Ton oder Lehm. Der Grundwasser-Spiegel pflegt, wie wir schon gesehen haben, eine Art verschwächten Abbilds der Erd-Oberfläche zu sein, und deshalb braucht der Grundwasser-Spiegel in zwei beliebigen Brunnen nicht genau die gleiche Höhe einzunehmen. Ferner fließen die beiden Grundwasser-Brunnen, die auf dem Diagramm verzeichnet sind, nicht selbsttätig über, und so muß das Wasser hochgepumpt werden.

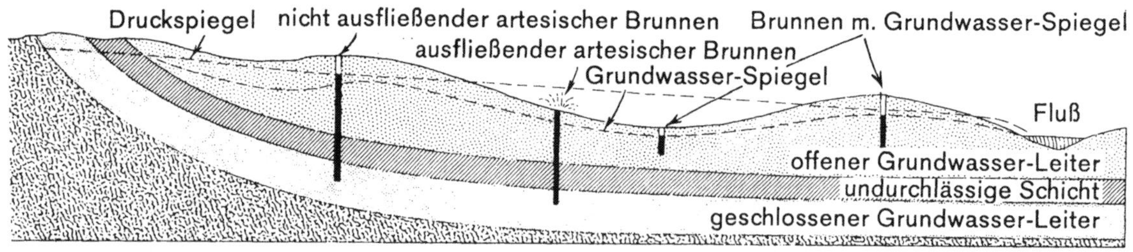

Abb. 253. Grundwasser-Leiter und Wasserbrunnen.

Abb. 253 zeigt auch einen *„gespannten Wasserleiter“*. Hier ist eine Schicht durchlässigen Sandsteins zwischen Schichten undurchlässigen Schiefertons eingeschaltet. Im typischen Fall tritt ein solcher Sandstein-Wasserträger zonenförmig parallel einer Gebirgsfront zutage und fällt dann unter die angrenzende Ebene ein. Eine solche Sachlage besteht östlich der Rocky Mountains und unter den zu den Great Plains gehörenden Teilen der beiden Dakotas und Colorados. Der Grundwasser-Leiter ist dort der Dakota-Sandstein, und seit in ihm die ersten Bohrbrunnen im Jahr 1880 niedergebracht wurden, hat dieser eine erstaunliche Menge Wasser geliefert. Die Bohrbrunnen flossen nach ihrer Erstellung zunächst an der Tages-Oberfläche über und bewässerten so weite Teile des von diesem ergiebigen Grundwasser-Horizont unterlagerten Gebietes. Im Laufe der Jahre nahm der hydraulische Druck ab, und so bedürfen viele Brunnen heute des Pumpens.

Artesische Brunnen

Brunnen, die an der Erd-Oberfläche ausfließen, wie das die im Dakota-Sandstein abgeteuften anfänglich taten, heißen *„artesische Brunnen"* (nach der römischen Provinz Artesium, nun Artois im nordöstlichen Frankreich). Fast jeder versteht unter diesem Ausdruck einen Brunnen, der frei ausläuft. In der Praxis aber hat der Begriff eine mehr eingeschränkte Bedeutung; er wird heute für einen Bohrbrunnen verwendet, in welchem das Wasser unter Druck steht, nachdem ein gebundener Grundwasser-Träger durchörtert wurde. Ob das Wasser nun die Erd-Oberfläche erreicht oder nicht, hängt von der Beziehung des *Druckspiegels* zur Geländegestaltung ab (Abb. 253). In einem überlaufenden artesischen Brunnen liegt der Druckspiegel oberhalb des Geländes, in einem nicht-überlaufenden Brunnen unterhalb desselben.

Der Druckspiegel ist das Niveau, bis zu welchem das Wasser in einem freien oder gebundenen Grundwasser-Leiter aufsteigt. Theoretisch könnte er in einem geschlossenen System dem höchsten Punkt entsprechen, den der Grundwasser-Leiter erreicht; er ist im Diagramm (Abb. 253) als Niveaulinie dargestellt, die vom Grundwasser-Spiegel in die Luft hinaus weitergezogen ist. Der wahre Druckspiegel fällt mit dieser Linie nicht genau zusammen, da im Wasser infolge der Reibung bei der Bewegung durch den Wasserleiter Energieverluste eintreten.

Wenn eine große Zahl von Bohrbrunnen ein artesisches Reservoir anzapft, vermindert sich der Druck, und der Ausfluß verringert sich schließlich. Das war beim Dakota-Sandstein und den anderen mit ihm vergesellschafteten Wasserleitern der Fall. Wo das Wasser vor 40 oder 70 Jahren an der Erd-Oberfläche ausfloß — an manchen Stellen unter so hohem Druck, daß es Wasserräder zu treiben vermochte —, ist heute, nachdem gegen 10 000 Brunnen gebohrt worden sind, der Druck so weit zurückgegangen, daß aus vielen Brunnen gepumpt werden muß, und in den überlaufenden beträgt die Schüttung nur noch einige Liter pro Minute.

Pumpbrunnen

Wer auf einer Ranch gelebt hat, die ihr Wasser für Berieselungszwecke aus einem Bohrbrunnen bezog, hat sicher gemerkt, daß der Wasserspiegel sinkt, wenn aus dem Brunnen gepumpt wird. Kurze Zeit nach Aufhören des Pumpens steigt das Wasser wieder, allerdings nicht immer bis zu dem Niveau, das es vorher innehatte; das gilt besonders dann, wenn die Absenkung ungewöhnlich groß und anhaltend war.

Wie stark wirkt sich ein Einzelbrunnen auf den Grundwasser-Spiegel eines ganzen Distrikts aus? Sinkt oder steigt der Wasserspiegel in allen benachbarten Bohrungen gleichförmig? Die Antworten auf diese Fragen ergaben sich durch Beobachtungen an vielen Stellen über viele Jahre. Wenn aus dem Bohrbrunnen stark gepumpt und das Wasser dem Untergrund schneller entzogen wird, als es ersetzt werden kann, dann dellt sich der Grundwasser-Spiegel ein, und zwar in Form eines umgekehrten Kegels mit dem

Brunnen als Mittelpunkt; man spricht dann von einem *„Absenkungstrichter"*. Offensichtlich wird der Grundwasser-Spiegel in näher gelegenen Brunnen stärker beeinflußt als in entfernteren. Wie Beobachtungen lehren, zeigt sich der Einfluß eines Einzelbrunnens noch bis zu Abständen von etwa 400 m.

Scharfes Pumpen aus vielen Bohrbrunnen hat zur Folge, daß sich die Ränder der Einzeltrichter überschneiden, bis sich der Grundwasser-Spiegel eines ganzen Beckens erniedrigt hat. Ein bezeichnendes Beispiel in den Vereinigten Staaten ist der Südteil des San-Joaquin-Tals in Kalifornien. Dieses Zentraltal des Staates hing lange hinsichtlich seiner Landwirtschaft von einer Wassergewinnung durch Pumpen ab. Etwa 40 000 Bohrbrunnen entnahmen rund 7 000 000 „acre feet" (ein „acre foot" beträgt rund 1 234 000 l) pro Jahr aus den Untergrund-Reserven, was annähernd 25 % der gesamten Grundwasser-Entnahme der Vereinigten Staaten entspricht (Thomas, 1951). Diese Menge ist um 1,5 Millionen acre feet größer, als durch die Versickerung von Flußwasser aus der nahegelegenen Sierra Nevada, von Regen und von Wasser anderen Ursprungs (etwa Wasserverluste aus Bewässerungsgräben) ersetzt wird. Die Folge war eine von Jahr zu Jahr zunehmende Absenkung des Grundwasser-Spiegels, an manchen Stellen um etwa 85 m seit 1905. In einem Distrikt nahe dem Westrand der Sierra Nevada und etwa in der Mitte des Tales sank der Grundwasser-Spiegel der Brunnen von 16,5 m (unter Gelände) im Jahre 1921 auf 45 m heute. Da ist es nicht zu verwundern, daß sich Kalifornien mit einem der erstaunlichsten Projekte der Menschheitsgeschichte befaßt hat, nämlich Wasser aus den nördlichen, reichlicher versorgten Teilen des Staates in die ausgedörrten südlichen Counties zu schaffen.

Die geologische Bedeutung des Grundwassers

Das Wasser im Untergrund leistet eine geologisch bedeutsame Arbeit, die in vieler Hinsicht mit den besser erkennbaren Wirkungen der Flüsse, Gletscher, Seen und des Meeres an der Erd-Oberfläche vergleichbar ist. Zu seinen wichtigsten Leistungen gehört es, das Medium zu sein, das die verschiedenen natürlichen Bindemittel in die Porenräume eines unverfestigten Sediments schafft. Zu diesen Zementen gehören Kalzit ($CaCO_3$), Kieselsäure (SiO_2) und Eisenoxid (Fe_2O_3). Es sind das ziemlich lösliche Substanzen, und sie können aus Gesteins- oder Bodenschichten durch Wasser herausgelöst werden, wenn dieses seine unterirdische Reise antritt. Später, wenn die Sättigung hinreichend groß ist und die entsprechenden Temperatur—Druck-Verhältnisse bestehen, können diese Substanzen wieder aus der Lösung ausfallen. So wie sie sich auf der Oberfläche von Einzelkörnern absetzen — in ganz der gleichen Weise, wie sich Kesselstein auf den Innenwänden eines Kessels oder eines Warmwasser-Bereiters ablagert —, vermindert sich allmählich das Porenvolumen in drastischer Weise, bis die Hohlräume schließlich fast ganz ausgekleidet sind; damit geht eine Verminderung der Durchlässigkeit einher.

Grundwasser in löslichen Gesteinen

Das Grundwasser spielt dort eine einzigartige Rolle, wo leicht wasserlösliche Gesteine vorhanden sind. Dazu gehören Kalkstein, Marmor, Gips, Salz und andere Evaporite. Die Auflösung dieser Gesteine und damit die langsame Fortführung ihrer Substanz im Untergrund kann mit der Erosion durch Oberflächen-Wasser verglichen werden, genau so wie der Prozeß der Zementation, der im voraufgehenden Abschnitt beschrieben wurde, in gewisser Weise der Ablagerung entspricht.

Abb. 254. Lehman-Höhlen, Nevada. *(Phot.: Hal Roth.)*

Kalkstein-Höhlen

Die weitaus bekannteste Gesteinsauflösung durch Grundwasser ist die Bildung von Höhlen; bekannte Beispiele in den Vereinigten Staaten sind die Carlsbad-Höhlen und die Mammut-Höhle, in Europa die durch den Steinzeit-Menschen mit Malereien geschmückte Altamira in Spanien u. a. Außer diesen gibt es Hunderte und Tausende in allen Erdteilen. Ihre dunklen, schweigenden Schlünde haben seit Anbeginn der Zeiten Forscher angelockt, und selbst heute gibt es kaum Staaten, die keine aktive Speläologen-Gruppe aufweisen.

Über die Entstehung der Kalkstein-Höhlen wurde lange debattiert, und das Problem ist noch weit davon entfernt, völlig entschieden zu sein. Der Brennpunkt des Streites ist die Frage, ob die Fortführung der Tausende und Abertausende Kubikmeter Material — wie das für manche größere Höhlen gilt — oberhalb oder unterhalb des Grundwasser-Spiegels erfolgte. Die Probleme sind hier: 1. In denjenigen Höhlenteilen, die über dem Grundwasser-Spiegel liegen, scheint heute der wesentliche Vorgang Abscheidung und nicht Auflösung zu sein. Wenigstens ist das der für die Entstehung von Stalaktiten und Stalagmiten verantwortliche Prozeß. Die Alternative 2, daß Lösung unterhalb des Wasserspiegels erfolgte, stößt auf Schwierigkeiten, da das Wasser sehr oft bereits mit Kalk gesättigt ist; wenn es nichts mehr aufnehmen kann, endet die Auflösung. Um diesem Dilemma zu entgehen, wird ein kontinuierlicher Nachstrom zirkulierenden Wassers gefordert, und dieses muß auch einen niedrigeren Gehalt an gelöstem Kalk aufweisen — ein in einem Gebiet, das vorwiegend von Kalkstein unterlagert wird, schwer durchführbares Kunststück.

Ein weiterer erschwerender Umstand ist der, daß viele Höhlen Ablagerungen von Ton, Schluff oder gar Kies enthalten. Das läßt manche Geologen folgern, daß derartige Höhlen — wenigstens zum Teil — von unterirdischen Wasserläufen ausgewaschen wurden. Solche Flüsse sind in Kalkgebieten recht häufig; so gibt es deren eine ganze Anzahl in Indiana und Kentucky.

Eine Theorie, die auf die Carlsbad-Höhlen anwendbar scheint, besagt, daß die Höhlen durch Auflösung zu einer Zeit gebildet wurden, als der Wasserspiegel höher als heute stand. Infolge einer Talausräumung durch benachbarte Wasserläufe senkte sich der Grundwasser-Spiegel, und Durchfluß-Bahnen, die durch Lösung entlang Spalten und Schichtflächen entstanden waren, öffneten sich dann zur Luft hin. Infolgedessen konnten so bezeichnende Höhlengebilde, wie Stalaktiten, Stalagmiten, Säulen, Girlanden und Vorhänge aus Tropfstein, zu wachsen beginnen.

Wenige geologische Erscheinungen erwecken mehr Neugier als die seltsamen, ja unheimlichen Formen, die vom tropfenden Wasser in der zeitlosen Dunkelheit der Höhlen im Untergrund erzeugt werden. Den Besuchern der zahlreichen nationalen oder staatlichen oder privaten Höhlen sind die eiszapfen-artigen Travertingebilde, die von der Höhlendecke herabhängen (Abb. 254), wohl am bekanntesten. Das sind die *Stalaktiten;* sie bilden sich normalerweise dort, wo Tropfwasser aus dem Gestein über der Höhle heraussickert. Wenn dieses Wasser die Luft erreicht, entweicht ein Teil des in Lösung befindlichen CO_2, und so steigt der Kalkgehalt des Wassers bis zu dem Punkt, an dem sich $CaCO_3$ ausscheidet. Auch dann, wenn ein Teil des Wassers verdunstet, schlägt sich ein Kalkrest nieder. Da der Wassertropfen, der vorübergehend an der Höhlendecke hängt, immer die gleiche Größe zu haben pflegt, wird auch der dünne Travertinring, der von ihm zurückgelassen wird, fast immer den gleichen Durchmesser aufweisen. Allmählich schichten sich diese einander folgenden Ringe aufeinander, und so kommt schließlich ein eiszapfenartiges Gebilde zustande, in dessen Längsachse sich gewöhnlich eine enge Röhre durchzieht. Selten wird jedoch eine solche Endform wirklich erreicht oder bleibt lange bestehen. Die Röhre kann sich verstopfen, die Wasserzuführung kann sich ändern, oder neue Öffnungen können an den Seiten statt an der Spitze aufbrechen. Alle diese Launen der Natur tragen zu der großen Fülle an Einzelformen bei, die die Stalaktiten aufweisen.

Stalagmiten sind Gebilde, die sich vom Höhlenboden nach oben aufbauen, und es ist für sie charakteristisch, daß sie unterhalb eines Stalaktiten wachsen. Wenn ein Wassertropfen von der Spitze eines Stalaktiten herabfällt, verliert er beim Aufschlag am Boden einen Teil seines CO_2-Gehaltes; sein Wasser kann auch durch Verdunstung gesättigt werden; das Ergebnis ist jedenfalls, daß weiterer Kalk ausgefällt wird. So baut sich dem Stalaktiten, der von der Decke aus abwärts wächst, vom Boden her eine zweite Kalkausscheidung schrittweise entgegen. Stalagmiten haben — im Gegensatz zu den Stalaktiten — keine zentrale Röhre, und da sie von Spritzwasser aufgebaut werden, das ihre

Abb. 255. Karstlandschaft südlich von Bredfort, Indiana. *(Phot.: John S. Shelton.)*

ganze Oberfläche benetzt, sind sie gewöhnlich auch dicker und weisen abwechslungsreichere Formen auf.

Wenn der ursprüngliche Abstand zwischen zwei solchen, einander entgegenwachsenden Gebilden nicht zu groß ist und wenn ein entsprechendes Wachstumstempo eingehalten werden kann, dann können sich Stalaktiten und Stalagmiten treffen und miteinander vereinigen. Der daraus hervorgegangene Tropfstein-Pfeiler wird *„Säule"* genannt.

Andere Höhlenabsätze zeigen eine große Formenmannigfaltigkeit, und diese flötenförmigen oder säulenartigen oder gardinenähnlichen Massen dienen den Führern oder Vorzeigern von Höhlen als Objekte zur Erzielung imponierender Kunststücke indirekter Beleuchtungseffekte.

Karsterscheinungen

Die Landschaft, die sich in einem aus Kalk aufgebauten Gebiet herauszubilden vermag, unterscheidet sich in vieler Hinsicht von einer solchen, die für weniger lösliche Gesteine charakteristisch ist. Ein eindrucksvolles und wohlbekanntes Gebiet dieses Typs ist der *Karst,* derjenige Teil Jugoslawiens, der an die Adria grenzt, die Dalmatinische Küste. Diese ist eine der malerischsten Küsten der Welt; denn hier greift das Meer in Form langer, fjordartiger Buchten landeinwärts weit vor. Diese werden voneinder durch kahle,

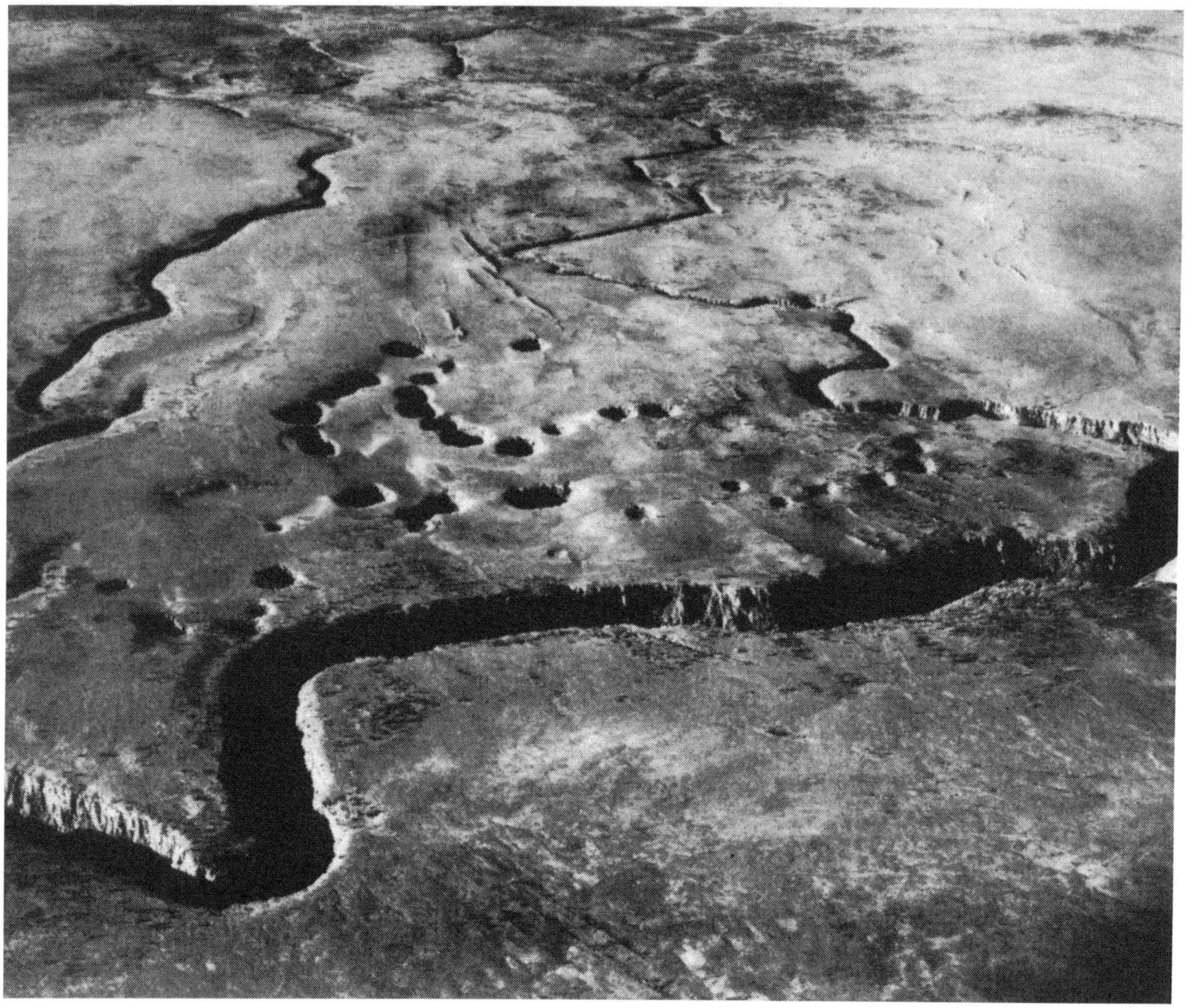

Abb. 256. Dolinen im Kaibab-Kalk und Bett des Chevelon Creek, 27 km südöstlich von Winslow (Arizona). *(Phot.: John S. Shelton.)*

weißliche Kalkstein-Rücken und -Inseln getrennt, die lebhaft mit den weinfarbig-dunklen Wassern des Meeres kontrastieren — um die 2700 Jahre alte Schilderung Homers zu verwenden.

Es handelt sich hier um eine der historischen Küsten Europas. Die einst bewaldeten Hänge der nun kahlen Hügel des damals „Illyricum" genannten Gebietes lieferten Holz für die Galeeren Roms und später für die weitreisenden Schiffe der Seerepublik Venedig. Heute ist dies ein rauhes, steiniges Land, und es ist schwer, sich den ausgedehnten Wald vorzustellen, der einst seine Hänge überzog, bevor er durch Abholzung und Abweidung vernichtet wurde.

Dieses Gebiet gehört zu den regenreichsten Europas, und so muß es überraschen, daß Flußläufe an seiner Oberfläche fehlen. Der Kalkstein ist so durchlässig, daß der Regen schnell in den Untergrund absickert, besonders wenn Spalten oder sonstige Brüche reichlich vorhanden sind. Die Wasserläufe fließen nur kurze Strecken, sie verschwinden bald im Untergrund, erscheinen dann aber nach einer Reihe von Kilometern wieder, nun als Fluß, der in voller Größe aus einer Riesenquelle entspringt.

Eine derartige Kalklandschaft bekommt durch eine große Zahl geschlossener Vertiefungen, die teils größer, teils kleiner sind, ein pockennarbiges Aussehen. Gewöhnlich sind diese Vertiefungen mit Ton ausgekleidet, und diese dünne Ansammlung roten Bodens im Mittelmeer-Raum, mit dem bezeichnenden Namen *„terra rossa"* belegt, pflegt alles zu sein, was der Landwirtschaft zur Verfügung steht. In Jugoslawien können die größeren Senken einen Durchmesser von mehreren Kilometern haben — irgendwie groß genug, um ein Dorf und sein umgebendes Stückwerk von Feldern aufzunehmen. Die Entstehung dieser großen Vertiefungen ist ungewiß. Wenn sie auch teilweise auf die Fortführung von Material durch Auflösung zurückgehen, scheint ihre Entstehung zum Teil aber auch mit der Faltungs- und Bruchtektonik des unterlagernden Kalksteins zusammenzuhängen. Die kleineren geschlossenen Depressionen in Jugoslawien sind ziemlich sicher durch Auflösung bedingt. Manche von ihnen setzen sich nach unten in den Boden hinein als nahezu vertikale Schächte fort, die gewöhnlich zu tiefen Höhlen führen. In Amerika werden solche Auflösungsschächte *„sink holes" („Sinklöcher")* genannt; sie können gegen die Luft offen sein; sie können aber auch geschlossen und am Boden mit einer Tonschicht überzogen sein; schließlich können sie auch kleine Seen enthalten. Diese Seen bieten aus der Luft ein eindrucksvolles Bild, besonders wenn sich das Sonnenlicht an ihrer Oberfläche spiegelt. Zum Unterschied von Seen bei anderen Bodenverhältnissen nimmt der Wasserspiegel verschiedene Niveaus ein; denn der Seeboden ist ja mit einer wirklich undurchlässigen Tonschicht bedeckt. Wenn diese Tondichtung durchbrochen werden sollte, würde der See durch Lösungskanäle in den unterlagernden Kalkstein auslaufen.

Manchmal dienen Sinklöcher als natürliche Brunnen. Ihre steilen Wände setzen sich nach der Tiefe um Zehner oder gar hundert Meter fort, bis sie den Spiegel des Grundwassers queren, das wie eine Wasserpfütze, düster und grün, am Boden steht. Berühmte solche Vorkommen sind die *Cenotes* von Yucatán. Die Yucatán-Halbinsel ist ein nahezu ebenes Kalkgebiet ohne Wasserläufe an seiner Oberfläche; denn das Regenwasser sickert fast unmittelbar in den Untergrund ab. Als die Halbinsel der Sitz des Maya-Kaiserreiches war, waren die dichten Menschenansammlungen in Städten wie Chichen-Itza auf so erbärmliche Wasservorräte angewiesen, wie sie das nasse Element am Boden einer Kalkstein-Doline darstellte. Da ist es nicht verwunderlich, daß man, um sich diese dünne Verbindung mit der Zukunft zu erhalten, jedes Jahr eine Jungfrau, beladen mit Reifen und Schmuck, feierlich in die Cenote stieß, damit sie den Fortgang der Wasserversorgung sichere.

Geyser und heiße Quellen

Die weitaus eindrucksvollste Äußerung des Grundwassers ist sein Zutagetreten in Form von Geysern und heißen Quellen. Sicher sind sie die Hauptattraktion des Yellowstone-Nationalparks, und kaum gibt es wohl einen Haushalt, von dem nicht wenigstens ein Mitglied den Old Faithfull sein Repertoire vorführen gesehen hat. Yellowstone ist nicht das einzige Gebiet mit Geysern auf der Erde; tatsächlich gab ein solcher in Island, der recht bedeutend ist, den Namen für diese Art von Wasserausbrüchen; denn sie sind alle nach einer großen Quelle in Island benannt, die *„Geysir"* heißt. Ein anderes großes und touristisch anziehendes Geyser-Gebiet ist die Gegend von Rotorua auf der Nordinsel von Neuseeland. Dieses wird zur Zeit als Wärmeenergie-Quelle entwickelt.

Wenn der wirkliche Vorgang, der sich bei einer Geysereruption abspielt, auch etwas Geheimnisvolles ist, so kennt man doch genug über die dabei ins Spiel tretenden physikalischen Gesetze, um eine plausible Erklärung geben zu können. Nebenbei: Die Grundelemente sind weitgehend von der Art, wie sie der deutsche Chemiker Bunsen darlegte,

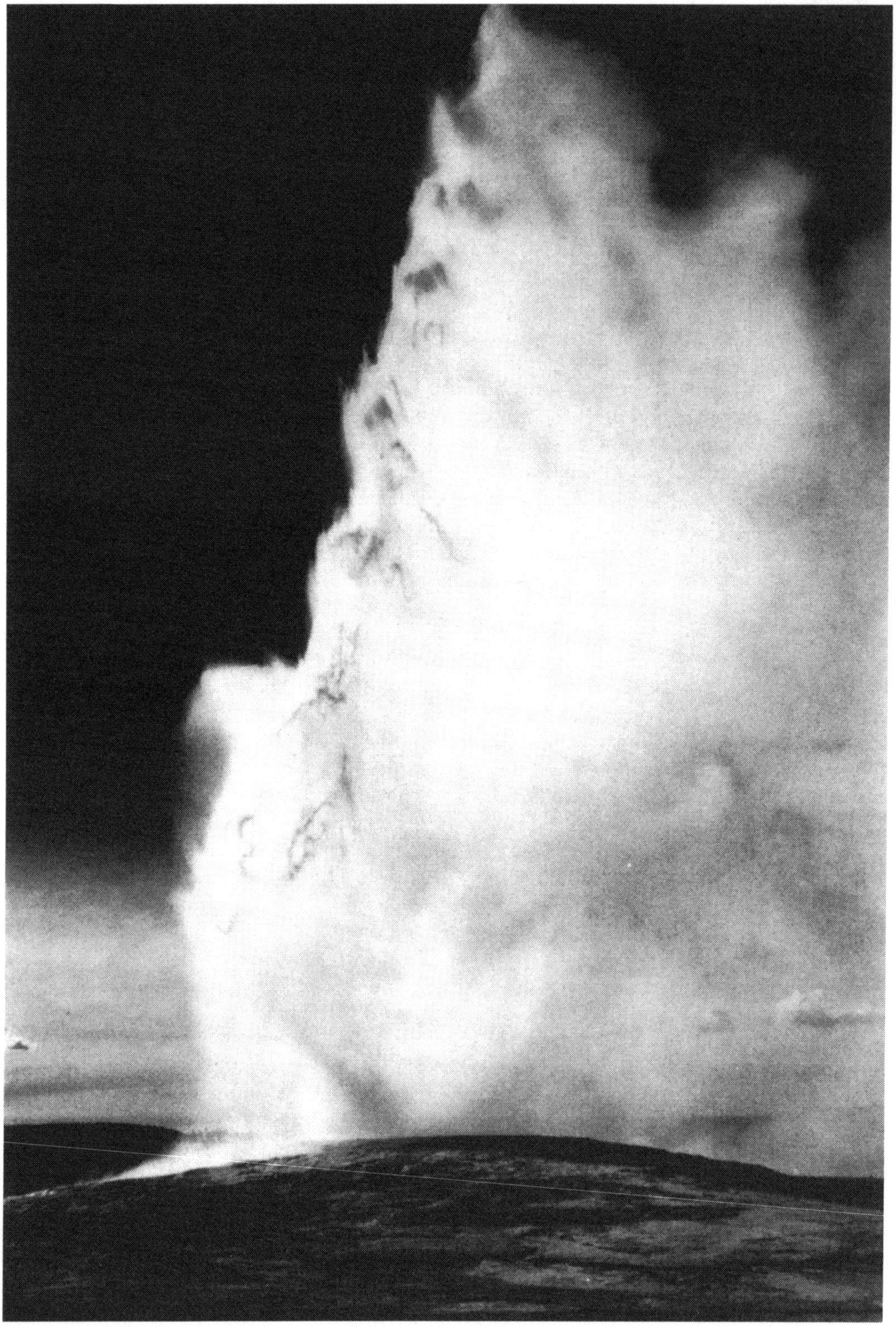

dessen Brenner — manchmal durch direkten persönlichen Kontakt — jedem Chemiestudenten bekannt ist.

Man nimmt allgemein an, daß absinkendes Grundwasser in einem Geysergebiet in der Tiefe mit einer Wärmequelle in Berührung kommt. Das können sich abkühlende vulkanische Gesteine oder Wasserdampf oder andere, vom Magma abgegebene Gase sein. Selbst wenn das Wasser am unteren Ende einer Röhre auf über 100° C erhitzt wird, kommt es nicht zum Kochen, da sich der Siedepunkt bei Druckzunahme erhöht. Wir sind mehr mit dem entgegengesetzten Effekt vertraut — der Erniedrigung der Siedetemperatur in der dünnen Luft hoher Berggipfel; das kann soweit gehen, daß zum Beispiel Kartoffeln nicht mehr garkochen.

So kann bei einer Wassersäule, die eine rohrartige Öffnung im Untergrund erfüllt, die Temperatur an ihrer Sohle über den für normalen Atmosphärendruck geltenden Siedepunkt ansteigen. Dennoch wird nichts geschehen, solange nicht das gesamte Wasser bis zum oberen Ende der Säule erhitzt ist, etwa bis zu dem Punkt, wo es aufzuwallen oder über den Rand überzulaufen beginnt. Wenn genug abgeflossen ist, vermindert sich der Druck längs der ganzen Säule, und infolgedessen verwandelt sich das überhitzte Wasser nahe der Sohle in Dampf. Das genügt, um die ganze Wassersäule nach oben auszustoßen, und da eine ähnliche Druckerniedrigung und fast augenblickliche Umwandlung in Dampf entlang ihrer ganzen Länge stattfindet, wird eine Mischung von heißem Wasser und Dampf gegen den Himmel geschleudert — beim Old Faithfull (Abb. 257) bis zu etwa 45 m Höhe. Es hängt von den Einzelheiten ab, wie das unterirdische Geyser-Reservoir wieder gefüllt wird, nachdem es leergeblasen worden war, und wie verschiedene Geyser ihre bemerkenswert gleichmäßige Periodizität einhalten; darum drehen sich viele Diskussionen.

Die burgartigen Gesimse, Plattformen und bunten Absätze, die die Geyser und heißen Quellen von Yellowstone umsäumen, sind besonders interessante Erscheinungen für den Parkbesucher (Abb. 258). Im allgemeinen gibt es zwei Arten von Heißwasser-Abscheidungen. Diejenigen, die sich direkt aus mineralreichem Geyserwasser absetzen, bestehen oft aus Kieselsäure, die zum Teil vom unterlagernden vulkanischen Gestein stammt; solche Abscheidungen heißen *„Kieselsinter"*. Sie pflegen grau gefärbt zu sein und aus amorpher Kieselsäure zu bestehen, die sehr oft opalartig ist. Kalkige Abscheidungen, die von Kalkalgen herrühren, welche die Temperatur heißer Quellen und Seen vertragen, heißen *„Travertin"* (Abb. 258).

Heiße Quellen sind viel weiter über das Antlitz der Erde verbreitet als Geyser. Es gibt ihrer über tausend in den Vereinigten Staaten; sie liegen meist in den gebirgigen Teilen des Fernen Westens. Grundsätzlich entstehen heiße Quellen dadurch, daß Grundwasser mit einer Wärmequelle in der Erdkruste in Kontakt kommt. Normalerweise besteht diese Wärmequelle aus vulkanischen Gesteinen, die ihre ursprüngliche Hitze noch nicht ganz verloren haben. Oder es kann juveniles Wasser vorliegen, das aus magmatischen Körpern in der Tiefe frei wurde und das sich mit der Zeit auf etwas unter den Siedepunkt abkühlte, bis es die Erd-Oberfläche erreichte.

Grundwasser kann auch seinen Weg nach unten entlang einem Wasserleiter nehmen, wobei die Temperatur des Wassers gemäß der „geothermischen Tiefenstufe" ansteigt, und zwar um rund 1° C auf je 30—40 m Tiefenzunahme. Wenn dieses angewärmte Wasser

---

←

Abb. 257. Der Geysir Old Faithful im Yellowstone-Nationalpark (Wyoming). *(Phot.: Ansel Adams.)*

Abb. 258. Jupiter-Terrasse im Yellowstone-Nationalpark (Wyoming). *(Phot.: Ansel Adams.)*

wieder schnell zur Erd-Oberfläche zurückkehrt, ohne eine größere Abkühlung zu erleiden, ergibt sich eine heiße Quelle. Ein recht gewöhnlicher Weg, auf dem das erreicht wird, ist derjenige längs einer Verwerfungsfläche. Die Verwerfungsfläche selbst und die zerquetschten und zerscherten Gesteine, die damit verbunden sind, wirken wie eine durchlässige Zone, in der Wasser zur Oberfläche aufsteigen kann. Verschiedene, entlang der gleichen Linie angeordnete heiße Quellen geben — zusammen mit anderen Hinweisen — in weiten Bereichen des gebirgigen Westens Nordamerikas Fingerzeige auf das Vorhandensein einer großen und tiefreichenden Störung.

XIX. Erdöl-Geologie

Keine einzige Anwendung der Geologie hat heute einen größeren Einfluß auf unser Leben als die weltweite Suche nach Erdöl. Ohne diese weitreichende Betätigung würde die Geologie wahrscheinlich bescheiden in der Ecke der akademischen Welt stehen, und die wenigen, die sich ihren Riten weihen, würden mit amüsierter Duldsamkeit von ihren Kollegen angesehen werden. Von den schätzungsweise gegen 20000 Geologen, die zur Zeit in den Vereinigten Staaten tätig sind, hängt die Arbeit von vielleicht 15000 mit den Explorationsunternehmen der Ölindustrie zusammen. Das bedeutet einen wirklich bemerkenswerten Zuwachs; denn zu Beginn des Jahrhunderts war nur eine Handvoll Männer bei einem solchen Unternehmen beschäftigt.

Bevor wir über das Vorkommen von Erdöl im Untergrund sprechen, sollten wir einen Rückblick auf das vergangene Jahrhundert werfen und uns kurz vor Augen führen, welch großen Einfluß die Verwendung von Erdöl auf unsere ganze Lebensweise ausgeübt hat. Die erste ausgesprochene Erdöl-Bohrung in den Vereinigten Staaten wurde vor etwas über 100 Jahren in der Nordwestecke von Pennsylvania in einer Tiefe von 21,2 m vollendet. Es geschah das an einem heißen, sonnigen August-Nachmittag des Jahres 1859 seitens eines 40 Jahre alten Lokomotivführers, des „Colonels" E. L. Drake, der sich in seinen wildesten Träumen wohl kaum in der Rolle des Kolumbus dieses neuentdeckten Wirtschaftsreiches hätte vorstellen können.

Obgleich Drake — wie viele Männer vor und nach ihm — als der „Entdecker" einer technischen Neuerung, einer auf Erdöl niedergebrachten Bohrung, gefeiert wurde, so war sein Erfolg doch nicht das Ergebnis eines Geistesblitzes, vielmehr basierte er auf den vergessenen Leistungen seiner zahlreichen Vorgänger. In diesem Fall ebnete die Arbeit von Salz-Bohrleuten in dem Landstrich, der später West-Virginia wurde, den Weg. Eine führende Rolle unter diesen technologischen Pionieren nahmen die Brüder Ruffner, David und Joseph, ein; sie entwickelten von 1806 ab schrittweise ein System, bei dem eine Sprungstange, eine Bohrkrone am Ende miteinander verbundener Stangen und mit Schnüren umwickeltes Holz verwendet wurden, letzteres um einen Einsturz der Bohrloch-Wände zu vermeiden. Das war ein enormer Schritt vorwärts von den primitiven, mit der Hand gegrabenen und mit Holz abgestützten Brunnenschächten jener Zeit. Es tut ihrer Leistung auch nicht den geringsten Abbruch, wenn man weiß, daß die chinesischen Salzbohrer in der Provinz Szechwan bereits um das Jahr 347 eine Tiefe von 240 m erreicht hatten und daß um das Jahr 1132 Bohrungen regelmäßig bis zu 1000 m Tiefe abgeteuft wurden, wobei man Bambusstäbe und die gleiche Sprungstangen-Methode benutzte.

Im Zusammenhang mit der Suche nach Salz waren in der Zeit vor dem amerikanischen Bürgerkrieg große Mengen von Erdöl und Erdgas im Raum von Virginia, Pennsylvania und Ohio entdeckt worden (Price, 1947). Diese Entdeckungen sollten jedoch mehr als Vorläufer denn als das Hauptereignis betrachtet werden. Sie machten auf das Vorhandensein von Erdöl aufmerksam, aber ohne einen Markt mußte diese schwarze, schmutzige Substanz zu einer wahren Plage werden, die einen schaumigen Überzug auf Wasserläufen, wie dem Oil Creek, dem Allegheny- und dem Kanawha-Fluß bildete.

Tafel XVI. Erdöl-Geologen in Alaska führen eine Voruntersuchung aus, wobei sie einen Hubschrauber als Transportmittel in der rauhen Gebirgsgegend benutzen. *(Von der „Humble Oil and Refining Company" freundlich zur Verfügung gestellt.)*

Nur wenige menschliche Unternehmungen, die, wie die Erdölindustrie, so titanische Dimensionen bekommen haben, hatten einen erbärmlicheren Anfang. Die erste wirkliche wirtschaftliche Nutzung des Petroleums oder „Steinöls" war die einer Patentmedizin. In der Tat, die farbigen Anpreisungen von Samuel M. Kier, einem Medizinmann der alten Zeit, fesselten die Phantasie der ersten Geldgeber. Eine von Kiers Reklamen glich einer von der „Bank of the Allegheny River" ausgegebenen 400-Dollar-Note. Bei näherem Zusehen entdeckte man, daß die 400 nicht für Dollars, sondern für Fuß stand, was die angenommene Tiefe war, aus der das Steinöl kommen sollte. Im Jahre 1850 baute und benutzte Kier eine Ein-Gallonen-Retorte, Amerikas erste Raffinerie, und hausierte mit seinem bemerkenswerten „Kohlenöl"-Wundermittel, durch welches „der Lahme würde gehen und der Blinde würde sehen können". Im Laufe der Zeit nahm eine Flasche dieses wundersamen Geheimmittels ihren Weg nach New Haven, Connecticut, wo eine Gruppe unternehmungslustiger Personen 1. die Seneca Oil Company organisierte, 2. die Dienste von Prof. Silliman von der Yale-Universität heranzog, um diese eigenartige Flüssigkeit zu analysieren, und 3. den „Colonel" E. L. Drake in Form einer Expedition nach Pennsylvania sandte, um eine Bohrung niederzubringen, welche die notwendigen Rohstoffe für dieses Allheilmittel liefern sollte; ein Grund, der zu seiner Wahl führte, war der, daß er als ehemaliger Zugführer mit einem Freibillett reisen konnte!

Sillimans analytische Arbeit erwies sich als ein begeisterndes Unterfangen. Hauptsächlich durch fraktionierte Destillation sonderte er aus dieser dunklen, klebrigen, stinkenden Flüssigkeit Substanzen heraus, die tatsächlich Profit bringen sollten, so Kerosen, Paraffin, natürliches Gas und eine klare, leichtbrennende Flüssigkeit, für die er sich keinen rechten Gebrauch vorstellen konnte und die später als „Gasolin" bezeichnet wurde.

Kerosen und Paraffin gaben derjenigen Industrie den Todesstoß, die zu den malerischsten und gleichzeitig profitabelsten in Amerika gehört hatte, — dem Walfisch-Fang von New Bedford, Nantucket und anderen Seehäfen Neuenglands. Die meisten wissen von der Lektüre des *„Moby Dick"* her einiges über diese primitive, harte, mutige Lebensweise, aber nur wenige haben eine Vorstellung davon, wie bedeutend dieses Gewerbe in den Tagen vor dem Bürgerkrieg war. In Neuengland umfaßte die Walfang-Flotte von 1846, dem Spitzenjahr der Tätigkeit, 736 Fahrzeuge, und ihre Belegschaft — einschließlich der Männer, die an der Küste beschäftigt waren, — zählte insgesamt gegen 70 000 Köpfe. Es war ein 70-Millionen-Dollar-Geschäft, und im Produktions-Rekordjahr 1854 betrug der Fang 12 Millionen Faß Walöl (Heizer in Pemberton, 1940). Eine so uneingeschränkte Tätigkeit führte fast zur Auslöschung des weltweit verbreiteten Samen-Wals, und das ziemlich genau in dem gleichen Tempo, wie sein die Prärien bewohnender Zeitgenosse, der Büffel, ausgerottet wurde.

Vor dem Bürgerkrieg hatte Wal-Tran keinen rechten Konkurrenten, und zwar weder hinsichtlich der Erzeugung eines sanften und bemerkenswert zarten Lichtes noch auch als Rohstoff für Seife und ein mäßig wirksames Schmiermittel. Heute, da wir im Erdöl ein Allerwelts-Schmiermittel besitzen, können nur wenige von uns richtig ermessen, welch einschneidendem Problem unsere Vorfahren mit ihrer Abhängigkeit von pflanzlichen oder tierischen Ölen gegenüberstanden. Diese unzulänglichen Fette versagten bei hoher Temperatur, sie wurden ranzig, hatten keine vorhersagbare Wirkungs-Charakteristiken, und in manch kritischem Augenblick fielen sie notorisch aus; verbrannte Lager, blockierte Wellzapfen und eine ganze Folge mechanischer Übel und erhitzter Gemüter bildeten ihr Gefolge.

Als man sich klar wurde, daß Erdöl durch Bohren aufgeschlossen werden konnte und daß es einen realen Geldwert besaß, begann in dem hügeligen, bewaldeten Gelände des nordwestlichen Pennsylvanias entlang den Ufern und den Zuflüssen des Allegheny-Flusses mit dem Raum um Titusville als Mittelpunkt ein Rausch, der jeder Beschreibung spottet.

Photographien des ölproduzierenden Gebietes im westlichen Pennsylvanien, die unmittelbar nach dem Bürgerkrieg aufgenommen wurden, zeigen eine verwüstete Landschaft, entblößt von Bäumen, die an den Hügelhängen durch einen Wald spinnengleicher, enggedrängter, hölzerner Bohrtürme ersetzt worden waren. Das Öl wurde in Fässern aus Holzdauben magaziniert. Schwitzende Pferde — gegen 6000 Gespanne wurden benötigt — schleppten sich mühsam über abwechselnd schlammige oder staubige Wege zu den Raffinerien. Die Hölle aus Gestank, Schmutz, unkontrollierter Verschwendung und ungezähmter Gier überstieg alles uns heute nur Vorstellbare.

Transport war der große Engpaß. Als Eisenbahnen bis Oil City und Titusville fuhren, wurde das Öl zunächst in gewöhnlichen Fässern auf flachen Wagen transportiert, dann ab 1865 in aus Holzdauben bestehenden aufrechten Tanks, ähnlich überdimensionalen Waschzubern, und schließlich ab 1869 in horizontalen Eisentanks, deren Form sich von den Dampfkesseln der damaligen Zeit ableitete, die aber zweifellos die Vorläufer der modernen Tankwagen sind. Ein schreckliches Ringen entstand beim Wettstreit der Eisen-

Abb. 259. Moderne transportable Bohranlage bei Ventura an der kalifornischen Küste. Das Bohrloch ist unter der Erd-Oberfläche gebogen oder seitlich abgelenkt, so daß das Ende der Bohrung mehr als $1\,^1/_2$ km entfernt unter dem Meeresboden liegt. *(Von der Standard Oil Company of California freundlich zur Verfügung gestellt.)*

bahnen um diese lohnende Fracht. Ihre Freunde wurden mit profitablen Rabatten bedacht, ihre Feinde wurden mit unmöglich hohen Kosten belastet. Ja, Rockefeller und seine Genossen wurden, weil sie die Kontrolle über den Bahntransport gewonnen hatten, wegen monopolistischer Praktiken angeklagt, was schließlich zur Auflösung des Standard Oil Trust im Jahre 1911 führte.

Um 1875 war das Bradford-Feld in Pennsylvanien entdeckt worden, und bald erreichte es das eindrucksvolle Ausmaß von 7000 Bohrungen und einer Tagesproduktion von 100 000 Faß. Diesem einzigen Feld verdankte es der Staat Pennsylvanien in erster Linie, daß er wenigstens bis 1895 der führende Erdöl-Produzent war. Um Rockefellers Kontrolle des Bahntransportes zu brechen, baute die Tide Water Pipe Company Ltd. die erste längere Rohrleitung. Sie war 176 km lang und führte über die 750 m hohen Appalachen von Bradford nach Williamsport in Pennsylvanien und schließlich bis hin nach Bayonne in New Jersey. Mit ihrem Rohr-Durchmesser von 15 cm und ihren dampfbetriebenen Pumpstationen in engem Abstand war sie noch weit entfernt von solchen Titanen, wie der Trans-Arabien-Rohrleitung, die einen Durchmesser von 76 cm hat; sie bedeutete aber einen völlig neuen Start im Transportwesen und setzte den Anfang für das 320 000 Kilometer lange Adersystem, das heute die Vereinigten Staaten kreuz und quer durchzieht.

Geologisches Auftreten von Erdöl

Alle erdenklichen Methoden wurden von den Ölpionieren auf ihrer Suche nach Öl in den Hügeln und Tälern von Pennsylvanien angewandt — außer der Naturwissenschaft. Price (1947) sagt: „Es ging bei den ersten Ölmännern die Redensart um, daß ‚die Geologie niemals einen Tank fülle', und ein prominenter Produzent bemerkte, daß er dann, wenn er mit Sicherheit ein ergebnisloses Bohrloch zu bekommen wünsche, er einen Geologen heranzöge, um die Bohrstelle festzulegen."

Trotz solcher Vorwürfe ließen sich die Geologen dieser weit zurückliegenden Zeit nicht entmutigen, und wenn sie auch nicht beachtet wurden, so setzten sie doch ihre theoretischen Betrachtungen fort. Die erste explizite Feststellung der engen Beziehung zwischen dem Auftreten von Öl und der Struktur der umgebenden Gesteine kam aus Kanada und nicht, wie man meinen sollte, aus den Vereinigten Staaten. Sie war das Ergebnis der Untersuchungen von Sir William Logan im Jahre 1844 auf der Gaspé-Halbinsel und von T. Sterry Hunt im Jahre 1861. Beide Männer waren von der Tatsache beeindruckt, daß Teer-Durchsickerungen an Sattelfalten gebunden waren. Professor E. B. Andrews von Ohio machte die gleiche Beobachtung ebenfalls im Jahre 1861, und zudem zeichnete er von einem Ölfeld eine geologische Karte und ein Querprofil, aber er erlitt das allgemeine Schicksal des zu frühen Pioniers — die Vergessenheit.

Diese Schlüsselbeziehung zwischen Sätteln und Öl wurde in den Vereinigten Staaten von I. C. White aus West-Virginien und Edward Orton aus Ohio wiederentdeckt. Dr. White setzte 1889 sein Ansehen aufs Spiel, als er im Mannington-Feld in Westvirginien bohrte, wenigstens 40 Kilometer von der nächsten produktiven Bohrung ent-

Abb. 260. Das Schiff *„Atlas"*, hier im Jahre 1907 bei San Franzisko (Kalifornien), brachte verpackte Erdöl-Erzeugnisse zu anderen Pazifik-Häfen. *(Von der Standard Oil Company of California freundlich überlassen.)*

fernt. Seine Theorie wurde reichlich gerechtfertigt, aber er hatte noch wenigstens 8 Jahre zu kämpfen, bis er die Skeptiker, sowohl Berufsgeologen als auch praktische Ölsucher, davon überzeugt hatte, daß die Geologie etwas mit dem Auftreten dieser flüchtigen Substanz zu tun hat.

Einer der ersten Geologen, der tatsächlich von einer Ölgesellschaft übernommen wurde, um nach Öl Umschau zu halten, war W. W. Orcutt, ein Stanford-Klassenkamerad von Herbert Hoover; er wurde von der Union Oil Company of California im Jahre 1899 angestellt. Um 1900 hatte sich die Geologie eine widerwillige Anerkennung seitens der Industrie allgemein errungen, und mit zunehmendem Erfolg kam zunehmende Bejahung, und heute ist der Prozentsatz neuer Untersuchungsbohrungen, die mit geologischer Beratung angesetzt wurden, auf 83 % gestiegen. Daß jedoch nicht alle diese von Erfolg gekrönt sind, ist in Abb. 261 graphisch dargestellt.

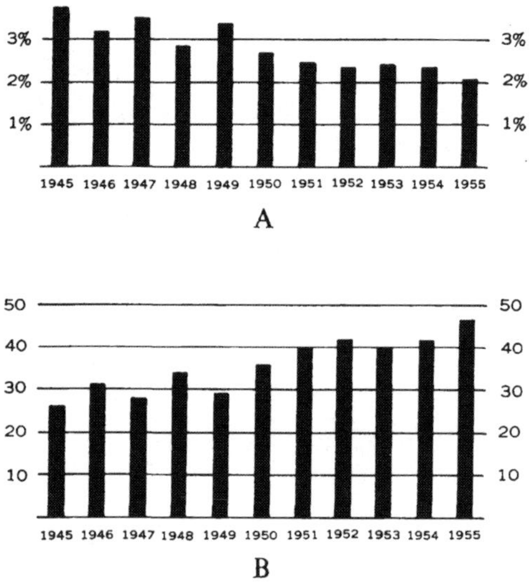

Abb. 261. Die graphische Darstellung A gibt für die 17 wichtigsten Öl-produzierenden Staaten den Prozentgehalt aller Untersuchungsbohrungen an, die ein Ölfeld mit einem Vorrat von mehr als einer Million Faß (1 Faß [„barrel"] = 119 l) ergaben. Wenn der Wert „eine Million Faß" als groß erscheinen sollte, so bedenke man, daß der Erdöl-Verbrauch in den Vereinigten Staaten über 7 Millionen Faß pro Tag beträgt. — Die Darstellung B gibt für die gleichen 17 Staaten die Zahl der Untersuchungsbohrungen an, die auf jede Bohrung kommen, welche ein neues Ölfeld mit einem Vorrat von mehr als einer Million Faß erbrachte. *(Nach: J. B. Carsey & M. S. Roberts, Bull. amer. Assoc. Petrol. Geolog., 46, 1962.)*

Eine Frage, die hier sehr am Platz ist, ist genau die folgende: Was hat der Geologe über das Erdöl in den 60 Jahren gelernt, seit er danach sucht und seitdem seine Dienstherren so hoch gestiegen sind, daß sie Amerikas zweitgrößte Industrie wurden? Die Antwort lautet: Ein großes Stück; aber da ist noch viel mehr zu lernen — vielleicht mehr als alle Kenntnis, die bisher gewonnen wurde.

Muttergesteine

Öl steht in deutlicher Beziehung zu Sedimentgesteinen, und seine Ansammlung scheint ein Teil des normalen Sedimentationsprozesses zu sein und nicht ein abnormer Vorgang. Das Öl hat sich anscheinend größtenteils in Sedimentgesteinen angereichert, die sich auf dem Meeresboden ablagerten, und zwar offenbar mehr in geringen bis mäßigen als in abyssischen Tiefen. Zwar wurde früher lebhaft darüber debattiert, ob das Erdöl organischer oder anorganischer Entstehung sei, aber heute sind die Feuer dieses Streites erloschen, und nur noch wenige scheinen daran zu zweifeln, daß das Erdöl im wesentlichen aus der Anreicherung organischer Stoffe in marinen Sedimenten hervorgegangen ist.

Abgesehen von dieser einfachen Fragestellung besteht wenig Übereinstimmung und viel Ungewißheit. Eines der wesentlichen Erfordernisse ist ein großer und beständiger Vorrat mariner Organismen nahe der Meeres-Oberfläche. Weiter soll eine schnelle Ansammlung ihrer toten Reste am Meeresboden erfolgen, und diese sollten so schnell von Sediment eingedeckt werden, daß ihre Verwesung unterbleibt; dann kann die natürliche Destillation der organischen Streu beginnen. Als zusätzlicher Faktor scheint vorteilhaft zu sein, daß das Sammelbecken der organischen Reste nahezu abgeschlossen ist; in ihm würde die Wasserzirkulation ein Minimum erreichen und eine Oxidation unterbleiben. Heutige Beispiele solcher Becken sind der Persische Golf, das Rote und das Schwarze Meer, die Ostsee und die tieferen Bereiche verschiedener norwegischer Fjorde.

Abb. 262. Moderne Tanker transportieren Erdöl in riesigen Mengen über die sieben Weltmeere. *(Von der Standard Oil Company of California freundlich überlassen.)*

Fast alle Sedimentgesteine — mit Ausnahme einiger ungewöhnlicher Typen, z. B. roter Schichten, weisen nennenswerte Gehalte an organischer Substanz auf. Es ist dabei recht sonderbar, daß die vorhandene Menge anscheinend nur eine geringe oder gar keine Beziehung zur Farbe zeigt. Früher glaubte man, daß nur schwarze oder dunkelgefärbte Gesteine reich an Bitumen wären, aber das braucht nicht zu stimmen. Meistens ist der organische Anteil in typischen marinen Sedimenten nur gering; nur selten erreicht er 5 oder 10 %. Wie sich diese organische Substanz in flüssige Kohlenwasserstoffe, das Erdöl, umwandelt, ist noch unbekannt; doch ist offenbar eine Überdeckung erforderlich und vielleicht kein zu großes Zeitintervall, wenn auch einige Geologen davon überzeugt sind, daß wenigstens 1 Million Jahre nötig seien.

Speichergesteine

Das Vorhandensein von Muttergesteinen ist nicht die einzige Voraussetzung, damit ein gewinnbringendes Erdöl-Feld entsteht; denn in der Regel ist ihr organischer Inhalt zu gering, und da sie vielfach Schiefertone sind, ist ihre Durchlässigkeit zu klein, um das Öl frei und relativ schnell ausfließen zu lassen, — ein wesentliches Erfordernis für eine produzierende Ölbohrung. Was zusätzlich benötigt wird, ist ein Speichergestein. Nahezu 60 % der Erdöl-Reserven der Welt entfallen auf Sandsteine, die übrigen 40 % auf Kalksteine, Dolomite usw.; nur etwa 1 % ist in anderen Gesteinen enthalten, die ausreichend zerbrochen sind, um Öl aufnehmen zu können. Das bedeutet, daß das Öl einige Zeit nach seiner Bildung im Muttergestein langsam gewandert ist, um sich in durchlässigeren Schichten, wie Sand- und Kalkstein, aufzuspeichern.

Erdöl kann aus seinem Reservoir leicht entweichen, wenn nicht eine Art Deckel vorhanden ist, nämlich das *Hutgestein.* Dieses braucht nichts weiter als eine Schicht feinkörnigen Schiefertons zu sein, der die durchlässigeren Speichergesteine überdeckt. Es ist lediglich eine Schicht so geringer Durchlässigkeit nötig, daß sie wie eine Membran wirkt, die das Entweichen des Öls nach oben verhindert.

Tektonische Fallen

Sättel

Das dritte Erfordernis ist eine Art *Falle.* Das ist in der Regel eine geologische Strukturform, die 1. die freie Migration des Erdöls verzögert und 2. das Öl auf einen bestimmten Raum konzentriert. Die häufigste Art dieser Fallen ist die Antikline, und wie schon früher gesagt ist, wurde diese strukturelle Bedingung schon 1885 von I. C. White erkannt. Die Grundfaktoren, die zutreffen müssen, damit eine solche Falle funktioniert, sind aus dem in Abb. 263 dargestellten Querschnitt durch die Kettleman-Höhen in Kalifornien zu ersehen. Das Speichergestein, das in der Reef Ridge zutage tritt, nimmt an der Erd-Oberfläche Wasser auf, und während dieses durch das durchlässige Gestein wandert, vollführt es zwei Dinge: 1. Es baut einen mit zunehmender Tiefe anwachsenden hydrostatischen Druck auf. 2. Es nimmt das Öl mit sich.

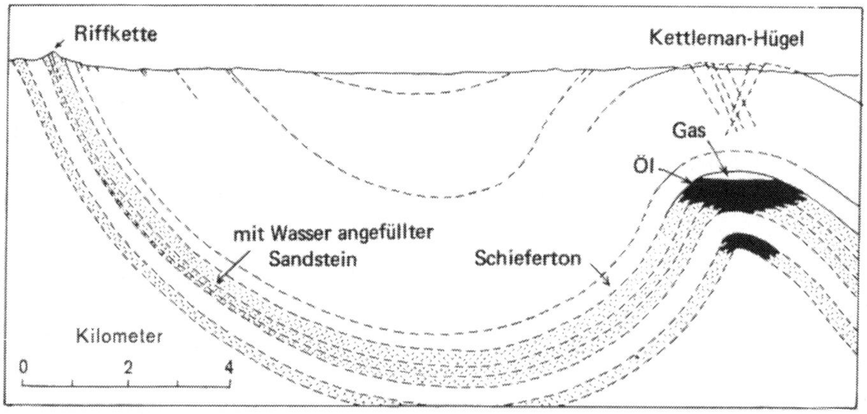

Abb. 263. Querschnitt von der Reef Ridge im Westen zu den Kettleman Hills im Osten; er zeigt die Verteilung von Gas, Öl und Wasser in porösem Sandstein. Das Öl wird in der Artiklinalfalle durch die überlagernde Gesteinskappe festgehalten. *(Aus: J. Galloway, Kettleman Hills oil fields, 1943.)*

Abb. 264. Das Long-Beach-Ölfeld (Kalifornien) im Jahre 1941. Die Falle ist eine Antiklinale; der Hügel (Signal Hill) spiegelt die darunterliegende Struktur wider. Dieses ertragreiche Ölfeld, das im Jahre 1921 entdeckt wurde, lieferte bis Ende 1961 von einer produktiven Fläche von 1235 Morgen (1 Morgen [„acre"] = 40,47 a) mehr als 819 Millionen Faß Öl, was einem Durchschnitt von nahezu 700 000 Faß pro Morgen entspricht. *(Phot.: Spence Air Photos.)*

Wenn das natürliche Gas/Öl/Wasser-Gemisch den Sattelscheitel erreicht, finden die drei Komponenten die Gelegenheit, sich entsprechend ihrer Dichteunterschiede voneinander zu trennen. Das Naturgas steigt hauptsächlich zum Scheitel der Falte auf, und da Öl leichter als Wasser ist, nimmt es das nächsttiefere Niveau der Struktur ein. In Wirklichkeit trennen sich die drei Komponenten nicht ganz so ordentlich; ein erheblicher Anteil Wasser kann mit dem Öl als Emulsion gemischt bleiben, und ebenso kann ein gut Teil Gas im Öl gelöst sein. Dieses Gas ist von größter Bedeutung für die Lebensdauer eines produktiven Feldes. Der Gasdruck läßt sich im Frühstadium einer nahe dem Scheitel einer Struktur niedergebrachten Bohrung dazu verwenden, das Öl zur Erd-Oberfläche zu treiben. Wenn später der Druck abnimmt, fließt das Öl aus der Bohrung nicht mehr frei aus, sondern muß hochgepumpt werden. Wenn das Öl aus dem Hauptteil der Sattelstruktur abgezogen worden ist, strömt Wasser von der Flanke der Falte und von der Öl/Wasser-Grenze her in den Raum hinein, den vorher das Öl einnahm, und dann ist dieser Teil des Feldes unproduktiv.

Es gibt wohl kein spektakuläreres Beispiel von der Fähigkeit sich ausdehnenden Gases, Öl zur Oberfläche zu treiben, als die Lakeview-Ölquelle in Kalifornien (Abb. 265). Dieses potentielle Ein-Bohrungs-Ölfeld wurde von der Union Oil Company übernommen, nachdem die vier ursprünglichen Bohrunternehmer nach einer Folge finanzieller und technischer Rückschläge bei einer Tiefe von 540 m aufgegeben hatten. Als Union die Bohrung

Abb. 265. Der berühmte Springer Lakeview Nr. 1 im Kern County (Kalifornien). Die Männer im Vordergrund spiegeln sich in einem Ölsee. *(Von der Union Oil Company of California freundlich überlassen.)*

übernahm, hatte wohl niemand vorausahnen können, was kommen sollte. Am 14. März 1910 geriet Lakeview No. 1 vollständig außer Kontrolle, und eine Wolke von Öl und Gas, die Hunderte von Metern in die Luft stieg, türmte sich über dem Boden des San-Joaquin-Tales auf. Der gesamte Bohrturm stürzte in den Krater, der aus dem Untergrund ausgeblasen worden war. Der Ausfluß in den ersten 24 Stunden wurde auf 125 000 Faß Öl geschätzt, und monatelang danach betrug er noch rund 50 000 Faß pro Tag. Es stand keine ausreichende Lagerkapazität zur Verfügung, um die Flut auffangen zu können, und so wurden wenigstens 600 Menschen — darunter Dutzende, die aus Bars und den Dschungeln der Tippelbrüder in ganz Kalifornien zusammengesucht waren — hingesandt, um Gräben auszuschaufeln und Sperren zur Eindämmung der Flut zu bauen. Durch Errichtung von Erddämmen durch die nahe gelegenen Bacheinschnitte wurde eine Reihe großer Ölseen geschaffen, die wenigstens 9 Millionen Faß Öl auffingen, bevor die Ölquelle nach 18 Monaten unkontrollierten Ausstroms versiegte (Taylor & Welty, 1950). Die wirtschaftliche Auswirkung einer solchen Überschwemmung war derart, daß der beschränkte Markt jener Zeit überflutet und der Ölpreis bis auf 30 Cent je Faß heruntergetrieben wurde.

Die Welt wird wahrscheinlich ein solches Schauspiel nicht wieder erleben. Heute, mit einem halben Jahrhundert Erfahrung und einem ganzen Arsenal an Technologie, gibt es solche Bläser praktisch nicht mehr. Wir können es nur bedauern, daß ein farbreicheres Zeitalter vorüber ist.

Salzdome

Ein anderer Bläser, der Geschichte machte, brach am 10. Januar 1901 aus, als Kapitän A. F. Lucas, dessen Entschlußfreudigkeit mit einer Unkenntnis in Geologie gepaart war, eine Bohrung auf einem unscheinbaren, kleinen Hügel bei Spindletop nahe Beaumont in Texas niederbrachte. Sie brach als eine unkontrollierte, gasgetriebene Furie in derselben Weise aus, wie es das Lakeview nahezu ein Jahrzehnt später tat. Infolgedessen wurde die Golfküste von Texas in einen Spekulationswahnsinn versetzt, der der Balgerei von Pennsylvanien eine Generation vorher glich. Ohne zu wissen, wie in aller Welt es gekommen war, hatte der betäubte Kapitän den zweitbedeutsamsten Typ einer tektonischen Falle entdeckt, den *Salzstock*. Das undurchlässige Salz kann eine Falle für Öl bilden, besonders wenn die Schichten rund um seinen Rand aufwärts gebogen sind, wie das z. B. in Avery Island, Louisiana, der Fall ist (Abb. 78). Zahlreiche ähnliche Strukturen sind sowohl entlang der Küstenlinie von Texas und Louisiana als auch vor der Küste im Golf von Mexiko gefunden worden. Ihre Entdeckung erforderte Kosten von Millionen Dollar und die Anwendung aller Hilfsmittel der Geologie und Geophysik, da sich diese unergründlichen Strukturen an der Erd-Oberfläche nur selten andeuten.

Stratigraphische Fallen

Das Ost-Texas-Feld, das größte Einzelfeld der westlichen Hemisphäre und mit einer Gesamtproduktion von rund 3 Milliarden Faß eines der ergiebigsten in der Geschichte der USA, hätte sich kaum eine schlechtere Zeit für seinen Start aussuchen können. Im Jahre 1931, dem Tiefpunkt der Depression, ließ es eine Ölflut auf einen unwilligen Markt aus, und das zog einen Preissturz auf 10 Cents pro Faß nach sich.

Dieser Ölsee ist nicht entlang einer Sattelachse angeordnet, sondern kann als leuchtendes Beispiel für den dritten Lagerstätten-Typ gelten, die sogenannte *stratigraphische Falle*. Das Öl hat sich unter einer Diskordanzfläche gefangen, wo das leicht geneigte Speichergestein unter einer überlagernden undurchlässigen Schicht auskeilt; tatsächlich liegt das Feld im Schnittbereich zweier Diskordanzflächen.

Organogene Riffe

Eine ungewöhnliche Falle — ungewöhnlich wegen der exotischen Szenerie, an die sie denken läßt, — ist ein begrabenes oder fossiles *organogenes Riff*, zum Beispiel ein ehemaliges Korallenriff. Der Form nach verhalten sich solche Riffe wie die lebenden, die in Kapitel XVI beschrieben wurden, abgesehen natürlich davon, daß sie von jüngeren Sedi-

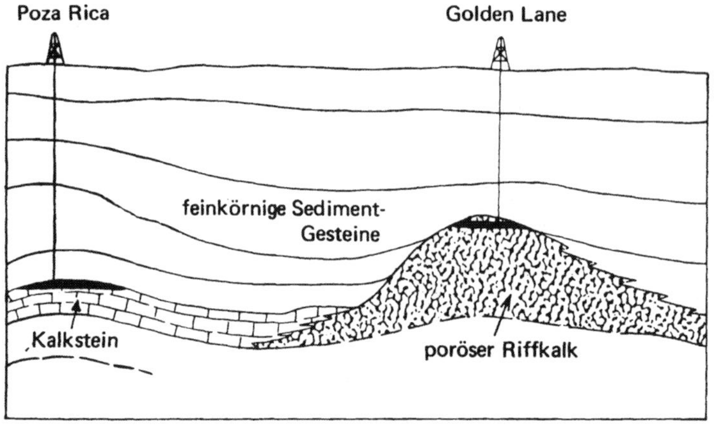

Abb. 266. Querschnitt der Golden Lane, Mexiko. *(Nach: D. W. Rockwell & A. G. Rojas, Bull. amer. Assoc. Petrol. Geolog., 37, 1953.)*

menten eingehüllt sind. Vielleicht die bestbekannten Fallen mit einer solchen Struktur sind die Ölfelder von Kanada bei Leduc (Alberta) und diejenigen im nord-zentralen Texas.

Die Natur einer solchen Struktur ist in einem Querschnitt (Abb. 266) dargestellt, und zwar in demjenigen durch das sogenannte Golden Lane von Mexiko. Als Hauptsache ist hervorzuheben, daß Sedimente, die einst Schlamm waren, abrupt an Kalkstein enden,

Abb. 267. Profil durch das Ventura-Becken (Kalifornien) mit Ansammlungen von Öl (ganz schwarz) rechts unterhalb des Santa Paula Peak, das unter der San-Cayetano-Verwerfung eingefangen ist. Die Gesamtbewegung entlang der Verwerfung beträgt gegen 4,8 km, so daß die im Santa Paula Peak zutage tretenden Gesteine viel älter sind als die tiefsten, in der Mulde des mittleren Profilabschnitts dargestellten Schichten. Links ist Erdöl in der Antiklinale des South Mountain zu sehen,

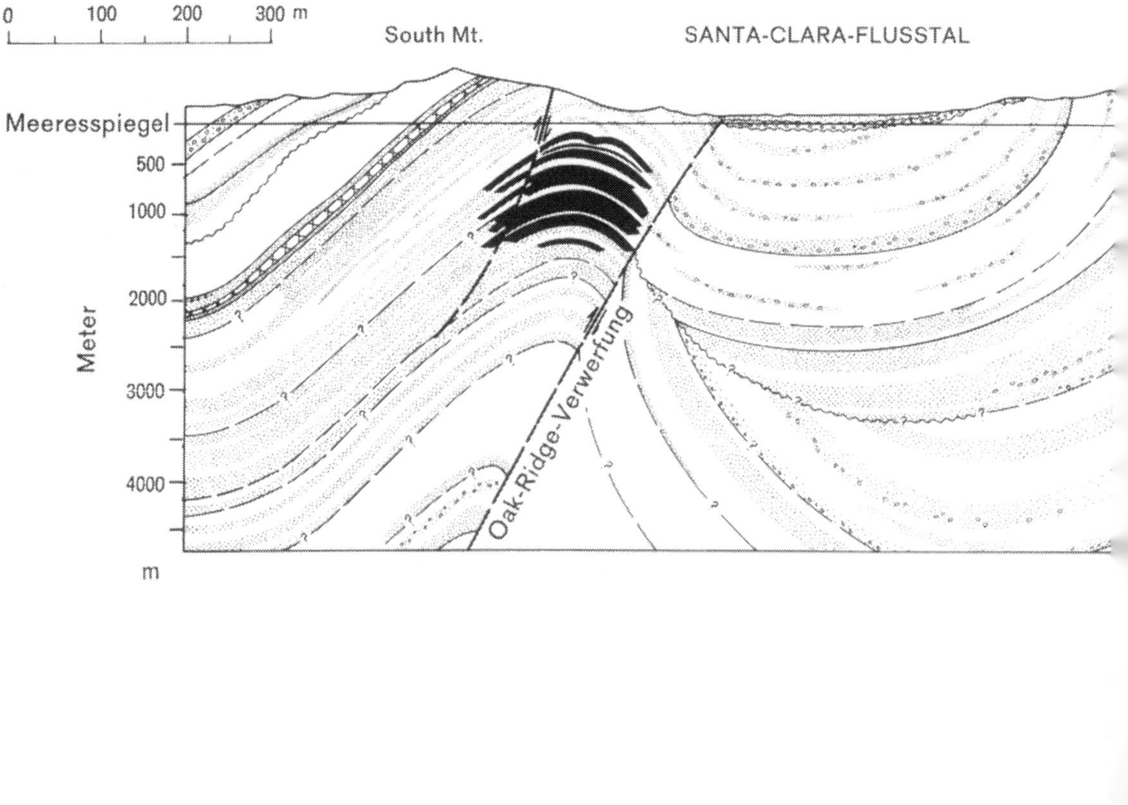

der ursprünglich der Haupt-Riffkörper war. Kalkstein kann, wenn er kavernös ist, Öl aufnehmen, und einstmals enthielt diese schmale, begrabene Kalkstein-Rippe bei Tampico, die fast 80 km lang, aber meist unter 1,6 km breit ist, mehr als 1 Milliarde Faß. Die Wunderbohrung aller Zeiten der Ölgeschichte, Potrero del Llano No. 4, wurde als Springer mit einer Tagesproduktion von 260000 Faß fündig; der Gesamtausstoß betrug rund 60 Millionen Faß, bis das Öl in einer unvergeßlichen Nacht völlig aussetzte und Salzwasser kam.

Es gibt noch andere Strukturfallen in großer Mannigfaltigkeit; sie bedeuten für den Geologen interessante Forschungsaufgaben, sind aber quantitativ nicht sehr bedeutsam. Hierzu gehören Erdöl-Ansammlungen entlang Verwerfungen. Diese können wie eine undurchlässige Membran wirken, an der sich Öl staut, wenn es bei seiner Fließbewegung innerhalb eines Speichergesteins aufgehalten wird (Abb. 267). Die relative wirtschaftliche Bedeutung zahlreicher, in diesem Kapitel beschriebener Strukturfallen ist in Abb. 268 dargestellt.

Die Gegenwart

Wenn auch die erste Hälfte dieses Öl-Jahrhunderts turbulent war, so verblaßt ihr Eindruck doch, wenn man vergleichsweise die revolutionären Geschehnisse betrachtet, die die Welt in den letzten 50 Jahren schüttelten — darunter waren zwei Kriege, die buchstäblich die ganze Menschheit betrafen und zwischen denen eine größere Wirtschaftsdepression lag. Als ob das noch nicht genug wäre, schuf der exponentiell schnelle Bevöl-

und Öl kommt auch in der Nachbarschaft unter der Oak-Ridge-Verwerfung vor. Auch an dieser Überschiebung hat eine Bewegung von über 4,8 km Weite stattgefunden. Gesteine, die sich einmal in Verlängerung der Schichten im untersten Teil der Mulde linkerhand unter der Verwerfung befunden haben, sind zum höchsten Teil des South Mountain emporgeschoben. *(Aus: T. L. Bailey & R. Jahns, Geology of the Transverse Range Province, southern California, 1954.)*

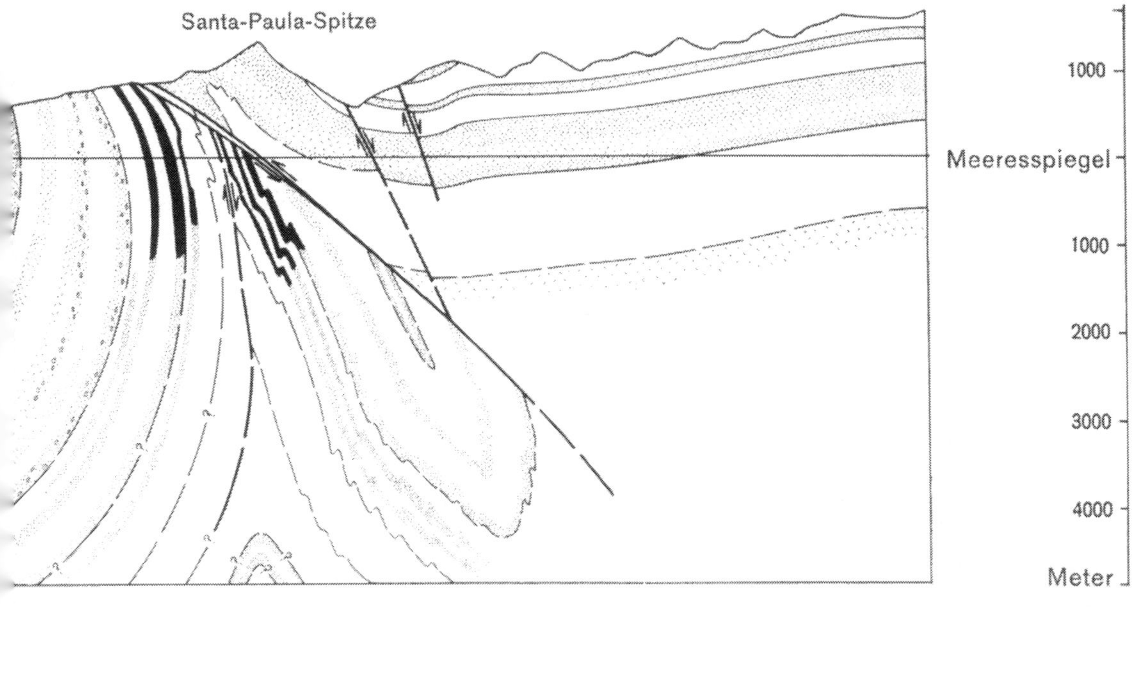

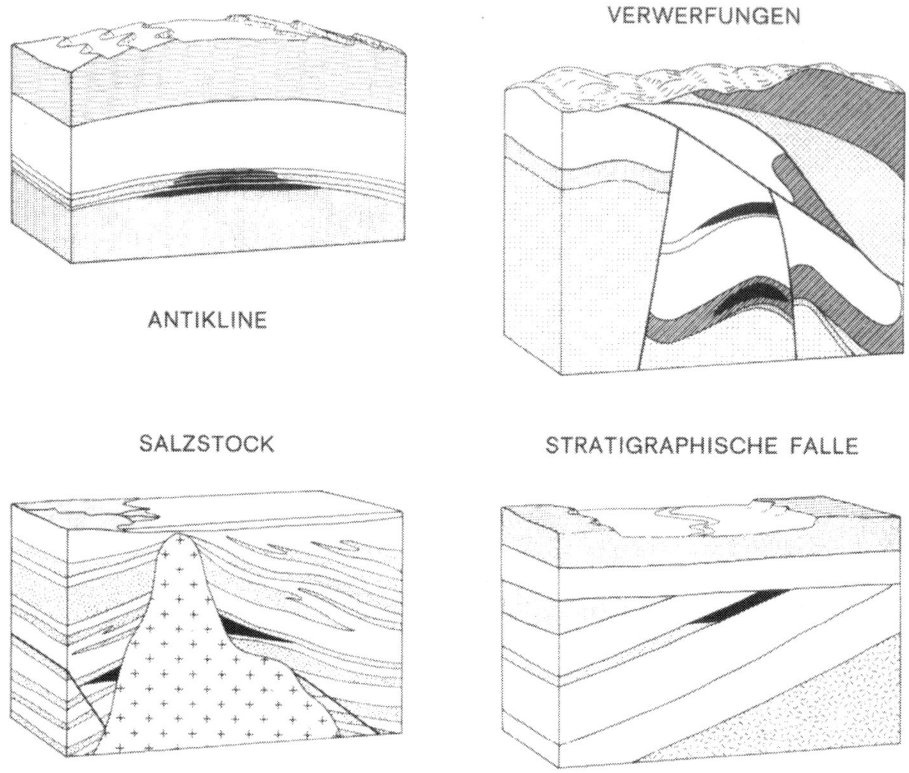

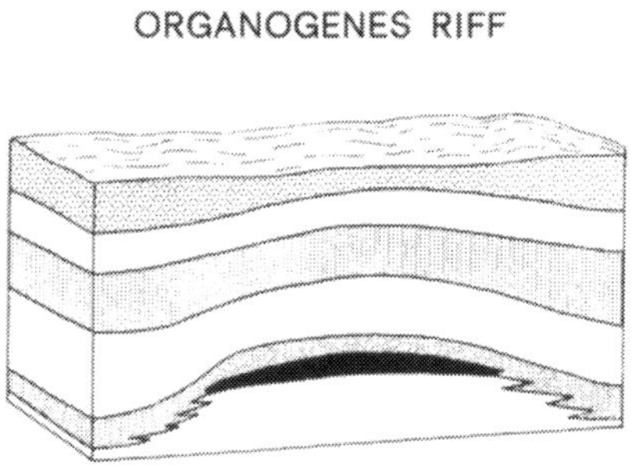

Abb. 268. Typen von Erdöl-Fallen, dargestellt in der Reihenfolge ihrer wirtschaftlichen Bedeutung. Ungefähr 58 % der Ölfelder und 80 % der gesamten Erdöl-Produktion der Welt entfallen auf Sattel- und Salzstock-Fallen. Verwerfungen, organogene Riffe, stratigraphische Gegebenheiten und andere Fallen sind weit weniger bedeutsam. *(Zusammengestellt aus Veröffentlichungen der Standard Oil Company of California und der Standard Oil Company of New Jersey.)*

kerungszuwachs, der mit der weltweiten Ausbreitung des Verbrennungsmotors zusammenfiel, eine enorme Nachfrage. Das Automobil begann 1903 in Menge zu erscheinen, wenngleich zunächst noch als Kuriosität. Lastwagen, Tank, Flugzeug und Unterseeboot hatten im Kriege 1914—1918, also nur 11 Jahre später, eine entscheidende Rolle zu spielen.

Die meisten Weltmächte, die sich bewußt oder unbewußt in diesem kritischen Jahrzehnt auf den Krieg vorbereiteten, suchten Ölquellen, auf die sie sich stützen könnten. Der Hauptbedarf betraf, wie man es damals sah, den Treibstoff für Marine-Fahrzeuge. Daß das ein wirklich bedeutsamer Bedarf war, wird jeder leicht begreifen, der einmal die diabolische Szene gesehen hat, die sich im Kesselraum eines kohlen-beheizten Schiffes abspielt, verglichen mit der geordneten Kraftkonzentration in seinem öl-beheizten Gegenstück. Ein Schiff mit Kohlenfeuerung konnte sich nur eine kurze Zeitspanne auf See halten; zahlreiche Männer waren erforderlich, um diesen rußigen Brennstoff zu schüren, große Raumvolumina mußten seiner Magazinierung geopfert werden, und Kohlen in einem außerhalb der normalen Route liegenden Hafen zu übernehmen, war unbeschreiblich mühevoll und verschlang während eines Krieges in gefährlicher Weise Zeit.

Viele Admirale jener Tage widersetzten sich heftig einer solchen Neuerung bei der Royal Navy — sie hatten sich kaum von dem Schock einer voraufgegangenen Generation erholt, daß sie ihre geliebten Segel und hölzernen Decks aufgeben mußten —; sie trafen aber auf zwei dynamische Fürsprecher für den Übergang zum Öl in den Personen von Lord Fisher, dem Ersten Seelord, und dessen Hauptanhänger, Winston Churchill, der damals Erster Lord der Admiralität war. Da es keine bedeutenden Ölvorkommen in Britannien gibt, wandte sich England auf seiner Suche nach einer Lagerstätte in Übersee dem Mittleren Osten zu.

In Amerika hatten die Wirtschaftskräfte, die nach dem ersten Weltkrieg frei wurden und die im Jahre 1929 ihren Zenit erreichten, eine tiefgreifende Rückwirkung auf die Ölindustrie. In diesem Jahrzehnt entstanden viele der amerikanischen Ölgesellschaften, deren Markennamen heute allbekannt sind, und es war zugleich die große Entdeckungsperiode neuer Felder und neuer Ölprovinzen in den Vereinigten Staaten.

Zu Anfang wurden, wie in Pennsylvanien, Ölfelder gefunden: 1. durch reinen Zufall; 2. durch Bohren in der Nähe von Stellen, an denen Erdöl aussickert; 3. durch mehr versuchsweise Anwendungen der Geologie. Von 1900 bis etwa zur Mitte der zwanziger Jahre erfolgte eine emsige Suche nach Antiklinalen, und diese wurden weitgehend durch Messen von Streichen und Fallen, durch Verfolgung des Schichtenverlaufs im Gelände und durch Erarbeitung geologischer Karten lokalisiert, welche Verbreitung und Lagerung der Gesteine anzeigten. Ein kraftvoller Helfer war damals wie heute die Paläontologie oder das Studium der Fossilien. Durch ihre sorgfältige Bestimmung und ihren Vergleich mit anderen Fossilien, deren geologisches Alter bekannt war, konnte das Alter ihrer Gastgesteine festgestellt werden. So ließ sich an Stellen, wo die Struktur kompliziert war, die relative Anordnung der Schichten entwirren. Mikroorganismen, Tiere und Pflanzen, sind unter diesen erloschenen Lebewesen am bedeutsamsten, da ihre winzigen Reste aus Gesteinskernen gewonnen werden können, die beim Abteufen einer Bohrung entnommen wurden (Abb. 269).

Als sich in den mitt-zwanziger Jahren die Oberflächen-Geologie dem Punkt abnehmender Leistungsfähigkeit in vielen Gebieten näherte, trat die Geophysik — d. h. derjenige Zweig der Naturwissenschaften, der sich mit den physikalischen Eigenschaften der Erde beschäftigt —, mit zwei außerordentlich wirksamen Geräten auf den Plan, die den Geologen ermöglichten, die Gesteinsstrukturen bis zu mehreren Tausend Metern Tiefe zu deuten, vielfach sogar in Gebieten, in denen an der Oberfläche überhaupt keine Aufschlüsse bestanden. Die erste dieser Methoden betraf die Messung lokaler Schwereunterschiede, zunächst mit der Drehwaage und später mit dem Gravimeter. Schwereunterschiede lassen sich über Strukturen von Art der Salzstöcke an der Golfküste messen — die Dichte des Salzes ist geringer als die der umgebenden Gesteine, und infolgedessen liefert ein Gravimeter, das auf einem überdeckten Salzstock aufgestellt wird, einen geringeren Wert als auf dem umgebenden Gestein. Ein derartiges Gebiet weist, wie man sagt, eine *negative Schwereanomalie* auf.

Die seismische Untersuchung ist eine dramatischere geophysikalische Methode; sie wird seit 1924 erfolgreich angewandt. Im Grundsätzlichen besteht sie aus folgendem: Am Boden

Abb. 269. Schalen mikroskopisch kleiner Protozoen, der Foraminiferen, sind aus Sediment-Bohrkernen herauspräpariert worden. *(Von der Standard Oil Company of California freundlich überlassen.)*

eines flachen Bohrlochs bringt man eine Dynamitpatrone zur Explosion (Abb. 270) und erzeugt so ein künstliches Erdbeben; mit Registrierinstrumenten nimmt man dann die elastischen Schwingungen auf, die von den verschiedenen Gesteinsschichten in der äußeren Erdschale zur Boden-Oberfläche reflektiert werden. Aus den entsprechenden Aufzeichnungen können leidlich genaue Aussagen über die unterlagernde Struktur abgeleitet werden.

Der letzte Test bleibt das Bohren. Nur durch richtiges Bohren kann festgestellt werden, ob im Erdboden Öl vorhanden ist oder nicht. Daß das in zunehmendem Maße ein kostspieliges und ungewisses Geschäft geworden ist, zeigen die beigefügten graphischen Darstellungen (Abb. 262 und 271). Die erste zeigt, daß 1955 für jede Entdeckung eines wirtschaftlich wertvollen Ölvorkommens 48 „trockene" (d. h. ölfreie) Bohrlöcher niedergebracht werden mußten. Die zweite läßt erkennen, daß die Nachkriegswoge der Explorationsgeschichte im Jahre 1956 ihre Spitze erreicht zu haben scheint, und sie macht in dramatischer Weise deutlich, zu einem wie großen Glücksspiel die Ölindustrie wird, wenn sie versucht, Reserven für die Zukunft zu entwickeln.

Abb. 270. Wasser und Schlamm spritzen aus einem „Schußloch", wenn eine explosive Ladung gezündet wird, um ein künstliches Erdbeben zur seismischen Erkundung von Erdöl-Lagerstätten hervorzurufen. *(Phot.: Anthony E. L. Morris.)*

Was bringt die Zukunft?

Seit Beginn des ersten Aktes hat die Erdöl-Industrie auf der einen Seite ihren „Griechischen Chor" gehabt, der finanzielles Chaos, Erschöpfung der Reserven und die Wahrscheinlichkeit eines Zuendegehens des Öls voraussagte; auf der anderen Seite der Bühne hat dagegen ein gleich lautstarker Chor ständig unsere sich immer mehr vergrößernden Reserven und Entdeckungen gepriesen, die eine Befriedigung unseres Bedarfs und unserer Anforderungen *ad infinitum* sicherstellten. Was soll man glauben?

Wahrscheinlich liegt die Wahrheit, wie bei vielen Dingen im Leben, irgendwo zwischen diesen Extremen. Eine Analyse des ganzen Problems der fossilen Brennstoffe, die M. King Hubbert von der Shell Oil Company (1950) vornahm, gibt eine sehr ehrliche Übersicht über das, was die Zukunft verspricht. Hubbert legt dar, daß die erste Hälfte der 53 Milliarden Faß Öl, die in den Vereinigten Staaten zwischen 1859 und 1955 produziert wurden, zu ihrer Erzeugung 80 Jahre — 1859 bis 1939 — benötigte, während die zweite Hälfte allein in den letzten 16 Jahren dem Untergrund entnommen wurde. Das bedeutet, daß eine Entnahmerate von der Höhe, wie sie die Kurve von Abb. 271 darbietet, nicht unbedingt die letzte ist. Vor 1859 war, wie Hubbert darlegt, unsere Ölproduktion für alle praktischen Zwecke gleich null, und an einem zukünftigen Datum wird sie wieder null werden. Irgendwo zwischen diesen Endpunkten liegt der Tag, an dem die Produktion ihren Höhepunkt erreicht. Im Idealfall würde eine solche Kurve so aussehen wie die in Abb. 271. Selten wird in Wirklichkeit eine so vollkommene Form erreicht, aber wenigstens eine Annäherung an diese Form ist doch zu erwarten. Mit anderen Worten: Wenn die Ausbeutung eines beschränkten Rohstoffes, wie des Öls, extrem schnell ansteigt, dann wird der abfallende Ast der Kurve voraussichtlich ebenfalls steil sein. Dieses trifft mit besonderer Wahrscheinlichkeit dann zu, wenn sich unsere Nachfrage bei steigender Bevölkerungszahl und anhaltend zunehmender Benutzung von Verbrennungsmotoren weiter erhöht.

Eine gute Schätzung der bisherigen Gesamtproduktion in den Vereinigten Staaten liegt zwischen 150 und 200 Milliarden Faß. Wenn das stimmt, dann kann es nicht mehr lange dauern, bis der Höhepunkt erreicht ist, sofern das Öl auch weiterhin in etwa dem gleichen Betrag wie heute dem Boden entzogen wird. Wenn man die 150-Milliarden-Ziffer zugrunde legt, dann sollte die Kurvenspitze schon fast da sein; wenn sich die 200-Milliarden-Gesamtzahl als richtig erweisen sollte, würde es bis zum Eintreten des Kurvengipfels auch nicht mehr lange dauern — mit großer Wahrscheinlichkeit würde er gegen 1970 erreicht sein (Abb. 271).

Als weiteren Punkt hat man in Betracht zu ziehen, daß die graphische Darstellung (Abb. 271) so gezeichnet ist, daß jedes Rechteck 25 Milliarden Faß entspricht. Unterhalb der Kurve befinden sich sechs Rechtecke, und da die Gesamtproduktion zur Zeit gegen 50 Milliarden Faß beträgt, sind vier Rechtecke noch frei. „Da die Produktionsrate noch ansteigt", sagt Hubbert, „muß die letzte Produktionsspitze höher als die jetzige Produktionsziffer sein; sie muß irgendwann in der Zukunft erreicht werden. Gleichzeitig ist es unmöglich, die Spitze für mehr als einige Jahre beizubehalten und noch Zeit für die unvermeidliche, verlängerte Absinkperiode zuzulassen, die von den langsamer werdenden Extraktionsraten aus den sich erschöpfenden Reservoiren herrührt".

Es soll das *nicht* bedeuten, daß alle Ölbohrungen der USA im Jahre 1965 oder 1970 plötzlich trocken werden; es *will* besagen, daß die Vereinigten Staaten, um ihren gegen-

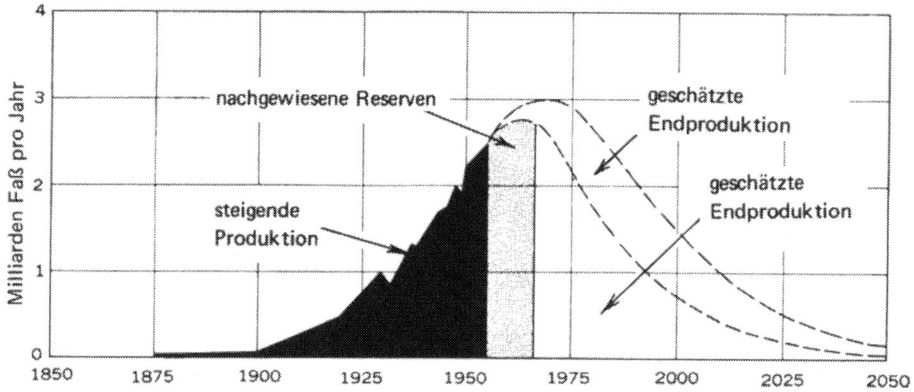

Abb. 271. Eine Schätzung der zukünftigen Erdöl-Aussichten der Vereinigten Staaten. Jedes Rechteck stellt 25 Mrd. Faß (1 „barrel" = 119 l) dar. Der schwarze Bereich (= Gesamtproduktion bis 1956) beziffert sich auf 53 Mrd. Faß. Die gepunktete Fläche (= nachgewiesene Reserven) erreicht 30 Mrd. Faß. Die untere gestrichelte Kurve ist so gezeichnet, daß die Fläche unter ihr zuzüglich der Gesamtproduktion und der nachgewiesenen Reserven einen Betrag von 150 Mrd. Faß erreicht, eine geschätzte Endproduktion oder die Gesamtmenge des verfügbaren Erdöls. Die obere gestrichelte Kurve ist ähnlich, aber auf eine geschätzte Endproduktion von 200 Mrd. Faß abgestimmt. *(Nach: M. K. Hubert, 1956.)*

wärtigen oder zukünftigen Bedarf zu befriedigen, über ihre Küsten hinwegzuschauen haben. Das haben natürlich die amerikanischen Ölgesellschaften schon seit langem getan. Als glücklicher Umstand wirkte dabei für Amerika die drohende Ölknappheit in den frühen 1920er Jahren, zugleich mit der spektakulären Eruption mexikanischen Öls an den Ufern des Tuxpan-Flusses; das war ein Stimulus, amerikanische Geologen mit Wagemut in die Welt zu senden.

Erdöl in Übersee

Die Weltkarte (Abb. 272), welche die Lage der führenden Erdöl-Vorkommen angibt, zeigt, daß es zwei Hauptzentren gibt. Das eine umfaßt den Golfrand des Mexikanisch-Karibischen Meeres, das andere liegt um den Persischen Golf. Zahlreiche kleinere Gebiete, wie Kalifornien, Kanada, Kaukasus und Ferner Osten, verschleiern diese Allgemeinregel, aber so groß diese anderen im Einzelfall sein mögen, so sind sie doch substanziell geringer als die beiden Giganten. Was die Zukunft bringen wird, kann kein heute lebender Mensch sagen, aber mit den Ergebnissen, die eine mehr als ein halbes Jahrhundert währende

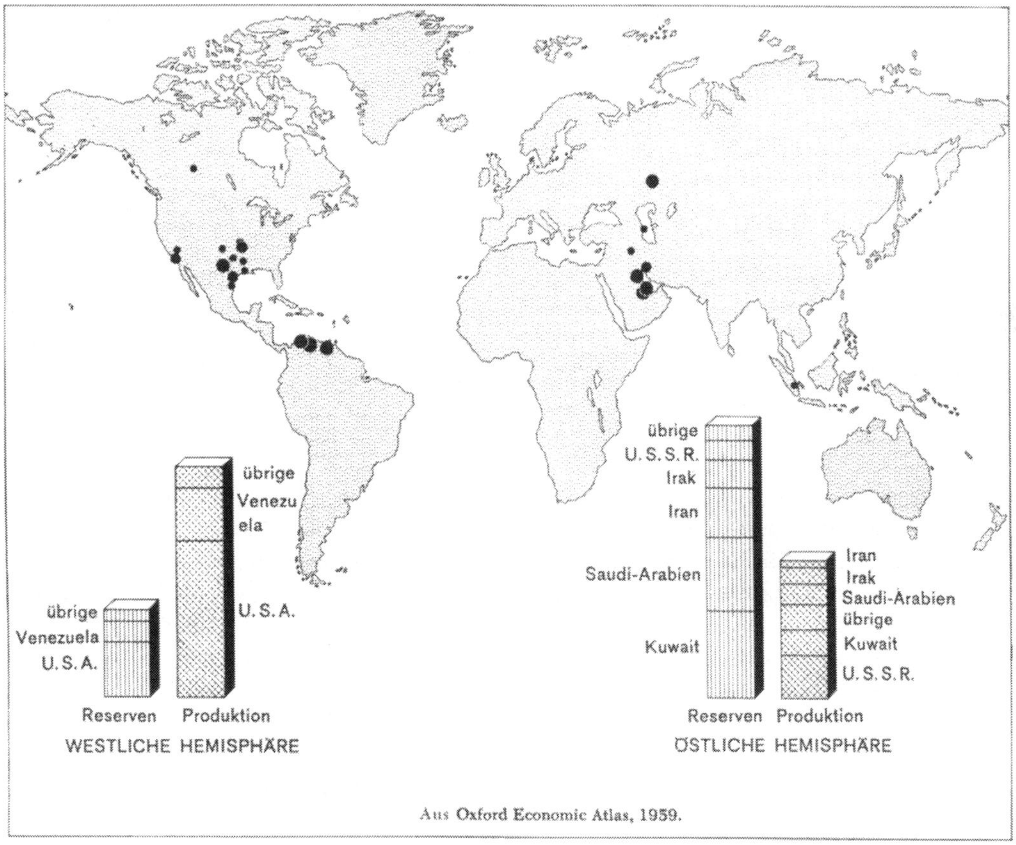

Abb. 272. Die wichtigsten Erdöl-Vorkommen der Welt. *(Aus dem Oxford Economic Atlas, 1959.)*

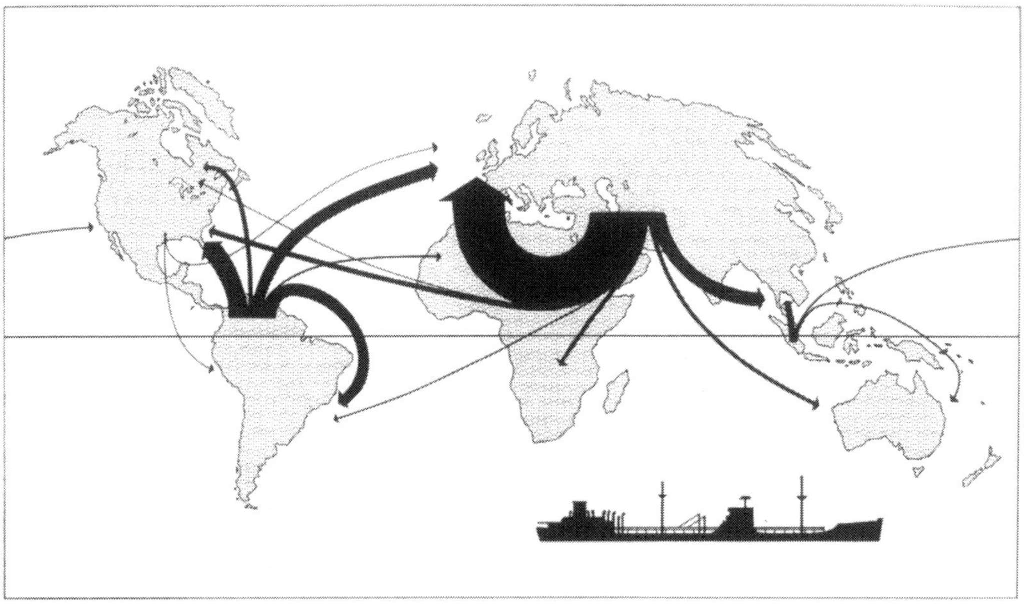

Abb. 273. Die graphische Darstellung zeigt den Erdöl-Transport der Welt durch Tanker im Jahre 1959. Die relativen Beträge des transportierten Öles sind durch die Dicke der Pfeile angegeben. In jener Zeit exportierten die Vereinigten Staaten 80 000 Faß („barrels") pro Tag und importierten 1 350 000 Faß pro Tag, von denen fast zwei Drittel aus Venezuela kamen. *(Aus dem Aramco-Handbuch, 1900.)*

Geländearbeit brachte, haben die Geologen auch einige Einsicht in die Struktur und die Verteilung der Gesteine in der Erdkruste gewonnen. Sie wissen zudem, daß sich die Suche nach großen Ölansammlungen auf Gebiete zu beschränken hat, die sich aus marinen Sedimentgesteinen aufbauen; diese müssen sich außerdem unter ziemlich spezialisierten Umweltbedingungen abgesetzt haben und ferner den zusätzlichen Anforderungen, die weiter oben dargelegt wurden, entsprechen, damit ein wirtschaftlich erfolgreiches Erdöl-Feld entsteht.

Die meisten Geologen sind übereinstimmend der Meinung, daß sich das allgemeine Verteilungsmodell in der nächsten Dekade oder so kaum ändern wird. Die Karte (Abb. 273) des internationalen Erdöl-Stromes zeigt, wie sich dieses Modell verhält; sie mag uns zugleich einen Schimmer der zukünftigen Tendenz vermitteln. 1946 waren die Vereinigten Staaten ein reiner Ölexporteur; heute importieren sie mehr, als sie abgeben. Die Karte von 1959 zeigt zwar noch einen gewissen Strom nach außen, aber dieser ist erheblich geringer als die Menge, die zu den Küsten der Vereinigten Staaten floß; 1962 betrug diese letztere mehr als 1 Million Faß pro Tag.

Das karibische Gebiet sendet den größten Teil seines Öls zu den USA, während zehn Jahre vorher Europa der Hauptabnehmer war. Das meiste karibische Öl kommt aus Venezuela, das mit einem Ausstoß von etwa 3 Millionen Faß pro Tag jetzt das zweitgrößte Erzeugungsland der Welt ist; einigermaßen große Beiträge liefern auch Kolumbien mit etwa 125 000 Faß pro Tag und Trinidad mit etwas weniger als 100 000.

Der Mittlere Osten

In den heißen, verbrannten Ländern am Rand des Persischen Golfs ist das größte Einzel-Energiereservoir konzentriert, das bisher auf der Erd-Oberfläche bekannt wurde. Über das Vorhandensein von Erdöl wurde hier schon seit den dunklen Anfängen der Geschichte berichtet. Noahs Arche war mit Bitumen abgedichtet. Die „heiße und feurige Erde" des alten Babylons, die Plutarch beschreibt, gehört auch hierher. Teeraustritte sind im Mittleren Osten weit verbreitet, und Asphalt wurde zum Verpichen der Boote und als Baumaterial von Nebukadnezars Tagen an bis heute verwandt. Gas, das an solchen Austrittstellen ausströmt, brannte, wenn man es anzündete, jahrelang, und es ist durchaus verständlich, daß das den Grund für die Feueranbetung im alten Persien legte.

Zu Persien gehörte einst auch Baku, welches am Kaspischen Meer am Ostende des Kaukasus-Gebirges liegt; dieses ergiebige Gas- und Ölquellen-Gebiet besuchte Marco Polo im Jahre 1271 (Forbes, 1958), der darüber berichtet:

„An den Grenzen (Armeniens) gegen Zorziana (Georgien) gibt es eine Quelle, aus welcher reichlich Öl ausfließt, derart, daß hundert Schiffsladungen daraus in einer Zeit entnommen werden können. Dieses Öl ist nicht geeignet, um mit der Nahrung verwendet zu werden, aber es ist gut zum Brennen und auch zum Einreiben von Kamelen, die die Räude haben. Leute kommen aus weiten Entfernungen, um es zu holen; denn in allen Ländern rundum haben sie kein anderes Öl."

Zwei Jahrhunderte später passierte ein anderer Venezianer, Giosafo Barbaro, den gleichen Weg. Nach seinem Bericht scheinen die Kamele sich nach 200 Jahren Einreibung nicht irgendwie gebessert zu haben:

„An dieser Seite des Sees liegt eine andere Stadt, genannt Bachu, wovon die See von Bachu ihren Namen hat; nahe bei dieser Stadt gibt es ein Gebirge, das schwarzes Öl ausläßt, welches schrecklich stinkt, das sie nichtsdestoweniger zur Belieferung ihrer Lichter verwenden und zum Einreiben der Kamele zweimal im Jahr. Denn wenn sie diese nicht einschmieren würden, würden sie die Krätze bekommen."

Ein so bedeutender Schatz wie dieses Öl konnte nicht übersehen werden, und Rußland setzte alles daran, Baku von Persien abzutrennen; es war das die Zeit der zaristischen Expansion in das Transkaukasus-Gebiet, das jetzt die Georgische Sowjetrepublik bildet. Die Ölfelder am Rand des Kaukasus gehören noch zu den führenden Produzenten der Sowjet-Union. Um sie in Besitz zu nehmen, schickte Hitler im Zweiten Weltkrieg die Wehrmacht auf ihren Weg zur Niederlage bei Stalingrad (jetzt Wolgograd).

Nach Jahrhunderten der Vernachlässigung begannen die Aussichten, die der Mittlere Osten als Öllieferant bot, zu Beginn dieses Jahrhunderts der Westlichen Welt klarzuwerden. Von da an hat sich ein Drama entfaltet, das faszinierender war als jedes andere außer den „Arabischen Nächten"; es enthielt Intrigen, Konflikte nationalen Interesses, antikolonialistische Aufstände, Manöver und Gegenmanöver und war gespickt mit Revolten und Meuchelmord. Wegen der Bedeutung dieser Energie-Ballung für die Wirtschaft der Westlichen Welt soll hier eine kurze Übersicht über einige der bedeutsamsten Glanzlichter dieser Geschichte gegeben werden.

Vor dem Ersten Weltkrieg gab es nur zwei Hauptmächte, mit denen man im Mittleren Osten zu rechnen hatte: das Ottomanische Reich unter dem Sultan von Konstantinopel und Persien unter dem Schah von Teheran.

Iran

Der Schah gab eine ausschließliche Konzession zur Entwicklung der Ölvorräte des Landes im Jahre 1901 an William Knox D'Arcy, einen Abenteurer von Elisabethanischem Schlag. Nach dem üblichen Hin und Her von Rückschlägen und Schwierigkeiten wurde

1908 Öl in dem Gebiet entdeckt, das das große Masjid-i-Sulaiman- (Moschee-Salomons-) Ölfeld werden sollte. Zu dieser Zeit verschwand D'Arcy, und es wurde 1909 die Anglo-Persian Oil Company gegründet mit der alten Burmah Oil Company als führendem Teilhaber und der Britischen Admiralität als stillem Partner. 1914 hatte die Britische Regierung die bestimmende Mehrheit (51 %). Winston Churchill und Lord Fisher waren die leitenden Architekten dieses Unternehmens, und durch dieses Manöver wurde der Königlichen Marine eine volle Versorgung mit Öl-Brennstoff gesichert.

In der Nachkriegs-Zeit wurde der Name „Persien" in „Iran" geändert und die „Anglo-Persian" wurde entsprechend zur „Anglo-Iranian Oil Company". Die Feuer des Nationalismus loderten jedoch weiter, und schließlich wurde 1951 unter dem Premier Mossadeq die „Anglo-Iranian" konfisziert. Nach einer chaotischen Periode, in der die iranische Produktion praktisch aufhörte und die größte Raffinerie der Welt, diejenige in Abadan, verkam, wurde 1954 ein neues Übereinkommen geschlossen; dabei wurde eine vielköpfige Einheit, ein Konsortium, geschaffen, um die Ölfelder zu bewirtschaften. Die staatlichen Interessen waren folgendermaßen vertreten: Vereinigte Staaten 40 %, Groß-Britannien 40 %, britisch-holländisch 14 %; französisch 6 %.

Die Geologie des Irans ist kompliziert, und Falten und Verwerfungen sind häufig. In einem solchen ariden Land tritt die Gesteinsstruktur deutlich zutage, und viele Antiklinalen, an die die Ölfelder gebunden sind, sind eindrucksvolle Geländeformen. Zu den erstaunlichsten geologischen Erscheinungen Irans gehören die Salzdome, die — abweichend von denen der Golfküste der Vereinigten Staaten — bis zur Erd-Oberfläche durchbrechen. Bei einem so trockenen Klima bilden einige dieser „Salzgletscher" die höchsten Erhebungen der Landschaft; sie sind 1200 bis 1500 m hoch und ragen deutlich über ihre sie einfassenden Kalkstein-Flanken hinaus.

Irak

Vor dem Ersten Weltkrieg wurde der türkische Sultan sowohl von den Briten wie von den Deutschen nachdrücklich umworben. Zur deutschen Außenpolitik gehörte es, eine Eisenbahn vom Bosporus durch das Ottomanische Anatolien zum Ende des Persischen Golfes zu bauen, um die britische Kontrolle von Suez zu umgehen. Im Rahmen dieses allgemeinen Planes wurde 1912 die „Türkische Erdöl-Gesellschaft" organisiert, in starkem Maße als Schöpfung eines armenischen Unternehmers, C. S. Gulbenkian. Unmittelbar darauf brach ein großer Zank zwischen allen Parteien aus, die nach Stücken des schwankenden Ottomanischen Reiches strebten. Die Streitenden trafen sich 1914 im Auswärtigen Amt in London, und nach erheblichem Geplänkel legten sie einen Teilhaberschafts-Plan vor, bei dem die Deutsche Bank (Deutschland) mit 25 % und die britischen Interessen mit 50 % berücksichtigt waren. Kurz darauf brach ein sogar noch schlimmerer Streit unter den Partnern aus, und als sich 1918 der Schlachtenrauch verzog, waren die Deutschen heraus und die Franzosen und Briten drin.

Zu dieser Zeit lagen die Haupt-Ölfelder des Mittleren Ostens — abgesehen von Persien — in Mesopotamien. Als das neue Land Irak als Bestandteil der Nachkriegseinrichtung von Einflußbereichen geschaffen wurde, gingen die Rechte der alten „Türkischen Erdöl-Gesellschaft" auf das neue Land über. Freilich, wer hatte diese Rechte auszuüben? Eine dornige Frage, in der Tat! Sie wurde gelöst, indem der Kuchen direkt zwischen England und Frankreich aufgeteilt wurde, wobei Frankreich die ursprünglichen deutschen 25 % erhielt. Calouste Gulbenkian stieß sofort einen Entrüstungsschrei aus, und kurz darauf stellten die Vereinigten Staaten den Antrag auf eine angemessene Anerkennung der Rolle, die sie im Krieg 1914—1918 gespielt hatten. Um 1928 wurden die langsamen Verhandlungen mit der Schaffung der Iraq Petroleum Company, Ltd., beendet, wodurch die verschiedenen Scheiben des Kuchens folgendermaßen verteilt wurden: Vereinigte Staaten 23,75%; Briten—Holländer: 23,75%; Franzosen: 23,75% und C. S. Gulbenkian 5%. Nebenbei, Gulbenkians Anteil machte — zusammen mit anderen glücklichen Spekulationen — ihn auf viele Jahre zu der wohlhabendsten Einzelperson der Welt.

Eine merkwürdige Nebenerscheinung in diesem korporativen Bündnis war die sogenannte „Selbstverleugnungs-Klausel" oder das „Rote-Linie-Übereinkommen". Zugrunde lag eine Linie, die auf einer Karte bei der San-Remo-Konferenz rund um die Grenzen des früheren Ottomanischen Reiches gezogen worden war. Innerhalb der Grenzen, die durch diese Linie gegeben waren, verpflichtete sich jeder Teilhaber, keine Geschäfte oder Exploration für sich allein durchzuführen — eine Art von „Alle-für-Einen"- und „Einer-für-Alle"-Vereinbarung.

Die Felder von Irak sind verhältnismäßig einfache Antiklinalen und organische Riffe, und ihre Produktion beträgt um 700 000 Faß pro Tag. Nur wenige Länder haben mehr Schwierigkeiten oder Probleme erlebt, und was die Zukunft bringen wird, ist unergründlich. Ein großer Teil der Förderung Iraks fließt durch Ölleitungen zum Mittelmeer, eine politisch verletzliche Route. Die ursprüngliche Ölleitung quer durch Israel wurde für Jahre geschlossen, und 1956 wurden die Pumpstationen in Syrien in die Luft gesprengt.

Kuwait

Das winzige Scheichtum Kuwait am Ende des Persischen Golfs mit Ausmaßen von nur 80 mal 130 Kilometern sieht wie eine Sandbank aus, die auf einem Ölsee schwimmt, dem Burgan-Ölfeld. Es ist des Nachdenkens wert, daß die nachgewiesenen Reserven dieses einen Feldes, 40 Milliarden Faß, größer sind als *alle* nachgewiesenen Reserven *aller* Staaten der USA, 30 Milliarden Faß.

Kuwait war ein Pfand der Machtpolitik im Ersten Weltkrieg. Es trennte sich vom Ottomanischen Reich kurz vor dem Kriege, und vielleicht lag es für den Sultan zu weit von Konstantinopel entfernt, um viel gegen diesen Mangel an Gefolgschaftstreue zu unternehmen. Kuwait war in das Anatolische Eisenbahnprojekt einbezogen und sollte ein von Deutschen betriebener Seehafen am Ende des Persischen Golfs sein.

Viele Jahre später wirkte sich diese Abspaltung dahin aus, daß Kuwait außerhalb der Grenzen des „Rote-Linie-Übereinkommens" stand. Infolgedessen brauchten die Teilhaber der Iraq Petroleum Company hier nicht „Selbstverleugnung" zu üben. Nach heißer Umwerbung schloß der Sultan von Kuwait mit beiden führenden Freiern ab — in diesem Fall der Gulf Oil Company (Vereinigte Staaten) und der Anglo-Iranian (heute „British Petroleum Company, Ltd.") — als gleichen Partnern in der „Kuwait Oil Company".

Die Ölfelder von Kuwait sind sehr breite Sättel mit flach einfallenden Schichten auf ihren Flanken. Die Produktionskurve der drei Ölfelder Kuwaits stieg von praktisch 0 im Jahre 1945 auf 1 400 000 Faß pro Tag im Jahre 1958. Infolgedessen wurde dieses kleine Scheichtum, welches jahrhundertelang kaum mehr als eine armselige Sanddüne gewesen war, zu einem der bestentwickelten Objekte der „Selbstverbesserungsprogramme" aller Zeiten.

Saudi-Arabien

Über den größten Teil der Oberfläche von Saudi-Arabien spannt sich die echte Arabische Wüste, das trockenste Land der Erde (Abb. 177). Es ist auch das Gebiet der Heiligen Städte der islamischen Welt, und jedes Jahr machen Tausende Gläubige die Pilgerreise nach Mekka.

Während der Jahre der Türkenherrschaft empfing dieses weit entlegene, trostlose Land nur kärgliche Beachtung, wenn es auch eine Rolle in den deutschen Expansionsplänen spielte. Deutsche waren für den Bau der Hejaz-Eisenbahn entlang der Westseite der Arabischen Halbinsel verantwortlich; sie bedeutete den Versuch, die Kontrolle des Pilgerverkehrs nach Mekka in die Hand zu bekommen. Die Zerstörung dieser Bahn im Ersten Weltkrieg bildet eine der aufregendsten Episoden in Büchern, Spielen und Filmen von und über Lawrence in Arabien.

Zu Anfang 1902 führte Ibn Saud, der geschworene Feind der regierenden Hashemiten-Sippe, eine Serie räuberischer Überfälle gegen sie durch. Obgleich die Hashemiten von den Briten unterstützt wurden, gelang es Ibn Saud, fast ganz Arabien unter seine Kontrolle zu bringen, besonders nach der Einnahme der Hauptstadt Riyadh und Mekkas. Das Königreich Saudi-Arabien wurde 1932 etwa in seiner heutigen Form errichtet.

Im gleichen Jahre unterzeichnete der Scheich von Bahrein, einer Insel im Persischen Golf vor der arabischen Küste, eine Konzession mit der Standard Oil Company von Kalifornien. Eine Bohrung wurde kurz nachher niedergebracht, und zur großen Über-

Abb. 274. Eine saudiarabische Bohrmannschaft bei der Arbeit in Arabien. *(Von der Aramco freundlich überlassen.)*

raschung vieler Geologen, die in jenem Teil der Welt tätig waren, wurde Öl entdeckt. Die ölführenden Formationen hier sind völlig verschieden von denen in Iran, unmittelbar jenseits des Persischen Golfs. Aus diesem Grunde hatten die Geologen, die in Iran arbeiteten, Arabien als mögliche Erdöl-Quelle nicht in Betracht gezogen — diese Auffassung kam teuer zu stehen, wie die späteren Ereignisse beweisen sollten.

Wenn Bahrein auch eine wichtige Entdeckung war, so war es doch keine unermeßliche. Es hatte die bedeutende Folgewirkung, den Geologen der California Standard die Augen für Möglichkeiten zu öffnen, die weiterhin im arabischen Hauptland liegen könnten. 1933 wurde mit Ibn Saud ein Übereinkommen getroffen, nachdem er ein Angebot der Iraq Petroleum Company zurückgewiesen hatte, und plötzlich gründete sich eine mäßig-große kalifornische Ölgesellschaft. Sie leitete eine Untersuchungs-Kampagne die halbe Welt entfernt in einem der ödesten Landstriche der Erde ein, in einem Gebiet, das kulturell von Amerika himmelweit verschieden ist, unverändert seit den Zeiten der Kreuzzüge.

Ein größeres Ölfeld wurde 1938 bei Damman nahe der Küste nach 5 Jahren Plackerei und vergeblicher Mühe entdeckt. In der Folgezeit darauf wurden die großen Felder Arabiens eingebracht. Davon steht Ghawar an der Spitze, sicher der *Moby Dick* des Ölgeschäfts; es wurde 1948 aufgefunden. Der produktive Teil dieser ausgedehnten Struktur umfaßt eine Fläche von 2266 Quadratkilometern und hat eine Länge von wenigstens 225 Kilometern.

Ein solches Unternehmen, wie die Ausbeutung der Ölfelder Arabiens, erwies sich als über die Möglichkeiten einer Einzelgesellschaft hinausgehend, und das führte dazu, daß die Texas Company 1936 den halben Anteil erwarb, und 1944 wurde der heutige Name „Arabian American Oil Company" angenommen. 1948 wurden sowohl die Standard Oil Company (New Jersey) als auch die Socony Mobil Oil Company Teilhaber. Das forderte manches geschickte Manövrieren, da beide Gesellschaften zur Iraq Petroleum Company gehörten. Sie waren infolgedessen an das „Rote-Linie-Übereinkommen" gebunden, da Saudi-Arabien einst ein Teil des Ottomanischen Reiches gewesen war. Ein hitziger Streit entstand, der schließlich durch die Aufhebung der Übereinkunft gelöst wurde. „Aramco", nun der zweitgrößte Ölproduzent im Mittleren Osten, wird nur von der Kuwait Oil Company übertroffen; in dieser Welt komplizierter korporativer und nationaler Verknäuelungen steht sie allein da als eine der wenigen rein amerikanischen Unternehmungen. Ihr Besitz setzt sich heute folgendermaßen zusammen: Standard of California: 30%; Texaco: 30%; Standard Oil Company (N. J.): 30%; Socony Mobil Oil Company: 10%.

Der Querschnitt (Abb. 275) zeigt, daß die Arabische Halbinsel im wesentlichen ein breites Plateau magmatischer und metamorpher Gesteine ist; es ist mit einem Furnier von

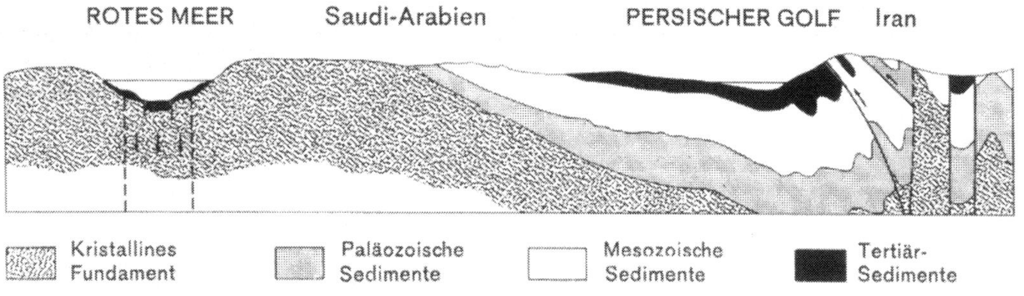

Abb. 275. Querschnitt durch die Arabische Halbinsel. *(Nach: Aramco Handbook, 1960.)*

Sedimenten überzogen, die ostwärts gegen den Persischen Golf zu einfallen. In dieser Sedimentdecke befinden sich die breiten Sättel, die diese dunkle Ölflut beherbergen. Einige der einzigartig bemerkenswerten Züge dieser Erdöl-Felder des Mittleren Osten sind: Das Gebiet wurde geologisch zumeist erst in den letzten 25 Jahren erforscht; in dieser Zeitspanne wurden insgesamt 30 Felder entdeckt, darunter die größten Sandstein- und größten Kalkstein-Felder der Welt (Abb. 276). Die nachgewiesenen Reserven des Mittleren Ostens sind wenigstens dreimal größer als die der Vereinigten Staaten, möglicherweise sogar noch mehr. Eine vorsichtige Schätzung würde lauten: 34 Milliarden Faß für Nordamerika und 126 Milliarden Faß für den Mittleren Osten. Überschwenglichere, aber durchaus plausible Schätzungen für den Mittleren Osten belaufen sich auf 230 Milliarden Faß.

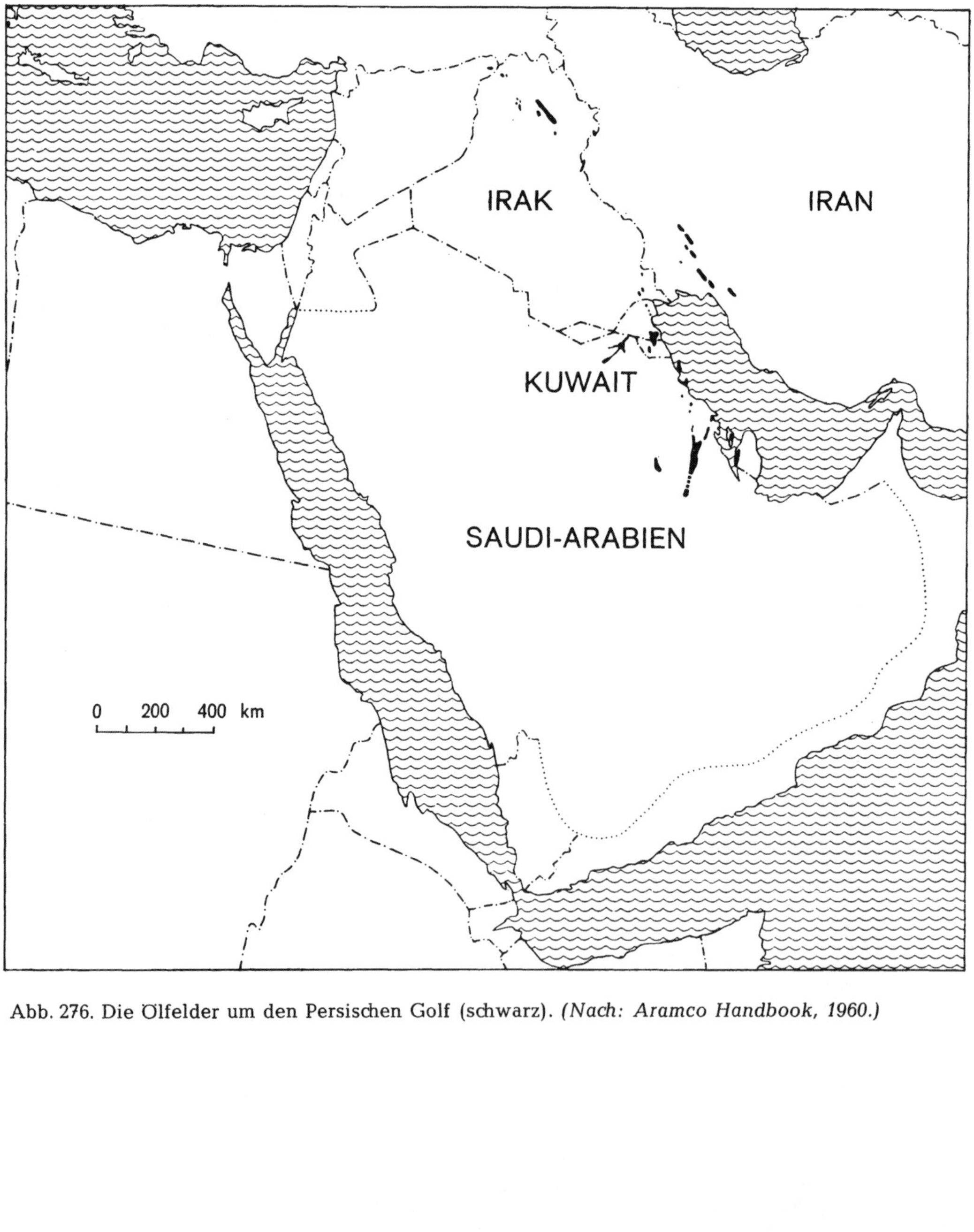

Abb. 276. Die Ölfelder um den Persischen Golf (schwarz). *(Nach: Aramco Handbook, 1960.)*

Abb. 277. Die Suche nach Öl hat sich vom Land fort auf das Meer verlagert. Das Bild zeigt eine bewegliche Bohrinsel bei der Arbeit im Golf von Mexiko. Ein Helikopter (auf der Lande-Plattform links) bringt die Bohrmannschaft hin und zurück. Der Typ einer festen Bohrinsel ist rechts oben im Bilde zu sehen. *(Von der Humble Oil and Refining Company freundlich überlassen.)*

Die Entdeckungsrate wies im Mittleren Osten einen Mittelwert von 10 Milliarden Faß pro Jahr auf, was einen Zuwachs zu den Erdöl-Vorräten der Welt von 27 Millionen Faß pro Tag bedeutet.

Hier hört die Geschichte auf, aber die Suche nach Energiequellen wird unser Leben hindurch weitergehen, und die Nachfragen nach neuen Vorkommen steigen, und neue Anwendungsmöglichkeiten ergeben sich fast mit Sicherheit. Vielleicht sind diese Darlegungen etwas von dem abgeirrt, was man als die orthodoxe Aufgabe der Geologie betrachten kann, aber die Erdöl-Geologie ist mehr als alle anderen Seiten unserer Wissenschaft so eng mit unserer Lebenshaltung oder sogar mit unserer Weiterexistenz verbunden. Die Erdöl-Forschung liefert das Lebensblut für die Industrie, und letzten Endes ist Exploration die Anwendung der Grundlagen der Geologie auf das Problem, Erdöl in der Erde zu finden.

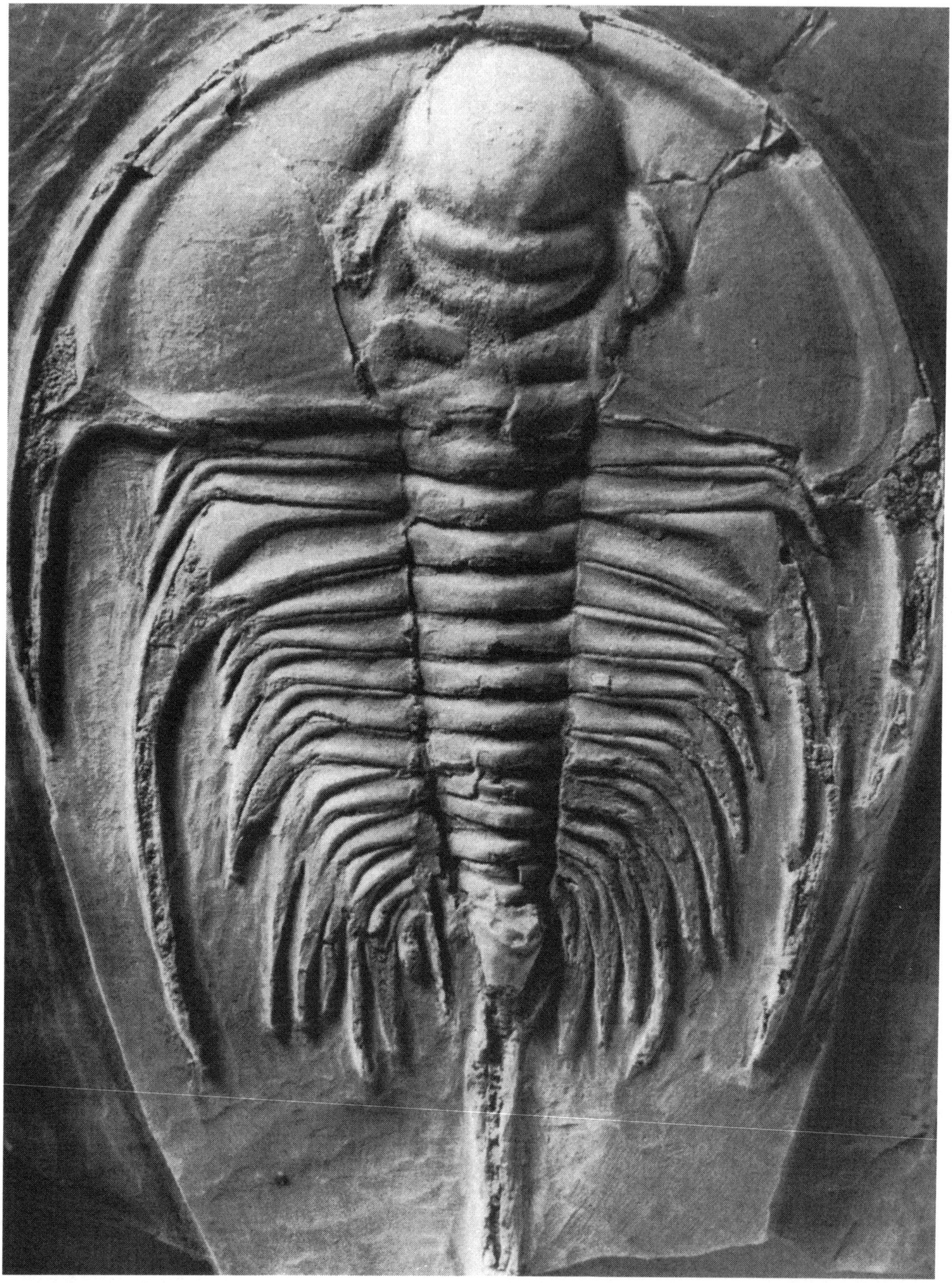

XX. Geologische Zeiten und Leben der Vergangenheit

„Hoch oben im Land von Svithjod, da steht ein Felsen. Er ist hundert Meilen hoch und hundert Meilen breit. Einmal, alle tausend Jahre, kommt ein kleiner Vogel, um seinen Schnabel an ihm zu wetzen.

Wenn so der Fels ganz fortgeschliffen sein wird, dann wird erst ein einziger Tag der Ewigkeit vergangen sein."

Hendrik van Loon: „Die Geschichte der Menschheit"

Die Vorstellung von der Unermeßlichkeit der geologischen Zeit ist in der westlichen Welt relativ neu. In der Tat, wenn man einen Geologen fragen würde, was der wesentliche Beitrag seiner Wissenschaft zu unserem Verständnis des Universums sei, würde er es als schwierig empfinden, eine einzige Antwort zu geben. Er würde sehr versucht sein, dasjenige Teilgebiet seiner Wissenschaft auszuwählen, dem sein spezielles Interesse gilt, und sagen, daß sein Sondergebiet die anderen überstrahle. Bei unvoreingenommener Betrachtung könnte wahrscheinlich Einigkeit darüber erzielt werden, daß der ganz besondere Beitrag der Geologie wohl die Erfassung der enormen Länge des Zeitenflusses sei, der in die Dunkelheit der Vergangenheit zurückreicht. Leider — vielleicht aber ist es sogar gut — haben wir ein so beschränktes Bewußtsein davon, wie riesig diese Parade der Jahre ist, daß sie uns ebenso unfaßbar bleibt wie die grenzenlosen Dimensionen des Raumes.

Einige unserer Vorgänger plagten sich mit der Frage nach der Dauer der vergangenen Zeiten ab; andere waren daran anscheinend nicht besonders interessiert. Die Hindus lehrten, daß die Welt ein Alter von zwei Milliarden Jahren habe (das war der siebente Teil eines Großzyklus von 14,32 Milliarden Jahren, der das gesamte Universum ausmachen sollte — oder ein „Tag" im Leben Brahmas) — ein durchaus anerkennenswertes Bemühen, die Länge der verflossenen Zeit zu schätzen, besonders im Vergleich zu früheren Vorstellungen im westlichen Europa. Dort war selbst noch im 17. Jahrhundert die Meinung weit verbreitet, daß die Erde im Jahre 4004 vor Chr. erschaffen worden sei. Diese Zahl hatte der Erzbischof Ussher (1581—1656) der Irischen Protestantischen Kirche ausgerechnet; er war zu dem Wert durch Zusammenzählen der im alten Testament aufgeführten Genealogien gekommen, indem er ein System von Daten aufstellte, das auf der Länge der einzelnen Generationen beruhte.

Mit dem Auftauchen der Geologie als Wissenschaft wurde man sich dessen bewußt, daß eine gewaltige Zeitlänge erforderlich ist, um die Veränderungen zu verstehen, die als stattgefunden erwiesen wurden. Die Ablagerung von Sedimentgesteinen ist ein Beispiel. Wenn wir anerkennen, daß diese Straten Schichten sind, die sich eine nach der

←

Tafel XVII. *Fremontia fremonti* (Walcott), ein Trilobit aus dem unter-kambrischen Latham-Schiefer, Marble Mountains, Cadiz (Kalifornien). Länge 11,4 cm. *(Phot.: Takeo Susuki.)*

anderen abgesetzt haben, und wenn wir die Geschwindigkeit kennen, mit der sich solche Sedimente ablagern, sowie ihre Gesamtdicke, dann haben wir ein ungefähres Maß für die Länge der Zeitspanne, in der Erosion und Ablagerung am Antlitz der Erde formend gewirkt haben.

Leider gibt es da eine Anzahl Dinge, die für die Ermittlung eines solchen direkten Näherungswertes nicht ausreichen. Niemand kannte damals — und das gilt natürlich auch heute noch — das Tempo, in welchem sich Sedimente ablagern. Offensichtlich ist dieses verschieden für ein Konglomerat, das aus Blöcken besteht, die 1 m dick sind, und für Kalk, der sich aus den Überresten mikroskopisch-kleiner mariner Organismen aufbaut. Weiter wurden nur wenige Sedimente — wenn überhaupt welche — ohne Unterbrechung abgelagert. Zeiten der Ablagerung können mit Intervallen überhaupt fehlender Sedimentation abwechseln. Um diese Schwierigkeiten noch zu vermehren, kennt man keine Stelle auf der Erd-Oberfläche, wo Straten aller geologischen Zeitalter in geschlossener Folge übereinander auftreten. In der Tat, wenn man die bekannten Maximalmächtigkeiten für die Schichten aller einzelnen Formationen seit Beginn des Paläozoikums zu einer Säule zusammenfügte, dann würde diese gegen 120 000 m hoch sein.

Eine erste Schätzung, wieviel Zeit eine solche Säule für ihren Aufbau brauchen würde, machte W. J. Solas im Jahre 1905; er kam zu 26 Millionen Jahren. Bei den besseren Kenntnissen von heute ergäbe eine Überschlagsrechnung für die Gesteine, die sich seit dem Beginn des Kambriums abgelagert haben, 600 Millionen Jahre, was nahezu den gleichen Wert bedeutet wie der in genauerer Weise durch radioaktive Methoden bestimmte.

Ein geistreicher Versuch, heute ablaufende Prozesse zu dem Alter der Erde in Beziehung zu setzen, war eine Schätzung, die der irische Naturwissenschaftler John Joly 1899 unternahm, wobei er von der Salzmenge ausging, die jährlich dem Meere zugeführt wird. Die in den Ozeanen gelöste Salzmenge war ziemlich genau bekannt, und wenn sich die Menge, die jedes Jahr durch die Flüsse nachgeliefert wird, hinreichend gut bestimmen ließ, konnte man daraus einen Wert für das Alter des Meeres ableiten. Jolys beste Schätzung lief auf etwa 100 Millionen Jahre hinaus, was eine weitaus zu kurze Zeit bedeutet gegenüber dem Wert, den wir heute als tatsächliches Alter ansehen.

Es gibt bei dieser Methode viele Fehlerquellen, die eigentlich nicht eliminiert werden können. Dazu gehören die ungeheuren Salzmengen, die sich durch Verdunstung von Meerwasser in vergangenen Formationen angereichert haben und die nun als Salzschichten zusammen mit anderen Sedimentgesteinen im Untergrund vorliegen. Eine andere Unsicherheit liegt in der Frage, ob die Salzmenge, die dem Meere jährlich zugeführt wird, die geologische Zeit hindurch konstant war oder nicht. Wahrscheinlich war sie es nicht; denn der Befund läßt anscheinend darauf schließen, daß es Zeiten — wie die gegenwärtige — mit relativ hohen Gebirgen und schneller Erosion gegeben hat, die mit Zeiten niedrigen Reliefs und entsprechend geringer Salzzufuhr für das Meer wechselten. Viele andere Faktoren wirken in dem Sinne, weitere Fehler in die Rechnung zu bringen; dazu gehört als nicht geringster der ständige Abzug von Salz aus dem Meer durch Winde, die über seine Oberfläche blasen und Salz weit ins Binnenland tragen. Nach sorgfältiger Abwägung aller dieser Faktoren gegeneinander kam ein anderer Naturwissenschaftler, Conway, 1934 zu einer Schätzung des Meeresalters, die irgendwie zwischen 800 und 2350 Millionen Jahren liegt.

Bisher haben wir von in Jahren gemessener Zeit gesprochen, und das ist verständlicherweise das Ziel aller Altersbestimmungs-Methoden. Es ist das ein Zahlenwert, den wir als *„absolutes Alter"* bezeichnen; seine Bestimmung setzt voraus, daß wir eine Zeitskala oder einen Maßstab haben. Herkömmlicherweise messen wir die Zeit in Jahren, und es ist eigentlich ein willkürliches Verfahren, etwas aufzuteilen, was keinen festlegbaren Anfang und kein voraussehbares Ende hat; denn sie basiert auf der Kreisbewegung dessen, was nicht mehr als ein Staubkorn ist, unserer Erde, in der Unermeßlichkeit des Raumes rund um einen sehr wenig bedeutenden Fixstern, die Sonne, — verloren inmitten einer Unendlichkeit von Milchstraßen-Systemen.

Wir brauchen nicht nur eine Zeitskala, sondern wir brauchen auch einen Anfangspunkt, von dem aus Zeiteinheiten abgeteilt werden können. Die meisten von uns denken konditionell in Begriffen der christlichen Chronologie, mit denen wir vertraut sind, so mit Daten wie „Anno Domini 1963". Diese ist jedoch weit davon entfernt, die einzige, allgemein angewandte Chronologie zu sein. Das gleiche Jahr 1963 heißt in der mohammedanischen Welt A. H. 1341, im jüdischen Kalender 5724, und wenn Rom noch herrschte, wäre es das Jahr 2716.

Der andere Zeitmaßstab, den wir gemeinhin benutzen, ist die als *„relatives Alter"* bezeichnete Form. Ihre Anwendung ziehen manche vor; wir gebrauchen diese Form der Zeitbestimmung, wenn wir von einem Ereignis sagen, daß es vor bzw. nach dem Kriege stattgefunden habe. (Leider gab es so viele Kriege im verflossenen Jahrhundert, daß es für manchen schwierig ist zu unterscheiden, welcher gemeint ist.) Der Geologe im Gelände hat es hauptsächlich mit dem relativen Alter zu tun.

Im folgenden Abschnitt werden wir etwas über die Methode sagen, mit der sich heute absolute Altersdaten für verschiedene Gesteinsarten bestimmen lassen. Dieser Zweig der Erdgeschichte steht im Begriff, einen immensen Anteil Aufmerksamkeit in Laboratorien der gesamten wissenschaftlichen Welt auf sich zu lenken; er gewährt uns die größte Aussicht, Vorgänge der geologischen Vergangenheit in eine chronologische Abfolge einzuordnen, die in allen Teilen der Erde die gleiche sein wird.

Absolutes Alter

Nur wenige von den Menschen, die 1895 lebten, konnten die immensen Kräfte ahnen, die auf eine nicht vorbereitete Welt als Folge eines anscheinend harmlosen Experiments von Professor Henri Becquerel in Paris losgelassen werden sollten. Er war von der im gleichen Jahr erfolgten Entdeckung der X-Strahlen durch Röntgen beeindruckt und fragte sich, ob das Phänomen der Phosphoreszenz eine Beziehung zu diesen seltsamen Ausstrahlungen hätte. Er dachte, daß vielleicht verschiedene Substanzen Energie von der Sonne aufnehmen könnten, und deswegen setzte er eine Anzahl derselben den Sonnenstrahlen aus, jedoch ohne erkennbare Wirkung. Zufällig beobachtete er, daß dann, wenn einige Uransalze auf photographisches Papier gelegt wurden, sich das Papier schwärzte, als ob es einer Art Strahlung ausgesetzt worden wäre; dies trat ein, ganz gleich, ob das Uran vorher der Sonnenbestrahlung ausgesetzt war oder nicht.

In der gleichen Zeit beschäftigte sich das Ehepaar Curie, Marie und Pierre, mit ihrer erstaunlichen Aufgabe, Radium zu isolieren. Die wissenschaftliche Welt war damals kaum darauf vorbereitet, so viele streng gehegte Vorstellungen aufzugeben, wie es die Entdeckung der Radioaktivität mit sich brachte.

Zu den ersten, die die Verwendbarkeit der Radioaktivität als geologische Uhr erkannten, gehörte einer der berühmtesten Physiker dieses Jahrhunderts, Lord Rutherford, als Ernest Rutherford in Neuseeland geboren. 1902 entdeckte er, daß Radioaktivität in Wirklichkeit der Zerfall radioaktiver Atome und ihre Umwandlung in völlig andersartige Elemente ist. Schon um 1904 — so schnell war der Fortschritt dieses revolutionierenden Konzepts — war er in der Lage, die Existenz der radioaktiven Uhr anzugeben. Diese begründet sich auf der Annahme, daß jede radioaktive Substanz mit einer ihr eigenen Konstanten zerfällt und daß bei vielen die Zerfallsrate außerordentlich klein ist. Beim Uran ist sie so, daß nach 4500 Millionen Jahren die Hälfte der ursprünglichen Radioaktivität verschwunden ist (deshalb nennen wir diese Zeitspanne *„Halbzeit"*). Zu Ende weiterer 4500 Jahre ist wieder die Hälfte der übriggebliebenen Radioaktivität verloren gegangen und so fort (Abb. 278).

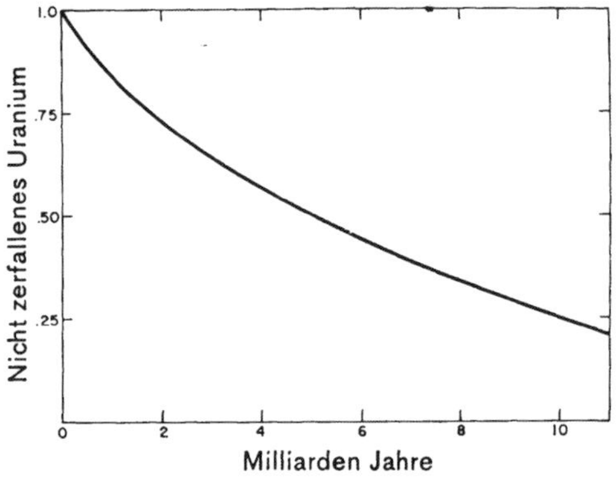

Abb. 278. Exponentialkurve des Uranzerfalls; sie gibt den Anteil nicht-zerfallenen Urans, das von einer bestimmten Ursprungsmenge (1,0) übrigbleibt, für jede beliebige Zeit (in Milliarden Jahren) an. Nach fünf Milliarden Jahren ist noch die Hälfte, nach zehn Milliarden Jahren noch ein Viertel des ursprünglichen Urans vorhanden. *(Nach: C. G. Croneis & W. C. Krumbein, Down to Earth, Chicago [Univ. Press] 1936.)*

Der Zerfall des Urans verläuft folgendermaßen:

Uran → Blei + Helium + Energie

Sowie das Uran langsam zerfällt, geht es in Blei über; ein Gas, Helium, entwickelt sich, und Energie, die wir als Wärme verspüren können, wird frei. Theoretisch könnten wir so, wenn wir das Verhältnis des unveränderten Urans zum Blei bestimmten und die Zerfallsgeschwindigkeit kennten, das Alter des Wirtsminerals oder -gesteins ableiten. Leider ergeben sich die Dinge als nicht ganz so einfach, wie sie zunächst erscheinen. Wir wissen heute, daß es drei Isotopen (chemische Elemente, deren Atomgewicht sich wegen unterschiedlicher Neutronenzahl im Kern voneinander unterscheiden, die aber in allem Übrigen übereinstimmen) von Blei radioaktiven Ursprungs gibt und ferner eines, das Blei^{204}, das nicht „radiogen" ist. Die Beziehungen, die nach einer komplizierten Reihe von Umwandlungen bestehen, lauten:

Uran^{238} → Blei^{206}
Uran^{235} → Blei^{207}
Thorium^{232} → Blei^{208}

Mittels einer Reihe chemischer Prozeduren großer Kompliziertheit kann das relative Verhältnis dieser Isotopen bestimmt werden, und wenn wir voraussetzen, daß die Zerfallsraten konstant gewesen sind, bietet der Altersvergleich der drei eine innere Kontrolle. Eine andere wesentliche Voraussetzung ist, daß die zu testenden Mineralien die Zeitäonen, die wir messen wollen, hindurch in einem geschlossenen chemischen System verblieben sind. Das bedeutet schlechthin, daß die Probe nicht verunreinigt sein darf, wenn sie ein brauchbares Datum liefern soll. Andere Fehler ergeben sich, wenn wir über die zeitliche Stellung unserer Gesteinsprobe im geologischen Geschehensablauf eines Gebietes nicht genau Bescheid wissen, und schließlich können Fehler bei der praktischen Laborarbeit gemacht werden. Schrittweise wurde durch ständige Kontrollen und Gegen-

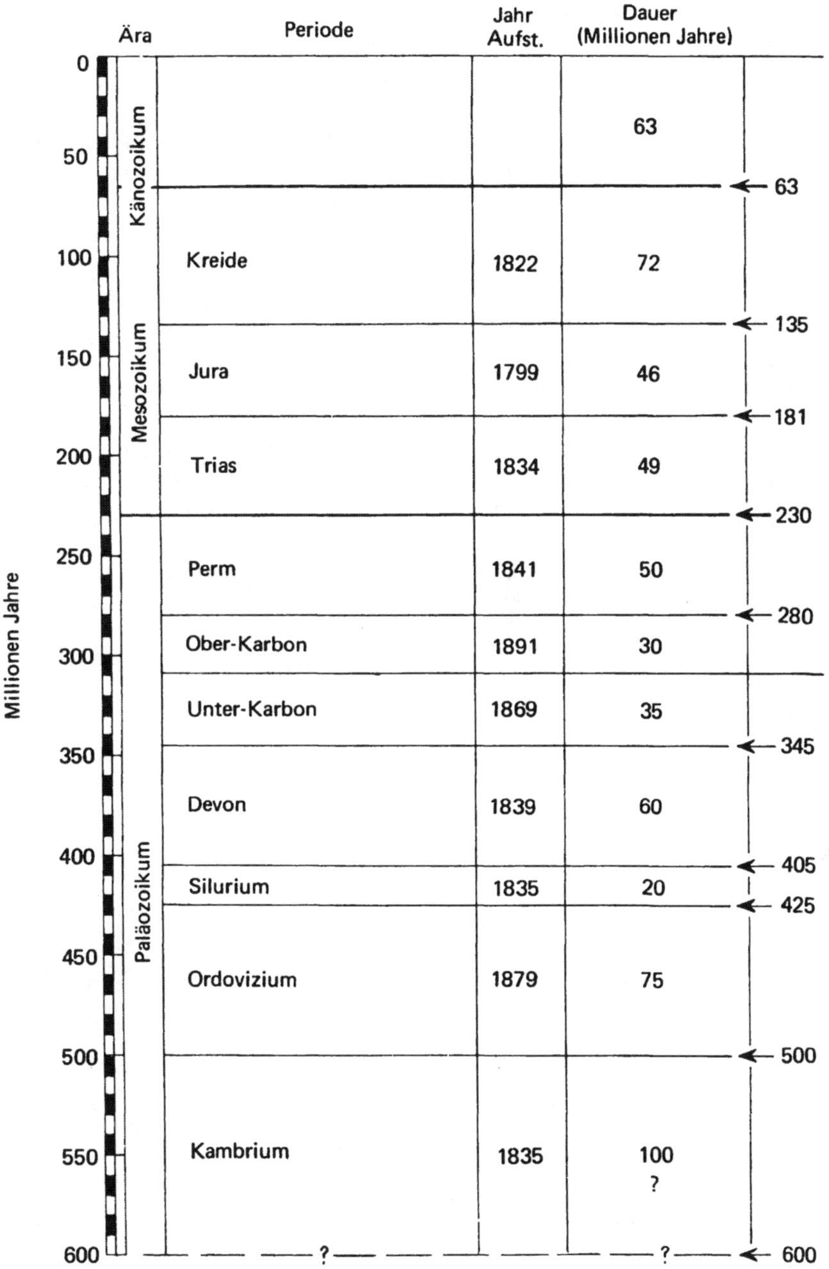

Abb. 279. Geologische Zeitskala. *(Nach: J. L. Kulp, Sci.,* 132, *1961.)*

kontrollen eine allgemeine Zeitskala aufgebaut (Kulp, 1961), und die in der Tabelle (Abb. 279) in Jahren angeführten Daten beruhen darauf.

Glücklicherweise vermögen uns andere Isotopen Daten für spätere Abschnitte der geologischen Zeitskala zu liefern, für solche also, die uns näher liegen als die aus dem Blei/Uran-Verhältnis sich ergebenden, weit zurückreichenden. Es sind das die Verhältnisse zwischen Kalium^{40}, das in das Gas Argon^{40} zerfällt, und zwischen Rubidium^{87}, das sich in Strontium^{87} umwandelt. Zwar bedürfen diese noch weiterer Forschungsarbeit, sie erweisen sich aber schon jetzt als unschätzbar für die Datierung von Gesteinen.

Wie die Tabelle zeigt, lag der Beginn des Kambriums — oder der Zeit, da Fossilien erstmals in der geologischen Überlieferung häufig wurden, — annähernd 600 Millionen Jahre vor heute. Von diesem Datum aus dehnt sich rückwärts eine scheinbare Ewigkeit bis zu den ältesten bisher ermittelten Alterszahlen aus, die in der Nachbarschaft von 3000 Millionen Jahren liegen. Einige Meteoriten sind sogar noch älter; sie haben ein Alter von 4500 Millionen Jahren, erreichen damit aber noch nicht das nach verbreiteter Meinung auf 9 Milliarden Jahre zu veranschlagende Alter des Universums.

Um diese riesige Zeit auf überschaubare Dimensionen zu verkleinern, können wir uns mit Ruth Moore (1956) vorstellen, daß das Alter der älteren Meteoriten, nämlich 4,5 Milliarden Jahre, ein einziges Jahr bedeute. Dann würde die Überlieferung durch Fossilien knapp 40 Tage oder so zurückreichen; Menschen gäbe es seit zwei Stunden (gleich 1 Million Jahre) auf der Erde, und der heutigen Menschenart, deren volle Existenzzeit 50 000 Jahre mißt, kämen nur 5 Minuten von dem ganzen Jahr zu. — Eine weitere Verdeutlichung der großen Länge der geologischen Zeit gibt Abb. 280.

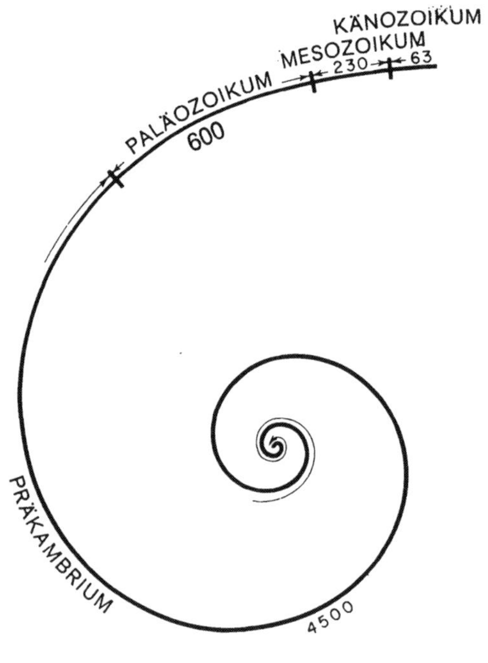

Abb. 280. Darstellung der geologischen Zeit in Form einer Spirale. Die Zahlen bedeuten Millionen Jahre seit dem Beginn der einzelnen Hauptabschnitte der geologischen Zeit. Aus der graphischen Darstellung ist zu ersehen, daß mehr als 85 % der geologischen Zeit vor dem Paläozoikum verstrichen sind und daß die känozoische Ära — die Zeit der Säugetiere — nur etwa ein Prozent der geologischen Zeit umfaßt.

Kohlenstoff^{14} (C^{14})

Eine erregende naturwissenschaftliche Errungenschaft der Zeit nach dem Zweiten Weltkrieg war die Entdeckung des radioaktiven Kohlenstoffs und nicht nur die Aufhellung der Rolle, die er in den lebenden Organismen spielt, sondern auch die Erkenntnis seines außerordentlichen Wertes für die Datierung von Geschehnissen der „letzten fünf Minuten" der Erdgeschichte.

Die Entdeckung des *„Radiokarbons"* geht auf Untersuchungen über kosmische Strahlen in der oberen Atmosphäre durch Serge Korff von der Universität New York im Jahre 1939 zurück. Er bemerkte, daß kosmische Strahlen bei ihrer Anfangskollision mit Stickstoff in den höheren Niveaus der Atmosphäre sekundäre Neutronen erzeugen. Wenn diese Neutronen mit dem reichlich vorhandenen Stickstoff-Isotop 14 zusammenstießen, würden sie — wie er voraussagte — ein Proton freimachen und Kohlenstoff^{14} bilden. Der radioaktive Kohlenstoff verbindet sich dann mit Sauerstoff zu $C^{14}O_2$, das von Pflanzen und schließlich von allen Lebewesen aufgenommen wird. Neuer Kohlenstoff^{14} wird dem Gesamtvorrat auf dem Lande, im Meer und in der Atmosphäre in dem Maß zugeführt, wie der alte durch Zerfall verschwindet.

Die Forschung zum Problem des Kohlenstoffs^{14} und seiner Beziehung zur kosmischen Strahlung wurde von Willard F. Libby fortgesetzt, der damals an der Universität von Chicago war und heute an der Universität von Kalifornien tätig ist.

Eine Grundvoraussetzung dieser Altersbestimmungs-Methode ist die Annahme, daß der Organismus, wenn er stirbt, nicht weiter C^{14} assimiliert und daß das in ihm vorhandene Radiokarbon zerfällt, ohne daß gleichzeitig neues C^{14} das alte ersetzt. Eine Probe gerade abgestorbenen Holzes liefert unter einem Geigerzähler gegen 15,3 Zerfallsvorgänge je Minute und Gramm.

Die Zahl der Zerfallsvorgänge pro Minute nimmt mit steigendem Alter der Probe ab, und nur noch die Hälfte der ursprünglichen Anzahl ereignet sich, wenn das C^{14} ein Alter von 5568 ± 30 Jahren erreicht hat, nämlich die Halbwerts-Zeit. Bei einer so kurzen Halbwerts-Zeit liegt hier offensichtlich eine radioaktive Uhr vor, die von außerordentlichem Wert für Archäologen und Prähistoriker ist, aber eine beschränkte Bedeutung für den Geologen hat; denn mit ihr lassen sich Jahresdaten nur bis etwa 50000 Jahre rückwärts bestimmen, und das mit abnehmender Zuverlässigkeit.

Die in Abb. 281 wiedergegebene Kurve wurde von Libby und seinen Mitarbeitern entwickelt; sie ist der erste Versuch, die vorausgesagte Zerfallskurve des C^{14} auf Materialien anzuwenden, die altersmäßig bekannt waren. Zu diesen Objekten, deren Alter mit anderen Mitteln bestimmt worden war und mit denen die Zerfallskurve des radioaktiven Kohlenstoffs getestet wurde, gehören ein Stück von der Totenbarke des Pharao Sesostris II., ein verkohlter Laib Brot aus Pompeji, ein Rotholz-Klotz aus Kalifornien und eine Leinenhülle vom Buch des Isaias in einer der Schriftrollen vom Roten Meere.

Eine große Zahl interessanter Daten ergab sich aus einer wahren Flut von Altersbestimmungen etwa im vergangenen Jahrzehnt. Tatsächlich gibt es kaum ein Museumsstück oder eine Mumie, die davor sicher wäre, eins ausgewischt oder ein paar Ecken abgeknipst zu bekommen, um als Probe in einem Geiger-Zähler verwandt zu werden.

Das Buch des Isaias aus den Rote-Meer-Rollen ist 2050 ± 100 Jahre alt. Eine Probe aus einer der Ritualgruben in der imposanten prähistorischen Ruine von Stonehenge erwies sich als 3798 ± 275 Jahre alt. Holzkohle aus der Lascaux-Höhle in Frankreich, dem Platz der außerordentlich feinen und ideenreichen Felsmalereien des Cromagnon-Menschen, hat ein Alter von 15516 ± 900 Jahren (Bowen, 1958). Das ist wirklich ein erstaunliches Datum, wenn wir bedenken, daß wir in einem Augenblick leben, da die Eiszeit erst etwa 11000 Jahre vorüber ist. Daß Menschen ein solches Niveau künstlerischer Ausdruckskraft schon vor so langer Zeit trotz aller Widrigkeiten des spät-eiszeitlichen Klimas Europas erreichen konnten, ist eine bewundernswerte Leistung der Gesamtmenschheit.

Kommen wir auf die Frage zurück, wann die Eiszeit endete! Es war das ein entscheidendes Ereignis in der Vorgeschichte des westlichen Europas und der beiden Amerikas; denn bevor das Eis, das die nördlichen Landstriche der Erde einhüllte, nicht geschmolzen war, konnten sich die wundervoll mannigfaltigen modernen Völker mit all ihren verschiedenen Sprachen und Kulturen nicht über Sibirien, das europäische Hauptgebiet, Skandinavien, Großbritannien und Irland sowie die beiden Amerikas ausbreiten.

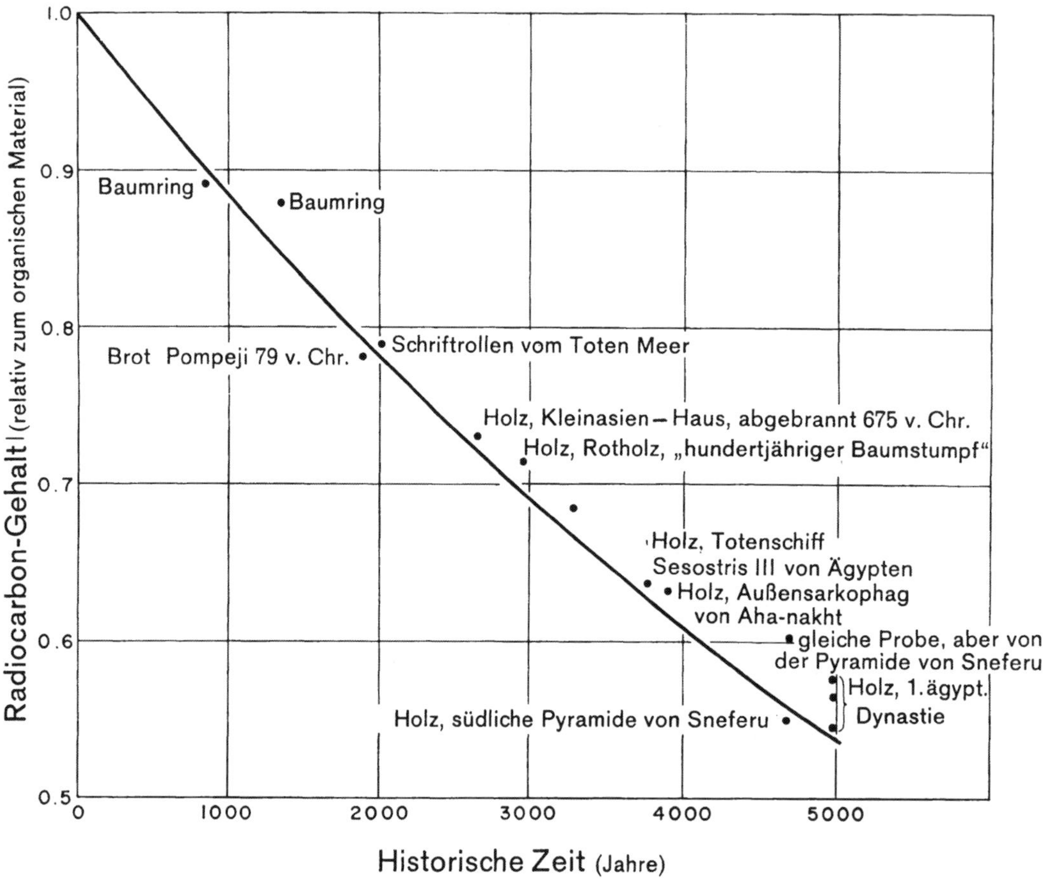

Abb. 281. Die dicke Linie ist die berechnete Zerfallskurve des Kohlenstoffs 14, wobei als Halbwertszeit 5568 ± 30 Jahre zugrundegelegt sind; die Punkte geben den Radiokarbon-Gehalt von Materialien bekannten historischen Alters an. *(Nach: William F. Libby, Sci.,* 133, *1961.)*

Vor der Radiokarbon-Datierung schätzte man gewöhnlich die seit dem Ende der Eiszeit verflossenen Jahre auf angenähert 25 000. Diese Lehrmeinung basierte großenteils auf dem Abzählen von Sedimenten mit Jahresschichtung in glazialen Seen, auf einer Abschätzung der Geschwindigkeit des Eisrückzugs und so weiter. Diese Zeitspanne scheint halbwegs auszureichen, damit sich die postglaziale Landschaft entwickeln und die Menschen solche Attribute des modernen Lebens erfinden konnten, wie Sprachen, Ackerbau, soziale Gemeinschaften, Religionen, Handel und organisiertes Kriegswesen.

Bei Two Creeks, Wisconsin, wurden Rottannen aufgefunden, von denen viele abgebrochen und deren Stämme bei dem letzten Eisvorstoß zersplittert worden waren. Sie machten in eindrucksvoller Weise die Auswirkungen des letzten und endgültigen Vorrückens des Gletschers deutlich, wobei er den Wald, der ihm im Wege stand, überfuhr. Der Fund war doppelt bedeutsam, als eine Radiokarbon-Datierung ergab, daß diese Stämme vor 11 400 ± 200 Jahren abgebrochen wurden. Dieses Datum entspricht ähnlichen Zahlen, die in Europa gewonnen wurden, und das bedeutet, daß sich die Zeit, die man vom Ende der Eiszeit an für die Entwicklung der westlichen Zivilisation zur Verfügung zu haben glaubte, sich auf die Hälfte verkürzt.

Verständlicherweise übte eine so drastische Zeitraffung einen revolutionären Impuls auf das Denken der Geologen, Vorgeschichtler und Archäologen aus. Die Frage heißt, wie sich all die Geschehnisse, die sich unseres Wissens in Europa und sonstwo ereignet haben, in die bemerkenswert kurze Zeitspanne von wenig mehr als 10 000 Jahren einpassen lassen.

Um die Frage, ob die Radiokarbon-Daten richtig seien oder nicht, hat sich ein Meinungsstreit erhoben. Man ist sich ziemlich allgemein darin einig, daß Daten, die gut auf dieser Seite der Halbwerts-Zeit von 5568 Jahren liegen, wahrscheinlich richtig sind. Die Diskussionen gehen über die weiter zurückliegenden Daten; denn es gibt da eine Anzahl noch offener Fragen. Zum Beispiel ist bei älteren Proben der Radioaktivitätsspiegel sehr unscharf; ob 1 oder 2 Zählungen pro Minute erfolgen, bedeutet einen großen zeitlichen Unterschied. Trotz sorgfältiger Abschirmung wird es bei diesem niedrigen Radioaktivitätsspiegel zunehmend schwierig, die wenigen authentischen Stöße vom Geräusch-Hintergrund der Kosmischen Strahlen zu trennen.

Eine zusätzliche Unsicherheit ergibt sich aus der Annahme, daß der Spiegel der Kosmischen Strahlung im Verlauf der Zeit im wesentlichen konstant blieb. Eine weitere Fehlerquelle, deren Vermeidung beständige Wachsamkeit verlangt, ist die Gefahr einer Verfälschung des einsedimentierten organischen Materials infolge des Zutritts jüngeren Kohlenstoffs. Dieser könnte durch Grundwasser, durch grabende Tiere und Pflanzenwurzeln hinzugelangen oder dadurch, daß durch Kernexplosionen in zunehmendem Maße radioaktiver Kohlenstoff entsteht. Alle diese Umstände wirken in dem Sinne, daß das gemessene Alter kleiner als das wirkliche ist.

Trotz dieser Irrtumsmöglichkeiten, deren Ausmerzung so energisch wie nur möglich betrieben wird, erweckt die Radiokarbon-Methode große Zukunftshoffnungen in der Archäologie, Geographie, Geologie, Meteorologie und Ozeanographie. Es sind schon Resultate erzielt worden, die geradezu ans Wunderbare grenzen; so konnte eine Chronologie für verschiedene Kulturen oder für die Abfolgen der postglazialen geologischen Geschehnisse aufgestellt werden, und diese ließen sich miteinander korrelieren, selbst über die Tausende Kilometer breiten Schranken des offenen Meeres hinweg.

Relatives Alter

Wir sind daran gewöhnt, nicht nur die Zeit in absoluten Begriffen, wie Jahren, zu erfassen, sondern auch in Begriffen der Bezugsetzung eines Ereignisses zu einem anderen. So sprechen wir von der *„Reconstruction"* als der Periode, die einem bestimmten Ereignis, in diesem Falle dem Amerikanischen Bürgerkrieg, folgte.

Zu den unglücklichen Auswirkungen der Art, wie wir der Geschichte ausgesetzt sind, gehört unsere Gewohnheit, von ihr in unbezogenen, abgeteilten Einheiten zu denken. Die Mehrzahl der Amerikaner pflegt sich nur mit der Geschichte der Vereinigten Staaten zu befassen und hat somit wenig Verständnis für die amerikanischen Geschehnisse in ihrer Beziehung zu denjenigen der übrigen Welt. Zum Beispiel betrachten nur wenige die Amerikanische Revolution als ein Scharmützel im Zusammenhang mit dem weltweiten Ringen zwischen Frankreich und England um die Vorherrschaft.

Der folgende Ausschnitt aus Palle Laurings Buch *„Land des Tollund-Menschen"*, das die Vorgeschichte Dänemarks beschreibt, bringt uns sehr eindrucksvoll die Gleichzeitigkeit zurückliegender Ereignisse nahe, die zunächst miteinander nicht in Beziehung zu stehen scheinen:

„Aber das skandinavische Bronze-Zeitalter dauerte von etwa 1500 bis 500 vor Christi. Während dieser Zeitspanne entstand und verging das Neue Königreich Ägypten; Tut-ench-Amun wurde in seinem goldenen Sarg zur Ruhe gebettet, und im Jahre 525 vor Christus fiel Ägypten an die Perser. Der totalitäre Militärstaat Assyrien war hochgekommen und breitete Tod und Verderben um sich aus, vernichtete Kulturen und ging wieder unter. In Griechenland war eine Zivilisation aufgeblüht, die ihren Glanz noch über kommende Jahrhunderte ausstrahlen sollte, das Schicksal noch unbekannter Generationen in Europa formend, westliche Vorstellungen und Ideen, Kunst und Architektur gestaltend; die griechischen Staaten, die ihre archäische Jugend hinter sich gebracht hatten, waren schon auf dem Wege zu ihrer klassischen Periode, und ein Tempel war bereits auf der Akropolis entstanden. An einer Furt des Tibers, wo eine Insel den Fluß zweiteilte, war Rom gegründet worden und hatte schon seinen Rivalen Alba Longa überwältigt, und Könige herrschten über die Stadt zwischen den Hügeln. In Jerusalem waren Jahrhunderte verflossen, seit Salomon Kinder mit der Königin von Saba zeugte und David Psalmen sang und die Frauen seiner Offiziere verführte. Keiner von ihnen vermutete, daß Tausende von Meilen entfernt gegen Westen die Indianer daran waren, seltsame Zivilisationen in Yukatan und Mexiko und Peru zu schaffen. Ebenso weit im Osten wurde das Chinesische Kaiserreich von der Tschu-Dynastie beherrscht und stand in der Mitte der bemerkenswerten Periode, die als „Frühjahrs- und Herbstannalen" bekannt ist. Gegen Süden war der weise König Asoka in seinem indischen Kaiserreich beerdigt worden, und Prinz Siddharta, genannt Buddha, war gestorben, während seine Gedanken weiterlebten und sich ausbreiteten. Die Welt war nicht still gestanden, während der Norden seine Bronzezeit durchmachte."

Diese historische Analogie hat eine direkte Beziehung zu dem zweiten Hauptproblem, dem wir bei der Entzifferung vergangener geologischer Vorgänge gegenüberstehen, und dieses lautet, wie sich eine Abfolge derselben in dem einen Teil der Welt mit einer solchen in einem anderen *korrelieren* läßt. Bei der menschlichen Geschichte haben wir den großen Vorteil der geschriebenen Berichte, trotz der Ausfälle durch Zeit, Krieg, Plünderung, Brände und Überschwemmungen; es gibt auch für manche Erdteile brauchbare Kalendersysteme, die 4000 oder 5000 Jahre zurückreichen.

Wie ließen sich vor dem Aufkommen der Zeitmessungsmethoden durch Isotopen z. B. die Gesteine Cornwalls (England) mit denjenigen im Hinterland von New York parallelisieren? Sie haben zufällig das gleiche geologische Alter, und das ist schon seit mehr als hundert Jahren bekannt. Mit welchen Methoden bestimmten unsere Vorfahren diese Gleichaltrigkeit? Sicherlich fußte sie nicht auf der physikalischen Ähnlichkeit der beiden Gesteinsvorkommen. Zunächst hatte man geglaubt, daß dieses Kennzeichen verwandt werden könnte, daß zum Beispiel alle rotgefärbten Sandsteine Britanniens gleichaltrig seien. Es bedurfte einer mühsamen und spitzfindigen Beweisführung, um die Tatsache zu sichern, daß es mehrere Serien roten Sandsteins gibt, von denen einige das gleiche geologische Alter aufweisen, während andere voneinander durch Hunderte Millionen Jahre getrennt sind.

Wo verschiedene Gesteinsarten in direktem physischem Kontakt miteinander stehen, läßt sich durch Aufnahme einer geologischen Karte, die ihre wechselseitigen Beziehungen darstellt, und durch Zeichnung geologischer Querprofile ihre dreidimensionale Geometrie herausarbeiten und daraus ihr geologisches Alter ableiten. Zwei Hauptgrundsätze werden hierbei angewandt. Diese sind: 1. *Aufeinanderfolge* der Gesteine — das heißt, die jüngeren Gesteine liegen normalerweise auf den älteren; 2. *Durchkreuzungs-Beziehungen*. Die letzteren sind für magmatische Intrusionen charakteristisch, wie Gänge und Lagergänge. Die Intrusivgesteine, die in andere eindringen oder sie durchsetzen, sind die jüngeren.

Das Problem wird akuter, wenn man sich bemüht, Gesteine und die Geschehensfolgen, die diese repräsentieren, in einem bestimten Gebiet mit anderen Gesteins- oder Geschehensfolgen in einem Hunderte oder gar Tausende von Kilometern entfernten Gebiet zu parallelisieren, ohne daß ein direkter Kontakt zwischen beiden besteht.

Fossilien

Die Methode, die unsere Vorgänger benutzten, begründete sich auf die in den Gesteinen enthaltenen Fossilien. In der Tat, die entwicklungsgeschichtliche Aufeinanderfolge fossiler Formen herauszuarbeiten und ihre Zeitaussage verstehen zu lernen, gehört zu den größten schöpferischen Errungenschaften des menschlichen Geistes. Schon vor der geschichtlichen Zeit haben Fossilien das Interesse der Menschen erregt und wurden gesammelt. Sie sind in alten Zeichnungen dargestellt; einige wurden in der Heraldik verwandt, und für Jahrhunderte wurden sie wegen der anziehenden dekorativen Wirkung, die sie geschnittenem und poliertem Gestein verleihen, gehegt und gepflegt. Das Wort selbst, das sich vom lateinischen *„fossilus"* („ausgegraben") herleitet, verrät das fast bis zu den Anfängen der Sprache zurückgehende Bewußtsein, daß es sich bei den Fossilien um Dinge der Erde handelt.

Obwohl ein solches Bewußtsein offenbar bestanden hat, war es doch von einer abgrundtiefen Unkenntnis der wahren Bedeutuung dieser Zeugen der Lebensexistenz in einer fernen Vergangenheit begleitet. Den einen waren Fossilien die Schöpfung Satans, die in die Welt gesetzt sei, sterbliche Menschen zu verwirren. Anderen, wie z. B. Avicenna (980—1037 n. Chr.), dem arabischen Philosophen, dem die Wiederbelebung des Interesses an den Werken des Aristoteles zu verdanken ist, waren sie anorganische Bildungen, die in den Gesteinen als Erzeugnisse der Wirkung einer schöpferischen Kraft wuchsen, der *„vis plastica"*. Nur dem Zufall sei es zuzuschreiben, wenn sie Knochen oder Schalen lebender Geschöpfe ähnlich sähen. Diese Unwissenheit erstreckte sich auch auf die Entdeckung der Reste des prähistorischen Menschen, wie der Cromagnons und Neandertaler, deren Knochen verschiedentlich zum Dorffriedhof gekarrt wurden, um ihre eigentliche Beerdigung zu erfahren. Es dauerte bis zum Entdeckungs-Zeitalter, das die Europäer in Berührung mit primitiven Gemeinschaften brachte, bis sich die Auffassung durchsetzte, daß die Westliche Welt auch ihrerseits ein primitives Stadium durchlaufen hat, bevor sie zivilisiert wurde.

Andere jedoch erkannten Fossilien in den Gesteinen als das, was sie wirklich sind: die Überreste längst ausgestorbener Lebewesen. Leonardo da Vinci war ein solcher Pionier, und die fossilen Schalen, die er in den steinigen Hügeln der Toskana ausgrub, sagten ihm, daß das Meer sich einst von der italienischen Küste aus weit landeinwärts ausgedehnt hätte.

Für jene, die Fossilien als Überreste von Lebewesen ansahen, bedeutete Noahs Sintflut eine bequeme Lösung des Problems. Es schien naheliegend, sie als Überbleibsel von Geschöpfen anzusehen, die bei diesem katastrophenhaften Ereignis ein für allemal umkamen. Ja, eines der ersten Fossilien, die wissenschaftlich abgebildet wurden, war das eines Riesensalamanders (ein Amphib, das somit zur gleichen Tiergruppe wie Frösche und Kröten gehört), den Johann Scheuchzer 1726 *„Homo diluvii testis"* nannte, was bedeutet: *„Mensch, Zeuge der Sintflut"*.

Die Deutung mancher Fossilien erwies sich als schwierig, da ihre Knochen von denjenigen bekannter Geschöpfe völlig verschieden waren, wenigstens nicht denen solcher Tiere glichen, die in dem Gebiet lebten, wo sie gefunden wurden. In Westeuropa trifft das insbesondere für jene einst häufigen Zierden der eiszeitlichen Landschaft zu, wie Wollhaariges Nashorn, Mammut, Mastodon und den großen Irischen Elch.

Die Knochen solch furchtbarer Geschöpfe wie auch diejenigen eines gelegentlichen Dinosauriers gaben Anlaß zu Legenden und Sagen. Viele solcher Fossilien wurden für die Skelette von Einhörnern gehalten — es war das ein beliebtes Tier des Mittelalters, von dem angenommen wurde, daß es einen unfehlbaren Instinkt hätte, das Vorhandensein oder Nichtvorhandensein von Jungfräulichkeit zu erkennen. Drachen waren auch eine beliebte Deutung. Eines der besten Beispiele ist ein herrliches Ungeheuer, der Lindwurm, ein volles 12 m langes Bildwerk im Stadtbereich von Klagenfurt in Österreich. Es wurde 1590 gemeißelt, aber die Idee geht auf die Auffindung des Schädels eines Wollhaarigen Nashorns zurück, das in der Nähe im Jahre 1335 gefunden worden war, — anscheinend brauchte man die ganze Zeit, um sich darüber klar zu werden, wie ein Drache aussieht.

Es blieb einem einzigartig hingebungsvollen, ungebildeten und außerordentlich praktischen Kanalbauer, William Smith (1769—1839), vorbehalten, das Vorhandensein einer Beziehung zwischen Schichtgesteinen und den darin enthaltenen Fossilien festzustellen. Zum Glück für ihn und uns lebte und wirkte er im richtigen Augenblick und am richtigen Platz, nämlich zu der Zeit, als der Kanalbau in England besonders in Schwung kam. Das Kommen der „Industriellen Revolution", verbunden mit dem post-napoleonischen Wirtschaftsaufschwung Britanniens, ließ den Bau so relativ billiger und mäßig wirksamer Transportmittel wie Kanäle lohnend erscheinen. An dieser Konjunktur nahm Smith bereitwillig Anteil.

Nicht nur ist die Struktur von Mittel- und Ostengland relativ einfach, sondern die Gesteine selbst lassen sich auch gut unterscheiden. Zum Beispiel gehört zur Kreide-Formation die weiße Schreibkreide der Kliffs von Dover, zum Karbon dagegen die schwarze Kohle der Midlands, worauf sich im Viktorianischen England ein Jahrhundert der Prosperität für die einen, einer Schinderei für die anderen begründen und woraus sich als Nebenwirkung die Abtragung ganzer Gegenden ergeben sollte.

Beim Bau von Kanälen sind die Kenntnis verschiedener Gesteine und ein Verständnis für ihre physikalischen Eigenschaften Dinge großer Wichtigkeit. Wenn die Gesteine härter als erwartet sind oder wenn sie leicht rutschen oder wenn sie — wie die Schreibkreide — Wasser durchlassen, dann kann der Unternehmer eines Kanalprojektes leicht bankerott gehen.

Smith's Methode war völlig empirisch, und bei der Berechnung des Nutzeffekts, mit dem sich Kanäle von Hand ausgraben ließen, überhastete er sich nicht. So machte er zum Beispiel sechs Jahre lang Untersuchungen am Somersetshire-Kohlenkanal. Alles in allem wanderte er die englische Landschaft 24 Jahre lang auf und ab und sammelte Beobachtungen. Als er fertig war, hatte er die folgenden großen grundlegenden Entdeckungen gemacht: 1. Die Verbreitung der Sedimentgesteine im südöstlichen England gehorcht einer sinnvollen Anordnung, die sich auf einer Karte darstellen ließ; 2. die Schichten treten in gleichbleibender Anordnung auf, d. h., die Schreibkreide-Schichten werden immer über der Kohle gefunden — außer wenn sie strukturell gestört sind — und niemals umgekehrt; 3. altersverschiedene Schichten enthalten auch verschiedene Fossilgemeinschaften. Das praktische Ergebnis davon war, daß man an Hand einer repräsentativen Fossilaufsammlung bestimmen konnte, aus welcher Gesteinsschicht sie stammten.

Smith war sich nicht der entwicklungsgeschichtlichen Bedeutung der Fossilien bewußt, die er so geduldig die Jahre hindurch aufgesammelt hatte. Für ihn waren sie wenig mehr als verschieden gestaltete Objekte. Indessen hat er unbewußt den Schlüssel gefunden, mit dem Schichten nicht nur innerhalb eines beschränkten Gebietes miteinander, sondern auch mit den Gesteinen, die ganze Kontinente entfernt auftreten, korreliert werden können.

Diese Art der Korrelierung ist jedoch keine einfache Sache; denn wir haben es mit den Resten von Organismen zu tun, die in Milieus lebten, die so verschiedenartig waren wie die von heute. Ferner entwickelten sich während der langen geologischen Zeitspanne manche Tier- und Pflanzengruppen allmählich zu komplizierten Geschöpfen, während andere, die vielleicht ein gewisses Gleichgewicht mit ihrer Umgebung und ihren Feinden erreicht hatten, im wesentlichen unverändert blieben. Noch andere, wie die Dinosaurier, verschwanden vollständig.

Das führt uns zu dem bedeutenden Beitrag, den die *Paläontologie* (die Kunde vom Leben der Vorzeit) dem ganzen Bereich des heutigen Denkens schenkt. Es ist der Nachweis — an Hand der Fossilien, die sich in den Tausenden von Metern geschichteter Gesteine in vielen Ländern erhalten haben —, daß sich viele Geschöpfe von relativ einfachen Formen zu komplizierten Hierarchien von Pflanzen und Tieren entwickelt haben. In der Tat, die Aussage der Fossilien war einer der stärksten Beweismittel, die Darwin und seine Nachfolger zugunsten der Entwicklungstheorie ins Feld führten.

Für manche Abstammungslinien scheint der Befund hinreichend klar zu sein — das trifft zum Beispiel für den Stammbaum der höheren Wirbeltiere zu. Der Stammbaum der Pferdefamilie — um ein bekanntes Beispiel zu nennen — ist recht gut bekannt. Der Entwicklungsweg, dem Organismen von Art der Invertebraten (Wirbellosen) folgten, ist nicht so genau aufgeklärt. Niemand kann sagen, welche Großgruppe *(Phylum)* derselben von welch anderer abstammt oder — in manchen Fällen — welche zu welcher in Beziehung steht.

Gleichzeitig mit der Entdeckung Smith's, daß verschiedene Gesteinsschichten sehr häufig unterschiedliche Fossilgemeinschaften enthalten, wurde es offensichtlich, daß es sich vielfach um Reste von Organismen handelt, für die es keine lebenden Gegenstücke gibt. Da solche Fossilien in Schichten gefunden wurden, die nicht nur durch Hunderte Meter leeren Gesteins, sondern auch durch Diskordanzen voneinander getrennt sind, ging es den Naturwissenschaftlern zunächst nicht ein, daß im Fossilbefund ein ununterbrochener Zusammenhang bestände. Man erinnere sich außerdem, daß das die Zeit vor Darwin war, und wenn auch einige Grundtatsachen der Evolutionstheorie schon vermutet wurden, lag doch noch bei weitem keine konsequente Hypothese vor.

Zudem war die Kenntnis der Gesteine und ihres Fossilinhalts in der post-napoleonischen Zeit sehr weitgehend auf das westliche Europa beschränkt. So kann es nicht überraschen, daß sich weithin der Gedanke durchsetzte, jede der verschiedenen Gemeinschaften erloschener Tiere oder Pflanzen sei eigens geschaffen worden und jede derselben sei durch einen Kataklysmus, eine Katastrophe, umgekommen. Vor allem schienen Vulkanausbrüche und große, überwältigende Überflutungen in Frage zu kommen — die Sintflut Noahs war das bevorzugte Beispiel einer repräsentativen Katastrophe dieser Art.

In der Tat, Eiseley (1959) sagt in seiner aufschlußreichen Biographie von Sir Charles Lyell:

„Die Katastrophentheorie hatte einen mächtigen religiösen Reiz. Sie enthielt sowohl das schöpferische Übermaß als auch die Raserei eines alttestamentarischen Jehowah. ‚In einander folgenden Perioden', schrieb Adam Sedgwick, einer von Darwins geologischen Lehrern in Cambridge, ‚wurden neue Stämme von Wesen ins Leben gerufen, nicht nur als Nachkommenschaft jener, die vor ihnen aufgetreten waren, sondern als neue und lebende Beweise schöpferischen Eingreifens; und wenn sie auch nach demselben Schema geformt wurden und die Kennzeichen eines weisen Planes tragen, so sind sie oft von jenen Geschöpfen verschieden, die ihnen vorausgingen, als ob sie in einem verschiedenen Teil des Universums herangereift und durch die Kollision mit einem anderen Planeten auf die Erde geworfen worden seien'."

„Man dachte in den Begriffen eines geotheologischen Dramas, eines Prologs für das Auftauchen des Menschen auf dem Planeten, nach welchem keine weiteren organischen Entwicklungen erwartet wurden. Die Theorie sagte eine abgeschlossene Welt voraus, die wenigstens in den Augen einiger in die bildliche Woche des Buches ‚Genesis' zusammengepreßt werden konnte. ‚Niemals', erläuterte Lyell, ‚gab es ein Dogma, das mehr berechnet war, Trägheit zu begünstigen und die scharfe Schneide der Neugier abzustumpfen als diese Annahme der Diskordanz zwischen den früheren und den derzeitigen Ursachen der Veränderung'."

„In dieser halb-übernatürlichen Atmosphäre veröffentlichte Sir Charles Lyell 1830 den ersten Band seiner *‚Grundlagen der Geologie'*. Wie die meisten großen Ideen war es nicht ganz das geistige Eigentum des Autors. Aber Sir Charles gebührt fraglos der Ruf, eine damals unangenehme Wahrheit so wirkungsvoll und gewichtig dokumentiert zu haben, daß sie nicht länger übersehen werden konnte. In dieser Hinsicht bietet sein Werdegang eine überraschende Parallele zu demjenigen Darwins. Denn Darwin war gleichfalls — zu einer späteren Zeit — der Wiedererwecker und Beurkunder vergessener und falsch verstandener Wahrheiten."

„Lyells Hauptvorläufer, James Hutton, starb in geistiger Umnachtung im Jahre 1797, gerade in dem Jahr, das die Geburt des Mannes brachte, der seine Anschauungen wiederbeleben sollte — so zähe und doch so andauernd ist das langsame Wachsen wissenschaftlichen Gedankenguts. In den 1780-er Jahren machte Hutton den ersten organisierten und umfassenden Versuch zu beweisen, daß die Kräfte, die unseren Planeten gestaltet haben — seine Gebirge, Gesteinsblöcke und Kontinente —, die gleichen Kräfte sind, die wir heute um uns herum am Werk sehen. Hutton hatte ein Ohr für die Arbeit der Regentropfen, ein Auge für die Eiskristalle, die Gesteine sprengen, ein Gefühl für den Laubfall unzähliger Herbste. Wind und Frost und fließendes Wasser können bei ausreichender Zeitdauer Kontinente erodieren, lautet sein Argument. In die Tiefen der Vergangenheit spähend, konnte er ‚keine Spur eines Anfangs, keine Anzeichen eines Endes' erblicken."

Geologische Zeitskala

Sowie die Schichten sowohl in den verschiedenen Erdteilen als auch in einem Einzelgebiet mehr und mehr bekannt wurden, konnten sie auf Grund ihres Fossilinhalts miteinander verglichen, d. h. *„korreliert"* werden. Es war zunächst nötig, die Ablagerungsfolge in *einem* Gebiet festzustellen, und wenn das geschehen war, konnte die dortige Gesteinsreihe mit einer abweichenden Gesteinsfolge verglichen werden, die vielleicht einen ganzen Kontinent entfernt auftritt, wobei nicht notwendigerweise durchaus die selben Gesteinsarten vorzuliegen brauchen, diese aber Fossilien gleichen geologischen Alters enthalten müssen.

Der weitere Schritt, der zu gehen war, — in vielen Fällen wurden beide gleichzeitig gemacht — bestand darin zu bestimmen, welche Fossilien älter, welche jünger sind. In dieser Frage haben sich Evolutionstheorie und Paläontologie im Verlauf des vergangenen Jahrhunderts ergänzt oder einander gegenseitig unterstützt.

Obwohl einige Organismen im Verlauf ganzer Jahrtausende keine wesentliche Veränderung erfuhren, entwickelten sich andere schrittweise in Richtung einer zunehmenden Kompliziertheit. Manchmal wurden Organismen zu starr oder zu spezialisiert, und da sie dadurch unfähig wurden, sich einer veränderten Umgebung anzupassen, oder aus anderen Gründen verschwanden sie von der Erde. Besonders spektakulär für diese Ausfälle war das Verschwinden der Dinosaurier. Keiner überlebte das Mesozoikum.

Andere geologisch bedeutsame Gruppen, die heute nicht mehr existieren, sind: 1. die *Trilobiten,* eigenartig segmentierte marine Arthropoden, die entfernt mit Geschöpfen von Art der Garnelen und Krabben verwandt sind und oberflächlich den Asseln ähneln, die sich unter Steinen und Holzklötzen verbergen, und 2. die *Ammoniten,* kompliziert gegliederte marine Mollusken, mit dem gekammerten *Nautilus* und entfernter mit dem Tintenfisch und *Octopus* verwandt.

Umgekehrt haben manche Tier- und Pflanzenfamilien nicht die ganze postkambrische Zeitspanne hindurch gelebt. Zum Beispiel waren Fische nicht vor dem älteren Paläozoikum (Silurium), Amphibien nicht vor dem mittleren Paläozoikum (Devon), Reptilien nicht vor dem jüngeren Paläozoikum, Säugetiere und Blütenpflanzen nicht vor dem sehr späten Mesozoikum (Kreide) vorhanden.

Durch Feststellung des Erscheinens, des Höhepunkts und des Verschwindens der vielen Tausende fossiler Tiere und Pflanzen innerhalb der mächtigen Ansammlung geschichteter Gesteine, die sich seit dem Kambrium ablagerten, ist es in der Regel möglich, das relative geologische Alter einer fossilführenden Schicht zuverlässig zu bestimmen. Nicht alle Fossilien sind für eine solche Altersbestimmung gleich brauchbar. Am wenigsten wertvoll sind diejenigen, die sich auf eine bestimmte Erscheinungsform festlegten und während des größten Teils des postkambrischen Zeitablaufs keinerlei Änderungen des Bauplanes erfuhren.

Um Gesteine eines Gebietes mit denjenigen eines anderen zu korrelieren, sind solche Fossilien am geeignetsten, die eine — geologisch gesprochen — nur verhältnismäßig kurze Stammesgeschichte hatten, die aber doch in ihrer begrenzten Lebensspanne auf der Erde eine weite geographische Verbreitung erreichten und schnelle evolutionäre Veränderungen erfuhren. Solche chronologisch ideale Formen heißen *„Leitfossilien"*.

Die geologische Zeit wird in Einheiten geteilt, wobei man ganz das gleiche Prinzip anwendet, das man auch bei der Unterteilung der historischen Zeit gebraucht. Um ein einziges Beispiel herauszugreifen: In der Westlichen Welt ist ein längeres Zeitintervall die Christliche Ära. Es ist wahr: damit ist ein Einheitsmaß für dieses nahezu 2000 Jahre dauernde Kapitel der Geschichte gegeben, aber wenn wir uns nach dem alten Palästina oder Rom versetzt sähen, würden wir gewiß mehr von den Unterschieden als von den Ähnlichkeiten beeindruckt werden.

Wenn man den Versuch machte, in einem einsemestrigen Geschichtskolleg ein so breites Panorama zu behandeln, dann würde es kaum geschehen, daß das Geschichtsbild beständiger erscheint als das flüchtige, bunte Muster eines Kaleidoskops. Zum Glück zerbrechen die meisten Geschichtskollegs diesen enormen Zeitblock mit all seinen sich drängenden Geschehnissen in kleinere Einheiten; manchmal werden sie in der Tat sehr kurz, und ein ganzes Semester kann einer fünf- oder zehnjährigen Periode gewidmet sein.

Um die Analogie mit der menschlichen Geschichte ein wenig weiterzutreiben — die intensiver untersuchten Teile der Überlieferung gehören naturgemäß dem jüngsten und nicht einem älteren Zeitabschnitt an. Zum Beispiel können 2000 Jahre der ägyptischen Geschichte in breiten Strichen skizziert werden, während ein großer Bruchteil eines Semesters den Jahrzehnten gewidmet sein wird, die dem Versailler Vertrag folgten.

Die gleiche Verzerrung beeinflußt unsere Anschauung hinsichtlich der geologischen Zeit. Ereignisse, die uns näher liegen, hinterlassen vollständigere und besser entzifferbare Urkunden als jene, die im langen Zeitfluß und durch wiederholte Deformationen, die Gesteine bei Gebirgsbildungs-Prozessen erleiden, zunehmend fragmentarisch geworden sind. Infolgedessen ist mehr über die Geschehnisse in den späteren Abschnitten der Erdgeschichte bekannt als in den früheren, und das spiegelt sich in einer größeren Zahl von Untergliederungen des letzten Abschnitts der geologischen Zeitskala wider.

Betrachten wir die Namen auf der Skala (Abb. 279)! Die großen Abteilungen, die in ihrer Bedeutung menschlichen Episoden von Art der Steinzeit vergleichbar sind, sind die *„Ären"*. Ihre Namen nehmen auf den Hauptaspekt des Lebens in jener Ära Bezug; so würden freie Übersetzungen, beginnend mit der ältesten Ära, lauten: „altes Leben" für *„Paläozoikum"*, „mittelaltriges Leben" für *„Mesozoikum"* und „modernes Leben" für *„Känozoikum"*. In sehr groben Umrissen war das Paläozoikum die Zeit, in der wirbellose und relativ einfache Wirbeltiere, wie Fische, Amphibien und primitive Reptilien, herrschten. Das Mesozoikum war hoher Mittag für die Reptilien; es ist der Abschnitt der Erdgeschichte, in welchem die Hegemonie der Dinosaurier vollkommen war. Das Känozoikum, die Ära, zu der auch unsere Zeit gehört, ist eine Epoche der Säugetier-Herrschaft.

Die Ären wurden in kleinere Einheiten geteilt, die *„Perioden"* oder *„Formationen"* heißen. In ihrer Namengebung läßt sich offenbar kaum ein gemeinsamer Grundzug erkennen. Zwei haben einen speziell den Amerikanern vertrauten Aspekt — das *„Pennsylvanian"* und das *„Mississippian"*; an Hand dieser Bezeichnungen läßt sich das Prinzip verdeutlichen, das dieser Namengebung zugrundeliegt. Die meisten Formationen sind nach Gebieten benannt, in denen Gesteine gefunden wurden, die charakteristische Fossilien des entsprechenden geologischen Zeitabschnitts enthalten. Das heißt, Schichten, die im späteren Paläozoikum in einem Binnenmeer, das weite Teile der östlichen Vereinigten Staaten überdeckte, abgelagert wurden, wurden nach ihrem Auftreten in Pennsylvania benannt, genauso wie Schichten, die etwa 20 Millionen Jahre älter sind, ihren Namen nach ihrem Auftreten im Mississippi-Tal — nicht im *Staat* Mississippi — erhielten. Die beiden Zeitbegriffe werden in Europa nicht gebraucht; hier werden die beiden Perioden als eine einzige Einheit, das *Karbon*, behandelt, das seinen Namen von den kohlenführenden Schichten in England herleitet.

Ein anderer Zeitbegriff, dessen Herkunftsgebiet sich leicht ermitteln läßt, ist das *Devon*; es ist nach Gesteinen benannt, die entlang dem südwestlichen Vorsprung Großbritanniens in Devonshire und Cornwall zutagetreten. Eine weniger bekannte Formation in das Perm, das nach dem alten Königreich Permia in Rußland benannt ist.

Nur wer Latein kann, wird den alten Namen für Wales, Cambria, als Basis für die Namengebung des *Kambriums* erkennen. Zwei eng verwandte Formationen, das *Ordovizium* und das *Silurium*, verewigen die Erinnerung an Steinzeit-Völker, die ihre Heimstätten in Wales hatten, die Ordovizer im Norden und die Silurer im Süden.

Verschiedene andere Perioden sind nicht nach Örtlichkeiten, sondern nach den physikalischen Merkmalen ihrer Gesteine benannt. Die *„Kreide"* ist ein gutes Beispiel dafür; denn der Name stammt vom lateinischen Wort *creta* (= „Schreibkreide") für die Aufschlüsse dieser Gesteine in der Felsenküste des südlichen Englands. Zufällig ist das keineswegs ein charakteristischer Gesteinstyp für dieses Zeitalter. In den Vereinigten Staaten — wie übrigens auch in Westfalen und anderswo — durchlaufen die Kreide-Gesteine die ganze Stufenleiter von Konglomerat über Sandstein und Ton bis zu Kalkstein und Kohle; in der Sierra Nevada (Vereinigte Staaten) gehören dazu auch die ungeheuren Granitkörper, die zu dieser Zeit intrudierten. — Die *Trias* hat ihren Namen von dem Umstand, daß sich die Gesteine dieses Alters in Deutschland in drei verschiedene Abschnitte gliedern; ein Kalkstein in der Mitte wird von roten Sandsteinen und Schiefertonen unter- und überlagert.

Die Tabelle der Abb. 279 führt die Formationen in der ihnen eigenen Ordnung auf und gibt das Datum an, zu welchem jede einzelne aufgestellt wurde. Es läßt sich daraus unmittelbar ersehen, daß die meisten von ihnen in der ersten Hälfte des 19. Jahrhunderts benannt wurden und nahezu alle nach Gebieten in Westeuropa. Diese Kirchturm-Politik — eine unvermeidliche Begleiterscheinung der Form, wie das System geschaffen wurde, — hat seither wiederholt zu Schwierigkeiten geführt. Geologische Vorgänge, die sich in Europa ereigneten, spielten sich sehr oft nicht auch anderswo ab, und so mußte ein System, das einst als weltweit gültig gedacht war, beständig ausgebessert und zurechtgestutzt werden, je mehr die Erde geologisch erforscht wurde.

Die Untergliederungen des Känozoikums heißen *„Epochen"*, und ihre etwas eigentümlichen Namen sind ein besonderer Fall. Sie wurden größtenteils von Sir Charles Lyell auf Grund des Prozentsatzes der ausgestorbenen marinen Mollusken-Fossilien aufgestellt. So sind bei den Schichten des Eozäns (griech. „eos" = Morgenröte + *„kainos"* = neu) gegen 1 bis 5% der gefundenen Arten heute noch am Leben. Beim Miozän (*„meion"* = wenig + *„kainos"* = neu) existieren heute noch 20 bis 40% der fossilen Arten. Beim

Pleistozän (griechisch *„pleistos"* = am meisten + *„kainos"* = neu) gehören 90 bis 100% der fossilen Schalen zu Arten, die in den Meeren der heutigen Welt noch leben. Ohne sich dessen vielleicht voll bewußt zu sein, hat Lyell diesen letzten Abschnitt der geologischen Zeit auf statistischer Basis unterteilt — eine der ersten Anwendungen der Statistik in der Naturwissenschaft.

Das *Pleistozän,* der letzte Abschnitt der Zeitskala, wird von vielen Geologen als ident mit der Eiszeit angesehen; wenn auch die Zeitdauer, die auf das vielfache Vorrücken und Zurückweichen der Eiskappen entfällt, nicht genau bekannt ist, so liegt sie doch wahrscheinlich zwischen 1 und 3 Millionen Jahren.

Das gesamte Känozoikum wird von manchen Geologen in zwei Abschnitte unterteilt: das *Tertiär* (was „Drittes" bedeutet), das alles außer dem Pleistozän und der postglazialen Zeit umfaßt, und das *Quartär* (= „Viertes"). Die Bezeichnungsweise stellt eine Art kulturellen Rudiments dar; denn wir sprechen nicht mehr von „primären" und „sekundären" Gesteinen, wie das unsere Vorfahren taten. Wenn das Erste und das Zweite einer Serie nicht mehr vorhanden sind, scheint es sonderbar, von einem Dritten und einem Vierten zu sprechen; Sie werden aber diese Begriffe ständig in vielen heutigen geologischen Beschreibungen angewendet sehen; so stark ist die Macht der Gewohnheit!

Leben der Vergangenheit

Da wir uns dem Ende dieser Betrachtung unserer physikalischen Welt nähern, wird jetzt die Gelegenheit günstig, einen flüchtigen Blick auf die verschiedenen Formen zu werfen, die das Leben bei seiner Entwicklung in der Vorzeit durchlief. Die folgende kurze Darstellung der Lebensgeschichte will einen Einblick in dieses Wissen vermitteln, das zu den Grundkenntnissen eines wißbegierigen Menschen gehören sollte. Sie ist die Story unseres gemeinsamen Erbes und unserer Verwandschaft mit allen Lebewesen. Wenn sich die Lektion, daß alle Menschen Brüder sind, überhaupt lernen läßt, dann kann sie am ehesten aus dieser in den Gesteinen aufgeschriebenen Geschichte von den Ursprüngen unserer Menschengemeinschaft gelernt werden.

Die Ursprünge des Lebens

Niemand weiß, wo oder wann oder wie das Leben auf der Erde entstand. Wir wissen nur, daß es ungeheuer alt ist. Wir wissen außerdem, daß beim größeren Teil des Berichts die Seiten leer sind. In den mehr als 3900 Millionen Jahren, die die Gesteine des Präkambriums repräsentieren, ist die Überlieferung der Fossilien so mager, als wenn sie gar nicht bestände, oder sie ist bestenfalls fraglich. Größtenteils besteht der Beweis aus indirekten Fingerzeigen, wie den Spuren von Wühlgängen, Kriech- und Schleppfährten, doch konnten auch Überreste einfacher Pflanzen, wie kalkabscheidender Algen, vielfach in diesen alten Gesteinen identifiziert werden. Eine andere indirekte Beweislinie gaben die dicken Ablagerungen metamorphosierten Kalks und Graphits in manchen Präkambrium-Vorkommen. Beide Gesteine enthalten Kohlenstoff — tatsächlich ist Graphit nichts anderes —, und vom Kohlenstoff wird meist organische Entstehung angenommen.

Es ist in sehr hohem Maße wahrscheinlich, daß das Leben im Wasser entstanden ist und nicht auf dem festen Lande. Sehr wahrscheinlich begann es im flachen Wasser — vielleicht in Gezeitenwatts und Ästuaren. Es ist das ein Bereich, wo das Wasser gut durchlüftet ist und das Sonnenlicht bis zum Boden dringt; von einem solchen ästuarinen Bereich aus können verschiedene Lebensformen in die tieferen Wässer des offenen Meeres oder landeinwärts durch Flüsse vorgedrungen sein und sich schließlich über das Festland verbreitet haben.

Da die in der Küstenzone entstandenen Ablagerungen recht leicht durch Erosion zerstört werden können und da die ersten Lebensformen mikroskopisch klein und zerbrechlich gewesen sein dürften, sollte es uns nicht überraschen, wenn sie vollständig aus der Überlieferung ausgelöscht wären, so daß wir gut glauben könnten, sie hätten niemals gelebt (Axelrod, 1958).

Ein bemerkenswerter Umstand ist mit dem Beginn des Kambriums (Abb. 282) verbunden. Es besteht nämlich ein großer Unterschied zwischen den Gesteinen oberhalb dieser Zeitgrenze und denjenigen unter ihr, und zwar in der Weise, daß die Schichten darüber oft sehr fossilreich sind, diejenigen darunter dagegen nicht. Soweit wir wissen, waren mit dem Beginn des Kambriums Repräsentanten aller Hauptstämme, in die wir das Tierreich einteilen, vorhanden, mit Ausnahme der Wirbeltiere; auch gab es noch keine landbewohnenden Pflanzen.

Abb. 282. Rekonstruktion eines mittel-kambrischen Meeresbodens. Unten rechts und ganz links befinden sich Kolonien röhrenförmiger Schwämme. Eine Qualle schwebt unmittelbar links von der Mitte. Im Vordergrund und in der Mitte schwimmen zwei Arten von Trilobiten und mehrere Trilobiten-artige Formen. Grabende Würmer kriechen auf dem Meeresboden vorn unten. *(Von der Smithsonian Institution freundlich zur Verfügung gestellt.)*

Ein Faktor, der manchmal für das Fehlen der Fossilien in den präkambrischen Gesteinen verantwortlich gemacht wird, ist der, daß die niedrigen Tiere jener Zeit, sofern sie heutigen Flagellaten, Protozoen und Quallen verwandt waren, keine Schalen aufwiesen. Erst als äußere Hartteile, wie die Molluskenschalen und die chitinösen Schutzpanzer der Arthropoden, erschienen, konnten Fossilien in Menge erhalten bleiben. Sehr wahrscheinlich bedingt dieses im wesentlichen weltweite Erscheinen beschalter Organismen zu Beginn des Kambriums den fundamentalen Unterschied zwischen Präkambrium und Paläozoikum.

Warum schalentragende Fossilien plötzlich erschienen, bleibt jedoch ein Rätsel. Vielleicht wurde der Kalkgehalt im Meere groß genug, um für den Aufbau von Schalen verfügbar zu werden. Möglicherweise begünstigte steigende Konkurrenz die Entwicklung von Schutzvorrichtungen.

Das Leben des Paläozoikums

Zu Beginn der langen paläozoischen Ära war das einzige Leben, von dem wir wissen, an das Meer gebunden. Die Kontinente dieser fernen Zeit erstreckten sich von der Küste binnenwärts als unglaublich öde und nackte Felslandschaften ohne irgendeine Spur grüner Pflanzen. Wenn wir annehmen, daß die Erde damals eine globale Klimaanordnung aufwies, die von der heutigen nicht allzu verschieden war, gab es sehr wahrscheinlich Bereiche, in denen der Niederschlag 250 cm oder mehr betrug. Wie außerordentlich kontrastierte eine solche nackte, tief ausgefurchte Landschaft mit den von einem grünen Teppich überzogenen Hängen der heutigen tropischen Regenwälder!

Das Leben, das in den früh-paläozoischen Meeren wimmelte, würde uns ärmlich vorgekommen sein, aber nichtsdestoweniger bedeutete es gegenüber seinen bescheidenen Anfängen einen ungeheuren Schritt vorwärts. Typische Geschöpfe jener Zeit waren die *Trilobiten*. Die meisten waren weniger als 8 cm lang, wenn auch einige 60 cm erreichten. Diese interessanten Tiere, die entfernt solchen Geschöpfen wie den Einsiedler-Krebsen verwandt sind, waren dafür, daß sie in der „Morgendämmerung" des überlieferten Lebens existierten, sehr hoch organisiert. Sie hatten komplizierte, viellinsige Augen (ähnlich denen von Fliegen und anderen Insekten), segmentierte Körper, vollendete Fühler zur Sinneswahrnehmung, vielfache Beine, Körper, die in Kopf, Thorax und Schwanz gegliedert waren, und ein zentrales Nervensystem. In ihrer Blütezeit beherrschten sie erfolgreich die zugänglichen Bereiche des Meeres. Die einen schwammen frei an der Oberfläche, andere hielten sich in Flachwässern nahe der Küste auf, wieder andere kehrten und gruben im Schlamm am Boden.

Häufiger als Trilobitenreste sind in früh-paläozoischen Gesteinen, besonders in den Schichtfolgen der Atlantik-Staaten und denjenigen des Mittleren Westens der Vereinigten Staaten, fossile *Brachiopoden* (Abb. 283). Im Volksmunde heißen einige Formen derselben „Lampenschalen", ein Name, der auf ihrer eingebildeten Ähnlichkeit mit den alten Olivenöl-Lampen der Mittelmeer-Länder beruht, dem Symbol, das wir für Gelehrsamkeit benutzen. Die Brachiopoden hatten anscheinend im großen Ganzen den gleichen Lebensraum wie die heutigen Mollusken.

Im Verlauf des Paläozoikums begannen sich die Meere allmählich mit Tieren und Pflanzen zu bevölkern, die heute zwar erloschen sind, aber noch lebende Verwandte besitzen. Dazu gehören die Vorläufer der *Schwämme*; sie lebten in großem Überfluß zu Beginn der Ära. Häufig waren auch *Korallen*, *Seeskorpione* — einige von riesenhafter Größe, 2,7 m oder so lang —, *Mollusken* — darunter Formen, die dem Tintenfisch und *Octopus* verwandt, aber von Gehäusen mit einer Maximallänge von 4,5 m umschlossen waren — und *Krinoiden*. Diese letzten, die sogenannten *„Seelilien"*, sind Tiere, die vom

Abb. 283. *Zygospira modesta* SAY. — Brachiopoden-Schalen auf einer Gesteinsplatte der ordovizischen Maysville-Formation, Cincinnati (Ohio). *(Von der Smithsonian Institution freundlich überlassen.)*

Seeboden aus an langen, gegliederten kalkigen Stielen aufwärts wuchsen. So fluteten sie in den Meeresströmungen hin und her, wie Wälder blühender Pflanzen.

Ein großer Schritt vorwärts ist im *Ordovizium* mit dem Auftreten fragmentarischer Fischreste dokumentiert. Fische waren gut vertreten im *Silurium* (Abb. 284), und ihre Entwicklung und Ausbreitung über die Meere, Flüsse und Seen verlief schnell. Die ersten Formen erscheinen uns seltsam. Sie waren kleine, träge Geschöpfe ohne echte Flossen, und bei manchen waren die Körper in Knochenplatten eingeschlossen, statt mit Schuppen bedeckt zu sein, wie das für die meisten heutigen Fische zutrifft. Wichtige Überlebende alter Vorzeit-Fische sind die Haie; sie begannen im *Devon*. Schauen Sie sich einen Vertreter dieser unbarmherzigen Sippschaft einmal genau an, und Sie werden von der Tatsache beeindruckt sein, daß ihr häßlicher, ledriger Kopf mit Tausenden zahnartiger Dentikel statt mit Schuppen bedeckt ist; diese verleihen dem ganzen Tier eine Oberfläche, die rauh wie Sandpapier ist.

Vermutlich zur gleichen Zeit im Devon ereignete sich ein revolutionärer Schritt, und das war der Übergang der Vertebraten (Wirbeltiere) vom Meere auf das Land. Das Verdienst für diese Errungenschaft gebührt den Tieren, die wir recht passend *„Amphibien"* nennen. Ein typisches Amphib führt ein Leben, das an eine „amphibische Operation" erinnert und eine Bewegung vom Wasser auf das Land bedeutet. Die meisten Amphibien gehen im Wasser aus Eiern hervor, die im Wasser abgelegt und befruchtet wurden. Viele durchlaufen eine Entwicklungsphase — Kaulquappen sind ein Beispiel dafür —, in welchem sie grundsätzlich Fische sind, keine Beine haben und mittels Kiemen atmen. Dann bekommen sie, wie die Kröten und Frösche, Beine und lernen, durch Lungen zu atmen. Weiterhin — wie im Fall der Kröten und Salamander — sind sie Landgeschöpfe.

Es ist sehr wohl möglich, daß die Amphibien von den mit Quastenflossen ausgestatteten paläozoischen Fischen, den *Crossopterygiern*, abstammen, deren Flossen muskulär sind und eine zentrale Knochenachse aufweisen. Die Entwicklung der Amphibien mag eine Phase durchlaufen haben, die den lebenden Lungenfischen der Süd-Hemisphäre glich. Diese interessanten Zwischen-Lebewesen überstehen die Trockenzeiten, indem sie Luft in ihre Schwimmblasen schlucken, statt sauerstoffreiches Wasser durch die Kiemen strömen zu lassen, und dadurch, daß sie einen langen „Winter"schlaf halten, wobei sie sich in Schlammhöhlen längs austrocknender Flußläufe einschließen lassen.

Die Vertebraten waren nicht die einzigen Tiere, die vom Meer aufs Land überwechselten. Selbst so obskure Wesen wie Schnecken überschritten die Grenze, und die Arthropoden waren dabei besonders erfolgreich. Nicht nur werden wir von Skorpionen, Spinnen und anderen Geschöpfen, die zu dieser Gruppe gehören, geplagt, sondern auch ihre engen Verwandten, die Insekten, streiten mit uns um die Vorherrschaft. Sie übertreffen an Zahl alle anderen Landbewohner um das Vielfache, wobei sie vielleicht gegen 800 000 Arten aufweisen.

Auch die *Pflanzen* faßten auf dem Lande Fuß; sie wurden im Devon nachgewiesen. Die frühesten Formen hatten noch keine echten Wurzeln und Blätter. Die meisten Rekonstruktionen der Karbon-Landschaft zeigen eine Sumpfszenerie, die dem tropischen Regenwald von heute ganz ähnlich war, bevölkert von trägen, plumpen Amphibien, die 3 oder 4,5 m Länge erreichten, und von enormen, durch die Bäume brummenden Insekten — darunter „Drachenfliegen" mit Flügelbreiten von 75 cm oder so. Vielen von uns würde der Wald wahrscheinlich tropisch erscheinen; denn er würde eine dunkelgrüne Wand darstellen, wie die Wälder von Neuguinea heute. Es gab aber keine Blütenpflanzen im Karbon und keine Laubbäume, deren Blattwerk im Verlauf der Jahreszeiten wechselt, speziell mit der prächtigen Herbstfärbung, die von den Bewohnern kühlerer Länder so geschätzt wird.

Verschiedene der kohlenliefernden Bäume waren groß. *Lepidodendron* mit einem schmalen, schlanken Stamm und paarigen Zweigen erreichte Wuchshöhen von vielleicht 45 Metern. *Sigillaria* hatte keine tieferen Zweige und protzte mit federwischartigen an der Spitze. Beide Bäume hatten eigenartige, augenähnliche Muster auf ihren Stämmen;

Abb. 284. *Pteraspis.* Einer der verschiedenen Ostrakodermen, kiefernloser Wirbeltiere, die während des Siluriums und Devons lebten. Der hintere Teil des Körpers war von einem Muster kleiner Schuppen bedeckt, während sich am vorderen Teil ein ungegliederter Panzerschild befand. Die Ostrakodermen waren meist weniger als 30 cm lang. *(Aus dem Film „The Dinosaur Age"; von Film Associates of California — künstlerische Gestaltung A. D. Nellis — freundlich überlassen.)*

Abb. 285. Eine Landschaft aus der Perm-Zeit. *Dimetrodon,* das große Reptil mit einem Rückensegel und einem plumpen Kopf, war ein Raubtier. Man beachte die Säugetier-ähnliche Differenzierung der Zähne. Ein vereinzelter *Edaphosaurus,* ein pflanzenfressendes Reptil mit Rückensegel und einer kleineren, spitzeren Schnauze, steht in der Mitte. Die kleineren, Eidechsen-ähnlichen Reptilien links sind *Casea;* die beiden kleinen Arten mit Bumerang-förmigen Köpfen ganz unten rechts sind *Diplocaulus,* eine Amphibien-Gattung. Am rechten Rand in der Mitte befindet sich ein Dickicht von Schachtelhalmen; im Hintergrund links steht eine Gruppe primitiver Koniferen. *(Vom Chicago Natural History Museum freundlich zur Verfügung gestellt; Maler: Charles R. Knight.)*

diese stellen in Wirklichkeit Narben dar, die von den abgeworfenen Zweigen zurückblieben. *Cordaites,* der Vorläufer der heutigen Koniferen, war ein Baum, der uns ziemlich bekannt vorkommen würde. Er hatte einen schlanken Stamm, der von einer Krone schmaler, riemenartiger, bis etwa 1 m langer Blätter überragt war.

Das ist der Wald, dessen abgestorbene Zweige, Stämme, Blätter und Sporen sich in den Kohlensümpfen ansammelten. Im Verlauf der Jahrhunderte verwandelten sie sich in die Kohle Westeuropas, der nordamerikanischen Atlantik-Staaten und des Mississippi-Tales um. Die Kohlen der westlichen Vereinigten Staaten, so von Alaska, Utah, Colorado und Neumexiko wurden viel später abgelagert, ein großer Teil davon in der Kreide-Zeit.

Kohle von Karbon-Alter findet sich in Breiten weit nördlich und südlich von denen, in denen heute Wälder gedeihen, die auch nur entfernt denjenigen dieser Formation ähneln. Beispiele dafür sind die in Betrieb befindlichen Kohlengruben von Svalbard (Spitzbergen) und die sichtbaren Kohlenflöze der Antarktis. Ein Blick auf eine wirtschaftsgeographische Karte der nutzbaren Kohlenfelder lehrt, daß sie zumeist in gemäßigten, nicht in tropischen Ländern liegen. Vielsagend ist weiter der Umstand, daß sich heute Torf im sumpfigen Boden so kühler, regnerischer Gebiete ansammelt, wie sie Irland, Schottland, Skandinavien, Norddeutschland u. a. darstellen.

Der Kohlenwald war nicht unbedingt tropisch. Es ist aber nahezu sicher, daß er unter gleichmäßigen Klimabedingungen wuchs, wie sich aus dem Fehlen von Anwachsringen und laubabwerfenden Bäumen schließen läßt sowie aus dem Auftreten großer Insekten und Amphibien, die beide gegen kalte Temperaturen ausgesprochen empfindlich sind.

Gegen Ende des Paläozoikums wurde das Klima strenger. Im amerikanischen Südwesten, wo heute Texas, Neumexiko und Oklahoma liegen, war es so arid, daß sich dicke

Abb. 286. *Tyrannosaurus,* ein riesiges Raubreptil der Kreide-Zeit, greift den behornten Dinosaurier *Triceratops* an. *Tyrannosaurus,* einer der letzten Dinosaurier, war der größte bekannte Fleischfresser, der auf dem Lande lebte. Aufgerichtet war er rund 6 Meter hoch, und er besaß Kiefer, die mit großen, säbelförmigen Zähnen bewehrt waren. Der pflanzenfressende *Triceratops* war durch seine drei Hörner und durch die knöcherne Halskrause, die seinen Nacken bedeckte, geschützt. Beide Dinosaurier lebten in Nordamerika am Ende der Kreide-Formation, vor 60 bis 70 Millionen Jahren. *(Vom Chicago Natural History Museum freundlich überlassen; Maler: Charles R. Knight.)*

Schichten von Evaporiten, von Steinsalz und Kalisalzen, absetzten. In der Süd-Hemisphäre sollen weite Gebiete, z. B. ein großer Teil der Südafrikanischen Republik, nach der Auffassung vieler Forscher vergletschert gewesen sein.

Vom Gesichtspunkt der Evolution aus war die erwähnenswerteste Neuerung des *Perms* der Aufstieg der *Reptilien,* die im Ober-Karbon erschienen waren. In einer Zeit der Trockenheit sind die Reptilien gegenüber den Amphibien ausgesprochen im Vorteil. Reptileier werden direkt auf dem Lande abgelegt; es besteht bei ihnen keine Notwendigkeit, ihr Jugendstadium im Wasser zu verbringen; und schließlich bedeutet im erwachsenen Zustand eine trockene, schuppige Oberfläche einen enormen Vorteil gegenüber einer Haut, die ein groß Teil der Zeit feuchtgehalten werden muß, wie das bei den Amphibien der Fall ist.

Die permischen Reptilien waren weit verbreitet; in besonders großer Zahl sind sie von der Süd-Hemisphäre bekannt, und unter ihnen gibt es solche mit Skelett-Eigentümlichkeiten, nach denen sie als Vorboten der Säugetiere anzusprechen sind. Unter diesen Kennzeichen halten differenzierte Zähne die Spitze, d. h. solche, wie sie in unseren Backenzähnen, Schneidezähnen und zweihöckrigen Zähnen vorliegen. Zu den permischen Reptilien gehört das seltsam aussehende *Dimetrodon* (Abb. 285) aus Texas; ein grotesker, segelartiger Grat verläuft über die Länge seines Rückens. Vertrauter wären uns die Schildkröten, die bereits in dieser weit zurückliegenden Zeit auf den Plan traten. Wie bemerkenswert ist es, daß anscheinend so stumpfsinnige Geschöpfe, wie die Land- und Wasser-Schildkröten, so viele Schicksalsschläge überleben konnten, während offenbar weit begabtere Wesen in die Vergessenheit versanken!

Das Leben des Mesozoikums

Das Mesozoikum war eine richtig mittelalterliche Zeitspanne innerhalb der langen Lebensgeschichte der Erde. Es war eine Zeit, in der das Bestreben zu überleben sich auf rohe Gewalt, beschränkten Intellekt und die Entwicklung einer Panzerung in einem Ausmaße gründete, das in der Welt der Wirbeltiere niemals wiederkehren sollte.

Es war die Zeit der Dinosaurier, und wohl wir alle haben Bilder, Filme oder im Freien aufgestellte Bildwerke von ihnen — wie in Rapid City, Süddakota — gesehen. Ihre Skelette sind eindrucksvoll, wenn wir sie im United States National Museum in Washington, D. C., im American Museum of Natural History in New York, im Carnegie Museum von Pittsburgh, dem Museum of Natural History in Chicago (Abb. 286) und im Municipal Museum von Denver aufgestellt sehen. In Deutschland enthalten das Senckenberg-Museum in Frankfurt am Main und das Geologische Museum der Humboldt-Universität in Berlin bemerkenswerte Saurierfunde. Wohl eine der reizvollsten Gelegenheiten, ein wenig Zeuge dieses Lebens der Vergangenheit zu werden, ist der Besuch des Museumsgebiets im „Dinosaur National Monument" im nordöstlichen Utah. Ihre Knochen sind dort an Ort und Stelle in den Gesteinen zu sehen, und über ihre Geschichte läßt sich viel aus den Schaustellungen im Museum des Park Service sowie im Museum der nahegelegenen Stadt Vernal erfahren.

Die Dinosaurier (der Name stammt von den griechischen Wörtern *„deinos sauros"*, was „schreckliche Echse" bedeutet) waren die beherrschenden Tiere des Mesozoikums. Der Name ist über ein Jahrhundert alt, und niemand würde vorschlagen, ihn zu ändern, aber viele dieser Reptilien hatten keine Ähnlichkeit mit Echsen, und viele waren weit davon entfernt, schrecklich zu sein. Zu Beginn ihrer Herrschaft in der Trias waren manche sehr klein, kaum größer als Küken. Für diesen frühen Abschnitt des Mesozoikums war typisch, daß manche Formen auf ihren Hinterbeinen einherjagten; gleich Känguruhs hatten sie lange Schwäne zum Balancieren. Viele der älteren Dinosaurier hatten drei Zehen, wie wir von den zahlreichen Fährten her wissen, die in den roten Trias-Sandsteinen des Connecticut Valley erhalten blieben; allen Leuten, die sie sehen, kommt es so vor, als ob sie von einer enormen Herde rennender Truthühner zurückgelassen worden wären.

Das goldene Zeitalter der Dinosaurier waren Jura und ältere Kreide. In diesen Formationen erreichten sie ihre größten Ausmaße und entfalteten eine erstaunliche Mannigfaltigkeit von Formen und Anpassungen. Am größten und gewichtigsten waren die vierbeinigen, sumpfbewohnenden, pflanzenfressenden Dinosaurier, wie der *Diplodocus.* Diese wogen bis zu 50 Tonnen, und mit ihren langen Hälsen und Schwänzen erreichten sie bis 25 m. Ihre plumpen, säulenförmigen Beine und der allgemeine Bau lassen annehmen, daß sie Sumpfbewohner waren, wobei sie möglicherweise die meiste Zeit untergetaucht im Wasser verbrachten, wie das das heutige Flußpferd tut.

In einer natürlichen Population wird schnell ein Gleichgewicht zwischen pflanzenfressenden Tieren und den Fleischfressern, die sich von der ersteren ernähren, erreicht. Unter den fleischfressenden Tieren können sicher nur wenige mehr Schrecken verbreitet haben als *Tyrannosaurus rex.* Dieses furchterregende Untier war gegen 6 m hoch und hatte eine Gesamtlänge von 15 m. Da es auf enorm kräftigen, mit Klauen versehenen Hinterfüßen stand, brauchte es einen schweren Schwanz zum Balancieren. Die Vorderbeine waren zwerghaft; tatsächlich standen sie in gar keinem Verhältnis zu dem übrigen Tier. Der wilde Kopf war nahezu 1,20 m lang, und große und kräftige Kiefer waren mit dem versehen, was ihrer Beute wie ein Wald von Drachenzähnen erschienen sein muß.

Eine der auffallendsten Maßnahmen, um zu überleben, war für die weniger blutdürstigen, landbewohnenden Dinosaurier die typisch mittelalterliche Lösung — nämlich die,

Abb. 287. *Stegosaurus.* Dieser mit Knochenplatten versehene Dinosaurier gehört zu den frühesten bekannten Ornithischiern (Reptilien mit vogelartigem Beckengürtel) und stammt aus dem Oberen Jura. Die Kanten der eigenartigen, senkrecht stehenden Platten auf seinem Rücken waren dünn; die Basen waren verdickt und in den Rücken des Tieres eingebettet. Welche Funktion diese Platten hatten, ist nicht bekannt; vielleicht dienten sie zum Schutz, vielleicht aber hatten sie eine physiologische Funktion. *(Vom Chicago Natural History Museum freundlich überlassen; Maler: Charles R. Knight.)*

sich in das Innere der Verteidigungsredoute zurückzuziehen, um eine Belagerung zu überstehen. Diese nahm bei den Dinosauriern die Form zusätzlicher Knochenplatten, Dornen, bestachelter Schwänze usw. an, bis manche die edlen Recken aus dem Zeitalter des Rittertums hinsichtlich des Gewichts ihrer Rüstung übertrafen.

Stegosaurus (Abb. 287) verkörperte dieses Prinzip in hervorragender Weise. Dieses gewichtige Tier hatte eigentümlich unproportionierte Beine, von denen das Hinterpaar viel länger als das vordere war; infolgedessen muß das Untier einen sonderbar buckligen Anblick geboten haben, mit einem zum Bodenniveau gesenkten Kopf. Wahrscheinlich machte das nicht allzuviel aus, da so wenig in ihm war. Obgleich die Stegosaurier gegen 10 Tonnen wogen, waren ihre Gehirne kaum mehr als $2^1/_2$ Unzen schwer; das entspricht etwa der Größe einer Walnuß. Um diesen kümmerlichen Intellekt und auch das Rückenmark zu schützen, zog sich eine doppelte Palisade großer dreieckiger Platten über die Länge des Rückens hin, und der Schwanz endete in einem Satz von vier wild aussehenden Dornen.

Ankylosaurus, ein untersetzter, vierbeiniger Dinosaurier, der oberflächlich dem heutigen Gürteltier ähnlich sah, trieb diese Defensivausrüstung zum Überleben bis auf die höchste Spitze. Er rasselte dahin, geschmückt mit Nägeln, Dornen und Knochenplatten; am Ende des Schwanzes liefen diese in einen knorrigen Klumpen aus Knochen aus, der wie eine Keule geschwungen werden konnte, ganz wie der „Morgenstern" der mittelalterlichen Krieger.

Triceratops, ein Kreide-Dinosaurier, vereinigte in seiner Anatomie offensive Elemente mit defensiven. Es handelte sich um stämmige Tiere von Art des heutigen Nashorns, sie waren aber mit drei langen und scharf zugespitzten Hörnern ausgestattet. Abweichend von den Rhinozeros-Hörnern, die aus verfilztem Haar bestehen, waren diese Hörner fester Knochen. Sie waren an ihrer Basis mit einem soliden Knochenschild verschmolzen, der ganz wie ein elisabethanischer Halskragen aussah; er schützte das obere Rückgrat, Herz und Lungen vor einem frontalen Angriff. Keine *Triceratops*-Art überlebte das Ende der Kreide-Zeit; das mag bedeuten, daß eine Rüstung allein nicht genügt, um das Weiterleben zu garantieren — einige Gehirnkraft ist außerdem nötig!

Die mesozoischen Reptilien sind ein ausgezeichnetes Beispiel für eine anpassungsreiche Entfaltung; denn sie eroberten in erfolgreicher Weise alle überhaupt verfügbaren Bereiche: Land, Meer und Luft. In dieser letzten Hinsicht erreichten sie in ihren Errungenschaften die Säugetiere oder übertrafen sie sogar; denn der einzige Repräsentant unseres Stammes im Luftraum ist die Fledermaus. Die fliegenden Reptilien laufen gemeinsam unter dem Namen *„Pterosaurier"* („geflügelte Echsen"); ihre Flügel ähneln denen der Fledermäuse mehr als denen der Vögel. Die Leitkante ihrer Flügel besteht auf fast ihrer halben Länge aus dem enorm vergrößerten kleinen Finger. Genau wie die Vögel unterschieden sich die Flugsaurier stark in ihrer Größe; sie reichten von kleinen, sperlinggroßen Formen bis hinauf zu wahren Segel-Flugzeugen mit Flügelbreiten von 8 m, die weit hinaus über die flachen, kalkabscheidenden Meere streiften, die den Staat Kansas in der Kreide-Zeit überdeckten.

Die Meeresreptilien erlangten ein außerordentliches Maß von Vollkommenheit, wenn man ihre sehr erheblichen physiologischen Beschränkungen in Betracht zieht. Die mesozoischen Meeres-Schildkröten erreichten Längen von $3^1/_2$ Metern — sehr zum Unterschied zu ihren verkleinerten Nachfolgern von heute. Die gegen $7^1/_2$ m langen *Ichthyosaurier* — der Name bedeutet „Fischechsen" — waren so völlig dem Leben im Meere angepaßt (Abb. 288) wie ihre Gegenstücke unter den Säugetieren, die heutigen Tümmler. Die Ichthyosaurier hatten stromlinienförmige, fischartige Körper; doch waren ihre Füße zu Paddeln und nicht zu Flossen ausgerundet. Abweichend von den Walen, aber entsprechend den Fischen, standen ihre Schwänze vertikal. Das Rückgrat verlief entlang der Unterkante des Schwanzes, und darin unterscheiden sie sich von den Fischen, deren Wirbelsäule sich zu einem Fächer ausbreitet. Die Ichthyosaurier hatten schmale, mit Zähnen besetzte Kiefer; und so sahen sie aus der Entfernung wie Schwertfische aus. Ihre Augen waren groß und von einem Knochenring kreisförmig umschlossen, der aus keilartigen Platten bestand.

Eine bemerkenswerte Anpassung bestand darin, daß sie lebende Junge zur Welt brachten. Da die Ichthyosaurier Fischgestalt hatten, konnten sie ihre Eier nicht auf dem Land ablegen, wie das Meeres-Schildkröten tun. Vielmehr wurden die Eier im Leibesinnern ausgebrütet, wie durch *Ichthyosaurus*-Embryonen bewiesen wird, die als Fossilien innerhalb des Rippenkäfigs ihrer Mutter gefunden wurden. Möglicherweise wurde das Ichthyosaurier-Kind den Schwanz voraus geboren, und zwar so langsam, daß es zu schwimmen lernte, bevor es freigegeben wurde, um seine Reise in die Welt anzutreten. Abweichend von Säugetieren gab es keine Nabelschnur; auch wurden die Jungen nicht genährt. Ein charakteristischer Unterschied zwischen der Reptil- und der Säugetier-Welt ist das völlige Fehlen irgendeiner elterlichen Fürsorge für die Nachkommenschaft. — Andere Meeresreptilien, wie die *Plesiosaurier,* spielten etwa die gleiche Rolle wie die Seehunde und

Abb. 288. Skelett des *Ichthyosaurus,* eines verbreiteten Meeresreptils des mittleren Mesozoikums. Diese marinen Reptilien sind in Größe und Habitus mit den heutigen Tümmlern vergleichbar. Sie hatten weder einen Hals noch eine Schwanzflosse. Die vier Beine waren zu Paddeln umgestaltet. Die zahlreichen Zähne besaßen eine Labyrinth-Struktur, die für labyrinthodonte Amphibien und die primitiven Cotylosaurier (Reptilien) charakteristisch ist, möglicherweise ein Anhaltspunkt für die Abstammung dieser hochspezialisierten marinen Reptilien. *(Von der Smithsonian Institution freundlich überlassen.)*

Seelöwen. Sie hatten tonnenförmige Körper, lange Hälse und Paddel und nur leicht veränderte Vorderfüße. Noch andere sahen wie mythologische Seeungeheuer aus — oder vielleicht wie mittelalterliche Drachen ohne Flügel. *Elasmosaurus* war ein solcher „Drache" mit stachligem Rücken und langem Schwanz. Überreste davon wurden in den Ablagerungen auf dem ehemaligen Meeresboden von Kansas gefunden, die auch der letzte Ruheplatz der Riesen-Flugsaurier waren.

Natürlich wurden Spekulationen darüber angestellt, warum so verschiedenartige und offenbar hochentwickelte Tiere wie die mesozoischen Reptilien ausstarben. Das Seltsame ist dabei, daß das nicht alle taten. Recht ansehnliche Reptilien blieben bis heute am Leben; dazu gehören die Krokodile und Alligatoren, die Meeres- und Land-Schildkröten — darunter die Riesenformen der Galapagos-Inseln — sowie Pythonschlangen, Echsen und Iguanas.

Möglicherweise haben Klimaänderungen gegen Ende der Kreide-Zeit zum Erlöschen der Dinosaurier beigetragen. Gewiß muß es mehr als zufällig gelten, daß zwei große Gruppen von Organismen, die heute auf der Erde vorherrschen, die Blütenpflanzen und die Säugetiere, in der Zeit ihre Hegemonie antraten, als die Dinosaurier verschwanden.

Die frühesten Säugetiere, deren Reste bis in die späte Trias zurückdatieren, waren kein gerade angenehmes Pack. In der Mehrzahl waren sie nagetierartige Geschöpfe, vielleicht von der Größe kleiner Ratten. Sie sind schwer von den Reptilien zu unterscheiden, wenn nur Schädel vorliegen. Zähne sind, wie wir gesehen haben, ein diagnostisches Skelettelement; Reptilzähne sind nicht funktionsmäßig differenziert, während das bei den Säugetieren der Fall ist. Die Zahl der Säugetier-Zähne ist festgelegt — die typische Zahl lautet 44 bei plazentalen Säugetieren —, und wenn wir Menschen nur 36 haben, so liegt das daran, daß wir in dieser Hinsicht in der Entwicklung ein ganzes Stück weitergekommen sind.

Andere Unterschiede zwischen Reptilien und Säugetieren sind gut bekannt. Säugetiere haben keine Schuppen, sie haben statt derselben ein verschieden dichtes Kleid aus Körperhaaren. Ihre Leibeshöhle ist durch ein Zwerchfell geteilt, und sie haben ein vierkammeriges Herz. Am bezeichnendsten ist, daß sie eine konstante Körpertemperatur einhalten können — unsere liegt im Mittel bei 36° C. Das ist in strengen Klimaten ein enormer Vorteil — Reptilien werden bewegungslos, wenn die Temperaturen zu stark abfallen, und erleiden einen Hitzschlag, wenn es zu heiß wird, da sie nicht schwitzen können. Das hat zur Folge, daß die geographische Verbreitung der Reptilien im Vergleich zu den Säugetieren scharf begrenzt ist. Es gibt eine Zahl großer Säugetiere, die geringe Temperaturen ertragen können und deren Lebensbereich sich weit in die arktischen Gebiete hinein erstreckt; dazu gehören die Blauwale, Walrosse, Eisbären, Moschusochsen, Rentiere und Karibus.

Ein weiterer bedeutender Unterschied liegt darin, daß Reptilien aus Eiern ausgebrütet werden, während Säugetiere lebend zur Welt kommen. Bei den primitiven Säugetieren, wie den *Marsupialiern,* zu denen das Opossum und das australische Känguruh gehören, werden die Jungen vorzeitig geboren und dann in einen Beutel gesteckt, bis sie vollständig entwickelt sind. Bei den *Plazentalen Säugetieren* wird das Embryo im Mutterleib voll ausgetragen.

Da die neugeborenen Säugetiere genährt werden, womit sich eine gewisse Teilnahme und Fürsorge hinsichtlich ihres Wohlergehens ergibt — ein Daseinsaspekt, der der Reptilwelt völlig abgeht —, haben die Säugetiere eine außerordentlich große Chance, während ihres empfindlichsten Entwicklungsabschnitts am Leben zu bleiben. Zufällig besteht eine Beziehung zwischen dem Intelligenzgrad und der Länge der elterlichen Pflege — die intelligenteren Säugetiere haben die längere Reifezeit.

Die Blütenpflanzen oder *Angiospermen* erschienen in der tieferen Kreide. Ihr Auftreten bedeutete die Darbietung ganz neuer Nahrungsmittel, wie Nüsse, Früchte, Samen und Zapfen in großer Mannigfaltigkeit; diese wurden wohl von den aufkommenden Säugetieren aufgenommen, aber von den wenig anpassungsfähigen Dinosauriern verschmäht. Mit der Ausbreitung der Angiospermen gewann die Erde in zunehmendem Maße ihren heutigen Anblick. Die Vorläufer der *Sequoia,* des Riesenbaumes des westlichen Waldes, waren weit über die nördliche Hemisphäre verbreitet. Ein anderes Überbleibsel aus der Kreide-Zeit ist der *Ginkgo;* dieser im Orient heimische Baum belebt mit seinen gerundeten, blaßgrünlichen Blättern viele Stadtparks selbst in Amerika. Zykadeen, gedrungene, palmenähnliche, außerordentlich langsam wachsende Bäume, gediehen weithin. Andere Pflanzen, die den früher düster-grünen Wald abwechslungsreicher machten, waren die Vorläufer uns so bekannter Formen, wie es die Magnolien, Weiden, Eichen, Lorbeerbäume und die vielfältigen Formenreihen der Palmen und Koniferen sind.

Die Angiospermen hatten sehr wahrscheinlich in den tropischen Hochländern der Erde ihren Ursprung und breiteten sich von dort über die gemäßigten Landstriche aus. Ihr Erscheinen übte eine eingreifende Wirkung auf die Insekten aus, deren Rolle für die Befruchtung der Pflanzen — die Bienen sind ein Beispiel dafür — ja allgemein bekannt ist.

Auch die Vögel erlebten ihre Entwicklung im Mesozoikum. Ein bemerkenswerter Fossilfund wurde 1877 in Solnhofen (Bayern) gemacht, als die Knochen und Federn eines wundervoll erhaltenen Vogels, des *Archaeopteryx,* der so groß wie eine Taube war, entdeckt wurden (Abb. 289). Der Umstand, daß *Archaeopteryx* Federn hatte und damit kein Flugsaurier war, stand außer Zweifel, doch zeigte seine Anatomie noch viele Reptilmerkmale, darunter Zähne entlang dem Schnabel, Krallen an den Flügeln und einen langen, nicht-vogelhaften Schwanz.

Abb. 289. Jura-Landschaft. Im mittleren Vordergrund befindet sich der primitive, bezahnte Vogel *Archaeopteryx*. Zwei Individuen hocken auf einem Palmwedel, zwei weitere stürzen sich auf zwei Zwergdinosaurier, die einen primitiven Krebs untersuchen. Man beachte die Krallen an der Vorderseite der Flügel von *Archaeopteryx*. — Oben und im Hintergrund sind mehrere fliegende Reptilien, *Rhamphorhynchus*, abgebildet. *(Vom Chicago National History Museum freundlich überlassen; Maler: Charles R. Knight.)*

Die Entwicklungsvorgänge im Meere waren nicht stillgestanden, während sich diese Veränderungen auf dem Festlande vollzogen. Sie sind viel zu zahlreich, um hier im einzelnen dargestellt werden zu können. Es sei nur gesagt, daß die uns heute vertrauten marinen Lebensformen im Mesozoikum eine feste Position gewannen. Die mit schmiegsamen Schuppen bedeckten Knochenfische, die *Teleosteer*, erreichten die Verbreitung, die sie gegenwärtig einnehmen; sie sind heute die beherrschende Fischgruppe in den Flüssen, Seen und Flachmeeren.

Verschieden von heute waren bei den marinen Wirbellosen des Mesozoikums die *Ammoniten*. Das sind Weichtiere mit spiraligen Gehäusen und ähneln dem gekammerten *Nautilus* der tropischen Meere. Der Name kommt vom widderköpfigen Gott Ammon im Pantheon des alten Ägypten, und auf den ersten Blick erinnern die typischen Ammonitenschalen an das gewundene Horn des Bergschafs. Die Tiere lebten in der äußersten Kammer, und beim Weiterwachsen wurde der letzten jeweils eine weitere angefügt. Der entscheidende Unterschied zwischen einer *Nautilus*-Schale und derjenigen eines Ammoniten besteht in der Schnittlinie zwischen den inneren Scheidewänden und der äußeren Schale. Bei einem *Nautilus* ist diese „Lobenlinie" einfach, bei einem Ammoniten ist sie außerordentlich kompliziert, geradezu als wenn die Scheidewände zu groß für das Gehäuse wären und sich entlang der Schnittlinie verknüllt hätten. Dadurch erhielt die Schnittlinie eine Form, die so verwickelt ist wie die Zickzack-Naht, mit der die Knochen in unserem Schädel aneinanderschließen. Das Tier glich einem Tintenfisch oder *Octopus*; denn es hatte auffallend große Augen, ein Maul wie ein Papageien-Schnabel und eine Anzahl Tentakel mit Saugscheiben — zehn statt der beim *Octopus* üblichen acht.

Gegen Ende ihrer Existenz nahmen die Gehäuse mancher Ammoniten die aberrantesten Formen an, die man sich denken kann. Bei einigen sind sie zunächst gerade, dann gekrümmt; andere waren so verbogen, daß das Tier sich schließlich an sich selbst zurückwendete und ausstarb. Noch andere, wie *Baculites,* entwickelten nahezu gerade, lange, zugespitzte Gehäuse, die einer Narrenkappe aus alter Zeit recht ähnlich war (außer einer winzigen Schlinge am äußersten Ende); sie kehrten so zu fast der gleichen Form zurück, die die urtümlichen Nautiloideen im frühen Paläozoikum aufgewiesen hatten. Gegen Ende des Mesozoikums waren alle Ammoniten ausgestorben.

Das Leben des Känozoikums

Das Klima scheint zu Beginn des Känozoikums über weite Teile der Erde hin wärmer und feuchter als heute gewesen zu sein. Große Flächen Nordamerikas waren von einem subtropischen Wald bedeckt, der aus Feigen, Brotfrucht-Bäumen, Magnolien, Sassafras, Palmen und Palmettos (Gattung *Sabal*) bestand.

Im Verlauf des Känozoikums schwächte sich dieser humide, subtropische Charakter allmählich ab, und die Landschaft bekam ein zunehmend modernes Gepräge. In dem Raum, der dem jetzigen gemäßigten Nordamerika und Europa entspricht, traten Eibe, Buche, Kastanie, Rottanne, Weißtanne und Kiefern an die Stelle des ursprünglichen Waldbestandes. Ein bedeutsamer Vorgang bei der Pflanzenwelt war im mittleren Känozoikum das Erscheinen und die Ausbreitung der Gräser. Zwar sind Grassamen als Fossilien schon in Kreide-Gesteinen entdeckt worden, aber ihren Höhepunkt erreichten die Gräser erst viel später.

Es wäre nahezu unmöglich darzulegen, was wir dieser bescheidenen Pflanze alles verdanken. Die Gräser sind die am weitesten verbreiteten Blütenpflanzen und umfassen wenigstens 5000 Arten. Man kann sich kaum ein Gebiet von solcher Wüstenhaftigkeit vorstellen, daß darin kein Gras wüchse. Nicht nur hat das Gras einen direkten Nutzen als Nahrung für fast alle Weidetiere, sondern von Wildgräsern leitet sich auch ein ganzes Heer domestizierter Gräser ab, wie Weizen, Reis, Gerste und Roggen. Zwei andere Gräser spielen eine lebenswichtige Rolle in den Tropen, so daß man sich diesen Teil der Erde kaum ohne sie vorstellen kann, nämlich Bambus und Zuckerrohr.

In geologischer Hinsicht ist Gras insofern außerordentlich bedeutsam, als es die Erosion einschränkt. Grasländer sind gegenüber gewöhnlichen Erosionsprozessen praktisch unempfindlich, aber wenn die Grassoden fortgenommen werden, kann eine spektakuläre Ausfurchung erfolgen. Es gab eine Zeit, in der die Prärien des amerikanischen Westens ein regelrechtes Grasmeer waren, und unsere Literatur — wie auch Kino und Fernsehen — waren Jahrzehnte lang voll von Geschichten über Kämpfe zwischen Viehzüchtern und Ackerbauern.

Es wäre interessant, rückblickend zu überlegen, was für Erosionsvorgänge möglich waren und wie die Erde ausgesehen haben dürfte, bevor die Gräser auftraten. Es handelt sich da um ganz das gleiche Problem, dem wir uns gegenübergestellt sehen, wenn wir uns ein ideelles Bild von der pflanzenlosen präkambrischen Landschaft machen wollen.

Der Übergang von Wald in Grasland hatte im mittleren Känozoikum eine tiefe Wirkung auf die Entwicklung der Landsäuger. Er war für die Bewohner der Ebenen und die Weidetiere, wie Pferd, Kamel und Wisent, von großem Vorteil, sowie auch für Dutzende flüchtiger Tiere, von denen viele jenen glichen, die wir auf Photographien der afrikanischen Savanne sehen.

In Nordamerika und Europa wurde das Klima allmählich kühler — unter einigen Schwankungen rückwärts und vorwärts —, und viele der großen Wüsten der Erde begannen sich im späten Känozoikum herauszubilden. Das gilt besonders für die westlichen Vereinigten Staaten, wo die Entwicklung der intermontanen Wüsten eng mit dem Aufstieg der Sierra Nevada und der dadurch bedingten Blockierung der regenbringenden Westwinde zusammenhing.

Nahe dem Ende des Känozoikums, im Pleistozän, erfuhr das Klima der Erde eine seiner schärfsten Veränderungen: es folgte die Eiszeit. Wie wir im Kapitel XV sahen, vollzogen sich wenigstens vier Hauptvorstöße kontinentaler Eismassen, wobei die am stärksten in Mitleidenschaft gezogenen Gebiete im nordwestlichen Eurasien und im nördlichen Teil von Nordamerika lagen. Zugleich war das eine Zeit von Krustenveränderungen — sehr wahrscheinlich bestand eine ursächliche Beziehung zwischen diesen beiden Vorgängen —, und die Hochgebirge der Erde, wie diejenigen von Kanada und den Vereinigten Staaten, die Anden-Kordillere und der Himalaja, stiegen zu ihren heutigen Höhen auf.

Der Meeresspiegel hob und senkte sich im Gleichklang mit dem Zurückweichen und Vorrücken der Gletscher auf dem Lande. Dieses Steigen und Fallen des Meeres war für die Verbreitung der Landtiere und zugleich für die Wanderungen unserer prähistorischen Ahnen außerordentlich bedeutsam. Wenn der Meeresspiegel niedrig stand, waren England und Irland mit Europa verbunden, Ceylon mit Indien, und viele Inseln Indonesiens hingen untereinander und auch mit dem asiatischen Hauptland zusammen. Wohl die bedeutsamste dieser Landbrücken war diejenige über die Bering-Straße, die die Neue und die Alte Welt miteinander verknüpfte. Über diesen Isthmus zwischen Sibirien und Alaska zog eine ganze Parade von Geschöpfen einher. Von Nordamerika wanderten in westlicher Richtung das Zebra, das Kamel und das Pferd; ostwärts zogen Elefant (mit wenigstens vier Formen), Wisent, Bergziege und Bergschaf, Amerikanischer Elch, Elch und Moschusochse und schließlich die Ahnen der verschiedenen Menschenrassen, die wir „Amerikanische Indianer" nennen.

Der Versuch, das Entwicklungs-Panorama der känozoischen Säugetiere auf dem kurzen Raum zu beschreiben, der für dieses Kapitel noch übrigbleibt, würde tollkühn sein. Es wäre das eine fast ebenso hoffnungslose Aufgabe, als wenn wir den Inhalt der größten Zoos der Welt in Worten beschreiben und das gleichzeitig in interessanter Form tun wollten. Wegen der zeitlichen Nähe der Entwicklung der känozoischen Säugetiere zu uns ist ihre fossile Überlieferung glücklicherweise vollständiger als bei den Tieren früherer Ären.

Zu Beginn des Känozoikums waren die Säugetiere zumeist klein, und sie waren zum größten Teil Waldbewohner. Es scheint fast so, als ob das Aussterben der Dinosaurier ein zeitweiliges Vakuum hinterließ, das die Säugetiere zunächst nur zögernd zu füllen begannen. Zu den ältesten Säugetieren gehören die Insektenfresser, kleine igelartige Geschöpfe, Spitzmäuse, waschbärenähnliche Tiere und Opossums.

Sehr schnell erschienen zahlreiche verschiedene Linien. Das erste unbezweifelbare Mitglied der Pferdefamilie lebte im Eozän, *Eohippus* (was „Pferd der Morgendämmerung" bedeutet), ein zierliches, schlankbeiniges Tier mit kurzen, geraden Zähnen und einem

Abb. 290. *Brontotherium,* ein großer oligozäner Titanotheride, in der Mitte und im Hintergrund; *Hyaenodon,* ein primitiver Carnivore, im Vordergrund rechts; im Vordergrund links riesige Schildkröten. *Brontotherium,* weitläufig verwandt mit dem Pferd, war der größte (2,40 m Schulterhöhe) Vertreter der Titanotherier, einer Gruppe, deren Evolutionsablauf durch eine Größenzunahme und die Entwicklung von Hörnern gekennzeichnet war; die Titanotherier blieben nichtsdestoweniger primitiv in anderer Hinsicht, besonders in der Bezahnung und den Füßen. *(Vom Chicago Natural History Museum freundlich überlassen; Maler: Charles R. Knight.)*

kleinen Kopf. In bezeichnender Weise unterschied es sich vom heutigen Pferd durch die Füße: die vorderen hatten vier Zehen, die hinteren drei.

Nagetiere hausten im eozänen Wald; sie waren vielleicht häufiger als heute. Raubtiere gab es gleichfalls, und schon in dieser frühen Zeit erschienen die Vorläufer solch späterer Typen, wie sie die Katzen- und Hundefamilie darstellen.

Im Eozän waren die beiden Landmassen Nord- und Südamerika getrennt, und in der Süd-Hemisphäre ging die Entwicklung so unterschiedlicher Tiere, wie Faultier, Gürteltier und Ameisenfresser, fast unabhängig von der übrigen Welt vonstatten. Eine andere interessante Sonderwelt war Australien, wo infolge früher Isolierung die weitaus primitiveren Marsupialier die vorhandenen ökologischen Lücken größtenteils ausfüllten; sie brachten auch einen hundeartigen Fleischfresser hervor, den sogenannten Tasmania-Wolf.

Zwei bizarre Formen der früh-känozoischen Fauna waren 1. die Ursäugetiere und 2. die Riesenvögel. Die ersteren waren Huftiere mit stumpfartigen Beinen, großen, unbeholfenen Körpern, die denen des Nashorns recht ähnlich sahen, und schweren, geistig anspruchslosen Schädeln, die verschiedene knorrige Hörner trugen (Abb. 290). Ein typisches Ursäugetier war das *Uintatherium* („Tier der Uintas" = Gebirge im nordöstlichen Utah) und — nach dem Gehirn-Hohlraum zu schließen — dürfte seine „I. Q." („Intelligenzquote") die der kurz zuvor erloschenen Dinosaurier nicht erheblich übertroffen haben. Wie die Dinosaurier bedeuteten die früh-känozoischen Uintatherier einen erfolglosen Versuch; denn rohe Stärke und schwacher Verstand unterlagen der agileren, aggressiveren und intelligenteren Konkurrenz. Die Vögel waren ein unheimliches Element der früh-känozoischen Landschaft. Da ihnen keine machtvollen Raubtiere zusetzten, erreichten sie in einigen Arten enorme Größen, und diese waren zugleich flügellos. *Diatryma* war einer dieser Monstervögel im Eozän; Rekonstruktionen von ihnen muten wie eine dunkle Erinnerung an einen Alpdruck der Kindheit an. Dieser entsetzliche Vogel war stehend gegen 2 m hoch; sein großer Kopf war mit dem Schnabel annähernd 50 cm lang, und er hatte erschrecklich kräftige, schuppige Unterbeine und Krallen. Ihm zu begegnen, muß für jene frühen Säugetiere eine unheilvolle Sache gewesen sein. *Phororhacus,* der einen großen buckligen Rücken hatte, war eine weitere, äußerst wild aussehende Einzelform des mittleren Känozoikums von Südamerika. Im späteren Känozoikum und bis hinein in die Jetztzeit charakterisierten flügellose Vögel die Süd-Hemisphäre, wo sie von Raubtieren relativ wenig behelligt wurden. Dazu gehören die Strauß-Vögel in Südafrika, die Rheas in Argentinien, die Emus und Kasuare in Australien und die Pinguine in der Antarktis sowie auf den südamerikanischen Küsteninseln. Am bemerkenswertesten von allen waren die Moas von Neuseeland — 4 m große Riesen, die von den Maoris erst im 16. Jahrhundert ausgetilgt wurden.

Mit Beginn des Oligozäns und weiter bis in das Miozän hinein gewannen die Tiere in Nordamerika und Europa ein zunehmend moderneres Aussehen. Manche der bizarren und primitiv organisierten Formen starben aus, und mit dem Rückgang der Urwälder und der Ausdehnung der Steppen kamen die Pflanzenfresser stärker zur Geltung.

Merychippus, ein typisches Pferd dieser Zeit, hatte die Größe eines kleinen Ponys. Es lief auf zierlichen, flinken Beinen, die in einem dreizehigen Fuß endigten. Nur die Mittelzehe war in Funktion, und der Nagel hatte sich schon in einen Huf verwandelt. Die unterernährten Stummel der nutzlosen zweiten und dritten Zehen lassen sich noch beim heutigen Pferd als schienenartige „Kanonenknochen" an den beiden Seiten des Hufs identifizieren. Entsprechend dem Leben im Präriebereich wuchsen die Zähne von *Merychippus* hochkronig und entwickelten sorgsam mit Schmelz überzogene Oberflächen, um mit den harten Präriegräsern fertigzuwerden — Gras ist eine Pflanze, an deren Zusammensetzung sich Kieselsäure beteiligt. Zugleich mit der Streckung der Beine vollzog sich bei *Merychippus* auch eine Verlängerung des Halses und des Maules. Tatsächlich wurde der Kiefer länger, und die Gebißlücke, die ein so charakteristisches Merkmal des heutigen Pferdes ist, erschien zwischen den Schneidezähnen und den übrigen Zähnen.

Die Kamele, ebenfalls ausgesprochen nordamerikanische Tiere, erfuhren eine parallele Entwicklung. Zwei Formen seien genannt: *Paracamelus,* der keinen Buckel hatte und etwa so groß wie ein Schaf war, und *Alticamelus,* eine eigentümlich ausschauende Abart mit langem, giraffenartigem Hals, der das Tier befähigte, an den Baumzweigen zu knabbern.

Andere mittel-känozoische Säugetiere entfalteten die Mannigfaltigkeit, die wir heute bei diesen unseren entfernten Verwandten kennen. Die Vorläufer der Wale begannen eine Lebensweise, die es ihnen ermöglichte, bis zu den entferntesten Meeren der Erde vorzudringen. Vorläufer von Hirsch, Antilope und Wisent tauchten auf und wurden — damals wie heute — von Raubtieren geschlagen, die schon in diesen fernen Zeiten deutlich in Angehörige des Katzen- (Löwen und Tiger) und des Hunde-Stammes (Wölfe, Coyoten, Bären) unterschieden waren.

Eines der ansprechendsten Tiere ist der Elefant — vielleicht wegen unserer mit Heimweh behafteten Erinnerungen an Zirkusveranstaltungen —; allerdings würden die mittelkänozoischen Elefanten unseren Augen fremdartig erschienen sein. Einige hatten Stoßzähne nur an ihren Unterkiefern, und sie krümmten sich unter rechten Winkeln zum Kiefer scharf abwärts. Niemand kennt ihre Funktion; es mag sein, daß sie zum Ausroden von Wurzeln benutzt wurden. Andere hatten vier Stoßzähne, zwei oben und zwei unten.

Wir wissen nicht, wo die Heimat des Elefantenstammes lag; viel spricht aber dafür, daß sie sich in der Nähe des Nil-Tales befand. Wenn das zutrifft, dann traten die Elefanten von dort eine unermeßlich weite Reise an, die sie schließlich unter so fremde Himmelsstriche bringen sollte wie Alaska, Sibirien, Europa und Nordamerika. Zwei große

Familien tauchten auf: die *Mastodonten* und die *Mammute*. Die Mastodonten sind die kleineren von den beiden und erloschen während des Pleistozäns. Die lebenden Elefanten sind mit den Mammuten verwandt.

Die Pliozän-Zeit, die in das Pleistozän überging, sah das Aufblühen der lebenden oder erst vor sehr kurzer Zeit ausgestorbenen Tiere der Erde. Die Grenzziehung zwischen Pliozän und Pleistozän ist zwar noch strittig, aber es erscheint einleuchtend, den Beginn des allgemeinen Vordringens der Binnenvereisung gegen Süden durch die Prärien des Mittleren Westens Nordamerikas und vom skandinavischen Hochland aus radial nach außen vor etwa 1 bis 3 Millionen Jahren zur Abgrenzung der beiden Epochen heranzuziehen.

Um zur Geschichte des Pferdes zurückzukommen, die pliozäne Form, *Pliohippus*, war größer als ihr miozäner Vorläufer und nur wenig kleiner als ihr pleistozäner Nachkomme, *Equus*. Beide Formen hatten einfache Hufe, und die verkümmerten Überreste der zweiten und dritten Zehen waren im wesentlichen verschwunden. Der Hauptunterschied lag in den Zähnen; denn diejenigen von *Pliohippus* waren kleiner und wiesen weniger verwickelte Einfaltungen bei den Schmelz-Scheidewänden im Zahn auf als die von *Equus*. Die Zähne verlängern sich beim heutigen Pferde während seines Lebens, bis sein Alter gegen 34 Jahre beträgt. Dann wachsen die Zähne nicht mehr weiter und fallen plötzlich aus, und der Tod tritt offenbar durch Verhungern ein. Das Alter eines Pferdes nach seinen Zähnen zu beurteilen, ist ein Kniff, der dem Pferdehändler der guten alten Zeit sehr zustatten kam.

Vom Pleistozän an gewinnt die Geschichte des Pferdes einen geradezu epischen Charakter. Die evolutionäre Entwicklung von einem kleinen, vielzehigen Pflanzenfresser von der Größe eines Schafes bis zum einzehigen, grasfressenden Geschöpf von der Größe eines Indianerponys vollzog sich weitgehend innerhalb der westlichen Hemisphäre. Dann verschwand das Pferd ohne bekannten Grund aus seiner ursprünglichen Heimat, überquerte die Bering-Landbrücke und erschien in Eurasien.

Wo das Pferd zuerst domestiziert wurde, ist ungewiß, aber seine Einwirkung auf die auftauchende eurasische Welt war nachhaltig. Einerseits wurde es für den Menschen Eurasiens ein Lasttier, das dem amerikanischen Indianer außerordentlich fehlte. Zum anderen verlieh das Pferd dem Kriegshandwerk eine völlig neue Dimension; dabei wurde wohl die größte Beweglichkeit bei den Tataren erreicht, wenn sie von Korea bis zu den Toren Warschaus dahinjagten.

Obwohl die Goldene Horde eine bedrohliche Beweglichkeit erhielt, hatten die Tataren nicht die Fähigkeit, standzuhalten und vom Pferderücken aus zu kämpfen. Diese „Errungenschaft" mußte warten, bis ein so einfaches Gerät wie der Steigbügel erfunden war. Vom Steigbügel aus war es möglich, mit dem Schwert einen schwungvollen Streich auszuführen, und mit dem Schwert kam der geharnischte Ritter, und mit ihm begann nicht nur das Ritter-Zeitalter, sondern die soziale Ordnung der mittelalterlichen Welt.

Die Wanderungen des Pferdes waren noch nicht zuende; denn von den Pferden, die Fernando Cortes in die Neue Welt mitgebracht hatte, entliefen einige und richteten sich in dem Raum wieder ein, der die Heimat ihrer Vorfahren gewesen war. Der Einfluß des Wildpferdes auf das Leben der Indianer — besonders der Prärien-Stämme — kann nur als explosionsartig bezeichnet werden. Einige Stämme übernahmen das Pferd; andere taten es nicht, aber schnell kam der Tag der Reue. Zu den erfolgreichsten „Pferdemännern" gehörten die Comanchen, die in der Zeit des Amerikanischen Bürgerkriegs die Geißel der Grenze zum Wilden Westen waren. Sie durchstreiften in plündernden Banden die ganze Strecke von Durango in Mexiko nordwärts bis ins zentrale Kansas. Die Sioux und andere Nordstämme waren gleichfalls fürchterliche Gegner auf dem Pferderücken,

Abb. 291. Wollhaariges Mammut und Wollhaariges Nashorn in einer pleistozänen Glaziallandschaft. Diese beiden Tiere sind in den Höhlenmalereien Südeuropas dargestellt und wurden vom Frühmenschen gejagt. Vom Wollhaarigen Mammut, einem Mitglied der gleichen Familie, der auch der heutige Elefant angehört, und weitläufiger mit dem Mastodon verwandt, weiß man, daß es von einem dichten Haarkleid bedeckt war, da eingefrorene Kadaver dieser Tiere in der Tundra von Sibirien und Alaska gefunden wurden. *(Vom Chicago Natural History Museum freundlich überlassen; Maler: Charles R. Knight.)*

wie General Custer — als einer unter vielen — an einem bitteren Tage im Juni 1876 erfahren sollte.

Auch andere Tiere entwickelten sich schnell im Pliozän und weiter im Pleistozän; viele von ihnen waren weitaus zahlreicher als heute und dazu noch viel größer und schreckenerregender. Ein eindrucksvolles Beispiel ist der Elefant. Außer dem *Mastodon* durchstreiften wenigstens vier Hauptformen die nördlichen Kontinente der Welt. Weit im Norden oder in den Ländern, die an die pleistozänen Eisdecken angrenzten, waren sowohl das Mammut wie das Mastodon mit dickem, grobem Haar bedeckt. Sie lebten und starben in Sibirien in so großen Herden, daß Jahrhunderte lang ihre in der Tundra ausgegrabenen Stoßzähne zu den Welt-Rohstoffquellen für Elfenbein gehörten.

Wir wissen sehr genau, wie das Wollhaarige Mammut aussah (Abb. 291). Einerseits wurde sein interessantes Profil mit seinem Buckel auf dem Rücken wiederholt von seinen Zeitgenossen, den Eiszeit-Menschen, an die Wände von Höhlen gezeichnet, und andererseits wurden seine Reste, im Ewigen Eis eingefroren — sogar mit noch unverdauten Resten seiner letzten Mahlzeit im Magen —, in Sibirien und Alaska entdeckt. Die sonderbare, domartige Aufwölbung seines Kopfes und der Buckel auf seinem Rücken waren Fettpolster, die — zusammen mit seiner Haarbedeckung — dem Mammut halfen, die arktische Kälte zu überstehen.

Die südwestlichen Vereinigten Staaten waren das Herrschaftsgebiet des königlichen Elefanten, eines Geschöpfes, das das Herz des verstorbenen Barnum erfreut haben würde, 3,6 bis 4,2 m hoch, mit enormen, gekrümmten Stoßzähnen. Es war zudem ein Zeitgenosse des Vorzeit-Menschen der Neuen Welt.

Weitere Tiere des jüngsten Känozoikums waren das Wollhaarige Nashorn, der Wisent — größer als die Art, deren Herden die westlichen Ebenen in den Tagen der Pioniere verdunkelten —, der allgegenwärtige Moschusochse, Rentier und Hirsch in reichem Überfluß und ihre unvermeidlichen Räuber, die Wölfe, Löwen, Tiger und Bären. Der Höhlenbär, ein ungewöhnlich großes und mächtiges Tier, wetteiferte mit unseren Vorfahren bei der Besetzung von Höhlen und Unterkünften in Europa während der Eiszeit.

Ein Paradoxum unserer Generation ist es, daß einer der aufschlußreichsten Einblicke, die wir in diese grausame Welt der Eiszeit haben, im Herzen einer der bedeutendsten amerikanischen Metropolen liegt. Wer den Wilshire-Boulevard in Los Angeles hinabfährt, im Bemühen, den brausenden Verkehr, der nur trüb durch den Dunst zu sehen ist, zu überleben, dem würden die funkelnden Gebäudefassaden in nahezu identischem, „internationalem" Stil einen faden Anblick bedeuten, wenn er sie mit der einst so bunten Szene am selben Ort vergleichen würde.

Abb. 292. *Smilodon,* die große Säbelzahn-Raubkatze („Säbeltiger"), überfällt ein Bison, das in den Teerlachen der La-Brea-Teerlöcher (Los Angeles, Kalifornien) steckengeblieben ist.
Der Höhepunkt der Säbelzahn-Entwicklung, die im Oligozän begann, war mit *Smilodon* im Pleistozän erreicht. Dieses Säbelzahn-tragende Raubtier war so groß wie der heutige Löwe und machte Jagd auf langsame Tiere. Sein kräftiger Nacken und die langen Dolchzähne waren vollkommen darauf spezialisiert, seine Beute zu töten; als aber der Vorrat langsamer Tiere im späten Pleistozän knapp wurde, war er unfähig, mit seinen flinkeren Verwandten in der Jagd auf das übriggebliebene schnellere Wild zu konkurrieren, und so starb er aus. *(Von der „Film Associates of California" freundlich zur Verfügung gestellt.)*

Verweilen Sie einen Augenblick wenige Häuserblöcke westlich der La-Brea-Avenue! Dort werden in einem kleinen Park, der von den modernen Zikkurats umschlossen ist, einige Erinnerungen an diese kühnere Vergangenheit in uns wieder wachgerufen. Verstreut durch den Park sind lebendige Bildwerke verschiedener verschwundener Tiere des Pleistozäns aufgestellt (Abb. 292). Es sind das Rekonstruktionen von Tieren, deren Skelette aus den Teerpfützen geborgen wurden, die einst die Oberfläche der damals unfruchtbaren Ebene unterbrachen, über die sich heute Hollywood ausbreitet.

Die La-Brea-Teergruben waren 1769 noch in Aktion, als die ersten weißen Männer, Mitglieder der Portola-Expedition, auf ihrem Weg nach Norden, um einen Zufluchthafen für die Manila-Galeone zu finden, bei ihrer Suche nach einem Ausweg aus dem Los-Angeles-Becken an ihnen vorüberkamen. Später, als Teer erstmals über die staubigen Straßen der „Stadt" Unserer Frau, der Königin der Engel, (Los Angeles) ausgegossen wurde, wurden enorme Mengen Knochen aus den Gruben gesiebt, die im Rancho la Brea („brea" bedeutet „Teer" im Spanischen) ausgehoben worden waren; diese sind noch als feuchte, schaumgefüllte Geländemulden vorhanden — vielleicht sehen sie nicht viel anders aus als im späten Pleistozän. Damals wurden Scharen von Tieren in den Tod gelockt, wenn sie das Wasser zu trinken suchten, das einen dünnen Film über dem tödlichen Teer darunter bildete.

Die interessantesten Tiere, die gefunden wurden, waren die Säbeltiger. Das waren stämmige, kräftig gebaute Katzen mit breiten, schweren Schultern. Ihre Unterkiefer ließen sich weit nach hinten herunterklappen, und das machte es ihnen möglich, mit ihren langen, scharfkantigen Reißzähnen tödliche Hiebe auszuteilen.

Andere exotische Bewohner Süd-Kaliforniens waren noch vor wenigen Jahr-Zehntausenden die Faultiere (Abb. 293). Diese fremdartig aussehenden, geistlosen Geschöpfe entwickelten sich nahezu isoliert in Südamerika, und als die beiden Kontinente im späten Känozoikum wieder vereinigt wurden, wanderten sie nordwärts nach Nordamerika.

Das Skelett eines Exemplares, das in einer Höhle in Virginia gefunden worden war, wurde von keiner geringeren Persönlichkeit als dem Präsidenten Jefferson beschrieben, der die Knochen rund um das Weiße Haus ausgebreitet hatte, während er sie untersuchte. Seit damals hat kaum ein Präsident der Vereinigten Staaten die Neigung gehabt oder die Zeit gefunden, eine selbständige paläontologische Untersuchung durchzuführen. Jefferson glaubte, daß die Faultier-Reste das Skelett eines riesigen Löwen wären, der wahrscheinlich irgendwo in den Wildnissen des Louisiana-Purchase noch lebe; denn — nach seinen eigenen Worten — „solcherart ist die Ökonomie der Natur, daß kein Umstand von ihr hervorgerufen werden kann, der irgendeiner Tierrasse erlaubte, ausgelöscht zu werden ...".

Die Boden-Faultiere glichen großen, unbeholfenen Bären mit langen, gekrümmten Klauen. Ihr grobes, zottiges Haar bedeckte eine zähe Haut, die mit kleinen, knochigen Kügelchen oder Stutzschwänzen besetzt war. Die Faultiere lebten in den südwestlichen Vereinigten Staaten gleichzeitig mit den ersten Indianern und mögen fast bis heute existiert haben; denn ein Siedler im Kap-Horn-Gebiet fand in den frühen 1890er Jahren ein Faultier-Fell zusammen mit Zeichen menschlichen Bewohntseins in einer Höhle am Rand des recht passend „Ultima-Esperanza-Bucht" oder „Bucht der Letzten Hoffnung" genannten Meereseinsprungs.

Ein anderes bezeichnendes Glied des Pleistozäns von Rancho La Brea war *Teretornis,* ein riesiger, aasfressender Vogel mit einer Flügelweite von 3,60 m — der größte je gefundene Vogel mit Flugvermögen. Der Kalifornische Kondor, sein verkleinerter Nachfolger, bietet selbst jetzt noch einen unvergeßbaren Anblick, wenn er mit bewegungslosen Flügeln tausend Meter oder mehr hoch oben im Sommerhimmel dahinsegelt.

Somit wirft der Befund aus den La-Brea-Gruben zusammen mit anderen pleistozänen Friedhöfen rund um die Erde eine noch unbeantwortete Frage auf, die derjenigen des Aussterbens der Dinosaurier zu Ende der Kreide-Zeit entspricht. Im Fall der känozoischen Säugetiere können nicht die Unbilden der Vergletscherung die Ursache gewesen sein; die meisten derselben überlebten diese, um dann mit dem Aufkommen des heutigen Klimas auszusterben.

Die mutwillige Zerstörungswut der Menschheit wird manchmal als Ursache angegeben. Zwar sind die Menschen unbarmherzige Vernichter des Wildlebens, und es läßt sich eine ernüchternde Liste von durch Menschen sogar der gegenwärtigen Generationen ver-

Abb. 293. Statuen der Riesen-Faultiere im Hancock-Park, Los Angeles. Diese Tiere, die durch viele Reste in den La-Brea-Teerlöchern vertreten sind, waren in den südwestlichen Vereinigten Staaten während des späten Quartärs verbreitet und lebten gleichzeitig mit dem Frühmenschen.
Ihre engsten Verwandten sind die Gürteltiere und die riesigen Ameisenbären. Sie sind durch dübelförmige Zähne gekennzeichnet, mit denen sie Blätter von Bäumen und Büschen zerkauten. Ihr Wuchs erreichte die Größe eines kleinen Elefanten, und sie rumpelten auf den Seiten der Hinterfüße und den Knöcheln der Vorderfüße dahin. *(Von der „Film Associates of California" freundlich überlassen.)*

ursachten Austilgungsbeispielen zusammenstellen, aber es ist doch äußerst zweifelhaft, daß der Steinzeit-Mensch solches vermocht hat. Die Indianer zum Beispiel hatten wenig Einfluß auf die Büffelpopulation, verglichen mit dem tödlichen Hinschlachten, das weiße Jäger in den Jahrzehnten nach dem Amerikanischen Bürgerkrieg vollzogen.

Der Ursprung des Menschen

Als sich die Menschen des westlichen Europas, nachdem sie vorübergehend eine technische Überlegenheit durch Schießpulver und Segelschiff gewonnen hatten, daran machten, den Rest der Welt zu erforschen, brachten sie Tiere, Pflanzen und Eingeborene als Proben der Wunderdinge mit nach Hause, die sie an fernen Gestaden erblickt hatten.

Mit zunehmender Kenntnis der Mannigfaltigkeit des Pflanzen- und Tierreichs wurden Versuche unternommen, eine befriedigende biologische Klassifikation zu schaffen. Da ergab sich das Problem: Wohin gehören wir Menschen? Dabei handelte es sich nicht nur um eine Frage, die sich aus der großen Verschiedenheit der lebenden Menschenrassen ergab, sondern auch um diejenige unserer Beziehung zu den Menschenaffen, wie den Schimpansen, Gorillas, Orang-Utans und dergleichen. Die Erkenntnis einer Ähnlichkeit mit ihnen geht bis zu den Anfängen der dokumentierten Geschichte zurück. Nach Greene (1959) schrieb Ennius, der von 240 bis 169 vor Chr. lebte: „Wie sehr ähneln uns die gräßlichen Affen!"

Linnaeus (1707—1778), der Begründer der doppelnamigen Organismen-Klassifikation, die die Biologen heute verwenden, erkannte diese Verwandtschaft an und stellte den Menschen in die gleiche Reihe mit den Affen und vor allen Dingen den Faultieren.

Innerhalb dieses formgebenden Abschnitts im Heranreifen der Naturwissenschaften wurden in Europa in steigender Anzahl Funde von Menschenresten und Steinzeit-Werkzeugen gemacht. Seltsam genug — es bestand bis zu den Anfängen des 19. Jahrhunderts keine allgemeine Vorstellung von der Bedeutung dieser Artefakte. Das erscheint eigenartig; denn zurück bis zur Renaissance teilte man weithin die Ansicht, daß zum Beispiel die Römer Völker unterjocht hätten, die weit primitiver waren als sie. Ferner trafen im Entdeckungs-Zeitalter Forscher in fernen Erdteilen Leute an, die Steinwaffen und -geräte verwandten. Das wurde manchmal in dem Sinne gedeutet, daß sie degenerierte Stämme seien, die von den Zentren der Zivilisation weit fortgewandert wären, vielleicht sogar schon vor der Sintflut.

Die Ansätze zu einer stratigraphischen Abfolge der Reste des Vorzeit-Menschen wurden erstmals in Dänemark erarbeitet. Diese, den Gebildeten geläufige Klassifikation — Alt-Steinzeit, Jung-Steinzeit, Bronzezeit und Eisenzeit — wurde von Christian Jürgensen Thomsen in den 30er Jahren des vorigen Jahrhunderts aufgestellt, als er Direktor des Königlichen Museums in Kopenhagen war. Niemand, der heute Kopenhagen besucht, sollte, nachdem er sich Tivoli angesehen hat, es versäumen, die erstaunliche Sammlung von Werkzeugen, Kleidungen, Menschen und so weiter im Museum zu besichtigen. Dänemark war in prähistorischer Zeit durch die immensen Vorkommen von Bernstein im Baltikum — dieser wurde durch ganz Europa, selbst bis zum Mittelmeer über gut ausgebaute Alpenstraßen, gehandelt — und auch durch seinen Vorrat an Feuerstein, der für Speer- und Pfeilspitzen gebraucht wurde, ungewöhnlich begünstigt.

Indessen, Kulturerzeugnisse und auf sie begründete Zeitrechnungen werfen die gleichen Probleme auf wie die Fossilien, wenn wir sie benutzen, um Geschehensfolgen in entfernten Gebieten miteinander zeitlich zu parallelisieren. Die Ähnlichkeiten zwischen den Methoden und den Prinzipien der Paläontologie und der Archäologie sind groß, und die beiden Wissenschaften können wechselweise viel voneinander lernen.

Da eine solche relative Abfolge wie Stein, Bronze und Eisen eine örtliche Gültigkeit für Europa hat, läßt sie sich nicht universell anwenden. Die amerikanischen Indianer hatten — mit wenigen Ausnahmen — die Steinzeit noch nicht hinter sich gebracht, als sie plötzlich im Jahre 1492 mit relativ fortgeschrittenen Formen der Eisenzeit in Berührung kamen. Selbst in Europa endete das eine Zeitalter nicht plötzlich und begann unmittelbar das andere. Als die Bronze erstmals eingeführt wurde, waren Stein-Werkzeuge noch um das Haus herum zur Hand, und sie waren zudem weit billiger. Das gleiche trifft für das Eisen zu; es war bereits um 3000 vor Chr. in Gebrauch, erreichte aber Mitteleuropa praktisch erst gegen 800 vor Chr. Die konservative Natur des Militärgeistes war so stark, daß die Legionen noch lange nachher mit dem traditionellen kurzen römischen Bronzeschwert kämpften, während die Barbaren mit Waffen aus Eisen ausgerüstet waren. Einen enormen Vorteil bietet ein Eisenschwert dadurch, daß ein Mann mit ihm Streiche auszuführen vermag, während er mit Bronze nur stechen kann.

So rätselhaft die kulturellen Überreste für unsere Vorfahren waren — die wirklichen Skelette des Frühmenschen waren das sogar noch mehr. Erstens wurden davon nur sehr wenige gefunden, und das wird sehr wahrscheinlich auch in Zukunft der Fall sein, und zwar aus folgendem Grunde: Vor allem müssen die Begründer unserer Rasse ein gewisses Maß instinktiver Klugheit besessen haben. Sie ließen sich offenbar nicht in großer Zahl in den sandigen Überschwemmungsebenen großer Flüsse einschließen, wie das weidenden Tieren wiederholt passierte. Auch war die Zahl der prähistorischen Menschen, wenn man die geschätzte Prä-Columbus-Bevölkerung von Nordamerika zugrunde legen darf, unbedeutend im Vergleich zu der dichten Zusammenballung, die wir in weiten Teilen der heutigen Welt antreffen. Weiter sind in den gemäßigten Klimabereichen die Standorte selten, an denen Knochen nicht schnell zerfallen. Es trifft sich glücklich für uns, daß der Vorzeit-Mensch in Europa ein Zeitgenosse der Eiszeit war. Sturm, Kälte und strömender Regen waren ihm nicht fremd, und infolgedessen bedeuteten Höhlen für ihn hochgeschätzte Zufluchtstätten — selbst wenn der Anspruch darauf mit dem Höhlenbären zu diskutieren war.

Da Kalkstein in weiten Bereichen Europas relativ häufig ist, waren Höhlen hier reichlich vorhanden; die berühmtesten davon liegen in den spanischen Pyrenäen und im Dordogne-Tal in Frankreich. Glücklicherweise waren die Höhlenmenschen keine notorischen Freunde von Ordnung. Sie wären nicht die besten Stubenkameraden gewesen, und irgendeine Vorstellung von Gesundheitspflege gab es bei ihnen nicht. In einigen Höhlen, die mehr oder weniger ständig bewohnt waren, kann der Schutt am Boden über 20 m dick werden. Solche Abfallhaufen geben von den Menschen und ihrer Habe eine Kunde, die bis Zehntausende von Jahren zurückreicht.

Zu den ersten zweifellosen Vertretern der heute verschwundenen Neandertal-Rasse, die zu beschreiben ist, gehörte anscheinend ein Skelett, das 1848 in einem Steinbruch im Felsen von Gibraltar entdeckt worden war. Wie das bei Erstfunden fast jedesmal geschieht, wurde es übersehen und vergessen, bis mehr Reste der gleichen Rasse im Neander-Tal bei Düsseldorf (Westdeutschland) entdeckt und bekanntgemacht wurden. Da die Beschreibung dieses Fundes 1858 veröffentlicht wurde, d. h. nur ein Jahr vor dem Erscheinen von Darwin's „Entstehung der Arten", wurde die Möglichkeit, dieses sei eine Art erloschener Vormensch, fast sofort anerkannt.

Doch brach bald danach eine lebhafte Debatte aus; die einen waren überzeugt, daß hier tatsächlich ein Frühmensch-Typ vorläge; andere aber glaubten, es handele sich nur um das Skelett eines unglücklichen, schwachsinnigen Opfers der Englischen Krankheit im fortgeschrittenen Stadium.

Heute wissen wir, daß diese unfreundliche Deutung nicht richtig ist. Mehr als 30 Fundstellen — davon einige mit einer ansehnlichen Zahl von Individuen — wurden zwischen Iran und der britischen Küste entdeckt. Wir haben auch eine Vorstellung davon, wie der Neandertaler aussah. Er sah übel aus. Vielleicht sind viele vorgenommene Rekonstruktionen nicht liebevoll mit ihm verfahren, aber sicher ging ihm ein gewisses Maß von Grazie ab. Er war kurz, hatte lange Arme und einen faßförmigen Brustkasten bei kräftigen Schultern. Er war stärker nach vorn gebeugt als wir, da seiner Wirbelsäule die vier Krümmungen fehlten, die unserem Rücken Federkraft verleihen und uns erlauben, unsere Köpfe aufrecht zu halten. Der Neandertaler hatte eine niedrige Stirn, ein breites und ziemlich flaches Gesicht, kräftige Kiefer und zudem ein zurückweichendes Kinn. Ob er pelzartig behaart war, wie ihn Rekonstruktionen oft darstellen, oder nicht, ist unbekannt. Wenn Sie diese Beschreibung auch an einige Personen Ihrer Bekanntschaft erinnern mag, so gehörte er doch nicht zu unserer Rasse, vielmehr starb er irgendwie vor 30 000 bis 50 000 Jahren aus. Trotz seiner rohen Erscheinung war er weit davon entfernt, ein Kretin zu sein — seine Gehirngröße war fast die gleiche wie bei uns: 1200 bis 1600 Kubikzentimeter. Er hatte gelernt, Feuer anzuzünden, Steinäxte und Speere herzustellen und seine Toten zu begraben.

Eine kurze Zeitlang lebte der Neandertaler mit seinem Nachfolger, dem Cro-Magnon-Menschen, zusammen; aber dann verschwand er so vollständig wie die großen Geschöpfe — Höhlenbär, Auerochs, Rieseneldh, Mammut und Mastodon, die seine Genossen und Feinde in dieser schattenhaften Welt vor dem Anbruch der unsrigen gewesen waren.

Die erste beurkundete Entdeckung der Cro-Magnon-Leute erfolgte in Aurignac (Frankreich) im Jahre 1852. Dort wurden 17 Skelette gefunden, sorgfältig aufgesammelt und im Dorf-Friedhof begraben; sie gingen so der Wissenschaft verloren. Ein später (im Jahre 1868) gemachter Fund von fünf Skeletten unter einem Felsüberhang, „Cro-Magnon" genannt, in Frankreich wurde als das erkannt, was er war, und dieser Fundpunkt gab der bemerkenswerten Rasse ihren Namen.

Nach unseren Standards müssen sie als ein stattliches Volk gelten. Sie waren groß und kräftig gebaut — größer zum Beispiel als die Kelten oder andere moderne europäische Rassen, die ihnen folgten —, und ihre Schädelkapazität war im Mittel größer als die unsrige. Als identifizierbare Rasse lebten sie von 35 000 bis rund 5000 Jahren vor Chr.; sie verdienen unsere immerwährende Bewunderung wegen des außerordentlichen Niveaus ihrer künstlerischen Leistung.

Wie wir früher gesehen haben, weisen die Kulturerzeugnisse, die zusammen mit den vibrierend lebensnahen Gemälden in den Höhlen von Altamira in Spanien und Lascaux, Frankreich, vorkommen, ein C^{14}-Alter von 15 000 Jahren auf, und das macht es sehr wahrscheinlich, daß die Malereien der Hand der Cro-Magnon-Leute entstammen, die auch die Technik entwickelten, Stein-Werkzeuge und -Waffen in einem Grade von Perfektion zu verfertigen, der seither nie wieder erreicht wurde.

Was der Cro-Magnon-Rasse zustieß, bleibt ein Geheimnis. Anscheinend erfuhren sie im Endabschnitt ihrer Geschichte einen Niedergang und dürften wohl von den mediterranen und rundköpfigen alpinen Rassen überwältigt worden sein, die zu Beginn der geschichtlichen Zeit in Europa einfielen. Einige Züge der Cro-Magnon-Physiognomie sollen bei der Bevölkerung des nordwestlichen Frankreichs, der Bretagne, und vielleicht auch bei den Basken erhalten geblieben sein.

Indessen, sowohl die Neandertaler als auch das Cro-Magnon-Volk waren uns so ähnlich, daß kaum an unserer Verwandtschaft zu zweifeln bleibt. Wie steht es aber mit ihren Vorläufern? Welcher Zusammenhang besteht zwischen unseren ersten menschlichen Ahnen und den höheren Primaten, wie den Gorillas, Schimpansen und Pavianen?

Hier könnten wir uns in einem Labyrinth von Tatsache, Phantasie, Spekulation und spezieller Beweisführung verlieren. Einige Dinge scheinen jedoch leidlich sicher zu sein. Erstens sind wir physisch mit den Tieren der Erde verwandt. Zoologisch werden wir bei den Primaten eingeordnet; wir sind Säugetiere; und wir gehören zu der großen Gruppe der Wirbeltiere, d. h. der Tiere mit einer Wirbelsäule.

Zweitens haben wir einzigartige Spezialisierungen, die uns von unseren engsten Verwandten, den Menschenaffen, physisch unterscheiden. Zu diesen Besonderheiten gehören unser aufrechter Gang, der mit den vier Krümmungen unserer Wirbelsäule zusammenhängt, unser schüsselförmiges Becken und unsere relativ kurzen Arme; in dieser Hinsicht sind wir völlig verschieden zum Beispiel vom Gorilla, dessen Arme bis zu seinen Knien herunterbaumeln.

Der Verlust einer Körperbehaarung ist ein Unterscheidungsmerkmal und zugleich ein Rätsel; denn sie ist hauptsächlich vom Rücken verschwunden, während sie bei den Tieren, die ihr Haar in Anpassung an ein heißes Klima verloren haben, zuerst auf der Unterseite verschwindet. Bei den nördlichen Rassen bedeutet der Verlust der Hautpigmentierung eine weitere Spezialisation.

Unser Gesichtswinkel ist viel größer als der der Anthropoiden. Das heißt, eine Linie, die so gezogen wird, daß sie den größten Teil unseres Gesichtes berührt, ist nahezu vertikal; der Winkel beträgt rund 85°, während er bei einem Schimpansen, dessen Kiefer länger und dessen Stirn niedriger als bei uns ist, nur etwa halb so groß ist, nämlich 43°. Der Kiefer der Menschenaffen bewegt sich mehr transversal, während er bei uns eine viel größere Drehungsfähigkeit hat. Achten Sie einmal auf einen hingebungsvollen Gummikauer, um zu sehen, wie sich diese Eigenschaft äußert! Die Reduktion der Anzahl unserer Zähne — von der für Säugetiere normalen Zahl 44 herunter auf 32 — ist mehr für die Primaten als für den Menschen charakteristisch. Jedoch ist die Reduktion der Prämolaren hinsichtlich ihrer Benutzbarkeit oder ihrer Größe, gelegentlich auch die der Schneidezähne ein Anzeichen dafür, daß der Trend noch anhält.

Unser opponierbarer Daumen ist kein ausgesprochen menschliches Attribut, aber er ist eine ungewöhnlich bedeutsame Errungenschaft. Sie gibt uns die Fähigkeit, Gegenstände aufzunehmen und zu handhaben, letztenendes, um sie unseren Bedürfnissen nutzbar zu machen und mit Waffen und Werkzeugen in den Händen sowohl die Vorherrschaft über unsere Mitgeschöpfe zu gewinnen als auch unsere physikalische Umwelt so weit wie möglich zu beherrschen.

Das physische Merkmal, das uns am auffälligsten von unseren entfernten Vettern unterscheidet, ist die artikulierte Sprache. Über diese Fähigkeit, sich einander mitzuteilen, Gedanken auszutauschen oder Gefühle auszudrücken, eine Zusammenarbeit zu erzielen, verfügen nur menschliche Wesen; sie ist diejenige erfaßbare Eigenschaft, die uns am deutlichsten eine Sonderstellung verleiht. Keine andere Einzelfertigkeit der organischen Welt ist damit vergleichbar; denn das Medium der Sprache ließ uns unsere gemeinsame Humanität erreichen und ermöglichte die Welt des Geistes. Unsere nächsten Verwandten, die Affen, mögen zeitweilig bemerkenswert menschlich erscheinen, aber der Unterschied zwischen dem Verhalten der Anthropoiden und dem der primitivsten Menschen bleibt groß und ist fundamental.

Den Impuls für die Erwerbung dieser sozialen Züge, welche die Lebensweise der Anthropoiden von der der Menschen unterscheiden, lieferte wahrscheinlich die Entwicklung der Jagd als einer Maßnahme zur Existenzsicherung. Sobald die Menschen zu jagen lernten, wurde eine soziale Organisation von wesentlicher Bedeutung, und eine Art der Mitteilung wurde notwendig. Daß diese Lektionen schon vor langer Zeit gelernt wurden, wird durch das Zusammenvorkommen von Skeletten des Frühmenschen mit den im Feuer angekohlten Resten pleistozäner Säugetiere bewiesen. Schon vor vollen 50 000 Jahren waren die Menschen geschickte und todbringende Jäger.

Vor dem Hintergrund der Entdeckungen von Höhlenmenschen in Europa und bei dem steigenden Interesse der Naturwissenschaftler des 19. Jahrhunderts an Darwin's Theorien kann es nicht überraschen, daß eine Suche nach dem sogenannten „missing link", dem fehlenden Bindeglied, begann. Einer der Sucher war ein junger Arzt, Eugene DuBois; er war davon überzeugt, daß die Reste des Vorläufers der Menschenrasse in einem warmen Klima zu finden wären, so wie das für die Heimat der größeren heutigen Anthropoiden zutrifft. Sein Drang, die Tropen zu besuchen, wurde in ihm so stark, daß er dem Niederländischen Heer als Chirurg beitrat und sich nach Sumatra einschiffen ließ. Bei seiner Suche dort hatte er keinen Erfolg; als ihn aber die Rede von Fossilfunden in Java erreichte, reiste er dorthin, und nach den üblichen Fehlschlägen gelang ihm in den Jahren 1890—1893 bei Trinil eine Reihe bemerkenswerter Entdeckungen. Er fand den oberen Teil eines primitiven, menschenartigen Schädels, einen Kieferknochen, eine Anzahl Zähne und einen Femur. Diesen Resten gab er den Namen *„Pithecanthropus erectus"* („aufrecht gehender Affenmensch"). Obgleich er mit seiner Annahme, er habe die Reste eines primitiven, menschenartigen Geschöpfes gefunden, recht hatte, wurde er so lächerlich gemacht, daß er seine Funde bis 1923 verheimlichte. Glücklicherweise wurde DuBois' Werk von dem deutschen Paläontologen G. H. R. von Koenigswald von 1930 bis zum Ausbruch des Zweiten Weltkriegs fortgesetzt, bis er von den Japanern interniert wurde. Von Koenigswald fand genug Teilreste von *Pithecanthropus,* um uns wissen zu lassen, wie dieses primitive menschartige Wesen aussah. Es ging aufrecht; es war kürzer als die meisten von uns; seine Hirnschale war niedrig und flach und hatte eine Kapazität von nur 700 oder 800 Kubikzentimetern; und es hatte sehr starke, überhängende Augenbrauen. Seine Zähne waren groß, sein Unterkiefer war kräftig und nach vorn verlängert, doch hatte es, wie der Neandertaler-Mensch, kein Kinn. Die Tiere und Pflanzen, die zusammen mit seinen Resten angetroffen wurden, deuten eine kühle und relativ regnerische Klimaperiode an, und diese wird allgemein dem zweiten Interglazial gleichgesetzt. Wieviel Jahre vor heute das wirklich war, hängt davon ab, wie lange das Pleistozän dauerte.

Im Jahre 1941, ganz kurz vor seiner Internierung, machte von Koenigswald eine verblüffende Entdeckung, deren wahre Bedeutung niemals ausgewertet worden ist. Es war das die Auffindung von Bruchstücken eines riesigen Unterkiefers — nahe der Basis wenigstens $2^1/_2$ cm dick — und einiger enormer Zähne. Die gleiche Art menschlicher Zähne, die vielmals größer als die unsrigen sind, tauchten auch in Apothekerläden in Hongkong und anderswo als „Drachenknochen" auf. Zermahlen waren sie als Allheilmittel für ein weites Spektrum von Leiden sehr geschätzt.

Eines Tages mögen wir die Bedeutung dieser massiven Backenzähne kennenlernen. Für manche Archäologen waren sie rätselhafte Spuren einer ausgestorbenen Rasse von Riesen. Wenn deren Körpergröße zu diesen Zähnen in dem gleichen Verhältnis stehen sollte wie bei uns, dann wären diese Leute 3,30 m hoch gewesen. Um diese Folgerung zu entkräften, wurde darauf hingewiesen, daß die Zähne der Orang-Utans zwar größer als unsere sind, daß aber ihre Körpergröße dennoch viel geringer ist.

Knochen einer viel besser bekannten alten Menschenrasse wurden aus Höhlenablagerungen bei Chou-k'ou-tien, etwa 56 km südwestlich von Peking, ausgegraben. In einer niedrigen Kette von Kalkstein-Hügeln, die von Höhlen wabenartig durchsetzt sind, hat sich dort eine unermeßliche Menge fossiler Knochen angesammelt. Im Jahre 1923 wurden einige menschliche Zähne von den beiden Paläontologen J. G. Anderson aus Schweden und Otto Zdansky aus Österreich geborgen. Im Laufe der Jahre wurde mit Unterstützung der Rockefeller-Stiftung und unter der hingebenden Leitung von Davidson Black, einem jungen Anatomie-Professor am Union Medical College in Peking, eine immense Menge Material ausgegraben. Als Black 1934 starb, ging die Arbeit unter Franz Weidenreich, einem deutschen Paläontologen, der damals an der Universität Chikago tätig war, und Weng Chung Pei, einem chinesischen Paläontologen, weiter.

Die Knochen des primitiven Menschenvolkes, die dort gefunden wurden, werden nun der gleichen Gattung zugeschrieben wie der Java-Mensch, aber als eine etwas verschiedene Art angesehen, als *Pithecanthropus pekinensis* (Black). Sie hatten die gleichen massiven Kiefer, starke Zähne, niedrig-gewölbte Hirnschalen und ausnehmend vorstehende Augenbrauen-Wülste. Alles in allem wurden Reste von über 40 Personen geborgen, so daß sich eine überzeugende Kunde von dieser früh-pleistozänen Rasse ergab. So primitiv sie auch waren, sie besaßen Waffen und Werkzeuge und benutzten das

Feuer. Sie mögen entweder Kopfjäger oder Kannibalen gewesen sein; denn viel Material besteht aus angebrannten Schädeln, deren basaler Teil aufgebrochen ist.

Diese bemerkenswerte Sammlung ist anscheinend für immer verschwunden. Als sich am 5. Dezember 1941 die Drohung eines japanischen Vorstoßes auf Peking zuspitzte, wurden die Fossilien der Botschaftswache aus U. S. Marines überstellt, um sie in Gewahrsam zu nehmen. Am 8. Dezember wurden die Männer der Abordnung auf ihrem Wege zur Küste nach Tsingtau von den Japanern gefangengenommen. Bis zum heutigen Tage ist keine Kunde von dem unglücklichen Schicksal des Peking-Menschen in die Öffentlichkeit gedrungen.

In den letzten Jahren kamen die meisten Aufsehen erregenden Funde von Frühmenschen aus Südafrika. Die erste Entdeckung, diejenige eines Kinderschädels, machte 1924 Professor R. A. Dart von der Universität Witwatersrand. Dieses affenartige Fossil wurde aus einer aufgefüllten Kalkstein-Höhle geborgen. Seine Entdeckung wurde mit Unglauben, gemischt mit Spott, begrüßt; als aber die Echtheit des sogenannten Taungs-Kindes oder „Dart's Baby" von dem führenden südafrikanischen Anthropologen Robert Broom bestätigt worden war, wurde er als ein deutlich verschiedener Prähominide, als *Australopithecus africanus* (Dart) — was „afrikanischer Südaffe" bedeutet — anerkannt. Seither wurde durch die aufopfernden Arbeiten von Dr. Broom eine Anzahl Entdeckungen in Höhlen und Steinbrüchen in Transvaal gemacht, so bei Swartkrans 1949, Sterkfontein 1947 und 1949 und bei Komdraii 1958.

Sogar noch ältere Hominiden-Reste wurden entdeckt, und zwar 1960 in der Olduvai-Schlucht in Tanganjika durch das archäologische Team von Dr. und Mrs. L. S. B. Leakey (1961); diesen ältesten Werkzeug-Herstellern gaben sie den Namen *„Zinjanthropus"*. Glücklicherweise sind die Fossilreste in Lagen vulkanischer Aschen eingebettet, deren Alter durch die Kalium/Argon-Methode bestimmbar ist. Ein vorläufiges Alter von 1 750 000 Jahren wurde ihnen von G. H. Curtis und J. F. Evernden (Universität von Kalifornien) zugesprochen.

Wenn auch den verschiedenen Hominiden dieser südafrikanischen Gemeinschaft eine Reihe Namen gegeben wurde, so zeigen sie doch untereinander genug Ähnlichkeit, daß sie insgesamt *„Australopithecines"* oder „Südaffen" genannt werden. Was sie wirklich waren, ist noch nicht zufriedenstellend geklärt. Sie waren kurz, vielleicht gegen 1,50 m groß; sie gingen aufrecht, und ihre Schädel waren gut ausgewogen. Sie hatten große und kräftige Kiefer und Zähne sowie niedrige und fliehende Stirnen. Ihre Zähne waren menschenartig, aber ihre Gehirnkapazität entsprach mehr derjenigen der Affen; sie betrug nämlich im Mittel nur gegen 600 Kubikzentimeter. Ob sie etwas vom Feuer wußten oder ob sie Werkzeuge und Waffen herstellten, ist noch nicht völlig geklärt. Wenn uns auch diese alten Lebewesen Südafrikas sehr fern standen, so übertreffen nichtsdestoweniger die Ähnlichkeiten mit uns doch die Unterschiede.

Außer den genannten gibt es noch viele andere Formen primitiver Menschen, aber die Erforschung ihrer Besonderheiten und die Beziehungen der einen Form zur anderen und möglicherweise zu uns gehört eigentlich in den Bereich der Archäologie. Das Hauptanliegen dieser kurzen Darlegungen war zu zeigen, daß wir physisch offenbar mit Vorgängern verwandt sind, die viel primitiver waren als wir selbst. Daß die Entwicklung der heutigen Menschenrassen eine lange Zeit benötigte, scheint gleichfalls sicher. Wir wissen, daß Menschen während der Eiszeit lebten und Zeitgenossen vieler pleistozäner Säugetiere waren, die heute von der Erde verschwunden sind.

Was unsicher ist, das ist der wirkliche Evolutionsweg, den unsere Vorfahren durchliefen. Niemand weiß genau, wo die Wiege der Menschheit stand; ziemlich sicher ist nur, daß die Menschen von der Alten Welt ausgingen, aber ob von Afrika oder von Asien, darüber schweigt die Kunde. Unsere Beziehung zu den anderen Primaten liegt gleichfalls im dunkeln; doch herrscht allgemeine Übereinstimmung darüber, daß wir nicht von den Affen abstammen. Ob wir vor fernen Tagen mit ihnen einen gemeinsamen Vorfahren hatten, ist etwas, über das wir nur spekulieren können. Wer von sich sagen würde, daß er die Gestalt des menschlichen Stammbaumes kenne, wäre wirklich ein unbesonnener Mensch.

Dieses führt uns denn auch zum Ende unserer „Story". Erde und Meer sind Teile unseres Seins, genau so sicher, wie wir eines Tages zu ihnen zurückkehren werden. Meine Hoffnung bei der Abfassung dieses Buches ist die, daß Sie durch die Beschreibung der physikalischen Eigenschaften der Erde und der Prozesse, die sich auf und in ihr vollziehen, wenigstens den Ansatz zu einem Verständnis dieser wundervollen alten Kugel gewinnen mögen, die unsere Heimat ist, sowie einige Kenntnisse darüber, wie wir dazu kamen, das zu sein, was wir sind. Es tut mir am Ende der Geschichte leid, so viele Fragen nicht beantworten zu können, die uns noch bedrängen. Manche von ihnen werden noch zu Ihrer Lebenszeit beantwortet werden, aber andere werden offen bleiben, um in späteren Jahrzehnten neu gestellt zu werden.

Viele dieser Fragen haben wir lange Zeit mit uns herumgetragen — im wesentlichen sind sie dieselben, die Gott vor Jahrtausenden stellte, als er aus dem Wirbelwind zu Job sprach:

38 : 4 „Wo warst du, als ich die Erde gründete?"

38 : 16 „Bist du bis zu des Meeres Quellen vorgedrungen und in des Ozeans Tiefe einhergewandelt?"

38 : 18 „Hattest du acht auf die weiten Flächen der Erde? Gib Antwort, so du sie völlig kennst!"

38 : 25 „Wer grub für die Regenflut eine Rinne, einen Weg für das Donnergewölk?"

38 : 28 „Hat der Regen einen Vater, oder wer zeugte die Tropfen des Taues?"

38 : 29 „Aus wessen Schoß ging das Eis hervor; des Himmels Reif, wer hat ihn geboren?"

Und vielleicht ist die Antwort, die damals gegeben wurde, auch heute noch gültig:

„Betrachte die Erde, daß sie dich lehre!" (Job 12 : 8).

Literatur

1. Zitierte Literatur

AHLMANN, H. WILHELMSSON: Glacier variations and climatic fluctuations. In: Bowman mem. Lect. Ser., *3*, New York (Amer. geogr. Soc.) 1953.

ARAMCO: Handbook, 1960.

AXELROD, D. I.: Early Cambrian marine fauna. In: Sci., *128*, 7—9, 1958.

BAILEY, T. L., und R. JAHNS: Geology of the Transverse Range Province. Southern California 1954.

BASCOM, WILLARD: Ocean waves. In: Scient. Amer., *201*, 74—84, 1959.

BATEMAN, P. C.: Willard D. Johnson and the strike-slip component of fault movement in the Owens Valley, California, earthquake of 1872. In: Seismol. Soc. Amer. Bull., *51*, 483—493, 1961 (1962?).

BATES, D. R., u. a.: The earth and its atmosphere. New York (Basic Books, Inc.) 1957.

BLACK, R. F.: In: Geol. Soc. Amer. Bull., *65*, 1954.

BOWEN, N. L.: The evolution of igneous rocks. Princeton/N. J., 1928.

BOWEN, R. N. C.: The exploration of time. London 1958.

BOWMAN: Forest geography. New York 1911.

BRIGGS jr., LOUIS JSAAC: Evaporite facies. In: J. sediment. Petrol., *28*, H. 1, 1958.

BULLARD, F. M.: Volcanoes: in history, in theory, in eruption. Austin/Texas 1961.

BULLEN, K. E.: Seismology. London 1954.

BYERLY, PERRY: Seismology. Englewood Cliffs/N. J. 1954.

CARSEY, J. B., und M. S. Roberts: In: Bull. amer. Ass. Petrol. Geolog., *46*, 1962.

CARSON, RACHEL: The sea around us. New York 1950.

CLARKE, F. W.: The data of geochemistry. In: U. S. geol. Surv. Bull., *770*, 1924.

CLOSS, HANS: In: Jb. Min. Geol. Paläont. Beil.-Bd., *66*, B, 1931.

CLOUD jr., PRESTON, E.: Nature and origin of atolls. 8. Pac. Sci. Congr., *III-A*, 1009—1035, 1958.

COLEMAN, S. N.: Volcanoes, new and old. New York 1946.

CRONEIS, C. G., und W. C. KRUMBEIN: Down to earth. 1936.

DALY, REGINALD A.: The changing world of the ice age. New Haven/Conn. 1934.

DALY, REGINALD A., W. G. MILLER und G. S. RICE: Report of the commission appointed to investigate Turtle Mountain, Frank, Alberta. In: Canada geol. Surv. Mem., *27*, 1912.

DAVIS, W. M.: The coral reef problem. In: Amer. geogr. Soc. spec. Publ., *9*, 1928.

DAVISON, CHARLES: Great earthquakes. London 1936.

EATON, J. P., und K. J. MURATA: How volcanoes grow. In: Sci., *132*, 925—938, 1960.

EATON, J. P., D. H. RICHTER und W. V. AULT: The tsunami of May 23, 1960, on the Island of Hawaii. In: Seismol. Soc. Amer. Bull., *51*, 135—157, 1961.

EISELEY, L. G.: Charles Lyell. In: Scient. Amer., *201*, 98—106, 1959.

EMERY, K. O., J. I. TRACEY, H. S. LADD u. a.: Bikini and nearby atolls. In: U. S. geol. Surv. prof. Pap., *260*, 1954.

EWING, MAURICE, und WILLIAM L. DONN: A theory of ice ages. In: Sci., *123*, 1061—1066, 1956.

FAIRBRIDGE, R. W.: The changing level of the sea. In: Scient. Amer., *202*, 70—79, 1960.

FIELD, W. O.: Glaciers. In: The planet earth. New York 1957.

FISK, H. N.: Geological investigation of the alluvial valley of the lower Mississippi River. Vicksburg/Miss. 1944.

FLINT, R. F.: Glacial and Pleistocene geology. New York 1957.

FORBES, R. J.: Studies in early petroleum history. Leiden/Niederlande 1958.

FOX, SIR CYRIL S.: Water, a study of its properties, its constitution, its circulation in the earth, and its utilization by man. London 1951.

FRIEDKIN, J. F.: A laboratory study of the meandering of alluvial rivers. Vicksburg/Miss. 1945.

FULLER, M. L.: The New Madrid earthquake. In: U. S. geol. Surv. Bull., *494,* 1914.

FULLER, R. E., und A. C. WATERS: The nature of the horst and graben structures of southern Oregon. In: J. Geol., *37,* 204—238, 1929.

GALLOWAY, J.: Kettleman Hills Oilfield. 1943.

GAMOW, GEORGE: Gravity. (Anchor Books), Garden City/N. Y. 1960.

GILLULY, JAMES: Distribution of mountain building in geologic time. In: Geol. Soc. Amer. Bull., *60,* 561—590, 1949.

GREENE, J. C.: The death of Adam. Ames/Iowa 1959.

GRIGGS, D. T.: A theory of mountain building. In: Amer. G. Sci., *237,* 611—650, 1939.

GRIGGS, R. F.: The Valley of Ten Thousand Smokes. Washington, D. C. 1922.

GUTENBERG, B., und C. F. RICHTER: Seismicity of the earth. Princeton/N. J. 1949.

HAMILTON, H. C.: The geography of Strabo. London 1854.

HILL, M. L.: Classification of faults. In: Amer. Assoc. Petrol. Geolog. Bull., *31,* 1669—1673, 1947.

HILL, M. L., und T. W. DIBBLEE jr.: San Andreas, Garlock, and Big Pine faults, California. In: Geol. Soc. Amer. Bull., *64,* 443—458, 1953.

HILLS, E. S.: Outline of structural geology. London 1953.

HOUGH, J. L.: Geology of the Great Lakes. Urbana/Ill. 1958.

HOWELL, B. F.: Introduction to geophysics. New York 1959.

HUBBERT, M. KING: Nuclear energy and fossil fuels. In: Drill. and Product. Pract., 1956.

HUBBERT, M. KING, und W. W. RUBEY: Mechanics of fluid-filled porous solids and its application to overthrust faulting. In: Geol. Soc. Amer. Bull., *70,* 115—166, 1959.

HUNTINGTON, ELLSWORTH, und S. S. VISHER: Climatic changes. New Haven/Conn. 1922.

HURLBUT jr., C. S.: Dana's manual of mineralogy. New York 1956.

HUTCHINSON, G. E.: A treatise on limnology. Vol. I: Geography, physics, and chemistry. New York 1957.

JACOBS: Physics and geology. New York 1959.

JOHNSON, D. W.: Shore processes and shoreline development. New York 1919.

KELLOGG, C. E.: Great soil groupes. In: U. S. Dept. Agricultare 1936.

KENDRICK, T. D.: The Lisbon earthquake. London 1956.

KENNEDY, GEORGE C.: The origin of continents, mountain ranges, and ocean basins. In: Amer. Scient., *47,* 491—504, 1959.

KENNEDY, W. Q.: The Great Glen fault. In: Quart. J. geol. Soc. London, *102,* 41—76, 1946.

KENNEDY, W. Q., und J. E. RICHEY: Catalogue of the active volcanoes of the world. In: Bull. volc. Suppl. Sér. II, 7, 1947.

KING, C. A. M.: Beaches and coasts. London 1959.

KING, L. C.: Morphology of the earth. Edinburgh und London 1962.

KING, P. B.: The evolution of North America. Princeton/N. J. 1959.

KRAKATOA COMMITTEE: The eruption of Krakatoa. London 1888.

KRAUSKOPF, K.: Fundamentals of physical science. New York 1959.

KUENEN, PH. H.: Marine geology. New York 1950.

KUENEN, PH. H.: Realms of water. New York 1955.

KULP, J. L.: Geologic time scale. In: Sci., *133,* 1105—1114, 1961.

LAURING, PALLE: Land of the Tollund Man. London 1957.

LEAKEY, L. S. B., und R. F. SISSON: Exploring 1 750 000 years into man's past. In: Nat. geogr. Mag., *120,* 564—589, 1961.

LEET, L. D.: Causes of catastrophe. New York 1948.

LEET, L. D., und S. JUDSON: Physical geology. New York 1958.

LEOPOLD, L. B., und W. B. LANGBEIN: A primer on water. Washington/D. C. 1960.

LEOPOLD, L. B., und THOMAS MADDOCK jr.: The hydraulic geometry of stream channels and some physiographic implications. In: U. S. geol. Surv. prof. Pap., *252*, 1953.

LEOPOLD, L. B., und M. G. WOLMAN: River channel patterns: braided, meandering, and straight. In: U. S. geol. Surv. prof. Pap., *282-B*, 1957.

LIBBY, WILLARD F.: Radiocarbon dating. In: Sci., *133*, 621—629, 1961.

LOBECK, A. K.: Geomorphology. New York 1939.

MCGEE, W. J.: Sheetflood erosion. In: Geol. Soc. Amer. Bull., *8*, 86—112, 1897.

MACKIN, J. H.: Concept of the graded river. In: Geol. Soc. Amer. Bull., *59*, 561—588, 1948.

MANLEY, GORDON: Early meterological observations and the study of the climatic fluctuation. In: Endeavour, *21*, 43—50, 1962.

MARBUT, C. F.: Soils of the United States, Part III: Atlas of american agriculture. Washington 1935.

MEIGS, P.: Future of arid lands. In: Amer. Assoc. Advanc. Sci., 1956.

MEINZER, O. E.: Ground water in the United States; a summary. In: U. S. geol. Surv. Water Supply Pap., *836-D*, 1939.

MERDINGER, C. J.: Hydraulics through the ages. In: Military Engin., *51*, 379—384, 1959.

MOORE, RUTH: Man, time, and fossils. New York 1953.

MOORE, RUTH: The earth we live on. New York 1956.

MURRAY, G. E.: Geology of the Atlantic and Gulf Coastal province of North America. New York 1961.

OAKESHOTT, G. B., u. a.: Earthquakes in Kern County, California, during 1952. In: Calif. State Divis. Mines Bull., *171*, 1955.

PEMBERTON, J. R.: Economics of the oil and gas industry in California. In: Calif. Div. of Mines Bull., *118*, 3—14, 1940.

PENCK, A., und E. BRÜCKNER: Die Alpen im Eiszeitalter. 1909.

PETTIJOHN, F. J.: Sedimentary rocks. New York 1959.

PICCARD, JACQUES, und T. J. ABERCROMBIE: Man's deepest dive. In: Nat. Geogr., *118*, 224—239, 1960.

PLAYFAIR, JOHN: Illustrations of the Huttonian theory of the earth. Edinburgh 1802.

PRICE, P. H.: Evolution of geologic thought in prospecting for oil and natural gas. In: Bull. amer. Assoc. Petrol. Geolog., *31*, 673—697, 1947.

REID, H. F.: The Lisbon earthquake of November 1, 1755. In: Seismol. Soc. Amer. Bull., *4*, 53—80, 1914.

RICHEY, J. E., H. H. THOMAS u. a.: Scotland: The Tertiary volcanic districts. London 1930.

RICHTER, C. F.: Elementary seismology. San Francisco 1958.

ROCKWELL, D. W., und A. G. ROJAS: Bull. amer. Assoc. Petrol. Geolog., *37*, 1953.

RUBEY, W. W.: The force required to move particles on a stream bed. In: U. S. geol. Surv. prof. Pap., *189-E*, 1938.

RUBEY, W. W.: Geology and mineral resources of the Hardin and Brussells quadrangles (in Illinois). In: U. S. geol. Surv. prof. Pap., *218*, 1952.

RUSSELL, R. J.: Climatic change through the ages. In: Climate and man. Yearb. Agricult. Washington/D. C. 1941.

SHALER, N. S.: Aspects of the earth. New York 1896.

SHEPARD, FRANCIS P.: The earth beneath the sea. Baltimore/Md. 1959.

SIMPSON, G. C.: Roy. meteorol. Soc. quart. J., *60*, 1934.

STEARNS, H. T., und W. O. CLARK: Geology and water resources of the Kau District, Hawaii. In: U. S. geol. Surv. Water Supply Pap., *616*, 1930.

STEARNS, H. T., und G. A. MACDONALD: Geology and groundwater resources of Hawaii. In: U. S. geol. Surv. Bull., *9*, 1946.

STRAHLER, A. N.: Physical geography. New York 1951.

SVERDRUP, H. U., M. W. JOHNSON und R. H. FLEMING: The oceans. New York 1942.
TAYLOR, F. J., und E. M. WELTY: Black bonanza (story of Union Oil Co. of California). New York 1950.
THOMAS, H. E.: The conservation of ground water. New York 1951.
TOLMAN, C. F.: Ground water. New York 1937.
TRASK, P.: Recent marine Sediments. In: Amer. Ass. Petrol. Geolog. 1939.
TUAN, YI-FU: Pediments in southeastern Arizona. In: Univ. Calif. Publ. Geogr., *13,* 1—163, 1959.
TYRRELL, G. W.: Volcanoes. New York 1931.
UMBGROVE, J. H. F.: Symphony of the Earth. Den Haag 1950.
VARNES, D. J.: Landslide types and processes. Kap. 3 von: Landslides and engineering practice. In: Highway Res. Board spec. Rept., *29,* 1958.
VENING-MEINESZ, F. A., J. H. F. UMBGROVE und PH. D. KUENEN: Gravity expeditions at Sea, 1923—1932. 1934.
VERHOOGEN, J.: Temperatures within the earth. In: Physics and Chemistry of the earth, *1,* New York 1956.
WELDER, F. A.: Processes of deltaic sedimentation on the lower Mississippi River. In: Coast. Stud. Inst. Louisiana State Univ. techn. Rept., *12,* Baton Rouge/La. 1959.
WHITTEN, C. A.: Horizontal earth movement, vicinity of San Francisco. In: Amer. geophys. Union Trans., *29,* 318—323, 1948.
WILLIAMS, HOWEL: The history and character of volcanic domes. In: Univ. Calif. Publ. Bull. Dept. geol. Sci., *21,* 51—146, 1932.
WILLIAMS, HOWEL: Calderas and their origin. In: Univ. Calif. Publ. Bull. Dept. geol. Sci., *25,* 239—346, 1941.
WILLIAMS, HOWEL: The geology of Crater Lake National Park, Oregon. In: Carnegie Inst. of Washington Publ., *540,* 1942.
WILLIAMS, HOWEL: Progress and problems in volcanology. In: Quart. J. geol. Soc. London, *109,* 311—332, 1953.
WILLIS, BAILEY: East African plateaus and rift valleys. In: Washingt. Publ., *470,* 1936.
WILLIS, B., und R. WILLIS: Geologic structures. New York 1929.
ZUMBERGE, J. H.: Elements of geology. London 1958.

2. Ergänzende Lehrbücher

ASHGIREI, G. D.: Strukturgeologie. Berlin 1963.
AUBOUIN, J., R. BROUSSE u. a.: Précis de Géologie. Teil 3: Tectonique, Morphologie, Globe terrestre. Paris 1968.
BENTZ, A. (Hrsg.): Lehrbuch der Angewandten Geologie. Band 1: Allgemeine Methoden. Stuttgart 1961.
BENTZ, A., und H. J. MARTINI (Hrsg.): Lehrbuch der Angewandten Geologie. Bd. 2, T. 1. Stuttgart 1968.
BILLINGS, M. P.: Structural Geology. 2. Aufl. Englewood Cliffs 1954.
BOGOMOLOW, G. W.: Grundlagen der Hydrogeologie. Berlin 1958.
BRINKMANN, R.: Abriß der Geologie. 1. Bd.: Allgemeine Geologie. 10. Aufl. Stuttgart 1967. — 2. Bd.: Historische Geologie. 9. Aufl. Stuttgart 1966.
BRINKMANN, R. (Hrsg.): Lehrbuch der Allgemeinen Geologie. Bd. I. Stuttgart 1964. — Bd. III: Stuttgart 1967.
BUBNOFF, S. v.: Grundprobleme der Geologie. 3. Aufl. Berlin 1954.
BUBNOFF, S. v.: Einführung in die Erdgeschichte. 3. Aufl. Berlin 1956.
CLOOS, H.: Einführung in die Geologie. Ein Lehrbuch der inneren Dynamik [Nachdruck]. Berlin 1963.

COLBERT, E. H.: Die Evolution der Wirbeltiere. Stuttgart 1965.

CORNELIUS, H. P.: Grundzüge der allgemeinen Geologie. Wien 1953.

DORN, P.: Geologie von Mitteleuropa. 3. Aufl. Stuttgart 1966.

EASTON, W. H.: Invertebrate Paleontology. New York 1960.

EHRENBERG, K.: Paläobiologie und Stammesgeschichte. Ein Leitfaden. Wien 1952.

EHRENBERG, K.: Paläozoologie. Wien 1960.

EMMONS, W. H., G. A. THIEL, C. R. STAUFFER und I. S. ALLISON: Geology. Principles and Processes. 5. Aufl. New York 1960.

FRIEDENSBURG, F.: Die Bergwirtschaft der Erde. 6. Aufl. Stuttgart 1965.

GAMOW, G.: Die Lebensgeschichte der Erde. München.

GARRELS, R. M.: A Textbook of Geology. New York 1951.

GHEYSELINCK, R.: Die ruhelose Erde. Berlin 1947.

GOODRICH, E. S.: Studies on the structure and development of Vertebrates. T. I u. II. New York 1958.

GOTHAN, W., und H. WEYLAND: Lehrbuch der Paläobotanik. Berlin 1954.

GRABAU, A. W.: Principles of Stratigraphie. T. I u. II. New York 1960.

GRESSWELL, R. K.: Geology for Geographers. London 1963.

HÖLDER, H.: Geologie und Paläontologie in Texten und ihrer Geschichte. Freiburg 1960.

HUSSEY, R. C.: Historical Geology. 2. unveränd. Aufl. New York 1947.

JONES, D. J.: Introduction to Microfossils. New York 1956.

JUNG, K.: Kleine Erdbebenkunde. 2. Aufl. Gießen 1953.

KAY, M., und E. H. COLBERT: Stratigraphy and Life History. New York 1965.

KEIL, K.: Ingenieurgeologie und Geotechnik. 2. Aufl. Halle/Saale 1954.

KETTNER, R.: Allgemeine Geologie. Bd. I. Der Bau der Erdkruste. — Bd. II. Zusammensetzung der Erdkruste, Entstehung der Gesteine und Lagerstätten. — Bd. III. Die äußeren geologischen Kräfte, die Erdoberfläche und die geologische Tätigkeit des Wassers. — Bd. IV. Die äußeren geologischen Kräfte, die Erdoberfläche und die geologische Tätigkeit des Eises, des Windes, der Schwerkraft, der Organismen und des Menschen. Berlin 1958—1960.

KNETSCH, G.: Geologie von Deutschland und einigen Randgebieten. Stuttgart 1963.

KUENEN, PH. H.: Marine Geology. New York 1950.

KUHN, O.: Lehrbuch der Paläozoologie. Stuttgart 1949.

KUHN, O.: Deutschlands vorzeitliche Tierwelt. 2. Aufl. Bonn/München/Wien 1956.

KUHN-SCHNYDER, E.: Geschichte der Wirbeltiere. Basel 1953.

KUKUK, P.: Geologie, Mineralogie und Lagerstättenlehre. 3. Aufl. Berlin/Göttingen/Heidelberg 1960.

KUMMEL, B.: History of the Earth. San Francisco/London 1961.

LAHEE, F. H.: Field Geology. 6. Aufl. New York 1961.

LEET, L. D., und S. JUDSON: Physical Geology. New York 1954.

LEGGET, R. F.: Geology and Engineering. 2. Aufl. New York 1962.

LEHMANN, U.: Paläontologisches Wörterbuch. Stuttgart 1964.

LINCK, G., und H. JUNG: Grundriß der Mineralogie und Petrographie. 3. Aufl. Jena 1960.

LONGWELL, C. R., A. KNOPF und R. F. FLINT: Physical Geology. 3. Aufl. New York 1949.

LOTZE, FR.: Geologie. 4. Aufl. (Samml. Göschen, Bd. 13/13a). Berlin 1968.

LOTZE, FR.: (Hrsg.): Handbuch der stratigraphischen Geologie (14 Bde.).
I. Allgemeine Grundlagen der Stratigraphie — II. Quartär — III. Tertiär, 1. T. Grundzüge regionaler Stratigraphie, 2. T. Wirbeltierfaunen — IV. Jura — V. Kreide — VI. Trias — VII. Perm — VIII. Karbon — IX. Devon — X. Silurium — XI. Ordovizium — XII. Kambrium — XIII. Präkambrium, 1. T. Nördliche Halbkugel, 2. T. Südliche Halbkugel — XIV. Überblick über die Erdgeschichte. Stuttgart seit 1959.

LOUIS, H.: Allgemeine Geomorphologie. 3. Aufl. Berlin 1968.

MACHATSCHEK, F.: Geomorphologie. 7. Aufl. Stuttgart 1959.

METZ, K.: Lehrbuch der Tektonischen Geologie. 2. Aufl. Stuttgart 1967.

Müller, A. H.: Großabläufe der Stammesgeschichte. Jena 1961.

Müller, A. H.: Lehrbuch der Paläozoologie. Bd. I. Allgemeine Grundlagen. 2. Aufl. — Bd. II. Invertebraten, T. 1. Protozoa — Mollusca 1. 2. Aufl.; T. 2. Mollusca 2 — Arthropoda 1. 2. Aufl.; T. 3. Arthropoda — Stomochorda. — Bd. III. Vertebraten, T. 1. Fische im weiteren Sinne und Amphibien. Jena 1963—1966.

Murawski, H.: Geologisches Wörterbuch. 5. Aufl. Stuttgart 1963.

Moore, R. C.: Introduction to Historical Geology. 2. Aufl. New York 1958.

Moore, R. C. (Hrsg.): Treatise on Invertebrate Paleontology. Teil A—X.
A. Introduction — B—D. Prostista 1—3 — E. Archaeocyatha and Porifera — F. Coelenterata — G. Bryozoa — H. Brachiopoda, Bd. I u. II — I—N. Mollusca 1—6 — O—R. Arthropoda 1—4 — S—T. Echinodermata 1 u. 2 — U. Echinodermata 3, Bd. I u. II — V. Graptolithina — W. Miscellanea — X. Addenda, Index. Kansas seit 1953.

Moret, L.: Précis de Geologie. 2. Aufl. New York 1958.

Neef, E.: Das Gesicht der Erde (Taschenbuch der Physischen Geographie). Frankfurt/M. 1962.

Ordway, R. J.: Earth Science. Princeton/New Jersey 1966.

Petraschek, W. E.: Lagerstättenlehre. 2. Aufl. Wien 1961.

Pettijohn, F. J.: Sedimentary Rocks. 3. Aufl. New York 1959.

Piveteau, J. (Hrsg.): Traité de Palèontologie (Teil I—VII).
I. Les stades inférieurs d'organisation du Règne animal. — Introduction — Généralités — Protistes — Spongiaires — Coelentérés — Bryozoaires. — II. Problèmes d'adaptation et de phylogénèse. — Brachiopodes — Chétognathes — Annélides — Géphyriens — Mollusques. — III. Les formes ultimes d'Invertébrés: morphologie et évolution. — Onychophores — Arthropodes — Echinodermes — Stomocordés. — IV. L'origine des vertébrés. Leur expansion dans les eaux douces et le milieu marin. Bd. 1. Vertébrés (généralités) — Agnathes. Bd. 2. Placodermes — Élasmobranches. Bd. 3. Actinoptérygiens — Crossoptérygiens — Dipneustes. — V. La sortie des eaux. Naissance de la Tétrapodie. L'exubérance de la vie végétative. La conquête de l'air. — Amphibiens — Reptiles — Oiseaux. — VI. L'origine des Mammifères et les aspects fondamentaux de leur évolution. Bd. 1. Mammifères origine reptilienne évolution. Bd. 2. Mammifères évolution. — VII. Vers la forme humaine. Le problème biologique de l'homme. Les époques de l'Intelligence. — Primates — Paléontologie humaine. Paris seit 1952.

Pokorny, V.: Grundzüge der zoologischen Mikropaläontologie. 2 Bde. Berlin 1958.

Read, H. H., und J. Watson: Introduction to Geology. Vol. I: Principles. London 1963.

Rittmann, A.: Vulkane und ihre Tätigkeit. 2. Aufl. Stuttgart 1960.

Rogers, J. J. W., und J. A. S. Adams: Fundamentals of Geology. New York 1966.

Romer, A. S.: Vertebrate Paleontology. 3. Nachdruck. Chicago 1947.

Schaefer, W.: Aktuo-Paläontologie nach Studien in der Nordsee. Frankfurt a. M. 1962.

Schindewolf, O. H.: Grundfragen der Paläontologie. Stuttgart 1950.

Schwarzbach, M.: Das Klima der Vorzeit. Eine Einführung in die Paläoklimatologie. 2. Aufl. Stuttgart 1961.

Schwinner, R.: Lehrbuch der physikalischen Geologie. Berlin 1936.

Shrock, R. R., und W. H. Twenhofel: Principles of Invertebrate Paleontology. New York 1953.

Simon, W.: Zeitmarken der Erde. Grund und Grenze geologischer Forschung. Braunschweig 1948.

Sitter, L. U. de: Structural Geology. 2. Aufl. New York 1964.

Stille, H.: Grundfragen der vergleichenden Tektonik. Berlin 1924.

Stokes, W. L.: Essentials of Earth History. 2. Aufl. London 1966.

Stovall, J. W., und H. E. Brown: The Principles of Historical Geology. Boston 1954.

Taschenbuch der Geologie: Die Entwicklungsgeschichte der Erde. Hanau/M. 1962.

Termier, H., und G. Termier: Histoire géologique de la Biosphère. Paris 1952.

Termier, H., und G. Termier: Traité de Géologie. 4 Bde. Paris 1952—1961.

Termier, H., und G. Termier: Paléontologie stratigraphique. Paris 1960.

Termier, H., und G. Termier: Erosion and Sedimentation. London 1963.

THENIUS, E.: Versteinerte Urkunden. Berlin/Göttingen/Heidelberg 1963.

TRIMMEL, H.: Höhlenkunde. Braunschweig 1968.

WAGNER, G.: Einführung in die Erd- und Landschaftsgeschichte mit besonderer Berücksichtigung Süddeutschlands. 3. Aufl. Öhringen 1960.

WINKLER, H. G. F.: Die Genese der metamorphen Gesteine. Berlin/Heidelberg 1965.

WINKLER-HERMADEN, A.: Geologisches Kräftespiel der Landformung. Wien 1957.

WOLDSTEDT, P.: Das Eiszeitalter. I. Bd. Die allgemeinen Erscheinungen des Eiszeitalters. 3. Aufl. Stuttgart 1961. — II. Bd. Europa, Vorderasien und Nordafrika im Eiszeitalter. 2. Aufl. Stuttgart 1965. III. Bd. Afrika, Asien, Australien und Amerika im Eiszeitalter. 2. Aufl. Stuttgart 1965.

WOODFORD, A. O.: Historical Geology. San Francisco/London 1965.

WOODS, H.: Palaeontology Invertebrate. 8. Aufl. Cambridge 1963.

YOUNG, J. Z.: The Life of Vertebrates. 3. Aufl. Oxford 1958.

ZUMBERGE, J. H.: Elements of Geology. 2. Aufl. New York 1963.

Register

Aa-Lava 98, 101
Abblättern [Exfoliation] 234
Abbröckeln [down wasting] 271, 272
Abbrüche auf dem Meeresboden 379
Abfluß in Wüsten 296
Abflußlosigkeit (innere Entwässerung) 292
Abflußmenge eines Flusses 261—262
abgebender [influenter] Wasserlauf 448, 449
abgeschliffene Bergausläufer 342
Abkühlungsflächen 77
Ablagerung in Wüsten 296—302; Ablagerungsbereiche 109—111;
von Flüssen 274—287;
von Gletschern 341—346;
vom Wind 309—314
Ablagerungsbereiche 109—111
Abrasion, glaziale 332, 334—335
Abrißnarbe 251
Abschiebung 160, 161—167, 168
Absenkungstrichter 453—454
absolutes geologisches Alter 493—499
Abtrag, rückwärtiger 273
adiabatischer Effekt 27
äquatoriale Ausbauchung 14
Ären, Benennung 505
Ätna, Sizilien 79
afrikanische Riff-Täler 166—167
Agassiz, Louis 323
Agassiz-Glazialsee 355
Aggradation von Flüssen 269
Akkumulationsterrasse, Meeres- 399
Aktualitätsprinzip 85
Alabaster 51
Albert-See (Afrika) 166
Alëuten-Inseln 82
Algen, Kalk-abscheidend 116, 128
Alpen 150, 322—323, 325, 329, 336, 338, 424, 429
Altwasser [Totwasser] eines Flusses 275, 277
Amethyst 38
Ammoniten 519—520
Amphibien 510
Amplitude seismischer Wellen 212
Andesit 61; Gefüge und Zusammensetzung 63; Unterschied zum Basalt 64
Angiospermen 518
Angkor Wat (Kambodscha) 226, 242, 243
Anglo-Iranian Oil Company 484, 485
Anglo-Persian Oil Company 484
Anhydrit 51, 125
Ankylosaurus 515—516
Anorthosit 64
Antarktis, Eiskappe 324, 347
Anthrazit 128
Antiklinale 149, 152; als Falle für Erdöl 470—473
Antiklinal-Theorie der Anreicherung von Öl 467
Appalachen-Gebirge 425, 426; Entwicklung 430—432; Querprofil 430—431
Arabian American Oil Company 487
Arabien: Erdöl 485—489; Sanddünen 311—313
Aral-See 110, 319
Aramco 487
Archaeopteryx 518, 519
Arête 338, 342
Argon in der Atmosphäre 25
aride Gebiete: Erosion 319—320; Flußerosion 295—306
Aristoteles über Erdbeben 207; über Grundwasser 445
Arkose 123, 238
Arktik, Beziehung zur Vereisung 365
artesischer Brunnen 453; in Frankreich 447; Po-Ebene 447
Aschen, vulkanische 68, 84, 93—95
asymmetrische Falten 149
Atacama-Wüste (Chile) 293, 314
Atmosphäre 20, 25—29; Abnahme des Drucks mit der Höhe 26; Abnahme der Temperatur mit der Höhe 28; Aufbau 28; Einfluß auf das Leben 29; Gewicht 26; Zusammensetzung 25
Atoll 413—421; Bikini 415, 420; Funafuti 420; Kwajelein 417
Atom 41
atomarer Kristall 46
Atomgröße 43
Atomkern 41
Atomradius 43
Atomstruktur 41
Atomzahl [Atomnummer] 42
Aufeinanderfolge von Gesteinen 500
aufnehmender [effluenter] Wasserlauf 449
Aufschwemmungs-Ebene, glazial 350
Augen [Blasten] 137

Aureole [Hof] einer Kontaktmetamorphose 71, 72, 135
Aussterben von Lebensformen 503
Australien: Vereisung 360
Australopithecines 534
Australopithecus africanus 534
Avery-Island-Salzstock 154

Bahrein: Erdöl 487
Bajada 299, 304
Balchasch-See (UdSSR) 319
bankige Klüftung 158
Barchan 314
Barrière-Riff 413, 414
Barstow-Mulde (Kalifornien) 178
Basalt 60, 61, 64; Säulenabsonderung 65—67, 75; Tiefsee 64; Ergüsse 64; auf Hawaii 64, 95, 98; Indien 64; Lava ergießt sich in die See, Hawaii 100; Lava-Ströme, Irland 104; Plateaus 64, 103; Radioaktivität 220; Schlackentextur 64, 65; Unterscheidung von Andesit 64; Südamerika 64; Gefüge und Zusammensetzung 64; Vulkane 64
Basisniveau in ariden Bereichen 320
Basisniveau der Erosion 272
Basisschichten 119
Batholith 71; Auftreten 73; Beziehung zur Gebirgsbildung 439; Platznahme 72; Ursprung 72—73
Bauxit 237, 242
Bayou 280
Becken-und-Gebirgs-Provinz 315—319, 425—428
Bergschrund 332, 333, 344
Bering-Straße als Landbrücke 366—367
Biegung eines Flusses 277
Bikini-Atoll 415; Bohrungen 420
Bimsstein 66, 67, 84, 85, 90, 91
Biotit 48; Verwitterung 238
Blackhawk-Bergrutsch (Kalifornien) 250
Bläser 472, 473, 475
Blattverschiebung 160, 167—172, 192—193; s. auch „Seitenverschiebung"
Blauerde 78
blaugrüner Schlick 377
Blauschlick 377
Blockgebirge 164, 425—429
Blocklehm 111
Blue glacier (Wash.) 327
„Blue ground" 78
Blütenpflanzen 518
Boden 225, 239—243; Beziehung zum Klima 239; zonale Böden 240—243
Boden-Faultier 527, 528
Bodenfließen 245—246
Bodenfracht eines Flusses 264—266; Bewegung 265
Bodenprofil 239; in Moränen 356
Bodensenkung: in Beziehung zu Erdbeben 200; in Beziehung zum Grundwasser 459; bei Deltas 287
Böschungen bei Erdrutschen 251—253; Verwerfung: s. „Verwurf"
Bohrkerne, Tiefsee 373
Bolson 299, 315—316
Bombe, vulkanische 68
Bonneville-Salzebenen (Utah) 125, 292, 317, 318
Bonneville-See (Utah) 317, 318
Bor in salinaren Seeablagerungen 301
Borax 126
botn 336
Bottnischer Meerbusen 186
Bouguer, Pierre 14, 16, 19
Brachiopoden 509, 510
Bradford-Ölfeld (Pa.) 466
Brandung 395—397
Brandungsklippe 399, 400
Brandungs-Plattform 398—400
Brasilien, Vereisung 360
Braunkohle 128
Brechung von Meereswellen 395—397
Breitengrad: Länge 13; Messung 14, 15
Brekzie: sedimentäre 122; vulkanische 69, 98
British Petroleum Company Ltd. 485
Bruchschollen-Gebirge 425—429
Bruchstufe: s. „Verwurf"
Brunnen: artesische 453; Pump- 453—454
Bryce Canyon (Utah) 113
Buchtenküsten 402, 403—406; Kalifornien 402; Maine 403
Bucklige Moränenlandschaft 351
Bunker Hill 353
Burgan-Ölfeld 485
Burmah Oil Company 484

Cajon-Paß (Kalif.): junge Krustenbewegungen 184
Caldera: s. Kaldera
California State Earthquake Commission 193
Canyon de Chelly 113
Capri (Insel) 183
Carlsbad-Höhlen (New Mexico) 455, 456
Carrara (Italien) 141
Cascade Range (Ore.-Wash.) 425
Cavendish, Henry 17
Cenotes 459
Centennial Lake, Vicksburg (Miss.) 279, 280
„*Challenger*"-Expedition 371, 380

Challenger-Tiefe 378
chemische Sedimentgesteine 124—128
chemische Verwitterung 235—238
Chesapeake Bay, Riaküste 404
Chichen-Itza: Wasserversorgung 459
Chile: Wüste 293
China: Bohrungen 447, 463; Löß 309
Chinook (Wind) 27
Chronologie, glaziale 357—358
Chrysolith 50
Cirque: s. „Kar“
Cleaver 337, 344
Coconino-Sandstein 114
col 338
Colorado-Fluß 244, 259, 266, 272
Colorado-Plateau: Hebung 432; Problem seines Ursprungs 440
Columbia-Lavaplateau 64, 103
Convict Lake (Kalif.): metamorphosierte Sedimente 132; Moränen 345
Coquina 117
Cordaites 512
corrie 336
Crater Lake 71, 86, 87
Cro-Magnon-Mensch 531
Cromer Ridge (England): Moräne 352
Crossopterygier 510
cwm 336

Dachschiefer 32
Dakota-Sandstein 453
Dalmatinische Küste: Karstlandschaft 457—458
Daly, R. A.: Glazialsteuerungs-Theorie von Korallenriffen 418—419
Darwin, Charles: Korallenriffe 413—414; Reise der *Beagle* 413
Death Valley 318; verwildertes Flußsystem 280, 297; Salzablagerungen 300—301
Deccan-Lavaplateau 103
Deckenüberschiebungen 172—174
Deflation 308
Degradieren von Flußbetten 269
Delta 110, 282—287; Bodensenkungen 287; Mississippi 284—287; Niederungen an Deltaflanken 283; Nil 282—283; Rhein 287; Subdelta 285; Vogelfuß- 285
Deltastruktur 119
Desenberg b. Warburg (Westfalen) 78
Devil's Postpile (Kalif.) 66, 67, 302
Diabas 64
Diamant 39, 46; in Kimberlit 78
Diatomeen 24, 128, 129, 380—381; von Seen 381
Diatomeen-Schlick 381
Diatomit 129, 381
Dichte des Erdinnern 219
Dicke: des Eises der Antarktis 324; von Sedimenten in Gebirgen 430—431
Differentiation von Magma 59—60
Dinosaurier 514—516
Dinosaurier-Nationalpark (Utah) 147
Diorit 60, 61, 62, 71
Diplodocus 514
disharmonische Falten 151
diskontinuierliche Reaktionsreihe 60
Diskontinuitätsflächen im Erdinnern 216—219
diskordante Intrusion 75
Diskordanzen 174—179; als Fallen für Erdöl 473, 476
Dolomit (Gestein) 129; Speicher für Erdöl 470
Dolomit (Mineral) 50, 126
Dover (England) 131
Drake, E. L. 463
Drehwaage 477
Drift 321
Druck: in der Atmosphäre 26; des gefrierenden Wassers 227—229; bei Tiefenmetamorphose 142; im Meer 22
Druckspiegel 453
Drumlin 350, 353, 354; auf Meeresboden 375
Düne: s. Sanddüne
Dünung 394
Dunit 50
Durchbruch [cut off] 280
Durchkreuzungs-Beziehungen 500
duricrust 243
Dynamometamorphose 135, 136—137
dynamothermale Metamorphose 135, 138

Earthquake Commission of California 193
Echolot 371
effluenter Wasserlauf 449
ehemalige Seen der westlichen U. S. A. 316—318
Einsprenglinge bei porphyrischer Struktur 58
Eis: Depression des Landes durch ~ 324—325; Kristalle 36, 37; Mächtigkeit in der Antarktis 324; ein Mineral 38; Übergang von Schnee in ~ 325—326; Volumen in Gletschern 324
Eisberg 321
Eisdecke 328; s. auch „Gletscher“
Eisen-Magnesium-Mineralien 48
Eisenoxid 120; Zement 454
Eiserosion 332—335
Eiskappe 324; Antarktis 324, 347; Grönland 324, 347, 348
Eiskeil 231
Eissee 355—356
Eiszeit 323, 356—358, 496—499, 521
Elektron 42

Elemente 42; Verteilung in der Erdkruste 34
Ellsworth Mountains (Antarktis) 422
Eluvial-Zone 239
Endmoräne 342, 344, 345, 350; auf dem Meeresboden 375
Epizentrum 213, 214
Epochen, Benennung 506—507
Eratosthenes: Größe der Erde 12
Erdbeben 79, 80, 100, 160, 162, 167, 180, 188—206, 378, 436; Arvin Tehachapi (Kalif.) 206; Beziehung zu Brüchen 193—196, 202; Beziehung zwischen Epizentren und Vulkanen 79—80; Beziehung zu Gebirgsketten 195, 196; Beziehung zu Tiefsee-Gräben 378; Beziehung zu Vulkanen 79, 195, 196; Erdrutsche, verursacht durch E. 201; Epizentrum 213, 214; Grand Banks 390; Hebgen Lake (Mont.) 162, 201, 202, 203; Herd 213; Herdtiefe 214, 215; Imperial Valley (Kalif.) 199; Japan 196; Laufzeitkurven 212—213; Lissabon 196—198; Lone Pine (Kalif.) 161, 200—202; Long Beach (Kalif.) 205; New Madrid (Missouri) 198—200; Owens Valley (Kalif.) 200—202; San Franzisko 167; Tiefherd-Beben 214, 215, 436; Tokio 202—204; Ursachen von 193—196; Verbreitung 193—196, 221; Yokohama 202—204
Erdbeben von Lissabon 196—198
Erdbeben-Kommission von Kalifornien 193
Erdbeben-Schäden: Arvin Tehachapi (Kalif.) 206; Beziehung zum Untergrund 191, 205; Faktoren 205—206; Lissabon 196—198; Lone Pine (Kalif.) 200—202; Long Beach (Kalif.) 205; Owens Tal (Kalif.) 200—202; San Franzisko 188—193; San Jose (Kalif.) 189, 190; an der Southern-Pacific-Eisenbahn 206; Tokio und Yokohama 202—204
Erde 11—32; Dichte 17; Form 13; Gestalt 13; Gewicht 17; Gliederung 20; Größe 11; Inneres: vgl. Erdinneres; Kern 17, 18, 216—218; Masse 15; Oberflächen-Bereich 21; von einer Rakete aus gesehen 10; wichtigste Oberflächen-Niveaus 21; schichtiger Aufbau 18, 53; spezifisches Gewicht 15, 17
Erdgas 465
Erdinneres 215—221; Bau 216—218; Dichteverteilung 219; Druck 219—220; Effekt der Radioaktivität 220; Inhomogenitäten 216—219; Kern 17, 18, 216—219; Mantel 216; schichtiger Aufbau 17, 53; Temperatur 220—221
Erdkern 17, 18, 216—218
Erdkruste: chemische Zusammensetzung 34; Deformationsbetrag 181—185; Dicke 210; Horizontal-Verschiebungen 185; Instabilität 180; Verformung 180—187, 521 [s. auch unter Erdbeben, Brüche, Falten, Inhomogenität]; s. auch „Lithosphäre"
Erdöl: von Erdrutschen abgeschnittene Bohrlöcher 253; ansteigende Produktion 480; Bohren 463, 465, 467, 486, 489; Entstehung von 467—468; Fallen 470—475; Irak 484—485; Iran 483—484; Kuwait 485; im Mittleren Osten 483—489; Muttergesteine 468—469; Reserven 479, 480, 488—489; Saudi-Arabien 485—487; Speichergesteine 469—470; Transport von 465, 466, 482; untermeerisch 489; Vorkommen der Welt 481—482
Erdöl-Industrie: Geschichte in den U. S. A. 463—465; Zukunft 479—481
Erdrutsche 246, 251—254; Culebra-Einschnitt (Panama) 253; durch Erdbeben 201; Frank (Alberta) 250; Gohna (Indien) 250—251; Hebgen-See (Mont.) 201; Klassifikation 244, 248; Pacific Palisades (Kalif.) 254; Palos Verdes Hills (Kalif.) 252; s. auch „Felsstürze"
Erg 311, 312
Erosion in Wüsten 295—296, 302—309, 319—320; durch Eis 332—339, 342; Grand Canyon 272; einer Peneplain 272; durch Meereswellen 397—398; durch Flüsse 270—272; in ariden Bereichen 295—296; rückschreitende 273; submarine 411; Talverbreiterung 272—274; durch Wind 306—309
Erosion, rückschreitende 273
Erosionsbasis 272
Erosionsdiskordanz 175, 176
erratische Blöcke 321, 324
Erregung von Wellen 393
„ertrunkene" Flußtäler 404
Esker (= Oser) 350, 354—355
eustatische Meeresspiegel-Schwankungen 184, 401, 418
Evaporite 31, 124—126
Everest, Sir George 16
Evolution des Menschen 528—535; der Reptilien 513—517; der Säugetiere 521—528
Exfoliation 234
Extrusivgesteine 61
Extrusivkörper, Auftreten 74
Eyre-See, Australien 319

Fallen, Erdöl 470—475; organogene Riffe 473—475; relative Bedeutung der Typen 476; Sättel 470—473; Salzdome 473; stratigraphische 473—475; 475, 476; Verwerfungen als ~ 475, 476

Falten 149—152; Abtauchen 151, 152; Antiklinale 149—150, 152; asymmetrische ~ 149, 150; disharmonische ~ 151; Flanke 149; liegende ~ 149, 150; Mulden 151, 152; Sattelkuppe 151, 152; Schenkel 149; Synklinale (Mulde) 149, 150, 151; überkippte ~ 149—150
Falten bei Barstow (Kalif.) 178
Faltengebirge 429—432
Fasergips 51
Faultier 526, 527
Feinschichtung 111, 112
Feldspat 36, 39, 47; in Granit 61, 62; Verwitterung von ~ 237; Zersetzung von ~ 237; s. auch: „Orthoklas", „Plagioklas"
Felsrutschungen 248—251
Felsstürze 248—251
Fennoskandia 137
Fenster 173, 174
Feste Lösung 48
Feuerfontäne 98, 99
Feuerstein 127
Firn 326
Fjord 21, 404
Flachland-Küsten 406—408
Flachsköpfe 277
Flächenüberschwemmung 296
Fließgeschwindigkeit am Boden eines Flusses 260—261
Fließstreifung in Obsidian 63; im Rhyolith 62
Flint, R. F. 364
flowing well s. „artesischer Brunnen"
Fluß: s. „Wasserlauf"
Flußerosion 260, 270—274; in ariden Gebieten 295—296, 302—306; des Bettes 261
Flußniederung 110, 274—282
Flußtransport 262—270; als Bodenfracht 264—266; in Lösung 263; in Suspension 263—264
Flußwasser, Vergleich mit Meerwasser 23, 24
Flut (Gezeiten) 386—387; Nippflut 386, 387; Sturmflut 387
Flutbuckel 386—387
Föhn-Wind 27
Foraminiferen 131, 380, 477, 478
fossile Landschaft 319
Fossilien 116, 478; als Bestimmungsmittel des geologischen Alters 501—504; ~ und Erlöschen von Lebensformen 503; ~ und Evolution 502—503; frühe Interpretation 501—502; Leitfossilien 505
Frank (Alberta): Bergsturz (1903) 250
Franklin, Benjamin 382
freies Grundwasser 452
Frequenz von Meereswellen 393
Frosthebung 230—231
Frostsprengung 229
Funafuti-Atoll 420

Gabbro 60, 61, 63, 71
Galilei 18
Gang 74, 75, 76, 77, 78, 103; Widerstand gegen Erosion 76, 77
Gangletten 158
Gangschwarm 75, 76
Gangwall 76
Gas, Trennung von Öl 471
Gasolin 465
Gebirge 422—443; Alpen: s. „Alpen"; Appalachen 425, 426, 430—431, 432; Block- 425—429; Ellsworth (Antarktis) 422; Entstehung: s. „Gebirgsbildung"; Falten- 429—432; Himalaja 16, 21, 422, 424; Kaskaden- (Ore.-Wash.) 425; Klassifikation 424; Kontraktionstheorie 430; Mächtigkeit von Sedimenten 430; Sierra Nevada s. „Sierra Nevada"; Schollen- 164; Versuchsmodelle 437—439; vulkanische Gebirge 424—425; Wurzeln 16
Gebirgsbildung 17, 432—433; Beziehung zur Entstehung von Granit 439; Kontraktionstheorie 440—441; Konvektionsstrom-Theorie 438, 441; Phasenänderungs-Theorie 441—443; Stadien 438
Gebirgsvergletscherung 330—346
gebundener [gespannter] Grundwasser-Träger 452—453
Geer, de 356
Geodäsie 12
Geoid 14
Geologen in der Erdöl-Industrie 463, 464
geologisches Alter: absolutes, Bestimmung 493—499; absolutes, Definition 492; relatives, 493; Bestimmung 499—504
geologische Zeitdauer: Gliederung 505—506; Länge 492—496; bestimmt aus dem Salzgehalt des Meeres 492; bestimmt aus der Sedimentmächtigkeit 492; s. auch „geologisches Alter"
geologische Zeitskala 495, 496, 504—507
Geosynklinale 429—431; Appalachen ~ 439; gegenwärtige ~ 433—434; Golfküsten ~ 433
geothermische Tiefenstufe 220, 461
Geschiebemergel 111
geschiefertes Gestein 138, 140
Geschwindigkeit: Einfluß auf die Kapazität eines Flusses 269; ~ einer Flußströmung 260—261; seismischer Wellen 210, 213; von Wasserwellen 393
gespanntes Grundwasser 452
Gestalt der Erde 13—15

Gesteine: Extrusiv- 61; geschieferte ~ 138—141; genetische Klassifizierung von ~ 30; Dreiteilung 30; Intrusiv-~ 61; Kalksilikat~ 142; magmatische ~: s. „magmatische Gesteine"; Massenbewegungen von ~en 244—254; metamorphe ~: s. „metamorphe Gesteine"; relative Häufigkeit der wichtigsten Typen 32; plutonische 53; sedimentäre ~: s. „Sedimentgesteine"; Spaltbarkeit 32, 134; ungeschieferte ~ 141—142; Verformung 133—134; Verwitterung 223—243; vulkanische 53; Zerfall 223—225; Zusammensetzung 133
gesteinsbildende Mineralien 47, 142
Gesteinsfächer 305
Geyser 459—462
Geysir 459
Gezeiten 386—389
Gezeiten-Ausbauchung 387
Gezeitenströmungen 388—389
Giant's Causeway (Irland) 65
Gilbert, G. K.: Entstehung von Blockgebirgen 426, 428
Gips 51, 125
Glacier-Nationalpark 173, 174
Glazial: s. „Eis", „Vereisung", „Gletscher"
Glazial-Ablagerungen 111
Glazial-Chronologie 356—358
Glazialformen, morphologische 350—356; durch Eis bedingter See 350; Drumlin 350; Endmoräne 350; Kessel 350; Moränen-Stausee 350; Nunatak 350; Soll 350; Wallberg 350
Gleichgewichts-Böschungswinkel 115
Gleithang (Gleitstelle) eines Flusses 275, 277
Gletscher, alpinotyper 330, 344; Ablagerungen durch ~ 341—346; Antarktis 324; Ausdehnung von ~ 324—325; Blue Glacier (Wash.) 327; Entstehung von ~ 324—330; Bewegungsmechanismus 326—330; Gebirgs- ~ 330—332; Grönland 324; Großer Aletsch-Gletscher 326; Kaskawulsh-Gletscher (Kanada) 344; Klinaklini-Gletscher (B. C.) 331; kontinentale Vergletscherung 329—330, 346—350; Palisade glacier (Kalif.) 333; Rhône-Gletscher 327; Stärke der Bewegung 326—327; stationäre Front 327; Schmelzen und Anstieg des Meeresspiegels 401; Unterer Aar-Gletscher, Schweiz 338; Verbreitung von 324—325; s. auch „Eis", „Vereisung"
Gletscher-Abrasion 329—330, 331, 332, 334—335
Gletschereis: kristalline Natur 325—326; Schmelzen und Anstieg des Meeresspiegels 401; Volumen 324—325
Gletschererosion 332—335
Gletscherschliff 329, 330, 334, 335
Gletscherspalten 326, 344
Gletscherstriemen auf dem Devil's Postpile (Kalif.) 67
Gletschertal 336, 339; U-förmiger Querschnitt 339
Glimmer 45, 48
Globigerina 350
Globigerinenschlamm 380, 381
Glutwolken 71, 90, 91; Ablagerungen 91; verglichen mit Bergstürzen 250
Gneis 32, 140—141
Gohna (Indien): Bergsturz 250—251
Golden Gate (Kalif.): Gezeitenströmungen 388—389
Golden Lane von Mexiko 474
Golf von Aden 166
Golf von Aqaba 166
Golf von Mexiko, Geosynklinalnatur 433
Golf-Küste (Louisiana): Salzdome 154
Golfküsten-Geosynklinale 433
Golf-Strom 25, 382—383
Graben 163, 164, 165, 166, 167; Rhein- 164, 165, 166; Wildrose- ~ (Panamint Range, Kalif.) 165
Gradient eines Flusses 270
gradierte Schichtung 114, 391
gradierter Fluß 269
Gräben, Tiefsee 378, 434—437
Gräser 520
Grand-Banks-Erdbeben 390
Grand Canyon (Ariz.) 111, 113, 114; Diskordanz 175—177; Erosion 270, 272; geologische Geschichte 177—179
Grand-Coulée-Talsperre 259
Granit 30, 53, 60, 61, 69, 72, 73, 157; eingedrungen in metamorphe Gesteine 74; Entstehung von ~ 439; Radioaktivität 220; Verwitterung 237—238; Zersetzung 237—238
Granitisation 73, 143
Granitisierung 73, 143
Graphit 46, 128
Grauwacke 123—124
Gravimeter 20, 477
Gravitationsgesetz 15, 16
Gravitationskonstante 16
Great Basin 315
Great-Glen-Störung (Schottland) 161, 171, 172
Great-Whin-Sill (England) 76
Green River (Wyo.): Ölschiefer 113, 115
Griggs, D. T. 235
Grönland: Eisberge 349; Eisdecke 324, 328, 347; Klimaänderungen 359; Talgletscher 348
Größe von Sediment-Bestandteilen 121
„Große Eiszeit" 323, 356, 496—499
Große Seen 110; Entstehung 355

Großer Aletsch-Gletscher 326
Großer Salzsee (Utah) 124, 292, 299—300, 316—317
Großes Barriere-Riff (Australien) 129, 416
Grundmasse bei porphyrischer Struktur 58, 59
Grundmoräne 352—353
Grundwasser 445—462; Entstehung 447—448; Ergiebigkeit 453; geologische Wirkung 454; in löslichen Gesteinen 454; Mythen über ~ 445—446; Spiegel 308, 448, 450, 452, 453; Zementation 454
Grundwasser-Leiter 452—453
Grundwasser-Spiegel 308, 448; Senkung des ~ 453—454; Tiefenlage 449; s. auch „Grundwasser"
Gulbenkian, C. S. 484, 485
Gulf Oil Company 485
Gumbotil 357
Gunong Kelvet, Schlammstrom 248
Gutenberg, Beno 215
Gutenberg-Diskontinuität 216
Guyot 379

Hackmesser: s. „Cleaver"
Hadrians-Mauer 76
Hämatit: Farbe in Sedimentgesteinen 111
Hängetal (hängendes Seitental) 339, 342
Härte von Mineralien 38, 39
Halit: s. „Steinsalz"
Hangendes 160
Hangkriechen 245
Hangrutschungen 251—254
Hangschutt 229—230
Harnisch 158
Hawaii 64; Gänge 75; Karte der Lavaströme 97; Niederschlag 293; Vulkane 95—101
Hebgen Lake (Mont.): Erdbeben 162, 201, 202, 203
heiße Quellen 459—462; Herkunft der Wärme 461
Hekla (Island): Eruption 52
Herculaneum: Zerstörung 91, 94, 248
Herd eines Erdbebens 212, 213
Himalaja-Gebirge 17, 21, 424, 429
Hochgebirgsgletscher: Grundzüge 344
Höhlen 454—457; in Kalken 236
Holland: s. „Niederlande"
Hornblende 48, 49, 62
Hornstein (Feuerstein) 127, 128
Horst 164
Hutgesteine: einer Öl-Lagerstätte 470; eines Salzdomes 154
Hutton, James 323
Hydratisierung 236, 237
Hydrosphäre 20—25; Volumen 22; s. auch „Grundwasser"
hydrothermale Metamorphose 136
hypabyssische Gesteine 73—78

Ichthyosaurier 516, 517
Illinois-Vereisungsstadium 357
Illuvial-Zone 239
Imperial Valley (Kalif.): Erdbeben 199
Indien: Trigonometrical Survey of India 16
influenter [abgebender] Wasserlauf 448, 449
Inselberge 303, 304
Inselbögen 436
Interglazial-Zeiten, Dauer von ~ 357
intrazonale Böden 240
Intrusivgestein 61; Salz als ~ 153—155, 473
Intrusivkörper: Auftreten 74—75; s. auch „magmatische Intrusivkörper"; „Salzstock"
Ion: Definition 42
Ionen-Kristall 46
Ionen-Verbindung 43
Irak: Erdöl 484—485
Iran: verformte Gesteine 144; Erdöl 483—484
Iraq Petroleum Company, Ltd. 485
isomorphe Reihe 48
Isostasie 439
Isotop 42

Japan: Erdbeben 196, 202—204
Jaspis 128
Jugoslawien: Karstlandschaft 457—459
Jupiter Serapis: Tempel 181, 182
juveniles Wasser 447

Kältewüste 290—291
Känozoikum 505; Leben 520—528
Kaibab-Kalk (Arizona): Dolinen 458
Kalahari-Wüste (Afrika) 293
Kalben von Gletschern 347, 349
Kaldera 74; Entstehung 86; Kilauea 99, 101; Krakatau 84, 85; Mokuaweoweo 97, 98
Kalisalz-Lagerstätten 126
Kalium in Salzsee-Ablagerungen 126, 301
Kalk: Entzug aus Meerwasser 24; in Meerwasser 24; in Flußwasser 23, 24
kalkige Quellabsätze 461
Kalkkruste 126
Kalkschiefer (Kalkphyllit) 139
Kalksilikat-Gesteine 142
Kalksinter 126
Kalkstein 116; ausgefällter 126; klastischer 129; Auflösung 236; organischer 128—129; Speicher für Erdöl 470, 474—475, 488; Verwitterung 223
Kalkstein-Höhlen 455—457

Kalktuff 126, 317
Kalzit 46, 50, 126; Spaltrhomboeder 36; Zement 454
Kalziumkarbonat 120, 126; als Lösungsfracht 263
Kanadischer Schild 137
Kanat 447
Kansan-Vereisung 357
Kaolin 237
Kapazität eines Flusses 269
Kapillarität 231
Kapillar-Saugsaum 449
Kar 335, 336, 337, 342, 344
Karbon^{14}-Datierung 357, 496—499
Karbonatgesteine 126—127
Karbonatisierung 237
Karsee 337
Karstlandschaft 457—459; in Indiana 457; in Jugoslawien 457—459
Kaskawulsh-Gletscher (Kanada) 344
Kaspisches Meer 110, 292, 319
Kern d. Erde 17, 216—218
Kerosen 465
Kettleman Hills (Kalif.) 470
Keystone-Überschiebung 175
Kharga-Oase 308
Kies 121
Kiesel 121
Kieselgesteine 127—128
kieseliger Quellabsatz 461
Kieselsäure 120; Entzug aus Meerwasser 24; Zement 454
Kieselsinter 461
Kilauea (Hawaii) 97—99, 101; Krater 99
Kilimandscharo 80
Kimberlit: Diamanten 78
Klassifizierung magmatischer Gesteine 61—65; von Gebirgen 424; von Küstenlinien 401—403
klastische Gesteine: Kalk 129; sedimentäre 120—124
Klima und Verwitterung 225
Klima-Optimum 359
Klimawechsel, postglazial 358—360
Klinaklini-Gletscher (B. C.) 331
Klippe im Meer 399, 400
Klippe, tektonische 173, 174
Klüfte 155—158; Säulen 158 [s. auch Säulenstruktur]; Ursachen 158
Klüfte in Granit 227; als Hilfe bei der Verwitterung 225—227
Kohle 113, 116, 128, 512
Kohlendioxid: in der Atmosphäre 25; als Verwitterungsagens 236, 237
Kohlensäure 236
Kolk in einem Fluß 277
Kolumbien: s. „Columbia"
Kompaktion 119
Kompetenz eines Flusses 266—268
Konchylien-Brekzie 117
Konglomerat 31, 108—109, 121
Kongo-Cañon, submarin 409
konkordante Intrusion 75
Kontakthof [Aureole] 71, 72, 135
Kontaktmetamorphose 71, 135—136
kontinentale [festländische] Sedimentationsbedingungen 109—110
Kontinentalhang 110, 376—377
Kontinentalschelf 110, 375—376
Kontinentalvergletscherung 346—350; Eiskörper 328, 330—331; Zentren 347
kontinuierliche Reaktionsfolge 59—60
Kontraktionstheorie der Gebirgsbildung 440—441
Konvektionsströme: in der Erdkruste 438; Gebirgsbildungs-Theorie 441
Korallen, lebende 414—415
Korallenriff 24, 412—421; als Erdöl-Falle 473—475; Glazialsteuerungs-Theorie 418—419; Riffbildner 129; Riffentwicklungs-Theorie 414—415; Verbreitung 416—417
Krakatau: Eruption 83—87
Kratersee 87
Kreide 131
Kreuzschichtung 116—119
Krinoiden 509—510
Kristall 40—45; Eis 36, 37; Form 40; Gleiten in Eiskristallen 329; Struktur 41, 43, 44; Winkel zwischen Kristallflächen 40; Quarz 34
Kristalline Schiefer 138—141
Kristallisation von Magma 60
Krümmung eines Flusses 277
Krustenbewegungen, säkulare 145—148, 180—187, 521; rezente 151—185; Beträge 181—185; Horizontalbewegungen 185; prähistorische 185—187; vgl. auch „Erdbeben", „Falten", „Verwurf"
Kuba: Laterit 243
Küste: buchtige 402, 403—406; Flachland-Küste 406—408; Ria- 403, 404
Küstenketten Kaliforniens 432
Küstenkliff 398
Küstenlinien-Klassifikation 401—403
Küstenprofil 398—400
Küstenzone 110; Profil 398—400; Gliederung 401
Kuppel 152, 153; s. auch „Salzstöcke", „Vulkankuppe"
Kuwait: Erdöl 485

Labrador 137
La-Brea-Asphaltlöcher (Kalif.) 526—527

Lagergang 74, 75—77; Unterscheidung von Lavafluß 77—78
Lagerungsverhältnisse von Gesteinen 145—155
Lagune: in Atoll 414; Küsten- 405, 406, 407
Lahar 248
Lahontan-See 317—318
Lakeview-Springer (Kalif.) 472
Lakkolith 74
laminares Fließen 258
Land: Areal an der Erd-Oberfläche 21; höchste Erhebungen 21
Landbrücke 366—367
langperiodische Meereswellen 394
Lapilli 68, 69
Lassen Peak 71
Laterit 237, 242, 243
Laue, Max von 44
Laufzeit-Kurve 212—213
Laurentische Eisdecke 348
Lauterbrunnen (Schweiz) 335, 336
Lava 30; Ursprung 53
Lavaplateau 103
Lava-Quellkuppe 74
Lavastrom 74, 338; Bewegung 98; Unterscheidung von einem Gang 78
Lawson, A. C.: Theorie über Pediments 303—305
Leben: Ursprünge 507—509
Leben: Vergangenheit 507—528; Känozoikum 520—528; Mesozoikum 514—520; Paläozoikum 509—513; Präkambrium 507—509
Leduc-Ölfeld (Alberta) 474
Leeseite von Sanddünen 311
Lehman-Höhlen (Nev.) 455
Leitfossil 505
Leitgeschiebe 351
Leonardo da Vinci 180, 501
Lepidodendron 511
Leptus Magnus (Libyen) 289, 294
Lewis-Überschiebung (Mont.) 173, 174
liegende Falte 149, 150
Liegendes 160
Lima (Peru): Klima 293
Lithosphäre 20, 29—32; s. auch „Erdkruste"
Lit-par-lit-Struktur 72
Little Rock (Ark.): Bauxit 243
Loch Ness (Schottland) 172
Löß 309, 351
Lösung 236
Logan, Sir William 467
Lone-Pine-Erdbeben 161
Long Beach (Kalif.): Bodenbewegungen 184; Erdbeben 205; Ölfeld 471
Long Island: Moränen 352
Los Angeles (Kalif.): Bodenbewegung 184
Louisiana: Salzstöcke 153, 154; Salzstock-Ölfelder 473
Lumachelle 116
Lyell, Sir Charles 181—183, 200

Mäander 257, 277—282
Magma 30; Definition 53; Differentiation 59—60; Herkunft 53; Kristallisation 60
magmatische Gesteine [Magmatite] 30, 53—78; Auftreten 74; als chemische Präzipitate 69; Klassifikation 61—65; Mineralbestand 59—60; Obsidian 56—58; plutonische 53; Texturen 56; vulkanische 53; vulkanisches Glas 56
magmatische Intrusivkörper 69—78; mittlerer Tiefe 73—78; tiefgelegene 69—73
Magmatit 30
Mallet, Robert 207
Mammut 524, 525
Mammut-Höhle (Ky.) 455
Manganknollen der Tiefsee 382
Manley-See (Kalif.) 318
Mantel 216, 217
Marco Polo 483
Marianen-Graben 21, 378, 434
mariner Sedimentationsbereich 109, 110
Marmor 141—142
Marsupialier 518
Martinique, Westindien 87, 88
Masjid-i-Sulaiman-Ölfeld 484
Masse der Erde 15—18
Massenbewegungen: Bodenfließen 245—246; Erdrutsche 246; Felsrutschung 248—251; Felssturz 248—251; von Gestein 244—254; Hangkriechen 245; Schlammströme 246—248; Solifluktion 245—246
Mastodonten 524
Matterhorn 339, 340
Mauna Kea (Hawaii) 95, 96
Mauna Loa (Hawaii) 95, 96, 97, 98; Eruption von 1887: 53
Mead-See (Ariz.-Kalif.): Trübeströme 114
mechanische Verwitterung 225—227
Meer 369—421; durchschnittliche Tiefe 21; Fläche auf der Erde 21; Gezeiten: s. „Gezeiten"; größte Tiefen 21, 378; Gezeitenströme 386—389; Strömungen 382—386; Trübeströme 389—391; Volumen 21; Wirkung auf das Klima 24
Meeresberg („seamount") 379, 424
Meeresboden: Beschaffenheit 373—375; des Kontinentalhangs 376—377; des Kontinentalschelfs 375—376; größte Tiefe 21, 378; Steilstufen 379; Tiefsee- 377—380
Meeresforschung: Methoden 370—375

Meereskliff 398
Meeresspiegel-Schwankungen: eustatische ~ 184, 376, 401—402, 418, 521; Anzeichen für ~ 180; durch Eisschmelzen verursachter Anstieg 325; Niederlande 402; Skandinavien 402
Meereswellen: durch Erdbeben 85; Geschwindigkeit 84, 85; durch vulkanische Explosionen 84; Zerstörung durch ~ 84; s. auch „Wellen"
Meeresterrassen 398—400
Meerwasser: Bewegungen 382—389; Herkunft des Salzes 24; verglichen mit Flußwasser 23, 24; Salzgehalt 23; Zusammensetzung 23
Mensch: *Australopithecus africanus* 534; Cro-Magnon 531; Evolution 528—535; Neandertaler 530; *Pithecanthropus erectus* 533; *Pithecanthropus pekinensis* 533; Südafrika 534; *Zinjanthropus:* Alter 534
Mesopotamien 484
Mesozoikum 505, 514—520
metamorphe Gesteine 31—32, 132—143; geschieferte 138—141; Gneis 124, 140—141; Hornfels 135; Kalksilikat-Gesteine 142; Marmor 135; Migmatit 135, 143; Mylonit 135, 137; plastische Verformung 133; Quarzit 135, 141, 142; Schieferung 32; Serpentin 135, 136; Spaltbarkeit 133; Tonschiefer 135, 137, 138—140; Typen 133, 143; ungeschieferte 141—142; verde antique 136; Verformung 133, 134
Metamorphose: Dynamo- 136—137; dynamothermale 138; hydrothermale 136; Kontakt- 71, 135—136; Regional- 137—138; Tiefen- 142—143; Ultra- 142—143
Metamorphosetypen 135
Metasomatose 143
Meteor-Expedition 371—372
Meter: Länge 13
Migmatit 72, 143
Milne-Shaw-Seismograph 207
Mindanao-Tiefsee-Graben 378
Mineral: Definition 35—38
Mineralien 33—51; Farbe 38; Bestimmung 45—51; Glanz 39; gesteinsbildende: Liste 47; Härte 38, 39; Kristallform 40; Orientierung in geschieferten Gesteinen 138—141; Orientierung in Tonschiefern 134; Spaltbarkeit 36, 41, 45; spezifisches Gewicht 39, 40; Wollastonit 142
Mirgissa (Sudan) 295
Mischvulkan 95
Mississippi-Fluß 261, 262; alte Flußläufe 284; Betrag des transportierten Sediments 262; Delta 275, 284—287; Deltaflanken-Niederungen 283; Durchbruch [cut off] bei Vicksburg 278—280; Modell 258; Naturdeiche 275; Querschnitte 261, 277; Transport von Sediment 262; Überschwemmungsebene 275, 277—282; Zweigflüsse 284—286
Mississippi-Tal: Löß 309
Mittelatlantischer Rücken 377
Mittelmeer, Strömungen bei Gibraltar 383
Mittelmoräne (Zwischenmoräne) 338, 342, 344
„Moho": s. „Mohorovičić-Diskontinuität"
Mohorovičić-Diskontinuität 210
Mokuaweoweo (Hawaii) 96, 97
Monadnock 272
Mono-Krater (Kalif.) 317, 318
Monte Somma 92
Monument Valley (Ariz.) 1, 2, 113, 155
Monzonit 63
Moräne 322, 343—345; End- 342, 343, 344, 350, 351; Grund- 351—352; auf dem Meeresboden 375; Mittel- 338, 342, 344; Mt. Jacobson (B. C.) 343; Seiten- 342, 343, 344, 345; Toteis 345, 351
Moränen-Stausee 344, 345, 346, 350
Moränen-Topographie in Süd-Dakota 352
morphologische Formen glazialer Ablagerungen 341—346
Mount Assiniboine (Kanada) 340
Mount Everest 21, 429
Mount Lassen (Kalif.) 10
Mount Mazama 71, 86
Mont Pelé: Eruption 87—91; Quellkuppe 90
Mount St. Helens (Wash.) 80
Mount Whitney 162, 228, 325
Mulde 149, 150, 151
muscheliger Bruch 57
Muschelschill 116
Muskowit 45, 47, 48
Muttergesteine von Erdöl 468—469
Mylonit 135, 137

Naturdeich eines Flusses 275
Neandertaler 530
Nebraskisches Vereisungsstadium 357
Neck 77, 78
negative Schwereanomalie 436, 477
Nehrung 405—408
Névé 326
New Madrid (Mo.): Erdbeben 198—200
Newton, Sir Isaac 13, 15, 19
Niagara-Schlucht 259
Niederlande: Küstensenkung 184; Meeresspiegel-Schwankung 402; zurückgewonnenes Land 184
Nil 255, 274; Pegel 274
Norwegen: Fjorde 321
Nuées ardentes: s. „Glutwolken"

Oahu (Hawaii): Gänge 75
Oak-Ridge-Verwerfung (Kalif.) 474—475
Obelisk, Karnak (Ägypten) 224
Obelisk von Thothmes in New York 222—223
Obsidian 56—58, 66, 91
Öl: s. „Erdöl"
Ölschiefer 113, 115
Old Faithful, Yellowstone-Nationalpark 460, 461
Olivin 50; Umwandlung in Serpentin 136
Oolith 126
Ooze: s. „Schlick"
organogene Riffe als Erdöl-Fallen 473—475
organogene Sedimente 128—131
Orientierung von Mineralien: in geschieferten Gesteinen 138, 140—141; in Tonschiefer 134
Orthoklas 46, 47; in Granit 61; Spaltstück 36
Orvieto (Italien): Brunnen 447
Oser 350, 354—355
Ost-Texas-Ölfeld 473
Owens-Tal (Kalif.): Erdbeben (1872) 200—202
Oxidation 236—237
Ozean: s. „Meer", „Tiefsee" u. ä.
Ozeanographie 370

Pacific Palisades (Kalif.): Erdrutsch 254
Pahoehoe-Lava 98, 102—103
Painted Desert 113
Paläontologie 477, 503
Paläozoikum 505; Leben im 509—513; Vereisung 513
Palisaden des Hudson 76
Palos Verdes Hills (Kalif.): Erdrutsch 252; gehobene Strände 186; Terrassen 186, 400
Panama-Kanal: Erdrutsche 253
Panamint-Berge (Kalif.) 318
Panamint-Tal (Kalif.) 318
Paraffin 465
Paraná-Lavaplateau 103
Paricutín (Mexiko) 68
Pariser Becken 164
Passatwinde 293
Patagonien 306
Pedalfer 240
Pediment 302, 303—305
Pedocal 240
Pelée, Mount: s. „Mont Pelé"
Penck, Walther 273
Pendelseismograph 208—210
Peneplain 272, 273; in ariden Gebieten 319
Peridot [Chrysolith] 50
Periode: von Meereswellen 393; von seismischen Wellen 212
Perioden, geologische 506
Permafrost 232—234
Permeabilität 452, 469
Persien: s. „Iran"
Persischer Golf 469, 487, 488
Peru: gegenwärtiger Aufstieg 186; Wüste 293
Pflanzen: Blüten- 518; Land-, erste 511
Phasenänderungs-Theorie der Gebirgsbildung 441—443
phreatische Explosion 101
Pithecanthropus erectus 533
Pithecanthropus pekinensis 533
Plagioklas 36, 47, 48, 60, 61, 62
plastische Verformung von metamorphen Gesteinen 133
Playa 292, 315; Ansammlung von Salzen 301—302, 319
Playfair, John 270, 323
Pleistozän: Dauer 357—358; Vereisungen: s. „Gletscher", „Vereisung"; Eiszeit 521
Plesiosaurier 516—517
Plinius 93—94
Plutonit 30, 69, 71
Podsole 241—242
Polverschiebung 365
Polygonalstruktur im Boden 245—246
Polymorphismus 442
Pompeji 91, 93, 94
Porosität 119; Definition 451; Größe 451
porphyrische Textur: Entstehung 57, 59; in hypabyssischen Gesteinen 73
postglaziale Hebung Skandinaviens 366
postglaziale Klimaänderungen 358—360
Profil: Boden- 239—240
Proton 41
Pteraspis 511
Pterosaurier 516
Puy de Dôme 90
Puys der Auvergne (Frankreich) 90
Pyramid Lake (Nev.) 317
pyroklastische Gesteine 68
Pyroxen 49, 60, 62

Qattara-Becken 308—309
Quarz 34, 35, 39, 47, 60, 61, 62; Farbe 38; in Granit 61; Kristalle 35; Verhalten bei Verwitterung 238, 242
Quarzdiorit 62
Quarzit 141, 142
Quarzmonzonit 63
Quellen 445; Mythen über ~ 445
Querdüne 313

Radioaktivität: bei Theorien über Gebirgsbildung 441; als Wärmequelle 220

radioaktive Altersbestimmung 357—358, 493—499
Radiolarien 24, 128
Radiolarien-Schlamm 380
randlicher Zuwachs der Kontinentalgletscher 366
Randriffe 414, 415
Reaktionsserie, diskontinuierliche 59—60
Reaktionsserie, kontinuierliche 59—60
Reef Ridge (Kalif.) 470
Refraktion seismischer Wellen 218
Regen als Quelle für Grundwasser 445—446
Regionalmetamorphose 137—142
Rekristallisation 133
relatives geologisches Alter 493, 499—504
Reptilien 513
Rheintal-Graben 164—166
Rhein-Delta 287
Rhein-Tal: Löß 309
Rhône-Gletscher 327
Rhyolith 60, 61, 62, 67
Ria-Küste 403, 404
Riesen-Faultier 528
Riff: Korallen-: Atoll 414—421; Barrière- 414—415; Saumriff (= Randriff) 414—415; s. auch „Korallenriff"
Riffinseln 418
Rio Grande 264, 265
Rippelmarken 115—116; auf Sanddünen 310—311; Tiefsee 375
Rockefeller, J. D. 466
Röntgenstrahlen und Kristallstruktur 44—45
rote Färbung: im Boden 236; im Gestein 236
Rote-Linie-Übereinkommen 485, 487
Roter Ton (Tiefsee) 381
Rotes Meer 166, 469
Rotorua (Neuseeland): Geyser 459
Rücksumpf 275
rückschreitender Abtrag 273
Ruhewinkel 115

Säbeltiger 526, 527
Säugetiere 517; Entwicklung 521—528
Säule (Tropfstein) 457
Säulenabsonderung: in Basaltdecken 65—67; in Gängen 75; in Lagergängen 77; in Schmelztuffen 68
Saltation 265
Salz 124—126; s. auch „Steinsalz"
Salzablagerungen 124—125, 299—301, 316—319; im Death Valley 300—301
Salzdome: s. „Salzstöcke"
Salze im Meerwasser: Herkunft 24
„Salzgletscher" 484
Salzsee 316—319
Salzstöcke 153—155; Erdöl-Felder 154, 473; Iran 484; Schwere 477
Samoa 64
San-Andreas-Verwerfung (Kalif.) 161, 169, 170, 171, 172, 185, 191, 192; Ansicht in der Carrizo-Ebene 192; Ausmaße 193; Bewegung i. J. 1906: 185; Flußlauf-Knick 192; relative Bewegung 185
San-Francisquito-Sperre (Kalif.): Absinken 267
San-Franzisko-Bucht: Auswirkung von Wasserbauten 389
San-Franzisko-Erdbeben 167, 188—193
San-Joaquin-Tal (Kalif.) 454
San Juan Mountains (Colorado): Steingletscher 231
Sand 121, 122; in Tiefsee-Ablagerungen 390—391
Sandbarre 285; Küsten- 405—407; vor San Franzisko 388, 389
Sanddüne 110; Barchan 314; Halbmond-förmig 314; Kreuzschichtung 116—118; Längs-(Longitudinal-) 313; Küsten- 311; Quer- 313
Sandstein 31, 122—124, 155, 156; Arkose 123; als Erdöl-Speicher 470, 488; Grauwacke 122—124; kalkiger 129; Zementation 122
St. Moritz (Schweiz): Schlammstrom 247
St.-Pierre (Martinique) 88, 89, 90
Sattel 149, 150, 151, 470—473
Saudi-Arabien: Erdöl 485—488
Sauerstoff in der Atmosphäre 25
Saumriffe (Randriffe) 414, 415
Saussure, Benedict de 323
Schenkel einer Falte 149
Schicht 111
Schichten 111
Schichtung 111, 113—115
Schichtung, gradierte 391
Schieferung in metamorphen Gesteinen 32
Schild: Kanadischer 137; Fennoskandischer 137
Schilde: Fehlen von Erdbeben 196
Schildkröten 516
Schildvulkan 74, 95
Schlacken 68
Schlackenkegel 90
Schlammstrom 246—248; vulkanischer 248
Schlick 380
Schlick: Diatomeen- 380, 381; Globigerinen- 380; Radiolarien- 380; Tiefsee- 110, 373
Schliff: Gletscher- 329, 330
Schluff 121
Schluffstein 121, 123, 124
Schmelzen durch Abnahme des Drucks 221
Schmelztuff 68
Schmieröl 465

Schnee 325—326
Schneeflocken 37, 325
Schneegrenze 28, 325
Schober 398
Schollen-Gebirge 164
Schottland: Decken-Überschiebungen 172
Schottland, Northwest Highlands: Überschiebungen 172
Schrägverschiebung 161
Schrammen durch Eiswirkung 329, 330
Schreibkreide 131
Schuttfächer 297, 298; im Owens Valley (Kalif.) 298
Schuttmantel 225
Schuttstrom 229—231
Schwarzes Meer 292, 319, 469
Schwere 18; Messungen bei der Erdöl-Exploration 477; lokaler Wert 19; Massenbewegungen durch Schwerkraft 244—254; Messungen auf See 434—435; Schwerebeschleunigung 18; Stärke über Tiefsee-Gräben 378
Schwereanomalie 19
Searles Lake (Kalif.) 318
Second foot [Einheit des Maßes der Wasserführung in USA] 262
Sediment 109; abgelagert von Trübeströmen 391; Blauschlick 377; Diatomeen- 381; Globigerinen- 380—381; Größe der Bestandteile 121; am Kontinentalhang 376—377; auf Kontinentalschelf 375—376; Radiolarien 380; Roter Ton 371, 381; Schlick 371, 380; Umwandlung in Gestein 119—120; Verbreitung 109—110; s. auch „Sedimentgesteine"
Sedimentgesteine 109—131; Anhydrit 125; Arkose 122—123; Brekzie 122; Diatomit 129; Dolomit 126, 129, 470; entstanden aus anderen Gesteinen 31; Evaporite 31, 124—126; Farben 111, 113; Feuerstein 127; Flint 127; Geschiebelehm 111; Gips 125; gradierte Schichtung 114; Grauwacke 123—124; Jahresschichtung 113; Jaspis 128; kalkige ~ 126—127, 458, 459, 461, 469; Kalkstein 126—127, 128; Karbonate 126—127, 458, 461, 470; Kieselgestein 127, 128; kieselige ~ 127—128; Kieselsinter 127; klastische ~ 120—124; Kohle 113, 116, 128, 512; Kompaktion 119; Konglomerat 108—109; Korngrößen 121, 122; Mächtigkeit von ~ in Gebirgen 429, 430; besondere Merkmale 115—119; Muschelschill 116; Ölschiefer 113, 115; organogene ~ 31, 128—131; Porosität 119; Quelle für Erdöl 468—469; Rippelmarken 115—116; Salz 124—126; Schichtung 113—114, 116—119; Schieferton 124; Schrägschichtung 116—118; Schreibkreide 131; Sedimentationsbedingungen 109—110; Setzung 119; Speicher für Erdöl 469—470; Steinsalz 124—126; Travertin 126, 456, 461; Tongestein 124; Trockenrisse 116; Tuff (Kalktuff) 126; Typen 109, 120—131; Verdichtung 119; Verfestigung von ~ 119, 122; aus Wasser ausgefällt 31, 124—128; Wasserleiter 452—453; Warven 113; s. auch „Sediment"
sedimentäre Brekzie 122
See Genesareth 166
See, temporärer 292
Seen 110; Bergseen 337; aus durch Bergstürze gestauten Flüssen 253; glaziale 355—356; Karseen 337; mit Wasserumschichtung 23; der Wüstengebiete 296, 299, 301, 316—319; salinare 316—319
Seiches [stehende Wellen] 197, 207, 387
seismische Untersuchung bei der Suche nach Erdöl 477—478
seismische Wellen 210—212, 215—219; Refraktion 218
Seismogramm 211
Seismograph 208—210
Seismologie: Entwicklung 207—208
Seitenmoräne 342, 344
Seitenverschiebung 167—172
Selenit [kristalliner Gips] 51
Seltene Gase in der Atmosphäre 25
Serpentin 63, 135, 136
Setzung von Sedimenten 119
Ship Rock (Neu-Mexiko) 75, 77, 78
Sierra Nevada (Kalif.): Abbruchtiefe 163, 164, 428; glazigene Landformen 229, 333, 335, 341, 345; Gletscherschliff 330, 334; Klüftung 66, 67, 157, 227; Regenschatten 293, 294
Sigillaria 511
Silikate 35
Simpson, Sir George 363
Sink holes 459
Sinklöcher 459
Sinter [Kieselsinter] 127
Skandinavien: postglaziale Hebung 186, 187, 366
Skaptar Jökull (Island) 103
Skarne 142
Smilodon 526
Smith, William: über Fossilien 502—503
Snake River 271
Socony Mobil Oil Company 487
Solar-Topographische Hypothese der Vereisung 364
Solifluktion 245—246
Soll: s. „Toteis-Loch"
Sonnenstrahlung, Beziehung zur Vereisung 362—363

South Mountain (Kalif.) 474—475
Spaltbarkeit: von Gesteinen 32, 133; Glimmer 48; Hornblende 48; von Mineralien 36, 41, 45, 133; von Pyroxen 49
Spalteneruptionen 74, 101—105; Island 103; Mauna Loa 98
Speichergestein: Erdöl in ~ 469—470; Druck im ~ 470
spezifisches Gewicht: Definition 39; von Mineralien 40
Springer 472, 473, 475
Stalagmit 456
Stalaktit 456
Standard Oil Company (New Jersey) 487
Standard Oil Trust 466
Staub: Verfrachtung durch Wind 306—308
Stegosaurus 515
stehende Wellen 266
Steilküste 398
Steinbrechen, glaziales 332—333
„Steinbrechen" durch Gletscher 332—333, 335
Steingletscher 230, 231
Steinkohle 128
Steinöl 464
Steinpflaster der Wüsten 306
Steinsalz (Halit) 51; Kristallstruktur 44; Spalt-Bruchstück 41
Steinsohle 245
Steno, Nicolaus 40, 180
Steppe 290
Stickstoff in der Atmosphäre 25
Stirnmoräne = Endmoräne
Stirnseiten-Schichten 119
Stock 71
Störung (Verwerfung): Abschiebung 160, 161—167; Alabama Hills (Kalif.) 16, 201; Art der Störungsfläche 173; Aufschiebung 160; Beziehung zu Erdbeben 202; Beziehung zu heißen Quellen 462; Blattverschiebung 160, 167—172; Deckenüberschiebungen 172—174; Definition 158; als Erdöl-Falle 475; Great Glen (Schottland) 161, 171, 172; als Grenzen eines Bruchschollen-Gebirges 428; Hebgen-Lake-Erdbeben 162, 201, 202, 203; Yakutat-Bucht, Alaska 161; Lewis-Überschiebung 173, 174; Lone-Pine-Erdbeben 161; von rezenten Erdbeben 200, 201, 204; San-Andreas- (Kalif.) 161, 169, 170, 171, 172, 185, 192; scheinbare Bewegung 168, 169; Seitenverschiebung 167—172; Sierra Nevada (Kalif.) 161, 162, 200, 201; rezente Bewegungen 200, 202, 203, 204; transversale Horizontalverschiebung 167; Überschiebung 160, 172—174; Versatz in einer Orangenplantage 199; Verwurf (Bruchstufe) 161, 162, 164, 165, 200, 203, 204; Verschiebungsweite 161, 168, 169, 171, 172; White-Wolf-Verwerfung (Kalif.) 206
Strabo 92
Strand 399, 400; gehobener 186
Strandterrassen 398—400
Straße von Gibraltar, Strömungen 383
stratigraphische Falle: Erdöl 473, 476
Stratosphäre 28, 29
Stratovulkan 74, 80, 95
Streichen 145, 147, 148
Striemungen: Gletscher- 329, 330, 334
Strömung im Wasser: s. „Wasserströmung"
Strömungen: Gezeiten 386—389; Konvektionsströme in der Erdkruste 438, 441; Meeres- 382—386; subkrustale 437; Trübeströme 389—391; Trübeströme: Erosionswirkung 411
Strömungsrippeln 115
Strom: s. „Fluß . . .", „Wasserlauf"
Stromkreuzung 277
Stromschnellen eines Flusses 277
Stromwechsel 277
Strukturgeologie 145
Struktur von Atomen 41; von Kristallen 44
Sturzflut in Wüsten 296
suballuviale Bench 303, 304
Subdeltas 285
submarine Cañons 409—412; Beziehung zu Trübeströmungen 410—411; Entstehung 410—412; Hudson 375; Kongo 409
submarine Erosion durch Trübeströmungen 411
Südafrika: Vereisung 360
Sunda-Straße 83, 84
Synklinale (= Mulde) 149

Tahiti 64
Tal, erodiert durch einen Fluß 272
Talterrasse 342, 344
Talverbreiterung durch einen Fluß 272—274
Tanganyika-See (Afrika) 166
„Tarn" = Karsee, Bergsee
Teerkuhlen von La-Brea (Kalif.) 526—527
Teildeltas [Subdeltas] 285
tektonischer Graben 164—167
tektonische Karte der USA 426
Tempel des Jupiter Serapis 181—183
temporäre Seen 292
Tenaya-See (Kalif.) 341
Terminalmoräne = Endmoräne
Terra rossa 459
Terrasse: durch das Meer entstandene 397; Meeres ~ 398, 400
Texas, Salzstöcke 154, 473
Thule-Lavaplateau 104

Tiefenmetamorphose 142—143
Tiefherd-Beben 214—215; Beziehung zu Inselbögen 436—437
Tiefsee: 377—380; Ablagerungen 373; Boden 372—374; Böschung 379; ~ Gräben 378, 434—437; größte Tiefe 378; Lotungen 370—371; negative Schwereanomalien 434, 436; Photographie 374, 375; Rippelmarken 376; Roter Ton 373, 381; Sand 390; Schlick 373, 380—382; Temperatur 373
Tiefsee-Ablagerungen 380—382; Tiefsee-Schlick (ooze) 110, 380; Roter Ton 381
Tiefsee-Ebene: Topographie 377—378
Tokio-Erdbeben 202—204
Ton: Mineralbestand 124, 237; von der Oberfläche einer Playa 301; Roter ~ (Tiefsee-) 381; Widerstand gegen Erosion 268
Tonschiefer 32, 121, 124, 129, 133—134, 138; Beziehung zu Schieferton 133; Hutgestein eines Erdöl-Speichers 470; Ölschiefer 113, 115; Verwitterung von 223
Torsionsseismograph 209—210
Toteis-Loch [Soll] 345, 350, 353
Toteis-Moräne 353
Totes Meer 166, 292, 319
Tran, verdrängt von Erdöl 465
Transportvermögen eines Flusses 266—268
Travertin 126, 456, 461
Treibeis 321
Triceratops 513, 516
Trilobiten 509
Tripel 381
Tristan da Cunha 82
Trockenrisse 116, 297, 302
Tropopause 28
Troposphäre 28, 29
Trübeströme 114, 115, 389—391; Beziehung zu submarinen Cañons 411; ausgelöst durch Erdbeben 390; Erosionswirkung 411; im Experiment 391; Genfer See 389; Mead-See 389
Tsad-See (Afrika) 319
Tschernosem 241
Tsunami 196, 204, 397
Tuff 68; Schmelztuff 68
Turbulenz: Rolle beim Transport in Flüssen 259
Turtle Mountain (Alberta): Bergsturz 250
Two Creeks (Wis.): Baumstämme 358, 498
Tyrannosaurus 514

überkippte Falte 149, 150
Überschiebungen 160, 172—174
Überschwemmungsebenen von Flüssen 110, 274, 282
Uferlinien, ehemalige, von Seen 317, 318
Uintatherium 522
ungeschieferte Metamorphite 141—142
Unkonformitäten 174—179
Unterer Aare-Gletscher, Schweiz 338
Untergrund-Wasser: s. „Grundwasser"
untermeerische Kabel, zerrissen durch Trübeströme 390
Uran und geologisches Alter 493, 494, 495
Ursprünge des Lebens 507—509
U. S. Waterways Experiment Station 257, 258

Ventura-Avenue-Ölfeld: Erdrutsche 253
Ventura Basin (Kalif.): Ölfelder 474—475
Verbreitung von Erdbeben 193—196, 221
Verbreitung von Vulkanen 221
verde antique 136
Verdichtung von Sedimenten 119
Vereisung (Vergletscherung) 321—367; Australien 360; Ausdehnung der Vergletscherung 323, 324—325; Beziehung zum Arktischen Ozean 365; Beziehung zur Sonnenstrahlung 363—364; Brasilien 360; Gebirgsvergletscherung 330—346; Grenzen während des Pleistozäns 346, 347; Indien 361; Kontinental-346—358; mehrfache 356—358; paläozoische 513; Solar-Topographisches Konzept 364; Südafrika 360; als Ursache für Meeresspiegel-Schwankungen 366; Ursachen für ~ 360—366; s. auch unter „Eis", „Glazial..."
Vereisungsstadien: Dauer 357; Illinoisan 357; Kansan 357; Nebraskan 357; Wisconsin 357
Verfestigung 109—120
Vernal Fall (Kalif.) 339
Verschiebung im Einfallen 161
Verschiebung an einer Verwerfung 160, 161
Verschiebungsbetrag, wahrer 161
versetzte Flüsse entlang der San-Andreas-Verschiebungsbahn 192
versteinertes Holz 116
Versteinerung 116
Verwerfungsletten 158
Verwitterung 238
Verwitterung 222—243; chemische 235—238; durch Gefrieren und Tauen 227—232; Lösung 236; mechanische 225—235; Permafrost 232—234; Spaltenfrost 231
Verwurf [Bruchstufe] 161, 162, 164, 165, 200, 203, 204, 316; Alabama Hills (Kalif.) 161, 201; Hebgen-Lake-Erdbeben 162, 201, 202, 203; Lone-Pine-Erdbeben 161; von rezenten Erdbeben 200, 201, 204; Sierra Nevada (Kalif.) 161, 162, 200, 201; Yakutat-Bucht (Alaska) 161
Vesuv, Italien 79; Eruption 91—95

Vinci, Leonardo da 180
Vögel des Känozoikums 522
Vogelfuß-Delta 285
Voltaire über das Erdbeben von Lissabon 196, 197
Vulkane: Beziehung zu Erdbeben 79—80, 196; Beziehung zu tektonischen Gräben 166; Beziehung zu Tiefsee-Gräben 378; ~ und Brüche in der Erdkruste 81; Ketten 425; submarine 81; Typen 83; Verbreitung 54—55, 79—82, 105, 106, 221
Vulkaneruption: Auswirkungen auf das Wetter 104—105; explosive 83—91; Häufigkeit 82; intermediäre 91—95; ruhige 95—101; Ursachen 79—82; Volumen des ausgestoßenen Magmas 53; Spalten- 101—105
Vulkaninsel-Bögen 436
vulkanische Asche 68, 69, 84, 93, 94
vulkanische Bombe 68
vulkanische Brekzie 69, 98
vulkanische Gebirge 424—425
vulkanische Quellkuppe 90, 91
vulkanischer Schlammstrom 248
vulkanischer Staub 307—308
vulkanisches Glas 56, 66; s. auch „Obsidian"
Vulkanismus 79—107
Vulkanite als Wärmequelle 461
Vulkankuppe 91

Wärmeabfall 27
Walfang-Industrie 465
Walfisch-Rücken 342
Wallberge: s. „Oser"
Warven 113, 356
Wasser: Ausdehnung beim Gefrieren 227; Dichtemaximum 22; Eigenschaften 22—25; Gefrierpunkt 22; Gesamtvolumen 22; als Lösungsmittel 23; s. auch „Grundwasser", „Hydrosphäre", „Meerwasser"
Wasserbau-Abfälle (Kalif.) 389
Wasserbau-Schutt 389
Wasserdampf in der Atmosphäre 25, 26
Wasserfall in einer Glaziallandschaft 339
Wasserhaushalt 448
Wasserlauf [Fluß]: Abflußmenge 261—262; Abhängigkeit des Menschen vom ~ 255—256; Altwasser-Arm (chute) 277; Bayou 280; Biegung 277; Durchbruch 280; effluenter 448; Flachskopf 277; Flußniederung: s. „Flußniederung"; Gradierung 269; gradiert 269; gerade Strecke (Geradstrecke) 275, 277; influenter Wasserlauf 448; Kapazität 269; Knick entlang der San-Andreas-Verwerfung 192; Kolk 277; Landspitze (Point) 275; Mäander 277—279, Stromwechsel 277; Transport durch ~ 255, 262; Talverbreiterung durch ~ 272—274; Transportkraft 266—268; Untergrund 445; Zweigflüsse 283, 284
Wasserströmung 256—262; Art 258—261; Bodengeschwindigkeit 260; laminares Fließen 258, 260; Strömungsgeschwindigkeit 260—262; turbulente 258—259; Volumen 261—262
Wasserwellen: s. „Wellen"
Waterways Experiment Station (U. S.) 257, 258
Wellen 391—397; Angriff auf die Küste 395—396; Brechen 395—397; Dimensionen 393; Dünung 394; Entstehung 393; Frequenz 393; Geschwindigkeit 393; Periode 393; Refraktion 395—396; seismische 210—219; stehende 266; Sturm 393; Wasserbewegung 391—392
Wellenbasis 398
Wellenerregung 393
Wellenlänge von Wasserwellen 393
White-Wolf-Verwerfung (Kalif.) 206
widersinnige Verwerfung 160
Wildcat-Bohrungen [neue Untersuchungsbohrungen] 468
Wildrose-Graben, Panamint Range (Kalif.) 165
Wind: -Ablagerung 309—314; -Erosion 306—309; Ursache von Meeresströmungen 383; -Verfrachtung 306—309
Wind River Mountains (Wyo.) 337
Winkeldiskordanz 175, 176
Winnemucca-See 317
Winnipeg-See (Manitoba) 355
Wisconsin-Vereisungsstadium 357
Wolkenbruch, Wirkung in Wüsten 296
Wollastonit 142
Wollhaariges Mammut 525
Wollhaariges Nashorn 525
Wüsten 288—317; Ablagerungen in ~ 296—302; Bedingungen ihrer Entstehung 292—295; Bolson 299; Eigenschaften 289—292; innere Entwässerung 292; Abfluß 296; Flächenüberschwemmungen 296; Flußerosion 295—306; gegenwärtige Ausweitung 295; kalte 290—291; Schlammströme 247; Schuttfächer 297—298; Seen 292, 299, 301, 316—319; Seen, kurzlebige 292; Typen 292; Welt 290, 291; Winderosion 306—309
Wüstenbecken 308
Wüstenpflaster 306

Xenolith 143
Xerophyten 289

Yakutat-Bucht (Alaska) 161
Yarmouth-Interglazial 357

Yellowstone-Nationalpark 459—461; Geyser 461; heiße Quellen 461; Jupiter-Terrasse 462
Yokohama-Erdbeben 202—204
Yosemite-Nationalpark (Kalif.) 276, 341; s. auch „Yosemite-Tal"
Yosemite-Tal (Kalif.) 321, 339, 341
Yosemite-Wasserfälle 339
Yucatan: Dolinen oder „Cenotes" 459

Zeitskala, geologische 504—507
Zement: Kalzit 454; Eisenoxid 454; Kieselsäure 454
Zement bei Sedimentgesteinen 122
Zementation: durch Grundwasser 454; von Sedimenten 119—120
Zinjanthropus: Alter 534
Zion Canyon 113
Zion-Nationalpark 118, 156
zonale Böden 240—243
zopfförmiges Flußsystem 297
Zweigflüsse des Mississippi 284, 285; des Nils 282, 283
Zwischenmoräne 338, 342, 344

Kolibri 360 GmbH
Ferdinand-Jühlke-Straße 7
99095 Erfurt, Deutschland
produktsicherheit@kolibri360.de